Dicionário de MINERALOGIA
e GEMOLOGIA

2ª edição | revista e ampliada

Dicionário de MINERALOGIA e GEMOLOGIA

Pércio de Moraes Branco

2ª edição | revista e ampliada

© Copyright 2008 Oficina de Textos
2ª edição • 2014

Grafia atualizada conforme o Acordo Ortográfico da Língua Portuguesa de 1990, em vigor no Brasil desde 2009.

CONSELHO EDITORIAL Cylon Gonçalves da Silva; Doris C. C. K. Kowaltowski; José Galizia Tundisi; Luis Enrique Sánchez; Paulo Helene; Rosely Ferreira dos Santos; Teresa Gallotti Florenzano

CAPA E PROJETO GRÁFICO Malu Vallim
DIAGRAMAÇÃO Douglas da Rocha Yoshida e Flávio Carlos dos Santos
FOTOS Pércio de Moraes Branco
IMAGEM CAPA *Extração de diamantes* – Spix e Martius, 1828 (arquivo público nacional)
PREPARAÇÃO DE FIGURAS Douglas da Rocha Yoshida
PREPARAÇÃO DE TEXTOS Gerson Silva
REVISÃO DE TEXTOS Ana Paula Luccisano, Maurício Katayama e Thirza Bueno Rodrigues

Dados Internacionais de Catalogação na Publicação (CIP)
(Câmara Brasileira do Livro, SP, Brasil)

Branco, Pércio de Moraes
Dicionário de mineralogia e gemologia / Pércio de Moraes Branco.
2. ed. rev. e ampl. -- São Paulo : Oficina de Textos, 2014.

ISBN 978-85-7975-163-9

1. Gemologia - Dicionários 2. Mineralogia - Dicionários I. Título.

14-10734   CDD-549.03

Índices para catálogo sistemático:
1. Dicionários : Mineralogia e gemologia
549.03
2. Mineralogia e gemologia : Dicionários
549.03

Todos os direitos reservados à **Oficina de Textos**
Rua Cubatão, 959
CEP 04013-043 – São Paulo – Brasil
Fone (11) 3085 7933   Fax (11) 3083 0849
www.ofitexto.com.br
e-mail: atend@ofitexto.com.br

Foi assim mesmo. Eu tava infusado que dava pena, num pegava nada, muié morrendo de fome. Fui ver Zé da Bastiana, o Curador, me limpei com ele, fiz obrigações e fui pra serra. Sorte descansada, obrigação feita, fui pra serra.

Aí vi aquela maravilha, um homem todo de diamante relanceando ao sol que chegava a cegar. Me deu aquela tremura, eu sozim na serra, mas pensei: é o meu. O homem era feito de diamante, era um diamante em forma de gente, chegou assim bem pertim, alumiando o dia. Vi os olhos dele, duas poças d'água, assim, olho de água. Ele andou na minha frente, aquele sol andando, andou, andou e pulou dentro dum riacho, desapareceu. Pensei que ele tinha mergulhado, mas quando cheguei era um riachim de nada, um palmo de fundura. Eh, lazeira! E o cascalhão lá. Peguei u'as duas mão, joguei na bateia, mexi e o bicho arrupiou no fundo: u'a pedrona branca, verde-amarelada, aquela força pura. Peguei ela, a gente chega a sentir na palma da mão aquela força. Me deu aquele trem esquisito, aquilo me atacou o sistema nervoso, Vige Nossa! Foi um bambúrrio bom. Daí pra cá não peguei mais nada, nem um mosquitim.

Benevides
(Garimpeiro da Chapada Diamantina,
em depoimento ao *Jornal do Brasil*.)

Prefácio

A boa aceitação que tiveram o *Dicionário de Mineralogia* e o *Glossário Gemológico* fez com que se esgotassem as terceiras edições de ambos, coincidentemente na mesma época. Em razão disso, propôs-nos a Oficina de Texto reeditá-los, mas fundindo as duas obras num só livro, visto que os públicos a que se destinam eram bastante semelhantes.

Surgiu, assim, este *Dicionário de Mineralogia e Gemologia*, que contém tudo quanto havia nas duas obras citadas, mas com ampla atualização e ampliações. Além disso, ele vem enriquecido com mais de cem fotografias coloridas, inexistentes nas obras que o antecederam.

O destaque para a Gemologia concretiza-se em verbetes como *diamante, esmeralda* e *safira*, muito mais extensos que os demais; no espaço dedicado aos muitos tipos de lapidação; na inclusão das gemas orgânicas (pérola, marfim, coral etc.), que não caberiam num dicionário apenas mineralógico; etc.

O valor comercial das diferentes gemas, quando citado, é dado em dólares norte-americanos por quilate, refere-se a pedras lapidadas e foi extraído da edição de 2005 do *Boletim referencial de diamantes e gemas de cor*, editado pelo DNPM/IBGM (exceto os preços do rubi, marfim, demantoide e opala-negra). Esse valor está naturalmente, sujeito às variações ditadas pelo mercado.

Para facilitar a consulta, verbetes extensos (todos sobre gemas) foram divididos em subverbetes como *lapidação, história, principais produtores, valor comercial,* entre outros.

Este dicionário traz 1.048 espécies minerais novas, que se tornaram conhecidas desde 1987, data da última edição do *Dicionário de Mineralogia*. Além disso, contém alterações na descrição de 691 outras espécies válidas, decorrentes de acréscimo de dados ou de resultados de pesquisas divulgadas também após a publicação daquela obra. Desse modo, tem o leitor aqui uma grande atualização nessa área do conhecimento geológico.

Outra atualização incorporada, de menor alcance mas também importante, foi a revisão do enorme grupo das zeólitas, promovida por um comitê da International Mineralogical Association, composto por dezenove mineralogistas, presidido por Douglas S. Coombs, cujas recomendações foram publicadas em 1997.

As espécies minerais válidas e aprovadas pela IMA, bem como aquelas descritas antes da criação dessa entidade e que se acredita serem válidas (*grandfathered minerals*), apresentam o nome todo escrito em maiúsculas no início do verbete. Os demais nomes de minerais, incluindo grupos, variedades, espécies duvidosas ou desacreditadas, nomes comerciais e nomes populares, têm apenas a inicial maiúscula. O nome da gema artificial GGG é assim grafado por ser abreviatura de gálio-gadolínio-granada (*gallium gadolinium garnet*).

Grafaram-se também com maiúsculas, no Anexo (p. 553-572), os nomes dos elementos químicos que são espécies minerais.

As fórmulas químicas das espécies válidas foram extraídas do *Fleicher's Glossary of Mineral Species 2004*. Nessas fórmulas, a presença de colchetes vazios traduz uma posição estrutural predominantemente vazia.

Os grupos mineralógicos citados são aqueles definidos por Mandarino (1999), mas que ele próprio julga que deverão ser revistos, de acordo com critérios que estabeleceu em artigo publicado posteriormente.

Procuramos registrar sempre o sistema cristalino das espécies válidas. A partir de dados do *Mineral Reference Manual*, de Nickel e Nichols, verificamos que mais da metade dos minerais pertencem a dois sistemas cristalinos, o monoclínico (30,8%) e o ortorrômbico (28,6%). Dos demais sistemas, os que possuem mais espécies são, em ordem decrescente: trigonal (10,1%), triclínico (9%), cúbico (7,8%), hexagonal (7%) e tetragonal (6,4%). As espécies amorfas totalizam apenas 0,3%.

Sempre que julgamos conveniente, incluímos esclarecimentos sobre a pronúncia do nome do mineral (ex.: guanglinita, lipscombita, maricita).

Também procuramos alertar o leitor sobre a possibilidade de confusão decorrente de semelhanças nos nomes. Ex.: adamita/ hadammita, alita/halita, eckermannita/ ekmannita, pennantita/ tennantita etc.).

Os sinônimos apresentados incluem também nomes de minerais que outrora se pensava serem espécies diferentes daquela descrita no verbete.

Na descrição de um grande número de espécies minerais, sobretudo as de descoberta mais recente, informamos o local onde o mineral foi descrito pela primeira vez. O registro dessa informação mostrou a imensa importância que vem tendo, como fonte de novas espécies, a península de Kola, na Rússia. Várias outras localidades, porém, foram palco de muitas descobertas do gênero, como Rouville, Quebec (Canadá); Langbam, Varmland (Suécia); Shinkolobwe, Shaba (R. D. Congo); Tsumeb (Namíbia); Sussex, New Jersey (EUA); Saxônia (Alemanha); San Bernardino, Califórnia (EUA) e o Vesúvio (Itália), por exemplo.

A grafia dos nomes dos minerais em português levanta dúvidas muitas vezes difíceis de esclarecer e é objeto de outro trabalho do autor, ainda em elaboração.

O emprego do hífen, assunto complexo e até hoje mal resolvido na língua portuguesa, é feito, nos nomes de minerais e rochas, da seguinte maneira: os nomes das variedades petrográficas formadas por nome de mineral + nome de rocha devem ser escritos sem hífen, salvo os casos previstos no Acordo Ortográfico da Língua Portuguesa (Aolp), de 1990. Exemplo: quartzogabro, quartzoxisto, biotitagranito etc. Há hífen entre os nomes de minerais, mas não após o último deles: quartzo-moscovitaxisto, hornblenda-biotita-quartzodiorito etc. No entanto, essa regra não é aplicável para o mineral feldspato alcalino, pois feldspato e alcalino não são dois minerais. Assim, deve-se escrever granito a feldspato alcalino – forma corrente entre os geólogos. Não há hífen entre o nome de um mineral e o nome de um elemento ou radical químico que o antecede: ferrobrucita, cromodiopsídio etc. Também aqui são exceções alguns casos previstos no Aolp. Em alguns casos, não é fácil definir se o hífen deve ou não ser empregado, porque isso depende de se saber se é uma denominação popular ou um nome comercial.

Esperava-se que o problema do hífen fosse resolvido ou pelo menos muito abrandado com o Acordo Ortográfico da Língua Portuguesa, mas o que se conclui é que, se ele melhorou a situação por um lado (*micro-história* em vez de *microistória*, *Geo-Hidrologia* em vez de *Geoidrologia* e *sub-horizontal* em lugar de *suborizontal*), deixou bem pior por outro. De fato, o Vocabulário Ortográfico da Língua Portuguesa (Volp), publicado pela Academia Brasileira de Letras em 2009, registra corretamente *água-marinha*, *pedra-sabão*, *rubi-americano* e *topázio-baía*, por exemplo. Mas não vemos nenhuma razão para hifenizar *espato pesado*, *opala comum*, *quartzo róseo* e *quartzo rutilado* ou deixar sem hífen *opala-de-fogo*, *pedra-da-lua*, *topázio-dos-joalheiros*, entre outros.

O mesmo vocabulário oficial admite quatro maneiras diferentes de escrever o nome de um único mineral: niquelexa-hidrita, niquelexaidrita, níquel-hexa-hidrita e níquel-hexaidrita!

Há um bom número de termos geológicos que são pronunciados como paroxítonos em certas regiões do Brasil e como proparoxítonos em outras. Em várias ocasiões, discutimos este e outros problemas conforme o filólogo Antônio Houaiss e, nos casos de dupla pronúncia, registramos as duas formas, mas dando preferência àquela preferida ou registrada no seu dicionário. Embora a primeira edição do *Dicionário Houaiss* (publicada após sua morte) tenha saído com algumas falhas sérias, os próprios linguistas o consideram o melhor dicionário da língua portuguesa da atualidade. Assim, usamos e recomendamos, por exemplo, *coríndon*, não *córindon*; *epídoto*, não *epidoto*; *zeólita*, não *zeolita*.

Também seguindo o *Dicionário Houaiss*, preferimos e recomendamos *moscovita*, não *muscovita*, e *spessartita*, não *espessartita*.

Nomes que, em inglês, são escritos, por exemplo, *potassicmagnesiosadanagaite* ou *potassicpargasite* foram traduzidos para *magnesiossadanagaíta potássica* e *pargasita potássica*. Nomes como *Na-komarovite* foram traduzidos para *sodiokomarovita*.

Concluindo, duas curiosidades: o mineral de nome mais comprido que encontramos é a *ferriclinoferro-holmquistita sódica*, a fórmula química mais complexa que se conhece é a da tienshanita: $KNa_3(Na,K[\ ]_6)(Ca,Y)_2Ba_6(Mn,Fe,Zn,Ti)_6(Ti,Nb)_6Si_{36}B_{12}O_{114}[O_{5,5}(OH,F)_{3,5}]F_2$.

Como sempre, continuamos abertos a críticas e sugestões que tenham por objetivo eliminar falhas e melhorar a qualidade de nosso trabalho.

PÉRCIO DE MORAES BRANCO

Agradecemos à Superintendência Regional de Porto Alegre da Companhia de Pesquisa de Recursos Minerais (CPRM), por nos ter permitido fotografar minerais do acervo de seu Museu de Geologia.

Também somos gratos ao geólogo Prof. Daniel Atêncio, que em várias oportunidades dirimiu dúvidas de diversas naturezas, enriquecendo e atualizando nossos conhecimentos sobre Mineralogia.

Em muitas oportunidades, nos valemos da vasta experiência do gemólogo Walter Martins Leite, sempre pronto a nos ajudar com seus conhecimentos e sua amizade, e a quem também devemos agradecer.

O Dr. Michael Fleischer, da Smithsonian Institution (EUA), falecido em 1998, muito nos ajudou, não só com as sucessivas edições do seu *Glossary of Mineral Species*, mas também nos remetendo bibliografia e respondendo a várias questões que lhe formulamos por carta na década de 1980. Além disso, deu-nos grande estímulo quando, referindo-se à terceira edição do *Dicionário de Mineralogia*, mostrou-se impressionado com o cuidadoso trabalho que havíamos feito.

As dúvidas relacionadas com nosso idioma foram incontáveis vezes solucionadas com a ajuda de dois grandes mestres que, infelizmente, também já não estão mais conosco. Agradecemos, então, postumamente, pelo muito que aprendemos, a Antônio Houaiss, com quem tivemos o privilégio de trabalhar, e a Celso Pedro Luft.

Na preparação deste dicionário, especificamente, contamos com a ajuda do Prof. Heinrich Theodor Frank e da bibliotecária e colega de trabalho Ana Lúcia Borges Fortes Coelho, que pacientemente revisou toda a extensa bibliografia consultada. Também a eles nosso reconhecimento.

Siglas, Símbolos e Abreviaturas

Å	angström
AA	absorção de água
ABNT	Associação Brasileira de Normas Técnicas
ác.	ácido(s)
AGI	American Geological Institute
al.	alemão
antôn.	antônimo
ár.	árabe
B(–)	biaxial negativo
B(+)	biaxial positivo
bir.	birrefringência
br.	brilho
CA	coleção do autor
Cf.	confronte com
coml.	comercial
ct	quilate
cúb.	cúbico
D.	densidade relativa
disp.	dispersão
dur.	dureza
esp.	espanhol
ex.	exemplo
fr.	francês
frat.	fratura
gar.	gíria de garimpo
GIA	Gemological Institute of America
gr.	grego
hexag.	hexagonal
ingl.	inglês
IR	índice de refração
ital.	italiano
lapid.	lapidação
lat.	latim
MA	massa atômica
MG	Museu de Geologia da CPRM
monocl.	monoclínico
n.	número
nm	nanômetro
NA	número atômico
nome coml.	nome comercial
obsol.	obsoleto
ortog.	ortogonal
ortor.	ortorrômbico
PA	porosidade aparente
PE	peso específico
PF	ponto de fusão
prov.	provençal
pseudocúb.	pseudocúbico

pseudo-hexag.	pseudo-hexagonal
pseudomonocl.	pseudomonoclínico
pseudo-ortor.	pseudo-ortorrômbico
pseudotetrag.	pseudotetragonal
pseudotricl.	pseudotriclínico
pseudotrig.	pseudotrigonal
qz.	quartzo
r.	rocha(s)
R. D.	República Democrática
RF	resistência à flexão
sânscr.	sânscrito
semitransl.	semitranslúcido
semitransp.	semitransparente
sin.	sinônimo
subortog.	subortogonal
subtransl.	subtranslúcido
subtransp.	subtransparente
subvar.	subvariedade
TCU	taxa de compressão uniaxial
TDA	taxa de desgaste de Amsler
tetrag.	tetragonal
TR	terras-raras
transl.	translúcido
transp.	transparente
tricl.	triclínico
trig.	trigonal
U(–)	uniaxial negativo
U(+)	uniaxial positivo
USDI	United States Department of the Interior
USGS	United States Geological Survey
UV	ultravioleta
v.	ver
var.	variedade(s)
▢	fotos dos minerais

Sin. de *jade da amazônia,*
² *jade do brasil, jade colorado.* _____ Definição n° 2 do verbete

243*   número de massa
252**   número de massa do isótopo mais estável

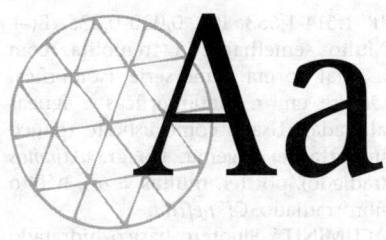

abacaxi-fóssil Var. de opala pseudomorfa sobre glauberita, encontrada em White Cliffs, Nova Gales do Sul (Austrália). Cf. *concha opalizada*.

abalone Gastrópode encontrado em águas profundas, tendo às vezes concha de cores belíssimas e que chega a atingir mais de 25 cm. Forma uma pérola comumente rosa ou verde (pérola abalone) e é encontrado principalmente no México e nas Antilhas. Sin. de *haliote*.

ABELSONITA Porfirina de níquel – $C_{31}H_{32}N_4Ni$ –, tricl., que ocorre em cristais achatados, formando agregados de 3 mm de comprimento, de cor púrpura-róseo a marrom-avermelhada, com br. adamantino a semimetálico. Dur. inferior a 3,0. Ocorre em folhelhos oleígenos de Uintah, Utah (EUA). Homenagem a Philip H. *Abelson*, pioneiro da geoquímica orgânica.

ABENAKIITA-(Ce) Mineral complexo de fórmula química $Na_{26}(Ce,REE)_6(SiO_3)_6(PO_4)_6(CO_3)_6(SO_2)O$, trig., descoberto em Rouville, Quebec (Canadá).

ABERNATIITA Arsenato hidratado de uranila e potássio – $K(UO_2)(AsO_4).4H_2O$ –, tetrag., com 52,8% U, mas sem interesse econômico, por ser raro. Apresenta forte fluorescência. Descoberto em Emery, Utah (EUA).

ABHURITA Mineral de fórmula química $Sn_3O(OH)_2Cl_2$, trig., descoberto ao norte de Jiddah (Arábia Saudita).

abkhazita V. *tremolita*. De *Abkhazia* (Rússia), onde foi descoberto.

abliquita Aluminossilicato de magnésio, cálcio e potássio, do grupo dos minerais argilosos. Assemelha-se à halloysita quando submetido a desidratação.

abriachanita V. *riebeckita*. De *Abriachã*.

abricotina Nome coml. de uma var. de qz. encontrada na forma de seixos rolados de cor vermelho-amarelada, em Cabo May, New Jersey (EUA). Assim chamada por ter cor semelhante à do abricó.

ABSWURMBACHITA Silicato de cobre e manganês – $CuMn_6SiO_{12}$ –, tetrag., descoberto em Evvia (Grécia).

abukumalita Sin. de *britolita-(Y)*. De *Abukuma*, rio da ilha de Honshu (Japão).

acadialita Var. de cabazita vermelho-carne que ocorre na *Acadia* (Canadá), mais precisamente na Nova Escócia.

ACANTITA Sulfeto de prata – Ag_2S –, com 87% Ag, monocl., dimorfo da argentita (que se transforma em acantita abaixo de 177°C). Forma cristais delgados, cinza-escuro, sécteis, de D. 7,2-7,3 e dur. 2,0-2,5. Tem frat. irregular, uma clivagem regular e br. metálico; é maleável e solúvel em ác. nítrico. Ocorre na porção inferior da zona de oxidação dos depósitos sulfetados. Mineral-minério de prata, polimorfo da argentita. Do gr. *akhanta* (espinho), pela forma alongada de seus cristais. Cf. *argentita*.

acarbodavina Var. de davina sem dióxido de carbono. Do gr. *a* (privação) + *carbo* (carbono) e *davina*.

acatassolamento Sin. de *chatoyance*.

acerdésio V. *manganita*. Do gr. *akerdes* (inútil), por ter pouco valor como branqueador.

ACETAMIDA Amida cristalina derivada do ác. acético – CH_3CONH_2 –, trig., descoberta em rejeitos de uma mina de carvão da Rússia, em áreas enriquecidas em amônia e isoladas do contato com o oxigênio e a luz solar. É um mineral sazonal, que se forma apenas em períodos secos. Aparece em cristais hexag. de até 5 mm, incolores ou cinza (cor decorrente da matéria orgânica), de D. 1,2 e dur. 1-1,5, com frat. conchoidal. Volatiliza-se em poucas horas quando exposta ao sol.

Acetato de celulose Plástico muito semelhante ao *nitrato de celulose*, mas

não inflamável, usado em imitações de gemas e vendido no comércio sob os nomes de Lumarith, Rhodoid e Tenite. Dur. 1,5. D. 1,29-1,40. IR 1,490-1,505.
achavalita Seleneto de ferro – FeSe – magnético, que ocorre em Cacheuta (Argentina).
achiardita V. *dachiardita-(Na)*. Pronuncia-se "aquiardita".
achlusita Substância mineral de cor verde, rica em sódio, produto de alteração do topázio.
acmita Sin. de *egirina*. Do gr. *akme* (ponta), em alusão ao seu hábito.
acmita-augita Sin. de *egirina-augita*.
acondrito Nome dado aos aerólitos sem côndrulos. São geralmente mais grosseiros que os condritos e praticamente sem Ni e Fe. Do gr. *a* (privação) + *khondros* (grãos).
acori Coral poroso de cor azul, vermelha ou violeta, formado pela espécie *Allopar subirolcea*, que era usado no Camerun (África Ocidental), no século XVIII, e hoje provavelmente ainda empregado pelos nativos com fins gemológicos. Ultimamente o termo tem sido usado para designar imitações e substitutos, como certas r., vidros e pérolas com pouco nácar.
acrochordita Arsenato básico hidratado de manganês e magnésio – $Mn_4Mg(AsO_4)_2(OH)_4.4H_2O$. Forma agregados arredondados marrom-avermelhados. Do gr. *acrochordos* (verruga), por sua forma.
acroíta Var. gemológica de elbaíta, incolor, muito rara. Do gr. *a* (privação) + *khroma* (cor).
acromaíta V. *hornblenda*. Provavelmente do gr. *a* (privação) + *khroma* (cor).
ACTINOLITA Silicato básico de cálcio e magnésio com ferro – [ ] $Ca_2(Mg,Fe)_5Si_8O_{22}(OH)_2$ –, do grupo dos anfibólios monocl. Forma séries isomórficas com a tremolita e com a ferroactinolita. Fibroso a granular, frequentemente com distribuição radial de suas fibras, cor verde a verde-amarelada, br. vítreo a sedoso, transp. Dur. 5,6. D. 2,90-3,20. IR 1,614-1,653. Bir. 0,020-0,025. B(–). Muito semelhante à tremolita, com a qual forma uma série isomórfica. Ocorre em r. metamórficas e ígneas alteradas. Usado como asbesto (pouco importante) e gema. Do gr. *aktinotos* (radiado), por ter, muitas vezes, hábito fibrorradiado. Cf. *nefrita*.
ACUMINITA Fluoreto básico hidratado de estrôncio e alumínio – $SrAlF_4(OH).H_2O$ –, monocl., dimorfo da tikhonenkovita, descoberto em Ivigtut, na Groenlândia.
ADAMITA 1. Arsenato básico de zinco – $Zn_2(AsO_4)(OH)$ –, ortor., dimorfo da paradamita e que forma série isomórfica com a olivenita. Incolor, branco, amarelo, violeta, róseo (com cobalto) ou verde (com cobre). Forma cristais prismáticos curtos, de br. vítreo. Dur. 3,5. D. 4,30-4,40. Clivagem basal, muitas vezes fluorescente. **2.** Designação coml. do coríndon sintético. Homenagem a Gilbert-Joseph *Adam*, mineralogista francês que forneceu as primeiras amostras para exame. Cf. *haddamita*.
ADAMSITA-(Y) Carbonato hidratado de sódio e ítrio – $NaY(CO_3)_2.6H_2O$ –, tricl., descoberto em Rouville, Quebec (Canadá).
adelfolita V. *fergusonita-(Y)*. Do gr. *adelphos* (irmão) + *lithos* (pedra).
ADELITA 1. Arsenato básico de cálcio e magnésio – $CaMgAsO_4(OH)$ –, ortor., que forma série isomórfica com a gottlobita. Maciço, de br. resinoso, com frat. conchoidal. Descoberto em Varmland (Suécia). O grupo da adelita-descloizita inclui sete arsenatos e dois vanadatos ortor., de fórmula geral $AB^{2+}(XO_4)OH$. Do gr. *adelos* (indistinto). **2.** (obsol.) V. *prehnita*.
ADMONTITA Borato básico hidratado de magnésio – $Mg_2[B_6O_7(OH)_6]_2.9H_2O$ –, monocl., dimorfo da mcallisterita. Descoberto na forma de cristais incolores, pouco desenvolvidos, alongados segundo o eixo *c*, em depósitos de gipsita de *Admont* (daí seu nome), Styria (Áustria). Dur. 2,0-3,0. D. 1,82.

adularescência Fenômeno óptico que consiste em uma luminosidade branca ou azulada que se observa na adulária quando é girada, e que se deve à reflexão difusa da luz em lamelas de geminação ou em outro mineral, paralelamente intercrescido e com IR um pouco diferente. Nas lamelas mais finas, predomina a cor azul, mais apreciada, sendo a adularescência então chamada de *schiller*. Frequentemente confundida com opalescência.

adulária Intercrescimento lamelar de feldspatos potássico e sódico. Os cristais são ortor., bem desenvolvidos, incolores a branco-leitosos, com adularescência. Pode-se mostrar também opalescente. É transp. a transl. Entre nicóis cruzados, tem comportamento muito variado. Quimicamente, caracteriza-se por um alto teor de bário. Dur. 6,0. D. 2,56. IR 1,520-1,525. B(–). Disp. 0,012. Mostra fraca fluorescência alaranjada ou azulada. Mineral típico de veios hidrotermais formados a temperaturas baixas a moderadas, encontrado também em fissuras de xistos cristalinos, especialmente nos Alpes suíços. É muito usada como gema, sendo produzida no Sri Lanka, Austrália, Mianmar (ex-Birmânia), Brasil, Índia, Madagascar, Tanzânia e EUA. Há imitações de adulária feitas com vidro. A ametista de cor fraca que é submetida a altas temperaturas pode imitá-la também. De *Adula*, antigo nome do monte São Gotardo (Suíça), onde ocorre. Sin. de ¹*pedra da lua*, ²*murchisonita*.

aegirina V. *egirina*.

AERINITA Silicocarbonato básico hidratado de cálcio, magnésio e alumínio, com ferro e manganês – $Ca_4[(Mg,Fe,Mn)(Al,Fe)]_{10}Si_{12}O_{35}(CO_3)(OH)_{12} \cdot 12H_2O$ –, monocl., descoberto na província de Juesca (Espanha).

aeroides Var. de água-marinha azul-celeste.

aerólito Nome dado aos meteoritos com mais silicatos que ferro. Do gr. *aeros* (ar) + *lithos* (pedra), por sua origem.

AERUGITA Arsenato de níquel – $Ni_{8,5}As_3O_{16}$ –, com 48,77% Ni. Trig., verde-grama ou marrom, descoberto na Saxônia (Alemanha).

afanesita Sin. de *clinoclásio*. Do gr. *aphanes* (pouco brilhante).

AFEGANITA Mineral de fórmula química $[(Na,K)_{22}Ca_{10}][Si_{24}Al_{24}O_{96}](SO_4)_6Cl_6$, trig., do grupo da cancrinita. Nome derivado de *Afeganistão*, onde foi descoberto.

afotonita Var. de tetraedrita rica em prata, de cor cinza. Talvez do gr. *a* (privação) + *photos* (luz).

afrita Var. de calcita lamelar, de br. nacarado. Do gr. *aphros* (escuma).

afrizita Sin. de *schorlita*. Do gr. *aphrizein* (espumar), por assemelhar-se a flocos de espuma (Aulete, 1970).

afrodita Sin. de *stevensita*. De *Afrodite*, personagem mitológica.

afrossiderita Var. de dafnita rica em ferro. Do gr. *aphros* (espuma) + *stderos* (ferro). Sin. de *proclorita*, *grochauita*.

aftalósio Sin. de *aftitalita*.

AFTITALITA Sulfato de potássio e sódio – $(K,Na)_3Na(SO_4)_2$ –, trig., maciço ou em crostas, com clivagem prismática, solúvel em água, de cor branca. Dur. 3,0. D. 2,7. Ocorre em lavas vulcânicas, formado pela ação de vapores de ác. sulfúrico sobre r. alcalinas. Do gr. *aphtitos* (incorruptível) + *lithos* (pedra), por não se alterar quando exposto ao ar. Sin. de *glaserita*, *aftitolita*, *aftalósio*.

aftitolita Forma mais correta de aftitalita.

AFWILLITA Silicato hidratado de cálcio – $Ca_3(SiO_3OH)_2 \cdot 2H_2O$ –, encontrado em chaminés diamantíferas, em cristais grandes, alongados segundo [010], monocl., incolores. Homenagem ao engenheiro de minas norte-americano A. F. Williams.

agafita Var. de turquesa do Irã.

agalita Pseudomorfo de talco sobre enstatita. Do gr. *agan* (muito) + *lithos* (pedra). Sin. de *asbestina*.

agalmatolito Pedra-sabão composta principalmente de pirofilita. É com-

agardita-(la) | ágata

pacta, mole, de granulação fina e cor verde-clara. Dur. 1-1,5. (Com tratamento térmico, a dureza aumenta bastante.) O agalmatolito é muito usado para confecção de objetos ornamentais e em vários produtos industriais. É produzido, no Brasil, em Minas Gerais. Do gr. *agalmatos* (ornato) + *lithos* (pedra), pelo seu uso em objetos ornamentais. Sin. de *pagodita, lardito, terra de imagens*. Cf. *esteatito, pedra-sabão*.

AGARDITA-(La) Arsenato básico hidratado de lantânio e cobre com cálcio – $(La,Ca)Cu_6(AsO_4)_3(OH)_6 \cdot 3H_2O$ –, hexag., do grupo da mixita, descoberto em Lavrion (Grécia). Homenagem a J. *Agard*, geólogo francês. Cf. *mixita*.

AGARDITA-(Y) Arsenato básico hidratado de ítrio e cobre com cálcio – $(Y,Ca)Cu_6(AsO_4)_3(OH)_6 \cdot 3H_2O$ –, hexag., do grupo da mixita, verde-cinza, fibroso a acicular segundo o eixo *c*, com estrias longitudinais. Os cristais têm poucos milímetros de comprimento, dur. 3,7 e ocorrem na zona de oxidação do depósito de cobre de Bou-Skour (Marrocos). Homenagem a J. *Agard*, geólogo francês. Cf. *mixita*.

ágata Var. de calcedônia que se apresenta em camadas plano-paralelas e/ou concêntricas, muitas vezes em várias cores, cujo processo de formação é, no entender de Prashnowsky (1990, p. 36) "um dos mais fascinantes problemas". Na porção central, costuma conter cristais bem desenvolvidos de qz., calcita, siderita, goethita ou zeólitas. Pode haver alternância de seis ou mais camadas de ágata com camadas de qz. hialino. A forma externa reflete a forma da cavidade da r. em que se formou. As cores mais comuns são vermelho, marrom, branco, cinza e cinza-azulado. Em Queensland (Austrália), há uma var. azul única no mundo. Transl., com frat. conchoidal e nenhuma clivagem. Dur. 6,5. D. 2,57-2,64. IR 1,530-1,539. Bir. 0,009. U(+). Ocorre em cavidades de r., principalmente nas vulcânicas. Principais produtores. O Rio Grande do Sul (Brasil) produz ágata desde 1830 e é o maior produtor mundial dessa gema; dele provêm os mais belos exemplares conhecidos. O município de Salto do Jacuí responde por 80% a 90% da produção estadual. É produzida também nos Estados de Minas Gerais e Bahia, bem como no Uruguai. A ágata lapidada do Brasil é exportada principalmente para os EUA. Uso. Muito usada em joias e decoração de interiores, há mais de 3.000 anos. É cortada e polida de modo a ressaltar suas cores e desenhos. Da produção do Rio Grande do Sul, cerca de 50% são rolinhas, geodos pequenos usados como corpos moedores em moinhos que preparam a argila para produção de cerâmica branca. Das ágatas ornamentais, 90% são exportadas. Tratamento. A ágata pode ser colorida artificialmente, processo que vem sendo usado desde o século XIX. O procedimento varia de acordo com a cor desejada, mas geralmente se coloca o mineral em um ác. e, a seguir, na solução corante, que é aquecida ou não. A cor preta é obtida mergulhando a ágata durante várias semanas numa solução concentrada quente de açúcar ou melado. Depois ela é lavada e colocada em ác. sulfúrico concentrado. Outro processo consiste em aquecimento lento em uma solução de nitrato de cobalto e de sulfocianato de amônio. A cor azul é adquirida com imersão em ferrocianeto de potássio, seguida de aquecimento numa solução de sulfato de ferro. Cor verde a verde-azulada é obtida com sais de cromo, a ex. do dicromato de potássio, e tons verde-maçã, com sais de níquel. As cores marrom e vermelha são conseguidas por simples aquecimento ou, se a ágata for pobre em hidróxido de ferro, com adição de sais desse metal. Se, a seguir, a ágata for mergulhada em ác. clorídrico concentrado, ficará verde-amarelada. Podem-se usar também corantes orgânicos, mas a cor não será estável. As cores obtidas pelos

processos citados limitam-se à porção superficial da pedra, razão pela qual o tingimento só deve ser feito após o corte. Aquecida a 200°C-300°C e submetida a resfriamento gradual, a ágata sofre alterações estruturais que facilitam o tingimento. Pelo menos 90% das ágatas vendidas no mundo foram tingidas, mas das ágatas gaúchas, só cerca de 40% recebem esse tratamento. Para serrá-la, deve--se usar disco diamantado resfriado a querosene. ETIMOLOGIA. O nome ágata aplicava-se antigamente ao alabastro e a alguns outros minerais, e deriva de *Achates*, rio da Sicília (hoje Drillo), onde ela ocorre. ▢
ágata-anel Var. de ágata em anéis concêntricos de cores menos contrastantes que as da ágata-olho.
ágata-arco-íris 1. (gar.) Var. de ágata com cores muito vivas. **2.** Ágata com as cores do arco-íris, procedente do México.
ágata-buquê Ágata com inclusões que lembram um ramalhete de flores. É encontrada no Texas (EUA).
ágata-cera 1. Calcedônia amarela ou vermelho-amarelada, com pronunciado br. de cera, assemelhando-se à cornalina. **2.** Ágata verde, sem br., encontrada no Brasil. É rara.
ágata-ciclope Var. de ágata-olho com um olho só. Alusão aos ciclopes, personagens mitológicos que tinham um só olho.
ágata-coral 1. Var. de ágata semelhante a coral fóssil. **2.** Coral silicificado no qual esqueletos coralinos brancos aparecem em um fundo vermelho-carne.
ágata da islândia Nome coml. da obsidiana amarronzada ou cinzenta, usada como gema.
ágata de algas Ágata com inclusões que lembram algas.
ágata de fogo 1. Var. de ágata muito parecida com a opala-negra, mais rara que esta, encontrada no Arizona (EUA) e na Austrália. **2.** Imitação de opala de fogo feita com vidro. Cf. *ágata de fogo do lago superior*.

ágata de fogo do lago superior Imitação de opala feita com vidro. Cf. ²*ágata de fogo*.
ágata de lavra (gar., RS) Ágata extraída do solo, não da r. O mesmo que pedra de lavra.
ágata do banhado (gar.) Sin. de *ágata do campo*.
ágata do campo (gar.) Ágata em faixas de diversas cores, predominantemente vermelha, diferente da ágata umbu, que é toda cinza-azulado. Sin. de *ágata do banhado, brasina, rajada*.
ágata do lago superior Thomsonita listada como a ágata, encontrada na região do lago Superior (EUA).
ágata do texas Jaspágata encontrada nos cascalhos gemíferos do rio Pecos, no *Texas* (EUA).
ágata-fita Var. de ágata com faixas largas e retas ou uniformemente curvas, sem reentrâncias e saliências.
ágata-flor Ágata com inclusões dendríticas. Sin. de *ágata-pluma*.
ágata-geada Calcedônia cinza com marcas brancas, lembrando neve ou geada.
ágata-indiana Sin. de *ágata-musgo*.
ágata-mexicana Calcita ou aragonita com cor distribuída em faixas. Cf. *ágata-mosaico*.
ágata montana Nome de uma ágata--musgo de *Montana* (EUA).
ágata-mosaico Ágata-mexicana brechada.
ágata-musgo Var. de calcedônia com inclusões dendríticas de ferro, manganês, actinolita ou outros minerais, de cor preta, avermelhada, marrom, cinza ou verde em uma massa azulada ou cinza. É transl., quase transp. Sin. de *ágata-indiana, mokhaíta, pedra de moca, seixo de moca*.
ágata-negra 1. V. *obsidiana*. **2.** Nome dado, às vezes, ao azeviche.
ágata nipomo Ágata com inclusões de marcassita, encontrada em *Nipomo*, Califórnia (EUA).
ágata-ocidental Ágata sem cores vivas e pouco transl.
ágata-olho Var. de ágata com anéis concêntricos que podem ser de várias

ágata olho de boi | água de toque

cores alternadas, tendo centro escuro, lembrando um olho. Sin. de *pedra-aleppo*.
ágata olho de boi Ágata com dois conjuntos de faixas concêntricas, semelhantes a olhos de boi na cor. Cf. *ágata olho de coruja*.
ágata olho de coruja Ágata com dois núcleos de faixas concêntricas, lembrando os olhos de uma coruja. Cf. *ágata olho de boi*.
ágata olho de gato Calcedônia opalina semelhante à pedra da lua e que, devidamente lapidada, mostra *chatoyance*.
ágata-ônix Ágata em faixas retas e paralelas, com alternância da cor branca com vários tons de cinza. Sin. de *pedra de mênfis*.
ágata-oriental 1. Ágata de excepcional beleza e muito transl. **2.** Var. de travertino com cor distribuída em faixas.
ágata petoskey Coral fóssil encontrado em Petoskey, Michigan (EUA). Sin. de ²*pedra de petoskey*.
ágata pipe Ágata com inclusões de forma tubular, encontrada nos EUA.
ágata-pluma Sin. de *ágata-flor*.
ágata pompom Var. de ágata com inclusões amarelas ou alaranjadas semelhantes aos pompons dos crisântemos. Assemelha-se à *ágata-flor*.
ágata-real Var. de obsidiana manchada.
ágata-sangue 1. Var. de ágata de cor rosa, salmão ou vermelho-carne, encontrada em Utah (EUA). **2.** V. *hemágata*. Cf. *ágata-sanguínea*.
ágata sangue de pombo V. *cornalina*.
ágata-sanguínea Bela var. de ágata cor de sangue, às vezes lapidada em cabuchão. Sin. de *hemachete*. Cf. *ágata-sangue*.
ágata-sárdio Ágata similar ao sardônix na cor, mas com faixas sem retilineidade ou paralelismo.
ágata umbu (gar.) Ágata cinza-azulado, homogênea, que ocorre em Salto do Jacuí, RS (Brasil). É a mais valiosa das ágatas e toda a produção é exportada. Muito apreciada por permitir tingimento homogêneo, pois não tem bandamento nem cavidade no centro do geodo. Nome derivado de uma antiga fazenda da região, onde foi descoberta.
ágata-verde V. *pumpellyíta-(Mg)*.
ágata-vermelha 1. Nome dado, no comércio de gemas, à cornalina. **2.** V. *hemágata*.
ágata-zebra Ágata branca e preta encontrada em Bombaim (Índia).
aglaurita Var. de ortoclásio com reflexos azuis.
agnolita Sin. de *inesita*. Do gr. *agnos* (puro) + *lithos* (pedra).
agregado cristalino Associação de cristais, da mesma espécie ou não, que cresceram juntos, sendo cada um grande o suficiente para ser visto a olho nu e mais ou menos perfeito. Pode ser granular, compacto, fibroso, fibrorradiado, botrioidal etc.
AGRELLITA Silicato de sódio e cálcio – $NaCa_2Si_4O_{10}F$ –, tricl., em cristais de até 1 cm, alongados segundo [001], de cor branca ou cinza, br. nacarado nas superfícies de clivagem – (110) e (110). Dur. 5,5. D. 2,89-2,90. Forma lentes em gnaisse de Temiscamingue, Quebec (Canadá). Homenagem a Stuart O. *Agrell*, professor inglês.
agricolita V. *eulitita*. Homenagem ao mineralogista alemão Georgius *Agricola*.
AGRINIERITA Óxido complexo de urânio e potássio com cálcio e estrôncio – $(K_2,Ca,Sr)U_3O_{10}.4H_2O$ –, ortor., de cor laranja, que forma cristais tabulares de D. 5,6-5,7, com boa clivagem basal, às vezes maclados. Descoberto na jazida de urânio de Margnac, no Maciço Central francês, na zona de oxidação. Homenagem ao engenheiro francês Henri *Agrinier*.
água Classificação antiquada do grau de transp. e br. de uma gema. As gemas podem ser de primeira água, de segunda água etc.
água de toque Mistura de ác. nítrico e cloreto de sódio usada para determinar o teor de ouro de uma liga. Cf. *pedra de toque*.

água-marinha Var. de berilo azul ou esverdeada e transp. A cor deve-se à presença de ferro (Fe^{2+}; se houver também Fe^{3+}, ela será mais clara). Forma cristais hexagonais com até mais de 100 kg. Dur. 7,5-8,0. D. 2,72. IR 1,577-1,583. Bir. 0,004. U(–). Disp. 0,014. Normalmente não tem inclusões, podendo, porém, apresentar manchas marrons de óxido de ferro e cavidades alongadas com líquido. Observada através do filtro de Chelsea, fica verde. Ocorre em pegmatitos e aluviões. IMITAÇÕES E SUBSTITUTOS. No comércio, vendem-se, às vezes, topázio e espinélio sintético azuis como se fossem água-marinha. Apoiada em um papel branco e observada através da mesa, a gema permanece azul, se for topázio, mas aparece esverdeada, se for água-marinha. Além disso, no bromofórmio, a água-marinha flutua, enquanto o topázio afunda. A chamada água-marinha sintética é, na verdade, coríndon sintético. Como o topázio, este coríndon afunda no bromofórmio. O espinélio difere da água-marinha por ser isótropo e por também afundar no bromofórmio. LAPID. A água-marinha deve ser lapidada de modo a ter a mesa paralela ao eixo óptico (eixo c), evitando assim, ao máximo, os tons esverdeados indesejáveis. As formas preferidas são esmeralda, pendeloque e brilhante. HISTÓRIA. A maior água-marinha conhecida foi encontrada em Marambaia, MG (Brasil); pesava 111 kg, medindo 45 cm de altura por 38 cm de largura. Outras pedras famosas são a Lúcia, Marta Rocha e Cachacinha. Esta última tinha 65 kg, mas possuía muitas inclusões, restando apenas 7.000 a 8.000 ct aproveitáveis. PRINCIPAIS PRODUTORES. É considerada a pedra mais característica do Brasil, onde é produzida principalmente em pegmatitos e aluviões de Minas Gerais (vale do rio Doce), Estado responsável pelos espécimes mais valiosos do mundo. É produzida ainda no Espírito Santo, Rio Grande do Norte, Ceará, Alagoas e Paraíba. VALOR COML. As águas-marinhas mais valiosas são as azul-escuras. Os preços vão de US$ 1 a US$ 750/ct, para gemas lapidadas de 0,50 a 50 ct. SÍNTESE. A água-marinha não é sintetizada por ser o processo antieconômico. TRATAMENTO. A maioria das gemas encontradas no comércio deve sua cor azul ao aquecimento a que foram submetidas pedras amarelas ou verdes. Mais de 90% das águas-marinhas comercializadas no mercado internacional foram tratadas termicamente. Esse tratamento, no Brasil, já é feito pelos próprios garimpeiros, e o azul obtido desse modo não pode ser distinguido do azul natural. As gemas de cor fraca são aquecidas a 400-500°C para escurecerem. CUIDADOS. Exposta a radiações, uma água-marinha de boa cor fica verde. CONFUSÕES POSSÍVEIS. A água-marinha pode ser confundida com topázio azul, espinélio, euclásio, cianita, indicolita e zircão. ETIMOLOGIA. Assim chamada por sua cor, semelhante à do mar. □

água-marinha da sibéria Nome coml. do berilo esverdeado obtido por tratamento térmico.

água-marinha do brasil Topázio azul-claro.

água-marinha do sião Nome coml. do zircão azul obtido por tratamento térmico.

água-marinha madagascar Var. gemológica de berilo fortemente dicroica, que ocorre em *Madagascar*.

água-marinha maxixe Berilo barífero azul-escuro com forte dicroísmo, extraído da mina *Maxixe*, em Minas Gerais (Brasil). Essa cor também pode ser obtida submetendo o berilo à radiação ultravioleta, mas, em caso de exposição prolongada à luz, a cor assim obtida enfraquece.

água-marinha nerchinsk Topázio com cor de água-marinha encontrado em *Nerchinsk*, Sibéria (Rússia).

água-marinha-oriental 1. Topázio azul-esverdeado procedente da Sibéria (Rússia). 2. Safira azul-esverdeada.

água-marinha santa maria Var. de água-marinha de cor muito azul que ocorre em *Santa Maria* do Itabira, MG (Brasil).

água-marinha-sintética Denominação imprópria usada para o coríndon ou o espinélio sintéticos, de cor azul. Ao contrário da verdadeira água-marinha, estas gemas afundam no bromofórmio.

AGUILARITA Sulfosseleneto de prata – Ag_4SeS –, com 80,5% Ag. Forma cristais ortor., sécteis, aparecendo muitas vezes maciço. Tem cor preta, intenso br. metálico, é séctil e opaco. Mineral raro, encontrado em depósitos hidrotermais de baixa temperatura, formados em ambientes pobres em enxofre. Mineral-minério de prata. Homenagem a *Aguilar*, superintendente da mina de prata San Carlos, de Guanajuato (México), onde foi descoberto.

agulha (gar.) Rutilo. Sin. de *fundinho*, *palha de vidro*. Cf. *agulheiro*.

agulha ponta de lápis (gar.) Rutilo.

agulheiro (gar., BA) Sagenita. Cf. *agulha*.

AHEYLITA Fosfato básico hidratado de ferro e alumínio – $FeAl_6(PO_4)_4(OH)_8.4H_2O$ –, tricl., descoberto em Oruro (Bolívia).

AHLFELDITA Selenato hidratado de níquel – $NiSeO_3.2H_2O$ –, monocl., de cor rosa, br. vítreo, transl. Forma série isomórfica com a cobaltomenita. Descoberto na mina de prata Pacajake, de Colquechaca (Bolívia), e assim chamado em homenagem a *Ahlfeld*, geólogo alemão.

aidyrlyíta Silicato hidratado de níquel e alumínio – $(NiO)_4(Al_2O_3)_4(SiO_2)_6.15H_2O$ –, azul-turquesa, coloidal. Forma pequenos veios cortando calcário. De *Aidyrly*, Orenburg, nos montes Urais (Rússia).

AIKINITA Sulfeto de chumbo, cobre e bismuto – $PbCuBiS_3$ –, ortor., cinza--escuro, sem valor econômico, mas útil na prospecção de ouro. Descoberto na Cornualha (Inglaterra). O nome designa também um pseudomorfo de volframita sobre scheelita. Homenagem a Arthur *Aikin*, um dos fundadores da Sociedade Geológica de Londres. Sin. de *patrinita*.

ainalita Var. de cassiterita com tântalo.

AJOÍTA Silicato hidratado de potássio, alumínio e cobre com sódio – $(K,Na)Cu_7AlSi_9O_{24}(OH)_6.3H_2O$ –, tricl., encontrado em cavidades de um monzonito, na forma de cristais prismáticos ou laminados de cor verde-azul, com clivagem (010) perfeita. De *Ajo*, Pima, Arizona (EUA), onde foi descoberto.

ajougo (gar., MT) Depósito diamantífero que se forma na parte interna dos meandros dos rios.

akabar Sin. de *coral negro*.

AKAGANEÍTA Hidróxido de ferro – β – $Fe_8O(OH,O,Cl)_{17}$ –, monocl., pseudotetrag., fisicamente semelhante à limonita. Descoberto na mina *Akagané*, Iwate (Japão), daí seu nome.

AKATOREÍTA Aluminossilicato básico de manganês – $Mn_9Al_2Si_8O_{24}(OH)_8$ –, tricl., descoberto em Dunedin (Nova Zelândia).

AKDALAÍTA Óxido hidratado de alumínio – $4Al_2O_3.H_2O$ –, hexag., descoberto em Karaganda (Casaquistão).

AKERMANITA Silicato de cálcio e magnésio – $Ca_2MgSi_2O_7$ –, tetrag., do grupo da melilita (série isomórfica gehlenita-akermanita). Assim chamado em homenagem ao mineralogista sueco Richard *Akerman*. Não confundir com *eckermannita, ekmannita*.

AKHTENSKITA Óxido de manganês – ε-MnO_2 –, hexag., trimorfo da pirolusita e da ramsdellita. Descoberto na jazida de *Akhtenskoe* (daí seu nome), nos Urais (Rússia).

AKIMOTOÍTA Silicato de magnésio – $MgSiO_3$ –, trig., descoberto no meteorito Tenham, em Queensland (Austrália).

AKSAÍTA Borato hidratado de magnésio – $MgB_6O_7(OH)_6.2H_2O$ –, ortor., formando cristais alongados segundo [001] de até 7 mm, com as faces prismáticas estriadas paralelamente a [100]. Cinza-claro a incolor. Dur. em torno de 2,5. De *Ak-sai*, Casaquistão (Rússia).

AKTASHITA Sulfoarseneto de cobre e mercúrio – $Cu_6Hg_3As_4S_{12}$ –, trig. Forma uma série com a gruzdevita. Descoberto na jazida de mercúrio *Aktash* (daí seu nome), em Gorniy Altay (Rússia). Cf. *nowackiita*.

alabandina Sin. de *alabandita*.

ALABANDITA Sulfeto de manganês – MnS –, cúb., preto, maciço ou granular, com clivagem cúbica perfeita. De *Alabanda* (Turquia). Sin. de *alabandina*, *manganoblenda*. Cf. *niningerita*.

alabastro 1. Var. de gipsita finamente granulada ou maciça, usada, quando pura e transl., para fins ornamentais, principalmente em vasos e estatuetas. Dur. 2,0. D. 2,30-2,33. IR 1,520-1,530. Bir. 0,010. B(–). O alabastro é branco quando puro, podendo ser tingido artificialmente de várias cores. Na Antiguidade, o nome designava mármores de granulação fina e, hoje, é frequente a confusão com o mármore-ônix. A Toscânia (Itália) é praticamente o único produtor. **2.** Sin. de *mármore-ônix*. Do gr. *alabastros* (vaso para perfume). Sin. de ²*pedra de águas*. □

alabastro-calcário Mármore de granulação muito fina e textura fibrosa.

alabastro-egípcio Mármore-ônix que ocorre perto de Tebas (Egito).

alabastro-ônix V. *mármore-ônix*.

alabastro-oriental V. *mármore-ônix*.

ALACRANITA Sulfeto de arsênio – As_8S_9 –, monocl., descoberto na mina *Alacrán* (daí seu nome), em Pampa Larga (Chile).

ALACTITA Arsenato básico de manganês – $Mn_7(AsO_4)_2(OH)_8$ –, monocl., vermelho-amarronzado, semelhante à axinita, descoberto em Normark (Suécia). Do gr. *alactels* (troca), pela mudança de cor que exibe (pleocroísmo). Cf. *raadeíta*.

alaíta Óxido hidratado de vanádio – $V_2O_5.H_2O$ –, dos montes *Alai* (daí seu nome), no Turquistão, onde ocorre. Sin. de *aloíta*. Não confundir com *alalita*.

alalita Var. de diopsídio verde-clara. De *Ala*, vale da Itália + gr. *lithos* (pedra). Não confundir com *alaíta*.

alambre V. *âmbar*. Do ár. *al-anbar*.

ALAMOSITA Silicato de chumbo – $PbSiO_3$ –, monocl., descoberto em uma mina perto de *Álamos* (daí seu nome), em Los Álamos, Sonora (México).

ALARGENTO Liga de antimônio e prata – $Ag_{1-X}Sb_X$ –, hexag., com 84,0-85,6% Ag, de D. 10,0-10,1, que ocorre intercrescida com prata antimonífera e discrasita. Opticamente é muito semelhante à schachnerita e à paraschachnerita.

ALARSITA Arsenato de alumínio – $AlAsO_4$ –, trig., descoberto em Kamchatka (Rússia) e assim chamado por sua composição.

alasquito ¹Granito com minerais escuros ausentes ou pouco abundantes, sendo, portanto, composto essencialmente de qz. e feldspato alcalino. É usado como pedra ornamental. V. *Vermelho Colorado*.

albertito Mistura de hidrocarbonetos semelhante ao azeviche. Dur. 2,5. D. 1,10. IR 1,550. Moderadamente solúvel em solventes orgânicos.

albiclásio Plagioclásio de composição variando entre Ab_{90}, An_{10} e $Ab_{80}An_{20}$. Contração de *albita* e *oligoclásio*, por ter composição intermediária entre as composições desses dois membros da série.

ALBITA Aluminossilicato de sódio – $NaAlSi_3O_8$ –, do grupo dos feldspatos, subgrupo dos plagioclásios. É um mineral incolor ou branco-leitoso, às vezes esverdeado, amarelado ou vermelho-carne. Tricl., geralmente tabular, às vezes alongado segundo o eixo *b*. Clivagem [001] perfeita e [010] boa. Aparece frequentemente com maclas polissintéticas. Dur. 6,0-6,5. D. 2,60. IR 1,525-1,536. Bir. 0,011. B(+). Disp. 0,012. Ocorre em todos os três grandes grupos de r. É usado como gema (v. *peristerita*) e em cerâmica. Do lat. *albus* (branco), por sua cor. □

ALBRECHTSCHRAUFITA Fluorcarbonato hidratado de cálcio, magnésio e uranila – $Ca_4Mg(UO_2)_2(CO_3)_6F_2.17H_2O$ –, tricl., descoberto na Boêmia (República Checa).

alcalidavina Sin. de *natrodavina*.

alcaliespinélio Var. de espinélio com pequena quantidade de álcalis.
alcalifemaghastingsita Var. de hastingsita com sódio, potássio e magnésio. Nome derivado da composição: *álcalis + ferro + magnésio + hastingsita*.
alcaliferro-hastingsita Var. de hastingsita rica em álcalis e ferro.
alcaligranada Termo genérico que designa os minerais do grupo da sodalita que se assemelham muito, cristalográfica e quimicamente, às granadas.
alcali-hastingsita Var. de hastingsita ou magnesio-hastingsita com sódio e potássio.
álcool Designação muito antiga de estibnita. Do ár. *al-kohul*.
aldanita Var. de torianita com chumbo e urânio. Descoberta no rio *Aldan* (Rússia).
ALDERMANITA Fosfato hidratado de magnésio e alumínio – $Mg_5Al_{12}(PO_4)_8(OH)_{22}.32H_2O$ –, ortor., encontrado em Adelaide (Austrália), onde forma cristais muito delgados, de até 0,1 mm. Semelhante ao talco, incolor, de D. 2,15 e dur. 2,0. Homenagem a Arthur B. *Alderman*, professor australiano.
aldzhanita Cloroborato de cálcio e magnésio – $CaMgB_2O_4Cl.7H_2O$ (?) –, que forma cristais ortor., incolores a rosa-claro, bipiramidais, de D. 2,21, em resíduos insolúveis de uma r. a carnallita e bischofita.
ALEKSITA Sulfotelureto de chumbo e bismuto – $PbBi_2Te_2S_2$ –, hexag., que forma grãos achatados de até 1 mm em veios sulfetados da mina *Alekseevskiy* (daí seu nome), em Sutamanskiy (Rússia). Encontrado também em Córrego Criminoso, GO (Brasil). D. 7,8. Tem clivagem basal perfeita.
alexanderita Espinélio ou safira sintéticos, semelhantes à alexandrita.
alexandrina 1. Nome coml. de um espinélio sintético usado como imitação de alexandrita. Cf. *alexandrita-sintética*.
2. Safira semelhante à alexandrita.
alexandrita Var. gemológica de ¹crisoberilo transp. e semelhante, na cor, à esmeralda. A cor, acredita-se, deve-se à presença de cromo e ferro e, em luz incandescente, pode mudar para vermelho ou violeta-avermelhado. Cf. *Camaleonita*. Mostra pleocroísmo em verde, vermelho e laranja, podendo exibir também *chatoyance*. Dur. 8,5. D. 3,65-3,85. Br. graxo, duas boas clivagens (formam um ângulo de 60°). IR 1,746-1,755. Bir. 0,010. B(+). Disp. 0,015. Ocorre em micaxistos e aluviões. Lapid. Costuma ser lapidada em pera. Síntese. É produzida sinteticamente desde 1970. Imitações. Imitações de alexandrita são obtidas adicionando 3% de óxido de vanádio ao espinélio sintético. Essa imitação é vendida sob os nomes de alexandrina, alexandrita-sintética ou mesmo alexandrita, simplesmente. Ela difere da alexandrita verdadeira porque mostra cores azul (em luz natural) e vermelha (luz incandescente), e não verde e vermelha. Principais produtores. A alexandrita é produzida, como o olho de gato, no Sri Lanka (Ratnapura e outros locais), Zimbábue (Karoi, Novello Claims), Brasil (Minas Gerais, Goiás e Bahia), Tanzânia (Lake Manyara, Tunduru), Madagascar (Ilakaka) e Índia (Orissa, Andhra Pradesh). Valor coml. É uma das gemas mais valiosas. Seus preços variam de US$ 15 a US$ 9.000/ct para pedras de 0,5 a 3 ct. História. A maior alexandrita lapidada conhecida pesa 65 ct e encontra-se na Smithsonian Institution, em Washington (EUA). Ela foi encontrada no Sri Lanka, onde já se encontrou uma outra, de 375 g no estado bruto. A maior gema bruta tem 24,48 kg, foi encontrada na Bahia (Brasil) e pertence ao Museu Amsterdam Sauer de Pedras Preciosas, do Rio de Janeiro. Etimologia. O nome da alexandrita é em homenagem a *Alexandre II*, czar da Rússia, por ter sido descoberta no dia do seu aniversário, em 1830. Sin. de *crisoberilo-uraliano*. Cf. *alexandrolita*.
alexandrita-azul Safira semelhante à alexandrita.

alexandrita ceilão Alexandrita de excepcional transparência que ocorre no Sri Lanka, formando grandes cristais (frequentemente com 20 ct ou mais depois de lapidados).
alexandrita-científica Coríndon semelhante à alexandrita em certas características ópticas e artificialmente colorido com óxido de vanádio.
alexandrita madagascar Alexandrita proveniente de Madagascar. É inferior, em qualidade, à alexandrita russa e à alexandrita ceilão.
alexandrita russa Alexandrita procedente dos montes Urais (Rússia). Ocorre em cristais menores que os da alexandrita ceilão e é mais azulada.
alexandrita-sintética Nome coml. de uma imitação de alexandrita obtida com espinélio ou coríndon sintéticos. Cf. [1]*alexandrina*.
alexandrolita Silicato hidratado de alumínio, cromo e ferro, do grupo das micas. Verde, amorfo, produto de alteração da fuchsita. Cf. *alexandrita*.
alexite (Nome coml.) V. *yag*.
alfacatapleíta V. *gaidonnayita*.
alfacloritita Silicato hidratado de alumínio, de hábito micáceo.
alfacopiapita Sulfato básico hidratado de ferro. Cf. *copiapita*.
alfadahllita Nome de uma var. de dahllita.
alfafergusonita Fergusonita não metamicta.
alfa-hopeíta Fosfato hidratado de zinco – $(ZnO)_3P_2O_5.4H_2O$ –, ortor., marrom-cinzento. Cf. *hopeíta*.
alfa-hyblita Sulfossilicato básico hidratado de tório, com certa quantidade de urânio, ferro e chumbo, de cor branca, produzido por alteração da torita. De *Hybla*, Ontário (Canadá).
alfakertschenita V. *kertschenita*.
alfakliachita Hidróxido de alumínio, um dos constituintes da bauxita.
alfaleonhardita Var. de laumontita com apenas uma molécula de água.
alfapalygorskita Sin. de *lassalita*.
alfapilolita Silicato hidratado de magnésio e alumínio, do grupo da palygorskita. É um asbesto e, como tal, utilizado como isolante térmico na construção civil. Cf. *pilolita*.
alfarrathita Sin. de *wiltshireíta*. Cf. *rathita*.
alfassepiolita Var. fibrosa de sepiolita. Sin. de *parassepiolita*. Cf. *betassepiolita*.
alfauranopilita Var. de uranopilita pobre em água.
alfauranotilo Silicato hidratado de cálcio e urânio, em cristais verde-amarelos.
alfausbequita Var. de usbequita menos hidratada que a betausbequita.
alfavredenburgita Óxido de manganês e ferro – $(Mn,Fe)_3O_4$. É uma hausmannita ferrífera, metaestável. Sin. de [1]*vredenburgita*.
alfinete (gar., BA) Marcassita em cristais capilares.
ALFORSITA Clorofosfato de bário – $Ba_5(PO_4)_3Cl$ –, hexag., do grupo da apatita. Ocorre em Big Creek, Fresno, Califórnia (EUA), onde aparece como grãos subédricos, geralmente com menos de 0,05 mm, às vezes atingindo 0,2 mm, de D. 4,83. Difícil de distinguir da fluorapatita. Homenagem ao Dr. John T. *Alfors*, geólogo norte-americano.
algerita Pseudomorfo de pirita sobre escapolita.
ALGODONITA Arseneto de cobre – Cu_6As –, hexag., opaco, de cor cinza. Descoberto na mina *Algodones*, Coquimbo (Chile), de onde vem seu nome.
ALIETTITA Mineral argiloso que consiste numa interestratificação regular de talco e esmectita trioctaédrica, em proporções iguais. Pertence ao grupo da esmectita e ocorre em Monte Chiaro (Itália). Homenagem ao professor italiano A. *Alietti*.
alipita Silicato hidratado de magnésio e níquel, de cor verde, semelhante à genthita. Sin. de *pimelita*.
alita Silicato de cálcio – $(CaO)_3SiO_2$ –, nome antigamente dado a um dos constituintes do clínquer do cimento Portland. Talvez do gr. *alytos* (que não pode soltar-se), pelo seu uso no cimento. Não confundir com *halita*.

aljôfar Sin. de *aljofre*. Do ár. *al-juttar*.
aljofre Pérola de pequenas dimensões. Sin. de *aljôfar*, [1]*semente*.
alkanassul V. *natroalunita*. Nome derivado de *alumínio* + *kallium* (potássio) + *natrum* (sódio) + *sulfato*.
ALLABOGDANITA Fosfeto de ferro – Fe_2P –, ortor., descoberto em meteorito encontrado em Sakha-Yakutia (Rússia).
alladita V. *freieslebenita*.
ALLANITA-(Ce) Silicato básico de cálcio e alumínio com césio, lantânio e ferro – $(Ca,Ce,La)_2(Al,Fe)_3(SiO_4)_3(OH)$ –, do grupo do epídoto. A composição é variável. A allanita é monocl., prismática, tabular ou acicular, mais comumente maciça, marrom a preta, opaca, de br. metálico a resinoso e frat. subconchoidal. Dur. 6,0. D. 3,50-4,20. Radioativa, geralmente metamicta. Fortemente pleocroica. IR 1,640-1,800. Ocorre como mineral acessório em r. ígneas e nas metamórficas correspondentes. Usada como gema, na forma de cabuchões, só quando bem preta e maciça. Muito importante como fonte de TR. No Brasil, é encontrada em pegmatitos do norte de Minas Gerais e do planalto da Borborema, bem como em gnaisses do Rio Grande do Norte. O maior cristal de allanita conhecido foi descoberto na Noruega e tinha 1,14 m x 0,38 m, com 375 kg. Homenagem a Thomas *Allan*, seu descobridor. Sin. de *ortita*, *uralortita*, *pirortita*, *bagrationita*, *bucklandita*, [2]*treanorita*. Cf. *ferriallanita-(Ce)*.
ALLANITA-(Y) Mineral semelhante à allanita – (Ce), com mais ítrio que cério – $(Y,Ce,Ca)_2(Al,Fe)_3(SiO_4)_3(OH)$ –, monocl., também do grupo do epídoto. Sin. de *itro-ortita*.
ALLEGHANYÍTA Silicato básico de manganês – $Mn_5(SiO_4)_2(OH)_2$ –, monocl., dimorfo da ribbeíta. Ocorre como grãos e cristais arredondados de cor rosa. De *Alleghany*, Carolina do Norte (EUA), onde foi descoberto.
allenita Sin. de *pentaidrita*. Cf. *allanita*.
allevardita Sin. de *rectorita*, nome preferível.
allokita Mineral argiloso, estruturalmente intermediário entre caulinita e alofano.
ALLUAIVITA Silicato hidratado de fórmula química $Na_{19}(Ca,Mn)_6(Ti,Nb)_3Si_{26}O_{74}Cl.2H_2O$, descoberto no monte *Alluaiv* (daí seu nome), na península de Kola (Rússia).
ALLUAUDITA Fosfato de sódio, manganês e ferro – $Na[\ ]MnFe_2(PO_4)_3$ –, monocl., produto de alteração da varulita e da hühnerkobelita. Forma uma série com a ferroalluaudita. Homenagem a F. *Alluad*, seu descobridor. O grupo da alluaudita compreende cinco fosfatos e sete arsenatos monocl. de fórmula geral $NaACD_2(XO_4)_3$.
ALMANDINA Silicato de ferro e alumínio – $Fe_3Al_2(SiO_4)_3$ –, do grupo das granadas. É cúb., de cor vermelho-escura a preta, decorrente do ferro. Tem traço branco e é transp. a transl. Dur. 7,5. D. 4,05. IR 1,830. Frequentemente mostra dupla refração anômala. Disp. 0,024. Pode ter *seda* (v.) e grãos de zircão como inclusões, daí ser, às vezes, confundida com rubi. A seda da almandina é produzida por cristais mais curtos, mais grossos e menos abundantes que os da seda do rubi. Pode mostrar epiasterismo e diasterismo, inclusive um raro tipo de asterismo, com quatro pontas. Ocorre em micaxistos e em outras r. metamórficas regionais, além de granitos e pegmatitos. É a granada mais usada como gema, servindo também como abrasivo. É lapidada em cabuchão. Os principais produtores de almandina são Sri Lanka, Brasil (Ceará), Índia, Austrália e Áustria (Tirol). Tem o mesmo valor coml. do piropo: US$ 0,50 a US$ 35/ct para gemas de 0,5 a 20 ct. Palavra de origem incerta, talvez originária do lat. *alabandina* (gema). Sin. de *almandita*, *granada-indiana*, *granada-siberiana*, *jacinto de hauy*.
almandina-oriental Nome coml. do rubi vermelho-escuro, semelhante à almandina na cor.

almandita V. *almandina*.
almashita Var. de âmbar verde ou preto, pobre em oxigênio (2,5%-3,0%), que ocorre no vale *Almash* (daí seu nome), na Morávia (República Checa).
almeraíta Cloreto hidratado de potássio, sódio e magnésio, em agregados cristalinos granulares de cor vermelha. Cf. *almeriita*.
almeriita Sin. de *natroalunita*. De *Almeria* (Espanha). Cf. *almeraíta*.
aloclásio V. *aloclasita*.
ALOCLASITA Sulfoarseneto de cobalto com ferro – (Co,Fe)AsS –, monocl., dimorfo do glaucodoto, de cor cinza. Do gr. *allos* (outro) + *klasis* (quebra). Sin. de *aloclásio*.
alocroíta Granada verde com cálcio e cromo. Do gr. *allos* (outro) + *khroa* (cor).
alocromático Mineral incolor no estado puro, mas que pode mostrar-se colorido por conter inclusões submicroscópicas ou um elemento químico que, sem ser essencial em sua composição, tornou-se parte de sua estrutura cristalina. O qz., por ex., é incolor, mas tem var. de cores branca, azul, verde, violeta, rosa, amarela, cinza e preta. O berilo tem var. de cores verde, azul, amarela, rosa e vermelha. Do gr. *allos* (outro) + *khroma* (cor). Antôn. de *idiocromático*. Cf. *cor*.
alodelfita Sin. de *sinadelfita*. Do gr. *allos* (outro) + *adelphos* (irmão), porque, ao ser descoberto, pensou-se ser um mineral semelhante à sinadelfita.
alofânio V. *alofano*.
ALOFANO Silicato hidratado de alumínio – $Al_2SiO_5.H_2O$ –, amorfo, encontrado como incrustações e camadas, mais raramente como estalactites. Descoberto em Saalfeld, Turíngia (Alemanha). Do gr. *allos* (outro) + *phanein* (parecer), porque, em razão do seu matiz esverdeado ou azulado, era confundido com minerais de cobre. Sin. de *alofânio*.
alofanoides Nome genérico que designa as argilas dos grupos do alofano, montmorillonita e halloysita. De *alofano* +

gr. *eidos* (forma), por se assemelharem ao alofano.
aloisiita Silicato hidratado de cálcio, ferro, magnésio e sódio, amorfo, marrom ou violeta, que ocorre como cimento em tufos. Sin. de *luigita*. Não confundir com *halloysita*. Homenagem ao príncipe *Aloisius* Amedeo, duque de Abruzzi.
aloíta Sin. de *alaíta*.
alomita Nome coml. de uma sodalita azul encontrada em Ontário (Canadá) e usada como pedra ornamental. Sin. de *azul-princesa*.
alomorfita Pseudomorfo de barita sobre anidrita. Do gr. *allos* (outro) + *morphe* (forma).
alopaládio Mineral antes considerado var. de paládio, mas que se trata de estibiopaladinita.
alotriomórfico Sin. de *anédrico*.
aloxita Nome coml. da alumina – Al_2O_3 –, fundida e usada como abrasivo. Nome formado provavelmente por *alumínio + oxigênio + ita*.
alpaca Liga metálica de cobre, níquel, prata e zinco usada em objetos ornamentais.
alquime V. *ouropel*. Nome derivado de *Alquimia*.
ALSAKHAROVITA-(Zn) Silicato hidratado de fórmula química NaSrKZn(Ti, Nb)$_4$[Si$_4$O$_{12}$]$_2$(O,OH)$_4$.7H$_2$O, monocl., descoberto na península de Kola (Rússia).
ALSTONITA Carbonato de bário e cálcio – BaCa(CO$_3$)$_2$ –, tricl., pseudo--ortor., trimorfo da baritocalcita e da paralstonita, quimicamente intermediário entre witherita e calcita. De *Alston* (Inglaterra), onde ocorre. Sin. de *bromlita*.
ALTAÍTA Telureto de chumbo – PbTe –, branco, cúb., com br. metálico. Descoberto nas montanhas *Altai* (Casaquistão), daí seu nome.
ALTHAUSITA Fosfato de magnésio – Mg$_2$(PO$_4$)$_2$(OH,O)(F,[ ]) –, dimorfo da holtedhalita. Ortor., transl., de br. vítreo, com clivagem basal perfeita. Homenagem a Egon *Althaus*, professor alemão.

ALTHUPITA Fosfato hidratado de fórmula química $AlTh[(UO_2)_3O(OH)(PO_4)_2]_2$ $(OH)_3.15H_2O$, tricl., descoberto em Kivu (R. D. do Congo).
ALTISITA Silicato de fórmula química $Na_3K_6Ti_2Al_2Si_8O_{26}Cl_3$, monocl., descoberto em testemunhos de sondagem do maciço de Khibina, na península de Kola (Rússia).
altmarkita V. *amálgama de chumbo*.
alumag Nome coml. do espinélio sintético incolor. De *alumínio + magnésio*.
alume Nome genérico aplicado aos sulfatos duplos de alumínio e álcalis. *Stricto sensu*, designa o alume de potássio. Do lat. *alumen*. Sin. de *alúmen*, *pedra-ume*, *ume*.
alume de amônio Sin. de *tschermigita*.
alume de ferro V. *halotriquita*.
alume de magnésio V. *pickeringita*.
ALUME DE POTÁSSIO Sulfato hidratado de potássio e alumínio – $KAl(SO_4)_2.12H_2O$ –, cúb., do grupo dos alumes. Cf. *calinita*.
ALUME DE SÓDIO Sulfato hidratado de sódio e alumínio – $NaAl(SO_4H)_2.12H_2O$ –, cúb., fibroso, incolor, formado pela ação de ác. sulfúrico sobre silicatos de sódio e de alumínio. Dur. 3,0. D. l,73.
alúmen V. *alume*, forma preferível.
alumina Sesquióxido de alumínio – Al_2O_3 –, muito abundante na natureza, mas mineralogicamente representado apenas por taosita e coríndon. Usado como abrasivo, em tintas, como *rubis* de relógios e como gema (rubi e safira). De *alumínio*.
ALUMÍNIO V. *Anexo*.
ALUMINITA Sulfato básico hidratado de alumínio – $Al_2(SO_4)(OH)_4.7H_2O$ –, monocl., pseudo-ortor. Tem aspecto terroso, cor branca. Ocorre em Halle (Alemanha). De *alumina*. Sin. de *websterita*.
aluminocatoforita Silicato de alumínio, sódio, cálcio e ferro com magnésio – $Na_2Ca(Fe,Mg)_4AlSi_7AlO_{22}(OH)_2$ –, com $Mg/(Mg^+Fe) = 0,00$-$0,49$, do grupo dos anfibólios. Forma séries isomórficas com a magnésio-aluminocatoforita e com a ferricatoforita.
ALUMINOCELADONITA Silicato de potássio, alumínio e magnésio com ferro – $KAl(Mg,Fe)[\ ]Si_4O_{10}(OH)_2$ –, monocl., descoberto em Barcza (Polônia).
ALUMINOCOPIAPITA Sulfato básico hidratado de alumínio e ferro – $(Al_{2/3}[\ ]_{1/3})Fe_4(SO_4)_6(OH)_2.20H_2O$ –, tricl., do grupo da copiapita, descoberto em Temple Rock, Utah (EUA).
ALUMINO-MAGNESIOSSADANAGAÍTA Silicato de fórmula química $NaCa_2[Mg_3(Al,Fe)_2/Si_5Al_3O_{22}(OH)_2$, monocl., descoberto no Tirol (Áustria).
alumita V. *alunita*.
alumobritolita Var. de britolita com 15% Al.
alumocalcita Var. de opala contendo alume e cal como impurezas.
alumocalcossiderita Var. de calcossiderita com Al_2O_3 substituindo parcialmente Fe_2O_3.
alumocromita Óxido de ferro e cromo com alumínio, do grupo dos espinélios.
ALUMOFARMACOSSIDERITA Arsenato hidratado de potássio e alumínio – $KAl_4(AsO_4)_3(OH)_4.6,5H_2O$ –, cúb., descoberto em Taltal (Chile), onde forma crostas brancas, solúveis em ác. a quente. D. 2,7. Cf. *farmacossiderita*, *sodiofarmacossiderita*, *bariofarmacossiderita*.
alumogel Hidróxido de alumínio coloidal, o principal constituinte da bauxita. De *alumínio + gel*. Sin. de *esporogelita*, *cliachita*, *diasporogelita*.
alumogênio V. *alunogênio*.
ALUMO-HIDROCALCITA Carbonato básico hidratado de cálcio e alumínio – $CaAl_2(CO_3)_2(OH)_4.3H_2O$ –, tricl., que ocorre como esferas fibrorradiadas com aspecto de giz, solúveis em água quente, em Khakassia (Rússia). De *alume + gr. hydor* (água) + *calcita*.
ALUMOKLYUCHEVSKITA Sulfato de potássio, cobre e alumínio – $K_3Cu_3AlO_2(SO_4)_4$ –, monocl., descoberto em Kamchatka (Rússia).
ALUMOTANTITA Óxido de alumínio e tântalo – $AlTaO_4$ –, descoberto simultaneamente com a bartelkeíta, em um pegmatito granítico da península de

Kola (Rússia), onde forma faixa em torno de natrotantita e de simpsonita. É ortor., incolor, de br. adamantino e não tem clivagem. De *alumínio + tântalo*.
alumotriquita Alume fibroso, branco, provavelmente idêntico à calinita. De *alume + gr. trikhos* (fio, cabelo).
ALUMOTUNGSTITA Óxido de tungstênio e alumínio – $(W,Al)(O,OH)_3$ (?) –, cúb. ou pseudocúb. Espécie duvidosa, descoberta em Parak (Malásia).
alúndon Nome coml. do coríndon extraído da bauxita, usado como abrasivo e material refratário. De *alumina + coríndon*, por sua composição.
ALUNITA Sulfato básico de potássio e alumínio – $KAl_3(SO_4)_2(OH)_6$ –, com 37% Al_2O_3. Branco, cinza ou avermelhado, muito semelhante à caulinita. Trig., geralmente maciço, com br. vítreo a nacarado. Dur. 3,5-4,0. D. 2,60-2,90. Transp. a transl., às vezes com fluorescência alaranjada. É usado para obtenção de potássio, alumes e óxido de alumínio; também para descorar e desodorizar óleos. Contração de *aluminilita*. (Segundo Aulete, 1970, deve-se preferir *aluminita*, termo que designa, porém, outro sulfato.) Sin. de *alumita*, *calafatita*. O grupo da alunita-jarosita compreende 50 sulfatos, arsenatos e fosfatos trig.
ALUNOGÊNIO Sulfato hidratado de alumínio – $Al_2(SO_4)_3.7H_2O$ –, tricl., branco, fibroso, solúvel em água fria, frequente em paredes de minas e pedreiras. Sin. de *alumogênio*. ▫
alurgita Var. de moscovita com manganês, magnésio e ferro, de cor vermelha ou púrpura. Do gr. *halourges* (púrpura). Não confundir com *halurgita*. ▫
alushtita Silicato hidratado de alumínio com 13,7% Mg. Mistura de dickita com minerais argilosos, de cor azul a verde-cinzenta. De *Alushta*, Crimeia (Rússia), perto de onde ocorre.
aluvião Material detrítico composto de areia, cascalho, argila etc. não consolidados, depositado por ação de um rio ou de outra massa de água corrente, em tempos geologicamente recentes. Pode conter vários minerais de interesse econômico, como ouro, platina, diamante, cassiterita, topázio etc. Cf. *eluvião*.
alvaiade Nome coml. da cerussita sintética. Do ár. *al-baiad* (brancura).
ALVANITA Vanadato básico hidratado de zinco e alumínio com níquel – $(Zn,Ni)Al_4(VO_3)_2(OH)_{12}.2H_2O$ –, monocl., que forma rosetas de cor verde a azul-clara, descoberto no Casaquistão. De *alumínio + van*adato *+ ita*.
alvita Var. de zircão rica em háfnio.
ama Mulher que, no Japão, dedica-se à pesca de pérolas.
amagutilita Nome de uma var. de zircão.
AMAKINITA Hidróxido de ferro com magnésio – $(Fe,Mg)(OH)_2$ –, trig., que ocorre como finos veios em kimberlito da Sibéria (Rússia). Oxida-se facilmente quando em contato com o ar. Cf. *ferrobrucita*.
amálgama 1. Var. de prata com mercúrio – (Ag,Hg). **2.** Nome que se dá a qualquer liga de mercúrio com outro metal. Outrora, chamava-se de amálgama qualquer liga com mercúrio, classificando-as de acordo com o outro metal (amálgama de prata, amálgama de paládio etc.). Como o amálgama de prata é o mais comum e mais importante dessas ligas, a palavra passou a designar só este amálgama em particular. Atualmente, metalurgistas e químicos estão voltando ao conceito antigo, isto é, consideram amálgama qualquer liga de mercúrio. São considerados espécies minerais amálgamas como luanheíta (Ag_3Hg); moschellandsbergita (Ag_2Hg_3, cúb.); amálgama de chumbo ($HgPb_2$); schachnerita ($Ag_{1,1}Hg_{0,9}$, hexag.); e paraschachnerita ($Ag_{1,2}Hg_{0,8}$, ortor.). A potarita é um amálgama de paládio (PdHg). Do lat. *amalgama*.
amalgamação Operação em que se mistura mercúrio ao concentrado aurífero obtido por bateamento, a fim de separar o ouro. Adiciona-se ao concentrado volume equivalente de mercúrio

amálgama de chumbo | âmbar

e mistura-se. Remove-se então o mercúrio, que traz consigo o ouro. Aquece-se esse amálgama a 50-60°C em fogareiro, até não se ver mais o vapor amarelo produzido pelo mercúrio.
AMÁLGAMA DE CHUMBO Mineral de fórmula química $HgPb_2$, com 32% Hg e 69% Pb. Tetrag., prateado, de forte br. metálico, dur. 1,6 e D. 11,96. Insolúvel em ác. clorídrico, nítrico e sulfúrico. Ocorre em depósitos de sulfetos da Mongólia. Cf. *amálgama, amálgama de ouro*.
amálgama de ouro Amálgama de ouro com prata – $(Au,Ag)Hg$ –, com 36,64% Au, 9,16% Ag e 53,17% Hg. Insolúvel em ác. clorídrico, sulfúrico e nítrico, cúb., amarelo-latão, com forte br. metálico. Dur. 3. É maleável e forma agregados finamente granulados em r. ultrabásicas platiníferas de Hebei (China). Cf. *amálgama, amálgama de chumbo*.
amálgama de prata V. *amálgama*.
AMARANTITA Sulfato hidratado de ferro – $Fe_2(SO_4)_2O.7H_2O$ –, tricl., descoberto em Sierra Gorda (Chile). Do gr. *amarantos* (amaranto), por sua cor púrpura. Cf. *hohmannita*.
amarelinha (gar., RR) Nome com que os garimpeiros de diamante designam um fosfato de TR.
amarelo bangu Nome coml. de um granito ornamental amarelo-claro com pontos pretos de biotita, de granulação média a grosseira, que é encontrado em Bangu, RJ (Brasil). Também conhecido como *ouro novo*.
amarelo-canário (nome coml.) Classe de diamante com cor amarela bem definida, correspondendo à cor excepcional (ABNT) ou Z+ (GIA).
amarelo castor (nome coml.) Granodiorito ornamental bege-amarelado, equigranular, médio, que ocorre em Leão, Agudos do Sul, PR (Brasil). Tem 50% de plagioclásio, 20% de qz., 18% de feldspato potássico, além de titanita, biotita, minerais opacos e epídoto.
amarelo minas Nome coml. de um granito ornamental produzido em Teófilo Otoni, MG (Brasil).

amargosita 1. Nome coml. da montmorillonita. **2.** Sin. de *bentonita*. De *Amargosa*, rio da Califórnia (EUA).
AMARILLITA Sulfato hidratado de sódio e ferro – $NaFe(SO_4)_2.6H_2O$ –, monocl., amarelo-esverdeado, adstringente. De Tierra *Amarilla*, Copiapó (Chile), onde foi descoberto. Cf. *tamaruguita*.
amatite (nome coml.) V. *yag*.
amatrix Nome coml. de uma variscita que ocorre misturada com qz. e outros minerais de cores cinza, avermelhada ou amarronzada. É usada como gema, sendo lapidada juntamente com os minerais que a acompanham. Dur. 5,0-6,0. D. 2,60. Do ingl. *American matrix*.
amazonas Nome coml. pelo qual é também conhecido o quartzomonzonito *amêndoa paraná*.
amazonita Var. de microclínio geralmente pertítico, com cor usualmente verde ou verde-azulada, em razão do chumbo (Evangelista et al., 2000). Alguns autores também chamam assim var. de ortoclásio e albita, desde que verdes, azuis ou verde-azuladas. Dur. 6,0-6,5. D. 2,56-2,63. IR 1,522-1,530. Bir. 0,007. B(–). Disp. 0,012. Não mostra pleocroísmo e tem fluorescência verde-oliva fraca. Ocorre em pegmatitos, sendo usada como gema, e principalmente em objetos ornamentais. É produzida nos EUA, Índia, Namíbia, Brasil (MG) e Madagascar. O Museu de História Natural de Paris (França) tem um cristal de amazonita com mais de 50 cm de comprimento. Nome derivado de *Amazonas*, rio de cujas margens se pensou proviessem as primeiras amostras do mineral recebidas na Europa. Sin. de *jade da amazônia*, [2]*jade do brasil, jade colorado*. □
âmbar Resina fóssil de composição variável – em média $C_{10}H_{16}O$ –, que é uma mistura de várias substâncias resinosas solúveis em álcool, éter e cloro com uma outra substância, insolúvel e betuminosa. Amorfo, de cor geralmente amarela, podendo ser marrom-escuro, marrom-esverdeado, marrom-averme-

lhado e branco. Transp. a semitransl., séctil e muito leve (D. 1,08), podendo flutuar em água salgada. Dur. 2,0-2,5. IR 1,540. Pode conter muitas bolhas de ar, fissuras e inclusões irregulares, inclusive de insetos, restos vegetais e pirita. Mostra fluorescência branco-azulada ou amarelo-esverdeada. Aquecido a 300°C, decompõe-se, gerando óleo de âmbar e um resíduo preto, o piche de âmbar. Uma característica típica do âmbar é sua capacidade de eletrizar-se quando atritado contra um pano de lã. Ocorre em blocos arredondados que chegam a ter mais de 10 kg. Sua origem é atribuída a um pinheiro de idade paleogênica (*Pinus succinites*). Uso. É muito usado como gema e em objetos ornamentais, podendo receber lapid. facetada ou simples polimento. CURIOSIDADES. Em certos países da Europa, é usado pelas crianças contra mau-olhado, da mesma forma que o coral. Usa-se também contra a tosse. TRATAMENTO. A cor do âmbar pode ser melhorada por cozimento em azeite de semente de nabo, o que elimina as inclusões fluidas. IMITAÇÕES. É imitado por várias substâncias, sobretudo plásticos, como celuloide, cellon, rhodoid, caseína, galalite, erinoid e, principalmente, catalin e baquelite. Todas essas imitações diferem do âmbar por serem mais densas. É imitado ainda por Perspex, Distrene e por alguns vidros. Estes últimos, embora possam ser muito semelhantes, são mais duros, mais densos e frios ao tato. PRINCIPAIS PRODUTORES. Os principais países produtores de âmbar são Alemanha e Rússia, vindo a seguir a Itália. O maior centro produtor é Sambia (Kaliningrado, Rússia), onde ocorre em uma argila rica em glauconita, chamada de terra azul. No Brasil, nunca foi encontrado. O âmbar gemológico representa 15% da produção total. A maior peça conhecida desta gema é o Âmbar Burma, que tem 15,250 kg e está no Museu de História Natural de Londres. O nome vem do ár. *'anbar*. Sin. de *alambre*, [2]*eletro*, *ouro-*

âmbar azul | amberina

-alemão, [1]*sucinita*, *sucino*. Cf. *âmbar prensado*, *burmita*, *gedanita*, *romanita*, *simetita*. ◻
âmbar azul Var. de âmbar com um tom azulado, em razão da presença de carbonato de cálcio.
âmbar-bastardo Âmbar pouco transp.
âmbar-chinês Âmbar prensado produzido com âmbar do Báltico. O nome designa, muitas vezes, alguns plásticos com a cor do âmbar.
âmbar-espumoso Âmbar branco, quase opaco, com aparência de espuma. Não adquire br.
âmbar friável V. *gedanita*.
ambarito Resina fóssil de composição química aproximada $C_{40}H_{66}O_5$, cinza-amarelado, semitransp., semelhante ao âmbar amarelo. É abundante na Nova Zelândia, onde ocorre em grandes massas. Sin. de *ambrito*.
âmbar maciço Var. de âmbar amarelo-alaranjada a quase incolor, compacta, encontrada no Báltico.
âmbar-negro V. *azeviche*. Cf. *stantienita*.
ambaroide Sin. de *âmbar prensado*.
âmbar prensado Substância gemológica obtida submetendo pequenos fragmentos de âmbar do mar Báltico a uma pressão de até 3.000 atm, após aquecimento a 200-250°C. Embora naturalmente semelhante ao âmbar normal, dele difere por conter bolhas de ar alongadas e orientadas, enquanto o âmbar normal as tem esféricas. Além disso, sob ação de uma gota de éter, mostra uma mancha fosca. Sin. de *ambaroide*, *âmbar reconstituído*, *ambroide*. Cf. *turquesa reconstituída*.
âmbar reconstituído Sin. de *âmbar prensado*.
âmbar-siciliano V. *simetita*.
âmbar-verde V. *gedanita*.
ambatoarinita Sin. de *carbocernaíta*. De *Ambatoarina* (República Malgaxe).
amberina Nome coml. empregado localmente para designar uma var. de calcedônia verde-amarelada, proveniente do vale da Morte, na Califórnia (EUA). De *âmbar*, por sua cor.

AMBLIGONITA Fluorfosfato de lítio e alumínio com sódio – (Li,Na)AlPO$_4$(F,OH) –, tricl., que forma série isomórfica com a montebrasita. Raramente bem cristalizada, mais comum em massas com clivagem. Incolor, lilás, branca, azul ou esverdeada, quase sempre em tons muito claros. A ambligonita é transl. e tem br. vítreo (nacarado na superfície de clivagem). Dur. 5,5-6,0. D. 3,00-3,10. Muitas vezes, mostra fluorescência verde ou alaranjada fraca. IR 1,578-1,637. Bir. 0,020. B(+) ou B(–). Ocorre em pegmatitos e é usada para obtenção de lítio, mais raramente como gema. Forma uma série isomórfica com a montebrasita. O grupo da ambligonita compreende outros três fosfatos tricl.: montebrasita, natromontebrasita e tavorita. Têm fórmula geral AB(PO$_4$)X, onde A = Li ou Na; B = Al ou Fe; e X = OH ou F. No Brasil, principal produtor, existem var. gemológicas de cor amarelo-limão e amarelo-esverdeada em Minas Gerais e São Paulo. Outros produtores são Noruega, Espanha e EUA. A ambligonita pode formar cristais gigantescos. O maior que se conhece tinha 7,62 x 2,44 x 1,83 m, com 102.060 t e foi descoberto nos EUA. Do gr. *amblys* (obtuso) + *gonia* (ângulo), por formarem suas clivagens um ângulo obtuso.
amblistegita Var. de hiperstênio verde--amarronzada a preta. Do gr. *amblys* (obtuso) + *stege* (teto).
ambrito Sin. de *ambarito*.
ambroide V. *âmbar prensado*.
ambrosina Var. de âmbar amarelada ou marrom, com considerável quantidade de ác. sucínico, que aparece como seixos em camadas de fosfato.
AMEGHINITA Borato básico de sódio – NaB$_3$O$_3$(OH)$_4$ –, monocl., colunar, de D. 2,03, descoberto na província de Salta (Argentina).
amêndoa paraná Nome coml. de um granito ornamental cinza, petrograficamente classificado como quartzo-monzonito, de textura porfirítica, com fenocristais rosados e esbranquiçados de até 6 cm, que ocorre em Açungui, Rio Branco do Sul, PR (Brasil). É também conhecido como *amazonas*.
amêndoa rosado Nome coml. de uma var. do granito *imperador*.
amêndoa sergipe Nome coml. de um granito ornamental procedente de Poço Redondo, SE (Brasil).
AMESITA Aluminossilicato básico de magnésio – (Mg,Al)$_3$(Si,Al)O$_5$(OH)$_4$ –, tricl., pseudo-hexag., do grupo da caulinita-serpentina. Cristaliza em folhas de cor verde, com br. nacarado na superfície de clivagem, dur. 2,5-3,0 e D. 2,77. Clivagem basal perfeita. Homenagem ao minerador norte-americano James *Ames*.
ametista Var. gemológica de qz. de cor roxa, pela presença de ferro (Fe^{4+}). Essa cor pode enfraquecer pela ação do sol, o que ocorre, no Brasil, principalmente com as ametistas do Pará. Além disso, a cor nem sempre é uniforme, notando-se alternância de faixas claras e escuras. Por isso, a ametista costuma ser lapidada com a mesa inclinada em relação ao plano das faixas. É transp. a semitransp., tem fraco dicroísmo em roxo e roxo-avermelhado, br. vítreo e frat. conchoidal. Não tem clivagem nem fluorescência. Dur. 7,0. D. 2,65. IR 1,544-1,553. Bir. 0,009. Disp. 0,013. U(+). Ocorre em cavidades de r. vulcânicas e em pegmatitos. Uso. É muito usada como gema e em objetos ornamentais. Costuma ser lapidada em cabuchão, pera ou brilhante. Atinge grandes dimensões, havendo, no Museu Britânico, um cristal com cerca de 250 kg. Na coleção particular de Dom Pedro II, Imperador do Brasil, havia um cristal de 80 x 30 cm procedente do Rio Grande do Sul. Nesse Estado, descobriu-se um geodo medindo 10 x 5 x 3 m, com 35 t. CURIOSIDADES. É considerada símbolo da sinceridade, da lucidez, servindo, acreditam alguns, para combater a embriaguez, o sono e até mesmo gafanhotos. É a pedra do anel de formatura dos professores e

do anel dos bispos. PRINCIPAIS PRODUTORES. Seu maior produtor mundial é o Brasil (Rio Grande do Sul, seguido da Bahia). Outros produtores são Rússia (Sibéria), Sri Lanka, Índia, Madagascar, Uruguai, EUA e México. Em 2004, o Rio Grande do Sul produziu 3.540 t de geodos de ametista, no valor de R$ 12.390.000 (DNPM). VALOR COML. É uma das gemas mais importantes, embora com preço relativamente baixo. Ametistas lapidadas de 0,5 a 50 ct custam entre US$ 0,50 e US$ 20/ct, mesma faixa de preço do citrino. SÍNTESE. Ametistas sintéticas de ótima qualidade vêm sendo produzidas na Rússia, por processo hidrotermal, e já são abundantes no mercado internacional. A distinção das naturais é feita por espectroscopia. TRATAMENTO. Ametista que perdeu a cor por exposição ao sol pode recuperá-la com uso de raios X. Aquecida a aproximadamente 475°C, a ametista pode transformar-se em citrino, podendo, porém, adquirir cor verde-amarelada (v. *prasiolita*). CONFUSÕES POSSÍVEIS. A ametista pode ser confundida com fluorita, kunzita, espinélio e várias outras gemas. ETIMOLOGIA. Do gr. *amethystos* (não ébrio), porque se acreditava, na Idade Média, que a bebida servida em cálice feito com essa gema não provocava embriaguez. Ametisto é forma mais correta, embora não usada. ▢
ametista-basaltina V. *apatita*.
ametista bicolor (nome coml.) Denominação imprópria usada para designar a ametista-citrino.
ametista-citrino Var. de qz. com cores roxa e amarela em um mesmo cristal. A principal jazida está na Bolívia, mas costuma ser vendida como gema brasileira. Ocorre também na Bahia (Brasil). Sin. (coml.): *ametrino*.
ametista de bengala Safira púrpura.
ametista de lítio V. *kunzita*. Cf. *esmeralda de lítio*.
ametista-espanhola Nome dado antigamente a ametistas finas, de cor púrpura e origem desconhecida, comercializadas na Espanha.
ametista jacobina Var. de ametista escura com tonalidade viva.
ametista madagascar Ametista violeta-escuro, levemente enfumaçada ou violeta-púrpura quando mais clara.
ametista-mosquito Ametista com finas inclusões de goethita na forma de placas.
ametista-oriental 1. Nome coml. do coríndon púrpura usado como gema. 2. Ametista de beleza excepcional. 3. Espinélio violeta.
ametista pau-d'arco Nome coml. de uma ametista que forma grandes cristais, mas imprópria para lapid. por conter muitas inclusões. É encontrada em zona de falha, sem formar geodos, no Estado do Pará (Brasil).
ametista-siberiana Nome coml. de uma ametista particularmente valiosa por sua cor violeta-escuro ou violeta-avermelhado. Sin. de *ametista-uraliana*.
ametista-uraliana Sin. de *ametista-siberiana*.
ametista uruguai Grau de qualidade coml. da ametista que corresponde a espécimes muito transp. e de cor violeta-escuro.
ametista-verde V. ¹*prásio*.
ametrino (nome coml.) V. *ametista--citrino*.
amiantinita V. *asbesto*. De *amianto*.
amianto (nome coml.) V. *asbesto*.
AMICITA Aluminossilicato hidratado de sódio e potássio – $K_2Na_2Al_4Si_4O_{16}\cdot 5H_2O$ –, do grupo das zeólitas. Monocl., pseudotetrag., formando agregados radiais de pequenos cristais (até 0,2 mm). Incolor, sem clivagem. D. 2,1. Ocorre em veios de r. vulcânicas em Hoewenegg, Hegau (Alemanha), e é assim chamada em homenagem a Giovan B. Amici, físico italiano.
AMINOFFITA Silicato básico de cálcio e berílio – $Ca_3Be_2Si_3O_{10}(OH)_2$ –, em pequenos cristais euédricos, incolores, tetrag. Descoberto em Langban, Varmland (Suécia).

AMONIOALUNITA Sulfato básico de amônio e alumínio – $(NH_4)Al_3(SO_4)_2(OH)_6$ –, trig., descoberto em Sonoma, Califórnia (EUA).

AMONIOBORITA Borato básico hidratado de amônio – $(NH_4)_3B_{15}O_{20}(OH)_8$. $4H_2O$ –, de cor branca, que ocorre em depósitos de fumarolas. Descoberto em Larderelloo Toscânia (Itália).

AMONIOJAROSITA Sulfato básico de amônio e ferro – $(NH_4)Fe_3(SO_4)_2(OH)_6$ –, trig., amarelo-claro, raro, do grupo da jarosita. Assim denominado por assemelhar-se quimicamente à jarosita, com amônio no lugar do potássio. Descoberto em Utah (EUA).

AMONIOLEUCITA Silicato de amônio e alumínio com potássio – $(NH_4,K)AlSi_2O_6$ –, do grupo das zeólitas. Tetrag., descoberto em Fujioka, Gunma (Japão).

amorfo Diz-se do material sem estrutura cristalina, em decorrência de uma desordenação estrutural. É isótropo para as diferentes propriedades físicas e não apresenta forma externa característica. Ex.: vidro, azeviche, marfim, âmbar etc. Do gr. *an* (privação) + *morphe* (forma).

amosita Nome coml. de uma var. de asbesto que consiste principalmente em grunerita. De *Asbestus Mine of South Africa* + *ita*.

ampangabeíta 1. Óxido complexo de ítrio, érbio, urânio, cálcio, tório, nióbio, tântalo, ferro e titânio – $(Y,Er,U,Ca,Th)_2(Nb,Ta,Fe,Ti)_2O_{18}$ –, altamente radioativo e fracamente magnético. 2. V. *samarskita*. De *Ampangabé* (República Malgaxe), onde foi descoberto. Sin. de *hidroeuxenita*.

AMSTALLITA Silicato de fórmula química $CaAl(Si,Al)_4O_8(OH)_4.(H_2O,Cl)$, monocl., descoberto em *Amstall* (daí seu nome), na Áustria.

analbita Var. de anortoclásio com menos de 10% de $KAlSi_3O_8$. É uma albita de alta temperatura. De *anortoclásio* + *albita*.

ANALCIMA Aluminossilicato hidratado de sódio – $NaAlSi_2O_6.H_2O$ –, do grupo das zeólitas. Pode ser cúb., tetrag., trig., ortor., monocl. e tricl. Forma série isomórfica com a polucita e possivelmente com a wairakita. Ocorre geralmente em cristais bem formados (trapezoedros), de cor branca ou incolor, transp. a transl., com br. vítreo. Dur. 5,0-5,5. D. 2,22-2,29. IR 1,487. Ocorre em cavidades de r. ígneas, especialmente as vulcânicas. Usada como gema quando incolor, sendo produzida principalmente na República Checa, Japão e Itália. Do gr. *an* (privação) + *alkime* (forte), porque adquire pouca energia quando friccionada. Sin. de *analcita*.

analcita V. *analcima*.

analisador PoLaroide que, no polariscópio, ocupa posição superior, próxima ao olho do observador.

anancita V. *anandita*.

ANANDITA Silicato de bário e ferro – $BaFe_4Si_3O_{10}S(OH)$ –, monocl. e ortor., do grupo das micas. Tem D. 3,90 e foi descoberto no Sri Lanka. Sin. de *anancita*.

ANAPAÍTA Fosfato hidratado de cálcio e ferro – $Ca_2Fe(PO_4)_2.4H_2O$ – que ocorre em cristais tricl., tabulares, formando crostas sobre limonita. De *Anapa*, mar Negro (Rússia), onde ocorre. Sin. de *tamanita*.

ANATÁSIO Óxido de titânio – TiO_2 –, trimorfo do rutilo e da brookita, produzido por alteração de outros minerais de titânio. Tetrag., azul-escuro, marrom ou preto, de br. adamantino a submetálico. Dur. 5,5-6,0. D. 3,80-3,90. IR 2,493-2,554. Bir. 0,061. U(–). Tem traço branco, uma clivagem perfeita e é transp. a transl. Por aquecimento, transforma-se em rutilo. Quando transp., é usado como gema, sendo produzido na Suíça, Brasil, Inglaterra, França, Alemanha e EUA. Seu preço de mercado vai de US$ 15 a US$ 250/ct para gemas lapidadas de 0,25 a 1,0 ct. Ocorre em filões silicatados de temperaturas relativamente baixas. Do gr. *anatasis* (alongado), porque a pirâmide dos seus cristais é maior do que a de outras espécies. Sin. de *octaedrita, hidrotitanita, xantotitânio.*

anauxita Silicato básico de alumínio – $Al_2(Si_3O_7)(OH)_4$ –, semelhante à caulinita, mas com mais sílica. Do gr. *an* (privação) + *auxanein* (aumentar). Sin. de *cimolita, ionita.*

ANCILITA-(Ce) Carbonato básico hidratado de estrôncio e cério – $SrCe(CO_3)_2(OH).H_2O$ –, ortor., prismático curto ou pseudo-octaédrico, marrom a amarelo-claro, podendo apresentar faces curvas. Ocorre em carbonatitos e em pegmatitos de algumas r. alcalinas. Do gr. *ankilos* (curvado), por apresentar-se, às vezes, em cristais distorcidos e arredondados. Cf. *carbocernaíta, ancilita-(La).*

ANCILITA-(La) Carbonato básico hidratado de estrôncio e lantânio com cério – $Sr(La,Ce)(CO_3)_2(OH).H_2O$ –, ortor., descoberto na península de Kola (Rússia). Cf. *ancilita-(Ce).*

ancudita Nome de uma var. de caulinita com impurezas.

ANDALUZITA Silicato de alumínio – Al_2SiO_5 –, ortor., trimorfo da cianita e da sillimanita. Prismática, de cor variável (marrom, amarela, verde, vermelha, cinzenta, verde-amarronzada etc.), transp., com duas clivagens ortog., boa uma e perfeita a outra. Dur. 7,0-7,5. D. 3,16-3,20. IR 1,634-1,643. Fortemente pleocroica em amarelo, verde e vermelho. Bir. 0,009. Tem fluorescência verde a amarelo-esverdeada, fraca. B(–). Disp. 0,016. A andaluzita é encontrada em r. metamórficas (xistos, gnaisses e cornubianitos) e aluviões. É usada como fonte de sílica e mullita e, quando transp., como gema, embora raramente ultrapasse 2 ct. A andaluzita lapidada vale de US$ 1 a US$ 130/ct para gemas de 0,50 a 10 ct. É produzida principalmente no Brasil (Espírito Santo e sul da Bahia) e no Sri Lanka. Outros produtores são Madagascar e Espanha. Nome derivado de *Andaluzia* (Espanha), onde foi descoberta.

andes black (nome coml.) V. *preto tijuca.*

andeclásio Plagioclásio com composição intermediária entre *andesina* e *oligoclásio.*

ANDERSONITA Carbonato hidratado de uranila, sódio e cálcio – $Na_2Ca(UO_2)(CO_3)_3.6H_2O$ –, trig., muito raro, com forte fluorescência e forte radioatividade. Homenagem a Charles A. *Anderson*, seu descobridor.

andesina Plagioclásio quimicamente intermediário entre oligoclásio e labradorita – $Ab_{50-70}An_{30-50}$. Pode exibir as características típicas da pedra da lua e da pedra do sol. Encontrado em r. ígneas intermediárias (andesitos e dioritos). De *Andes*, porque naquela cordilheira é o principal feldspato nas lavas andesíticas.

ANDORITA Sulfoantimoneto de chumbo e prata – $PbAgSb_3S_6$ –, ortor., de cor cinza-escuro, descoberto em Maramures (Romênia). Homenagem a *Andor* von Semsey, mineralogista amador húngaro. Sin. de *sundtita, webnerita.* Cf. *ramdohrita, uchucchacuaíta.*

ANDRADITA Silicato de ferro e cálcio – $Ca_3Fe_2(SiO_4)_3$ –, do grupo das granadas. Forma séries isomórficas com a grossulária e a schorlomita. É cúb., de cor preta, verde ou amarela. Tem forte dispersão (0,057), superior mesmo às do diamante. Dur. 6,5. D. 3,86. IR 1,855-1,895. Tem inclusões do tipo seda, formadas por fios curvos, marrons, com disposição radial, semelhante a um rabo de cavalo. A var. verde (demantoide) é a mais valiosa como gema. Outras var. gemológicas são a melanita (preta) e a topazolita (amarela). A andradita forma-se por metamorfismo de contato sobre calcários e é usada também como abrasivo, sendo produzida na Rússia, Alemanha e Itália. O nome é uma homenagem a José Bonifácio de *Andrada* e Silva, estadista e mineralogista brasileiro.

ANDREMEYERITA Silicato de bário e ferro com magnésio e manganês – $BaFe(Fe,Mg,Mn)Si_2O_7$ –, verde-esmeralda, formando cristais ortor., submilimétricos.

Descoberto na província de Kivu (R. D. do Congo) e assim chamado em homenagem a *André Meyer*, geólogo que o descobriu.

andrewsita Fosfato básico de cobre e ferro – $(Cu,Fe^{2+})Fe^{3+}{}_3(PO_4)_3(OH)_2$ –, botrioidal, com estrutura fibrorradiada. Trata-se de hentschelita. Homenagem a Thomas *Andrews*, químico inglês.

ANDROSITA-(La) Silicato de fórmula química $(Mn,Ca)(La,Ce,Ca,Nd)AlMn^{3+}Mn^{2+}(SiO_4)(Si_2O_7)O(OH)$, monocl., descoberto em Cyclades (Grécia).

ANDUOÍTA Arseneto de rutênio com ósmio – $(Ru,Os)As_2$ –, com 33,8% Ru e 6,2% Os, que forma série isomórfica com a omeiita. Ocorre como grãos ou agregados granulares de 0,06 a 0,1 mm em uma jazida de cromo do Tibete (China). É ortor., cinza-chumbo, de br. metálico, traço preto-acinzentado, frágil. Insolúvel em ác. nítrico e clorídrico. D. 8,7.

ANDYROBERTSITA Arsenato hidratado de fórmula química $KCdCu_5(AsO_4)_4[As(OH)_2O_2].2H_2O$, monocl., descoberto na mina Tsumeb (Namíbia).

anédrico Diz-se dos cristais que tiveram seu crescimento limitado pela presença dos cristais adjacentes, de modo que não mostram suas faces cristalinas. Do gr. *an* (privação) + *hedra* (face). Sin. de *alotriomórfico*, *anidiomórfico*, *xenomórfico*. Antôn. de *automórfico*, *euédrico*, *idiomórfico*.

anemolita Var. de calcita estalactítica de forma convoluta, em consequência, provavelmente, de correntes de ar. Do gr. *anemos* (vento) + *lithos* (pedra). Sin. de helectita. Cf. *anemousita*.

anemousita Silicato de sódio, cálcio e alumínio – $Na_2O.(CaO)_2(Al_2O_3)_3(SiO_2)_9$ – var. de albita pobre em sílica. Cf. *anemolita*.

anfibólio Grupo de 109 silicatos extremamente complexos, que formam cinco subgrupos: a) de Fe-Mg-Mn-Li; b) cálcicos; c) sódico-cálcicos; d) sódicos; e e) de Na-Ca-Mg-Fe-Mn-Li. São encontrados principalmente em r. ígneas e metamórficas. Geralmente monocl., mas alguns são tricl. ou ortor. Têm cor geralmente escura e formam cristais prismáticos, colunares ou fibrosos. Abundantes em r. ígneas e metamórficas, sendo quimicamente análogos aos piroxênios, diferindo destes por ser o ângulo entre as clivagens de 56°. Alguns anfibólios são usados como gemas (ex.: nefrita), outros como isolantes (asbestos anfibólicos). Do gr. *amphibolos* (ambíguo), por se assemelharem a outros minerais.

angaralita Silicato de alumínio e ferro – $[(Al,Fe)_2O_3]_5(SiO_2)_6$ –, do grupo das cloritas, que ocorre em finas placas pretas. De *Angara*, rio da Sibéria (Rússia).

angelardita Var. de vivianita com cor azul, maciça, às vezes erroneamente chamada de anglarita. De *Angelard* (França).

ANGELELLITA Oxiarsenato de ferro – $Fe_4(AsO_4)_2O_3$ –, tricl., de cor marrom-escura, que ocorre como incrustações globulares e cristalinas em andesitos de Jujuy (Argentina). Tem br. adamantino e submetálico e frat. conchoidal.

anglarita V. *angelardita*.

ANGLESITA Sulfato de chumbo – $PbSO_4$ –, ortor., de hábito variável, branco, incolor ou cinzento, quebradiço, com frat. conchoidal, transp. a transl. Dur. 3,0. D. 6,30-6,39. IR 1,877-1,894. Bir. 0,017. B(+). Produto da oxidação da galena usado para obtenção de chumbo e como gema, sendo produzida principalmente nos EUA e na Escócia. De *Anglesey* (País de Gales), ilha onde foi descoberta. Sin. de *espato de chumbo*.

angolita Silicato hidratado de manganês, provavelmente da família das zeólitas.

angrito Meteorito acondrítico, vermelho-púrpura, consistindo principalmente em uma augita titanífera com um pouco de olivina e troilita. De *Angra dos Reis*, RJ (Brasil).

ângulo de reflexão Ângulo que um raio de luz refletido forma com uma reta perpendicular à superfície refletora. Esta pode ser, por ex., uma faceta de uma gema. Cf. *ângulo de refração*.

ângulo de refração Ângulo que um raio de luz refratado forma com uma perpendicular à superfície do meio refrator. Ex.: ângulo que o raio luminoso forma com uma reta perpendicular a uma faceta de uma gema quando penetra por esta faceta. Cf. *ângulo de reflexão*.
anidiomórfico V. *anédrico*.
ANIDRITA Sulfato de cálcio – $CaSO_4$ –, de cor branca ou clara, ocorrendo em massas granulares a compactas, formando camadas. Ortor., clivagem cúb. perfeita. Br. Vítreo, nacarado na superfície de clivagem. Encontrado em r. sedimentares, principalmente evaporitos; também em calcários e, às vezes, em cavidades de basaltos. Usado sobretudo na fabricação de cimento, mas também na fabricação de ác. sulfúrico e gesso. Do gr. *an* (privação) + *hydor* (água), em alusão à gipsita, de mesma composição, mas hidratada.
anidrocainita Clorossulfato de potássio e magnésio, formado por desidratação da cainita. Do gr. *an* (privação) + *hydor* (água) + *cainita*, por sua composição. Sin. de *basalto-cainita*.
ANILITA Sulfeto de cobre – Cu_7S_4 –, ortor., assim chamado por ter sido descoberto na mina *Ani*, em Akita (Japão).
anisotropia Caráter dos minerais ditos anisótropos. Antôn. de *isotropia*.
anisótropo Diz-se do mineral em que uma ou mais propriedades físicas se manifestam de modo diferente, conforme a direção cristalográfica considerada. São anisótropas todas as substâncias cristalinas, exceto aquelas do sistema cúb. quanto às propriedades térmicas e ópticas. Antôn. de *isótropo*.
ANKANGITA Óxido de bário e titânio com vanádio e cromo – $Ba(Ti,V,Cr)_8O_{16}$ –, tetrag., assim chamado por ter sido descoberto em *Ankang*, Shaanxi (China).
ANKERITA Carbonato de cálcio e ferro com magnésio e manganês – $Ca(Fe,Mg,Mn)(CO_3)_2$ –, trig., do grupo da dolomita. Forma séries com a dolomita e com a kutnohorita. A ankerita é branca, cinza ou avermelhada, de br. vítreo e nacarado, dur. 3,5-4,0, D. 2,95-3,10, com uma clivagem perfeita. Solúvel em HCl. É usada para obtenção de ferro. Homenagem ao mineralogista M. J. *Anker*.
ANNABERGITA Arsenato hidratado de níquel – $Ni_3(AsO_4)_2.8H2O$ –, com 33% Ni. Monocl., isomorfo da eritrita. Geralmente encontrado em crostas terrosas e em filmes. Forma também agulhas pequenas, capilares. Verde-claro, com br. vítreo ou sedoso, transl. Dur. 2,5-3,0. D. 3,00. Formado por alteração de arsenetos de níquel. De *Annaberg* (Alemanha), onde foi descoberto.
annerodita V. *samarskita*. De *Annerod* (Noruega).
ANNITA Silicato de potássio, ferro e alumínio – $KFe_3AlSi_3O_{10}(OH)_2$ –, monocl., do grupo das micas. Nome derivado do granito Cabo *Ann*, que ocorre em Essex, Massachusetts (EUA). Tem D. 3,17, cor preta ou marrom e uma boa clivagem.
anoforita Magnesioarfvedsonita titanocálcica.
anomita Var. de biotita diferente da biotita normal apenas em características ópticas. Do gr. *anomos* (irregular).
ANORTITA Plagioclásio cálcico – $CaAl_2Si_2O_8$ –, tricl., termo final da série isomórfica albita-anortita. Tem cor branca, cinzenta ou avermelhada. Trimorfo de dmisteinbergita e da svyatoslavita. Ocorre principalmente em r. ígneas básicas e ultrabásicas. Do gr. *an* (privação) + *orthos* (reto), por cristalizar no sistema tricl. Sin. de *calciclásio*, ²*russellita*.
ANORTOCLÁSIO Silicato de sódio e alumínio com potássio – $(Na,K)AlSi_3O_8$ –, tricl., do grupo dos feldspatos. Tem cor branca, amarelo-clara, vermelha ou verde e maclas como as do ortoclásio e da albita. D. 2,57-2,60. Clivagem, dur. e br. semelhantes aos dos demais feldspatos. Ocorre em lavas levemente alcalinas. Do gr. *an* (privação) + *orthos*

(reto) + *klasis* (quebra), porque não tem clivagens rigorosamente a 90°. Sin. de *paraortoclásio*.

anortoclásio-sanidina Mineral do grupo dos feldspatos que apresenta hábito tabular como a sanidina, mas com extinção óptica como a do anortoclásio.

ANORTOMINASRAGRITA Sulfato hidratado de vanádio – $VO(SO_4).5H_2O$ –, tricl., trimorfo da minasragrita e da ortominasragrita. Descoberto em Emery, Utah (EUA).

antamokita Telureto de ouro com traços de prata, cinza-azulado. Mistura de petzita e calaverita. De *Antamok* (Filipinas).

ANTARTICITA Cloreto hidratado de cálcio – $CaCl_2.6H_2O$ –, trig., que forma agregados aciculares de até 10 cm. De *Antártica*, onde foi descoberto.

ANTHOINITA Volframato básico de alumínio – $AlWO_3(OH)_3$ –, tricl., branco, com consistência de giz, ocorrendo em veios e placeres com ferberita. Descoberto em Katanga (R. D. do Congo) e assim chamado em homenagem ao engenheiro de minas belga Raymond *Anthoine*. Não confundir com *anthonyíta*.

ANTHONYÍTA Hidroxicloreto hidratado de cobre – $Cu(OH,Cl)_2.3H_2O$ –, monocl., em prismas delicados de até 0,5 mm de comprimento, azuis, com clivagem (100) boa, encontrado em basaltos na mina Centennial, perto de Calumet, Michigan (EUA), junto a outros minerais de cobre. Instável ao ar seco. Homenagem ao professor de Geologia John W. *Anthony*. Não confundir com *anthoinita*.

antiglaucofânio V. *glaucofânio*.

ANTIGORITA Silicato básico de magnésio – $Mg_3Si_2O_5(OH)_4$ –, do grupo das serpentinas. Monocl., polimorfo do clinocrisotilo, lizardita, ortocrisotilo e paracrisotilo. Micáceo, verde-amarronzado. Dur. 2,5-3,5. D. 2,65. Secundário. Var. como a picrolita, a picotita e a williamsita são usadas como pedra ornamental. De *Antigorio*, vale perto de Piemonte (Itália). Sin. de *baltimorita*.

ANTIMÔNIO V. *Anexo*.

ANTIMONIOPEARCEÍTA Sulfoantimoneto de prata e cobre com arsênio – $(Ag,Cu)_{16}(Sb,As)_2S_{11}$ –, de Guanajuato (México). De *antimônio* + *pearceíta*. Cf. *arsenopolibasita, pearceíta*.

antimoniopirocloro Var. de pirocloro contendo antimônio.

ANTIMONSELITA Seleneto de antimônio – Sb_2Se_3 –, ortor., descoberto na província de Guizhou (China) e assim chamado por sua composição.

antipertita Intercrescimento regular de ortoclásio e plagioclásio em que o plagioclásio (geralmente albita) engloba o ortoclásio, ao contrário do que ocorre na pertita.

ANTLERITA Sulfato básico de cobre – $Cu_3SO_4(OH)_4$ –, ortor., em agregados de cristais aciculares entrelaçados, de cor verde-clara a verde-escura, com br. vítreo. Dur. 3,5-4,0. D. 3,90. Transp. a transl. Produto de alteração da dolerofanita, ocorrendo em depósitos de cobre secundários. Tem 54% Cu, sendo fonte desse metal. De *Antler*, mina do Arizona (EUA), onde foi descoberto. Sin. de *vernadskita*. Cf. *dolerofanita, brochantita*.

antofagastita Sin. de *eriocalcita*, nome que tem prioridade. De *Antofagasta* (Chile).

ANTOFILITA Silicato básico de magnésio – $Mg_7Si_8O_{22}(OH)_2$ –, do grupo dos asbestos anfibólicos. É dimorfo da cummingtonita e forma série isomórfica com a ferroantofilita. Ortor., formando geralmente massas fibrosas marrons, de br. vítreo, transl., com clivagem prismática. Dur. 5,5-6,0. D. 2,90-3,40. É um mineral encontrado em r. metamórficas. Do gr. *anthos* (flor) + *phyllon* (folha), através do lat. *anthophyllum* (cravo-da-índia), por ter a cor dessa substância. Sin. de *bidalotita*. Não confundir com *antopilita*.

ANTOFILITA SÓDICA Silicato básico de sódio e magnésio – $NaMg_7Si_8O_{22}(OH)_2$ –, ortor., do grupo dos anfibólios.

antopilita Silicato hidratado de potássio e cálcio – $K_2O(CaO)_8(SiO_2)_{16}.16H_2O$. Não confundir com *antofilita*.

antozonita Var. de fluorita de cor violeta-escuro, com um odor característico. De *antozone*, nome de uma substância que se acreditava estar presente no mineral, sendo a causa do seu odor, e que hoje se sabe não existir.
antrimolita Var. de mesolita proveniente de *Antrim* (Irlanda).
anyolito R. verde, rica em zoisita, contendo grandes cristais opacos de rubi. É usada como pedra ornamental, sendo encontrada na Tanzânia.
ANYUIITA Composto intermetálico de ouro e chumbo com antimônio – Au(Pb, Sb)$_2$ –, tetrag., descoberto na região de Magadan (Rússia).
APACHITA Silicato hidratado de cobre – Cu$_9$Si$_{10}$O$_{29}$.11H$_2$O –, monocl., azul, com dur. 2,0 e D. 2,8. Ocorre em tactitos da mina Christmas, em Gila, Arizona (EUA).
apatita 1. Grupo de minerais de fórmula geral A$_5$(XO$_4$)$_3$(F,Cl,OH), onde A = Ba, Ca, Ce, K, Na, Pb, Y ou Sr e X = As, P, Si ou V. Inclui 23 fosfatos, arsenatos e vanadatos hexag., trig. ou monocl. Algumas apatitas, como as de Riachão do Jacuípe (BA), são usadas como gemas, mas raramente. A var. rosa vale US$ 10 a US$ 100/ct para gemas de 0,5 a 1,5 ct. As azuis, verdes e amarelas valem bem menos. São bem mais importantes como fertilizantes e na fabricação de ác. fosfórico. 2. V. *fluorapatita*. Do gr. *apatan* (enganar), porque as var. gemológicas podem ser confundidas com outros minerais.
apicoado Mármore ou granito de uso ornamental que, depois de polido, recebeu pequenos orifícios na superfície, feitos com roletes pontiagudos (picolas), ficando com aspecto rústico, mas uniforme. Conforme a picola utilizada, pode-se obter o apicoado grosseiro (picola n. 3), o apicoado médio (picolas n. 3 e 2) e o apicoado fino (picolas n. 3, 2 e 1). Cf. *flameado, levigado*.
APJOHNITA Sulfato hidratado de manganês e alumínio – MnAl$_2$(SO$_4$)$_4$.22H$_2$O –, de hábito fibroso, br. sedoso, formando eflorescências. Homenagem a James *Apjohn*, professor de Química e Mineralogia.
APLOWITA Sulfato hidratado de cobalto, com manganês e níquel – (Co,Mn,Ni)SO$_4$.4H$_2$O –, finamente granular, róseo, de br. vítreo, traço branco. Dur. 3,0. Homenagem a *A. P. Low*, geólogo canadense.
apofilita Grupo de minerais que compreende a *fluorapofilita*, a *hidroxiapofilita* e a *natroapofilita* (v. esses nomes). São tetrag., formando cristais tabulares geralmente incolores, às vezes verdes (Brasil e Índia), brancos, cinza, amarelados ou rosa, de faces curvas, clivagem basal perfeita e br. vítreo (nacarado na clivagem). Dur. 4,5-5,0. D. 2,40. IR 1,535-1,537. Bir. 0,010. U(+) ou U(–). Ocorrem associadas a zeólitas em cavidades de basaltos e de outras r. ígneas. São usadas como gemas de pouco valor, sendo produzidas na Alemanha, Índia, Suécia e Romênia. Do gr. *apo* (de) + *phyllizein* (folha), porque se esfoliam quando calcinadas. ◻
APUANITA Oxissulfeto de ferro e antimônio – Fe$_5$Sb$_4$O$_{12}$S –, tetrag., preto, que forma agregados maciços em vênulos encaixados em dolomitos na mina Buca della Vera, nos Alpes *Apuanos* (daí seu nome), na Itália. D. 5,33. Muito raramente forma prismas tabulares segundo (001). Br. metálico. A apuanita, a quermesita e a sarabauita são os poucos oxissulfetos descobertos até hoje.
apuração (gar.) Fase final da lavagem do cascalho.
aquagem Nome coml. de um espinélio sintético azul-claro.
arabescato da bahia Nome coml. de um mármore dolomítico de granulação fina, branco-acinzentado, mostrando blocos cimentados por qz., que ocorre em Belmonte, BA (Brasil).
ARAGONITA Carbonato de cálcio – CaCO$_3$ –, ortor., trimorfo da calcita e da vaterita, de dur. 3,5-4,0 e D. 2,90-3,00. Forma geralmente agregados fibrosos com gipsita e minerais de ferro. IR. 1,530-1,685. Bir. 0,155. B(–). É um

dos constituintes das conchas e pérolas, sendo encontrado também nos recifes de corais, lamas marinhas e fontes termais. Tem cor branca, amarelada, cinzenta, podendo ser também incolor. Br. vítreo (graxo nas frat.), sem a excelente clivagem da calcita, mas com clivagem [010] boa, frat. conchoidal. Ocorre na Espanha, Alemanha, Hungria, Inglaterra, Itália e EUA. Nome derivado de *Aragón* (Espanha), onde se reconheceram pela primeira vez cristais maclados pseudo-hexag. O grupo da aragonita compreende mais três carbonatos ortor.: a cerussita, a estroncianita e a witherita. O termo designa também uma calcita estalagmítica de cor amarela, procedente da Namíbia. ☐

arakawaíta Fosfato básico hidratado de cobre e zinco – $(Cu,Zn)_3PO_4(OH)_3.2H_2O$ –, azul-esverdeado, da mina *Arakawa*, Akita (Japão).

ARAKIITA Arsenato de fórmula química $(Zn,Mn)(Mn,Mg)_{12}(Fe,Al)_2(AsO_3)(AsO_4)_2(OH)_{23}$, monocl., descoberto em Langban, Varmland (Suécia).

ARAMAYOÍTA Sulfoantimoneto de prata com parte do antimônio substituída, às vezes, por bismuto – $Ag_3Sb_2BiS_6$ –, tricl., que forma lâminas estriadas flexíveis e inelásticas. Descoberto em Potosí (Bolívia) e assim chamado em homenagem a Felix Avelino *Aramayo*, ex-diretor da Compagnie Aramayo de Mines (Bolívia).

arandisita Silicato hidratado de estanho – $(SnO)_5(SiO).4H_2O$ –, verde, fibroso, raro. De *Arandis* (Saara Espanhol).

ARAVAIPAÍTA Fluoreto hidratado de chumbo e alumínio – $Pb_3AlF_9.H_2O$ –, tricl., assim chamado por haver sido descoberto no distrito mineiro de Aravaipa, no Arizona (EUA).

ARCANITA Sulfato de potássio – K_2SO_4 –, ortor., tabular, raro, descoberto em Orange, Califórnia (EUA). Do al. *Arkanit*.

ARCHERITA Fosfato ác. de potássio e amônio – $(K,NH_4)H_2PO_4$ –, encontrado como estalactites e crostas em Petrogale Cave, Madura (Austrália). Forma cristais tetragonais de até 2 mm de comprimento, de baixa dureza, sem boas clivagens, solúvel em água e de cor branca. Homenagem a Michael *Archer*, o primeiro a estudar a ocorrência. Cf. *bifosfamita*.

arco-íris Nome coml. de um mármore de Cachoeiro do Itapemirim, ES (Brasil).

ARCTITA Fosfato de sódio cálcio e bário – $Na_5Ca_7Ba(PO_4)_6F_3$ –, trig., descoberto na península de Kola (Rússia).

ARCUBISITA Sulfeto de cobre, prata e bismuto – Ag_6CuBiS_4 –, encontrado como grãos anédricos de 0,05 mm em galena. Tem 62,1% Ag. Reage com $FeCl_3$, $HgCl_2$, KCN e com os ác. nítrico e clorídrico, não reagindo com hidróxido de potássio. Nome derivado da composição: *ar*gentum (prata) + *cu*prum (cobre) + *bis*muto + *S* (enxofre) + *ita*.

ARDAÍTA Clorossulfeto de chumbo e antimônio – $Pb_{19}Sb_{13}S_{35}Cl_7$ –, monocl., que forma agregados finamente granulados de cristais aciculares cinza-esverdeado. Nome derivado de *Arda*, rio de Madjarovo (Bulgária), onde foi descoberto.

ARDEALITA Sulfato-fosfato ác. hidratado de cálcio – $Ca(HPO_4)(SO_4).4H_2O$ –, branco ou amarelo-claro. De *Ardeal*, nome antigo da Transilvânia (Romênia).

ARDENNITA Silicato básico de fórmula química $(Mn,Ca,Mg)_4[(Al,Fe)_5Mg](AsO_4)(SiO_4)_2(Si_3O_{10})(OH)_6$, ortor., em cristais prismáticos semelhantes aos de ilvaíta, de cor amarela a marrom-amarelada, clivagem (010) perfeita. Dur. 6-7. D. 3,52. De *Ardennes* (Bélgica), onde foi descoberto. Sin. de *devalquita*.

ardósia 1. R. metamórfica compacta de granulação fina e cor cinza, formada a partir de r. como folhelho ou tufos vulcânicos, com fissilidade segundo planos diferentes dos planos do acamadamento original (clivagem ardosiana), o que permite dela se extrair lajotas delgadas, usadas para revestimento de paredes e mesmo telhados. D. 2,81-2,86. No Brasil, é produzida em Minas Gerais. No mercado de r. ornamentais, a palavra designa também outros tipos de r. 2. Nome coml. de um varvito produzido em larga escala em Trombudo Central (SC). Difere da ardósia por mostrar finas lâminas de diferentes cores. É composto de 70% de minerais argilosos, 16% de qz., 6% de feldspatos, 6% de micas, além de carbonatos, minerais opacos, epídoto e turmalina. D. 2,46. PA 7,16%. AA 3,27%. RF 31,86 kgf/cm². TCU 503 kgf/cm². 3. Nome coml. de uma ardósia ornamental cinza-escuro, composta de 81% de minerais argilosos, 8% de qz., além de feldspato, micas, minerais opacos, esfênio, apatita e epídoto. D. 2,70. PA 1,81%. AA 0,04%. RF 77,13 kgf/cm². TCU 379 kgf/cm². Ocorre em Blumenau, SC (Brasil). Ardósia é nome derivado "de um *ardesia*, aparentado ao céltico, através do fr. *ardoise*" (Ferreira, 1975).

ardmorita Nome coml. da montmorillonita. De *Ardmore*, Dakota do Sul (EUA).

arduinita V. *mordenita*. Homenagem a Giovanni *Arduini*, geólogo italiano.

areia dura (gar., BA) Areia sem diamantes.

areia gulosa (gar.) Areia que, ao ser succionada, desmorona e envolve o mergulhador.

areia-manteiga (gar.) Sedimento areno-argiloso inconsolidado.

arendalita Epídoto verde-escuro. De *Arendal* (Noruega).

arenito paraná Nome coml. de um arenito amarelo ou rosa produzido no Brasil e usado como pedra ornamental.

arenito são carlos Nome coml. de um arenito vermelho, preto ou rajado, vendido em fragmentos irregulares no Brasil para fins decorativos.

ARFVEDSONITA Silicato básico de sódio e ferro – $Na_3(Fe,Mg)_4Fe_5Si_8O_{22}(OH)_2$ –, do grupo dos anfibólios monocl. Forma série isomórfica com a magnesioarfvedsonita. Cristaliza em prismas pretos, longos, com clivagem prismática perfeita, frat. irregular, br. vítreo e traço cinza-azulado. Frequentemente é tabular. D. 3,4. Dur. 6,0. Frágil. Homenagem ao químico sueco J. A. *Arfvedson*.

argentina Var. de calcita branca, nacarada, formando lamelas onduladas. Do lat. *argentinus* (prateado), pela sua cor e br. Não confundir com *argentita*.

argentita Sulfeto de prata – Ag_2S –, com 87,1% Ag, importante fonte desse metal. Dimorfo cúb. da *acantita*. Tem cor cinzenta, br. metálico, é séctil e maleável. Dur. 2,0-2,5. D. 7,30. Do lat. *argentum* (prata). Não confundir com *argentina*.

ARGENTOJAROSITA Sulfato básico de prata e ferro – $AgFe_3(SO_4)_2(OH)_6$ –, do grupo da jarosita. Forma pequenas folhas amarelo-amarronzadas. Raro. Do lat. *argentum* (prata) + *jarosita*, por ter composição semelhante à desse mineral, com prata, e não potássio.

ARGENTOPENTLANDITA Sulfeto de prata e ferro com níquel – $Ag(Fe,Ni)_8S_8$ –, cúb., do grupo da pentlandita.

argentopercylita Sin. de *boleíta*. Do lat. *argentum* (prata) + *percylita*, por ser quimicamente semelhante à percylita, possuindo prata.

ARGENTOPIRITA Sulfeto de prata e ferro – $AgFe_2S_3$ –, ortor. Dur. 2,0-3,0. Do lat. *argentum* (prata) + *pirita*, por ter composição semelhante à da pirita, mas com prata também.

ARGENTOTENNANTITA Sulfoarseneto de fórmula química $Ag_6Cu_4(Zn,Fe)_2(As,Sb)_4S_{13}$, cúb., que forma série isomórfica com a freibergita. Descoberto no Casaquistão.

ARGIRODITA Sulfeto de prata e germânio – Ag_8GeS_6 –, muito semelhante à canfieldita. Ortor., em cristais ou maciço. Preto com tons púrpura a azulados em frat. fresca, com traço preto a acinzentado. Opaco, sem clivagem, com forte br. metálico, frequentemente maclado. Insolúvel em HCl, decompondo-se em HNO_3. Ocorre em depósitos de prata e estanho relacionados a intrusões subvulcânicas. Dur. 2,5. D. 6,3. É mineral-minério de prata (76,5% Ag), germânio (6%-7% Ge) e de gálio. Do gr. *argyrodos* (rico em prata). Na argirodita, foi descoberto o germânio.

ARGUTITA Óxido de germânio – GeO_2 –, tetrag., do grupo do rutilo. Forma cristais prismáticos de 0,01 mm, euédricos a subédricos, incluídos em esfalerita. De *Argut*, Haut Garone (França), onde foi descoberto.

ARHBARITA Arsenato básico de cobre e magnésio – $Cu_2Mg(AsO_4)(OH_3)$ –, tricl., encontrado como agregados esferulíticos azuis sobre dolomita maciça, em Bou-Azzer (Marrocos), na mina *Arhbar* (daí seu nome).

ARISTARAINITA Borato básico hidratado de sódio e magnésio – $Na_2Mg[B_6O_8(OH)_4]_2 \cdot 4H_2O$ –, monocl., que ocorre em pequenos cristais monocl., euédricos, tabulares ou alongados, incolores, de br. vítreo, com duas clivagens perfeitas. Descoberto em mina de bórax da província de Salta (Argentina) e assim chamado em homenagem ao professor Lorenzo Francisco *Aristarain*.

arizonita Sin. de *pseudo*rutilo. De *Arizona* (EUA), onde ocorre.

arksutita Sin. de *quiolita*.

ARMALCOLITA Óxido de magnésio e titânio com ferro – $(Mg,Fe)Ti_2O_5$ –, ortor., semelhante à pseudobrookita, mas com ferro divalente, pela ausência de atmosfera na Lua (foi descoberto em amostras trazidas de lá). Homenagem a *Arm*strong, *Al*drin e *Col*lins, tripulantes da Apolo XI, cuja expedição trouxe as amostras do mineral. Cf. *pseudobrookita*.

ARMANGUITA Carbonato-arsenato de manganês – $Mn_{26}As_{98}O_{50}(OH)_4(CO_3)$ –, trig., prismático, preto com traço marrom, clivagem basal má. Dur. 4,0. D. 4,23. É um mineral raro, encontrado em veios com calcita e barita. De *ars*ênio + *mang*anês + *ita*.

ARMENITA Silicato hidratado de bário, cálcio e alumínio – $BaCa_2Al_6Si_8O_{28} \cdot 2H_2O$ –, que ocorre em cristais pseudo--hexag. incolores. De *Armen*, mina de Kongsberg (Noruega).

ARMSTRONGITA Silicato hidratado de cálcio e zircônio – $CaZrSi_6O_{15} \cdot 2,5H_2O$ –, marrom, vítreo, muito friável, em cristais de até 2 cm. Homenagem a Neil *Armstrong*, astronauta norte-americano.

arnimita Sulfato básico hidratado de cobre – $Cu_5(SO_4)_2(OH)_6 \cdot 3H_2O$ –, ortor., em crostas de cristais aciculares curtos ou micáceos, verdes. Quimicamente semelhante à devillina, mas sem cálcio. Talvez se trate de antlerita. Homenagem a von *Arnim*, família proprietária da mina onde foi descoberto.

arquerita Amálgama natural de prata – $Ag_{12}Hg$ –, com 87% Ag e 13% Hg. Maleável, de baixa dur. De *Arqueros* (Chile), onde foi descoberto.

arrhenita V. *fergusonita*-(Y). Homenagem ao sueco Carl A. *Arrhenius*.

ARROJADITA Fosfato complexo de fórmula química $KNa_4Ca(FeMn)_{14}Al(PO_4)_{12}(OH,F)_2$, que forma uma série com a dickinsonita. Verde-escuro, maciço ou em grandes cristais monocl. Dur. 5,0. D. 3,55. Descoberto em pegmatitos do Rio Grande do Norte (Brasil). Assemelha-se à hühnerkobelita. Na Paraíba, ocorre em cristais de até 5 t. Homenagem a Miguel *Arrojado* Lisboa, geólogo brasileiro. Sin. de *headdenita*.

arrupiar (gar.) Aparecer (o diamante) no fundo da bateia.

arsenicita Sin. de *farmacolita*.

arsênico (gar., BA) Jaspe de cor vermelha.

arsenicocrocita V. *arseniossiderita*.

ARSÊNIO V. Anexo.

ARSENIOPLEÍTA Arsenato de fórmula química $NaCaMn(Mn,Mg)_2(AsO_4)_3$, monocl., do grupo da alluaudita. Ocorre com a rodonita, formando veios e nódulos verde-vermelho-amarrozados. Do gr. *arsenikon* (arsênio) + *pleion* (mais).

ARSENIOSSIDERITA Arsenato básico hidratado de cálcio e ferro – $Ca_3Fe_4(AsO_4)_4(OH)_4 \cdot 4H_2O$ –, tetrag., formando agregados fibrosos alaranjados, com disposição radial. Dur. 1,5-4,5. D. 3,60. Tem traço amarelo, br. sedoso a submetálico, uma clivagem e é subtransl. Mineral de origem secundária. De *arsênio* + gr. *sideros* (ferro), por sua composição. Sin. de *arsenicocrocita*.

arsenobismita Arsenato básico de bismuto – $Bi_2AsO_4(OH)_3$ –, encontrado em agregados criptocristalinos verde-amarelados, antes considerado espécie mineral.

ARSENOBRACKEBUSCHITA Arsenato básico de chumbo e ferro – $Pb_2Fe(AsO_4)_2(OH)$ –, monocl., do grupo da brackebuschita. Amarelo-mel, com traço amarelo-amarronzado, br. resinoso e adamantino, clivagem (010) perfeita. Dur. 4-5. D. 6,54. Descoberto na mina Tsumeb (Namíbia).

ARSENOCLASITA Hidroxiarsenato de manganês – $Mn_5(OH)_4(AsO_4)$ –, vermelho, ortor., descoberto em Langban, Varmland (Suécia). Do gr. *arsenikon* (arsênio) + *klasis* (fratura). Cf. *gatehouseíta*.

ARSENOCRANDALLITA Arsenato básico de cálcio e alumínio – $CaAl_3(AsO_4)_2(OH,H_2O)_6$ –, trig., azul a verde-azulado, do grupo da crandallita. Forma crostas reniformes e agregados esferulíticos de até 0,1 mm no distrito mineiro de Neubulach, Floresta Negra (Alemanha). Parcialmente solúvel em HCl e HNO_3 1:1 a frio. Frat. conchoidal, sem clivagem. Dur. 5,5. D. 3,2. Cf. *arsenogorceixita, arsenoflorencita-(Ce), arsenogoiasita*.

ARSENODESCLOIZITA Arsenato básico de chumbo e zinco – $PbZn(AsO_4)(OH)$ –, descoberto em Tsumeb (Namíbia). Ortor., formando cristais tabulares de até 1 mm, reunidos em agregados em forma de rosácea. Tem cor amarelo-clara, br. subadamantino, traço branco, dur. 4,0, sem clivagem visível. Levemente solúvel em ác. nítrico quente. D. 6,6. Pertence ao grupo da descloizita.

arsenoferrita V. *loellingita*. De *arsênio + ferro*, em alusão à sua composição.

ARSENOFLORENCITA-(Ce) Arsenato básico de cério e alumínio – $CeAl_3(AsO_4)_2(OH,H_2O)_6$ –, trig., descoberto no sul da Austrália. Cf. *arsenogorceixita, arsenogoiasita, arsenocrandallita*.

ARSENOGOIASITA Arsenato básico de estrôncio e alumínio – $SrAl_3(AsO_4)_2(OH,H_2O)_6$ –, trig., descoberto na Floresta Negra (Alemanha). Cf. *arsenogorceixita, arsenoflorencita-(Ce), arsenocrandallita*.

ARSENOGORCEIXITA Arsenato básico de bário e alumínio – $HBaAl_3(AsO_4)_2(OH)_6$ –, trig., descoberto na Floresta Negra (Alemanha). Cf. *arsenogoiasita, arsenoflorencita-(Ce), arsenocrandallita*.

ARSENO-HAUCHECORNITA Sulfoarseneto de níquel e bismuto – Ni_9BiAsS_8 –, tetrag., do grupo da hauchecornita. Tem 44,9% Ni; 26,5% Bi; 4,4% As; e 22% S. D. 6,4-6,5. Descoberto em Sudbury, Ontário (Canadá).

ARSENOLAMPRITA Polimorfo ortor. do arsênio, antes tido por mistura de arsênio nativo e arsenolita. De *arsênio + gr. lampros* (brilhante).

ARSENOLITA Óxido de arsênio – As_2O_3 –, que ocorre em crostas ou eflorescências brancas, de gosto adocicado-adstringente. Cúb., polimorfo da claudetita. De *arsênio + gr. lithos* (pedra).

ARSENOPALADINITA Arseneto de paládio com antimônio – $Pd_8(As,Sb)_3$ –, com 78,1% Pd. Forma grãos de 0,3 a 1,8 mm em rejeitos de mineração de ouro em Itabira, MG (Brasil). Tricl., maleável, com D. 10,4. Mostra maclas polissintéticas complexas.

ARSENOPIRITA Sulfeto de ferro e arsênio – FeAsS –, isomorfo da loellingita. Monocl., prismático, estriado na direção vertical, com maclas em cruz, cor cinza ou prateada, traço preto e br. metálico. Dur. 5,5-6,0. D. 6,00-6,20. É encontrado em veios de chumbo e prata. Quando quebra, exala odor de alho. Principal mineral-minério de arsênio (46% As), sendo também, às vezes, fonte de cobalto. Pode ser empregado como gema, em substituição à pirita. De *arsênio + pirita*. Sin. de *mispíquel*. O grupo da arsenopirita compreende mais sete minerais, entre eles froodita, glaucodoto, gudmundita, osarsita e ruarsita.

ARSENOPOLIBASITA Sulfoarseneto de prata com cobre e antimônio – $(Ag,Cu)_{16}(As,Sb)_2S_{11}$ –, dimorfo da pearceíta, contendo 65,5%-71,2% Ag. Forma cris-

tais monocl., pseudo-hexag., de até 6 cm, achatados, associando-se à argentita e calcopirita em Freiberg, Saxônia (Alemanha). De arsênio + polibasita, por sua composição. Cf. antimoniopearceíta.
arsenossulfurita Var. de enxofre contendo muito arsênio, assemelhando-se à jeromita. De arsênio + lat. sulphur (enxofre).
ARSENOSSULVANITA Sulfeto de cobre e arsênio com vanádio – $Cu_3(As,V)S_4$ –, isomorfo da sulvanita, diferindo desta por ter grande parte do vanádio substituído por arsênio. De arsênio + sulvanita.
arsenostibita Óxido hidratado de antimônio e arsênio – $[(Sb,As)O_3]_3.[(Sb, As)_2 O_5]_5.25H_2O$. É uma estibiconita arsenicífera. De arsênio + lat. stibium (antimônio).
arsenotelureto Sulfotelureto de arsênio – $As_2Te_2S_7$ –, que ocorre como crostas sobre arsenopirita. De arsênio + telureto.
ARSENOTSUMEBITA Arsenato básico de chumbo e cobre – $Pb_2Cu(AsO_4)(SO_4)(OH)$ –, monocl., descoberto na mina Tsumeb (Namíbia).
ARSENOURANOSPATITA Arsenato hidratado de alumínio e uranila – $HAl(UO_2)_4(AsO_4)_4.40H_2O$ –, tetrag., encontrado em cristais alongados ou cuneiformes, brancos a amarelo-claros, com clivagem basal (perfeita) além de (100) e (010) (boas). D. 2,5. Ocorre em Menzenschwand, Floresta Negra (Alemanha).
ARSENURANILITA Arsenato básico hidratado de cálcio e uranila – $Ca(UO_2)_3(AsO_4)_2(OH)_4.6H_2O$ –, muito semelhante à fosfuranilita, diferindo por ter um tom mais escuro de vermelho-alaranjado.
arshinovita Var. coloidal de zircão.
ARTHURITA Arsenato de fórmula química $CuFe_2(AsO_4,PO_4,SO_4)(O,OH)_2.4H_2O$, monocl., descoberto em uma mina da Cornualha (Inglaterra), onde ocorre em crostas verde-maçã finamente granuladas. Homenagem a Arthur Russel e Arthur W. O. Kingsbury, por suas contribuições à mineralogia da Grã-Bretanha. Cf. earlshannonita, ojuelaíta. O grupo da arthurita compreende mais dois arsenatos e dois fosfatos.

ARTINITA Carbonato básico hidratado de magnésio – $Mg_2(CO_3)(OH)_2.3H_2O$ –, de hábito fibroso, br. sedoso, podendo formar crostas aciculares. Ocorre em r. ultramáficas. Homenagem ao professor de Mineralogia Ettore Artini. Cf. cloroartinita.
artita Fluorfosfato de sódio e cálcio – $Na_2Ca_4(PO_4)_3F$ –, trig., incolor, de br. vítreo ou nacarado (na clivagem), dur. em torno de 5. Insolúvel em água, mas facilmente solúvel em HCl a 5%. D. 3,1. Clivagem basal perfeita. Descoberto em vênulos pegmatíticos da península de Kola (Rússia) e assim chamado em alusão à região Ártica, onde se situa aquela península.
ARTROEÍTA Fluoreto básico de chumbo e alumínio – $PbAlF_3(OH)_2$ –, tricl., descoberto no Arizona (EUA).
ARTSMITHITA Fosfato básico de mercúrio e alumínio – $Hg_4Al(PO_4)_{2-x}(OH)_{1+3x}$, onde x = 0,26. É monocl. e foi descoberto em Pike, Arkansas (EUA).
ARUPITA Fosfato hidratado de níquel – $Ni_3(PO_4)_2.8H_2O$ –, monocl., descoberto no meteorito Santa Catarina, encontrado no sul do Brasil.
ARZAKITA Sulfobrometo de mercúrio com cloro – $Hg_3S_2(Br,Cl)_2$ –, monocl. ou tricl. Forma uma série com a lavrentievita.
arzrunita Sulfato básico de chumbo e cloreto básico de cobre – $PbSO_4PbO(CuCl_2.H_2O)_3Cu(OH)_2$ –, de cor verde-azulada, em pequenos prismas ortor. Homenagem a Andreas Arzruni, mineralogista alemão, seu descobridor.
ASBECASITA Mineral de fórmula química $Ca_3(Be,B,Al)_2(Ti,Sn,Fe)(As,Sb)_6Si_2O_{20}$, trig., amarelo, descoberto no Valais (Suíça). Nome derivado de As + Be + Ca + Si.
asbestina Nome coml. da agalita.
asbesto Grupo de silicatos fibrosos usados como isolantes térmicos, acústicos e elétricos, em cimento-amianto, lonas e pastilhas para freios, roupas antifogo, papel, filtros, vedantes etc. Compreende o cristotilo e alguns anfibólios: tremolita,

actinolita, amosita, crocidolita e *antofilita* (v. esses nomes). O Brasil é o quarto maior produtor de crisotilo (11,3% do mercado), vindo após Rússia (35,8%), Canadá (18,2%) e China (14,2%). Em Minaçu (GO), está a terceira maior reserva do mundo. Os asbestos constituem inclusão típica de gemas como demantoide e dos cabelos de vênus. A crocidolita (var. de riebeckita) é um asbesto que, com qz., constitui o *olho de tigre* e o *olho de falcão* (v. esses nomes). Nome derivado do gr. *asbestos* (incombustível, inextinguível), por resistirem ao fogo. Sin. (coml.): amianto (nome a ser abandonado por recomendação da International Mineralogical Association).

asbesto petrificado Designação comum aos membros de um grupo de minerais-gema que compreende o olho de tigre, o olho de falcão e, erroneamente, o quartzo olho de gato.

ASBOLANO Óxido hidratado de cobalto e manganês com níquel – $(Co,Ni)_xMn(O,OH)_4.nH_2O$ –, hexag., preto. Tem aspecto terroso, baixa dur. e contém até 32% de óxido de cobalto, sendo usado para obtenção desse metal. Produto de alteração de r. ultrabásicas. Do gr. *asbole* (fuligem), por sujar as mãos de preto. Sin. de *asbólita*.
asbólita V. *asbolano*.
ascairita V. *ascarita*.
ascarita Sin. de *szaibelyíta*, nome preferível. De *Ascharia*, nome latino de uma província alemã hoje chamada Aschersleben. Cf. *asquirita*.
ASCHAMALMITA Sulfeto de chumbo e bismuto – $Bi_2Pb_6S_9$ –, monocl., em cristais alongados de cor cinza-chumbo, com até 5 cm de comprimento, ou lâminas levemente curvas, espessas. Tem br. metálico, clivagem (001) perfeita, D. 7,33. Ocorre em veios que cortam gnaisses de *Ascham Alm* (daí seu nome), em Salzburgo (Áustria).
ás de paus Nome coml. de um nefelinassienito ornamental de cor cinza-claro com porções pretas e granulação média. Tem 60%-75% de feldspatos, 15% de nefelina, 20% de hornblenda e 5% de biotita + cancrinita. Ocorre em Nova Friburgo, RJ (Brasil). Também conhecido como cinza campo grande e carijó.
asfalto-vanadífero Var. de patronita chamada de asfalto, por sua cor preta.
ASHANITA Óxido de nióbio, tântalo, urânio, ferro e manganês – $(Nb,Ta,U,Fe,Mn)_4O_8$ –, ortor., escuro, de traço amarronzado, br. submetálico, frat. conchoidal a subconchoidal e dur. 5,8-6,6. D. 6,6. Descoberto em pegmatitos dos montes Altai (China). De Altai + *shan* (montanhas) + *ita*. Cf. *ixiolita*.
ASHBURTONITA Mineral de fórmula química $HPb_4Cu_4Si_4O_{12}(HCO_3)_4(OH)_4Cl$, tetrag., descoberto em *Ashburton Downs*, na Austrália.
ASHCROFTINA-(Y) Mineral de fórmula química $K_{10}Na_{10}(Y,Ca)_{24}(OH)_4(CO_3)_{16}(Si_{56}O_{140}).16H_2O$, tetrag., encontrado em cavidades de um sienito em Narsarsuk, Groenlândia (Dinamarca). Era antes considerado zeólita. Homenagem a Frederick Noel *Ashcroft*, benfeitor do Museu Britânico de História Natural.
ASHOVERITA Hidróxido de zinco – $Zn(OH)_2$ –, tetrag., trimorfo da sweetita e da wülfingita, descoberto em uma pedreira de calcário de *Ashover* (daí seu nome), em Derbyshire (Inglaterra).
ASISITA Clorossilicato de chumbo – $Pb_7SiO_8Cl_2$ –, tetrag., descoberto na mina Kombat (Namíbia).
askanita V. *montmorillonita*.
asmanita Var. de tridimita encontrada em ferro de origem meteorítica. Cf. *hausmannita*.
asovskita Óxido hidratado de chumbo e ferro – $Pb_2O_5.(Fe_2O_3)_3.6H_2O$.
ASPIDOLITA Silicato básico de sódio, magnésio e alumínio – $NaMg_3AlSi_3O_{10}(OH)_2$ –, monocl., descoberto em Tell Atlas (Argélia).
asquirita V. *dioptásio*. Cf. *ascarita*.
ASSELBORNITA Arsenato hidratado de uranila, bismuto e chumbo com bário – $(Pb,Ba)(UO_2)_6(BiO)_4(AsO_4)_2(OH)_{12}.3H_2O$ –, que forma cristais euédricos, cúb., de cor amarelo-limão, com até 0,3 mm,

em Schneeberg, Saxônia (Alemanha). Dissolve-se lentamente em HCl diluído. Br. graxo e adamantino, D. 5,6-5,8. Homenagem ao Dr. Eric *Asselborn*, colecionador de minerais de Dijon (França). **astéria** Designação comum aos minerais que, lapidados em cabuchão, exibem asterismo. Do gr. *aster* (estrela).
astérico Diz-se do mineral que mostra asterismo.
asterismo Fenômeno óptico observado às vezes em minerais como berilo, crisoberilo, crocidolita, qz. e coríndon, quando lapidados em cabuchão e em determinadas direções, e que consiste na dispersão da luz na forma de uma estrela de 4, 6 ou 12 pontas. Quando visível em luz refletida (ex. safira-estrela), é chamado de epiasterismo. Em luz transmitida (flogopita, às vezes qz. róseo), é chamado de diasterismo. O asterismo é uma espécie de *chatoyance* em várias direções, sendo causado pela presença de grande número de pequenas inclusões aciculares orientadas. Gemas leitosas podem mostrar asterismo artificial se forem riscadas regularmente na base. Do gr. *aster* (estrela). Cf. *chatoyance*.
astiyl (nome coml.) V. *titânia*.
astrakanita V. *bloedita*. De *Astrakan* (Rússia).
astridito Nome de uma r. ornamental constituída principalmente de jadeíta.
ASTROCIANITA-(Ce) Carbonato de fórmula química $Cu_2(Ce,Nd,La)_2(UO_2)(CO_3)_5(OH)_2 \cdot 1,5H_2O$, hexag., descoberto na província de Shaba (R. D. do Congo).
ASTROFILITA Titanossilicato de potássio, sódio, ferro e manganês – $(K,Na)_3(Fe,Mn)_7Ti_2Si_8O_{24}(O,OH)_7$ – semelhante à lamprofilita. Ocorre em r. alcalinas, formando agregados laminares estrelados. Do gr. *aster* (estrela) + *phyllon* (folha), em alusão ao seu hábito. O grupo da astrofilita compreende oito silicatos tricl. e monocl.
astrolita 1. Silicato hidratado de sódio, potássio, alumínio e ferro – $(Na,K)_2O(Al,Fe)_2O_3FeO(SiO_2)_5 \cdot H_2O$ –, amarelo-esverdeado, muito raro, formando glóbulos com estrutura estelar. Do gr. *aster* (estrela) + *lithos* (pedra). 2. Nome coml. de um diamante sintético produzido na Suíça. Cf. *djimlita*, *gemolita*.
ATACAMITA Hidroxicloreto de cobre – $Cu_2(OH)_3Cl$ –, verde, ortor., polimorfo da paratacamita. Tem 59,4% Cu e é fonte desse metal. Clivagem [010] perfeita. Br. vítreo a adamantino. Geralmente em prismas com estrias verticais. Produto do intemperismo sobre veios de cobre, principalmente em clima desértico. De *Atacama* (Chile). Sin. de *remolinita*. Cf. *hibbingita*.
ataxito Siderito com mais de 10% Ni. Nome genérico para sideritos com menos níquel que os hexaedritos e mais que os octaedritos. Do gr. *ataxia* (confusão), por diferir estruturalmente tanto do hexaedrito como do octaedrito.
ATELESTITA Arsenato básico de bismuto – $Bi_2O(OH)(AsO_4)$ –, monocl., que ocorre em pequenos cristais tabulares, de br. resinoso a adamantino. Descoberto na mina Junge Kalbe, na Saxônia (Alemanha). Do gr. *atelestos* (imperfeito), provavelmente porque sua composição não pôde ser descoberta quando foi descrito pela primeira vez. Sin. de *raguita*.
atenasita Sin. de *ateneíta*.
ATENEÍTA Arseneto de paládio com mercúrio – $(Pd,Hg)_3As$ –, com 65,8% Pd. Pode conter 0,4% Au. É um mineral hexag., branco com tons creme-amarelado, que ocorre como grãos em concentrados residuais de rejeitos de mineração de ouro em Itabira, MG (Brasil). Às vezes aparece intercrescido com arsenopaladinita. D. 10,2. Assim chamado em alusão a Palas *Atenas*, deusa da mitologia grega de cujo nome deriva também a palavra paládio. Sin. de *atenasita*.
ATHABASCAÍTA Seleneto de cobre de fórmula química Cu_5Se_4. De *Athabasca*, Colúmbia Britânica (Canadá).
ATLASOVITA Sulfato de fórmula química $Cu_6FeBiO_4(SO_4)_5KCl$, tetrag., que

forma série isomórfica com a nabokoíta. Descoberto em fumarolas do vulcão Tolbachik, em Kamchatka (Rússia).
ATOKITA Composto intermetálico de fórmula $(Pd,Pt)_3Sn$, com Pd > Pt. É cúb., semelhante à rustenburgita. D. 14,19. Da mina *Atok*, no complexo de Bushveld (África do Sul), onde ocorre.
atopita 1. Var. de romeíta com manganês. **2.** Var. de romeíta com flúor, de cor marrom ou amarela. **3.** Sin. de *romeíta*. Do gr. *atopos* (incomum), por ser rara.
attacolita V. *attakolita*.
ATTAKOLITA Fosfato-silicato básico de cálcio, manganês e alumínio com estrôncio e ferro – $(Ca,Sr)Mn(Al,Fe)_4(HSiO_4)(PO_4)_3(OH)_4$ –, monocl., maciço, de cor vermelho-salmão. D. 3,09. Sin. de *attacolita*.
attapulguita 1. Sin. de *palygorskita*. **2.** Var. terrosa de palygorskita. **3.** Silicato hidratado de ferro e magnésio do grupo dos minerais argilosos. De *Attapulgus*, Geórgia (EUA).
AUBERTITA Clorossulfato hidratado de cobre e alumínio – $CuAl(SO_4)_2Cl.14H_2O$ –, tricl., encontrado na forma de crostas azuis de grãos corroídos, com clivagem (010) perfeita, em Antofagasta (Chile). É solúvel em água e tem D. 1,81-1,83. Homenagem a J. *Aubert*, coletor da primeira amostra do mineral. Cf. *svyazhinita*, *magnesioaubertita*.
aubrito 1. Meteorito acondrítico com estrutura brechada, composto essencialmente de enstatita e, secundariamente, de diopsídio. **2.** Termo geral para os meteoritos compostos essencialmente de enstatita, praticamente sem óxido de ferro e pobres em cálcio. Sin. de *bustito*. De *Aubres* (França).
auerbachita V. *zircão*. De *Auerbach*.
auerlita Var. de torita hidratada e rica em fósforo.
AUGELITA Hidroxifosfato de alumínio – $Al_2(OH)_3PO_4$ –, monocl., de hábito tabular, acicular ou maciço, cor branca ou incolor, às vezes amarelada ou rosa, de br. vítreo, transp. a transl., com duas boas clivagens. Dur. 4.5-5,0. D. 2,70.
IR 1,574-1,588. Bir. 0,014-0,020. B(+). Mineral tardio de filões hidrotermais. É usado como gema, sendo produzida nos EUA e na Bolívia. Do gr. *auges* (brilho) + *lithos* (pedra).
AUGITA Aluminossilicato de cálcio, sódio, magnésio e ferro – $(Ca,Na)(Mg,Fe,Al)(Si,Al)_2O_6$ –, o mais comum dos piroxênios. Prismático, monocl., geralmente verde-escuro ou preto. Constituinte essencial em muitas r. ígneas básicas e em algumas metamórficas. Presente também em meteoritos. Do gr. *auge* (brilho), por suas frequentes faces brilhantes.
AURICALCITA Carbonato básico de zinco e cobre – $(Zn,Cu)_5(CO_3)_2(OH)_6$ –, onde o zinco e o cobre se substituem mutuamente em proporções variáveis. Cor verde, verde-acinzentada ou azul-clara, geralmente em crostas ou escamas finas de br. nacarado. Dur. 2,0. D. 3,50-3,60. Clivagem micácea, flexível, transl. Mineral secundário em depósitos alterados de cobre e zinco. Do gr. *oureikhalkos* (montanha de latão), provavelmente.
auricuprita Liga natural de ouro e cobre – Cu_3Au –, encontrada na forma de grãos micrométricos ortor. de forma irregular, cor rosa-claro, com *tarnish* marrom. Tem cerca de 62% Au e 24% Cu, com quantidades menores de Pd, Rh, Pt, Ag e Bi. Cf. *tetraauricuprita*. De *aurum* (ouro) + *cuprum* (cobre).
aurobismutinita Sulfeto de bismuto, prata e ouro de natureza duvidosa. Pode ser uma liga de ouro e prata com bismutinita ou mistura de sulfetos de bismuto, ouro e prata.
aurora pérola Nome coml. de um mármore fino, bege, compacto, com dolomita e pouca mica, procedente de Ouro Preto, MG (Brasil).
aurora prateado Nome coml. de um mármore bege, com veios esbranquiçados, de granulação média, contendo mica e esfênio, procedente de Ouro Preto, MG (Brasil).
aurora veiado Nome coml. de um mármore verde procedente de Itajaí, SC (Brasil).

aurora veiado camboriú Nome coml. de um mármore bege-esbranquiçado com riscos irregulares mais escuros, contendo forsterita, flogopita, condrodita e espinélio, de granulação média, encontrado em Camboriú, SC (Brasil).
aurora vermelho Nome coml. de um mármore fino, avermelhado, com qz., hematita finamente granular disseminada ou em veios e mica, procedente de Ouro Preto, MG (Brasil).
AURORITA Óxido hidratado de manganês, prata e cálcio – $(Mn,Ag,Ca)Mn_2O_7.3H_2O$.
aurosmirídio Solução sólida de ouro, ósmio e irídio, cúb., encontrada em placeres com platina.
AUROSTIBITA Liga natural de ouro e antimônio – $AuSb_2$ –, cúb., do grupo da pirita. Forma grãos com menos de 0,2 mm, semelhantes à galena, em minérios auríferos do Canadá. Dur. 3,0. D. 9,98. Tem *tarnish* semelhante ao da bornita. Reage com os ác. nítrico e clorídrico. De *aurum* (ouro) + *stibium* (antimônio).
AUSTINITA Arsenato básico de cálcio e zinco – $CaZn(AsO)(OH)$ –, incolor ou amarelado, fibroso ou laminar. Homenagem ao mineralogista norte-americano *Austin* F. Rogers. Sin. de *brickerita*.
australito Tectito encontrado na *Austrália*. Tem forma de botão ou lenticular e cor preta.
autoclave Cilindro formado por espessas paredes de aço, no topo do qual há uma tampa removível. Usado para obtenção de gemas sintéticas por meio de síntese hidrotermal.
automolita Sin. de *gahnita*. Do gr. *automolos* (desertor), porque contém zinco, o que foi considerado estranho na época de sua descoberta.
automórfico Sin. de *euédrico*.
AUTUNITA Fosfato hidratado de uranila e cálcio – $Ca(UO_2)_2(PO_4)_2.10-12H_2O$ –, micáceo ou tabular, amarelo, com forte fluorescência e forte radioatividade. Tem br. nacarado a vítreo. Dur. 2,0-2,5. D. 3,10. Clivagens basal e prismática perfeitas. Mineral-minério de urânio (58% UO_3). Produto de alteração de outros minerais de urânio, encontrado em pegmatitos. De *Autum* (França), onde foi descoberto. Sin. (obsol.): [1]*uranita*. O grupo da autunita e metaautunita compreende 39 fosfatos e arsenatos de uranila tetrag.
auxita Sin. de *lucianita*.
avasita Silicato hidratado de ferro, de cor negra, provavelmente mistura de óxido de ferro e sílica ou simplesmente uma limonita silicosa.
avelinoíta Fosfato básico hidratado de sódio e ferro – $NaFe_3(PO_4)_2(OH)_4.2H_2O$ –, descoberto em Minas Gerais (Brasil) e identificado mais tarde como cyrilovita. Homenagem a *Avelino* Ignácio de Oliveira, geólogo brasileiro.
aventurescência Fenômeno óptico que consiste em reflexos metálicos brilhantes, fortemente coloridos, produzidos por certas inclusões em alguns minerais transl., como qz. e feldspato, quando observados em luz refletida. Cf. *aventurino, pedra do sol*.
aventurina V. *aventurino*.
aventurino Var. de qz. microcristalino, verde, avermelhado ou amarelo, transl., com finas inclusões foliadas, geralmente de fuchsita, às vezes de hematita, que tornam o mineral cintilante, fenômeno conhecido como aventurescência. IR 1,544-1,553. Bir. 0,009. U(+). Disp. 0,013. Não tem pleocroísmo nem clivagem. Mostra fluorescência avermelhada. Ocorre na Rússia (Sibéria), Índia, Brasil, China e Madagascar. A var. amarela é muito rara. Há muitas imitações no comércio, obtidas com vidro e cristais de cobre (ouro do mar). Algumas dessas imitações têm cor azul. Sin. de *quartzo-aventurino*. Nome derivado de *aventura*, porque, diz uma lenda, um operário deixou cair, por acaso (em ital. *all'aventura*), limalha de latão em um cadinho contendo vidro fundido e obteve um material semelhante a esta var., ao qual chamou de *aventurina*. Cf. *pedra do sol, feldspato aventurino*.

aventurino verde Aventurino com inclusões de fuchsita. Muito conhecido na Índia e encontrado também no Brasil. Sin. de *crisoquartzo, jade-indiano, jade da índia*.
AVERIEVITA Cloreto-vanadato de cobre – $Cu_5(VO_4)_2O_2CuCl_2$ –, trig., descoberto no vulcão Tolbachik, em Kamchatka (Rússia).
AVICENNITA Óxido de tálio – Tl_2O_3 –, com 79,52% Tl. Forma cristais cúb., euédricos, submilimétricos, com forte br. metálico e alta D. (10,36). Descoberto em Samarkand (Usbequistão) e assim chamado em homenagem a *Avicenna*, sábio que viveu na Idade Média.
AVOGADRITA Borofluoreto de potássio e césio – $(K,Cs)BF_4$ –, incolor ou branco, em pequenos cristais ortor., tabulares oitavados. Descoberto em Campania (Itália) e assim chamado em homenagem a Amadeo *Avogadro*, físico e químico italiano.
AWARUÍTA Liga natural de ferro e níquel – Ni_2Fe a Ni_3Fe –, cúb., com 32,3% Fe e 57,7% Ni. No Canadá, é formada por serpentinização de dunitos. De *Awarus* (Nova Zelândia), onde foi descoberta.
axinita Grupo de borossilicatos de fórmula geral $A_3Al_2BSi_4O_{15}(OH)$, onde A = Ca, Mg, Mn^{2+} ou Fe^{2+}. Compreende a manganoaxinita, a ferroaxinita, a magnesioaxinita e a tinzenita. São tricl., formando cristais em forma de cunha, de cor variável: cinza, azul, amarela, vermelho-amarelada, marrom, verde ou violeta. São transp. a transl., de br. vítreo, com uma boa clivagem. Dur. 6,5-7,0. D. 3,30. IR 1,678-1,688. Bir. 0,010. B(–). Geralmente têm pleocroísmo nítido em violeta, marrom e verde. Ocorrem em cavidades e nos contatos de intrusões graníticas. Usados como gemas, mas raramente, sendo produzidos principalmente na França. Outros produtores são Tasmânia, Inglaterra, Canadá, EUA e México. No Brasil, encontram-se pequenos cristais de qualidade gemológica em Santa Rosa (BA). Do gr. *axine* (machado), em razão da forma de seus cristais.

aymoré Nome coml. de um granito róseo de Penha, SC (Brasil), usado como pedra ornamental.
azeviche Var. de linhito compacta, finamente granulada, de cor preta ou castanha e aspecto aveludado, com br. resinoso, alta tenacidade e frat. conchoidal. Dur. 2,5-4,0. D. 1,10-1,40. IR 1,660-1,676. Não tem fluorescência. É fácil de polir, adquirindo bom br. O azeviche foi muito usado na segunda metade do século XIX, principalmente para objetos religiosos e de luto. Entre as substâncias que o imitam estão o vidro, plásticos e borracha vulcanizada dura, esta conhecida como vulcanite. São usados como substitutos o ônix, a melanita, a turmalina negra e a obsidiana, todos mais duráveis. O azeviche queima como carvão e, quando atritado, exala forte odor. Ao contrário dos seus substitutos, queima quando em contato com uma agulha aquecida, produzindo fumaça. Tratando-se de vulcanite, haverá fumaça, mas com cheiro de borracha queimada; se for plástico, o odor variará de aromático a fétido, mas sem se assemelhar ao de carvão. O azeviche é produzido principalmente na Grã-Bretanha, destacando-se também França, Espanha, Alemanha, Turquia, Itália e EUA. Muito usado em joias com prata em Santiago de Compostela (Espanha). Do ár. *az-zabaj*. Sin. de [2]*ágata-negra, âmbar-negro, gagata,* [2]*pedra-escorpião*.
azeviche-bastardo Var. de azeviche de baixa dureza, procedente do Canadá.
azeviche whitby Azeviche extraído das minas de carvão de Yorkshire (Inglaterra). Na época em que o azeviche era muito usado, era considerado o de melhor qualidade.
AZOPROÍTA Borato de magnésio e ferro com titânio – $(Mg,Fe)_2(Fe,Ti,Mg)O_2BO_3$ –, ortor., descoberto na Sibéria (Rússia). Cf. *ludwigita, bonaccordita*.
azorita V. *zircão*. Cf. *azurita*.
azorpirrita Mineral ainda pouco estudado, provavelmente do grupo do pirocloro.

azul da bahia Nome coml. de um soda-litassienito azul-escuro, mosqueado de branco, de granulação média, com 50% de feldspatos e 45%-50% de sodalita, cancrinita e outros minerais. É extraído em Itaju do Colônia, BA (Brasil), e usado como pedra ornamental.

azul da noruega Nome coml. de um anortosito ornamental proveniente da Noruega.

azulinha (gar.) Safira transl., pequena, que ocorre com o diamante. Não confundir com *azulinho*.

azulinho (gar. MT e MG) Nome dado a várias pedras de cor azul. Não confundir com *azulinha*.

azulita Var. de ¹smithsonita azul-clara, que ocorre frequentemente como grandes massas transl. Do fr. *azur* (azul) + gr. *lithos* (pedra). Não confundir com *azurita, azurlita, azorita*.

azul macaúbas Nome coml. de um quartzito ornamental com dumortierita, branco com finas faixas azuladas, procedente de Macaúbas, BA (Brasil).

azul paulista Nome coml. de um granito ornamental procedente de Passa Quatro, MG (Brasil).

azul-pavão Nome dado, no comércio, à cor azul da alexandrita de Malacacheta, MG (Brasil).

azul princesa Sin. de *alomita*.

azurcalcedônia Var. gemológica de calcedônia de cor azul, pela presença de crisocola. Do fr. *azur* (azul) + *calcedônia*. Sin. de *azurlita, quartzo-crisocola*.

AZURITA Carbonato básico de cobre – $Cu_3(CO_3)_2(OH)_2$ –, monocl., prismático, de cor azul-escura a azul-violeta, decorrente do cobre. É semitransl. a opaco, com traço azul-claro e br. vítreo. Dur. 3,5-4,0. D. 3,32 (porosa) a 3,80 (compacta). IR 1,730-1,838. Bir. 0,108. B(+). Não tem fluorescência. Sob ação do ác. clorídrico, mesmo com baixa concentração e frio, mostra forte efervescência. A azurita ocorre na zona de oxidação dos depósitos de cobre, sendo pouco usada como gema, por sua baixa dureza. É principalmente uma pedra ornamental, usada também como fonte de cobre (55,1% Cu). Ocorre na zona de oxidação de veios de cobre, frequentemente associada à malaquita, sendo, às vezes, lapidada junto com esta. É muito frágil, sendo difícil de ser trabalhada. Os principais produtores de azurita e malaquita são a Namíbia (cristais de até 30 cm), Egito e Rússia, seguindo-se Zimbábue, Austrália, Chile e EUA. No Brasil, é pouco abundante e não tem qualidade gemológica. Do fr. *azur* (azul), em alusão à sua cor. Sin. de *chessylita, lápis de cobre*. Não confundir com *azulita, azurlita, azorita*.

azurlita Sin. de *azurcalcedônia*. Do fr. *azur* (azul) + gr. *lithos* (pedra). Cf. *azulita, azurita*.

azurmalaquita Nome popular de uma mistura de azurita e malaquita em faixas concêntricas. Quando tem hábito botrioidal, é, às vezes, trabalhada com fins ornamentais, embora seja pouco durável.

azurquartzo Sin. de *quartzo azul*.

Bb

bababudanita Sin. de *magnesiorriebeckita*. De *Bababudan*, montanhas de Nysore (Índia).
BABEFFITA Fosfato de bário e berílio – $BaBe(PO_4)(O,F)$ –, tricl., descoberto no Transbaikal (Rússia). De *bário* + *berílio* + *flúor* + *fosfato* + *ita*.
BABINGTONITA Silicato básico de cálcio, ferro e manganês – $Ca_2(Fe^{2+},Mn)Fe^{3+}Si_5O_{14}(OH)$ –, do grupo dos piroxênios. Tricl., sempre em cristais (geralmente pequenos, brilhantes, às vezes com faces estriadas). Verde-escuro, br. vítreo. Dur. 5,5-6,0. Raro. Ocorre em depósitos hidrotermais, seguidamente associado a zeólitas, e forma série isomórfica com a manganobabingtonita. Homenagem ao mineralogista inglês Williams *Babington*.
BABKINITA Sulfeto de chumbo e bismuto com selênio – $Pb_2Bi_2(S,Se)_3$ –, trig., descoberto em Omsukchan (Rússia).
bacalita Var. de âmbar amarela ou esbranquiçada, assim chamada provavelmente porque provém da Baixa Califórnia (México).
bacia (gar., BA) Caldeirão raso.
backstroemita Hidróxido de manganês – $Mn(OH)_2$. Sin. de *pseudopirocroíta*.
BADDELEYITA Óxido de zircônio – ZrO_2 –, com 74,1% Zr e certa quantidade de háfnio, encontrado em cristais monocl. tabulares, com clivagem basal, ou nódulos, incolores, amarelos, marrons ou pretos. Dur. 6,5. D. 5,50-6,00. É um mineral raro que forma, às vezes, agregados cristalinos fibrorradiados, os quais, devidamente lapidados, podem dar gemas bonitas e originais. É mais importante, porém, como fonte de zircônio e material refratário. Assim chamado em homenagem a Joseph *Baddeley*, o primeiro a trazer amostras do mineral do antigo Ceilão (hoje Sri Lanka). Sin. de *badelsita, brasilita*. Cf. *zircônia cúbica*.
badelsita V. *baddeleyita*.
badenita Mistura de bismuto, saflorita e modderita, antes considerada espécie. De *Badeni*-Unguremi (Romênia).
baeta (gar.) Espécie de pano grosseiro usado para reter o ouro na canoa.
baeumlerita Sin. de *clorocalcita*.
BAFERTISITA Silicato de bário, ferro e titânio com manganês – $Ba(Fe,Mn)_2TiOSi_2O_7(OH,F)_2$ –, monocl., vermelho a laranja, descoberto na Mongólia (China). De *bário* + *ferro* + *titânio* + *silicato* + *ita*. Cf. *hejtmanita*.
bagaceira (gar.) Designação comum a vários fosfatos hidratados, satélites do diamante. Sin. de *fava-parda*.
BAGHDADITA Silicato de cálcio e zircônio – $Ca_6Zr_2(Si_2O_7)_2O_4$ –, monocl., descoberto na região de Qala-Dizeh (Iraque).
bago de arroz (gar., MT) Diamante comprido e chato.
bagotita Sin. de *thomsonita*. De *Bagot*, Ontário (Canadá), onde ocorre.
bagrationita V. *ortita*.
baguete Lapid. com 17 facetas, usada para pedras estreitas, retangulares e pequenas, semelhante à lapid. esmeralda, mas sem facetas nos cantos. Às vezes é mais larga numa extremidade que na outra, tendo forma de trapézio. Do fr. *baguette* (vara, bastão).
bagulho 1. (gar.) Em Carnaíba (BA), esmeralda de qualidade inferior, mais valiosa, porém, que a segunda e a segundada. 2. (gar., GO) Nome que os garimpeiros de Campos Verdes dão ao berilo verde. Quando microcristalino, é chamado de borra.
bahia 1. Nome coml. de um tipo de mármore rosa de Itapebi e Patamuté, BA (Brasil). 2. Sienito azul de Itaju do Colônia, BA (Brasil), usado como pedra ornamental.

BAHIANITA Óxido básico de alumínio e antimônio – $Al_5Sb_3O_{14}(OH)_2$ –, monocl., encontrado na forma de favas creme a marrons, de br. adamantino e clivagem (100) perfeita, na região de Paramirim, *Bahia* (daí seu nome), no Brasil. Dur. 9,0. D. 4,89-5,46.
baierina V. *columbita*.
baikalita 1. Var. de diopsídio em grandes cristais. **2.** Var. de sahlita verde-escura. Nome derivado do lago *Baikal*, Sibéria (Rússia), onde ocorre.
BAILEYCLORO Mineral de fórmula química $(Zn,Fe,Al,Mg)_6(Si,Al)_4O_{10}(OH)_8$, tricl., descoberto em Queensland (Austrália).
bajerê (gar., MT e MG) Cascalho que não tem diamante. Cf. *canjica*.
BAKERITA Borato-silicato básico hidratado de cálcio – $Ca_4B_5Si_3O_{15}(OH)_5$. $0,5H_2O$ –, monocl., branco a esverdeado, compacto, em nódulos aporcelanados. Dur. 4,5. D. 2,7. Associa-se a zeólitas. Homenagem a R. C. *Baker*, seu descobridor.
BAKHCHISARAITSEVITA Fosfato hidratado de sódio e magnésio – $Na_2Mg_5(PO_4)_4.7H_2O$ –, monocl., descoberto na península de Kola (Rússia).
BAKSANITA Sulfotelureto de bismuto – $Bi_6(Te_2S_3)$ –, trig., descoberto em Kabardino-Balkaria (Rússia).
balança de Westphal Balança usada para determinação da densidade de líquidos pesados.
balança hidrostática Aparelho utilizado para calcular o peso específico de uma substância, mediante determinação de seu peso no ar e na água.
BALANGEROÍTA Silicato de magnésio, ferro e manganês – $(Mg,Fe^{2+},Fe^{3+},Mn^{2+})_{42}Si_6O_{54}(OH)_{40}$ –, monocl., asbestiforme, marrom, quebradiço, com aspecto de madeira, br. vítreo a graxo, com pelo menos uma boa direção de clivagem. Descoberto em serpentinitos de *Balangero* (daí seu nome), Piemonte (Itália). Cf. *gageíta*.
balas 1. Agregado de pequenos diamantes de forma aproximadamente esférica, denso, duro, altamente coerente, usado para fins industriais. Ocorre no Brasil e na África. **2.** V. ¹*rubi-balas*.
balavinskita Borato hidratado de estrôncio – $Sr_2B_6O_{11}.4H_2O$ –, mal estudado.
balcanita Sulfeto de prata, cobre e mercúrio – $Cu_9Ag_5HgS_8$ –, ortor., com 33,1% Ag. Ocorre na forma de pequenos grãos de até 3 mm em cavidades ou pequenas fissuras. Os cristais são alongados segundo o eixo *c*, mostrando cor cinza, br. metálico e estrias verticais. Dur. em torno de 3,5. D. 6,32. Forma-se em depósitos hidrotermais de baixa temperatura.
baldaufita Fosfato hidratado de ferro, manganês, magnésio e cálcio – $(Fe,Mn,Mg,Ca)_3OP_2O_5.3H_2O$ –, isomorfo da wenzelita.
bal de feu (nome coml.) V. *fabulita*.
BALIFOLITA Silicato básico de bário, magnésio, lítio e alumínio – $BaMg_2LiAl_3Si_4O_{12}(OH)_4F_4$ –, ortor., em agregados radiais ou paralelos de cristais aciculares ou fibrosos, branco-amarelados, de br. sedoso.
BALKANITA Sulfeto de cobre, prata e mercúrio – $Cu_9Ag_5HgS_8$ –, ortor., descoberto em Stara Planina (Bulgária).
bálsamo do canadá Resina obtida de uma espécie de abeto e usada para montagem de *doublets* e na preparação de lâminas de minerais e r. para exame ao microscópio. IR 1,537.
baltimorita V. *antigorita*. De *Baltimore*, Maryland (EUA), perto de onde ocorre.
BALYAKINITA Óxido de cobre e telúrio – $CuTeO_3$ –, ortor., descoberto na Rússia, onde aparece em intercrescimentos de até 0,5 mm, em cristais prismáticos muito curtos, verde-azuis. Homenagem ao professor G. S. *Balyakina*.
BAMBOLLAÍTA Telureto de cobre com selênio – $Cu(Te,Se)_2$ –, tetrag., descoberto em Sonora (México).
bambúrrio (gar.) Grande descoberta do mineral procurado. Sin. de *bamburro*.
bamburro (gar.) Sin. de *bambúrrio*.
BAMFORDITA Óxido hidratado de ferro e molibdênio – $FeMo_2O_6(OH)_3.H_2O$ –, tricl., descoberto em Queensland (Austrália).

BANALSITA Aluminossilicato de bário e sódio – $BaNa_2Al_4Si_4O_{16}$ –, semelhante aos feldspatos, branco, maciço ou em cristais ortor. De bário + *natrum* (sódio) + alumínio + silicato + *ita*.

BANDYLITA Mineral de cobre de fórmula química $CuB(OH)_4Cl$, que ocorre em cristais de cor azul-escura, em Antofagasta (Chile). Homenagem a Mark C. *Bandy*, seu descobridor.

BANNERMANITA Vanadato de sódio e potássio – $(Na,K)_XV_{6-X}{}^{5+}V_X{}^{4+}O_{15}$ –, monocl., onde x = 0,7. Forma cristais monocl., pretos, de br. submetálico, euédricos a subédricos, numa fumarola do vulcão Izalco (El Salvador). D. 3,5. Traço preto-acinzentado. Homenagem ao Dr. Harold M. *Bannerman*, geólogo norte-americano.

BANNISTERITA Silicato de fórmula química $(K,Na,Ca)(Mn,Fe,Mg,Zn)_{21}(Si,Al)_{16}O_{38}(OH)_8.2\text{-}6H_2O$, monocl., descoberto em Sussex, New Jersey (EUA).

banqueta 1. (gar., BA) Cata pequena, aberta ao lado de uma grande. **2.** (gar., PB) Frente de lavra onde trabalha o banqueteiro.

banqueteiro (gar., PB) Garimpeiro que instala explosivos e remove o material desmontado nos garimpos de ouro da região de Princesa Isabel.

BAOTITA Clorossilicato de bário e titânio com nióbio e ferro – $Ba_4Ti_4(Ti,Nb,Fe)_4Si_4O_{12}O_{16}Cl$ –, de cor marrom ou preta, br. vítreo, tetrag. Ocorre em veios de qz., em r. alcalinas e em veios de carbonatito. Raro. De *Baiyun-Obo*, mina perto de Paotow (China), onde foi descoberto.

baque (gar., RS) Na região de Ametista do Sul, intervalo estéril entre dois bolsões mineralizados em ametista.

baquelite Resina artificial incolor, passível de tingimento em diversas cores, usada, às vezes, como imitação de âmbar. Dur. 2,5-3,0. D. 1,25-1,30. IR 1,600-1,660. Transp. a opaca. É uma mistura de fenol e formaldeído, descoberta em 1909. Cf. *catalin*.

BARARITA Fluoreto de silício e amônio – $(NH_4)_2SiF_6$ –, hexag., dimorfo da criptoalita, descoberto em *Barari* (daí seu nome), na Índia.

BARATOVITA Fluorsilicato de potássio, lítio, cálcio e titânio – $KLi_3Ca_7Ti_2(Si_6O_{18})_2(OH,F)_2$ –, quimicamente semelhante à tinaksita, à yuksporita e à netunita. Monocl., pseudo-hexag., em finas folhas de br. nacarado. Dur. 3,5. D. 2,92. Friável, com clivagem basal perfeita. Mineral acessório em vênulos pegmatíticos e albititos. Homenagem a Rauf B. *Baratov*, petrógrafo soviético.

BARBERIITA Borofluoreto de amônio – NH_4BF_4 –, ortor., descoberto na Sicília (Itália).

BARBERTONITA Carbonato básico hidratado de magnésio e cromo – $Mg_6Cr_2(CO_3)(OH)_{16}.4H_2O$ –, hexag., rosa a violeta, fibroso. Dimorfo da stichtita. Descoberto em *Barberton* (daí seu nome), no Transvaal (África do Sul).

BARBOSALITA Fosfato básico de ferro – $Fe_3(PO_4)_2(OH)_2$ –, monocl., dimorfo da lipscombita. Descoberto em pegmatitos de Galileia, MG (Brasil), onde ocorre em grãos pretos. Homenagem a Aluízio L. M. *Barbosa*, geólogo brasileiro.

bardiglio Nome italiano de um mármore cinza procedente da Córsega e da Toscânia (Itália).

bardolita Silicato hidratado de potássio, magnésio, ferro e alumínio – $K_2O(MgO)_5FeOFe_2O_3Al_2O_3(SiO_2)_{12}.21H_2O$ –, semelhante às cloritas. De *Bardo* (Polônia), onde ocorre.

BARENTSITA Fluorcarbonato de sódio e alumínio – $Na_7Al(CO_3)_2(HCO_3)_2F_4$ –, tricl., em grãos incolores de até 5 mm, com br. vítreo a nacarado, clivagens (001) e (110) perfeitas, quebradiços. A barentsita decompõe-se em água e dissolve-se com efervescência em HCl diluído. Tem dur. 3,0. Ocorre no maciço alcalino de Khibina, península de Kola (Rússia). Homenagem a Willem *Barents*, marinheiro alemão.

BARIANDITA Vanadato hidratado de alumínio – $Al_3V_{40}O_{100}.90H_2O$ –, monocl., descoberto na mina Mounana (Gabão).

BARICITA Fosfato hidratado de magnésio com ferro – $(Mg,Fe)_3(PO_4)_2.8H_2O$ –, monocl., do grupo da vivianita. Cristaliza em placas de até 12 cm com 5 cm de espessura, incolores a azul-claras, com dur. 1,5-2,0, D. 2,4 e clivagem (010) perfeita. Descoberto em frat. de uma formação ferrífera no território de Yukon (Canadá). O nome homenageia o professor iugoslavo Ljudevit Barié. Cf. *vivianita*.

BARILITA Silicato de bário e berílio – $BaBe_2Si_2O_7$ –, com 16% BeO, outrora considerado silicato de bário e alumínio. Ocorre em cristais ortor. achatados, brancos, incolores, amarelados ou azuis, de br. vítreo. Muito raro. Do gr. *barys* (pesado) + *lithos* (pedra).

bariocelestita Var. de celestita rica em bário. Sin. de *baritocelestita*.

barioestroncianita Var. de estroncianita contendo bário como impureza.

BARIOFARMACOSSIDERITA Arsenato básico hidratado de bário e ferro – $Ba_{0,5}Fe_4(AsO_4)_3(OH)_4.\sim 6H_2O$ –, tetrag., em cristais marrom-amarelos de até 1 mm, encontrados em limonita e barita da Floresta Negra (Alemanha). Dur. 2-3. D. 3. Clivagem (100) boa. Solúvel em HCl 1:1 quente. Cf. *farmacossiderita*.

bariofosfuranilita Sin. de *bergenita*, nome preferível.

bariogoiasita Var. de goiasita rica em bário.

bário-hamlinita Var. de hamlinita rica em bário.

bário-hitchcockita Sin. de *gorceixita*.

bariolamprofilita Var. de lamprofilita com bário substituindo grande parte do estrôncio. Talvez idêntica à baritolamprofilita.

BARIOMICROLITA Óxido de bário e tântalo – $BaTa_2(O,OH)_7$ –, cúb., do grupo do pirocloro. Dur. 4,5-5,0. D. 5,68-5,8. Descoberto em aluviões estaníferas de pegmatitos em Chico-Chico, São João del Rei, MG (Brasil).

BÁRIO-ORTOJOAQUINITA Titanossilicato hidratado de bário e ferro com estrôncio – $(Ba,Sr)_4Fe_2Ti_2Si_8O_{26}.H_2O$ –, ortor., do grupo da joaquinita. Forma cristais bipiramidais de até 8 mm de diâmetro, truncados pelo pinacoide basal. Tem cor marrom-amarela, br. vítreo, dur. 5,5 e D. 3,96. Boa clivagem segundo (001). Descoberto em San Benito, Califórnia (EUA). Sin. de *nanekivita*. Cf. *joaquinita-(Ce)*.

BARIOPIROCLORO Óxido de bário e nióbio – $Ba_2Nb_2(O,OH)_7$ –, cúb., do grupo do pirocloro, com 6,4% SrO. Ocorre em carbonatitos da Tanzânia. Sin. de *pandaíta*.

BARIOSSINCOSITA Mineral de fórmula química $Ba(VOPO_4)_2.4H_2O$, tetrag., descoberto no sul da Austrália.

BARISSILITA Silicato de chumbo e manganês – $Pb_8Mn(Si_2O_7)_3$ –, trig., de hábito tabular ou em lamelas encurvadas, com D. 6,72. Descoberto em Harstigen (Suécia). Do gr. *barys* (pesado), por sua alta D., + *silicato*.

BARITA Sulfato de bário – $BaSO_4$ –, ortor., que forma série isomórfica com a celestita. Maciço ou granular, branco, verde, vermelho, marrom, azul, amarelo ou incolor, de br. vítreo e traço branco. Dur. 3,0-3,5. D. 4,30-4,60. IR 1,636-1,648. Bir. 0,012. B(+). Clivagem basal (perfeita) e prismática. Pode ser fluorescente. Ocorre em veios de calcário, como cimento em arenitos e em fontes termais. Pode ser usado como gema, mas é muito mais importante nas indústrias de tintas, papel, tecidos, borracha, lama de sondagem, isolante de raios X etc., além de ser a principal fonte de bário. Do gr. *barys* (pesado), por ter D. relativamente alta. Sin. de *baritina*, *baritita*. O grupo da barita compreende mais dois sulfatos (anglesita e celestina) e um carbonato (hashemita), todos ortor. ☐

baritam Nome que os mineiros da África do Sul dão aos satélites do diamante.

baritina Sin. de *barita*.

baritita V. *barita*.

BARITOCALCITA Carbonato de bário e cálcio – $BaCa(CO_3)_2$ –, em cristais prismáticos estriados. Trimorfo monocl. da alstonita e da paralstonita.

baritocelestita V. *bariocelestita*.
BARITOLAMPROFILITA Silicato de fórmula química $(Na,K)_2(Ba,Ca,Sr)_2(Ti,Fe)_3(SiO_4)_4(O,OH)_2$, monocl., talvez idêntico à bariolamprofilita. Descoberto na península de Kola (Rússia).
barkevicita V. *barkevikita*.
barkevikita Hornblenda ou ferro-hornblenda pargaítica. De *Barkevik* (Noruega), onde foi descoberta. Sin. de *barkevicita*.
BARNESITA 1. Vanadato hidratado de sódio com cálcio – $(Na,Ca)_2V_6O_{16}.3H_2O$ –, monocl., equivalente sódico da hewettita. Descoberto em Utha (EUA). **2.** Nome coml. de um óxido de TR usado para polir vidros.
BARQUILITA Vanadato hidratado de sódio com cálcio – $(Na,Ca)_2V_6O_{16}.3H_2O$ –, monocl., descoberto em Grand County, Utah (EUA).
barracanita Var. de cubanita pobre em enxofre. De *Barracanao* (Cuba). Sin. de *cupropirita*.
barrandita Termo intermediário da série strengita $(FePO_4.2H_2O)$ – variscita $(AlPO_4.2H_2O)$ que ocorre em concreções esferoidais azuladas, avermelhadas, esverdeadas ou cinza-amarelado. Dur. 4,5. D. 2,6. Homenagem a Joachin *Barrande*, geólogo francês.
barreiro (gar., RS) Calcita sem valor coml. que ocorre com ametista na região de Ametista do Sul.
BARRERITA Aluminossilicato hidratado de sódio – $Na_8Al_8Si_{28}O_{72}.26H_2O$ –, ortor., do grupo das zeólitas. Forma lamelas milimétricas brancas, levemente rosadas, com clivagem [010] perfeita. Descoberto na Sardenha (Itália) e assim chamado em homenagem a R. M. *Barrer*, professor neozelandês que estudou a química das zeólitas.
barrilha Nome coml. do carbonato hidratado de sódio – $Na_2CO_3.10H_2O$ – sintético, de múltiplas aplicações na indústria (sabão, vidros, tintas, fabricação de soda cáustica, metalurgia etc.). Do esp. *barrilla*. Cf. *natrão*.
BARRINGERITA Fosfeto de ferro e níquel – $(Fe,Ni)_2P$ –, hexag., descoberto no meteorito Ollague, encontrado no deserto de Atacama (Chile). Cf. *schreibersita*.
BARRINGTONITA Mineral de composição duvidosa, provavelmente carbonato hidratado de magnésio – $MgCO_3.2H_2O$ –, tricl., descoberto em *Barrington Tops*, Nova Gales do Sul (Austrália).
barro 1. (gar., PI) Capeamento rochoso sob o qual se encontra o cascalho diamantífero. Cf. ^1gelo. **2.** (gar., MG) Argila diamantífera que ocorre em São João da Chapada. Cf. ^2gelo.
barroca Diz-se da pérola de forma irregular ou de outra substância gemológica polida por processo natural de rolamento e igualmente irregular na forma.
BARROISITA Silicato de fórmula química [ ]$(CaNa)Mg_3AlFe(Si_7Al)O_{22}(OH)_2$, monocl., do grupo dos anfibólios. Forma uma série com a ferrobarroisita.
BARSTOWITA Carbonato hidratado de chumbo – $3PbCl_2PbCO_3.H_2O$ –, monocl., descoberto em St. Endellion, Cornualha (Inglaterra).
BARTELKEÍTA Óxido de chumbo, ferro e germânio – $PbFeGe_3O_8$ –, monocl., descoberto em Tsumeb (Namíbia), onde ocorre em cavidades com germanita, galena, renierita e tennantita. É tabular ou acicular, atingindo os cristais até 1 mm. Cor verde muito clara ou incolor. Boa clivagem segundo (101). Dur. 4. Homenagem ao colecionador de minerais Wolfgang *Bartelke*.
barthita Arsenato hidratado de zinco e cobre – $(ZnO)_3CuOAs_2O_5.2H_2O$. É uma var. de austinita, contendo cobre no lugar do cálcio. Outrora considerada var. de veszelyíta. Homenagem ao engenheiro de minas *Barth*.
BARTONITA Sulfeto de potássio e ferro – $K_6Fe_{21}S_{26}(S,Cl)$ –, tetrag., marrom-escuro (quase preto), fracamente magnético, encontrado na Califórnia (EUA), na forma de massas anédricas de br. submetálico, traço preto, frat. conchoidal, dur. 3,5 e D. 3,3. Homenagem a Paul B. *Barton* Jr., petrólogo norte-americano, especialista em sulfetos.

basalto R. vulcânica composta essencialmente de plagioclásio cálcico e clinopiroxênio em matriz fina ou vítrea, de cor geralmente cinza ou preta. No comércio de r. ornamentais, a palavra designa vários tipos de r. vulcânicas semelhantes na aparência e no modo de ocorrência, incluindo tipos mais ricos em qz., como riodacitos e riolitos, estes produzidos, no Brasil, principalmente no Rio Grande do Sul.
basalto-cainita Sin. de *anidrocainita*.
BASALUMINITA Sulfato básico hidratado de alumínio – $Al_4SO_4(OH)_{10}.5H_2O$ –, monocl., compacto, branco, descoberto em Nothamptonshire (Inglaterra) e assim chamado por ser mais básico que a aluminita.
basanita Sin. de *lidita*. Não confundir com *bassanita*.
basanomelano Var. de ilmenita cristalizada em rosetas, como a hematita.
base V. ¹*pavilhão*.
basobismutita V. *bismutita*.
BASSANITA Sulfato hidratado de cálcio – $CaSO_4.1/2H_2O$ –, monocl., pseudo-hexag., descoberto no Vesúvio (Itália), na forma de cristais aciculares brancos ou incolores, de br. terroso, transp. a transl., de D. 2,7. Desidrata-se a 130°C e, em atmosfera úmida, reidrata-se, formando gipsita. Ocorre em cavidades de r. vulcânicas. Assim chamado em homenagem ao geólogo italiano Francesco *Bassani*. Não confundir com *basanita*.
BASSETITA Fosfato hidratado de ferro e uranila– $Fe(UO_2)_2(PO_4)_2.8H_2O$ –, monocl., raro, amarelo, em cristais tabulares. Descoberto nas minas *Basset*, Cornualha (Inglaterra).
bastinita Sin. de *hureaulita*.
bastita Var. de serpentina amarronzada, verde-escura ou verde-oliva, com um jogo de cores metálico ou nacarado na direção da clivagem principal. Origina-se da alteração de piroxênio (enstatita) e forma massas foliadas em r. ígneas. Dur. 3,5-4,0. D. 2,60. Usada em objetos ornamentais, sendo produzida na Alemanha e em Mianmar (ex-Birmânia). Cf. *verde-corso*. De *Baste*, local onde foi descoberta.
BASTNASITA-(Ce) Fluorcarbonato de cério com lantânio – $(Ce,La)CO_3F$ –, hexag., que forma série isomórfica com a hidroxilbastnasita-(Ce). Tem 74,77% Ce_2O_3. Ocorre geralmente em massas granulares ou, muitas vezes, em cristais tabulares. Quebradiço, com br. vítreo a graxo, cor amarela ou marrom. Dur. 4,0-4,5. D. 4,72-5,02. Transp. a transl. É um dos minerais de TR mais comuns, ocorrendo em pegmatitos de granitos alcalinos e depósitos metassomáticos. Usado para obtenção de TR. Descoberto em *Bastnas* (daí seu nome), Vastmanland (Suécia). Sin. de *bayunita*, *buszita*, *kyshtym-parisita*.
BASTNASITA-(La) Fluorcarbonato de lantânio com cério – $(La,Ce)CO_3F$ –, hexag., descoberto na Rússia.
BASTNASITA-(Y) Fluorcarbonato de ítrio com cério – $(Y,Ce)(CO_3)F$ –, hexag., descoberto em pseudomorfose sobre gaganinita na península de Kola (Rússia). Tem 60% TR_2O_3. Sin. de *itrobastnasita*.
batavita Silicato hidratado de magnésio e alumínio – $(MgO)Al_3O_3(SiO_2)_4.4H_2O$ –; var. de vermiculita rica em magnésio. Talvez de *Batávia*, antigo nome da Holanda.
batchelorita Silicato hidratado de alumínio – $Al_2O_3(SiO_2)_2.H_2O$ –, verde, foliado, semelhante à pirofilita.
batedeira (gar., MG) Lugar onde se bate o cascalho. Sin. de *piquete*.
bateia Gamela de metal ou madeira usada para lavar a areia onde se busca ouro, diamante etc. Do ár. *batyia*.
bater (gar.) Remexer o cascalho com uma enxada para remover a areia.
batido (gar.) Ato de bater o cascalho diamantífero.
BATIFERRITA Óxido de bário, titânio e ferro – $Ba[Ti_2Fe_{10}]O_{19}$ –, hexag., descoberto na Alemanha e assim chamado por sua composição (*Ba* + *Ti* + *ferro* + *ita*).
BATISITA Silicato de sódio, bário e titânio – $Na_2BaTi_2(Si_4O_{12})O_2$ –, ortor.,

marrom-escuro, em cristais alongados de até 10 cm. Dur. 5,9. D. 3,43. Ocorre em pegmatitos de sienitos nefelínicos. De bário + titânio + sódio + ita. Cf. shcherbakovita.

BAUMHAUERITA Sulfoarseneto de chumbo – $Pb_3As_4S_9$ –, tricl., encontrado junto a outros sulfoarsenetos, na forma de prismas estriados. Descoberto no Valais (Suíça) e assim chamado em homenagem ao suíço H. A. Baumhauer, professor de Mineralogia. Cf. baumhauerita-2a.

BAUMHAUERITA-2a Sulfoarseneto de chumbo e prata com antimônio – $Pb_{11}Ag(As,Sb)_{18}S_{36}$ –, monocl., descoberto no Valais (Suíça) e assim chamado em homenagem ao suíço H. A. Baumhauer, professor de Mineralogia. Cf. baumhauerita.

baumita Aluminossilicato de magnésio com manganês, ferro e zinco – $(Mg,Mn,Fe,Zn)_3(Si,Al)_2O_5(OH)_4$ –, monocl., do grupo caulinita-serpentina. Forma massas decimétricas pretas e foscas. Homenagem a John L. Baum, geólogo norte-americano.

BAUMSTARKITA Sulfoantimoneto de prata – $AgSbS_2$ –, tricl., trimorfo da cuboargirita e da miargirita, descoberto em Castrovirreyna (Peru).

BAURANOÍTA Óxido hidratado de urânio e bário – $BaU_2O_7.4\text{-}5H_2O$ –, marrom-avermelhado, formando agregados de finos grãos. De bário + urânio + ita.

bauxita Mistura de óxidos de alumínio, antes considerada espécie mineral. Formada por intemperismo sobre r. aluminosas, por meio da lixiviação da sílica, em clima tropical ou subtropical. É a principal fonte de alumínio. De Baux (França). Pronuncia-se "bauchita".

BAVENITA Aluminossilicato básico de cálcio e berílio – $Ca_4Be_2Al_2Si_9O_{26}(OH)_2$ –, ortor., em cristais prismático-achatados ou fibrorradiados, às vezes terroso, de cor branca. Bastante raro. Descoberto em Baveno, Piemonte (Itália). O nome designa também um sulfato de chumbo e cobre, cinza, de br. metálico.

BAYERITA Hidróxido de alumínio – $Al(OH)_3$ –, monocl., polimorfo da gibbsita, da doyleíta e da nordstrandita, descoberto em Israel. Não confundir com beyerita.

BAYLDONITA Arsenato básico de chumbo e cobre – $PbCu_3(AsO_4)_2(OH)_2$ –, monocl., encontrado na zona de oxidação dos minérios de cobre, onde forma massas mamilonares verdes. IR 1,950-1,990. Bir. 0,040. B(+). Usada como gema, sendo produzida na Inglaterra e Namíbia. Homenagem ao inglês John Bayldon.

BAYLEYITA Carbonato hidratado de uranila e magnésio – $Mg_2(UO_2)(CO_3)_3.18H_2O$ –, monocl., fortemente radioativo, com fluorescência média a fraca. Ocorre como eflorescências amarelo-claras em minas subterrâneas ou em depósitos de urânio primário. Muito raro. Homenagem a Wiliam S. Bayley, mineralogista e geólogo norte-americano.

BAYLISSITA Carbonato hidratado de potássio e magnésio – $K_2Mg(CO_3)_2.4H_2O$ –, monocl., descoberto no cantão de Berna (Suíça).

bayunita V. bastnasita.

BAZHENOVITA Mineral de fórmula química $CaS_5CaS_2O_3 6Ca(OH)_2.20H_2O$, monocl., descoberto nos Urais (Rússia).

BAZIRITA Silicato de bário e zircônio – $BaZrSi_3O_9$ –, hexag., em pequenos cristais prismáticos incolores, descoberto em Inverness-shire (Escócia). Nome derivado da fórmula: bário + zircônio + ita.

BAZZITA Silicato de berílio e escândio com alumínio – $Be_3(Sc,Al)_2Si_6O_{18}$ –, hexag., contendo ainda cobre, prata, ítrio, gadolínio, cério, itérbio, disprósio, gálio e nióbio como impurezas. Possui 3% Sc. Forma cristais azuis. Muito raro. Homenagem ao engenheiro italiano Alessandro E. Bazzi.

beaconita Silicato de magnésio e ferro – $H_2(Mg,Fe)_3(SiO_4)_3$ –, var. asbestiforme de talco. De Beacon, Michigan (EUA).

BEARSITA Arsenato básico hidratado de berílio – $Be_2AsO_4(OH).4H_2O$ –, monocl., com 16,8% BeO. Branco, com br. sedoso, descoberto no Casaquistão. De *berílio* + *arsênio* + *ita*.

BEARTHITA Fosfato básico de cálcio e alumínio –, $Ca_2Al(PO_4)_2(OH)$ –, monocl., descoberto na Suíça.

BEAVERITA Sulfato básico de chumbo e ferro com cobre – $Pb(Fe,Cu)_3(SO_4)_2(OH,H_2O)_6$ –, encontrado em pequenas placas trig., formando agregados de aspecto terroso. De *Beaver*, Utah (EUA), onde foi descoberto.

beccarita Zircão verde.

BECHERERITA Mineral de fórmula química $Zn_7Cu(OH)_{13}[SiO(OH)_3SO_4]$, trig., descoberto em Maricopa, Arizona (EUA).

bechilita Borato hidratado de cálcio – $CaO(B_2O_3)_2.4H_2O$ –, branco, raro.

beckelita Sin. de *britolita-(Ce)*, nome preferível. Homenagem ao mineralogista austríaco Friedrich *Becke*. Não confundir com *beckerita*.

beckerita Resina fóssil de cor marrom, rica em oxigênio (20%-23%), que ocorre associada ao âmbar. Não confundir com *beckelita*.

BECQUERELITA Óxido hidratado de uranila e cálcio – $Ca(UO_2)_6O_4(OH)_6.8H_2O$ –, ortor., em cristais pequenos ou crostas amareladas, de br. resinoso, com clivagens perfeitas segundo (001) (110). Fluorescente e radioativo. Forma-se por oxidação da uraninita. Homenagem a A. Henri *Becquerel*, físico francês que descobriu a radioatividade. Cf. *billietita*.

BEDERITA Fosfato hidratado de cálcio, manganês e ferro – [ ]$Ca_2Mn_4Fe_2(PO_4)_6.2H_2O$ –, ortor., descoberto na província de Salta (Argentina).

bediasito Tectito encontrado nos arredores de *Bedias* (daí seu nome), no Texas (EUA). O maior espécime conhecido tem 200 gramas.

beegerita Mistura de matildita e schirmerita, antes considerada espécie. Homenagem a *Beeger*, metalurgista norte-americano.

beekita 1. Var. de calcita encontrada geralmente como concreções anelares sobre a superfície de conchas fossilizadas. 2. Mineral do grupo da sílica, opaco e branco, encontrado em geral em paredes de juntas ou em fósseis silicificados, formando acreções subesféricas, em forma de disco ou botrioidais. Sin. de *coral-fóssil*. Homenagem a Henry *Beek*, seu descobridor.

beer Nome coml. de um qz. amarelo obtido por irradiação de cobalto sobre cristal de rocha. Cf. *cognac, greengold*.

befanamita Sin. de *thortveitita*. De *Befanamo* (República Malgaxe), onde foi descrito.

bege bahia Nome coml. de um calcário bege com porções esbranquiçadas, contendo cavidades, procedente de Juazeiro, BA (Brasil). Adquire bom polimento. Também conhecido como itamarati, marta rocha e travertino da bahia.

bege champagne Nome coml. pelo qual é também conhecido o quartzo-monzonito bege dunas.

bege dunas Nome coml. de um quartzo-monzonito ornamental, cinza-rosado, equigranular, que ocorre em Três Córregos, Campo Largo, PR (Brasil). Contém 40% de feldspato potássico, 32% de plagioclásio, 10% de qz., 6% de mica, além de titanita, minerais opacos, epídoto e carbonato. É também conhecido como bege champagne.

BEHIERITA Borato de tântalo e nióbio – $(Ta,Nb)BO_4$ –, tetrag., descoberto em pegmatitos graníticos de Madagascar. Estruturalmente semelhante ao zircão. Homenagem ao mineralogista Jean *Behier*. Cf. *schiavinatoíta*.

BEHOÍTA Hidróxido de berílio – Be$(OH)_2$ –, ortor., dimorfo da clinobehoíta, descoberto no Texas (EUA). Nome derivado da fórmula química.

BEIDELLITA Aluminossilicato básico hidratado de sódio e cálcio – $(Na,Ca_{0,5})_{0,3}Al_2(Si,Al)_4O_{10}(OH)_2.nH_2O$ –, monocl., do grupo da montmorilonita, que ocorre em pequenas placas brancas, avermelhadas ou cinza-amarronzado. De *Beidell*, Colorado (EUA), onde ocorre.

beldongrita Óxido hidratado de manganês e ferro – $Mn_{12}Fe_2O_{33}.8H_2O$ –, fisi-

camente semelhante ao chumbo. De *Beldongri*, Nagpur (Índia), onde ocorre.
BELENDORFFITA Amálgama de cobre – Cu_7Hg_6 – trig., pseudocúb., dimorfo da kolymita, descoberto em Rhineland-Pfalz (Alemanha).
beleza Característica subjetiva, mas de importância fundamental na avaliação e classificação de uma gema. Pode consistir em cores agradáveis, pureza, transp., br. intenso, presença de fenômenos ópticos especiais etc.
belgita V. *willemita*.
belita Sin. de *larnita*. Não confundir com *bellita*.
BELKOVITA Silicato de bário e nióbio com titânio – $Ba_3(Nb,Ti)_6(Si_2O_7)O_{12}$ –, hexag., descoberto na península de Kola (Rússia).
BELLBERGITA Aluminossilicato hidratado de fórmula química $(K,Ba,Sr)_2 Sr_2Ca_2(Ca,Na)_4[Al_{18}Si_{18}O_{72}].30H_2O$, hexag., do grupo das zeólitas, descoberto no vulcão *Bellberg* (daí seu nome), na Alemanha.
BELLIDOÍTA Seleneto de cobre – Cu_2Se –, tetrag., branco-cremoso, dimorfo da berzelianita, descoberto na Moldávia (República Checa). Homenagem a Eliodoro *Bellido* Bravo, do Serviço de Geologia e Mineração do Peru.
BELLINGERITA Iodato hidratado de cobre – $Cu_3(IO_3)_6.2H_2O$ –, tricl., que ocorre em prismas estriados, verde-claros, friáveis, com frat. conchoidal. Descoberto na mina de Chuquicamata, Calama (Chile). Homenagem a Herman C. *Bellinger*.
bellita Cromato-arsenato de chumbo cristalizado em tufos aveludados de cor vermelha ou alaranjada. Não confundir com *belita*.
BELLOÍTA Cloreto básico de cobre – $Cu(OH)Cl$ –, monocl., descoberto em Antofagasta (Chile).
belmontita Mineral amarelo de composição incerta, talvez silicato de chumbo. De *Belmont*, Nevada (EUA).
belonesita Molibdato de magnésio – $MgMoO_4$ –, tetrag., branco, transp.

BELOVITA-(Ce) Fluorfosfato de estrôncio, sódio e cério com lantânio – $Sr_3Na(Ce,La)(PO_4)_3(F,OH)$ –, trig., prismático, amarelo-mel, semelhante à apatita. Descoberto na península de Kola (Rússia). Homenagem a N. V. *Belov*, cristaloquímico soviético.
BELOVITA-(La) Fluorfosfato de estrôncio, sódio e lantânio com cério –$Sr_3Na (La,Ce)(PO_4)_3(F,OH)$ –, trig., descoberto na península de Kola (Rússia). Homenagem a N. V. *Belov*, cristaloquímico soviético.
BELYANKINITA Óxido hidratado de cálcio e titânio com outros metais – $Ca(Ti,Si,Nb,Zr)_{5-6}(O,OH)_{12-16}.8-10H_2O$ (?) –, ortor. ou monocl., que forma série isomórfica com a manganobelyankinita. Marrom-amarelado, encontrado em pegmatitos de r. alcalinas. Forma massas tabulares. Dur. 2,0-3,0. D. 2,32-2,40. Homenagem a D. S. *Belyankin*, mineralogista e petrógrafo russo.
BEMENTITA Silicato básico de manganês – $Mn_7Si_6O_{15}(OH)_8$ –, com 39,1% Mn. Pode ter zinco, magnésio e ferro. Monocl., amarelo-acinzentado ou marrom-acinzentado. Mineral-minério de Mn. Homenagem ao colecionador de minerais norte-americano C. S. *Bement*.
BENAUITA Fosfato básico de estrôncio e ferro – $HSrFe_3(PO_4)_2(OH)_6$ –, trig., descoberto na Floresta Negra (Alemanha).
BENAVIDESITA Sulfoantimoneto de chumbo e manganês com ferro – $Pb_4(Mn,Fe)Sb_6S_{14}$ –, monocl., que forma série isomórfica com a jamesonita. Exibe cristais aciculares de até 0,2 mm, de cor cinza-chumbo, com traço cinza-amarronzado, sem clivagem visível, comumente com maclas polissintéticas. D. 5,6. Descoberto na mina Uchuchacua (Peru) e assim chamado em homenagem a A. *Benavides*, por sua contribuição ao desenvolvimento da mineração no Peru.
BENITOÍTA Silicato de bário e titânio – $BaTiSi_3O_9$ –, hexag., encontrado em belos cristais tabulares, de formato triangular, pequenos, incolores, azuis, rosa ou amarelo-claros, de br. vítreo, clivagem

piramidal pouco nítida, transp. a transl., com frat. conchoidal. Dur. 6,0-6,5. D. 3,64. Mostra fluorescência em azul. IR 1,757-1,804. Bir. 0,041. U(+). Disp. 0,044 (igual à do diamante). Forte pleocroísmo em incolor, esverdeado e índigo. Raramente usada como gema, podendo ser confundida com a safira. São raras as benitoítas com mais de 2 ct, sendo que a mais valiosa que se conhece tem 7 ct. As incolores e as rosa são muito mais raras que as azuis. Ocorre sempre com a netunita. Nome derivado de San *Benito*, Califórnia (EUA), praticamente a única ocorrência importante e onde foi descoberta, em 1906. Sin. de *pedra do céu*.
BENJAMINITA Sulfeto de prata e bismuto – $Ag_3B_7S_{12}$ –, monocl., de cor cinza, raro. Tem 3,9% Ag. Forma grãos ou massas opacas, de br. metálico, traço cinza-chumbo, com uma boa clivagem. Dur. 3,5. D. 6,34. Solúvel em HNO_3 e HCl concentrado, quente. Cf. *pavonita*.
BENLEONARDITA Sulfotelureto de prata e antimônio com arsênio – $Ag_8(Sb,As)Te_2S_3$ –, tetrag., descoberto em Sonora (México).
BENSTONITA Carbonato de bário, cálcio e magnésio com estrôncio e manganês – $(Ba,Sr)_6(Ca,Mn)_6Mg(CO_3)_{13}$ –, trig., em massas brancas a creme de até 1 cm, com D. 3,60, preenchendo fissuras junto com qz., barita e calcita, em uma mina de barita de Hot Springs, Arkansas (EUA). Homenagem ao metalurgista O. J. *Benston*, seu descobridor. Não confundir com *bentonita*, *bentorita*.
bentonita Mistura de argilominerais com predominância de montmorillonita, produzida por devitrificação e alteração de cinzas ou tufos vulcânicos. Absorve água, aumentando de volume cerca de oito vezes. Usada para material refratário, tintas, tratamento de águas duras, descorante e purificador de óleos e lama de sondagem. As principais reservas brasileiras de bentonita estão na Paraíba. De Fort *Benton*, Montana (EUA). Não confundir com *benstonita*, *bentorita*. Sin. de ²*amargosita*.

BENTORITA Sulfato básico hidratado de cálcio e cromo com alumínio – $Ca_6(CrAl)_2(SO_4)_3(OH)_{12}.26H_2O$ –, hexag., cristalizado em prismas de até 0,25 mm, reunidos em massas fibrosas ou em agregados paralelos. Tem cor e traço violeta, br. vítreo, uma clivagem perfeita e uma boa. Dur. 2,0. D. 2. Pertence ao grupo da ettringita. Descoberto em Israel e assim chamado em homenagem ao geólogo Y. K. *Bentor*. Não confundir com *bentonita*.
BENYACARITA Fosfato de fórmula química $(H_2O,K)_2Ti(Mn,Fe)_2(Fe,Ti)_2(PO_4)_4(O,F)_2.14H_2O$, ortor., descoberto em Córdoba (Argentina).
BERAUNITA Fosfato básico hidratado de ferro – $Fe^{2+}Fe_5(PO_4)_4(OH)_5.4H_2O$ –, monocl., foliado e colunar, do vermelho ao marrom-avermelhado. De *Beraun* (República Checa), onde foi descoberto. Sin. de *eleanorita*.
BERBORITA Borato básico hidratado de berílio – $Be_2(BO_3)(OH,F).H_2O$ –, trig., descoberto em Karelia (Rússia). De *berílio* + *borato* + *ita*.
BERDESINSKIITA Óxido de vanádio e titânio – V_2TiO_5 –, monocl., preto, de br. metálico, descoberto em gnaisse intemperizado de Lasamba Hill (Quênia), onde aparece na forma de grãos de até 0,03 mm. Homenagem ao professor Waldemar *Berdesinski*.
beresofita V. *cromita*. De *Beresovsk*, Urais (Rússia). Não confundir com *beresovita*.
beresovita Sin. de *fenicocroíta*. De *Beresovsk*, Urais (Rússia). Não confundir com *beresofita*.
beresovskita Var. de cromita com ferro e magnésio (Fe: Mg = 3:1). De *Beresovsk*, Urais (Rússia).
BEREZANSKITA Silicato de potássio, lítio e titânio – $KLi_3Ti_2Si_{12}O_{30}$ –, hexag., descoberto no Tajiquistão.
BERGENITA Fosfato básico hidratado de uranila e bário com cálcio – $(Ba,Ca)_2(UO_2)_3(PO_4)_2(OH)_4.5H_2O$ –, monocl., secundário, fluorescente, amarelo. Descoberto em *Bergen* (daí seu nome), Saxônia (Alemanha). Sin. de *bariofosfuranilita*.

BERGSLAGITA Arsenato básico de cálcio e berílio – $CaBeAsO_4(OH)$ –, monocl., de cor esbranquiçada ou cinzenta, às vezes incolor, com br. vítreo, sem clivagens visíveis, frat. irregular, dur. 5, D. 3,4. Mostra fluorescência em tons claros de verde, marrom-amarelado e azul, em luz UV de ondas curtas. Os cristais são alongados e formam agregados centimétricos. Ocorre na região de *Bergslagen* (daí seu nome), na Suécia. Cf. *herderita*.
beriliomargarita Aluminossilicato de cálcio, sódio e berílio, com 1,88%-3,26% BeO, ainda pouco estudado. É uma mica azul ou branca.
beriliotengerita Mineral de composição incerta, talvez carbonato básico hidratado de ítrio, cério e berílio – $(Y,Ce)BeCO_3(OH)_3.H_2O$. Difere da tengerita por ter berílio no lugar do cálcio e na quantidade de água e ferro. Produzido por alteração da gadolinita. Pouco estudado e muito raro.
BERILITA Silicato básico hidratado de berílio – $Be_3SiO_4(OH)_2.H_2O$ –, com 40% BeO. É um mineral ortor. ou monocl., branco, de br. sedoso, dur. 1,0, raro, descoberto na península de Kola (Rússia). O nome designa também, equivocadamente, um espinélio sintético róseo, como o ²rubi-balas.
BERILO Silicato de berílio e alumínio – $Be_3Al_2(SiO_3)_6$ –, hexag., prismático (curto ou longo) ou tabular, geralmente euédrico, formando cristais de até vários metros de comprimento. O maior que se conhece foi descoberto em Madagascar; tinha 379,48 t, medindo 18 x 3,50 m. Tem cor variável (incolor, azul, rosa, amarelo, verde), traço branco, br. vítreo, clivagem basal imperfeita, frat. conchoidal ou irregular e é transp. Dur. 7,5-8,0. D. 2,63-2,82. Pode exibir *chatoyance* (muito raramente) e diasterismo, este visível em seção muito delgada. (O berilo astérico não tem valor gemológico.) IR 1,560-1,600. Disp. 0,014. Bir. 0,006. U(–). Apresenta inclusões fluidas em cavidades de aspecto denteado. Possui diversas var. gemológicas, algumas usadas há pelo menos 4.000 anos: esmeralda, água-marinha, heliodoro, goshenita, bixbita e morganita. Quando não tem qualidade gemológica, é chamado de berilo, simplesmente. Ocorre sobretudo em r. metamórficas e pegmatitos graníticos, ou como mineral acessório em r. ígneas ácidas. Uso. Além de importantíssimo mineral-gema, é a principal fonte de berílio, metal de usos variados (ligas, reatores nucleares, aviação, raios X etc.). CURIOSIDADES. Na Antiguidade, acreditava-se que tinha dons proféticos, servindo também para descobrir ladrões. Pensava-se também que curava a lepra e doenças do fígado. LAPID. Costuma ser lapidado com formato retangular, simples ou com cantos cortados, ou em cabuchão. No primeiro caso, tem a mesa paralela ao eixo principal. PRINCIPAIS PRODUTORES. Rússia, Colômbia e Egito (esmeralda), Brasil (água-marinha, esmeralda, morganita e heliodoro), Namíbia e Madagascar (heliodoro e água-marinha) e EUA (morganita). No Brasil, é produzido principalmente em Minas Gerais e na Bahia. Do lat. *beryllus*. Cf. *bazzita*.
berilo dourado V. *heliodoro*.
BERILONITA Fosfato de sódio e berílio – $NaBePO_4$ –, com 19%-20% BeO, podendo conter pequena quantidade de lítio e potássio. Monocl., tabular ou colunar, amarelo-claro ou incolor, transp., com br. vítreo, traço branco e duas clivagens ortog., sendo uma perfeita e a outra, muito boa. Dur. 5,5-6,0. D. 2,85. IR 1,552-1,562. Bir. 0,010. B(–). Disp. 0,010. Não mostra fluorescência. É um mineral raro, encontrado em pegmatitos dos EUA, Zimbábue e Finlândia, e usado (pouco) como gema.
berilo-oriental Safira verde com cor semelhante à da esmeralda.
beriloscópio Instrumento contendo um filtro de vidro e que funciona como o filtro de Chelsea.
berilo verde Var. de berilo mais pobre em cromo que a esmeralda. Alguns

consideram esmeralda o berilo com pelo menos 0,1% de cromo; outros exigem 0,15%. Para alguns autores, não há sentido em separar esmeralda de berilo verde, já que a espectroscopia de absorção para vanádio e cromo dá resultados praticamente idênticos. No mercado de gemas, porém, o berilo verde é incomparavelmente mais barato, valendo US$ 1 a US$ 85/ct para gemas de 1 ct a 30 ct.

berkeyita Var. gemológica de lazulita transp., existente no Brasil (AGI).

BERLINITA Fosfato de alumínio – $AlPO_4$ –, trig., maciço, compacto, incolor, cinzento, rosado ou vermelho, descoberto em Kristianstad (Suécia) e assim chamado em homenagem a Nils J. *Berlin*, farmacologista sueco.

BERMANITA Fosfato básico hidratado de manganês – $Mn^{2+}Mn_2^{3+}(PO_4)_2(OH)_2 \cdot 4H_2O$ – com ferro e magnésio. Monocl., marrom-avermelhado. Descoberto no Arizona (EUA) e assim chamado em homenagem a Harry *Berman*, mineralogista norte-americano.

BERNALITA Hidróxido de ferro – $Fe(OH)_3$ –, ortor., descoberto em Nova Gales do Sul (Austrália).

BERNARDITA Sulfoarseneto de tálio com antimônio – $Tl(As,Sb)_5S_8$ –, monocl., descoberto em Allchar (Macedônia).

BERNDTITA Sulfeto de estanho – SnS_2 –, descoberto em Huari (Bolívia). Cf. *berndtita-C6*.

berndtita-C6 Sulfeto de estanho – SnS_2 –, hexag., descoberto na mina Panasqueira (Portugal). Cf. *berndtita*.

BERRYÍTA Sulfeto de chumbo, bismuto e cobre com prata – $Pb_3Bi_7(Cu,Ag)_5Bi_5S_{16}$ –, monocl., descoberto no Colorado (EUA). Homenagem a L. G. *Berry*, mineralogista canadense.

BERTHIERINA Aluminossilicato básico de ferro com alumínio – $(Fe^{2+},Al)_3(Si,Al)_2O_5(OH)_4$ –, descoberto em Chazelle (França). Não confundir com *berthierita*.

BERTHIERITA Sulfoantimoneto de ferro – $FeSb_2S_4$ –, ortor., cinza-escuro. Descoberto na França e assim chamado em homenagem a Pierre *Berthier*, químico francês. Não confundir com *berthierina*.

berthonita V. *bournonita*. Homenagem ao engenheiro de minas *Berthon*.

BERTOSSAÍTA Fosfato de fórmula química $(Li,Na)_2CaAl_4(PO_4)_4(OH,F)_4$, ortor., descoberto em Ruanda. Cf. *palermoíta*.

BERTRANDITA Silicato básico de berílio – $Be_4Si_2O_7(OH)_2$ –, brilhante, incolor, branco ou amarelado, geralmente em pequenos cristais tabulares, ortor. Clivagem basal perfeita, br. vítreo (nacarado na base). Dur. 6,0. D. 2,60. Transp. a transl., fortemente piroelétrico. Produto de alteração hidrotermal de berilo em pegmatitos. Mineral-minério de berílio. Homenagem a *Bertrand*, o primeiro a estudá-lo.

BERZELIANITA Seleneto de cobre – Cu_2Se –, cúb., dimorfo da bellidoíta, muito semelhante à calcopirita. Descoberto em Kalmar (Suécia). Homenagem a J. J. *Berzelius*, químico sueco. Sin. de *selenocuprita, berzelina*. Não confundir com *berzeliita*.

BERZELIITA Arsenato de cálcio e magnésio com manganês e sódio – $(Ca,Na)_3(Mg,Mn)_2(AsO_4)_3$ –, friável, amarelo, maciço. Descoberto em Varmland (Suécia) e assim chamado em homenagem a J. J. *Berzelius*, químico sueco. Não confundir com *berzelianita*.

berzelina V. *berzelianita*. Não confundir com *berzeliita*.

besourinho (gar., BA) Fluorita verde em grãos arredondados.

beta (gar., MG) Escavação profunda feita na r. para extração de ouro. (Pronuncia-se "bêta".)

betacopiapita Sulfato básico hidratado de ferro. Cf. *copiapita*.

BETAFERGUSONITA-(Ce) Niobato de cério com lantânio e neodímio – $(Ce,La,Nd)NbO_4$ –, monocl., do grupo das fergusonitas, dimorfo da fergusonita-(Ce), descoberto na Mongólia (China). Cf. *fergusonita-(Ce)*.

BETAFERGUSONITA-(Nd) Niobato de neodímio com cério – $(Nd,Ce)NbO_4$ –,

monocl., do grupo das fergusonitas, descoberto na Mongólia (China).
BETAFERGUSONITA-(Y) Niobato de ítrio – $YNbO_4$ –, monocl., dimorfo da fergusonita-(Y). Metamicta, prismática ou, mais frequentemente, em massas irregulares, com cor variável. Dur. 6,0. D. 4,00-7,00. Ocorre em pegmatitos graníticos e em r. alcalinas. Pouco usada como gema, sendo mais importante como fonte de urânio e ítrio. Pertence ao grupo das fergusonitas e foi descoberta no Tajiquistão. Cf. *fergusonita-(Y)*.
BETAFITA Óxido de urânio e nióbio com titânio – $U(Nb,Ti)_2O_6(OH)$ –, do grupo do pirocloro. Marrom-esverdeado a preto, cúb., fortemente radioativo, comumente metamicto. Ocorre em pegmatitos graníticos, r. alcalinas e carbonatitos. Mineral-minério de urânio. De *Betafo* (Madagascar), onde foi descoberto. Sin. de *mendeleievita*, *titanobetafita*.
betaiblita Sulfossilicato básico hidratado de tório com algo de ferro, chumbo e urânio, produto de alteração da torita.
betakertschenita Produto de alteração da vivianita, encontrado em *Kertsch*, Crimeia (Rússia). Cf. *kertschenita*.
betalomonosovita Var. de lomonosovita com pouco sódio e rica em fósforo e água. Sin. de *metalomonosovita*.
betamooreíta Sulfato básico hidratado de magnésio, zinco e manganês em cristais branco-azulados de hábito tabular.
betamurmanita Var. de murmanita com menos sódio e rica em água.
betanaumannita Seleneto de prata – Ag_2Se – com 26,85% Se. Polimorfo da naumannita.
BETARROSELITA Arsenato hidratado de cálcio e cobalto – $Ca_2Co(AsO_4)_2.2H_2O$ –, tricl., dimorfo da roselita, descoberto na Saxônia (Alemanha).
betassepiolita Var. amorfa de sepiolita. Cf. *alfassepiolita*.
BETAURANOFÂNIO Silicato básico hidratado de cálcio e uranila – $Ca(UO_2)_2[(SiO_3(OH)]_2.5H_2O$ –, monocl., dimorfo do uranofânio. Amarelo, secundário, com fluorescência média a fraca. Produto de alteração do uranofânio. Sin. de *betauranotilo*.
betauranopilita Sulfato hidratado de urânio, produto de alteração da uranopilita.
betauranotilo Sin. de *betauranofânio*.
betausbequita Var. de usbequita clara e mais rica em água.
betavredenburgita Exsolução ou intercrescimento orientado de jacobsita e hausmannita. Sin. de ²*vredenburgita*.
betawollastonita Sin. de *pseudowollastonita*.
BETEKHTINITA Sulfeto de cobre e ferro com chumbo – $Cu_{10}(Fe,Pb)S_6$ –, semelhante à enargita e à wittichenita, que forma agulhas ortor. Descoberto em Eisleben (Alemanha) e assim chamado em homenagem a *Betekhtin*, mineralogista soviético.
BETPAKDALITA Arsenato-molibdato de fórmula química $H_8[K(H_2O)_6]_4[Ca(H_2O)_6]_8[Mo_{32}Fe_{12}As_8O_{148}].8H_2O$, em cristais monocl., amarelo-esverdeados, prismáticos, com aspecto de envelope. De *Betpakdal* (Rússia), onde ocorre. Requer estudos adicionais.
BEUDANTITA Sulfato-arsenato básico de chumbo e ferro – $PbFe_3[(As,S)O_4]_2(OH,H_2O)_6$ –, em cristais trig. verdes ou pretos. Descoberto na Alemanha e assim chamado em homenagem a François S. *Beudant*, mineralogista francês. O grupo da beudantita compreende nove sulfoarsenetos e sulfatos-fosfatos trig.
BEUSITA Fosfato de fórmula química $(Mn,Fe,Ca,Mg)_3(PO_4)_2$, monocl., descoberto na província de San Luís (Argentina). Cf. *graftonita*.
BEYERITA Carbonato de cálcio e bismuto, com o cálcio parcialmente substituído por chumbo – $(Ca,Pb)Bi_2(CO_3)_2O_2$ –, secundário, maciço, terroso, pulverulento, em drusas de cristais tetrag. ou folhas extremamente finas. Cor amarelo-clara ou branco-acinzentada. Produto do intemperismo sobre bismutita. Homenagem a Adolph *Beyer*,

engenheiro de minas e mineralogista alemão. Não confundir com *bayerita*.
beyinita Mineral de propriedades pouco conhecidas, contendo TR. De *Beyin* (Mongólia).
beyrickita V. *millerita*.
bezel 1. Nome de quatro das oito facetas quadrangulares que vão da mesa à cintura do brilhante. Sin. de *templet*. 2. Sin. de ¹*coroa*.
BEZSMERTNOVITA Telureto de ouro e cobre com chumbo – $Au_4Cu(Te,Pb)$ –, ortor. É um mineral raro, encontrado na Rússia, onde ocorre em cristais achatados, alongados ou como grãos irregulares de até 0,2 mm.
BIANCHITA Sulfato hidratado de zinco – $ZnSO_4.6H_2O$ –, em crostas de cristais monocl. brancos. D. 2,30, aproximadamente. Raro. Homenagem a Angelo *Bianchi*, mineralogista italiano.
biaxial Diz-se dos minerais birrefringentes que têm duas direções de refração simples (direções de monorrefringência), ou seja, que têm dois eixos ópticos. Os minerais biaxiais têm três IR principais e são ortor., monocl. ou tricl. Do gr. *bis* (dois) + *axis* (eixo). Cf. *sinal óptico*.
BICCHULITA Silicato básico de cálcio e alumínio – $Ca_2Al_2SiO_6(OH)_6$ –, cúb., dimorfo da kamaishilita. Ocorre em escarnitos de Fuka, Okayama (Japão) e em Carneal, Antrim (Irlanda).
bico Nome que se dá, no mercado de gemas, a cada um dos cristais que compõem um geodo ou drusa.
bidalotita V. *gedrita*. De *Bidaloti*, Mysore (Índia).
BIDEAUXITA Cloreto de chumbo e prata – $Pb_2AgCl_3(F,OH)$ –, cúb., incolor, br. adamantino, sem clivagem, frat. conchoidal. Homenagem a Richard A. *Bideaux*, mineralogista do Arizona (EUA), onde o mineral foi descoberto.
bidogue (gar., BA) Caldeirão pequeno.
BIEBERITA Sulfato hidratado de cobalto – $CoSO_4.7H_2O$ –, em cristais monocl. vermelhos, com br. vítreo, solúveis em água fria. De *Bieber* Hesse (Alemanha), onde foi descoberto. Cf. *cobaltocalcantita*.

BIEHLITA Molibdato de antimônio com arsênio – $(Sb,As)_2MoO_6$ –, monocl., descoberto em Tsumeb (Namíbia).
BIELORRUSSITA-(Ce) Titanossilicato de fórmula química $NaMnBa_2Ce_2Ti_2Si_8O_{26}$ $(F,OH).H_2O$, monocl., do grupo da joaquinita, descoberto na região de Homel, na *Bielorússia* (daí seu nome).
bielsito Resina fóssil semelhante ao âmbar.
BIFOSFAMITA Fosfato ác. de amônio – $(NH_4,K)H_2PO_4$ –, tetrag., branco a marrom-escuro, terroso, fosco. Há duas ocorrências conhecidas, ambas em guano. De *bifosf*ato de *am*ônio + *ita*. Cf. *archerita*.
BIGCREEKITA Silicato hidratado de bário – $BaSi_2O_5.4H_2O$ –, ortor., descoberto em Fresno, Califórnia (EUA).
biju (gar., RS) Na região de Ametista do Sul, basalto alterado que aparece sobre o cascalho, menos compacto que este.
bijuteiro Pessoa que fabrica e/ou comercializa bijuterias.
bijuteria Objeto de adorno pessoal, de custo relativamente baixo, imitando ou não gemas e metais nobres. Pode ser feita, por ex., com vidro, plástico, cobre e estanho. Do fr. *bijouterie*.
BIJVOETITA Carbonato básico hidratado de uranila e ítrio com disprósio – $(Y,Dy)_2(UO_2)_4(CO_3)_4(OH)_6.11H_2O$ –, ortor., descoberto na forma de pequenos cristais tabulares amarelos, com uma clivagem muito boa, transp. a transl., de br. vítreo, com D. 3,9, em Shinkolobwe (Zaire). Homenagem a Johannes M. *Bijvoet*, cristalógrafo alemão. Cf. *lepersonnita*.
BIKITAÍTA Aluminossilicato hidratado de lítio – $LiAlSi_2O_6.H_2O$ –, com 6,5% Li, do grupo das zeólitas. Monocl. e tricl., forma agregados granulares brancos. De *Bikita* (Zimbábue), onde foi descoberto.
bilibinita Silicato de urânio – $USiO_4$ –, com até 18% Y_2O_3. Não confundir com *bilinita*.
BILIBINSKITA Telureto de ouro e cobre com chumbo – $Au_5Cu_3(Te,Pb)_5$ –, pseudocúb. É um mineral raro, encontrado

na zona de intemperismo de depósitos de teluretos no leste da Rússia. Associa-se a outros teluretos e substitui silvanita e krennerita. Tem 48,4% Au e 1,54% Ag. Cor marrom-clara e marrom--rosada, br. semimetálico, traço marrom a marrom-dourado, sem clivagem.
BILINITA Sulfato hidratado de ferro – $Fe^{2+}Fe_2(SO_4)_4.22H_2O$ –, monocl., em massas fibrorradiadas brancas ou amarelas. De *Bilin*, Boêmia (República Checa). Não confundir com *bilibinita*.
BILLIETITA Óxido básico hidratado de bário e uranila – $Ba(UO_2)_6O_4(OH)_6.8H_2O$ –, semelhante à becquerelita, mas com bário. Ocorre em placas ortor., amarelo--âmbar, com fluorescência média a fraca. Descoberto na R. D. do Congo e assim chamado em homenagem a *Billiet*, geólogo belga. Cf. *protasita*.
BILLINGSLEYITA Sulfoantimoneto de prata com arsênio – $Ag_7(Sb,As)S_6$ –, com 75,59% Ag. Cúb., forma agregados finamente granulados, de cor cinza-chumbo, br. metálico, levemente sécteis. Dur. 2,5. D. 5,92. Descoberto no distrito mineiro de East Tintic, Utah (EUA), com outros minerais de prata.
billitonito Um dos quatro principais tectitos conhecidos. Ocorre na ilha *Billiton* (daí seu nome), na Indonésia. Também em Bornéu e na Malásia. D. 2,45. IR 1,510.
BINDHEIMITA Antimonato de chumbo – $Pb_2Sb_2O_6(O,OH)$ –, cúb., formado por oxidação da jamesofita. É usado para obtenção de antimônio. Descoberto em Nerchinski, Sibéria (Rússia), e assim chamado em homenagem a Johann J. *Bindheim*, químico alemão.
binghamita Qz. com inclusões de goethita, que é lapidado em cabuchão. Ocorre em Minnesota (EUA).
binnita Sin. de *tennantita*.
biopirobólios Denominação criada em 1911 por A. Johannsen para designar piroxênios, anfibólios e micas, assim reunidos em razão de suas similaridades físicas, reflexo de semelhanças estruturais.

biotita Série de micas monocl., trioctaédricas, escuras, sem lítio, antes consideradas uma espécie, que assim foi chamada em homenagem a Jean Baptiste *Biot*, físico francês.
bipirâmide Forma cristalina que corresponde a duas pirâmides opostas pelas bases.
BIRINGUCCITA Borato básico hidratado de sódio – $Na_4B_{10}O_{16}(OH)_2.2H_2O$ –, monocl., descoberto na Toscânia (Itália). Homenagem ao alquimista Vannoccio *Biringuccio*. Sin. (obsol.): [2]*hoeferita*.
birmita Sin. de *burmita*.
BIRNESSITA Óxido hidratado de sódio e manganês com cálcio – $(Na,Ca)_{0,5}Mn_2O_4.1,5H_2O$ –, monocl., importante constituinte dos nódulos encontrados nos fundos oceânicos.
birrefletância Fenômeno análogo ao pleocroísmo, mas observado com luz refletida e em minerais opacos.
birrefringência Capacidade que possuem os cristais (exceto os do sistema cúb.) de dividir um raio de luz em dois, cada qual com sua velocidade de propagação própria. Numericamente, é a diferença entre os índices de refração máximo e mínimo de um mineral anisótropo. Sin. de *dupla refração*. Cf. *refringência*.
bisbeeíta Silicato hidratado de cobre – $CuSiO_3.H_2O$ –, de existência como espécie ainda não comprovada. De *Bisbee*, Arizona (EUA). Não confundir com *bixbyíta*, *bixbita*.
BISCHOFITA Cloreto hidratado de magnésio – $MgCl_2.6H_2O$ –, granular ou foliado, incolor ou branco, monocl. Dur. 1,5. Decompõe-se ao ar. Mineral--minério de magnésio. Homenagem a Gustav *Bischof*, químico e geólogo alemão. Cf. *niquelbischofita*.
BISMITA Óxido de bismuto – Bi_2O_3 –, de hábito terroso ou pulverulento, amarelo-claro. Monocl. Tem até 90% Bi, sendo fonte desse metal.
BISMOCLITA Oxicloreto de bismuto – $BiOCl$ –, tetrag., branco-amarelado ou cinza-claro, descoberto em Namaqua-

land, província do Cabo (África do Sul). De *bism*uto + oxicloreto + *ita*. Cf. *daubreeíta, zavaritskita*.
bismutina Sin. de *bismutinita*. Não confundir com *bismutita*.
BISMUTINITA Sulfeto de bismuto – Bi_2S_3 –, ortor., fibroso, foliado ou maciço, br. metálico, com *tarnish* iridescente. Cor cinza a prateada. Dur. 2,0. D. 6,40-6,50. Levemente séctil. Ocorre com minerais de cobre, chumbo e de outros metais, em pegmatitos e filões de alta temperatura. Tem 81,2% Bi, sendo a principal fonte desse elemento. Descoberto em Potosí (Bolívia). Sin. de *bismutina*.
BISMUTITA Carbonato de bismuto – BiO_2CO_3 – tetrag., fibroso, terroso ou pulverulento. Tem cor branca, verde, amarela ou cinza, dur. 4 e D. 7,0. É um produto de alteração da bismutinita e do bismuto nativo, principalmente. Mineral raro, usado para obtenção de bismuto. Sin. de *basobismutita, bismutoesferita, normannita*. ▫
BISMUTO V. *Anexo*.
BISMUTOCOLUMBITA Niobato de bismuto com tântalo – $Bi(Nb,Ta)O_4$ –, ortor., descoberto na Sibéria (Rússia). Cf. *bismutotantalita*.
bismutoesferita V. *bismutita*. Assim chamado por sua composição e porque mostrava agregados esféricos na amostra original.
bismutoesmaltita Var. de skutterudita em que o bismuto substitui parcialmente o arsênio.
BISMUTOESTIBICONITA Óxido de bismuto e antimônio com ferro – $Bi(Sb,Fe)_2O_7$ –, do grupo da estibiconita. Cúb., sempre anédrico, formando crostas terrosas amarelas a marrom-amareladas, raramente esverdeadas, de D. 7,4, desenvolvidas sobre qz., barita e arenitos variegados. Sem clivagem. Dur. 4-5. Produto de alteração de tetraedrita-tennantita bismutífera.
BISMUTOFERRITA Silicato básico de bismuto e ferro – $BiFe_2(SiO_4)_2(OH)$ –, monocl., descoberto na Saxônia (Alemanha). Cf. *chapmanita*.

BISMUTO-HAUCHECORNITA Sulfeto de níquel e bismuto – $Ni_9Bi_2S_8$ –, tetrag., do grupo da hauchecornita, descoberto em Nerchinski, Sibéria (Rússia).
BISMUTOMICROLITA Óxido de bismuto e tântalo – $BiTa_2O_6(OH)$ –, cúb., do grupo do piroclorо, subgrupo da microlita. Contém 3,25% Bi_2O_3. Forma vênulos amarelos, róseos ou marrons, por substituição de bismutotantalita. Tem br. resinoso, dur. 5,0 e D. 6,5-6,8. Encontrado em pegmatitos litiníferos de Uganda. Sin. de *westgrenita*.
BISMUTOPIROCLORO Óxido hidratado de fórmula química $(Bi,U,Ca,Pb)_{1+x}(Nb,Ta)_2O_6(OH).nH_2O$, cúb., descoberto em pegmatito do Tajiquistão.
bismutoplagionita Sin. de *galenobismutita*.
BISMUTOTANTALITA Niobotantalato de bismuto – $Bi(Ta,Nb)O_4$ –, que forma grandes cristais negros ou marrons, prismáticos, ortor. Ocorre em pegmatitos graníticos. Sin. de *ugandita*. Cf. *bismutocolumbita*.
bissolita 1. No comércio de gemas, var. gemológica de qz. com inclusões fibrosas verde-oliva de actinolita. 2. V. *asbesto*. Talvez do gr. *byssos* (bisso).
BITYÍTA Aluminoberilossilicato de cálcio e lítio – $CaLiAl_2BeAlSi_2O_{10}(OH)_2$ –, monocl., do grupo das micas. Forma pequenas placas pseudo-hexag., branco-amarelas, de dur. 5,5 e D. 3,05. De Monte *Bity* (Madagascar), onde foi descoberto. Sin. de *bowleyita*.
Bixbita Var. de berilo vermelho-groselha, rara, que é encontrada no sudoeste de Simpson Spring, Utah (EUA). Nome de origem desconhecida. Não confundir com *bixbyíta, bisbeeíta*.
BIXBYÍTA Óxido de manganês com ferro – $(Mn,Fe)_2O_3$ –, com 29%-70% Mn. Aquecido, transforma-se em hausmannita. Ocorre na forma de cubos pretos, em r. vulcânicas e depósitos de manganês metamorfizados. É preto, com traço da mesma cor, br. metálico. Dur. 6,0-6,5. D. 4,50-5,10. Raro. Do antigo Maynard *Bixby*, Salt Lake

City, Utah (EUA). Sin. de *partridgeíta*, *sitaparita*. Não confundir com *bixbita*, *bisbeeíta*.
BJAREBYÍTA Hidroxifosfato de bário, manganês e alumínio – $BaMn_2Al_2(PO_4)_3(OH)_3$ –, monocl., descoberto em New Hampshire (EUA). O grupo da bjarebyíta inclui mais quatro fosfatos: johntomaíta, kulanita, penikisita e perloffita.
blackmorita Var. de opala amarela que ocorre no monte *Blackmore*, Montana (EUA).
blakeíta 1. Sin. de *zirkelita*. 2. Mineral composto principalmente de ferro e telúrio, com crostas microcristalinas marrom-avermelhadas. Ainda pouco conhecido. Homenagem a W. P. *Blake*, geólogo norte-americano.
blanfordita Var. de diopsídio com sódio e ferro.
blaterina V. *nagyagita*. Não confundir com *blatterita*.
BLATONITA Carbonato hidratado de uranila – $UO_2CO_3.H_2O$ –, hexag. ou trig., descoberto em mina de urânio de San Juan, Utah (EUA).
BLATTERITA Borato de manganês e antimônio com ferro e magnésio – $(Mn,Fe)_9(Mn,Mg)_{35}Sb_3(BO_3)_{16}O_{32}$ –, ortor., descoberto em Varmland (Suécia). Cf. *ortopinaquiolita*. Não confundir com *blaterina*.
BLEASDALEÍTA Fosfato de cálcio e cobre com ferro e bismuto – $(Ca,Fe)_2Cu_5(Bi,Cu)(PO_4)_4(H_2O,OH,Cl)_{13}$ –, monocl., descoberto em uma pedreira de granito de Lake Boga, Vitória (Austrália).
blenda 1. Sin. de *esfalerita*, nome preferível. 2. Termo genérico para diversos minerais (principalmente sulfetos) de br. resinoso. Do al. *blende* (falso, enganoso), porque, às vezes, assemelha-se à galena.
blenda de antimônio V. *quermesita*.
blenda de bismuto V. *eulitita*.
blenda de cádmio V. *greenockita*.
blenda de prata V. *cloroargirita*.
blenda de zinco V. *esfalerita*.
blenda-rubi Var. de esfalerita vermelha, vermelho-amarronzada ou marrom-avermelhada, transp. Sin. de *zinco-rubi*.

bliabergsita Mica friável semelhante à ottrelita. De *Bliaberg* (Suécia).
BLIXITA Cloreto de chumbo – $Pb_2Cl(O,OH)_2$ –, ortor., amarelo-claro e com traço da mesma cor, br. vítreo (às vezes fosco). Dur. 3,0. D. 7,35. Não se conhecem cristais. Muito raro. Homenagem ao químico Ragnar *Blix*. Cf. *damaraíta*.
blockita V. *penroseíta*.
BLOEDITA Sulfato hidratado de sódio e magnésio – $Na_2Mg(SO_4)_2.4H_2O$ –, monocl., incolor, sem clivagem, solúvel em água. Homenagem a Carl A. *Bloede*, químico alemão. Sin. de *warthita*, *simonyíta*, *astrakanita*.
blomstrandinita V. *blomstrandita*.
blomstrandita 1. Mineral de composição incerta, cristalizado na forma de octaedros milimétricos e que se trata possivelmente de uranopircloro. Homenagem ao professor de Química G. W. *Blomstrand*. Sin. de *blomstrandinita*. 2. Sin. de *esquinita*-(Y). 3. Sin. de *policrásio*.
BLOSSITA Vanadato de cobre – α-$Cu_2V_2O_7$ –, ortor., dimorfo da ziesita. Descoberto no vulcão Izalco (El Salvador).
blue ground Kimberlito diamantífero verde-azulado ou azul-ardósia, não oxidado, usualmente brechado, que aparece abaixo do *yellow ground* ou zona superficial oxidada, nas jazidas de diamante da África do Sul. Fornece até 0,25 ct/t de diamantes, sendo 75% de diamantes industriais.
blueíta Var. de pirita com níquel.
blue john Var. gemológica de fluorita maciça, fibrosa ou colunar, com cor azul ou púrpura, frequentemente distribuída em faixas, encontrada em Derbyshire (Inglaterra). É usada especialmente para confecção de vasos.
blue-white Diamante incolor e da mais alta qualidade (Webster's, 1971).
blythita Silicato de manganês do grupo das granadas.
BOBFERGUSONITA Fosfato de sódio, manganês, ferro e alumínio – $Na_2Mn_5FeAl(PO_4)_6$ –, monocl., descoberto em uma ilha de Manitoba (Canadá).

BOBIERRITA Fosfato hidratado de magnésio – $Mg_3(PO_4)_2.8H_2O$ –, monocl., que ocorre em guano. Maciço ou em cristais. Descoberto na ilha Mexillones (Chile) e assim chamado em homenagem a P. A. *Bobierre*, o primeiro a descrevê-lo.

BOBJONESITA Sulfato hidratado de vanádio – $VO(SO_4).3H_2O$ –, monocl., descoberto em Utah (EUA).

BOBKINGITA Cloreto básico hidratado de cobre – $Cu_5Cl_2(OH)_8.2H_2O$ –, monocl., descoberto em uma pedreira de Leicestershire (Inglaterra).

bobrovkita Mineral composto de ferro e níquel, formando finas escamas em areias platiníferas. Provavelmente idêntico à awaruíta. De *Brobrovka*, rio dos Urais (Rússia).

boca de fogo (gar.) Cristal de turmalina verde com centro de cor rosa.

bodenbenderita Silicato de titânio, alumínio, ítrio e manganês, em dodecaedros vermelho-carne.

BOEGGILDITA Fluorfosfato de estrôncio, sódio e alumínio – $Sr_2Na_2Al_2(PO_4)F_9$ –, monocl., vermelho, com maclas lamelares, dur. 4-5 e D. 3,66. Ocorre em Ivigtut, Groenlândia (Dinamarca), e é assim chamado em homenagem ao professor dinamarquês O. B. *Boeggild*.

BOEHMITA Óxido básico de alumínio – $AlO(OH)$ –, ortor., estruturalmente semelhante à lepidocrocita, composicionalmente igual ao diásporo. Forma lâminas microscópicas, ortor., cinzentas, amarronzadas ou avermelhadas em bauxitas. É fonte de alumina. Homenagem ao químico J. *Boehm*, seu descobridor.

BOGDANOVITA Mineral de fórmula química $(Au,Te,Pb)_3(Cu,Fe)$, cúb., de cor marrom-rosada a bronzeada. Tem cerca de 60% Au e 2,5% Ag. Br. semimetálico, sem clivagem. Adquire facilmente cor azul-escura por oxidação superficial. Ocorre na zona de enriquecimento supergênico dos depósitos do Casaquistão e da porção oriental da Rússia, com ouro, bilibinskita e outros teluretos.

BOGGILDITA Fluorfosfato de estrôncio, sódio e alumínio – $Sr_2Na_2Al_2PO_4F_9$ –, monocl., descoberto em Ivigtut, Groenlândia (Dinamarca).

BOGGSITA Aluminossilicato hidratado de sódio e cálcio – $Ca_8Na_3[Al_{19}Si_{77}O_{192}]$. $70H_2O$ –, ortor., do grupo das zeólitas, descoberto no Oregon (EUA).

BOGVADITA Fluoreto de fórmula química $Na_2SrBa_2Al_4F_{20}$, ortor., descoberto na jazida de criolita de Ivigtut, Groenlândia (Dinamarca).

BOHDANOWICZITA Seleneto de prata e bismuto – $AgBiSe_2$ –, trig., descoberto nas montanhas Sudetes (Polônia).

bojo (gar., RS) Na região de Ametista do Sul, o mesmo que bujão.

BOKITA Vanadato hidratado de potássio, alumínio e ferro – $KAl_3Fe_6V_6^{4+}V_{20}^{5+}O_{76}.15H_2O$ –, monocl., preto, maciço, fosco ou com br. semimetálico. Dur. em torno de 3,0. D. 2,97-3,10. Forma vênulos ou crostas reniformes em folhelhos carbonosos de Balasauskandyk Kara-Tau (Casaquistão). Homenagem ao geólogo soviético Ivan I. *Bok*.

boksputita Carbonato de chumbo e bismuto encontrado em massas cristalinas amarelas, finamente granuladas, bastante densas (7,29). De *Boksput* (África do Sul), onde ocorre.

bolachão (gar., RS) Na região de Ametista do Sul, basalto tabular, amarelado, que cobre o tijolão. Segundo os garimpeiros, quanto mais espesso é o bolachão, menos rico em ametista é o tijolão.

BOLEÍTA Cloreto básico de fórmula química $KPb_{26}Ag_9Cu_{24}Cl_{62}(OH)_{48}$, cúb. De *Boléo*, Baixa Califórnia (México). Sin. de *argentopercylita*.

bolha Cristal ou grânulo de material estranho, usualmente incolor e arredondado, encontrado em alguns diamantes.

bolinete (gar.) Processo de concentração de ouro semelhante à *canoa*, porém mais aperfeiçoado, que usa grossas tábuas transversais ao fluxo d'água.

bolivarita Fosfato básico hidratado de alumínio – $Al_2PO_4(OH)_3.5H_2O$ –, encontrado na forma de crostas criptocrista-

linas verde-amareladas. Trata-se, provavelmente, de variscita. Cf. *senegalita*.
bolivianita Mineral de composição incerta, provavelmente idêntico à estanita. De *Bolívia*.
boltdanowiczita Seleneto de prata e bismuto – $AgBiSe_2$.
boltonita Var. de forsterita granular, de cor esverdeada ou amarelada. De *Boltran*, Massachusetts (EUA).
BOLTWOODITA Silicato hidratado de potássio e uranila – $HK(UO_2)SiO_4.1,5H_2O$ –, monocl., amarelo, com forte fluorescência.
bombardeamento Tratamento utilizado para mudar a cor de certas gemas, como topázio, diamante e morganita, e que consiste no emprego de partículas como nêutrons em cíclotrons ou reatores. A cor assim obtida desaparece sob ação do sol, ao contrário da cor obtida por tratamento térmico.
bombita Aluminossilicato de ferro e cálcio, cinza-escuro, encontrado em Bombaim (Índia).
BONACCORDITA Borato de níquel e ferro – $Ni_2FeO_2BO_3$ –, ortor., marrom-avermelhado, que ocorre na forma de drusas de cristais prismáticos com até 0,4 mm, constituindo veios em outros minerais. Forma também rosetas em liebenbergita e trevorita. D. 5,17. De *Bon Accord*, Transvaal (África do Sul), onde foi descoberto. Cf. *azoproíta*, *ludwigita*.
bonamita Nome coml. de uma var. de smithsonita, de cor verde a azul, encontrada no Novo México (EUA), usada como gema.
BONATTITA Sulfato hidratado de cobre – $CuSO_4.3H_2O$ –, monocl., de composição semelhante à da calcantita, com menos água. Descoberto na ilha de Elba, Toscânia (Itália).
bonchevita Sulfeto de chumbo e bismuto – $PbBi_4S_7$ –, ortor.
bondsdorffita Silicato hidratado de potássio, magnésio, ferro e alumínio – $K_2(Mg,Fe)_2Al_8(Si_2O_7)_5.7H_2O$ –, pseudo-hexag., preto.

BONSHTEDTITA Fosfato-carbonato de sódio e ferro – $Na_3Fe(PO_4)(CO_3)$ –, monocl., pseudo-ortor., incolor, com tons rosa, amarelados ou esverdeados. Forma finos agregados granulares em shortita, além de cristais com até 5 mm. Br. vítreo (nacarado na clivagem), dur. 4 e D. 3. É frágil, mostrando duas clivagens perfeitas. Homenagem ao mineralogista soviético El'ze *Bonshtedt*-Kupletskaya. Cf. *bradleyita*, *sidorenkita*.
BOOTHITA Sulfato hidratado de cobre – $CuSO_4.7H_2O$ –, monocl., geralmente maciço, semelhante à calcantita, com mais água e de cor mais clara. Descoberto em Alameda, Califórnia (EUA), e assim chamado em homenagem a Edward *Booth*, químico norte-americano.
BORACITA Cloroborato de magnésio – $Mg_3B_7O_{13}Cl$ –, ortor., pseudocúb., encontrado na forma de massas ou cristais brancos ou verde-claros, de br. vítreo, fortemente piroelétricos, com frat. conchoidal a irregular, frágeis, semitransp. a semitransl. Dur. 7,0. D. 2,96. IR 1,660. Dimorfo da trembathita, forma uma série isomórfica com a ericaíta. É usado como gema e, na Alemanha, como fonte de boro.
BORALSILITA Silicato de alumínio e boro – $Al_{16}B_6Si_2O_{37}$ –, monocl., descoberto na baía Prydz, na Antártica. De *boro* + *alumínio* + *silicato* + *ita*.
BÓRAX Borato básico hidratado de sódio – $Na_2B_4O_5(OH)_4.8H_2O$ –, monocl., encontrado em grandes cristais prismáticos, incolores ou brancos, ou como eflorescências. Br. vítreo. Forma-se em lagos salgados ou como eflorescências em regiões áridas. Usado para obtenção de compostos de boro, em vidros, cerâmica, agricultura e produtos farmacêuticos. Do ár. *bauraq*, *buraq* (branco). Sin. de *tincal*.
borazon Forma cúb. do nitreto de boro produzida em laboratório. Os cristais são microscópicos, geralmente pretos, marrons ou vermelho-escuros, às vezes cinza ou amarelos, com dur. comparável à do diamante. Foi produzido a primeira

vez pela mesma equipe que produziu o primeiro diamante sintético e por meio do mesmo processo: transforma-se o nitreto de boro hexag. (como a grafita) em cúb. (como o diamante), empregando-se altas temperaturas e altas pressões. O borazon ainda não é produzido em escala coml., mas poderá vir a sê-lo, pois está provado que seu pó é melhor para polir o diamante do que o pó de diamante.

BORCARITA Borato-carbonato básico de cálcio e magnésio – $Ca_4MgB_4O_6(OH)_6(CO_3)_2$ –, monocl., descoberto em dolomitos da Sibéria (Rússia), onde aparece na forma de massas de até 50 cm de diâmetro. Tem cor azul-esverdeada a verde-azulada; às vezes, quase incolor. Br. vítreo a levemente nacarado na superfície de clivagem. Dur. 4,0. D. 2,77. De borato + carbonato + ita. Cf. carboborita.

borgstroemita Sulfato hidratado de ferro – $(Fe_2O_3)_3(SO_3)_4.9H_2O$ –, formado por alteração da pirita.

borickyíta Fosfato hidratado de ferro e cálcio, marrom-avermelhado. Cf. foucherita. Homenagem ao petrógrafo checo Emanuel Boricky.

BORISHANSKIITA Arseneto de paládio com chumbo – $Pd_{1+X}(As,Pb)_2$, onde x = 0,0 a 0,2. Ortor. Talvez seja polarita. Descoberto em Norilsk, Sibéria (Rússia).

BORNEMANITA Silicofosfato de bário, sódio, titânio e nióbio – $BaNa_4Ti_2NbSi_4O_{17}(F,OH)Na_3PO_4$. Ortor., forma fibras flexíveis, reunidas em agregados friáveis. Cor amarela, br. nacarado, transl. a transp. Homenagem a Irina Borneman-Starynkevich, mineralogista soviética.

BORNHARDTITA Seleneto de cobalto – Co_3Se_4 – que ocorre em cristais cúb. Descoberto em Harz (Alemanha) e assim chamado em homenagem ao geógrafo W. Bornhardt.

bornina V. tetradimita.

BORNITA Sulfeto de cobre e ferro – Cu_5FeS_4 –, ortor., pseudotetrag., de cor semelhante à do cobre, com intenso tarnish azul ou púrpura, iridescente, geralmente maciço. Dur. 3,0. D. 4,90-5,40. Ocorre na zona superior dos depósitos de cobre, disseminado em r. básicas, nos pegmatitos e nos depósitos metamórficos de contato. Tem 63,3% Cu, sendo importante fonte desse metal. Homenagem a Ignatius von Born, mineralogista alemão. Sin. (pouco usados): erubescita, pecilopirita.

BOROCOOKEÍTA Borossilicato de lítio e alumínio – $Li_{1+3x}Al_{4-x}(BSi_3)O_{10}(OH,F)_8$ –, monocl., descoberto na região de Chita (Rússia).

BORODAEVITA Mineral de fórmula química $Ag_5(Fe,Pb)Bi_7(Sb,Bi)_2S_{17}$, monocl., descoberto na Sibéria (Rússia).

BOROMOSCOVITA Silicato básico de potássio, alumínio e boro – $KAl_2[$ $]BSi_3O_{10}(OH)_2$ –, monocl., descoberto na Sibéria (Rússia).

boronatrocalcita V. ulexita.

bororó (gar.) Cascalho fino que ocorre nos pontos altos e secos dos terrenos diamantíferos.

BOROVSKITA Composto metálico de fórmula química Pd_3SbTe_4, cúb., que forma grãos irregulares com estrutura cúb. Descoberto em Karelia (Rússia) e assim chamado em homenagem a Igor B. Borovskii, pioneiro em análises por microssonda na Rússia.

borra (gar., GO) Nome dado ao berilo verde microcristalino, nos garimpos de Campos Verdes.

borra de café (gar., MG) Produto de alteração de carbonatos que ocorre em pegmatitos.

borra de prata (gar., BA) Pirita que ocorre nas aluviões diamantíferas.

borszonyíta Sin. de wehrlita. De Borszony, Pilsen (Alemanha).

bort Termo que outrora designava todas as var. industriais de diamante, mas que hoje se refere ao diamante em fragmentos irregulares e impuros, de granulação muito fina, às vezes com estrutura radial, geralmente escuro, transl. a opaco. É o mais inferior dos diamantes, sendo usado em ferramentas de corte e perfuração ou, em pó, em trabalhos de lapid. e polimento. É encontrado no Brasil, Guiana, África do Sul e Venezuela.

Etimologia duvidosa: talvez do holandês *boart* ou do fr. *bourt* (bastardo), em razão de sua qualidade inferior.
bort-esférico Var. de *bort* sem faces, arestas ou planos de clivagem e isento de inclusões. É a var. que melhor se presta para equipamentos de perfuração.
bort-granizo Var. de *bort* de dur. menor que a do *bort* comum, com aparência de uma pasta mais ou menos porosa e endurecida.
bosforita Fosfato hidratado de ferro – $(Fe_2O_3)_3(P_2O_5)_3.17H_2O$ –, amarelo, compacto.
bosta de barata (gar., RR) Coríndon, quando satélite do diamante.
bosta de cabra (gar.) Var. de cascalho diamantífero.
BOSTWICKITA Silicato hidratado de cálcio e manganês – $CaMn_6Si_3O_{16}.7H_2O$ –, ortor. (?), vermelho-escuro, descoberto em Sussex, New Jersey (EUA). D. 2,9. Facilmente solúvel em HCl 1:1. Dur. em torno de 1. Homenagem a Richard C. *Bostwick*, colecionador de minerais da localidade de Franklin, Sussex, New Jersey (EUA).
BOTALLACKITA Hidroxicloreto de cobre – $Cu_2Cl(OH)_3$ –, monocl., verde-azulado, polimorfo da atacamita, da clinoatacamita e da paratacamita. É um mineral raro, antigamente confundido com a atacamita. De *Botallack*, mina da Cornualha (Inglaterra).
botesita Sin. de *hessita*.
BOTRIOGÊNIO Sulfato básico hidratado de magnésio e ferro – $MgFe(SO_4)_2(OH).7H_2O$ –, monocl., vermelho, br. vítreo, transl. Do gr. *botrys* (cacho de uva) + *gennan* (gerar), porque, no lugar onde foi descoberto, ocorre em massas botrioidais. Sin. de *palacheíta*. Cf. *zincobotriogênio*.
botrioidal Diz-se do mineral com morfologia semelhante à de um cacho de uvas. Do gr. *botrys* (cacho de uva).
botriolita Var. de datolita colunar, com disposição radial. Do gr. *botrys* (cacho de uva) + *lithos* (pedra), por apresentar superfície botrioidal.

BOTTINOÍTA Hidróxido hidratado de níquel e antimônio – $Ni[Sb(OH)_6]_2.6H_2O$ –, trig., descoberto na mina *Bottino* di Seravezza (daí seu nome), na Toscânia (Itália).
bouglisita Mistura de anglesita e gipsita.
BOULANGERITA Sulfoantimoneto de chumbo – $Pb_5Sb_4S_{11}$ –, monocl., maciço, em prismas longos ou fibras estriadas, de cor cinza-azulado, com br. metálico. Dur. 2,5-3,0. D. 5,70-6,30. Tem 55,4% Pb e pode ser usado para obtenção desse metal. Homenagem a C. *Boulanger*, engenheiro de minas francês. Sin. de ¹*plumosita*.
boule Sin. de pera de fundição.
BOURNONITA Sulfoantimoneto de chumbo e cobre – $PbCuSbS_3$ –, às vezes com zinco. Ortor., cinza a preto, alta D. (5,80- -5,90), usualmente com macla em roda. Encontrado em filões hidrotermais de média temperatura. É mineral-minério de cobre (13% Cu), chumbo (42,5% Pb) e antimônio (24,7% Sb). Forma série isomórfica com a seligmannita. Homenagem a J. L. de *Bournon*, mineralogista francês. Sin. de *berthonita*, *endellionita*. Cf. *soucekita*.
BOUSSINGAULTITA Sulfato hidratado de amônio e magnésio – $(NH_4)_2Mg(SO_4)_2.6H_2O$ –, monocl., geralmente maciço, na forma de crostas ou estalactites incolores ou rosa-amarelado. Homenagem a Jean Baptiste *Boussingault*, químico francês. Sin. de *cerbolita*.
bowenita Serpentina gemológica compacta, finamente granulada, semelhante à nefrita e, às vezes, encontrada no comércio sob este nome. Dur. 5,0-5,5. D. 2,6-2,8. Difere do jade no peso específico. Pode ser tingida artificialmente. Homenagem a G. T. *Bowen*, mineralogista norte-americano. Sin. de *falso-jade*, *jade-bowenita*, *tangiwaíta*, *jade-novo*, *jade soochow*.
BOWIEÍTA Sulfeto de ródio com irídio e platina – $(Rh,Ir,Pt)S_3$ –, ortor., descoberto em placeres do Alasca (EUA).
bowleyita Sin. de *bityíta*.
bowlingita Sin. de *saponita*.

bowlinguito V. *esteatito*.

bowmanita Sin. de *goiasita*. Homenagem a H. L. *Bowman*, mineralogista inglês.

BOYLEÍTA Sulfato hidratado de zinco – $ZnSO_4.4H_2O$ –, monocl., do grupo da rozenita. Desidrata-se à temperatura ambiente, passando a gunningita. Forma massas brancas, terrosas ou reniformes, solúveis em água, sem clivagens visíveis, com frat. irregular. Dur. 2. Produto de alteração da esfalerita encontrado na Floresta Negra (Alemanha). Assim chamado em homenagem ao geólogo canadense R. W. *Boyle*.

BRABANTITA Fosfato de cálcio e tório – $CaTh(PO_4)_2$ –, monocl., do grupo da monazita. Forma cristais alongados, marrom-cinzentos, com clivagens (100) e (001), de dur. 5,5 e D. 4,7-5,3, em pegmatitos da Namíbia. De *Brabant*, fazenda de Karibib (Namíbia), onde foi descoberto.

BRACEWELLITA Óxido básico de cromo – $CrO(OH)$ –, ortor., trimorfo da grimaldiita e da guianaíta. Vermelho-escuro a preto, traço marrom-escuro. D. 4,46. Homenagem a Smith *Bracewell*, o primeiro a descrever a *merumita* (v.).

BRACKEBUSCHITA Vanadato básico de chumbo e manganês – $Pb_2Mn(VO_4)_4(OH)$ –, com 25,4% V_2O_5. Preto ou avermelhado, monocl. Descoberto na província de Córdoba (Argentina) e assim chamado em homenagem a Ludwig *Brackebusch*, professor de Mineralogia. O grupo da brackebuschita compreende oito fosfatos, arsenatos e vanadatos.

BRADACZEKITA Arsenato de sódio e cobre – $NaCu_4(AsO_4)_3$ –, monocl., descoberto na península de Kamchatka (Rússia).

BRADLEYITA Fosfato de sódio e carbonato de magnésio – $Na_3Mg(PO_4)CO_3$ –, monocl., encontrado em massas finamente granuladas. Branco ou incolor. Descoberto em testemunhos de sondagem. Sua verdadeira cor não está bem estabelecida. Homenagem a Wilmut H. *Bradley*, geólogo norte-americano.

BRAGGITA Sulfeto de paládio com platina e níquel – $(Pd,Pt,Ni)S$. A platina é, às vezes, economicamente aproveitável. Isomorfo da vysotskita, à qual muito se assemelha ao microscópio, e dimorfo da cooperita. Forma pequenos grãos cinzentos, tetrag., com dur. 6,0-6,5. Homenagem a W. H. *Bragg* e a seu pai William L. *Bragg*, pioneiros no estudo dos cristais por meio dos raios X. Cf. *cooperita*.

BRAITSCHITA-(Ce) Borato hidratado de cálcio e cério com sódio – $(Ca,Na_2)_7Ce_2B_{22}O_{43}.7H_2O$ –, hexag., tabular, descoberto em Grand, Utah (EUA).

brammallita Aluminossilicato hidratado de sódio e alumínio com magnésio e ferro – $(Na,H_3O)(Al,Mg,Fe)_2(Si,Al)_4O_{10}[(OH)_2H_2O]$ –, monocl., do grupo das micas. É muito semelhante à illita, porém com mais sódio que potássio. Forma placas alongadas de aproximadamente 0,5 mm de comprimento, reunidas em tufos compactos, brancos. Homenagem a Alfred *Brammall*, geólogo e mineralogista britânico. Sin. de *hidroparagonita*.

branco barão Nome coml. pelo qual é também conhecido o mármore branco--veiado paraná.

branco cachoeiro Nome coml. de um mármore ornamental procedente de Cachoeiro do Itapemirim, ES (Brasil).

branco cintilante Nome coml. de um mármore dolomítico branco, de granulação grosseira, procedente de Cachoeiro do Itapemirim, ES (Brasil). Cf. *branco espírito santo*.

branco clássico Nome coml. de um mármore ornamental procedente de Cachoeiro do Itapemirim, ES (Brasil).

branco-comercial Classificação coml. dos diamantes amarelos que caem no intervalo J a M da classificação do GIA, ou levemente colorido a acentuadamente colorido da classificação da ABNT.

branco especial Nome coml. de um mármore ornamental procedente de Cachoeiro do Itapemirim, ES (Brasil).

branco espírito santo Nome coml. de um mármore branco de granulação grosseira, provavelmente dolomítico, com D. 2,84, procedente de Cachoeiro do Itapemirim, ES (Brasil). Também conhecido por branco renascença. Cf. *branco cintilante.*
branco extra (nome coml.) Nome com que alguns comerciantes designam o diamante classificado pela ABNT como aparentemente incolor a absolutamente incolor (H a D na classificação do GIA).
branco italva Nome coml. de um mármore branco, de granulação grosseira, com manchas esverdeadas, formadas por wollastonita, com pequenas quantidades de calcita e idocrásio, procedente de Campos, RJ (Brasil).
branco neve Nome coml. de um mármore ornamental procedente de Cachoeiro do Itapemirim, ES (Brasil).
branco núria Nome coml. pelo qual é também conhecido o mármore branco paraná.
branco paraná Nome coml. de um mármore dolomítico ornamental de cor branca ou levemente acinzentada, de granulação fina e uniforme. D. 2,82. AA 0,12%. PA 0,33%. TDA 1,83 mm. TCU 1.700 kgf/cm^2. RF 145 kgf/cm^2. Tem 20,9% MgO; 30,2% CaO, além de MnO, Al_2O_3, Fe_2O_3 e SiO_2. É produzido em Capiru da Boa Vista, Rio Branco do Sul; em Pulador, Bocaiúva do Sul e Tigre, Cerro Azul, todas localidades do Estado do Paraná (Brasil). Tem quatro padrões: Calacatta, Nebia, Serpeggiante e Pérola. É exportado com o nome de paraná white. Também conhecido por branco núria. Cf. *branco-veiado paraná, rosa paraná.*
branco renascença Nome coml. pelo qual é também conhecido o mármore *branco espírito santo.*
branco-veiado paraná Nome coml. de um mármore compacto, de cor branca com porções cinzentas, contendo finos veios de qz., que ocorre em Rio Branco do Sul, PR (Brasil). Também conhecido por *branco barão.* Cf. *branco paraná.*

branco vitória Nome coml. de um mármore calcidolomítico de cor branca e granulação grosseira, procedente de Cachoeiro do Itapemirim, ES (Brasil).
brandãosita Silicato de ferro, manganês e alumínio – $(Fe,Mn)_4O(Al,Fe)O_3(SiO_2)_4$ – semelhante às granadas.
BRANDHOLZITA Hidróxido hidratado de magnésio e antimônio – $Mg[Sb(OH)_6]_2 \cdot 6H_2O$ –, trig., descoberto na Baviera (Alemanha).
brandisita Sin. de *clintonita.*
BRANDTITA Arsenato hidratado de cálcio e manganês com magnésio – $Ca_2(Mn,Mg)(AsO_4)_2 \cdot 2H_2O$ –, com até 3% MgO. Dimorfo da parabrandtita, descoberto em Varmland (Suécia). Homenagem a George *Brandt,* químico sueco.
BRANNERITA Óxido complexo de fórmula química $(U,Ca,Y,Ce)(Ti,Fe)_2O_6$, monocl., sempre metamicto, dimorfo da ortobrannerita. Forma série isomórfica com a torutita. Preto, opaco, altamente radioativo, aparecendo na forma de grãos ou cristais prismáticos de dur. 4,5, D. 4,5-5,4 e traço marrom-esverdeado-escuro. Ocorre principalmente como mineral primário em pegmatitos e nos depósitos detríticos deles derivados. É o principal mineral-minério em muitos depósitos de urânio, usado também para extração do ítrio. Homenagem a John C. *Branner,* geólogo norte-americano. Cf. *ortobrannerita.*
BRANNOCKITA Silicato de potássio, lítio e estanho – $KLi_3Sn_2Si_{12}O_{30}$ –, hexag., do grupo da osumilita, descoberto em uma mina de espodumênio de Cleveland, Carolina do Norte (EUA).
BRASILIANITA Fosfato básico de sódio e alumínio– $NaAl_3(PO_4)_2(OH)_4$ –, monocl., prismático, em cristais amarelos ou verde-amarelados, com duas clivagens boas, normalmente transl., sem fluorescência e com fraco pleocroísmo. Dur. 5,5. D. 2,98. IR 1,602-1,621. Bir. 0,019. B(+). Disp. 0,014. Os cristais costumam medir menos de 10 cm, mas, em Minas Gerais (Brasil), atingem mais de 20 cm. Mineral-

-gema raro, descoberto no Brasil (daí seu nome) em pegmatitos de Conselheiro Pena (MG). O Brasil é o principal produtor (em MG e ES), existindo também nos EUA. Gemas lapidadas com 0,5 a 3 ct valem US$ 8 a US$ 90/ct. Pode ser confundido com ambligonita, berilo, crisoberilo, apatita e topázio. Não confundir com *brasilinita*.
brasilinita Sin. de *prasiolita*.
brasilita V. *baddeleyita*, nome que tem prioridade. De *Brasil*, onde foi descoberto quase ao mesmo tempo que no Sri Lanka.
brasina (gar.) Sin. de *ágata do campo*.
BRASSITA Hidroxiarsenato hidratado de magnésio – $Mg(AsO_3OH).4H_2O$ –, em crostas brancas de cristais ortor. Descoberto na Boêmia (República Checa). Homenagem a Rejane *Brasse*, que o produziu sinteticamente.
BRAUNITA Silicato de manganês – Mn_7SiO_{12} –, tetrag., semelhante à bixbyíta. Friável, marrom-escuro a cinza. É um dos principais minerais-minério de manganês (62% Mn), podendo conter bastante ferro. Homenagem a *Braun*, conselheiro alemão.
bravaisita 1. V. *illita*. 2. Mistura de illita e montmorillonita. 3. (obsol.) V. *pirofilita*. Homenagem a *Bravais*, cristalógrafo francês.
bravoíta Sulfeto de níquel e ferro – $(Ni,Fe)S_2$ –, com 17,5%-24,8% Ni. Nome originalmente aplicado a uma var. de pirita muito rica em níquel. Difere da pirita por ter cor mais clara. Mineral-minério de níquel. Homenagem a José J. *Bravo*, cientista peruano. Sin. de *mechernichita*.
break Nome dado às 16 facetas triangulares situadas logo acima da rondiz do brilhante, bem como às 16 facetas triangulares do pavilhão a elas correspondente. Dividem-se em *skill* e *cross*.
brecha paraná Nome coml. de uma r. calcária de granulação muito fina, de cores rosa e branca, que consiste em fragmentos angulares de calcita cimentados por grãos do mesmo mineral. É usada como pedra ornamental, sendo encontrada em Castro, PR (Brasil). Também conhecida por rosa alfa.
bredbergita Var. de andradita com magnésio. Homenagem ao norte-americano B. D. *Bredberg*, seu descobridor.
BREDIGITA Silicato de cálcio e magnésio – $Ca_7Mg(SiO_4)_4$ –, ortor. (pseudo-hexag.), estável entre 800°C e 1.477°C no aquecimento e até 670°C no resfriamento. Branco, muito raro. Homenagem a Georg *Bredig*, físico-químico alemão.
BREITHAUPTITA Antimoneto de níquel – NiSb –, hexag., com 32,8% Ni. Tem cor semelhante à do cobre. Descoberto em Harz (Alemanha) e assim chamado em homenagem a J. F. A. *Breithaupt*, mineralogista alemão.
BRENDELITA Fosfato de fórmula química $(Bi,Pb)_2Fe_2O_2(OH)(PO_4)$, monocl., descoberto na Saxônia (Alemanha). Cf. *paulkellerita*.
BRENKITA Fluorcarbonato de cálcio – $Ca_2(CO_3)F_2$ –, ortor., encontrado na forma de cristais achatados de até 1 mm, reunidos em agregados com disposição radial, em *Brenk*, Eifel (Alemanha). É incolor, tem dur. 5 e D. 3,1. Dissolve-se em HCl diluído, com efervescência.
breunnerita Var. de magnesita com ferro, usada na fabricação de tijolos refratários. Assim chamada em homenagem ao conde austríaco *Breunner*.
BREWSTERITA-(Ba) Aluminossilicato hidratado de bário – $Ba_2Al_4Si_{12}O_{32}.10H_2O$ –, monocl., do grupo das zeólitas. Descoberto em Lewis, Nova Iorque (EUA), e assim chamado em homenagem a Sir David *Brewster*, físico escocês que estudou as propriedades físicas dos minerais. Cf. *brewsterita-(Sr)*.
BREWSTERITA-(Sr) Aluminossilicato hidratado de estrôncio e bário – $Sr_{1,5}Ba_{0,5}Al_4Si_{12}O_{32}.10H_2O$ –, monocl., do grupo das zeólitas. Descoberto em Argyll (Escócia) e assim chamado em homenagem a Sir David *Brewster*, físico escocês que estudou as propriedades físicas dos minerais. Cf. *brewsterita-(Ba)*.

BREZINAÍTA Sulfeto de cromo – Cr_3S_4 –, monocl., descoberto no meteorito Tucson, no Arizona (EUA).
BRIANITA Fosfato de sódio, cálcio e magnésio – $Na_2CaMg(PO_4)_2$ –, monocl., encontrado apenas em meteoritos.
BRIANROULSTONITA Mineral de fórmula química $Ca_3[B_5O_6(OH)_6](OH)Cl_2$. $8H_2O$, monocl., descoberto em New Brunswick (Canadá).
BRIANYOUNGITA Carbonato-sulfato básico de zinco – $Zn_3(CO_3,SO_4)(OH)_4$ –, ortor. ou monocl., descoberto em Cumbria (Inglaterra).
BRIARTITA Sulfeto de cobre, zinco e germânio – Cu_2ZnGeS_4 –, tetrag., com 13,7%-16,9% Ge, sendo fonte desse elemento. Descoberto na província de Shaba (R. D. do Congo).
brickerita Sin. de *austinita*.
brilhância. Toda a luz branca refletida pela superfície e pelo interior de um diamante lapidado. (GIA)
brilhante Estilo de lapid. criado no fim do século XVII e universalmente adotado para várias gemas, principalmente o diamante, daí ser o termo usado frequente e impropriamente como sinônimo de diamante. Partindo-se de um cristal de diamante octaédrico, serra-se horizontalmente sua parte superior, removendo o equivalente a 27,8% da altura do cristal, obtendo-se assim uma faceta chamada mesa. Depois, serra-se na mesma direção a extremidade oposta, removendo o equivalente a 5,6% da altura do cristal e originando a mesa inferior. A coroa, parte superior do cristal assim serrado, recebe 33 facetas, de 3, 4 e 8 lados (*mesa, estrela*, [1]*bezel*, [1]*quoin, cross* e *skill*). O pavilhão, parte inferior, recebe 25 facetas de 3, 5 e 8 lados (*skill*, [1]*quoin, cross*, [2]*pavilhão* e *mesa inferior*). A cintura ou rondiz, zona que separa a coroa do pavilhão, não costuma ser polida nos diamantes, ao contrário do que ocorre com as demais gemas. A lapid. brilhante é a que produz melhor efeito luminoso e é a mais usada de todas. Um desvio de 5% nas proporções ideais de um diamante lapidado em brilhante causa uma redução de 2% a 8% no seu valor; se o desvio for de 5% a 10%, o valor reduz de 9% a 15%. As proporções indicadas na figura abaixo variam um pouco conforme o autor. A ABNT recomenda 53%-62% para a largura da mesa; 12,5%-16% para a altura; 1,0%-2,5% para a altura da cintura; e 41%-46% para a do pavilhão. O menor brilhante do mundo foi lapidado em 1985, em Amsterdã (Holanda), pela empresa D. Drukker & Zn NV: tem 0,000.102 ct e mede 0,22 mm (Guinness Book, 1995).

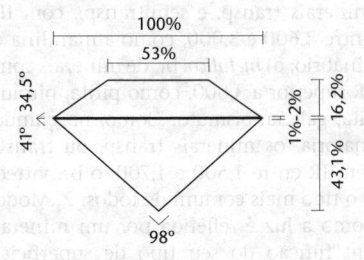

brilhante alta-luz Variante da lapid. Amsterdã contendo, na coroa, mesa octaédrica, oito facetas triangulares em torno da mesa, oito facetas retangulares principais e 24 facetas dobradas em torno da cintura. No pavilhão, existem oito facetas retangulares principais, coincidindo com as oito retangulares da coroa, e 24 facetas dobradas em torno da cintura. A lapid. brilhante alta-luz é a mais indicada para a *kunzita* e a *hiddenita*.
brilhante americano Variação da lapid. brilhante em que a mesa mede 1/3 da altura total, sendo a relação de altura entre a coroa e o pavilhão de 2:3. Há 41 facetas na coroa.
brilhante cordiforme Var. de pendeloque em forma de coração, usualmente com mesa grande e coroa baixa.
brilhante inglês Brilhante com oito facetas *star*, oito *break* superiores e oito inferiores, quatro facetas pavilhão, mesa e mesa inferior.
brilhante-rústico V. *zircônia cúbica*.

brilhante sintético (nome coml.) V. *titânia*.
brilho 1. Quantidade de luz refletida pelas superfícies internas e externas de uma gema. Relação entre a quantidade de luz refletida e a quantidade de luz refratada. A intensidade do br. deve ser avaliada com luz branca e olhando a gema de cima. Ela varia na razão direta do IR do mineral. Em uma escala prática, o br. pode ser classificado como segue: a) *vítreo*: br. de minerais com IR entre 1,300 e 1,900, como fluorita, qz., espinélio, coríndon, granadas; b) *adamantino*: br. de minerais com IR entre 1,900 e 2,600, como zircão, cassiterita, esfalerita, diamante, rutilo; c) *semimetálico*: br. de minerais transp. e semitransp., com IR entre 2,600 e 3,000, como almandina e cinábrio; d) *metálico*: br. de minerais com IR superior a 3,000, como pirita, pirolusita, galena, bismuto. Como, na grande maioria, os minerais transp. ou transl. têm IR entre 1,500 e 1,700, o br. vítreo é o tipo mais comum de todos. 2. Modo como a luz é refletida por um mineral em função do seu tipo de superfície. Temos br. como o nacarado (em minerais transp. com clivagem perfeita, como talco, gipsita, apofilita); sedoso (em minerais de estrutura fibrosa paralela, como asbesto); graxo (em minerais sem superfície lisa, mas conchoidal ou irregular, como a nefelina) etc. Da mesma forma que a cor, o br. de um mineral no estado bruto deve ser procurado em uma superfície de frat. recente, pois o contato com o ar pode alterá-lo.
brilliante 1. (nome coml.) V. *fabulita*. **2.** (nome coml.) V. *titânia*.
brilliant titania (nome coml.) V. *titânia*.
bril-lite Nome coml. do coríndon sintético incolor.
BRINDLEYITA Silicato básico de níquel e alumínio – $(Ni_2Al)(AlSi)O_5(OH)_4$ –, monocl. e trig., verde-amarelado, do grupo caulinita-serpentina, descoberto na Grécia, na jazida de bauxita de Marmara. É maciço, sem clivagens, com dur. 2,5-3,0 e D. 3,17. Homenagem ao professor G. T. *Brindley*. Sin. de *nimesita*.

BRINROBERTSITA Pirofilita/esmectita monocl., ordenada em camadas mistas, dioctaédrica, descoberta em Bangor (País de Gales).
briolette V. *lapidação briolette*.
BRITOLITA-(Ce) Silicato-fosfato de cério e cálcio – $(Ce,Ca)_5(SiO_4,PO_4)_3(OH,F)$ –, hexag., com até 62% TR. Amarelo ou marrom, fracamente radioativo, em cristais prismáticos, cúb. ou dodecaédricos, de br. adamantino. D. 4,20-4,70. Muito raro. Do gr. *britos* (pesado) + *lithos* (pedra), por sua alta D. Sin. de *beckelita*. Cf. *britolita*-(γ).
BRITOLITA-(Y) Silicato-fosfato de ítrio com cálcio – $(Y,Ca)_5(SiO_4,PO_4)_3(OH,F)$ –, hexag., relacionado com o grupo da apatita. Sin. de *abukumalita*. Cf. *britolita-(Ce)*.
BRIZZIITA Óxido de sódio e antimônio – $NaSbO_3$ –, trig., descoberto em uma mina de Siena, Toscânia (Itália).
broca (gar., RS) Na região de Ametista do Sul, galeria para extração de ametista.
brocatelo Mármore compacto de granulação fina, amarelo-claro, com veios e manchas vermelhas, foscas, que ocorre na França, nos Pirineus. Do ital. *broccatello*.
BROCHANTITA Sulfato básico de cobre – $Cu_4SO_4(OH)_6$ –, com 56,2% Cu, muito semelhante à antlerita. Maciço ou em pequenos cristais monocl. prismáticos, verde-claros, de br. vítreo. Dur. 3,5-4,0. D. 4,00. Clivagem perfeita, transp. a transl. Mineral-minério de cobre. Homenagem a A. J. M. *Brochant*, geólogo e mineralogista francês. Sin. de *kamarezita*, *waringtonita*. Cf. *antlerita*, *dolerofanita*.
BROCKITA Fosfato hidratado de cálcio com tório e cério – $(Ca,Th,Ce)PO_4.H_2O$ –, com 7,96% TR_2O_3. Hexag., vermelho ou amarelo. Forma agregados maciços e revestimentos de consistência terrosa em veios e r. graníticas alteradas. Descoberto em uma mina de Custer, Colorado (EUA). Não confundir com *brookita*.
brodrickita Silicato de alumínio e magnésio com excelente clivagem micácea, em folhas amarelo-esverdeadas inelásticas. Homenagem a J. H. *Brodrick*, coletor das primeiras amostras.

BRODTKORBITA Seleneto de cobre e mercúrio – Cu_2HgSe –, monocl., descoberto em La Rioja (Argentina).
broeggerita Var. de uraninita com tório, usada para obtenção de urânio. Homenagem ao geólogo e mineralogista norueguês Waldemar *Broegger*.
BROMELLITA Óxido de berílio – BeO –, em cristais hexag. brancos, prismáticos, curtos, dur. 9,0, br. vítreo. Muito raro. Homenagem a Magnus von *Bromel*, físico e mineralogista sueco.
bromirita Sin. de *bromoargirita*, nome preferível.
bromita Sin. de *bromoargirita*.
bromlita Sin. de *alstonita*. De *Bromley Hill*, grafia errada de Brownley Hill, Alston (Inglaterra).
BROMOARGIRITA Brometo de prata – Ag Br –, com 57% Ag, usado como fonte desse metal. Forma crostas maciças ou cristais de forma cúb. Incolor, amarelo, esverdeado ou cinza, com br. adamantino, baixa dur. (1,0-1,5). D. 5,50. Frat. conchoidal, sem clivagem, muito séctil. Escurece sob a ação da luz. Mineral-minério de prata. De *bromo* + gr. *argyros* (prata), por sua composição. Sin. de *bromirita*.
bromofórmio Tribromometano – $CHBr_3$. Líquido pesado que se usa para a determinação de peso específico de minerais. Tem D. 2,90, sendo geralmente vendido em solução de álcool, possuindo então D. 2,50. IR 1,590.
bromotolueno Líquido orgânico usado para certos testes relacionados com índice de refração. IR 1,550.
brongniardita Sulfoantimoneto de prata e chumbo – $Ag_6Pb_2Sb_6S_{14}$.
bronze (gar., BA) Diamante esverdeado, comum na chapada Diamantina.
bronzita Silicato de magnésio com 5% a 13% FeO, antes considerado membro do grupo dos piroxênios. Quimicamente intermediário entre hiperstênio e enstatita. Ocorre em r. básicas e intermediárias. De *bronze*, por ter br. semelhante ao dessa liga.
BROOKITA Óxido de titânio – TiO_2 –, ortor., trimorfo do anatásio e do rutilo.

Forma cristais marrom-avermelhados ou pretos, de br. adamantino a submetálico, alongados e estriados verticalmente. Dur. 5,5-6,0. D. 3,87-4,08 e IR 2,583-2,705. Bir. 0,117-0,158. B(+). Produto de alteração de outros minerais de titânio, ocorrendo em drusas e cavidades. Usado como gema e produzido na França, Suíça e EUA. Assim chamado em homenagem ao mineralogista inglês Henry J. *Brook*. Sin. de *piromelano*. Não confundir com *brockita*.
brown (nome coml.) Diz-se do diamante acentuadamente colorido (ABNT) e que, na classificação do GIA, corresponde à faixa P a Q. É comum, no comércio brasileiro, a pronúncia errada *brun*.
BROWNMILLERITA Óxido de cálcio e alumínio com ferro – $Ca_2(Al,Fe)_2O_5$ –, ortor., que forma plaquetas marrom-avermelhadas, em geral com menos de 0,06 mm, de D. 3,76. Homenagem a Lorrin T. *Brownmiller*, o primeiro a sintetizá-lo. Cf. *srebrodolskita*.
BRUCITA Hidróxido de magnésio – $Mg(OH)_2$ –, trig., usualmente cristalizado em folhas brancas, verdes, amarelas ou azuis, de br. vítreo (ou nacarado na superfície de clivagem); ou em fibras flexíveis, sécteis. Dur. 2,5. Clivagem basal perfeita. Ocorre em serpentinitos e em calcários. Utilizado como material refratário e para obtenção de magnésio. Homenagem a Archibald *Bruce*, mineralogista norte-americano. O grupo da brucita compreende mais quatro hidróxidos trig.: amakinita, pirocroíta, portlandita e teofrastita.
brugalhau (gar., BA) Fragmentos de r. arredondados a subarredondados, de 5 a 10 cm de diâmetro, existentes nos depósitos diamantíferos tipo *grupiara* (v.).
BRÜGGENITA Iodato hidratado de cálcio – $Ca(IO_3)_2.H_2O$ –, monocl., que aparece em cristais colunares, anédricos, intercrescidos com nitratita ou na forma de crostas cristalinas em veios de nitratita fibrosa, em Oficina Lautero, Atacama (Chile). É um mineral incolor a amarelo, solúvel em água (lentamente), de dur.

3,5 e D. 4,2-4,3, transp. a transl., frágil, com frat. conchoidal. Homenagem a Juan *Brüggen*, geólogo chileno.
BRUGNATELLITA Carbonato básico hidratado de magnésio e ferro – $Mg_6Fe CO_3(OH)_{13}.4H_2O$ –, hexag., micáceo, lamelar, rosado. Descoberto na Lombardia (Itália) e assim chamado em homenagem a Luigi *Brugnatelli*, mineralogista italiano.
brunckita Var. coloidal de esfalerita de cor branca, fosca, pulverulenta, porosa, mole. Adere à língua. Homenagem a Otto *Brunck*.
BRUNOGEIERITA Óxido de germânio e ferro – $GeFe_2O_4$ –, cúb., do grupo do espinélio. É encontrado na zona de oxidação da mina Tsumeb (Namíbia), na forma de crostas de 0,04-0,05 mm de espessura, sobre tennantita. É cinza, opaco, ferromagnético. Homenagem a *Bruno* H. *Geier*, mineralogista da Tsumeb Corporation.
brunsvigita Silicato hidratado de magnésio, ferro e alumínio, do grupo das cloritas. Cor verde-oliva a verde-amarelada.
BRUSHITA Fosfato ác. hidratado de cálcio – $CaHPO_4.2H_2O$ –, monocl., maciço ou em cristais delgados, quase incolor. Produzido também organicamente, aparecendo nos cálculos renais. Homenagem a George J. *Brush*, mineralogista americano. Sin. de *stoffertita*.
bruta Diz-se da substância gemológica que não foi lapidada nem polida.
bucaramanguita Var. de âmbar amarelo-clara, insolúvel em álcool, que é encontrada em *Bucaramanga* (Colômbia).
BUCHWALDITA Fosfato de sódio e cálcio – $NaCaPO_4$ –, ortor., descoberto no meteorito Cabo York, encontrado na Groenlândia (Dinamarca). Forma pequenas inclusões em troilita. Branco, micrométrico. D. 3,21. Dur. 2,0-3,0. Homenagem ao dinamarquês Vagn *Buchwald*.
BUCKHORNITA Sulfeto de fórmula química $AuPb_2BiTe_2S_3$, ortor., descoberto em uma mina de Boulder, Colorado (EUA).

bucklandita V. *allanita*.
BUDDINGTONITA Aluminossilicato de amônio – $NH_4AlSi_3O_8$ –, do grupo dos feldspatos. Monocl., em cristais de 0,05 mm ou massas compactas pseudomorfas sobre plagioclásio. Incolor, friável e br. vítreo. Dur. 5,5. Ocorre em andesitos recentes e em r. mais antigas alteradas hidrotermalmente por fontes termais contendo amônia, em Lake, Califórnia (EUA). Homenagem a Arthur F. *Buddington*, petrólogo norte-americano.
BUERGUERITA Borossilicato de sódio, ferro e alumínio com flúor – $NaFe_3Al_6(BO_3)_3Si_6O_{18}(O,F)_4$ –, trig., do grupo das turmalinas. Descoberto em San Luis, Potosí (México), e assim chamado em homenagem a M. J. *Buerguer*, mineralogista norte-americano.
bugalhau (gar., BA) Nos garimpos de diamante da chapada Diamantina, seixo rolado de conglomerado.
bujão (gar., RS) Em Ametista do Sul, nome dado ao geodo. O mesmo que bojo.
BUKOVITA Seleneto de cobre, ferro e tálio – $Cu_3FeTl_2Se_4$ –, tetrag., marrom-acinzentado, de br. metálico, com dur. 2,0 e clivagem boa segundo (001). Encontrado em veios de calcita na República Checa, em *Bukov* (daí seu nome). Cf. *talcusita*.
BUKOVSKYÍTA Sulfato-arsenato básico hidratado de ferro – $Fe_2(AsO_4)SO_4(OH).7H_2O$ –, tricl., descoberto em Kutná Hora, Boêmia (República Checa).
BULACHITA Arsenato básico hidratado de alumínio – $Al_2(AsO_4)(OH)_3.3H_2O$ –, ortor., encontrado em agregados de cristais aciculares com disposição radial, semitransl., de br. acetinado, facilmente solúveis em HCl 1:1, menos facilmente em HNO_3 1:1. D. 2,6. Sem clivagem. Descoberto na região da Floresta Negra (Alemanha), na localidade de Neu*bulach* (daí seu nome).
BULTFONTEINITA Silicato de cálcio – $Ca_4Si_2O_{10}H_6F_2$ –, tricl., em esferas rosadas ou agulhas radiais quase incolores. Descoberto na mina *Bultfontein* (daí seu nome), em Kimberley (África do Sul).

bunsenina V. *krennerita*. Não confundir com *bunsenita*.

BUNSENITA Óxido de níquel – NiO –, cúb., verde-pistácia, vítreo, descoberto em Johanngeorgestadt (Alemanha) e assim chamado em homenagem a Robert W. *Bunsen*, químico alemão. Não confundir com *bunsenina*.

BURANGAÍTA Fosfato hidratado de sódio, ferro e alumínio com cálcio e magnésio – $(Na,Ca)(Fe,Mg)Al_5(PO_4)_4(OH,O)_6.2H_2O$ –, monocl., verde-azulado, com traço levemente azul, clivagem (100) perfeita, formando prismas alongados em pegmatitos. Dur. 5,0. D. 3,05. De *Buranga* (Ruanda), onde foi descoberto. Cf. *natrodufrenita*.

BURBANKITA Carbonato de fórmula química $(Na,Ca,[~])_3(Sr,Ba,Ca,REE)_3(CO_3)_5$, hexag., com 19,7% SrO e até 15,1% TR_2O_3. Forma cristais prismáticos amarelo-cinzentos. Assim chamado em homenagem ao geólogo norte-americano *Burbank*.

BURCKHARDTITA Aluminossilicato hidratado de chumbo, ferro e telúrio com manganês – $Pb_2(Fe,Mn)Te(AlSi_3)O_{12}(OH)_2.H_2O$ –, monocl., pseudo-hexag., de cor vermelho-violeta a vermelho-carmim. Descoberto em Moctezuma, Sonora (México), onde aparece em rosetas cristalinas com menos de 0,2 mm, raramente em cristais simples de até 0,05 mm. Traço mais claro que o dos cristais, br. adamantino a levemente nacarado, clivagem basal perfeita. Dur. 2. É paramagnético e insolúvel em HCl, mesmo a quente. Homenagem a Carlos *Burckhardt*, geólogo mexicano.

BURKEÍTA Carbonato-sulfato de sódio – $Na_4SO_4(CO_3,SO_4)$ –, ortor., que forma pequenos cristais brancos, amarelados ou cinzentos, achatados. Homenagem a W. E. *Burke*, engenheiro químico que o produziu sinteticamente. Sin. de *gauslinita*.

burmita Resina fóssil semelhante ao âmbar, mais dura e tenaz que este, geralmente amarelo-clara, às vezes avermelhada ou marrom-escura. É rica em insetos e pode mostrar veios de calcita. Nome derivado de *Burma*, antigo nome de Mianmar (ex-Birmânia). Sin. de *birmita*.

BURNSITA Mineral de fórmula química $KCdCu_7O_2(SeO_3)_2Cl_9$, hexag., descoberto na península de Kamchatka (Rússia).

BURPALITA Fluorsilicato de sódio, cálcio e zircônio – $Na_2CaZrSi_2O_7F_2$ –, monocl., descoberto no Transbaikal (Rússia).

burro preto (gar., PA) Em Serra Pelada, r. preta que acompanha o filão aurífero.

BURSAÍTA Sulfeto de chumbo e bismuto – $Pb_5Bi_4S_{11}$ –, ortor., descoberto na província de *Bursa* (daí seu nome), na Turquia.

BURTITA Hidróxido de cálcio e estanho – $CaSn(OH)_6$ –, cúb., do grupo da schoenfliesita. Forma octaedros de até 2 mm, com superfície terrosa, amarela, produzida por alteração da varlamoffita. É incolor, de br. vítreo, muito frágil. Dur. 3,0. D. 3,2-3,3. Boa clivagem cúb. Ocorre em um granatito existente em escarnito estanífero da região central do Marrocos. Homenagem ao professor Donald M. *Burt*.

BURYATITA Mineral de fórmula química $Ca_3(Si,Fe,Al)[SO_4[B(OH)_4](OH)_5O.12H_2O$, trig., descoberto em *Buryatiya* (daí seu nome), na Rússia.

BUSHMAKINITA Fosfato-vanadato básico de chumbo e alumínio – $Pb_2Al(PO_4)(VO_4)(OH)$ –, monocl., descoberto nos Urais (Rússia).

BUSSENITA Mineral de fórmula química $Na_2Ba_2FeTiSi_2O_7(CO_3)(OH)_3F$, tricl., descoberto na península de Kola (Rússia).

bússola para pérolas Instrumento construído por R. Nacker para separar pérolas naturais das cultivadas. Consiste em um poderoso eletroímã, entre cujos polos se coloca a pérola, suspensa por um fio de seda. Se a pérola não mudar de posição ao se ligar o eletroímã, é natural. Caso contrário, é cultivada.

BUSTAMITA Silicato de cálcio e manganês – $(Ca,Mn)_3(SiO_3)_9$ –, tricl., do grupo da wollastonita e semelhante à rodonita. Homenagem a Anastasio *Bustamente*, general mexicano. Cf. *ferrobustamita*.

bustito Sin. de ²*aubrito*.
buszita V. *bastnasita*. Homenagem a K. *Busz*.
BUTLERITA Sulfato básico hidratado de ferro – $FeSO_4(OH).2H_2O$ –, monocl., encontrado em intercrescimentos orientados com a parabutlerita, em Yavapai, Arizona (EUA). Homenagem ao geólogo norte-americano Gordon M. *Butler*.
BÜTSCHLIITA Carbonato de potássio e cálcio – $K_2Ca(CO_3)_2$ –, trig., dimorfo da fairchildita, encontrado em cinzas de árvores que entraram em combustão espontaneamente no Arizona (EUA). Homenagem a Otto *Bütschli*, seu descobridor. Cf. *fairchildita, flagstaffita*.
BUTTGENBACHITA Cloronitrato básico hidratado de cobre – $Cu_{19}Cl_4(NO_3)_2(OH)_{32}.2H_2O$ –, hexag., azul-celeste, descoberto na província de Shaba (R. D. do Congo). Homenagem a Henri *Buttgenbach*, mineralogista belga.
buzo Pedra bruta que vale muito menos do que se imaginava à primeira vista.
bye Termo que designa o diamante com tons amarelados. Dependendo da intensidade desses tons, pode ser primeiro *bye* ou segundo *bye*.
BYSTRITA Mineral de fórmula química $Ca(Na,K)_7Si_6Al_6O_{24}S_{1,5}.H_2O$, trig., descoberto em uma jazida de lápis-lazúli da região de Baikal (Rússia).
BYSTROEMITA Óxido de magnésio e antimônio – $MgSb_2O_6$ –, em cristais tetrag., cinza-azulado. Descoberto em El Antimonio, Sonora (México), e assim chamado em homenagem a Anders *Bystroem*, mineralogista que o descreveu.
bytownita Plagioclásio quimicamente intermediário entre labradorita e anortita – $An_{70-90}Ab_{10-30}$ –, encontrado em r. ígneas básicas a ultrabásicas. Raro. De *Bytown*, antigo nome de Otawa (Canadá).

Cc

CABALZARITA Arsenato de cálcio e magnésio com alumínio e ferro – $Ca(Mg, Al,Fe)_2(AsO_4)_2(H_2O,OH)_2$ –, monocl., descoberto em uma mina de manganês abandonada de Graubünden (Suíça).
CABAZITA-Ca Aluminossilicato hidratado de cálcio – $Ca_2(Al_4Si_8O_{24}).13H_2O$ –, trig., do grupo das zeólitas. Comumente ocorre na forma de romboedros, em cavidades de basalto. Branco, amarelo, rosa ou vermelho, transp. a transl., com br. vítreo. Do gr. *khabasios*, nome de uma pedra citada pelo poeta Orfeu.
CABAZITA-K Aluminossilicato hidratado de potássio, sódio e cálcio –$K_2NaCa_{0,5}(Al_4Si_8O_{24}).11,5H_2O$ –, trig., do grupo das zeólitas, descoberto em Ercolano, Nápoles (Itália).
CABAZITA-Na Aluminossilicato hidratado de sódio e potássio – $Na_{3,5}K(Al_{4,5}Si_{7,5}O_{24}).11,5H_2O$ –, trig., do grupo das zeólitas, descoberto na Sicília (Itália).
CABAZITA-(Sr) Aluminossilicato hidratado de estrôncio com cálcio – $(Sr,Ca)(Al_2Si_4O_{12}).11,5H_2O$ –, trig., do grupo das zeólitas, descoberto na península de Kola (Rússia).
cabeça de jacaré (gar., PI) Laterita.
cabeça de mouro Turmalina incolor ou esverdeada, com uma extremidade preta.
cabeça de turco Turmalina verde com extremidades vermelhas.
cabelo Microfratura que pode aparecer na cintura do diamante. Sin. de *pelo*.
cabelos de tétis Sin. de *cabelos de vênus*.
cabelos de vênus Var. gemológica de qz. com inclusões de asbesto ou de rutilo em cristais extremamente delgados, com cor marrom-avermelhada ou amarela, reunidos em feixes. Sin. de *cabelos de tétis*. Cf. *sagenita*.
cabo Sin. de *diamante do cabo*.
cabochão V. *cabuchão*, forma preferível.
caboclo (gar., BA) Jaspe vermelho-pardo. Sin. de *caboclo-roxo*.
caboclo de ferro (gar.) Hematita. Sin. de *caboclo-vermelho*.
caboclo-retorcido (gar.) Quartzito, calcedônia ou jaspe listados.
caboclo-roxo (gar.) Sin. de *caboclo*.
caboclo-vermelho (gar.) Hematita. Sin. de *caboclo de ferro*.
cabrerita Arsenato hidratado de níquel com magnésio – $(Ni,Mg)(AsO_4)_2.8H_2O$ –, às vezes com cobalto. Forma cristais e massas de cor verde.
CABRIITA Liga de paládio, estanho e cobre – Pd_2SnCu –, ortor., de D. 11,1, que ocorre em sulfetos de cobre e níquel, na forma de grãos de até 0,2 mm, com maclas polissintéticas. Tem 5,22% Pd, 3,54% Pt e 0,5% Ag. Homenagem ao mineralogista canadense Louis J. *Cabri*.
cabuchão Tipo de lapid. em que se tem duas superfícies convexas (cabuchão duplo-convexo) ou uma superfície superior convexa e uma inferior côncava (cabuchão côncavo-convexo ou oco) ou ainda uma superfície inferior plana e uma superior convexa (cabuchão simples). Os cabuchões simples podem ter diferentes graus de curvatura, sendo, por isso, divididos em altos, médios e baixos. A superfície superior tem geralmente curvatura maior que a inferior, mas, para minerais como o coríndon (rubi e safira), pode-se dar mais curvatura à porção inferior. O cabuchão simples é usado para minerais opacos, como turquesa, olho de tigre e certas var. de almandina. O cabuchão côncavo-convexo é usado para pedras escuras, como certas almandinas, para melhorar a cor. A base do cabuchão, muitas vezes, não recebe polimento. A cintura pode ser oval, redonda ou quadrada. O cabuchão é, talvez, o mais antigo estilo de lapid.,

sendo hoje, porém, muito menos usado que outrora. O nome vem do fr. arcaico *cabo* (cabeça), em alusão à sua forma. Sin. de *lapidação convexa*.

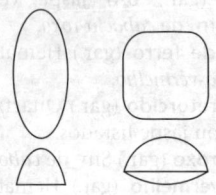

cabuchão oco Cabuchão côncavo--convexo.
cachalong V. *cacholong*.
cacheutaíta Sin. de *naumannita*.
cacholong Var. de opala-comum, branco-azulada, amarelada ou avermelhada, transl. ou opaca, de br. nacarado ou porcelânico. Contém um pouco de alumina. Nome derivado, provavelmente, de uma palavra nativa de Kalmuck (Rússia). Sin. de *cachalong*, *opala-madrepérola, opala-pérola*.
caco Alternância de camadas de qz. e carbonato (siderita e dolomita) com alguma magnetita, nas quais ocorre o ouro nas minas de Faria e Esperança, em Nova Lima, MG (Brasil).
CACOXENITA Fosfato básico de alumínio e ferro – $AlFe_{24}(PO_4)_{17}O_6(OH)_{12}.\sim 75H_2O$ –, hexag., encontrado na forma de tufos com distribuição radial. Dur. 3,5. D. 3,49. Termo frequente e erroneamente empregado para designar o qz. (geralmente ametista) contendo tufos amarelados de goethita, que se pensava outrora ser cacoxenita. Do gr. *cacos* (mau) + *xenos* (hóspede), porque prejudica a qualidade do ferro obtido de limonita que o contenha.
CÁDMIO V. *Anexo*.
CADMOSELITA Seleneto de cádmio – CdSe –, com 49,37% Cd e 37,50% Se. Contém também zinco e ferro. Hexag., muito semelhante à wurtzita. Ocorre como cimento em arenitos. É preto, com traço também preto, br. resinoso a adamantino, clivagem perfeita (aparentemente prismática), dur. média, muito friável. De *cádmio* + *selênio* + *ita*.
CADWALADERITA Hidroxicloreto hidratado de alumínio – $Al(OH)_2Cl.4H_2O$ –, amorfo, amarelo-limão, um tanto higroscópico. D. 1,66. Descoberto na região de Tarapacá (Chile) e assim chamado em homenagem a Charles M. B. *Cadwalader*, professor da Academia de Ciências Naturais da Filadélfia (EUA).
CAFARSITA Arsenato hidratado de cálcio e titânio com ferro e manganês – $Ca_8(Ti,Fe,Mn)_{6-7}(AsO_3)_{12}.4H_2O$ –, cúb., descoberto em Binnatal (Suíça). De *cálcio* + *ferro* + *arsênio* + *ita*.
CAFETITA Óxido básico de cálcio e titânio – $CaTi_2O_4(OH)_2$ –, ortor., dimorfo da kassita. Forma cristais colunares a aciculares, alongados segundo [001], estriados na face do prisma. Clivagem prismática, em duas direções; incolor ou amarelo-claro, com br. adamantino. Dur. 4,5. D. 3,19-3,28. Elástico, friável. De *cálcio* + *ferro* + *titânio* + *ita*. Cf. *kassita*.
cafubá (gar.) Cascalho seco e branco de terrenos diamantíferos altos e distantes dos locais onde há água.
CAHNITA Boroarsenato básico de cálcio – $Ca_2B(AsO_4)(OH)_4$ –, tetrag., descoberto em Sussex, New Jersey (EUA), e assim chamado em homenagem a Lazard *Cahn*, seu descobridor. Não confundir com *cainita*.
CAINITA Clorossulfato hidratado de potássio e magnésio – $KMgSO_4Cl.3H_2O$ –, monocl., descoberto em Stassfurt (Alemanha), usado na obtenção de fertilizantes e sais potássicos. É solúvel em água fria. Do gr. *kainos* (recente), por ser um mineral secundário. Cf. *langbeinita*, *leonita, picromerita*. Não confundir com *cahnita*.
CAINOSITA-(Y) Carbonato-silicato hidratado de cálcio e ítrio com cério – $Ca_2(Y,Ce)_2(SiO_4)_{12}CO_3.H_2O$ –, ortor., marrom-amarelado, fracamente radioativo. Muito raro. Do gr. *kainos* (novo, inusual). Sin. de *cenosita-(Y)*.

cairngorm Qz. amarelo-enfumaçado ou marrom, às vezes usado como gema. A cor deve-se, provavelmente, a compostos orgânicos. Assim chamado porque era extraído da montanha de *Cairngorm*, em Branff (Escócia).
CAISIQUITA-(Y) Silicocarbonato básico hidratado de ítrio e cálcio – $Y_4(Ca,REE)_4Si_8O_{20}(CO_3)_6(OH).7H_2O$ –, ortor., branco, fosco, pulverulento ou estalactítico, ou ainda como incrustações reniformes. Efervesce lentamente ao ác. clorídrico diluído. Do ingl. *caysichite* (de *ca*lcium + *y*trium + *si*licon + *c*arbonate + *h*ydrated + *ite*).
caju Nome coml. de um granito ornamental rosa, procedente de Tubarão, SC (Brasil). Tem 61% de ortoclásio pertítico, 30% de qz., 7% de plagioclásio, além de biotita, zircão, apatita, minerais opacos, sericita, epídoto e clorita. D. 2,60. PA 0,76%. AA 0,03%. RF 66,49 kgf/cm². TCU 878 kgf/cm².
cal Óxido de cálcio – CaO –, cúb., incolor, solúvel em HCl, com dur. 3,5 e D. 3,3. PF 2.580°C. É obtido industrialmente por decomposição térmica do carbonato de cálcio entre 800 e 1.100°C.
calafatita Sin. de *alunita*, nome preferível.
calaíta V. *turquesa*. Talvez do gr. *kallais* (pedra verde), por sua cor.
calamina 1. Designação coml. dos minérios oxidados de zinco. Do lat. *calamus* (cana), pela semelhança das suas estalactites com a cana 2. Sin. (nos EUA) de *hemimorfita*. 3. Na Inglaterra, sin. de ¹*smithsonita*. 4. V. *hidrozincita*. Evitar as acepções 2, 3 e 4.
CALAVERITA Telureto de ouro – $AuTe_2$ –, com 43,59% Au, mineral-minério desse metal e de telúrio. Monocl., dimorfo da krennerita. Cinza-esverdeado, muito denso (9,1-9,4), com br. metálico e sem clivagem. Dur. 2,5-3,0. De *Calaveras*, Califórnia (EUA), onde foi descoberto.
CALCANTITA Sulfato hidratado de cobre – $CuSO_4.5H_2O$ –, tricl., geralmente botrioidal ou estalactítico, azul, de br. vítreo. Dur. 2,5. Tem sabor muito amargo, é adstringente e solúvel em água fria. Mineral-minério de cobre formado por oxidação de sulfetos, sempre em regiões áridas. É produzido sinteticamente para emprego na viticultura, para combate às pragas. Do gr. *khalkos* (cobre) + *anthos* (flor), porque se chamava, antigamente, flores de cobre. Sin. de *cianosita*. Cf. *bonattita*, *boothita*, *pentaidrita*. O grupo da calcantita compreende mais três sulfatos tricl.: jokokuíta, pentaidrita e siderotilo. ▫
calcedão (gar., RS) Geodo de ágata plano-convexo (plano na base), sob o qual aparece uma placa de opala branca, sem valor coml. Logo acima da opala, a ágata é aparentemente homogênea, mas, quando tingida, revela bandamento plano-paralelo, valorizado porque permite a confecção de camafeus e entalhes.
calcedônia Var. criptocristalina de qz., geralmente de estrutura fibrosa. Tem cor muito variável, podendo haver várias simultaneamente, como na ágata. Transp. a transl., sem clivagem e com frat. conchoidal. Dur. 6,5. D. 2,55-2,62. IR 1,535-1,539. Disp. 0,009. U(+). Possui diversas var. gemológicas: ágata, cornalina, sárdio, ônix, sardônix, crisoprásio etc. No comércio de gemas, o nome designa as var. sem valor gemológico. A calcedônia é um mineral muito comum, encontrado em cavidades e frat. de r. diversas. Os principais produtores das diferentes var. são Índia e EUA, destacando-se também Brasil, República Checa, Rússia, Alemanha, China, Egito, Uruguai, Paraguai e México. A calcedônia vermelha ou marrom, por tratamento térmico, pode ter sua cor sensivelmente melhorada. Aquela sem valor gemológico é usada como abrasivo. De *Chalcedon* ou *Calchedon* (hoje Kadikoy), cidade da Bitínia, na Ásia Menor, onde era extraída de várias minas. ▫
calcedônia-ocidental Termo usado, às vezes, para designar a calcedônia sem translucidez. Cf. *calcedônia-oriental*.
calcedônia-oriental Calcedônia transl., cinza ou branca. A branca, quando lapi-

dada em cabuchão, recebe o nome de calcedônia pedra da lua. Cf. *calcedônia- -ocidental*.
calcedônia pedra da lua Var. de calcedônia branca, transl., lapidada em cabuchão.
CALCIBORITA Borato de cálcio – CaB_2O_4 –, ortor., descoberto nos montes Urais (Rússia). Forma agregados radiais de cristais monocl. brancos. De *cálcio + borita*. Sin. de *calcioborita*.
calciclásio V. *anortita*.
CALCIOANCILITA-(Ce) Carbonato básico hidratado de cálcio e cério com estrôncio e lantânio – $(Ca-Sr)_{4-x}(Ce,La)_x(CO_3)_4(OH)_x.4-xH_2O$, onde x = 2,1 a 3,0. Monocl. Cf. *calcioancilita-(Nd)*.
CALCIOANCILITA-(Nd) Carbonato básico hidratado de cálcio e neodímio com cério, gadolínio e ítrio – $Ca(Nd,Ce,Gd,Y)_3(CO_3)_4(OH)_3.H_2O$ –, monocl., descoberto em uma pedreira do Piemonte (Itália). Cf. *calcioancilita-(Ce)*.
CALCIOANDYROBERTSITA Arsenato de fórmula química $KCaCu_5(AsO_4)_4[As(OH)_2O_2].2H_2O$, monocl., descoberto na mina Tsumeb (Namíbia).
CALCIOARAVAIPAÍTA Fluoreto de chumbo, cálcio e alumínio – $PbCa_2Al(F,OH)_9$ –, monocl., descoberto em Graham, Arizona (EUA). Nome derivado de *cálcio + aravaipaíta*, por sua composição.
CALCIOBETAFITA Óxido de cálcio e nióbio com titânio – $Ca(Nb,Ti)_2[O_5(OH)]OH$ –, cúb., do grupo do pirocloro, descoberto na região de Azov (Ucrânia).
calcioborita Sin. de *calciborita*.
CALCIOBURBANKITA Carbonato de sódio e cálcio, com REE e estrôncio – $Na_3(Ca,REE,Sr)_3(CO_3)_5$ –, hexag., descoberto em Rouville, Quebec (Canadá).
calciocarnotita V. *tyuyamunita*.
CALCIOCATAPLEIITA Silicato hidratado de cálcio e zircônio – $CaZrSi_3O_9.2H_2O$ –, hexag. Forma série isomórfica com a catapleíta. Amarelo-canário, de br. vítreo, transl. a opaca. Dur. 4,5-5,0. D. 2,77. Ocorre em cavidades de pegmatitos sieníticos no maciço de Burpala, Sibéria (Rússia).

calciocelestita Var. de celestita rica em cálcio.
CALCIOCOPIAPITA Sulfato básico hidratado de cálcio e ferro – $CaFe_4(SO_4)_6(OH)_2.19H_2O$ –, tricl., do grupo da copiapita. Forma crostas pulverulentas amarelo-amarronzadas e amarelo-esverdeadas. Produto de alteração de magnetita com pirita e calcita.
calcioestroncianita Var. de estroncianita contendo cálcio como impureza.
CALCIOFERRITA Fosfato básico hidratado de cálcio, magnésio e ferro – $Ca_4Mg(Fe,Al)_4(PO_4)_6(OH)_4.13H_2O$ –, raro, que ocorre na forma de massas nodulares. Dur. 2,5. D. 2,53. Br. nacarado. Aparece imerso em material argiloso.
calciogadolinita Var. de gadolinita rica em cálcio.
CÁLCIO-HILAIRITA Silicato hidratado de cálcio e zircônio – $CaZrSi_3O_9.3H_2O$ –, trig., descoberto em Okanogan, Washington (EUA).
calciolarsenita Sin. de *esperita*, nome preferível. Cf. *larsenita*.
calciossamarskita Mineral metamicto quimicamente equivalente a um itropirocloro uranífero, mas que pode não pertencer ao grupo do pirocloro.
CALCIOTANTITA Óxido de cálcio e tântalo – $CaTa_4O_{11}$ –, hexag., em cristais quadrados, retangulares ou hexag. de até 0,05 mm, incluídos em microlita, às vezes na forma de vênulos. É incolor, tem br. adamantino, não mostra clivagens e ocorre em pegmatitos graníticos, na zona de albita tabular. Assim chamado por sua composição.
calciotorita Var. de torita com cálcio.
CALCIOURANOÍTA Óxido hidratado de urânio e cálcio, com bário e chumbo – $(Ca,Ba,Pb)U_2O_7.5H_2O$ –, amorfo, marrom ou marrom-alaranjado, descoberto no Transbaikal (Rússia).
calciovolborthita V. *tangeíta*.
CALCITA Carbonato de cálcio – $CaCO_3$ –, trig., trimorfo da aragonita e da vaterita. Forma série isomórfica completa com a rodocrosita. Cristaliza numa grande var. de formas (mais

de 300), formando também estalactites. Cor variável (branca, marrom, cinza, preta, alaranjada, incolor etc.) e traço branco. Transp. a semitransl., br. vítreo, clivagem romboédrica perfeita, ausente na var.mármore-ônix. Dur. 3,0. D. 2,71. IR 1,486-1,658. Bir. 0,172. U(–). Disp. 0,017. Efervesce facilmente sob ação do HCl diluído e a frio, e pode ser fluorescente e fosforescente. É fonte de cálcio e cal. Tem uma var., o mármore-ônix, muito usada em objetos decorativos, e outra, o espato da islândia, de importantes aplicações na indústria óptica, inclusive em microscópios e dicroscópios. A calcita é o principal constituinte dos calcários e mármores, ocorrendo também em conchas, na ganga de minerais metálicos, como cimento em r. sedimentares clásticas, em meteoritos, tufos vulcânicos e carbonatitos. O maior cristal de calcita conhecido foi encontrado na Islândia; tinha 7 x 7 x 2 m, com 254,2 t. Quando finamente fibrosa, a calcita pode ser tingida com sais de níquel. Do lat. *calx* (cal queimada). Sin. de *espato de cálcio*, *espato-calcário*. O grupo da calcita compreende sete carbonatos trig.: magnesita, otavita, rodocrosita, siderita, smithsonita, gaspeíta e a própria calcita. ▫
calcitônix Ônix com inclusões de calcita.
CALCJARLITA Fluoreto de fórmula química $Na_2(Ca,Sr,Na,[\ ])_{14}Al_{12}Mg_2(F,OH)_{64}(OH)_4$, monocl., descoberto na Sibéria (Rússia). Cf. *jarlita*.
CALCLACITA Cloreto-acetato de cálcio – $Ca(CH_3COO)Cl.5H_2O$ –, monocl. Há dúvidas sobre sua origem, aparecendo como eflorescências fibrosas em amostras de calcário guardadas em gavetas (como nos museus, por ex.). De *cálcio* + *cloro* + *a*cetato + *ita*.
calço (gar., RS) Opala usualmente branca que aparece na base dos geodos de ágata na região de Salto do Jacuí, e que é facilmente destacável destes. Não tem tido aproveitamento econômico.

CALCOALUMITA Sulfato básico hidratado de cobre e alumínio – $CuAl_4(SO_4)(OH)_{12}.3H_2O$ –, monocl., descoberto em Cochise, Arizona (EUA). Do gr. *khalkos* (cobre) e *alume*.
CALCOCIANITA Sulfato de cobre – $CuSO_4$ –, ortor., higroscópico, descoberto em fumarolas do Vesúvio (Itália), na erupção de 1868. Do gr. *khalkos* (cobre) + *kianos* (azul), por conter cobre e tornar-se azul quando exposto ao ar. Sin. de *hidrocianita*.
CALCOCITA Sulfeto de cobre – Cu_2S –, com 80% Cu, o mais rico dos sulfetos de cobre. Geralmente maciço, cinza-chumbo ou preto, séctil. Monocl., com estrutura extremamente complexa. Forma-se na zona de enriquecimento de depósitos de cobre sulfetados. Importante fonte de cobre. Do gr. *khalkos* (cobre). Sin. de *calcosina*, *calcosita*, *redruthita*.
calcodita Sin. de *estilpnomelano*.
CALCOFANITA Óxido hidratado de zinco, manganês e ferro – $(Zn,Fe,Mn)Mn_3O_7.3H_2O$ –, trig., descoberto em Ogdensburg, New Jersey (EUA). Do gr. *khalkos* (cobre) + *phanein* (parecer), por adquirir a cor desse metal quando aquecido.
CALCOFILITA Sulfato-arsenato básico hidratado de cobre e alumínio – $Cu_9Al[(OH)_{12}(SO_4)_{1,5}(AsO_4)_2].18H_2O$ –, tricl., que ocorre na zona de oxidação dos minérios de cobre. Do gr. *khalkos* (cobre) + *phyllon* (folha), por sua composição e hábito micáceo.
calcolamprita Mineral contendo grande número de inclusões microscópicas e que parece ser uma var. impura de pirocloro. Forma pequenos octaedros de dur. 5,5 e D. 3,8, escuros, de cor marrom-cinzenta. Do lat. *calx* (cálcio) + gr. *lampros* (brilhante).
calcolita V. *torbernita*. Do gr. *khalkos* (cobre) + *lithos* (pedra).
CALCOMENITA Selenato hidratado de cobre – $Cu(SeO_3).2H_2O$ –, ortor., dimorfo da clinocalcomenita. Produzido por alteração de selenetos de cobre e chumbo e descoberto em Cerro Cacheuta,

Mendoza (Argentina). É azul-claro, semelhante à calcantita. Do gr. *khalkos* (cobre) + *mene* (Lua).
CALCONATRONITA Carbonato hidratado de sódio e cobre – $Na_2Cu(CO_3)_2 \cdot 3H_2O$ –, monocl., azul-esverdeado, descoberto em peças egípcias do Museu de Arte Fogg, na Universidade Harvard, em Boston (EUA).
CALCOPIRITA Sulfeto de cobre e ferro – $CuFeS_2$ –, tetrag. É o principal mineral-minério de cobre (34,57% Cu), usado também como fonte de índio e como gema, em substituição à pirita. Forma uma série com a eskebornita. Dur. 3,5-4,0. D. 4,1-4,3. Tem br. metálico, cor amarelo-latão, com *tarnish* intenso, sendo geralmente maciça. Traço preto-esverdeado, opaco. Muito frágil. É encontrada em veios hidrotermais formados a altas temperaturas, em pegmatitos, depósitos metamórficos de contato e em xistos. Presente também em meteoritos. Do gr. *khalkos* (cobre) e *pirita*, por assemelhar-se à pirita e conter cobre. Sin. de *pirita de cobre*. O grupo da calcopirita compreende mais cinco sulfetos tetrag., entre eles galita e roquesita. ☐
calcopirrotita Sulfeto de cobre e ferro – $CuFe_2S_3$ –, ortor., encontrado apenas em meteoritos. Do gr. *khalkos* (cobre) + *pirrotita*.
calcosina V. *calcocita*.
calcosita V. *calcocita*.
CALCOSSIDERITA Fosfato básico hidratado de cobre e ferro, podendo conter alumínio – $CuFe_6(PO_4)_4(OH)_8 \cdot 4H_2O$ –, tricl., encontrado principalmente em "chapéus de ferro". Descoberto na Cornualha (Inglaterra). Do gr. *khalkos* (cobre) + *sideros* (ferro), por sua composição.
CALCOSTIBITA Sulfeto de cobre e antimônio – $CuSbS_2$ –, ortor., cinza-chumbo. Altera-se facilmente a malaquita e azurita. Do gr. *khalkos* (cobre) + *stibi* (antimônio). Sin. de *guejarita*, *wolfsbergita*.
CALCOTALITA Sulfoantimoneto de tálio e cobre com ferro – $Tl_2(Cu,Fe)_6SbS_4$ –, tetrag., descoberto no complexo alcalino de Ilimaussaq, na Groenlândia

(Dinamarca). Do gr. *khalkos* (cobre) + *tálio* + *ita*.
calcotriquita Var. de cuprita de hábito capilar. Do gr. *khalkos* (cobre) + *trix* (fio, cabelo).
CALCURMOLITA Molibdato básico hidratado de uranila e cálcio – $Ca(UO_2)_{3-4}(MoO_4)_3(OH)_{2-5} \cdot 7\text{-}12H_2O$ –, secundário, amarelo, com forte fluorescência. Forma prismas, sendo às vezes maciço, pseudomorfo sobre uraninita. De *cálcio* + *uranila* + *moli*bdato + *ita*.
caldeirão (gar.) Cavidade nos lajeados, onde se acumula cascalho rico em diamantes. Na Bahia, quando pequeno, recebe os nomes de casco de burro, marmita e bidogue; quando raso, é chamado de bacia.
CALDERITA Silicato de manganês e ferro – $Mn_3Fe_2(SiO_4)_3$ –, cúb., do grupo das granadas, descoberto em Madhya, Pradesh (Índia).
CALDERONITA Vanadato básico de chumbo e ferro – $Pb_2Fe(VO_4)_2(OH)$ –, monocl., descoberto na província de Badajoz (Espanha).
CALEDONITA Carbonato-sulfato básico de cobre e chumbo – $Pb_5Cu_2CO_3(SO_4)_3(OH)_6$ –, ortor., que ocorre na zona de oxidação dos depósitos de cobre e chumbo. Forma geralmente pequenos cristais euédricos, azuis a verde-azulados, de br. resinoso. Dur. 2,5-3,0. D. 5,80. Transl. De *Caledônia* (Escócia), onde foi descoberto.
calibita Sin. (na Grã-Bretanha) de *siderita*. Do gr. *kalybos* (ferro temperado) ou de *chalibas*, povo do mar Negro que trabalhava o ferro.
CALIBORITA Borato básico hidratado de potássio e magnésio – $KHMg_2B_{12}O_{16}(OH)_{10} \cdot 4H_2O$ –, monocl., encontrado sob a forma de pequenos cristais, às vezes reunidos em agregados, com clivagens (100) e (001) perfeitas. Dur. 4-5. D. 2,13. Incolor a branco. Do lat. *kallium* (potássio) + *boro* + *ita*. Sin. de *hintzeíta*, *paternoíta*.
caliche R. sedimentar composta de nitrato de sódio (5%-30%) com cloreto

de sódio, sulfato de sódio e sais de potássio, magnésio, iodo e cálcio. É a principal fonte de iodo.
CALICINITA Carbonato ác. de potássio – $KHCO_3$ –, monocl., incolor, branco ou amarelado, descoberto no Valais (Suíça). Do lat. *kallium* (potássio).
CALIFERSITA Silicato básico hidratado de potássio e ferro com sódio – $(K,Na)_5 Fe_7Si_{20}O_{50}(OH)_6.12H_2O$ –, tricl., descoberto na península de Kola (Rússia). Nome derivado do lat. *kallium* (potássio) + *ferro* + *silicato*.
califita Mistura de óxidos de ferro (limonita) e manganês com silicatos de zinco e cálcio.
california blue Nome coml. da cor azul de alguns topázios, obtida por irradiação e aquecimento. Cf. *london blue*, *swiss blue*.
californita 1. Var. de vesuvianita semelhante ao jade, usada como pedra ornamental, às vezes em gemas facetadas. Compacta, maciça, transl. a opaca, verde-grama, verde-oliva, verde-amarelada ou verde-escura, geralmente manchada de branco ou cinza. É encontrada principalmente nos EUA (em Happylamp, Califórnia, daí seu nome) e no Paquistão. Sin. de *jade da américa*, *vesuvianita-jade*, [2]*jade-americano*, *jade-califórnia*, *jade-vesuviano*. 2. Var. de grossulária branca proveniente da Califórnia (EUA).
calilita Var. de ullmannita com bismuto. Do gr. *khallos* (belo) + *lithos* (pedra), por provir da localidade de Schoenstein (em al., pedra bonita).
CALINITA Sulfato hidratado de potássio e alumínio – $KAl(SO_4)_2.11H_2O$ –, monocl. (?), de hábito fibroso, incolor. Dur. 2,0. D. 1,76. Ocorre sobre r. argilosas ricas em sulfatos e em linhitos. Usado na medicina como adstringente. Do lat. *kallium* (potássio). Sin. de *alume de potássio*. Não confundir com *kalininita*.
CALIOFILITA Silicato de potássio e alumínio – $KAlSiO_4$ –, hexag., polimorfo da kalsilita, da panunzita e da trikalsilita. Descoberto no Vesúvio (Itália). Do lat. *kallium* (potássio) + gr. *phyllon* (folha). Sin. de *facelita*.
CALIPIROCLORO Óxido de potássio e nióbio – $(H_2O,K)Nb_2[O,(OH)]_7$ –, cúb., do grupo do pirocloro. É um mineral comum nos solos residuais derivados do carbonatito Lueshe, em Kivu (R. D. do Congo), onde aparece na forma de octaedros esverdeados de até 10 mm, com D. 3,4, dur. 4,0-4,5, produzidos por intemperismo do pirocloro. Do lat. *kallium* (potássio) + *pirocloro*.
CALISTRONCITA Sulfato de potássio e estrôncio – $K_2Sr(SO_4)_2$ –, trig., que forma cristais prismáticos transp., de br. vítreo. Do lat. *kallium* (potássio) e *estrôncio*. Cf. *palmierita*.
CALKINSITA-(Ce) Carbonato hidratado de metais de TR – $(Ce,La)_2(CO_3)_3.4H_2O$ –, ortor., com até 61,7% TR_2O_3. Amarelo-claro. Dur. 2,0. Descoberto em Hill, Montana (EUA). Homenagem a *Calkins*, geólogo norte-americano.
CALLAGHANITA Carbonato básico hidratado de cobre e magnésio – $Cu_2 Mg_2(CO_3)(OH)_6.2H_2O$ –, que ocorre em cristais monocl. de cor azul, em Nye, Nevada (EUA). Homenagem a Eugene *Callaghan*.
callainita Fosfato hidratado de alumínio – $AlPO_4.2^1/_2H_2O$ –, possivelmente mistura de wavellita e turquesa. Maciço, transl., verde. Não confundir com *callanita*.
callianita V. *ceruleolactita*. Não confundir com *callainita*.
calogerasita V. *simpsonita*, nome que tem prioridade. Homenagem ao cientista e estadista brasileiro João Pandiá *Calógeras*.
CALOMELANO Cloreto de mercúrio – $HgCl$ –, com 85% Hg, usado para obtenção desse metal. Forma geralmente cristais tetrag., tabulares, às vezes piramidais, brancos, cinzentos ou amarelados, de br. adamantino, baixa dur. (1,0-2,0), densos (6,50), com duas clivagens, sécteis. É transl. e mostra fluorescência vermelha. Relativamente raro. Do gr. *kallos* (belo) +

melanos (negro), porque o termo se aplicou inicialmente a um sulfeto de mercúrio de cor negra.

CALUMETITA Cloreto hidratado de cobre – $Cu(OH,Cl)_2.2H_2O$ –, ortor., micáceo, que forma agregados esferoidais ou feixes de cor azul, com clivagem basal. De *Calumet*, Houghton, Michigan (EUA), onde foi descoberto e onde ocorre com anthonyíta.

CALZIRTITA Óxido de cálcio, zircônio e titânio – $Ca_2Zr_5Ti_2O_{16}$ –, tetrag., descoberto em Yakutia, Sibéria (Rússia). Tem cor marrom-escura e é relativamente denso (5,01). De *cálcio* + *zircônio* + *titânio* + *ita*.

CAMACITA Liga de ferro e níquel – α-Fe, Ni –, com 5%-7% Ni, cúb., encontrada em quase todos os meteoritos e em amostras de r. procedentes da Lua. Do gr. *kamak* (ripa, sarrafo). Cf. *tenita, tetratenita*.

camafeu Lapid. na qual se tem uma figura esculpida em alto relevo, sobre um fundo de outra cor. Se a figura é feita em baixo relevo, chama-se de *entalhe* (v.). Um e outro são feitos com minerais de estrutura estratificada, como ônix e ágata, por ex. Do fr. arcaico *camaheu* ou do ár. *qama il* (botão de flor), pelo ital. *cammeo*.

camafeu moldado Camafeu obtido por meio de moldagem de materiais como cerâmica, vidro, plásticos, metais ou cera. Cf. *camafeu prensado*.

camafeu prensado Camafeu semelhante ao moldado, obtido, porém, por prensagem.

camaleonita Var. de turmalina muito rara, que mostra cor verde-oliva à luz solar e vermelho-amarronzada à luz artificial. Assim chamada em alusão à mudança de cor exibida pelo camaleão.

cambalacho (gar., MG) V. *espodumênio*. Sin. de *crisólita-podre*.

camboriú 1. Nome coml. de um mármore contendo 85% de calcita + dolomita, 12% de olivinas e 3% de minerais opacos, procedentes de Camboriú, SC (Brasil). D. 2,82. PA 4,16%. AA 0,20%. TCU 765 kgf/cm². RF 94,05 kgf/cm².
2. Nome coml. de um mármore com 80% de dolomita + calcita, 19% de epídoto e 1% de talco, procedente de Camboriú, SC (Brasil). D. 2,79. PA 4,12%. AA 0,19%. TCU 833 kgf/cm². RF 91,04 kgf/cm².

camburão (gar., PB) Cesto feito com pneus, usado para remoção do minério aurífero nos garimpos da região de Princesa Isabel.

CAMEROLAÍTA Mineral de fórmula química $Cu_4.Al_2[HSbO_4,SO_4](OH)_{10}(CO_3)$. $2H_2O$, monocl., descoberto em Le Pradet, Var (França).

CAMERONITA Telureto de prata e cobre – $AgCu_7Te_{10}$ –, tetrag., descoberto em uma mina de Gunnison, Colorado (EUA).

CAMGASITA Arsenato básico hidratado de cálcio e magnésio – $CaMg(AsO_4)$ $(OH).5H_2O$ –, monocl., descoberto na Floresta Negra (Alemanha).

CAMINITA Sulfato básico hidratado de magnésio – $MgSO_4.xMg(OH)_2.(1-2x)$ (H_2O) –, tetrag., descoberto na porção oriental do oceano Pacífico.

CAMPIGLIAÍTA Sulfato básico hidratado de cobre e manganês – Cu_4Mn $(SO_4)_2(OH)_6.4H_2O$ –, monocl., azul--claro, descoberto em *Campiglia Marittima* (daí seu nome), Toscânia (Itália), onde forma tufos de cristais alongados segundo [010], sempre maclados, de D. 3,1, br. vítreo, clivagem (100) perfeita, transp.

campilita Var. de mimetita de cor amarelada ou marrom, às vezes em cristais com forma de barril. Do gr. *kampylos* (curvo), por seu hábito.

campo florido Nome coml. de um granito ornamental vermelho, procedente de Jucurutio, RN (Brasil). Cf. *flor imperial*.

camsellita Sin. de *szaibelyíta*. Homenagem a Chames *Camsell*, do Serviço Geológico Canadense.

CANAFITA Fosfato hidratado de cálcio e sódio – $CaNa_2P_2O_7.4H_2O$ –, monocl., descoberto em Passaic, New Jersey (EUA). Nome derivado da composição.

canal (gar., BA) V. *frincha*.
canalão (gar., BA) V. *frincha*.
canário Diamante amarelo-claro.
CANASITA Silicato de potássio, sódio e cálcio – $K_3Na_3Ca_5(Si_{12}O_{30})(OH,F)_4$ –, monocl., encontrado em grãos de até 3 cm, transp. a transl., amarelo-esverdeados ou incolores, de br. vítreo, com duas clivagens perfeitas formando ângulo de 118°. Friável. D. 2,71. Ocorre com fenaksita em pegmatitos. De Ca + Na + Si.
CANAVESITA Carbonato-borato hidratado de magnésio – $Mg_2(CO_3)(HBO_3)$. $5H_2O$ –, monocl., em fibras de aproximadamente 1 mm, reunidas em rosetas leitosas, encontradas na mina de ferro de Brosso, em Torino, Piemonte (Itália). Tem br. vítreo, D. 1,8. Pode formar cristais prismáticos pseudo-hexag., mas é raro. De *Canavese*, local onde fica a mina de Brosso.
canbyíta 1. Silicato hidratado de ferro, var. amorfa de nemecita. **2.** Possivelmente var. cristalina de hisingerita. Marrom a dourada, em camadas. Rara.
CANCRINITA 1. Silicato de fórmula química [$(Ca,Na)_6(CO_3)_{1-1,7}$][$Na_2(H_2O)_2$] ($Si_6Al_6O_{24}$), hexag., geralmente encontrado em massas de cor caramelo, laranja ou outras, transl. a transp, em r. ígneas, especialmente nefelinas-sienitos. Dur. 5,0-6,0. D. 2,42-2,50. IR 1,491-1,515. Bir. 0,024-0,029. U(–). Pode ser usado como gema, sendo produzido, para tal fim, no Canadá. **2.** Subgrupo de dez silicatos hexag. ou trig., pertencente ao grupo cancrinita-sodalita. Nome derivado de *Cancrin*, lorde que foi ministro das finanças da Rússia.
CANCRISSILITA Carbonato-silicato hidratado de sódio e alumínio – $Na_7Al_5Si_7O_{24}(CO_3).3H_2O$ –, hexag., do subgrupo da cancrinita, descoberto na península de Kola (Rússia).
candita Var. de pleonasto de cor azul. De *Candy* (hoje Kandy), no Sri Lanka.
caneta Pequena vareta de madeira ou metal onde a pedra já formada é colada com lacre para receber o facetamento nas mãos do talhador.
CANFIELDITA Sulfeto de estanho e prata – Ag_8SnS_6 –, ortor., pseudocúb., membro final da série argirodita-canfieldita. Preto, relativamente denso (6,28), com forte br. metálico. Raro. Na Bolívia, é usado para obtenção de estanho. Homenagem a F. A. *Canfield*, engenheiro de minas e colecionador de minerais norte-americano.
canga-rosa V. *quartzo rosa*.
CANIZZARITA Sulfeto de chumbo e bismuto – $Pb_{46}Bi_{54}S_{127}$ –, monocl., semelhante à chiviatita, descoberto em fumarolas vulcânicas na Itália. Homenagem a Stanislao *Canizzaro*, químico italiano.
canjica (gar.) Cascalho diamantífero. Sin. de *piruruca*. Cf. *bajerê*.
cannilloíta Silicato de cálcio, magnésio e alumínio – $Ca_3Mg_4Al(Si_5Al_6)O_{22}(OH)_2$ –, assim chamado em homenagem ao italiano Elio *Cannillo*. É um membro final de série de existência prevista, mas ainda não encontrado na natureza.
CANNONITA Sulfato de bismuto – $Bi_2O(OH)_2(SO_4)$ –, monocl., descoberto em uma mina de Marysvale, Utah (EUA).
canoa 1. (gar.) Pequeno caixão de madeira, estreito e comprido, inclinado no sentido do fluxo da água, terminando numa bica sob a qual se coloca um couro curtido com os pelos para cima e contra o sentido da corrente, ou então a baeta, a fim de reter o ouro. Cf. *bolinete*. **2.** (gar., GO) Em Campos Verdes, corpo mineralizado em esmeralda que se localiza nas sinclinais. Cf. *charuto*.
canoão (gar., GO) Em Campos Verdes, depósito de esmeralda desenvolvido em charneiras de dobras que afetam xistos. São os maiores e melhores depósitos da região. Cf. *esteira*.
cantonita Var. de covellita, provavelmente pseudomorfa sobre calcopirita que substituíra galena. Hábito e clivagem cúb. De *Canton*, Geórgia (EUA).
canudinho (gar., BA) Turmalina. Sin. de *feijão*.

canudo No Brasil, nome dado à água-marinha de cor muito fraca, de pequeno valor.
CAOXITA Oxalato hidratado de cálcio – $Ca(C_2O_4).3H_2O$ –, tricl., descoberto na mina Cerchiara, na Ligúria (Itália). Nome derivado da composição.
capacete Nome coml. de um mármore branco de Italva, RJ (Brasil).
capanga (gar., MT) Nome dado a cada partida de diamantes comprada pelo capangueiro.
capangueiro (gar., BA, GO, MT e MG) Indivíduo que compra diamantes e carbonados diretamente do garimpeiro.
caparrosa Designação popular dos sulfatos de cobre (caparrosa azul), de ferro (caparrosa verde) e de zinco (caparrosa branca). Do lat. *cuprirosa*, através do fr. *couperose*.
capela (nome coml.) Geodo de base mais ou menos plana e bem mais alto que largo. Nos EUA, é chamado de *cathedral* (catedral). Sin. de *gruta*.
CAPGARONNITA Mineral de fórmula química HgS.Ag(Cl,Br,I), ortor., descoberto na mina *Cap Garonne* (daí seu nome), perto de Le Pradet, Var (França). Cf. *iltisita, perroudita*.
caporcianita V. *laumontita*.
capotinha V. *opala-arlequim*.
CAPPELENITA-(Y) Borossilicato de bário e ítrio com cério e flúor – $Ba(Y,Ce)_6Si_3B_6O_{24}F_2$ –, trig., prismático, marrom-cinzento ou marrom-esverdeado. Raro. Homenagem a *Cappelen*, um colecionador de minerais.
capri colonial Nome coml. de uma r. granítica ornamental procedente de Cachoeiro do Itapemirim, ES (Brasil).
capriita Var. de calcita de odor fétido. De *Capri* (Itália).
cárabe Âmbar amarelo encontrado em Astúrias (Espanha). Do persa *cah* (palha) + *ruba* (que atrai), em alusão à sua cor e às suas propriedades piezoelétricas.
CARACOLITA Clorossulfato de sódio e chumbo – $Na_3Pb_2(SO_4)_3Cl$ –, monocl., pseudo-hexag. É um mineral raro, que forma crostas de cristais prismáticos incolores, de dur. 4,5, em *Caracoles* (daí seu nome), no Chile.
caráter óptico Característica de um mineral que compreende o número de eixos ópticos que possui e o seu sinal óptico.
carbapatita V. *carbonatoapatita*. Não confundir com *carpatita*.
carbeto de silício Substância de fórmula química SiC, usada como substituto do diamante. Dur. 9,5. D. 3,17. IR 2,650-2,690. Disp. 0,090.
CARBOBORITA Carbonato-borato hidratado de cálcio e magnésio – $Ca_2Mg(CO_3)B_2(OH)_8.4H_2O$ –, monocl., que forma cristais de 0,3 a 0,5 mm de comprimento, incolores, de br. vítreo, com clivagem (100) perfeita. Dur. 2,0. D. 2,12. Fluorescência branca e fosforescência verde-clara. Ocorre em depósitos de origem lacustre da China. De *carbo*nato + *bor*ato + *ita*. Cf. *borcarita*.
CARBOCERNAÍTA Carbonato de cálcio e estrôncio com sódio e outros REE – $(Ca,Na)(Sr,REE)(CO_3)_2$ –, com até 26,10% TR_2O_3. O cério e o sódio ocorrem em mesmas quantidades. Ortor., incolor, com br. vítreo (graxo nas frat.). Descoberto na península de Kola (Rússia). De *carbo*nato + *cério* + *na*trum (sódio) + *ita*. Sin. de *ambatoarinita*. Cf. *ancilita*.
CARBOIRITA Germanato de ferro e alumínio – $FeAl_2GeO_5(OH)_2$ –, tricl., verde, cristalizado, na forma de placas pseudo-hexag. de até 0,1 mm. D. 3,95, clivagem basal, br. vítreo e dur. 6,0. É encontrado em esfaleritas de *Carboire* (daí seu nome), Nerbiou (França). Forma uma série com o cloritoide. Pronuncia-se "carboarita".
carboloy Carboneto de tungstênio sintético, usado como imitação do diamante.
carbona Nome coml. do tetracloreto de carbono (CCl_4), líquido usado, às vezes, no lugar da água, na determinação de D., por apresentar a vantagem de eliminar a influência da tensão superficial. O cálculo é feito por meio da fórmula D = Pa ÷ (Pa – Pc) x 1,59, onde

Pa é o peso no ar, Pc é o peso em carbona e 1,59 é a D. do tetracloreto de carbono.
carbonado Var. de diamante de qualidade inferior, formada por pequenos cristais naturalmente cimentados, de cor preta, formando uma massa muito compacta. D. 2,90-3,50. Pode conter pequenas fendas (jaças) e partículas de sais diversos incrustadas (cristais). Estas enfraquecem muito o carbonado. Ao contrário do diamante, nunca foi encontrado em kimberlitos. Sua origem é controvertida e, segundo Chaves e Brandão (2004), sua gênese ainda está longe de uma resposta final. Estudos mais recentes mostram que os carbonados contêm hidrogênio, o que traduziria uma origem extraterrestre, como produto da explosão de supernovas. Ocorre na R. D. do Congo, Venezuela, Guianas, República Centro-Africana, Austrália, Gana, Rússia, Borneo e Brasil (BA, MT, MS, GO e TO). Os maiores carbonados já encontrados, todos procedentes do Brasil, foram o Carbonado do Sérgio (3.167 ct), o Casco de Burro (2.000 ct), o Xique-xique (931,6 ct) e o Carbonado (319,5 ct). Os dois primeiros foram encontrados em Lençóis, Bahia; o terceiro foi achado em Andaraí, na mesma região; e o último, em Rosário do Oeste (MT). O carbonado pode ser sintetizado submetendo-se grafita e ferroníquel a uma temperatura de 1.730°C e a uma pressão de 130 kbar (equivalente a uma profundidade de 400 km). É usado em ferramentas de corte e perfuração. Nome derivado de *carbono*. Sin. de *lavrita*. Cf. ¹*balas*.
carbonatoapatita Fosfato-carbonato de cálcio – $Ca_5(PO_4,CO_3)(OH,F)$ –, termo genérico para a dahllita e a francolita. Sin. de *carbapatita, orintita*. Cf. *apatita*.
CARBONATOCIANOTRIQUITA Carbonato-sulfato básico hidratado de cobre e alumínio – $Cu_4Al_2(CO_3,SO_4)(OH)_{12}.2H_2O$ –, ortor., em agregados fibrosos de cor azul-clara. Assim chamada por ter estrutura semelhante à da cianotriquita, com CO_3 substituindo grande parte do SO_4.
CARBONATO-FLUORAPATITA Fosfato-carbonato de cálcio com flúor – $Ca_5(PO_4,CO_3)_3(F,OH)$ –, hexag., do grupo da apatita. Sin. de *francolita, dehrnita, kurskita, staffelita, lewistonita*. Cf. *carbonato-hidroxilapatita*.
CARBONATO-HIDROXILAPATITA Fosfato-carbonato de cálcio – $Ca_5(PO_4,CO_3)_3(F,OH)$ –, hexag., do grupo da apatita, descoberto em Odegaard, Bamle (Noruega). Sin. de *dahllita*. Cf. *carbonato-fluorapatita*.
CARBONO V. Anexo.
carborundo Nome coml. de um carboneto de silício – SiC – sintético, idêntico à moissanita. Usado como abrasivo e em material refratário.
carbúnculo Nome que, antigamente, se dava a qualquer gema vermelha e que hoje designa as granadas vermelhas lapidadas em cabuchão. Do lat. *carbunculus* (diminutivo de carvão), "porque brilhava como carvão incandescente" (Garrido, 1957).
cardeal motta Nome coml. de um mármore bege-acinzentado com faixas irregulares mais escuras, contendo mica e pirita, procedente de Sete Lagoas, MG (Brasil).
cardenita Silicato hidratado de magnésio, ferro e alumínio, do grupo dos minerais argilosos. De *Carden* Wood (Escócia), onde foi descoberto.
CARESITA Hidroxicarbonato hidratado de ferro e alumínio – $Fe_4Al_2(OH)_{12}CO_3.3H_2O$ –, trig., descoberto em Rouville, Quebec (Canadá). Cf. *charmarita, quintinita*.
CARFOLITA Silicato básico de manganês e alumínio – $MnAl_2Si_2O_6(OH)_4$ –, ortor., de hábito fibroso, cor amarela, formando agregados radiais. Descoberto em Slavkov, Boêmia (República Checa). Do gr. *karphos* (palha), por ter cor amarelo-clara.
carfossiderita Sin. de *hidroniojarosita*. Do gr. *karphos* (palha) + *sideros* (ferro), por conter ferro e ter cor amarela.

carijó Nome coml. pelo qual é também conhecido o sienito ás de paus.

CARINITA Arsenato de sódio, cálcio e manganês, às vezes com magnésio substituindo o manganês – $NaCa_2(Mn,Mg)_2(AsO_4)_3$ –, monocl., que ocorre em massas finamente granulares, marrons, em skarnitos. Do gr. *karinos* (marrom-castanho), por sua cor.

cariocerita Var. de melanocerita rica em tório (9%-14% ThO_2), marrom-escura, moderadamente radioativa, muito rara.

CARIOPILITA Silicato básico de manganês com magnésio – $(Mn,Mg)_3Si_2O_5(OH)_4$ –, monocl., relacionado à friedelita. Descoberto na Suécia.

CARLETONITA Silicato-carbonato hidratado de potássio, sódio e cálcio – $KNa_4Ca_4Si_8O_{18}(CO_3)_4(OH,F).H_2O$ –, tetrag., azul, de dur. 4,0-4,5, D. 2,45, br. vítreo, com clivagem basal perfeita. Descoberto em Rouville, Quebec (Canadá), e usado como gema.

CARLFRIESITA Telurato de cálcio – $CaTe_3O_8$ –, monocl., amarelo, que ocorre como crostas botrioidais ou forrando cavidades; menos frequentemente em agregados de cristais euédricos. Descoberto em Moctezuma, Sonora (México), e assim chamado em homenagem a *Carl Fries* Jr., geólogo norte-americano.

CARLHINTZEÍTA Fluoreto hidratado de cálcio e alumínio – $Ca_2AlF_7.H_2O$ –, tricl., pseudomonocl., encontrado em cristais de até 2 mm de comprimento, incolores, de br. vítreo. D. 2,86. Descoberto em Hagendorf, Baviera (Alemanha), e assim chamado em homenagem a *Carl Hintze*, mineralogista alemão.

CARLINITA Sulfeto de tálio – Tl_2S –, com 92,93% Tl. Trig., em grãos anédricos a subédricos, pequenos (até 0,5 mm), com br. metálico e cor cinza-escuro. Clivagem basal perfeita. Facilmente oxidável quando exposto ao ar. De *Carlin*, Eureka, Nevada (EUA), onde foi descoberto.

CARLOSRUIZITA Mineral de fórmula química $K_6(Na,K)_4Na_6Mg_{10}(SeO_4)_{12}(IO_3)_{12}.12H_2O$, trig., que forma série isomórfica com a fuenzalidaíta. Descoberto em Zapiga (Chile) e assim chamado em homenagem ao chileno *Carlos Ruiz*.

CARLOSTURANITA Aluminossilicato básico hidratado de magnésio com ferro e titânio – $(Mg,Fe,Ti)_{21}(Si,Al)_{12}O_{28}(OH)_{34}.H_2O$ –, monocl., descoberto no Piemonte (Itália) e assim chamado em homenagem ao italiano *Carlo Sturani*.

CARLSBERGITA Nitreto de cromo – CrN –, cúb. Foi o primeiro nitreto descoberto em siderólitos (meteorito Cabo York). Forma plaquetas orientadas cinza-claro incluídas em camacita. Homenagem à Fundação *Carlsberg*, da Dinamarca.

CARMICHAELITA Óxido básico de titânio com cromo – $(Ti,Cr)O_{1,5}(OH)_{0,5}$ –, monocl., descoberto no platô do Colorado, no Arizona (EUA).

CARMINITA Arsenato básico de chumbo e ferro – $PbFe_2(AsO_4)_2(OH)_2$ –, que forma agregados de finas agulhas ou maciço, de cor *carmim*. Descoberto em Horhausen, Renânia-Vestfália (Alemanha). Cf. *sewardita*.

CARNALLITA Cloreto hidratado de potássio e magnésio – $KMgCl_3.6H_2O$ –, ortor., em massas deliquescentes, avermelhadas ou leitosas. Amargo. Sem clivagem. Ocorre em depósitos de sais, com silvita e halita. Usado principalmente como fertilizante, servindo também como fonte de magnésio, rubídio e potássio. O nome homenageia Rudolph von *Carnall*, engenheiro de minas prussiano.

carne de vaca (gar., RS) Cornalina bem escura. Cf. *pedra-cera*.

carnegieíta Silicato de sódio e alumínio – $NaAlSiO_4$ –, do grupo dos feldspatos, encontrado na ilha de Linosa (Tunísia). Homenagem à *Carnegie* Institution, Washington (EUA), onde foi sintetizado.

carneol V. *cornalina*.

carnéola V. *cornalina*. De *carne*, por sua cor vermelha.

CARNOTITA Vanadato hidratado de potássio e uranila – $K(UO_2)_2(VO_4)_2.3H_2O$ –,

monocl. Aparece geralmente como disseminações de aspecto terroso ou em filmes. Amarelo, mole, pulverulento, séctil, opaco e radioativo. D. 4,10. Muito semelhante à tyuyamunita. Não fluoresce, como a maioria dos minerais secundários de urânio. Mineral-minério de urânio (63,4% UO_3), vanádio (12% V) e rádio. Homenagem a Marie-Adolphe *Carnot*, engenheiro de minas e químico francês. Cf. *margaritasita*.
CAROBBIITA Fluoreto de potássio – KF –, encontrado como pequenos cristais cúb. em cavidades de lavas do Vesúvio (Itália). Incolor, com clivagem cúb. Homenagem a Guido *Carobbi*, professor italiano.
caroço de goiaba (gar., GO) Calcedônia.
carpatita Hidrocarboneto mineral de fórmula química $C_{24}H_{12}$, que ocorre associado a curtisita e matéria orgânica em cavidades existentes na zona de contato de um diorito com argilitos, na Transcarpácia (Rússia). Forma cristais aciculares e fibras reunidos em agregados de disposição radial com até 5 mm de comprimento; monocl., clivagem excelente (paralela ao comprimento). Dur. em torno de 1,0. D. 1,40. Assim chamado, possivelmente, pelo local onde ocorre. Sin. de *pendletonita*. Não confundir com *carbapatita*.
carranca Nome coml. de um quartzo-sericitaxisto de cor verde, usado como pedra ornamental no Brasil.
CARRARAÍTA Sulfato-carbonato hidratado de cálcio e germânio – $Ca_3Ge(OH)_6(SO_4)(CO_3).12H_2O$ –, hexag., descoberto na bacia de *Carrara* (daí seu nome), na Toscânia (Itália).
CARRBOYDITA Sulfato-carbonato hidratado de níquel e alumínio com cobre – $(Ni,Cu)_{14}Al_9(SO_4,CO_3)_6(OH)_{43}.7H_2O$ (?) –, hexag., verde, de D. 2,5-2,7, de origem secundária, formado aparentemente a partir de águas superficiais com sulfetos de níquel dissolvidos, na Austrália.
carreta (gar., RS) Na região de Ametista do Sul, veículo construído com motor estacionário e chassis de automóvel (Rural Willys), sobre o qual se põe uma caixa de madeira de pequena altura, usado para retirar os geodos das galerias.
carreteleiro (gar., BA) Em Carnaíba, trabalhador responsável pelo sarilho, com o qual retira o material desmontado.
CARROLITA Sulfeto de cobre e cobalto – $CuCo_2S_4$ –, cúb., do grupo da lineíta. É mineral-minério de cobalto. De *Carroll*, Maryland (EUA), onde foi descoberto. Sin. de *sicnodimita*.
carvão (gar.) **1.** Qualquer mancha ou ponto negro no diamante – geralmente grafita, ilmenita, sulfetos ou defeito na estrutura cristalina. Sin. de *urubu*. **2.** Designação popular dos grãos de pirita que aparecem como inclusões na esmeralda.
carvoeiro (gar.) Nome que se dava antigamente a uma r. com qz. e turmalina.
CASAQUISTANITA Vanadato básico hidratado de ferro – $Fe_5V_{15}O_{39}(OH)_9.9H_2O$ –, monocl., descoberto no *Casaquistão* (daí seu nome).
casca de gesso (gar., RS) Ágata que mostra externamente uma capa branca, geralmente friável.
cascalhão (gar., BA) Depósito diamantífero onde um cascalho de 1,5 m a 2 m de espessura é recoberto por 4 m a 5 m de areia quartzosa limpa (piçarra arenosa). Se contém blocos de conglomerado, é chamado de cascalhão com emburrado.
cascalhão com emburrado V. *cascalhão*.
cascalho 1. (gar., RS) Basalto microvesicular e intensamente fraturado, abaixo do qual aparece a laje, intervalo mineralizado em ametista nas jazidas do alto Uruguai. **2.** (gar.) Aluvião aurífera ou diamantífera. Do lat. *quisquilla*.
cascalho-engomado (gar.) Cascalho com argila.
CASCANDITA Silicato de cálcio e escândio com ferro – $Ca(Sc,Fe)Si_3O_8(OH)$ –, tricl., rosa-claro, que forma pequenas plaquetas de br. vítreo, com clivagens

boas segundo (100) e (001), medindo até 0,2 mm. Descoberto em Baveno, Piemonte (Itália). De *cálcio + escândio + ita*.
casco de burro (gar., BA) Caldeirão de pequenas dimensões.
caseína Material plástico muito utilizado como imitação de âmbar, marfim, tartaruga e algumas pedras ornamentais. É duro, córneo e tenaz, sendo obtido da albumina do leite. Dur. 2,5. D. 1,32-1,34. IR 1,550-1,560. Também conhecida comercialmente como Galalith e Lactoide.
casquinha de limão (gar., BA) Jaspe verde.
CASSEDANNEÍTA Cromato-volframato hidratado de chumbo – $Pb_5(VO_4)_2(CrO_4)_2.H_2O$ –, monocl., que forma série isomórfica com a embreyita. Descoberto nos Urais (Rússia) e assim chamado em homenagem a Jacques Pierre *Cassedanne*, mineralogista brasileiro.
CASSIDYÍTA Fosfato hidratado de cálcio e níquel com magnésio – $Ca_2(Ni,Mg)(PO_4)_2.2H_2O$ –, tricl., verde, do grupo da fairfieldita. Descoberto no meteorito Wolf Creek, encontrado na Austrália.
cassinita 1. Var. azulada de ortoclásio contendo bário. 2. Intercrescimento pertítico de hialofano e plagioclásio.
CASSITERITA Óxido de estanho – SnO_2 –, tetrag., que ocorre em cristais prismáticos, como seixos rolados. Nodular ou reniforme com estrutura concêntrica. Tem cor marrom, preta, amarela, cinza, vermelha, podendo ser também incolor. A cor nem sempre é uniformemente distribuída. A cassiterita é opaca, raramente transp., tem br. adamantino e traço branco, amarelo ou marrom. Dur. 6,0-7,0. D. 6,80-7,10. Disp. 0,071. IR muito alto: 1,997-2,093. Bir. 0,091. U(+). A var. nodular recebe o nome de estanho de madeira. Ocorre em filões formados a altas temperaturas e em pegmatitos graníticos. É o principal mineral-minério de estanho e fonte também de índio. É raro o seu emprego como gema. Quando transp., recebe lapid. facetada e, quando transl. ou opaca, é lapidada em cabuchão. Cassiterita gemológica é encontrada na Bolívia, Namíbia, Inglaterra (Cornualha), Alemanha (Saxônia) e República Checa (Boêmia). É um mineral comum no Brasil, mas raramente com qualidade gemológica. De *Cassiterides*, ilhas de onde, segundo Heródoto, era extraída pelos fenícios.
castaingita Sulfeto de cobre e molibdênio – $CuMo_2S_5$ –, hexag., com 45,7% Mo e 13,3% Cu. Assim chamado em homenagem ao professor R. *Castaing*, inventor do microanalisador de raios X.
castanita Sin. de *hohmannita*. Do gr. *kastana* (castanha), por sua cor marrom.
castillita Sin. de *guanajuatita*.
castor V. *castorita*.
castorita Var. gemológica de petalita. De *Castor*, personagem mitológico, irmão gêmeo de Pólux. Cf. *polucita*.
CASWELLSILVERITA Sulfeto de sódio e cromo – $NaCrS_2$ –, trig., descoberto no acondrito Norton County, encontrado em Kansas (EUA), onde forma grãos anédricos de 1 mm. Tem cor cinza-amarelado a cinza-claro, é opaco, de dur. muito baixa. Dá um produto de alteração que parece ser sulfeto de cromo e sódio hidratado. Homenagem ao Dr. *Caswell Silver*, aluno e benfeitor do Instituto de Meteoritos da Universidade do México. Cf. *schoellhornita*.
cata 1. Extração de substâncias minerais úteis na zona decomposta das jazidas, sem emprego de explosivos. 2. Local onde o garimpeiro desenvolve essa atividade.
cataforita V. *catoforita*.
Catalin Nome coml. (marca registrada) de um plástico muito usado para imitações de âmbar. É muito resistente à compressão e fácil de ser trabalhado.
catalinita Var. gemológica de ágata que é encontrada na forma de seixos em Santa *Catalina*, Califórnia (EUA).
CATAPLEIITA Silicato hidratado de sódio e zircônio – $Na_2ZrSi_3O_9.2H_2O$ –, hexag., dimorfo da gaidonnayita. Forma finas lâminas de cor variável, br. vítreo,

dur. 5,0-6,0 e D. 2,76-2,80. Descoberto em Langesundsfjord (Noruega). Usado como gema. Do gr. *kata* (com) + *pleion* (outros), porque foi descoberto junto a outros minerais.
cativo (gar., GO) Martita. Sin. de *mamona, esmeril de tinteiro*.
cativo de chumbo (gar.) Anatásio. Sin. de *cericória, chumbada, ferragem-azul*.
cativo de ferro (gar.) Sin. de *ferrugem*.
CATOFORITA Silicato de fórmula química $Na(CaNa)Fe_4(Al,Fe)(Si_7Al)O_{22}(OH)_2$, monocl., do grupo dos anfibólios. Forma série isomórfica com a magnesiocatoforita. Sin. de *cataforita*.
CATOPTRITA Silicoantimonato de manganês e alumínio – $Mn_{13}Al_4Sb_2Si_2O_{28}$ –, monocl., tabular, preto, com clivagem micácea e br. metálico. Do gr. *catoptros* (espelho), porque exibe alto poder refletor nas superfícies de clivagem.
CATTIERITA Sulfeto de cobalto – CoS_2 –, cúb., que forma séries isomórficas com a pirita e a vaesita. Muito raro, descoberto em *Cattier* (daí seu nome), oficina da estrada de ferro de Leopoldville (R. D. do Congo).
CATTIITA Fosfato hidratado de magnésio – $Mg_3(PO_4)_2.22H_2O$ –, tricl., descoberto na península de Kola (Rússia).
CAULINITA Silicato básico de alumínio – $Al_2Si_2O_5(OH)_4$ –, monocl., do grupo caulinita-serpentina. Branco a cinzento ou amarelo, opaco, com clivagem micácea. Tem odor de terra. Polimorfo da dickita, da halloysita e da nacrita. Principal constituinte do caulim. Usado em cerâmica, como impermeabilizante e na fabricação de papel, tintas, lápis e refratários. De *caulim*, corruptela do chinês *Kao-Ling* (colina alta), nome dado a uma colina perto de Jau Chu Fa (China), onde foi descoberto. Sin. de *dillinita, serverita*. O grupo caulinita-serpentina compreende 20 silicatos de cinco sistemas cristalinos.
cauri 1. Árvore do gênero Agathis (*Agathis australis*), da qual se extrai a *resina cauri* (v.) 2. Sin. de *resina cauri*. Do maori *kawri*.

CAVANSITA Silicato hidratado de cálcio e vanádio – $Ca(VO)Si_4O_{10}.4H_2O$ –, ortor., dimorfo da pentagonita, descoberto no Oregon (EUA). De *cálcio + vanádio + silicato + ita*.
CAVOÍTA Vanadato de cálcio – CaV_3O_7 –, ortor., descoberto nos Apeninos, Ligúria (Itália).
cayeuxita Var. de pirita contendo arsênio, antimônio, germânio, molibdênio, níquel e outros elementos. Forma nódulos. Homenagem ao professor Lucien *Cayeux*.
CAYSICHITA-(Y) Silicato de fórmula química $Y_4(Ca,REE)_4Si_8O_{20}(CO_3)_6(OH).7H_2O$, ortor., de cor variável, br. vítreo, transp., D. 3,03, dur. 4,5. Descoberto em Papineau, Quebec (Canadá), e assim chamado por sua composição.
CEBAÍTA-(Ce) Fluorcarbonato de bário e cério – $Ba_3Ce_2(CO_3)_5F_2$ –, monocl., amarelo, de br. vítreo ou ceroso, traço amarelo-alaranjado a branco--acinzentado, formando agregados granulares e grãos tabulares. Dur. 4,5-5,0. D. 4,3-4,7. É facilmente solúvel em HCl diluído e em outros ác. inorgânicos fortes. Descoberto em Bayan-Obo, Mongólia (China), e assim chamado em razão de sua fórmula química: *Ce + Ba + ita*.
cebola (gar.) Sin. de ^{2}*olho de peixe*.
CEBOLLITA Silicato de alumínio e cálcio – $Ca_4Al_2Si_3O_{12}(OH)_2$ –, ortor., fibroso, de dur. 5,0, D. 2,96, cor cinza--esverdeado a branca, solúvel em ác., formado por alteração de mellita. De *Cebolla* Creek, Colorado (EUA). Não confundir com *cerbolita*.
CECHITA Vanadato básico de chumbo e ferro com manganês – $Pb(Fe,Mn)(VO_4)(OH)$ –, ortor., do grupo da descloizita. Forma massas granulares de até 3 cm, raramente cristais de até 3 mm. Tem cor preta, br. submetálico a resinoso, traço preto, frat. irregular a conchoidal, dur. 4,5-5,0. É frágil, opaco e magnético. Facilmente solúvel em HCl e HNO_3 1:1. D. 5,9. Descoberto perto de Pribran, Boêmia (República

Checa), e assim chamado em homenagem ao professor Frantisek *Cech*, da Universidade de Praga.
ceilanita V. *ceilonita*.
ceilonita Sin. de *pleonasto*. De Ceilão (hoje Sri Lanka), onde ocorre.
CEJKAÍTA Carbonato de sódio e uranila – $Na_4(UO_2)(CO_3)_3$ –, tricl., descoberto na Boêmia (República Checa).
CELADONITA Silicato de potássio, ferro e magnésio – $KFe(Mg,Fe)[]Si_4O_{10}(OH)_2$ –, monocl., do grupo das micas. Tem estrutura muito semelhante à da glauconita, é verde, terroso, com baixa dur. Costuma ocorrer revestindo cavidades em r. basálticas como as do sul do Brasil. Do fr. *Céladon*, personagem de um romance, que usava fitas verdes
CELESTINA Sulfato de estrôncio – $SrSO_4$ –, o mais importante dos minerais desse metal (tem 56,4% Sr). Forma cristais ortor., geralmente brancos, às vezes azul-claros, de br. vítreo, traço branco, morfologicamente semelhantes aos de barita, com a qual forma série isomórfica. Quando a cor é intensa, mostra pleocroísmo. Dur. 3,0-3,5. D. 3,90-4,00. IR 1,622-1,631. Bir. 0,011. B(+). Transp. a transl., às vezes fluorescente. Ocorre em depósitos de sais, gipsita ou argilas. Usado como gema, mas raramente. É produzido nos EUA, Inglaterra e Madagascar. Do lat. *coelestis* (celestial), pela cor azulada dos primeiros cristais descritos e que se deve, provavelmente, à presença de ouro (*Pough*). Sin. de *celestita*, *schützita*, ²*eschwegita*, *sicilianita*, ²*espato de estrôncio*.
celestita V. *celestina*.
celestitobarita Var. de celestina rica em bário.
cellon Celuloide não inflamável de IR 1,480, usado como imitação de âmbar e de tartaruga. Tem D. 1,26 (superior à do âmbar e inferior à da tartaruga).
CELSIANO Aluminossilicato de bário – $BaAl_2Si_2O_8$ –, monocl., do grupo dos feldspatos. Dimorfo do paracelsiano, forma séries isomórficas com o hialofano e o ortoclásio. Raro. Provavelmente homenagem a Anders *Celsius*, astrônomo e naturalista sueco. Cf. *paracelsiano*.
celuloide Material plástico obtido pela mistura de nitrato de *celulose* (daí seu nome) e cânfora, com aquecimento a 110°C sob pressão. É produzido em várias cores, sendo usado como imitação de marfim e âmbar. IR 1,495-1,520. Dur. 2,0. D. 1,29-1,40. É geralmente inflamável e, sob o efeito de acetona, amolece. Foi o primeiro plástico produzido.
cementita Nome dado à cohenita produzida artificialmente. De *cemento*.
cenosita-(Y) Sin. de *cainosita-(Y)*. Do gr. *kainos* (recente).
centralasita Sin. de *girolita*. De *centro* + gr. *allasein* (mudar).
CENTROLITA Silicato de chumbo e manganês – $Pb_2Mn_2Si_2O_9$ –, ortor., que forma série isomórfica com a melanotequita. Maciço, ou em pequenos cristais prismáticos, frequentemente em forma de feixe, com cor marrom-avermelhada, escura. Descoberto no sul do Chile. Do gr. *kentron* (pontiagudo) + *lithos* (pedra).
cera das pedras (gar., BA) Calcedônia. Sin. de *pedra de cera*.
cerargirita Sin. de *clorargirita*, nome preferível. Do gr. *keros* (chifre) + *argyros* (prata), por seu br., semelhante ao de chifres, e por sua composição química.
cerbolita Sin. de *boussingaultita*. Não confundir com *cebollita*.
CERCHIARAÍTA Silicato de bário e manganês – $Ba_4Mn_4Si_6O_{18}(OH)_7Cl$ –, tetrag., descoberto na mina *Cerchiara* (daí seu nome), na Ligúria (Itália).
cergadolinita V. *gadolinita-(Ce)*, denominação preferível.
cerianita Óxido de cério – CeO_2 –, em cristais octaédricos amarelo-esverdeados, pequenos, ou em agregados ocráceos, fluorescentes. Mineral-minério de cério; pode conter tório. De *cério*.
CERIANITA-(Ce) Óxido de cério – CeO_2 –, cúb., descoberto no distrito mineiro de Sudbury, em Ontário (Canadá).
cericória (gar.) Anatásio. Sin. de *cativo de chumbo*, *chumbada*, *ferragem-azul*.

CERIOPIROCLORO-(Ce) Óxido de cério e nióbio com tântalo – $Ce(Nb,Ta)_2O_6$ –, cúb., do grupo do piroclaro. Descoberto em Wausau, Wisconsin (EUA). Sin. de *marignacita*.

CERITA-(Ce) Silicato de cério e magnésio com lantânio, cálcio e ferro – $(Ce,La,Ca)_9(Mg,Fe)(SiO_4)_6(SiO_3OH)(OH)_3$ –, trig., em cristais prismáticos curtos ou massas irregulares de cor marrom, amarela ou vermelha. Dur. 5,5. D. 4,86. Mineral-minério de TR, encontrado em pegmatitos e veios hidrotermais. Do gr. *kerites* (cera), por sua cor, ou de *cério*, por sua composição.

CERITA-(La) Silicato de lantânio e ferro com cério, cálcio e magnésio – $(La,Ce,Ca)_9(Fe,Ca,Mg)(SiO_4)_3[(SiO_3)(OH)]_4(OH)_3$ –, trig., descoberto na península de Kola (Rússia).

CERNYÍTA Sulfeto de cobre, cádmio e estanho – Cu_2CdSnS_4 –, tetrag., do grupo da estanita. Forma grãos de até 0,2 mm intercrescidos com kesterita. Tem cor cinza-aço, br. metálico, traço preto, dur. em torno de 4, D. 4,6-4,8. Não tem clivagem e não forma cristais bem desenvolvidos. Ocorre em pegmatitos. Homenagem ao professor Dr. Peter *Cerny*.

cerolita Mistura de uma serpentina com um mineral semelhante ao talco. Do al. *Kerolith*. Sin. de *querolita*.

cerotungstita Óxido de cério e tungstênio – $CeW_2O_6(OH)_3$ –, monocl., amarelo-laranja. Forma cristais laminados reunidos em agregados com disposição radial de até 0,1 mm, em Uganda. Dur. 1,0. Clivagem (100) perfeita. Deve ser itrotungstita-(Ce).

cerro azul Nome coml. de um granito ornamental azul-claro, equigranular, médio, que ocorre em Pirizal, Guaratuba, PR (Brasil).

certificado de garantia Documento emitido por estabelecimento coml. no ato da venda de uma gema ou joia, que garante ao comprador a autenticidade do produto por ele adquirido. No Brasil, o conteúdo mínimo desse documento é aquele estabelecido pela ABNT (NBR 10630).

certificado de identificação Documento emitido por um laboratório gemológico que assegura a identificação da gema a que se refere. No Brasil, o conteúdo desse documento deve obedecer ao que estabelece a ABNT (NBR 10630).

certificado do Processo de Kimberley Documento que atesta a origem de diamantes exportados e que se tornou obrigatório em todo o mundo em 2003, a fim de evitar o comércio dos chamados diamantes de conflito (ou diamantes de sangue), gemas usadas para financiar guerras na África. No Brasil, esse documento é emitido pelo Departamento Nacional de Produção Mineral (DNPM). Cf. *Processo de Kimberley*.

CERULEÍTA Arsenato básico hidratado de cobre e alumínio – $Cu_2Al_7(AsO_4)_4(OH)_{13}.11,5H_2O$ –, tricl., compacto, azul-turquesa. De *cerúleo*, por sua cor azul.

CERULEOLACTITA Fosfato básico hidratado de cálcio e alumínio com cobre – $(Ca,Cu)Al_6(PO_4)_4(OH)_8.4$-$5H_2O$ –, tricl., em crostas fibrosas, brancas a azul-claras. Muito raro, descoberto em Nassau (Alemanha). Sin. de *callianita*.

cerulina Calcita tingida com malaquita e azurita.

CERUSSITA Carbonato de chumbo – $PbCO_3$ –, ortor., do grupo da aragonita. Produto de alteração da galena na zona superior dos depósitos sulfetados de chumbo. Incolor ou com cor branca, amarela ou cinzenta. Br. adamantino. Dur. 3,0-3,5. D. 6,50-6,60. Frat. conchoidal e clivagem prismática pouco nítida. Transp. a transl., às vezes com fluorescência amarela. Importante mineral-minério de chumbo. Do lat. *cerusa* (chumbo branco), por sua cor e composição. Cf. *alvaiade*.

CERVANDONITA-(Ce) Mineral de fórmula química $(Ce,Nd,La)(Fe,Ti,Al)_3(Si,As)_3O_{13}$, monocl., que ocorre em Pizzo *Cervandone* (daí seu nome), na Itália.

CERVANTITA Óxido de antimônio – α-Sb_2O_4 –, ortor., dimorfo da clinocervantita. Forma cristais aciculares ou maciços e é pulverulento. Dur. 4,5 e D. 4,0. Cor branca a amarela. É um produto de alteração da estibinita usado, às vezes, para obtenção de antimônio. De *Cervantes*, Galícia (Espanha).

CERVELLEÍTA Sulfotelureto de prata – Ag_4TeS –, cúb., descoberto em rejeitos de uma mina de Moctezuma, Sonora (México). Cf. *aguilarita*.

CESANITA Sulfato básico de sódio e cálcio – $Na_3Ca_2(SO_4)_3(OH)$ –, hexag., estruturalmente relacionado com o grupo da apatita. Ocorre em veios maciços ou preenchendo cavidades de uma brecha explosiva perto de *Cesano* (daí seu nome), em Latium (Itália). Forma grãos médios a grosseiros, incolores, de dur. 2,0-3,0 e D. 2,79.

CESAROLITA Óxido de chumbo e manganês – $PbH_2Mn_3O_8$ –, hexag. (?), descoberto como massas friáveis esponjosas em Sidi-Amor-ben-Salaam (Tunísia). Homenagem a G. R. P. *Cesaro*, mineralogista ítalo-belga.

CESBRONITA Telurato básico hidratado de cobre – $Cu_5(TeO_3)_2(OH)_6 \cdot 2H_2O$ –, ortor., polimorfo da jensenita. Ocorre como cristais verdes, frágeis, alongados segundo o eixo *a*, com até 0,5 mm, em veios da mina Bambollita, em Moctezuma, Sonora (México). Facilmente solúvel em HCl e HNO_3 1:1; insolúvel em água e em KOH a 40%. D. 4,4. Dur. 3,0. O nome é homenagem a Fabian *Cesbron*, mineralogista francês.

CESIOKUPLETSKITA Silicato de césio, manganês, titânio e outros metais – $(Cs,K,Na)_3(Mn,Fe)_7(Ti,Nb)_2Si_8O_{24}(O,OH,F)_7$ –, tricl. Forma uma série com a kupletskita e pertence ao grupo da astrofilita. É marrom-dourado, algo fosco, com dur. 4. Tem hábito foliado, formando agregados em rosáceas, em pegmatitos da província alcalina de Alay (Tajiquistão).

CESPLUNTANTITA Tantalato de césio e chumbo com sódio, antimônio e estanho – $(Cs,Na)_{2-x}(Pb,Sb,Sn)_3Ta_8O_{24}$ –, tetrag., descoberto em Katanga (R. D. do Congo). Nome derivado de *césio* + lat. *plumbum* (chumbo) + *tântalo*. Cf. *cesstibtantita*.

CESSTIBTANTITA Óxido de fórmula química – mica $[Sb_{0,5}Na_{0,5}]_{e1}Ta_2O_6[Cs_{0,5}(OH)_{0,5}]_{e7}$, cúb., do grupo do pirocloro, descoberto em pegmatitos da península de Kola (Rússia). Mostra fluorescência cinza-laranja à luz UV. Nome derivado da composição: *césio* + *stib*ium (antimônio) + *tântal*o + *ita*. Cf. *natrobistantita*, *cespluntantita*.

CETINEÍTA Óxido de fórmula química $(K,Na)_3(SbS_3)(Sb_2O_3)_3 \cdot 3H_2O$, hexag., descoberto na mina *Cetine* (daí seu nome), na Toscânia (Itália).

CHABOURNEÍTA Sulfoantimoneto de tálio com chumbo e arsênio – $(Tl,Pb)_5(Sb,As)_{21}S_{34}$ –, tricl., preto, de br. submetálico a graxo, descoberto nos alpes franceses, em calcário dolomítico. De *Chabourneau*, geleira próxima à mina onde foi descoberto, em Hautes-Alpes (França).

CHADWICKITA Arsenato de uranila – $H(UO_2)(AsO_3)$ –, tetrag., descoberto em uma mina da Floresta Negra (Alemanha).

CHAIDAMUÍTA Sulfato básico hidratado de zinco e ferro – $ZnFe(SO_4)_2(OH) \cdot 4H_2O$ –, tricl., descoberto em uma mina de chumbo e zinco de Qinghai (China). Cf. *guildita*.

chalchuíta Nome de uma var. de turquesa. Do esp. *chalchiuita*.

challantita Sulfato hidratado de ferro – $[Fe_2(SO_4)_3]_6Fe_2O_3 \cdot nH_2O$ –, em cristais prismáticos extremamente pequenos, descoberto na mina *Challant*-St. Anselme (daí seu nome), na Itália.

chalmersita Sin. de *cubanita*, forma preferível. Homenagem a G. *Chalmers*, ex-superintendente da mina de Morro Velho, MG (Brasil).

CHAMBERSITA Cloroborato de manganês – $Mn_3B_7O_{13}Cl$ –, ortor., do grupo da boracita. Cristaliza formando tetraedros. De *Chambers*, Texas (EUA), onde foi descoberto.

CHAMEANITA Selenoarseneto de cobre com ferro e enxofre – $(Cu,Fe)_4As(Se,S)_4$ –, cúb., descoberto em veios quartzíticos que cortam granitos, em *Chaméane* (daí seu nome), na França. Aparece intercrescido com giraudita e outro seleneto, a geffroyita, descoberto na mesma ocasião. D. 6,2, cor cinza, às vezes com zoneamento.

CHAMOSITA Silicato básico de magnésio e ferro – $(Mg,Fe)_3Fe_3^{3+}(AlSi_3)O_{10}(OH)_8$ –, monocl., do grupo das cloritas. Pode ser usado para obtenção de ferro. De *Chamoson*, Valais (Suíça), onde foi descoberto.

champagne Nome coml. de um granito ornamental procedente de Campo Grande, RJ (Brasil).

champanha 1. (nome coml.) Categoria coml. de diamante classificado pela ABNT como acentuadamente colorido, correspondendo ao intervalo M a R da classificação do GIA. **2.** Nome coml. de um mármore ornamental de Cachoeiro do Itapemirim, ES (Brasil).

CHANGBAIITA Óxido de chumbo e nióbio – $PbNb_2O_6$ –, trig., em pequenos cristais tabulares, às vezes esférulas de até 5 mm, com cor variável, br. adamantino a nacarado, traço incolor, clivagem basal perfeita. Dur. 5,3. D. 6,5. É frágil, insolúvel em HCl, HNO_3 e H_2SO_4; levemente solúvel em H_3PO_4 quente. Ocorre em caulinita contida em um granito potássico de Tonghua, Kirin (China). Nome derivado do local onde foi descoberto: a montanha *Chang Bai*.

CHANGCHENGITA Sulfeto de irídio e bismuto – IrBiS –, cúb., do grupo da cobaltita. Descoberto ao nordeste de Pequim (China). De *Changcheng*, nome chinês para a Grande Muralha da China. Cf. *mayingita*.

CHANGOÍTA Sulfato hidratado de sódio e zinco – $Na_2Zn(SO_4)_2.4H_2O$ –, monocl., descoberto em Antofagasta (Chile). Cf. *bloedita, niquelbloedita*.

CHANTALITA Silicato básico de cálcio e alumínio – $CaAl_2SiO_4(OH)_4$ –, tetrag., incolor ou branco, de br. vítreo. Forma grãos anédricos de 0,1-0,3 mm em ofiolitos dos montes Taurus (Turquia). Homenagem a *Chantal* Sarp, esposa de Halil Sarp, descobridor do mineral.

CHAOÍTA Carbono cristalizado no sistema hexag., polimorfo do diamante, da grafita e da lonsdaleíta. Forma finas lamelas de até 0,015 mm, alternadas com grafita, em gnaisses de Möttingen, Baviera (Alemanha). Não confundir com *charoíta*.

chapéu de frade (gar.) Diamante pequeno, triangular, de pouco valor.

chapinha (gar., RS) Na região de Ametista do Sul, pequenos pedaços de geodos de ametista, quase sempre desprezados pelos garimpeiros.

CHAPMANITA Silicato básico de antimônio e ferro – $SbFe_2(SiO_4)_2(OH)$ –, monocl., em cristais achatados de cor verde-oliva. Muito raro, descoberto em Timiskaming, Ontário (Canadá). Homenagem a Edward *Chapmann*, mineralogista inglês. Cf. *bismutoferrita*.

CHARLESITA Sulfato hidratado de cálcio e alumínio – $Ca_6(Al,Si)_2(SO_4)_2B(OH)_4(OH,O)_{12}.26H_2O$ –, hexag., do grupo da ettringita. Forma cristais tabulares, com uma clivagem perfeita, D. 1,77-1,80, incolores, quebradiços, com fluorescência violeta-claro muito fraca ou verde-clara (muito fraca, com luz UV de ondas longas). Dur. 2,5. Homenagem ao professor *Charles* Palache.

CHARMARITA Hidroxicarbonato hidratado de manganês e alumínio – $Mn_4Al_2(OH)_{12}CO_3.3H_2O$ –, hexag. e trig., do grupo da quintinita, descoberto em Rouville, Quebec (Canadá).

charnockito Var. de granito com hiperstênio, usada como pedra ornamental. Emprega-se muito, no Brasil, o charnockito conhecido comercialmente como *verde ubatuba* (v.). O nome é homenagem a Job *Charnock*, fundador de Calcutá (Índia), em cujo túmulo a r. foi descoberta.

CHAROÍTA Silicato hidratado de potássio e cálcio com sódio – talvez $K(Ca,Na)_2Si_4O_{10}(OH,F).H_2O$ –, monocl., lilás a violeta, com três clivagens regulares. Maciço, frequentemente fibroso.

Dur. 5,0-6,0. D. 2,54-2,78. Br. vítreo a sedoso. Ocorre em r. metassomáticas feldspáticas, na zona de contato de sienitos com calcários, na Rússia. Mineral descoberto em 1978 e usado como pedra ornamental. Nome derivado de *Charo* (rio da Rússia). Não confundir com *chaoíta*.

charuto (gar., GO) Em Campos Verdes, corpo mineralizado em esmeralda, localizado no ápice das anticlinais. Cf. ²*canoa*.

chassignito Meteorito acondrítico marciano com 95% de olivina, contendo ainda cromita. Assemelha-se a um dunito. De *Chassigny* (França), onde caiu em 3 de outubro de 1815 e onde se acharam fragmentos que totalizaram 4 kg.

CHATKALITA Sulfeto de cobre, ferro e estanho – $Cu_6FeSn_2S_8$ –, tetrag., encontrado em grãos arredondados de 0,03 a 0,1 mm, contidos em tetraedrita de veios com qz. e sulfetos, nos montes *Chatkal*-Kuramin (daí seu nome), no Usbequistão. Cf. *mawsonita*.

chaton Imitação de gemas feita com vidro, na base do qual se põe uma película prateada para melhor refletir a luz, aumentando o br. O chaton feito com vidro colorido recebe o nome de *rhinestone*. As imitações em vidro sem a película prateada são chamadas *strass*.

chatoyance Fenômeno óptico observado em certos minerais, como o olho de gato, à luz refletida, e que consiste em uma estreita faixa brilhante que se move em ondas ao se mudar a posição do mineral, e que é resultante da reflexão da luz em pequenas fibras, cavidades tubulares ou inclusões aciculares. Pode ser obtido artificialmente mediante emprego de dois pedaços de coríndon sintético amarelo, separados por uma camada de asbesto. Do fr. *chatoyer* (brilhar como olho de gato). Sin. de *acatassolamento*. Cf. *asterismo*. ☐

chaumopala Var. de opala porosa. Do al. *Schaum* (espuma) + *opala*.

chavesita Fosfato de cálcio e manganês descoberto na Paraíba (Brasil), e que se sabe hoje ser monetita. Assim chamado em homenagem a *Chaves*, geólogo brasileiro.

CHAYESITA Silicato de potássio e magnésio com ferro – $KMg_2(Mg,Fe)_3Si_{12}O_{30}$ –, hexag., do grupo da osumilita, descoberto em Summit, Utah (EUA).

CHEKHOVICHITA Telurato de bismuto – $Bi_2Te_4O_{11}$ –, monocl., descoberto na Armênia.

CHELKARITA Cloroborato hidratado de cálcio e magnésio – $CaMgB_2O_4Cl_2$. $7H_2O$ –, ortor., descoberto em *Chelkar* (daí seu nome), no Casaquistão.

CHENEVIXITA Arsenato básico hidratado de cobre e ferro – provavelmente $Cu_2Fe_2(AsO_4)_2(OH)_4.H_2O$ –, monocl., maciço, terroso ou em cristais aciculares. Descoberto na Cornualha (Inglaterra) e assim chamado em homenagem a Richard *Chenevix*, químico francês.

CHENGDEÍTA Liga de irídio e ferro – Ir_3Fe –, cúb., descoberta a nordeste de Pequim (China). Cf. *isoferroplatina*.

CHENITA Sulfato básico de chumbo e cobre – $Pb_4Cu(SO_4)_2(OH)_6$ –, tricl., descoberto na mina Susanna, em Lanarkshire (Escócia).

CHERALITA-(Ce) Silicofosfato de cério, cálcio e tório – $(Ce,Ca,Th)(P,Si)O_4$ –, monocl., verde, isomorfo da monazita. Clivagem (010) perfeita. Dur. 5,0. D. 5,30. De *Chera* (Índia).

CHEREMNYKHITA Mineral de fórmula química $Pb_3Zn_3TeO_6(VO_4)_2$, ortor., do grupo da dugganita, descoberto em Yakutia (Rússia).

CHEREPANOVITA Arseneto de ródio – RhAs –, ortor., descoberto na península de Chukot (Rússia). Cf. *modderita*, *rutenarsenita*, *westerveldita*.

CHERNIKOVITA Fosfato hidratado de uranila – $(H_3O)_2(UO_2)_2(PO_4)_2.6H_2O$ –, tetrag., do grupo da metautunita, descoberto nas montanhas Karamazar, no Tajiquistão.

CHERNOVITA-(Y) Arsenato de ítrio – $YAsO_4$ –, tetrag. Forma uma série isomórfica com o xenotímio-(Y). Descoberto no rio Nyarta-Syu-Yu, nos Urais (Rússia). Cf. *wakefieldita*.

CHERNYKHITA Aluminossilicato básico de bário e vanádio – $BaV_2[\;]Al_2Si_2O_{10}(OH)_2$ –, monocl., do grupo das micas. Tem cor verde-oliva a verde-escura, cristalizando em pequenas folhas elásticas. Homenagem a Viktor V. *Chernykh*, professor soviético.
chert R. sedimentar criptocristalina, dura, muito densa ou compacta, fosca a semivítrea, constituída principalmente de sílica criptocristalina (sobretudo calcedônia fibrosa), com quantidades menores de qz. e opala. Frat. conchoidal ou em lascas, cor variável. Palavra de origem desconhecida, provavelmente inglesa. Sin. de *silexito*.
CHERVETITA Vanadato de chumbo – $Pb_2V_2O_7$ – em pequenos cristais monocl., cinza, marrons ou quase incolores, milimétricos a centimétricos, sempre maclados segundo (100). Às vezes pseudomorfo sobre francevillita. Traço branco, br. adamantino. D. 6,30-6,32. Dur. inferior a 3,0. Homenagem a Jean *Chervet*, mineralogista francês.
CHESSEXITA Silicato-sulfato hidratado de sódio, cálcio, magnésio e alumínio com outros metais – $Na_4Ca_2(Mg,Zn)_3Al_8(SiO_4)_2(SO_4)_{10}(OH)_{10}.40H_2O$ –, ortor., cristalizado em placas brancas, delgadas, quadradas ou retangulares, de br. sedoso, com até 0,003 mm, D. 2,21, recobrindo fluorita da mina Maine, perto de Autum (França). Homenagem ao professor Ronald *Chessex*.
chessylita V. *azurita*. De *Chessy* (França), onde ocorre.
CHESTERITA Silicato básico de magnésio e ferro – $(Mg,Fe)_{17}Si_{20}O_{54}(OH)_6$ –, ortor., quimicamente intermediário entre talco e antofilita. Tem hábito, cor e modo de ocorrência similares aos da jimthompsonita. Clivagens formam ângulo de 45°. Descoberto em *Chester* (daí seu nome), Vermont (EUA). Não confundir com *chesterlita*.
chesterlita Var. de microclínio encontrada em *Chester*, Pensilvânia (EUA). Não confundir com *chesterita*.
CHESTERMANITA Borato de fórmula química $Mg_2(Fe,Mg,Al,Sb)O_2BO_3$, ortor.,

do grupo da ortopinakiolita, descoberto em Fresno, Califórnia (EUA).
CHEVKINITA-(Ce) Silicato de fórmula química $(Ce,La,Ca,Nb,Th)_4(Fe,Mg)_2(Ti,Fe)_3Si_4O_{22}$, monocl., raro, dimorfo da perrierita, descoberto nos Urais (Rússia). Homenagem a Konstatin *Chevkin*, chefe da equipe russa de engenheiros de minas. Sin. de *tscheffkinita*. Cf. *estronciochevkinita, polyakovita-(Ce)*.
CHIAVENNITA Silicato básico hidratado de cálcio, manganês e berílio – $CaMnBe_2Si_5O_{13}(OH)_2.2H_2O$ –, do grupo das zeólitas. Forma cristais euédricos laranja e crostas sobre berilo em pegmatitos de *Chiavenna* (daí seu nome), Itália. D. 2,6. É ortor., transl., tem br. vítreo, traço branco, dur. em torno de 3,0 e clivagem perfeita. Insolúvel em água e em HCl, HNO_3 e H_2SO_4, mesmo concentrados.
chicória (gar., GO e PI) Granada.
chifre de boi (gar., BA) Cianita. Sin. de *gravatão, palha de arroz*.
chifre de veado (gar.) Cordierita.
CHILDRENITA Fosfato básico hidratado de ferro e alumínio – $FeAlPO_4(OH)_2.H_2O$ –, monocl., amarelado ou marrom-escuro, usado como gema. Forma série isomórfica com a eosforita. Descoberto em Devonshire (Inglaterra) e assim chamado em homenagem a J. G. *Children*, químico e mineralogista inglês.
chileíta Vanadato hidratado de chumbo e cobre, de fórmula incerta, contendo 7,5% V e 11,7-13,6% Cu. De *Chile*, onde ocorre. Não confundir com *chilenita*.
chilenita Bismuteto de prata – Ag_6Bi –, amorfo, macio, prateado. Não confundir com *chileíta*.
chillaguita Volframato-molibdato de chumbo – $(PbWO_4)_3PbMoO_4$. É uma var. de wulfenita com tungstênio. De *Chilagoe*, Queensland (Austrália). Sin. de *lyonita*.
CHILUÍTA Molibdato de bismuto e telúrio – $Bi_6Te_2Mo_2O_{21}$ –, hexag., descoberto em Chilu (daí seu nome), Fujian, na China.
chinglusuíta Silicato hidratado de sódio, potássio, manganês, cálcio, titânio

e zircônio – [(Na,K)$_2$O]$_2$[(Mn,Ca)O]$_5$[(Ti, Zr)O$_2$]$_3$(SiO$_2$)$_{14}$.9H$_2$O –, de cor preta. De *Chinglusual*, Kola (Rússia).
chinkolobwita V. *sklodowskita*. De *Chinkolobwe*, Katanga (R. D. do Congo).
chinoíta Fosfato básico de cobre – Cu$_5$PO$_4$(OH)$_4$ –, ortor., em cristais de cor verde-esmeralda. De *China*, mina do Novo México (EUA).
chiqueiro (gar., MG e BA) Cercado feito no rio para isolar o local de onde se irá extrair o cascalho.
chita variado Nome coml. de um mármore marrom-avermelhado, de granulação fina, com cimento de hematita, encontrado em Sete Lagoas, MG (Brasil).
chiviatita Sulfeto de chumbo e bismuto – Pb$_3$Bi$_8$S$_{15}$ –, cinza-chumbo, br. metálico. Talvez seja uma mistura de minerais. De *Chiviato* (Peru), onde foi descoberto.
CHKALOVITA Silicato de sódio e berílio – Na$_2$BeSi$_2$O$_6$ –, com 11,3%-12,7% BeO, em cristais ortor., brancos ou incolores, transp. a transl. Raro, descoberto na península de Kola (Rússia). Homenagem ao aviador soviético V. *Chkalov*.
CHLADNIITA Fosfato de sódio, cálcio e magnésio – Na$_2$CaMg$_7$(PO$_4$)$_6$ –, trig., do grupo da fillowita, descoberto no meteorito Carlton, perto de Hamilton, Texas (EUA). Homenagem a Ernst *Chladni*, físico alemão.
chlopinita Var. de samarskita com tântalo. Semelhante à euxenita, mas com menos óxido de titânio.
chocolate brasil Nome coml. de um mármore de granulação grosseira e cor marrom-rosada, com flogopita, procedente de Cachoeiro do Itapemirim, ES (Brasil).
chocolate claro Nome coml. de um mármore ornamental procedente de Cachoeiro do Itapemirim, ES (Brasil). Cf. *chocolate escuro*.
chocolate escuro Nome coml. de um mármore ornamental procedente de Cachoeiro do Itapemirim, ES (Brasil). Cf. *chocolate claro*.

chocolate grisu Nome coml. de um mármore ornamental procedente de Cachoeiro do Itapemirim, ES (Brasil).
chocolita Silicato hidratado de ferro, níquel e magnésio, de cor marrom--chocolate.
chocorrosa Nome coml. de um mármore ornamental procedente de Cachoeiro do Itapemirim, ES (Brasil).
choker Colar em que as pérolas têm todas o mesmo diâmetro. Cf. *chute*, *sautoir*.
CHOLOALITA Telurato de cobre e chumbo – CuPb(TeO$_3$)$_2$ –, cúb., verde, de br. adamantino, D. 6,41, formando cristais octaédricos de até 1 mm, sem clivagem, com dur. 3,0. Nome derivado do nahua *choloa* (evasivo), por não ter sido detectado durante muitos anos.
chornomita Var. de melanita que ocorre em sienitos nefelínicos de Arkansas (EUA).
CHRISSTANLEYITA Seleneto de prata e paládio – Ag$_2$Pd$_3$Se$_4$ –, monocl., descoberto em Devon (Inglaterra).
CHRISTELITA Sulfato básico hidratado de zinco e cobre – Zn$_3$Cu$_2$(SO$_4$)$_2$(OH)$_6$.4H$_2$O –, tricl., descoberto em Sierra Gorda, Antofagasta (Chile). Cf. *ktenasita*, *campigliaíta*, *niedermayrita*.
CHRISTITA Sulfoarseneto de tálio e mercúrio – TlHgAsS$_3$ –, descoberto no depósito de ouro de Carlin, Nevada (EUA). Monocl., dimorfo da routhierita. Vermelho-escuro ou carmesim, traço alaranjado, br. adamantino, formando grãos anédricos a subédricos, pequenos, com clivagem (010) perfeita e (110) e (001) muito boas. D. 6,20-6,37. Homenagem ao norte-americano Charles L. *Christ*.
christophita Sin. de *marmatita*.
chubutita Oxicloreto de chumbo. Provavelmente idêntico à lorettoíta. Da localidade de *Chubut* (Argentina). Cf. *mendipita*.
CHUDOBAÍTA Arsenato básico hidratado de magnésio e zinco – (Mg,Zn)$_5$[AsO$_3$(OH)$_2$](AsO$_4$)$_2$.10H$_2$O –, tricl., rosa, descoberto em Tsumeb (Namíbia).
CHUKHROVITA-(Ce) Fluorsulfato hidratado de cálcio, cério e alumínio com

ítrio – $Ca_3(Ce,Y)Al_2(SO_4)F_{13}.10H_2O$ –, cúb., em cristais brancos, milimétricos, encontrados em fluorita.

CHUKHROVITA-(Y) Fluorsulfato hidratado de cálcio, ítrio e alumínio, com parcial substituição do ítrio por cério – $Ca_3(Y,Ce)Al_2(SO_4)F_{13}.10H_2O$ –, cúb., com 7,2% Y_2O_3. Ocorre em cristais incolores ou brancos de até 1 cm, formando drusas. Homenagem a F. V. *Chukhrov*, mineralogista soviético.

chumbada (gar.) Anatásio. V. *cativo de chumbo*, *cericória*, *ferragem-azul*.

chumbinho Nome coml. de um mármore cinza de Sete Lagoas, MG (Brasil).

CHUMBO V. *Anexo*.

churchillita Sin. de *mendipita*. De *Churchill*, Mendip Hills (Inglaterra). Não confundir com *churchita*.

CHURCHITA-(Y) Fosfato hidratado de ítrio – $YPO_4.2H_2O$ –, encontrado em depósitos de cobre, recobrindo outros minerais ou formando esferas de estrutura fibrorradiada, ou, ainda, cristais monocl. achatados, reunidos em rosetas. Cor e br. variáveis. Homenagem a Arthur H. *Church*, químico inglês. Não confundir com *churchillita*. Sin. de [1]*weinschenckita*.

CHURSINITA Arsenato de mercúrio – Hg_3AsO_4 –, monocl., marrom, transp., de br. quase adamantino, frágil. Descoberto nos montes Altai (Quirguistão) e assim chamado em homenagem a Ludmila A. *Chursina*, atriz russa.

chute Colar em que as pérolas são maiores no centro, diminuindo de diâmetro gradativamente no sentido das extremidades. Cf. *choker*, *sautoir*.

chuva Conjunto de longos tubos capilares paralelos, contendo substâncias no estado líquido, observado em águas-marinhas.

CHVALETICEÍTA Sulfato hidratado de manganês – $MnSO_4.6H_2O$ –, monocl., do grupo da hexaidrita, descoberto em *Chvaletice* (daí seu nome), na Boêmia (República Checa).

CHVILEVAÍTA Sulfeto de sódio e cobre com ferro e zinco – $Na(Cu,Fe,Zn)_2S_2$ –, hexag., descoberto na região do Trans-baikal, Sibéria (Rússia).

CIANCIULLIITA Hidróxido hidratado de manganês, magnésio e zinco – $Mn(Mg,Mn)_2Zn_2(OH)_{10}.2-4H_2O$ –, monocl., descoberto em Franklin, Sussex, New Jersey (EUA).

CIANITA Silicato de alumínio – Al_2SiO_5 –, trimorfo da andaluzita e da sillimanita. Forma cristais tricl., laminados, longos e finos, muitas vezes maclados, às vezes em agregados. Tem cor usualmente azul, sendo às vezes incolor, verde ou marrom, geralmente com cor distribuída de modo irregular. É transp., com br. vítreo e nacarado, uma clivagem perfeita e outra boa, a 74° da primeira. Dur. 4,0-7,0 (conforme a face considerada). D. 3,55-3,67. IR 1,716-1,731. Bir. 0,015. B(–). A var. azul é fortemente pleocroica em incolor, violeta-escuro e azul. Disp. 0,011. Fluorescência verde-azulada ou vermelha. A cianita ocorre em xistos, gnaisses e pegmatitos graníticos e raramente tem qualidade gemológica, preferindo-se para tal fim a var. azul. As melhores gemas atingem preços da ordem de US$ 15 a US$ 25/ct, para pedras com 2 a 10 ct. É mais importante como fonte de sílica e de mullita e em cerâmica refratária. Tem importância geológica, pois sua presença evidencia metamorfismo regional de alta pressão e média temperatura. É produzida na Suíça, Quênia, Mianmar (ex-Birmânia), Áustria e Brasil (BA, MS e MG). Do gr. *kyanos* (azul), em alusão à sua cor. Sin. de *distênio*. □

CIANOCROÍTA Sulfato hidratado de potássio e cobre – $K_2Cu(SO_4)_2.6H_2O$ –, monocl., descoberto no Vesúvio (Itália). Do gr. *kyanos* (azul) + *khroa* (cor), por ser azulado.

CIANOFILITA Antimonato básico hidratado de cobre e alumínio – $Cu_5Al_2(SbO_4)_3(OH)_7.9H_2O$ –, ortor., azul--esverdeado. Forma cristais tabulares, reunidos em agregados esferulíticos que revestem qz. e barita. Tem br. nacarado a sedoso, dur. em torno de

2,0, clivagem basal perfeita, com outra boa perpendicular a esta. Facilmente solúvel em HCl 1:1 a frio. Do kr. *kyanos* (azul) + *phyllon* (folha), por sua cor e hábito. Cf. *cualstibita*.
cianosita V. *calcantita*. Do gr. *kyanos* (azul), por sua cor.
CIANOTRIQUITA Sulfato básico hidratado de cobre e alumínio – $Cu_4Al_2SO_4(OH)_{12}.2H_2O$ –, ortor., fibroso, azul. Descoberto em Moldava, Banat (Romênia). Do gr. *kyanos* (azul) + *trix* (fio, cabelo), por sua cor e hábito. Sin. de *lettsomita*, *namaqualita*.
ciclowollastonita Silicato de cálcio – $CaSiO_3$ –, polimorfo da parawollastonita, da wollastonita e da wollastonita-7T. Forma-se a altas temperaturas. Era obtida sinteticamente antes de ser descoberta na natureza, sendo a síntese então chamada também de pseudowollastonita. Descoberta em rejeitos de minas de grafita em Hauzenberg (Alemanha).
ciempozuelita Sulfato de sódio e cálcio, possivelmente uma mistura de glauberita e thenardita. De *Ciempozuelos*, Madri (Espanha).
CILINDRITA Sulfeto de fórmula química $(Pb,Sn)_8Sb_4Fe_2Sn_5S_{27}$, tricl., cinza-escuro, com dur. 2,5-3,0, D. 5,42, br. metálico. Usado, na Bolívia, como fonte de estanho. Raro. Do gr. *cilindros* (cilindro), por apresentar agregados cristalinos cilíndricos.
cimento de keene Gipsita calcinada anidra, cuja pega é acelerada por adição de outros materiais e que se emprega na fabricação do mármore-marezzo.
cimofana Sin. de ¹*olho de gato*. Do gr. *kyma* (onda) + *phaein* (mostrar), porque exibe reflexos ondulantes quando é movimentada (*chatoyance*).
cimolita Sin. de *anauxita*. Do lat. *cimolia*.
cinabarita V. *cinábrio*. Do lat. *cinnabaris*.
cinabre V. *cinábrio*, forma preferível.
CINÁBRIO Sulfeto de mercúrio – HgS –, trig., acicular ou maciço, de cor vermelha, com traço escarlate, transp. a opaco, de br. adamantino, com uma clivagem perfeita. Dur. 2,0-2,5. D. 8,10.

Clivagem (1010) perfeita. Ocorre em veios e aluviões, sendo a principal e quase única fonte de mercúrio (86,2% Hg). Como gema, raramente é empregado; serve, porém, como corante de vários materiais, entre eles o marfim, o osso e o chifre, que são, assim tingidos, usados como imitação de coral. É o responsável pela cor da opala vermillion. Do lat. *cinnabaris*. Sin. de *cinabre*, *cinabarita*.
cinábrio hepático Var. de cinábrio cor de fígado, geralmente granular ou compacto, inflamável.
cintura Sin. de *rondiz*.
cinza andorinha Nome coml. de um granito ornamental cinza-claro com pontos pretos, de granulação média a fina, contendo 80% de feldspatos, 15% de qz. e 5% de biotita, procedente de Magé, RJ (Brasil).
cinza azul guanabara Nome coml. de um nefelina-sodalitassienito cinza-claro com manchas azuis e pretas, granulação média, contendo 70% de feldspatos, 25% de nefelina e sodalita, anfibólios, biotita e outros minerais. É encontrado no maciço do Gericinó, na cidade do Rio de Janeiro (RJ, Brasil), usado como pedra decorativa.
cinza brasília Nome coml. de um quartzo-moscovitaxisto ornamental, de granulação fina, cinza-claro, contendo 40% de qz., 25% de feldspatos, 20% de moscovita e 15% de outros minerais, encontrado no Brasil.
cinza campo grande Nome coml. pelo qual é também conhecido o sienito ás de paus.
cinza canguçu Nome coml. de uma r. granítica ornamental procedente de Canguçu, RS (Brasil).
cinza champagne Nome coml. de uma var. do granito cinza nobre, de cor cinza-amarelado.
cinza-claro da penha Nome coml. de um granito ornamental procedente de Penha, Paulo Lopes, SC (Brasil). Tem 54% de microclínio pertítico, 25% de plagioclásio, 18% de qz., além de zircão, hornblenda, clorita, epídoto, sericita,

esfênio e minerais argilosos. D. 2,61. PA 0,76%. AA 0,16%. RF 82,41 kgf/cm². TCU 893 kgf/cm².
cinza colonial Nome coml. de um granito ornamental cinza, porfirítico, procedente de São José, SC (Brasil). Tem 52% de ortoclásio pertítico, 25% de qz., 20% de plagioclásio, além de biotita, zircão, apatita, minerais opacos, sericita, clorita, carbonatos e minerais argilosos. D. 2,67. PA 0,37%. AA 0,13%. RF 76,73 kgf/cm². TCU 1.045 kgf/cm².
cinza conduru/são geraldo Nome coml. de uma r. granítica ornamental procedente de Cachoeiro do Itapemirim, ES (Brasil).
cinza friburgo Nome coml. de um granito preto e branco, de granulação fina, com 60% de feldspatos, 30% de qz. e 10% de biotita, extraído em Nova Friburgo, RJ (Brasil), para emprego como pedra ornamental.
cinza-grafite Nome coml. de um quartzomonzonito branco e preto, de granulação média, contendo 60% de feldspato, 20% de qz., 15%-18% de biotita e hornblenda e 2%-5% de esfênio, magnetita e outros minerais. É encontrado na cidade do Rio de Janeiro (RJ, Brasil) e usado com fins ornamentais.
cinza imperial Nome coml. de um granito ornamental cinza-esverdeado, inequigranular, médio a grosseiro, que ocorre em Rio do Meio, Guaratuba, PR (Brasil).
cinza itaguaçu Nome coml. de um granito ornamental cinza-claro, de granulação média, com 80% de feldspatos, 15% de qz. e 5% de biotita e outros minerais, procedente de Itaguaçu, ES (Brasil).
cinza mar Nome coml. de um sienito ornamental cinza-azulado, equigranular, médio a grosseiro, semelhante ao verde tunas na composição, que ocorre em Bocaiúva do Sul, PR (Brasil). Tem 85% de feldspato potássico e 15% de outros minerais (clinopiroxênio, anfibólio, minerais opacos, zircão, biotita e carbonatos).
cinza marumbi Nome coml. pelo qual é também conhecido o granito cinza nobre.
cinza mauá Nome coml. de um granito ornamental porfirítico, de cor cinza com cristais prismáticos mais claros, composto de feldspatos (70%), qz. (20%) e biotita (10%), encontrado em Mauá, SP (Brasil). Muito abundante no mercado brasileiro de r. ornamentais.
cinza metropolitano Nome coml. de um granito ornamental cinza-claro, grosseiro, porfirítico, procedente de Alexandra, Paranaguá, PR (Brasil).
cinza nobre Nome coml. de um granito ornamental branco-acinzentado a branco-azulado, que ocorre em Alexandra, Paranaguá, PR (Brasil). Tem 51% de qz., 25% de plagioclásio, 15% de feldspato potássico, além de moscovita, biotita e outros minerais. É comercializado também sob os nomes de cinza champagne, cinza marumbi, cinza paraná e, para exportação, paraná *white*.
cinza paraná V. *cinza nobre*.
cinza paulista Nome coml. de um granito ornamental procedente de Teófilo Otoni, MG (Brasil).
cinza sorocaba Nome coml. de um granito ornamental cinza com pontos pretos, de granulação grosseira, contendo 70% de feldspatos, 15% de qz. e 10%-12% de biotita, procedente de Sorocaba, SP (Brasil).
cinza vivágua Nome coml. de uma r. granítica procedente de Cachoeiro do Itapemirim, ES (Brasil), usada com fins ornamentais.
cipolino Mármore rico em silicatos, com camadas de minerais micáceos. Tem cor branca com estrias verdes. Do ital. *cipollino*.
CIPRIANIITA Mineral de fórmula química $Ca_4(Th,U)(REE)Al[\ ]_2(Si_4B_4O_{22})(OH,F)_2$, monocl., descoberto na província de Viterbo (Itália).
ciprina Var. de idocrásio de cor azul-clara, com traços de cobre, que ocorre na Noruega. De *cyprinum*, provavelmente.

ciprusita Sulfato hidratado de ferro e alumínio, amarelo, pouco solúvel em água.

cirrolita Fosfato básico de cálcio e alumínio – $Ca_3Al_2(PO_4)_3(OH)_3$ –, amarelo-claro, sem clivagem. Do gr. *kirrhos* (alaranjado) + *lithos* (pedra), por sua cor.

cirtolita Nome dado ao zircão alterado por radioatividade. Do gr. *kyrtos* (curvo) + *lithos* (pedra).

citrinita V. *citrino*.

citrino Var. gemológica de qz. de cor amarelada, alaranjada, raramente vermelha, em razão da presença de ferro trivalente. É uma gema transp., semelhante ao topázio, relativamente rara na natureza, mas de baixo valor. Dur. 7,0. D. 2,65. IR 1,544-1,553. Bir. 0,009. U(+). Disp. 0,013. Não tem clivagem nem fluorescência. A maior parte do citrino comercializado é obtida por aquecimento de ametista ou quartzo-enfumaçado. Caso a ametista mostre zoneamento de cor, ao passar pela queima dará um citrino igualmente zonado. O citrino é o substituto mais comum do topázio, constituindo, segundo Jahns (1975), 80% das gemas vendidas como topázio. Os principais produtores são Brasil e Escócia, destacando-se, em nosso país, os Estados de Goiás, Minas Gerais, Bahia e Espírito Santo. Ocorre também nos EUA, Madagascar, Espanha, Rússia e França. Em 1993, o Brasil exportou 110,2 t de citrino bruto obtido a partir da ametista, ao valor de US$ 597.831. O citrino trabalhado exportado no mesmo ano atingiu 128,5 t, com um valor de US$ 718.447. Do lat. *citrinus*, por sua cor, semelhante à das frutas cítricas. Sin. de *citrinita, pseudotopázio, quartzo-topázio, topázio-citrino, topázio da boêmia, topázio da serra, topázio de ouro, topázio dos joalheiros, topázio madagascar, topázio-ocidental, topázio-ouro, topázio-quartzo, topázio-saxônico.* ☐

citrino-espanhol V. *topázio hinjosa*.

citrino-madeira Nome coml. de um tipo de quartzo-citrino. Cf. *citrino-sol*.

citrino-sol Nome coml. de um tipo de quartzo-citrino, diferente do citrino-madeira.

citrolita (nome coml.) V. *yag*.

CLAIRITA Sulfato básico hidratado de amônio e ferro – $(NH_4)_2Fe_3(SO_4)_4(OH)_3 \cdot 3H_2O$ –, tricl., descoberto no Transvaal (África do Sul).

CLARAÍTA Carbonato hidratado de cobre com zinco – $(Cu,Zn)_3CO_3(OH)_4 \cdot 4H_2O$ –, tricl. (?), pseudo-hexag., verde-azul, em esférulas de dur. em torno de 2,0 e D. 3,3, com clivagem (1010) perfeita, descoberto na Floresta Negra (Alemanha), na mina *Clara* (daí seu nome).

CLARINGBULLITA Cloreto básico de cobre – $Cu_4Cl[(OH),Cl](OH)_6$ –, hexag., cristalizado na forma de placas azuis, de baixa dur., encontradas em Kambowe (Katanga). Tem D. 3,9. Homenagem a Frank *Claringbull*, ex-diretor do Museu Britânico.

CLARKEÍTA Óxido hidratado de fórmula química $(Na,K,Ca,Pb)(UO_2)O(OH).0-1H_2O$, trig., marrom-escuro ou marrom-avermelhado, produto de alteração da uraninita. Maciço, denso, fortemente radioativo. Homenagem a Frank W. *Clark*, engenheiro inglês.

CLAUDETITA Óxido de arsênio – As_2O_3 –, monocl., dimorfo da arsenolita, descoberto em Portugal. Homenagem a F. *Claudet*, químico francês que o descreveu.

CLAUSTHALITA Seleneto de chumbo – PbSe –, cúb., em massas cinza-chumbo, finamente granulares. D. 8,00-8,20. Semelhante, na aparência, à galena, com a qual forma série isomórfica. De *Clausthal*, Saxônia (Alemanha), onde foi descoberto.

CLEARCREEKITA Carbonato básico hidratado de mercúrio – $Hg_3(CO_3)(OH).2H_2O$ –, monocl., descoberto em *Clear Creek* (daí seu nome), San Benito, Califórnia (EUA).

cleavelandita Var. de albita que forma cristais foliados ou lamelares, brancos, frequentemente em agregados com for-

ma de leque. Encontrada em pegmatitos graníticos. Homenagem a Parker *Cleaveland*, mineralogista norte-americano.
CLERITA Sulfeto de manganês e antimônio – $MnSb_2S_4$ –, cúb., descoberto nos Urais (Rússia) e assim chamado em homenagem ao mineralogista russo Onisin *Cler*.
cleveíta Sin. de *nivenita*. Homenagem a P. T. *Cleve*, químico sueco.
cliachita Sin. de *alumogel*. De *Cliacha*, Dalmatia (Croácia).
CLIFFORDITA Óxido de urânio e telúrio – UTe_3O_9 –, cúb., amarelo, descoberto em Moctezuma, Sonora (México).
cliftonita Grafita de origem meteorítica que ocorre em cubos.
CLINOATACAMITA Cloreto básico de cobre – $Cu_2(OH)_3Cl$ –, monocl., polimorfo da atacamita, da paratacamita e da botallackita. Descoberto na mina Chuquicamata, Calama (Chile).
clinoaugita Designação genérica para os clinopiroxênios.
CLINOBARILITA Silicato de bário e berílio – $BaBe_2Si_2O_7$ –, monocl., dimorfo da barilita (daí seu nome), descoberto na península de Kola (Rússia).
CLINOBEHOÍTA Hidróxido de berílio – $Be(OH)_2$ –, monocl., dimorfo da behoíta (daí seu nome), descoberto nos Urais (Rússia).
CLINOBISVANITA Vanadato de bismuto – $BiVO_4$ –, monocl., amarelo, trimorfo da dreyerita e da pucherita, descoberto na Austrália.
clinobronzita Piroxênio quimicamente intermediário entre a clinoenstatita e o clinoiperstênio (clinoenstatita ferrífera).
CLINOCALCOMENITA Selenato hidratado de cobre – $CuSeO_3.2H_2O$ –, monocl., verde-azul, dimorfo da calcomenita. Forma prismas longos, estriados verticalmente, de D. 3,3-3,4, transp., br. vítreo, às vezes com cor preta, por inclusões de umanguita. É frágil, tem uma clivagem perfeita segundo (110), dur. 2,0. Descoberto numa zona brechada de uma ardósia carbonosa de idade devoniana, na província de Gansu (China).

CLINOCERVANTITA Óxido de antimônio – Sb_2O_4 –, monocl. e quimicamente semelhante à cervantita (daí seu nome), descoberto em uma mina de Siena, Toscânia (Itália).
clinochevkinita Var. de chevkinita, diferente desta nas dimensões cristalográficas.
CLINOCLÁSIO Arsenato básico de cobre – $Cu_3(AsO_4)(OH)_3$ –, monocl., dimorfo da gilmarita. Verde-escuro, com traço da mesma cor, prismático, com cristais frequentemente formando grupamentos quase esféricos; aparece também maciço, hemiesférico ou reniforme. Clivagem (001) perfeita, dur. 2,5-3,0, D. 4,19-4,37. Tem br. nacarado ou vítreo a resinoso. Transl. a semitransp. Do gr. *klino* (inclinar) + *klasis* (fratura), porque sua clivagem basal é oblíqua. Sin. de *afanesita*, *clinoclasita*.
clinoclasita V. *clinoclásio*.
CLINOCLORO Aluminossilicato básico de magnésio e ferro – $(Mg,Fe^{2+},Al)_6(Si,Al)_4O_{10}(OH)_8$ –, do grupo das cloritas. Forma série isomórfica com a chamosita. Monocl., maciço ou com cristais de forma hexag. Dur. 2,0-3,0. D. 2,60-3,00. Muito comum, especialmente em r. com talco. Do gr. *klino* (inclinar) + *khloros* (verde), por ser monocl. e ter cor verde. Sin. de *corindofilita*.
CLINOCRISOTILO Silicato básico de magnésio – $Mg_3Si_2O_5(OH)_4$ –, monocl., polimorfo da antigorita, da lizardita, do ortocrisotilo e do paracrisotilo. Pertence ao grupo caulinita-serpentina. Cf. *pecoraíta*.
CLINOEDRITA Silicato hidratado de cálcio e zinco – $CaZnSiO_4.H_2O$ –, incolor, branco ou púrpura, monocl., descoberto em Sussex, New Jersey (EUA). Do gr. *klino* (inclinar) + *hedra* (base).
CLINOENSTATITA Silicato de magnésio – $MgSiO_3$ –, do grupo dos clinopiroxênios. Tem a composição da enstatita, com um pouco mais de ferro, aproximando-se, pois, do clinoiperstênio. Descoberto no cabo Vogel (Papua-Nova Guiné).

CLINOFERRO-HOLMQUISTITA Silicato básico de lítio, ferro e alumínio – [ ]($Li_2Fe_3Al_2$)Si_8O_{22}(OH)$_2$ –, monocl., dimorfo da ferro-holmquistita (daí seu nome) e que forma série isomórfica com a clino-holmquistita.

CLINOFERROSSILITA Silicato de ferro – $FeSiO_3$ –, do grupo dos clinopiroxênios. Dimorfo da ferrossilita e isomorfo da clinoenstatita. De *monoclínico + ferrossilita*.

CLINOFOSSINAÍTA Fosfossilicato de sódio e cálcio – $Na_3CaPO_4Si_3O_7$ –, monocl., lilás-claro, de br. vítreo, com frat. conchoidal. Dur. 4,0. D. 2,9. Decompõe-se em HCl a 10%, a frio. Descoberto na península de Kola (Rússia). Cf. *fossinaíta*.

CLINO-HOLMQUISTITA Silicato básico de lítio, magnésio e alumínio – [ ]Li_2(Mg_3Al_2)Si_8O_{22}(OH)$_2$ –, do grupo dos anfibólios monocl. Dimorfo da holmquistita, forma série isomórfica com a clinoferro-holmquistita. Descoberto na Sibéria (Rússia).

CLINO-HUMITA Silicato de magnésio com ferro – (Mg,Fe)$_9$(SiO$_4$)$_4$(F,OH)$_2$ –, monocl., do grupo da humita, descoberto no Vesúvio (Itália).

clinoiperstênio Silicato de magnésio e ferro – (Mg,Fe)SiO_3 –, monocl., polimorfo do hiperstênio.

CLINOJIMTHOMPSONITA Silicato básico de magnésio com ferro – (Mg,Fe)$_5$Si$_6$O$_{16}$(OH)$_2$ –, monocl., dimorfo da jimthompsonita. Quimicamente intermediário entre talco e antofilita. Tem cor, hábito e modo de ocorrência similares aos da jimthompsonita. Descoberto em Windham, Vermont (EUA).

CLINOKURCHATOVITA Borato de cálcio e magnésio com ferro e manganês – Ca(Mg,Fe,Mn)B_2O_5 –, monocl., em cristais de até 2 mm, com maclas polissintéticas. Dur. 4,5. D. 3,1. Dimorfo da kurchatovita. Descoberto na região de Balkhash, nos Urais (Rússia).

CLINOMIMETITA Cloroarsenato de chumbo – Pb$_5$(AsO$_4$)$_3$Cl –, monocl., dimorfo da mimetita (daí seu nome), descoberto em Sachsen (Alemanha).

clinopiroxênio Termo geral que designa os piroxênios monocl. Cf. *ortopiroxênio*.

CLINOPTILOLITO-Ca Aluminossilicato hidratado de cálcio, sódio e potássio – Ca$_2$Na$_{1,5}$K(Al$_{6,5}$Si$_{29,5}$O$_{72}$).24H$_2$O –, monocl., do grupo das zeólitas. Forma série isomórfica com membros da série da heulandita. Ocorre em cristais tabulares. No Japão, onde foi descoberto, é usado na agricultura.

CLINOPTILOLITO-K Aluminossilicato hidratado de potássio, sódio e estrôncio – K$_5$NaSr$_{0,25}$(Al$_{6,5}$Si$_{29,5}$O$_{72}$).nH$_2$O –, monocl., do grupo das zeólitas. Forma série isomórfica com membros da série da heulandita. Descoberto no Wyoming (EUA).

CLINOPTILOLITO-Na Aluminossilicato hidratado de sódio, potássio e cálcio – Na$_4$K$_{1,5}$Ca$_{0,5}$(Al$_{6,5}$Si$_{29,5}$O$_{72}$).20H$_2$O –, monocl., do grupo das zeólitas. Forma série isomórfica com membros da série da heulandita. Descoberto em San Bernardino, Califórnia (EUA).

clinosklodowskita Sin. de *sklodowskita*.

CLINOSSAFLORITA Arseneto de cobalto com ferro e níquel – (Co,Fe,Ni)As$_2$ –, monocl., dimorfo da saflorita. Descoberto em Cobalt, Ontário (Canadá), onde aparece intercrescido com skutterudita.

CLINOTIROLITA Arsenato hidratado de cálcio e cobre – Ca$_2$Cu$_9$[(As,S)O$_4$]$_4$(O,OH)$_{10}$.10H$_2$O –, monocl., verde, descoberto na mina Chuquicamata, Calama (Chile). Cf. *tirolita*.

CLINOTOBERMORITA Silicato hidratado de cálcio – Ca$_5$Si$_6$(O,OH)$_{18}$.5H$_2$O –, monocl., dimorfo da tobermorita (daí seu nome), descoberto em Okayama (Japão).

clinotrifilita Polimorfo tricl. da trifilita.

CLINOUNGEMACHITA Sulfato básico hidratado de potássio, sódio e ferro – K$_3$Na$_9$Fe(SO$_4$)$_6$(OH)$_3$.9H$_2$O (?) –, monocl., pseudotrig., descoberto em Chuquicamata, Calama (Chile). Cf. *ungemachita*.

CLINOZOISITA Silicato básico de cálcio e alumínio – Ca$_2$Al$_3$Si$_3$O$_{12}$(OH) –, grupo do epídoto. Branco, cinzento, verde ou rosado. Monocl., dimorfo da zoisita e isomorfo do epídoto. Ocorre geralmente em xistos, sendo encontrado também em r. ígneas.

CLINTONITA Aluminossilicato básico de cálcio e magnésio – $CaMg_2Al_4SiO_{10}(OH)_2$ –, do grupo das micas. Cor verde ou amarela, monocl., raro. De *Clinton*. Sin. de *brandisita, seybertita, xantofilita*.
clivagem 1. Propriedade que têm muitos minerais de quebrarem segundo um ou mais planos bem definidos, sempre paralelos a faces dos cristais. A clivagem é descrita como perfeita, muito boa, regular, nítida, má etc. 2. Operação de divisão de um diamante em duas ou mais partes, a fim de eliminar impurezas e/ou facilitar a lapid. Do fr. *clivage*.
cloantita Var. de niquelskutterudita pobre em arsênio. Do gr. *khloantes* (verdejante), aparentemente porque deixa com cor verde os ác. em que é diluída, ou, talvez, porque se altera a annabergita, e esta é verde.
clorita Grupo de onze silicatos ortor., monocl. ou tricl. de fórmula geral $A_{4-6}Z_4O_{10}(OH)_8$, onde A = Al, Fe, Li, Mg, Mn, Zn ou Ni e Z = Al, B, Fe ou Si. O grupo inclui chamosita, clinocloro, pennantita e mais oito espécies. São minerais lamelares, verdes, flexíveis, inelásticos, com br. vítreo a nacarado. Dur. 2,0-2,5. D. 2,6-3,0. Têm clivagem micácea e são transp. a opacos. As cloritas são muito comuns, ocorrendo em r. metamórficas de baixo grau ou em r. ígneas como produto de alteração de minerais ferromagnesianos. São usadas, às vezes, na fabricação de papel. Do gr. *khloros* (verde), por sua cor. Cf. *leptoclorita*.
CLORITOIDE Silicato de ferro e alumínio com magnésio e manganês – $(Fe,Mg,Mn)_2Al_4Si_2O_{10}(OH)_4$. É monocl. e tricl., micáceo, em massas verdes a pretas. Ocorre em r. sedimentares argilosas metamorfizadas. De *clorita* + gr. *eidos* (forma), por assemelhar-se às cloritas.
CLOROALUMINITA Cloreto hidratado de alumínio – $AlCl_3.6H_2O$ –, trig., incolor ou amarelado, deliquescente ao ar. Muito raro, descoberto no Vesúvio (Itália).

CLOROAPATITA Clorofosfato de cálcio – $Ca_5(PO_4)_3Cl$ –, hexag., monocl., do grupo da apatita. Branco, amarelo-claro ou branco-rosado, transp. a transl., fluorescente, br. vítreo, com D. 3,10-3,20 e dur. 5,0.
CLOROARGIRITA Cloreto de prata – AgCl –, uma das principais fontes desse elemento (75,3% Ag). É um mineral geralmente maciço, raramente em cristais cúb., de cor cinza, br. adamantino, baixa dur. (1,0-1,5), com D. 5,50, séctil, frágil, sem clivagem e com frat. conchoidal. Escurece sob ação da luz. Ocorre na zona superior das jazidas de chumbo e prata e forma-se por oxidação de minerais de prata ao contato com águas superficiais cloradas, principalmente em clima seco e quente. De *cloro* + gr. *argyros* (prata), por sua composição. Sin. de *cerargirita, blenda de prata*.
CLOROARTINITA Mineral de fórmula química $Mg_2(CO_3)Cl(OH).3H_2O$, trig., descoberto em Kamchatka (Rússia). Cf. *artinita*.
cloroastrolita 1. Var. de pumpellyíta verde, às vezes com manchas ou veios brancos ou rosados de thomsonita, semelhante à prehnita. Ocorre em geodos de r. ígneas básicas, na forma de grãos ou pequenos nódulos de estrutura fibrorradiada. Semitransl., mais escura que a malaquita e de cor menos nítida. Dur. 5,0-6,0. D. 2,80-3,20. IR 1,660. Pode ter *chatoyance*. Ocorre na região do lago Superior (EUA) e no Canadá. É usada como gema, na forma de cabuchões. Sin. de *pedra-verde do lago superior*. 2. Nome dado à prehnita, à pumpellyíta e outros minerais quando mostram *chatoyance*. Do gr. *khloros* (verde) + *aster* (estrela) + *lithos* (pedra), por sua cor e estrutura.
CLOROCALCITA Cloreto de potássio e cálcio – $KCaCl_3$ –, ortor., deliquescente, descoberto no Vesúvio (Itália). Sin. de *baeumlerita*.
cloroellestadita Sulfato-silicato de cálcio com cloro – $Ca_{10}(SiO_4)_3(SO_4)_3Cl_2$ –, de

existência muito duvidosa. Cf. *fluorellestadita, hidroxilellestadita*.
cloroespinélio Var. de espinélio verde-grama, com ferro no lugar do alumínio e com pequena quantidade de cobre – $Mg(Al,Fe)_2O_4$. Do gr. *khloros* (verde) + *espinélio*.
CLOROFENICITA Arsenato básico de manganês e zinco com magnésio – $(Mn,Mg)_3Zn_2[(AsO_3)(OH)](OH)_8$ –, monocl., em cristais verde-cinzentos alongados, descoberto em Sussex, New Jersey (EUA). Do gr. *khloros* (verde) + *phoinikos* (vermelho-púrpura), porque sua cor verde-cinzenta muda para vermelho-púrpura quando é exposto a intensa luminosidade artificial.
CLOROMAGALUMINITA Carbonato-cloreto hidratado de magnésio e alumínio com ferro – $(Mg,Fe)_4Al_2(OH)_{12}(Cl_2,CO_3).2H_2O$ –, hexag., do grupo da manasseíta. Forma agregados de cristais bipiramidais incolores a marrom-amarelados, milimétricos a submilimétricos, com clivagem basal perfeita. D. 2,0-2,1. Aparece em escarnitos do rio Angara, na Sibéria (Rússia).
cloromagnesita Cloreto de magnésio – $MgCl_2$ –, trig., de baixa dur., incolor, muito deliquescente. Ocorre em vulcões, sendo muito raro. De *cloro* + *magnésio*.
CLOROMANGANOCALITA Cloreto de potássio e manganês – K_4MnCl_6 –, amarelo, trig., descoberto no Vesúvio (Itália). De *cloro* + *manganês* e do lat. *kallium* (potássio).
cloromelanita Var. gemológica de jadeíta verde-escura, quase preta, contendo óxido de ferro. Dur. 6,5-7,0. D. 3,40. Do gr. *khloros* (verde) + *melanos* (preto).
CLOROMENITA Clorosselenato de cobre – $Cu_9O_2(SeO_3)_4Cl_6$ –, monocl., descoberto na península de Kamchatka (Rússia).
cloropala V. *nontronita*. Do gr. *khloros* (verde) e *opala*, por sua cor e semelhança com a opala.
CLOROPARGASITA POTÁSSICA Silicato de fórmula química $(K,Na)Ca_2(Fe,Mg)_4Al(Si_6Al_2O_{22})(Cl,OH)_2$, monocl., do grupo dos anfibólios, descoberto na península de Kola (Rússia).
clorotilo Arsenato hidratado de cobre, verde, ortor. Do gr. *khloros* (verde) + *tylos* (fibra).
CLOROTIONITA Clorossulfato de potássio e cobre – $K_2Cu(SO_4)Cl_2$ –, ortor., que forma crostas azuis sobre r. vulcânicas do Vesúvio (Itália).
clorotyretskita Cloroborato de cálcio – $Ca_2B_5O_8Cl(OH)_2$ –, tricl. Mostra agregados de cristais em forma de rosácea, brancos, com D. 2,7.
CLOROXIFITA Cloreto básico de chumbo e cobre – $Pb_3CuCl_2(OH)_2O$ –, monocl., laminado, verde. Descoberto nos montes Mendip, Somerset (Inglaterra). Do gr. *khloros* (verde) + *xiphos* (lâmina). Sin. de *clorozifita*.
clorozifita V. *cloroxifita*.
COALINGUITA Carbonato básico hidratado de magnésio e ferro – $Mg_{10}Fe_2CO_3(OH)_{24}.2H_2O$ –, trig., descoberto em serpentinitos intemperizados, onde forma lâminas marrom-avermelhadas de 0,1 a 0,2 mm de comprimento, com br. resinoso. D. 2,32. Produto de alteração da brucita. De *Coalinga*, Califórnia (EUA), onde foi descoberto.
cobaltina V. *cobaltita*.
COBALTITA Sulfoarseneto de cobalto – CoAsS –, ortor., geralmente maciço, frágil, prateado ou cinzento, de br. metálico e boa clivagem cúb. Dur. 5,5. D. 6,00-6,30. Ocorre associado a esmaltita em filões de alta temperatura e em r. metamórficas, principalmente nos EUA, Inglaterra e Escandinávia. É importante fonte de cobalto (tem 35,5% Co), usado, às vezes, com fins gemológicos, substituindo a pirita. Sin. de *cobaltina*. O grupo da cobaltita compreende dez sulfetos cúb. ou pseudocúb.
COBALTOARTURITA Arsenato básico hidratado de cobalto e ferro – $CoFe_2(AsO_4)_2(OH)_2.4H_2O$ –, monocl., descoberto na província de Múrcia (Espanha).
COBALTOAUSTINITA Arsenato básico de cálcio e cobalto – $CaCoAsO_4(OH)$ –, ortor., que forma série isomórfica com

a conicalcita. Descoberto em Adelaide (Austrália).

cobaltocalcantita Sulfato hidratado de cobalto – $CoSO_4.5H_2O$ –, formado por desidratação da bieberita e outros sulfatos. Cor rosa, solúvel em água. Raro.

cobaltocalcita 1. V. *esferocobaltita*. 2. Var. de calcita com cobalto.

COBALTOKIESERITA Sulfato hidratado de cobalto – $CoSO_4.H_2O$ –, monocl., descoberto em Skinnskatteberg (Suécia).

COBALTOKORITNIGITA Arsenato hidratado de cobalto com zinco – $(Co,Zn)(AsO_3)(OH).H_2O$ –, tricl., em cristais tabulares, de cor púrpura-escuro, br. vítreo, clivagens (010) perfeita e (100) boa. Ocorre em material de alteração de glaucodoto e de cobaltita. Cf. *koritnigita*.

COBALTOLOTHARMEYERITA Arsenato de cálcio e cobalto de fórmula química $Ca(Co,Fe,Ni)_2(AsO_4)_2(OH,H_2O)_2$, monocl., descoberto na Saxônia (Alemanha).

COBALTOMENITA Selenato hidratado de cobalto – $CoSeO_3.2H_2O$ –, monocl., que forma série isomórfica com a ahlfeldita. Descoberto em Cerro de Cacheuta, Mendoza (Argentina). De *cobalto* + gr. *mene* (Lua), em alusão ao selênio, do lat. *selenium* (Lua).

COBALTONEUSTADTELITA Arsenato de bismuto, ferro e cobalto – $Bi_2FeCoO(OH)_3(AsO_4)_2$ –, tricl., do grupo da medenbachita, descoberto na Saxônia (Alemanha).

COBALTOPENTLANDITA Sulfeto de cobalto com ferro e níquel – $(Co,Fe,Ni)_9S_8$ –, cúb., que forma série isomórfica com a pentlandita. Descoberto em Karelia, na Finlândia.

cobaltosmithsonita Var. de ¹*smithsonita* contendo 10,25% CoO. Cor rosa. Sin. de ¹*warrenita*.

COBALTOTSUMCORITA Arsenato hidratado de chumbo e cobalto com ferro – $Pb(Co,Fe)_2(AsO_4)_2(H_2O,OH)_2$ –, monocl., descoberto na Saxônia (Alemanha).

COBALTOZIPPEÍTA Sulfato básico hidratado de uranila e cobalto – $Co_2(UO_2)_6(SO_4)_3(OH)_{10}.16H_2O$ –, ortor., amarelo, descoberto em San Juan, Utah (EUA). Cf. *magnesiozippeíta*, *niquelzippeíta*, *zincozippeíta*.

COBRE V. *Anexo*. ☐

coca-cola (gar., BA) Nome dado, na Chapada Diamantina, a diamantes de cor marrom.

coccinita Mineral de mercúrio, possivelmente um iodeto (HgI_2). Do al. *Kokzinit*.

cocinerita Mistura de calcocita e prata. De *Cocinero*, mina de San Luis Potosí (México), onde foi descoberta.

cocolita Var. granular de diopsídio com cores variadas. Do gr. *kokkos* (grão) + *lithos* (pedra).

COCONINOÍTA Fosfato-sulfato básico hidratado de ferro, alumínio e uranila – $Fe_2Al_2(UO_2)_2(PO_4)_4(SO_4)(OH)_2.20H_2O$ –, de baixa dur., que forma agregados de grãos achatados com 0,02 mm, no máximo, cada um. Parece ser monocl. De *Coconino*, Arizona (EUA), onde foi descoberto.

COCROMITA Óxido de cobalto e cromo com outros metais – $(Co,Ni,Fe)(Cr,Al)_2O_4$ –, cúb., do grupo do espinélio. Forma grãos de 0,02 mm, em média, escuros, de br. metálico, traço cinza-esverdeado, frat. conchoidal. É um produto de substituição de cromita. Nome derivado da composição *cobalto* + *cromo* + *ita*.

Codazzita Carbonato de cálcio, magnésio, ferro e cério – $(Ca,Mg,Fe,Ce)CO_3$ –, marrom-cinzento, trig.

COESITA Óxido de silício – SiO_2 –, monocl., polimorfo de alta pressão da tridimita, cristobalita, qz. e stishovita. Pode ocorrer como inclusão no diamante. Encontrado em arenito atingido por meteorito na Cratera do Meteoro, em Coconino, Arizona (EUA), e em brechas dele derivadas. É incolor, denso (3,01) e tem br. vítreo. Assim chamado em homenagem a Loring Coes Jr., cientista que o produziu sinteticamente, antes de ser descoberto na natureza.

COFFINITA Silicato básico de urânio – $U(SiO_4)_{1-X}(OH)_{4X}$ –, tetrag., o principal mineral-minério de urânio. Tem cor

preta, br. adamantino, assemelhando-se à uraninita. Ocorre em arenitos e veios hidrotermais.
cognac Nome coml. de um quartzo--enfumaçado obtido por tratamento de cristal de rocha com radiação gama. Cf. *beer*, *green-gold*.
cohelita Mineral descrito como niobato de ferro e TR, mas que, sabe-se hoje, é uma mistura de vários minerais. Não confundir com *cohenita*.
COHENITA Carboneto de ferro com níquel e cobalto – $(Fe,Ni,Co)_3C$ –, ortor., descoberto no meteorito Magura-Arva. Homenagem a E. *Cohen*, professor de Mineralogia. Cf. *cementita*, *cohelita*.
COLEMANITA Borato básico hidratado de cálcio – $CaB_3O_4(OH)_3.H_2O$ –, monocl., encontrado em cristais ou nódulos incolores ou brancos, de br. vítreo. Dur. 4,0-4,5. D. 2,40-2,42, clivagem perfeita, transl. Ocorre em depósitos de bórax, em regiões desérticas dos EUA e na Argentina. Importante fonte de boro (50,9% B_2O_3). IR 1,586-1,614. Bir. 0,028-0,030. B(+). Pode ser usada também como gema. Assim chamada em homenagem a William T. *Coleman*, comerciante de boro norte-americano.
colerainita Silicato hidratado de magnésio e alumínio – $(MgO)_4Al_2O_3(SiO_3)_2$. $5H_2O$ – que ocorre em rosetas formadas por pequenas placas incolores a brancas. De *Coleraine*, Quebec (Canadá).
collieíta Var. de piromorfita com cálcio e vanádio.
colirita Silicato hidratado de alumínio $(Al_2O_3)_2SiO_2.9H_2O$ –, argiloso, quimicamente semelhante à montmorillonita. Raro.
collet V. *mesa inferior*.
collette V. *mesa inferior*.
COLLINSITA Fosfato hidratado de cálcio e magnésio com ferro – $Ca_2(Mg,Fe)(PO_4)_2$. $2H_2O$ –, tricl., em nódulos fibrosos. Descoberto no lago François, Colúmbia Britânica (Canadá), e assim chamado em homenagem a William H. *Collins*.
colofano Mineral maciço, finamente granulado, do grupo da apatita. Trata-se,

em geral, de carbonato-fluorapatita ou de carbonato-hidroxilapatita. De *Colophon*, antiga cidade da Jônia (Grécia).
colofonita 1. Var. de andradita de cor marrom-amarelada-escura, usada como gema, mas raramente. 2. Nome de uma var. de idocrásio imprópria para uso gemológico. Do gr. *kolophonia* (resina), por ter br. resinoso. Sin. de grodnolita.
colonial Nome coml. de um granito ornamental bastante semelhante ao mel paraná, porém mais grosseiro e acastanhado. É produzido em Quatro Barras, PR (Brasil).
colorado gaúcho Nome coml. de um granito ornamental róseo procedente de Viamão, RS (Brasil).
COLORADOÍTA Telureto de mercúrio – HgTe –, cúb., que forma massas granulares densas (8,10), pretas, de br. metálico e cor cinza-escuro. De *Colorado* (EUA), onde foi descoberto.
colorímetro de diamante Instrumento semelhante ao diamolite, usado com a mesma finalidade.
colorímetro Shipley Modelo de colorímetro de diamante.
coloriscópio Instrumento fabricado na Suíça e que serve para classificar diamantes quanto à cor. Cf. *diamolite*.
COLQUIRIITA Fluoreto de lítio, cálcio e alumínio – $LiCaAlF_6$ –, trig., em grãos anédricos, brancos, sem clivagem, medindo até 1 cm, com frat. conchoidal, dur. 4,0 e D. 2,9. Descoberto em Oruro (Bolívia), na mina *Colquiri* (daí seu nome).
coltan Minério formado por *col*umbita e *tan*talita.
columbita 1. Designação genérica para os membros da série isomórfica contínua ferrocolumbita [$FeNb_2O_6$] – manganocolumbita [$(Mn,Fe)(Nb,Ta)_2 O_6$]. Formam geralmente cristais prismáticos curtos, pretos, em granitos e pegmatitos. São os principais minerais-minérios de nióbio, fornecendo também tântalo e outros elementos raros. 2. Sin. de *ferrocolumbita*. De *Colúmbio* (sinônimo de nióbio) ou de *Colômbia*, país onde foi descoberta a amostra em que, pela

primeira vez, se identificou o nióbio. Sin. de *niobita, greenlandita, dianita, baierina, ferroilmenita, hermanolita*.
columbomicrolita V. *pirocloro*.
COLUSITA Sulfoarseneto de cobre e vanádio com estanho e antimônio – $Cu_{26}V_2(As,Sn,Sb)_6S_{32}$ –, cúb., descoberto em *Colusa* (daí seu nome), Butte, Montana (EUA). Cf. *germanita, nekrasovita*. Pertence, com mais seis sulfetos cúb., ao grupo da germanita.
COMANCHEÍTA Clorato de mercúrio com bromo – $Hg_{13}(Cl,Br)_8O_9$ –, ortor., amarelo a vermelho-laranja, em massas anédricas ou cristais aciculares, aquelas de br. resinoso e estes, vítreo. Tem traço amarelo-laranja, dur. 2,0, D. 7,7-8,0 e é frágil. Homenagem aos índios *comanches*, primeiros mineradores de Terlingua, Texas (EUA), onde foi descoberto.
COMBEÍTA Silicato de sódio e cálcio – $Na_2Ca_2Si_3O_9$ –, trig., formando prismas incolores, pouco desenvolvidos (alguns décimos de milímetro), sem clivagem. Descoberto na província de Kivu (R. D. do Congo) e assim chamado em homenagem a A. D. *Combe*. Pronuncia-se "cumbita".
COMBLAINITA Carbonato básico hidratado de níquel e cobalto – $Ni_6Co_2(CO_3)(OH)_{16}.4H_2O$ –, trig., encontrado como crostas azul-turquesa sobre uraninita alterada, em Shinkolobwe (R. D. do Congo), e assim chamado em homenagem a Gordon *Comblain*, seu descobridor.
COMPREIGNAQUITA Óxido básico hidratado de potássio e uranila – $K_2(UO_2)_6O_4(OH)_6.7H_2O$ –, de cor amarela, secundário, produzido por alteração de pechblenda em depósitos de *Compreignac* (França). Ortor., em cristais achatados amarelos, delgados, frequentemente maclados segundo (110).
comprido (gar.) **1.** Satélite que se distribui por uma grande extensão, tornando difícil localizar o diamante. **2.** (gar., MT) Diamante que aparece esporadicamente.
comptonita Var. de thomsonita opaca, frequentemente usada como gema, na forma de cabuchões. Ocorre na região do lago Superior (EUA).
comuccita V. *jamesonita*.
conarita Silicato hidratado de níquel – $(NiO_2)_2(SiO_2)_3.2H_2O$ –, verde-amarelado. Muito raro. Do gr. *konnaros*, planta espinhenta da família das coníferas.
concha opalizada Pseudomorfose de opala sobre conchas fósseis, encontrada em White Cliffs, Nova Gales do Sul (Austrália). Cf. *abacaxi-fóssil*.
conchinha de ágata Nome coml. de uma var. de qz. formada por um disco de calcedônia, geralmente com menos de 5 cm de diâmetro e alguns milímetros de espessura, revestida em uma das faces por microcristais de qz. incolor, que lhe dão aspecto cintilante. Tem cor cinza, às vezes bege, e é usada como gema, sem nenhum tipo de lapid. ou polimento, sendo apenas limpa com ác. O uso preferencial é como broche. Ocorre em riodacitos da região nordeste do Rio Grande do Sul e é exportada para a França e outros países. Também conhecida no comércio pelo nome de medalha. ☐
conchiolina Substância orgânica de cor marrom-escura que entra na composição das *pérolas* (v.).
conchita Nome dado à aragonita da concha dos moluscos.
conchoidal Tipo de frat. em que as superfícies resultantes da separação dos fragmentos se parecem com a das conchas. Têm frat. tipicamente conchoidal minerais-gema como qz., obsidiana e opala, entre outros. ☐
condrarsenita Arsenato hidratado de manganês, amarelo ou amarelo-avermelhado, com frat. conchoidal. Talvez idêntico à sarquinita.
condrito Nome dado aos aerólitos que exibem côndrulos de óxidos ou silicatos imersos em uma matriz fina constituída de olivina, ferroníquel e piroxênio, podendo apresentar outros minerais como acessórios, além de vidro. Alguns meteoritos sem côndrulos são incluídos nessa categoria, em virtude de sua composição. Os condritos são os

meteoritos mais comuns. Do gr. *khondros* (grão, côndrulo).
CONDRODITA Silicato de magnésio com ferro – $(Mg,Fe)_5(SiO_4)_2(F,OH)_2$ –, do grupo da humita. Monocl., de cor amarela, vermelha ou marrom. Dur. 6,5. D. 3,10. IR 1,613-1,643. Bir. 0,030. B(+). É frequente em dolomitos metamorfizados (metamorfismo de contato). Pode ser usada como gema, sendo produzida na Suécia e nos EUA. Do gr. *khondros* (grão).
condrostibiano Antimonato hidratado de manganês e ferro, que forma octaedros vermelho-escuros ou vermelho-amarelados.
condutividade térmica Capacidade de uma substância de promover a propagação do calor. É uma propriedade importante para distinguir o diamante de suas imitações.
condutivímetro Aparelho que mede a condutividade térmica ou elétrica de uma substância.

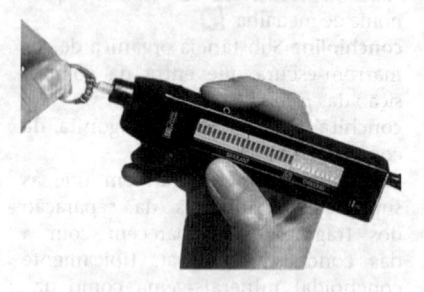

CONGOLITA Cloroborato de ferro com magnésio e manganês – $(Fe,Mg,Mn)_3B_7O_{13}Cl$ –, trig., dimorfo da ericaíta. Descoberto como finos grãos no resíduo insolúvel obtido de um testemunho de sondagem em Brazzaville, *Congo*, de onde vem seu nome. É vermelho-claro e transp.
CONICALCITA Arsenato básico de cálcio e cobre – $CaCu(AsO_4)(OH)$ –, ortor., do grupo da adelita. Forma séries isomórficas com a austinita, calciovolborthita e cobaltoaustinita. Maciço ou reniforme, verde, lembrando malaquita. Dur. 4,5.

D. 4,1. Do gr. *konis* (pó) + lat. *calx* (cálcio). Sin. de *higginsita*.
CONNELLITA Clorossulfato básico hidratado de cobre – $Cu_{19}Cl_4SO_4(OH)_{32} \cdot 3H_2O$ –, hexag., azul, descoberto na Cornualha (Inglaterra). Homenagem a Arthur *Connell*, o primeiro a estudar o mineral.
conoscópio Polariscópio que testa as figuras de interferência de um cristal usando luz polarizada convergente. Cf. *ortoscópio*.
contrastaria Profissão de quem contrasta metais preciosos ou estabelecimento onde ela é exercida. V. *contraste*.
contraste Verificação do título do ouro ou da prata. Cf. *título*.
COOKEÍTA Silicato básico de lítio e alumínio – $LiAl_4(Si_3Al)O_{10}(OH)_8$ –, do grupo das cloritas. Br. nacarado ou sedoso, cor variável. Homenagem a *Cooke*, seu descobridor.
COOMBSITA Silicato de fórmula química $K(Mn,Fe,Mg)_{13}(Si,Al)_{18}O_{42}(OH)_{14}$, trig., descoberto em South Island (Nova Zelândia). Cf. *zussmanita*.
COOPERITA Sulfeto de platina e paládio com níquel – $(Pt,Pd,Ni)S$ –, tetrag., dimorfo da braggita, usado como fonte de platina. É encontrada em fragmentos irregulares ou cristais muito complexos, de cor cinza, dur. 4,0, em noritos do Transvaal (África do Sul). Homenagem a R. A. *Cooper*, seu descobridor.
copal Designação comum aos membros de um grupo de resinas fósseis ou atuais, como o copal congo e a resina cauri, de cor amarelada ou vermelha, semitransp., friáveis, duras, vítreas, quase insolúveis nos solventes comuns, semelhantes ao âmbar na aparência e, como este, às vezes usadas com fins gemológicos, principalmente na Nova Zelândia. Ao contrário do âmbar, o copal é solúvel em éter; além disso, tem ponto de fusão mais baixo. D. 1,06. IR 1,540. O copal é produzido por árvores tropicais (gêneros *Copaifera* e *Agathis*). No Brasil, há copal em São Paulo, Bahia, Mato Grosso e Rio Grande do Sul (Salto do Jacuí). É muito comum

o copal do jatobá (*Hymenacea courbaril*), encontrado em solos eluviais. Copal procedente da Colômbia é vendido no mercado brasileiro como âmbar. Do náuatle *kopalli* (resina).

copal-cauri Sin. de *resina cauri*.

copal congo Copal duro, amarelado a incolor, derivado de certas árvores do gênero *Copaifera*. Ocorre na R. D. do Congo e é usado em vernizes.

copal-fóssil Sin. de *copalita*.

copalina 1. V. *copalita*. **2**. Nome que, no México, designa o âmbar.

copalita Resina fóssil semelhante ao copal na dur., cor, transparência e pouca solubilidade em álcool. Tem cor amarelo-clara, cinza ou marrom, contém ac. sucínico e é muito mais pobre em oxigênio que o âmbar. É encontrada perto de Londres (Inglaterra). Sin. de *copal-fóssil*, [1]*copalina*.

copal prensado Copal obtido pelo mesmo processo que o *âmbar prensado* (v.).

COPARSITA Cloroarsenato de cobre de fórmula química $Cu_4O_2[(As,V)O_4]Cl$, ortor., descoberto em uma fumarola vulcânica da península de Kamchatka (Rússia).

COPIAPITA Sulfato básico hidratado de ferro – $Fe_5(SO_4)_6(OH)_2.20H_2O$ –, tricl., amarelo, solúvel em água fria. Dur. 2,5-3,0, D. 2,10, br. nacarado, clivagem micácea. Forma escamas ou crostas granulares compactas, transl. É o mais comum dos sulfatos de ferro. De *Copiapó* (Chile), perto de onde foi descoberto. Sin. de *ferrocopiapita*, *janosita*, [2]*knoxvillita*. O grupo da copiapita compreende sete sulfatos tricl. de fórmula geral $AFe_4(SO_4)_6(OH)_2.20H_2O$ ou $B_{2/3}Fe_4(SO_4)_6(OH)_2.18-20H_2O$, onde A = Ca, Cu, Fe, Mg ou Zn e B = Al ou Fe.

COQUANDITA Sulfato hidratado de antimônio – $Sb_6O_8(SO_4).H_2O$ –, tricl., descoberto na mina Pereta, na Toscânia (Itália).

coqueiro Denominação popular de certas inclusões encontradas na água-marinha e que se assemelham à folha do coqueiro.

COQUIMBITA Sulfato hidratado de ferro – $Fe_2(SO_4)_3.9H_2O$ –, podendo ter razoável teor de alumínio. Trig., branco ou claro, prismático ou granular, de br. vítreo, solúvel em água fria. Dur. 2,5. D. 2,10-2,12. Sabor adstringente. Dimorfo da paracoquimbita. De *Coquimbo* (Chile), onde foi descoberto.

cor Fenômeno de percepção luminosa ou visual que permite diferenciar objetos que, de outro modo, seriam idênticos (Webster's, 1971). É uma propriedade de grande importância no estudo e na identificação das gemas, sendo essencial na caracterização de algumas. Nos minerais-gema, pode ter muitas origens. Muitas vezes, deve-se à presença de pequena quantidade de um elemento químico como impureza (ex.: rubi, safira, ametista, citrino, água-marinha e esmeralda) ou a inclusões de outro mineral (ex.: ágata, jaspe, aventurino). Os elementos químicos que dão cor são principalmente os de números atômicos 22 a 29, ou seja, titânio, vanádio, cromo, manganês, ferro, cobalto, níquel e cobre. Um mesmo metal pode gerar cores diferentes, dependendo dos ânions que o circundam. Assim, o cromo dá cor vermelha ao rubi, mas verde à esmeralda. Às vezes, a cor reflete a composição química fundamental do mineral, como no caso das granadas, ou defeitos em sua estrutura cristalina. A cor dos minerais metálicos é menos sensível a mudanças que a dos não metálicos. Na forma de pó, certos minerais, como a hematita, têm cor bastante diferente daquela vista em fragmentos maiores. A ação dos agentes atmosféricos frequentemente altera a cor de um mineral (v. *tarnish*), razão por que ela deve ser analisada numa superfície de frat. recente. O colorido de uma gema pode ser obtido ou melhorado artificialmente. Na maioria desses casos, porém, a cor obtida acaba enfraquecendo com o tempo. Cf. *alocromático*, *idiocromático*.

coracita 1. V. *uraninita*. **2**. Uraninita parcialmente transformada em gumita. Do gr. *korax* (corvo), por sua cor preta.

coral Material semitransp. a opaco, formado por esqueletos de pólipos calcários (87% $CaCO_3$, com 7% $MgCO_3$ e mais outras substâncias). Tem frat. irregular. Dur. 3,5-4,0. D. 2,60-2,70. IR 1,490-1,650. Bir. 0,172. U(–). Não tem pleocroísmo e a fluorescência é fraca. Mostra estrias retas ou espiraladas que servem para diferenciá-lo de imitações. As var. usadas como gema (coral--nobre) são geralmente alaranjadas, claras a escuras, ou rosa a vermelhas, e pertencem às espécies *Corallium nobile*, *Corallium rubrum*, *Corallium secundum* e *Corallium japonicum*. Outras var. têm cores branca, azul, preta, creme ou marrom. As cores dependem do tipo de organismo e de fatores externos. OCORRÊNCIA. O coral vive quase só em águas rasas (menos de 40 m), tranquilas, límpidas e com temperatura acima de 20°C. É encontrado em 101 países, principalmente Tailândia, Austrália e Filipinas. Essas ocorrências totalizam 284.000 km^2, dos quais pelo menos metade está em regime de degradação por pesca com dinamite, poluição, turismo descontrolado ou mudanças climáticas. O coral gemológico só é encontrado em estreitas faixas, que abrangem: sul da Irlanda, baía de Biscaia, ilha da Madeira, ilhas Canárias, ilhas do Cabo Verde, Mediterrâneo, arquipélago malaio e Japão. Forma troncos de 20-40 cm de altura com ramos de até 6 cm de diâmetro. O coral negro pode atingir até 3 m de altura. Há também coral fóssil. IMITAÇÕES. As imitações de coral mais comuns são constituídas de marfim-vegetal colorido artificialmente; borracha misturada com gipsita; pó de mármore misturado com cola e cinábrio ou pó de mínio; osso ou chifre coloridos por cinábrio; coral em pó misturado com cola; galalite; vidro; porcelana; plásticos. Difere dessas imitações porque exibe efervescência sob ação de uma gota de ác. clorídrico diluído a frio. USO. É empregado quase sempre em camafeus, colares, pulseiras e pequenas esculturas. Pode ser usado também no estado bruto. CURIOSIDADES. Em certos países da Europa, é usado pelas crianças como proteção contra mau-olhado. PRINCIPAIS PRODUTORES. A produção de coral gemológico dá-se principalmente na Tunísia, Argélia, Marrocos, Itália (Nápoles, Livorno, Gênova e Sardenha), Espanha (Catalunha) e França (Provença). O maior centro mundial de lapid. é Torre del Grecco, perto de Nápoles (Itália). CUIDADOS. A conservação do coral exige lavagem com detergente neutro a levemente alcalino, pois são sensíveis aos ác., bem como ao calor, perdendo a cor (esta pode ser recuperada mergulhando a peça em água oxigenada). Do lat. *corallum*. ▫

coral-argelino Nome coml. de um coral de qualidade inferior, que ocorre na costa da Argélia.

coral-fóssil V. *beekita*.

coral-negro Substância semelhante ao coral, preta ou marrom-escura, córnea, de dur. 2,5-3,0 e D. 1,50. É encontrado na Malásia, Bermudas, mar Vermelho e no Mediterrâneo. Chega a atingir 75 cm de comprimento e é usado para confecção de braceletes e objetos decorativos.

coral negro Var. de coral preta ou escura formada pela espécie *Antipathes apiralis*, encontrada no oceano Índico, na Austrália e no Mediterrâneo. É constituído principalmente de conchiolina e tem D. 1,34. Pouco usado em joalheria, exceto quando preto. Sin. de *akabar*, *coral-real*. Cf. *coral-negro*, *giogetto*.

coral-nobre Designação comum aos corais gemológicos. Compreende as espécies *Corallium rubrum* e *Corallium nobile*. De acordo com a cor, recebem nomes como pele de anjo, primeiro--sangue, [1]sangue de boi etc. Sin. de *coral-precioso*.

coral-precioso Sin. de *coral-nobre*.

coral-real Sin. de *coral negro*.

coral-róseo Imitação de pérola feita com coral. Difere da pérola por conter pequenos orifícios irregulares na superfície.

coranita Nome coml. de uma imitação de tanzanita.
CORDEROÍTA Clorossulfeto de mercúrio – $Hg_3S_2Cl_2$ –, cúb., dimorfo da lavrentievita, rosa-alaranjado. Sob a ação da luz (natural ou não), escurece, ficando cinza ou preto. Forma grãos submilimétricos. De *Cordero*, mina de Humboldt, Nevada (EUA), onde foi descoberto.
CORDIERITA Aluminossilicato de magnésio – $Mg_2Al_4Si_5O_{18}$ –, ortor., dimorfo da indialita. Geralmente maciço ou em grãos, violeta ou azul, transp. a transl., de br. vítreo, com uma clivagem regular. Dur. 7,0-7,5. D. 2,63-2,70. IR 1,542-1,551. Bir. 0,005. B(+) ou B(–). Disp. 0,017. Possui forte pleocroísmo em incolor a amarelo-claro, azul e violeta a violeta-azulado. A cordierita é usada como gema quando transp. e azul-clara. É um mineral comum em r. metamórficas formadas sob alta temperatura e baixa pressão, e mineral acessório em granitos. É produzida principalmente em Madagascar. Índia e Sri Lanka também produzem. No Brasil, existe em Minas Gerais, Rio Grande do Norte e Paraíba. Assim chamada em homenagem a P. L. A. *Cordier*, geólogo francês. Sin. de *dicroíta, iolita, pseudossafira, quartzo-prismático*.
CORDILITA-(Ce) Fluorcarbonato de sódio, bário e cério – $Na,Ba,Ce_2(CO_3)_4F$ –, hexag., que forma prismas curtos, incolores a amarelos, fracamente radioativos. Muito raro. Do gr. *kordy* (clava, maça), pela forma dos cristais. Sin. de *pseudoparisita*.
corindita Nome coml. de um material usado como abrasivo e constituído principalmente de coríndon (daí seu nome).
corindofilita Sin. de *clinocloro*. De *coríndon* + gr. *phyllon* (folha), por ocorrer com coríndon em um determinado local e por ter hábito micáceo.
córindon V. *coríndon*, forma correta.
CORÍNDON Óxido de alumínio – Al_2O_3 –, trig., encontrado em grãos, massas informes ou cristais (prismáticos ou piramidais), às vezes com maclas polissintéticas. Cor variável (incolor, cinza, marrom, verde, vermelho, azul-escuro), comumente com zoneamento, traço branco, transl. a transp., com br. adamantino a vítreo. Tem quatro direções de partição. Dur. 9,0. Tenacidade extremamente alta. D. 4,02. IR 1,762-1,770 (nas var. verde e vermelho-escura, pode chegar a 1,778, mas é raro). Bir. 0,008. U(–). Mostra pleocroísmo nítido. Disp. 0,018. Quando semitransp., costuma ser astérico. Apresenta como inclusões típicas agulhas de rutilo que se cruzam formando ângulos de 60°, fato só observado nele, no qz. e na almandina. Nos bordos dessas agulhas, há pequenas frat., parecendo fios de cabelo. Inclusões de mica no coríndon evidenciam origem natural. Pode mostrar asterismo com estrela de 6 ou 12 pontas. Ao polariscópio, pode permanecer sempre iluminado, em razão das maclas polissintéticas. Ocorre como mineral acessório em r. metamórficas (mármores, micaxistos e gnaisses), r. ígneas pobres em sílica, nos contatos de peridotitos, em lamprófiros, pegmatitos e depósitos detríticos. Uso. Possui duas importantes var. gemológicas: o rubi (vermelha) e a safira (demais cores). É importante também na indústria de abrasivos (esmeril e lixas), refratários, rolamentos para aparelhos científicos e outros setores. LAPID. Deve ter a mesa perpendicular ao eixo óptico, a fim de mostrar a cor com sua intensidade máxima. SÍNTESE. O coríndon é sintetizado em larga escala pelo processo Verneuil: óxido de alumínio pulverizado cai numa chama de maçarico, onde é fundido, caindo a seguir sobre um receptáculo de cerâmica que gira lentamente. Quando o Al_2O_3 solidifica, assume a estrutura cristalina do coríndon natural. A alumina pura dá uma pera de fundição incolor, mas, adicionando-se outros óxidos metálicos, obtêm-se cores diversas. Assim, 2% a 7% de óxido de cromo dão cor vermelha; diminuindo-se essa porcentagem, obtém-se a cor rosa; 2% de

óxido de ferro, com um pouco menos de óxido de titânio, proporcionam cor azul; óxidos de cobalto e vanádio dão cor verde; ferro e cromo dão cor laranja; 3% de óxido de vanádio dão cores como as da alexandrita. Esses coríndons sintéticos imitam diversos minerais, inclusive lápis-lazúli e alexandrita. O coríndon sintético é produzido principalmente na Europa (França, Alemanha, Suíça e Inglaterra) e nos EUA. Desde 1947, sintetiza-se também o coríndon astérico. Para tanto, usam-se agulhas de rutilo só visíveis com 50 aumentos. A pera de fundição contém 1%-3% de TiO_2 e é aquecida entre 1.100°C e 1.500°C por um período de 2h a 72h, o que provoca a precipitação do TiO_2 ao longo de três direções que correspondem às faces do prisma natural. Os coríndons sintéticos apresentam bolhas de gás circulares ou alongadas, podendo mostrar também estrias ou linhas de crescimento curvas. PRINCIPAIS PRODUTORES. O coríndon gemológico é raro no Brasil. Uma das jazidas brasileiras está no litoral de Santa Catarina (Barra Velha e São João do Itaperuí), onde ocorrem rubis e safiras. Ele é produzido em Mianmar (ex-Birmânia), Tailândia, Tanzânia, Sri Lanka e Índia, principalmente. Nome derivado do sânscr. *kuruvinda* (rubi), pelo tâmil *kurundan* e fr. *corindon*. Sin. de *córindon*. ☐
coríndon-pérola Var. de coríndon com iridescência bronzeada.
corinita Var. de gersdorffita com antimônio. Provavelmente do gr. *karyne* (clube, associação).
CORKITA Fosfato-sulfato básico de chumbo e ferro – $PbFe_3[(P,S)O_4]_2(OH, H_2O)_6$ –, trig., descoberto em *Cork* (daí seu nome), na Irlanda.
cornalina Var. gemológica de calcedônia vermelha (a mais valiosa), marrom-amarelada ou marrom-avermelhada, semitransp. a transl., diferente do jaspe da mesma cor por ser mais transl. e ter estrutura geralmente mais fibrosa que granular. A cor deve-se à presença de hematita. Passa a *sárdio* (v.) de maneira pouco nítida. A cornalina oferecida no comércio é, às vezes, imitação em vidro, material obtido por tratamento térmico de cornalinas de outras cores ou mesmo de sárdio (que é mais escuro), ou, principalmente, produto de tingimento por nitrato de ferro. Na Antiguidade, era usada para curar tumores e feridas e no combate a hemorragias nasais, tais eram as propriedades que se lhe atribuíam. Do lat. medieval *cornus* ou *cornum*, nome do corniso (*Cornus mas*, Linneu), em alusão a sua cor. Sin. de *carneol*, *carnéola*, [3]*pedra de sangue*, *ágata sangue de pombo*, *ágata-vermelha*. ☐
cornalina-ocidental Nome pouco usado, que designa a cornalina sem translucidez. Cf. *cornalina-oriental*.
cornalina-oriental Cornalina vermelho-escura, brilhante e transl. Cf. *cornalina-ocidental*.
CORNETITA Fosfato básico de cobre – $Cu_3PO_4(OH)_3$ –, em pequenos cristais ortor. azuis ou em crostas. Homenagem a Jules *Cornet*, geólogo belga.
CORNUALHITA Arsenato básico de cobre – $Cu_5(AsO_4)_2(OH)_4$ –, monocl., dimorfo da cornubita. Maciço, de cor verde, semelhante à da esmeralda. De *Cornualha* (Inglaterra), onde foi descoberto.
CORNUBITA Arsenato básico de cobre – $Cu_5(AsO_4)_2(OH)_4$ –, tricl., dimorfo da cornualhita. Geralmente fibroso, às vezes maciço, de cor verde, br. porcelânico. De *Cornubia*, nome latino da Cornualha, onde foi descoberto.
cornuíta Sin. de *katanguita*.
coroa 1. Porção de uma gema facetada acima da cintura. Sin. de [2]*bezel*. 2. Na lapid. rosa, conjunto de facetas triangulares acima da base. Sin. de [4]*estrela*.
coroar (gar.) Surgir à tona (o diamante) quando se está remexendo o cascalho na bateia.
CORONADITA Óxido de chumbo e manganês – $PbMn_8O_{16}$ –, monocl., pseudotetrag., maciço, preto. Seu teor em manganês é variável. Descoberto

no Arizona (EUA) e assim chamado em homenagem a Francisco V. de *Coronado*, explorador espanhol do século XVI.
corozo (nome coml.) Sin. de *jarina*. Do esp. *corozo*.
CORRENSITA Mineral argiloso que consiste numa interestratificação regular 1:1 de clorita trioctaédrica, tanto com vermiculita quanto com esmectita, ambas também trioctaédricas. Frequente em sequências evaporíticas. Descoberto na Saxônia (Alemanha) e assim chamado em homenagem a Carl W. *Correns*, professor alemão.
corriqueira (gar., SC) Fragmentos de calcedônia e/ou pequenos geodos de qz. que ocorrem imersos em solo desenvolvido sobre basalto, formando delgada camada horizontal.
cortador (gar., BA) Em Carnaíba, garimpeiro que trabalha no desmonte.
corte Operação que consiste em serrar um mineral-gema, separando as partes passíveis de lapid.
corundolita Espinélio sintético incolor.
CORVUSITA Óxido hidratado de fórmula química $(Na,Ca,K)_x(V,Fe)_8O_{20}.4H_2O$, monocl., fracamente radioativo. Preto-azulado a marrom, muito raro. Do lat. *corvus* (corvo), por sua cor. Cf. *fernandinita*.
COSALITA Sulfeto de chumbo e bismuto – $Pb_2Bi_2S_5$ –, descoberto na mina *Cosala*, Sinaloa (México). Ortor., prismático ou capilar, às vezes maciço, opaco. Dur. 2,5-3,0. D. 6,76. Ocorre em veios, r. metamórficas de contato e pegmatitos.
COSKRENITA-(Ce) Oxalato de fórmula química $(Ce,Nd,La)_2(SO_4)_2(C_2O_4).8H_2O$, tricl., descoberto no Tennessee (EUA) e assim chamado em homenagem a Dennis *Coskren*, geólogo que contribuiu para sua descoberta.
COSMOCLORO Silicato de sódio e cromo – $NaCrSi_2O_6$ –, monocl., verde, do grupo dos piroxênios, descoberto no meteorito Coahuila, encontrado no México. Nome derivado provavelmente de *cosmos*, por sua origem, + gr. *chloros* (verde), por ter cor verde semelhante à da esmeralda. Sin. de *ureyita*.

cossyrita V. *enigmatita*. De *Cossyra*, ilha perto da Sicília (Itália).
costelão (gar., GO) Em Campos Verdes, r. que contém a esmeralda, quando se mostra intensamente silicificada.
COSTIBITA Sulfoantimoneto de cobalto – $CoSbS$ –, ortor., dimorfo da paracostibita, descoberto em Nova Gales do Sul (Austrália). De *cobalto* + lat. *stibium* (antimônio).
cotterita Var. de qz. de br. nacarado-metálico.
COTUNNITA Cloreto de chumbo – $PbCl_2$ –, ortor., que forma massas cristalinas ou cristais aciculares brancos a amarelados. Descoberto no Vesúvio (Itália) e assim chamado em homenagem a Domenico *Cotugno*, professor italiano.
coufolita Var. lamelar de prehnita.
COULSONITA Óxido de ferro e vanádio – FeV_2O_4 –, cúb., do grupo do espinélio. Mineral-minério de vanádio. Descoberto em Lovelock, Nevada (EUA), e assim chamado em homenagem a *Coulson*. Sin. de *vanadomagnetita*.
COUSINITA Molibdato básico hidratado de magnésio e uranila – $Mg(UO_2)_2(MoO_4)_2(OH)_2.5H_2O$ –, monocl. (?), preto, descoberto em Shinkolobwe, na província de Shaba (R. D. do Congo). Espécie ainda mal estudada.
covellina V. *covellita*.
COVELLITA Sulfeto de cobre – CuS –, hexag., em placas flexíveis de cor azul-anil e br. submetálico, séctels, com traço preto e clivagem micácea. Dur. 1,5-2,0. D. 4,60-4,80. É geralmente encontrada na zona de enriquecimento secundário dos depósitos de cobre sulfetados. Raramente usada como gema, sendo mais importante como fonte de cobre (66,4% Cu). O nome é homenagem a N. *Covelli*, mineralogista italiano. Sin. de *covellina*.
COWLESITA Aluminossilicato hidratado de cálcio – $CaAl_2Si_3O_{10}.5,3H_2O$ –, ortor., do grupo das zeólitas. Forma lâminas muito finas, de baixa dur., incolores ou brancas, com a extremidade em

ponta. Muito semelhante à thomsonita. Homenagem a John *Cowles*, mineralogista amador e colecionador de zeólitas do Oregon (EUA).

COYOTEÍTA Sulfeto hidratado de sódio e ferro – $NaFe_3S_5.2H_2O$ –, tricl., muito raro, descoberto em *Coyote* Peak, Humboldt, Califórnia (EUA), de onde vem seu nome. É um mineral preto, instável nas condições atmosféricas. D. 2,9. Forma grãos de até 0,4 mm, de br. metálico, opacos, com clivagem (111) perfeita, moderadamente magnéticos. Insolúvel ou quase insolúvel em HCl e HNO_3 1:1 a frio, mas facilmente solúvel a quente.

CRANDALLITA Fosfato básico hidratado de cálcio e alumínio – $CaAl_3(PO_4)_2(OH)_5.(OH,H_2O)$ –, trig., compacto ou fibroso, com cor branca ou cinza-claro. Descoberto em Hesse-Nassau (Alemanha) e assim chamado em homenagem a Milan L. *Crandall* Jr., engenheiro norte-americano. Sin. de *pseudowavellita*. Cf. *wavellita*. O grupo da crandallita compreende 17 fosfatos e arsenatos trig.

craqueleé Cristal de rocha em fragmentos.

craurita Sin. de *dufrenita*. Do gr. *krauros* (friável).

cravador Pessoa que engasta as gemas na armação de metal.

CRAWFORDITA Fosfato-carbonato de sódio e estrôncio – $Na_3Sr(PO_4)(CO_3)$ –, monocl., descoberto na península de Kola (Rússia). Exibe fluorescência em verde com luz UV de ondas curtas.

CREASEYITA Silicato hidratado de chumbo, cobre e ferro – $Pb_2Cu_2Fe_2Si_5O_{17}.6H_2O$ –, ortor., que ocorre em cristais fibrosos, formando esferas ou agulhas entrelaçadas e contorcidas de até 0,5 mm. Verde, semelhante à mixita. Homenagem a S. C. *Creasey*, pelos seus estudos na mina Mammoth-St. Anthony, onde o mineral foi descoberto.

CREDNERITA Óxido de cobre e manganês – $CuMnO_2$ –, monocl., de cor preta a cinza. Descoberto em Turingia (Alemanha) e assim chamado em homenagem a C. F. *Credner*, geólogo e mineralogista. Não confundir com *krennerita*.

CREEDITA Sulfato básico hidratado de cálcio e alumínio – $Ca_3Al_2(SO_4)(OH)_2F_8.2H_2O$ –, monocl., encontrado em cristais prismáticos, grãos ou massas fibrorradiadas. De *Creede*, Colorado (EUA), onde foi descoberto.

creitonita Var. de gahnita preta com ferro. Do gr. *kreitton* (mais forte), por ser mais denso que os outros espinélios.

crenita Var. de calcita estalactítica, de cor amarela, em razão da matéria orgânica e do ác. crênico (ou crenato de cálcio). Nome derivado da composição.

CRERARITA Sulfosseleneto de platina e bismuto com chumbo – $(Pt,Pb)Bi_3(S,Se)_{4-x}$, onde x=~0,7. É cúb. e foi descoberto na província de Quebec (Canadá).

crestmoreíta Mistura de tobermorita e wilkeíta, antes considerada espécie. De *Crestmore*, Califórnia (EUA), onde ocorre.

CRICHTONITA Óxido múltiplo de fórmula química $(Sr,La,Ce,Y)(Ti,Fe,Mn)_{21}O_{38}$, trig. O grupo da crichtonita compreende 12 óxidos trig., alguns metamictos, de fórmula geral $AB_{21}O_{38}$, onde A = Ba, Ca, Ce, K, La, Na, Pb, Sr ou Y, e B = Cr, Mg, Mn, Ti, U, V, Zn, Zr, Fe^{2+} ou Fe^{3+}.

CRIDDLEÍTA Sulfoantimoneto de tálio, prata e ouro – $TlAg_2Au_3Sb_{10}S_{10}$ –, monocl., pseudotetrag., descoberto na província de Ontário (Canadá).

criofilita Aluminossilicato de lítio, potássio e ferro, do grupo das micas litiníferas. Tem composição intermediária entre a da zinnwaldita e a da lepidolita. Forma cristais prismáticos curtos ou lamelares, de cor cinza, marrom ou, raramente, verde. Talvez do gr. *krios* (frio) + *phyllon* (folha).

CRIOLITA Fluoreto de sódio e alumínio – Na_3AlF_6 –, geralmente maciço, também prismático, branco a incolor, com br. vítreo a graxo. Dur. 2,5. D. 2,90-3,00. Tem índice de refração igual ao da água, razão por que seu pó, imerso nesta, fica praticamente invisível. O úni-

co depósito importante são filões em granito na Groenlândia. Geralmente sintético, produzido a partir da fluorita para uso como fundente e solvente na metalurgia do alumínio. Também utilizado na fabricação de esmaltes, isolantes, inseticidas, vidro porcelânico, sais de sódio e de magnésio. Do gr. *krios* (gelo) + *lithos* (pedra), por sua semelhança com o gelo. Cf. *criolitionita*.
CRIOLITIONITA Fluoreto de sódio, lítio e alumínio – $Na_3Li_3Al_2F_{12}$ –, encontrado com a criolita em pegmatitos da Groenlândia. Incolor, muito raro. Assim chamado por conter *lítio* e assemelhar-se à *criolita*.
crioulo (gar.) Jaspe marrom-chocolate.
CRIPTOALITA Fluoreto de amônio e silício – $(NH_4)_2SiF_6$ –, cúb., polimorfo da bararita. É solúvel em água quente. Do gr. *kriptos* (escondido) + *als* (sal), por associar-se ao sal amoníaco no local onde foi descoberto.
criptoclásio Var. de albita pseudomonocl. Forma uma série isomórfica com o ortoclásio.
criptocristalino Diz-se dos minerais formados por cristais tão pequenos que não são identificáveis nem mesmo ao microscópio, embora possam ser individualizados. Do gr. *kryptos* (escondido) + *cristalino*. Cf. *microcristalino*.
criptolita V. *monazita*. Do gr. *kryptos* (escondido) + *lithos* (pedra).
CRIPTOMELANO Óxido de potássio e manganês – $K(Mn^{2+},Mn^{4+})_8O_{16}$ –, preto ou marrom-escuro. Seu teor de manganês é variável. Do gr. *kryptos* (escondido) + *melanos* (negro), por ter cristais finíssimos e cor negra. O grupo do criptomelano compreende oito óxidos complexos de fórmula geral AB_8O_{16}.
criptossiderito Nome dado aos meteoritos pobres em níquel e ferro. Do gr. *kryptos* (escondido) + *sideros* (ferro), por terem pouco ferro.
criselefantino Diz-se dos objetos feitos de ouro e marfim.
CRISOBERILO Óxido de berílio e alumínio – $BeAl_2O_4$ –, ortor., comumente com maclas em roda, dando simetria pseudo-hexag. Geralmente tabular ou prismático curto, podendo ser granular. Verde-amarelado ou marrom, traço branco, estriado, de br. graxo, friável, com duas clivagens boas, formando ângulos de 60°. Dur. 8,5. D. 3,65-3,85. IR 1,746-1,755. Bir. 0,010. B(+). Disp. 0,015. Forte pleocroísmo nos cristais mais escuros. Opalescente, transp. a transl., astérico. Ocorre em granitos, pegmatitos, micaxistos e aluviões. Uso. Tem duas var. gemológicas importantes: o olho de gato e a alexandrita, servindo também como fonte de berílio. Lapid. É lapidado em cabuchão (olho de gato) ou em facetas, com forma retangular, oval ou retangular com cantos cortados. A lapid. é sempre manual. Curiosidades. Na Antiguidade, acreditava-se que o crisoberilo purificava o ar, aliviando a asma. Principais produtores. Os principais produtores são Sri Lanka e Rússia, vindo depois Madagascar, Brasil e Zimbábue. No Brasil, é produzido no Espírito Santo e, principalmente, Minas Gerais. Valor coml. O crisoberilo vale US$ 3 a US$ 180/ct para gemas lapidadas com 1 a 15 ct, mas as var. olho de gato e alexandrita são incomparavelmente mais caras. Síntese. O crisoberilo é sintetizado desde o início da década de 1970. Mostra cor mais clara que nas pedras naturais e tem as inclusões típicas de pedras sintéticas. Etimologia. Do gr. *khrysos* (ouro) + *berilo*, por sua cor e composição. Sin. de [4]*crisopala*. O nome aplicava-se, antigamente, ao heliodoro.
crisoberilo-oriental Safira verde-amarelada.
crisoberilo-uraliano V. *alexandrita*.
crisocarmen R. ornamental cuprífera, vermelha ou marrom com manchas azuis e verdes, decorrentes, talvez, da azurita e da crisocola, respectivamente. É encontrada no México.
CRISOCOLA Silicato hidratado de cobre – $(Cu,Al)_2H_2Si_2O_5(OH)_4.nH_2O$ –, ortor., geralmente criptocristalino. Tem

cor azul, verde-azulada ou verde, que escurece quando a gema se desidrata. Br. vítreo, traço branco e frat. conchoidal. Não é fluorescente. Dur. 2,5. D. 2,20-2,24. IR 1,575-1,635. Bir. 0,032. Ocorre na porção superficial dos depósitos de cobre, associada, muitas vezes, à malaquita, com a qual pode ser confundida. É usada como gema e, principalmente, como fonte de cobre (tem 36% Cu). A crisocola é produzida principalmente na Rússia e nos EUA, mas também no Peru, Zimbábue, R. D. do Congo, Chile e Brasil. Do gr. *khrysos* (ouro) + *colla* (colar), porque se assemelha a uma substância usada antigamente para colar ouro. Sin. de *malaquita de cobre*.

crisojaspe Jaspe colorido por crisocola.

crisólita 1. Olivina com 70%-90% de forsterita. 2. Var. gemológica de olivina de cor verde-amarelada, avermelhada ou amarronzada, mais clara que o peridoto. Termo usado, às vezes, como sin. de *olivina*. Do gr. *khrysos* (ouro) + *lithos* (pedra). Não confundir com *crisotila*.

crisólita-água-marinha Berilo verde-oliva.

crisólita-brasileira Nome coml. da turmalina verde-amarelada usada como gema.

crisólita-cingalesa Nome coml. do crisoberilo amarelo-ouro e da turmalina amarelo-esverdeada.

crisólita da boêmia V. *moldavito*.

crisólita-d'água Sin. de *moldavito*.

crisólita da saxônia 1. Nome de uma subvar. de peridoto. 2. Topázio. Não confundir com *crisólita-saxônica*.

crisólita da sibéria Demantoide.

crisólita do brasil 1. Crisoberilo. 2. Turmalina.

crisólita do cabo Var. verde de prehnita procedente da África do Sul.

crisólita dos napolitanos V. *vesuvianita*.

crisólita-italiana V. *vesuvianita*.

crisólita-opalescente 1. Crisoberilo ou coríndon esverdeado, com opalescência. 2. Crisoberilo com *chatoyance*.

crisólita-oriental Crisoberilo amarelo-esverdeado.

crisólita-podre (gar.) Sin. de *cambalacho*.

crisólita-saxônica Qz. amarelo-esverdeado-claro. Não confundir com *crisólita da saxônia*.

crisólito 1. V. ¹*crisólita*. 2. Nome dado a um berilo verde-amarelado-claro. Do gr. *khrysos* (ouro) + *lithos* (pedra).

crisopala 1. Nome coml. de uma crisólita opalescente, usada como gema. 2. Opala-comum de cor verde-maçã, pela presença de níquel. 3. Sin. de ¹*prasopala*. 4. V. *crisoberilo*. Do gr. *khrysos* (ouro) + *opala*.

crisoprásio 1. Var. gemológica de calcedônia relativamente rara, de cor verde-maçã ou verde-amarelada, por causa do níquel. A cor pode enfraquecer por ação da luz do sol ou calor, podendo ser recuperada, se deixado em lugar úmido. Dur. 6,5-7. D. 2,58-2,64. Não tem pleocroísmo nem fluorescência. IR. 1,530-1,539. Bir. 0,009. U(+). É transl. a semitransp., frequentemente confundido com jade. É uma das mais valiosas var. de calcedônia, sendo usado em anéis e outros pequenos objetos de adorno na forma de cabuchões, contas, camafeus e entalhes. As peças mais valiosas recebem lapid. de Frederico. É produzido na Índia, África do Sul, Rússia, EUA, Brasil (GO) e Austrália. 2. Nome coml. de uma calcedônia artificialmente colorida de verde, num tom mais escuro que o do crisoprásio natural. Do gr. *khrysos* (ouro) + *prasion* (alho-poró). Sin. de *jade-australiano*, *jade do pacífico sul*. ▫

crisoquartzo V. *aventurino-verde*. Do gr. *khrysos* (ouro) + *quartzo*.

crisotila V. *crisotilo*.

crisotilo Silicato básico de magnésio – $Mg_3Si_2O_5(OH)_4$ –, do grupo das serpentinas. Fibroso, com fibras de comprimento variável. Branco, cinza ou esverdeado, br. sedoso. É a mais importante das espécies de asbesto. É encontrado em r. ígneas e metamórficas e usado, como as demais, como isolante e em material à prova de fogo. Representa cerca de 96% da produção mundial de asbesto. Do gr. *khrysos* (ouro) + *tylos* (fibra), por seu hábito e reflexos dourados. Sin. de *crisotila*. ▫

cristal 1. Corpo caracterizado por uma estrutura interna regular (estrutura cristalina), em virtude da qual pode exibir externamente faces planas. 2. Vidro de qualidade superior, rico em chumbo, usado em copos, taças, vasos, lustres e inúmeros outros objetos, como o cristal Swarovski e o cristal da boêmia. 3. V. *cristal de rocha*. 4. (gar., BA) Na Chapada Diamantina, nome dado a partículas de sais diversos que aparecem incrustadas no diamante. Do gr. *krystallos*, nome derivado de *kryos* (gelo). ◻
cristal brasil Nome coml. de um quartzito micáceo claro, com marcas vermelhas de óxido de ferro. Tem granulação fina e br. nacarado, pela presença da mica, sendo composto de qz., epídoto e moscovita. Ocorre em Mariana, MG (Brasil).
cristal da boêmia Vidro de alta qualidade, rico em chumbo, usado em obras de arte, cálices, vasos etc. Cf. Murano, Swarovski.
cristal da montanha V. *cristal de rocha*.
cristal de murano V. *Murano*.
cristal de rocha Var. de qz. incolor, em cristais de tamanho muito variável, podendo atingir mais de 1 m de comprimento, isolados ou em geodos e drusas, atingindo estas, às vezes, centenas de quilogramas, com milhares de cristais. Frequentemente maclado, transp. a transl., com br. vítreo e frat. conchoidal. Não tem clivagem nem pleocroísmo e geralmente não mostra fluorescência. Dur. 7,0. D. 2,50-2,80. IR 1,544-1,553. U(+). É muito comum, ocorrendo em todo o mundo e em todos os tipos de r. Cristais límpidos e bem desenvolvidos são encontrados em cavidades de r. ígneas e metamórficas. É usado em objetos decorativos e como gema. Peças lapidadas, quando aquecidas e resfriadas bruscamente, sofrem microfissuramento, permitindo tingimento (detectável em líquidos de imersão). Muito importante na indústria eletrônica, na fabricação de vidros de alta qualidade (v. [2]*cristal*), de abrasivos e em outros setores industriais. A maior esfera de cristal de rocha sem defeito do mundo tem 48 kg e está no Museu de História Natural da Smithsonian Institution, em Washington (EUA). Na Antiguidade, era misturado ao vinho na forma de pó, para combater disenteria. É produzido principalmente no Brasil, Japão, Madagascar e Suíça, seguindo-se França, Grã-Bretanha, Itália (Sicília), Sri Lanka, Índia, Egito, México e EUA. No Brasil, é produzido principalmente em Minas Gerais, Goiás e Bahia. Para uso em eletrônica, emprega-se muito o cristal de rocha sintético, já produzido no Brasil. Do gr. *krystallos*, de *kryos* (gelo), porque antigamente se pensava ser gelo supercongelado que, por isso, não fundia. Sin. (coml.): [3]*cristal*, *cristal da montanha, diamante-alemão, diamante-arkansas, diamante baffa, diamante-boêmio, diamante brighton, diamante buxton, diamante de herkimer, diamante de lake george, diamante-delfinado, diamante do alasca, diamante-havaiano, diamante horatio, diamante hot springs, diamante marmarosch, diamante marmora, diamante-mexicano, diamante paphos, diamante pecos, diamante pesas, diamante-pingo-d'água, diamante quebec,* [1]*diamante-verde*. ◻
cristal negativo Cavidade em um cristal limitada por superfícies planas e reproduzindo a forma do cristal em que aparece.
CRISTOBALITA Óxido de silício – SiO_2 –, polimorfo de alta temperatura do qz., stishovita e coesita, encontrado em cristais geralmente com menos de 1 mm, octaédricos, raramente cúb. Estável apenas acima de 1.470°C, ocorrendo em r. vulcânicas ác. Usado como material refratário, na forma de tijolos, por ex. De San *Cristobal*, cerro de Hidalgo (México), onde foi descoberto.
crocidolita Var. de riebeckita asbestiforme. Do gr. *krokis* (urdidura) + *lithos* (pedra), por ter hábito fibroso. Cf. *olho de falcão, olho de tigre*.

CROCOÍTA Óxido de chumbo e cromo – $PbCrO_4$ –, monocl., quase sempre prismático, br. adamantino, vermelho ou alaranjado. Ocorre na zona de oxidação dos depósitos de chumbo. É séctil, com frat. conchoidal a irregular. Dur. 2,5-3,0. D. 5,9-6,1. Br. adamantino a vítreo, transl. Mineral-minério de chumbo. Do gr. *krokoeis* (amarelo-açafrão), por sua cor.
CROMATITA Cromato de cálcio – $CaCrO_4$ –, tetrag., encontrado em mármores e calcários da estrada Jerusalém-Jericó (Jordânia). Forma grãos micrométricos amarelo-limão, sem clivagem, com frat. conchoidal, associados à gipsita.
cromfordita V. *fosgenita*.
CROMITA Óxido de ferro e cromo – $FeCr_2O_4$ –, do grupo dos espinélios, dimorfo da donathita. Cúb., maciço ou em octaedros, preto ou amarelo, com traço marrom-escuro, br. metálico e submetálico. Dur. 5,5-6,0. D. 4,60-5,20. Ocorre em r. ígneas básicas ou ultrabásicas e em material detrítico. Muito frequente em meteoritos. Raramente usado como gema, sendo muito mais importante como fonte de cromo (68% Cr_2O_3), pois é o único mineral-minério desse metal. Usado também em tintas e refratários. Produtores importantes são Nova Zelândia, Turquia, EUA, Zimbábue e Brasil (Bahia e Goiás). Sin. de *beresofita*, [1]*cromitita*.
cromitita 1. Sin. de *cromita*. 2. Var. de cromita misturada com magnetita ou hematita.
CROMO V. *Anexo*.
CROMOBISMITA Cromato de *bismuto* (daí seu nome), de fórmula química $Bi_{16}CrO_{27}$, tetrag., descoberto em uma mina de ouro de Shaanxi, na China.
cromocalcedônia Var. de calcedônia de cor verde, pela presença de cromo; semelhante ao crisoprásio. Ocorre no Zimbábue. Sin. de *mtorolita*.
CROMOCELADONITA Silicato básico de potássio, cromo e magnésio – KCrMg $(Si_4O_{10})(OH)_2$ –, monocl., descoberto em Karelia, na Rússia.
cromociclita Var. de apofilita que, observada em luz polarizada convergente, mostra anéis de interferência coloridos, ao contrário da leucociclita, que os mostra em preto e branco. Do gr. *khroma* (cor) + *kyklos* (círculo).
cromodiopsídio Var. de diopsídio com cor verde, em razão da pequena quantidade de óxido de cromo. É usado com fins gemológicos, principalmente em Madagascar. Frequentemente associado ao diamante.
CROMODRAVITA Borossilicato de fórmula química $NaMg_3Cr_6(BO_3)_3Si_6O_{18}(OH)_4$, trig., do grupo das turmalinas. Tem cor verde-escura (quase preta) e D. 3,4. Forma cristais piramidais em metassomatitos micáceos da Karelia (Rússia).
CROMOFERRETO Ferro com 11,04% de cromo (daí seu nome) – Fe_3Cr_{1-x}, com x = 0,6 –, trig., cinza, opaco, ferromagnético, de dur. 4,0, descoberto nos Urais (Rússia).
CROMOFILITA Silicato básico de potássio, cromo e alumínio – $KCr_2[\ ]AlSi_3O_{10}(OH)_2$ –, monocl., descoberto na região do lago Baikal (Rússia).
cromolita Turmalina verde.
cromoloweíta Sulfato de ferro e cromo encontrado em caliche. Cf. *loweíta*.
cromomagnetita Var. de magnetita com cromo.
cromopicotita Óxido de magnésio, ferro, cromo e alumínio, do grupo dos espinélios.
CRONSTEDTITA Silicato de ferro – $Fe_2^{2+}Fe^{3+}(Si,Fe^{3+})O_5(OH)_4$ –, monocl. e trig., do grupo caulinita-serpentina. Forma prismas hexag. pretos, com clivagem basal perfeita e traço verde-escuro. Homenagem ao barão Axel von *Cronstedt*, mineralogista sueco.
CRONUSITA Sulfeto de cálcio e cromo – $Ca_{0,2}(H_2O)_2CrS_2$ –, trig., descoberto em meteorito encontrado em Nebraska (EUA).
CROOKESITA Seleneto de cobre e tálio com prata – $Cu_7(Tl,Ag)Se_4$ –, tetrag.,

cinza, maciço, compacto, de br. metálico. Tem 5% Ag, sendo usado para obtenção desse metal. Dur. 2,5. D. 6,9. Insolúvel em HCl, mas totalmente solúvel em HNO_3. Raro. Homenagem a William *Crookes*, descobridor do tálio.

cross Nome dado a oito das dezesseis facetas *break* da coroa do brilhante e às oito facetas correspondentes no seu pavilhão. Sin. de *skew*. Cf. *skill*.

crossita Silicato de sódio, magnésio e alumínio com ferro – $Na_2(Mg,Fe)_3(Al,Fe)_2Si_8O_{22}(OH)_2$ –, monocl., do grupo dos anfibólios, no qual $Fe^{3+}/(Fe^{3+}+Al)$ = 0,3 a 0,7. Forma cristais achatados, azuis, de D. 3,16. Homenagem ao geólogo norte-americano Charles Whitman *Cross*.

crucita 1. V. *quiastolita*. **2.** Pseudomorfose de limonita ou hematita sobre arsenopirita. Do lat. *crux, crucis* (cruz), pela sua forma.

crupiara V. *grupiara*.

cruz Facetas da base da coroa na lapid. rosa. Sin. de *dente*.

cruz axial Nome dado ao conjunto dos eixos cristalográficos.

cruz de malta Nome dado à macla da estaurolita em que dois cristais se cruzam formando ângulos de 90°. Sin. de *cruz-latina*. Cf. *cruz de santo andré*.

cruz de santo andré Nome dado à macla da estaurolita em que dois cristais se cruzam formando ângulos diferentes de 90°. Cf. *cruz de malta*.

cruz-latina Sin. de *cruz de malta*.

cruz-romana Macla de estaurolita semelhante à cruz de malta, mas com o ramo vertical maior.

csiclovaíta Sulfotelureto de bismuto – Bi_2TeS_2 –, ainda pouco conhecido. Var. de tetradimita com menos telúrio e mais enxofre.

CUALSTIBITA Antimonato básico hidratado de cobre e alumínio – $Cu_6Al_3(SbO_4)_3(OH)_{12}.10H_2O$ –, hexag., verde-azulado. Forma cristais colunares de até 0,05 mm, transp. a transl. Nome derivado da fórmula: Cu + Al + *stib*ium (antimônio) + *ita*. Cf. *cianofilita*.

CUBANITA Sulfeto de cobre e ferro – $CuFe_2S_3$ –, ortor., dimorfo da isocubanita. Fortemente magnético, descoberto em Barracanao (Cuba), daí seu nome. Cristaliza em prismas alongados, estriados verticalmente, com dur. 3,5 e D. 4,7. As maclas são frequentes. Cor amarelo-bronze a amarelo-latão. É fonte de cobre. Sin. de *chalmersita*.

cubeíta Sulfato hidratado de ferro e magnésio.

cúbico 1. Sistema cristalino em que há três eixos cristalográficos de mesmo tamanho e mutuamente perpendiculares. **2.** Diz-se dos minerais pertencentes ao sistema cúb. (diamante, ouro, granadas, prata, espinélios, sodalita etc.), caracterizados por isotropia térmica e óptica, e de seus cristais. Sin. de *isométrico, monométrico*.

CUBOARGIRITA Sulfoantimoneto de prata – $AgSbS_2$ –, cúb., trimorfo da argirita e da baumstarkita, descoberto na Floresta Negra (Alemanha).

culaça Extremidade inferior do brilhante. Pode ter ou não uma faceta (a mesa inferior).

culatra Sin. de *mesa inferior*.

culet Sin. de *mesa inferior*.

cumbi Nome coml. de um mármore perolado de Cachoeira do Campo, MG (Brasil).

CUMENGEÍTA Cloreto básico de chumbo e cobre – $Pb_{21}Cu_{20}Cl_{42}(OH)_{40}$ –, tetrag., que forma pequenos cristais piramidados. Homenagem a Édouard *Cumenge*, engenheiro de minas francês. Sin. de *cumengita*. Cf. *boleíta, pseudoboleíta*.

cumengita V. *cumengeíta*.

CUMMINGTONITA Silicato básico de magnésio – [ ]$Mg_7(Si_8O_{22})(OH)_2$ –, do grupo dos anfibólios monocl. Pode conter zinco e manganês. Lamelar ou fibroso, marrom. Encontrado em r. metamórficas. D. 3,1. Sin. de *kievita*. De *Cummington*, Hampshire, Massachusetts (EUA).

CUPALITA Liga de cobre e alumínio com zinco – (Cu,Zn)Al –, ortor., descoberta na região de Magadan (Rússia). Do lat. *cuprum* (cobre) + *alumen* (alumínio).

CUPRITA Óxido de cobre – Cu_2O –, maciço ou em cristais cúb. ou octaédricos, de cor vermelho-sangue, com forte br. adamantino e traço avermelhado. Transl. a transp. Frat. conchoidal. Dur. 3,5-4,0. D. 5,80-6,10. IR 2,850. A cuprita é encontrada na zona superficial dos veios de cobre. É muito rica nesse metal (89% Cu), sendo fonte de cobre. Como gema, só começou a ser usada em 1974, quando foram descobertos grandes cristais transp. em Onganya, na Namíbia. Do lat. *cuprum* (cobre). Sin. de *ruberita*.
cuproadamita Var. de adamita rica em cobre, intermediária entre a adamita e a olivenita.
cuproasbolano Óxido de fórmula química $(Cu,Mg,H_2)O(Fe,Al,Co,Mn)_2O_3$, de cor preta, com baixa dur. Do lat. *cuprum* + gr. *asbole* (fuligem), pela sua composição e cor.
CUPROBISMUTITA Sulfeto de cobre e bismuto – $Cu_{10}Bi_{12}S_{23}$ –, monocl., descoberto em Park, Colorado (EUA). Originalmente considerado mistura de bismutinita e emplectita. Do lat. *cuprum* (cobre) + *bismuto*.
CUPROCOPIAPITA Sulfato básico hidratado de cobre e ferro – $CuFe_4(SO_4)_6(OH)_2 \cdot 20H_2O$ –, tricl., semelhante à copiapita, com magnésio substituído por cobre. Descoberto na mina de Chuquicamata, Calama (Chile). Do lat. *cuprum* (cobre) + *copiapita*. Sin. de ²*cupropiapita*.
cuprodescloisita Sin. de *mottramita*. Do lat. *cuprum* (cobre) + *descloisita*.
cuproeskebornita Var. de eskebornita rica em cobre.
CUPROESPINÉLIO Óxido de cobre e ferro com magnésio – $(Cu,Mg)Fe_2O_4$ –, cúb., em grãos irregulares com menos de 1 mm de diâmetro. Ocorre intercrescido com hematita. Membro do grupo dos espinélios descoberto em Newfoundland (Canadá).
cuproiodargirita Iodeto de cobre e prata – $CuAgI_2$ –, formado por alteração da stromeyerita. Do lat. *cuprum* (cobre) + *iodargirita*.

CUPROIRIDSITA Sulfeto de cobre e irídio – $CuIr_2S_4$ –, cúb., que forma séries isomórficas com a cuprorrodsita e a malanita, descoberto na Rússia. De *cupro* (cobre) + *irídio* + *sulfeto* + *ita*.
cupromagnesita Sulfato de cobre e magnésio verde-azulado, formado sobre lavas, como crostas. Do lat. *cuprum* (cobre) + *magnesium* (magnésio).
CUPROPAVONITA Sulfeto de prata, chumbo, cobre e bismuto – $AgPbCu_2Bi_5S_{10}$ –, monocl., muito semelhante opticamente à pavonita. Descoberto na mina Alaska, em San Juan, Colorado (EUA).
cupropiapita 1. Molibdato básico de cobre. **2.** V. *cuprocopiapita*.
cupropirita Sin. de *barracanita*.
cuproplatina Var. de platina com 8% a 13% Cu. Ocorre encobrindo grãos de ferroplatina.
CUPRORRIVAÍTA Silicato de cálcio e cobre – $CaCuSi_4O_{10}$ –, descoberto no Vesúvio (Itália), em pequenos grãos tetrag. Do lat. *cuprum* (cobre) + *rivaíta*, por ter composição semelhante à desse mineral, com cobre.
CUPRORRODSITA Sulfeto de cobre e ródio – $CuRh_2S_4$ –, cúb., que forma série isomórfica com a cuproiridsita, descoberto na Rússia. Cf. *malanita*.
cuproscheelita Mistura de scheelita e cuprotungstita.
CUPROSKLODOVSKITA Silicato hidratado de cobre e uranila – $Cu(UO_2)_2Si_2O_7 \cdot 6H_2O$ –, tricl., formado por alteração da pechblenda. Verde-grama, fortemente radioativo. Descoberto na província de Shaba (R. D. do Congo). Do lat. *cuprum* (cobre) + *sklodovskita*, por ter composição semelhante à desse mineral, com cobre e sem magnésio. Sin. de *jachymovita*.
CUPROSTIBITA Antimoneto de cobre – Cu_2Sb –, tetrag., cinza, de br. metálico, com frat. irregular, formando agregados finamente granulados de até 1,5 mm, em veio de ussingita que corta sodalitassienitos no maciço de Ilimaussaq, Groenlândia (Dinamarca).

CUPROTUNGSTITA Volframato básico de cobre – $Cu_2WO_4(OH)_2$ –, semelhante aos minerais do grupo do epídoto. Forma massas microcristalinas verdes. Raro. Assim chamado por ser quimicamente uma tungstita com cobre.

cuprouranita V. *torbernita*.

cuprovudyavrita Var. de vudyavrita rica em cobre.

cuprozincita Carbonato básico de cobre com zinco – $(Cu,Zn)_2 CO_3(OH)_2$.

CURETONITA Fosfato de bário e alumínio, com titânio – $Ba(Al,Ti)(PO_4)(OH,F)$ –, monocl., com cristais de até 3 mm de comprimento, geralmente verde-amarelos, de traço branco, com boa clivagem (011). Dur. 3,5. Descoberto em uma mina de barita de Golconda, Nevada (EUA), e assim chamado em homenagem a Forrest e Michael *Cureton*, seus descobridores.

curieíta Sin. de *curita*.

CURIENITA Vanadato hidratado de uranila e chumbo – $Pb(UO_2)_2(VO_4)_2.5H_2O$ –, monocl., amarelo-canário, de D. 4,9, que ocorre como um pó microcristalino sobre cristais de francevillita em arenitos de Mounana, Franceville (Gabão). Forma série com a francevillita. Homenagem ao professor francês Hubert *Curien*.

CURITA Óxido hidratado de chumbo e urânio – $Pb_2U_5O_{17}.4H_2O$ –, ortor., formado por alteração da uraninita. Fortemente radioativo. Muito raro. Descoberto na província de Shaba (R. D. do Congo) e assim chamado em homenagem a Pierre *Curie*, físico francês. Sin. de *curieíta*.

CUSPIDINA Fluorsilicato de cálcio – $Ca_8(Si_2O_7)_2F_4$ –, monocl., que forma cristais lanciformes. Dur. 5,0-6,0. D. 2,95. Clivagem basal. Ocorre numa zona de contato metamórfico. Provavelmente do lat. *cuspides* (ponta), por sua forma. Sin. de *custerita*. O grupo da cuspidina compreende dez silicatos monocl. e tricl.

custerita V. *cuspidina*. De *Custer*, Idaho (EUA).

CUZTICITA Telurato hidratado de ferro – $Fe_2TeO_6.3H_2O$ –, hexag., amarelo, descoberto em Moctezuma (México), simultaneamente com a eztlita. Dur. 3,0. D. 3,9. Forma crostas. Do nahua *cuztic* (avermelhado), porque, embora seja amarelo, ocorre com eztlita, que é vermelha.

CYMRITA Silicato hidratado de bário e alumínio – $BaAl_2Si_2O_8.nH_2O$ –, monocl. ou ortor., que forma cristais incolores, com clivagem basal. Descoberto em Carnavonshire (País de Gales). De *Cymrii* (designação galesa da Polônia).

CYRILOVITA Fosfato básico hidratado de sódio e ferro – $NaFe_3(PO_4)_2(OH)_4.2H_2O$ –, tetrag., formado a partir da frondelita. Descoberto em Velke Mezirici, Morávia (República Checa). Sin. de *avelinoíta*.

DACHIARDITA-(Ca) Aluminossilicato hidratado de cálcio, potássio e sódio – $Ca_{1,5}KNa(Al_5Si_{19}O_{48}).13H_2O$ –, monocl., do grupo das zeólitas, descoberto na ilha de Elba (Itália). Homenagem a Antônio *d'Achiardi*, mineralogista italiano. Sin. de *zeólita mimética*, *achiardita*. Pronuncia-se "daquiardita".

DACHIARDITA-(Na) Aluminossilicato hidratado de sódio, potássio e cálcio – $Na_{2,5}K_{0,5}Ca_{0,5}(Al_4Si_{20}O_{48}).13H_2O$ –, monocl., do grupo das zeólitas, descoberto em Bolzano (Itália). Cf. *dachiardita-(Ca)*.

dadinho (gar.) Pirita.

DADSONITA Clorossulfeto de chumbo e antimônio – $Pb_{23}Sb_{25}S_{60}Cl$ –, tricl. ou monocl., que ocorre na Alemanha, Canadá e EUA.

dafnita Var. de chamosita com magnésio. Do gr. *daphne* (louro), por sua aparência.

dahllita Sin. de *carbonato-hidroxilapatita*. Homenagem aos noruegueses Tellef e Johann *Dahll*, geólogo e mineralogista, respectivamente. Não confundir com *dalyíta*.

dakeíta Sin. de *schroeckingerita*. Homenagem a H. C. *Dake*.

dallasito Var. de jaspe verde e branca, encontrada na ilha Vancouver, Colúmbia Britânica (Canadá).

DALYÍTA Silicato de potássio e zircônio – $K_2ZrSi_6O_{15}$ –, tricl., encontrado em pequenos cristais colunares, incolores, em r. alcalinas da ilha Ascensão. Homenagem a *Daly*. Não confundir com *dahllita*.

DAMARAÍTA Mineral de fórmula química $Pb_4O_3C_{12}$, ortor., descoberto em Tsumeb (Namíbia), na sequência rochosa Damara (daí seu nome). É incolor, de br. adamantino, e tem dur. 3,0.

DAMIAOÍTA Mineral de fórmula química $PtIn_2$, com 54% In e 46% Pt. É cúb., branco, de br. metálico, e tem dur. 5,0. Descoberto em Damião (daí seu nome), ao norte de Pequim (China).

damourita Var. microcristalina de moscovita que desprende água com mais facilidade que esta, de br. sedoso ou nacarado e folhas menos elásticas. Homenagem a A. A. *Damour*, químico francês. Sin. de ²*talcita*.

danaíta Var. de arsenopirita em que 5% a 10% do arsênio é substituído por cobalto. Homenagem a James Dwight *Dana*, mineralogista norte-americano, criador da classificação mineralógica que leva seu nome.

DANALITA Mineral de fórmula química $Fe_8(Be_6Si_6O_{24})S_2$, cúb., que forma séries isomórficas com a genthelvita e a helvita. É amarelo, marrom, vermelho ou cinza, em cristais octaédricos e dodecaédricos, br. vítreo ou resinoso, muito semelhante à helvita. Descoberto em Essex, Massachusetts (EUA), e assim chamado em homenagem a *Dana*, mineralogista norte-americano.

DANBAÍTA Liga de cobre e zinco – $CuZn_2$ –, cúb., prateada a branco-acinzentada, de forte br. metálico, sem clivagem. Dur. 4,2. Forma agregados botrioidais ou esferulíticos de até 0,2 mm e faixas em torno de grãos de cromo. Ocorre em depósitos de cobre e níquel platinífero encaixado em intrusão ultramáfica muito alterada, em *Danba*, Sichuan (China), de onde vem seu nome.

danburita Rubi sintético. Não confundir com *danburyta*.

DANBURYTA Borossilicato de cálcio – $CaB_2Si_2O_8$ –, considerado por alguns autores membro do grupo dos feldspatos, aos quais se assemelha na estrutura cristalina. Quimicamente semelhante à datolita, com hábito, aparência e propriedades físicas semelhantes aos do topázio. Ortor., geralmente incolor,

também amarelo, marrom-amarelado ou cinzento, transp., de br. vítreo, sem clivagem. Dur. 7,0. D. 3,00. À luz UV, pode mostrar fluorescência em azul--claro. IR 1,630-1,636. Bir. 0,006. B(+) ou B(−). Disp. 0,016. Ocorre em filões e em r. metamórficas formadas a altas temperaturas. Raramente usado em joias, sendo empregado com mais frequência como pedra ornamental. É um mineral raro, encontrado no Japão, Madagascar, Mianmar (ex-Birmânia), México e Suíça. No Brasil, ocorre na Bahia, mas sem qualidade gemológica. De *Danbury*, Connecticut (EUA). Não confundir com *danburita*.
DANIELSITA Sulfeto de cobre e mercúrio com prata − $(Cu,Ag)_{14}HgS_8$ −, ortor., descoberto na Austrália. Cf. *balcanita*.
dannemorita Silicato básico de ferro e manganês com magnésio − $Mn_2(Fe,Mg)_5Si_8O_{22}(OH)_2$ −, monocl., do grupo dos anfibólios, com Fe/(Fe+Mg) = 0,5-1,0. Forma uma série com a tirodita. Tem cor marrom-amarelada ou cinza--esverdeado e é colunar ou fibroso. D. 3,4-3,5. De *Dannemora* (Suécia).
DANSITA Clorossulfato de sódio e magnésio − $Na_{21}Mg(SO_4)_{10}Cl_3$ −, cúb., cristalizado em tetraedros. Descoberto em um depósito de sal na região central da China.
DAOMANITA Sulfoarseneto de cobre e platina − $CuPtAsS_2$ −, ortor., com 50,5% Pt. Forma cristais tabulares de 0,2-0,3 mm, cinza com tons amarelados, prateados em frat. fresca. Tem br. metálico, frat. escalonada ou irregular, D. 7,3. Tem quatro direções de clivagem e é frágil. Descoberto nos distritos de *Dao* e *Ma* (daí seu nome), em Yanshan (China). Pronuncia-se "taomaíta".
daourita V. *rubelita*.
daphyllita V. *tetradimita*.
DAQINGSHANITA Fosfato-carbonato de estrôncio e metais de TR com cálcio e bário − $(Sr,Ca,Ba)_3(Ce,La)(PO_4)(CO_3)_{3-x}(OH,F)_x$ −, trig., em pequenos cristais de arestas arredondadas, com aproximadamente 0,05 mm, amarelo-claros, de br. vítreo a graxo, traço branco, com uma clivagem perfeita, frat. conchoidal. D. 3,8. Facilmente solúvel em HCl diluído. Forma agregados em veios que cortam dolomito, em Bayan Obo (China).
DARAPIOSITA Silicato de fórmula química $KNa_2(Mn,Zr,Y)_2(Li,Zn)_3Si_{12}O_{30}$ −, do grupo da osumilita. Forma acumulações de até 5 mm, incolores ou brancas, raramente amarronzadas e azuladas. Dur. 5,0. D. 2,92. De *Dara-Pioz* (Tajiquistão), onde foi descoberto.
DARAPSKITA Sulfato-nitrato hidratado de sódio − $Na_3(SO_4)(NO_3).H_2O$ −, monocl., muito raro. Ocorre no deserto de Atacama, região de Antofagasta (Chile). Homenagem ao chileno L. *Darapsky*.
dashkesanita Hastingsita cloro--potássica. De *Dashkesan*, Azerbaijão (Rússia).
DASHKOVAÍTA Carbonato ác. hidratado de magnésio − $Mg(HCO_3)_2.2H_2O$ −, monocl., descoberto na Sibéria (Rússia).
DATOLITA Borossilicato básico de cálcio − $CaBSiO_4(OH)$ −, quimicamente semelhante à danburyta. Monocl., incolor, esverdeado, amarelado, amarronzado ou avermelhado, com a cor geralmente distribuída em faixas ou irregularmente. Tem br. vítreo a porcelânico e é transp. a transl. Dur. 5,0-5,5. D. 2,90-3,00. IR 1,625-1,670. Bir. 0,045. B(−). Sem clivagem. Ocorre em fendas e cavidades de basaltos e diabásios. É usado como gema e para extração do boro, sendo encontrado nos EUA e na Alemanha. Do gr. *dateishtai* (divisão), por ter estrutura granular quando maciça.
DAUBREEÍTA Óxido básico de bismuto com cloro − $BiO(OH,Cl)$ −, tetrag., amarelado, descoberto em Tasna (Bolívia). Homenagem a Gabriel A. *Daubrée*, geólogo francês. Não confundir com *daubreelita*.
DAUBREELITA Sulfeto de ferro e cromo − $CrFeS_4$ −, cúb., descoberto em um meteorito metálico de Bolson de Mapimi (México). Homenagem a Gabriel A.

Daubrée, geólogo francês especialista em meteoritos. Não confundir com *daubreeíta*.

DAVANITA Silicato de potássio e titânio – $K_2TiSi_6O_{15}$ –, insolúvel em HCl, tricl., de D. 2,7, incolor, com br. vítreo, frat. conchoidal, dur. 5,0. Forma grãos de até 5 mm no maciço de Murunskii (Rússia). De *Davan*, fonte perto da qual foi descoberto.

DAVIDITA-(Ce) Óxido complexo de fórmula química $(Ce,La)(Y,U,Fe)(Ti,Fe)_{20}(O,OH)_{38}$, trig., do grupo da crichtonita. Descoberto em Olary, na Austrália. Cf. *davidita-(La)*.

DAVIDITA-(La) Óxido complexo de fórmula química $(La,Ce)(Y,U,Fe)(Ti,Fe)_{20}(O,OH)_{38}$, trig., frequentemente metamicto, do grupo da crichtonita. Ocorre principalmente em pegmatitos e veios hidrotermais. É um dos três minerais-minério primários de urânio. Cinza a preto, às vezes em cristais muito grandes, ricos em faces. Fortemente radioativo. Pode ser encontrado nos pegmatitos e noritos. Homenagem a T. W. E. *David*, geólogo australiano. Sin. de *mavudzita, ferutita, ufertita*.

davidsonita Var. de berilo amarelo-esverdeada. Não confundir com *davisonita*. Homenagem a Thomas *Davidson*, paleontólogo britânico, seu descobridor.

daviesita Oxicloreto de chumbo de fórmula desconhecida (Dana e Dana, 1966). É incolor, com frat. conchoidal. Homenagem a Thomas *Davies*, mineralogista britânico.

davisonita Fosfato básico hidratado de cálcio e alumínio – $Ca_3Al(PO_4)_2(OH)_3.H_2O$ –, fibroso, formando crostas botrioidais brancas. Homenagem a J. M. *Davison*. Sin. de *dennisonita* (forma errônea adotada originalmente). Não confundir com *davidsonita*.

DAVREUXITA Silicato básico de manganês e alumínio – $MnAl_6Si_4O_{17}(OH)_2$ –, monocl., em fibras longas de cor creme a rosa bem claro, que ocorre intimamente associado com qz. e pirofilita em Ottré, Ardennes (Bélgica). D. 3,15.

DAVINA Mineral de fórmula química $[(Na,K)_6(SO_4)_{0,5-1}Cl_{1-0}](Ca_2Cl_2)(Si_6Al_6O_{24})$, hexag., do grupo da cancrinita, descoberto no Vesúvio (Itália). Cf. *quadridavina*.

DAWSONITA Carbonato básico de sódio e alumínio – $NaAl(CO_3)(OH)_2$ –, ortor., em agregados cristalinos aciculares ou em cristais finamente granulados, microscópicos. É incolor ou branco. Tem 18,7% Al, podendo vir a ser mineral-minério desse metal. Homenagem a John W. *Dawson*, geólogo canadense.

dayinguita Sulfeto de cobre, cobalto e platina – $CuCoPtS_4$ –, com cerca de 35% Pt. Talvez seja uma carrollita platinífera. Ocorre em piroxenitos da China, em dodecaedros perfeitos, de cor branca e prateada, com forte br. metálico, sem clivagem. É frágil e tem traço prateado. (Pronuncia-se "ta-inguita".) Cf. *matildita, malanita*.

DEANESMITHITA Mineral de mercúrio de fórmula química $Hg_5CrO_5S_2$, tricl., descoberto em San Benito, Califórnia (EUA).

debulhamento Desmonte de um geodo para separar cada um dos cristais que o formam, com vistas à lapid.

dechenita 1. Vanadato de chumbo, amarelo ou vermelho. **2.** Sin. de *descloizita*. Homenagem a Heinrich von *Dechen*, geólogo alemão.

decraquelagem Operação de mergulho, em óleo de oliva quente, de pérolas com frat. superficiais, a fim de *curá-las*.

DECRESPIGNYÍTA-(Y) Mineral de fórmula química $(Y,REE)_4Cu(CO_3)_4Cl(OH)_5 \cdot 2H_2O$, monocl., descoberto em depósito de cobre da Austrália.

deeckeíta Silicato hidratado de potássio, sódio, magnésio, cálcio, alumínio e ferro, pseudomorfo sobre melilita.

DEERITA Silicato básico de ferro com manganês e alumínio – $(Fe,Mn)_6(Fe,Al)_7Si_6O_{20}(OH)_5$ –, monocl., pseudo-ortor., encontrado em xistos na forma de cristais aciculares pretos, alongados segundo o eixo *c*, com seção transversal losangular. Clivagem (010) boa. Descoberto em Mendocino, Califórnia (EUA).

DEFERNITA Clorocarbonato básico de cálcio – $Ca_6(CO_3)_2(OH)_7(Cl,OH)$ –, que forma cristais micrométricos, incolores, de br. vítreo, com clivagem (010) perfeita. Encontrado em escarnitos da região de Trabson, na Turquia, e assim chamado em homenagem a Jacques *Deferne*.
dehrnita Sin. de *carbonato-fluorapatita*. De *Dehrn*, Nassau (Alemanha), onde foi descoberto.
DELAFOSSITA Óxido de cobre e ferro – $CuFeO_2$, –, trig., que pode conter 3,52% Al (tem 37,9% Cu e 47,99% Fe). Descoberto nos montes Urais (Rússia) e assim chamado em homenagem a G. *Delafosse*, mineralogista francês.
delatynito Var. de âmbar rica em carbono, pobre em ác. sucínico e sem enxofre, encontrada em *Delatyn*, nos Cárpatos da Galícia (Espanha).
delawarita Feldspato com aventurescência, encontrado em *Delaware*, Pensilvânia (EUA).
delessita Var. de chamosita com magnésio. Forma fibras curtas, ou escamas, preenchendo cavidades em r. ígneas básicas.
delfinita Epídoto verde-amarelado encontrado na França. Sin. de *oisanita*, *thallita*.
DELHAYELITA Silicato hidratado de sódio, cálcio e alumínio com potássio – $(Na,K)_{10}Ca_5Al_6Si_{32}O_{80}(Cl_2,F_2,SO_4)_3 \cdot 18H_2O$. Ocorre em cristais tabulares, ortor., alongados, incolores, no vulcão Nyragongo, Kivu (R. D. do Congo). Homenagem a F. *Delhaye*, geólogo belga.
DELIENSITA Sulfato básico hidratado de ferro e uranila – $Fe(UO_2)_2(SO_4)_2(OH)_2 \cdot 3H_2O$ –, ortor., descoberto em Hérault, na França.
DELINDEÍTA Silicato de fórmula química $(Na,K)_3(Ba,Ca)_4(Ti,Fe,Al)_6Si_8O_{26}(OH)_{14}$, monocl., descoberto em uma pedreira de Hot Springs, Arkansas (EUA).
DELLAÍTA Silicato básico de cálcio – $Ca_6Si_3O_{11}(OH)_2$ –, tricl., encontrado em veios de r. metamórficas, em Kilchoan (Escócia). Homenagem a *Della* M. Roy.

DELONEÍTA-(Ce) Fluorfosfato de sódio, cálcio, estrôncio e cério – $NaCa_2SrCe(PO_4)_3F$ –, trig., descoberto no maciço de Khibina, na Província de Kola (Rússia).
DELORYÍTA Molibdato básico de cobre e uranila – $Cu_4(UO_2)(MoO_4)_2(OH)_6$ –, monocl., descoberto em Var, na França.
DELRIOÍTA Vanadato básico hidratado de cálcio e estrôncio – $CaSrV_2O_6(OH)_2 \cdot 3H_2O$ –, com 26,26% SrO. Forma cristais monocl., aciculares, verde-amarelados, com br. vítreo a nacarado. Descoberto em uma mina de Montrose, Colorado (EUA). Homenagem a Andrés M. *del Rio*, descobridor do vanádio.
deltaíta Mineral descrito como fosfato hidratado de cálcio e alumínio – $(CaO)_8 \cdot (Al_2O_3)_2 \cdot (P_2O_5)_4 \cdot 14H_2O$ –, e considerado, hoje, mistura de crandallita e hidroxiapatita. De *delta*, letra grega, por terem seus cristais seção transversal de forma triangular.
deltamooreíta V. *torreyita*.
DELVAUXITA Fosfato-sulfato hidratado de cálcio e ferro – $CaFe_4(PO_4,SO_4)_2(OH)_8 \cdot 4-6H_2O$ (?) –, que ocorre como concreções amorfas de cor marrom ou avermelhada, solúvel em água fria, em Berneau, Liège (Bélgica). Dur. 2,5. D. 1,8-2,0. Homenagem a J. S. P. J. *Delvaux*, químico belga.
Demantoide Var. gemológica de andradita de cor verde, transp. e brilhante, cúb. Dur. 7,0. D. 3,84. IR 1,875. Disp. 0,057. Apresenta inclusões fibrosas de asbesto e uma seda muito fina, curva e radiada, semelhante a um rabo de cavalo, que constitui um meio seguro para sua identificação. É uma var. muito rara e muito valiosa, e, depois de lapidada, raramente tem mais de 4 ct. O demantoide *extra fine* de 2 a 3 ct vale entre US$ 2.500 e US$ 5.000/ct. Ocorre na Rússia (Urais), Itália, R. D. do Congo e Tanzânia. Pode ser confundido com grossulária, epídoto, esmeralda, turmalina e outras gemas. Do al. arcaico *Demant* (diamante). Sin. de *esmeralda-uraliana*, [1]*granada bobrowka*, *olivina-uraliana*.

DEMESMAECKERITA Selenato básico hidratado de uranila, chumbo e cobre – $Pb_2Cu_5(UO_2)_2(SeO_3)_6(OH)_6 \cdot 2H_2O$ –, tricl., verde-garrafa a verde-oliva, descoberto na província de Shaba (R. D. do Congo).

demidovita Var. de crisocola com fósforo, encontrada em Tagilsk, Perm (Rússia).

dendrita Denominação coml. do qz. com dendritos, usado como gema. No Brasil, designa também, erroneamente, o qz. com inclusões de afrizita. Cf. *dendrito*.

dendrito Mineral de manganês (mais raramente outra substância) formado na superfície ou em frat. de certos minerais, como qz., ágata e opala, e de algumas r. (basalto, por ex.), com formato arborescente. Potter e Rossman (1979) examinaram dendritos e películas manganesíferas de vários ambientes e verificaram que nenhuma amostra apresentou presença de pirolusita, mineral que usualmente se crê formar os dendritos. Do gr. *dendron* (árvore). Cf. *dendrita*. ☐

DENISOVITA Silicato de potássio e cálcio com sódio – $(K,Na)Ca_2Si_3O_8(F,OH)$ –, monocl., descoberto na península de Kola (Rússia).

DENNINGITA Óxido de manganês e telúrio com zinco e cálcio – $(Mn,Ca,Zn)Te_2O_5$ –, em placas tetrag. ou massas achatadas, de cor verde-clara ou branca. Descoberto em Moctezuma, Sonora (México).

dennisonita V. *davisonita*. Forma errônea originalmente adotada.

densidade relativa Quociente entre a massa específica de uma substância e a massa específica de outra tomada como padrão. Para sólidos e líquidos, o padrão usado é a água a 4°C; para gases, usam-se o ar e o hidrogênio. É uma propriedade importante na identificação de minerais em geral e das gemas lapidadas em particular. A densidade relativa é considerada baixa quando inferior a 2,00; média quando entre 2,00 e 4,00; e alta quando superior a 4,00.

densiscópio Aparelho utilizado para medir o PE de pérolas, como auxiliar na separação de pérolas naturais e cultivadas (estas são, em geral, mais densas).

dente Sin. de *cruz*.

dente-opalizado Pseudomorfo de opala sobre dente fóssil.

DERBYLITA Óxido de ferro, titânio e antimônio – $Fe_4Ti_3SbO_{13}(OH)$ –, monocl., que forma pequenos cristais prismáticos pretos em cascalho com cinábrio, em Tripuí, MG (Brasil). Dur. 5,0. D. 4,53. Homenagem a Orville *Derby*, geólogo norte-americano, um dos pioneiros da Geologia no Brasil.

DERRIKSITA Selenato básico de cobre e uranila – $Cu_4(UO_2)(SeO_3)_2(OH)_6$ –, ortor., verde, em cristais euédricos de até 0,7 mm, alongados segundo [0001], achatados segundo (100). Clivagem (010) muito boa. Ocorre na zona de oxidação de uma jazida de cobalto e cobre de Katanga (R. D. do Congo). Homenagem ao geólogo Joseph *Derriks*.

DERVILLITA Sulfoarseneto de prata – Ag_2AsS_2 –, monocl., descoberto em mina da Alsácia (França).

desarrolhador (gar., BA) Em Carnaíba, trabalhador que executa a limpeza do serviço e o transporte do material extraído.

DESAUTELSITA Carbonato básico hidratado de magnésio e manganês – $Mg_6Mn_2(CO_3)(OH)_{16} \cdot 4H_2O$ –, trig., laranja, do grupo da hidrotalcita. Ocorre em serpentinitos alterados, formando cristais tabulares, de D. 2,13. Homenagem a Paul E. *Desautels*, curador de minerais do Museu de História Natural da Smithsonian Institution.

DESCLOIZITA Vanadato básico de chumbo e zinco – $PbZnVO_4(OH)$ –, com 13% V. Ortor., forma geralmente pequenas lâminas transp., marrom-amareladas, ou drusas de cristais microscópicos pretos. Pode ser também verde e vermelho-cereja. Br. graxo. Dur. 3,5. D. 6,20. Traço alaranjado a avermelhado, sem clivagem. Um dos principais minerais-minério de vanádio. Homenagem a Alfred L. *Des Cloizeaux*, mineralogista francês. Sin. de *eussinquita*,

²**dechenita.** O grupo da descloizita compreende quatro vanadatos (cechita, descloizita, mottramita e pirobelonita) e um arsenato (arsenodescloizita), todos ortor.
descoberto (gar.) Lugar onde se descobriu ouro e passou-se a extraí-lo.
desmina Sin. (pouco usado) de *estilbita*, nome preferível. Do gr. *desme* (feixe), por seu hábito.
desmonte (gar.) Camada de terra, argila ou areia que recobre o cascalho diamantífero e é removida no debreio.
DESPUJOLSITA Sulfato básico hidratado de cálcio e manganês – $Ca_3Mn(SO_4)_2(OH)_6.3H_2O$ –, hexag., amarelo-limão. Forma agregados de prismas de até 0,5 mm, de br. vítreo, frágeis, com frat. conchoidal e dur. em torno de 2,5, em Tachgagalt (Marrocos). Solúvel em HCl. Atacado pelo ác. nítrico, fica marrom e, depois, preto. Homenagem a Pierre *Despujols*. Cf. *fleischerita, schaurteíta*.
DESSAUITA-(Y) Óxido de fórmula química $(Sr,Pb)(Y,U)(Ti,Fe)_{20}.O_{38}$, trig., descoberto em uma mina da Toscânia (Itália).
destinezita V. *diadoquita*. Homenagem a Pierre *Destinez*, mineralogista belga.
detectoscópio Instrumento utilizado na identificação de gemas e que emprega oito diferentes filtros de cor.
devalquita Sin. de *ardennita*.
DEVILLINA Sulfato básico hidratado de cálcio e cobre – $CaCu_4(SO_4)_2(OH)_6.3H_2O$ –, monocl., em cristais achatados, sextavados, verde-esmeralda ou verde-azulados. Descoberto na Cornualha (Inglaterra) e assim chamado em homenagem a H. E. *Deville*, químico francês. Sin. de *devillita, herrengrundita, lyellita, urvolgita*.
devillita V. *devillina*.
devitrita Silicato de sódio e cálcio formado por *devitrificação* (daí seu nome) de muitos vidros comerciais. Talvez idêntico à reamurita.
deweylita Mistura de stevensita com clinocrisotilo ou, às vezes, lizardita. De *Deweyl*. Sin. de *gimnita*.
DEWINDTITA Fosfato hidratado de chumbo e uranila – $Pb[H(UO_2)_3O_2(PO_4)_2]_2.$

$12H_2O$ –, ortor., muito raro. Fortemente radioativo, com fluorescência média a fraca. Descoberto em Shaba (R. D. do Congo) e assim chamado em homenagem a Jean *Dewindt*, geólogo belga.
diabantita Var. de clinocloro com ferro. Ocorre em cavidades de r. básicas. Do al. *Diabase* (diabásio).
DIABOLEÍTA Cloreto básico de chumbo e cobre – $Pb_2CuCl_2(OH)_4$ –, tetrag., semelhante à linarita. Forma pequenos cristais tabulares de cor azul-celeste. Raro. Do gr. *dia* (diferente) + *boleíta*, por não conter prata, como a boleíta.
dia-bud (nome coml.) V. *yag*.
diadelfita Sin. de *hematolita*. Do gr. *dis* (duas vezes) + *adelfos* (irmão), por sua íntima associação com a alactita.
DIADOQUITA Sulfato-fosfato básico hidratado de ferro – $Fe_2PO_4(SO_4)OH.6H_2O$ –, tricl., marrom ou amarelado, isomorfo da sarmientita, descoberto em Saalfeld, Turíngia (Alemanha). Do gr. *diadoxos* (sucessor), porque se forma, às vezes, por alteração de outros fosfatos. Sin. de *destinezita*.
diafaneidade Propriedade que têm alguns minerais de deixar passar a luz. Os minerais podem ser transp. (topázio, diamante, água-marinha etc.), transl. (quartzo rosa, pedra da lua, ágata etc.) ou opacos (pirita, hematita). A rigor, não há corpo 100% transp., da mesma forma que não há corpo 100% opaco.
DIAFORITA Sulfeto de chumbo, prata e antimônio – $Pb_2Ag_3Sb_3S_8$ –, monocl., em prismas alongados, estriados verticalmente, sem clivagem, de br. metálico e cor cinza, opacos, com frat. conchoidal a irregular. Dur. 2,5-3,0. D. 6,04. Tem 23,53% Ag. Solúvel em ác. nítrico. Do gr. *diaphoros* (diferença), porque é diferente da freieslebenita, embora se pareçam.
diagem (nome coml.) V. *fabulita*.
diakon (nome coml.) V. *perspex*.
diálaga Silicato de magnésio, cálcio e ferro, do grupo dos piroxênios. Var. de augita ou, então, um diopsídio aluminoso. Forma lamelas ou massas foliadas de cor verde, marrom ou cinza. Típico

de r. ígneas básicas, como gabros. Não confundir com *dialogita*. Do gr. *diallage* (separação). Sin. de *dialágio*.

dialágio Sin. de *diálaga*, forma mais usada.

dialogita V. *rodocrosita*, nome preferível. Do gr. *dialogi* (dúvida), porque houve, inicialmente, dúvida quanto à sua composição. Não confundir com *diálaga*.

diamagnético Diz-se do mineral ou outra substância que tem permeabilidade magnética negativa, sendo repelido por um ímã. Ex.: bismuto. Cf. *ferromagnético*, *paramagnético*.

diaman-brite (nome coml.) V. *yag*.

diamanite (nome coml.) V. *yag*.

diamantário Pessoa que negocia com diamantes.

DIAMANTE Carbono – C – cristalizado no sistema cúb., polimorfo da chaoíta, da grafita e da lonsdaleíta (esta encontrada em meteoritos). Forma dodecaedros, octaedros, rombododecaedros, às vezes cubos ou outras formas, podendo mostrar arestas e faces encurvadas. Transp., quase sempre incolor ou com cor clara. Segundo Chaves e Chambel (2003), 99,9% são incolores ou levemente amarelados. Tem tanto mais valor quanto menos colorido for, exceto quando sua cor é bem definida (v. *fantasia*). Pode ser amarelo, castanho, cinza, preto, leitoso, às vezes azul ou verde e raríssimas vezes vermelho. Os tons amarelados devem-se a inclusões de nitrogênio. A cor verde costuma ser clara e distribui-se apenas na superfície da gema, o que requer cuidados especiais na lapid. (Del Rey, 2002). No Quadro 1 (p. 147), as cores mais comuns são as de G a K. Tem br. adamantino, clivagem octaédrica perfeita e frat. conchoidal. É a substância mais dura que se conhece, com dur. 10,0 na escala de Mohs, sendo 150 vezes mais duro que o coríndon, que tem dur. 9,0. Por essa razão, para lapidá-lo só se pode usar o próprio diamante. Embora muito duro, é frágil, sendo fácil de quebrar. Aquecido a 900-1.000°C, em presença de oxigênio, o diamante e a grafita volatilizam como CO_2. Em ausência de oxigênio, fundem, mas apenas a 1.500°C (diamante) e a 1.600°C (grafita). D. 3,51-3,53. Pode mostrar fluorescência à luz UV, geralmente em azul-claro, e isso pode influenciar na sua cor, reduzindo o valor da gema. Dos diamantes da serra do Espinhaço (Brasil), 80% a 90% são fluorescentes (e mais de 80% são gemológicos). IR 2,417-2,440. Disp. muito forte: 0,044. É mau condutor elétrico, mas conduz o calor cinco vezes mais que o cobre. Apresenta como inclusão mais frequente a olivina; as maiores, porém, são de diamante. Em cristais euédricos, o zircão também pode ser visto. As inclusões de diamante costumam ser tetraédricas ou octaédricas, parecendo-se com carvão. Outras inclusões que podem ser encontradas são de granada, cromodiopsídio e apatita. A presença de inclusões, embora diminua o valor da gema, contribui para sua identificação individual. O diamante possui algumas var. não gemológicas: carbonado, *bort* e balas. Na África do Sul, o diamante ocorre em kimberlitos, r. que produz 1/3 ct (67 mg) por tonelada. Teores economicamente viáveis variam de 3 a 200 ct por 100 t, conforme a finalidade do diamante (Pereira, 2001). Chaves e Chambel (2003) dão, como média, 25 pontos por tonelada. No Brasil, é encontrado em aluviões e eluviões, não sendo ainda conhecidos kimberlitos diamantíferos economicamente aproveitáveis. Pode aparecer também em arenitos e conglomerados. Em 1983, descobriu-se na Austrália que também os *lamproítos* (v.) podem conter diamantes. Estudos recentes mostram que o diamante se forma a uma profundidade entre 150 e 200 km, sob temperaturas de 1.100-1.500°C e pressão também muito alta, de onde é trazido por magma kimberlítico ou lamproítico, que é bem mais jovem que ele. Atualmente já se extraem diamantes do fundo do mar. Usos. O diamante gemológico corresponde a 1/3 da produção total; o restante é usado como abrasivo e em instrumentos de corte e perfuração. Toda a produção é aproveitada, não havendo refugo de diamante. Em valor, a produção do diamante gemológico atinge 80% do valor total. LAPID. O diamante geralmente recebe lapid. brilhante, motivo pelo qual alguns usam impropriamente a palavra brilhante como sinônimo de diamante. Se o cristal é muito pequeno, lapida-se em rosa, para uso na montagem de outras gemas. Outras lapid. recomendáveis são esmeralda, baguete, *navette* e pera. O processo pode durar vários dias, enquanto a lapid. de outras gemas raramente excede alguns minutos. Os principais centros de lapid. estão em Israel, Bélgica, Alemanha, Holanda (Antuérpia) e EUA. No Brasil, a lapid. está em fase de declínio e é feita principalmente em Franca (SP) e Juiz de Fora (MG). Segundo o Guinness Book (1995), o menor diamante lapidado tem 0,00063 ct, 57 facetas e 0,53 mm de diâmetro. Foi lapidado por Gebroeders van den Wouwel, na Antuérpia (Bélgica). HISTÓRIA. A extração de diamantes começou provavelmente entre 800 a.C. e 600 a.c. na Índia, e até o século XVIII só era produzido no Oriente. Em 1730, foram descobertas as jazidas brasileiras, o que fez do Brasil o primeiro país ocidental a produzir esta gema e o maior produtor mundial. Em 1867, descobriu-se o diamante da África do Sul, que assumiu, em 1870, a condição de maior produtor. Em 1888, Cecil Rhodes formou a De Beers Consolited Mines, que hoje controla cerca de 70% da produção mundial. O maior e mais célebre de todos os diamantes já encontrados é o Cullinan, descoberto na mina Premier, em Pretória (África do Sul), em 25 de janeiro de 1905, por Sir Thomas Cullinan. Tinha 3.106 ct no estado bruto. Lapidado, deu uma gema de 530,2 ct (Cullinan I) e 104 outras menores. O diamante mais caro do mundo tem 24,78 ct e cor rosa. Foi leiloado pela Sotheby's, em Genebra (Suíça), em 16 de novembro de 2010, por US$ 46.158.674, maior preço por quilate já pago na venda de um diamante. Muitos outros diamantes também se tornaram famosos (v. *Apêndice*). A maioria dos diamantes brutos comerciais tem de 0,3 a 1 ct. PRINCIPAIS PRODUTORES. Os maiores produtores de diamante em volume, em 2009, foram Botswana (32 milhões de quilates), Rússia (22 milhões), Canadá (12 milhões) e R. D. do Congo (5,4 milhões). Dos diamantes da Namíbia, quase 100% são de qualidade gemológica. Em 2008, a produção mundial totalizou cerca de 161,8 milhões de quilates, redução de 3,7% em relação a 2007. O comércio de diamantes passou de US$ 37 bilhões em 2007 para US$ 30 bilhões em 2008. O Brasil produz cerca de 1 milhão de quilates por ano e tem como maior produtor o Estado do Mato Grosso (Província de Juína). Praticamente todos os Estados, porém, possuem diamantes, como Minas Gerais, Mato Grosso do Sul, Bahia, Paraná e Roraima. O Brasil é o maior produtor de carbonado e balas. A venda ilegal de diamantes brasileiros, que já foi de 70% da produção, caiu muito a partir de 2002, quando passou a ser exigido o *Certificado de Kimberley* (v.). O Brasil exporta principalmente para Bélgica, Estados Unidos e Emirados Árabes Unidos. Essas vendas totalizaram US$ 25 milhões entre 2002 e 2004 (apenas 0,1% das exportações mundiais). VALOR COML. O diamante é a mais cara das gemas, ou uma das três mais valiosas, dependendo do critério considerado. O seu preço é determinado em grande parte pela natureza do mercado, em que uma só empresa, a De Beers, controla 75% do mercado. Em sua avaliação, levam-se em conta a cor, a pureza, a lapid. e o tamanho – os conhecidos 4 Cs: *colour, clarity, cut* e *carat* (ver Quadros 1 e 2, p. 147 e 148). Essa classificação é extremamente complexa e exige alto grau de especialização do avaliador. Detalhes sobre como ela é feita estão no

diamante

Boletim Referencial de Preços de Diamantes e Gemas de Cor (DNPM/IBGM, 2005). Diamantes brutos lapidáveis podem ter preços entre US$ 0,40 e US$ 3.000/ct para pedras de até 5,60 ct. Os lapidados vão de US$ 70 a US$ 62.795/ ct para gemas de 0,005 a 5,99 ct. Entre os diamantes gemológicos e os aproveitáveis apenas na indústria, há os diamantes ditos *near gems*, de qualidade intermediária. Essas pedras valem, em média, dez vezes mais que os diamantes industriais, mas dez vezes menos que os gemológicos (Chaves e Chambel, 2003). SÍNTESE. A produção sintética do diamante, tentada desde 1880, só foi obtida em caráter coml. em 1954, nos laboratórios da General Electric (EUA), com obtenção de pedras com menos de 1 ct. Em 1979, a produção mundial já atingia 50 milhões de quilates, mas só a partir de 1984 passou a haver produção de diamante sintético com qualidade gemológica. Hoje a síntese é feita em vários países, inclusive no Brasil, e as pedras sintéticas constituem 80% dos diamantes não gemológicos. O processo exige pressões de dezenas de milhares de atmosferas e temperaturas da ordem de 2.760°C. Em 2003, cientistas da Universidade de Ciência e Tecnologia, na China, anunciaram a obtenção de diamante sintético usando gás carbônico e sódio metálico, com temperaturas de apenas 440°C. As gemas sintéticas provenientes dos EUA contêm cerca de 0,2% Ni, sendo, por isso, magnéticas. Alguns fabricantes de diamante sintético rejeitam essa denominação para seu produto, preferindo denominações como *desenvolvido em laboratório* ou *criado em laboratório*. A empresa Gênesis, dos EUA, produz diamantes sintéticos de 3 ct com alta qualidade. Há empresas que fazem diamantes com cinzas humanas, guardados como lembrança pela família do falecido. IMITAÇÕES E SUBSTITUTOS. O diamante tem inúmeros substitutos e imitações, sendo estas cada vez mais numerosas e mais aperfeiçoadas (Tab. 1, p. 149). As imitações de melhor qualidade são a *moissanita sintética* e a *zircônia cúbica*, mas destacam-se também *GGG, yag, titânia, fabulita* e *carboloy* (v. esses nomes), vendidas sob vários nomes comerciais. Entre os seus substitutos estão *cristal de rocha, rutilo, carbeto de silício, germanatos de bismuto* e *wurtzita* (v. esses nomes). CONFUSÕES POSSÍVEIS. O diamante pode ser confundido com diversas gemas, principalmente zircônia cúbica, zircão, titânia, fabulita, cristal de rocha, moissanita sintética e safira. TRATAMENTO. Antes de ser classificado, o diamante bruto tem suas impurezas superficiais removidas por imersão em ác. fluorídrico e/ou mistura de ác. nítrico e clorídrico (água-régia) em ebulição. Os tratamentos usados para melhorar a cor incluem preenchimento de frat., remoção de inclusões por raios *laser* e irradiação. O diamante pode ser colorido artificialmente com pigmentos azul-violáceos, removíveis em água quente, álcool ou ác. É transp. aos raios X e, sob ação do brometo de rádio, pode adquirir superficialmente cor verde permanente, resultante do bombardeamento por partículas alfa. Com esse tratamento, o diamante fica radioativo, mas, se aquecido a 450°C por algumas horas, perde a cor e a radioatividade. A alteração da cor é muito mais rápida se se usar radônio no lugar do rádio. Os diamantes irradiados verdes apresentam reflexos azuis, ao contrário dos que têm cor verde natural. Bombardeada em cíclotron, a gema castanha ou amarela fica verde superficialmente, passando depois a amarelo-ouro, se aquecida a 800°C. Não fica, nesse caso, radioativa. Em reatores (bombardeado por nêutrons), o diamante fica verde também, mas a cor se distribui por todo o cristal. Depois disso, se convenientemente aquecido, passa a amarelo-canário. As cores assim obtidas não podem ser distinguidas das naturais. Na natureza, deve ocorrer bombardeio natural similar ao obtido em laboratório, mas que, por ser de fraca intensidade, só altera a porção superficial da pedra. Os diamantes irradiados oferecidos no comércio têm cor azul, verde, amarela, marrom, avermelhada ou preta. A radioatividade do diamante pode ser constatada com um contador Geiger ou por exposição a uma película fotográfica, durante algumas horas. Quando o diamante é tratado em cíclotrons, ela persiste por apenas uma ou duas horas. IDENTIFICAÇÃO. A identificação de gemas depois de lapidadas é feita com o *condutivímetro* (v.). Gemas individuais são identificadas registrando num Polaroid os raios de um feixe de *laser* que são refletidos ao incidirem na mesa da gema. Esses raios deixam no filme um padrão de pontos que é diferente para cada pedra. O método, além de rápido, é seguro e só falha se a gema for novamente lapidada ou sofrer novo polimento. CUIDADOS. O diamante tem grande afinidade por gorduras e óleos, que devem ser removidos. A limpeza de joias com essa gema pode ser feita com uma mistura de água com amônia em partes iguais, devendo-se mergulhar a peça nessa mistura por 30 minutos, esfregando-a a seguir com uma pequena escova. Pode-se usar também detergente caseiro no lugar de amônia. Depois de lavada no detergente e escovada, deve-se enxaguar, mergulhando a peça a seguir em álcool. A limpeza encerra-se com o emprego de um pano macio para secagem. CURIOSIDADES. O mais alto preço já pago por um diamante bruto foi de US$ 9 milhões por uma pedra de 255,10 ct, em 1989. Em janeiro de 2006, noticiou-se que um operário encontrou um diamante de 376,2 ct em rejeitos da mina Venitia, pertencente à De Beers. Em 1993, a Nasa anunciou a descoberta de enormes concentrações de nuvens de microdiamantes no interior da Via Láctea, com uma massa total de seis sextilhões de toneladas. O diamante azul Hope, da Smithsonian Institution, é considerado por alguns a peça de museu mais visitada do mundo. A empresa suíça Pat Says Now fabrica um *mouse* revestido de ouro 18 K e cravejado com 59 diamantes, vendido por US$ 24 mil. A mais cara obra de arte contemporânea é um crânio feito pelo artista britânico Damien Hirst, coberto com 8.601 diamantes e avaliado, em 2007, em US$ 105,2 milhões; chama-se Pelo Amor de Deus. Em outubro de 2007, a Philips holandesa e a joalheria nova-iorquina A Link apresentaram, na Índia, um televisor de tela plana de 42 polegadas, contendo, no gabinete, 2.250 diamantes. Na Antiguidade, acreditava-se que o diamante, se usado na segunda-feira, trazia azar, sendo o sábado o dia mais indicado para seu uso. Segundo o Talmude, se ficasse embaçado diante de um suspeito de crime, este era culpado. No século XVIII, era tido como dissipador de raios e fantasmas e defensor da virtude. Acreditava-se também que era capaz de se reproduzir. Os birmaneses acreditam que, ingerido, é tão venenoso quanto o arsênio. O diamante é considerado a pedra dos nascidos sob o signo de Leão, simbolizando a constância e a pureza. ETIMOLOGIA. Do gr. *adamás* (indomável), por não ser riscado por nenhum outro mineral. Sin. (pouco usado): *diamante-oriental.* Cf. *brilhante, carbonado.* ▫

diamante-alemão V. *cristal de rocha.*
diamante-alençon V. *quartzo-enfumaçado.*
diamante-alpino V. *pirita.*
diamante-arkansas V. *cristal de rocha.*
diamante-atômico Diamante irradiado.
diamante baffa V. *cristal de rocha.*
diamante-boêmio V. *cristal de rocha.*
diamante bornholm Cristal de rocha da Dinamarca.
diamante briancon Cristal de rocha lapidado em *Briancon* (França).
diamante brighton V. *cristal de rocha.*
diamante-bristol Nome de um tipo de cristal de rocha procedente da Irlanda. Sin. de *diamante-irlandês.*
diamante buxton V. *cristal de rocha.*
diamante cabo may Cristal de rocha límpido.

diamante colorado Quartzo-enfumaçado transp.
diamante da pensilvânia (nome coml.) Pirita.
diamante de areia Nome dado, no comércio de gemas, ao diamante proveniente de cascalhos e velhos depósitos marinhos de Gana.
diamante de enxofre V. *pirita*.
diamante de escravo Topázio incolor.
diamante de fantasia Diamante colorido, de cor bem definida.
diamante de herkimer Nome coml. do cristal de rocha de Herkimer, Nova Iorque (EUA). Forma cristais biterminados, com muitas inclusões, e é muito apreciado por colecionadores. Cf. *diamante trenton*.
diamante de lake george Nome coml. do cristal de rocha de Herkimer, Nova Iorque (EUA).
diamante-delfinado V. *cristal de rocha*.
diamante de san isidro Qz. incolor ou amarelado encontrado na forma de seixos rolados em *San Isidro*, Madri (Espanha).
diamante do alasca Nome coml. do cristal de rocha.
diamante do cabo Diamante com tom amarelado procedente do Cabo da Boa Esperança (África do Sul). Sin. de *cabo*.
diamante do canadá Quartzo-enfumaçado escuro.
diamante do ceilão Zircão incolor.
diamante-escravo Topázio incolor.
diamante-havaiano V. *cristal de rocha*.
diamante-horatio Cristal de rocha de Arkansas (EUA).
diamante hot springs V. *cristal de rocha*.
diamante ilha de wight V. *cristal de rocha*.
diamante industrial Diamante impróprio para uso como gema, servindo, contudo, para fins industriais em ferramentas de corte e perfuração e como abrasivo.
diamante-irlandês Sin. de *diamante-bristol*.
diamante-jourado Mineral incolor usado como imitação do diamante.
diamante killiecrankie Topázio incolor da Tasmânia.
diamante-mágico (nome coml.) V. *titânia*.

diamante marmarosch V. *cristal de rocha*.
diamante marmora V. *cristal de rocha*.
diamante-matura Nome coml. de uma var. gemológica de zircão, incolor ou levemente enfumaçada, encontrada em *Matura* (Sri Lanka). Pode ser descolorida por aquecimento.
diamante-mexicano Nome coml. do cristal de rocha.
diamante-negro Hematita com lapid. facetada. Cf. *diamante-negro de nevada*.
diamante-negro de nevada V. *obsidiana*. Cf. *diamante-negro, diamante nevada*.
diamante-negro do alasca Hematita.
diamante nevada Obsidiana descolorida artificialmente. Cf. *diamante-negro de nevada*.
diamante-ocidental Cristal de rocha límpido e lapidado. Cf. *diamante-oriental*.
diamante-oriental Diamante verdadeiro. Cf. *diamante-ocidental*.
diamante paphos V. *cristal de rocha*.
diamante pecos Qz. proveniente do rio *Pecos*, Texas, ou do Novo México (EUA).
diamante pegasus Nome coml. de um diamante sintético que passou a ser produzido recentemente e que é difícil de distinguir do natural (Chaves e Chambel, 2003).
diamante pensilvânia V. *pirita*.
diamante pesas V. *cristal de rocha*.
diamante-pingo-d'água V. *cristal de rocha*.
diamante quebec V. *cristal de rocha*.
diamante-radium Quartzo-enfumaçado.
diamante reno V. *goshenita*.
diamante-savoiano Diamante negro ou marrom.
diamante-saxônico Topázio incolor.
diamantes de conflito Diamantes brutos provenientes de regiões controladas por rebeldes, notadamente na África, cuja venda tem contribuído para financiar compra de armas, alimentando conflitos civis. Também conhecidos como diamantes de sangue e diamantes de guerra.
diamantes de guerra V. *diamantes de conflito*.
diamantes de sangue V. *diamantes de conflito*.

diamante strass 1. Cristal de rocha. 2. Imitação de diamante feita com vidro.
diamante-tasmaniano Topázio incolor.
diamante trenton Cristal de rocha proveniente de Herkimer, Nova Iorque (EUA). Cf. *diamante de herkimer*.
diamante valium Cristal de rocha de Taujore (Índia).
diamante-verde 1. Cristal de rocha. 2. Zircão incolor.
diamante wattens (nome coml.) V. *zircônia cúbica*.
diamantino Pessoa que negocia com diamantes.
diamantista Pessoa que trabalha ou negocia com diamantes.
diamantite 1. (nome coml.) Imitação de diamante feita com vidro rico em chumbo. 2. V. *yag*.
diamite (nome coml.) V. *yag*.
diamlite (nome coml.) V. *yag*.
diamogem (nome coml.) V. *yag*.
diamolite Nome coml. de um aparelho utilizado para obter uniformidade na luz usada na classificação de diamantes, evitando que variem sua cor e intensidade e eliminando a influência das cores das paredes e da presença de nuvens, prejudiciais quando se examina a gema com luz natural. Cf. *coloriscópio*.
diamonair (nome coml.) V. *yag*.
Diamond Imperfection Detector Nome coml. (marca registrada) de um microscópio semelhante ao *Diamondscope*, diferindo deste por ser monocular, o que torna o campo visual bem menor e impede a visão tridimensional, limitações compensadas por seu baixo custo, bem inferior ao dos microscópios binoculares.
diamondite Nome coml. do coríndon sintético.
diamondlite Nome de um aparelho utilizado para comparar cores de diamante.
Diamondscope Nome coml. (marca registrada) de um microscópio binocular adaptado para o exame de gemas. Tem uma base especialmente desenhada para apoio da gema e dispositivos especiais de iluminação. Utiliza oculares de 15 aumentos e objetivas de 4,7 ou 0,7 aumentos. Fabricado nos EUA e disponível apenas pelo sistema de *leasing*.
diamone (nome coml.) V. *yag*.
diamonesque (nome coml.) V. *zircônia cúbica*.
diamonette Nome coml. da safira sintética.
diamonflame Nome coml. da safira sintética.
diamonique (nome coml.) Nome usado para designar o *yag*, o GGG e a zircônia cúbica, todos imitações do diamante.
diamonite (nome coml.) V. *titânia*.
diamonte (nome coml.) V. *yag*.
diamontina (nome coml.) V. *fabulita*.
diamothyst (nome coml.) V. *titânia*.
dianita V. *columbita*. Assim chamada porque se pensou contivesse um metal até então desconhecido, o diânio.
DIAOYUDAOITA Óxido de alumínio e sódio – $NaAl_{11}O_{17}$ –, hexag., descoberto na ilha *Diaoyudao* (daí seu nome), em Taiwan.
DIÁSPORO Óxido de alumínio – α-AlO(OH) –, ortor., dimorfo da boehmita. Tem hábito lamelar, com clivagem pinacoidal. Encontrado em bauxitas. Usado como material refratário, como fonte de alumina e em cerâmica. Do gr. *diaspora* (espalhar), porque decrepita quando aquecido. Sin. de *tanatarita*, *minasita*.
diasporogelita Sin. de *alumogel*. De *diásporo + gel*.
diastérico Diz-se dos minerais astéricos que exibem apenas diasterismo. São pouco importantes como minerais-gema.
diasterismo Asterismo que é observado em luz transmitida. Cf. *epiasterismo*.
DICKINSONITA Fosfato básico de fórmula química $KNa_4CaMn_{14}Al(PO_4)_{12}(OH)_2$, monocl., verde. Forma uma série com a arrojadita. Os cristais são tabulares, pseudotrig., comumente foliados a micáceos, com clivagem basal perfeita. D. 3,34. Homenagem a William *Dickinson*. Cf. *sigismundita*.
DICKITA Silicato básico de alumínio – $Al_2Si_2O_5(OH)_4$ –, monocl., polimorfo da caulinita (à qual muito se

assemelha), da halloysita e da nacrita. Descoberto em veios hidrotermais de Anglesey (País de Gales). Homenagem ao químico escocês A. B. *Dick*, primeiro a descrever o mineral.
DICKTHOMSSENITA Vanadato hidratado de magnésio – $Mg(V_2O_6).7H_2O$ –, monocl., descoberto em uma mina de San Juan, Utah (EUA).
dicroico Diz-se do mineral que exibe dicroísmo.
dicroísmo Tipo particular de pleocroísmo em que há duas cores apenas. É visto em minerais dos sistemas tetrag. e hexag. Do gr. *dicros* (duas cores). Cf. *tricroísmo*.
dicroíta V. *cordierita*. Do gr. *dicros* (duas cores), por apresentar dicroísmo.
dicroscópio Instrumento utilizado para observação do pleocroísmo. Consiste em um cilindro metálico de 5 cm de comprimento por 1 cm de diâmetro, com um orifício em cada extremidade e um cristal de calcita incolor no interior. Ao se observar a gema através do cilindro, a imagem do orifício da extremidade oposta aparece duplicada, em razão da dupla refração da luz ao atravessar o cristal de calcita incolor. A cor da gema será igual e invariável nas duas imagens se o mineral for monorrefringente. Se for birrefringente, ao girá-lo, as imagens poderão mostrar-se com cores ou tonalidades diferentes. Alguns modelos usam, em lugar do cristal de calcita, dois polaroides orientados a 90° um do outro. O dicroscópio requer iluminação intensa e, de preferência, luz branca.

diderichita Sin. de *rutherfordina*. Homenagem ao engenheiro de minas Norbert *Diderich*.
didimolita Silicato de cálcio e alumínio – $Ca_2Al_6Si_9O_{29}$ –, em pequenos cristais monocl., cinzento-escuros, maclados segundo (110). Dur. 5,0. D. 2,71. Solúvel só em HF. Talvez do gr. *didymos* (gêmeos) + *lithos* (pedra).
dienerita Arseneto de níquel – Ni_3As –, branco-cinzento, cúb.
DIETRICHITA Sulfato hidratado de zinco e alumínio – $ZnAl_2(SO_4)_4.22H_2O$ –, monocl., muito raro, descoberto em Felsobánya (Romênia). Homenagem a *Dietrich*, o primeiro a analisá-lo.
DIETZEÍTA Iodato-cromato hidratado de cálcio – $Ca_2H_2O(IO_3)_2(CrO_4)$ –, monocl., que forma cristais geralmente fibrosos ou colunares. Descoberto no deserto de Atacama (Chile) e assim chamado em homenagem ao químico August *Dietze*, o primeiro a descrevê-lo.
difusão Processo de tratamento de gemas que consiste em introduzir impurezas na gema, por processos de difusão de óxidos sob altas temperaturas (1.600°C a 1.900°C) e durante um período de tempo que varia de acordo com o tipo da amostra (Favacho, 2001). A gema é colocada em um cadinho, misturada a óxidos metálicos em pó e aquecida a alta temperatura e atmosfera adequada. Isso produz uma fina camada muito colorida, de cor estável.
DIGENITA Sulfeto de cobre – Cu_9S_5 –, com quantidade variável desse metal. Trig., pseudocúb., azul ou preto. Associa-se à calcocita, com a qual muitas vezes é identificado. Do gr. *digenos* (dois sexos), porque se supõe conter átomos de cobre de duas valências diferentes. Sin. de *neodigenita*.
di-idrita V. *pseudomalaquita*. Do gr. *dis* (dois) + *hidroxila*.
dillinita V. *caulinita*.
dimensionamento Sin. de ¹*formação*.
dimétrico Diz-se dos sistemas hexag., tetrag. e trig., caracterizados por duas medidas principais e por dois índices de

refração, ou de seus cristais. Cf. *monométrico, trimétrico*.
dimorfismo Caso particular de polimorfismo que envolve dois polimorfos.
DIMORFITA Sulfeto de arsênio – As_4S_3 –, ortor., amarelo-alaranjado, que ocorre associado ao ouro-pigmento, na forma de cristais muito pequenos, de baixa dur. (1,5), D. 2,60 e br. adamantino, perto de Nápoles (Itália). Do gr. *dis* (dois) + *morphe* (forma).
dimorfo Diz-se do mineral que exibe dimorfismo.
diogenito Meteorito acondrítico composto essencialmente de bronzita e hiperstênio. Sin. de *rodito*. Do gr. *diogenes* (descendente de Zeus), por sua origem.
DIOMIGNITA Borato de lítio – $Li_2B_4O_7$ –, tetrag., descoberto em pegmatito de Bernic Lake, Manitoba (Canadá).
DIOPSÍDIO Silicato de cálcio e magnésio – $CaMgSi_2O_6$ –, do grupo dos piroxênios monocl. Forma séries isomórficas com a hedenbergita e com a johannsenita. Pode ser prismático, granular, lamelar, colunar ou maciço. Frequentemente com maclas polissintéticas, de cor branca a verde (dependendo do teor de Cr ou Fe), amarela, incolor ou azul, muitas vezes com zoneamento, transp. a transl., com br. vítreo e duas clivagens subortog. Dur. 5,0-6,0. D. 3,20-3,38. Pode ter *chatoyance*. IR 1,675-1,701. Bir 0,026. B(+). Forte fluorescência violeta-escuro. Quanto mais escuro, maior seu PE e seu IR. Pleocroísmo fraco. Ocorre em r. metamórficas, especialmente nas de metamorfismo de contato sobre calcário. Presente também em meteoritos. É um mineral comum, mas raramente aproveitável como gema (v. *cromodiopsídio*). Diopsídio gemológico é encontrado na Áustria, Finlândia, Madagascar, Mianmar (ex-Birmânia), Índia, África do Sul, Itália, EUA, Canadá e Suíça. No Brasil, há em Minas Gerais e no Rio Grande do Norte. Do gr. *dis* (dois) + *opsis* (aspecto), porque a zona prismática (vertical) aparentemente pode ter duas orientações. Sin. de *malacolita*.

diopsídio-jadeíta V. *tuxtlita*.
DIOPTÁSIO Silicato hidratado de cobre – $Cu_6Si_6O_{18} \cdot 6H_2O$ –, trig., geralmente em pequenos prismas ou romboedros de cor verde, transp., de traço verde, br. vítreo, com clivagem romboédrica perfeita. Dur. 5,0. D. 3,30. IR 1,655-1,708. Bir. 0,052. U(+). Pleocroísmo fraco. Disp. 0,022. Não é fluorescente. Ocorre na zona superficial dos veios de cobre. É um mineral raro, de valor gemológico, parecido com a esmeralda. É encontrado na Rússia (Sibéria), Chile, R. D. do Congo e Namíbia, esta última fonte do melhor dioptásio. As gemas são facetadas e geralmente muito pequenas. Do gr. *dia* (através) + *optasia* (visão), porque sua clivagem costuma ser visível através dos cristais. Sin. de *asquirita, esmeralda do congo*, ²*esmeraldina*.
diorito R. plutônica composta de anfibólio escuro (especialmente hornblenda), plagioclásio cálcico e piroxênio, às vezes com qz. Pode ser usada como pedra ornamental (v. *preto itaoca*). Cf. *quartzodiorito*.
dipírio V. *dipiro*.
dipirita 1. V. *pirrotita*. 2. V. *dipiro*. Do gr. *dis* (dois) + *pyr* (fogo).
dipiro Aluminossilicato da série isomórfica das escapolitas, em que a proporção dos membros finais, marialita e meionita, é de 3:1 até 3:2. Do gr. *dis* (dois) + *pyr* (fogo). Sin. de *mizonita, dipírio,* ²*dipirita*.
dipirrotina Sin. de *pirrotita*. Do gr. *dis* (dois) + *pirrotina*.
Dirigem Nome coml. (marca registrada) de um espinélio sintético de cor verde.
disanalita 1. Óxido de cálcio e titânio com cério, sódio, nióbio e tântalo – $(Ca,Ce,Na)(Ti,Nb,Ta)O_3$ –, do grupo da perovskita. Ocorre em pequenos cristais cúb. pretos, em r. alcalinas e pegmatitos. D. 4,40. 2. Var. de perovskita com Nb, Ta e TR. Do gr. *dysanalitos* (difícil de desmanchar), por ser difícil de analisar. Sin. de *niobioperovskita*.

DISCRASITA Antimoneto de prata – Ag_3Sb –, ortor., maciço, opaco, séctil, com *tarnish* cinza, prateado em frat. fresca, dur. 3,5-4,0 e D. 9,60-9,81. Tem 64% Ag, sendo usada para obtenção desse metal. Do gr. *discrasis* (má liga).
disintribita Aluminossilicato hidratado de sódio e potássio, provavelmente uma var. de pirita ou uma moscovita impura. De uma palavra grega que significa "difícil de moer".
dispersão Decomposição da luz branca em suas diversas componentes. É expressa, numericamente, pelo índice de dispersão, que corresponde à diferença entre os IR das radiações vermelha (linha B) e azul (linha C), sendo medido pelo espectrômetro. Geralmente é fraca em gemas coloridas. A dispersão, no caso das gemas, é popularmente denominada de fogo. Uma gema com forte dispersão (ou muito fogo) é, por ex., o diamante (disp. 0,044).
DISSAKISITA-(Ce) Silicato básico de fórmula química $Ca(Ce,La)MgAl_2(SiO_4)_3(OH)$, monocl., descoberto na Antártica.
distênio Sin. de *cianita*. Do gr. *dis* (dois) + *sthenos* (força), porque sua dur. pode ser 4,0 ou 7,0, conforme a face do cristal que se considera.
distrene Polistireno muito leve (D. 1,05), com IR 1,580, dur. 2,5, usado em imitação do âmbar e da pérola. É um polímero do vinil-benzeno.
ditroíta (nome coml.) V. *sodalita*.
DITTMARITA Fosfato hidratado de amônio e magnésio – $(NH_4)Mg(PO_4).H_2O$ –, ortor., descoberto em Vitória (Austrália). Espécie de natureza ainda duvidosa.
DIXENITA Arsenato-silicato de cobre, manganês e ferro – $CuMn_{14}Fe(AsO_3)_5(SiO_4)_2(AsO_4)(OH)_6$ –, trig., em agregados finos de folhas escuras quase pretas. Clivagem basal, dur. 3.4, D. 4,2. Talvez do gr. *dis* (dois) + *xenos* (estranho), por conter dois ânions diferentes.
di'yag (nome coml.) V. *yag*.
djalmaíta V. *uranomicrolita*. Homenagem a *Djalma* Guimarães, geólogo brasileiro.
DJERFISHERITA Sulfeto de potássio e ferro com cobre e níquel – $K_6(Fe,Cu,Ni)_{23}S_{26}Cl$ –, cúb., encontrado só em meteoritos. Homenagem ao mineralogista *Daniel Jerome Fisher*.
djevalita (nome coml.) V. *zircônia cúbica*. De Hrand *Djevarhirdjian*, laboratório onde foi produzida pela primeira vez.
djimlita Nome coml. de um diamante sintético produzido na Suíça e usado como gema. Cf. *astrolita*, *gemolita*.
DJURLEÍTA Sulfeto de cobre – $Cu_{31}S_{16}$ –, semelhante à calcocita aos raios X. Homenagem a S. *Djurle*, químico que obteve o composto sinteticamente, antes da descoberta do mineral.
DMISTEINBERGITA Silicato de cálcio e alumínio – $CaAl_2Si_2O_8$ –, hexag., trimorfo da anortita e da svyatoslavita, descoberto nos Urais (Rússia).
dneprovskita V. *estanho de madeira*.
dodecaedro Forma cristalina isométrica composta de 12 faces rômbicas iguais, cada qual paralela a um eixo cristalográfico, interceptando os outros dois eixos a igual distância (dodecaedro rômbico ou rombododecaedro); de 12 faces pentagonais, cada qual paralela a um eixo e interceptando os outros dois eixos a distâncias desiguais (dodecaedro pentagonal), ou de 12 faces pentagonais não regulares (piritoedro). É uma forma encontrada em cristais de granada, diamante, pirita, gahnita, fluorita e outros minerais.
DOLEROFANITA Oxissulfato de cobre – $Cu_2(SO_4)O$ –, com 53,1% Cu. Altera-se a antlerita. Monocl., marrom, opaco. Descoberto no Vesúvio (Itália). Do gr. *doleros* (enganador) + *phanein* (aparecer), porque sua aparência não sugere a composição que possui.
DOLLASEÍTA-(Ce) Silicato de cálcio, cério, magnésio e alumínio – $CaCeMg_2AlSi_3O_{11}(F,OH)$ –, monocl., do grupo do epídoto, descoberto em uma mina da Suécia.
DOLOMITA Carbonato de cálcio e magnésio – $CaMg(CO_3)_2$ –, trig., que forma séries isomórficas com a ankerita e a kutnahorita. É granular e forma cristais

romboédricos, transp. a transl., com frat. subconchoidal. Geralmente branco ou incolor, com clivagem romboédrica perfeita e br. vítreo a nacarado. Dur. 3,5-4,5. D. 2,85-2,95. É muito comum, sendo constituinte essencial dos dolomitos. Presente também em meteoritos. É usado como isolante térmico, como fundente na metalurgia, para obtenção de magnésio e como pedra ornamental. Assim chamado em homenagem ao químico francês Gratet de *Dolomieu*, seu descobridor. Sin. de *espato-pérola*. O grupo da dolomita compreende mais quatro carbonatos trig.: ankerita, kutnahorita, minrecordita e norsethita.

dolomita-borboleta Var. de dolomita com cristais de faces curvas.

dolomito R. carbonática composta principalmente de *dolomita* (v.), às vezes usada para fins ornamentais.

dolomito campos do jordão Nome coml. de um dolomito branco usado como pedra ornamental.

dolomito taubaté Nome coml. de um dolomito ornamental branco.

DOLORESITA Mineral de vanádio – $H_8V_6O_{16}$ –, monocl., marrom-escuro, formado por alteração da montroseíta. Descoberto em *Dolores* (daí seu nome), rio do Colorado (EUA).

DOMEIKITA-ALFA Arseneto de cobre – Cu_3As –, cúb., cinza a prateado, descoberto na mina Algodones, em Coquimbo (Chile). Homenagem a Ignácio *Domeiko*, mineralogista chileno.

DOMEIKITA-BETA Arseneto de cobre – $Cu_{3-x}As$ –, trig., cinza a prateado, descoberto em Mesanki, no Irã.

donathita Óxido de ferro, magnésio e cromo – $(Fe,Mg)(Cr,Fe)_2O_4$ –, tetrag., mistura de cromita e magnetita.

donbassita Grupo de aluminossilicatos hidratados de ferro, magnésio, sódio e cálcio, semelhantes à pirofilita (Thrush, 1968). De *Donetz Basin* (Rússia).

DONHARRISITA Sulfeto de níquel e mercúrio – $Ni_8Hg_3S_9$ –, monocl., descoberto em uma mina da província de Salzburgo (Áustria).

DONNAYITA-(Y) Carbonato hidratado de estrôncio, sódio, cálcio e ítrio – $Sr_3NaCaY(CO_3)_6.3H_2O$ –, tricl., pseudotrig. Forma cristais de 2 mm, no máximo, com cor variável, transp., de br. vítreo, traço incolor, em nefelinassienitos de Quebec (Canadá). Dur. 3,0. D. 3,3. Dissolve-se rapidamente em HCl 1:1, com forte efervescência. O hábito dos cristais é variável. Homenagem aos professores J. D. H. *Donnay* e G. *Donnay*. Cf. *mackelveyita*, *weloganita*.

DONPEACORITA Silicato de manganês e magnésio – $(Mn,Mg)MgSi_2O_6$ –, do grupo dos ortopiroxênios, dimorfo da kanoíta. D. 3,4. Dur. 5-6. Cor amarelo-laranja, br. vítreo e clivagem segundo (110). Ocorre em um material manganífero de Balmat, Nova Iorque (EUA). Homenagem a *Donald R. Peacor*.

DORALLCHARITA Sulfato básico de tálio e ferro com potássio – $(Tl,K)Fe_3(SO_4)_2(OH)_6$ –, trig., descoberto em Crven Dol, *Allchar* (daí seu nome), na Macedônia.

DORFMANITA Fosfato ác. hidratado de sódio – $Na_2HPO_4.2H_2O$ –, ortor., muito solúvel em água, que forma agregados pulverulentos brancos, produzidos por alteração de lomonosovita de pegmatitos alcalinos da península de Kola (Rússia). D. 2,0-2,1. Homenagem ao mineralogista M. D. *Dorfman*.

DORRITA Silicato de cálcio, magnésio, ferro e alumínio – $Ca_2Mg_2Fe_4Al_4Si_2O_{20}$ –, tricl., descoberto na bacia do rio Powder, Wyoming (EUA).

doublestone Nome coml. de um processo utilizado para colorir gemas incolores, desenvolvido no Brasil.

doublet Gema obtida pela união de duas porções de gemas verdadeiras, geralmente da mesma espécie, por meio de cimento incolor (bálsamo do canadá) ou colorido. O plano de união situa-se à altura da cintura. A parte inferior é, algumas vezes, feita com material barato, como qz., safira incolor, espinélio sintético ou vidro. Sin. de *pedra dupla*. Cf. *triplet*.

doublet oco *Doublet* que contém um líquido colorido depositado em uma cavidade existente no topo da sua porção inferior, na base da sua porção superior ou em ambos.

doughtyíta Sulfato básico hidratado de alumínio – $Al_{10}(SO_4)_3(OH)_6 \cdot 21H_2O$ –, descoberto como um precipitado branco nas águas de *Doughty* Springs, Califórnia (EUA). Tem aparência semelhante à da pirofilita, mas a composição assemelha-se à do cloritoide. Normalmente encontrado em gretas de antracito.

DOUGLASITA Cloreto hidratado de potássio e ferro – $K_2FeCl_4 \cdot 2H_2O$ –, monocl., em cristais pequenos, verdes. Muito raro e muito instável ao ar. Descoberto em Stassfurt (Alemanha). Nome derivado de *Douglas* Springs (EUA).

dourado carioca Nome coml. de um granito ornamental procedente de Campo Grande, RJ (Brasil).

doverita Sin. de *sinquisita-(Y)*. De *Dover*, mina de Morris, New Jersey (EUA).

DOWNEYITA Óxido de selênio – SeO_2 –, tetrag., acicular, encontrado em antracitos da Pensilvânia (EUA). Geralmente incolor, com br. adamantino, altamente higroscópico. Homenagem a Wayne F. *Downey* Jr.

DOYLEÍTA Hidróxido de alumínio – $Al(OH)_3$ –, tricl., polimorfo da bayerita, da gibbsita e da nordstrandita. Descoberto em pedreira de Rouville, Quebec (Canadá).

DOZYÍTA Silicato básico de magnésio e alumínio – $(Mg_7Al_2)(Si_4Al_2)O_{15}(OH)_{12}$ –, monocl. É uma interestratificação de serpentina e clorita, descoberta na Nova Guiné (Indonésia).

dragonita Designação de cristais de qz. encontrados em cascalhos, já sem br. e informes, de modo a impossibilitar sua identificação. Nome derivado de uma lenda segundo a qual proviriam da cabeça de *dragões* alados.

DRAVITA Borossilicato de sódio, magnésio e alumínio – $NaMg_3Al_6BO_3Si_6O_{18}(OH)_4$ –, do grupo das turmalinas. Forma séries isomórficas com a schorlita e a elbaíta. Tem cor amarelo-escura a marrom, com dicroísmo, e é usada como gema. Forma prismas trig., de br. vítreo, transl., com IR 1,615-1,640. Bir. 0,025. U(–). Disp. 0,017. Dur. 7,0-7,5 e D. 3,00-3,25. Sem clivagem. Nome derivado de *Drava* (ou *Drave*), afluente do rio Danúbio que corre na Áustria e na Iugoslávia. Cf. *vanadiodravita*.

DRESSERITA Carbonato básico hidratado de bário e alumínio – $BaAl_2(CO_3)_2(OH)_4 \cdot H_2O$ –, ortor., descoberto em uma pedreira da ilha de Montreal, Quebec (Canadá). Cf. *estronciodresserita*.

drewita Var. de carbonato de cálcio precipitado a partir da água do mar por ação bacteriana.

DREYERITA Vanadato de bismuto – $BiVO_4$ –, tetrag., amarelo-laranja a amarelo-amarronzado, trimorfo da clinobisvanita e da pucherita. Forma placas paralelas a (001), com 0,05 mm de espessura máxima, 0,5 mm de diâmetro, traço amarelo, br. adamantino, dur. 2-3 e D. 6,25. Ocorre em tufos riolíticos e é assim chamada em homenagem a Gerhard *Dreyer*, seu descobridor.

DRUGMANITA Fosfato básico de chumbo e ferro com alumínio – $Pb_2(Fe,Al)H(PO_4)_2(OH)_2$ –, monocl., formando raros cristais incolores de até 0,2 mm em cavidades de um calcário silicificado de Richelle (Bélgica). D. 5,55. Homenagem a Julien *Drugman*, mineralogista belga.

drusa Agregado cristalino em que os cristais cresceram de modo aproximadamente paralelo, recobrindo uma superfície mais ou menos plana, como uma fenda em uma r. No comércio, chama-se assim também o pedaço de geodo com base mais ou menos plana. Cf. *geodo*.

DRYSDALLITA Seleneto de molibdênio – $MoSe_2$ –, hexag., cinza-escuro, muito mole. Descoberto em jazida de urânio de Solwezi (Zâmbia) e assim chamado em homenagem a A. R. *Drysdall*, diretor do Serviço Geológico da Zâmbia.

dubuissonita Nome dado a uma argila rosada, semelhante à montmorillonita, mas diferente quanto à resistência ao ataque por ác. e à fusibilidade.

ducktownita Termo que, no Tennessee (EUA), designa uma mistura de pirita e calcocita.

dúctil Diz-se do mineral que pode ser reduzido à forma de um fio, como o ouro, a prata, a platina e o cobre. Todo mineral dúctil é também maleável. Um grama de ouro permite obter um fio de 2.000 m de comprimento (Leprevost, 1978).

dufreniberaunita Fosfato hidratado de ferro e manganês, intermediário entre a dufrenita e a beraunita (daí seu nome).

DUFRENITA Fosfato básico hidratado de cálcio e ferro – $CaFe_{12}(OH)_{12}(PO_4)_8 \cdot 4H_2O$ –, monocl. Forma geralmente filmes pulverulentos em limonitas, pegmatitos e na zona de alteração de depósitos metálicos. Verde-escuro, br. sedoso. Dur. 3,5-4,5. D. 3,20-3,40. Traço esverdeado, transl. Homenagem a P. A. *Dufrénoy*, mineralogista francês. Sin. de *craurita*. Cf. *natrodufrenita*.

DUFRENOYSITA Sulfoarseneto de chumbo – $Pb_2As_2S_5$ –, monocl., cinza-escuro, maciço ou em cristais com clivagem (010) perfeita, dur. 3,0 e D. 5,55-5,57. Descoberto em uma pedreira de Binntal, no Valais (Suíça), e assim chamado em homenagem ao mineralogista francês P. F. *Dufrénoy*. Sin. de *plumbobinnita*. Cf. *sartorita*.

DUFTITA Arsenato básico de chumbo e cobre – $PbCuAsO_4(OH)$ –, ortor., verde-claro, com traço da mesma cor, semelhante à olivenita na forma. Raro. Descoberto na mina Tsumeb (Namíbia) e assim chamado em homenagem a G. *Duft*, gerente-geral da mina Tsumeb.

DUGGANITA Telurato-arsenato de chumbo e zinco – $Pb_3Zn_3(TeO_6)(AsO_4)$ –, trig., incolor a verde, com dur. 3,0 e D. 6,33. Os cristais são prismáticos curtos, levemente curvos, de br. adamantino e muito frágeis. Facilmente confundível com willemita. Descoberto em uma mina de Tombstone, Arizona (EUA), e assim chamado em homenagem a Marjorie *Duggan*, química que descobriu o Te^{6+} na natureza.

duhamelita Vanadato básico hidratado de chumbo, cobre e bismuto – $Pb_2Cu_4Bi(VO_4)_4(OH)_3 \cdot 8H_2O$ –, ortor., verde-amarelo, descoberto em veios de qz. que cortam r. metamórficas no Arizona (EUA). Forma cristais de até 0,4 mm, isolados ou em feixes, com forma de barril. Traço verde-amarelo, dur. 3, D. 5,8. Frágil. Homenagem a J. E. *Duhamel*, geólogo que o descobriu.

DUKEÍTA Cromato básico hidratado de bismuto – $BiCr_8O_{57}(OH)_6 \cdot 3H_2O$ –, trig., descoberto em Conceição do Mato Dentro, MG (Brasil).

DUMONTITA Fosfato hidratado de chumbo e uranila – $Pb_2(UO_2)_3O_2(PO_4)_2 \cdot 5H_2O$ –, monocl., fortemente radioativo, com fluorescência média a fraca. Muito raro, descoberto na província de Shaba (R. D. do Congo). Homenagem a André *Dumont*, geólogo belga.

DUMORTIERITA Borato-silicato de alumínio – $Al_7BO_3(SiO_4)_3O_3$ –, ortor., geralmente maciço, finamente fibroso, formando agregados com qz. É azul ou violeta, com br. vítreo a nacarado. Dur. 7,0. D. 3,30. IR 1,686-1,722. Bir. 0,036. B(–). Frat. conchoidal. Forte pleocroísmo. Ocorre em xistos, gnaisses e pegmatitos. É usado como pedra ornamental, em porcelana refratária e para extração de sílica. Dumortierita gemológica é encontrada nos EUA e na Índia. Outros produtores são Sri Lanka, Canadá, Madagascar, Namíbia, França e Polônia. No Brasil, há uma grande jazida na Bahia. Homenagem a Eugène Dumortier, paleontólogo francês.

DUNDASITA Carbonato básico hidratado de chumbo e alumínio – $PbAl_2(CO_3)_2(OH)_4 \cdot 2H_2O$ –, ortor., encontrado em tufos de pequenas agulhas com disposição radial. De *Dundas*, Tasmânia (Austrália), onde foi descoberto. Cf. *petterdita*.

dunhamita Telureto de chumbo até agora só observado em seção delgada. Marrom-acinzentado, séctil. Homenagem ao mineralogista inglês *Dunham*, seu descobridor.

duparquita | dzharkenita

duparquita Silicato de alumínio e cálcio, em cristais prismáticos cinza--esverdeado, alongados, com disposição radial. Homenagem ao professor *Duparc*.
dupla refração Sin. de *birrefringência*.
dupla refração anômala Birrefringência observada, às vezes, em material isótropo, resultante de tensão interna.
duplexita V. ¹*bavenita*. Homenagem ao australiano S. *Duplex*, seu descobridor.
dura Diz-se das faixas de uma ágata que, por serem menos porosas, são mais difíceis de serem coloridas artificialmente. Antôn. de *mole*.
durabilidade Característica fundamental das gemas que se traduz na alta resistência a risco (como o diamante), a quebras (como o jade), ao calor, a substâncias químicas etc. Há gemas sensíveis a reagentes químicos, como as pérolas; a uma luz forte, como o topázio e a fenaquita; à desidratação, como a opala; a esforços mecânicos, como o diamante etc.
DURANGUITA Fluorarsenato de sódio e alumínio – $NaAl(AsO_4)F$ –, monocl., em cristais vermelho-alaranjados. Forma séries isomórficas com a maxwellita e a tilasita. Dur. 5,0. D. 3,97-4,09. IR 1,660-1,710. Pode ser usado como gema e é encontrado em Coneto, *Durango* (daí seu nome), no México.
DURANUSITA Sulfeto de arsênio – As_4S –, ortor., vermelho, descoberto como grãos de até 0,2 mm em vênulos de calcita de margas e calcários silicosos de *Duranus* (França), daí seu nome.
durdenita Sin. de *emmonsita*. Homenagem a Henry S. *Durden*, que forneceu as amostras para os primeiros estudos do mineral.
dureza Resistência que um mineral oferece a risco. É medida usualmente pela *escala de Mohs* (v.). Não deve ser confundida com a tenacidade, que é a resistência oferecida a pressões, torções, batidas etc. A escala de Mohs, bem como a *escala técnica* (v.), mede a dur. relativa. Outras, como as *escalas Knoop* e *Rosiwal* (v.), medem a dur. absoluta. Na escala de Mohs, consideram-se baixas as dur. entre 1,0 e 3,0; médias as dur. entre 3,0 e 6,0; altas as dur. entre 6,0 e 10,0. A dur. não pode ser medida com exatidão em minerais pulverulentos, fibrosos e foliados. Da mesma forma, minerais com elevada tenacidade, como a nefrita, podem dar um valor para a dur. maior que o real. Cf. *esclerômetro*.
durfeldtita Sulfoantimoneto de chumbo, prata e manganês com cobre e ferro – $Pb(Ag,Cu,Fe)MnSb_2S_6$. Provavelmente uma mistura.
DUSMATOVITA Silicato de fórmula química $K(K,Na[\ ])(Mn,Y,Zr)_2(Zn,Li)_3Si_{12}O_{30}$, hexag., do grupo da milarita, descoberto em Tien Shan (Tajiquistão).
DUSSERTITA Arsenato básico de bário e ferro – $BaFe_3(AsO_4)_2(OH,H_2O)_6$ –, tricl., do grupo da jarosita. Descoberto em Djebel Debar, Constantine (Argélia), e assim chamado em homenagem a D. *Dussert*, engenheiro de minas francês.
DUTTONITA Óxido de vanádio – $VO(OH)_2$ –, em pequenas escamas monocl., pseudo-ortor., marrom-claras. Forma-se por alteração da montroseíta. Descoberto em mina de Montrose, Colorado (EUA).
DWORNIKITA Sulfato hidratado de níquel – $NiSO_4.H_2O$ –, do grupo da kieserita, descoberto em Minasragra (Peru). É monocl., branco, tem D. 3,34, frat. e dur. não determinadas. Forma agregados de partículas finas. Homenagem a Edward J. *Dwornik*, mineralogista do USGS.
DYPINGITA Carbonato básico hidratado de magnésio – $Mg_5(CO_3)_4(OH)_2.5H_2O$ –, provavelmente monocl., descoberto em *Dypingdal* (daí seu nome), Buskerud (Noruega).
DZHALINDITA Hidróxido de índio – $In(OH)_3$ –, cúb., marrom-amarelado. Forma-se por alteração supergênica da indita. De *Dzhalinda*, jazida de estanho da Sibéria (Rússia), onde foi descoberto.
DZHARKENITA Seleneto de ferro – $FeSe_2$ –, cúb., dimorfo da ferrosselita. Foi descoberto no Casaquistão e pertence ao grupo da pirita.

dzhezkazganita Mineral com 40%-50% Re e 15%-20% Cu. Talvez um sulfeto ou uma liga. Parece ser amorfo. De *Dzhezkazgab* (Casaquistão).

Quadro 1 SISTEMAS DE CLASSIFICAÇÃO DO DIAMANTE LAPIDADO QUANTO À COR

ABNT	GIA	HRD/CIBJO
Absolutamente incolor	D	Exceptional white +
Excepcionalmente incolor	E	Exceptional white
Acentuadamente incolor	F	Rare white +
Nitidamente incolor	G	Rare white
Aparentemente incolor	H	White
Aparentemente colorido	I	Slightly tinted white
Levemente colorido	J	
Claramente colorido	K	Tinted white
Nitidamente colorido	L	
Acentuadamente colorido	M-Z	Tinted colour
Cor excepcional	Z+	Fancy diamonds

1) A especificação da cor deve ser determinada por um profissional competente, utilizando um conjunto de padrões obtido por comparação com os conjuntos de padrões de HRD, CIBJO ou do GIA, sob luz artificial padronizada, equivalente a 5.000-5.500 kelvins (ABNT).
2) GIA – Gemological Institute of America; HRD – Hoge Raad voor Diamant; CIBJO – Confédération Internationale de la Bijouterie, Joaillerie e Orfèvrerie, des Diamantes et Pierres.

Quadro 2 CLASSIFICAÇÃO DO DIAMANTE LAPIDADO QUANTO À PUREZA (ADOTADA MUNDIALMENTE, INCLUSIVE PELA **ABNT**)

CLASSE	CARACTERÍSTICAS
FL (*Flawless*)	Interna e externamente puro ao exame com equipamento óptico
IF ou LC (*Internally flawless ou loupe clean*)	Internamente livre de qualquer inclusão ao exame com equipamento óptico
VVS1/VVS2 (*Very very small inclusion(s)*)	Inclusões pequeníssimas e muito difíceis de serem visualizadas ao exame com equipamento óptico
VS1/VS2 (*Very small inclusion(s)*)	Inclusões muito pequenas e difíceis de serem visualizadas ao exame com equipamento óptico
SI1/SI2 (*Slightly included*)	Inclusões pequenas, fáceis de serem visualizadas com equipamento óptico e invisíveis a olho nu através da coroa
Included 1 (I1) ou *Piqué* I (P1)	Inclusões evidentes ao exame com equipamento óptico e difíceis de serem visualizadas a olho nu através da coroa, não diminuindo a transparência do diamante
Included 2 (I2) ou *Piqué* II (P2)	Uma inclusão grande e/ou algumas inclusões menores, fáceis de serem visualizadas a olho nu através da coroa, diminuindo um pouco a transparência do diamante
Included 3 (I3) ou *Piqué* III (P3)	Uma inclusão grande e/ou numerosas inclusões menores muito fáceis de serem visualizadas a olho nu através da coroa, diminuindo sensivelmente a transparência do diamante

1) As subdivisões encontradas em algumas das classes da tabela são definidas de acordo com o número, posição, tamanho, cor, forma e natureza das inclusões.
2) A pureza de um diamante deve ser determinada por profissional competente, examinando a gema sob iluminação adequada, com equipamento óptico de lentes aplanáticas e acromáticas com dez aumentos (ABNT).

Tab. 1 Principais imitações do diamante

Nome	Fórmula	Dureza	Densidade	Índice de refração	Cor	Dispersão	Sistema cristalino
Diamante	C	10,0	3,51-3,53	2,417-2,440	Geralmente incolor ou claro Também amarelo, castanho, cinza, leitoso, verde, vermelho, preto e azul	0,044	Cúb.
Moissanita	SiC	9,2	3,22	2,650-2,690	Verde ou preta	0,104	Hexag.
Zircônia cúbica	ZrO_2	7,5-8,5	5,65	2,150-2,180	Incolor	0,060	Cúb.
GGG	$Gd_3(GaO_3)_4$	6,5	7,05	2,030	Incolor com tons amarronzados	0,038	Cúb.
YAG	$Y_3Al_5O_{12}$	8,0	4,57-6,69	1,833-1,870	Amarelo-dourado, amarelo-rosado, verde-claro e amarelo-claro	0,028	Cúb.
Fabulita	$SrTiO_3$	5,5-6,0	5,13	2,410	Incolor	0,190	Cúb.
Titânia	TiO_2	6,0-6,5	4,26	2,616-2,903	Marrom, azul, verde, dourada etc.	0,300	Tetrag.

EAKERITA Silicato básico hidratado de cálcio, estanho e alumínio – $Ca_2Sn Al_2Si_6O_{18}(OH)_2.2H_2O$ –, monocl., descoberto em uma mina de espodumênio de Cleveland, Carolina do Norte (EUA).
eakleíta Sin. de *xonotlita*.
eardleyita Carbonato básico hidratado de níquel e alumínio com zinco – $(Ni,Zn)_6Al_2(OH)_{16}CO_3.4H_2O$ –, que ocorre com smithsonita niquelífera em frat. de calcário. Assim chamado em homenagem a A. J. *Eardley*, professor de Geologia de Utah (EUA).
EARLANDITA Citrato hidratado de cálcio – $Ca_3(C_6H_5O_7).4H_2O$ –, monocl., encontrado em sedimentos do mar de Weddel (Antártica). Forma nódulos finamente granulados, de cor amarelo--clara a branca. Homenagem ao engenheiro civil Arthur *Earland*.
EARLSHANNONITA Fosfato básico hidratado de manganês e ferro – $MnFe_2^{3+}(PO_4)_2(OH)_2.4H_2O$ –, monocl., marrom--avermelhado, descoberto em uma mina da Carolina do Norte (EUA). Forma cristais prismáticos de até 0,5 mm. Cf. *arthurita*, *ojuelaíta* e *whitmoreíta*
EASTONITA Aluminossilicato básico de potássio e magnésio – $KMg_2Al_3Si_3O_{10}(OH)_2$ –, monocl., do grupo das micas. De *Easton*, Pensilvânia (EUA), onde foi descoberto.
ebelmanita Var. de psilomelano com potássio.
ECANDREWSITA Óxido de zinco e titânio – $ZnTiO_3$ –, trig., descoberto em uma mina de Nova Gales do Sul (Austrália).
ECDEMITA Oxicloreto de chumbo e arsênio – talvez $Pb_6As_2O_7Cl_4$ –, tetrag.,

de cor amarela ou verde, brilhante, ainda pouco estudado. Do gr. *ecdimos* (incomum), por sua composição relativamente estranha.
echellita V. *thomsonita*.
ECKERMANNITA Silicato básico de sódio, magnésio e alumínio – $Na_3(Mg_4Al)Si_8O_{22}(OH)_2$ –, monocl., do grupo dos anfibólios. Forma uma série com a ferroeckermannita. Ocorre em r. alcalinas de Nona Kar (Suécia). Não confundir com *akermanita* e *ekmannita*. Homenagem a Claes W. H. von *Eckermann*, professor sueco.
eckrita Sin. de *winchita*. De *Eque*, Groenlândia.
ECLARITA Sulfeto de chumbo, cobre e bismuto com ferro – $Pb_9(Cu,Fe)Bi_{12}S_{28}$ –, ortor., descoberto em minérios cupríferos de Salzburgo (Áustria), onde forma agregados de cristais aciculares dispostos em leque, medindo cada cristal até 1,5 cm, ou preenchendo frat. em pirita e arsenopirita. D. 6,9, cor cinza-esbranquiçado. Homenagem ao professor E. *Clar*, da Áustria.
eclogito R. metamórfica formada sob alta pressão e à temperatura de 600-700°C, constituída de onfacita e granada, com rutilo, cianita e enstatita, na qual se acredita formar-se diamante.
EDENHARTERITA Sulfoarseneto de chumbo e tálio – $PbTlAs_3S_6$ –, ortor., descoberto em uma pedreira do Valais (Suíça). Cf. *jentschita*.
EDENITA Aluminossilicato básico de sódio, cálcio e magnésio, do grupo dos anfibólios – $NaCa_2Mg_5(Si_7Al)O_{22}(OH)_2$ –, monocl., semelhante à antofilita e à tremolita. Forma série isomórfica com a ferroedenita. De *Edenville*, Nova Iorque (EUA). Não confundir com *hiddenita*.
EDGARBAYLEÍTA Silicato de mercúrio – $Hg_6Si_2O_7$ –, monocl., descoberto em uma mina de mercúrio abandonada de Sonoma, Califórnia (EUA).
EDGARITA Sulfeto de ferro e nióbio – $FeNb_3S_6$ –, hexag., descoberto no complexo alcalino de Khibina, na península de Kola (Rússia).

EDINGTONITA Aluminossilicato hidratado de bário – $BaAl_2Si_3O_{10}.4H_2O$ –, do grupo das zeólitas. Ortor. e tetrag., branco, rosa ou acinzentado. Descoberto perto de Glasgow (Escócia) e assim chamado em homenagem a *Edington*, escocês que o descobriu.
edinita (nome coml.) V. *prásio*.
edisonita 1. Var. de rutilo em cristais marrom-dourados. **2.** Nome proposto para designar uma turquesa azul com manchas. Homenagem a Thomas Alva *Edison*, físico norte-americano.
EDOYLERITA Sulfocromato de mercúrio – $Hg_3CrO_4S_2$ –, monocl., descoberto em uma mina de mercúrio abandonada de San Benito, Califórnia (EUA).
edwardsita V. *monazita*. De *Edwards*.
efervescência Evolução de um gás na forma de bolhas, dentro de um líquido, por alívio de pressão ou por ação de um agente químico. A efervescência, que consiste em emanações de CO_2 provocadas pela reação de ác. clorídrico com carbonatos, é importante na identificação da azurita, calcita, coral, pérola e outras substâncias. Sua ausência é meio seguro para identificação de imitações de pérolas.
EFESITA Silicato básico de sódio, lítio e alumínio – $NaLiAl_2(Al_2Si_2)O_{10}(OH)_2$ –, monocl. ou tricl., do grupo das micas, descoberto em Kimberley (África do Sul). De *Éfeso* (Turquia).
EFFENBERGERITA Silicato de bário e cobre – $BaCuSi_4O_{10}$ –, tetrag., descoberto na província do Cabo (África do Sul).
EFREMOVITA Sulfato de amônio e magnésio – $(NH_4)Mg_2(SO_4)_3$ –, cúb., descoberto em uma bacia carbonífera dos Urais (Rússia).
EGGLETONITA Aluminossilicato de fórmula química $Na_2Mn_8(Si,Al)_{12}O_{29}(OH)_7.11H_2O$ –, monocl., raro, encontrado em cavidades de pegmatitos em Little Rock, Arkansas (EUA). Forma agregados de cristais prismáticos de até 1,5 mm, alongados segundo o eixo *a*, de cor marrom-dourada a marrom-escura, traço marrom-claro, br. vítreo e clivagem (001) perfeita. Dur. 3-4. D. 2,8. Frágil. Homenagem ao Dr. Richard A. *Eggleton*. Não confundir com *eglestonita*. Cf. *ganofilita*.
eggonita Fosfato hidratado de alumínio – provavelmente $AlPO_4.2H_2O$ –, ortor.
EGIRINA Silicato de sódio e ferro – $NaFe(SiO_3)_2$ –, do grupo dos clinopiroxênios. Forma geralmente cristais prismáticos pretos, de br. vítreo. Dur. 6,0-6,5. D. 3,40-3,50. Boa clivagem prismática. Ocorre em r. ricas em sódio e pobres em sílica, como sienitos nefelínicos a biotita e seus equivalentes. De *Egir*, deus do mar na mitologia islandesa. Sin. de *acmita, aegirina*.
EGIRINA-AUGITA Silicato de cálcio e magnésio com sódio e ferro – $(Ca,Na)(Mg,Fe)Si_2O_6$ –, monocl., do grupo dos piroxênios. Tem cor marrom e é típica de r. alcalinas, principalmente sienitos. Sin. de *acmita-augita*, [1]*violaíta*.
EGLESTONITA Oxicloreto de mercúrio – $Hg_6Cl_3O(OH)$ ou Hg_4Cl_2O –, cúb., em pequenos cristais dodecaédricos de cor amarelo-amarronzada, que se tornam mais escuros se deixados em local sem luz. Dur. 2-3. D. 8,3. O br. é resinoso a adamantino. Forma série isomórfica com a kadyrelita. Homenagem a Thomas *Egleston*, mineralogista norte-americano. Não confundir com *eggletonita*.
egueiita Fosfato hidratado de ferro com um pouco de cálcio – $(FeO_3)_6CaO(P_2O_5)_{5,5}.23H_2O$ –, amorfo, marrom-amarelado. De *Eguéii* (Sudão).
ehrenwertita Hidróxido de ferro – $FeO(OH)$ –, pseudomorfo sobre pirita. Cf. *goethita*.
EHRLEÍTA Fosfato hidratado de cálcio, zinco e berílio – $Ca_2ZnBe(PO_4)_2(PO_3OH).4H_2O$ –, tricl., descoberto em pegmatito da Dakota do Sul (EUA).
eichbergita Sulfeto de cobre e bismuto com ferro e antimônio – $(Cu,Fe)(Bi,Sb)_2S_5$ –, maciço, cor cinza. De *Eichberg* (Áustria).
eichwaldita Sin. de *jeremejevita*. Homenagem a J. I. *Eichwald*, descobridor das primeiras amostras de jeremejevita.

EIFELITA Silicato de fórmula química $KNa_2(MgNa)Mg_3Si_{12}O_{30}$, hexag. Forma série isomórfica com a roedderita e pertence ao grupo da osumilita. Forma prismas ou cristais achatados, ou, ainda, grãos anédricos de até 1 mm. Insolúvel em HCl e H_2SO_4. Não tem clivagem visível, é incolor ou levemente colorido de amarelo ou verde, transp., de br. vítreo, traço branco. D. 2,67. Forma drusas em bombas vulcânicas do vulcão Bellerberg, em *Eifel* (Alemanha), daí seu nome. Não confundir com *eitelita*.

EITELITA Carbonato de sódio e magnésio – $Na_2Mg(CO_3)_2$ –, trig., descoberto em um poço de petróleo em Utah (EUA). Homenagem a Wilhelm *Eitel*, mineralogista alemão. Não confundir com *eifelita*.

eixo cristalográfico Qualquer das linhas imaginárias que atravessam um cristal, encontrando-se em seu centro, coincidindo ou não com um eixo de simetria. Há um eixo frontal ao observador, chamado de *a*; um eixo vertical, chamado de *c*; e um eixo perpendicular a esses dois, chamado de *b*. O ângulo entre *c* e *b* é chamado de alfa (α); o ângulo entre *a* e *c* é chamado de beta (β); e o ângulo entre *a* e *b*, de gama (γ). Nos sistemas hexag. e trig., são quatro os eixos cristalográficos: três horizontais, de igual comprimento, a 120° um do outro, e um vertical. Os eixos cristalográficos servem como referência na descrição da estrutura e simetria dos cristais. Medindo as dimensões relativas e os valores de α, β e γ, pode-se determinar a qual sistema cristalino pertence o cristal. Por convenção, o eixo *a* é considerado positivo na porção anterior ao ponto de encontro com os outros eixos, e negativo na porção posterior; o eixo *b* é positivo na porção à direita desse ponto e negativo à esquerda; o eixo *c* é positivo acima do mesmo ponto e negativo abaixo dele.

eixo óptico Direção segundo a qual o raio luminoso, ao incidir em um cristal birrefringente, não se divide em dois, isto é, sofre refração simples, e não dupla. Pode haver um eixo óptico (minerais uniaxiais) ou dois (minerais biaxiais). O eixo óptico sempre coincide com o eixo cristalino de maior simetria. A maioria das gemas é lapidada de modo a ter a mesa perpendicular ao eixo óptico.

eixo principal Eixo cristalográfico mais importante em um cristal. Corresponde ao eixo *c* nos cristais hexag., trig. e tetrag. Nos sistemas ortor., monocl. e tricl., é geralmente o eixo *c*, podendo também, no monocl., ser o eixo *b* (ex.: epídoto). No cúb., não existe eixo principal.

EKANITA Silicato de tório e cálcio – $ThCa_2Si_8O_{20}$ –, tetrag., verde. Dur. 6,5. D. 3,28. É metamicto, mas, por aquecimento, pode recristalizar. IR 1,597. Pode ser usado como gema, sendo o Sri Lanka o único produtor. Homenagem a F. L. D. *Ekanayate*, seu descobridor. Cf. *iraquita-(La)*, *steacyíta*.

EKATERINITA Cloroborato hidratado de cálcio – $Ca_2B_4O_7(Cl,OH)_2.2H_2O$ –, hexag., branco a levemente rosado, solúvel em água, de br. nacarado, descoberto em escarnitos da Sibéria, na forma de agregados foliados de cristais de até 1 mm. Dur. pouco maior que 1,0. D. 2,4. Homenagem à professora *Ekaterine* V. Rozhkova.

EKATITA Mineral de fórmula química $(Fe,Zn)_{12}(OH)_6(AsO_3)_6[AsO_3HOSiO_3]_2$, hexag., descoberto em Tsumeb (Namíbia).

ekmannita Silicato hidratado de ferro, manganês, magnésio, cálcio e alumínio – $[(Fe,Mn,Mg,Ca)O]_5(Al,Fe)_2O_3(SiO_2)_8.7H_2O$. Parece ser uma antigorita manganesífera. Cor cinza, clivagem basal perfeita. Muito raro. Não confundir com *eckermannita* e *akermanita*.

elástico Diz-se do mineral capaz de se deformar sob o efeito de uma força, retomando a forma original, uma vez cessada essa força. São elásticos minerais como algumas micas, e inelástica, por ex., a grande maioria das gemas. Cf. *flexível*.

elatolita Carbonato de cálcio – $CaCO_3$ – de origem magmática, encontrado em

nefelinassienito da península de Kola (Rússia). Trata-se, mais provavelmente, de carbonato de cálcio pseudomorfo sobre villiaumita.
ELBAÍTA Borossilicato de sódio, lítio e alumínio – $Na(Li,Al)_3Al_6(BO_3)_3(SiO_3)_6(OH)_4$ –, trig., do grupo das turmalinas. Forma uma série com a dravita. Tem cor verde, rosa ou incolor. A maioria das turmalinas gemológicas é constituída de elbaítas. IR 1,616-1,652. De *Elba*, ilha da Itália, onde foi descoberto.
elbruzita Silicato hidratado de alumínio, ferro, magnésio e outros elementos, de cor marrom-chocolate, maciço. Assim chamado por ter sido descoberto junto ao monte *Elbruz* (Rússia).
eldoradoíta Nome coml. que, em *El Dorado*, Califórnia (EUA), designa uma var. gemológica de qz. de cor azul.
eleanorita V. *beraunita*.
eleolita Var. de nefelina maciça ou grosseiramente cristalina, transl., escura, de br. graxo, usada às vezes como pedra ornamental. Do gr. *elaion* (azeite) + *lithos* (pedra), pelo seu br. graxo. Sin. de *neptelita, oleolita*.
eletro 1. Liga natural de ouro e prata com quantidades variáveis desses metais (geralmente 30%-40% de prata). É membro intermediário da série isomórfica ouro-prata. Cúb., amarela, de br. metálico. Dur. 2,0-3,0. D. 12,00-15,00. Maleável, dúctil. Ocorre quase só em jazidas hidrotermais. 2. V. *âmbar*. Do gr. *elektron* (âmbar amarelo).
elfestorpita Mineral de composição duvidosa, talvez um arsenato hidratado de manganês. Forma cristais e fragmentos cristalinos de cor cinza-claro.
eliasita V. *gumita*. De *Elias*, mina da República Checa.
elita Fosfato básico hidratado de cobre. Não confundir com *elyíta*.
ELLENBERGERITA Silicato básico de magnésio, titânio e alumínio – $Mg_6TiAl_6Si_8O_{28}(OH)_{10}$ –, hexag., descoberto no Piemonte (Itália).
ellestadita Designação comum aos membros da série fluorellestadita-hidroxilellestadita. Homenagem a R. B. *Ellestad*, químico norte-americano.
ELLISITA Sulfoarseneto de tálio – Tl_3AsS_3 –, trig., que ocorre em grãos dispersos em dolomito carbonoso da jazida de Carlin, Nevada (EUA). É opaco, cinza-escuro com traço marrom-claro, br. metálico, clivagem romboédrica boa a excelente. Dur. 2,0. D. 7,1. Homenagem ao Dr. A. J. *Ellis*, geoquímico neozelandês.
ellsworthita Sin. de *uranopirocloro*.
ELPASOLITA Aluminofluoreto de potássio e sódio – K_2NaAlF_6 –, incolor, cúb. De *El Paso*, Colorado (EUA), onde foi descoberto.
ELPIDITA Silicato hidratado de sódio e zircônio – $Na_2ZrSi_6O_{15}.3H_2O$ –, ortor., branco ou vermelho, usualmente fibroso ou colunar. Descoberto em Narssarssuk (Groenlândia). Do gr. *elpid* (esperança), pela expectativa que houve de se encontrar outros minerais no mesmo local em que foi descoberto.
eluvião Acumulação de detritos rochosos no próprio local onde se deu a decomposição ou desintegração da r. Cf. *aluvião*.
ELYÍTA Sulfato básico hidratado de chumbo e cobre – $Pb_4Cu(SO_4)O_2(OH)_4$. H_2O –, encontrado em cristais monocl., fibrosos, de br. sedoso, com 0,15 mm de comprimento, no máximo. Tem cor violeta. Homenagem a John *Ely*, pioneiro da mineração em Nevada (EUA), onde foi descoberto o mineral. Não confundir com *elita*.
emaldina V. *emildina*.
embaçamento V. *tarnish*.
embolita Var. de cloroargirita com bromo, ou var. de bromargirita com cloro. Do lat. *embolismus* (intercalar), porque tem composição intermediária entre cloreto e brometo de prata.
EMBREYITA Fosfato-cromato hidratado de chumbo – $Pb_5(CrO_4)_2(PO_4)_2.H_2O$ –, monocl., laranja, fosco, com traço amarelo, quebradiço, com frat. irregular. Dur. 3,5. Descoberto nos montes Urais (Rússia). Homenagem ao mineralogista britânico Peter G. *Embrey*.

EMELEUSITA Silicato de sódio, lítio e ferro – $Na_4Li_2Fe_2Si_{12}O_{30}$ –, ortor., pseudo-hexag., encontrado na forma de cristais euédricos, incolores, de br. vítreo, em um dique de traquito da Groenlândia (Dinamarca). Dur. 5-6. D. 2,77. Homenagem a C. H. *Emeleus*, professor da Universidade de Durham (Inglaterra).
Emerade Nome coml. (marca registrada) de um espinélio sintético verde-amarelado.
emerita Nome coml. de uma gema revestida constituída de um núcleo de berilo natural incolor ou de cor fraca, ou de água-marinha, sobre o qual se fez depositar-se, por processo hidrotermal, a 800°C, uma película de esmeralda de 0,5 mm de espessura. Foi obtida a primeira vez por Johann Lechleitner, na Áustria, em 1960. A identificação da emerita não é muito fácil, mas, mergulhando-a em bromofórmio, observa-se a capa de esmeralda com nitidez, ficando o núcleo incolor invisível. Além disso, a emerita mostra finos traços na superfície, reunidos em dois conjuntos ortog. Nome derivado do ingl. *eme*rald (esmeralda) + me*rit* (mérito). Mais recentemente passou a ser chamada de *symerald*.
emildina Var. de spessartina com ítrio, encontrada na África. Sin. de *emaldina*, *emilita*.
emilita V. *emildina*.
emmonita Var. de estroncianita rica em cálcio. Não confundir com *emmonsita*.
EMMONSITA Óxido hidratado de ferro e telúrio – $Fe_2Te_3O_9.2H_2O$ –, tricl., em finas escamas verde-amareladas. Descoberto em Cochise, Arizona (EUA), e assim chamado em homenagem a Samuel F. *Emmons*, geólogo norte-americano. Sin. de *durdenita*. Não confundir com *emmonita*.
EMPLECTITA Sulfeto de cobre e bismuto – $CuBiS_2$ –, ortor., cristalizado em prismas finos, estriados, de cor cinza e br. metálico. Tem composição química igual à da cuprobismutita. Pode ser fonte de bismuto. Descoberto na Saxônia (Alemanha). Do gr. *emplectos* (enlaçado), por estar intimamente associado ao qz.
EMPRESSITA Telureto de prata – AgTe –, com 44% Ag. Ortor., maciço ou em massas finamente granuladas e compactas, de cor bronzeado-clara, que se torna escura por oxidação superficial. Tem br. metálico, frat. conchoidal a irregular. Dur. 3,0-3,5. D. 7,5. É friável, sem clivagem. Mineral-minério de prata e telúrio. Frequentemente confundido com hessita. Descoberto na mina *Empress Josephine* (daí seu nome), Colorado (EUA).
enalita Silicato hidratado de tório e urânio – $(Th,U)O_2(SiO_2)_n.2H_2O$. É uma var. de torita contendo urânio. De *Ena* (Japão) + gr. *lithos* (pedra).
ENARGITA Sulfoarseneto de cobre – Cu_3AsS_4 –, ortor., dimorfo da luzonita. Tem cor cinza-escuro a preta e é encontrado em filões, na forma de pequenos cristais ou massas granulares, com clivagem prismática perfeita e br. metálico. Dur. 3,0. Pode ter até 6% Sb e também Fe e Zn. Tem 48,3% Cu, sendo usado para obtenção desse metal e, às vezes, de arsênio (19,1% As). Do gr. *enargis* (evidente), por sua excelente clivagem.
encanetar Fixar a gema na *caneta* (v.) para lapidá-la. Usa-se para isso lacre composto de gesso (45%), breu (33%) e goma laca (22%).
encapado (gar., RS) Cristal de ametista que se mostra revestido por sílica ou outra substância, que lhe tira br. e transparência e que nem sempre é passível de remoção por ác.
encerado Diz-se do mármore polido fino ao qual se aplicou cera virgem.
endeiolita Mineral de natureza ainda pouco conhecida, provavelmente var. de pirocloro impura. Não confundir com *endellionita*.
endellionita V. *bournonita*. De *Endellion*, Cornualha (Inglaterra).
endellita Silicato básico hidratado de alumínio – $Al_2Si_2O_5(OH)_4.4H_2O$. É uma halloysita mais hidratada. Homenagem

ao mineralogista K. *Endell*. Sin. de *hidro-halloysita*, ²*hidrocaulinita*.

endlichita Var. de vanadinita com vanádio parcialmente substituído por arsênio. Homenagem a F. M. *Endlich*.

endoscópio Instrumento utilizado para separar pérolas naturais de cultivadas, quando perfuradas, e que consiste em uma agulha de 0,3 mm a 0,5 mm de diâmetro, com um ou, preferencialmente, dois pequenos espelhos numa extremidade, a 45° em relação ao eixo da agulha, voltados para a extremidade oposta e para cima. Introduz-se o endoscópio no orifício da pérola, de modo que os espelhos fiquem no centro desta. A seguir, faz-se passar um feixe de luz polarizada pelo orifício, de modo a incidir nos espelhos. Se a luz for vista na extremidade oposta, a pérola é natural; se surgir uma luminosidade em um determinado ponto da sua superfície, que acompanha o deslocamento do endoscópio, ela é cultivada. Do gr. *endon* (posição anterior) + *scop* (examinar).

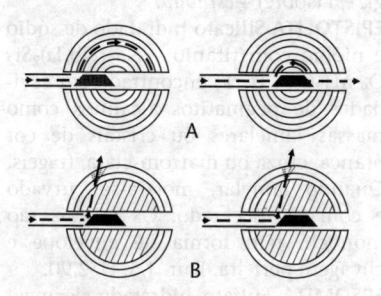

Trajetória da luz na pérola natural (A) e na cultivada (B) com emprego do endoscópio (Bauer e Bouska, 1985)

engelhardita V. *zircão*.

ENGLISHITA Fosfato básico hidratado de potássio, sódio, cálcio e alumínio – $K_3Na_2Ca_{10}Al_{15}(PO_4)_{21}(OH)_7 \cdot 26H_2O$ –, monocl., branco, em camadas, com clivagem basal perfeita. Descoberto em Utah (EUA) e assim chamado em homenagem a George L. *English*, comerciante e colecionador de minerais norte-americano.

engrunado (gar., BA) Garimpo subterrâneo.

enidrita 1. Sin. de *enidro*. 2. Qualquer mineral ou r. com cavidades preenchidas por água.

enidro Geodo ou nódulo oco de calcedônia com inclusão líquida. Segundo Prashnowsky (1990), os enidros encontrados em basaltos do sul do Brasil mostram líquidos contendo aminoácidos, carboidratos e pigmentos. Seu pH varia de 5 a 8,5 e podem conter bactérias, mas o autor não sabe dizer se as soluções são primárias ou secundárias e como se alojaram nos geodos. Sin. de ¹*enidrita*, *pedra-d'água*.

ENIGMATITA Silicato de sódio, ferro e titânio – $Na_2(Fe_5Ti)Si_6O_{20}$ –, preto, encontrado em r. alcalinas, em cristais tricl. Muito raro. Do gr. *ainigma* (enigma). Sin. de *cossyrita*. O grupo da enigmatita compreende 12 silicatos monocl. e tricl.

ENSTATITA Silicato de magnésio – $MgSiO_3$ – do grupo dos piroxênios ortor., dimorfo da clinoenstatita. Geralmente contém ferro (até 10%) e, aumentando sua quantidade, passa a bronzita, hiperstênio, eulita e ortoferrossilita ($Fe_2Si_2O_6$), constituindo uma série isomórfica. Forma cristais prismáticos (raros), cinza-amarelado, verde-oliva ou marrons, transp. a transl., de br. vítreo a nacarado, com duas direções de clivagem perfeita que formam um ângulo de 88°. Dur. 5,0-6,0. D. 3,25. Pode ter *chatoyance*. IR moderado: 1,658-1,668. Bir. 0,010. B(+). Fraco pleocroísmo em verde e verde-amarelado. Sem fluorescência. Ocorre em r. ígneas básicas e intermediárias e em meteoritos. Raramente usada como gema. É produzida em Mianmar (ex-Birmânia) e na África do Sul. Do gr. *enstates* (oponente), por seu caráter refratário.

enstenita Ortopiroxênio da série isomórfica $Mg_2Si_2O_6$-$Fe_2Si_2O_6$ (enstatita-ferrossilita). Talvez de *enstatita* + *hiperstênio* + *ita*.

entalhe Lapid. feita com gemas de duas ou mais camadas de cores diferentes e que mostra uma figura esculpida em baixo-relevo. Cf. *camafeu*.

ENXOFRE 1. V. *Anexo*. **2.** (gar., BA) Nome dado ao jaspe amarelo e ao epídoto.

EOSFORITA Fosfato básico hidratado de manganês e alumínio – $MnAlPO_4(OH)_2 \cdot H_2O$ –, monocl., com cristais achatados retangulares, róseos a marrons, de br. vítreo. Dur. 5,0. D. 3,10, transp. a transl. Isomorfo da childrenita. Ocorre em pegmatitos. Do gr. *eosforos* (que traz a aurora), por sua cor rosada. Cf. *ernstita*.

eosita Quartzo-aventurino com veios avermelhados. A melhor eosita é, provavelmente, a das montanhas Altai (Rússia).

epaulet Modificações da lapid. em degraus com cinco lados. Do fr. *epaulette*, diminutivo de *épaule* (ombro).

epiastérico Diz-se do mineral que mostra epiasterismo.

epiasterismo Asterismo que é observado em luz refletida. Cf. *diasterismo*.

EPIDIDIMITA Silicato básico de sódio e berílio $NaBeSi_3O_7(OH)$ –, em cristais ortor. tabulares, estriados, geralmente brancos. Dimorfo da eudidimita, raro, descoberto em Narsaq, Groenlândia (Dinamarca). De *epidídimo*, por ter a forma desse corpo.

epidotita V. *epídoto*.

epidoto V. *epídoto*. Epidoto é a pronúncia ouvida em alguns Estados brasileiros, como no Rio Grande do Sul.

EPÍDOTO Silicato básico de cálcio, alumínio e ferro – $Ca_2Al_2(Fe,Al)Si_3O_{12}(OH)$ –, monocl., que forma série isomórfica com a clinozoisita. Prismático, granular ou maciço, seguidamente maclado segundo (100), raramente (001), com cor verde-amarelada, amarela, marrom ou vermelha, traço branco, transp. a semitransl., de br. vítreo, com clivagem basal perfeita. Pode ser confundido com turmalina, mas tem IR bem maior. Dur. 6,0-7,0. D. 3,40-3,50. IR 1,729-1,768. Pode ter forte pleocroísmo em verde, marrom-escuro e amarelo. Bir. 0,039. B(–), podendo ser B(+) quando o IR for alto. Disp. 0,030. Mineral muito comum, encontrado em r. metamórficas de baixo grau, derivadas de calcário, ou como acessório em r. ígneas. É pouco usado como gema, sendo produzido no México, EUA, Moçambique, Noruega e Áustria. No Brasil, há epídoto gemológico em Pernambuco, Minas Gerais e Piauí. Do gr. *epidosis* (adição), por ter, na base do prisma vertical, um lado maior que o outro. Sin. de *epidoto*, *pistacita* e (pouco usado) *epidotita*. O grupo do epídoto compreende 19 silicatos monocl. e um ortor., a zoisita. ◻

epigenita Mistura de pirita, calcopirita e tennantita, até muito recentemente considerada sulfoarseneto de ferro e cobre. Do gr. *epi* (sobre) + *genes* (geração).

epi-iantinita V. *schoepita*, nome preferível. Do gr. *epi* (sobre) + *iantinita*, por ser produto de alteração desse mineral.

EPISTILBITA Aluminossilicato hidratado de cálcio – $Ca_3Al_6Si_{16}O_{48} \cdot 16H_2O$ –, do grupo das zeólitas. Incolor ou branco, quimicamente similar à heulandita, descoberto em Berufjord (Islândia). Do gr. *epi* (sobre) + *estilbita*.

EPISTOLITA Silicato hidratado de sódio e nióbio com titânio – $Na_2(Nb,Ti)_2Si_2O_9 \cdot nH_2O$ –, tricl., encontrado em cavidades de pegmatitos alcalinos como massas lamelares ou cristais de cor branca, cinza ou marrom-clara, frágeis. Quando lamelar, mostra-se curvado e com br. nacarado. Os cristais são monocl., têm forma de envelope e clivagem perfeita. Dur. 1,5. D. 2,90.

EPSOMITA Sulfato hidratado de magnésio – $MgSO_4 \cdot 7H_2O$ –, ortor., que forma cristais prismáticos, incolores, massas botrioidais ou incrustações, solúveis em água fria, de gosto amargo. Dur. 2,0-2,5. D. 1,70. Três clivagens (uma perfeita). Usado na indústria têxtil, papel, açúcar, indústria farmacêutica. De *Epsom* (Inglaterra), onde foi descoberto. Sin. de *sal de epsom*, *sal-amargo*.

equigranular Diz-se da r. formada por cristais de tamanhos aproximadamente iguais. Cf. *porfirítico*.

ERCITITA Fosfato básico hidratado de sódio e manganês – $NaMnPO_4(OH)$. $2H_2O$ –, monocl., descoberto em pegmatito de Bernic Lake, em Manitoba (Canadá).
ERDITA Sulfeto hidratado de sódio e ferro – $NaFeS_2.2H_2O$ –, monocl., fibroso, vermelho-cobre, de br. metálico e traço preto. D. 2,3. Descoberto em Humboldt, Califórnia (EUA), e assim chamado em homenagem a Richard C. *Erd*, mineralogista norte-americano. É o único sulfeto com sódio conhecido na natureza.
EREMEYEVITA V. *jeremejevita*.
eremita V. *monazita*. Do gr. *eremia* (desértico), por ocorrer em regiões arenosas.
ERICAÍTA Cloroborato de ferro com magnésio e até 2,32% MnO – $(Fe,Mg,Mn)_3B_7O_{13}Cl$ –, dimorfo da congolita. Forma cristais ortor. de até 4 mm, verde-claros a vermelhos e pretos. D. 3,17-3,27.
ERICSSONITA Silicato básico de bário, manganês e ferro – $BaMn_2(FeO)Si_2O_7(OH)$ –, monocl., dimorfo da ortoericssonita, descoberto em Varmland (Suécia). Homenagem a John E. *Ericsson*, engenheiro e inventor norte-americano.
erikita Sin. de *rabdofano*. Homenagem a *Erik*, explorador da Groenlândia, onde foi descoberta.
Erinid Nome coml. (marca registrada) de um espinélio sintético verde-amarelado. Cf. *erinoid*.
erinoid Material plástico muito usado como imitação de âmbar. Cf. *erinid*.
ERIOCALCITA Cloreto hidratado de cobre – $CuCl_2.2H_2O$ –, ortor., azul ou verde, descoberto no Vesúvio (Itália). Do gr. *erion* (lã, penugem) + *khalkos* (cobre), por sua composição e pela forma de seus agregados. Sin. de *antofagastita*.
ERIONITA-Ca Aluminossilicato hidratado de cálcio e potássio – $Ca_4K_2(Al_{10}Si_{26}O_{72}).32H_2O$ –, hexag., do grupo das zeólitas. Forma agregados de fibras brancas com aspecto de lã. Do gr. *erion* (lã). Cf. *mordenita*.
ERIONITA-K Aluminossilicato hidratado de potássio, sódio e cálcio – $K_4Na_2Ca(Al_8Si_{28}O_{72}).32H_2O$ –, hexag., do grupo das zeólitas, descoberto no Oregon (EUA). Do gr. *erion* (lã).
ERIONITA-Na Aluminossilicato hidratado de sódio e potássio – $Na_6K_2(Al_8Si_{28}O_{72}).25H_2O$ –, hexag., do grupo das zeólitas, descoberto em San Bernardino, Califórnia (EUA). Do gr. *erion* (lã).
eritrina V. *eritrita*.
ERITRITA Arsenato hidratado de cobalto – $Co_3(AsO_4)_2.8H_2O$ – com 37,5% CoO. Forma séries isomórficas com a annabergita e a hoernesita. Tem br. adamantino ou nacarado e forma cristais monocl. ou massas terrosas, globulares ou reniformes. Cor rosa a vermelha. Ocorre na zona superior dos depósitos de cobalto. Usado como fonte desse metal, em vidros e em cerâmica. Do gr. *erythros* (vermelho), por sua cor. Sin. de *eritrina*.
ERITROSSIDERITA Cloreto hidratado de potássio e ferro – $K_2FeCl_5.H_2O$ –, que pode conter alumínio. Ortor., descoberto no Vesúvio (Itália). Do gr. *erythros* (vermelho) + *sideros* (ferro), por sua cor e composição.
eritrozincita Var. de wurtzita contendo manganês. Do gr. *erythros* (vermelho) + *zinco*, por sua cor e composição.
ERLIANITA Silicato básico de ferro com magnésio e vanádio – $(Fe,Mg)_4(Fe,V)_2Si_6O_{15}(OH,O)_8$ –, ortor., descoberto em uma mina de ferro da Mongólia (China).
ERLICHMANITA Sulfeto de ósmio – OsS_2 –, cúb., do grupo da pirita. Forma série isomórfica com a laurita. Tem cor cinza e é, em geral, anédrico, podendo formar piritoedros estriados. Descoberto em Humboldt, Califórnia (EUA). Assim chamado em homenagem a Joseph *Erlichman*, cientista que examinou diversas novas espécies minerais.
ermakita Silicato hidratado de alumínio e ferro do grupo dos minerais argilosos.
ERNIENICKELITA Óxido hidratado de níquel e manganês – $NiMn_3O_7.3H_2O$ –, trig., descoberto em uma mina da Aus-

trália e assim chamado em homenagem ao mineralogista Ernest (*Ernie*) *Nickel*.
ERNIGGLIITA Sulfoarseneto de tálio e estanho – $Tl_2SnAs_2S_6$ –, trig., descoberto em uma pedreira do Valais (Suíça).
ernita V. *grossulária*.
ERNSTITA Fosfato hidratado de manganês e alumínio com ferro – $(Mn,Fe)Al(OH,O)_2PO_4.H_2O$ –, monocl., formado por oxidação da eosforita, descoberto na Namíbia. Cf. *eosforita*.
errita Silicato hidratado de manganês – $(MnO)_7(SiO_2)_8.9H_2O$ –, semelhante à parsettensita, com a qual ocorre em Val d'*Err*, Grisons (Suíça), de onde provém seu nome. Talvez seja uma var. de parsettensita.
ERSHOVITA Silicato de fórmula química $Na_4K_3(Fe,Mn,Ti)_2Si_8O_{20}(OH)_4.4H_2O$, tricl., descoberto no maciço alcalino de Khibina, na península de Kola (Rússia).
ERTIXIITA Silicato de sódio – $Na_2Si_4O_9$ –, cúb., descoberto em um pegmatito no rio *Ertixi* (daí seu nome), na China.
erubescita V. *bornita*, nome preferível. Do lat. *erubescere* (erubescer), provavelmente por se mostrar com cor rosada em frat. fresca.
esbarrar (gar. BA) Ficar (o diamante) no interior da gruna.
escala Brinell Escala de dur. para metais e plásticos que se baseia na área da impressão deixada no material por uma esfera de ação ou diamante com 2 mm de diâmetro, submetida a pressão. Essa pressão (geralmente 3.000 kg) é dividida pela área da impressão (em mm^2), obtendo-se assim a dur. do material. Na escala Brinell, talco tem dur. 3,0; gipsita, 12; calcita, 53; fluorita, 64; apatita, 137; feldspato, 147; qz., 178; topázio, 304; e coríndon, 667.
escala de Mohs Conjunto de dez minerais cujas dur. são usadas como referência para a determinação da dur. dos demais. Compreende talco (dur. 1,0); gipsita (dur. 2,0); calcita (dur. 3,0); fluorita (dur. 4,0); apatita (dur. 5,0); ortoclásio (dur. 6,0); qz. (dur. 7,0); topázio (dur. 8,0); coríndon (dur. 9,0); e diamante (dur. 10,0). Qualquer mineral risca aqueles que têm dur. inferior à sua, sendo riscado pelos que têm dur. igual ou superior a ela. Essa escala foi estabelecida por Friederich von Mohs em 1822 e é amplamente usada em Mineralogia, pelo seu caráter extremamente prático. Cf. *escala Knoop, escala técnica, esclerômetro*.
escala Knoop Escala de dur. que se relaciona com a escala de Mohs do seguinte modo: talco – dur. 12; gipsita – dur. 32; calcita – dur. 135; fluorita – dur. 163; apatita – dur. 345; ortoclásio – dur. 560; qz. – dur. 750; topázio – dur. 1.250; coríndon – dur. 1.900; diamante – dur. 8.300. Cf. *escala de Mohs, escala técnica, esclerômetro*.
escala Rosiwal Escala de dur. absoluta, logarítmica, na qual os minerais da escala de Mohs podem ter dur. inferior a 1,0 (talco) até acima de 100.000 (diamante).
escala técnica Conjunto de 15 materiais (principalmente minerais) cujas dur. são usadas como referência para determinação da dur. dos demais. Compreende talco (dur. 1,0); gipsita (dur. 2,0); calcita (dur. 3,0); fluorita (dur. 4,0); apatita (dur. 5,0); ortoclásio (dur. 6,0); vidro de sílica pura (dur. 7,0); qz. (dur. 8,0); topázio (dur. 9,0); granada

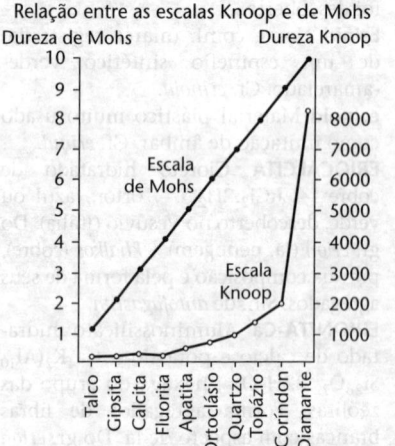

(dur. 10,0); zircão fundido (dur. 11,0); coríndon (dur. 12,0); carbeto de silício (dur. 13,0); carbeto de boro (dur. 14,0); e diamante (dur. 15,0). Cf. *escala de Mohs, escala Knoop, esclerômetro*.

ESCANDIOBABINGTONITA Silicato básico de cálcio, ferro e escândio com manganês – $Ca_2(Fe,Mn)ScSi_5O_{14}(OH)$ –, tricl., descoberto em uma pedreira do Piemonte (Itália). Cf. *babingtonita*.

escapolita Designação comum aos membros de uma série isomórfica formada por aluminossilicatos de cálcio e sódio, que tem como membros finais a *marialita* e a *meionita* (v.). São tetrag., geralmente prismáticos, brancos ou cinza, ou, nas var. gemológicas, amarelos, vermelho-claros, incolores, esverdeados a cinza-azulado e cinza-arroxeado. Transl., raramente transp., de br. vítreo, com duas clivagens perfeitas a 90°, frat. subconchoidal. Dur. 5,5-6,0. D. 2,50-2,70. Muitas vezes fluorescentes, geralmente em amarelo-claro. Quando semitransp., podem ter *chatoyance*, principalmente as var. de cor esbranquiçada e vermelho-clara. IR 1,550-1,572. Bir. 0,006. U(–). Disp. 0,017. São minerais típicos de metamorfismo sobre r. cálcicas, presentes também em r. ígneas. Pouco usadas como gemas, preferindo-se, para tal fim, as escapolitas transp. e de cores mais vivas. São produzidas principalmente em Madagascar, mas há também na Rússia, Canadá, Tanzânia, Mianmar (ex-Birmânia) e Brasil (Espírito Santo e Bahia). A ação de radiações pode transformar uma escapolita amarela em púrpura. Do gr. *skapos* (haste) + *lithos* (pedra), por seu hábito prismático. Sin. de *wernerita*.

eschwegeíta Sin. de *tanteuxenita*. Homenagem a W. L. *Eschwege*, pioneiro da Geologia no Brasil. Não confundir com *eschwegita*.

eschwegita 1. Var. granular de barita com estrôncio e ferro, de Ouro Preto, MG (Brasil). **2.** V. *celestina*. Homenagem a W. L. *Eschwege*, pioneiro da Geologia no Brasil. Não confundir com *eschwegeíta*.

escleroclásio Sin. de *sartorita*. Do gr. *skleros* (duro) + *klasis* (quebra).

esclerômetro Aparelho inventado por Martens em 1913 e usado para determinar a dur. absoluta de minerais. Consiste em uma ponta de diamante que é pressionada contra uma amostra polida do mineral cuja dur. se quer determinar, ao mesmo tempo em que é deslocada para nele provocar um sulco. A dur. do mineral será proporcional à pressão necessária para produzir um sulco de 0,01 mm. Arbitrou-se em 1.000 a dur. do coríndon assim medida, de modo que se têm as seguintes dur. para os minerais da escala de Mohs: talco = 1,13; gipsita = 12,00; calcita = 15,30; fluorita = 37,30; apatita = 53,50; ortoclásio = 191,00; qz. = 245,00; topázio = 459,00; coríndon = 1.000,00; e diamante = 140.000,00. Cf. *escala de Mohs, escala técnica, escala Knoop*.

esclerospatita Sulfato hidratado de ferro e cromo, compacto, em massas formadas por pequenas fibras sedosas.

ESCOLECITA Aluminossilicato hidratado de cálcio – $Ca[Al_2Si_3O_{10}].3H_2O$ –, monocl., do grupo das zeólitas. Ocorre em cristais fibrosos ou aciculares, brancos, delicados, em cavidades de basaltos; às vezes, quando aquecidos, movimentam-se como vermes. Minerais do Rio Grande do Sul que têm sido descritos como natrolita são, na verdade, escolecita. Do gr. *skolex* (verme), por seu comportamento quando aquecido. Sin. de *punalita*. ▢

escolopsita Var. de sodalita vermelho-carne.

escorodita Arsenato hidratado de ferro – $FeAsO_4.2H_2O$ –, maciço ou em cristais (prismáticos ou piramidais). É verde-clara a marrom, com br. sub-resinoso a vítreo. Dur. 3,5-4,0. D. 3,10-3,30. Transp. a transl. Ocorre na zona de alteração de depósitos metálicos. É usada como gema e fonte de arsênico (49,8% As_2O_5). Do gr. *skorodon* (alho), porque exala o odor dessa planta quando aquecida.

escravo (gar., BA) Sin. de *satélite*.

escrita (gar.) Última fase da apuração, quando o diamante é catado com o dedo.

escuma de sangue Sin. de ^{1}*sangue de boi*.

escupita V. *schoepita*.

ESFALERITA Sulfeto de zinco – ZnS –, cúb., trimorfo da wurtzita e da matraíta. Forma geralmente tetraedros, às vezes dodecaedros, frequentemente euédricos, maclados segundo (111). A esfalerita é marrom ou preta, às vezes amarela, branca, verde, marrom-esverdeada, marrom-amarelada ou marrom-avermelhada com traço marrom-claro a amarelo. Transl., raramente transp., de br. resinoso ou adamantino, clivagem dodecaédrica perfeita. Dur. 3,5-4,0. Muito frágil. D. 3,50-4,20. É má condutora elétrica e pode mostrar triboluminescência. IR extremamente alto: 2,370. Disp. extremamente forte (a maior entre as gemas naturais): 0,156. Pode mostrar fluorescência amarelo-alaranjada ou vermelha. Mineral muito comum, encontrado geralmente em associação com a galena em jazidas de origem hidrotermal. É a principal fonte de zinco, sendo usada também para obter gálio, índio, cádmio, germânio e cobalto. Usada como gema, apesar da baixa dur., por ter IR e disp. muito fortes. Preferem-se para tal fim as var. transp. de cor amarela, vermelha, verde, marrom ou preta, encontradas no México, Espanha, EUA e Japão. A var. rubi tem bela coloração. Do gr. *sphaleros* (enganador), por não ter a aparência comum aos sulfetos. Sin. de ^{1}*blenda*, *blenda de zinco*. O grupo da esfalerita compreende seis minerais cúb., de fórmula geral AX, onde A = Cd, Hg ou Zn, e X = S, Se ou Te.

esfênio V. *titanita*.

ESFENISCIDITA Fosfato básico hidratado de amônio e ferro com potássio e alumínio – $(NH_4,K)(Fe,Al)_2(PO_4)_2(OH) \cdot 2H_2O$ –, monocl., do grupo da leucofosfita, descoberto na área britânica da Antártica. De *Sphenisciformes*, nome científico dos pinguins, por haver sido descoberto na Antártica.

esfenomanganita Var. de manganita em cristais esfenoidais.

esfera de Moore Esfera de vidro preenchida com líquido, dentro da qual se coloca uma gema para, observando-a em todas as direções, determinar seu caráter óptico.

esferita Fosfato hidratado de alumínio de cor cinza-claro ou azulada, formando concreções globulares. Talvez seja variscita. Do gr. *sphaira* (esfera), por seu hábito.

ESFEROBERTRANDITA Silicato básico de berílio – $Be_5Si(OH)_2$ –, monocl., amarelo ou, às vezes, incolor, descoberto na península de Kola (Rússia). Assim chamado por ocorrer em segregações esferulíticas e por ter composição semelhante à da bertrandita.

ESFEROBISMOÍTA Óxido de bismuto – Bi_2O_3 –, tetrag., dimorfo da bismita, descoberto na Floresta Negra (Alemanha).

ESFEROCOBALTITA Carbonato de cobalto – $CoCO_3$ –, trig., que forma massas esféricas de cor vermelha. É usado com fins gemológicos em substituição à pirita. Do gr. *sphaira* (esfera) + *cobalto*, por seu hábito e composição. Sin. de *cobaltocalcita*.

esferomagnesita Var. de magnesita com cristais esféricos de estrutura fibrorradiada.

esferossiderita Var. de siderita que ocorre em certos basaltos em concreções esféricas.

esferostilbita Var. de estilbita que ocorre em agregados hemiesféricos de estrutura fibrorradiada.

ESKEBORNITA Seleneto de cobre e ferro – $CuFeSe_2$ –, tetrag., encontrado em cristais tabulares. Forma série isomórfica com a calcopirita. De *Eskeborn*, nos montes Harz (Alemanha), onde foi descoberto.

ESKOLAÍTA Óxido de cromo – Cr_2O_3 –, trig., isomorfo da hematita, descoberto em mina de Karelia (Finlândia), assim

chamado em homenagem ao finlandês Pentti *Eskola.* Cf. *merumita.*
esmaltina V. *esmaltita.*
esmaltita Var. de skutterudita pobre em arsênio, frequentemente associada à cobaltita. Tem cor cinza-claro, dur. 5,5 e D. 6,0-6,3. Mineral-minério de cobalto e arsênio, às vezes usada como gema. É produzida na Europa, Canadá e em outros países. Nome derivado de *esmalte.* Sin. de *esmaltina.*
esmaragdita Anfibólio verde-claro, fibroso ou finamente foliado, transp., que ocorre em pseudomorfose sobre piroxênio, em r. como eclogitos, e que pode ser actinolita ou hornblenda. Dur. 6,5. D. 3,25. É usada como gema. Do gr. *smaragdos* (esmeralda), em alusão a sua cor verde. Sin. de *jade-hornblenda.*
esmectita Nome aplicado a diferentes minerais argilosos, como saponita e montmorillonita. Formam um grupo de 11 silicatos monocl. Provavelmente do gr. *smektos* (lavar, limpar).
esmeralda 1. Var. gemológica de berilo de cor verde, em tom médio a escuro, pela presença, principalmente, de cromo. Segundo o GIA, a esmeralda deve ter pelo menos 0,1% de Cr_2O_3, do contrário será simplesmente berilo verde. Este é o caso de certos berilos brasileiros cuja cor verde se deve ao vanádio (vanadioesmeraldas). Hexag., prismática, sem maclas. Transl. a transp., de br. vítreo. Dur. 7,5-8,0. D. 2,70. Com a substituição de alumínio por Cr ou Fe, a estrutura cristalina do berilo enfraquece, o que explica as abundantes frat., características da esmeralda. Tem pleocroísmo nítido em verde-amarelado e verde-azulado. IR 1,577-1,583. Bir. 0,004. U(–). Disp. 0,015. É usualmente encontrada em micaxistos e pegmatitos. Apresenta frequentemente inclusões de mica, pirita (carvão), tremolita, cloreto de sódio, calcita ou, ainda, água ou gás carbônico retidos em delgados canais, formando o que se chama de jardim. Pode conter também gipsita. A presença de inclusões de pirita, mica, gás ou água é indício seguro de que a esmeralda é natural. As esmeraldas naturais não costumam, além disso, mostrar fluorescência, e quando mostram, ela é alaranjada. Já as sintéticas costumam ter fluorescência em vermelho. As esmeraldas colombianas mostram inclusões trifásicas com cristais de cloreto de sódio de seção quadrada, enquanto nas esmeraldas uralianas, os cristais que há são provavelmente de calcita e têm seção losangular. As esmeraldas colombianas procedentes da mina El Chivor (ou Somondoco) caracterizam-se pela presença de pirita, ausente nas que vêm da mina de Muzo. As de Mberengwa (ex-Sandawana), no Zimbábue, possuem tremolita como inclusão. IMITAÇÕES. A principal imitação de esmeralda é conhecida comercialmente por *emerita* (v.). Uma falsificação utilizada durante muito tempo consistia na união de duas peças de cristal de rocha por meio de uma gelatina verde. Essa imitação não pode ser identificada com filtro de Chelsea; com o tempo, porém, a gelatina fica amarelada, mostrando a verdadeira natureza da pedra. Mais recentemente, passou-se a usar espinélio sintético no lugar do cristal de rocha, o que pode ser constatado mediante emprego de iodeto de metileno e outros líquidos. O filtro de Chelsea é muito usado para identificação de esmeralda. Vista através dele, ela fica vermelha, o que só ocorre com poucas gemas verdes (por ex., demantoide e zircão). Se a cor vermelha for muito viva, trata-se de esmeralda sintética. LAPID. Geralmente é lapidada em um tipo facetado próprio, a lapid. esmeralda, cuja mesa é retangular ou quadrada, com os cantos cortados. Pode ser lapidada também em cabuchão e pera. CURIOSIDADES. Na Antiguidade, recomendava-se que a esmeralda só fosse usada na sexta-feira. No século IV, era tida como fonte de felicidade. Se seu proprietário agisse de modo incorreto, ela se estilhaçaria. Era considerada por

esmeralda

Aristóteles remédio contra a epilepsia. Já se acreditou que a esmeralda pudesse tornar invisível o homem solteiro e, até há pouco, era usada como remédio contra febre, disenteria e mordidas de animais venenosos. Atualmente é usada como amuleto na Índia. É considerada a pedra dos nascidos sob o signo de Câncer. Outros astrólogos a consideram a pedra de Vênus e do mês de maio, símbolo da imortalidade e da fidelidade. É a gema usada no anel do papa. História. A esmeralda já era comercializada 2.000 anos antes de Cristo, na Babilônia, mas foi rara até a época do Renascimento, quando se descobriram as jazidas sul-americanas. Entre as esmeraldas que se tornaram famosas, estão a Kakovin, a Imperador Jehangir e a Devonshire. Principais produtores. Os principais produtores de esmeralda são Colômbia (60%, produzindo desde o século XVI, mas em volumes irregulares), Zâmbia (maior produtor na década de 1970, importante fornecedor também na década de 1990), Zimbábue (gemas pequenas, mas de boa cor e bom br.), Tanzânia, Madagascar e Brasil. A Índia é o principal centro de lapidação e comercialização. As primeiras minas de esmeralda surgiram no Egito, mas já não há produção nesse país. O Brasil tornou-se, na década de 1980, importante produtor, com a sua produção concentrada em Goiás (Campos Verdes) e na Bahia (Carnaíba). Em Minas Gerais (Santana dos Ferros), também há esmeralda. A lapid. é feita no Rio de Janeiro e em São Paulo, principalmente. É um trabalho quase exclusivamente manual, usando-se mecanização apenas para as gemas mais pobres. Valor coml. A esmeralda é um dos três minerais-gema mais valiosos (os outros são o rubi e o diamante), em razão, principalmente, de sua cor. As gemas do Zimbábue são consideradas as mais valiosas de todas, embora não ultrapassem 2 ct. As gemas colombianas sem tratamento, com 0,5 a 15 ct, variam de US$ 900 a US$ 50.000/ct. Gemas equivalentes de outras procedências, de 0,5 a 20 ct, variam de US$ 450 a US$ 20.000/ct. Síntese. Em decorrência do seu alto valor, a esmeralda vem sendo sintetizada e imitada há bastante tempo. Em caráter coml., a produção começou em 1940, nos EUA (Califórnia), com Carrol F. Chatham, mas a primeira vez que foi sintetizada foi em 1935, na Alemanha, pela I. G. Farberindustrie. Até hoje, EUA e Alemanha são os principais produtores de esmeralda sintética. Ao contrário do que acontece com outros minerais, toda a produção de pedras sintéticas destina-se à joalheria. O método mais aperfeiçoado é o desenvolvido por Chatham, que permite obter cristais de até 1.000 ct. Essas esmeraldas possuem, inclusive, inclusões de cristais incolores e outras em formato de manto ou véu. As gemas sintéticas diferem das naturais principalmente nas inclusões, mas também porque têm IR (1,560-1,563), bir. (0,003) e D. (2,65), valores esses menores que os das naturais. Apenas as gemas naturais mostram inclusões trifásicas ou de pirita, enquanto apenas as sintéticas mostram inclusões de fenaquita e de esmeralda. Estas últimas, nas pedras produzidas nos EUA, aparecem em cristais de formato hexag. Ao contrário do espinélio e do coríndon sintéticos, as esmeraldas sintéticas não contêm bolhas esféricas nem linhas de crescimento curvas. A cor vermelha observada com o filtro de Chelsea é muito mais intensa nas sintéticas. Confusões possíveis. A esmeralda pode ser confundida com turmalina, dioptásio, demantoide, diopsídio, hiddenita, grossulária, uvarovita e peridoto. Tratamento. A esmeralda costuma ser lavada com ác. para remover impurezas localizadas nas frat. que se ligam ao exterior, e, a seguir, imersa em óleos naturais (como óleo de amêndoa a quente) ou artificiais, ou, então, em resinas, visando avivar sua beleza natural, processo usado também para os espécimes ven-

didos no estado bruto. Para introdução do óleo, pode-se, antes, submeter a gema ao vácuo, visando remover ar e impurezas, após o que ela é submetida a pressão, com temperatura moderada (até 100°C). É muito usado o Opticon, uma resina tipo epóxi, após a qual se aplica uma substância que promove sua polimerização. Com o tempo, o óleo pode sair, sendo necessário fazer nova aplicação. O tratamento com óleo pode ser usado para outras gemas também, desde que ele tenha IR semelhante ao das pedras em que será aplicado. Outro processo empregado para melhorar a cor das esmeraldas naturais é a colocação de um espelho verde na base da gema, por ocasião da montagem, ou, então, a aplicação de tintas especiais no mesmo local. CUIDADOS. Nunca se deve usar ultrassom para limpeza de esmeraldas. ETIMOLOGIA. Do gr. *smaragdos* 2. (gar., PI) V. *topázio*. ☐
esmeralda-africana Nome coml. da turmalina e da fluorita verdes. Sin. de *esmeralda do transvaal*.
esmeralda-austríaca Var. de esmeralda geralmente semitransl. a quase opaca, com cor às vezes irregularmente distribuída, raramente aproveitável como gema.
esmeralda-bastarda V. ^{1}*peridoto*.
esmeralda-brasileira Designação popular da turmalina e do euclásio verdes. Sin. de *taltalita, zeuxita, verdelita, esmeralda do brasil*.
esmeralda-brighton Vidro verde-garrafa usado como imitação de esmeralda.
esmeralda-científica Vidro de berilo colorido de verde por óxido de cromo.
esmeralda-cultivada Esmeralda sintética.
esmeralda da noite V. ^{1}*peridoto*.
esmeralda da sibéria Turmalina verde.
esmeralda da tarde V. ^{1}*peridoto*.
esmeralda de calcopirita *Dioptásio*.
esmeralda de cobre Nome coml. da var. gemológica de dioptásio, em alusão à sua cor verde e à presença de cobre.
esmeralda de lítio V. *hiddenita*. Cf. *ametista de lítio*.

esmeralda do brasil Esmeralda-brasileira.
esmeralda do cabo Prehnita da África do Sul.
esmeralda do congo V. *dioptásio*.
esmeralda dos urais Demantoide.
esmeralda do transvaal Sin. de e*smeralda-africana*.
esmeralda-elétrica Imitação de esmeralda feita em vidro.
esmeralda-espanhola 1. Nome de uma esmeralda de excelente qualidade oriunda, provavelmente, da América do Sul. 2. Vidro de cor verde usado para imitar esmeralda.
esmeralda-ferrer Nome coml. de uma imitação de esmeralda feita com vidro de IR 1,630 e D. 2,69.
esmeralda-indiana Qz. artificialmente colorido mediante aquecimento seguido de resfriamento brusco em água contendo pigmento verde. Cf. *pedra de fogo*.
esmeraldaíta Óxido hidratado de ferro – $Fe_2O_3.4H_2O$ – semelhante à melanossiderita. Provavelmente é limonita. De *Esmeralda*, Califórnia (EUA).
esmeralda mascot Nome coml. de uma pedra tripla de berilo.
esmeralda-medina Vidro verde usado como imitação de esmeralda.
esmeralda-oriental Nome coml. de uma safira verde, transp., usada como gema.
esmeralda reconstituída Nome aplicado a várias imitações de esmeralda, incluindo vidros, pedras duplas e, especialmente, smaragdolin. A esmeralda até hoje não foi reconstituída com sucesso.
esmeralda-sintética Coríndon ou espinélio sintéticos de cor verde. Não confundir com a verdadeira esmeralda sintética (v. *esmeralda*).
esmeralda-soldada Designação comum aos *doublets* de esmeralda.
esmeralda-trapiche Var. de esmeralda com intercalações de albita ou de r. encaixante dispostas radialmente, que ocorre nas minas de Peña Blanca e Muzo, na Colômbia. Cf. *rubi-trapiche*.
esmeralda-uraliana V. *demantoide*.
esmeralda verde ubatuba Nome coml. de um granito ornamental procedente

de Ubatuba, SP (Brasil).
esmeralda zerfass Esmeralda sintética produzida pela empresa *Zerfass*, da Alemanha.
esmeraldina 1. Calcedônia artificialmente tingida de verde com óxido de cromo. É mais escura que a calcedônia tingida por níquel. **2.** V. *dioptásio*.
esmeraldita Turmalina verde.
esmeraldite Na gíria médica, dificuldade muitas vezes inesperada que surge durante o tratamento de um paciente, em geral nos casos tidos como fáceis. O nome deriva de *esmeralda*, pedra do anel de grau dos médicos, e o sufixo *ite*, que significa inflamação.
esmeralita Verdelita de Mesa Grande, Califórnia (EUA).
esmeril 1. (gar.) Esfênio. **2.** (gar. BA) Mistura de minerais mais pesados que o qz. e que formam um resíduo no fundo da bateia.
esmeril de tinteiro Martita. Sin. de *cativo, mamona*.
espadaíta Silicato básico hidratado de magnésio – $MgSiO_2(OH)_2.H_2O$ –, creme ou rosa, de frat. conchoidal, br. nacarado ou graxo, aparentemente amorfo. Ocorre em lavas com wollastonita. Muito raro. Do fr. *spadaite*.
espartaíta Var. de calcita contendo certa quantidade de manganês. Do fr. *spartaite*. Não confundir com *espartalita*.
espartalita V. *zincita*. Não confundir com *espartaíta*.
espatiopirita Var. de saflorita contendo ferro. Do gr. *spati* (lâmina larga) + *pirita*.
espato Nome comum a vários minerais de fácil clivagem, transp. ou transl., cristalinos. São principalmente carbonatos. Do al. *Spath*.
espato acetinado 1. Var. de gipsita branca, transl., finamente fibrosa, com *chatoyance* e br. sedoso. **2.** Var. de calcita ou aragonita branca ou rosa, finamente fibrosa ou sedosa, com *chatoyance*. Sin. de *espato-atlas*.
espato-adamantino Coríndon marrom, de br. sedoso. Termo hoje mais usado para um coríndon opaco, escuro,

usado para polimento.
espato-atlas V. [2]*espato acetinado*.
espato azul V. *lazulita*.
espato-calcário V. *calcita*.
espato da islândia Var. de calcita incolor, muito transp., usada em aparelhos científicos (microscópios e dicroscópios, por ex.).
espato de aragão Aragonita azul-clara. De *Aragão* (Espanha).
espato de cádmio V. *otavita*.
espato de cálcio V. *calcita*.
espato de chumbo V. *anglesita*.
espato de derbyshire V. *blue john*.
espato de estrôncio 1. V. *estroncianita*. **2.** V. *celestina*.
espato de magnésio V. *magnesita*.
espato de manganês V. *rodocrosita*.
espato de zinco V. [1]*smithsonita*.
espato do labrador V. *labradorita*.
espato-pardo Antigo nome da var. de ankerita pobre em ferro.
espato-pérola V. *dolomita*.
espato-pesado V. *barita*. Assim chamado por sua boa clivagem e alta D.
espato-safira Cianita opalescente ou girassol.
espectro de absorção Padrão de linhas escuras que se vê quando se examina, com o espectroscópio, a luz branca que atravessou uma gema ou foi por ela refletida.
espectrolita Labradorita procedente da Finlândia.
espectrômetro Instrumento utilizado em análises espectrométricas.
espectroscópio Instrumento destinado a formar espectros de radiação eletromagnética, baseado na dispersão desta por um prisma ou por uma rede de

difração (Ferreira, 1999).
especularita Var. de hematita com intenso br. metálico. É a var. mais usada como gema, sendo encontrada, no Brasil, em Minas Gerais. Do lat. *speculum* (espelho).
especulita V. *krennerita*. Do lat. *speculum* (espelho), por ter aspecto especular.
espelho de macaco (gar. MG) Nome que se dá às rosetas de especularita na região de Ouro Preto, MG (Brasil).
espelho dos incas V. *obsidiana*.
esperança Nome coml. de um mármore vermelho, verde ou preto, proveniente de Sete Lagoas, MG (Brasil).
ESPERANZAÍTA Arsenato de fórmula química $NaCa_2Al_2(AsO_4)_2F_4(OH).H_2O$, monocl., descoberto na mina La *Esperanza* (daí seu nome), em Durango (México).
ESPERITA Silicato de chumbo, cálcio e zinco – $PbCa_3Zn_4(SiO_4)_4$ –, monocl., descoberto em Sussex, New Jersey (EUA), onde forma massas brancas de br. graxo, com *tarnish* cinzento. Homenagem a *Esper* S. Larsen Jr. Sin. de *calciolarsenita*.
espessartina V. *spessartina*, forma preferível.
espessartita V. *spessartina*, forma preferível.
espinela V. *espinélio*.
ESPINÉLIO Óxido de magnésio e alumínio – $MgAl_2O_4$ –, cúb., que forma séries isomórficas com a magnesiocromita, a gahnita e a hercinita. Cristaliza em octaedros ou grãos irregulares imbricados, com maclas segundo (111), de cor muito variável, cor vermelha (pela presença de cromo), azul (pela presença de ferro), verde, preta, rosa, amarela etc. Traço branco a cinza, transp. a transl., de br. graxo, sem clivagem e com frat. conchoidal. Dur. 7,5-8,0. Frágil. D. 3,57-3,72. As var. vermelha e lilás são fluorescentes. IR 1,715, podendo chegar a 1,710 e, na var. verde--azulada, 1,760. Pode ter asterismo (muito raro) e dupla refração anômala. Disp. moderada: 0,020. Tem como inclusões típicas cristais octaédricos do próprio espinélio, distribuídos irregularmente ou concentrados em camadas (geralmente em frat.). É um mineral típico de r. formadas por metamorfismo de contato sobre calcários e dolomitos impuros. Ocorre também como acessório em r. ígneas básicas. Uso. Importante como mineral-gema, sendo usado também como material refratário. Lapid. É lapidado em cabuchão, brilhante, com formato retangular (simples ou cortado nos cantos), oval ou quadrado. Raramente tem mais de 10 ct após lapidado. Curiosidades. Os dois maiores espinélios conhecidos têm 520 ct cada um e estão no Museu Britânico. Vários rubis famosos, como o Timur (352 ct), são, sabe-se hoje, espinélios. Principais produtores. O espinélio é produzido principalmente no Sri Lanka, Mianmar (ex-Birmânia) e Indochina. Outros produtores são Afeganistão, Índia, Tailândia, Madagascar, Austrália e Brasil (ES). Valor coml. O espinélio vermelho de 0,5 a 10 ct varia de US$ 20 a 5.500/ct. O rosa de 1 a 20 ct varia de US$ 25 a US$ 900. O rosa é raro, mas não é caro. Síntese. É sintetizado em escala coml., principalmente nos EUA e na Europa (Alemanha, França, Suíça, Inglaterra). No comércio, o espinélio sintético é muito mais abundante que o natural e difere deste por ter IR (1,727) e D. (3,63-3,64) maiores, além de mostrar bolhas de gás esféricas, geralmente pequenas e bem separadas, e a chamada *grade* (v.), com nicóis cruzados. Mostra também bir. anômala. As var. verde e azul, se mostrarem fluorescência vermelha intensa, são sintéticas. As linhas de crescimento curvas, comuns no coríndon sintético, são relativamente raras nos espinélios sintéticos. Muitas gemas vendidas como água-marinha são espinélio sintético. Etimologia. Do ital. *spinella*. Sin. de *espinela*, ²*mitchellita*, *rubi pallête*. O grupo do espinélio compreende 22 óxidos cúb. de fórmula geral AB_2O_4, entre eles espinélio,

galaxita, cromita, hercinita, gahnita, jacobsita, ulvoespinélio e magnetita.

espinélio-almandina 1. Var. de espinélio de cor púrpura. Não se conhecem ocorrências no Brasil. **2.** Almandina.

espinélio arizona V. *rubi arizona*.

espinélio-chama Espinélio natural alaranjado.

espinélio de zinco V. *gahnita*.

espinélio-kandy Granada proveniente do Sri Lanka, de cor violeta-avermelhado.

espinélio-nobre Var. gemológica de espinélio de cor vermelha, semelhante à do rubi. Costuma apresentar pequenas inclusões octaédricas de espinélio, distribuídas irregularmente ou em filas e planos, sendo estes, às vezes, paralelos às facetas da gema. Dur. 8,0. Sin. (não recomendável): *rubi-espinélio*.

espinélio-rubi Espinélio vermelho.

espinélio-vinagre Sin. de ¹*rubicela*.

espíntera Var. de esfênio com reflexos brilhantes. Do gr. *spinter* (chispa).

espodiofilita Aluminossilicato de sódio e magnésio com potássio e ferro – $(Na_2,K_2)_2(Mg,Fe)_3(Fe,Al)_2(SiO_3)_8$ –, do grupo das micas litiníferas. Forma prismas hexag. cinzentos. Do gr. *spodos* (cinzento) + *phyllon* (folha), por sua cor e hábito.

espodiosita Fluorfosfato de cálcio – Ca_2FPO_4 –, em prismas achatados de cor marrom ou cinza. Muito raro. Ocorre na Suécia. Do gr. *spodos* (cinzento), por sua cor.

ESPODUMÊNIO Silicato de lítio e alumínio – $LiAlSi_2O_6$ –, do grupo dos piroxênios monocl. Prismático, com maclas segundo (100), incolor ou de cor branca, verde, rosa, púrpura ou amarela, traço branco, frequentemente formando grandes cristais, que chegam a atingir várias toneladas. Um dos maiores foi descoberto nos EUA e tinha 28,427 t, medindo 14,33 x 0,80 x 0,80 m. As var. gemológicas, porém, são raras. Transp., de br. vítreo (nacarado nas duas superfícies de clivagem). Dur. 6,0-7,0. D. 3,14-3,18. É termoluminescente e, muitas vezes, fluorescente e fosforescente. IR 1,653-1,682. Bir. 0,012. B(+). Disp. fraca: 0,017. Forte pleocroísmo. Ocorre em pegmatitos graníticos. Usos. Possui duas var. gemológicas mais importantes: a kunzita, de cor rosa, e a hiddenita, de cor verde. Usado também como fonte de lítio e em cerâmica. Principais produtores. É produzido principalmente no Brasil (Minas Gerais e Paraíba) e nos EUA, vindo, a seguir, Madagascar. Tratamento. O espodumênio de cor púrpura, se bombardeado, fica verde. Valor coml. O espodumênio amarelo de melhor qualidade custa US$ 20 a US$ 40/ct para gemas lapidadas de 5 ct a 20 ct. O verde vale US$ 30 a US$ 90/ct para pedras com 5 ct a 10 ct. A kunzita de 1 ct a 20 ct tem preços entre US$ 20 e US$ 60/ct. Etimologia. Do gr. *spodos* (cinzento), porque adquire essa cor quando aquecido ao maçarico. Cf. *trifana*.

espodumênio-ametista V. *kunzita*. Cf. *espodumênio-esmeralda*.

espodumênio-esmeralda V. *hiddenita*. Cf. *espodumênio-ametista*.

espodumênio-nobre Var. de espodumênio incolor, perfeitamente transp., muito rara.

esporogelita Sin. de *alumogel*.

espuma do mar V. *sepiolita*. Assim chamada porque pode flutuar na água do mar.

ESQUIMOÍTA Sulfeto de prata, chumbo e bismuto – $Ag_7Pb_{10}Bi_{15}S_{36}$ –, com 9,65% Ag. Monocl., difícil de distinguir da gustavita, da vikingita e da ourayita. Descoberto em Ivigtut, Groenlândia (Dinamarca).

ESQUINITA-(Ce) Niobotitanato de cério e outros metais – $(Ce,Ca,Fe,Th)(Ti,Nb)_2(O,OH)_6$ –, ortor., preto ou marrom-amarelado, metamicto. Forma séries isomórficas com a niobioesquinita e com a esquinita-(Y). É fonte de TR. Do gr. *echine* (vergonha), porque não se conseguiu separar alguns dos seus constituintes quando de sua descoberta.

ESQUINITA-(Nd) Niobotitanato de neodímio e outros metais – $(Nd,Ce,Ca,Th)(Ti,Nb)_2(O,OH)_6$ –, ortor., metamicto, marrom-escuro a marrom-claro ou

preto-amarronzado, facilmente solúvel em HCl, H_2SO_4 e H_3PO_4 quentes, com D. 4,6-5,0 e dur. 5-6. É frágil, radioativo e forma cristais tabulares ou prismáticos, milimétricos, às vezes agregados equigranulares radiados em dolomitos metamórficos de Beiyun-Obo (Mongólia).
ESQUINITA-(Y) Niobotitanato de ítrio e outros metais – $(Y,Ca,Fe,Th)(Ti,Nb)_2 (O,OH)_6$ –, ortor., que forma duas séries, com a esquinita e a tantaloesquinita-(Y). Sin. de ²*blomstrandita, priorita*.
esquisito (gar., RS) Na região de Ametista do Sul, geodo com minerais curiosos ou exóticos, muitas vezes desprezados pelos garimpeiros.
esquizolita Silicato hidratado de sódio, cálcio e manganês – $Na_2O[(Ca,Mn)O]_4 (SiO_2)_6.H_2O$ –, vermelho-claro. Var. manganífera de pectolita. Do gr. *skhizo* (ferido) + *lithos* (pedra).
essência de oriente Material obtido com emprego de *guanina* (v.), com o qual são revestidas pequenas esferas de vidro ligeiramente opalescente, a fim de imitar pérolas. Processo descoberto por Jonquin em 1680, aproximadamente.
ESSENEÍTA Silicato de cálcio, ferro e alumínio – $CaFeAlSiO_6$ –, monocl., do grupo dos piroxênios, descoberto no Wyoming (EUA).
essexito R. ígnea composta de plagioclásio, hornblenda, biotita e titanoaugita, com quantidades menores de feldspato alcalino e nefelina. Pode ser usada como pedra ornamental (v. *preto bragança*). Nome derivado de *Essex*, Massachusetts (EUA).
essonita V. *hessonita*.
estabilidade Sensibilidade de uma gema a luz, calor e substâncias químicas. O diamante é muito estável, assim como outras pedras preciosas. Gemas tratadas podem ter sua estabilidade diminuída.
ESTANHO V. Anexo.
estanho de madeira Var. de cassiterita de cor marrom-avermelhada, em camadas concêntricas, nodular ou reniforme, formada por oxidação da estanita. Assim chamado por ter a aparência da madeira.

Sin. de *dneprovskita*.
estanho-resina Var. de cassiterita avermelhada ou amarelada.
estanhotantalita Var. de tantalita rica em estanho. Monocl., semelhante à ixiolita.
estanina V. *estanita*.
ESTANITA Sulfeto de cobre, ferro e estanho – Cu_2FeSnS_4 –, tetrag., dimorfo da ferrokesterita. Tem cor cinza ou preta, usualmente em massas granulares. Clivagem cúb. má, frat. irregular, br. metálico, traço preto, com *tarnish* azulado. Dur. 3,5. D. 4,3-4,5. É frágil e opaco. Tem 27,5% Sn, sendo usado para obtenção desse metal (na Bolívia) e de irídio. Cf. *velikita, vismirnovita*. Do lat. *stannum* (estanho). Sin. de *pirita de estanho, estanina*. O grupo da estanita compreende 13 sulfetos e selenetos tetrag., de fórmula geral A_2BDX_4, onde A = Ag ou Cu; B = Cd, Cu, Fe, Hg ou Zn; D = As, Ge, Sb ou Sn; e X = S ou Se.
ESTANOIDITA Sulfeto de cobre, ferro e estanho – $Cu_8(Fe,Zn)_3Sn_2S_{12}$ –, ortor., que ocorre com bornita, calcopirita e mawsonita, descoberto na província de Okayama (Japão). Sin. de *hexaestanita*.
ESTANOMICROLITA Óxido de estanho e tântalo – $Sn_2Ta_2[O,(OH)]_7$ –, cúb., do grupo do pirocloro, descoberto em Tammela, na Finlândia. Sin. de *sukulaíta*.
ESTANOPALADINITA Liga de paládio, estanho e cobre – Pd_3Sn_2Cu –, ortor., de origem magmática. Forma grãos alongados, arredondados ou ovais, de cor rosa-claro, com até 0,3 mm. Descoberto na Sibéria (Rússia) e assim chamada por sua composição.
ESTAUROLITA Silicato de fórmula química $(Fe,Mg,Zn)_{3-4}(Al,Fe)_{18}(Si,Al)_8O_{48}H_{2-4}$, monocl., pseudo-ortor., que forma cristais prismáticos, geralmente euédricos e maclados em cruz (v. *cruz de malta* e *cruz de santo andré*). Marrom-escuro a preto, transl. a quase transp., de br. vítreo, frat. subconchoidal. Dur. 7,0-7,5. D. 3,60-3,70. IR 1,730-1,761. Bir. 0,031. B(+). Disp. 0,021. Importante constituinte de micaxis-

tos e gnaisses. É usada como gema, principalmente em função de suas maclas, sendo produzida na América do Sul e Suíça. Do gr. *stavros* (cruz) + *lithos* (pedra), pelo aspecto de suas maclas. Sin. de ¹*grenatita, pedra da sorte*, ²*pedra de cruz*. Não confundir com *starolita*. ☐

esteatito Pedra-sabão composta essencialmente de talco, contendo também clorita, serpentina, magnesita, antigorita, enstatita e outros minerais. É clara, geralmente de cor cinza, maciça, finamente granulada. Dur. 1,0. D. 2,7-2,8. Além do seu emprego como pedra ornamental, tem várias outras aplicações industriais (cerâmica, inseticidas etc.), sendo produzida principalmente na França e na Alemanha. Sin. de *bowlinguito, saponito*. Cf. *agalmatolito, pedra-sabão*.

esteira (gar., GO) Em Campos Verdes, mineralização de esmeralda desenvolvida na zona de fraturamento situada em flancos de dobras que afetam xistos da região. Cf. *canoão, friso*.

estelita V. *pectolita*.

ESTENHUGARITA Arsenato de cálcio, ferro e antimônio – $CaFe(AsO_2)(AsSb\,O_5)$ –, tetrag., amarelo, descoberto em Langban, Varmland (Suécia). Do sueco *stenhuggar* (pedreiro), homenagem a Brian Mason, cientista norte-americano (pedreiro, em inglês, é *stonemason*).

ESTERCORITA Fosfato hidratado de amônio e sódio – $(NH_4)Na(PO_3OH).4H_2O$ –, tricl., de cor branca, descoberto na ilha Ichaboe, na Namíbia. Do lat. *stercus* (esterco), por ter sido descoberto em depósitos de guano. Cf. *mundrabillaíta, swaknoíta*.

ESTIBARSÊNIO Arseneto de antimônio – $SbAs$ –, trig., do grupo do arsênio, descoberto em Varutrask, na Suécia.

estibianita V. *estibiconita*. Do lat. *stibium* (antimônio).

ESTIBICONITA Óxido básico de antimônio – $Sb_3O_6(OH)$ –, cúb. Geralmente branco ou amarelo-claro, formado por alteração da estibinita. É mineral-minério de antimônio, descoberto na Baviera (Alemanha). Do lat. *stibium* (antimônio) + gr. *konis* (pó), porque às vezes ocorre na forma de pó. Sin. de *volgerita, estibianita, estiblita*. O grupo da estibiconita inclui mais cinco óxidos cúb.: bindheimita, bismutoestibiconita, partzita, romeíta e stetefeldtita.

estibina V. *estibinita*.

ESTIBINITA Sulfeto de antimônio – Sb_2S_3 –, ortor., dimorfo da metaestibinita. Maciço ou cristalizado em prismas cinza-chumbo, estriados, com clivagem (010) perfeita. Dur. baixa (2,0). Br. metálico. Ocorrem em granitos, gnaisses e calcários. É o principal mineral-minério de antimônio. Do lat. *stibium* (antimônio). Sin. de *estibina*. ☐

ESTIBIOBETAFITA Óxido múltiplo de fórmula química $CaSb(Ti,Nb)_2O_6(O,OH)$, cúb., do grupo do pirocloro. Descoberto em pegmatitos de Vezna (República Checa), em grãos anédricos ou octaedros maldesenvolvidos de até 8 mm. Marrom-escuro, com traço creme-amarelado e br. vítreo. Dur. em torno de 5. D. 5,2-5,3.

estibiobismutinita Sulfeto de bismuto com 8,12% Sb. Forma grandes prismas, parecendo-se mais com a estibinita que com a bismutinita. Do lat. *stibium* (antimônio) + *bismuto*.

estibiobismutotantalita Var. de estibiotantalita com bismuto. Quimicamente intermediária entre a bismutotantalita e a estibiotantalita.

ESTIBIOCOLUMBITA Niobato de antimônio – $SbNbO_4$ –, ortor., do grupo da cervantita, que forma série isomórfica com a estibiotantalita. Ocorre em cristais geralmente prismáticos, marrons, com br. adamantino a resinoso, em pegmatitos graníticos. Do lat. *stibium* (antimônio) + *colúmbio*.

ESTIBIOCOLUSITA Sulfeto de fórmula química $Cu_{26}V_2(Sb,Sn,As)_6S_{32}$, cúb., do grupo da colusita, descoberto no Usbequistão.

estibiodomeikita Var. de domeikita com pequena quantidade de antimônio.

estibioluzonita Sin. de *famatinita*.

ESTIBIOMICROLITA Tantalato básico de antimônio – $SbTa_2O_6(OH)$ –, cúb., do grupo do pirocloro, descoberto em um pegmatito do norte da Suécia.

ESTIBIOPALADINITA Antimoneto de paládio – $Pd_{5+x}Sb_{2-x}$ –, com x = 0,05. Hexag., prateado a cinzento, encontrado na forma de grãos ou pequenos cristais cúb. Do lat. *stibium* (antimônio) + *paládio*.

ESTIBIOTANTALITA Tantalato de antimônio – $SbTaO_4$ –, ortor., do grupo da cervantita, isomorfo da estibiocolumbita, com a qual forma uma série. Tem cor marrom, amarela ou amarelo-avermelhada. Dur. 5,5-6,0. D. 5,68-7,40. Ocorre em pegmatitos graníticos. Do lat. *stibium* (antimônio) + *tântalo* + *ita*.

ESTIBIVANITA Vanadato de antimônio – Sb_2VO_5 –, monocl. e ortor., verde-amarelo, de br. adamantino, dur. 4,3, cristalizado em fibras de até 2 mm de diâmetro, com disposição radial. Descoberto em New Brunswick (Canadá) e assim chamado por sua composição: *stibi*um (antimônio) + *van*ádio + *ita*.

estiblita Sin. de *estibiconita*. Do lat. *stibium* (antimônio) + *lithos* (pedra). Não confundir com *estilbita*.

ESTILBITA-Ca Aluminossilicato hidratado de cálcio, potássio e sódio – $(Ca_{0,5}, K,Na)_9[Al_9Si_{27}O_{72}].28H_2O$ –, monocl., do grupo das zeólitas. Não confundir com *estiblita*. Cf. *estilbita-Na*.

ESTILBITA-Na Aluminossilicato hidratado de sódio, potássio e cálcio – $(Na, K, Ca_{0,5})_9[Al_9Si_{27}O_{72}].28H_2O$ –, monocl., do grupo das zeólitas. Forma massas radiais e agregados em feixes de cor marrom, com br. nacarado nas faces de clivagem, sendo encontrado em cavidades de basalto e r. afins, como no Rio Grande do Sul e Santa Catarina (Brasil). Do gr. *stilbe* (brilho), por seu br. nacarado. Sin. de *desmina*; na Alemanha, heulandita. Não confundir com *estiblita*. Cf. *estilbita-Ca*. □

estilotipita Var. de tetraedrita com prata.

estilpnoclorano Silicato hidratado de ferro, alumínio, cálcio e magnésio, do grupo das cloritas. Amarelo a vermelho, micáceo. Do gr. *stilpnos* (brilhante) + *clorita* + *ano*.

ESTILPNOMELANO Silicato de potássio e ferro com magnésio e alumínio – $K(Fe^{2+},Mg,Fe^{3+})_8(Si,Al)_{12}(O,OH)_{27}$ –, monocl. e tricl., micáceo ou fibroso, com duas clivagens ortog. Preto a cinza-escuro. Ocorre em r. metamórficas de baixo grau. Do gr. *stilpnos* (brilhante) + *melanos* (preto), por seu br. e cor. Sin. de *calcodita*. Cf. *lennilenapeíta, franklinfilita*.

estilpnossiderita V. *limonita*. Do gr. *stilpnos* (brilhante) + *sideros* (ferro).

ESTISTAÍTA Antimoneto de estanho – SnSb –, trig. ou cúb., descoberto na cadeia montanhosa Nuratin (Usbequistão). Do lat. *stibium* (antimônio) + *stanneus* (estanho).

estremadurita Var. de apatita maciça. De *Estremadura* (Espanha).

estrela 1. Palavra que se acrescenta ao nome de certas gemas para designar as var. com asterismo. Ex.: rubi-estrela, safira-estrela, quartzo-estrela etc. **2.** Nome dado às oito pequenas facetas triangulares existentes na coroa do brilhante, junto à mesa. **3.** (gar.) Em Carnaíba (BA), nome dado à alexandrita, em alusão às suas maclas. **4.** Sin. de ²*coroa*.

estriado Diz-se do cristal cujas faces apresentam sulcos paralelos, pela existência de canais na estrutura cristalina, a maclas polissintéticas ou a outras causas. Certas espécies – como pirita, turmalina, qz. e epídoto – normalmente se mostram estriadas, podendo as estrias serem paralelas ao maior comprimento do cristal (turmalina, epídoto) ou transversais (qz.). Nos cubos de pirita, as estrias de cada face são perpendiculares às estrias das faces adjacentes.

ESTRONALSITA Silicato de estrôncio, sódio e alumínio – $SrNa_2Al_4Si_4O_{16}$ –, ortor., descoberto em Shikoku (Japão). Nome derivado da composição. Cf. *banalsita*.

estroncianapatita Sin. de *fermorita*. De *estrôncio* + *apatita*, por sua composição. Não confundir com *estroncioapatita*.

ESTRONCIANITA Carbonato de estrôncio – $SrCO_3$ –, ortor., do grupo da aragonita. Verde-claro, cinza, branco, amarelado ou incolor. Ocorre em geral na forma de pequenos filões fibrosos, formando também cristais aciculares. Tem br. graxo. Dur. 3,5-4,0. D. 3,70. Transp. a transl. Tem 70,1% SrO e é fonte de estrôncio. De *Strontian*, Argyllshire (Escócia), onde foi descoberto. Sin. de ¹*espato de estrôncio*.

ESTRONCIOAPATITA Fosfato básico de estrôncio com cálcio – $(Sr,Ca)_5(PO_4)_3(OH,F)$ –, hexag., do grupo da apatita. Cor verde a amarela. Cf. *fluorcafita, fluorapatita, hidroxilapatita*.

estroncioaragonita Var. de aragonita contendo carbonato de estrôncio.

estroncioarsenoapatita V. *fermorita*.

ESTRONCIOBORITA Borato básico de estrôncio – $SrB_8O_{11}(OH)_4$ –, monocl., encontrado na forma de cristais micáceos, incolores. Descoberto em Chelkar, no Casaquistão.

ESTRONCIOCHEVKINITA Silicato de fórmula química $(Sr,La,Ce,Ca)_4Fe(Ti,Zr)_4Ti_2Si_4O_{22}$, monocl., que forma grãos arredondados de até 1,5 mm, com br. submetálico, maclas em lamelas paralelas ou em cristais interpenetrados. D. 5,4. Descoberto em fenitos da bacia do Paraná, no Paraguai.

ESTRONCIODRESSERITA Carbonato básico hidratado de estrôncio e alumínio – $SrAl_2(CO_3)_2(OH)_4.H_2O$ –, ortor., descoberto na ilha de Montreal (Canadá). Cf. *dresserita*.

estroncioflorencita Var. de florencita rica em estrôncio.

ESTRONCIOGINORITA Borato hidratado de estrôncio com cálcio – $(Sr,Ca)_2B_{14}O_{23}.8H_2O$ –, monocl., que forma cristais tabulares, incolores, de br. sedoso. Assim chamado por ter a composição da ginorita, mas com estrôncio. Sin. de *volkovita*.

estrôncio-hilgardita-1Tc Var. de hilgardita com estrôncio.

ESTRONCIOJOAQUINITA Titanossilicato de fórmula química $Sr_2Ba_2(Na,Fe)_2Ti_2Si_8O_{24}(O,OH)_2.H_2O$, monocl., dimorfo da estrôncio-ortojoaquinita. De cor verde a verde-amarela, forma cristais bipiramidais pseudo-ortor., zonados, com um núcleo de joaquinita marrom-escura. Dur. 5-5. Clivagem boa segundo (001). D. 3,7. Descoberto em San Benito, Califórnia (EUA), simultaneamente com a bário-ortojoaquinita. Cf. *joaquinita-(Ce)*.

ESTRONCIOMELANO Óxido de estrôncio e manganês – $SrMn_8O_{16}$ –, monocl., descoberto em Val d'Aosta, na Itália. Cf. *criptomelano*.

ESTRÔNCIO-ORTOJOAQUINITA Silicato hidratado de fórmula química $Sr_2Ba_2(Na,Fe)_2Ti_2Si_8O_{24}(O,OH)_2.H_2O$ –, ortor., do grupo da joaquinita, dimorfo da estronciojoaquinita, com a qual foi descoberto em San Benito, Califórnia (EUA). Forma cristais bipiramidais truncados de até 8 mm de diâmetro, marrom-amarelados, de br. vítreo, com boa clivagem basal. Dur. 5,5. D. 3,96. Cf. *joaquinita*.

ESTRONCIOPIEMONTITA Silicato de cálcio, estrôncio e alumínio com manganês e ferro – $CaSr(Al,Mn,Fe)_3Si_3O_{11}O(OH)$ –, monocl., do grupo do epídoto, descoberto em minas da Ligúria (Itália).

ESTRONCIOPIROCLORO Óxido de estrôncio e nióbio – $SrNb_2[O,OH]_7$ –, cúb., do grupo do pirocloro, descoberto na península de Kola (Rússia).

ESTRONCIOWHITLOCKITA Fosfato de estrôncio e magnésio – $Sr_9Mg(PO_4)_6(PO_3,OH)$ –, trig., descoberto na península de Kola (Rússia). Cf. *whitlockita*.

ETTRINGITA Sulfato básico hidratado de cálcio e alumínio – $Ca_6Al_2(SO_4)_3(OH)_{12}.26H_2O$ –, hexag., que forma cristais aciculares, com clivagem prismática, brancos. Muito raro. De *Ettringen*, Reno (Alemanha), onde foi descoberto. O grupo da ettringita compreende mais oito sulfatos hexag. e trig., entre eles charlesita e taumasita.

EUCAIRITA Seleneto de prata e cobre – $CuAgSe$ –, com 43,1% Ag e 25,3% Cu. Ortor., geralmente granular, cinza-chumbo e prateado, séctil com forte br. metálico, opaco sem clivagem. Oxida-se facilmente, ficando bronzeado. Dur. 2,5. D. 7,6-7,8. Ocorre em depósitos hidrotermais. Mineral-minério de prata. Do gr. *eukairos* (oportuno), porque foi descoberto logo depois do selênio.

EUCLÁSIO Silicato básico de berílio e alumínio – $BeAlSiO_4(OH)$ –, monocl., prismático, rico em faces, geralmente incolor, também azul e verde, transp., de br. vítreo, com uma clivagem muito boa, estriado na direção vertical. Dur. 7,5. D. 3,10. IR moderado: 1,654-1,673. Bir. 0,020. B(+). Pleocroísmo fraco. Disp. 0,016. Assemelha-se, às vezes, à água-marinha e, como ela, é usado como gema. É produzido no Brasil (Ouro Preto), Zimbábue, Tanzânia, R. D. do Congo e Rússia. Descoberto em Ouro Preto, MG (Brasil), ainda o único Estado brasileiro a produzi-lo. Raramente fornece gemas com mais de 2 ou 3 ct, mas o maior euclásio já descoberto, encontrado por volta de 1955, no Brasil, pesou 63 g (315 ct). Segundo Bauer e Bouska (1985), o maior cristal de euclásio conhecido foi descoberto no rio Sanarka, nos Urais (Rússia), e media 7 cm. Embora muito raro, não é uma gema cara. Pedras incolores ou amarelas com 1 ct a 15 ct valem US$ 5 a US$ 60/ct. A var. azul é bem mais valiosa: US$ 0,20 a US$ 200/ct para pedras de 0,5 ct a 1,5 ct. Do gr. *eu* (bom) + *klasis* (fratura), por ter boa clivagem. Sin. de *euclasita*.
euclasita V. *euclásio*.
EUCLORINA Sulfato de potássio, sódio e cobre – $KNaCu_3(SO_4)_3O$ –, monocl., descoberto em lavas do Vesúvio (Itália). Do gr. *eukhloros* (verde-claro), por ser esta sua cor. Sin. de *euclorita*. Cf. *fedotovita*.
euclorita V. *euclorina*.
eucolita Silicato similar à eudialita, mas opticamente negativo. Do gr. *eukolos* (complacente), porque o fato de ter composição química diferente daquela da woehlerita seria uma desvantagem que deveria suportar (Webster's ..., 1971).
EUCRIPTITA Silicato de lítio e alumínio – $LiAlSiO_4$, –, com 6,1% Li. Trig., incolor ou branco. Usado em cerâmica e como fonte de lítio. Do gr. *eu* (bem) + *kryptos* (oculto). Descoberto em Fairfield, Connecticut (EUA).
eucrito Meteorito acondrítico composto essencialmente de plagioclásio cálcico e pigeonita. Do gr. *eukritos* (facilmente identificável).
EUCROÍTA Arsenato básico hidratado de cobre – $Cu_2AsO_4(OH)_3.H_2O$ –, ortor., verde, de br. vítreo, transp. a transl., descoberto em Bonská-Bystrica (Eslováquia). Do gr. *eu* (bom) + *khroa* (cor), pela beleza do seu verde.
EUDIALITA Silicato de fórmula química $Na_{15}Ca_6(Fe,Mn)_3Zr_3(Si,Nb)(Si_{25}O_{73})(O,OH,H_2O)_3(Cl,OH)_2$ –, trig., rosa-claro a vermelho-amarronzado, fracamente radioativo. Raro, é encontrado em sienitos nefelínicos e granitos. Usado para obtenção de zircônio. Do gr. *eudyalitos* (de fácil divisão), por ser facilmente solúvel em ác.
EUDIDIMITA Silicato básico de sódio e berílio – $NaBeSi_3O_7(OH)$ –, monocl., branco ou incolor, monocl., tabular, sempre maclado, com br. vítreo. Dimorfo da epididimita. Raro, foi descoberto em Langesundsfjord (Noruega). Do gr. *eu* (bem) + *didymos* (gêmeo, duplo), por estar sempre maclado.
euédrico Diz-se do cristal natural completo, que exibe todas as faces. Do gr. *eu* (bom) + *hedra* (face). Sin. de *idiomórfico*, *automórfico*. Cf. *anédrico*, *subédrico*.
eufilita Mica branca, rica em sódio e potássio, quimicamente intermediária entre a moscovita e a paragonita. Do gr. *eu* (bem) + *phyllon* (folha), talvez por se dividir em folhas facilmente.
EUGENITA Amálgama de prata – $Ag_{11}Hg_2$ –, cúb., descoberto em minas de cobre da Polônia.
EUGSTERITA Sulfato hidratado de sódio e cálcio – $Na_4Ca(SO_4)_3.2H_2O$ –, monocl. (?), fibroso, incolor, com baixa dur., solúvel em água, com D. não determinada. Descoberto na Turquia e no Quênia.

Homenagem a Hans P. *Eugster*, mineralogista suíço-americano.

eulatita V. *eulitita*.

eulita Silicato antes considerado membro intermediário da série enstatita--ortoferrossilita, do grupo dos piroxênios. De *eulisito*, r. em que ocorre.

eulitina V. *eulitita*.

EULITITA Silicato de bismuto – $Bi_4Si_3O_{12}$ –, geralmente em pequenos cristais marrom-escuros ou acinzentados, de simetria cúb. Dur. 4,5. D. 6,1. É fonte de bismuto. Descoberto na Saxônia (Alemanha). Do gr. *eulytos* (fácil de derreter), provavelmente por ter baixo ponto de fusão. Sin. de *eulitina, eulatita, agricolita, blenda de bismuto*.

eumanita Mineral de natureza duvidosa, provavelmente idêntico à brookita.

eussinquita V. *descloizita*. Talvez do gr. *eu* (bem) + *sinkisis* (confundir).

eutectopertita Sin. de *mesopertita*.

eutomita V. *tetradimita*. Provavelmente do gr. *eu* (bom) + *tome* (corte), pela sua clivagem basal excelente.

EUXENITA-(Y) Óxido múltiplo de fórmula química $(Y,Ca,Ce,U,Th)(Nb,Ta,Ti)_2O_6$ –, ortor., metamicto, preto-amarronzado, com br. de piche. Dur. 5,0-6,0. D. 4,80-5,90. Ocorre em pegmatitos graníticos e em suas aluviões. Raramente usado como gema, sendo mais importante como fonte de urânio, tório, nióbio e tântalo. Do gr. *euxenos* (hospitaleiro), por conter grande número de elementos raros. Cf. *policrásio-(Y), tanteuxenita-(Y)*.

evansita Fosfato básico hidratado de alumínio – $Al_3PO_4(OH)_6.6H_2O$ (?) –, podendo conter pequenas quantidades de urânio. Fracamente radioativo. Raro. Homenagem a Brooke *Evans*, que obteve as primeiras amostras.

EVEÍTA Arsenato básico de manganês – $Mn_2AsO_4(OH)$ –, ortor., dimorfo da sarkinita. Descoberto em Langbam (Suécia).

EVENKITA N-tetracosano – $C_{24}H_{50}$ –, monocl., encontrado em geodos com calcedônia e qz., em lavas de *Evenki* (daí seu nome), na Sibéria (Rússia). É solúvel em água quente.

EVESLOGITA Silicato de fórmula química $(Ca,K,Na,Sr,Ba)_{48}[(Ti,Nb,Fe,Mn)_{12}(OH)_{12}Si_{48}O_{144}](F,OH,Cl)_{14}$, monocl., descoberto no maciço alcalino de Khibina, na península de Kola (Rússia).

EWALDITA Carbonato de bário e cálcio com outros metais – $Ba(Ca,Y,Na,K)(CO_3)_2$ –, hexag., talvez dimorfo da mckelveyita-(Y). Descoberto em Unitah, Wyoming (EUA).

extra (nome coml.) Diz-se do diamante que, quanto à cor, mostra-se absolutamente incolor (ABNT), correspondendo à categoria D do GIA.

EYLETTERSITA Fosfato de fórmula química $[Th,(H_3O)]Al_3(PO_4)(H_4O_4)]_2(OH,H_2O)_6$ –, trig., do subgrupo da plumbogumita. Forma nódulos brancos ou creme, em pegmatitos. Fracamente fluorescente. Homenagem a *Eyletter*, esposa de L. Van Wambell, seu descobridor.

eytlandita V. *samarskita*.

EZCURRITA Borato básico hidratado de sódio – $Na_2B_5O_7(OH)_3.2H_2O$ –, tricl., muito semelhante à kernita, descoberto em uma mina de bórax da província de Salta (Argentina). Homenagem a Juan Manuel de *Ezcurra*, minerador argentino.

EZTLITA Telurato básico hidratado de chumbo e ferro – $Pb_2Fe_6(TeO_3)_3(TeO_6)(OH)_{10}.8H_2O$ –, monocl., vermelho--sangue, em crostas de dur. 3,0 e D. 4,5, com uma clivagem boa. Do nahua *eztli* (sangue), por sua cor.

Ff

FABIANITA Borato básico de cálcio – $CaB_3O_5(OH)$ –, que forma cristais monocl. Descoberto perto de Diepholz (Alemanha) e assim chamado talvez em homenagem ao naturalista espanhol Francisco *Fabian y Fuero*.
fabulita Nome coml. de um titanato de estrôncio – $SrTiO_3$ – artificial, usado como imitação de diamante. Cristaliza no sistema cúb., tem dur. 5,5-6,0, D. 5,13, IR 2,410, disp. 0,190 (cinco vezes maior que a do diamante). É incolor e não mostra fluorescência à luz UV. É produzido pelo processo Verneuill, tendo sido obtido a primeira vez em 1952, pela National Lead Company (EUA). Vendido sob vários outros nomes comerciais, como diagem e diamontina. Do ingl. *Fabulite* (marca registrada).
face cristalina Em um cristal, superfície externa, natural, geralmente plana, algumas vezes curva (apofilita, turmalina etc.) Cf. *faceta*.
faceira (gar.) Leucoxênio.
facelita V. *caliofilita*. Do gr. *phakelos* (feixe).
faceta Superfície plana de uma gema, obtida por lapid. Cf. *face*.
facetamento Etapa da lapid. que consiste em dar à pedra as facetas que definirão sua forma final.
facolita Var. de cabazita caracterizada por cristais incolores de formato facoidal (daí seu nome).
FAHEYITA Fosfato hidratado de manganês, ferro e berílio com magnésio – $(Mn,Mg)Fe_2Be_2(PO_4)_4 \cdot 6H_2O$ –, hexag., com pequena quantidade de sódio, aparentemente em substituição ao manganês. Forma cristais aciculares reunidos em feixes ou rosetas. Descoberto em Sapucaia, MG (Brasil), e assim chamado em homenagem a Joseph *Fahey*, químico do USGS. Não confundir com *fahleíta*.
FAHLEÍTA Arsenato hidratado de cálcio, zinco e ferro – $CaZn_5Fe_2(AsO_4)_6 \cdot 14H_2O$ –, ortor., descoberto na mina Tsumeb (Namíbia). Não confundir com *faheyita*.
FAIALITA Silicato de ferro – Fe_2SiO_4 –, ortor., do grupo da olivina. Forma séries isomórficas com a forsterita e a tefroíta. Exibe cristais marrons a pretos, encontrados principalmente em r. ígneas. Presente também em meteoritos. De *Faial*, ilha do arquipélago dos Açores, onde foi descoberto (mas em material que pode ter sido transportado para lá).
FAIRBANKITA Telurato de chumbo – $PbTeO_3$ –, tricl., dimorfo da plumbotelurita. Forma cristais incolores, de br. adamantino, frágeis, sem boas clivagens. Dur. 2,0. D. 7,45. Descoberto em Tombstone, Cochise, Arizona (EUA), juntamente com a girdita, a oboyerita e a winstanleyita, todos minerais de telúrio. Homenagem a Nathaniel K. *Fairbank*.
FAIRCHILDITA Carbonato de potássio e cálcio – $K_2Ca(CO_3)_2$ –, hexag., dimorfo da bütschliita. Forma finas fibras brancas, encontrado em cinzas de bosques carbonizados espontaneamente, no Parque Nacional do Gran Canyon, Arizona (EUA). Homenagem a John *Fairchild*, químico norte-americano. Cf. *bütschliita*.
FAIRFIELDITA Fosfato hidratado de cálcio e manganês com ferro – $Ca_2(Mn,Fe)(PO_4)_2 \cdot 2H_2O$ –, tricl., de br. nacarado ou subadamantino; branco, cinzento, amarelo ou salmão. De *Fairfield*, Connecticut (EUA), onde foi descoberto. O grupo da fairfieldita compreende quatro arsenatos e cinco fosfatos, todos tricl.
faísca No Brasil, nome dado ao crisoberilo com menos de 0,5 g.
faiscação Extração de metais nobres nativos por processos rudimentares e em caráter individual.

faiscador Indivíduo que se dedica à faiscação. Sin. de ¹*faisqueiro*.
faiscar Procurar ouro ou diamante em terrenos já lavrados.
faisqueira 1. Local onde trabalha o faiscador. **2.** (gar., BA) Resto de cascalho que fica abandonado ao pé do barranco.
faisqueiro 1. V. *faiscador*. **2.** (gar., MG) Garimpeiro que garimpa fora dos dias normais de trabalho.
FALCONDOÍTA Silicato básico hidratado de níquel com magnésio – $(Ni,Mg)_4Si_6O_{15}(OH)_2.6H_2O$ –, ortor., esverdeado, descoberto em Bonao (República Dominicana). Cf. *sepiolita*.
FALKMANITA Sulfoantimoneto de chumbo – $Pb_{5,4}Sb_{3,6}S_{11}$ –, monocl., que forma cristais aciculares ou tabulares, pretos ou cinzentos. Descoberto em uma pedreira na Baviera (Alemanha).
falsa-ametista Fluorita violeta lapidada. Cf. *falsa-esmeralda*, ¹*falsa-safira*, *falso-rubi*, ²*falso-topázio*.
falsa-clivagem V. *partição*.
falsa-crisólita V. *moldavito*.
falsa-esmeralda Fluorita verde lapidada. Cf. *falsa-ametista*, ¹*falsa-safira*, *falso-rubi*, ²*falso-topázio*.
falsa-malaquita Var. de jaspe verde.
falsa-nefrita Qualquer substituto da nefrita, tais como serpentina e jade do transvaal.
falsa-opala Var. de qz. opalizado.
falsa-safira 1. Fluorita azul lapidada. Cf. *falsa-ametista, falsa-esmeralda, falso-rubi*, ²*falso-topázio*. **2.** Turmalina rosa da Sibéria (Rússia).
falsificação *Imitação* (v.) feita com o objetivo de enganar o consumidor.
falso-diamante Designação comum a diversos minerais incolores, como safira, topázio e zircão, que, lapidados, dão gemas de br. intenso.
falso-doublet *Doublet* em que o pavilhão é feito de material inferior, como vidro. Cf. *falso-triplet*.
falso-jacinto V. *hessonita*.
falso-jade V. *bowenita*.
falso-lápis 1. V. *lazulita*. **2.** Ágata ou jaspe tingido de azul para imitar lápis-lazúli.

falso-rubi Fluorita vermelha lapidada. Cf. *falsa-ametista, falsa-esmeralda*, ¹*falsa-safira*, ²*falso-topázio*.
falso-topázio 1. Citrino. **2.** Fluorita amarela lapidada. Cf. *falsa-ametista, falsa-esmeralda*, ¹*falsa-safira, falso-rubi*.
falso-triplet *Triplet* em que o pavilhão é feito de material inferior, como vidro. Cf. *falso-doublet*.
FAMATINITA Sulfoantimoneto de cobre – Cu_3SbS_4 –, tetrag., do grupo da estanita. Tem 43,3% Cu. Cor cinza a vermelho-cobre. Dur. 3,4. D. 4,57. Ocorre com a enargita, mas é mais raro que esta. Descoberto em Sierra de *Famatina*, La Rioja (Argentina), daí seu nome. Sin. de *estibioluzonita*.
família (gar.) Em Carnaíba (BA), esmeralda de cor fraca, com muitas jaças e inclusões; preta quando vista através do filtro de Chelsea. Extraída de um biotitaxisto extremamente compacto. Assim chamada por ter sido inicialmente extraída por um grupo de garimpeiros que pertenciam à mesma família.
FANGITA Sulfoarseneto de tálio – Tl_3AsS_4 –, ortor., descoberto em uma jazida de ouro de Tooele, Utah (EUA).
fantasia Diamante colorido, de cor bem definida.
fantasia camboriú Nome coml. de um mármore de granulação média, com cor variada, contendo forsterita, flogopita, condrodita e magnetita (rara), encontrado em *Camboriú*, SC (Brasil).
faratsihita Silicato básico de alumínio com ferro – $(Al,Fe)_2Si_2O_5(OH)_4$ –, do grupo dos minerais argilosos. Pode ser nontronita, mistura desta com caulinita ou uma var. ferrífera de caulinita. De *Faratsiho* (República Malgaxe).
FARMACOLITA Arsenato ác. hidratado de cálcio – $CaHAsO_4.2H_2O$ –, monocl., fibroso, br. sedoso, branco ou cinzento, solúvel em água fria. Do gr. *pharmakon* (veneno) + *lithos* (pedra), por conter arsênio. Sin. de *arsenicita*. Cf. *brushita, weilita, haidingerita, krautita* e *fluckita*.
FARMACOSSIDERITA Arsenato básico hidratado de potássio e ferro – KFe_4

$(AsO_4)_3(OH)_4 \cdot 6\text{-}7H_2O$ –, cúb., geralmente em cristais verdes ou verde-amarelados, com clivagem (100) imperfeita, frat. irregular e br. adamantino a graxo. São sécteis, semitransp. a semitransl. Dur. 2,5. D. 2,9-3,0. Do gr. *pharmakon* (veneno) + *sideros* (ferro), por conter arsênio e ferro. Cf. *alumofarmacossiderita*, *bariofarmacossiderita* e *sodiofarmacossiderita*.
faroelita V. *thomsonita*.
FARRINGTONITA Fosfato de magnésio – $Mg_3(PO_4)_2$ – com ferro e silício, em cristais monocl., incolores, brancos ou amarelos, circundando olivina em meteoritos, única fonte conhecida. Homenagem a O. C. *Farrington*, especialista em meteoritos.
fassaíta Silicato de cálcio, magnésio e alumínio com ferro – $Ca(Mg,Fe,Al)(Si,Al)_2O_6$ –, monocl., verde, do grupo dos piroxênios. De Val di *Fassa* (Itália).
FAUJASITA-Ca Aluminossilicato hidratado de cálcio, sódio e magnésio – $Ca_{24}Na_8Mg_4(Al_{64}Si_{128}O_{384}) \cdot nH_2O$ –, cúb., do grupo das zeólitas. Descoberto em Hessen (Alemanha) e assim chamado em homenagem a Barthelemy *Faujas* de Saint-Fond, geólogo francês.
FAUJASITA-Mg Aluminossilicato hidratado de magnésio, sódio, potássio e cálcio – $Mg_{16}Na_7K_7Ca_4(Al_{64}Si_{128}O_{384}) \cdot nH_2O$ –, cúb., do grupo das zeólitas. Descoberto em Kaiserstuhl (Alemanha) e assim chamado em homenagem a Barthelemy *Faujas* de Saint-Fond, geólogo francês.
FAUJASITA-Na Aluminossilicato hidratado de sódio, cálcio, magnésio e potássio – $Na_{13}Ca_{11}Mg_8K_2(Al_{53}Si_{139}O_{384}) \cdot 243H_2O$ –, cúb., do grupo das zeólitas. Descoberto em Kaiserstuhl (Alemanha) e assim chamado em homenagem a Barthelemy *Faujas* de Saint-Fond, geólogo francês.
fauserita Var. manganesífera de epsomita.
FAUSTITA Fosfato básico hidratado de zinco e alumínio com cobre – $(Zn,Cu)Al_6(PO_4)_4(OH)_8 \cdot 4H_2O$ –, com 7,74% ZnO e 1,61% CuO. Tricl., forma massas finamente granuladas verde-maçã. Descoberto em Eureka, Nevada (EUA).
fava 1. (gar.) Pequenos seixos rolados, geralmente de fosfatos, considerados satélites do diamante. Têm cor marrom e podem conter óxidos de zircônio e titânio. Sin. de *guia*, *marubé*. **2.** (gar., GO) Jaspe. **3.** (gar., BA) Sin. de *feijão-branco*.
fava-azulada (gar.) Epídoto. Sin. de *fava-cinzenta*, *fava-esverdeada*.
fava-cabocla (gar., BA) Apatita.
fava-cinzenta (gar.) Sin. de *fava-azulada*.
fava-esverdeada (gar.) Sin. de *fava-azulada*.
fava-parda (gar.) Sin. de *bagaceira*.
favas de zircônio V. *zirkita*.
fazenda-fina (gar.) Diamante pequeno, bem formado e de boa cor.
federovita V. *fiodorovita*.
FEDORITA Silicato de fórmula química $(Na,K)_{2\text{-}3}(Ca,Na)_7(Si,Al)_{16}O_{38}(F,Cl,OH)_2 \cdot nH_2O$, tricl., descoberto na península de Kola (Rússia). Cf. *girolita*, *reyerita*, *truscottita* e *tungusita*.
FEDOROVSKITA Borato básico de cálcio e magnésio – $Ca_2Mg_2B_4O_7(OH)_6$ –, ortor., isomorfo de rowéíta. Forma prismas ou grãos irregulares, às vezes fibras, amarronzados. Dur. 4,5. Clivagem (100) perfeita, com macla polissintética segundo (100). Homenagem ao soviético Nikolai M. *Fedorov*.
FEDOTOVITA Sulfato de potássio e cobre – $K_2Cu_3O(SO_4)_3$ –, monocl., descoberto na península de Kamchatka (Rússia). Cf. *euclorina*.
feijão (gar., BA) Turmalina. Sin. de *canudinho*.
feijão-branco (gar., BA) Turmalina branca. Sin. de [3]*fava*.
feijão-enxofre (gar., BA) Turmalina amarela.
feijão-preto (gar.) **1.** Turmalina preta. Sin. de *pretinha*. **2.** Jaspe preto.
feijão-verde (gar., BA) Turmalina verde.
FEINGLOSITA Arsenato de fórmula química $Pb_2(Zn,Fe)[(As,S)O_4]_2 \cdot H_2O$, monocl., descoberto na mina Tsumeb (Namíbia). Cf. *arsenobrackebuschita*.

FEITKNECHTITA Óxido básico de manganês – β-MnO(OH) –, hexag. ou trig., trimorfo da groutita e da manganita. Descoberto em Sussex, New Jersey (EUA).

fei-ts'ui Var. de jadeíta verde-esmeralda ou verde-azulada, encontrada em Burma. *Fei-ts'ui* é o nome chinês do martim-pescador, e assim se chama o mineral por ter cor semelhante à do dorso desse peixe.

FEKLICHEVITA Silicato de fórmula química $Na_{11}Ca_9Fe_2Zr_3Nb[Si_{25}O_{73}](OH,H_2O,Cl,O)_5$, trig., descoberto em uma mina de flogopita da península de Kola (Rússia).

FELBERTALITA Sulfeto de cobre, chumbo e bismuto – $Cu_2Pb_6Bi_8S_{19}$ –, monocl., descoberto em Salzburgo (Áustria). Cf. *junoíta*.

feldspato Grupo de 16 silicatos de fórmula geral AB_4O_8, onde A = Ca, Na, K, Ba, NH_4 ou Sr, e B = Al, B ou Si. São minerais ortor., monocl. ou tricl., muito semelhantes, morfologicamente, entre si. Compreendem dois subgrupos: plagioclásios e feldspatos alcalinos. São quase todos brancos ou claros, com duas boas clivagens subortog. Dur. 6,0-6,5. D. 2,50-2,70. IR relativamente baixo: 1,518-1,539. Bir. 0,010. B(+) ou B(–). Os feldspatos são muito comuns, ocorrendo em todos os tipos de r., principalmente nas ígneas, constituindo 60% da crosta terrestre. Compreendem diversas var. gemológicas, como amazonita, labradorita, pedra da lua, pedra do sol etc., que são lapidadas em cabuchão. São importantes também na fabricação de porcelanas, esmaltes, cerâmicas, vidros, polidores, sabão, prótese dentária, construção civil e sinalização de estradas. São produzidos principalmente no Sri Lanka, Canadá, Rússia, Suíça, Mianmar (ex-Birmânia), México, Brasil, EUA e Madagascar. Das var. gemológicas, o Brasil produz apenas a amazonita. Do al. *Feld* (campo) + *Spath* (pedra). ❑

feldspato alcalino Designação comum aos membros de um subgrupo de feldspatos com metais alcalinos e pouco cálcio, que incluem o ortoclásio, o microclínio, a sanidina, o celsiano, o anortoclásio e os plagioclásios com até 20% de anortita.

feldspato aventurino Var. gemológica de oligoclásio, albita, andesina ou adulária caracterizada por um br. avermelhado produzido por reflexões douradas ou *flashes* de cores semelhantes às do fogo, em razão de numerosas plaquetas delgadas de hematita ou goethita disseminadas segundo direções paralelas a planos estruturais. Semelhante ao quartzo-aventurino e ao vidro artificial conhecido como pedra de ouro. Há jazidas na Índia, Canadá, Madagascar, Noruega, Rússia e EUA.

feldspato do labrador V. *labradorita*.

feldspatoide Designação comum aos membros de um grupo de aluminossilicatos de sódio, potássio ou cálcio, quimicamente semelhantes aos feldspatos, mas pobres em sílica. São relativamente raros. Ocorrem em r. ígneas não saturadas, substituindo os feldspatos. São usados como gema (lazurita, sodalita), fonte de alumínio (nefelina) e também em vidros, cerâmica e na fabricação de soda e de sílica coloidal (nefelina). O grupo inclui ainda cancrinita, polucita e hauynita. De *feldspato* + gr. *eidos* (forma), por sua semelhança com os feldspatos.

feloide Grupo de minerais que compreende os feldspatos e os feldspatoides. Contração de *fel*dspato + feldspat*oide*.

FELSOBANYÍTA Sulfato básico hidratado de alumínio – $Al_4SO_4(OH)_{10} \cdot 4H_2O$ –, monocl., em escamas brancas ou maciço. Muito raro. Descoberto em *Felsobanya* (Romênia), daí seu nome.

femolita Mineral ainda pouco conhecido, que talvez seja uma molibdenita ferrífera. De *fe*rro + *mo*libdênio + *ita*.

fenacita V. *fenaquita*, forma preferível.

FENAKSITA Silicato de potássio, sódio e ferro – $KNaFeSi_4O_{10}$ –, tricl., rosa-

-claro, descoberto na península de Kola (Rússia). Nome extraído da fórmula química: $Fe + Na + K + Si$.
FENAQUITA Silicato de berílio – Be_2SiO_4 –, trig., prismático, com estrias verticais ou em grãos, às vezes acicular, frequentemente maclado segundo (1010). Geralmente incolor, amarelo-claro ou vermelho-rosado, transp., de br. vítreo, frat. conchoidal, sem clivagem. Infusível e insolúvel em ác. Dur. 7,5-8,0. D. 3,00. IR 1,654-1,670. Bir. 0,016. U(+). Disp. 0,015. Quando incolor, assemelha-se ao qz., e quando vermelho-rosado, pode perder a cor por exposição prolongada ao sol. Ocorre em pegmatitos e em veios formados a altas temperaturas. É raro, sendo usado como gema e fonte de berílio. É produzido principalmente no Brasil (Minas Gerais) e na Rússia (Urais). Outros produtores são Sri Lanka, México, Zimbábue, Namíbia, Tanzânia, EUA e Suíça. Pode ser obtido sinteticamente. As melhores fenaquitas valem US$ 5 a US$ 25/ct para gemas de 1 a 10 ct. Do gr. *fenakis* (enganoso), por ser semelhante ao qz. quando incolor. Sin. de *fenacita*. Cf. *willemita* e *eucriptita*.
FENCOOPERITA Silicato de fórmula química $Ba_6Fe_3Si_8O_{23}(CO_3)_2Cl_3 \cdot H_2O$, trig., descoberto em Mariposa, Califórnia (EUA).
FENGITA Nome de uma série de micas dioctaédricas.
fenicita V. *fenicocroíta*.
FENICOCROÍTA Óxido de chumbo e cromo – $Pb_2(CrO_4)O$ –, monocl., vermelho, com uma clivagem perfeita, descoberto nos Urais (Rússia). Do gr. *foinikos* (vermelho-forte) + *khroa* (cor). Sin. de *fenicita, beresovita*.
FERBERITA Volframato de ferro – $FeWO_4$ – com até 20% $MnWO_4$. Isomorfo da hübnerita, com a qual forma uma série. Monocl., laminar ou maciço, podendo formar cristais cuneiformes. Cinza ou preto, com br. submetálico, *tarnish* iridescente. Dur. 4,5. D. 7,51. Ocorre em veios, r. metamórficas de contato e placeres. Mineral-minério de tungstênio. Homenagem a Rudolph Ferber. Sin. de *ferrovolframita, reinita*.
ferdissilicita Dissiliceto de ferro – $FeSi_2$ –, cúb. Ainda há dúvidas sobre sua origem, podendo não ser substância natural. Nome derivado de sua composição. Cf. *fersilicita*.
ferganita Vanadato hidratado de uranila – $(UO_2)_3(VO_4)_2 \cdot 6H_2O$ –, amarelo-enxofre, transl., fortemente radioativo. Muito raro. Usado para obtenção de vanádio. De *Fergana*, região da Ásia Central.
FERGUSONITA-(Ce) Niobato de cério com lantânio e ítrio – $(Ce,La,Y)NbO_4$ –, tetrag., dimorfo da betafergusonita-(Ce), descoberto na Ucrânia. Espécie de *status* ainda duvidoso. Cf. *fergusonita-(Y)*.
FERGUSONITA-(Y) Niobato de ítrio – $YNbO_4$ –, tetrag., dimorfo da betafergusonita-(Y). Forma série isomórfica com a formanita-(Y). Descoberto na Groenlândia (Dinamarca). Nome dado em homenagem a Robert *Ferguson*, físico escocês. Sin. de *adelfolita, arrhenita, sipylita, tyrita*.
FERMORITA Fosfato-arsenato básico de cálcio e estrôncio – $(Ca,Sr)_5[(As,P)O_4]_3(OH)$ –, monocl., pseudo-hexag. Forma massas cristalinas branco-rosadas. Descoberto em Chindwara (Índia). Homenagem a Lewis L. *Fermor*, seu descobridor. Sin. de *estroncianapatita, estroncioarsenoapatita*.
FERNANDINITA Vanadato de fórmula química $(Ca,Na,K)_x(V,Fe)_8O_{20} \cdot 4H_2O$, com $x = 0,9-1,2$. Monocl., maciço ou em fibras criptocristalinas de cor verde e alta dur. Facilmente solúvel em ác. e parcialmente solúvel em água. Descoberto em Cerro de Pasco (Peru) e assim chamado em homenagem a Eulágio E. *Fernandini*, minerador peruano. Cf. *corvusita*.
ferragem 1. (gar.) Sin. de *ferrugem*. 2. (gar.) Rutilo. 3. (gar., GO) Anatásio azul.
ferragem-azul (gar.) Sin. de *cativo de chumbo*.
ferrajão (gar.) Carbonado.

FERRARISITA Arsenato hidratado de cálcio – $Ca_5H_2(AsO_4)_4.9H_2O$ –, tricl., dimorfo da guerinita. Desidrata-se facilmente ao ar, dando $Ca_5As_4O_{15}$. Facilmente solúvel em HCl diluído. D. 2,6. Transp., incolor (branco quando desidratado), com clivagem basal perfeita. Descoberto em Vosges (França).

ferrazita Fosfato hidratado de chumbo com bário – $(Pb,Ba)_3(PO_4)_2.8H_2O$ (?) –, encontrado em Diamantina, MG (Brasil). É uma garceixita. Homenagem ao petrógrafo brasileiro J. B. de Araújo *Ferraz*.

FERRIALLANITA-(Ce) Silicato de fórmula química $CaCeFe_2Al(SiO_4)(Si_2O_7)O(OH)$, monocl., descoberto na Mongólia (China). Cf. *allanita-(Ce)*.

ferrialofano Var. de alofano com 21%-25% Fe_2O_3.

ferrialofanoide Grupo de argilas ocrosas que inclui o ferrialofano, a sinopita e a melinita.

ferriannita Silicato de potássio e ferro com magnésio e alumínio – $K(Fe,Mg)_3(Fe,Al)Si_3O_{10}(OH)_2$ –, monocl., do grupo das micas. De *ferro* + *annita*.

ferricatoforita Silicato de sódio, cálcio, alumínio e ferro com magnésio – $Na_2Ca(Fe^{2+},Mg)_4Fe^{3+}Si_7AlO_{22}(OH)_2$ –, com Mg/(Mg+Fe) = 0,00 a 0,49, do grupo dos anfibólios. Forma série isomórfica com a aluminocatoforita.

FERRICLINOFERRO-HOLMQUISTITA SÓDICA Silicato de fórmula química $([\ ],Na)Li_2(Fe,Mg)_3Fe_2Si_8O_{22}(OH)_2$, monocl., do grupo dos anfibólios, descoberto na Espanha.

FERRICOPIAPITA Sulfato básico hidratado de ferro – $(Fe_{2/3}[\ ]_{1/3})Fe_4(SO_4)_6(OH)_2$. $20H_2O$ –, tricl., do grupo da copiapita, descoberto no deserto de Atacama (Chile).

ferridravita Borato-silicato de sódio, magnésio e ferro com potássio – $(Na,K)(Mg,Fe^{2+})_3Fe_6^{+3}(BO_3)_3Si_6O_{18}(O,OH)_4$ –, trig., do grupo das turmalinas. Descoberto na mina San Francisco, perto de Vila Tunari (Bolívia), onde reveste uma r. xistosa. Tem cor preta, frat. irregular, D. 3,26, traço marrom, br. resinoso. Sem clivagem.

FERRIDRITA Óxido hidratado de ferro – $5Fe_2O_3.9H_2O$ ou $Fe_2O_3.2FeOOH.2,6H_2O$ –, trig., que forma massas ocrosas amarelas ou marrom-escuras formadas em fontes, termais ou não. É instável, transformando-se espontaneamente em hematita ou goethita. De *ferro* + gr. *hydor* (água), por sua composição.

FERRIERITA-K Aluminossilicato hidratado de potássio, sódio e magnésio – $K_2NaMg(Al_5Si_{31}O_{72}).nH_2O$ –, ortor., do grupo das zeólitas, descoberto na Califórnia (EUA).

FERRIERITA-Mg Aluminossilicato hidratado de magnésio, potássio, sódio e cálcio – $Mg_{2,5}K_{0,5}Na_{0,5}Ca_{0,5}(Al_7Si_{29}O_{72})$. $21H_2O$ –, ortor., do grupo das zeólitas, descoberto na Colúmbia Britânica (Canadá).

FERRIERITA-Na Aluminossilicato hidratado de sódio, potássio e magnésio – $Na_3KMg_{0,5}(Al_5Si_{31}O_{72}).nH_2O$ –, do grupo das zeólitas. Forma cristais monocl., laminados, brancos ou incolores.

ferrialloysita Var. de halloysita com ferro, intermediária entre a halloysita e a nontronita.

FERRILOTHARMEYERITA Arsenato de cálcio e ferro com zinco – $Ca(Fe,Zn)_2(AsO_4)_2(OH,H_2O)_2$ –, monocl., descoberto na mina Tsumeb (Namíbia). Cf. *lotharmeyerita*.

FERRIMOLIBDITA Molibdato hidratado de ferro – $Fe_2(MoO_4)_3.8H_2O$ –, ortor., geralmente em crostas fibrosas amarelas. É fonte de molibdênio de importância secundária. Descoberto em Khakassia (Rússia). Sin. de ²*molibdita*.

FERRINATRITA Sulfato hidratado de sódio e ferro – $Na_3Fe(SO_4)_3.3H_2O$ –, trig., branco-cinzento a verde-claro, solúvel em água fria. Descoberto no deserto de Atacama (Chile). Do lat. *ferrum* (ferro) + *natrum* (sódio).

ferriparaluminita Sulfato hidratado de alumínio e ferro – $(Al,Fe)_4O_6SO_3$. $15H_2O$ – em crostas cinza-esverdeado.

FERRIPEDRIZITA Silicato básico de sódio, lítio e ferro com magnésio – $NaLi_2(FeMg_2Li)Si_8O_{22}(OH)_2$ –, monocl., do grupo dos anfibólios, descoberto no maciço *Pedriza* (daí seu nome), na Espanha.

FERRIPEDRIZITA SÓDICA Silicato de fórmula química $Na(LiNa)(Fe_2Mg_2Li)Si_8O_{22}(OH)_2$, monocl., do grupo dos anfibólios, descoberto na Espanha.

FERRIPIROFILITA Silicato básico de ferro – $Fe_2Si_4O_{10}(OH)_2$ –, monocl., descoberto na Saxônia (Alemanha) e em Akchatau (Casaquistão). Cf. *pirofilita*.

ferriprehnita Silicato hidratado de cálcio, alumínio e ferro – $(CaO)_2(Al,Fe)_2O_3(SiO_2)_3 \cdot H_2O$ –, verde-maçã, semelhante à prehnita, com ferro.

ferripurpurita Sin. de *heterosita*.

FERRISSADANAGAÍTA POTÁSSICA Silicato de fórmula química $(K,Na)Ca_2(Fe,Mg)_3(Fe,Al)_2[Si_5Al_3O_{22}](OH)_2$, monocl., do grupo dos anfibólios, descoberto nos Urais (Rússia).

FERRISSICKLERITA Fosfato de lítio, ferro e manganês – $Li(Fe,Mn)PO_4$ –, ortor. Forma série isomórfica com a sicklerita. Descoberto em Varusträk, Skelleftea (Suécia).

FERRISSIMPLESITA Arsenato básico hidratado de ferro – $Fe_3(AsO_4)_2(OH)_3 \cdot 5H_2O$ –, amorfo, fibroso, marrom-âmbar. Semelhante à simplesita, mas com ferro trivalente. Descoberto em Ontário (Canadá).

FERRISSURITA Silicato de fórmula química $(Pb,Ca)_{2-3}(CO_3)_{1,5-2}(OH,F)_{0,5-1}[(Fe,Al)_2Si_4O_{10}(OH)_2] \cdot nH_2O$, monocl., descoberto em Inyo, Califórnia (EUA). Cf. *surita*.

FERRISTRUNZITA Fosfato básico hidratado de ferro – $Fe_3(PO_4)_2(OH)_3 \cdot 5H_2O$ –, tricl., descoberto em Hainault (Bélgica). Cf. *ferrostrunzita, strunzita*.

ferritorita Var. de torita com até 13% Fe_2O_3.

FERRITUNGSTITA Mineral de fórmula química $(K,Ca,Na)_{0,3}(W,Fe)_2(O,OH)_6 \cdot H_2O$, cúb., descoberto em uma mina de tungstênio de Stevens, Washington (EUA). Forma placas microscópicas amarelo-claras, por alteração de volframita. De *ferro* + *tungstita*.

ferriturquesa Var. cristalina de turquesa com 5% Fe_2O_3.

FERRO 1. V. *Anexo*. **2.** (gar., RR) Ilmenita.

FERROACTINOLITA Silicato básico de cálcio e ferro – [ ]$Ca_2Fe_5Si_8O_{22}(OH)_2$ –, monocl., do grupo dos anfibólios. Forma séries isomórficas com a tremolita e a actinolita. Sin. de *ferrotremolita*.

ferroakermanita Silicato de cálcio e ferro do grupo das melilitas. Assim chamado por assemelhar-se à akermanita, com ferro no lugar do magnésio.

FERROALLUAUDITA Fosfato de sódio e ferro com manganês – Na[ ](Fe,Mn)$Fe_2(PO_4)_3$ –, monocl., mais rico em ferro que a alluaudita, com a qual forma uma série isomórfica.

FERROALUMINOCELADONITA Silicato básico de potássio, ferro e alumínio – $K_2Fe_2Al_2Si_8O_{20}(OH)_4$ –, monocl., descoberto na Nova Zelândia. Cf. *ferroceladonita*.

FERROANTOFILITA Silicato básico de ferro – $Fe_7Si_8O_{22}(OH)_2$ –, com Fe/(Fe$^+$ Mg) = 0,9-1,0. É um anfibólio ortor., que forma série isomórfica com a antofilita. Dimorfo da grunerita.

FERROANTOFILITA SÓDICA Silicato básico de sódio e ferro – $NaFe_7Si_8O_{22}(OH)_2$ –, ortor., do grupo dos anfibólios, que forma série isomórfica com a antofilita sódica.

FERROAXINITA Borossilicato básico de cálcio, ferro e alumínio – $Ca_2FeAl_2BO(OH)(Si_2O_7)_2$ –, tricl., que forma série isomórfica com a manganoaxinita. Pertence ao grupo da axinita e foi descoberto em Isère, na França. Cf. *axinita*.

ferro-baio (gar., RR) Rutilo.

FERROBARROISITA Silicato básico de cálcio, sódio, ferro e alumínio – [ ](Ca Na)$Fe_3AlFe(Si_7Al)O_{22}(OH)_2$ –, monocl., do grupo dos anfibólios. Forma série com a barroisita.

ferrobrucita Var. de brucita com ferro – $(Mg,Fe)(OH)_2$. Facilmente oxidável ao contato com o ar, passando de incolor a marrom-escura, com destruição da estrutura cristalina. Deve ser amakinita.

FERROBUSTAMITA Silicato de cálcio e ferro – $Ca_{1,67}Fe_{0,33}Si_2O_6$ –, tricl., de

D. 3,1, descoberto em Antrim (Irlanda). Cf. *bustamita*.

FERROCARFOLITA Silicato básico de ferro e alumínio com magnésio – (Fe, Mg)$_2$Al$_4$(Si$_2$O$_6$)$_2$(OH)$_8$ –, do grupo da carfolita. Forma séries isomórficas com a carfolita e a magnesiocarfolita.

FERROCELADONITA Silicato básico de potássio e ferro com magnésio – KFe(Fe,Mg)[ ]Si$_4$O$_{10}$(OH)$_2$ –, monocl., descoberto na Nova Zelândia. Cf. *ferroaluminoceladonita*.

ferrocobaltita Var. de cobaltita rica em ferro.

FERROCOLUMBITA Niobato de ferro – FeNb$_2$O$_6$ –, ortor. Forma séries isomórficas com a manganocolumbita e a ferrotantalita. Descoberto em Middlesex, Connecticut (EUA). Cf. *magnocolumbita*. Sin. de ^{2}*columbita*.

ferrocopiapita V. *copiapita*.

ferrocordierita Sin. de *sekaninaíta*.

FERROCROMETO Liga de cromo e ferro – Cr$_3$Fe$_{1-x}$ (x = 0,6) –, cúb., descoberto nos Urais (Rússia). Cf. *cromoferreto*.

ferrocuprocalcantita Sulfato hidratado de ferro e cobre azul-claro, solúvel em água.

ferrodolomita Var. de dolomita com magnésio substituído por ferro. É provável que não ocorra na natureza, exceto como ankerita.

FERROECKERMANNITA Silicato básico de sódio, ferro e alumínio – Na$_3$(Fe$_4$Al)Si$_8$O$_{22}$(OH)$_2$. É um anfibólio monocl. que forma série isomórfica com a eckermannita.

FERROEDENITA Silicato de sódio, cálcio, ferro e alumínio – NaCa$_2$Fe$_5$Si$_7$AlO$_{22}$(OH)$_2$. É um anfibólio monocl., que forma série com a edenita.

ferroeskebornita Var. de eskebornita rica em ferro.

ferroespinélio Sin. de *hercinita*.

ferroestilpnomelano Var. de estilpnomelano rica em ferro.

ferroferrita 1. V. *magnetita*. 2. Nome sugerido para o ferro com alto grau de pureza. Quando contivesse fósforo, seria chamado fosfoferrita; com níquel, niquelferrita etc.

FERROGEDRITA Silicato básico de ferro e alumínio – [ ]Fe$_5$Al$_2$Si$_6$Al$_2$O$_{22}$(OH)$_2$. É um anfibólio ortor. que forma série isomórfica com a gedrita.

FERROGEDRITA SÓDICA Silicato básico de sódio, ferro e alumínio – NaFe$_6$AlSi$_6$Al$_2$O$_{22}$(OH)$_2$ –, monocl., do grupo dos anfibólios.

ferrogermanita V. *renierita*.

FERROGLAUCOFANO Silicato de sódio, ferro e alumínio – Na$_2$Fe$_3$Al$_2$Si$_8$O$_{22}$(OH)$_2$. Anfibólio monocl. que forma série com o glaucofano.

ferro-hastingsita V. *hastingsita*.

FERRO-HEXAIDRITA Sulfato hidratado de ferro – FeSO$_4$.6H$_2$O –, monocl., do grupo da hexaidrita. Ocorre sobre melanterita em Tateria (Rússia), formando cristais fibrosos, aciculares ou capilares, de até 5-6 mm, incolores.

ferro-hiperstênio Ortopiroxênio que é membro intermediário da série enstatita-ortoferrossilita. Tem 30%-50% de enstatita.

FERRO-HOEGBOMITA-2N2S Mineral de fórmula química (Fe$_3$ZnMgAl)$_{E6}$(Al$_{14}$FeTi)$_{E16}$O$_{30}$(OH)$_2$, hexag., do grupo da hoegbomita, descoberto no deserto do Saara, na Argélia.

FERRO-HOLMQUISTITA Silicato de lítio, ferro e alumínio – Li$_2$Fe$_3$Al$_2$Si$_8$O$_{22}$(OH)$_2$. É um anfibólio ortor., dimorfo da clinoferro-holmquistita e que forma série isomórfica com a holmquistita.

FERRO-HORNBLENDA Silicato básico de cálcio, ferro e alumínio – [ ]Ca$_2$[(Fe$_4$(Al,Fe)](Si$_7$Al)O$_{22}$(OH)$_2$ –, do grupo dos anfibólios monocl., isomorfo da magnesiornblenda.

ferro-hortonolita Olivina com 10%-30% de forsterita.

ferroilmenita V. *columbita*.

FERROKAERSUTITA Silicato de sódio, cálcio, ferro, titânio e alumínio com magnésio – NaCa$_2$Fe$_4$TiSi$_6$Al$_2$O$_{23}$(OH). Anfibólio monocl., que forma série isomórfica com a kaersutita.

FERROKENTBROOKSITA Silicato de fórmula química Na$_{15}$Ca$_6$(Fe,Mn)$_3$Zr$_3$NbSi$_{25}$O$_{73}$(O,OH,H$_2$O)$_3$(Cl,F,OH)$_2$, trig., descoberto em uma pedreira de Rouville, Quebec (Canadá).

FERROKESTERITA Sulfeto de cobre, ferro e estanho com zinco – $Cu_2(Fe,Zn)SnS_4$ –, tetrag., dimorfo da estanita. Descoberto em uma mina da Cornualha (Inglaterra).

FERROKINOSHITALITA Silicato de bário e ferro – $BaFe_3(Si_2Al_2)O_{10}(OH)_2$ –, monocl., descoberto na província do Cabo (África do Sul).

ferroludwigita Borato de ferro da série ludwigita-vonsenita.

ferromagnético Diz-se do mineral ou outro material que tem elevada permeabilidade magnética, sendo fortemente atraído por um ímã ou por outro corpo de mesma natureza. Ex.: ferro, níquel, cobalto. Cf. *diamagnético, paramagnético*.

ferromonticellita V. *kirschsteinita*.

FERRONIGERITA-2N1S Óxido de fórmula química $(Fe,Mg)_4(Al_{10}Sn_2)_{E12}O_{22}(OH)_2$, trig., antigamente chamado de nigerita-6T. Descoberto na província de Kabba, na Nigéria.

FERRONIGERITA-6N6S Óxido de fórmula química $(Fe,Mg)_{18}(Al_{42}Sn_6)_{E48}O_{90}(OH)_6$, trig., antigamente chamado de nigerita-6T. Descoberto em Queensland (Austrália).

ferroníquel Liga natural de ferro e níquel com 24%-77% Ni e certa quantidade de Co, Cu, P, S e C. Rara, é encontrada em meteoritos e em grãos ou seixos na crosta. É usada em bobinas e reostatos.

FERRONIQUELPLATINA Liga de platina, ferro e níquel – Pt_2FeNi –, tetrag., descoberta em aluviões associadas a r. ultramáficas no nordeste da Rússia. É um mineral dúctil, de br. metálico e cor prateada. Tem 76,7% Pt. Forma série isomórfica com a tulameenita.

FERRONORDITA-(Ce) Silicato de sódio, estrôncio, cério e ferro – $Na_3SrCeFeSi_6O_{17}$ –, ortor., descoberto na península de Kola (Rússia). Cf. *ferronordita-(La)*.

FERRONORDITA-(La) Silicato de sódio, estrôncio e lantânio com cério – $Na_3Sr(La,Ce)FeSi_6O_{17}$ –, ortor., descoberto na península de Kola (Rússia). Cf. *ferronordita-(Ce)*.

FERRONYBOÍTA Silicato básico de sódio, ferro e alumínio – $Na_3(Fe_3Al_2)Si_7AlO_{22}(OH)_2$ –, do grupo dos anfibólios monocl.

ferro-opala Sin. de *opala-jaspe*.

ferropalidita Mineral de natureza duvidosa; provavelmente se trata de szmolnokita.

FERROPARGASITA Silicato de sódio, cálcio, ferro e alumínio – $NaCa_2Fe_4Al(Si_6Al_2)O_{22}(OH)_2$ –, do grupo dos anfibólios monocl., isomorfo da pargasita.

ferropicotita Var. de espinélio em que o magnésio e o alumínio são parcialmente substituídos por ferro.

FERROPIROSMALITA Silicato de ferro com manganês – $(Fe,Mn)_8Si_6O_{15}(OH,Cl)_{10}$ –, trig., do grupo dos anfibólios, que forma série isomórfica com a pargasita.

ferroplatina Mineral antes tido por liga de ferro e platina, mas que se trata de isomertieíta.

ferroplumbita Óxido de chumbo e ferro – $PbFe_4O_7$ –, encontrado na forma de grãos. Do lat. *ferrum* (ferro) + *plumbum* (chumbo).

ferroprehnita Var. ferrífera de prehnita.

ferropumpellyíta Silicato básico hidratado de cálcio, ferro e alumínio – $Ca_2FeAl_2(SiO_4)(Si_2O_7)(OH)_2.H_2O$ –, monocl., isomorfo da pumpellyíta, a cujo grupo pertence.

ferrorreddinguita Fluorfosfato de ferro, cálcio, magnésio e manganês, branco, amarelo ou verde-claro.

FERRORRICHTERITA Silicato de sódio, cálcio e ferro – $Na_2CaFe_5Si_8O_{22}(OH)_2$ –, do grupo dos anfibólios monocl., que forma série isomórfica com a richterita.

ferrorrodonita Sin. de *piroxmanguita*.

FERRORRODSITA Sulfeto de ferro e ródio (daí seu nome) com outros metais – $(Fe,Cu)(Rh,Pt,Ir)_2S_4$ –, cúb., descoberto em Yakutia-Saha, na Rússia.

ferroschallerita Var. de schallerita rica em ferro e com certa quantidade de zinco.

ferrossahlita Var. de sahlita rica em ferro. Não confundir com *ferrosselita, ferrossilita*.

FERROSSAPONITA Silicato básico hidratado de cálcio e ferro com magnésio e alumínio – $Ca_{0,3}(Fe,Mg)_3(Si,Al)_4O_{10}(OH)_2 \cdot 4H_2O$ –, monocl., do grupo da esmectita, descoberto na Sibéria (Rússia).
FERROSSELITA Seleneto de ferro – $FeSe_2$ –, ortor., em pequenos cristais estriados, prismáticos, magnéticos quando aquecidos. Descoberto em Tuvinsk (Rússia). De ferro + selênio. Não confundir com *ferrossahlita* e *ferrossilita*.
FERROSSILITA Silicato de ferro com magnésio – $(Fe,Mg)_2Si_2O_6$ –, ortor., do grupo dos piroxênios. É dimorfo da clinoferrossilita e forma série isomórfica com a enstatita. Não confundir com *ferrossahlita*, *ferrosselita*.
FERROSTRUNZITA Fosfato básico hidratado de ferro – $Fe^{2+}Fe_2^{3+}(PO_4)_2(OH)_2 \cdot 6H_2O$ –, tricl., cristalizado em prismas de até 0,5 mm, alongados segundo o eixo *c* e achatados paralelamente ao pinacoide (100). Tem cor e traço marrom-claros, dur. 4,0, D. 2,6, br. vítreo. Muito friável. Pode ser encontrado na forma de cristais fibrorradiados sobre rockbridgeíta que substituiu belemnites fósseis. Cf. *strunzita*, *ferristrunzita*.
FERROTAAFFEÍTA-6N'3S Óxido de ferro alumínio e berílio – $Fe_2Al_6BeO_{12}$ –, trig., antes conhecido como pehrmanita. Forma massas esferulíticas verde-claras, muito frágeis, de cristais marrons, tabulares, de br. vítreo, com até 0,25 mm, de D. 4,07, às vezes desenvolvidos sobre nigerita. Dur. 8,0-8,5. Descoberto em um pegmatito da ilha Kemio, na Finlândia.
FERROTANTALITA Óxido de ferro e tântalo – $FeTa_2O_6$ –, ortor., dimorfo da ferrotapiolita. Forma séries isomórficas com a manganotantalita e a ferrocolumbita. Sin. de *siderotantalita*.
FERROTAPIOLITA Óxido de ferro e tântalo – $FeTa_2O_6$ –, tetrag., isomorfo da manganotapiolita, descoberto em Turku-Pori (Finlândia). Cf. *tapiolita*. O grupo das tapiolitas inclui mais quatro óxidos tetrag.: bystroemita, manganotapiolita, ordoñezita e tripuíta.

ferrotennantita Var. de tennantita rica em ferro.
ferrotetraedrita Var. de tetraedrita rica em ferro.
FERROTITANOWODGINITA Tantalato de ferro e titânio – $FeTiTa_2O_8$ –, monocl., descoberto em pegmatitos da província de San Luis, na Argentina.
ferrotorita Var. de torita com ferro.
ferrotremolita Sin. de *ferroactinolita*.
FERROTSCHERMAKITA Silicato básico de cálcio e ferro com alumínio – [ ]$Ca_2(Fe_4Al)(Si_6Al_2)O_{22}(OH)_2$ –, do grupo dos anfibólios monocl., que forma série isomórfica com a tschermakita.
ferrotungstita Volframato hidratado de ferro – $Fe_2O_3WO_3 \cdot 6H_2O$ –, amarelo a amarelo-amarronzado, formado por oxidação da volframita.
FERROTYCHITA Sulfato-carbonato de sódio e ferro – $Na_6Fe_2(SO_4)(CO_3)_4$ –, cúb., que forma série isomórfica com a tychita. Ocorre em r. alcalinas da península de Kola (Rússia), onde aparece como grãos de até 1 mm, marrom-dourados superficialmente, incolores a amarelo-claros em frat. fresca. Tem br. vítreo, frat. conchoidal, dur. 4,0, D. 2,7. É fortemente magnético. Decompõe-se facilmente em água fria, formando um material fibroso marrom e uma solução aquosa alcalina.
ferrovolframita V. *ferberita*.
FERROWINCHITA Silicato de fórmula química [ ]$(CaNa)Fe_4(Al,Fe)Si_8O_{22}(OH)_2$ –, monocl., do grupo dos anfibólios. Forma série isomórfica com a winchita.
FERROWODGINITA Tantalato de ferro e estanho – $FeSnTa_2O_8$ –, monocl., descoberto em um pegmatito da Finlândia.
FERROWYLLIEÍTA Fosfato de sódio, ferro e alumínio com magnésio – $Na_2(Fe,Mg)_2Al(PO_4)_3$ –, monocl., descoberto em Custer, Dakota do Sul (EUA). Forma séries isomórficas com a wyllieíta e a rosemaryíta. Cf. *kingita*.
FERROXIITA Óxido básico de ferro – δ-$FeO(OH)$ –, hexag., trimorfo da goethita e da lepidocrocita. O composto $FeO(OH)$ pode ser estruturalmente or-

denado e magnético, ou, no caso da ferroxiita, desordenado (ou levemente ordenado) e não magnético. A ferroxiita ocorre em concreções ferromanganesíferas submarinas e em certos solos. D. 4,2. É instável ao ar, transformando-se em goethita.
FERRUCCITA Borofluoreto de sódio – $NaBF_4$ –, ortor., encontrado na forma de pequenos cristais ortor. no Vesúvio (Itália). Homenagem a *Ferrucio* Zambonini, mineralogista italiano.
ferrugem (gar., BA e MG) Hematita em grânulos e pequenos seixos. Sin. de ¹*ferragem, cativo de ferro, pedra de ferro.*
fersilicita Silicato de ferro – FeSi –, cúb., de origem duvidosa, podendo não ser natural. Cf. *ferdissilicita*.
FERSMANITA Silicato de fórmula química $(Ca,Na)_2(Na,Ca)_2(Ti,Nb)_2(Si_2O_7)O_4F$, monocl., dur. 5,5, D. 3,44. Forma cristais contorcidos, de cor marrom, em pegmatitos alcalinos. Homenagem a A. E. *Fersman*, mineralogista soviético.
FERSMITA Niobato complexo de fórmula química $(Ca,Ce,Na)(Nb,Ta,Ti)_2(O,OH,F)_6$, ortor., morfologicamente muito semelhante à columbita-tantalita e à euxenita. Muito raro. Ocorre em pegmatitos sieníticos e carbonatitos e é fracamente radioativo. Homenagem a A. E. *Fersman*, mineralogista soviético.
ferutita Sin. de *davidita*, nome preferível. De *ferro* + *urânio* + *titânio*.
FERUVITA Borato-silicato de fórmula química $Ca(Fe,Mg)_3Al_6(BO_3)_3[Si_6O_{18}](OH,O)_4$, trig., descoberto na ilha de Cuvier, na Nova Zelândia.
FERVANITA Vanadato hidratado de ferro – $Fe_4(VO_4)_4.5H_2O$ –, monocl., marrom-dourado, fracamente radioativo. Muito raro, descoberto em Grand, Utah (EUA). É usado para obtenção de vanádio. De *ferro* + *vanádio* + *ita*.
FETIASITA Arsenato de ferro e titânio – $(Fe,Ti)_3O_2As_2O_5$ –, monocl., descoberto em Valle d'Ossola (Itália) e em Binntal, Valais (Suíça). De *Fe* + *Ti* + *As* + *ita*.
FETTELITA Sulfoarseneto de prata e mercúrio – $Ag_{24}HgAs_5S_{20}$ –, trig., descoberto em uma mina de Odenwald, na Alemanha.
FIANELITA Vanadato hidratado de manganês – $Mn_2V(V,As)O_7.2H_2O$ –, monocl., descoberto no cantão de Graubünden, na Suíça.
FIBROFERRITA Sulfato básico hidratado de ferro – $FeSO_4(OH).5H_2O$ –, trig., em massas e crostas fibrosas amarelas, verde-amareladas, cinza-esverdeado ou verdes, solúveis em água fria. Descoberto em Tierra Amarilla, perto de Copiapó (Chile), e assim chamado por ser *fibroso* e conter *ferro*.
fibrolita V. *sillimanita*.
fibronefrita Var. de nefrita de estrutura filamentosa.
FICHTELITA Dimetil-isopropil-peridrofenantreno – $C_{19}H_{34}$ –, monocl., branco, em cristais tabulares, que ocorre nas montanhas *Fichtel* (daí seu nome), na Baviera (Alemanha).
FIEDLERITA Mineral de fórmula química $Pb_3Cl_4F(OH).H_2O$, tricl. e monocl., incolor, assim chamado em homenagem a K. G. *Fiedler*, chefe de uma expedição feita a Laurium (Grécia), local onde o mineral foi descoberto.
fígado de cágado (gar.) Nome usado para designar tanto a calcedônia como o jaspe e a opala escura. Sin. de *fígado de galinha*.
fígado de galinha (gar.) Sin. de *fígado de cágado*.
filipinito Tectito encontrado nas Filipinas.
FILIPSTADITA Óxido de manganês, antimônio e ferro com magnésio – $(Mn,Mg)_4SbFeO_8$ –, ortor., descoberto em Langban, Varmland (Suécia).
FILLOWITA Fosfato de sódio, cálcio e manganês com ferro – $Na_2Ca(Mn,Fe)_7(PO_4)_6$ –, trig., amarelo, marrom ou incolor, com clivagem basal. Dur. 4,5. Forma massas cristalinas de D. 3,43. Homenagem ao minerador A. N. *Fillow*.
FILOLITITA Mineral de fórmula química $Pb_{12}O_6Mn(Mg,Mn)_2(Mn,Mg)_4(SO_4)(CO_3)_4Cl_4(OH)_{12}$, tetrag., descoberto em Langban, Varmland (Suécia). Do gr. *phyllos*

(amigo) + *lithos* (pedra), em homenagem aos amigos da Mineralogia.
FILOTUNGSTITA Volframato hidratado de cálcio e ferro – $CaFe_3H(WO_4)_6.10H_2O$ –, ortor., descoberto em uma pedreira da região da Floresta Negra (Alemanha).
filtro de Chelsea Filtro de luz usado para identificação de gemas, principalmente de esmeraldas. Só deixa passar a radiação vermelha, absorvendo a verde e a amarela. A esmeralda aparece vermelha quando vista através dele, o que não acontece com as outras gemas verdes (exceto demantoide e zircão). Ao filtro de Chelsea, a alexandrita fica vermelha; a água-marinha, verde; a hiddenita, verde-acinzentada ou rosa-claro; a turmalina, verde; as granadas e o rubi ficam vermelhos e a safira azul fica cinza ou preta. Inventado em *Chelsea* (Inglaterra), daí seu nome. Sin. de *filtro de esmeralda*.
filtro de esmeralda Sin. de *filtro de Chelsea*.
filtro de Goettingen Filtro semelhante ao filtro de Chelsea, mas de cor violeta-avermelhado. Consiste em uma película gelatinosa prensada entre dois vidros comuns, medindo 4,5 x 4,5 cm. Permite a passagem de radiações das regiões vermelha e azul-violeta do espectro, enquanto o filtro de Chelsea deixa passar radiação só da região vermelha. Com isso, gemas que aparecem verdes ao filtro de Chelsea ficam azuis no filtro de Goettingen.
filtros ABG Coleção de 12 filtros criados por Joaquim Unterman para identificação de gemas. São numerados de 1 a 12 e assim chamados em homenagem à *Associação Brasileira de Gemologia*.
FINGERITA Oxivanadato de cobre – $Cu_{11}(VO_4)_6O_2$ –, descoberto em fumarolas do vulcão Izalco (El Salvador). Forma cristais euédricos a anédricos com até 0,15 mm, tricl., pretos, de br. metálico. D. 4,8. Traço marrom-avermelhado, sem clivagem. Homenagem ao Dr. Larry W. *Finger*.

FINNEMANITA Cloroarsenato de chumbo – $Pb_5(AsO_3)_3Cl$ –, hexag., em cristais prismáticos, isolados ou em crostas, com cor verde-oliva ou preta. Descoberto em Varmland (Suécia) e assim chamado em homenagem a K. J. *Finneman*, seu descobridor.
fiodorovita Var. de augita quimicamente intermediária entre esta e a egirina-augita. Sin. de *federovita*.
fiorita Var. de opala nacarada e opaca, de cor cinza ou branca, fibrosa. Assim chamada por ter sido descoberta em Santa *Fiora*, Toscânia (Itália). Sin. de *lassolatita*.
fisalita Var. de topázio quase opaca. Do gr. *physallis* (bolha).
fischerita Fosfato básico hidratado de alumínio – $Al_2PO_4(OH)_3.2,5H_2O$ –, de cor verde. Provavelmente se trata de wavellita. Homenagem a Gotthelf *Fischer* von Waldheim, naturalista alemão.
FISCHESSERITA Seleneto de prata e ouro – Ag_3AuSe_2 –, cúb., com 27% Au e 48% Ag. Ocorre em veios carbonáticos na forma de grãos anédricos, com cor rosa-claro, sem clivagem, associados a ouro, clausthalita e naumannita, em Predborice (República Checa). Dur. 2,0. Cf. *petzita*.
fita Nome dado às manchas das pérolas.
FIZELYÍTA Sulfoantimoneto de chumbo e prata – $Pb_{14}Ag_5Sb_{21}S_{48}$ –, monocl., com 7,7% Ag. Forma prismas monocl., cinzentos, com profundas estrias, muito frágeis, com clivagem (010), traço cinza-escuro, br. metálico. São prismas curtos, sem faces terminais. Dur. 2,0. Ocorre com semseyita em Comital Szatmái (Romênia). Homenagem a Sandor *Fizély*, seu descobridor.
FLAGSTAFFITA Cisterpina hidratada – $C_{10}H_{22}O_3$ –, ortor., em pequenos prismas incolores, de D. 1,09, que ocorre em fendas de troncos de árvores queimadas perto de *Flagstaff*, Arizona (EUA), de onde provém seu nome. É fortemente piroelétrico e dá uma forte solução laranja-amarelo com ác. sulfúrico. Clivagem (110) perfeita. Cf. *fairchildita*.

flajolotita V. *tripuíta*, nome preferível. Homenagem a *Flajolot*, mineralogista francês.

flameado Mármore ou granito de uso ornamental que, depois de polido, foi submetido a fogo e, em seguida, a água, para ficar com aspecto rugoso. Cf. *apicoado, levigado*.

flechas de amor Rutilo acicular que ocorre como inclusão em qz., dando a este valor gemológico.

FLEISCHERITA Sulfato básico hidratado de chumbo e germânio – $Pb_3Ge(SO_4)_2(OH)_6.3H_2O$ –, com 6,7% Ge. Hexag., forma finas crostas ou agregados cristalinos de baixa dur., de cor branca. Descoberto na mina Tsumeb (Namíbia) e assim chamado em homenagem ao químico Michael *Fleischer*.

FLETCHERITA Sulfeto de cobre e níquel – $CuNi_2S_4$ –, cúb., que forma cristais muito pequenos, de cor cinza-aço, br. metálico, disseminados em bornita, calcopirita e digenita, na mina *Fletcher* (daí seu nome), em Reynolds, Missouri (EUA).

flexível Diz-se do mineral que, sob ação de uma força, se deforma sem quebrar e não retoma a forma original, uma vez cessada a força deformante. São flexíveis minerais como talco, cobre, prata e ouro. Cf. *elástico*.

FLINKITA Arsenato básico de manganês – $Mn_3(AsO_4)(OH)_4$ –, ortor., marrom-esverdeado. Descoberto em Varmland (Suécia) e assim chamado em homenagem a Gustav *Flink*, mineralogista e colecionador de minerais sueco.

flint Var. gemológica de calcedônia maciça, de cor cinza, marrom ou preta, muito dura, às vezes com impurezas. Mostra frat. conchoidal com bordos cortantes. É mais opaca que a calcedônia comum. Costuma ser esbranquiçada externamente, em razão de uma mistura com cal.

FLOGOPITA Aluminossilicato básico de potássio e magnésio – $KMg_3AlSi_3O_{10}(OH)_2$ –, monocl., do grupo das micas. Marrom-amarelado a vermelho-amarronzado, geralmente encontrado em calcários cristalinos como produto de dedolomitização. Tem grande aplicação industrial, nos mesmos setores em que é utilizada a moscovita. Do gr. *phlogos* (chama) + *opos* (face), por sua cor.

flokita Sin. de *mordenita*. Homenagem a *Floki* Vilgerdenson, navegador *viking*.

flor de ametista Nome que se dá, no Rio Grande do Sul (Brasil), a um agregado de cristais de qz. incolores a violeta-claro, com disposição radial, formando peças planas ou côncavas de 5 cm a 20 cm de diâmetro, podendo chegar a 90 cm. Ocorrem em Getúlio Vargas, município de Frederico Westphalen. O mesmo que *pratinho*.

flor de pêssego (gar., MG) Nome dado ao topázio rosa na mina do Trino, em Ouro Preto.

FLORENCITA-(Ce) Fosfato básico de cério e alumínio – $CeAl_3(PO_4)_2(OH,H_2O)_6$ –, trig., amarelo-claro, fracamente radioativo, do grupo da florencita. Muito raro, descoberto em Tripuí, MG (Brasil). Homenagem ao mineralogista William *Florence*, o primeiro a estudar sua composição. Sin. de *stiepelmannita, koivinita*. Cf. *florencita-(La), florencita-(Nd)*.

FLORENCITA-(La) Fosfato básico de lantânio e alumínio – $LaAl_3(PO_4)_2(OH,H_2O)_6$ –, trig., do grupo da florencita, descoberto em um depósito de cobre da R. D. do Congo. Cf. *florencita-(Ce), florencita-(Nd)*.

FLORENCITA-(Nd) Fosfato básico de neodímio e alumínio – $NdAl_3(PO_4)_2(OH,H_2O)_6$ –, trig., do grupo da florencita, descoberto em Marin, Califórnia (EUA). Cf. *florencita-(Ce), florencita-(La)*.

FLORENSKYÍTA Fosfeto de ferro e titânio – FeTiP –, ortor., descoberto em um meteorito encontrado no Iêmen.

FLORENSOVITA Sulfeto de cobre e cromo – $CuCr_2S_4$ –, cúb., descoberto na região de Baikal (Rússia).

floresta Nome coml. de um mármore vermelho de Sabará, MG (Brasil).

florido Nome coml. de um mármore brasileiro de cor preta.

flor imperial Nome coml. de um granito ornamental verde, procedente de Jucurutu, RN (Brasil). Cf. *campo florido*.

FLUCKITA Arsenato hidratado de cálcio e manganês – $CaMnH_2(AsO_4)_2 \cdot 2H_2O$ –, tricl., incolor a róseo, formando prismas com disposição radial, com clivagem (010) perfeita a (100) boa. Dur. 3,5-4,0. D. 3,1. Descoberto na região dos Vosges (França) e assim chamado em homenagem a Pierre *Fluck*, mineralogista francês.

FLUELLITA Fluorfosfato básico hidratado de alumínio – $Al_2(PO_4)F_2(OH) \cdot 7H_2O$ –, ortor., branco, de dur. 3 e D. 3,17. Descoberto na Cornualha (Inglaterra). Nome derivado da composição *flúor + wavellita*. Sin. de *kreuzbergita*.

fluoradelita Sin. de *tilasita*.

FLUORANNITA Fluorsilicato de potássio, ferro e alumínio – $KFe_3AlSi_3O_{10}F_2$ –, monocl., descoberto em Shangai (China).

FLUORAPATITA Fosfato de cálcio com flúor – $Ca_5(PO_4)_3F$ –, hexag., do grupo da apatita. Tem cor variável (muitas vezes, irregularmente distribuída): azul, violeta, púrpura, verde-amarelada, verde-azulada, amarela ou incolor. A cor pode sofrer alteração por influência da luz. Geralmente granular ou prismática. Traço branco, br. vítreo, frat. conchoidal, sem clivagem. Dur. 5,0. D. 3,10-3,20. Mostra, às vezes, fluorescência amarelo-alaranjada e termoluminescência branco-azulada. IR 1,642-1,646. Bir. 0,003. U(–). Disp. 0,013. Tem pleocroísmo, forte apenas na var. azul. As apatitas de Mianmar (ex-Birmânia) mostram dicroísmo típico em amarelo e azul. A apatita raramente é aproveitável como gema, sendo mais importante como fertilizante e na fabricação de ác. fosfórico. Principal constituinte das r. fosfáticas; acessório comum nas r. ígneas e metamórficas. Os principais produtores de apatita gemológica são Alemanha e Sri Lanka, seguindo-se EUA, Mianmar (ex-Birmânia), República Checa, Índia, Madagascar, Suíça, Brasil e México. No Brasil, ocorre em Minas Gerais e Bahia. É sintetizada, mas apenas para uso em raios *laser*. Sin. de ²*apatita*.

FLUORAPOFILITA Silicato hidratado de potássio e cálcio – $KCa_4Si_8O_{20}(F,OH) \cdot 8H_2O$ –, tetrag. e ortor., do grupo da apofilita, mais comum que a hidroxiapofilita. Cf. *natroapofilita*.

FLUORBORITA Fluorborato de magnésio – $Mg_3(BO_3)(F,OH)_3$ – que cristaliza em prismas hexag. Descoberto em Vastmanland (Suécia).

FLUORBRITHOLITA-(Ce) Fluorsilicato de cério com lantânio e sódio – $(Ce,La,Na)_5(Si,P)_3O_{12}F$ –, hexag., descoberto em Rouville, Quebec (Canadá).

FLUORCAFITA Fluorfosfato de fórmula química $Ca(Sr,Na,Ca)(Ca,Sr,Ce)_3(PO_4)_3F$, hexag., descoberto na península de Kola (Rússia) e assim chamado por sua composição (*flúor* + *cálcio* + *fosfato* + *ita*). Cf. *estroncioapatita*.

FLUORCANNILLOÍTA Fluorsilicato de fórmula química $Ca_3(Mg_4Al)Si_5Al_3O_{22}F_2$, monocl., do grupo dos anfibólios, descoberto em Pargas, na Finlândia. Cf. *cannilloíta*.

FLUORCERITA-(Ce) Fluoreto de cério (daí seu nome) e lantânio – $(Ce,La)F_3$ –, hexag., em cristais prismáticos ou tabulares, amarelo-claros ou marrons, com clivagem basal perfeita, dur. 4,5-5,0 e D. 6,13. É usado para obtenção de TR. Sin. de *tysonita, nocerita*. Cf. *fluorcerita-(La)*.

FLUORCERITA-(La) Fluoreto de lantânio com cério – $(La,Ce)F_3$ –, trig., que forma série isomórfica com a fluorcerita-(Ce). Mostra cristais tabulares de até 7 cm de diâmetro, amarelo-esverdeados, de br. vítreo, com clivagem piramidal imperfeita e frat. conchoidal. D. 5,93. Descoberto em veios de qz. em granito do Casaquistão. Nome derivado de *fluoreto + cério*.

fluorclorita V. *piroclóro*.

FLUOREDENITA Fluorsilicato de sódio, cálcio e magnésio com alumínio – $NaCa_2Mg_5(Si_7Al)O_{22}F_2$ –, monocl., do grupo dos anfibólios, descoberto em Catania, Sicília (Itália).

FLUORELLESTADITA Silicato-sulfato de cálcio com flúor – $Ca_{10}[(SiO_4)_3(SO_4)_3]F_2$ –, hexag., do grupo da apatita, descoberto na península de Kola (Rússia). Cf. *ellestadita, cloroellestadita, hidroxilellestadita*.

fluorescência Luminescência de cor variável emitida por certas substâncias enquanto estão sob efeito de uma radiação invisível. Quando uma radiação com comprimento de ondas menor que o da luz visível (sendo, portanto, invisível), como os raios X ou a luz UV, incide sobre certas substâncias, estas a transformam em radiação visível, com uma cor que é, muitas vezes, típica daquelas substâncias. São fluorescentes, por ex., substâncias gemológicas como diamante, zircão, fluorita (daí o nome fluorescência), willemita, rubi sintético, safira amarela e calcita. Para observar a fluorescência dos minerais, costuma-se empregar luz UV de 2.500 Å ou, de preferência, de 3.500 Å. A luz de ondas curtas só em poucos casos é mais interessante que a de ondas longas. A fluorescência é particularmente útil, em Gemologia, na identificação de rubi sintético e pedras duplas ou triplas. Cf. *fosforescência*.

fluorescente Diz-se da substância que mostra fluorescência. Cf. *fosforescente*.

FLÚOR-FERROLEAKEÍTA Fluorsilicato de fórmula química $Na_3(Fe_4Li)Si_8O_{22}F_2$, monocl., do grupo dos anfibólios, descoberto em Questa, Novo México (EUA).

flúor-herderita Var. de herderita com F > OH.

FLUORITA Fluoreto de cálcio – CaF_2 –, cúb., cristalizado em cubos, mais raramente octaedros e dodecaedros, frequentemente com maclas de interpenetração segundo [111], cor muito variável, raramente incolor. Transp. a transl., de br. vítreo, traço branco, com clivagem octaédrica perfeita. Dur. 4,0. Frágil. D. 3,18. Termoluminescente e intensamente fluorescente (daí a palavra fluorescência) com cor azul-violeta. IR muito baixo: 1,434. Disp. 0,007. Ocorre em veios hidrotermais, geralmente com minérios de chumbo, zinco e estanho. Pode ser sintetizada. Uso. É usada como gema, mas raramente, em razão da sua baixa dur. e IR. É aproveitada muito mais em objetos ornamentais em razão de suas cores variadas. Seu principal uso é como fundente na indústria siderúrgica, servindo ainda para fabricar vidros opalescentes, esmaltes, ác. fluorídrico, instrumentos ópticos, e em cerâmica e para obtenção de flúor e ítrio. Curiosidades. O maior cristal de fluorita conhecido foi descoberto nos EUA; media 2,13 m e tinha 16,090 t. Principais produtores. A fluorita é produzida principalmente na Grã-Bretanha; outros produtores são EUA, Suíça, Alemanha e Namíbia. No Brasil, é produzida quase só em Santa Catarina. A fluorita lapidada que se encontra atualmente no mercado brasileiro provém de rio Negro (Argentina). Tratamento. Submetida a aquecimento ou prolongada exposição ao sol, a fluorita perde sua cor, readquirindo-a quando exposta à ação de radiações como os raios X. Na lapid., a temperatura da gema não pode passar de 45°C, sob pena de perder a cor. Valor coml. Fluorita gemológica roxa de 1 ct a 10 ct vale entre US$ 5 e US$ 25/ct. As var. policrômicas são bem mais baratas: US$ 0,20 a US$ 2/ct para peças de 5 ct a 100 ct. Etimologia. Do lat. *fluere* (fluir), porque funde facilmente e é usada como fundente. Sin. (pouco usado): *pirosmaragda*. □

FLÚOR-MAGNESIOARFVEDSONITA Silicato de fórmula química $Na_3(MgFe)_4Fe(Si_8O_{22})(F,H_2O)_2$, monocl., do grupo dos anfibólios, descoberto na região de Chelyabinsk, na Rússia.

fluornatrofosfato Var. de natrofosfato com flúor.

FLUORNYBOÍTA Fluorsilicato de sódio, alumínio e magnésio – $Na_3(Al_2Mg_3)(Si_7Al)O_{22}F_2$ –, monocl., do grupo dos anfibólios, descoberto na China. Cf. *nyboíta*.

fluorômetro Dispositivo usado para medir a intensidade da fluorescência.

FLÚOR-RICHTERITA Fluorsilicato de sódio, cálcio e magnésio – $Na(CaNa)Mg_5Si_8O_{22}F_2$ –, monocl., do grupo dos anfibólios, descoberto nos Urais (Rússia).
FLÚOR-RICHTERITA POTÁSSICA Silicato de fórmula química $(K,Na)(Ca,Na)_2Mg_5Si_8O_{22}(F,OH)_2$, monocl., do grupo dos anfibólios, descoberto na Campânia (Itália).
FLUORTHALENITA-(Y) Fluorsilicato de ítrio – $Y_3Si_3O_{10}F$ –, monocl., descoberto na península de Kola (Rússia). Cf. *thalenita-(Y)*.
fogaça (gar.) Estaurolita. Sin. de *resina-laranja*.
FOGGITA Fosfato básico hidratado de cálcio e alumínio – $CaAlPO_4(OH)_2.H_2O$ –, ortor., foliado, incolor a branco, com clivagem (010) perfeita. Descoberto em Grafton, New Hampshire (EUA), e assim chamado em homenagem a Forrest F. *Fogg*, colecionador de minerais daquela cidade que forneceu a amostra usada para descrever a espécie.
fogo Sin. de *dispersão*.
FOITITA Silicato-borato básico de ferro e alumínio – [ ]$Fe_2(Al,Fe)Al_6Si_6O_{18}(BO_3)_3(OH)_4$ –, trig., do grupo das turmalinas, descoberto no sul da Califórnia (EUA).
folgerita V. *pentlandita*. Homenagem a W. M. *Folger*, oficial da Marinha norte-americana.
folha de café Nome dado, no Brasil, a uma var. de água-marinha verde-amarelada que, quando aquecida, adquire cor azul intensa.
folidolita Silicato hidratado de potássio, magnésio, ferro e alumínio, encontrado na forma de pequenos cristais escamosos verdes, com clivagem basal perfeita. Raro.
FONTANITA Carbonato hidratado de cálcio e uranila – $Ca(UO_2)_3(CO_3)_4.3H_2O$ –, ortor., descoberto em depósito de urânio de Hérault, na França.
FOORDITA Niobato de estanho com tântalo – $Sn(Nb,Ta)_2O_6$ –, monocl., que forma série isomórfica com a thoreaulita. Descoberto no rio Sebeya, em Ruanda.

forbesita Mistura de annabergita e arsenolita, antes considerada espécie. Homenagem a David *Forbes*, geólogo britânico.
forcherita Var. de opala de cor amarelo-alaranjada, pela presença de ouro-pigmento. Não confundir com *foucherita*.
forma (gar., MT) Satélite.
formação 1. Etapa da lapid. a cargo do *formador* (v.), que antecede o facetamento e na qual a gema adquire forma aproximada à que terá depois de pronta. Sin. de *dimensionamento*. **2.** (gar., BA) Satélite.
formador Indivíduo que, usando um rebolo, prossegue o tratamento iniciado pelo serrador, dando à pedra a forma mais adequada para o facetamento.
FORMANITA-(Y) Tantalato de ítrio – $YTaO_4$ – com outros elementos. Monocl., forma série isomórfica com a fergusonita-beta-(Y). Moderadamente radioativo e metamicto, encontrado em placeres. Homenagem a Francis G. *Forman*, geólogo australiano.
formar Na lapid., dar à pedra a forma mais conveniente.
FORMICAÍTA Carbonato ác. de cálcio – $Ca(HCO_2)_2$ –, tetrag., descoberto em um depósito de boro dos Urais (Rússia).
fórmula de Anderson Fórmula para o cálculo do peso de diamantes com lapid. brilhante, quando não se dispõe de balança ou quando a gema se encontra já montada. A Fórmula – $P = 6 \times h \times d^2$ – leva em conta a altura (h) do brilhante e o seu diâmetro (d), ambos dados em centímetros, para obtenção do peso (P), em ct. É mais precisa que a *fórmula de Grodzinski* (v.).
fórmula de Grodzinski Fórmula usada para o cálculo do peso de diamante com lapid. brilhante, quando não se pode medi-lo diretamente. Para um diâmetro d, medido em milímetros, o peso (em ct) é dado por $(d/6,42)^3$. Essa fórmula tem uma margem de erro de 5%, sendo menos precisa que a *fórmula de Anderson* (v.).

fórmula de Scharffenberg Fórmula para cálculo do peso de diamante com lapid. brilhante, na qual o peso é dado pelo produto $0,0064 \times h \times d^2$, onde h é a altura da pedra e d, o seu diâmetro (ambos dados em milímetros). O resultado é dado em ct.

fórmulas de Leveridge Fórmulas utilizadas para cálculo do peso de diamantes lapidados. Para gemas lapidadas em brilhante, o peso é dado pelo produto $0,0245 \times h \times r^2$. Para *navettes*, a fórmula é $P = (L-1/3\ell) \times \ell \times h \times 0,0077)$. Para gemas com lapid. gota, a fórmula passa a ser $P = L \times \ell \times h \times 0,0062$. Para gemas com lapid. esmeralda, quadrada e baguete, $P = (L-1/3\ell) \times \ell \times h \times 0,013$. Em qualquer uma das fórmulas de Leveridge, h é a altura, L é o comprimento, ℓ é a largura e r, o raio, sempre em milímetros, sendo P o peso, em ct. Para a lapid. esmeralda, em razão do corte nos cantos, deve-se subtrair 5% do peso calculado.

FORNACITA Arsenato-cromato básico de chumbo e cobre – $Pb_2Cu(AsO_4)(CrO_4)(OH)$ –, monocl., que forma pequenos cristais prismáticos verde--oliva sobre dioptásio. Cf. *molibdofornacita, vauquelinita*.

fornecedor (gar.) Indivíduo que dá víveres e material ao garimpeiro em troca do direito de comprar o diamante que este encontrar, descontando as despesas iniciais que efetuou.

FORSTERITA Silicato de magnésio – Mg_2SiO_4 –, do grupo das olivinas. Membro inicial da série isomórfica que termina com a faialita e trimorfo da ringwoodita e da wadsleyita. Forma cristais brancos, ortor., encontrados principalmente em calcários cristalinos e dolomitos metamorfizados. Descoberto pela primeira vez no Vesúvio (Itália), ocorre também em meteoritos. Sin. de *olivina branca*. Homenagem a Johann R. *Forster*, viajante alemão.

FOSFAMITA Fosfato de amônio – $(NH_4)_2(PO_3OH)$ –, monocl., incolor, insolúvel em álcool e acetona. D. 1,62. Descoberto nas ilhas Guañape, no Peru.

fosfocalcita V. *pseudomalaquita*.
fosfocerita V. *monazita*.

FOSFOELLENBERGERITA Fosfato de magnésio – $Mg_{14}(PO_4)_6(PO_3OH,CO_3)_2(OH)_6$ –, hexag., descoberto nos Alpes italianos. Cf. *ellenbergerita*.

FOSFOFERRITA 1. Fosfato hidratado de ferro – $Fe_3(PO_4)_2 \cdot 3H_2O$ –, ortor., que forma séries isomórficas com a reddingita e com a kryzhanovskita. Tem cor branca, verde-clara ou amarela e foi descoberto na Baviera (Alemanha). **2.** Termo proposto por Stead para designar o ferro com impurezas de fósforo.

FOSFOFIBRITA Fosfato básico hidratado de potássio, cobre e ferro – $KCuFe_{15}(PO_4)_{12}(OH)_{12} \cdot 12H_2O$ –, ortor., relativamente solúvel em HCl a frio, mas não em ác. nítrico quente, diluído. Descoberto em uma mina da Floresta Negra (Alemanha), onde forma agregados fibrorradiados de até 0,5 mm. Amarelo ou verde-amarelado, levemente transl., de br. vítreo, com clivagem quase perfeita. Dur. em torno de 4. D. 2,9. De *fosfato + fibroso*.

FOSFOFILITA Fosfato hidratado de zinco e ferro com manganês – $Zn_2(Fe,Mn)(PO_4)_2 \cdot 4H_2O$ –, monocl., verde-azulado ou incolor, usado como gema. Clivagem (100) perfeita, dur. 3,0, D. 3,1. Do gr. *phosphoros* (fósforo) + *phyllon* (folha), por sua composição e por ter uma clivagem perfeita.

FOSFOGARTRELLITA Fosfato básico de chumbo, cobre e ferro – $PbCuFe(PO_4)_2(OH,H_2O)_2$ –, tricl., do grupo da tsumcorita, descoberto em Odenwald, na Alemanha. Cf. *gartrellita*.

fosforescência Luminescência de cor variável emitida por certas substâncias por efeito de uma radiação invisível, como luz UV ou raios X, e que, ao contrário da fluorescência, persiste algum tempo após cessar a ação dessa radiação. A duração da fosforescência depende muito da temperatura. Quando provocada por luz UV, dura até 1 min. São fosforescentes minerais como willemita, calcita, fluorita e diamante. Cf. *fluorescência*.

fosforescente Diz-se da substância que mostra fosforescência. Cf. *fluorescente*.
fosforocalcita V. *pseudomalaquita*.
fosforortita V. *nagatelita*. De *fósforo* + *ortita*.
fosforoscópio Aparelho para observação da fosforescência. Consiste basicamente em uma câmara fechada para observação de material submetido a radiação, calor ou atrito.
fosforossiderita V. *fosfossiderita*.
FOSFORROESSLERITA Fosfato ác. hidratado de magnésio – $MgHPO_4.7H_2O$ –, monocl., descoberto em Salzburgo (Áustria). Cf. *roesslerita*.
FOSFOSSIDERITA Fosfato hidratado de ferro – $FePO_4.2H_2O$ –, monocl., dimorfo da strengita, descoberto em uma mina de Siegen (Alemanha). Sin. de *fosforossiderita*, *metastrengita*. Cf. *metavariscita*, *kolbeckita*.
FOSFOVANADILITA Mineral de fórmula química $(Ba,Ca,K,Na)_{0,66}[P_2(V,Al)_4(O,OH)_{16}].12H_2O$, cúb., descoberto em Caribou, Idaho (EUA). Nome derivado de *fósforo* + *vanádio* + gr. *lithos* (pedra).
FOSFURANILITA Fosfato hidratado de potássio, cálcio e uranila – $KCa(H_3O)_3(UO_2)_7(PO_4)_4O_4.8H_2O$ –, ortor., formado por alteração da uraninita. Fortemente radioativo, amarelo, fluorescente. Estrutural e quimicamente semelhante à dewindtita. Forma crostas de cristais tabulares microscópicos, com br. vítreo, baixa dur., transp. Raro. De *fosfato* + *uranila* + *ita*. Cf. *kivuíta*, *yingjiangita*.
FOSGENITA Clorocarbonato de chumbo – $Pb_2CO_3Cl_2$ –, tetrag., branco, cinza ou amarelo, com br. adamantino, formando prismas de até 15 cm de comprimento. Dur. 2,2-2,7. D. 6,00-6,10. Possui uma boa clivagem prismática. É levemente séctil, transp. a transl., e mostra fluorescência amarelo-alaranjada. Associa-se à cerussita na zona de alteração dos depósitos de chumbo. Raro. Do gr. *phos* (luz) + *genos* (geração), provavelmente em alusão ao seu br. adamantino. Sin. de *cromfordita*.

FOSHAGITA Silicato básico de cálcio – $Ca_4Si_3O_9(OH)_2$ –, tricl., branco, compacto, fibroso. Descoberto em Riverside, Califórnia (EUA), e assim chamado em homenagem a William F. *Foshag*, geólogo norte-americano.
foshallasita Silicato hidratado de cálcio – $Ca_3Si_2O_7.3H_2O$ –, branco, semelhante à *foshagita* e à *centrallasita*, daí seu nome.
FOSSINAÍTA-(Ce) Silicofosfato de sódio, cálcio e cério – $Na_{13}Ca_2Ce[Si_4O_{12}](PO_4)_4$ –, ortor., rosado, maciço ou em cristais colunares de 5 x 1 mm, descoberto em pegmatitos alcalinos da península de Kola (Rússia). De *fosfato* + *silício* + *na*trum (sódio) + *ita*. Cf. *clinofossinaíta*.
foucherita Fosfato básico hidratado de ferro com certa quantidade de alumínio e cálcio. Talvez se trate de borickyíta. De *Fouchères*, Aube (França). Não confundir com *forcherita*.
FOURMARIERITA Óxido hidratado de chumbo e urânio – $PbU_4O_{13}.4H_2O$ –, ortor., vermelho-alaranjado, secundário, fortemente radioativo, formado por alteração da uraninita. Muito raro, descoberto na província de Shaba (R. D. do Congo) e assim chamado em homenagem a P. *Fourmarier*, mineralogista francês.
fowlerita Var. de rodonita com zinco. Homenagem a Samuel *Fowler*, físico e mineralogista norte-americano.
FRAIPONTITA Silicato básico de zinco com cobre e alumínio – $(Zn,Cu,Al)_3(Si,Al)_2O_5(OH)_4$ –, ortor., do grupo caulinita-serpentina. Forma crostas fibrosas (asbestiformes) branco--amareladas, de br. sedoso, solúveis em ác. nítrico. Descoberto em Vieille Montagne, Moresnet (Bélgica). Cf. *zinalsita*.
framesita Var. de *bort* de granulação grosseira, extremamente dura, de cor preta com pequenos pontos brilhantes, provavelmente por inclusões de diamante. É encontrada na África do Sul.
francesa (gar., BA) Quartzo rosa.

FRANCEVILLITA Vanadato hidratado de bário e uranila – $Ba(UO_2)_2V_2O_8.5H_2O$ –, ortor., que forma série isomórfica com a curienita. Encontrado como impregnações amarelas em um arenito de *Franceville* (daí seu nome), Haute Oggove (Gabão). É mineral-minério de vanádio.

FRANCISCANITA Silicato de manganês e vanádio – $Mn_3V_{1-x}(SiO_4)(O,OH)_3$ –, com x = 0,5. É trig. e foi descoberto em uma mina de Santa Clara, Califórnia (EUA). Cf. *orebroíta, welinita*.

FRANCISITA Selenato de cobre e bismuto – $Cu_3Bi(SeO_3)_2O_2Cl$ –, ortor., descoberto no sul da Austrália.

FRANCKEÍTA Sulfeto de chumbo, antimônio, ferro e estanho – $Pb_6Sb_2FeSn_2S_{14}$ –, tricl., cinza-escuro ou preto. Na Bolívia, onde foi descoberto, é usado para obtenção de estanho. Homenagem aos engenheiros de minas Carl e Ernest *Francke*. Sin. de *licteria*. Cf. *cilindrita, incaíta, levyclaudita, potosiita*.

FRANCOANELLITA Fosfato hidratado de potássio e alumínio com sódio e ferro – $H_6(K,Na)_3(Al,Fe)_5(PO_4)_8.13H_2O$ –, trig., insolúvel em água, facilmente solúvel em ác. nítrico ou clorídrico diluídos. Forma agregados granulares de até 0,2 mm ou massas terrosas, pulverulentas, de cor branco-amarelada, em Puglia (Itália). Homenagem ao professor *Franco Anelli*.

FRANÇOISITA-(Nd) Fosfato básico hidratado de neodímio e uranila – $Nd(UO_2)_3(PO_4)O(OH).6H_2O$ –, monocl., descoberto na província de Shaba (R. D. do Congo).

francolita V. *carbonato-fluorapatita*. Não confundir com *franconita*.

FRANCONITA Niobato hidratado de sódio – $Na_2Nb_4O_{11}.9H_2O$ –, monocl., descoberto sob a forma de glóbulos brancos de até 0,15 mm de diâmetro, em *Francon* (daí seu nome), pedreira de calcário de Montreal, Quebec (Canadá). Os glóbulos são formados de lâminas com disposição radial, br. vítreo, traço branco, sem clivagem, dur. desconhecida e D. 2,7. Desidrata-se, com destruição da estrutura, mas recristaliza em ambiente úmido. Não confundir com *francolita*.

FRANKAMENITA Silicato hidratado de potássio, sódio e cálcio – $K_3Na_3Ca_5(Si_{12}O_{30})[F(OH)]_4.H_2O$ –, tricl., dimorfo da canasita, descoberto em Yakutia (Rússia).

FRANKDICKSONITA Fluoreto de bário – BaF_2 –, cúb., em cristais euédricos milimétricos, transp., com uma clivagem perfeita e br. vítreo. Descoberto em Eureka, Nevada (EUA), e assim chamado em homenagem a *Frank W. Dickson*, geoquímico norte-americano.

FRANKHAWTHORNEÍTA Telurato básico de cobre – $Cu_2TeO_4(OH)_2$ –, monocl., descoberto em Juab, Utah (EUA).

FRANKLINFILITA Silicato de fórmula química $(K,Na)_4(Mn,Zn,Mg,Fe)_{48}(Si,Al)_{72}(O,OH)_{216}.6H_2O$, tricl., descoberto em Franklin, Sussex, New Jersey (EUA). Cf. *estilpnomelano, lennilenapeíta*.

FRANKLINFURNACEÍTA Silicato de fórmula química $Ca_2(Fe,Al)Mn_4Zn_2Si_2O_{10}(OH)_8$, monocl., descoberto em Sussex, New Jersey (EUA).

FRANKLINITA Óxido de zinco e ferro com manganês – $(Zn,Mn,Fe)(Fe,Mn)_2O_4$ –, cúb., preto, levemente magnético, semelhante à magnetita. Associa-se de modo típico à willemita e à zincita. Dur. 5,5-6,5. D. 5,07-5,22. Submetálico, com traço marrom-avermelhado. Usado para extração de zinco. Descoberto em *Franklin* (daí seu nome), em Sussex, New Jersey (EUA).

FRANSOLETITA Fosfato hidratado de cálcio e berílio – $Ca_3Be_2(PO_4)_2(PO_3OH)_2.4H_2O$ –, monocl., dimorfo da parafransoletita. Forma agregados cristalinos de até 3 mm, encontrados no pegmatito Tip Top (Dakota do Sul, EUA). É incolor a levemente esbranquiçado, com traço branco, br. subvítreo, dur. 3, frat. irregular, D. 2,53. Homenagem ao Dr. André-Mathieu *Fransolet*.

FRANZINITA Mineral do grupo da cancrinita, semelhante à davina, de fórmula química $[(Na,Ca)_{30}Ca_{10}][(Si_{30}Al_{30}O_{120}](SO_4)_{10}.2H_2O$. Forma prismas trig., curtos, de até 1 cm de diâmetro, brancos, de br. nacarado, sendo encontrado em material vulcânico da Toscânia (Itália). Homenagem a Marco *Franzini*, professor de Mineralogia italiano.

fratura Modo como quebra um mineral segundo direções que não correspondem a direções de clivagem ou partição. A frat. pode ser plana, irregular, conchoidal, serrilhada etc.

FREBOLDITA Seleneto de cobalto – CoSe –, hexag., muito semelhante à nicolita, mas só observado em lâmina delgada. Descoberto em uma pedreira perto de Lautenthal, Harz (Alemanha).

FREDRIKSSONITA Borato de magnésio e manganês com ferro – $Mg_2(Mn,Fe)O_2BO_3$ –, ortor., preto, do grupo da ludwigita. Polimorfo da ortopinaquiolita, da pinaquiolita e da takeuchiita, descoberto na mina Langban, Varmland (Suécia).

FREEDITA Cloroarsenato de chumbo e cobre – $Pb_8Cu(AsO_3)_2O_3Cl_5$ –, monocl., descoberto em Varmland (Suécia).

freialita Var. de torita rica em metais de TR, especialmente cério. Rara, é encontrada na Noruega. Radioativa. De *Freia*, deusa da mitologia escandinava.

FREIBERGITA Sulfoantimoneto de prata com cobre, ferro e arsênio – $(Ag,Cu,Fe)_{12}(Sb,As)_4S_{13}$ –, com 28%-36% Ag, usado para extração desse metal. Forma uma série com a tetraedrita. Encontrado geralmente na forma de agregados radiais ou finamente granulados, com clivagem (110) perfeita, (100) e (010) boas. Dur. 3,5, D. 4,4, traço preto, frágil. De *Freiberg* (Alemanha).

FREIESLEBENITA Sulfoantimoneto de chumbo e prata – $PbAgSbS_3$ –, com 24,5% Ag. Monocl, de cor cinza--chumbo a cinza-escuro. Descoberto perto de Freiberg, Saxônia (Alemanha), e assim chamado em homenagem ao alemão Johann K. *Freiesleben*. Sin. de *alladita*. Cf. *marrita*.

freirinita Arsenato básico hidratado de sódio e cobre – $Na_3Cu_3(AsO_4)_2(OH)_3$. H_2O –, azul. Sin. de *lavendulanita*. De *Freirini* (Chile), onde ocorre.

fremontita Sin. de *natromontebrasita*. De *Fremont*, Colorado (EUA).

frente (gar., BA) Lugar onde começa o cascalho.

frenzelita Sin. de *guanajuatita*.

FRESNOÍTA Silicato de bário e titânio – $Ba_2TiOSi_2O_8$ –, tetrag. D. 4,23. Descoberto em r. metamórficas de *Fresno*, Califórnia (EUA), juntamente com seis outros novos minerais de bário.

FREUDENBERGITA Óxido de sódio e titânio com ferro – $Na_2(Ti,Fe)_8O_{16}$ –, monocl., pseudo-hexag., encontrado em sienitos ricos em apatita, onde aparece como pequenos grãos anédricos de 0,15 x 0,05 mm, às vezes intercrescidos com hematita. É preto (cinza quando pulverizado), com traço marrom-amarelado-claro. Homenagem a Wilhelm *Freudenberg*.

FRIEDELITA Silicato de manganês – $Mn_8Si_6O_{15}(OH,Cl)_{10}$ –, monocl., maciço, vermelho-rosado, podendo mostrar clivagem. Dur. 4,0. D. 3,07. IR 1,629-1,664. Bir. 0,035. U(–). É semelhante à rodonita, sendo usada como gema. Ocorre em Aderville, nos Pirineus (França), na Suécia e nos EUA. Homenagem a Charles *Friedel*, cristalógrafo francês.

FRIEDRICHITA Sulfeto de chumbo, cobre e bismuto – $Pb_5Cu_5Bi_7S_{18}$ –, ortor., encontrado em cristais isolados ou agregados granulares de até 1,5 mm, que ocorrem em veios de qz. Não reage com HCl 1:1; com ác. nítrico, provoca efervescência e escurece em poucos segundos. D. 7. Homenagem ao professor austríaco O. M. *Friedrich*.

frieseíta Sulfeto de prata e ferro – $AgFe_5S_8$ –, muito semelhante à sternbergita.

frincha (gar., BA) 1. Frat. na r. com vários metros ou quilômetros de comprimento, ao longo da qual os garimpeiros retiram cascalho em busca de diamante. Sin. de *canal, canalão*. 2. Ferramenta usada para remover o cascalho dessa frat.

frincha de mão (gar., BA) [1]Frincha em que o cascalho diamantífero não está recoberto por material estéril. Antôn. de *frincha-entaipada*.

frincha de quebragem (gar., BA) ¹Frincha em que o cascalho está consolidado, devendo ser quebrado. Cf. *frincha de raspagem*.

frincha de raspagem (gar., BA). ¹Frincha em que o cascalho é incoerente, podendo ser removido sem quebragem, simplesmente por raspagem. Cf. *frincha de quebragem*.

frincha-entaipada (gar., BA) ¹Frincha em que o cascalho está recoberto por material estéril. Antôn. de *frincha de mão*.

friso (gar., GO) Bolsão mais rico em esmeralda, que ocorre nas *esteiras* (v.).

FRITZCHEÍTA Vanadato hidratado de manganês e uranila – $Mn(UO_2)_2[(P,V)O_4]_2.10H_2O$ (?) –, tetrag., do grupo da autunita, descoberto na Saxônia (Alemanha).

FROHBERGITA Telureto de ferro – $FeTe_2$ –, ortor., que forma série isomórfica com a mattagamita. Observado, até agora, somente em seção polida. Tem alto relevo e é facilmente polido. A D. calculada é de 7,98. Homenagem ao geólogo *Frohberg*.

FROLOVITA Borato de cálcio – $Ca[B(OH)_4]_2$ –, tricl., branco, descoberto em escarnitos da mina de cobre de Novo-*Frolov*, Urais (Rússia), daí seu nome. Cf. *hexa-hidroborita*.

FRONDELITA Fosfato básico de manganês e ferro – $MnFe_4(PO_4)_3(OH)_5$ – em massas fibrorradiadas. Ortor., pardo. Dur. 4,5. D. 3,48. Assemelha-se à dufrenita e forma série isomórfica com a rockbridgeíta. Descoberto em Galileia, MG (Brasil), e assim chamado em homenagem a Clifford *Frondel*, mineralogista norte-americano.

FROODITA Bismuteto de paládio – $PdBi_2$ –, monocl., cinza com traço preto, br. metálico. D. 12,50-12,60. Friável, com frat. irregular. Reage lentamente com ác. nítrico, dando efervescência. Com KCN, escurece e com $FeCl_3$, o escurecimento é rápido. Mineral-minério de paládio. De *Frood*, mina de Sudbury, Ontário (Canadá), onde foi descoberto.

fuchsita Var. de moscovita de cor verde, pela presença de cromo (até 5% Cr_2O_3). É responsável pela cor do aventurino verde, do verdito e de alguns quartzitos usados como pedra ornamental. Muito apreciada na Índia, é produzida, no Brasil, em Minas Gerais e na Bahia. Homenagem a Johann N. von *Fuchs*, mineralogista alemão. ☐

FUENZALIDAÍTA Mineral de fórmula química $K_6(Na,K)_4Na_6Mg_{10}(SO_4)_{12}(IO_3)_{12}.12H_2O$, trig., que forma série isomórfica com a carlosruizita. Descoberto em uma antiga mina de nitrato do Chile.

FUKALITA Silicato-carbonato de cálcio – $Ca_4Si_2O_6(CO_3)(OH,F)_2$ –, ortor. ou tricl., encontrado na forma de flocos de até 0,2 mm, em escarnitos de *Fuka* (daí seu nome), Okayama (Japão). Pode ser produto de alteração da spurrita. Cor branca a marrom-clara, dur. 4,0, D. 2,77. Decompõe-se com efervescência quando atacado por ác. Aquecido a 600°C, transforma-se em larnita.

FUKUCHILITA Sulfeto de cobre e ferro – $(Cu,Fe)S_2$ –, do grupo da pirita. Cúb., com clivagem muito imperfeita. Descoberto em Akita, Honshu (Japão).

fulgurito Tubo de r. vítrea formado por fusão de areia, mais raramente r., por ação de raios. É irregular e pode atingir até 20 m de comprimento por 5-6 cm de diâmetro. É comum em areias atuais, como em praias de São José do Norte, RS (Brasil), e em areias de dunas. Suas paredes têm 1 mm a 5 mm de espessura; são lisas e brilhantes internamente, rugosas, irregulares e foscas na parte externa. Do lat. *fulgur* (raio), por sua origem. Sin. de *lechatelierita*, *pedra de corisco*. ☐

FÜLLOPPITA Sulfoantimoneto de chumbo – $Pb_3Sb_8S_{15}$ –, monocl., cinza-chumbo, br. metálico. Raro, descoberto em Maramures, Fulop (daí seu nome), na Romênia. Homenagem a Bela *Füllop*, colecionador húngaro.

fundinho (gar.) Sin. de *agulha*.

fundo (gar., BA e GO) Diamante de má qualidade.

FURALUMITA Fosfato básico hidratado de alumínio e uranila – $Al_2(UO_2)_3(PO_4)_2(OH)_6.10H_2O$ –, monocl., que forma cristais prismáticos amarelo-limão, de até 0,5 mm de comprimento, com dur. 3,0 e D. 3,5. Descoberto em Kivu (R. D. do Congo). Nome derivado da composição: *fosfato* + *uranila* + *alumínio* + *ita*.

FURCALITA Fosfato hidratado de cálcio e uranila – $Ca_2(UO_2)_3O_2(PO_4)_2.7H_2O$ –, ortor., amarelo, em tabletes achatados de até 1 mm, amarelos, com D. 4,0, de br. vítreo a quase adamantino, dur. 3,0, clivagens (001) e (010) perfeitas. Descoberto cm Bergen, Vogtland, Saxônia (Alemanha), associado com especularita. De *fosfato* + *uranila* + *cálcio* + *ita*.

FURONGUITA Fosfato básico hidratado de alumínio e uranila – $Al_2(UO_2)(PO_4)_2(OH)_2.8H_2O$ –, tricl., amarelo, transl., quebradiço, de br. vítreo, radioativo, com forte fluorescência em verde-amarelado sob luz UV. D. 2,82-2,90. Forma cristais tabulares com clivagens perfeitas. Descoberto em folhelhos carbonosos de Hunan (China). Nome derivado "de uma descrição poética da província de Hunan".

FURUTOBEÍTA Sulfeto de cobre e chumbo com 15,8% Ag – $(Cu,Ag)_6PbS_4$ –, monocl., cinza. Forma grãos de até 0,3 mm, de dur. 6,7, em minérios ricos em bornita da mina *Furutobe* (daí seu nome), em Akita (Japão), junto com outros minerais. Aquecido a 100°C, decompõe-se, dando galena e uma solução sólida de CuAgS e Cu_2S que, por resfriamento, dão stromeyerita e calcocita.

fusão na chama V. *processo Verneuill*.

Futuran Nome coml. (marca registrada) de um plástico usado como imitação de âmbar.

fynchenita Silicato básico de cério, tório e cálcio, com até 20% ThO_2. É uma var. de britolita com tório. Sin. de *toriobritolita*.

GABRIELSONITA Arsenato básico de chumbo e ferro – $PbFeAsO_4(OH)$ –, ortor., descoberto em Langban, Varmland (Suécia).

GADOLINITA-(Ce) Silicato de cério, ferro e berílio com outros metais de TR – $(Ce,La,Nd,Y)_2FeBe_2Si_2O_{10}$ –, monocl., descoberto em pegmatitos sieníticos perto de Skien (Noruega). Extremamente rico em cério (24% de Ce_2O_3). Preto, de br. vítreo, com frat. conchoidal, formando massas irregulares de até 20 mm. D. 4,2. Altamente fraturado e circundado por uma capa de alteração fina (até 0,5 mm) amarela a laranja. Sin. de *cergadolinita*.

GADOLINITA-(Y) Silicato de ítrio, berílio e ferro – $Y_2FeBe_2Si_2O_{10}$ –, com 55,4% Y_2O_3. Monocl., forma cristais prismáticos, às vezes achatados, de cor preta, verde, marrom ou marrom-esverdeada. Transp., com traço cinza-esverdeado e br. vítreo a graxo. Dur. 6,5-7,0. D. 4,00-4,65. IR alto. Muito instável, ocorre em granitos e em seus pegmatitos. Raramente usada como gema, sendo mais importante como fonte de TR. Homenagem ao químico finlandês Johan *Gadolin*, descobridor do ítrio. O subgrupo da gadolinita compreende quatro silicatos monocl.

GAGARINITA-(Y) Fluoreto complexo de sódio, cálcio e ítrio – $Na_x(Ca_xY_{2-x})F_6$ –, com *x* igual ou inferior a 1,0. É hexag. e ocorre como massas granulares e irregulares incolores, amarelas ou rosadas. Homenagem a Yuri *Gagarin*, primeiro cosmonauta.

gagata V. *azeviche*. Do gr. *gagates* (pedra de Gagas, antiga cidade da Grécia onde essa gema era abundante).

GAGEÍTA Silicato básico de manganês com magnésio e zinco – $(Mn, Mg, Zn)_{42}Si_{16}O_{54}(OH)_{40}$ –, monocl. e tricl., de dur. 3,6, que forma cristais aciculares, incolores, com disposição fibrorradiada. Homenagem a R. B. *Gage*, colecionador de minerais norte-americano.

GAHNITA Óxido de zinco e alumínio – $ZnAl_2O_4$ –, frequentemente com magnésio. É o mais comum dos minerais do grupo do espinélio. Forma séries isomórficas com o espinélio e a hercinita. Cúb., em octaedros estriados, às vezes dodecaedros, com maclas segundo (111), de cor verde-escura, às vezes amarelada, cinzenta, azul ou preta, transl., traço cinza, br. vítreo, clivagem irregular segundo [111]. Dur. 7,5-8,0. Frágil. D. 4,00-4,60. IR 1,790. Ocorre em calcários cristalinos, pegmatitos e aluviões. As var. de cores verde-azulada ou azul são usadas como gema. No Brasil, é encontrada em Minas Gerais (aluviões diamantíferas) e na Bahia. Homenagem a J. J. *Gahn*, químico sueco, descobridor do manganês. Sin. de *automolita*, *espinélio de zinco*.

gahnoespinélio Var. gemológica de [1]espinélio de cor azul ou esverdeada, com até 18,2% Zn, semelhante à *gahnita* (daí seu nome), encontrada no Sri Lanka. D. ≤ 4,06. IR ≤ 1,753.

GAIDONNAYITA Silicato hidratado de sódio e zircônio – $Na_2ZrSi_3O_9.2H_2O$ –, ortor., dimorfo da catapleíta. Descoberto em Rouville, Quebec (Canadá). Cf. *georgechaoíta*.

GAINESITA Fosfato hidratado de sódio, berílio e zircônio – $Na_2BeZr_2(PO_4)_4.1,5H_2O$ –, tetrag., descoberto em Oxford, Maine (EUA), na forma de cristais de até 1 mm, bipiramidais, azulado-claros, de dur. 4, br. vítreo, frat. conchoidal e D. 2,94. Homenagem a Richard V. *Gaines*, mineralogista norte-americano.

GAITITA Arsenato hidratado de cálcio e zinco – $Ca_2Zn(AsO_4)_2.2H_2O$ –, tricl., dimorfo da zincoroselita e isomorfo da talmesita. Ocorre revestindo outros

minerais em películas de até 1 mm, em Tsumeb (Namíbia). Tem D. 3,8, é branco ou incolor, de br. vítreo, dur. 5,0, mostrando três boas clivagens. Homenagem a Robert I. *Gait*, curador do Departamento de Mineralogia do Museu Real de Ontário (Canadá).
galactita Var. de natrolita em cristais aciculares incolores. Do gr. *galaktos* (leite), por sua cor, provavelmente.
Galalith (nome coml., marca registrada.) V. *caseína*.
GALAXITA Óxido de manganês e alumínio – $MnAl_2O_4$ –, do grupo dos espinélios. Forma pequenos grãos de cor preta. De *galáxia*, planta muito comum na região onde foi descoberto.
GALEÍTA Sulfato-fluoreto-cloreto de sódio – $Na_{15}(SO_4)_5F_4Cl$ –, trig., muito semelhante à schairerita. Descoberto em Searles Lake, San Bernardino, Califórnia (EUA), e assim chamado em homenagem a W. A. *Gale*.
GALENA Sulfeto de chumbo – PbS – com 86,6% Pb. Forma cristais cúb., cinzentos, densos (7,40-7,60), com intenso br. metálico, clivagem cúb. perfeita e baixa dur. (2,5-2,7). É o mais comum dos minerais-minério de chumbo e praticamente o único. Quase sempre contém prata, sendo importante fonte desse metal. Ocorre como veios em arenito, calcário e dolomito. Do lat. *galena*, nome dado ao minério de chumbo ou à escória de sua fusão. ❑
GALENOBISMUTITA Sulfeto de chumbo e bismuto – $PbBi_2S_4$ – com 27,5% Pb e 55,4% Bi. Ortor., forma série isomórfica com a clausthalita. Tem cor cinza-chumbo a branco-estanho e D. 6,9. Descoberto em Varmland (Suécia). De *galena* + *bismuto*, por sua composição. Sin. de *bismuto-plagionita*.
GALGENBERGITA-(Ce) Carbonato hidratado de cálcio e metais de TR – $Ca(REE)_2(CO_3)_4 \cdot H_2O$ –, tricl., descoberto em um túnel ferroviário de Styria (Áustria).
GALILEIITA Fosfato de sódio e ferro – $NaFe_4(PO_4)_3$ –, trig., descoberto em meteorito encontrado em Grants, Novo México (EUA).
GALITA Sulfeto de cobre e gálio – $CuGaS_2$ –, tetrag., que ocorre em pequenos grãos cinzentos, de br. metálico. Descoberto em Tsumeb (Namíbia).
GALKHAÍTA Sulfoarseneto de césio e mercúrio com outros metais – $(Cs,Tl)(Hg,Cu,Zn)_6(As,Sb)_4S_{12}$ –, cúb., em cristais euédricos de até 1 cm, com cor vermelho-alaranjado-escura, br. vítreo ou adamantino, frágil. De *Galk-haya*, Yakutia (Rússia), onde foi descoberto.
galliant (nome coml.) V. *GGG*.
GALOBEUDANTITA Arsenato-sulfato básico de chumbo e gálio – $PbGa_3[(AsO_4),(SO_4)]_2(OH)_6$ –, trig., descoberto em Tsumeb (Namíbia).
GAMAGARITA Vanadato básico de bário e ferro – $Ba_2Fe(VO_4)_2(OH)$ –, monocl., cristalizado em agulhas marrom-escuras, em minério de manganês. Nome derivado de *Gamagara*, Potmasburg (África do Sul).
GANANITA Fluoreto de bismuto – BiF_3 –, cúb., descoberto na província de Jiangxi (China).
ganga Porção de um minério sem valor econômico.
GANOFILITA Aluminossilicato básico hidratado de potássio e manganês com sódio, alumínio e magnésio – $(K,Na)_6(Mn,Al,Mg)_{24}(Si_{32,5}Al_{7,5})O_{96}(OH)_{16} \cdot 21H_2O$ –, monocl., micáceo, às vezes em cristais prismáticos ou aciculares, com clivagem basal perfeita. Mostra figura de percussão. Muito raro, descoberto em Varmland (Suécia). Do gr. *ganos* (brilhante) + *phyllon* (folha), por seu hábito e br.
GANOMALITA Silicato de chumbo, cálcio e manganês – $Pb_9Ca_5MnSi_9O_{33}$ –, hexag., incolor a cinza, descoberto em Langban, Varmland (Suécia). Do gr. *ganoma* (brilho) + *lithos* (pedra).
GANTERITA Silicato de fórmula química $[Ba_{0,5}(Na,K)_{0,5}]Al_2(Si_{2,5}Al_{1,5}O_{10})(OH)_2$, monocl., descoberto na região de Simplon, na Suíça.

GAOTAIITA Telureto de irídio – Ir_3Te_8 –, cúb., descoberto perto de *Gaotai* (daí seu nome), na China.

GARAVELLITA Sulfeto de ferro, antimônio e bismuto – $FeSbBiS_4$ –, ortor., em agregados de até 0,2 mm constituídos de cristais anédricos de D. 5,6, cinza em luz refletida. Descoberto na Toscânia (Itália) e assim chamado em homenagem ao professor C. L. *Garavelli*.

garimpagem Atividade de aproveitamento de substâncias minerais garimpáveis, executada em áreas estabelecidas para este fim, sob o regime de *Permissão de Lavra Garimpeira* (v.).

garimpeiro "Trabalhador que extrai substâncias minerais úteis, por processo rudimentar e individual de mineração, garimpagem, faiscação ou cata" (Código de Mineração, Art. 71). Nome derivado de *grimpeiro*, escravo perseguido ou outro foragido da Justiça que se escondia nas *grimpas*, lugares longínquos.

garimpo Local onde o garimpeiro pratica a garimpagem.

garnierita Designação comum aos silicatos hidratados de níquel, antes considerada uma espécie. Têm cor verde e são secundários (provêm geralmente da alteração de peridotitos niquelíferos). Importantes como fonte de níquel (a principal no Brasil), usados também com fins gemológicos. No Brasil, ocorrem em São Paulo e em Minas Gerais. Homenagem a Jules *Garnier*, seu descobridor. Sin. de *genthita, niquelgimnita, numeíta*.

GARRELSITA Silicoborato básico de bário e sódio – $Ba_3NaSi_2B_7O_{16}(OH)_4$ –, descoberto em um poço de petróleo de Utah (EUA). Forma pequenos cristais monocl. Homenagem a R. M. *Garrels*.

GARRONITA Aluminossilicato hidratado de sódio e cálcio – $Na_2Ca_5Al_{12}Si_{20}O_{64}.27H_2O$ –, do grupo das zeólitas. Ocorre em cristais tetrag., brancos, em basaltos do platô do *Garron* (daí seu nome), em Antrim (Irlanda do Norte).

GARTRELLITA Arsenato hidratado de chumbo, cobre e ferro – $PbCuFe(AsO_4)_2[(H_2O)(OH)]$ –, tricl., descoberto na Austrália. Cf. *lukrahnita, zincogartrellita*.

GARYANSELLITA Fosfato básico hidratado de magnésio com ferro – $(Mg,Fe^{3+})_3(PO_4)_2(OH)_{1,5}(H_2O)_{1,5}$ –, ortor., que forma série isomórfica com a kryzhanovskita. Ocorre em cristais laminados alongados verticalmente, com dur. 4,0, clivagem basal boa, D. 3,16, de cor e traço marrons, br. vítreo. Homenagem a H. *Gary Ansell*.

GASPARITA-(Ce) Arsenato de cério com lantânio e neodímio – $(Ce,La,Nd)AsO_4$ –, monocl., descoberto nos Alpes italianos.

GASPEÍTA Carbonato de níquel com magnésio, cálcio e ferro – $(Ni,Mg,Ca,Fe)CO_3$ –, trig., do grupo da calcita. Forma série isomórfica com a magnesita. Verde-claro, maciço, com br. vítreo ou fosco, transl. a opaco. Dur. 4,5-5,0, D. 3,7. De *Gaspé*, península de Quebec (Canadá).

gasri Nome dado, na Índia, às pérolas de média qualidade. Cf. *jewen, kaka*.

gastunita Nome dado a três minerais descritos em 1951. Mais tarde, viu-se que um era haiweeíta parcialmente hidratada; outro era haiweeíta normal e o terceiro, betauranotilo.

GATEHOUSEÍTA Fosfato básico de manganês – $Mn_5(PO_4)_2(OH)_4$ –, ortor., descoberto no sul da Austrália. Cf. *arsenoclasita*.

GATELITA-(Ce) Silicato de fórmula química $(Ca_1REE_3)_{e4}[Al_2(Al,Mg)(Mg,Fe,Al)]_{e4}[Si_2O_7][SiO_4]_3(O,F)(OH,O)_2$, ortor., descoberto nos Pirineus (França).

GATUMBAÍTA Fosfato básico hidratado de cálcio e alumínio – $CaAl_2(PO_4)_2(OH)_2.H_2O$ –, monocl., fibrorradiado, formando rosetas e feixes de 3 a 10 mm, com cor branca, br. nacarado e dur. superior a 5. É frágil. Ocorre em pegmatitos perto de *Gatumba* (daí seu nome), Gisenyi (Ruanda).

GAUDEFROYITA Borato-carbonato de cálcio e manganês – $Ca_4Mn_3(BO_3)_3CO_3O_3$ –, cristalizado em prismas hexag. pretos, de até 5 cm de compri-

gaultita | geiserita

mento, friáveis, com frat. conchoidal. D. 3,35-3,50. Dur. 6,5. Descoberto em Ouarzazarte (Marrocos) e assim chamado em homenagem a Abbe C. *Gaudefroy*, mineralogista marroquino.
GAULTITA Silicato hidratado de sódio e zinco – $Na_4[Zn_2(Si_7O_{18})].5H_2O$ –, ortor., do grupo das zeólitas, descoberto em uma pedreira de Rouville, Quebec (Canadá).
gauslinita Sin. de *burkeíta*.
gaveta (gar., BA) Cavidade formada pela erosão em um plano de estratificação.
gavita Silicato ác. de magnésio e ferro, branco ou amarelado; provavelmente uma var. de talco.
GAYLUSSITA Carbonato hidratado de sódio e cálcio – $Na_2Ca(CO_3)_2.5H_2O$. –, monocl., branco-amarelado a cinza, solúvel em água fria, descoberto em Lagunillas, Merida (Venezuela). O nome é homenagem a L. J. *Gay-Lussac*, químico francês.
GEARKSUTITA Hidroxifluoreto hidratado de cálcio e alumínio – $CaAl(OH)F_4.H_2O$ –, monocl., branco, descoberto em Ivigtut (Groenlândia), associado à criolita e à fluorita. Ocorre também em uma mina de fluorita de Mato Preto, PR (Brasil). Tem cor branca e hábito terroso. Do gr. *ge* (terra) + *arksutita*, por ter aspecto terroso e assemelhar-se a esse mineral.
GEBHARDITA Cloroarsenato de chumbo – $Pb_8(As_2O_5)_2OCl_6$ –, monocl., marrom, transp., de br. adamantino, traço branco, dur. 3 e D. 6,0. Clivagem basal perfeita e (010) boa. Reage a frio com HCl ou HNO_3, formando octaedros de As_2O_3. Homenagem ao Dr. Georg *Gebhard*.
gedanita Resina fóssil friável, amarelo--clara, sem ác. sucínico, inferior ao âmbar no br. e na tenacidade. Não adquire bom polimento e raramente é usada como gema. Dur. 1,5-2,0. D. 1,06-1,07. De *Gedania* (nome latino de Dánzig, antigo nome de Gdansk, Polônia). Sin. de *âmbar friável, âmbar--verde*.

GEDRITA Aluminossilicato básico de magnésio – [ ]$Mg_5Al_2Si_6O_{22}(OH)_2$ –, ortor., do grupo dos anfibólios, que ocorre em xistos. De *Gedres* (França), onde ocorre.
GEDRITA SÓDICA Silicato básico de sódio, magnésio e alumínio – $NaMg_6Al Si_6Al_2O_{22}(OH)_2$ –, ortor., do grupo dos anfibólios. Forma série isomórfica com a ferrogedrita sódica.
gedroitzita Mineral argiloso do grupo da vermiculita, de fórmula química $[(K,Na)_2O]_6(Al_2O_3)_5(SiO_2)_{14}.12H_2O$, encontrado em solos ricos em álcalis.
GEERITA Sulfeto de cobre – Cu_8S_5 –, ortor., pseudocúb., opaco, branco-azulado, que forma revestimento e pequenas lâminas iridescentes de 0,015 mm de espessura em planos de clivagem de esfalerita. D. 5,6. Homenagem a Adam *Geer*, coletor do mineral.
GEFFROYITA Sulfosseleneto de cobre com ferro e prata – $(Cu,Fe,Ag)_9(Se,S)_8$ –, do grupo da pentlandita. Cúb., marrom, de dur. 5,4, descoberto em 1982 simultaneamente com a chameanita e a giraudita num veio quartzítico que corta um granito. Tem 5,16%-7,05% Ag. Homenagem a Jacques *Geffroy*, metalurgista francês.
GEHLENITA Silicato de cálcio e alumínio – $Ca_2Al_2SiO_7$ –, tetrag., do grupo das melilitas. Forma série isomórfica com a akermanita. Homenagem a F. F. *Gehlen*, químico alemão. Sin. de *velardeñita*.
GEIGERITA Arsenato hidratado de manganês – $Mn_5(AsO_4)_2(AsO_3OH)_2.10H_2O$ –, tricl., descoberto em uma mina de manganês de Grisons, na Suíça. Cf. *chudobaíta, lindackerita*.
GEIKIELITA Óxido de magnésio e titânio – $MgTiO_3$ –, frequentemente com muito ferro. Trig., forma série isomórfica com a ilmenita. Ocorre geralmente em seixos rolados de cor azulada ou marrom. Homenagem a Archibald *Geikie*, diretor do Geological Survey of Great Britain à época em que o mineral foi descrito.
geiserita Var. de opala-comum que se deposita junto a orifícios de *gêiseres* (daí

seu nome). Tem 9%-13% H_2O. Ocorre na Islândia e nos EUA.
gelbertrandita Silicato básico hidratado de berílio – $Be_4Si_2O_7(OH)_2.nH_2O$ –, com 34,2% Be. É uma var. coloidal de bertrandita (daí seu nome). Tem cor violeta-claro, que enfraquece quando o mineral fica exposto à luz.
GELO 1. Água cristalizada no sistema hexag., em cristais incolores ou brancos (quando contém inclusões gasosas); às vezes em tons esverdeados ou azulados. A estrutura cristalina tem certa semelhança com a do diamante. Granular, estalactítica ou em placas. Dur. 1,5. D. 0,92. Sem clivagem. Do lat. *gelu*. Cf. *neve*. **2.** (gar., PI) Material rochoso diferente do "barro" e que, como este, recobre o cascalho diamantífero.
gelzircão Var. coloidal de zircão, branco-amarelada, com D. bem inferior à do zircão normal (2,90).
gema Substância gemológica (v.) que, por sua raridade, beleza e durabilidade, é usada como adorno pessoal. Na sua grande maioria, são minerais; há, porém, gemas de origem orgânica (coral, marfim, pérola, âmbar etc.), artificiais (zircônia cúb., fabulita, yag, GGG etc.) e sintéticas (rubi sintético, titânia, safira sintética etc.). As substâncias mais usadas como gema são: diamante, esmeralda, água-marinha, granadas, jade, olivina, opala, qz., kunzita, hiddenita, topázio, zircão, feldspatos, lazurita, rubi, safira, hematita, espinélio, alexandrita, olho de gato, turmalinas, calcita, turquesa, pirita, azeviche, pérola, coral, âmbar e vidros naturais. Do lat. *gemma*. ◻
gema artificial Gema produzida em laboratório e sem equivalente natural. Ex.: zircônia cúbica, *yag*, fabulita, GGG. Não confundir com *gema sintética*.
gema astérica Gema que exibe asterismo. Sin. de *gema estrelada*.
gema composta Gema formada por duas ou mais partes unidas por cimento ou qualquer outro método artificial. Os componentes podem ser substân-cias inorgânicas naturais, sintéticas ou produtos químicos artificiais.
gema de quênia V. *titânia*.
gema do vesúvio V. *vesuvianita*.
gema estrelada Sin. de *gema astérica*.
gema irradiada Gema cuja cor foi alterada por radiação. ◻
gema natural Aquela encontrada na natureza. As gemas naturais constituem a maioria das gemas e incluem as mais valiosas. Podem ser minerais ou orgânicas.
gema realçada Gema que teve uma de suas propriedades (geralmente a cor) melhorada artificialmente.
gema reconstituída Gema produzida em laboratório por meio de aglomeração ou fusão parcial de fragmentos de uma gema natural. Podem ser reconstituídas, por ex., gemas como o âmbar, o lápis-lazúli e a turquesa.
gema revestida Gema sobre cuja superfície se fez depositar uma fina camada, colorida ou não, da mesma substância ou de outro material.
gema sintética Gema produzida em laboratório e que tem uma correspondente natural. As gemas sintéticas possuem propriedades físicas, estrutura cristalina e composição química quase sempre idênticas às das equivalentes naturais, e os métodos mais seguros de identificação incluem o uso de microssonda eletrônica, espectroscopia de absorção e espectroscopia de fluorescência. Atualmente, são sintetizados em escala comercial rubi, safira, diamante, espinélio, esmeralda, rutilo, opala, lápis-lazúli, ametista e outros minerais. Ainda não são produzidos sinteticamente água-marinha, quartzo-enfumaçado e topázio, entre outras gemas. As gemas sintéticas caracterizam-se geralmente pela ausência de inclusões e pela presença de bolhas esféricas e de pequenas linhas curvas paralelas. Gemas vendidas sob os nomes *zircão sintético*, *granada sintética*, *topázio sintético*, *água-marinha-sintética* e *alexandrita-sintética* são, na verdade,

espinélio ou coríndon sintéticos. Entre os processos de produção de gema sintéticas, destacam-se o processo *Verneuill*, a *síntese por fluxo* e a *síntese hidrotermal* (v. esses nomes). Uma das maiores (se não a maior) empresas produtoras de gemas sintéticas do mundo – em qualidade, quantidade e var. – é a Tairus (nome derivado de *Tai*lândia + *Rús*sia). Usa todos os processos de síntese e fabrica todos os tipos de gemas sintéticas conhecidos, inclusive com cores inexistentes na natureza. Cf. *gema artificial*.

gema tratada Gema em que a cor ou outra propriedade foi modificada para lhe dar mais valor. O tratamento para mudança de cor visa intensificar a cor natural, substituí-la por outra ou dar cor a gemas originalmente incolores. Os tratamentos podem ser químicos, físicos ou físico-químicos e incluem: clareamento, tingimento, preenchimento de cavidades, irradiação, remoção de inclusões, impregnação por óleo ou difusão.

gem diamond pen Instrumento utilizado para diferenciar o diamante de suas imitações (fabulita, zircônia cúbica etc.) e que consiste em uma caneta e uma tinta especiais que, usadas sobre uma faceta da gema, deixam um traço contínuo, se se tratar de diamante, ou descontínuo, se for uma imitação. O teste falha se a gema houver recebido antes uma película de fluoreto de magnésio.

gemette Nome coml. de uma safira sintética.

geminação Sin. de *macla*.

geminair (nome coml.) V. *yag*.

GEMINITA Arsenato hidratado de cobre – $Cu(AsO_3OH)(H_2O)$ –, tricl., descoberto em Var, na França. Cf. *pushcharovskita*.

gemolita Nome coml. de um diamante sintético produzido na Suíça, usado como gema. Cf. *astrolita, djimlita*.

Gemolite Nome coml. (marca registrada) de um dispositivo de iluminação especialmente desenhado para iluminar inclusões de gemas, mediante adaptação a um microscópio monocular ou binocular. A gema é iluminada por duas lâmpadas colocadas lateralmente, de modo a deixar um fundo escuro. É fabricado nos EUA, em vários modelos.

gemologia Ciência que estuda a identificação e a classificação das substâncias gemológicas.

gemologia descritiva Estudo das gemas e seus substitutos no que diz respeito a classificação, propriedades, obtenção, tratamento e uso.

gemologia determinativa Estudo das gemas no que diz respeito a identificação das espécies, var., imitações e substitutos.

gemologia ética "Estudo da nomenclatura correta e incorreta das gemas com ênfase nos nomes e termos que podem confundir e enganar os compradores" (Shipley, 1951, p. 76).

gemologista V. *gemólogo*.

gemólogo Pessoa que se dedica ao estudo da natureza, classificação, propriedades, obtenção, tratamento e uso das gemas e r. ornamentais, bem como de seus substitutos e imitações. Sin. (pouco usado): *gemologista*.

gemolux Instrumento fabricado na Suíça e usado para exame de gemas, com o auxílio de dispositivo de iluminação próprio.

genevita Silicato de cálcio, magnésio e ferro. Talvez se trate de idocrásio. É prismático, de cor cinza.

GENKINITA Antimoneto de platina com paládio – $(Pt,Pd)_4Sb_3$ –, com 47,3% Pt e 14,1% Pd. Forma grãos tetrag., irregulares, com até 0,165 mm de diâmetro, de cor marrom-clara ou bronzeada, associados com sperrylita e outros minerais. D. 9,26.

GENTHELVITA Sulfossilicato de zinco e berílio – $Zn_8Si_6Be_6O_{24}S_2$ –, cúb., que forma séries isomórficas com a danalita e a helvita. Tem 12,6% Be. Forma cristais octaédricos de cor variável. Muito raro. Homenagem a William *Genth*, seu descobridor, e alusão à *helvita*.

genthita Sin. de *garnierita*. Homenagem a William *Genth*.

gentnerita Sulfeto de cobre, ferro e cromo – $Cu_8Fe_3Cr_{11}S_{18}$ –, descoberto como vênulos micrométricos no meteorito Odessa. É verde-amarronzado, claro, aparentemente isótropo. Assim chamado em homenagem a Wolfgang *Gentner*, do Instituto Max-Planck para Física Nuclear, de Heideberg (Alemanha). Espécie nova proposta em 1967, mas não aprovada pela Associação Mineralógica Internacional, por falta de dados.

GEOCRONITA Sulfoantimoneto de chumbo com arsênio – $Pb_{14}(Sb,As)_6S_{23}$ –, monocl., maciço, cinza-chumbo. Dur. 2,5. Forma série isomórfica com a jordanita. Do gr. *Ge* (Terra) + *Chronos* (Saturno), nome dado pelos alquimistas ao chumbo.

geodinho Nome coml. dado a pequenos (até 5-6 cm) geodos de calcedônia, com cristal de rocha ou não, que são cortados ao meio e vendidos como peças decorativas, ou serrados em placas e vendidos como gema. Mostra, às vezes, belos desenhos em forma de pluma esbranquiçada. É produzido no Rio Grande do Sul e exportado sob o nome de *coco geode*. ☐

geodo Cavidade, em geral, aproximadamente esférica, preenchida por minerais (qz., calcita etc.), muitas vezes na forma de cristais, que se projetam da parede para o centro da cavidade. São comuns, nos basaltos do sul do Brasil, geodos de qz. incolor, ágata, ametista, zeólitas, calcita e outros minerais. Do gr. *Ge* (Terra), por sua forma. ☐

GEORGBOKIITA Clorosselenato de cobre – $Cu_5O_2(SeO_3)Cl_2$ –, monocl., descoberto na península de Kamchatka (Rússia).

GEORGECHAOITA Silicato hidratado de potássio, sódio e zircônio – $KNaZrSi_3O_9.2H_2O$ –, ortor., descoberto em Otero, Novo México (EUA). Cf. *gaidonnayita*.

GEORGEERICKSENITA Iodato-cromato hidratado de sódio, cálcio e magnésio – $Na_6CaMg(IO_3)_6(CrO_4)_2.12H_2O$ –, monocl., descoberto no Chile.

GEORGEÍTA Carbonato básico de cobre – $Cu_2CO_3(OH)_2$ –, equivalente amorfo da malaquita. Azul-claro, encontrado como finos revestimentos sobre r. tremolítica alterada. Tem br. vítreo a terroso, traço azul-claro, baixa dur., D. 2,55. É transp. a subopaco quando em agregados. Homenagem a *George* H. Paynd, Chefe da Divisão Mineral dos Laboratórios de Química do Governo da Austrália Ocidental.

GEORGIADESITA Cloroarsenato básico de chumbo – $Pb_4(AsO_3)Cl_4O_2(OH)$ – que forma pequenos cristais monocl. Descoberto em Attiki, na Grécia, e assim chamado em homenagem ao minerador grego *Georgiades*.

georgiaíto Tectito esverdeado que ocorre na *Geórgia* (EUA).

geraisita Fosfato hidratado de bário e alumínio, provavelmente gorceixita impura. De Minas *Gerais* (Brasil).

GERASIMOVSKITA Titanoniobato hidratado de manganês e cálcio – $(Mn,Ca)(Nb,Ti)_{5-6}(O,OH)_{12-16}.8\text{-}9H_2O$ (?) –, cúb. ou ortor. Forma uma série com a manganobelyankinita. Cristaliza em lamelas cinza, de br. nacarado. Homenagem ao mineralogista soviético G. I. *Gerasimovskii*, seu descobridor.

GERDTREMMELITA Arsenato básico de zinco e alumínio – $ZnAl_2(AsO_4)(OH)$ –, tricl., descoberto em Tsumeb (Namíbia).

GERENITA-(Y) Silicato hidratado de cálcio e ítrio com sódio e metais de TR – $(Ca,Na)_2(Y,REE)_3Si_6O_{18}.2H_2O$ –, tricl., descoberto no Canadá.

GERHARDTITA Nitrato básico de cobre – $Cu_2(NO_3)(OH)_3$ –, com 52,9% Cu. Ortor., frágil, séctil, de cor verde. Descoberto em mina de Yavapai, Arizona (EUA), e assim chamado em homenagem a Charles *Gerhardt*, químico que pela primeira vez sintetizou o mineral. Cf. *rouaíta*.

germanatos de bismuto Substâncias isótropas de dur. 4,0, D. 7,12 e IR 2,070, usadas como substitutas do diamante. Têm fórmulas químicas $Bi_{12}GeO_{20}$ e $Bi_{14}Ge_3O_{12}$.

GERMANITA Sulfeto de cobre, ferro e germânio – $Cu_{26}Fe_4Ge_4S_{32}$ –, com 5,1%-10,2% Ge, sendo seu principal mineral-minério. É cúb. e forma massas compactas ou agregados granulares de cor cinza-rosado-escuro, com dur. 4,0, D. 4,46-4,59 e br. metálico. É um mineral raro, usado também para obtenção de gálio. Nome derivado de *germânio*. Cf. *colusita, nekrasovita*.

GERMANOCOLUSITA Sulfeto de cobre, vanádio e germânio com arsênio – $Cu_{26}V_2(Ge,As)_6S_{32}$ –, cúb., descoberto no Cáucaso (Rússia).

GERSDORFFITA Sulfoarseneto de níquel – NiAsS – com 35,4% Ni. Pode ter certa quantidade de ferro e cobalto substituindo esse metal. Cúb., geralmente maciço, cor de aço ou prateado. Dur. 5,5. É fonte de cobalto e níquel. Homenagem a von *Gersdorffs*, minerador alemão. Cf. *jolliffeíta*.

GERSTLEYITA Sulfoantimoneto de sódio com arsênio – $Na_2(Sb,As)_8S_{13}.2H_2O$ –, monocl., em esferas vermelho-escuras. Descoberto em mina de Kern, Califórnia (EUA).

GERSTMANNITA Silicato básico de magnésio e zinco com manganês – $(Mg,Mn)_2ZnSiO_4(OH)_2$ –, ortor., prismático, branco a rosa-claro. Dur. 4,5. D. 3,66-3,68. Boa clivagem (010). Descoberto em veios hidrotermais de New Jersey (EUA). Homenagem a Ewald *Gerstmann*, seu descobridor.

geschenita Var. de berilo verde-maçã rica em sódio. Não confundir com *goshenita*.

gesso V. *gipsita*. Do gr. *gypsos*, pelo lat. *gipsus*.

GETCHELLITA Sulfeto de arsênio e antimônio – $AsSbS_3$ – quimicamente intermediário entre ouro pigmento e estibinita. Forma cristais monocl. lamelares, flexíveis e inelásticos, sécteis, transp., vermelho-escuros, com clivagem (001) perfeita. Dur. 1,5-2,0. D. 3,92, br. vítreo (nacarado na clivagem), às vezes resinoso. Traço vermelho. De *Getchell*, mina de Nevada (EUA).

GEVERSITA Liga de antimônio e platina com bismuto – $Pt(Sb,Bi)_2$ –, cúb., do grupo da pirita. Tem cor cinza-claro, dur. semelhante à da platina (talvez menor). Homenagem ao geólogo T. W. *Gevers*.

GGG Galiato de gadolínio – $Gd_3(GaO_3)_4$ – cúb., artificial, usado como imitação de diamante. Dur. 6,5. D. 7,05. IR 2,030. Disp. 0,038. Mostra frequentemente tons amarronzados. Abreviatura de *gadolínio-galiogranada*, em alusão à sua composição e estrutura, semelhante à das granadas. Cf. *yag*.

GIA Sistema de classificação de diamantes quanto à cor, usado em vários países, inclusive no Brasil. Os diamantes são classificados com letras de D até Z. Abreviatura de *Geomological Institute of America*, entidade norte-americana.

GIANELLAÍTA Sulfato de mercúrio com nitrogênio – $Hg_4SO_4N_2$ –, cúb., descoberto na mina Mariposa, em Brewster, Texas (EUA). Aparece em rosetas de cristais achatados, subédricos, submilimétricos, de cor amarelo-clara. Quando aquecido a mais de 130°C, escurece. A 400°C, fica branco. Dur. 3,0. Homenagem a Vincent P. *Gianella*, professor da Universidade de Nevada. Cf. *mosesita*.

giannettita Zirconotitanossilicato de cálcio, manganês e sódio, encontrado em Poços de Caldas, MG (Brasil). Forma pequenos cristais prismáticos incolores ou amarelos. Homenagem a *Giannetti*, engenheiro brasileiro.

GIBBSITA Hidróxido de alumínio – γ-Al $(OH)_3$ –, monocl., polimorfo da bayerita, doyleíta e nordstrandita. Tabular ou mamilonar, com br. vítreo a nacarado. Dur. 2,5-3,5. D. 2,30-2,42. É o principal constituinte de muitas bauxitas, sendo formado pelo intemperismo sobre r. ígneas. Usado para obtenção de alumina. Homenagem a George *Gibbs*, colecionador de minerais. Sin. de ¹*hidrargilita, zirlita*. Cf. *bayerita*.

gibsonita Var. fibrosa, rósea, de thomsonita.

GIESSENITA Sulfoantimoneto de cobre, chumbo e bismuto – $Cu_2Pb_{26}(Bi,Sb)_{20}S_{57}$ –, monocl., pseudo-ortor., acicular, cinza-escuro, br. metálico. Dur. 2,6 aproximadamente. Descoberto em dolomitos, perto de *Giessen*, Valais (Suíça).

GILALITA Silicato hidratado de cobre – $Cu_5Si_6O_{17}.7H_2O$ –, monocl., verde, de dur. 2,0 e D. 2,72. Descoberto em *Gila* (daí seu nome), Arizona (EUA), simultaneamente com a apachita.

GILLESPITA Silicato de bário e ferro – $BaFeSi_4O_{10}$ –, tetrag., vermelho, descoberto no Alasca (EUA). Homenagem a Frank *Gillespie*, colecionador de minerais norte-americano.

GILLULYÍTA Sulfoarseneto de tálio com antimônio – $Tl_2(As,Sb)_8S_{13}$ –, monocl., descoberto em um depósito de ouro de Tooele, Utah (EUA).

GILMARITA Arsenato básico de cobre – $Cu_3(AsO_4)(OH)_3$ –, tricl., descoberto na França.

gilpinita Sin. de *johannita*. De *Gilpin*, Colorado (EUA).

gimnita V. *deweylita*. Do gr. *gymnos* (nu), em alusão à localidade de Bare Hills (do ingl. *bare*, nu, descalvado).

GINIITA Fosfato básico hidratado de ferro – $Fe^{2+}Fe_4^{3+}(PO_4)_4(OH)_2.2H_2O$ –, monocl., formando cristais com menos de 1 mm de comprimento, verde-escuros a marrom-escuros, de traço verde-oliva, br. vítreo a graxo, sem clivagem e com frat. conchoidal. Dur. 3,0-4,0. D. 3,4. Descoberto em pegmatitos de Usakos (Namíbia) e assim chamado em homenagem a *Gini* Keller, esposa do seu descobridor.

GINORITA Borato básico hidratado de cálcio – $Ca_2B_{14}O_{20}(OH)_6.5H_2O$ –, em pequenas placas losangulares monocl. Descoberto em Sasso Pisano, Toscânia (Itália), e assim chamado em homenagem ao industrial italiano Piero *Ginori*.

ginzburgita Nome de um grupo de minerais argilosos ricos em ferro, do grupo da caulinita (AGI). Homenagem a *Ginzburg*.

giobertita Sin. de magnesita, nome preferível. Homenagem a G. A. *Gioberti*, químico italiano.

giogetto 1. Nome dado, na Itália, ao coral negro encontrado no Mediterrâneo. **2.** [1]Pérola-negra.

GIORGIOSITA Carbonato básico hidratado de magnésio – $Mg_5(CO_3)_4(OH)_2.5H_2O$ –, monocl., semelhante à hidromagnesita. Forma crostas sobre lavas e foi descoberto na ilha Santorini (Grécia). Espécie ainda pouco estudada.

GIPSITA Sulfato hidratado de cálcio – $CaSO_4.2H_2O$ –, equivalente hidratado da anidrita. Monocl., lamelar e flexível ou fibroso, muitas vezes maclado, geralmente incolor ou branco, transp., de br. vítreo, sedoso ou nacarado, tato untuoso, muito solúvel em água, com traço branco ou cinza e uma clivagem perfeita. Dur. 2,0. Muito frágil. D. 2,30. IR 1,520-1,530. Bir. 0,010. B(+). Disp. 0,033. Possui diversas var., como a selenita (incolor, usada em óptica), o gesso de repetek (com grãos de areia nos planos de clivagem), o espato acetinado (fibroso, com *chatoyance* e br. sedoso) e, com valor gemológico, o alabastro (maciço, finamente granulado). É o mais comum dos sulfatos, ocorrendo em evaporitos ou interestratificado com folhelho, calcário ou r. argilosas. Presente também em meteoritos. A gipsita é usada principalmente na fabricação de cimento, sendo útil também na fabricação de ác. sulfúrico, cerveja, gesso, giz, vidros, esmaltes, na metalurgia, como corretivo de solo, desidratantes, em moldes para fundição e aglutinantes. É produzida principalmente na Grã-Bretanha, no Egito e no México, vindo a seguir Itália e Rússia. Os maiores cristais de gipsita do mundo estão em Naica, Chihuahua (México), e medem mais de 12 m. Do gr. *gypsos* (gesso). Sin. de *gesso*, *gipso*. □

gipso Sin. de *gipsita*. Do gr. *gypsos* (gesso).

girassol Var. de opala multicolorida, que exibe cores sucessivamente diferentes quando se *gira* a amostra ao *sol* (daí seu nome). É relativamente transp., com luminescência interna em ondas: uma faixa luminosa, ondulante, move-se ao se girar a pedra ou ao se deslocar a fonte luminosa. O nome, às vezes, aplica-se também à adulária e à opala de fogo.

girassol-oriental Safira astérica.

GIRAUDITA Sulfoarseneto de fórmula química $Ca_6Cu_4Zn_2(As,Sb)_4(Se,S)_{13}$, com 1,7%-3,9% Ag, descoberto em 1982, simultaneamente com a geffroyita e a chameanita. Forma grãos de até 0,004 mm, de dur. 5,8. É um mineral cúb., do grupo da tennantita. Homenagem ao francês Roger *Giraud*.

GIRDITA Telurato de chumbo – $Pb_3H_2(TeO_3)TeO_6$ –, monocl., encontrado na forma de esferas de até 3 mm de diâmetro, frágeis, em Tombstone, Arizona (EUA), no mesmo local onde foram descobertas a oboyerita, a fairbankita e a winstanleyita. Dur. 2,0. D. 5,50. Facilmente solúvel em HCl e HNO_3. Homenagem ao engenheiro de minas Richard *Gird*.

girnarita Hastingsita rica em titânio, sódio e magnésio, e pobre em silício. De Monte *Girnar*, Kathiawar (Índia).

GIROLITA Silicato básico hidratado de fórmula química $(NaCa_2)Ca_{14}(Si_{23}Al)O_{60}(OH)_8.(14+x)H_2O$, tricl., pseudo-hexag., descoberto na ilha de Skye (Escócia). É branco e geralmente fibroso. Do gr. *gyros* (redondo) + *lithos* (pedra). Sin. de *centralasita*. Cf. *orlymanita*.

GIRVASITA Mineral de fórmula química $NaCa_2Mg_3(PO_4)_2[PO_2(OH)_2](CO_3)(OH)_2.4H_2O$, monocl., descoberto perto do lago *Girvas* (daí seu nome), na península de Kola (Rússia).

GISMONDINA Aluminossilicato hidratado de cálcio – $Ca_4(Al_8Si_8O_{32}).16H_2O$ –, do grupo das zeólitas. Monocl., pseudotetrag., forma cristais piramidados. Homenagem a C. G. *Gismondi*, mineralogista italiano. Sin. de *gismondita*.

gismondita V. *gismondina*.

GITTINSITA Silicato de cálcio e zircônio – $CaZrSi_2O_7$ –, monocl., em massas fibrosas a radiadas, brancas, de D. 3,6 e dur. 3,5-4,0. As fibras têm cerca de 0,1 mm. Homenagem a John *Gittens*, seu descobridor.

GIUSEPPETTITA Mineral de fórmula química $Na_{40}K_{16}Ca_8(Si_{48}Al_{48}O_{192})Cl_2(SO_4)_{11}.9H_2O$, hexag., do grupo da cancrinita. Ocorre em vênulos fragmentados, com cor azul-violeta, de poucos milímetros de espessura, num bloco de sanidinito em Sacrofano, Latium (Itália). Homenagem a Giuseppe *Giuseppetti*, professor da Universidade de Pávia.

giz-espanhol Var. de esteatito de Aragão (Espanha).

GJERDINGENITA-Fe Silicato hidratado de fórmula química $K_2[(H_2O)_2(Fe,Mn)][(Nb,Ti)_4(Si_4O_{12})_2(OH,O)_4].4H_2O$, monocl., descoberto em Oppland, na Noruega.

GLADITA Sulfeto de chumbo, cobre e bismuto – $PbCuBi_5S_9$ –, em cristais ortor., prismáticos cinza-chumbo. De *Gladhammar*, Kalmar (Suécia), onde foi descoberto. Cf. *hammarita*.

GLADIUSITA Fosfato básico hidratado de ferro com magnésio – $Fe_2(Fe,Mg)_4(PO_4)(OH)_{11}.H_2O$ –, monocl., descoberto na península de Kola (Rússia).

GLAGOLEVITA Silicato hidratado de sódio e magnésio – $NaMg_6[Si_3AlO_{10}](OH,O)_8.H_2O$ –, tricl., descoberto em uma pedreira da península de Kola (Rússia).

glasbachita Sin. de *molibdomenita*.

glaserita Sin. de *aftitalita*. Homenagem a Christoph *Glaser*, químico do século XVII.

GLAUBERITA Sulfato de sódio e cálcio – $Na_2Ca(SO_4)_2$ –, de cor clara e gosto salgado, br. vítreo, friável, monocl. Ocorre em resíduos salinos. Assim chamado por conter o antigamente chamado *sal de glauber* (v.). Homenagem a Johann R. *Glauber*, químico alemão.

GLAUCOCERINITA Sulfato básico hidratado de zinco e alumínio com cobre – $(Zn,Cu)_{10}Al_6(SO_4)_3(OH)_{32}.18H_2O$ –, trig., do grupo da woodwardita. Recobre a adamita como uma capa botrioidal de

estrutura fibrosa. Do gr. *glaukos* (azul), por sua cor. Sin. de *glaucoquerinita*.
GLAUCOCROÍTA Silicato de cálcio e manganês – $CaMnSiO_4$ –, ortor., verde-azulado, violeta ou rosa-claro. Descoberto em Sussex, New Jersey (EUA). Do gr. *glaukos* (azul) + *khroa* (cor), por sua cor verde-azulada.
GLAUCODOTO Sulfeto de cobalto e arsênio com ferro – $(Co,Fe)AsS$ –, monocl., dimorfo da aloclasita. Maciço ou em cristais, de br. metálico, cor cinza-claro. Utilizado para obtenção de cobalto e esmaltes. Descoberto no deserto de Atacama (Chile). Do gr. *glaukos* (azul) + *dot* (doador), porque é usado para fazer esmalte.
GLAUCOFÂNIO Aluminossilicato básico de sódio e magnésio – $Na_2Mg_3Al_2Si_8O_{22}(OH)_2$ –, do grupo dos anfibólios monocl. Forma série isomórfica com o ferroglaucofânio. Ocorre em xistos cristalinos como produto de metamorfismo regional sobre r. ígneas sódicas. Do gr. *glaukos* (azul) + *phainos* (claro), por sua cor.
glaucolita Var. de escapolita em tom azul ou verde. Do gr. *glaukos* (azul) + *lithos* (pedra).
glaucônia V. *glauconita*, forma preferível. Do gr. *glaukos* (azul).
glauconita Série isomórfica de fórmula geral $K_{0,8}R_{1,33}R_{0,67}[\,]Al_{0,13}Si_{3,87}O_{10}(OH)_2$, do grupo das micas. São minerais amorfos, terrosos ou granulares, verdes. Sua presença em sedimentos indica sedimentação muito lenta. Ocorrem em r. sedimentares marinhas. São usados como fertilizantes. Do gr. *glaukos* (azul), por sua cor, às vezes verde-azulada. Sin. de *glaucônia*.
glaucopirita Var. cobaltífera de loellingita. Do gr. *glaukos* (azul) + *pirita*.
glaucoquerinita V. *glaucocerinita*.
GLAUCOSFERITA Carbonato básico de cobre com níquel – $(Cu,Ni)_2(CO_3)(OH)_2$ –, monocl. ou ortor., verde, do grupo da rosasita. Descoberto em Kambalda (Austrália).
glendonita Pseudomorfo de calcita ou siderita sobre glauberita.

glessita Resina marrom que ocorre com o âmbar nas praias do Báltico. D. 1,02-1,03.
glíptica Arte de gravura em pedras preciosas.
glockerita V. *lepidocrocita*. Antes julgava-se ser sulfato hidratado de ferro.
glucina Fosfato básico hidratado de cálcio e berílio – $CaBe_4(PO_4)_2(OH)_4 . 0,5H_2O$ –, que ocorre maciço ou como incrustações. De *glucínio*, por conter berílio.
glucinita V. *herderita*. De *glucínio*, por conter berílio.
GLUSHINSKITA Oxalato hidratado de magnésio – $Mg(C_2O_4).2H_2O$ –, monocl., que ocorre na interface rocha-líquen de um serpentinito contendo *Lecanora atra*, no nordeste da Escócia. Forma camadas branco-cremosas misturadas com a hifa do líquen. Exibe cristais de 0,002-0,005 mm, piramidais, distorcidos, frequentemente com faces curvas.
GMELINITA-Ca Aluminossilicato hidratado de cálcio com estrôncio e sódio – $(Ca_{0,5},Sr_{0,5},Na)(Al_7Si_{17}O_{48}).23H_2O$ –, hexag., do grupo das zeólitas. Forma cristais brancos. Cf. *gmelinita-K*, *gmelinita-Na*.
GMELINITA-K Aluminossilicato hidratado de potássio com sódio e cálcio – $(K,Na,Ca_6)[Al_7Si_{17}O_{48}].22H_2O$ –, hexag., do grupo das zeólitas. Exibe cristais brancos. Descoberto no maciço de Lovozero, na península de Kola (Rússia). Cf. *gmelinita-Ca*, *gmelinita-Na*.
GMELINITA-Na Aluminossilicato hidratado de sódio – $Na_{7,5}[Al_{7,5}Si_{16,5}O_{48}].21,5H_2O$ –, hexag., do grupo das zeólitas. Descoberto em Vicenza (Itália). Homenagem a Christian C. *Gmelin*, químico alemão. Cf. *gmelinita-Ca*, *gmelinita-K*.
gnaisse R. metamórfica de composição variável, geralmente com faixas claras e escuras alternadas, quase sempre rica em qz. e feldspato, frequentemente usada como pedra ornamental, para revestimento.
GOBBINSITA Aluminossilicato hidratado de sódio – $Na_5[Al_5Si_{11}O_{32}].12H_2O$ –,

ortor., pseudotetrag., do grupo das zeólitas. Branco, em grupos de cristais fibrosos, com consistência de giz, alongados segundo o eixo c, associados com gmelinita. D. 2,2. Descoberto em *Gobbins*, Antrim (Irlanda), daí seu nome.
GODLEVSKITA Sulfeto de níquel com ferro – $(Ni,Fe)_9S_8$ –, ortor., amarelo-bronze, de br. metálico, opaco, traço cinza. Dur. 4,5. D. 5,27. Descoberto perto de Norilsk (Rússia) e assim chamado em homenagem ao geólogo russo Mikhail N. *Godlevsky*.
GODOVIKOVITA Sulfato de amônio e alumínio com ferro – $(NH_4)(Al,Fe)(SO_4)_2$ –, hexag., que forma série isomórfica com a sabieíta. Descoberto em rejeitos de carvão mineral nos Urais (Rússia). Cf. *sabieíta*.
GOEDKENITA Fosfato básico de estrôncio e alumínio – $Sr_2Al(PO_4)_2(OH)$ –, em cristais monocl. tabulares, losangulares, incolores ou amarelos. Descoberto em New Hampshire (EUA) e assim chamado em homenagem ao químico Virgil L. *Goedken*.
GOETHITA Hidróxido de ferro – α-FeO(OH) –, ortor., trimorfo da lepidocrocita e da ferroxita. Geralmente maciço ou fibroso, raramente em cristais prismáticos, pretos e brilhantes, de cor amarelada, avermelhada, preta ou marrom-escura, traço amarelo, br. adamantino ou semimetálico, clivagem [010] boa. Dur. 5,0-5,5. D. 3,30-4,30. É um dos constituintes mais comuns de muitos limonitos, ocorrendo também nos chamados *chapéus de ferro* (capeamentos lateríticos de zonas mineralizadas com sulfetos ricos em ferro). Pode aparecer como inclusão na pedra de sol. Utilizado para obtenção de ferro (62,9% Fe). Têm valor gemológico seus agregados cristalinos fibrorradiados que, lapidados, adquirem um aspecto bonito e original. É usada também na indústria siderometalúrgica. Homenagem ao poeta alemão *Goethe*. Sin. de *xantossiderita*. ▢
GOETZENITA Silicato de sódio, cálcio e titânio – $Na_2Ca_5Ti(Si_2O_7)_2(F,OH)_4$ –, com até 5,14% Ce_2O_3. Forma prismas tricl. incolores de até 0,5 mm, com clivagem (100) perfeita e (001) boa. Encontrado em nefelinitos da R. D. do Congo. Homenagem ao viajante alemão G. A. von *Goetzen*. Pertence ao grupo da rosenbuschita, que inclui mais cinco silicatos tricl. e monocl.
GOIASITA Fosfato básico hidratado de estrôncio e alumínio – $SrAl_3(PO_4)_2(OH,H_2O)_6$ –, trig., que forma cristais incolores, amarelos ou rosados, geralmente pequenos, pseudocúb. ou tabulares, muitas vezes em grãos ou agregados finamente granulados. Pode mostrar estrias horizontais. Clivagem (0001) perfeita. Dur. 4,5-5,0. D. 3,26. Br. graxo a resinoso, nacarado na face de clivagem, transp. Tem 22,45% SrO, podendo apresentar bário (até 20,6% BaO) substituindo o estrôncio. Descoberto em *Goiás* (Brasil), daí seu nome. Sin. de *bowmanita, hamlinita*.
golconda Nome dado aos diamantes da Índia. De *Golconda*, hoje Haiderabad (Paquistão).
GOLDFIELDITA Sulfoantimoneto de cobre e telúrio com arsênio – $Cu_6Cu_4Te_2(Sb,As)_4S_{13}$ –, cúb., cinza-chumbo, descoberto em uma mina de *Goldfield* (daí seu nome), Esmeralda, Nevada (EUA).
GOLDICHITA Sulfato hidratado de potássio e ferro – $KFe(SO_4)_2.4H_2O$ –, em cristais monocl. verdes, produto de alteração da pirita. Descoberto em Utah (EUA) e assim chamado em homenagem ao professor Samuel S. *Goldich*.
GOLDMANITA Silicato de cálcio e vanádio – $Ca_3V_2(SiO_4)_3$ –, cúb., do grupo das granadas. Forma grãos anédricos ou cristais dodecaédricos, de cor verde-escura a verde-amarronzada, em argila e calcita de depósitos uranovanadíferos do Novo México (EUA). D. 3,74. Homenagem a Marcus I. *Goldman*, petrólogo norte-americano.
GOLDQUARRYÍTA Fosfato hidratado de fórmula química $CuCd_2Al_3(PO_4)_4F_2(H_2O)_{10}(H_2O)_2$, tricl., descoberto na mina

Gold Quarry (daí seu nome), em Eureka, Nevada (EUA).

goldschmidtina Sin. de *stephanita*. Não confundir com *goldschmidtita*. Homenagem a *Goldschmidt*, químico e professor de Mineralogia norueguês.

goldschmidtita V. *silvanita*. Não confundir com *goldschmidtina*. Homenagem a *Goldschmidt*, químico e professor de Mineralogia norueguês.

golfo (gar., MT) Depósito diamantífero na zona profunda dos leitos dos rios.

golfo do poço (gar.) Depressão no leito do rio de onde se tira o cascalho diamantífero por meio de escafandro.

GONNARDITA Aluminossilicato hidratado de sódio com cálcio – $(Na,Ca)_{6-8}[(Al,Si)_{20}O_{40}].12H_2O$ –, tetrag., do grupo das zeólitas. Cristaliza em esferas brancas com estrutura finamente fibrorradiada. Homenagem a Ferdinand *Gonnard*, mineralogista francês.

gonsogolita Talvez o mesmo que pectolita.

GONYERITA Silicato básico de manganês com magnésio e ferro – $(Mn,Mg,Fe)_6Si_4O_{10}(OH)_8$ –, ortor. (?), do grupo da clorita, descoberto em Langban, mina de Varmland (Suécia).

goongarrita Sin. de *heyrovskyíta*. De *Goongarrie*, lago da Austrália, perto de onde ocorre.

GOOSECREEKITA Aluminossilicato hidratado de cálcio – $CaAl_2Si_6O_{16}.5H_2O$ –, monocl., do grupo das zeólitas. Incolor ou branco, de br. vítreo, dur. 4,5, D. 2,2, clivagem (010) perfeita. Forma agregados policristalinos e cristais imperfeitos de até 2 mm na pedreira *Goose Creek*, Loudour, Virgínia (EUA), de onde vem seu nome.

GORCEIXITA Fosfato básico hidratado de bário e alumínio – $BaAl_3(PO_4)_2(OH,H_2O)_6$ –, monocl., pseudotrig., do grupo da plumbogumita. Descoberto nas areias diamantíferas do rio Abaeté, em Minas Gerais, (Brasil), onde ocorre como seixos rolados, e assim chamado em homenagem ao cientista francês Henri *Gorceix*, fundador da Escola de Minas e Metalurgia de Ouro Preto. Sin. de *bário-hitchcockita*.

GORDAÍTA Sulfato básico hidratado de sódio e zinco – $NaZn_4(SO_4)(OH)_6Cl.6H_2O$ –, trig., descoberto em Sierra *Gorda* (daí seu nome), Antofagasta (Chile).

GORDONITA Fosfato básico hidratado de magnésio e alumínio – $MgAl_2(PO_4)_2(OH)_2.8H_2O$ –, tricl., que exibe cristais em forma de ripas, com br. vítreo, incolores, reunidos em crostas. Homenagem a Samuel G. *Gordon*, mineralogista norte-americano.

GORGEYITA Sulfato hidratado de potássio e cálcio – $K_2Ca_5(SO_4)_6.H_2O$ –, em pequenos cristais monocl. tabulares, descoberto em mina de sal de Oberosterreich (Áustria) e assim chamado em homenagem a R. *Gorgey*.

gorgulho (gar.) 1. Conglomerado ferruginoso, com cimento argiloso, relativamente grosseiro, onde se encontram diamantes e carbonados, na região da Chapada Diamantina, BA (Brasil). 2. Fragmentos de r. entre os quais se encontra o ouro. 3. Sin. de *grupiara*.

GORMANITA Fosfato básico hidratado de ferro e alumínio – $Fe_3Al_4(PO_4)_4(OH)_6.2H_2O$ –, tricl., verde-azul, isomorfo da sousalita. Forma cristais alongados de até 3 mm, em agregados radiais ou cristais laminados. Traço verde-claro, br. vítreo, D. 3,13. Descoberto em formações ferríferas de Yukon (Canadá), onde é comum. Homenagem ao professor canadense D. H. *Gorman*.

GORTDRUMITA Sulfeto de cobre e mercúrio com ferro – $(Cu,Fe)_6Hg_2S_5$ –, ortor., com menos de 0,2 mm, encontrado em dolomita de *Gortdrum*, mina de Tiperary (Irlanda).

goshenita Var. de berilo incolor, branca ou azulada, bastante comum, raramente usada como gema. De *Goshen*, Massachusetts (EUA), onde ocorre.

GOSLARITA Sulfato hidratado de zinco – $ZnSO_4.7H_2O$ –, ortor., branco, geralmente maciço, solúvel em água fria, formado por oxidação da esfalerita. De *Goslar* Harz (Alemanha), onde foi descoberto.

gosseletita Silicato de manganês. Provavelmente se trata de viridina.

GOTTARtTA Aluminossilicato hidratado de sódio, magnésio e cálcio – $Na_3Mg_3Ca_5[AlSi_{117}O_{272}] \cdot 93H_2O$ –, ortor., do grupo das zeólitas, descoberto na Antártica.

GOTTLOBITA Arsenato-vanadato básico de cálcio e magnésio – $CaMg(VO_4,AsO_4)(OH)$ –, ortor., descoberto em uma mina abandonada na montanha *Gottlob* (daí seu nome), na Alemanha. Forma série isomórfica com a adelita.

GOUDEYITA Arsenato básico hidratado de cobre e alumínio com ítrio – $(Al,Y)Cu_6(AsO_4)_3(OH)_6 \cdot 3H_2O$ –, hexag., do grupo da muxita. Forma prismas de até 0,5 mm de comprimento, verde-amarelados, de D. 3,5. Homenagem a Hatfield *Goudey*, geólogo norte-americano.

gouverneurita Var. de turmalina de cor parda, contendo magnésio.

GOWERITA Borato hidratado de cálcio – $CaB_6O_{10} \cdot 5H_2O$ –, equivalente cálcico da aksaíta. Monocl., encontrado na forma de pequenos glóbulos. Dur. 3,0. D. 2,00. Descoberto em Inyo, Califórnia (EUA), e assim chamado em homenagem a Harrison P. *Gower*.

grade Alternância de manchas claras e escuras de cor púrpura que se observa nos espinélios sintéticos quando se usa o polariscópio com nicóis cruzados, a qual evidencia a natureza sintética da gema.

GRAEMITA Óxido hidratado de cobre e telúrio – $CuTeO_3 \cdot H_2O$ –, em cristais ortor. de até 8 mm de comprimento, verde-azulados. Descoberto em Cochise, Arizona (EUA), e assim chamado em homenagem a Richard *Graeme*, geólogo que o descobriu.

GRAESERITA Arsenato básico de ferro e titânio – $Fe_4Ti_3AsO_{13}(OH)$ –, monocl., do grupo da derbylita, descoberto nos Alpes suíços.

GRAFITA Carbono – C – cristalizado nos sistemas hexag. e trig., polimorfo da chaoíta, do diamante e da lonsdaleíta. Opaco, de dur. 1,0, D. 2,23, clivagem basal perfeita, tato untuoso, cor cinza a preta, maciço ou formando cristais, flocos, aparas, lâminas ou grãos. Ocorre em veios ou disseminado em r. metamórficas. Presente ainda em meteorito. Usado como lubrificante, em lápis, cadinhos, eletrodos, baterias, estufas, tintas e reatores atômicos. A grafita usada industrialmente é, em geral, sintética. Do gr. *graphein* (escrever), por seu emprego no lápis.

grafitita Var. criptocristalina de grafita.

GRAFTONITA Fosfato de ferro, manganês e cálcio – $(Fe,Mn,Ca)_3(PO_4)_2$ –, monocl., cristalizado em intercrescimentos com trifilita de hábito laminado. Cor rosa-salmão. De *Grafton*, New Hampshire (EUA), onde foi descoberto. Sin. de *repossita*. Não confundir com *gratonita*.

grahamito Sin. de *mesossiderito*. Homenagem a J. A. *Graham* e J. L. *Graham*, mineradores norte-americanos.

gralmandita Granada quimicamente intermediária entre *grossulária* e *almandina* (daí seu nome).

gramenita V. *nontronita*.

granada Designação comum aos membros de um grupo de 15 silicatos cúb. de fórmula geral $A_3B_2(SiO_4)_3$, onde A = Ca, Mg, Fe ou Mn, e B = Al, Fe, Mn, Cr, Si, Ti, V ou Zr. O Si é parcialmente substituído por Al ou Fe. As granadas são cúb. e cristalizam geralmente em dodecaedros de cor variável (verde, vermelha, amarela, marrom, preta), às vezes com zoneamento, sendo raramente incolores e nunca azuis. Podem mostrar maclas segundo (210), mas são muito raras. Transp. a semitransp., traço branco, br. vítreo, graxo ou adamantino, sem clivagem. Dur. 6,5-7,5. Quebradiças. D. 3,50-4,20. IR 1,705-2,000. Podem ter asterismo e dupla refração anômala, com dispersão moderada a alta. Ocorrem em r. ígneas e, principalmente, nas metamórficas de contato. As espécies mais comuns são *almandina*, *piropo*, *spessartina*, *grossulária*, *uvarovita* e *andradita* (v. esses nomes). Uso. Como gema, as granadas mais importantes são o piropo e o demantoide. Para outros fins, a mais importante é a almandina. Granadas não gemológicas são usadas como abrasivos (lixas, principalmente) e em relógios (como "rubis"). Valor coml. O piropo cromífero vale US$ 5 a US$ 100/ct para gemas de 0,25 ct a 3 ct. A hidrogrossulária rosa varia de US$ 5 a US$ 25 para gemas de 1 a 10 ct. Imitações e substitutos. Há falsos *doublets* com coroa de granada e pavilhão de vidro, que podem ser reconhecidos pela diferença no br. entre as duas partes; pelo aparecimento de um anel vermelho na cintura quando se observa a pedra sobre um fundo branco e apoiada sobre a sua mesa; pelos IR, que são muito diferentes, ou, ainda, pelo emprego da luz UV de 2.500 Å, que mostra ser o pavilhão fluorescente e a coroa, não. As granadas vermelhas não mostram outra cor quando vistas através do filtro de Chelsea. Principais produtores. Os principais produtores de granada são República Checa, África do Sul (piropo), Rússia, Austrália, Sri Lanka, Áustria, Hungria, Alemanha, Índia, Madagascar e EUA. No Brasil, ocorrem em Minas Gerais, Espírito Santo, Bahia, Paraíba, Ceará, Rondônia e Rio Grande do Norte. Lapid. As granadas são lapidadas com formato oval, retangular, em cabuchões côncavo-convexos ou brilhante. História. O maior cristal conhecido foi descoberto na Noruega; tinha 2,30 m e 37,5 t. Etimologia. Do lat. *granatus* (granulado), por ocorrerem frequentemente em grãos. ▢

granada bobrowka 1. V. *demantoide*. 2. V. *grossulária*.

granada boêmia Piropo vermelho-amarelado abundante em Mittelgebirge, Boêmia (República Checa).

granada-branca 1. Var. de grossulária transl., às vezes com aparência de jade branco. 2. V. *leucita*. 3. V. *olivenita*. Assim chamada por seu hábito, semelhante ao da *granada*, e sua cor *branca*.

granada ceilão Almandina proveniente do Sri Lanka (antigo Ceilão).

granada da síria *Almandina*.

granada de piche Var. de andradita amarela, muito escura.

granada do cabo Almandina amarelo-avermelhada.

granada-estrela Var. de almandina com asterismo.

granada fashoda Piropo vermelho-escuro a vermelho-amarronzado da Tanzânia. Sin. de ¹*rubi fashoda*.

granada-guarnaccine Nome coml. das granadas vermelho-amareladas.

granada-indiana V. *almandina*.

granada-jacinto V. *hessonita*.

granada-jade Sin. de *jade do transvaal*.

granada-nobre V. *piropo*.

granada-oriental Almandina ou piropo de br. e cor excepcionais. Sin. de *granada-preciosa*.

granada-pérola Andradita marrom-âmbar, escura.

granada-piramidal V. *vesuvianita*.

granada-preciosa Sin. de *granada-oriental*.

granada-siberiana V. *almandina*.

granada-sintética Coríndon sintético vermelho-escuro, usado como imitação de granada.

granada-síria Nome coml. da almandina de qualidade gemológica.

GRANDIDIERITA Silicoborato de magnésio e alumínio – $MgAl_3O_2(BO_3)SiO_4$ –, monocl., que forma grandes cristais alongados de cor verde-azulada. Lembra a safirina. Clivagem [100] perfeita. Muito raro.

grandita Denominação das granadas quimicamente intermediárias entre a *grossulária* e a *andradita*, daí seu nome.

GRANDREEFITA Sulfato de chumbo – $Pb_2(SO_4)F_2$ –, monocl., descoberto em Graham, Arizona (EUA). Cf. *pseudograndreefita*.

granito 1. R. ígnea de granulação fina a grossa, composta essencialmente de qz. e feldspato, geralmente com mica. Os granitos contêm 10%-50% de qz., representando os feldspatos alcalinos 65%

a 90% do total de feldspatos. Como r. com essa composição são relativamente raras, é comum incluir na categoria dos granitos r. como adamelito e quartzo-monzonito. 2. Nome coml. empregado no mercado de r. ornamentais para designar diversos tipos de r. silicáticas. Os granitos ornamentais brasileiros compreendem granitos *stricto sensu*, sienitos, pulaskitos, dioritos, quartzo-monzonitos, charnockitos, essexitos, kinzigitos, migmatitos e tonalitos, entre outras r. Os granitos têm D. média 2,65. Usados como pedra ornamental, duram mais de 200 anos. O Brasil exporta mais granitos que mármores, destacando-se, nesse comércio, o *preto tijuca* (v.), do Rio de Janeiro (RJ). 3. (gar., BA) Qualquer r. dura. 4. Nome coml. de um granito ornamental procedente de Braço do Norte, SC (Brasil). Tem 48% de ortoclásio pertítico, 30% de qz., 19% de plagioclásio, além de biotita, fluorita, zircão, clorita, sericita e epídoto. D. 2,59. PA 1,14%. AA 0,24%. RF 62,68 kgf/cm². TCU 617 kgf/cm². ☐

granito-brilhante Nome coml. de um migmatito ornamental de cor cinza que ocorre no Brasil.

granito fluminense Nome coml. de um granito ornamental amarelo e cinza do Rio de Janeiro (Brasil).

granito gráfico Intercrescimento de microclínio e qz., aparecendo este em cristais cuneiformes. É encontrado em pegmatitos.

granito miracema Nome coml. de um gnaisse cinza, rajado, em finas placas, usado como pedra ornamental, sem polimento.

granito santa isabel Nome coml. de um gnaisse cinza usado como pedra ornamental.

granito verde Nome coml. de um granito ornamental verde procedente de Ibirama, SC (Brasil). Tem 59% de ortoclásio pertítico, 35% de qz., além de biotita, epídoto e granada. D. 2,57. PA 0,75%. AA 0,34%. RF 42,00 kgf/cm². TCU 539 kgf/cm².

GRANTSITA Vanadato hidratado de sódio com cálcio – $(Na,Ca)_xV_6O_{16}.4H_2O$ –, monocl., em agregados fibrosos, verde-oliva a quase preto, br. sedoso, nacarado ou subadamantino. De *Grants*, Valência, Novo México (EUA), onde ocorre.

granzerita V. *sanidina*.

grão Unidade de massa empregada para pérolas, equivalente a 1/4 ct ou 0,050 g. A tendência moderna é usar sempre o quilate em lugar do grão.

GRATONITA Sulfoarseneto de chumbo – $Pb_9As_4S_{15}$ – em cristais trig. cinza-chumbo, descoberto em Cerro de Pasco (Peru). É o mais rico dos minerais de chumbo. Homenagem a L. C. *Graton*, professor norte-americano. Não confundir com *graftonita*.

GRATTAROLAÍTA Fosfato de ferro – Fe_3PO_7 –, trig., descoberto no rio Arno (Itália).

GRAULICHITA-(Ce) Arsenato básico de cério e ferro – $CeFe_3(AsO_4)_2(OH)_6$ –,trig., descoberto em Ardennes, na Bélgica.

gravatão (gar.) Cianita. Sin. de *chifre de boi*.

GRAVEGLIAÍTA Sulfito hidratado de manganês – $Mn(SO_3).3H_2O$ –, ortor., descoberto em Val Graveglia, Ligúria (Itália). Pronuncia-se "graveliaíta".

GRAYITA Fosfato hidratado de tório com certa quantidade de chumbo e cálcio – $(Th,Pb,Ca)PO_4.H_2O$ –, hexag., amarelo, pulverulento, descoberto no Zimbábue. Pode conter também urânio e TR. Assim chamado em homenagem ao engenheiro de minas Anton *Gray*.

GRECHISHCHEVITA Mineral de fórmula química $Hg_3S_2(Br,Cl,I)_2$, tetrag., dimorfo da arzakita, descoberto na Sibéria (Rússia).

green-gold Nome coml. de um qz. gemológico amarelo-esverdeado obtido por tratamento de cristal de rocha com radiação gama. Cf. *beer, cognac*.

greenlandita V. *columbita*. Talvez de *Greenland* (Groenlândia).

GREENOCKITA Sulfeto de cádmio – CdS –, hexag., dimorfo da hawleyita. Ocorre geralmente como incrustações terrosas ou recobrindo esfalerita e outros minerais de zinco. Amarelo, marrom ou vermelho; br. adamantino a resinoso. Dur. 3,0-3,5. D. 4,90-5,00. Frat. conchoidal e boa clivagem prismática; transp. a transl. Usado como pigmento e para obtenção de cádmio, sendo seu único mineral importante. Homenagem ao lorde *Greenock*, que reconheceu sua existência como espécie independente (até então era tido como esfalerita). Sin. de *blenda de cádmio*, *xantocroíta*.

greenovita Var. de esfênio rósea ou avermelhada com até 3% de óxido de manganês. Homenagem a George B. *Greenough*, geólogo inglês.

GREGORYÍTA Carbonato de sódio, potássio e cálcio – $(Na_2,K_2,Ca)CO_3$ –, hexag., com estrutura altamente desordenada, formando cristais arredondados em lâmina delgada. Descoberto em lavas carbonáticas de Oldoinyo Lengai (Tanzânia). Homenagem a J. W. *Gregory*.

GREIFENSTEINITA Fosfato básico hidratado de cálcio, berílio e ferro com manganês – $Ca_2Be_4(Fe,Mn)_5(PO_4)_6(OH)_4.6H_2O$ –, monocl., descoberto em *Greifenstein* (daí seu nome), Saxônia (Alemanha). Cf. *roscherita*.

GREIGITA Sulfeto de ferro – Fe_3S_4 – em pequenos grãos ou cristais cúb., rosados, fortemente magnéticos, descoberto em jazida de boratos de Kern, Califórnia (EUA). D. 4,08. De Joseph W. *Greig*. Sin. de *melnikovita*.

greinerita Carbonato de magnésio, manganês e cálcio. É uma dolomita manganesífera. De *Greiner*, Zillerthal, Tirol (Áustria).

grenatita 1. V. *estaurolita*. 2. V. *leucita*. Do fr. *grenat* (granada).

GRICEÍTA Fluoreto de lítio – LiF –, cúb., do grupo da halita, descoberto na pedreira Poudrette, em Rouville, Quebec (Canadá).

grifa (gar.) Diamante pequeno, em lascas, usado principalmente na indústria.

griffithita Mineral identificado inicialmente como nontronita, mas que, sabe-se hoje, é uma var. ferrífera de saponita. De *Griffith* Park, Los Angeles, Califórnia (EUA). Cf. *grifita*.

GRIFITA Fosfato muito complexo de fórmula química $(Mn,Na,Li,Ca,Fe,Mg)_{24}Ca_4(Fe,Al,[\ ])_4(Al,Fe)_8(PO_4,H_4O_4)_{24}(F,OH)_8$, cúb., com estrutura cristalina semelhante à das granadas. Tem dur. 5,5, D. 3,4 e cor marrom. Do gr. *griphos* (quebra-cabeça), por sua complexa composição química.

GRIMALDIITA Óxido básico de cromo – CrO(OH) –, tricl., que ocorre intercrescido como mcconnellita. Descoberto em Rouville, Quebec (Canadá), e assim chamado em homenagem a Frank S. *Grimaldi*, químico norte-americano. Cf. *merumita*.

GRIMSELITA Carbonato hidratado de potássio, sódio e uranila – $K_3Na(UO_2)(CO_3)_3.H_2O$ –, hexag., amarelo, solúvel em água, de D. 3,3, traço amarelo-claro, sem clivagem, com frat. conchoidal. Dur. 2,0-2,5. Forma crostas de agregados finamente granulados, geralmente de grãos anédricos, frágeis. De *Grimsel*, Berna (Suíça), onde foi descoberto.

GRINALITA Silicato básico de ferro – $(Fe^{2+},Fe^{3+})_{<6}Si_4O_{10}(OH)_8$ –, monocl., do grupo caulinita-serpentina. Forma pequenos grânulos verdes elipsoidais, semelhantes à glauconita, da qual diferem por não conterem potássio. D. 3, moderadamente magnético. Por aquecimento, perde água facilmente, ficando opaco e fortemente magnético. Descoberto em formações ferríferas de Minnesota (EUA). Do ingl. *green* (verde) + *ita*, por sua cor.

griotte Nome dado, na França, a um calcário fossilífero fino, vermelho, frequentemente com pequenas manchas púrpura e pontos ou traços brancos ou marrons, usado como pedra ornamental.

griqualandita V. *grunerita*. De *Griqualand* (África do Sul), local de onde provém o olho de tigre. Nome a abandonar.

GRISCHUNITA Arsenato hidratado de sódio, cálcio e manganês com ferro – $NaCa_2Mn_4(Mn,Fe)(AsO_4)_6.2H_2O$ –,

ortr., descoberto em Grissons, na Suíça. Cf. *wicksita*.
grochauita V. *afrossiderita*.
grodnolita Sin. de *colofonita*. De Grodno (Polônia).
GROSSITA Óxido de cálcio e alumínio – $CaAl_4O_7$ –, monocl., descoberto em meteoritos encontrados no Saara argelino.
grosso (gar.) Diamante de grande tamanho. Sin.: (BA) *tobá*; (BA, PI) ²*pedra*.
grossouvreíta Var. de opala pulverulenta, antigamente conhecida por vierzonita.
GROSSULÁRIA Silicato de cálcio e alumínio – $Ca_3Al_2(SiO_4)_3$ –, do grupo das granadas. Forma três séries isomórficas: com a andradita, com a hibschita e a katoíta e com a uvarovita. A grossulária é cúb., geralmente cristalizada em dodecaedros com cor verde, podendo ser também branca, amarela e marrom. Transp. a semitransl., com traço branco, br. vítreo, sem clivagem. Dur. 6,5-7,0. D. 3,55-3,67. IR 1,742-1,748. Disp. 0,028. Apresenta como inclusão comum prismas ocos preenchidos por líquidos. Esses prismas são curtos e arredondados e bastante numerosos. A grossulária tem duas var. gemológicas: a hessonita (amarelo-alaranjada a marrom-alaranjada, transp.) e o jade do transvaal (verde-amarelada, transl. a semitransl., com pequenas inclusões pretas, visíveis a olho nu). É usada também como abrasivo. Ocorre em calcários impuros que sofreram metamorfismo de contato. Os principais produtores são Sri Lanka, Canadá, Suíça, África do Sul, Tanzânia e Quênia. Grossulárias lapidadas de 1 ct a 3 ct valem de US$ 5 a US$ 35/ct. Do lat. *grossularia* (groselha). Sin. de *ernita*, ²*granada bobrowka*, *grossularita*, *pedra de canela*.
grossularita Sin. de *grossulária*, forma preferível.
grothina Silicato de cálcio e alumínio com um pouco de ferro. Ortor., incolor. Muito raro. Não confundir com *grothita*, *groutita*.
grothita 1. V. *esfênio*. 2. Nome de uma var. de esfênio. Não confundir com *grothina*, *groutita*. Homenagem a Paul von *Groth*, mineralogista alemão.
GROUTITA Óxido básico de manganês – α-$MnO(OH)$ –, ortor., trimorfo da manganita e da feitknechtita. Forma cristais cuneiformes de br. submetálico a adamantino, pretos, com risco pardo. Clivagens (010) perfeita e (100); estriado paralelamente a [001]. Homenagem ao professor Frank F. *Grout*. Cf. *manganita*, *feitknechtita*. Não confundir com *grothina*, *grothita*.
grovesita Sin. de *pennantita*.
GRUMANTITA Silicato básico hidratado de sódio – $NaSi_2O_4(OH).H_2O$ –, ortor., descoberto na península de Kola (Rússia).
GRUMIPLUCITA Sulfeto de mercúrio e bismuto – $HgBi_2S_4$ –, monocl., descoberto na Toscânia (Itália).
gruna (gar.) Depressão formada em certos rios pelo trabalho dos garimpeiros ou pela própria água, na qual podem acumular-se diamantes.
GRUNERITA Silicato básico de ferro – [ ]$Fe_7Si_8O_{22}(OH)_2$ –, do grupo dos anfibólios monocl., dimorfo da ferroantofilita. Forma série isomórfica com a cummingtonita. Ocorre geralmente em massas fibrosas ou lamelares com duas clivagens perfeitas. De Louis Emmanuel *Grüner*, químico franco-suíço que analisou o mineral.
grünlingita Mistura de joseíta e bismutinita, antes considerada espécie. Homenagem a F. *Grünling*, mineralogista alemão.
grupiara 1. Depósito sedimentar diamantífero encontrado em cristas de morros. 2. Cascalho estratificado e aurífero, encontrado nas faldas das montanhas. 3. (gar., BA) Depósito diamantífero semelhante ao cascalhão, mas, a ex. do curuçá, menos espesso. Em Mucugê (BA), esses depósitos recebem o nome de cascalhão baixo. Se a matéria orgânica predomina na matriz do depósito, ele recebe o nome de borra de café. Do tupi *cu'rupi'ara* (jazida em cascalho). Sin. de

crupiara, ³*gorgulho*, *guapiara*, *gupiara*, *itaipava*.

grupo mineral Conjunto de espécies intimamente relacionadas que têm mesma composição química e/ou estrutura cristalina.

gruta (nome coml.) V. *capela*.

GRUZDEVITA Sulfoantimoneto de cobre e mercúrio – $Cu_6Hg_3Sb_4S_{12}$ –, trig., isomorfo da aktashita. Ocorre em Kirzigia, Ásia Central, intercalado com aktashita. D. 5,88, sem clivagem. Homenagem a V. S. *Gruzdev*, mineralogista soviético. Cf. *nowackiita*.

guadalcazarita Var. de cinábrio com zinco. De *Guadalcázar*, San Luis Potosí (México), onde foi descoberto.

guadarramita Var. de ilmenita radioativa. De *Guadarrama*, Castile (Espanha).

GUANAJUATITA Seleneto de bismuto – Bi_2Se_3 –, ortor., dimorfo da paraguanajuatita. Forma cristais prismáticos, aciculares ou fibrosos, de cor cinza ou cinza-azulada, br. metálico, com dur. 2,5-3,5 e D. 6,25-6,98. Usado para obtenção de selênio. De *Guanajuato* (México), onde foi descoberto. Sin. de *frenzelita, castillita, selenobismutita, silaonita*.

guanglinita Arseneto de paládio – Pd_3As –, tetrag., com 80,3% Pd, semelhante à isomertieíta. Relativamente comum em vários minérios de platina de r. ultrabásicas, particularmente no distrito de Hung (China). (Pronuncia-se "kuang-linita".)

GUANINA 2-amino-6-hidroxipurina – $C_5H_3(NH_2)N_4O$ –, monocl., descoberto em uma ilha do Peru. É extraída do local onde as escamas se fixam ao corpo de peixes como o *Leuciscus*, e utilizada para obter *essência de oriente* (v.), com vistas à fabricação de imitações de pérolas.

guapiara V. *grupiara*.

guarinita Sin. de *hiortdahlita*. Cf. *guerinita*.

GUARINOÍTA Sulfato básico hidratado de zinco com cobalto e níquel – $(Zn,Co,Ni)_6SO_4(OH,Cl)_{10}.5H_2O$ –, hexag., descoberto em Var, na França.

GUDMUNDITA Sulfeto de ferro e antimônio – FeSbS – em cristais monocl., alongados, prateados ou cor de aço. De *Gudmundsttorp*, Boliden (Suécia), onde foi descoberto.

guejarita Sin. de *calcostibita*.

guembelita Var. magnesífera de illita, com propriedades semelhantes às desse mineral.

GUERINITA Arsenato ác. hidratado de cálcio – $Ca_5H_2(AsO_4)_4.9H_2O$ –, monocl., dimorfo da ferrarisita. Forma esferas e rosetas, raramente cristais isolados, de 0,2 a 0,3 mm, aciculares ou cuneiformes. Incolor ou branco, br. vítreo a nacarado. Dur. 1,5. D. 2,76. Homenagem a Henri *Guerin*. Cf. *guarinita*.

GUETTARDITA Sulfoantimoneto de chumbo com arsênio – $Pb(Sb,As)_2S_4$ –, monocl., dimorfo da twinnita. Descoberto em Hastings, Ontário (Canadá), e assim chamado em homenagem ao geólogo francês Jean E. *Guettard*.

GUGIAÍTA Silicato de cálcio e berílio – $Ca_2BeSi_2O_7$ –, tetrag., do grupo da melilita, dimorfo da jeffreyita. De *Gugia* (China), onde foi descoberto.

guia (gar.) Sin. de ¹*fava*.

GUIANAÍTA Óxido básico de cromo – CrO(OH) –, ortor., trimorfo da bracewellita e da grimaldiita. Marrom-avermelhado, marrom-dourado ou marrom-esverdeado. D. 4,53. De *Guiana*, onde foi descoberto. Cf. *merumita*.

GUILDITA Sulfato básico hidratado de cobre e ferro – $CuFe(SO_4)_2(OH).4H_2O$ –, monocl., em cristais marrom-escuros. Descoberto em uma mina de Yavapai, Arizona (EUA), e assim chamado em homenagem a Frank N. *Guild*.

GUILLEMINITA Selenato hidratado de bário e uranila – $Ba(UO_2)_3(SeO_3)_2O_2.3H_2O$ –, encontrado como capas e massas de br. sedoso, amarelo-canário, ou como tabletes ortor. em geodos. Frágil, com clivagem (100) perfeita e (010) boa. D. 4,88. Descoberto na zona de oxidação de depósitos de Cu e Co em Musonoi, província de Shaba (R. D. do Congo), e assim chamado em homenagem ao engenheiro francês C. *Guillemin*.

guimarãesita Titanato de urânio descoberto em Divino, Ubá, MG (Brasil). Homenagem a Djalma *Guimarães*, petrólogo brasileiro.

guitermanita Sulfoarseneto de chumbo – $Pb_{10}As_6S_{19}$ –, de cor cinza-azulado. Talvez seja uma mistura. Homenagem a Frank *Guiterman*, metalurgista norte-americano.

gumita Termo genérico que designa os produtos de alteração da uraninita. São minerais de cor amarela, laranja, marrom ou avermelhada, de br. graxo a sedoso. Dur. 2,5-5,0. D. 3,90-6,40. Frágeis, sem clivagem, transl. Incluem óxidos, silicatos e fosfatos e são encontrados em pegmatitos. Talvez do lat. *gummi* (goma). Sin. de *eliasita*, *pittinita*.

gumucionita Var. de esfalerita com arsênio. Tem hábito botrioidal, fibrorradiado e cor vermelho-framboesa a marrom. Homenagem ao engenheiro boliviano Julio F. *Gumucio*.

gunnardita Sulfeto de níquel e ferro. Provavelmente se trata de pentlandita.

gunnbjarnita Silicato hidratado de ferro, alumínio, magnésio e cálcio micáceo, preto, encontrado em basalto. Homenagem a *Gunnbjarn* Ulfsson, descobridor da Groenlândia.

GUNNINGITA Sulfato hidratado de zinco – $ZnSO_4.H_2O$ –, monocl., do grupo da kieserita. Ocorre como eflorescências sobre esfalerita. Descoberto na mina Calumet, em Yukon (Canadá).

GUPEIITA Siliceto de ferro – Fe_3Si –, cúb., descoberto em Yanshan, na China. De *Gupeikou*, uma passagem da Grande Muralha da China.

gupiara Sin. de *grupiara*.

gurhofita Var. de dolomita de cor branca com grande quantidade de cálcio.

GUSTAVITA Sulfeto de chumbo, prata e bismuto – $PbAgBi_3S_6$ –, com 7,38% Ag. Monocl., pseudo-ortor., em grãos tabulares de até 2 mm, com cor branco-acinzentada ou branca, com clivagem má. É um mineral raro que forma série isomórfica com a lillianita. Cf. *heyrovskyíta*.

GUTKOVAÍTA-(Mn) Silicato de fórmula química $CaK_2Mn(Ti,Nb)_4(Si_4O_{12})(O,OH)_4.5H_2O$, monocl., descoberto na península de Kola (Rússia). O nome homenageia o mineralogista russo N. N. *Gutkova*.

GUTSEVICHITA Fosfato-vanadato básico hidratado de alumínio e ferro – $(Al,Fe)_3(PO_4,VO_4)_2(OH)_3.8H_2O$ (?). Homenagem a V. P. *Gutsevich*, geólogo que trabalhou no Casaquistão.

GWIHABAÍTA Nitrato de amônio com potássio – $(NH_4,K)(NO_3)$ –, ortor., descoberto em Botswana, na caverna *Gwihaba* (daí seu nome).

GYSINITA-(Nd) Carbonato básico hidratado de chumbo e metais de TR – $Pb(Nd,La)(CO_3)_2(OH).H_2O$ –, ortor., descoberto em Shinkolobwe, Shaba (R. D. do Congo), na forma de cristais euédricos rosa-claro a rosa-avermelhados, com até 1 mm de comprimento, de hábito pseudo-octaédrico. D. 4,8, traço branco a rosa-claro. O nome é homenagem ao professor Marcel *Gysin*.

Hh

HAAPALAÍTA Mineral de fórmula química $4(Fe,Ni)S.3(Mg,Fe)(OH)_2$, encontrado em serpentinitos, onde aparece como escamas pequenas, de dur. muito baixa (menor que a da grafita), avermelhadas, de simetria hexag., que adquirem *tarnish* iridescente sob ataque de ác. clorídrico e nítrico. Homenagem a Paavo *Haapala*, geólogo finlandês. Cf. *tochilinita, valleriita*.

hábito Aparência externa de um mineral, compreendendo a forma cristalina (ou combinação de formas) e as irregularidades típicas da espécie ou var. Pode ser tabular, colunar, granular, octaédrico, asbestiforme, acicular, prismático estriado etc.

hackmanita Var. gemológica de sodalita de cor rosa, com enxofre. Hackmanita gemológica foi descoberta pela primeira vez em 1991, em Quebec (Canadá). Sua cor enfraquece por ação da luz. Mostra usualmente fluorescência alaranjada ou vermelha. Homenagem a Victor *Hackman*, cientista finlandês.

haddamita V. *microlita*. Não confundir com *adamita*.

HÁFNON Silicato de háfnio – $HfSiO_4$ –, tetrag., encontrado em pegmatitos tantalíferos de Moçambique, associado com cookeíta e cleavelandita, e em Naque (MG). Cf. *zircão*.

hagatalita Var. de zircão rica em metais de TR.

HAGENDORFITA Fosfato de sódio, manganês e ferro com cálcio – $(Na,Ca)MnFe_2(PO_4)_3$ –, monocl., verde-escuro. Forma uma série com a varulita. De *Hagendorf*, Baviera (Alemanha), onde foi descoberto.

HAGGERTYÍTA Óxido de fórmula química $Ba[Ti_5Fe_6Mg]O_{19}$, hexag., descoberto em Pike, Arkansas (EUA), e assim chamado em homenagem ao professor Stephen E. *Haggerty*.

HAGGITA Hidróxido de vanádio – $V_2O_2(OH)_3$ –, monocl., preto, descoberto em Crook, Wyoming (EUA).

HAIDINGERITA Arsenato hidratado de cálcio – $Ca(AsO_3OH).H_2O$ –, ortor., branco ou incolor, com uma clivagem perfeita, formando crostas. Homenagem a Wilhelm K. von *Haindinger*, mineralogista austríaco.

HAIGERACHITA Fosfato hidratado de potássio e ferro – $KFe_3(H_2PO_4)_6(HPO_4)_2.4H_2O$ –, monocl., descoberto na Floresta Negra (Alemanha).

HAINITA Silicato de sódio, cálcio e titânio com zircônio – $Na_5Ca_5(Ti,Zr)_2(Si_2O_7)(F,OH)_4$ –, tricl., em prismas amarelos, de br. adamantino. Assemelha-se à hiortdahlita, mas provavelmente contém cério. Muito raro, ocorre em fonolito. Descoberto na Boêmia (República Checa).

HAIWEEÍTA Silicato básico hidratado de cálcio e uranila – $Ca(UO_2)_2Si_5O_{12}(OH)_2.4,5H_2O$ –, amarelo-esverdeado a amarelo-claro, ortor. De Haiwee, montanhas Coso, Califórnia (EUA), onde foi descoberto. Sin. de *ranquilita*.

HAKITA Sulfoantimoneto de cobre e mercúrio com selênio – $Cu_{10}Hg_2Sb_4(S,Se)_{13}$ –, cúb., do grupo da tennantita, descoberto na Boêmia (República Checa) e assim chamado em homenagem ao mineralogista checo Jarosla *Hak*.

halbanita Nome coml. de uma morganita procedente de Barra de Salinas, MG (Brasil), que, devidamente tratada, adquire bela cor azul-violeta e é vendida como água-marinha. A cor pode desaparecer por ação do sol. De *Halley Baptiste*, proprietário da jazida de onde provém.

haliote V. *abalone*.

HALITA Cloreto de sódio – $NaCl$ –, cúb., maciço, granular, compacto ou em cristais em forma de cubo. Dur. baixa (2,5),

D. baixa (2,10-2,60). Sabor salgado típico e clivagem cúb. perfeita, br. graxo. É frágil, transp. e higroscópico. Encontrado em evaporitos. Usado para curtir couro, em fertilizantes, preservação de alimentos, herbicidas e refrigeração. Também para obtenção de cloro, sódio, ác. clorídrico e carbonato de sódio. Do gr. *halos* (sal). Sin. de *sal-gema*. Cf. *alita*. ☐

hallerita Var. litinífera de paragonita, semelhante à moscovita.

HALLIMONDITA Arsenato de chumbo e uranila – $Pb_2UO_2(AsO_4)_2$ –, tricl., secundário, amarelo, formando drusas de pequenos cristais tabulares em brecha, com frat. conchoidal e sem clivagem. É transp. a transl. Homenagem a Arthur F. *Hallimond*, mineralogista britânico.

HALLOYSITA Silicato básico de alumínio – $Al_2Si_2O_5(OH)_4$ –, monocl. ou hexag., polimorfo da dickita, da nacrita e da caulinita. Usado em cerâmica. Homenagem a Omalins d'*Halloy*, geólogo belga. Cf. *torniellita*. Não confundir com *aloisiita*.

halo pleocroico Pequena esfera colorida ou escura que aparece em torno de inclusões de minerais radioativos (como zircão, rutilo, apatita, esfênio, monazita, allanita e xenotínio).

HALOTRIQUITA Sulfato hidratado de ferro e alumínio – $FeAl_2(SO_4)_4.22H_2O$ –, do grupo dos alumes. Monocl., forma série isomórfica com a pickeringita. Mostra cristais fibrosos amarelados, solúveis em água fria. Do lat. *halotrichum*, que vem do al. antigo *Haarsalz*. Sin. de *alume de ferro*. O grupo da halotriquita compreende sete sulfatos monocl. de fórmula geral $AB_2(SO_4)_4$.

HALURGITA Borato básico hidratado de magnésio – $Mg_2[B_4O_5(OH)_4]_2.H_2O$ –, monocl., que ocorre com estroncioborita e outros minerais, na forma de massas finamente granuladas, raramente em cristais laminados, de 0,01 a 0,25 mm. Branco. Dur. 2,5-3,0, D. 2,19. Homenagem ao Instituto de *Halurgy*, da Rússia, onde foram feitos muitos estudos sobre depósitos salinos. Cf. *alurgita*.

HAMBERGITA Borato básico de berílio – $Be_2BO_3(OH)$ –, com 55,5% BeO. Ortor., forma prismas estriados longitudinalmente, brancos, incolores ou cinzentos, transp., geralmente bem desenvolvidos, de br. vítreo, com clivagem (010) perfeita e (100) boa. Dur. 7,5. D. 2,40. IR 1,555-1,626. Bir. 0,071-0,072. B(+). Disp. 0,015. É um mineral raro, encontrado em sienitos de Madagascar e usado como gema. Homenagem a Axel *Hamberg*, mineralogista sueco, o primeiro a estudá-lo.

hamlinita Sin. de *goiasita*. Homenagem ao mineralogista A. C. *Hamlin*.

HAMMARITA Sulfeto de chumbo, cobre e bismuto – $Pb_2Cu_2Bi_4S_9$ –, em agulhas ortor., cinzentas ou avermelhadas. De Gladhammar, Kalmar (Suécia), onde foi descoberto. Cf. *gladita*.

HANAWALTITA Mineral de fórmula química $Hg_7[Cl,(OH)]_2O_3$, ortor., descoberto em San Benito, Califórnia (EUA), e assim chamado em homenagem ao Dr. J. Donald *Hanawalt*, pioneiro no uso da difração de raios X.

HANCOCKITA Silicato básico de chumbo e alumínio com cálcio, estrôncio e ferro – $(Pb,Ca,Sr)_2(Al,Fe)_3(SiO_4)_3(OH)$ –, do grupo do epídoto. Descoberto em Sussex, New Jersey (EUA), e assim chamado em homenagem a E. P. *Hancock*, mineralogista norte-americano.

HANKSITA Sulfato-carbonato de potássio e sódio com cloro – $KNa_{22}(SO_4)_9(CO_3)_2Cl$ –, hexag., branco ou amarelo. Descoberto em Searles Lake, San Bernardino, Califórnia (EUA), e assim chamado em homenagem ao mineralogista Henry G. *Hanks*.

HANNAYITA Fosfato ác. hidratado de amônio e magnésio – $(NH_4)_2Mg_3H_4(PO_4)_4.8H_2O$ –, tricl., que forma cristais delgados amarelos. Ocorre em guano e nos cálculos renais. Homenagem ao químico J. B. *Hannay*.

HANNEBACHITA Sulfato hidratado de cálcio – $CaSO_3.0,5H_2O$ –, ortor., descoberto na área do vulcão Eifel (Alemanha).

hanusita Mistura de stevensita e pectolita, antes considerada silicato básico hidratado de magnésio. Homenagem ao químico J. *Hanus.*

HARADAÍTA Silicato de estrôncio e vanádio – $Sr_2V_2O_2(Si_4O_{12})$ –, ortor., verde, br. vítreo. Homenagem a Zyumpei *Harada*, professor japonês. Cf. *suzukiita.*

harbortita Fosfato hidratado de alumínio da ilha Trauira, MA (Brasil). Provavelmente do inglês *harbor* (arquipélago), por haver sido descoberto em uma ilha.

HARDYSTONITA Silicato de cálcio e zinco – $Ca_2ZnSi_2O_7$ –, do grupo da melilita. Branco, tetrag., raramente em cristais. Muito raro. Nome derivado de *Hardyston*, Sussex, New Jersey (EUA), onde foi descoberto.

HARKERITA Carbonato-borato-silicato hidratado de cálcio, magnésio e alumínio – $Ca_{12}Mg_4Al(SiO_4)_4(BO_3)_3(CO_3)_5 \cdot H_2O$ –, trig., pseudocúb. Forma octaedros incolores, de br. vítreo. Descoberto na ilha de Skye (Escócia).

HARMOTOMO Aluminossilicato hidratado de bário, sódio, potássio e cálcio – $Ba_2(NaKCa_{0,5})(Al_5Si_{11}O_{32}) \cdot 12H_2O$ –, do grupo das zeólitas, que forma uma série isomórfica com a phillipsita-Ca. Exibe cristais prismáticos maclados em cruz. Do gr. *harmos* (junta) + *tome* (corte).

harringtonita Var. de mesolita, talvez mistura de mesolita e thomsonita. De *Harrington.*

harrisita Pseudomorfo de calcocita sobre galena.

HARRISONITA Silicofosfato de cálcio e ferro com magnésio – $Ca(Fe,Mg)_6(SiO_4)_2(PO_4)_2$ –, trig., descoberto em Franklin (Canadá) e assim chamado em homenagem a James *Harrison*, que dirigiu o Serviço Geológico do Canadá.

HARSTIGITA Silicato básico de cálcio, manganês e berílio com magnésio – $Ca_6(Mn,Mg)Be_4(SiO_4)_2(Si_2O_7)_2(OH)_2$ –, ortor., em prismas curtos, sem clivagem, incolores. Muito raro. Descoberto na mina *Harstig* (daí seu nome), em Varmland (Suécia).

harttita Sin. de *svanbergita*. Homenagem a Charles F. *Hartt*, geólogo canadense, pioneiro da Geologia do Brasil.

HASHEMITA Cromato de bário com enxofre – $Ba(Cr,S)O_4$ –, ortor., descoberto na Jordânia. Encontrado em r. fosfáticas na forma de pequenos cristais euédricos, marrom-escuros, comumente zonados, de br. adamantino, com clivagem (100) boa e (001) perfeita. D. 4,5-4,6. Dur. 3,5. Os cristais formam vênulos disseminados na r. Assim chamado em homenagem ao Reino *Hashemita* da Jordânia, por "gentil permissão de Sua Majestade o Rei Hussein" (Hauff, 1983. p. 1223).

HASTINGSITA Aluminossilicato básico de sódio, cálcio e ferro – $NaCa_2Fe_5Si_6Al_2O_{22}(OH)_2$ –, do grupo dos anfibólios monocl. De *Hastings*, Ontário (Canadá), onde foi descoberto.

HASTITA Seleneto de cobalto – $CoSe_2$ –, ortor., dimorfo da trogtalita. Forma cristais simples ou intercrescimentos estelares fibrorradiados. Dur. 5,5-6,0. Descoberto em uma pedreira de Lautenthal, Harz (Alemanha), e assim chamado em homenagem ao engenheiro de minas P. F. *Hast.*

hatchettolita V. *uranopirocloro*. Homenagem a Charles *Hatchett.*

HATCHITA Sulfoarseneto de chumbo e prata com tálio – $(Pb,Tl)_2AgAs_2S_5$ –, em pequenos cristais tricl., cinzentos. Descoberto em uma pedreira do Valais (Suíça) e assim chamado em homenagem a Frederick H. *Hatch*, geólogo e engenheiro de minas inglês.

HATRURITA Silicato de cálcio – Ca_3SiO_5 –, pseudo-hexag., que forma cristais incolores de 0,05 mm, aproximadamente. Decompõe-se facilmente em água. De *Hatrurium*, formação geológica da região do mar Morto (Israel), onde foi descoberto. Cf. *nagelschmidtita.*

HAUCHECORNITA Sulfoantimoneto de níquel e bismuto – Ni_9BiSbS_8 –, tetrag., do grupo da hauchecornita, descoberto na mina Friedrich, Renânia-Vestfália

(Alemanha). O grupo da hauchecornita compreende cinco sulfetos tetrag., de fórmula geral A_9BCS_8, onde A = Co ou Ni; B = As, Bi ou Sb; e C = Bi, Sb ou Te.
HAUCKITA Carbonato-sulfato básico de magnésio, zinco e ferro com manganês – $(Mg,Mn)_{24}Zn_{18}Fe_3(SO_4)_4(CO_3)_2(OH)_{81}$ (?) –, hexag., descoberto na mina Sterling Hill, em New Jersey (EUA), onde aparece em cristais reunidos na forma de rosetas, com cor laranja-claro a amarela, traço amarelo-claro e clivagem basal perfeita. Dur. 2,0-3,0, D. 3,1. Homenagem a Richard *Hauck*, colecionador de minerais norte-americano.
HAUERITA Sulfeto de manganês – MnS_2 –, cúb., em piritoedros e octaedros marrom-escuros ou marrom-avermelhados. Descoberto perto de Bauska Bystrica (Eslováquia) e assim chamado em homenagem a Joseph von *Hauer* e Franz von *Hauer*, geólogos austríacos.
haughtonita Var. de biotita rica em ferro.
HAUSMANNITA Óxido de manganês – Mn_3O_4 –, com 72,5% Mn. Tetrag., granular maciço, com partículas fortemente ligadas, ou em octaedros maclados. Br. submetálico, cor marrom-escura, opaco. É importante mineral-minério de Mn. Homenagem a J. F. L. *Hausmann*, mineralogista alemão.
hauyna V. *hauynita*.
HAUYNITA Sulfato-aluminossilicato de sódio e cálcio – $Na_6Ca_2Al_6Si_6O_{24}(SO_4)_2$ –, do grupo da sodalita. Cúb., geralmente em grãos arredondados, às vezes em octaedros ou dodecaedros, de cor azul, verde, vermelha ou amarela, comumente irregular, br. vítreo ou graxo, com clivagem regular segundo [110]. Dur. 5,5-6,0. D. 2,44-2,50. É encontrado em várias r. vulcânicas. A hauynita é um dos constituintes do lápis-lazúli. É usada como gema, mas raramente. Homenagem a *Hauy*, mineralogista francês. Sin. de *hauyna*.
havaiita Var. gemológica de olivina de cor verde-clara, pobre em ferro, encontrada no *Havaí* (daí seu nome). Sin. de *peridoto havaiano*.

HAWLEYITA Sulfeto de cádmio – CdS –, cúb., dimorfo da greenockita. Forma agregados pulverulentos e finas crostas amarelas. Descoberto em Galena Hill, Yukon (Canadá), e assim chamado em homenagem a *Hawley*, professor canadense.
HAWTHORNEÍTA Mineral de fórmula química $Ba(Ti_3Cr_4Fe_4Mg)O_{19}$, hexag., descoberto em Kimberley (África do Sul) e assim chamado em homenagem ao geólogo John B. *Hawthorne*.
HAXONITA Carboneto de ferro e níquel – $(Fe,Ni)_{23}C_6$ –, cúb., encontrado em meteoritos. Homenagem a H. *Axon*, mineralogista inglês. Cf. *isovita*.
HAYCOCKITA Sulfeto de cobre e ferro – $Cu_4Fe_5S_8$ –, ortor., amarelo, que ocorre com a mooihoekita. Descoberto no complexo de Bushveld, Transvaal (África do Sul), e assim chamado em homenagem a M. H. *Haycock*, pesquisador que estudou o mineral.
HAYNESITA Selenato básico hidratado de uranila – $(UO_2)_3(SeO_3)_2(OH)_2 \cdot 5H_2O$ –, ortor., descoberto em San Juan, Utah (EUA), e assim chamado em homenagem a Patrick *Haynes*, o primeiro a coletar o mineral.
headdenita Sin. de *arrojadita*. Homenagem a William P. *Headden*, mineralogista norte-americano.
HEAZLEWOODITA Sulfeto de níquel – Ni_3S_2 –, com 73,3% Ni. É usado para obtenção desse metal, sendo o mineral mais rico em níquel que se conhece. Trig., amarelo-bronze, claro. É raro e ocorre em massas informes e pequenos cristais. Dur. 5,8, D. 4,00. De *Heazlewood*, mina da Tasmânia (Austrália), onde foi descoberto.
hebronita 1. Membro intermediário da série ambligonita-montebrasita, com iguais quantidades de F e OH. Tem 9,1%-9,2% Li. **2.** V. *ambligonita*. De *Hebron* (França), onde ocorre.
hecatolita V. ²*pedra da lua*. De *Hécate* (Grécia).
HECHTSBERGITA Hidroxivanadato de bismuto – $Bi_2O(OH)(VO_4)$ –, monocl.,

do grupo da atelestita, descoberto na pedreira *Hechtsberg* (daí seu nome), na Floresta Negra (Alemanha).
HECTORFLORESITA Iodato-sulfato de sódio – $Na_9(IO_3)(SO_4)_4$ –, monocl., pseudo-hexag., descoberto na província de Tarapaca (Chile) e assim chamado em homenagem ao geólogo chileno *Hector Flores*.
HECTORITA Silicato de sódio e magnésio com lítio – $Na_{0,3}(Mg,Li)_3Si_4O_{10}(F,OH)_2$ –, monocl., do grupo da esmectita. Descoberto em *Hector* (daí seu nome), San Bernardino, Califórnia (EUA). O nome designava antes uma var. de bentonita com magnésio.
HEDENBERGITA Silicato de cálcio e ferro – $CaFeSi_2O_6$ –, do grupo dos piroxênios monocl. Forma séries isomórficas com o diopsídio (equivalente à série tremolita-actinolita dos anfibólios) e com a johannsenita. Aparece em cristais geralmente grandes, verdes ou marrons, de br. vítreo. Dur. 5,0-6,0. Dens. 3,30-3,50. Clivagem prismática perfeita e frat. conchoidal. Ocorre em escarnitos e calcários dolomíticos que sofreram metamorfismo regional; mais raramente, em pegmatitos. Homenagem a L. *Hedenberg*, químico sueco, o primeiro a analisar o mineral.
HEDIFANO Arsenato de chumbo e cálcio com cloro – $Pb_3Ca_2(AsO_4)_3Cl$ –, podendo conter também bário, do grupo da apatita. Branco-amarelado, hexag., com duas clivagens. Do gr. *hedi* + *phanes* (belamente brilhante), pelo seu forte br.
HEDLEYITA Telureto de bismuto – $Bi_{2+x}Te_{1-x}$ – com certa quantidade de enxofre. Forma placas trig. milimétricas. Dur. 2,0. D. alta: 8,91. De *Hedley*, minas da Colúmbia Britânica (Canadá), onde foi descoberto.
hegtveitita Var. torífera de zircão.
HEIDEÍTA Sulfeto de ferro e titânio com cromo – $(Fe,Cr)_{1+x}(Ti,Fe)_2S_4$ –, monocl., em grãos anédricos, raros, microscópicos. Descoberto no acondrito Bustee, em Gorakhpur (Índia), e assim chamado em homenagem a Fritz *Heide*, professor alemão.
HEIDORNITA Clorossulfato-borato de sódio e cálcio – $Na_2Ca_3B_5O_8(SO_4)_2Cl(OH)_2$ –, monocl., que forma cristais transp., lanciformes, com até 7 cm de comprimento. Descoberto em Hannover (Alemanha) e assim chamado em homenagem ao geólogo alemão F. *Heidorn*.
HEINRICHITA Arsenato hidratado de bário e uranila – $Ba(UO_2)_2(AsO_4)_2.10\text{-}12H_2O$ –, amarelo ou verde, tetrag., com fluorescência média a fraca. Equivalente arsenicífero da uranocircita. Homenagem ao mineralogista Eberhardt William *Heinrich*.
heitorita (nome coml.) Valiosa turmalina azul-clara que ocorre em pegmatitos de São José da Batalha, PB (Brasil). De *Heitor* Barbosa, nome de seu descobridor.
HEJTMANITA Mineral de fórmula química $Ba(Mn,Fe)_2TiO(Si_2O_7)(OH,F)_2$, monocl., do grupo da bafertisita, descoberto na Província Central, na Zâmbia.
helectita Sin. de *anemolita*.
heliodoro Var. gemológica de berilo amarelo-dourada, amarelo-esverdeada ou amarelo-amarronzada, contendo ferro como elemento corante. O tom dourado talvez seja devido à presença de urânio, não de ferro. Walter Schumann chama de heliodoro o berilo verde-amarelado de tonalidade clara, e de berilo dourado as var. dourada e amarelo-limão, mas reconhece que a separação entre os dois tipos é difícil. Aquecido a 280-600°C, por 1-12 horas, pode ficar azul. O heliodoro é produzido no Brasil (Santa Maria do Suaçuí, em Minas Gerais), África (Namíbia, Nigéria e Zimbábue), Ucrânia, Rússia (Sibéria), Tajiquistão, Madagascar, Estados Unidos (Connecticut) e Sri Lanka. A Smithsonian Institution (EUA) tem um heliodoro lapidado de 2.054 ct procedente do Brasil. O preço do heliodoro lapidado de 1 ct a 20 ct vai de US$ 1 a US$ 80/ct. Do gr. *helios* (Sol) + *doros* (dádiva), por sua cor. ▢

HELIOFILITA Oxicloreto de chumbo e arsênio – $Pb_6As_2O_7Cl_4$ (?) –, ortor., polimorfo da ecdemita. Do gr. *Helios* (Sol) + *phyllon* (folha), por sua cor e estrutura. Espécie ainda pouco estudada.
heliolita V. *pedra do sol*. Do gr. *Helios* (Sol) + *lithos* (pedra), por sua cor.
heliotrópio Var. gemológica de calcedônia de cor verde com pontos vermelhos de jaspe ou óxido de ferro, semitransl. O principal produtor é a Índia. É encontrado também nos EUA, Austrália e Brasil (Minas Gerais, Paraná, São Paulo e Mato Grosso). IR 1,530-1,539. Bir. 0,009. U(+). Do gr. *Helios* (Sol) + *tropein* (desviar), porque, segundo uma superstição dos indianos, teria a capacidade de desviar o Sol. Sin. de *jaspe-oriental, jaspe-sanguíneo,* [1]*pedra de sangue, jaspe de sangue*.
HELLANDITA-(Y) Borossilicato de ítrio e alumínio com cálcio e ferro – $(Y,Ca)_6(Al,Fe)Si_4B_4O_{20}(OH)_4$ –, monocl., em cristais prismáticos de dur. 5,5 e D. 3,7, marrons ou vermelhos, encontrados em pegmatitos. Muito raro. Homenagem a Amund *Helland*, geólogo norueguês. Não confundir com *heulandita*.
HELLYERITA Carbonato hidratado de níquel – $NiCO_3.6H_2O$ –, monocl., que ocorre em uma mina de níquel de Heazlewood, Tasmânia (Austrália). Forma finas capas sobre zaratita. Dur. 2,5. D. 1,97. Homenagem a Henry *Hellyer*, pesquisador australiano.
HELMUTWINKLERITA Arsenato hidratado de chumbo e zinco – $PbZn_2(AsO_4)_2.2H_2O$ –, tricl., pseudomonocl., azul-celeste, de br. vítreo a resinoso, sem clivagem. Descoberto em cavidades em tennantita na mina Tsumeb (Namíbia). Homenagem a *Helmut Winkler*. Cf. *thometzekita*.
helvina V. *helvita*.
HELVITA Sulfossilicato de manganês e berílio – $Mn_4Be_3(SiO_4)_3S$ –, do grupo da sodalita, antes considerado uma granada. Forma séries isomórficas com a danalita e a genthelvita. A helvita é cúb., exibindo tetraedros ou formas arredondadas irregulares, de cor marrom-avermelhada, amarela, marrom-esverdeada a verde, cinza ou vermelha. Transp. Dur. 6,0. D. 3.20-3,70. Br. vítreo a resinoso, traço branco, clivagem perceptível segundo [111] e frat. conchoidal ou irregular. IR alto. Ocorre em pegmatitos, sienitos e no contato de granitos e riolitos com r. calcárias. Raramente usada como gema, sendo, porém, útil na obtenção de berílio. Do lat. *helvus* (claro, cor de louro). Sin. de *helvina*.
hemachete Sin. de *ágata-sanguínea*.
hemafibrita Arsenato básico hidratado de manganês – $Mn_3(AsO_4)(OH)_3.H_2O$ –, vermelho, raro. Do gr. *haimatos* (sangue) + *fibra*, por sua cor e estrutura.
hemágata Var. de ágata clara, pontilhada de jaspe vermelho. Sin. de [2]*ágata-sangue, ágata-vermelha*.
hematinon Vidro vermelho-escuro usado como imitação de gemas.
HEMATITA Óxido de ferro – $\alpha\text{-}Fe_2O_3$ –, trig., dimorfo da maghemita. Forma cristais, massas reniformes ou agregados fibrosos, com maclas polissintéticas segundo (1011), cor cinzenta ou preta, podendo mostrar iridescência. Opaco, com traço vermelho, sem clivagem, br. metálico (às vezes intenso). Dur. 5,5-6,5, D. 5,20. IR 2,940-3,220. Bir. 0,280. U(–). A hematita é encontrada em r. ígneas, metamórficas e sedimentares. É o principal mineral-minério de ferro (70% Fe), sendo também usada em pigmentos, material para polimento e como gema. É lapidada em cabuchões, facetada, em camafeus, entalhes ou contas esféricas. As var. gemológicas são principalmente do Brasil, Inglaterra, Itália (ilha de Elba), Alemanha, Escandinávia e EUA. No Brasil, são produzidas principalmente em Minas Gerais, onde se obtém rosetas de até 20 cm de diâmetro, de cor preta, brilhantes. A var. mais usada com fins gemológicos é a especularita. O grupo da hematita compreende quatro óxidos trig., de fórmula geral R_2O_3, onde

R = Al, Cr, Fe ou V. Além da própria hematita, inclui o coríndon, a eskolaíta e a karelianita. Do gr. *haimatos* (sangue), pela cor vermelha de seu pó. Sin. de *oligisto* (obsoleto), ²*pedra de sangue*. Cf. *hematinon, hemetina.* ☐
hematita-científica Sin. de *hemetina*.
hematita-sintética Nome de várias imitações metálicas de hematita.
HEMATOFANITA Óxido de chumbo e ferro contendo cloro – $Pb_4Fe_3O_8(OH,Cl)$ –, geralmente em finos tabletes ou agregados lamelares, com cor marrom-avermelhado-escura e clivagem basal perfeita. Do gr. *haimatos* (sangue) + *phanein* (aparecer), provavelmente por sua cor vermelho-sangue em luz transmitida.
HEMATOLITA Arsenato básico de manganês com magnésio e alumínio – $(Mn,Mg,Al)_{15}(AsO_3)(AsO_4)_2(OH)_{23}$ –, trig., vermelho ou marrom em tons variáveis, com uma clivagem perfeita. Descoberto em Mossgruvan, Nordmark (Suécia). Do gr. *haimatos* (sangue) + *lithos* (pedra), por sua cor. Sin. de *diadelfita*. Cf. *sinadelfita*.
hemetina Material metálico artificial – provavelmente aço com ferro e titânio ou cromo e níquel – usado como gema, imitando a hematita. Sob este nome foi vendido outrora um material que era basicamente sulfeto de chumbo (galena). Posteriormente o nome passou a designar materiais diversos, de composição variável. Dur. 2,5-6,0. D. 4,00-7,00. Difere da hematita por ser muito magnética. Sin. de *hematita-científica*.
HEMIEDRITA Silicato-cromato de chumbo e zinco com flúor – $Pb_{10}Zn(CrO_4)_6(SiO_4)_2F$ –, tricl. Descoberto em uma mina de Pinal, Arizona (EUA). Do gr. *hemi* (metade) + *hedra* (superfície), pela forma de seus cristais.
HEMIMORFITA Silicato básico hidratado de zinco – $Zn_4Si_2O_7(OH)_2.2H_2O$ –, ortor., em cristais prismáticos centimétricos incolores ou de cor branca, verde-clara, azul, amarela, cinza ou marrom, transp. ou não, de br. vítreo e clivagem prismática. Dur. 4,5-5,0. D. 3,40-3,50. Seguidamente com fluorescência fraca. IR 1,614-1,636. Bir. 0,022. B(+). Disp. forte. Assemelha-se à smithsonita, porém é mais fortemente piroelétrica. Ocorre na zona de oxidação dos depósitos de zinco. Raramente usada como gema, sendo importante mineral-minério de zinco (67,5% ZnO). É produzida na Argélia, Itália, Grécia, México e Namíbia. Do gr. *hemi* (metade) + *morphe* (forma), por apresentar cristais hemimórficos. Sin. (não recomendáveis): ²*smithsonita*, ²*calamina*.
hemiopala Sin. de *opala-comum*.
HEMLOÍTA Mineral de fórmula química $(As,Sb)_2(Ti,V,Fe)_{12}O_{23}(OH)$, tricl., descoberto na jazida de ouro de *Hemlo* (daí seu nome), em Ontário (Canadá).
HEMUSITA Sulfeto de cobre, estanho e molibdênio – Cu_6SnMoS_8 –, cúb., descoberto na jazida de cobre de Chelopech (Bulgária), onde aparece como grãos arredondados, em geral com 0,05 mm, de cor cinza e br. metálico. Dur. 4. Nome derivado do antigo nome dos Bálcãs, onde foi descoberto. Cf. *kiddcreekita*.
HENDERSONITA Vanadato hidratado de cálcio – $Ca_3V_{12}O_{32}.12H_2O$ –, ortor., preto, fibroso. Descoberto na mina JJ, em Montrose, Colorado (EUA), e assim chamado em homenagem a Edward P. *Henderson*, técnico do Museu Nacional dos EUA.
HENDRICKSITA Aluminossilicato básico de potássio e zinco – $KZn_3AlSi_3O_{10}(OH)_2$ –, monocl., descoberto em Sussex, New Jersey (EUA).
HENEUITA Carbonato-fosfato básico de cálcio e magnésio – $CaMg_5(PO_4)_3(CO_3)(OH)$ –, tricl., descoberto em Buskerud, na Noruega.
hengleinita Sulfeto de ferro com aproximadamente 20% Ni e Co. Provavelmente mistura de siegenita e pirita. Cinza-aço, em pequenos piritoedros.
HENMILITA Hidróxido de cálcio e cobre com boro – $Ca_2Cu[B(OH)_4]_2(OH)_4$ –,

tricl., descoberto em Fuka, Okayama (Japão), e assim chamado em homenagem a Kitinosuke *Henmi* e sua filha, Chiyoko *Henmi*, pesquisadores dos escarnitos de Fuka.

HENNOMARTINITA Silicato básico hidratado de estrôncio e manganês – $SrMn_2Si_2O_7(OH)_2.H_2O$ –, ortor., do grupo da lawsonita, descoberto na Província do Cabo (África do Sul). Cf. *noelbensonita*.

HENRITERMIERITA Silicato básico de cálcio, manganês e alumínio – $Ca_3(Mn,Al)_2(SiO_4)_2(OH)_4$ –, tetrag., descoberto em uma mina de manganês do Marrocos.

HENRYÍTA Telureto de cobre e prata – $Cu_4Ag_3Te_4$ –, cúb., descoberto em seção polida de minérios de Bisbee, Arizona (EUA), onde aparece em grãos anédricos de 0,1 a 0,8 mm, azul-claros em luz plano-polarizada. Tem 3,01% Ag. Homenagem ao Dr. Normann F. M. *Henry*, mineralogista inglês.

HENRYMEYERITA Titanato de bário e ferro – $BaFeTi_7O_{16}$ –, tetrag., do grupo do criptomelano. Descoberto na península de Kola (Rússia). Homenagem ao professor *Henry Meyer*.

HENTSCHELITA Fosfato básico de cobre e ferro – $CuFe_2(PO_4)_2(OH)_2$ –, monocl., descoberto em Hessen (Alemanha).

henwoodita Nome de uma var. de turquesa.

hepatita Var. de barita que, quando aquecida, exala odor fétido ou desagradável. Do lat. *hepaticus* (fígado), por seu cheiro.

HERCINITA Óxido de ferro e alumínio – $FeAl_2O_4$ –, cúb., do grupo do espinélio. Forma séries isomórficas com o espinélio, a gahnita e a cromita. Frequentemente contém magnésio. Maciço, finamente granulado; preto, verde, azul ou pardo-amarelado. De Silva *Hercynia*, nome latino da Floresta Boêmia (entre a República Checa e a Alemanha), onde foi descoberto. Sin. de *ferroespinélio*.

HERDERITA Fosfato básico de cálcio e berílio – $CaBe[(F,OH)PO_4]$ –, com 15%-16% BeO, podendo conter ferro. Incolor, amarelo-claro ou branco-esverdeado, monocl., prismático ou tabular. Dur. 5,0-5,5. D. 2,95-3,00. IR 1,591-1,621. Bir. 0,028. B(–). Disp. 0,017. É termoluminescente e, às vezes, mostra fluorescência azul. É um mineral raro (encontrado no Brasil), usado como gema. É produzido nos EUA e na Alemanha. Gemas com 1 ct a 20 ct valem entre US$ 25 e US$ 200/ct. Homenagem a Siegmund A. W. von *Herder*, minerador da Saxônia (Alemanha). Espécie de validade duvidosa. Sin. de *glucinita*. Cf. *bergslagita*.

hermanolita V. *columbita*.

herrengrundita Sin. de *devillina*, nome preferível. De *Herrengrund* (Eslováquia).

herrerita Var. de smithsonita azul e verde, com cobre.

herschelita Aluminossilicato hidratado de sódio com cálcio e potássio – $(Na,Ca,K)AlSi_2O_6.3H_2O$ –, trig., do grupo das zeólitas. É uma cabazita. Homenagem a Sir John F. W. *Herschel*, astrônomo britânico.

HERZENBERGITA Sulfeto de estanho – SnS –, ortor., raro, produto da decomposição de minérios de estanho. Parece-se com a teallita. Descoberto em uma mina de Huari, na Bolívia, país em que é usado como fonte de estanho. Sin. de *kolbeckina*.

HESSITA Telureto de prata – Ag_2Te –, com 63% Ag e frequentemente aurífero. Monocl., maciço, compacto, finamente granulado, de cor cinza-chumbo, séctil, com br. metálico, frat. regular. Dur. 2-3. D. 8,24-8,45. Mostra maclas microscópicas que desaparecem quando é aquecido a 149,5°C. É um dos teluretos mais comuns, sendo encontrado em muitos depósitos hidrotermais de média a baixa temperaturas. Bastante semelhante à empressita, com a qual é frequentemente confundido. Ambos os minerais são usados para extração de Ag e Te. Homenagem ao mineralogista G. *Hesse*. Sin. de *botesita*, *zavonsdikita*.

hessonita Var. gemológica de grossulária com ferro, de cor amarelo-alaranjada a marrom-alaranjada. D. 3,60. Dur. 7,0. IR 1,735-1,745. Disp. 0,028. Caracteriza-se por conter uma névoa que impede que se veja com nitidez seu interior ao microscópio. É algo semelhante ao que se vê olhando um objeto através do ar aquecido pelo contato com uma superfície quente. Ocorre em Quebec (Canadá). Talvez do gr. *hesson* (menor), por ter dur. inferior à do jacinto. Sin. de *essonita, falso-jacinto, granada-jacinto, jacinto califórnia, jacinto do ceilão*.

heterofilita Var. de biotita intermediária entre siderofilita e lepidomelano. É um aluminossilicato hidratado de potássio e ferro. Do gr. *heteros* (outro) + *phyllon* (folha), talvez por ser "outra" biotita e em alusão ao seu hábito.

HETEROGENITA 1. Óxido básico de cobalto – CoO(OH) –, trig. e hexag., que forma massas mamilonares pretas. Mineral-minério de cobalto. Do gr. *heterogenes* (heterogêneo). **2.** Nome sugerido para todos os hidróxidos de cobalto de pureza variável.

HETEROLITA Óxido de zinco e manganês – $ZnMn_2O_4$ –, tetrag., fibroso, descoberto em Sussex, New Jersey (EUA). Do gr. *hetairos* (companheiro) + *lithos* (pedra), porque se associa, às vezes, à calcofanita.

heteromerita Var. de idocrásio verde-oliva. Do gr. *heteros* (outro) + *meros* (parte).

HETEROMORFITA Sulfoantimoneto de chumbo – $Pb_7Sb_8S_{19}$ –, monocl., descoberto na Westphalia (Alemanha). Do gr. *heteros* (diferente) + *morphon* (forma), pela suposta existência de dimorfismo com um mineral de Wolfsberg.

HETEROSITA Fosfato de ferro – $FePO_4$ –, ortor., isomorfo da purpurita. Ocorre geralmente maciço, com cor marrom-violeta, br. nacarado. Produto de alteração da trifilita ou litiofilita. Do gr. *heteros* (outro), provavelmente porque já havia sido encontrado um mineral de manganês no local onde foi descoberto. Sin. de *ferripurpurita*. Cf. *rodolicoíta*.

HEULANDITA-Ca Aluminossilicato hidratado de cálcio com sódio e potássio – $(Ca_{0,5},Na,K)_9[Al_9Si_{27}O_{72}]\cdot24H_2O$ –, monocl., do grupo das zeólitas. Cf. *heulandita-K, heulandita-Na, heulandita-Sr*. Não confundir com *hellandita*.

HEULANDITA-K Aluminossilicato hidratado de potássio e outros metais – $(K,Ca_{0,5},Na,Mg_{0,5},Sr_{0,5})_9[Al_9Si_{27}O_{72}]\cdot24H_2O$ –, monocl., do grupo das zeólitas. Cf. *heulandita-Ca, heulandita-Na, heulandita-Sr*. Não confundir com *hellandita*.

HEULANDITA-Na Aluminossilicato hidratado de sódio com cálcio e potássio – $(Na,Ca_{0,5},K)_9[Al_9Si_{27}O_{72}]\cdot24H_2O$ –, monocl., do grupo das zeólitas. Frequentemente forma massas foliadas ou cristais monocl. em forma de ataúde, incolores, de br. vítreo, nacarado nas superfícies de clivagem. Ocorre em cavidades de r. ígneas básicas, sendo comum em basaltos do RS e SC (Brasil). Homenagem ao inglês H. *Heuland*, colecionador de minerais. Cf. *heulandita-Ca, heulandita-K, heulandita-Sr*. Não confundir com *hellandita*. ❑

HEULANDITA-Sr Aluminossilicato hidratado de estrôncio com cálcio, sódio e potássio – $(Sr_{0,5},Ca_{0,5},Na,K_9)_9[Al_9Si_{27}O_{72}]\cdot24H_2O$ –, monocl., do grupo das zeólitas. Cf. *heulandita-Ca, heulandita-K, heulandita-Na*. Não confundir com *hellandita*.

HEWETTITA Vanadato hidratado de cálcio – $CaV_6O_{16}\cdot9H_2O$ –, monocl., em agregados cristalinos delgados, vermelho-escuros, sedosos. Descoberto em Cerro de Pasco (Peru) e assim chamado em homenagem a D. Foster *Hewett*, geólogo norte-americano.

hexaedrito 1. Siderito constituído de grandes cristais ou agregados grosseiros de camacita, usualmente com 4% a 6% Ni. **2.** Grupo de sideritos com clivagem cúb. e que, atacados por ác., mostram finas linhas ("Linhas de Naumann"), em razão de maclas. Não confundir com *hexaidrita*. Do gr. *hex* (seis) + *hedra* (face).

hexaestanita Sin. de *estanoidita*. Do gr. *hex* (seis) + *estanita*.
HEXAFERRO Ferro cristalizado no sistema hexag. (daí seu nome), contendo rutênio, ósmio e irídio – (Fe,Ru,Os,Ir). Descoberto na península de Kamchatka (Rússia).
hexagonal 1. Sistema cristalino caracterizado por três eixos cristalográficos horizontais formando ângulos de 120°, todos com mesmo comprimento, e um eixo vertical, perpendicular aos demais, diferentes deles no comprimento e com simetria senária. O sistema trigonal é, para alguns autores, uma classe cristalina do sistema hexag. **2.** Diz-se dos minerais pertencentes ao sistema hexag., como apatita, berilo etc., e de seus cristais.

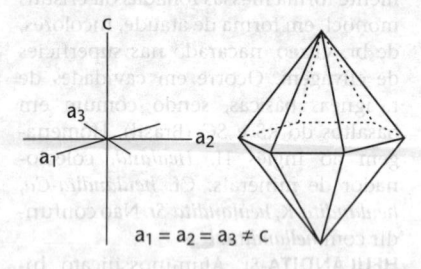

$a_1 = a_2 = a_3 \neq c$

hexagonita Var. de tremolita de cor rosa, encontrada nos EUA.
HEXA-HIDROBORITA Borato hidratado de cálcio – $Ca[B(OH)_4]_2 \cdot 2H_2O$ –, monocl., que forma cristais prismáticos de até 0,5 mm, de br. vítreo, com duas clivagens (uma perfeita e outra imperfeita). Dur. 2,5. D. 1,87. De *hex* (seis) + *hydor* (água) + *boro* + *ita*.
HEXAIDRITA Sulfato hidratado de magnésio – $MgSO_4 \cdot 6H_2O$ –, que forma cristais monocl., com hábito tabular espesso ou colunar e fibroso, branco ou esverdeado, solúvel em água fria. Descoberto em Lillooet, Colúmbia Britânica (Canadá). Do gr. *hex* (seis) + *hydor* (água), por ter seis moléculas de água. Cf. *ferro-hexaidrita*. Não confundir com *hexaedrito*. O grupo da hexaidrita inclui seis sulfatos monocl. de fórmula geral $M^{2+}SO_4 \cdot 6H_2O$, onde M = Co, Fe, Mg, Mn, Ni ou Zn.
HEXATESTIBIOPANIQUELITA Telureto de níquel com antimônio – Ni(Te,Sb) –, hexag., com 16% Pd, encontrado em depósitos de sulfetos de níquel e cobre do sudoeste da China. Tem cor amarelo-clara a branco-amarelada em luz refletida. Dur. 2,0-2,2. De *hex*agonal + *telúrio* + lat. *stibium* (antimônio) + *paládio* + *níquel* + *ita*.
HEYITA Vanadato de chumbo e ferro – $Pb_5Fe_2(VO_4)_2O_4$ –, monocl., descoberto em White Pine, Nevada (EUA). Forma cristais submilimétricos, amarelo--alaranjados, transp., friáveis, sem clivagem. Assim chamado em homenagem a Max M. *Hey*, químico e mineralogista alemão.
heyroskita V. *heyrovskyíta*, grafia correta.
HEYROVSKYÍTA Sulfeto de chumbo e bismuto com prata – $(Pb,Ag,Bi)_6Bi_2S_9$ –, ortor., com 1,1%-2,5% Ag, descoberto em veios de qz. a 65 km de Praga (República Checa). Forma cristais aciculares ou prismáticos, ou massas de, no máximo, 2 cm, com cor de estanho, br. metálico. Por oxidação superficial, fica preto e fosco. Tem traço preto-acinzentado e mostra uma clivagem pobre segundo o eixo maior. Sin. de *goongarrita*. Cf. *gustavita*.
hialita Opala-comum incolor, às vezes transl. e esbranquiçada, que ocorre como concreções globulares ou crostas botrioidais, preenchendo cavidades ou fendas em basaltos. Tem 3% de água e IR 1,437-1,455. Ocorre na República Checa, no Brasil (Pará), Japão e México. Do gr. *hyalos* (vidro), por seu aspecto. Sin. de [1]*opala-d'água*, *opala de vidro*, *vidro de Müller*.
HIALOFANO Aluminossilicato de potássio com bário – $(K,Ba)Al(Si,Al)_3O_8$ –, monocl., do grupo dos feldspatos. Membro intermediário da série celsiano-ortoclásio. Do gr. *hyalos* (vidro) + *phainos* (parecer), por ser incolor.
hialopsita V. *obsidiana*.
hialossiderita Var. de olivina de cor verde-oliva, com considerável quantidade de ferro. Do gr. *hyalos* (vidro) + *sideros* (ferro).

HIALOTEQUITA Silicato de fórmula química $(Ba,Pb,K)_4(Ca,Y)_2Si_8(B,Be)_2O_{28}F$, tricl., pseudomonocl., branco ou cinza, descoberto em Langban, Varmland (Suécia). Talvez do gr. *hyalos* (vidro) + *tectos* (fundido).

HIARNEÍTA Óxido de fórmula química $(Ca,Mn,Na)_2(Zr,Mn)_5(Sb,Ti,Fe)_2O_{16}$, tetrag., descoberto em Langban, Varmland (Suécia).

hibbenita Fosfato básico hidratado de zinco em cristais tabulares amarelo-claros. Talvez se trate de alfa-hopeíta. Não confundir com *hibonita*.

HIBBINGITA Hidroxicloreto de ferro – γ-$Fe_2(OH)_3Cl$ –, ortor., descoberto em Minnesota (EUA). Cf. *atacamita*, *kempita*.

HIBONITA Óxido de cálcio e alumínio com outros metais – (Ca,Ce)(Al,Ti,Mg)$_{12}O_{19}$ –, hexag., marrom-escuro, com frat. subconchoidal. Dur. 7,5. D. 3,84. Ocorre em aluviões de Fort Dauphin (República Malgaxe) e em calcários metamorfizados. Homenagem a P. *Hibon*, seu descobridor. Não confundir com *hibbenita*.

HIBSCHITA Silicato básico de cálcio e alumínio – $Ca_3Al_2(SiO_4)_{3-x}(OH)_{4x}$, com x = 0,2 a 1,5 –, do grupo das granadas. É cúb. e forma séries isomórficas com a grossulária e a katoíta. Descoberto em Cechy, na República Checa. Homenagem a Joseph E. *Hibsch*, mineralogista checo. Sin. de *hidrogrossulária*.

HIDALGOÍTA Sulfato-arsenato básico de chumbo e alumínio – $PbAl_3(As,S)O_4(OH,H_2O)_6$ –, trig., que forma massas finamente granuladas, brancas. De *Hidalgo* (México), onde foi descoberto.

hiddenita Var. gemológica de espodumênio, transp., de cor verde, em virtude do ferro, e que nem sempre é estável. É uma gema extremamente rara que ocorre em pegmatitos nos EUA, Mianmar (ex-Birmânia), Madagascar e Brasil (Minas Gerais). Dur. 6-7. D. 3,16-3,20. IR 1,653-1,682. Bir. 0,021. B(+). Disp. 0,017. Mostra pleocroísmo em verde-azulado e verde-amarelado e fluorescência vermelho-amarelada muito fraca. Ao filtro de Chelsea, fica verde-acinzentada ou rosa-claro. Costuma ser lapidada em degraus, brilhante, ou brilhante alta-luz (com 73 facetas). A lapid. é dificultada pela excelente clivagem. A hiddenita pode ser obtida expondo o espodumênio púrpura a radiações. Hiddenita lapidada de 5 ct a 10 ct vale entre US$ 5 e US$ 90/ct. Em 1958, descobriu-se no Brasil uma hiddenita de 735 g (1.804 ct depois de lapidada). Homenagem a William *Hidden*, seu descobridor. Sin. de *esmeralda de lítio*, *espodumênio-esmeralda*. Cf. *kunzita*. ▢

hidrargilita 1. V. *gibbsita*, nome preferível. 2. Nome aplicado a vários minerais aluminosos, como wavellita, turquesa e aluminita. Do gr. *hydor* (água) + *argylos* (argila branca).

HIDROALITA Cloreto hidratado de sódio – $NaCl.2H_2O$ –, monocl., estável apenas a 0°C ou abaixo dessa temperatura. Descoberto em Salzburgo (Áustria). Do gr. *hydor* (água) + *halos* (sal). Sin. de *maakita*.

HIDROASTROFILITA Silicato de fórmula química $(H_3O,K,Ca)_3(Fe,Mn[\ ])_7(Ti,Nb)_2(Si,[\ ])_8(O,OH,F)_{31}$ –, tricl., do grupo da astrofilita. D. 3,15. Tem duas clivagens e cor marrom-escura. Formado por intemperismo sobre pegmatitos alcalinos de Szechuan (China).

HIDROBASALUMINITA Sulfato básico hidratado de alumínio – $Al_4SO_4(OH)_{10}.12H_2O$ –, monocl., descoberto em Northamptonshire (Inglaterra). Do gr. *hydor* (água) + *basaluminita*.

HIDROBIOTITA Interestratificação regular 1:1 de biotita e vermiculita, monocl.

hidrobismutita Var. de bismutita rica em água.

HIDROBORACITA Borato básico hidratado de cálcio e magnésio – $CaMgB_6O_8(OH)_6.3H_2O$ –, monocl., branco, com clivagens perfeitas segundo (100) e (010). Lembra gipsita foliada ou fibrosa. Dur. 2,0. D. 2,0. É fonte de boro (50,7% B_2O_3). Do gr. *hydor* (água) + *boracita*, por sua composição.

hidrobritolita Silicato básico hidratado de cério e cálcio, com até 57% TR_2O_3. Do gr. *hydor* (água) + *britolita*, por sua composição (é uma var. de britolita hidratada).

hidrocalcita Carbonato hidratado de cálcio – $CaCO_3.2\text{-}3H_2O$ –, branco, de baixa dur. Do gr. *hydor* (água) + *calcita*, por sua composição.

HIDROCALUMITA Hidroxicloreto hidratado de cálcio e alumínio – $Ca_2Al(OH)_6(Cl,OH).3H_2O$ –, monocl., verde-claro, descoberto em Antrim (Irlanda do Norte). Do gr. *hydor* (água) + cálcio + alumínio + *ita*.

hidrocassiterita Óxido ác. de estanho – H_2SnO_3 –, utilizado, na R. D. do Congo e na Bolívia, para extração de estanho. Do gr. *hydor* (água) + *cassiterita*.

hidrocaulinita 1. Var. fibrosa de caulinita. 2. V. *endellita*.

hidrocerita Silicofosfato hidratado de lantânio, cério e tório, mais rico em água (e tório) que a cerita. Do gr. *hydor* (água) + *cerita*. Trata-se, provavelmente, de rabdofano.

HIDROCERUSSITA Carbonato básico de chumbo – $Pb_3(CO_3)_2(OH)_2$ –, trig., incolor. Ocorre como incrustações sobre galena ou chumbo nativo. Do gr. *hydor* (água) + *cerussita*, por sua composição.

hidrocianita Sin. de *calcocianita*. Do gr. *hydor* (água) + *kianos* (azul), por sua cor e, provavelmente, por ser higroscópica.

hidrocloro V. *pirocloro*.

HIDROCLOROBORITA Cloroborato básico hidratado de cálcio – $Ca_2B_4O_4(OH)_7Cl.7H_2O$ –, monocl., que parece se formar próximo à superfície dos solos, em épocas secas, dissolvendo-se nas estações chuvosas. Forma cristais euédricos incolores de até 13 mm, com boa clivagem basal, dur. 2,5 e D. 1,9.

hidrocookeíta Produto de alteração intempérica da cookeíta, que se altera, por sua vez, a halloysita. Do gr. *hydor* (água) + *cookeíta*.

HIDRODELHAYELITA Silicato básico hidratado de potássio, cálcio e alumínio – $KCa_2AlSi_7O_{17}(OH)_2.6H_2O$ –, ortor., descoberto no maciço de Khibina, na península de Kola (Rússia).

HIDRODRESSERITA Carbonato básico hidratado de bário e alumínio – $BaAl_2(CO_3)_2(OH)_2.3H_2O$ –, tricl., encontrado em *sills* alcalinos da ilha Montreal, em Quebec (Canadá), onde aparece na forma de esferas e hemiesferas brancas de aproximadamente 2 mm de diâmetro, formadas por cristais fibrorradiados incolores, de br. vítreo, com dur. 3-4 e D. 2,80. Tem duas clivagens perfeitas.

hidroeuxenita Sin. de *ampangabeíta*. Do gr. *hydor* (água) + *euxenita*.

hidrofana Opala-comum desidratada, semitransl., quase opaca, amarelada, amarronzada ou esverdeada. É leve, porosa e absorvente, mostrando opalescência e iridescência quando imersa em água. Adere à língua quando colocada na boca. IR 1,406. Do gr. *hydor* (água) + *phanos* (claro), porque, quando imersa em água, fica transp. Sin. de *hidrofânio*, *pedra-camaleão*.

hidrofânio V. *hidrofana*.

HIDROFILITA Mineral de composição incerta – talvez $CaCl_2$ –, ortor., que forma cristais brancos semelhantes a cubos ou incrustações. Pode ser antarticita ou sinjarita. Do gr. *hydor* (água) + *phyllon* (folha).

hidroflogopita Var. de flogopita mais rica em água e menos rica em álcalis que a flogopita normal. Do gr. *hydor* (água) + *flogopita*, por sua composição.

hidrogiobertita Carbonato hidratado de magnésio – $(MgO)_2CO_2.3H_2O$ –, cinza-claro. Provavelmente se trata de uma mistura. Do gr. *hydor* (água) + *giobertita*, por sua composição.

HIDROGLAUBERITA Sulfato hidratado de sódio e cálcio – $Na_{10}Ca_3(SO_4)_8.6H_2O$ –, ortor. ou monocl., descoberto em Kara-Kalpakia, no Usbequistão. Do gr. *hydor* (água) + *glauberita*, por sua composição.

hidroglockerita Sulfato hidratado de ferro, var. de glockerita. Do gr. *hydor* (água) + *glockerita*.

hidrogoethita 1. Hidróxido de ferro, um estágio na alteração da goethita

para limonita. 2. Óxido hidratado de ferro – $(Fe_2O_3)_3.4H_2O$ –, provavelmente lepidocrocita. Do gr. *hydor* (água) + *goethita*.
hidrogrossulária Sin. de *hibschita*.
hidrogrossularita V. *hidrogrossulária*.
hidro-halloysita Sin. de *endellita*, nome preferível.
hidro-hematita Sin. de *turgita*. Do gr. *hydor* (água) + *hematita*.
hidro-herderita V. *hidroxil-herderita*.
HIDRO-HETEROLITA Óxido hidratado de zinco e manganês – $Zn_2Mn_4O_8.H_2O$ –, tetrag., produto de alteração da heterolita. Botrioidal, preto. Descoberto em Sussex, New Jersey (EUA). Do gr. *hydor* (água) + *heterolita*, por sua composição. Sin. de *wolftonita*.
HIDRO-HONESSITA Sulfato básico hidratado de níquel e ferro – $Ni_6Fe_2(SO_4)(OH)_{16}$. $7H_2O$ –, hexag., que ocorre incrustado em qz. botrioidal e em magnesita, na forma de cristais muito pequenos.
hidrolepidocrocita Var. de lepidocrocita com água adsorvida. Do gr. *hydor* (água) + *lepidocrocita*.
HIDROMAGNESITA Carbonato básico hidratado de magnésio – $Mg_5(CO_3)_4$ $(OH)_2.4H_2O$ –, monocl., que forma pequenos cristais brancos, massas amorfas ou crostas com consistência de giz. Do gr. *hydor* (água) + *magnesita*, por sua composição.
hidromagniolita Termo geral que designa os silicatos hidratados de magnésio. Do gr. *hydor* (água) + *magnio* (magnésio) + *lithos* (pedra).
hidromagnocalcita Carbonato básico de cálcio e magnésio – $CaMgCO_3(OH)_2$ –, amorfo, com consistência de giz, branco. Do gr. *hydor* (água) + *magnésio* + *cálcio*, por sua composição.
HIDROMBOBOMKULITA Nitrato-sulfato básico hidratado de níquel e alumínio com cobre – $(Ni,Cu)Al_4[(NO_3)_2,(SO_4)](OH)_{12}.13-14H_2O$ –, monocl., azul-celeste. Desidrata-se de modo irreversível por exposição ao ar, transformando-se em mbobomkulita em poucas horas. Cf. *niquelaluminita*.

hidromelanotalita Oxicloreto hidratado de cobre – $Cu_2Cl_2CuO.2H_2O$ –, em escamas verdes. Do gr. *hydor* (água) + *melanotalita*.
hidromica Nome dado às var. de moscovita menos elásticas e de tato mais untuoso que as micas comuns. Têm br. nacarado e, às vezes, menos potássio e mais água que a moscovita normal. Muito semelhantes à illita. Do gr. *hydor* (água) + *mica*.
hidromolisita Cloreto hidratado de ferro – $FeCl_3.6H_2O$. Do gr. *hydor* (água) + *molisita*, por sua composição.
hidromoscovita 1. Termo aplicado a qualquer argilomineral finamente granulado, semelhante à moscovita, quase sempre pobre em potássio e com muita água. 2. Sin. de *illita*. Do gr. *hydor* (água) + *moscovita*.
hidronefelita Silicato hidratado de sódio e alumínio – $(Na_2O)_2(Al_2O_3)_3(SiO_2)_6.7H_2O$ –, branco, cinza ou preto. Do gr. *hydor* (água) + *nefelita*, por sua composição.
HIDRONIOJAROSITA Sulfato básico de hidrônio e ferro – $(H_3O)Fe_3(SO_4)_2(OH)_6$ –, do grupo da alunita. Contém pequena porcentagem de sódio e potássio. Ocorre em crostas, terroso ou em agregados finamente micáceos. Cor amarela. De *hidrônio* + *jarosita*, por sua composição. Sin. de *carfossiderita*.
hidroparagonita V. *brammalita*. Do gr. *hydor* (água) + *paragonita*.
hidropirocloro Substância de natureza incerta, provavelmente um pirocloro metamicto alterado. Nome a abandonar. Do gr. *hydor* (água) + *pirocloro*.
hidropolilitionita Var. de polilitionita rósea ou violeta-rosado. Do gr. *hydor* (água) + *polilitionita*.
hidrorrinkolita V. *mosandrita*.
HIDRORROMARCHITA Óxido básico de estanho – $Sn_3O_2(OH)_2$ –, tetrag., formado sobre utensílios de estanho perdidos no rio Winnipeg, em Ontário (Canadá), onde permaneceram submersos por quase dois séculos. A hidrorromarchita desenvolveu-se na forma de fina crosta composta de cristais brancos.

Na mesma ocasião, foram identificados cristais pretos, nas mesmas crostas, de outra espécie nova, a *romarchita* (v.), formados pelo mesmo processo. (Pronuncia-se "hidrorromarquita".)

hidrorromeíta Antimonato hidratado de cálcio, amarelo a marrom, cúb. Do gr. *hydor* (água) + *romeíta*, por sua composição.

hidro-ortita Var. de ortita formada, aparentemente, por alteração hidrotermal da ortita normal. De *hidrotermal + ortita*.

HIDROSCARBROÍTA Carbonato básico hidratado de alumínio – $Al_{14}(CO_3)_3(OH)_{36}.nH_2O$ –, tricl., descoberto em Yorkshire (Inglaterra). É considerado uma scarbroíta totalmente hidratada, mas ainda não adequadamente descrita.

HIDROTALCITA Carbonato básico hidratado de magnésio e alumínio – $Mg_6Al_2CO_3(OH)_{16}.4H_2O$ –, trig., dimorfo da piroaurita, polimorfo da manasseíta. Branco-pérola. Descoberto em Snarum (Noruega). Do gr. *hydor* (água) + *talco*, por ser hidratado e fisicamente semelhante ao talco. Sin. de ¹*houghita*. O grupo da hidrotalcita compreende nove carbonatos trig. de fórmula geral $A_6B_2(CO_3)(OH)_{16}.4H_2O$.

hidrotermal Diz-se do processo formador de minerais a partir de soluções quentes e dos minerais assim originados.

hidrothomsonita Aluminossilicato hidratado de sódio e cálcio – $(H_2,Na_2,Ca)Al_2Si_2O_8.5H_2O$ –, produto de decomposição da thomsonita ou escolecita. Do gr. *hydor* (água) + *thomsonita*.

hidrotitanita V. *anatásio*.

hidrotorita Silicato hidratado de tório – $ThSiO_4.4H_2O$ –, produto de alteração da torogumita. Do gr. *hydor* (água) + *torita*.

hidrotroilita Sulfeto hidratado de ferro – $FeS.nH_2O$ –, coloidal, formado possivelmente por ação bacteriana em bacias marinhas sob condições redutoras e circulação restrita. Finamente dividido, preto. Ocorre em muitas argilas, mas parece não ser uma espécie válida. Do gr. *hydor* (água) + *troilita*.

HIDROTUNGSTITA Óxido hidratado de tungstênio – $H_2WO_4.H_2O$ –, muito semelhante à tungstita. Monocl., clivagem (010). D. 4,60. Do gr. *hydor* (água) + *tungstita*, por sua composição.

hidrougrandita Silicato básico de cálcio e ferro com magnésio e alumínio – $(Ca,Mg,Fe)_3(Fe,Al)_2(SiO_4)_{3-x}(OH)_{4-x}$–, do grupo das granadas. Cúb., de cor verde, br. vítreo. Dur. superior a 5,0. D. 3,45. Descoberto em peridotitos. Do gr. *hydor* (água) + *ugrandita*.

HIDROWOODWARDITA Sulfato hidratado de cobre e alumínio – $Cu_{1-x}Al_x(OH)_2(SO_4)_{x/2}(H_2O)_n$ –, com x < 0,67 e n > 3x/2. É trig. e pertence ao grupo da hidrotalcita. Descoberto na Saxônia (Alemanha). Cf. *glaucocerinita, carrboydita*.

hidroxiapatita V. *hidroxilapatita*.

HIDROXIAPOFILITA Silicato hidratado de potássio e cálcio – $KCa_4Si_8O_{20}(OH,F).8H_2O$ –, tetrag., incolor a branco, às vezes com tons amarelados e esverdeados, com clivagem basal perfeita. Dur. 4,5-5,0. D. 2,37. Os cristais são euédricos, tabulares, com até 25 mm, têm br. vítreo a nacarado (este na clivagem), traço branco. Idêntica, na aparência, à *fluorapofilita* (v.). Cf. *natroapofilita*.

HIDROXICANCRINITA Silicato básico hidratado de sódio e alumínio – $Na_8Al_6Si_6O_{24}(OH)_2.2H_2O$ –, hexag., do grupo da cancrinita, descoberto na península de Kola (Rússia).

HIDROXILAPATITA Fosfato básico de cálcio – $Ca_5(PO_4)_3(OH)$ –, hexag., do grupo da apatita, diferindo desta por ter OH no lugar do F. Ocorre em talcoxistos e nos cálculos renais. De *hidroxila + apatita*. Sin. de *hidroxiapatita*.

HIDROXILBASTNASITA-(Ce) Carbonato básico de cério com lantânio – $(Ce,La)CO_3(OH,F)$ –, hexag., amarelo ou marrom-escuro, formando agregados reniformes. Às vezes é incolor. Tem br. vítreo a graxo. Dur. 4,0. D. 4,74. Descoberto em cavidades de carbonatitos. Forma série isomórfica com a bastnasita-(Ce). De *hidroxila + bastnasita*, por ter a composição deste mineral, com OH > F.

HIDROXILBASTNASITA-(La) Carbonato básico de lantânio com neodímio – (La,Nd)CO_3(OH,F) –, ortor., do grupo da bastnasita. Espécie de validade duvidosa, descoberta em depósitos de bauxita da Hungria e da antiga Iugoslávia.

HIDROXILBASTNASITA-(Nd) Carbonato de neodímio com lantânio – (Nd, La)(CO_3)(OH,F) –, hexag., do grupo da bastnasita. Descoberto em Niksic (Montenegro).

HIDROXILCLINO-HUMITA Silicato básico de magnésio – $Mg_9(SiO_4)_4(OH,F)_2$ –, monocl., do grupo da humita, descoberto em uma mina de Zlatouat, nos Urais (Rússia).

HIDROXILELLESTADITA Silicato-sulfato de cálcio – $Ca_{10}(SiO_4)_3(SO_4)_3(OH)_2$ –, monocl., pseudo-hexag., estruturalmente relacionado com o grupo da apatita, formando série isomórfica com a fluorellestadita. Descoberto em Saitama (Japão), onde forma agregados cristalinos de até 100 kg, anédricos, púrpura-claro, transl., de br. vítreo, com dur. pouco inferior à da apatita. Facilmente solúvel em HCl diluído e a frio. Cf. *ellestadita, cloroellestadita, fluorellestadita*.

HIDROXIL-HERDERITA Fosfato básico de cálcio e berílio – $CaBePO_4$(OH) –, monocl. Forma série isomórfica com a herderita. Descoberto em Oxford, Maine (EUA). Sin. de *hidro-herderita*.

hidroxilnatrofosfato Var. de natrofosfato com hidroxila.

HIDROZINCITA Carbonato básico de zinco – $Zn_5(CO_3)_2(OH)_6$ –, produzido por alteração da esfalerita. Monocl., branco, cinzento ou amarelado, geralmente fibroso, compacto ou em crostas. Dur. 2,0-2,5. D. 3,60-3,80. Terroso, sem clivagem, com fluorescência azul. Tem 75,3% ZnO e é mineral-minério de zinco. Do gr. *hydor* (água) + *zincita*, por sua composição. Sin. de ^{3}*calamina*.

hielmita V. *hjelmita*.

HIERATITA Fluoreto de silício e potássio – K_2SiF_6 –, encontrado em fumarolas. Cúb., cinzento. De Hiera, antigo nome de Vulcano, uma das ilhas Lipari (Itália), onde foi descoberto.

higginsita Sin. de *conicalcita*. De *Higgins*, mina de Bisbee, Arizona (EUA).

HILAIRITA Silicato hidratado de sódio e zircônio – $Na_2ZrSi_3O_9.3H_2O$ –, trig., descoberto em Rouville, Quebec (Canadá).

HILGARDITA Cloroborato hidratado de cálcio – $Ca_2B_5O_9Cl.H_2O$ –, monocl. e tricl., que forma cristais domáticos, incolores. Homenagem ao geólogo Eugene W. *Hilgard*. Cf. *tyretskita*.

hilgenstockita Fosfato de cálcio que ocorre como placas amarelas em escórias.

HILLEBRANDITA Silicato básico de cálcio – $CaSiO_3(OH)_2$ –, ortor., fibroso, branco-porcelana ou esverdeado, descoberto em mina de Durango (México). Homenagem a William F. *Hillebrand*, químico norte-americano.

HILLITA Fosfato hidratado de cálcio e zinco com magnésio – $Ca_2(Zn,Mg)(PO_4)_2.2H_2O$ –, tricl., descoberto na Austrália. Não confundir com *illita*.

HINGANNITA-(Yb) Silicato de itérbio e berílio com ítrio – (Yb,Y)$BeSiO_4$(OH) –, monocl., do grupo da gadolinita. É incolor, de br. vítreo, sem clivagem, com cristais de até 2 mm, finamente aciculares, reunidos em agregados esféricos de dur. 6-7, em pegmatitos a amazonita da península de Kola (Rússia).

HINSDALITA Fosfato-sulfato básico de chumbo e alumínio – $PbAl_3[(P,S)O_4)]_2(OH,H_2O)_6$ –, trig., cinza-escuro ou esverdeado. Isomorfo da corkita, svanbergita e woodhouseíta. De *Hinsdale*, Colorado (EUA), onde foi descoberto.

hintzeíta Sin. de *caliborita*, nome que tem prioridade. Homenagem a Carl A. F. *Hintze*, mineralogista alemão.

HIORTDAHLITA I Silicato de fórmula química (Na,Ca)$_2Ca_4Zr(Mn,Ti,Fe)(Si_2O_7)_2(F,O)_4$ –, tricl., do grupo da cuspidina. Forma grandes cristais tabulares, geralmente euédricos, amarelos. Homenagem

ao professor *Hiortdahl* de Christiania. Sin. de *guarinita*. Cf. *hiortdahlita II*.
HIORTDAHLITA II Silicato de fórmula química $Na_2Ca_4Zr(Y,Zr,Mn,Fe)(Si_2O_7)_2(F,O)_4$ –, tricl., do grupo da cuspidina. Descoberto em Temiscaming, Quebec (Canadá). Cf. *hiortdahlita I*.
hipautomórfico Sin. de *subédrico*.
HIPERCINÁBRIO Sulfeto de mercúrio – HgS –, hexag., trimorfo do cinábrio e do metacinábrio. Forma inclusões pretas em metacinábrio de Contra Costa, Califórnia (EUA). É o polimorfo de alta temperatura do sistema HgS.
hiperstênio Silicato de magnésio e ferro – $(Mg,Fe)SiO_3$ –, antes considerado membro do grupo dos piroxênios. Ortor., prismático, cinza-esverdeado, preto ou amarronzado, transp., de br. nacarado e traço cinza. Dur. 5,0-6,0. D. 3,43-3,60. IR 1,715-1,731. Bir. 0,016. B(–). Constituinte essencial de gabros andesitos e outras r. ígneas. Presente também em algumas r. metamórficas. Pode ser usado como gema. Do gr. *hyper* (muito) + *sthenos* (força), por ser mais duro que a hornblenda. Sin. de *hornblenda do labrador*.
hipidiomórfico Sin. de *subédrico*.
HISINGERITA Silicato básico hidratado de ferro – $Fe_2Si_2O_5(OH)_4.2H_2O$ –, amorfo ou monocl., preto ou amarronzado-escuro. Descoberto em Varmland (Suécia) e assim chamado em homenagem a Wilhelm *Hisinger*, geólogo sueco. Sin. de *traulita*.
hislopita Var. de calcita misturada com glauconita, o que lhe dá cor verde-grama. Homenagem a Stephen *Hislop*, missionário inglês e mineralogista amador.
histrixita Sulfoantimoneto de cobre, ferro e bismuto – $Cu_5Fe_5Bi_4Sb_{14}S_{32}$ –, maciço, foliado ou em prismas com disposição radial. Cinza-aço. Provavelmente de *Hystrix*, nome de um gênero de porcos-espinhos, em alusão ao seu hábito prismático radial.
hitchcockita V. *plumbogumita*. Homenagem ao geólogo norte-americano Edward *Hitchcock*.

hjelmita Substância mineral de composição incerta, talvez mistura de tapiolita e pirocloro. Geralmente maciça, preta, com D. 5,82. Homenagem ao químico sueco *Hjelm*. Sin. de *hielmita*.
HOCARTITA Sulfeto de prata, ferro e estanho – Ag_2FeSnS_4 –, com 36% Ag, do grupo da estanita. Tetrag., forma uma série isomórfica com a pirquitasita. Ocorre nas minas de estanho de Tacama, Hocaya, onde foi descoberto, e Chocaya (Bolívia), e em Fournial, Chantal (França), onde aparece como grãos submilimétricos incluídos em esfalerita e wurtzita, em intercrescimento orientado com estanita. Tem cor cinza-amarronzado, mostrando comumente maclas polissintéticas.
HOCHELAGAÍTA Niobato hidratado de cálcio com sódio e estrôncio – $(Ca,Na,Sr)Nb_4O_{11}.8H_2O$ –, monocl., descoberto em Montreal, Quebec (Canadá). Cf. *franconita*.
hochschildita Óxido hidratado de chumbo e estanho – $PbSnO_3.nH_2O$ –, friável, amarelo. Raro. Homenagem a Maurício *Hochschild*.
HODGKINSONITA Silicato básico de manganês e zinco – $MnZn_2Si_2O_4(OH)_2$ –, em cristais monocl., prismáticos a piramidais, marrom-avermelhados, brilhantes. De *Hodgkinson*, Queensland (Austrália).
HODRUSHITA Sulfeto de cobre e bismuto – $Cu_8Bi_{12}S_{22}$ –, em cristais monocl., colunares, alongados segundo o eixo *c*, com clivagem imperfeita. D. 6,40. Descoberto em Kraj (Eslováquia).
hoeferita 1. Silicato hidratado de ferro – $Fe_2O_3SiO_2.H_2O$ –, amorfo, terroso, granular ou em escamas verdes. Provavelmente se trate de nontronita. 2. V. *biringuccita*.
hoegboemita V. *magnesio-hoegboemita*-2N2S, *magnesio-hoegboemita*-2N3S, *magnesio-hoegboemita*-6N6S, *ferro-hoegboemita*-2N2S, *zinco-hoegboemita*-2N2S e *zinco-hoegboemita*-2N6S. Homenagem a Arvid G. *Hoegboem*, geólogo sueco.
hoegtveitita Var. radioativa de zircão

com 7% ThO_2 e também Be, Hf, Y, Ce e H_2O.

HOELITA Antraquinona – $C_{14}H_8O_2$ –, monocl., amarela, em delicadas agulhas com D. 1,43, encontradas com sal-amoníaco e enxofre em camadas de carvão queimadas. Descoberta em Spitzbergen (Noruega) e assim chamada em homenagem ao geólogo norueguês Adolf *Hoel*.

HOERNESITA Arsenato hidratado de magnésio – $Mg_3(AsO_4)_2.8H_2O$ –, monocl., em cristais brancos semelhantes aos de gipsita. Forma série isomórfica com a eritrita. Descoberto em Oravita (Romênia) e assim chamado em homenagem a M. *Hoernes*.

HOGANITA Mineral de fórmula química $Cu(CH_3COO)_2.H_2O$, monocl., descoberto em Nova Gales do Sul (Austrália) e assim chamado em homenagem a Graham P. *Hogan*, que coletou a amostra usada para descrevê-lo.

HOGTUVAÍTA Silicato de fórmula química $(Ca,Na)_2(Fe,Ti,Mg,Mn,Sn)_6(Si,Be,Al)_6O_{20}$ –, tricl., pseudomonocl., do grupo da enigmatita, descoberto em Nordland (Noruega).

HOHMANNITA Sulfato hidratado de ferro – $Fe_2(SO_4)_2.8H_2O$ –, tricl., em cristais prismáticos marrons, alaranjados ou vermelhos. Descoberto perto de Copiapó (Chile) e assim chamado em homenagem a Thomas *Hohmann*, seu descobridor. Sin. de castanita. Cf. amarantita.

hokutolita Var. de barita com chumbo, assim chamada por ocorrer em *Hokuto*, fontes termais de Taiwan.

HOLDAWAYITA Carbonato básico de manganês – $Mn_6(CO_3)_2(OH)_7(Cl,OH)$ –, monocl., descoberto em Tsumeb (Namíbia).

HOLDENITA Arsenato-silicato básico de manganês e zinco com magnésio – $(Mn,Mg)_6Zn_3(AsO_4)_2(SiO_4)(OH)_8$ –, que forma cristais tabulares, ortor., vermelhos. Descoberto em Sussex, New Jersey (EUA), e assim chamado em homenagem a Albert F. *Holden*, proprietário da coleção de minerais onde foi descoberto. Cf. kolicita.

HOLLANDITA Óxido de bário e manganês – $Ba(Mn^{2+},Mn^{4+})_8O_{16}$ –, monocl., pseudotetrag., descoberto na Jhabua, na Índia. Equivalente cristalino do psilomelano. É preto ou prateado e seu teor de manganês é variável. Homenagem a Thomas H. *Holland*, diretor do Serviço Geológico da Índia.

HOLLINGWORTHITA Sulfoarseneto de ródio com platina e paládio – $(Rh,Pt,Pd)AsS$ –, do grupo da cobaltita. É um mineral cúb., que forma série isomórfica com a irarsita. Contém 30,8% Rh, 8,7% Pd e 10,3% Pt com um pouco de irídio. Encontrado em grãos de até 0,04 mm de cor cinza e dur. elevada, intimamente intercrescidos com sperrylita e geversita.

HOLMQUISTITA Aluminossilicato básico de lítio e magnésio – [ ]$Li_2(Mg_3Al_2)Si_8O_{22}(OH)_2$ –, ortor., do grupo dos anfibólios. Dimorfo da clino-holmquistita, forma uma série isomórfica com a ferro-holmquistita. Exibe cristais colunares ou aciculares de até 10 cm, de cor violeta-escuro ou azul-celeste. Homenagem a Per Johan *Holmquist*, cientista sueco.

holossiderito Meteorito contendo apenas ferro. Do gr. *holo* (todo) + *sideros* (ferro).

HOLTEDAHLITA Fosfato de fórmula química $Mg_{12}(PO_3OH,CO_3)(PO_4)_5(OH,O)_6$, trig., incolor, de br. vítreo, sem clivagem e com frat. irregular. Dur. 4,5-5,0. D. 2,94. Descoberto em depósitos de serpentina e magnesita de Modum (Noruega), e assim chamado em homenagem a Olaf *Holtedahl*, professor sueco. Cf. *satterlyíta, ellenbergerita, fosfoellenbergerita*.

HOLTITA Silicato-borato complexo de fórmula química $Al_6(Al,Ta)(Si,Sb)_3BO_{15}(O,OH)_2$, ortor., descoberto na Austrália.

homem-bomba (gar., PB) Garimpeiro que extrai ouro na região de Princesa Isabel.

HOMILITA Silicato de cálcio, ferro e boro, com magnésio substituindo parcialmente o ferro – $Ca_2FeB_2Si_2O_{10}$ –, monocl., preto, esverdeado ou marrom-escuro, sem clivagem. Do gr. *homilia*,

hondurasita | howlita

(reunião), por ocorrer com melifanita e allanita.

hondurasita Sin. de *selentelúrio*. De *Honduras*, onde ocorre na mina El-Plomo, Ojojona.

HONESSITA Sulfato básico hidratado de níquel e ferro – $Ni_6Fe_2(SO_4)(OH)_{16} \cdot 4H_2O$ –, trig., amarelo a verde, descoberto em Iowa, Wisconsin (EUA).

hongquiita Óxido de titânio – TiO –, cúb., que cristaliza em cubo-octaedros perfeitos de 0,2-0,3 mm, frágeis, brancos, de br. metálico, encontrados em minérios de platina da China. Cf. *hongshiita*.

HONGSHIITA Liga de platina e cobre – PtCu (?) –, trig., com 61% Pt. Descoberta em diopsidito actinolitizado da China, onde aparece em grãos de 0,1 a 0,5 mm ou maciça, sem clivagem, com cor bronzeada, br. metálico, não magnéticos e relativamente frágeis. Talvez seja cobre platinífero. Pronuncia-se "hungxiita". Cf. *hongquiita*.

HOPEÍTA Fosfato hidratado de zinco – $Zn_3(PO_4)_2 \cdot 4H_2O$ –, ortor., dimorfo da para-hopeíta. Forma cristais cinzentos. É mineral-minério de zinco. Homenagem a Thomas C. *Hope*, professor de Química.

hornblenda Designação comum aos anfibólios do subgrupo anfibólios cálcicos, que inclui os membros extremos alumínio-magnésio-hornblenda e alumínio-ferro-hornblenda (Leake, 1991). Do al. *Hornblenda*, palavra que designava, antigamente, qualquer mineral prismático, escuro, encontrado em minérios, mas sem metal economicamente aproveitável. Sin. de *hornblenda verde*, *hornblenda-comum*.

hornblenda basáltica Segundo Leake (1991, p. 296), "uma oxiornblenda, frequentemente magnesioferri-hastingsita ou magnesio-hastingsita com Fe(III) e Ti(IV), ou ferri-hastingsita com Mg, ou hastingsita com Mg, Fe(III) e Ti". (Os números entre parênteses são números de coordenação.) Nome a abandonar.

hornblenda-comum Sin. de *hornblenda*.

hornblenda do labrador V. *hiperstênio*.

hornblenda marrom Sin. de *hornblenda basáltica*.

hornblenda verde Sin. de *hornblenda*.

horsfordita Liga natural de antimônio e cobre – Cu_5Sb –, maciça, prateada. Homenagem a Eben N. *Horsford*, químico norte-americano.

hortonolita Membro intermediário da série das olivinas, com 30%-50% forsterita. Homenagem a Silas R. *Horton*, mineralogista norte-americano.

HORVATHITA-(Y) Fluorcarbonato de sódio e ítrio – $NaY(CO_3)F_2$ –, ortor., descoberto em uma pedreira de Rouville, Quebec (Canadá).

HOTSONITA Fosfato-sulfato hidratado de alumínio – $Al_{11}(OH)_{21}(SO_4)_3(PO_4)_2 \cdot 16H_2O$ –, tricl., descoberto em uma mina de sillimanita de *Hotson* (daí seu nome), fazenda de Pofadder (África do Sul), onde forma massas compactas brancas, foscas ou com br. sedoso. D. 2,06. Forma também cristais tabulares, microscópicos. Produto de alteração da zaherita em ambiente árido.

houghita 1. Sin. de *hidrotalcita*. 2. Espinélio alterado. Homenagem a Franklin B. *Hough*.

HOWARDEVANSITA Vanadato de sódio, cobre e ferro – $NaCuFe_2(VO_4)_3$ –, tricl., descoberto em uma fumarola do vulcão Izalco, em El Salvador. Homenagem a *Howard Evans* Jr., mineralogista norte-americano.

HOWIEÍTA Silicato básico de sódio e ferro com magnésio e alumínio – $Na(Fe,Mg,Al)_{12}(Si_6O_{17})_2(O,OH)_{10}$ –, em cristais laminados pretos ou verde-escuros, tricl., com boa clivagem (010).

HOWLITA Silicoborato básico de cálcio – $Ca_2SiB_5O_9(OH)_5$ –, monocl., nodular ou terroso, branco, com manchas cinza irregulares, formando vênulos, sem clivagem. Dur. 3,0-4,0. D. 2,58. Tem br. subvítreo. Às vezes é fluorescente. IR 1,586-1,605. Bir. 0,019. B(–). É encontrada em evaporitos da Califórnia (EUA) e usada como gema e em objetos decorativos. Pode ser tingida de azul, para imitar turquesa (V. turquenita), ou rosa. Homenagem a Henri *How*, mineralogista canadense.

HRD Sistema de classificação de diamantes usado em vários países, inclusive no Brasil. Abreviatura de *Hoge Raad voor Diamant*, entidade da Antuérpia (Bélgica).

HSIANGHUALITA Fluorsilicato de lítio, cálcio e berílio – $Li_2Ca_3[Be_3Si_3O_{12}]F_2$ –, cúb., do grupo das zeólitas, descoberto em *Hsianghua* (daí seu nome), Hunan (China).

hsihutsunita Var. de rodonita com 6,24% MgO. De *Hsihutsun*, Chihli (China).

huanchita Sin. de *huanghoíta-(Ce)*.

HUANGHOÍTA-(Ce) Fluorcarbonato de bário e cério com lantânio e neodímio – $Ba(Ce,La,Nd)(CO_3)_2F$ –, trig., com até 39,39% TR_2O_3. Maciço, amarelo ou verde-amarelado. De *Huang Ho*, rio da Mongólia (China), perto do qual foi descoberto.

HUANGITA Sulfato básico de cálcio e alumínio – $Ca_{0,5}[\ ]_{0,5}Al_3(SO_4)_2(OH)_6$ –, trig., descoberto em Coquimbo (Chile).

HÜBNERITA Volframato de manganês – $MnWO_4$ –, isomorfo da ferberita. Monocl., em prismas estriados, muitas vezes com disposição radial, preto ou vermelho-amarronzado, clivagem perfeita, br.submetálico, *tarnish* iridescente. Dur. 4,0. D. 7,12. Encontrado em filões de qz. de média e alta temperaturas, em r. metamórficas de contato, placeres e pegmatitos. Usado para extração de tungstênio. Homenagem a Adolph *Hübner*, metalurgista alemão. Sin. de *megabasita*.

HUEMULITA Vanadato hidratado de sódio e magnésio – $Na_4MgV_{10}O_{28}.24H_2O$ –, tricl., em massas botrioidais, filmes ou intersticial em arenito mole, laranja-amarelado. De *Huemul*, mina de urânio da província de Mendoza (Argentina).

HÜGELITA Arsenato básico hidratado de chumbo e uranila – $Pb_2(UO_2)_3(AsO_4)_2(OH)_4.3H_2O$ –, monocl., em pequenas agulhas amarelo-alaranjadas ou amarelo-amarronzadas, transp. a transl., com até 2 ou 3 mm. Descoberto na Floresta Negra (Alemanha).

hühnerkobelita Mineral antes considerado fosfato de sódio, cálcio e ferro, mas que se trata de alluaudita ou ferroalluaudita. De *Hühnerkobel* (Suécia), onde ocorre.

hullita 1. Substância escura, mole, de mesma natureza que o palagonito. 2. Aluminossilicato de ferro, magnésio, cálcio e álcalis, preto, mole. Talvez se trate de serpentina.

HULSITA Borato complexo de ferro, magnésio e estanho – $(Fe^{2+},Mg)_2(Fe^{3+},Sn,Mg)BO_3O_2$ –, monocl., em pequenos cristais ou massas tabulares, pretos. Raro. Homenagem a Alfred *Hulse Brooks*, cientista norte-americano. Sin. de *paigeíta*. Cf. *magnésio-hulsita, ortopinaquiolita*.

HUMBERSTONITA Sulfato-nitrato hidratado de sódio, potássio e magnésio – $K_3Na_7Mg_2(SO_4)_6(NO_3)_2.6H_2O$ –, trig., descoberto no deserto de Atacama (Chile).

HUMBOLDTINA Oxalato hidratado de ferro – $FeC_2O_4.2H_2O$ –, monocl., amarelo, em cristais prismáticos de dur. 2,0 e D. 2,28. Homenagem a Alexander von *Humboldt*, naturalista alemão. Sin. de *humboldtita*.

humboldtita V. *humboldtina*.

HUMITA Silicato de magnésio com flúor – $Mg_7Si_3O_{12}(F,OH)_2$ – semelhante à olivina. Ortor., friável, branco, amarelo, marrom ou vermelho. Encontrado em material vulcanoclástico. O grupo da humita compreende 12 silicatos ortor. ou monocl., entre eles norbergita, condrodita (o mais comum), humita e clino-humita. Homenagem a Abraham *Hume*, colecionador de minerais inglês.

HUMMERITA Vanadato hidratado de potássio e magnésio – $KMgV_{10}O.16H_2O$ –, tricl., que ocorre como eflorescências amarelas, solúveis em água, em uma mina de Montrose, Colorado (EUA).

HUNCHUNITA Liga de chumbo e ouro – Au_2Pb –, cúb., descoberta em jazidas de ouro do rio *Hunchun* (daí seu nome), na China.

HUNGCHAOÍTA Borato básico hidratado de magnésio – $MgB_4O_5(OH)_4 \cdot 7H_2O$ –, tricl., pseudo-hexag., que forma nódulos brancos em ulexita de depósitos de origem lacustre, na China. Homenagem ao geólogo e mineralogista chinês Chang *Hung-Chao*.

HUNTITA Carbonato de cálcio e magnésio – $CaMg_3(CO_3)_4$ –, trig., encontrado como fino pó branco em depósitos de magnesita de Nevada (EUA) e em vesículas de basalto. D. 2,70. Homenagem ao professor Walter F. *Hunt*. Cf. *sergeevita*.

HUREAULITA Fosfato básico hidratado de manganês – $Mn_5(PO_4)_2[PO_3(OH)]_2 \cdot 4H_2O$ –, monocl., maciço ou prismático, amarelo, alaranjado, avermelhado, róseo ou cinzento. Dur. 3,5. D. 3,15-3,20, br. vítreo. Ocorre com litiofilita e/ou trifilita. De *Huréaux*, pedreira de St. Sylvestre, Haute Vienne (França), onde foi descoberto. Sin. de *palaíta*, *bastinita*.

HURLBUTITA Fosfato de cálcio e berílio – $CaBe_2(PO_4)_2$ –, com 21,3% BeO. Monocl., prismático, incolor, amarelado ou esverdeado. Raro. Homenagem a *Hurlbut*, professor de Mineralogia.

hussakita Var. de xenotímio com SO_4 e, provavelmente, também CaO, encontrada em Minas Gerais (Brasil). Homenagem ao mineralogista brasileiro E. *Hussak*.

HUTCHINSONITA Sulfoarseneto de chumbo e tálio – $(Pb,Tl)_2As_5S_9$ –, em pequenos prismas achatados, ortor., vermelho-rosado-escuros ou escarlate, de br. adamantino. Clivagem (100) boa, dur. 1,5-2,0 e D. 4,6. É usado para obtenção de tálio. Homenagem a Arthur *Hutchinson*, professor de Mineralogia.

HUTTONITA Silicato de tório – $ThSiO_4$ –, monocl., dimorfo da torita. Incolor ou creme, fortemente radioativo. Muito raro. Assim chamado provavelmente em homenagem a James *Hutton*, geólogo, naturalista e químico escocês, pai da Geologia moderna.

hyblita Sulfossilicato básico hidratado de tório e urânio com certa quantidade de ferro, chumbo e outros elementos. Produto de alteração da torita. De *Hybla*, Ontário (Canadá).

HYTTSJOÍTA Clorossilicato hidratado de chumbo, bário, cálcio, manganês e ferro – $Pb_{18}Ba_2Ca_5Mn_2Fe_2Si_{30}O_{90}Cl \cdot 6H_2O$ –, trig., descoberto em Langban, Varmland (Suécia).

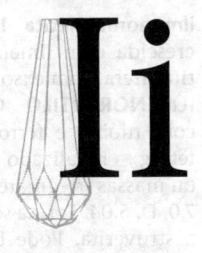

IANOMAMITA Arsenato hidratado de índio – $InAsO_4.2H_2O$ –, ortor., do grupo da variscita, que forma série isomórfica parcial com a escorodita. Descoberto em Goiás (Brasil) e assim chamado em homenagem aos índios ianomâmis.

IANTINITA Óxido básico hidratado de urânio – $U_2(UO_2)_4O_6(OH)_4.9H_2O$ –, ortor., violeta-escuro, radioativo, descoberto na Província de Shaba (R. D. do Congo). Do gr. *iantenos* (colorido de violeta). Sin. de *iantita*.

iantita Sin. de *iantinita*. Do gr. *iantenos* (violeta).

IDAÍTA Sulfeto de cobre e ferro – Cu_3FeS_4 –, hexag., de cor semelhante à da bornita (mas sem *tarnish*) e br. metálico. De *Ida*, mina de Khan (Namíbia), onde foi descoberto.

iddingsita Mistura de silicatos de ferro, magnésio e cálcio produzida por alteração da olivina. Tem cor marrom-avermelhada e hábito foliado. Aparentemente idêntica ao saponito. Homenagem a Joseph P. *Iddings*, geólogo norte-americano.

idiocromático Diz-se dos minerais que mostram sempre a mesma cor, originária dos elementos essenciais de sua composição química. São idiocromáticos minerais como a pirita (amarela), a malaquita (verde), a lazulita (azul), a turquesa (azul), o peridoto (verde-amarelado) etc. Do gr. *idios* (próprio, peculiar) + *khroma* (cor). Antôn. de *alocromático*. Cf. *cor*.

idiomórfico Sin. de *euédrico*. Do gr. *idios* (próprio, peculiar) + *morphe* (forma). Antôn. de *xenomórfico*.

idocrásio Sin. de *vesuvianita*, nome preferível.

IDRIALITA Dimetilbenzofenantreno – $C_{22}H_{14}$ –, ortor., branco, sempre impuro, que ocorre com cinábrio, argila e algo de pirita ou gipsita em um material terroso, escuro, chamado de cinábrio inflamável. Descoberto na mina *Idria* (hoje Idrija), na Eslovênia, daí seu nome.

igdloíta Sin. de *lueshita*, nome preferível.

igmerald Nome coml. que se deu às primeiras esmeraldas sintéticas, obtidas em 1935 por fusão de BeO, Al_2O_3 e SiO_2 dissolvidos com molibdato de lítio. Tinham IR e d. inferiores aos da esmeralda natural. Assim chamadas por terem sido produzidas pela *I. G. Farber Industrie*, firma alemã.

IIMORIITA-(Y) Silicato-carbonato de ítrio – $Y_2(SiO_4)(CO_3)$ –, tricl., cinza-púrpura-claro, com traço branco, br. vítreo, dur. 5,5-6,0 e D. 4,2. Clivagem boa segundo (011). Forma massas de 3 x 3 x 2 cm em pegmatitos de Fukushima (Japão). Homenagem ao Dr. Satoyasu *Iimori* e ao Dr. Takeo *Iimori*.

IKAÍTA Carbonato hidratado de cálcio – $CaCO_3.6H_2O$ –, monocl., com consistência de giz, colunar, branco, que ocorre no fiorde de *Ika*, Ivigtut, Groenlândia (Dinamarca).

IKUNOLITA Sulfeto de bismuto com selênio – $Bi_4(S,Se)_3$ –, com S/Se = 12, trig., muito semelhante à joseíta, mas sem telúrio. Cinza-chumbo com traço cinza-escuro, br. metálico. D. 7,80-7,97. Dur. 2,0. Muito flexível. Ocorre em veios de qz. em *Ikuno*, mina de Hyogo (Japão).

ildefonsita V. *tantalita*.

ILESITA Sulfato hidratado de manganês – $MnSO_4.4H_2O$ –, monocl., que forma agregados cristalinos friáveis de cor verde. Descoberto em Park, Colorado (EUA), e assim chamado em homenagem a M. W. *Iles*, mineralogista norte-americano. Cf. *jokokuíta*.

ILIMAUSSITA-(Ce) Silicato hidratado de bário, sódio, cério, ferro e nióbio – $Ba_2Na_4CeFeNb_2Si_8O_{28}.5H_2O$ –, hexag.,

parcialmente metamicto, encontrado em sienitos a nefelina e sodalita. Nome derivado de *Ilimaussaq*, Groenlândia (Dinamarca), onde foi descoberto.
ILINSKITA Selenato de sódio e cobre com cloro – $NaCu_5O_2(SeO_3)Cl_3$ –, ortor., descoberto em Kamchatka, na Rússia.
illidromica Silicato básico hidratado de potássio, magnésio e alumínio – $K_2Mg_2Al_{12}Si_{20}O_{55}(OH)_{12}).4H_2O$. Contém camadas de illita e montmorillonita misturadas. De *illita + hidromica*.
illita Série de argilominerais micáceos, terrosos, de fórmula geral $(K,H_3O)(Al,Mg,Fe)_2(Si,Al)_4O_{10}[(OH)_2,H_2O]$, monocl., muito comuns em r. argilosas. Têm cor cinza, verde-clara ou marrom--amarelada. De *Illinois* (EUA). Sin. de [1]*bravaisita, monotermita,* [2]*hidromoscovita*.
ILMAJOKITA Silicato hidratado de sódio e titânio com cério e bário – $(Na,Ce,Ba)_2TiSi_3O_5(OH)_{10}.nH_2O$ –, monocl. Forma depósitos granulares, crostas e tufos de pequenos cristais em cavidades. Tem cor amarela, br. vítreo. Dur. 1,0. Transp. De *Ilmajok*, rio de Lovozero, península de Kola (Rússia), onde foi descoberto.
ILMENITA Óxido de ferro e titânio – $FeTiO_3$ –, trig., que forma série isomórfica com a geikielita e a pirofanita. Ocorre em cristais tabulares, romboédricos ou, às vezes, laminados. Mostra maclas segundo [1011] e clivagem imperfeita. Tem cor preta, risco preto, pardo ou avermelhado e br. metálico. É opaco e levemente magnético, às vezes com inclusões radioativas. Dur. 5,0-6,0. D. 4,10-4,80. É um mineral comum em areias e acessório frequente em r. ígneas básicas, especialmente gabros e noritos. Ocorre também em meteoritos. É o principal mineral-minério de titânio, sendo usado como pigmento, como fonte de ferro e com fins gemológicos, em substituição à hematita. De *Ilmen*, montes dos Urais (Rússia), onde foi descoberto. Sin. (desusado): *washingtonita*. O grupo da ilmenita inclui mais cinco óxidos trig.: ecandrewsita, geikielita e pirofanita.

ilmenomagnetita 1. Magnetita intercrescida com ilmenita. **2.** Maghemita titanífera, com exsolução de ilmenita.
ILMENORRUTILO Óxido de titânio com nióbio e ferro – $(Ti,Nb,Fe)O_2$ –, tetrag., cristalizado em prismas curtos ou massas irregulares de cor preta. Dur. 7,0. D. 5,04. Forma série isomórfica com a struverita. Pode ter molibdênio em quantidades economicamente aproveitáveis. De *Ilmen*, Urais (Rússia), + *rutilo*, pela ocorrência e composição. Sin. de *rumongita*.
ILSEMANNITA Óxido hidratado de molibdênio – $Mo_3O_8.H_2O$ (?) –, de cor azul a preta. Mineral de simetria desconhecida e que requer mais estudos. Homenagem a J. G. *Ilsemann*, minerador alemão.
ILTISITA Cloreto de mercúrio e prata com enxofre e bromo – $HgSAg(Cl,Br)$ –, hexag., descoberto em Var, na França. Cf. *capgaronnita*.
ILVAÍTA Silicato básico de cálcio e ferro – $CaFe_2^{3+}(Fe^{2+})_2O(Si_2O_7)_2(OH)$ –, monocl., que forma cristais prismáticos ou massas colunares pretas ou amarronzadas. De *Ilva*, nome latino da ilha de Elba (Itália), onde foi descoberto. Sin. de *lievrita, yenita*.
IMANDRITA Silicato de sódio, cálcio e ferro – $Na_{12}Ca_3Fe_2(Si_6O_{18})_2$ –, ortor., encontrado em grãos irregulares amarelo-mel, de br. vítreo, D. 2,92, em pegmatitos da península de Kola (Rússia), próximo ao lago *Imandra* (daí seu nome).
imerinita Sin. de *magnesioarfvedsonita*. De *Imerina* (República Malgaxe).
IMGREÍTA Mineral de composição incerta, talvez NiTe, hexag., rosa-claro, do grupo da niquelina. Forma inclusões de até 0,1 mm em hessita da região de Monchegorsk, península de Kola (Rússia). O nome homenageia o *Imgre* (Instituto de Mineralogia e Geoquímica de Elementos Raros), daquele país.
IMHOFITA Sulfoarseneto de tálio – $Tl_{3-x}As_{7,66+x/3}S_{13}$ –, monocl., que forma finas placas transl. ou agregados com cor de

cobre e dur. muito baixa. Descoberto no Valais (Suíça) e assim chamado em homenagem a Josef *Imhof*, colecionador de minerais suíço.

imitação Material fabricado total ou parcialmente pelo homem com o intuito de imitar gemas naturais ou sintéticas, reproduzindo a cor e/ou aparência destas, mas sem possuir suas propriedades físico-químicas e/ou sua estrutura cristalina. O vidro é o material mais empregado com esse fim; imita berilo, jade, pérola, qz., topázio e turmalina, entre outras gemas. Outros materiais de largo emprego em imitação são os plásticos. Os maiores produtores de imitações são a República Checa e a Alemanha. As imitações produzidas com o intuito de iludir o consumidor são chamadas de falsificações. Cf. *substituto*.

IMITERITA Sulfeto de prata e mercúrio – Ag_2HgS_2 –, monocl., descoberto na mina *Imiter* (daí seu nome), no Marrocos.

impactito Material semelhante ao *tectito* (v.), mas formado pelo impacto de um meteorito com a r. ou solo.

imperador Nome coml. de um granito ornamental rosa-claro, equigranular, grosseiro, que ocorre em Taquara, Campo Largo, PR (Brasil).

imperial santa catarina Nome coml. de um granito ornamental vermelho de Santa Catarina (Brasil).

INAGLYÍTA Sulfeto de chumbo, cobre e irídio com platina – $PbCu_3(Ir,Pt)_8S_{16}$ –, hexag., descoberto no maciço *Inagli* (daí seu nome), na Rússia. Cf. *konderita*.

INCAÍTA Mineral de fórmula química $FeSn_4Pb_4Sb_2S_{14}$, monocl., cristalizado em lamelas muito finas, substituindo cilindrita. Tem cor cinzenta e uma clivagem [100] perfeita. Homenagem aos *incas*, pioneiros da mineração de prata e estanho na região da Bolívia, onde o mineral foi descoberto (Poopó).

inclusão Nome dado a qualquer corpo estranho ou defeito estrutural presente numa gema e visível a olho nu ou com lupa que aumente dez vezes. As inclusões minerais são importantes auxiliares na identificação de gemas, juntamente com as demais imperfeições frequentemente encontradas, como frat., marcas de crescimento, figuras de corrosão etc. Em relação à época de formação do mineral hospedeiro, as inclusões podem ser preexistentes, singenéticas (ou contemporâneas) ou epigenéticas (formadas após o mineral que as contém). As inclusões preexistentes são sempre sólidas; as demais podem ser sólidas, líquidas ou gasosas. Conforme o estado físico das inclusões, elas podem ser monofásicas, bifásicas, trifásicas etc. As inclusões muitas vezes recebem, em decorrência de sua forma, tamanho, número ou distribuição, denominações como seda, nuvem, areia, poeira, gota, pena, jardim, cordão, véu, névoa, chuva, ponto, carvão etc.

inclusão bifásica Inclusão que contém duas fases, isto é, que contém substâncias líquidas e gasosas, líquidas e sólidas ou sólidas e gasosas.

inclusão monofásica Inclusão em que as substâncias encontram-se todas em um só estado físico (sólido, líquido ou gasoso), isto é, que tem *uma só fase*.

inclusão trifásica Inclusão que contém substâncias tanto no estado sólido, como no líquido e no gasoso. Ex. típico são as inclusões das esmeraldas colombianas (cloreto de sódio, água e gás carbônico).

INDERBORITA Borato básico hidratado de cálcio e magnésio – $CaMg[B_3O_3(OH)_5]_2 \cdot 6H_2O$ –, monocl., cristalizado em prismas de até 2 cm ou em agregados cristalinos grosseiros. É fonte de boro. De *Inder* (lago do Casaquistão, onde foi descoberto) + *borato* + *ita*. Cf. *inderita*.

INDERITA Borato básico hidratado de magnésio – $MgB_3O_3(OH)_5 \cdot 5H_2O$ –, monocl., dimorfo da kurnakovita, que ocorre em cristais aciculares, formando nódulos. É fonte de boro. De *Inder*, lago do Casaquistão, onde ocorre. Cf. *inderborita*.

indialita | indigirita

INDIALITA Silicato de magnésio e alumínio – $Mg_2Al_4Si_5O_{18}$ –, hexag., dimorfo da cordierita. Produzido artificialmente e, depois, descoberto em Bihar, na *Índia*, em r. sedimentares que sofreram fusão em virtude de combustão natural de uma jazida de carvão.

indianaíta Material argiloso de cor branca, composto principalmente de [1]meta-halloysita. Usado para melhorar a translucidez da cerâmica. De *Indiana* (EUA), onde ocorre. Não confundir com *indianita*.

indianita Var. de anortita que ocorre em depósitos de coríndon na *Índia* (Carnatic). Não confundir com *indianaíta*.

indicação (gar., RR) Satélite.

índice de reflexão Medida da quantidade de luz refletida por uma substância. É dado pela fórmula $[(N-l) \div (N+1)]^2$, onde N é o índice de refração médio da substância em relação ao ar.

índice de refração Razão entre a velocidade da luz no vácuo e a velocidade da luz no interior de uma substância (uma gema, por ex.). O IR das gemas pode ser considerado *baixo* quando inferior a 1,560; *moderado*, se estiver entre 1,560 e 1,700; *alto*, se estiver entre 1,700 e 1,900; *muito alto*, se estiver entre 1,900 e 2,100; e *extremamente alto*, se estiver acima de 2,100. Para um mesmo grau de pureza e mesma qualidade de lapid., é mais brilhante a gema de maior IR. Os minerais isótropos têm IR constante; os anisótropos (birrefringentes) têm IR variável conforme a direção, com dois ou três valores principais.

índices de Miller Notação cristalográfica que, utilizando algarismos escritos entre parênteses, traduz grandezas inversamente proporcionais à distância relativa a que uma face cristalina corta cada um dos eixos cristalográficos. Para identificar uma zona cristalina, os índices são escritos entre colchetes, e para identificar uma forma cristalina, entre chaves. A face superior do cubo, na notação de Miller, é representada por (001) – lê-se "zero, zero, um" –, já que intercepta o eixo *c*, mas não intercepta os eixos *a* e *b*; a face frontal, inferior direita do octaedro, é (11$\bar{1}$) – lê-se "um, um, menos um" –, porque intercepta os eixos *a*, *b* e *c* a igual distância. O traço sobre o último algarismo significa que o eixo *c* foi cortado na porção negativa (v. *eixo cristalográfico*). A representação do octaedro todo seria [111]. A notação (102) refere-se a uma face que intercepta o eixo *a*, não intercepta o eixo *b* e intercepta o eixo *c* a uma distância que é metade daquela do eixo *a* (já que os algarismos são inversamente proporcionais às distâncias). Se as distâncias a que são interceptados os eixos são desconhecidas, usam-se os *índices de Miller-Bravais* (v.). Para os sistemas hexag. e trig., são quatro os índices de Miller, já que são quatro os eixos cristalográficos. Os índices de Miller são assim chamados em homenagem ao mineralogista inglês William H. *Miller*, seu criador.

índices de Miller-Bravais Notação cristalográfica usada quando não são conhecidas as distâncias exatas a que são interceptados os eixos cristalográficos. Utilizam-se as letras *h*, *k*, e *l*, e, para os sistemas hexag. e trig., *h*, *k*, *i* e *l*. Esses índices são assim chamados em homenagem a William H. *Miller* e Auguste *Bravais*. Cf. *índices de Miller*.

indicolita Turmalina de cor azul, que ocorre na forma de prismas trig. de br. vítreo, sem clivagem. Dur. 7,0-7,5. D. 3,00-3,25. IR 1,615-1,640. Bir. 0,025. U(–). Disp. 0,017. Com tratamento térmico, a indicolita escura fica verde. Gemas lapidadas de 0,5 ct a 20 ct valem entre US$ 5 e US$ 480/ct. Nome dado por José Bonifácio de Andrada e Silva e derivado do gr. *indikós* (índigo), em razão de sua cor. Sin. de *indigolita*, *safira-brasileira*, *safira-uraliana*.

INDIGIRITA Carbonato básico hidratado de magnésio e alumínio – $MgAl(CO_3)_2(OH).8H_2O$ –, monocl., descoberto no rio *Indigirka* (daí seu nome), em Yakutia (Rússia).

indigolita V. *indicolita*.
ÍNDIO V. *Anexo*.
INDITA Sulfeto de ferro e índio– $FeIn_2S_4$ –, cúb., encontrado como grãos microscópicos de menos de 1 mm de diâmetro, pretos, metálicos. Dur. inferior a 5,0. É raro e foi descoberto na Sibéria (Rússia). Nome derivado de *índio*.
indochinito Nome de um tectito da *Indochina*.
indústria (gar.) Diamante de má qualidade, sem vida.
INESITA Silicato básico hidratado de cálcio e manganês – $Ca_2Mn_7Si_{10}O_{28}(OH)_2.5H_2O$ –, tricl., rosa a vermelho-carne, prismático, descoberto em Hesse (Alemanha). Do gr. *ines* (tendões). Sin. de *agnolita*.
informação (gar., BA) Qualquer mineral que indique possível existência de diamante. Cf. *satélite*.
infusado (gar., BA) Diz-se do garimpeiro que há muito tempo não acha diamante.
INGERSONITA Óxido de cálcio, manganês e antimônio – $Ca_3MnSb_4O_{14}$ –, hexag., descoberto em Langban, Varmland (Suécia).
INGODITA Sulfotelureto de bismuto – Bi_2TeS –, trig., prateado, de br. metálico, com uma clivagem perfeita, frágil, de baixa dur., encontrado em material procedente do depósito de *Ingoda* (daí seu nome), Transbaikal (Rússia), e inicialmente identificado como grunlingita.
INNELITA Sulfato-silicato de fórmula química $(Ba,K,Mn)_4(Na,Mg,Ca)_3Ti_3(Si_2O_7)_2(SO_4)_2O_3(OH,F)$, tricl., com 40% Ba, aproximadamente. Mineral ainda pouco estudado, descoberto na Sibéria (Rússia).
INSIZWAÍTA Mineral de platina e bismuto com antimônio, de fórmula química $Pt(Bi,Sb)_2$, com 36% Pt, do grupo da pirita. Cúb., forma grãos arredondados, brancos, incluídos em calcopirita em r. diversas do depósito de *Insizwa* (daí seu nome), no Transvaal (África do Sul).

inspectoscópio Aparelho utilizado para verificar a pureza do cristal de rocha destinado ao uso em Eletrônica. O cristal é mergulhado em óleo e atravessado por intenso feixe luminoso, revelando assim qualquer defeito existente. Contém ainda um par de nicóis para verificar a existência de maclas.
INTERSILITA Silicato básico hidratado de sódio, manganês e titânio – $Na_6MnTi[Si_{10}O_{24}(OH)](OH)_3.4H_2O$ –, monocl., descoberto na península de Kola (Rússia).
intruso (gar., BA) Jaspe cinzento.
INYOÍTA Borato básico hidratado de cálcio – $CaB_3O_3(OH)_5.4H_2O$ –, monocl., incolor, solúvel em água quente. É fonte de boro. De *Inyo*, Califórnia (EUA), onde foi descoberto.
IODARGIRITA Iodeto de prata – AgI –, hexag., esverdeado ou amarelado, encontrado na forma de folhas delgadas e flexíveis ou maciço e disseminado. Tem br. graxo, boa clivagem basal, dur. 1-1,5 e D. 5,7. É maleável e transl. Contém 46% Ag, sendo usado para obtenção desse metal e de iodo. De *iode* (iodo) + gr. *argyros* (prata), por sua composição. Sin. de *iodirita*.
iodembolita Nome proposto para substituir iodobromita, já que o mineral descrito sob este nome não tinha composição química definida.
iodirita V. *iodargirita*, nome preferível.
iodobromita Var. de bromoargirita com iodo. Cúb., amarelo-enxofre, séctil. Nome derivado de *iodo* + *bromo*. Cf. *iodembolita*.
iolanthita Nome coml. de um mineral-gema de cor avermelhada distribuída em faixas, à semelhança do jaspe. É encontrado em Crook, Oregon (EUA).
iolita Sin. de *cordierita*, aplicado especialmente à var. gemológica. Do gr. *iodes* (violeta) + *lithos* (pedra), por sua cor.
ionita Sin. de *anauxita*. De *Ione*, formação da Califórnia (EUA).
iossiderita V. *wustita*.
iovackita Nome de um arsenato de urânio.

IOWAÍTA Cloreto básico hidratado de magnésio e ferro – $Mg_6Fe_2(OH)_{16}Cl_2$. $4H_2O$ –, trig., descoberto em *Iowa* (daí seu nome), nos EUA.

iozita V. *wustita*.

ipê serra negra Nome coml. de um granito ornamental de Poço Redondo, SE (Brasil).

ipiranga Nome coml. de um mármore verde de Sete Lagoas, MG (Brasil).

IQUIQUEÍTA Borato-cromato básico hidratado de potássio, sódio e magnésio – $K_3Na_4Mg(CrO_4)B_{24}O_{39}(OH).12H_2O$ –, trig., descoberto em *Iquiqui* (daí seu nome), em Tarapacá (Chile).

IRANITA Cromato-silicato básico de chumbo e cobre – $Pb_{10}Cu(CrO_4)_6(SiO_4)_2(OH)_2$ –, tricl., que forma série isomórfica com a hemiedrita. Tem cor amarelo-açafrão e foi descoberto no *Irã* (daí seu nome), onde ocorre na mina Sebarz, em Anarak.

IRAQUITA-(La) Silicato de lantânio e cálcio com outros metais – $(La,Ce,Th)(Ca,Na)_2(K_{1-x}[\ ]_x)Si_8O_{20}$, onde x = 0,5, aproximadamente. É tetrag. e foi descoberto no contato de um granito com um mármore dolomítico, no *Iraque* (daí seu nome), onde aparece com cor amarelo-esverdeada, dur. 4,5 e D. 3,3. Cf. *ekanita*, *steacyíta*.

IRARSITA Sulfoarseneto de irídio com outros metais – (Ir,Ru,Rh,Pt)AsS –, cúb., do grupo da cobaltita, isomorfo da hollingworthita. Preto, frágil, de br. metálico, dur. 6,0. Descoberto em cromititos do Complexo de Bushveld, na África do Sul. De *irídio* + *arsênio* + *ita*.

IRHTEMITA Arsenato hidratado de cálcio e magnésio – $Ca_4MgH_2(AsO_4)_4.4H_2O$ –, monocl., que forma esferas submilimétricas de cor rosa-claro ou branca. De *Irhtem* (Marrocos), onde foi descoberto.

IRIDARSENITA Arseneto de irídio com rutênio – (Ir,Ru)As$_2$ –, com 52,2% Ir e 44% As. Monocl., cinza, forma pequenas inclusões de 0,06 mm em ruteniridosmina. Descoberto na Papua-Nova Guiné. Nome derivado de *irídio* + *arsen*eto + *ita*.

iridescência Presença de cores semelhantes às do arco-íris causada pela interferência de luz em finas películas de gás ou líquido, em camadas de diferentes IR, em frat. e clivagens ou, ainda, em revestimentos superficiais delgados. Sin. de *irisação*.

IRÍDIO V. *Anexo*.

iridosmina Liga de ósmio e irídio – (Os,Ir) –, onde o teor de Os não chega a 80% da soma Os + Ir (em termos atômicos), mas não fica abaixo de 55%. Há outros metais presentes (Co, Fe, Ru, Rh e Pt), mas nenhum deles chega a 10% do total. É uma var. de Os. Mineral-minério de irídio e de ósmio. Costuma formar grãos irregulares, achatados, de cor branca ou cinza, com traço da mesma cor, br. metálico e clivagem basal perfeita. Dur. 6-7. D. 19,3-21,1. Levemente maleável, opaco, hexag., mais duro e mais claro que a platina, à qual se assemelha. Insolúvel em água-régia. Ao maçarico, perde o br. e escurece, exalando forte odor, devido a emanações de OsO_4, venenosas e irritantes aos olhos. Nome derivado de *irídio* + *ósmio*. Sin. de *nevyanskita*, *sysertskita*. Cf. *osmirídio*, *ruteniridosmina*.

IRIGINITA Molibdato hidratado de uranila – $(UO_2)Mo_2O_7.3H_2O$ –, ortor., amarelo-canário, de br. vítreo, fluorescente, descoberto no Transbaikal (Rússia). Sin. de *priguinita*.

irinita Var. de loparita torífera, metamicta. Contém 24% TR_2O_3. Amarelo-amarronzada ou marrom-avermelhada. Homenagem à geoquímica *Irina* D. Bornemam-Starynkevich.

irisação Sin. de *iridescência*.

irmão (gar., BA) Satélite.

irradiação Exposição de uma gema aos efeitos de uma radiação para alterar a cor. É usada para diamantes, topázio, rubelita, berilos, kunzita e qz., por ex. As fontes de radiação empregadas para esse fim são: 1. *Raios X* – possuem baixo poder de penetração, proporcionam

baixa uniformidade de cor. O processo não é viável comercialmente, embora o equipamento seja de fácil obtenção.
2. *Raios gama* – usa-se principalmente a radiação de cobalto 60, mais penetrante que os raios X e que dá mais uniformidade de cor, além de não deixar resíduos radioativos. É o processo mais usado para gemas. A estabilidade da cor varia com a natureza da gema tratada.
3. *Nêutrons* – penetram mais que as radiações anteriores, dão colorido mais intenso, mas exigem um período de quarentena para dissipar a radioatividade. **4.** *Aceleradores de partículas* – proporcionam penetração inferior à da radiação gama e são pouco usados.
IRTYSHITA Tantalato de sódio com nióbio – $Na_2(Ta,Nb)_4O_{11}$ –, hexag., descoberto no Casaquistão. Cf. *natrotantita*.
irvingita V. *polilitionita*. Homenagem a Edward *Irving*, clérigo escocês, provavelmente.
iserina Sin. de *iserita*.
iserita Var. de ilmenita em cristais octaédricos ou grãos arredondados. Talvez seja intercrescimento de ilmenita e magnetita ou var. de rutilo com considerável quantidade de ferro. De *Iserwiese*, localidade da República Checa. Sin. de *iserina*.
ISHIKAWAÍTA Tântalo-niobato de urânio, ferro, ítrio e cálcio – (U,Fe,Y,Ca)(Nb,Ta)O$_4$ –, ortor., preto, opaco, de br. resinoso, metamicto e com traço marrom. Raro. Dur. 5,0-6,0. D. 6,20-6,40. Ocorre em pegmatitos com samarskita. Descoberto em *Ishikawa* (daí seu nome), em Fukushima (Japão).
ishkulita Var. de magnetita com cromo. De *Ishkul*, lago onde foi descoberta.
ishkyldita Silicato básico de magnésio – $Mg_{15}Si_{11}O_{27}(OH)_{20}$ – ou, talvez, uma var. de crisotilo rica em sílica. De *Ishkyldina* (Rússia), onde ocorre.
isoclasita Fosfato básico hidratado de cálcio – $Ca_2PO_4(OH).2H_2O$ –, branco, acicular. Do gr. *isos* (igual) + *klasis* (fratura), pela natureza de sua clivagem.

ISOCUBANITA Sulfeto de cobre e ferro – $CuFe_2S_3$ –, cúb., dimorfo da cubanita.
ISOFERROPLATINA Liga cúb. de platina e ferro – Pt_3Fe –, assim chamada por conter platina e ferro e por ser isométrica. A proporção de platina é de 80%-91,3% e a de ferro, 6,2%-11,5%. Descoberta na Colúmbia Britânica (Canadá).
ISOKITA Fluorfosfato de cálcio e magnésio – $CaMg(PO_4)F$ –, monocl., que forma esferas brancas. De *Isoka* (Zâmbia), onde foi descoberto. Cf. *panasqueiraíta*.
ISOLUESHITA Óxido de sódio e nióbio, lantânio, cálcio e titânio – (Na, La,Ca)(Nb,Ti)O$_3$ –, cúb., dimorfo da lueshita, descoberto na península de Kola (Rússia).
ISOMERTIEÍTA Arseneto de paládio e antimônio – $Pd_{11}Sb_2As_2$ –, cúb., dimorfo da mertieíta-I. Tem 72,4% Pd e forma grãos amarelos de 0,4 a 0,8 mm, com D. 10,33, em rejeitos de lavras de ferro em Itabira, MG (Brasil). Do gr. *isos* (igual) + *mertieíta*, por ter composição química semelhante à desse mineral.
isométrico Sin. de *cúbico*.
isomorfismo Fenômeno pelo qual dois ou mais minerais, tendo composições químicas semelhantes, coexistem na mesma estrutura cristalina, onde certos elementos se substituem em proporções variáveis. São isomorfas, por ex., a albita ($NaAlSi_3O_8$) e a anortita ($CaAl_2Si_2O_8$). Cf. *polimorfismo*.
isomorfo Mineral que exibe isomorfismo.
isopertita Intercrescimento regular de dois tipos de feldspatos pertencentes a uma mesma serie isomórfica. Do gr. *isos* (igual) + *pertita*.
isotropia Característica apresentada pelos minerais isótropos. Antôn. de *anisotropia*.
isótropo Diz-se do corpo cujas propriedades físicas são constantes, seja qual for a direção cristalográfica considerada. São isótropas as substâncias amorfas e os minerais do sistema cúb. (estes,

quanto às suas propriedades térmicas e ópticas). Os minerais isótropos não apresentam birrefringência nem pleocroísmo, podendo ser lapidados com qualquer orientação, exceto aquelas não recomendáveis em virtude da presença de maclas ou clivagens. Antôn. de *anisótropo*.
ISOVITA Carboneto de cromo com ferro – $(Cr,Fe)_{23}C_6$ –, cúb., descoberto nos Urais (Rússia). Cf. *haxonita*.
itacolomito Arenito micáceo ou quartzito xistoso com folhas de mica, clorita ou talco entre os grãos de qz., apresentando, em decorrência disso, elasticidade quando em placas não muito espessas. Pode ser diamantífero e é usado como pedra ornamental. De *Itacolomi*, pico de Minas Gerais (Brasil).
itaçu Nome coml. de um granito ornamental procedente de Tubarão, SC (Brasil). Tem 60% de ortoclásio pertítico, 25% de qz., 10% de plagioclásio, além de apatita, hornblenda, epídoto, sericita, clorita, esfênio e minerais argilosos. D. 2,61. PA 1,50%. AA 0,06%. RF 72,94 kgf/cm^2. TCU 661 kgf/cm^2.
itaipava (gar.) Sin. de *grupiara*.
itamarati Nome coml. pelo qual é também conhecido o calcário bege bahia.
ITOIGAWAÍTA Silicato básico hidratado de estrôncio e alumínio – $SrAl_2Si_2O_7(OH)_2 \cdot H_2O$ –, ortor., descoberto na Estação *Itoigawa* (daí seu nome), em Niigata (Japão). Cf. *hennomartinita, noelbensonita*.
ITOÍTA Sulfato básico de chumbo e germânio – $Pb_3Ge(SO_4)_2O_2(OH)_2$ –, ortor., pseudomorfo sobre fleischerita, branco, de br. sedoso. Usado para extrair o germânio. Descoberto em Tsumeb (Namíbia) e assim chamado em homenagem a Tei-ichi *Ito*, professor japonês.
ITRIALITA-(Y) Silicato de ítrio – $Y_2Si_2O_7$ –, monocl., dimorfo da keivyíta-(Y), descoberto em Llano, Texas (EUA). Verde-oliva ou alaranjado-claro. Decrepita violentamente ao maçarico. De *ítria* (óxido de ítrio).

itrioesquinita Var. de esquinita com alto teor em ítrio. É mais densa e menos dura que a esquinita normal.
itrobastnasita V. *bastnasita-(Y)*.
ITROBETAFITA-(Y) Óxido de ítrio e titânio com nióbio – $Y(Ti,Nb)_2O_6$ –, cúb., do grupo do pirocloro. Esverdeado, de br. graxo, metamicto, com D. 3,65-4,90, descoberto em um pegmatito de Karelia, na Rússia.
itrocalcita Sin. de *itrofluorita*. De *ítrio* + *cálcio*.
itrocerita Var. de itrofluorita contendo cério, de cor azul-violeta.
itrocolumbita Tântalo-niobato de ítrio com urânio e ferro – $(Y,U,Fe)(Nb,Ta)O_4$. De *ítrio* + *colúmbio*. Cf. *itrotantalita*.
ITROCRASITA-(Y) Óxido múltiplo de fórmula química $(Y,Th,Ca,U)(Ti,Fe)_2(O,OH)_6$, ortor., descoberto em Llano, Texas (EUA). Forma cristais prismáticos, pretos, ou maciço. Moderado a fortemente radioativo. Ocorre em pegmatitos, sendo muito raro. De *ítrio* + gr. *krasis* (mistura), porque parece ser um composto de ítrio com muitos outros elementos.
itrofluorita Fluoreto de cálcio e ítrio – $(Ca,Y)F_{2-3}$ –, com 17% Y. Tem cor violeta ou verde (às vezes incolor) e clivagem cúb. imperfeita. Sin. de *itrocalcita*.
itro-hatchettolita Var. de pirocloro com Ta, U e Y.
itroilmenita V. *samarskita*.
itroniobita V. *samarskita*.
itro-ortita Sin. de *allanita-(Y)*.
itroparisita Var. de parisita ainda pouco estudada. Talvez seja uma nova espécie.
ITROPIROCLORO-(Y) Óxido de ítrio e nióbio – YNb_2O_6OH –, cúb., preto, do grupo do pirocloro. Descoberto no lago Ladoga, na Rússia. Sin. de *obruchevita*.
itrossinquisita V. *sinquisita-(Y)*.
ITROTANTALITA-(Y) Niobotantalato de ítrio (daí seu nome) com nióbio – $(Y,Ca,Fe)(Ta,Nb)O_4$ –, ortor., dimorfo da formanita-(Y). Tem hábito variável, marrom-escuro ou preto, fracamente magnético. É encontrado em pegmatitos graníticos. Cf. *itrocolumbita*.

itrotitanita Sin. de *keilhauita*.
ITROTUNGSTITA-(Ce) Óxido de cério e tungstênio – $CeW_2O_6(OH)_3$ –, monocl., descoberto em duas minas de Uganda. Cf. *itrotungstita-(Y)*.
ITROTUNGSTITA-(Y) Óxido de ítrio e tungstênio – $YW_2O_6(OH)_3$ –, monocl., descoberto em uma mina da Malásia. Cf. *itrotungstita-(Ce)*.
ivaarita Mineral preto, com frat. conchoidal, semelhante à schorlomita.
ivoryto Tectito preto que ocorre na Costa do Marfim. Do ingl. *Ivory* Coast (Costa do Marfim).
IWAKIITA Óxido de manganês e ferro – $Mn(Fe,Mn)_2O_4$ –, tetrag., dimorfo da jacobsita. Verde-escuro, fortemente magnético, sem clivagem, com traço preto e br. metálico. Dur. 6,0-6,5. D. 4,8. Descoberto em minérios de manganês da mina Gozaisho, em *Iwaki* (daí seu nome), Fukushima (Japão).
IXIOLITA Óxido de tântalo, nióbio, ferro e manganês – $(Ta,Nb,Fe,Mn)O_2$ –, antigamente considerado tapiolita ou mistura de cassiterita com columbita. Ortor., preto. D. 7,00-7,20. Encontrado em pegmatitos graníticos. Descoberto em Turku-Pori (Finlândia). Sin. de *kimitotantalita*. De *Ixion*, personagem da mitologia grega.
IZOKLAKEÍTA Sulfoantimoneto de chumbo e cobre com ferro e bismuto – $Pb_{27}(Cu,Fe)_2(Sb,Bi)_{19}S_{57}$ –, ortor., descoberto no lago *Izok* (daí seu nome), no Canadá. Cf. *kobellita*.

jaça Qualquer mancha ou falha em uma gema.
jacarandá Nome coml. de um mármore vermelho de Cachoeira do Campo, MG (Brasil).
jacarandá sergipe Nome coml. de um granito ornamental de N. S. de Lourdes, SE (Brasil).
JACHYMOVITA Sulfato básico hidratado de uranila – $(UO_2)_8(SO_4)(OH)_{14}.13H_2O$ –, monocl., descoberto no depósito de urânio de *Jachymov* (daí seu nome), na Boêmia (República Checa). Sin. de *cuprosklodovskita*. Cf. *uranopilita*, *metauranopilita*.
jacinta (gar., MG) Andaluzita.
jacinto 1. Var. gemológica de zircão incolor, amarelo-enfumaçada, vermelho-amarelada, marrom ou laranja, transp. **2.** Hessonita laranja a vermelho-alaranjada. Nome obsoleto derivado do lat. *hyacinthus*.
jacinto califórnia V. *hessonita*.
jacinto de compostela 1. Var. de qz. em cristais prismáticos bipiramidais, de cor vermelha ou marrom-escura, em razão da presença de óxido de ferro. É encontrado em camadas de gipsita em Santiago de *Compostela* (Espanha). Sin. de *pedra de ana*. **2.** Nome aplicado, às vezes, à gipsita vermelha e ao citrino amarronzado.
jacinto de hauy V. *almandina*.
jacinto do ceilão V. *hessonita*.
jacinto dos vulcões V. *vesuvianita*.
jacinto do vesúvio Var. de idocrásio marrom ou amarelo-mel, que ocorre no Vesúvio (Itália).
jacinto-ocidental Var. de topázio de cor amarela viva. Cf. *jacinto-oriental*.
jacinto-oriental Safira vermelho-alaranjada. Cf. *jacinto-ocidental*.
jacinto-vulcânico V. *vesuvianita*.
jacksonita Nome de uma var. de crisocola.
JACOBSITA Óxido de manganês e ferro com magnésio – $(Mn,Fe,Mg)(Fe,Mn)_2O_4$ –, cúb., com até 32% Mn, do grupo do espinélio. É preto, magnético e raro. De *Jacobsberg* (Suécia), onde foi descoberto.
jacuba (gar.) Cascalho que já foi bateado.
jade 1. Nome que designa tanto a *jadeíta* como a *nefrita* (v. esses nomes). O jade, em suas duas espécies, tem sido usado com fins gemológicos desde a Antiguidade, principalmente na China. Foi empregado também pelos astecas, para confecção de amuletos e, segundo Schumann (1982), na América Central pré-colombiana era mais apreciado que o ouro. Hoje, é usado sobretudo no Oriente. Entre seus principais substitutos está a bowenita (ou jade-bowenita), que dele difere por flutuar quando colocada no bromofórmio. Outro substituto do jade (e também da rubelita) é o quartzito com pigmentos vermelhos. O jade é lapidado em cabuchão, principalmente na China e no Japão. Pode ser confundido com agalmatolito, amazonita, bowenita, californita, crisoprásio, plasma, turquesa e prásio. O maior jade conhecido foi descoberto na China, em 17 de setembro de 1978; é um bloco de 603 m³ e 143 t. Em um templo de Xangai (China), há uma estátua de Buda de 1,5 m de altura e 3 t, esculpida em jade branco. Nome derivado do esp. *piedra de ijada* (pedra para cólicas), pois se acreditava que curasse infecções renais (daí deriva também o nome nefrita). **2.** Termo frequentemente utilizado para designar vários minerais verdes, duros, como bowenita, saussurita, granada, sillimanita e serpentina. Do fr. *jade*.
jade-africano Sin. de *jade do transvaal*.
jade-albita Mistura de albita e jadeíta de cor verde com manchas negras, procedente de Mianmar (ex-Birmânia).

jade-americano 1. Nefrita procedente de Wyoming (EUA). 2. Sin. de *californita*.
jade-australiano V. *crisoprásio*.
jade-bowenita V. *bowenita*.
jade-califórnia (nome coml.) V. ¹*californita*.
jade-cânfora Var. de jadeíta branca, transl., semelhante, na aparência, à cânfora cristalizada.
jade-chinês Var. de nefrita de cor verde--escura. É a mais importante das var. desse mineral. Sin. de *jade-espinafre*.
jade colorado V. *amazonita*.
jade-coreano 1. V. *bowenita*. 2. *Almandina*.
jade da amazônia V. *amazonita*.
jade da américa Californita.
jade da coreia Sin. de *jade-coreano*.
jade da índia Aventurino verde.
jade de saussure Feldspato cinza--esverdeado, talvez produto de alteração de labradorita. D. 3,88. Homenagem a *Saussure*, mineralogista francês.
jade do brasil 1. ¹Prásio. 2. Amazonita.
jade do pacífico sul Crisoprásio.
jade do paquistão V. *vesuvianita*.
jade do transvaal Var. gemológica de grossulária, transl. a semitransl., maciça, verde-amarelada com pequenas inclusões pretas. Dur. 6.5. D. 3,61. IR 1,730. Ocorre na África do Sul, Canadá e Mianmar (ex-Birmânia). Sin. de *granada--jade*, *jade-africano*, *jade-granada*.
jade-esmeralda Valiosa var. de jadeíta de cor verde como a da esmeralda, semitransp. a transl. É muito rara, havendo importantes jazidas no México, China e Mianmar (ex-Birmânia). As melhores pedras, porém, são as provenientes do Turquistão. Geralmente encontrada em xistos e como seixos rolados. Sin. de *jade-imperial*, *jade-verdadeiro*.
jade-espinafre Sin. de *jade-chinês*.
jade fukien V. *pedra-sabão*.
jade-granada V. *jade do transvaal*.
jade honan 1. V. *pedra-sabão*. 2. Nefrita. 3. Mistura de jade e qz. 4. Serpentina.
jade-hornblenda Nome dado, às vezes, à esmaragdita.
jade-imperial Sin. de *jade-esmeralda*.
jade-indiano Aventurino verde.

JADEÍTA Silicato de sódio e alumínio com ferro – $Na(Al,Fe)(SiO_3)_2$ –, do grupo dos piroxênios monocl. É o mais raro e o mais valioso dos tipos de *jade* (daí seu nome). Forma cristais prismáticos, mas é muito mais frequente em agregados granulares compactos de tenacidade muito elevada. A jadeíta e a nefrita suportam pressões de 8 t/cm² e são mais elásticas que o aço. Têm cor variável: branco, violeta, marrom, vermelho-alaranjado ou amarelo, mas, principalmente, verde intenso (devido ao cromo), às vezes com manchas brancas. A cor verde deve-se à presença de cromo e pode ser melhorada com produtos químicos, que a deixam mais viva. Semitransp. a quase opaco, br. vítreo a sedoso, com duas clivagens, que formam ângulos de 87°, raramente visíveis. Dur. 6,5-7,0. D. 3,34. IR 1,660- 1,680. Bir. 0,020. B(+). Não mostra pleocroísmo nem dispersão. Ocorre em serpentinitos e é usada como gema e como pedra ornamental. A jadeíta é produzida principalmente em Mianmar (ex-Birmânia). Outros produtores são China, Tibete, Japão, Guatemala e EUA.
jade-juan Mistura de jades vermelho e branco.
jade-leopardo Jade manchado, semelhante à pele de um leopardo, inclusive nas cores.
jade-magnetita Jade preto com inclusões de magnetita. Dur. 5,5-7,0. D. 3,40- 4,40 (depende do teor em magnetita).
jade-malva Jadeíta branca artificialmente tingida de verde ou púrpura-claro.
jade-mandchuriano V. *pedra-sabão*.
jade-mexicano 1. V. *tuxtlita*. 2. Mármore ou calcita tingidos de verde.
jade-mexicano-imperial Calcita artificialmente tingida de verde.
jade-neozelandês Sin. de *nefrita*.
jade-novo Bowenita.
jadeolito Sienito cromífero verde-escuro, semelhante ao jade na aparência. Ocorre na mina de jadeíta de Bhano (Mianmar, ex-Birmânia) e é usado como gema.

jade oregon 1. Var. de grossulária maciça existente no Oregon (EUA). 2. Designação comum ao jaspe e outros minerais verdes, transl. a opacos, existentes no Oregon e na Califórnia (EUA).
jade-oriental Designação antiga da tremolita compacta.
jade-precioso Jade-verdadeiro; jadeíta ou, mais frequentemente, nefrita.
jade-russo Jadeíta de cor verde-espinafre que é encontrada no lago Baikal (Rússia).
jade-siberiano Sin. de *nefrita*.
jade silver peak Nome que, em Nevada (EUA), designa a malaquita.
jade soochow Bowenita.
jade-suíço Jaspe tingido de verde para imitar jade.
jade-sul-africano Nome dado à granada de cor verde. Cf. *jade do transvaal*.
jade-verdadeiro 1. Sin. de *nefrita*. 2. Sin. de *jade-esmeralda*.
jade-verde-americano Nome coml. de uma var. de jade de pouco valor, verde-clara, existente na China e muito popular entre os turistas norte-americanos e entre os exportadores chineses, em virtude do seu baixo preço.
jade-vesuviano Sin. de ^{1}*californita*.
jade wyoming Nefrita de Wyoming (EUA).
JAFFEÍTA Silicato básico de cálcio – $Ca_6Si_2O_7(OH)_6$ –, trig., descoberto na mina Kombat, na Namíbia.
JAGOÍTA Silicato de chumbo e ferro com sódio e magnésio – $(Pb,Na)_3(Fe,Mg)Si_3O_{10}(Cl,OH)$ –, hexag., descoberto em Langban, Varmland (Suécia). É micáceo, verde-amarelo.
JAGOWERITA Fosfato básico de bário e alumínio – $BaAl_2(PO_4)_2(OH)_2$ –, encontrado em massas cristalinas de até uma polegada. Tricl., verde com br. vítreo, fluorescente. Descoberto em Langban, Varmland (Suécia), e assim chamado em homenagem a J. A. Gower, professor canadense.
JAHNSITA-(CaMnFe) Fosfato básico hidratado de cálcio, manganês e ferro – $CaMnFe_4(PO_4)_4(OH)_2.8H_2O$ –, monocl., do grupo da whiteíta, descoberto em Grafton, New Hampshire (EUA). Forma cristais prismáticos, longos ou curtos, estriados, de cor marrom, amarela, laranja-amarelado ou amarelo-esverdeada. Homenagem a Richard H. *Jahns*, professor norte-americano.
JAHNSITA-(CaMnMg) Fosfato básico hidratado de cálcio, manganês, magnésio e ferro – $CaMnMg_2Fe_2(PO_4)_4(OH)_2.8H_2O$ –, monocl., do grupo da whiteíta, descoberto em Custer, Dakota do Sul (EUA). Homenagem a Richard H. *Jahns*, professor norte-americano.
JAHNSITA-(CaMnMn) Fosfato básico hidratado de cálcio, manganês e ferro – $CaMn_3Fe_2(PO_4)_4(OH)_2.8H_2O$ –, monocl., do grupo da whiteíta, descoberto em Mangualde, Beira (Portugal). Homenagem a Richard H. *Jahns*, professor norte-americano.
JALPAÍTA Sulfeto de prata e cobre – Ag_3CuS_2 –, com 71,6% Ag, usado para extração desse metal. Tetrag., cinza-chumbo, séctil, com *tarnish* semelhante ao da calcopirita. D. 6,82. De *Jalpa*, mina de Jalisco (México), onde foi descoberto.
JAMBORITA Hidróxido de níquel e ferro – $(Ni^{2+},Ni^{3+},Fe)(OH)_2(OH,S,H_2O)$ (?) –, hexag., encontrado em pequenas cavidades de ofiolitos nos Apeninos (Itália), onde aparece com cor verde, em pseudomorfose sobre millerita. Tem D. 2,67, é insolúvel em água e pouco solúvel em HCl, diluído e a frio. Homenagem ao mineralogista canadense John L. *Jambor*.
JAMESITA Oxiarsenato de chumbo, zinco e ferro – $Pb_2Zn_2Fe_5(AsO_4)_5O_4$ –, tricl., marrom-avermelhado, de br. subadamantino, dur. 3, formando cristais tabulares alongados segundo o eixo *a*, com até 0,5 mm, em minérios de chumbo oxidados de Tsumeb (Namíbia). O nome homenageia o engenheiro de minas Christopher *James*. Não confundir com *jamesonita*.
JAMESONITA Sulfoantimoneto de chumbo e ferro – $Pb_4FeSb_6S_{14}$ –, fibroso, em forma de pena. Tem br. metálico

e cor cinza-chumbo ou mais escura. Ocorre em filões de baixa a média temperatura. Monocl., dimorfo da parajamesonita, forma série isomórfica com a benavidesita. Tem clivagem basal perfeita, frat. conchoidal a irregular, dur. 2-3 e D. 5,5-6,0. Traço cinza-escuro, opaco. É fonte de antimônio (29,5% Sb) e de chumbo (50,8% Pb), podendo conter também zinco e cobre. No México e nos EUA (Nevada), é usado para obter antimônio. Homenagem ao mineralogista Robert *Jameson*. Sin. de *comuccita*, ^{2}*pilita*, ^{3}*plumosita*. Não confundir com *jamesita*.

JANGGUNITA Hidróxido de manganês e ferro – $Mn_{5-x}(Mn,Fe)_{1+x}O_8(OH)_6$, onde x = 0,2. Ortor., preto, fosco, com traço marrom-escuro, dur. 2-3 e D. 3,6. Forma massas dendríticas ou flocos na zona de alteração supergênica da mina *Janggun* (daí seu nome), em Bonghwa (Coreia do Sul).

JANHAUGITA Silicato de sódio, manganês e titânio – $Na_3Mn_3Ti_2Si_4O_{15}(OH,F,O)_3$ –, monocl., encontrado em um granito sódico de Nordmarka, região de Oslo (Noruega), onde aparece em agregados lamelares e feixes de cristais prismáticos marrom-avermelhados, de D. 3,6-3,7 e dur. 5. Os cristais são levemente curvos e mostram estrias verticais. Assim chamado em homenagem ao mineralogista amador *Jan Haug*, seu descobridor.

janita Silicato hidratado de ferro, alumínio, cálcio e outros elementos, semelhante à nontronita e à celadonita. Forma esferas constituídas de lâminas, com cor vermelha e baixa dur. De *Janowa* (Polônia), onde ocorre.

JANKOVICITA Sulfoarseneto de tálio e antimônio – $Tl_5Sb_9(As,Sb)_4S_{22}$ –, tricl., descoberto em uma mina de Allchar, Macedônia.

janosita V. *copiapita*. Cf. *jarosita*.

japanita V. *peninita*.

jardim Nome dado às inclusões da esmeralda, devido ao seu aspecto, frequentemente ramificado. Compreende palhetas de mica, grãos de carvão (pirita) e delgados canais com água ou gás carbônico.

jargão Var. de zircão incolor, amarelo-clara ou enfumaçada, proveniente do Sri Lanka. Do fr. *jargon*.

jarina Palmeira que dá sementes muito duras e grandes, muito semelhantes ao marfim-animal e usadas em botões, colares, anéis, teclados e pequenas esculturas. Dur. 2,5. D. 1,38-1,42. IR 1,540. Fica amarelada e perde o brilho com o tempo. Produto quase exclusivamente brasileiro, encontrado principalmente no Acre.

JARLITA Fluoreto de sódio, estrôncio, magnésio e alumínio – $Na_2(Sr,Na,[\ ])_{14}(Mg,[\ ])_2Al_{12}MgF_{64}(OH,H_2O)_4$ –, monocl., descoberto na jazida de criolita de Ivigtut, Groenlândia (Dinamarca). Forma pequenos cristais tabulares alongados, geralmente reunidos em agregados esferulíticos ou leques. Incolor, branco ou cinza. Homenagem a C. F. *Jarl*, industrial dinamarquês. Sin. de *metajarlita*. Cf. *calcjarlita*.

JAROSEWICHITA Arsenato básico de manganês – $Mn_3^{2+}Mn^{3+}(AsO_4)(OH)_6$ –, ortor., vermelho-escuro, descoberto em Sussex, New Jersey (EUA). Cf. *clorofenicita*, *magnesioclorofenicita*.

JAROSITA Sulfato básico de potássio e ferro – $KFe_3(SO_4)_2(OH)_6$ –, trig., de cor amarela ou marrom. Forma-se em clima árido e ocorre em crostas sobre minérios ferruginosos. Pode ser usado para obtenção de Fe_2O_3, utilizado como abrasivo. Sin. de ^{2}*utahita*. De Barranco *Jaroso*, Sierra Almagrera (Espanha), onde foi descoberto. Não confundir com *janosita*.

jarra gem (nome coml.) V. *titânia*.

JASKOLSKIITA Sulfeto de chumbo, antimônio e bismuto – Pb_2SbBiS_2 –, ortor., cinza, de br. metálico. D. 6,47. Descoberto em Bergslagen (Suécia).

JASMUNDITA Silicato de cálcio com enxofre – $Ca_{11}(SiO_4)_4O_2S$ –, tetrag., encontrado em xenólitos de calcário metamórfico, em basaltos de Eifel (Ale-

manha), onde aparece como grãos irregulares de vários milímetros de diâmetro ou cristais euédricos, com cor marrom-escura, marrom-esverdeada ou verde-amarronzada, frat. conchoidal, br. resinoso, dur. 5, traço branco e D. 3,0-3,2. É solúvel em HCl diluído. Homenagem ao professor Dr. Karl *Jasmund*.
jaspágata Mistura de *jaspe* e *ágata*, com belas cores e transparência proporcional à porcentagem de ágata. Cf. *jaspe-jaspeado*.
jaspe 1. Var. de calcedônia muito usada como gema e pedra ornamental. É opaca a levemente transl., frequentemente com impurezas de óxido de ferro, às vezes ramificadas ([1]jaspe-florido). Apresenta imensa var. de cores, conforme as impurezas presentes: a hematita, por ex., dá cor vermelha; argila dá cores branca, cinza e amarela; goethita dá cor marrom-escura. Dur. 6,5-7,0. D. 2,55-2,65. IR 1,530-1,539. Bir. 0,009. U(+). TRATAMENTO. Quando rico em ferro, o jaspe pode ser tratado com cianeto de potássio, ficando semelhante ao lápis-lazúli. IMITAÇÕES. As imitações mais comuns são feitas com vidro e cerâmica. PRINCIPAIS PRODUTORES. O melhor jaspe está na Índia e na Venezuela. Outros produtores são EUA (jaspe orbicular), França, Alemanha, Rússia (listras vermelhas e verdes), Chipre, Egito, Itália, Brasil e África do Sul. No Brasil, existe jaspe em Minas Gerais, Mato Grosso, Paraná e Rio Grande do Sul. A var. mais conhecida e apreciada é a vermelha, produzida no Brasil, África do Sul, Índia, Austrália e Madagascar. África do Sul, Austrália e México produzem o jaspe leopardo, comum no mercado brasileiro. O jaspe-paisagem, também encontrado no nosso comércio, provém da África do Sul e dos EUA (Arizona). CURIOSIDADES. Acreditam alguns ser o jaspe útil no tratamento de distúrbios da gravidez, epilepsia, problemas intestinais, hemorragias, bem como para afastar o medo de fantasmas e bruxarias. Na Antiguidade, era considerado provocador de chuva. ETIMOLOGIA. Do hebraico *jasepe*, pelo gr. *iaspis* e lat. *jaspe* (pedra manchada). **2.** Nome coml. de um mármore verde brasileiro.
jaspe-arborizado Sin. de [1]*jaspe-florido*.
jaspe-australiano Jaspe com manchas vermelhas e cinza-claro.
jaspe-azul V. *lápis-suíço*.
jaspe-bola 1. Jaspe com faixas concêntricas de cores vermelha e amarela. **2.** Jaspe em massas esféricas.
jaspe da sibéria Jaspe marrom-esverdeado com estrutura zonada.
jaspe de nunkirchner Jaspe de granulação muito fina, pardo ou acinzentado. É tingido com azul de prússia para uso como imitação de lápis-lazúli e vendido sob o nome de lápis-suíço.
jaspe de sangue V. *heliotrópio*.
jaspe-egípcio Var. de jaspe marrom ou vermelha, às vezes com faixas irregularmente concêntricas, que ocorre na forma de seixos ou pequenos matacões ovoides, dispersos no deserto entre o Cairo (Egito) e o mar Vermelho. É uma das mais belas var. de jaspe. Sin. de *seixo-egípcio, silicato do nilo*.
jaspe-elefante Jaspe marrom, claro ou escuro, com pequenas inclusões dendríticas pretas, irregularmente distribuídas.
jaspe-esferulítico Var. de jaspe com inclusões esféricas, geralmente de qz. Quando estas diferem do jaspe na cor, tem-se um *jaspe orbicular*. Cf. *kinradito, quartzo olho de pássaro*.
jaspe-fita Var. de jaspe com cores ou tons variados (vermelho, verde e especialmente marrom) dispostos em faixas paralelas.
jaspe-florido 1. Var. de jaspe com inclusões arborescentes. Sin. de *jaspe-arborizado, jaspe-ramificado*. **2.** Var. de jaspe com cores combinadas de modo extremamente variado. Há, só na Sicília (Itália), mais de 100 tipos.
jaspe-jade Jaspe de cor verde.
jaspe-jaspeado Jaspe verde misturado com ágata. Cf. *jaspágata*.
jaspe-leopardo Nome coml. de um jaspe em que se intercalam faixas

marrom-avermelhadas retas e paralelas, de 3 a 4 mm de largura, com faixas mais largas, contendo manchas circulares cinza-esverdeado, de 3-5 mm, em fundo rosa. ☐

jaspe-lídio V. *lidita*.

jaspe-opala Var. de jaspe com cores vivas, decorrentes, muitas vezes, de inclusões. Não confundir com *jaspopala*.

jaspe orbicular Var. de jaspe semelhante ao jaspe-esferulítico, mas com inclusões de cor contrastante com a sua. Cf. *kinradito*.

jaspe-oriental V. *heliotrópio*.

jaspe-paisagem Jaspe com inclusões que formam desenhos semelhantes a uma paisagem.

jaspe paraíso Nome coml. de um jaspe vermelho de Morgan Hill, Califórnia (EUA).

jaspe-porcelana Argila impura, cozida naturalmente, dura, vermelha, considerada, durante muito tempo, var. de jaspe.

jaspe-ramificado Sin. de ^{1}*jaspe-florido*.

jasperina Var. de jaspe com faixas de cores variadas. Cf. *jasperita*.

jasperita V. *jaspe*. Cf. *jasperina*.

jaspe-russo Var. de jaspe com manchas vermelhas.

jaspe-sanguíneo V. *heliotrópio*.

jaspe-zebra Var. de jaspe marrom-escura com traços mais claros, existente na Índia. ☐

jaspônix Mineral opaco com estrutura de ônix, sendo as camadas total ou parcialmente constituídas de jaspe.

jaspopala Sin. de *opala-jaspe*.

jaunita Silicato hidratado de cálcio, magnésio e alumínio – $(CaO)_{10}(MgO)_4 Al_2O_3(SiO_2)_{11}.4H_2O$ –, branco. Fundido, forma um glóbulo transl.

java gem (nome coml.) V. *titânia*.

javaíto Nome de um tectito proveniente de *Java*. Sin. de *javanito*.

javanito Sin. de *javaíto*.

JEANBANDYÍTA Hidróxido de ferro e estanho – $(Fe_{1-x}[\ ]_x)(Sn_{1-y}[\ ]_y)(OH)_6$, onde $3x + 4y = 1$. É tetrag., de cor laranja-marrom, descoberto em Llallagua, Potosí (Bolívia), onde aparece como agregados cristalinos pseudo-octaédricos de 0,2 mm, em crescimento epitáxico sobre wickmanita. Tem dur. 3,5 e D. 3,81. Traço amarelo-marrom claro. Homenagem a *Jean Bandy*, esposa do coletor do mineral. Cf. *stottita*, *tetrawickmanita*.

JEDWABITA Niobotantalato de ferro – $Fe_7(Ta,Nb)_3$ –, hexag., descoberto nos Urais (Rússia).

jefferisita 1. Nome coml. da vermiculita. 2. Var. de vermiculita proveniente de Chester, Pensilvânia (EUA). Homenagem a *Jefferis*.

jeffersonita Piroxênio monocl. verde-escuro que pode ser tanto augita como egirina, com zinco e manganês. Homenagem a Thomas *Jefferson*, presidente dos EUA.

JEFFREYITA Silicato de cálcio e berílio – $Ca_2BeSi_2O_7$ –, ortor., pseudotetrag., dimorfo da gugiaíta. Transp., frágil, de aspecto micáceo, com clivagens (001) e (110) perfeitas. Descoberto em Richmond, Quebec (Canadá).

jellettita Var. de andradita verde-clara.

jenkinsita Var. de antigorita com ferro. De *Jenkins*.

JENNITA Silicato básico hidratado de cálcio – $Ca_9Si_6O_{18}H_2(OH)_8.6H_2O$ –, tricl., que forma cristais laminados. Descoberto em Crestmore, Califórnia (EUA), e assim chamado em homenagem a C. M. *Jenni*, seu descobridor.

JENSENITA Telurato hidratado de cobre – $Cu_3TeO_6.2H_2O$ –, monocl., descoberto em rejeitos de uma mina de Juab, Utah (EUA).

JENTSCHITA Sulfoantimoneto de tálio, chumbo e arsênio – $TlPbAs_2SbS_6$ –, monocl., descoberto no Valais (Suíça). Cf. *edenharterita*.

JEPPEÍTA Óxido de potássio e titânio com bário e ferro – $(K,Ba)_2(Ti,Fe^{3+})_6O_{13}$ –, monocl., preto. Forma cristais de 2 x 2 mm. D. 3,9. Descoberto na Austrália.

JEREMEJEVITA Borato de alumínio – $Al_6B_5O_{15}F_3$ –, hexag., em cristais prismáticos incolores ou marrom-amarelados, descoberto no Transbaikal (Rússia).

Dur. 6,5. D. 3,28. Homenagem a Pavel V. *Eremeyev*, mineralogista e engenheiro russo. Sin. de *eremeyevita*.

jeromita Mineral de composição incerta – talvez As(S,Se) –, amorfo, em crostas esféricas pretas de br. adamantino, que ocorrem revestindo fragmentos de r. De *Jerome*, Arizona (EUA), onde foi descoberto.

JERRYGIBBSITA Silicato básico de manganês – $Mn_9(SiO_4)_4(OH)_2$ –, ortor., descoberto em Franklin, New Jersey (EUA), onde aparece como grãos rosa-violeta, de dur. 5,5 e D. 4,0, associados com leucofenicita. É dimorfo da sonolita e pertence ao grupo da humita. Homenagem ao professor Gerald (*"Jerry"*). V. *Gibbs*.

JERVISITA Silicato de sódio e escândio com outros metais – $(Na,Ca,Fe)(Sc,Mg,Fe)Si_2O_6$ –, monocl., do grupo dos piroxênios. Assemelha-se à cascandita em dimensões e hábito. Tem cor verde-clara, br. vítreo e clivagem (110) perfeita. Descoberto em Baveno, Piemonte (Itália), e assim chamado em homenagem a William P. *Jervis*, curador do Museu Industrial de Turim.

jeskasganita Sulfeto de cobre e rênio – talvez $CuReS_4$ –, reconhecido apenas em lâmina delgada. Um dos dois minerais de rênio conhecidos. De *Dzhezkazgan*, jazida de cobre onde foi descoberto.

jewen Nome dado, na Índia, à pérola de qualidade superior. Palavra indiana que significa *vida*. (Pronuncia-se "djívan".) Cf. *kaka, gasri*.

jezekita Sin. de *morinita*, nome preferível. Homenagem ao mineralogista Bohuslav *Jezek*.

JIANSHUIITA Óxido hidratado de magnésio e manganês – $(Mg,Mn)Mn_3O_7 \cdot 3H_2O$ –, tricl., descoberto em *Jianshui* (daí seu nome), Yunnan (China). Cf. *aurorita, calcofanita*.

JIMBOÍTA Borato de manganês – $Mn_3(BO_3)_2$ –, equivalente manganesífero da kotoíta. Ortor., marrom-arroxeado, com br. vítreo. Dur. 5,5. D. 3,98-4,09. Clivagem (100) perfeita. Provavelmente produto de reação metassomática de B_2O_3 com rodocrosita. Homenagem ao professor Japonês Kotora *Jimbo*.

JIMTHOMPSONITA Silicato básico de magnésio com ferro – $(Mg,Fe)_5Si_6O_{16}(OH)_2$ –, ortor., dimorfo da clinojimthompsonita, quimicamente intermediário entre talco e antofilita. Descoberto em Chester, Vermont (EUA), onde ocorre em r. ultramáficas metamorfizadas, formando cristais prismáticos de até 5 cm, intercrescidos com antofilita e cummingtonita. São transp., incolores a marrom-rosados em tons muito claros. Tem duas clivagens. O nome é homenagem ao professor James (*"Jim"*) B. *Thompson*.

JINSHAJIANGITA Silicato complexo de bário, sódio, ferro, titânio e outros metais – $(Ba,Ca)_4(Na,K)_5(Fe,Mn)_{15}(Ti,Fe,Nb,Zr)_8Si_{15}O_{64}(F,OH)_6$ –, monocl., descoberto em diques de sienito nefelínico próximo ao rio *Jinshajiang* (daí seu nome), em Sichuan (China), onde aparece como cristais tabulares de até 20 mm, vermelho-pretos, vermelho-amarronzados ou vermelho-dourados, de br. vítreo, traço amarelo-claro, com clivagens perfeitas segundo (010) e (100) e frat. irregular.

JIXIANITA Óxido de chumbo e tungstênio com ferro – $Pb(W,Fe)_2(O,OH)_7$ –, cúb., relacionado com os grupos do pirocloro e da estibiconita. Forma agregados microcristalinos em forma de favo de mel ou crostas, raramente cristais octaédricos de 0,16 mm. Tem cor vermelha a vermelho-amarronzada. D. 6,0-7,2. É solúvel em ác. fosfórico quente e concentrado, mas não nos demais ác. comuns ou mesmo na água-régia. Transp., sem clivagem, fracamente magnético. Descoberto em *Jixian* (daí seu nome), Hebei (China).

joalheiro Fabricante ou vendedor de joias.

joalheria Ramo da ourivesaria que se dedica à fabricação de objetos de adorno pessoal confeccionados com metais nobres, empregando ou não pedras preciosas.

JOAQUINITA-(Ce) Titanossilicato de fórmula química $Ba_2NaCe_2FeTi_2Si_8O_{26}(OH)$. H_2O), que forma pequenos cristais amarelo-mel, monocl. É dimorfo da ortojoaquinita-(Ce). Nome derivado de *Joaquim*, serra de San Benito, Califórnia (EUA), onde foi descoberto. O grupo da joaquinita inclui mais seis titanossilicatos: estronciojoaquinita, estrôncio-ortojoaquinita, bário-ortojoaquinita, ortojoaquinita-(Ce), ortojoaquinita-(La) e bielorrussita-(Ce).

JOESMITHITA Berilossilicato de chumbo, cálcio, magnésio e ferro – $PbCa_2Mg_3Fe_2[Be_2Si_6O_{22}](OH)_2$ –, monocl., preto. Descoberto em Langban, Varmland (Suécia), e assim chamado em homenagem a Joseph Victor Smith, mineralogista e petrólogo anglo-americano.

jogo de cores Fenômeno óptico que consiste em *flashes* de diferentes cores vistos em rápida sucessão em certas gemas, como a opala e a labradorita, quando são movimentadas. Cf. *opalização, labradorescência, iridescência, aventurescência*.

JOHACHIDOLITA Borato de cálcio e alumínio – $CaAlB_3O_7$ –, ortor., em grãos e massas lamelares incolores, transp. e fluorescentes. Dur. 6,5-7,0. D. 3,40. Ocorre em sienitos nefelínicos. De *Johachido*, Kisshu (Coreia do Norte), onde ocorre.

johannes gem (nome coml.) V. *titânia*.

JOHANNITA Sulfato básico hidratado de cobre e uranila – $Cu(UO_2)_2(SO_4)_2(OH)_2.8H_2O$ –, tricl., muito raro. Descoberto na Boêmia (República Checa) e assim chamado em homenagem a *Johann*, arquiduque da Áustria. Sin. de *gilpinita*.

JOHANNSENITA Silicato de cálcio e manganês – $CaMnSi_2O_6$ –, do grupo dos piroxênios monocl. Forma séries isomórficas com a hedenbergita e o diopsídio. Tem cor marrom, cinzenta ou esverdeada. De Alberto *Johannsen*, professor da Universidade de Chicago.

JOHILLERITA Arsenato de sódio, magnésio e cobre com zinco – $Na(Mg,Zn)_3Cu(AsO_4)_3$ –, monocl., descoberto em Tsumeb (Namíbia), onde aparece como finas plaquetas reunidas em agregados radiais, medindo cada uma 1 mm. Tem cor violeta, D. 4,2, clivagens (010) perfeita, (100) e (001) boas e dur. 3. Transp. Homenagem ao professor *Johannes E. Hiller*.

JOHNBAUMITA Arsenato básico de cálcio – $Ca_5(AsO_4)_3(OH)$ –, hexag., do grupo da apatita. Incolor ou branco, com br. vítreo e D. 3,7. Descoberto na mina Franklin, em Sussex, New Jersey (EUA), e assim chamado em homenagem a *John Baum*, seu descobridor.

JOHNINNESITA Arsenato-silicato de sódio, manganês e magnésio – $Na_2Mn_9(Mg,Mn)_7(OH)_8(AsO_4)_2(Si_6O_{17})_2$ –, tricl., descoberto em Tsumeb (Namíbia).

johnita V. *turquesa*.

JOHNSOMERVILLEÍTA Fosfato de sódio, cálcio e magnésio com ferro e manganês – $Na_2Ca(Mg,Fe,Mn)_7(PO_4)_6$ –, trig., marrom, friável, de br. vítreo, com uma clivagem perfeita, dur. 4,5 e D. 3,4. Homenagem a *John M. Somerville*, fornecedor da amostra em que foi descoberto o mineral.

johnstonita Sin. de *vanadinita*. Não confundir com *johnstonotita*.

johnstonotita Nome de uma var. de granada da Tasmânia. Não confundir com *johnstonita*.

johnstrupita Sin. de *mosandrita*. Homenagem a Frederik *Johnstrup*, mineralogista dinamarquês.

JOHNTOMAÍTA Fosfato básico de bário e ferro – $BaFe_4(PO_4)_3(OH)_3$ –, monocl., descoberto em rejeitos de uma mina de cobre do sul da Austrália.

JOHNWALKITA Fosfato de fórmula química $K(Mn,Fe)_2(Nb,Ta)(PO_4)O_2(H_2O,OH)_2$, ortor., descoberto em um pegmatito de Pennington, Dakota do Sul (EUA). Cf. *olmsteadita*.

joia Objeto de adorno pessoal confeccionado com gemas e/ou ligas metálicas em que predominam metais nobres. Consideram-se as joias mais antigas do mundo, com 100 mil anos de idade, três conchas perfuradas da espécie *Nassarius gibbosulus*, procedentes de Skhul (Israel) e de Oued Djebbana (Argélia), que estão no Museu de História Natural de Londres e no Centro Nacional de Pesquisa Científica da França, em Paris.

JOKOKUÍTA Sulfato hidratado de manganês – $MnSO_4.5H_2O$ –, tricl., do grupo da calcantita. Forma estalactites na mina *Jokoku* (daí seu nome), em Hokkaido (Japão). Tem cor rosa-claro, traço branco, br. vítreo, dur. 2,5 e D. 2,1. Facilmente solúvel em água. Desidrata-se a 20°C, dando ilesita.

JOLIOTITA Carbonato hidratado de uranila – $(UO_2)(CO_3).nH_2O$ –, ortor., amarelo, descoberto na Floresta Negra (Alemanha).

JOLLIFFEÍTA Seleneto de níquel e arsênio – $NiAsSe$ –, cúb., do grupo da cobaltita, descoberto em Athabasca, Saskatchewan (Canadá). Cf. *gersdorffita*.

JONESITA Silicato hidratado de fórmula química $Ba_4(K,Na)_2Ti_4Al_2Si_{10}O_{36}.6H_2O$, ortor., descoberto em San Benito, Califórnia (EUA).

JORDANITA Sulfoarseneto de chumbo – $Pb_{14}As_6S_{23}$ –, monocl., de cor cinza-chumbo. Forma série isomórfica com a geocronita. Descoberto no Valais (Suíça) e assim chamado em homenagem a *Jordan* de Saarbrück. Sin. de *reniformita*.

JORDISITA Sulfeto de molibdênio – MoS_2 –, dimorfo da molibdenita. É preto, pulverulento, amorfo, com frat. conchoidal. Altera-se facilmente a ilsemannita azul. Mineral-minério de molibdênio. Cf. *molibdenita*.

JORGENSENITA Fluoreto de sódio, estrôncio e alumínio com bário – $Na_2(Sr,Ba)_{14}Na_2Al_{12}F_{64}(OH,F)_4$ –, monocl., descoberto em depósito de criolita de Ivigtut, na Groenlândia (Dinamarca).

JOSEÍTA Sulfeto de bismuto e telúrio – Bi_4TeS_2 –, trig., descoberto em uma mina perto de Mariana, MG (Brasil). Tem 80% Te. D. 7,9. Cf. *joseíta-B*.

JOSEÍTA-B Sulfetotelureto de bismuto – Bi_4Te_2S –, trig., descoberto na Colúmbia Britânica (Canadá). Cf. *joseíta*.

josephinita Ferro niquelífero encontrado como seixos rolados no condado de *Josephine*, Oregon (EUA).

JOURAVSKITA Sulfato básico hidratado de cálcio e manganês – $Ca_3Mn(SO_4,CO_3)_2(OH)_6.13H_2O$ –, hexag., descoberto na forma de manchas de 1 a 5 mm, amarelo-esverdeadas, em uma massa de minerais de manganês em Anti-Atlas (Marrocos). D. 1,95. Dur. 2,5. Homenagem ao geólogo Georges *Jouravsky*.

JUABITA Arsenato-telurato hidratado de cobre – $Cu_5(TeO_4)_2(AsO_4)_2.3H_2O$ –, tricl., descoberto em uma mina de *Juab* (daí seu nome), Utha (EUA).

JUANITA Silicato hidratado de cálcio, magnésio e alumínio – $Ca_{10}Mg_4Al_2Si_{11}O_{39}.4H_2O$ (?) –, talvez ortor., produzido por alteração de melilita. De Montes San *Juan*, Colorado (EUA), onde foi descoberto.

JUANITAÍTA Arsenato básico hidratado de cobre e bismuto com cálcio e ferro – $(Cu,Ca,Fe)_{10}Bi(AsO_4)_4(OH)_{11}.H_2O$ –, tetrag., descoberto em uma mina de Tooele, Utah (EUA).

juddita Magnesioarfvedsonita manganífera.

JULGOLDITA-(Fe) Silicato de cálcio e ferro – $Ca_2Fe_3Si_3(O,OH)_{14}$ –, monocl., do grupo da pumpellyíta. Forma séries isomórficas com a pumpellyíta-(Fe^{2+}) e a pumpellyíta-(Mg). Descoberto em Langban, Varmland (Suécia).

julienita Tiocianato hidratado de sódio e cobalto – $Na_2Co(SCN).8H_2O$ (?) –, descrito originalmente como cloro-nitrato hidratado de cobalto. Cristaliza como pequenas agulhas azuis, tetrag., formando crostas. Homenagem a Henry *Julien*, geólogo belga.

JUNGITA Fosfato básico hidratado de cálcio, zinco e ferro – $Ca_2Zn_4Fe_8(PO_4)_9(OH)_9.16H_2O$ –, ortor., em rosetas de até 1 cm de diâmetro, formadas por cristais tabulares verde-escuros, de traço amarelo, br. sedoso a vítreo e clivagem (010) perfeita. Dur. 1,0. D. 2,84. Descoberto em um pegmatito da Baviera (Alemanha) e assim chamado em homenagem a Gerhard *Jung*, seu descobridor.

JUNITOÍTA Silicato hidratado de cálcio e zinco – $CaZn_2Si_2O_7.H_2O$ – ortor., descoberto em Gila, Arizona (EUA). Cf. *felbertalita*.

JUNOÍTA Sulfeto selenífero de chumbo, cobre e bismuto – $Pb_3Cu_2Bi_8(S,Se)_{16}$ –, monocl., com 11,4% Se e S/Se = 5. Nome derivado de *Juno*, mina de Tennant Creek (Austrália), onde foi descoberto.

junquilho Diamante de cor amarela bem definida.

JUONNIITA Fosfato básico hidratado de cálcio, magnésio e escândio – $CaMgSc(PO_4)_2(OH).4H_2O$ –, ortor., descoberto na península de Kola (Rússia). Cf. *segelerita*.

juparaná Nome coml. de um granito ornamental amarelo-claro com manchas pretas de biotita, contendo 30% de qz., 2% de micas (biotita e moscovita) e aproximadamente 68% de feldspatos. É encontrado no Rio de Janeiro e em Água Santa, RJ (Brasil).

juparaná amarelo Nome coml. de um granito ornamental procedente de Água Santa, RJ (Brasil).

juparanã rio Nome coml. de uma r. granítica ornamental procedente de Cachoeiro do Itapemirim, ES (Brasil).

juprata amarelo/creme Nome coml. de um granito ornamental procedente de Campo Grande, RJ (Brasil).

JURBANITA Sulfato básico hidratado de alumínio – $AlSO_4(OH).5H_2O$ –, em pequenos cristais claros, monocl., friáveis. Dimorfo da rostita. Descoberto em Pineal, Arizona (EUA), e assim chamado em homenagem a *J. E. Urban*, seu descobridor.

jurupaíta Var. de eakleíta com magnésio. De Montes *Jurupa*, Califórnia (EUA).

jusita Aluminossilicato hidratado de cálcio, sódio e potássio – $(Ca,Na,K)_5(Si,Al)_6O_{16}.5H_2O$ –, fibroso, branco, com estrutura radiada, provavelmente ortor., de D. 2,32, diferente das zeólitas. Ocorre em cavidades de um dique de melilitito em *Jus*, Württemberg (Alemanha). Não confundir com *justita*.

justita Sin. de *koenenita*.

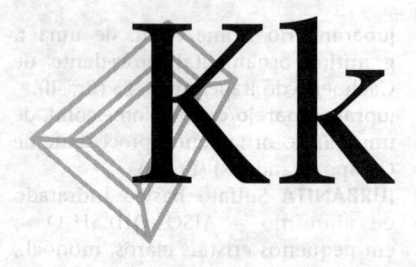

KAATIALAÍTA Arsenato hidratado de ferro – $Fe(H_2AsO_4)_3 \cdot 5H_2O$ –, monocl., encontrado em pegmatitos de *Kaatiala* (daí seu nome), em Kuortane (Finlândia), onde aparece como um pó cinza-claro a amarelo, produzido por intemperismo sobre loellingita. D. 2,6.

KADYRELITA Mineral de fórmula química $Hg_4(Br,Cl)_2O$, cúb., que forma série isomórfica com a eglestonita. Descoberto no jazida de mercúrio de *Kadyrelsky* (daí seu nome), na Sibéria (Rússia).

KAERSUTITA Anfibólio monocl. de fórmula química $NaCa_2(Mg_4Ti)Si_6Al_2O_{23}(OH)$, com $Mg/(Mg+Fe) = 0,5-1,0$, que forma uma série isomórfica com a ferrokaersutita. Descoberto em *Kaersut*, Groenlândia (Dinamarca), de onde vem seu nome.

kafeidrocianita Ferrocianeto hidratado de potássio – $K_4Fe(CN)_6 \cdot 3H_2O$ –, de origem duvidosa e, talvez, não natural. Forma placas retangulares e quadradas de cor amarelo-limão, reunidas em estalactites ou crostas. De *ka*llium (potássio) + *fe*rro + *hidra*tado + *cia*neto + *ita*.

KAHLERITA Arsenato hidratado de ferro e uranila – $Fe(UO_2)_2(AsO_4)_2 \cdot 10-12H_2O$ –, com 46,8% U, mas sem valor econômico, por ser raro. Pertence ao grupo da autunita. Tetrag., amarela ou verde-amarelada, em placas retangulares, provavelmente monocl. Homenagem ao geólogo F. *Kahler*.

kaiserita Sesquióxido hidratado de alumínio – $Al_2O_3 \cdot H_2O$ –, produto de alteração de coríndon. Micáceo, muito semelhante ao diásporo, mas provavelmente monocl.

kaka Nome dado, na Índia, à pérola de qualidade inferior. Cf. *gasri, jewen*.

KALBORSITA Boroaluminossilicato de potássio – $K_6[Al_4Si_6O_{20}]B(OH)_4Cl$ –, tetrag., do grupo das zeólitas, encontrado em pegmatitos da península de Kola (Rússia), onde aparece na forma de grãos de até 1,2 mm, incolores, de br. vítreo a nacarado (na clivagem), com dur. 6,0. Nome derivado da composição *kal*lium (potássio) + *al*umínio + *bor*ato + *si*licato + *ita*.

KALININITA Sulfeto de zinco e cromo – $ZnCr_2S_4$ –, cúb., descoberto na região de Baikal (Rússia). Não confundir com *calinita*.

kalkowskita Óxido de ferro e titânio – $Fe_2Ti_3O_9$ (?) –, normalmente com pequenas quantidades de TR, nióbio e tântalo. Marrom ou preto, fracamente radioativo. Muito raro. Talvez seja uma var. de ilmenita. Nome em homenagem a E. L. *Kalkowsky*, mineralogista alemão.

KALSILITA Aluminossilicato de potássio – $KAlSiO_4$ –, do grupo dos feldspatoides. Hexag., polimorfo da caliofilita, panunzita e trikalsilita. Forma grãos incolores irregulares, sem faces cristalinas e sem clivagem. Tem propriedades semelhantes às da nefelina. Do lat. *kal*lium (potássio) + *al*umínio + *si*licato + *ita*.

kalungaíta Mineral de fórmula química PdAsSe, descoberto em uma mina de ouro de Cavalcante, GO (Brasil), e descrito pelo professor brasileiro Nilson Franscisquini Botelho, em 2006. Forma pequenos grãos cinza, de 0,2 mm, e é assim chamado em homenagem ao povo *kalunga*, comunidade quilombola do norte de Goiás.

KAMAISHILITA Silicato de cálcio e alumínio – $CaAlSiO_3(OH)$ –, tetrag., dimorfo da bicchulita. Forma grãos de 0,1 mm de diâmetro, incolores, sem clivagem visível, incluídos em vesuvianita, parecendo ser produto de alteração desta. De *Kamaishi*, mina do Japão, onde foi descoberto.

kamarezita V. *brochantita*, nome preferível. De *Kamareza*, Laurium (Grécia), onde ocorre.

KAMBALDAÍTA Carbonato básico hidratado de sódio e níquel – $NaNi_4(CO_3)_3(OH)_3.3H_2O$ –, hexag., em cristais prismáticos ou aciculares, alongados verticalmente, ou em massas criptocristalinas. Tem cor verde-esmeralda, traço verde-claro, dur. 3,0 e D. 3,2. É um mineral secundário, descoberto em frat. de minérios de níquel e ferro, em *Kambalda* (Austrália), daí seu nome.

KAMCHATKITA Clorossulfato de potássio e cobre – $KCu_3(SO_4)_2OCl$ –, ortor., descoberto em escórias vulcânicas na península de *Kamchatka* (daí seu nome), na Rússia.

KAMIOKITA Molibdato de ferro – $Fe_2Mo_3O_8$ –, hexag., usualmente encontrado como inclusões em domeikita ou algodonita na mina *Kamioka* (daí seu nome), no Japão, e em outros locais. Forma grãos anédricos, de até 0,05 mm, com dur. 4,5.

KAMITUGAÍTA Fosfato hidratado de chumbo, alumínio e uranila – $PbAl(UO_2)_5[(P,As)O_4]_2(OH)_9.9,5H_2O$ –, tricl., descoberto em Kobokobo, Kivu (R. D. do Congo), onde aparece na forma de finas lâminas amarelas, de até 0,5 mm, em pegmatitos no distrito mineiro de *Kamituga*, que lhe dá o nome. D. 4,0-4,4.

KAMOTOÍTA-(Y) Carbonato hidratado de ítrio e urânio – $Y_2U_4(CO_3)_3O_{12}.14,5H_2O$ –, monocl., descoberto em Shaba (R. D. do Congo).

KAMPFITA Mineral de fórmula química $Ba_6[(Si,Al)O_2]_8(CO_3)_2Cl_2(Cl,H_2O)_2$, hexag., descoberto em Fresno, Califórnia (EUA).

KAMPHAUGITA-(Y) Carbonato básico hidratado de cálcio e ítrio – $Ca(Y,REE)(CO_3)_2(OH).H_2O$ –, tetrag., descoberto na região de Oslo (Noruega) e assim chamado em homenagem ao colecionador de minerais Erling *Kamp Haug*.

kanasita Silicato de sódio e cálcio com potássio – $(Na,K)_5Ca_4(Si_2O_5)_5(OH,F)_3$ –, monocl. Do lat. *kallium* (potássio) + *natrum* (sódio) + *silicium* (silício) + *ita*.

KANEMITA Silicato hidratado de sódio – $NaHSiO_2O_5.3H_2O$ –, ortor., em agregados esferulíticos milimétricos, incolores ou brancos. De *Kanem* (Chad), onde foi descoberto.

KANKITA Arsenato hidratado de ferro – $FeAsO_4.3,5H_2O$ –, monocl., produto de alteração de arsenopirita. Forma crostas botrioidais verde-amareladas de até 7 mm de espessura, foscas. Dur. 2,0-2,5. D. 2,70-2,73. De *Kank*, Kutná Hora (República Checa), onde foi descoberto.

KANOÍTA Silicato de manganês com magnésio – $(Mn,Mg)_2Si_2O_6$ –, do grupo dos clinopiroxênios, dimorfo da donpeacorita. Marrom-rosado-claro, de br. vítreo, traço branco, clivagem (110) perfeita, D. 3,6 e dur. 6,0. São comuns as maclas polissintéticas. Homenagem ao professor japonês Hiroshi *Kano*. Não confundir com *kanonaíta*.

KANONAÍTA Silicato de manganês e alumínio – $(Mn,Al)AlSiO_5$ –, ortor., encontrado na forma de porfiroblastos preto-esverdeados de até 12 mm em xistos de *Kanona* (Zâmbia), de onde vem seu nome. Tem dur. 6,5. D. 3,4, br. vítreo e traço verde-cinza. Forma uma série com a andaluzita. Não confundir com *kanoíta*.

KANONEROVITA Fosfato hidratado de manganês e sódio – $MnNa_3P_3O_{10}.12H_2O$ –, monocl., descoberto num pegmatito dos Urais (Rússia).

KAPITSAÍTA-(Y) Mineral de fórmula química $(Ba,K)_4(Y,Ca)_2Si_8(B,Si)_4O_{28}$ –, tricl., descoberto na região de Garm (Tajiquistão).

karachaíta Silicato hidratado de magnésio – $MgSiO_3.H_2O$. Var. de crisotilo. De *Karachat*, Cáucaso (Rússia).

KARASUGITA Fluoreto de estrôncio, cálcio e alumínio – $SrCaAl[F,(OH)]_7$ –, monocl., descoberto na Sibéria (Rússia).

KARELIANITA Sesquióxido de vanádio – V_2O_3 –, trig., do grupo da hematita. Forma grãos pretos de frat. conchoidal. D. 8,0-9,0. De *Karelia* (Finlândia), onde foi descoberto.

KARIBIBITA Oxiarseneto de ferro – $Fe_2As_4(O,OH)_9$ –, ortor., em fibras com

menos de 0,001 mm de espessura, de dur. muito baixa, flexíveis, paramagnéticas, fluorescentes, reunidas em feixes fusiformes de cor amarelo-marrom. De *Karibib* (Namíbia), onde foi descoberto.
karintina Hornblenda frequentemente pargasítica.
KARLITA Borato de magnésio com alumínio – $(Mg,Al)_6(BO_3)_3(OH,Cl)_4$ –, ortor., descoberto em mármores da Austrália, onde forma agregados de pequenas agulhas e prismas alongados segundo o eixo *c*, com 10 mm de comprimento. É branco a verde-claro, de br. sedoso, dur. 5,5 e traço branco. Homenagem ao professor Franz *Karl*.
KARNASURTITA-(Ce) Silicofosfato de fórmula química $(Ce,La,Th)(Ti,Nb)(Al,Fe)(Si,P)_2O_7(OH)_4.3H_2O$ (?), com 17,58% TR_2O_3. Forma cristais lamelares ou massas com cor amarela e br. graxo. Hexag. (?), metamicto. Ocorre em pegmatitos. De *Karnasurt*, monte de Lovozero, península de Kola (Rússia), onde foi descoberto.
KARPINSKITA Silicato básico de magnésio com níquel – $(Mg,Ni)_2Si_2O_5(OH)_2$ (?) – monocl. (?), azul-esverdeado, compacto, descoberto nos Urais (Rússia). Homenagem a A. P. *Karpinsky*, geólogo soviético. Não confundir com *karpinskyíta*.
karpinskyíta Mistura de leifita com um mineral rico em zinco, do grupo da montmorillonita, antes considerada aluminossilicato básico de sódio, zinco e berílio com magnésio. Forma agregados radiados de agulhas hexag. brancas. Homenagem a A. P. *Karpinsky*, geólogo soviético. Não confundir com *karpinskita*.
karrooíta Óxido de magnésio e titânio – $MgTi_2O_5$. De *Karroo*, região da África.
KARUPMOELLERITA-(Ca) Silicato de fórmula química $(Na,Ca,K)_2Ca(Nb,Ti)_4(Si_4O_{12})_2(O,OH)_4.7H_2O$, monocl., do grupo da labuntsovita, descoberto na Groenlândia (Dinamarca).
KASHINITA Sulfeto de irídio com ródio – $(Ir,Rh)_2S_3$ –, ortor., descoberto na Rússia.
kasoíta Var. de celsiano com potássio. De *Kaso*, mina de Tochigi (Japão). Não confundir com *kasolita*.

KASOLITA Silicato hidratado de chumbo e uranila – $Pb(UO_2)SiO_4.H_2O$ –, monocl., amarelo ou marrom, fortemente radioativo. Muito raro. Mineral-minério de urânio. De *Kasolo*, Shaba (R. D. do Congo). Não confundir com *kasoíta*.
KASSITA Óxido básico de cálcio e titânio – $CaTi_2O_4(OH)_2$ –, ortor., descoberto na península de Kola (Rússia). Cf. *cafetita*.
KASTININGITA Fosfato básico hidratado de manganês com ferro e magnésio – $(Mn,Fe,Mg)Al_2(PO_4)_2(OH)_2.8H_2O$ –, tricl., do grupo da paravauxita, descoberto na Baviera (Alemanha).
katanguita Silicato hidratado de cobre, equivalente coloidal da crisocola. De *Katanga*, nome antigo da província de Shaba (R. D. do Congo). Sin. de *cornuíta*.
katayamalita Silicato de fórmula química $KCa_7Li_3Ti_2(Si_6O_{18})_2(OH,F)_2$, tricl., branco, com fluorescência branco-azulada em luz UV de ondas curtas, traço branco, br. vítreo, dur. 3,5-4,0. Forma agregados granulares ou cristais simples, tabulares, com clivagem basal perfeita, encontrados em Iwagi, pequena ilha do Japão, e assim chamado em homenagem ao professor Nobuo *Katayama*, mineralogista japonês.
KATOÍTA Silicato básico de cálcio e alumínio – $Ca_3Al_2(SiO_4)_{3-x}(OH)_{4x}$, onde x = 1,5-3. É cúb., do grupo das granadas, e forma séries isomórficas com a grossulária e a hibschita.
KAWAZULITA Selenotelureto de bismuto – Bi_2Te_2Se –, trig., prateado, de br. metálico, traço cinza-aço, clivagem basal perfeita, flexível, com dur. 1,5 e D. 8,08. Os cristais são foliados, muito finos (no máximo 0,05 mm de espessura), medindo até 4 mm. Ocorre em veios de qz. da mina *Kawazu* (daí seu nome), em Shizuoka (Japão).
KAZAKOVITA Silicato de sódio, manganês e titânio – $Na_6MnTiSi_6O_{18}$ –, trig., em pequenos cristais amarelo-claros, de br. vítreo ou graxo, sem clivagem, descoberto na península de Kola (Rússia). Homenagem a Maria E. *Kazakova*, química soviética.

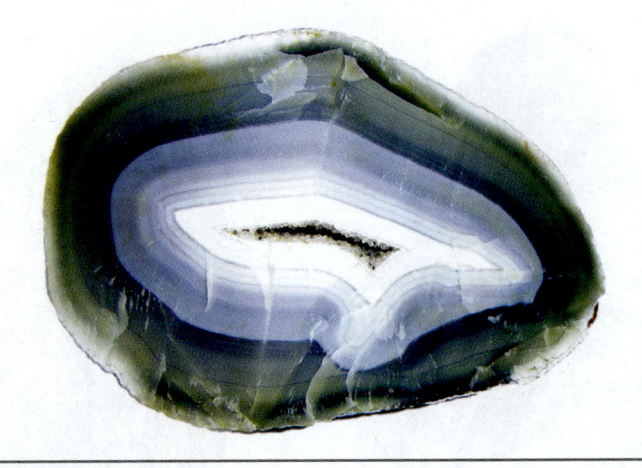

Ágata (cores naturais) — MG

Água-marinha — MG

Alabastro — MG

258

Albita e *moscovita* — MG

Alurgita — MG

Alunogênio — CA

Amazonita — CA

259

Âmbar MG

Apofilita CA

Ametista MG

Aragonita CA

Atacamita — CA

Bismuto (sintético) — MG

Barita — MG

Birrefringência em calcita — CA

Calcantita — MG

Calcedônia — MG

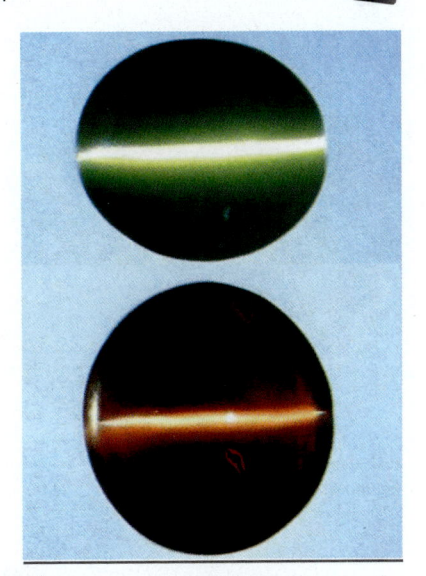

Chatoyance em alexandrita (em cima) e olho de gato (em baixo) (Sauer, 1982)

Calcita — CA

Calcopirita — MG

Cianita — MG

Citrino *(natural)* — MG

Conchoidal *(fratura da obsidiana)* — CA

Cobre *nativo* — CA

Conchinha de ágata — MG

Coral MG

Crisoprásio MG

Coríndon MG

Crisotilo MG

Cornalina MG

Cristais (de fluorita) CA

Cristal de rocha — CA

Crocoíta — MG

Dendrito em quartzo (lapidado) — CA

Diamante *(bruto)* — Ronaldo Mello Pereira

Enxofre — MG

Epídoto CA

Espinélio sintético (lapidado) CA

Escolecita CA

Esmeralda CA

Espodumênio MG

Estaurolita — MG	*Feldspato* — MG
Estilbita-Na — MG	*Fluorita* — CA

Fuchsita CA

Galena MG

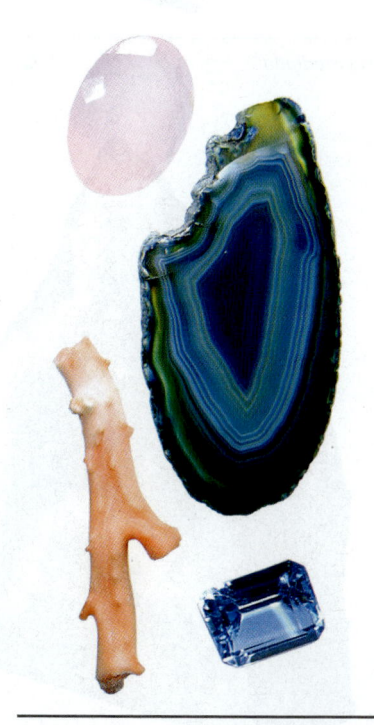

Fulgurito MG

Gemas CA
(natural, tratada, orgânica e sintética)

Gema irradiada — MG

Geodinho — CA

Geodo (de ametista) — MG

Gipsita (variedade de selenita) — CA

Granada — MG

Granito ornamental — MG

Goethita — CA

Halita — MG

Heliodoro — CA

Heulandita-Na — CA

Hematita — CA

Hiddenita — MG

Howlita *natural (branca) e tingida* MG

Jaspe-leopardo MG

Jaspe-zebra (bruto e lapidado)　　　　　　　　　　MG

Kimberlito com cristal de diamante amarelado (acima)　　CA

Kunzita　　　　　　　　MG

keatita Forma tetrag. de sílica de alta pressão, obtida sinteticamente por processo hidrotermal.
KECKITA Fosfato básico hidratado de cálcio, manganês e ferro $CaMn(Fe,Mn)_2Fe_2(PO_4)_4(OH)_2 \cdot 8H_2O$ –, monocl., do grupo da whiteíta. Marrom, fosco, com dur. 4,5, encontrado na forma de agregados cristalinos formados por intemperismo sobre fosfofilita ou rockbridgeíta em pegmatitos de Hagendorf, Baviera (Alemanha). O nome homenageia o colecionador de minerais Erich *Keck*.
keeleyita Sin. de *zinkenita*.
KEGELITA Sulfato-carbonato de chumbo e alumínio – $Pb_8Al_4Si_8(SO_4)_2(CO_3)_4(OH)_8O_{20}$ –, monocl., pseudo-hexag., que forma placas micrométricas sem clivagem, reunidas em agregados esféricos. Homenagem a Friedrich Wilhelm *Kegel*, diretor da mina Tsumeb (Namíbia).
kehoeíta Fosfato básico hidratado de zinco e alumínio com cálcio – $(Zn,Ca)Al_2(PO_4)_2(OH)_2 \cdot 5H_2O$ (?) –, amorfo, maciço, com D. 2,34.
keilhauita Var. de titanita com ítrio. Ocorre geralmente em massas compactas e granulares, marrons a pretas, radioativas. Homenagem a *Keilhau*. Sin. de *itrotitanita*.
KEILITA Sulfeto de ferro com magnésio – $(Fe,Mg)S$ –, cúb., do grupo da galena, descoberto em meteorito encontrado em Alberta (Canadá).
KEITHCONNITA Telureto de paládio – $Pd_{3-x}Te$, onde $x = 0,14$-$0,43$. Contém 69,1% Pd. Assemelha-se muito ao $Pd_{20}Te_7$ sintético. Cor creme a cinza, trig. O nome é homenagem a H. *Keith Conn*, geólogo norte-americano.
KEIVYÍTA-(Y) Silicato de ítrio com itérbio – $(Y,Yb)_2Si_2O_7$ –, monocl., que forma série isomórfica com a keivyíta-(Yb), descoberto na península de Kola (Rússia). Cf. *thortveitita*.
KEIVYÍTA-(Yb) Silicato de itérbio com ítrio – $(Yb,Y)_2Si_2O_7$ –, monocl., incolor, transp., de br. vítreo, clivagem (110) perfeita, solúvel em HCl a frio. Forma cristais achatados e alongados ou prismáticos, incluídos em fluorita de pegmatitos a amazonita. São comuns as maclas polissintéticas. Forma série isomórfica com a keivyíta-(Y). Nome derivado de *Keiva*, localidade da península de Kola (Rússia), onde ocorre. Cf. *thortveitita*.
KELDYSHITA Silicato de sódio e zircônio – $Na_{2-x}H_xZrSi_2O_7 \cdot nH_2O$ –, tricl., que forma grãos irregulares ou agregados granulares brancos. Quimicamente semelhante à khibinskita. Homenagem a M. V. *Keldysh*, professor soviético.
KELLYÍTA Aluminossilicato de manganês com magnésio – $(Mn,Mg,Al)_3(Si,Al)_2O_5(OH)_4$ –, hexag., que forma grãos amarelos, transp., com 1 mm de diâmetro, dispersos em carbonatos de manganês. Homenagem a William C. *Kelly*, professor norte-americano.
KELYANITA Clorato de mercúrio e antimônio com bromo – $Hg_{36}Sb_3(Cl,Br)_9O_{28}$ –, monocl., marrom-avermelhado, sem clivagens ou maclas, encontrado como grãos irregulares de 1 a 2 mm, com D. 8,5-8,6. Escurece quando atacado por KOH e HCl concentrado. Eferverse sob ação do ác. nítrico. Com HCl 1:1 fica iridescente. De *Kelyan*, mina da Sibéria (Rússia), onde foi descoberto.
kemmererita Var. de peninita avermelhada ou violeta contendo cromo. Homenagem a *Kemmerer*, engenheiro de minas russo. Sin. de *rodocromo*.
KEMMLITZITA Sulfato-arsenato básico de estrôncio e alumínio – $SrAl_3[(As,S)O_4]_2(OH,H_2O)_6$ –, trig., do grupo da beudantita, descoberto na Saxônia (Alemanha).
KEMPITA Hidroxicloreto de manganês – $Mn_2Cl(OH)_3$ –, em pequenos prismas ortor. verde-esmeralda. Homenagem a James F. *Kemp*, geólogo norte-americano. Cf. *atacamita*, *hibbingita*.
KENHSUÍTA Clorossulfeto de mercúrio – $Hg_3S_2Cl_2$ –, ortor., trimorfo da corderoíta e da lavrentievita, descoberto em uma mina de mercúrio de Humboldt, Nevada (EUA).

kennedyíta Óxido de magnésio, ferro e titânio – $MgFe_2^{3+}Ti_3O_{10}$ –, isomorfo da pseudobrookita. Quimicamente intermediário entre a pseudobrookita e a karrooíta. Sabe-se hoje que se trata de armalcolita. De *Kennedy*.
KENTBROOKSITA Silicato de fórmula química $(Na,REE)_{15}(Ca,REE)_6Mn_3Zr_3Nb Si_{25}O_{74}F_2$, trig., do grupo da eudialita, descoberto na Groenlândia (Dinamarca).
keramita 1. Mineral argiloso formado por alteração da escapolita. 2. Mullita sintética.
KERNITA Borato básico hidratado de sódio – $Na_2B_4O_6(OH)_2.3H_2O$ –, monocl., incolor a branco, fluorescente, de br. vítreo a nacarado, com duas boas clivagens, solúvel em água quente. Dur. 3,0. D. 1,90. Transp. quando inalterado. Importante fonte de boro (51% B_2O_3), usado também na fabricação de vidro e na indústria química. De *Kern*, Califórnia (EUA), onde foi descoberto em 1926. Sin. (coml.): *rasorita*.
kerstenita Selenato de chumbo – Pb_2SeO_4 –, incolor ou branco, transp. ou transl., com br. graxo. Homenagem a *Kersten*, o primeiro a descrevê-lo. Não confundir com *kertschenita*.
kertschenita Fosfato básico hidratado de ferro com pequenas quantidades de manganês e magnésio. Forma agregados cristalinos fibrorradiados, verde-escuros, marrons ou amarelos. Produto de oxidação da vivianita. De *Kertsch*, península da Crimeia (Rússia), onde ocorre. Sin. de *alfakertschenita*.
KESTERITA Sulfeto de cobre, zinco e estanho com ferro – $Cu_2(Zn,Fe)SnS_4$ –, com 30,56% Cu, 11,16% Zn e 25,25% Sn, tetrag. De *Kester*, Yakutia, Sibéria (Rússia), onde foi descoberto.
KETTNERITA Carbonato de cálcio e bismuto – $CaBi(CO_3)OF$ –, ortor., que forma cristais marrom-amarelados, pequenos, reunidos em placas em cavidades de pegmatitos no Erzgebirge (República Checa). Homenagem ao professor Radim *Kettner*.

KEYITA Arsenato de cobre, zinco e cádmio – $Cu_3(Zn,Cu)_4Cd_2(AsO_4)_6(H_2O)_2$ –, monocl., azul-celeste-escuro, prismático a tabular, com boa clivagem basal, traço azul-claro, dur. 3,5-4,0 e D. 4,95. Ocorre em minérios com tennantita em Tsumeb (Namíbia). Facilmente solúvel em ác. concentrados. Homenagem a Charles L. *Key*, seu descobridor.
KEYSTONEÍTA Telurato hidratado de magnésio, níquel e ferro – $Mg_{0,5}[NiFe(TeO_3)_3].4,5H_2O$ –, hexag., descoberto na mina *Keystone* (daí seu nome), em Boulder, Colorado (EUA).
KHADEMITA Fluorsulfato hidratado de alumínio – $Al(SO_4)F.5H_2O$ –, ortor., incolor, sem clivagem, descoberto na Boêmia (República Checa). Homenagem a N. *Khadem*, diretor do Serviço Geológico do Irã. Cf. *rostita*.
KHAIDARKANITA Hidroxifluoreto hidratado de cobre e alumínio – $Cu_4Al_3(OH)_{14}F_3.2H_2O$ –, monocl., descoberto em *Khaidarkan* (daí seu nome), no vale Fergana (Tajiquistão).
KHAMRABAEVITA Carboneto de titânio com vanádio e ferro – $(Ti,V,Fe)C$ –, cúb., descoberto no Usbequistão e no Tajiquistão. Homenagem a Ibrajim K. *Khamrabaeva*, diretor do Instituto de Geologia e Geofísica do Usbequistão.
KHANNESHITA Carbonato de sódio e bário com outros metais – $(Na,Ca)_3(Ba,Sr,Ce,Ca)_3(CO_3)_5$ –, hexag., amarelado-claro, friável, que forma cristais prismáticos alongados de até 10 mm, disseminados em carbonatitos de *Khan Neshin* (Afeganistão), daí seu nome. D. 3,8-3,9.
KHARAELAKHITA Sulfeto de cobre com outros metais – $(Cu,Pt,Pb,Fe,Ni)_9S_8$ –, ortor., descoberto na Sibéria (Rússia).
KHATYRKITA Composto intermetálico de fórmula química $(Cu,Zn)Al$, tetrag., descoberto no cinturão ultramáfico *Khatyrskii* (daí seu nome), na Rússia.
khibinita V. *mosandrita*.
KHIBINSKITA Silicato de potássio e zircônio – $K_2ZrSi_2O_7$ –, monocl., que forma agregados brancos ou beges, ou

cristais isolados incolores. De *Khibina*, maciço alcalino onde foi descoberto.
KHINITA Telurato básico de cobre e chumbo – $Cu_3PbTeO_6(OH)_2$ –, ortor., verde-escuro, com dur. 3,5 e D. 6,69, dimorfo da parakhinita. Descoberto na mina Old Guard, Arizona (EUA). Homenagem a Basaw *Khin*, descobridor da parakhinita.
KHMARALITA Mineral de fórmula química $Mg_{5,5}Al_{14}Fe_2Si_5Be_{1,5}O_{40}$, monocl., descoberto na baía *Khmara* (daí seu nome), na Antártica.
khoharita Silicato de magnésio e ferro – $Mg_3Fe_2(SiO_4)_3$ –, membro final hipotético do grupo das granadas. De *Khohar*, nome de um meteorito, porque, segundo alguns, os côndrulos meteoríticos originam-se de granadas.
KHOMYAKOVITA Mineral de fórmula química $Na_{12}Sr_3Ca_6Fe_3Zr_3W(Si_{25}O_{73})(O, OH,H_2O)_3(OH,Cl)_2$, trig., descoberto em Rouville, Quebec (Canadá).
KHRISTOVITA-(Ce) Silicato de fórmula química $(Ca,REE)REE(Mg,Fe)AlMnSi_3O_{11}(OH)(F,O)$, monocl., descoberto no Quirguistão.
KIDDCREEKITA Sulfeto de cobre, estanho e tungstênio – Cu_6SnWS_8 –, cúb., em grãos irregulares com menos de 0,1 mm, opacos, marrom-cinzento-claros, de D. 4,9. Assim chamado por haver sido descoberto na mina *Kidd Creek*, Ontário (Canadá). Cf. *hemusita*.
KIDWELLITA Fosfato básico hidratado de sódio e ferro – $NaFe_9(PO_4)_6(OH)_{10} \cdot 5H_2O$ –, monocl., em cristais aciculares verde-claros, amarelo-esverdeados, branco-esverdeados ou amarelos, de br. sedoso, clivagem perfeita segundo (100) e traço amarelo, alongados segundo o eixo *b*. Dur. 3,0. Homenagem a Albert Lewis *Kidwell*, de Houston, Texas (EUA).
KIEFTITA Antimoneto de cobalto – $CoSb$ –, com 86,11% Sb, cúb. Descoberto em Bergslagen (Suécia) e assim chamado em homenagem ao mineralogista holandês Cornelius *Kieft*. Cf. *skutterudita, niquelskutterudita*.

KIESERITA Sulfato hidratado de magnésio – $MgSO_4 \cdot H_2O$ –, monocl., branco, encontrado em resíduos salinos, solúveis em água fria. É usado na fabricação de sal-amargo e nos setores em que se emprega dolomita e magnesita. Homenagem a D. G. *Kieser*, cientista alemão. Cf. *sanderita*. O grupo da kieserita inclui mais cinco sulfatos monocl.: cobaltokieserita, dwornikita, gunningita, szmikita e szomolnokita.
kievita V. *cummingtonita*. De *Kiev* (Rússia).
KILCHOANITA Silicato de cálcio – $Ca_6(SiO_4)(Si_3O_{10})$ –, ortor., dimorfo da rankinita, encontrado em calcários metamorfizados por gabro, em *Kilchoan* (daí seu nome), Ardnamurchan (Escócia). É incolor e, aquecido a 1.000°C por dez horas, transforma-se em rankinita.
KILLALAÍTA Silicato hidratado de cálcio – $Ca_3Si_2O_7 \cdot H_2O$ –, que forma cristais monocl. de até 2 mm de comprimento, descoberto na baía *Killala* (daí seu nome), na Irlanda.
kima gem (nome coml.) V. *titânia*.
kimberlite gem (nome coml.) V. *titânia*.
kimberlito Peridotito alcalino rico em cristais bem desenvolvidos de olivina (geralmente serpentinizados e carbonatizados) e flogopita, às vezes com geikielita e piropo cromífero, distribuídos em uma matriz fina de calcita com olivina e flogopita. Pode conter ainda, como minerais acessórios, ilmenita, serpentina, clorita, magnetita, perovskita e diamante. Geralmente se mostra brechado. Forma diques e *sills* ou chaminés em forma de cenoura, normalmente em zonas de r. muito antigas (crátons). É a principal fonte de diamantes, embora a maioria dos kimberlitos seja estéril. No Brasil, os primeiros kimberlitos foram descobertos no fim da década de 1960, e são conhecidas hoje cerca de 300 chaminés dessa r., todas estéreis ou pelo menos antieconômicas. O teor mínimo de diamante economicamente aproveitável, tanto em kimberlitos quanto em sedimentos, é

em torno de 25 pontos por tonelada, ou seja, 1 ct para 4 toneladas (ou 50 mg/t). Dos diamantes encontrados nessa r., até 70% são cristais quebrados. Nome derivado de *Kimberley*, cidade da África do Sul. Cf. *blue ground, yellow ground*.

kimitotantalita Sin. de *ixiolita*. De *Kimito* (Finlândia) + *tantalita*.

KIMROBINSONITA Mineral de fórmula química $(Ta,Nb)(OH)_3(O,CO_3)$, cúb., descoberto na Austrália.

KIMURAÍTA-(Y) Carbonato hidratado de cálcio e ítrio – $CaY_2(CO_3)_4.6H_2O$ –, ortor., descoberto na província de Saga, no Japão.

KIMZEYITA Silicato de cálcio e zircônio com titânio, alumínio e ferro – $Ca_3(Zr,Ti)_2(Si,Al,Fe)_3O_{12}$ –, com 20% ZrO_2, do grupo das granadas. Cúb., forma cristais milimétricos escuros, de cor marrom. De *Kimzey*, pedreira de Magnet Core, Arkansas (EUA), onde ocorre.

KINGITA Fosfato básico hidratado de alumínio – $Al_3(PO_4)_2(OH,F)_3.9H_2O$ –, tricl., em nódulos brancos, descoberto em mina de fosfato de Robertstown (Austrália).

KINGSMOUNTITA Fosfato básico hidratado de cálcio, ferro e alumínio – $Ca_4FeAl_4(PO_4)_6(OH)_4.12H_2O$ –, monocl., branco a marrom-claro, com traço branco, dur. 2,5, que forma pequenas fibras em *Kings Mountain*, Carolina do Norte (EUA), de onde vem seu nome. D. 2,5-2,6. Cf. *montgomeryíta*.

KINICHILITA Telurato hidratado de magnésio, manganês e ferro – $Mg_{0,5}[Mn Fe(TeO_3)_3].4,5H_2O$ –, hexag., marrom-escuro, com traço também marrom, br. subadamantino, dur. baixa, sem clivagem, encontrado na forma de prismas de menos de 2 mm em um veio de qz. da mina Kawazu, península de Izu (Japão). Facilmente solúvel em HCl e HNO_3. Assim chamado, como a sakuraiita, em homenagem a *Kinichi Sakurai*, mineralogista amador japonês. Cf. *zemannita*.

KINOÍTA Silicato básico de cálcio e cobre – $Ca_2Cu_2Si_8(OH)_4$ –, monocl., que forma cristais euédricos a subédricos milimétricos. Há duas ocorrências conhecidas, em skarnitos e em albita-basaltos, nos estados de Arizona e Michigan (EUA), respectivamente.

KINOSHITALITA Aluminossilicato básico de bário e magnésio – $BaMg_3Al_2Si_2O_{10}(OH)_2$ –, monocl., do grupo das micas. Forma pequenas escamas de 1 mm, marrom-amareladas, semitransp., com br. vítreo e clivagem basal perfeita. Homenagem a Kanieki *Kinoshita*, pesquisador japonês.

kinradito Nome coml. que, no Oregon e na Califórnia (EUA), designa um jaspe com inclusões esféricas de qz., incolores ou quase incolores. Cf. *jaspe-esferulítico, jaspe orbicular*.

KINTOREÍTA Fosfato básico de chumbo e ferro – $PbFe_3(PO_4)_2(OH,H_2O)_6$ –, trig., descoberto em Nova Gales do Sul (Austrália).

KIPUSHITA Fosfato básico hidratado de cobre com zinco – $(Cu,Zn)_6(PO_4)_2(OH)_6.H_2O$ –, monocl., descoberto na jazida de *Kipushi*, Katanga (R. D. do Congo). Cf. *philipsburgita*.

kirchheimerita Fosfato hidratado de cobalto e uranila – $Co(UO_2)(PO_4)_2.12H_2O$. Cf. *metakirchheimerita*.

KIRKIITA Sulfoarseneto de chumbo e bismuto – $Pb_{10}Bi_3As_3S_{19}$ –, hexag. ou monocl., descoberto no distrito de *Kirki* (daí seu nome), na Trácia (Grécia).

kirovita Sulfato hidratado de ferro com magnésio – $(Fe,Mg)SO_4.7H_2O$ –, encontrado como estalactites e estalagmites verde-amareladas. De *Kirovgrad*, Urais (Rússia), onde foi descoberto.

KIRSCHSTEINITA Silicato de cálcio e ferro – $CaFeSiO_4$ –, ortor., esverdeado, do grupo das olivinas. Forma série isomórfica com a monticellita. D. 3,43. Ocorre em melilitanefelinito da R. D. do Congo. Homenagem a Egon *Kirschstein*, geólogo alemão. Sin. de *ferromonticellita*.

kitaibelita Sulfeto de prata, chumbo e bismuto – $Ag_{10}PbBi_{30}S_{51}$.

KITKAÍTA Mineral de fórmula química NiTeSe, trig., prateado, opaco. D. 7,19.

Ocorre em veios carbonáticos no vale do rio *Kitka*, em Kuusamo (Finlândia).
KITTATINNYÍTA Silicato básico hidratado de cálcio e manganês – $Ca_4Mn_2^{2+}Mn_4^{3+}Si_4O_{16}(OH)_8.18H_2O$ –, hexag., amarelo, descoberto na mina Franklin, Sussex, New Jersey (EUA). Cf. *wallkilldellita-(Mn)*.
kivuíta Fosfato básico hidratado de tório e uranila com cálcio e chumbo – $(Th,Ca,Pb)H_2(UO_2)_4(PO_4)_2(OH)_8.7H_2O$ (?) – ortor. (?). Cf. *fosfuranilita*.
KLADNOÍTA Ftalimida – $C_6H_4(CO_2)NH$ –, monocl., descoberta na bacia carbonífera de *Kladno* (daí seu nome), na Boêmia (República Checa).
klaprothina V. *lazulita*. Cf. *klaprothita*.
klaprothita Mistura de wittichenita e emplectita, antes tida por sulfeto de cobre e bismuto. Homenagem a Martin Heinrich *Klaproth*, químico alemão, descobridor do urânio, zircônio, cério e titânio. Não confundir com *klaprothina*.
KLEBELSBERGITA Sulfato básico de antimônio – $Sb_4O_4(OH)_2(SO_4)$ –, ortor., em agregados de pequenos cristais tabulares ou aciculares amarelos, que ocorrem entre cristais de estibinita quando formam agregados colunares. D. 4,62. Br. vítreo, traço amarelo, sem clivagem. Homenagem a Kuno *Klebelsberg*, estadista húngaro.
kleberita Titanato hidratado de ferro – $FeTi_6O_{13}.4H_2O$ (?) –, hexag., marrom-escuro a preto, de D. 3,28, dur. 4,0-4,5, encontrado em sedimentos terciários da bacia de Weissel (Alemanha). Homenagem ao professor alemão Will *Kleber*.
KLEEMANITA Fosfato básico hidratado de zinco e alumínio – $ZnAl_2(PO_4)_2(OH)_2.3H_2O$ –, monocl., que ocorre como revestimento e finos veios de 1-2 mm de espessura em minérios de ferro e manganês de Iron Knob (Austrália). Tem cor ocre e D. 2,8. Homenagem a Alfred W. *Kleeman*, petrólogo australiano.
KLEINITA Clorossulfato hidratado de mercúrio com nitrogênio – $4[Hg_2NCl]Hg(SO_4,Cl).H_2O$ –, hexag., que forma pequenos prismas curtos, amarelos ou alaranjados. Homenagem a Carl *Klein*, mineralogista alemão. Sin. de *mercuramonita*. Cf. *mosesita*.
KLOCKMANNITA Seleneto de cobre – $CuSe$ –, hexag., em agregados granulares violeta-avermelhado ou cinzentos. Descoberto na província de La Rioja (Argentina). Homenagem ao mineralogista alemão F. *Klockmann*.
KLYUCHEVSKITA Sulfato de potássio, cobre e ferro com alumínio – $K_3Cu_3(Fe,Al)O_2(SO_4)_4$ –, monocl., descoberto no grupo de vulcões conhecido como *Klyuchevskaya* (daí seu nome), na península de Kamchatka (Rússia).
knebelita Var. de faialita com manganês, de cor variável. Assim chamada em homenagem a Karl L. von *Knebel*, tradutor alemão.
knopita Var. de perovskita com cério. Usada para extração de TR. Homenagem a A. *Knop*, mineralogista alemão.
KNORRINGITA Silicato de magnésio e cromo – $Mg_3Cr_2(SiO_4)_2$ –, cúb., do grupo das granadas, que forma uma série com o piropo. É verde e tem D. 3,8. Ocorre em kimberlitos de Kao (Lesoto) e é assim chamado em homenagem a Oleg von *Knorring*.
knoxvillita 1. Var. de copiapita com cromo. 2. Sin. de *copiapita*. De *Knoxville*, Califórnia (EUA).
KOASHVITA Titanossilicato de sódio, titânio e cálcio com manganês e ferro – $Na_6(Ca,Mn)(Ti,Fe)Si_6O_{18}.nH_2O$, com n = 0 a 1. Ortor., amarelo-claro, transp., sem clivagem. Descoberto em testemunhos de sondagem em *Koashva*, montanha da península de Kola (Rússia), de onde provém seu nome.
KOBEÍTA-(Y) Óxido complexo de fórmula química $Y(Zr,Nb)(Ti,Fe)_2O_7$, metamicto, que forma cristais pretos, alongados, encontrados em pegmatitos graníticos e placeres. Descoberto em *Kobe* (daí seu nome), província de Kyoto (Japão).
KOBELLITA Sulfeto de cobre, chumbo e bismuto com antimônio – $Cu_2Pb_{10}(Bi,Sb)_{16}S_{35}$ –, ortor., cinza-escuro, iso-

morfo da tintinaíta. Homenagem a Franz von *Kobell*, mineralogista e poeta alemão. Cf. *izoklakeíta*.
kochenita Resina fóssil semelhante ao âmbar. De *Kochental*, Tirol (Áustria).
KOCHITA Silicato de fórmula química $Na_2(Na,Ca)_4Ca_4(Mn,Ca)_2Zr_2(Si_2O_7)_4(O,F)_4F_4$ –, tricl., do grupo da goetzenita. Forma agregados granulares de pequenos cristais. De *Kochi*-mura, Rikuchu (Japão), onde ocorre.
KOCHKARITA Telureto de chumbo e bismuto – $PbBi_4Te_7$ –, trig., descoberto na jazida de ouro de *Kochkar* (daí seu nome), nos Urais (Rússia).
kochubeíta Var. cromífera de clinocloro. Homenagem a P. A. *Kochubey*, conde russo.
KOECHLINITA Molibdato de bismuto – Bi_2MoO_6 –, ortor., em pequenos cristais tabulares, amarelo-esverdeados. Descoberto na Saxônia (Alemanha) e assim chamado em homenagem a Rudolf *Koechlin*, mineralogista austríaco.
koeflachita Resina fóssil semelhante ao âmbar.
KOENENITA Hidroxicloreto de sódio, magnésio e alumínio – $Na_4Mg_9Al_4Cl_{12}(OH)_{22}$ –, trig., de dur. muito baixa. Descoberto em mina de potássio da Saxônia (Alemanha) e assim chamado em homenagem a Adolph von *Koenen*, seu descobridor. Sin. de *justita*.
KOETTIGITA Arsenato hidratado de zinco – $Zn_3(AsO_4)_2.8H_2O$ –, monocl., de cor carmim, descoberto na Saxônia (Alemanha). Homenagem a Otto *Koettig*, químico alemão.
KOGARKOÍTA Fluorsulfato de sódio – Na_3SO_4F –, monocl., incolor ou azul-claro, em cristais de 0,4 a 2 cm, de D. 2,68 e dur. 3,5, que ocorre em nefelinas-sienitos da península de Kola (Rússia) e em fontes termais do Colorado (EUA). Homenagem a Lia Nikolaevna *Kogarko*, geoquímico russo.
koivinita Sin. de *florencita*.
KOKTAÍTA Sulfato hidratado de amônio e cálcio – $(NH_4)_2Ca(SO_4)_2.H_2O$ –, monocl., em cristais aciculares, pseudomorfo sobre gipsita. Descoberto na Morávia (República Checa) e assim chamado em homenagem ao mineralogista Jaroslav *Kokta*.
KOLARITA Cloreto de chumbo e telúrio – $PbTeCl_2$ –, ortor., descoberto na jazida de ouro de *Kolar* (daí seu nome), na Índia.
kolbeckina V. *herzenbergita*. (Descrita inicialmente como Sn_2S_3.) Não confundir com *kolbeckita*, *kolveckita*.
KOLBECKITA Fosfato hidratado de escândio – $ScPO_4.2H_2O$ –, de cor azul ou cinza. Descrito inicialmente como fosfato básico hidratado de alumínio. Forma prismas monocl. incolores, às vezes amarelados. Dur. 3,5-4,0. D. 2,39. Br. vítreo e clivagem (010). Muito raro. Sin. de *sterretita*. Não confundir com *kolbeckina*, *kolveckita*. Homenagem a Friedrich *Kolbeck*, mineralogista alemão. Sin. de *sterretita*.
KOLFANITA Oxiarsenato hidratado de cálcio e ferro – $Ca_2Fe_3O_2(AsO_4)_3.2H_2O$ –, monocl., vermelho a laranja, de br. adamantino, frágil. D. 3,3-3,7. Ocorre em pegmatitos da península de Kola (Rússia). Nome derivado de *Kola* Filhal Akad Nauk + *ita*. Cf. *arseniossiderita*.
KOLICITA Arsenato-silicato básico de manganês e zinco – $Mn_7Zn_4(AsO_4)_2(SiO_4)_2(OH)_8$ –, ortor., laranja-amarelo, com traço laranja, sem clivagem. Forma grãos semelhantes a granada, de br. vítreo, dur. 4,5 e D. 4,2, na mina Sterling Hill, Sussex, New Jersey (EUA). Homenagem a John *Kolic*, minerador dessa localidade. Cf. *holdenita*.
KOLOVRATITA Vanadato hidratado de níquel que forma crostas botrioidais amarelas no vale Fergana (Quirguistão). Espécie ainda pouco estudada.
kolskita Substância de composição até há pouco incerta e que hoje se sabe ser mistura de lizardita e sepiolita. Forma massas brancas de br. graxo que, em contato com o ar, endurecem. D. 2,40. Ocorre em filões hidrotermais em peridotitos. De *Kola*, península da Rússia, onde foi descoberta.

kolveckita Silicofosfato hidratado de alumínio com berílio – $(Al,Be)(P,Si)O_4$. $2H_2O$. Não confundir com *kolbeckina*, *kolbeckita*.

KOLWEZITA Hidroxicarbonato de cobre com cobalto – $(Cu,Co)_2(CO_3)(OH)_2$ –, tricl., do grupo da rosasita. É encontrado na forma de nódulos de 1 a 10 mm, em Shaba (R. D. do Congo). Dur. 4,0, cores preta e bege. De *Kolwezi*, localidade onde foi descoberto.

KOLYMITA Amálgama de cobre – Cu_7Hg_6 –, cúb., dimorfo da belendorffita. Ocorre intercrescido com cobre nativo em minérios de antimônio de Magadin, bacia do rio *Kolyma* (daí seu nome), na Sibéria (Rússia). Tem cor de estanho, br. metálico, *tarnish* preto-amarronzado e é frágil. Funde facilmente, até mesmo na preparação de seções polidas.

KOMAROVITA Niobossilicato hidratado de cálcio – $(H,Ca)_2Nb_2Si_2O_{10}(OH,F)_2$. H_2O –, ortor., rosa-claro, fosco, formando finos agregados foliados. Descoberto no maciço de Lovozero, península de Kola (Rússia), e assim chamado em homenagem a Vladimir M. *Komarov*, cosmonauta soviético.

KOMBATITA Clorovanadato de chumbo – $Pb_{14}(VO_4)_2O_9Cl_4$ –, monocl., descoberto na mina *Kombat* (daí seu nome), na Namíbia.

KOMKOVITA Silicato hidratado de bário e zircônio – $BaZrSi_3O_9.3H_2O$ –, trig., descoberto na península de Kola (Rússia).

KONDERITA Sulfeto de fórmula química $PbCu_3(Rh,Pt,Ir)_8S_{16}$, hexag., descoberto no maciço álcali-ultramáfico de *Konder* (daí seu nome), na Sibéria (Rússia). Cf. *inaglyíta*.

kondrikita Silicato de sódio, alumínio, cério, titânio e cálcio, produzido por alteração da lovchorrita. Forma massas amareladas. Sin. de *kondrikovita*.

kondrikovita Sin. de *kondrikita*.

kongsbergita Amálgama nativo rico em prata (95% Ag e 5% Hg). De *Kongsberg* (Noruega).

KONINCKITA Fosfato hidratado de ferro – $FePO_4.3H_2O$ –, amarelado, transp., com br. vítreo. Espécie ainda pouco estudada, descoberta em Liège (Bélgica) e assim chamada em homenagem a L. G. de *Koninck*, geólogo belga.

KONYAÍTA Sulfato hidratado de sódio e magnésio – $Na_2Mg(SO_4)_2.5H_2O$ –, monocl., descoberto em Great *Konya* Basin (daí seu nome), na Turquia. É facilmente solúvel em água, sendo instável, com tendência a formar bloedita, principalmente quando finamente dividido. Dur. 2,5. D. 2,1.

koppita Var. de pirocloro de composição um tanto incerta. Homenagem a Hermann F. M. *Kopp*, químico alemão.

KORAGOÍTA Mineral de fórmula química $(Mn,Fe)_3(Nb,Ta,Ti)_3(Nb,Mn)_2(W,Ta)_2O_{20}$, monocl., descoberto na região de Khorog (Tajiquistão). Homenagem a Aleksei Aleksandrovich *Korago*, geólogo que pesquisou pérolas de água doce da Rússia e a origem do âmbar.

korarfveíta V. *monazita*.

KORITNIGITA Arsenato ác. hidratado de zinco – $ZnH(AsO_4).H_2O$ –, tricl., incolor, com clivagem (010) perfeita, solúvel em HCl e HNO_3 a frio. Descoberto em cavidades de tennantita na Namíbia e assim chamado em homenagem ao professor Sigmundo *Koritnig*. Cf. *cobaltokoritnigita*.

KORNELITA Sulfato hidratado de ferro – $Fe_2(SO_4)_3.7H_2O$ –, monocl., incolor ou marrom, de br. sedoso e com duas boas clivagens. Descoberto em Smolnik (Eslováquia) e assim chamado em homenagem a *Kornel* Hlavacsek, engenheiro de minas húngaro.

KORNERUPINA Silicato de fórmula química $([\ ],Mg,Fe)(Al,Mg,Fe)_9(Si,Al,B)_5(O,OH,F)_{22}$, ortor., incolor ou de cor branca, marrom, azul, amarela ou verde, transp., com duas clivagens perfeitas e br. vítreo. Dur. 6,5. D. 3,27-3,32. IR 1,665-1,677. Bir. 0,012. B(–). Mostra forte pleocroísmo (especialmente nos espécimes provenientes do Sri Lanka) em marrom-avermelhado e verde-amare-

lado. Disp. 0,019. Não é fluorescente. Assemelha-se à silimanita externamente. É um mineral muito raro, de valor gemológico, produzido principalmente no Sri Lanka. Outros produtores são Madagascar, Mianmar (ex-Birmânia), Alemanha e Dinamarca (na Groenlândia), onde foi descoberto. Homenagem a A. N. *Kornerup*, geólogo dinamarquês. Cf. *prismatina*.
KORNITA Silicato de fórmula química $(Na,K)Na_2(Mg_2Mn_2Li)Si_8O_{22}(OH)_2$, monocl., do grupo dos anfibólios, descoberto na província do Cabo (África do Sul).
KOROBITSYNITA Silicato hidratado de sódio e titânio com nióbio – $Na_3(Ti, Nb)_2[Si_4O_{12}](OH,O)_2.3\text{-}4H_2O$ –, ortor., do grupo da labuntsovita, descoberto na península de Kola (Rússia).
KORSHUNOVSKITA Cloreto básico hidratado de magnésio – $Mg_2Cl(OH)_3$. $3,5\text{-}4,0H_2O$ –, tricl., incolor, em grãos prismáticos com alguns décimos de milímetro, de dur. 2 e D. 1,89. Lentamente solúvel em água e facilmente solúvel em ác. fracos. Nome proveniente de *Korshunovskiy*, mina de Irkutskaya (Rússia), onde foi descoberto.
KORZHINSKITA Borato hidratado de cálcio – $CaB_2O_4.H_2O$ –, ortor., descoberto em escarnitos dos Urais (Rússia). Forma agregados lamelares de prismas incolores, com clivagem paralela à elongação, e ocorre com outros boratos. Homenagem a Dmitri S. *Korzhinskii*.
KOSNARITA Fosfato de potássio e zircônio – $KZr_2(PO_4)_3$ –, trig., pseudocúb., descoberto em Oxford, Maine (EUA).
kossmatita Aluminossilicato hidratado de magnésio e cálcio – $(MgO)_3(CaO)_7(Al_2O_3)_3(SiO_2)_7.9H_2O$ –, do grupo das micas.
KOSTOVITA Telureto de cobre e ouro – $CuAuTe_4$ –, ortor., com 25% Au, 67% Te e 8% Cu. Forma pequenos grãos ou vênulos branco-acinzentados, de dur. 2,0-2,5, com uma clivagem distinta. Não são conhecidos cristais. Descoberto em Chelopech (Bulgária) e assim chamado em homenagem a Ivan *Kostov*, mineralogista búlgaro.
KOSTYLEVITA Silicato hidratado de potássio e zircônio – $K_2ZrSi_3O_9.H_2O$ –, monocl., dimorfo da umbita. É facilmente decomposto por HCl a frio, a 10%. Ocorre em pegmatitos alcalinos da península de Kola (Rússia), na forma de cristais alongados verticalmente, com clivagem (110) perfeita, dur. 5,0, D. 2,7 e br. vítreo, incolores. O nome homenageia a mineralogista soviética Ekaterina E. *Kostyleva*-Labuntsova.
KOTOÍTA Borato de magnésio – $Mg_3(BO_3)_2$ –, incolor, ortor., granular, abundante em um mármore dolomítico de Svan (Coreia do Norte). Homenagem a Bundjirô *Kotô*, geólogo japonês.
KOTULSKITA Bismuto-telureto de paládio – Pd(Te,Bi) –, hexag., reconhecido apenas em seção polida, onde aparece incluído em calcopirita, com cor creme, forte anisotropia, sem clivagem e com poder refletor 66%. Descoberto na península de Kola (Rússia) e assim chamado em homenagem a V. K. *Kotulskii*, geólogo russo.
koulibinita Var. de diopsídio parda, compacta, pouco conhecida, que ocorre em Nertschinsk, Sibéria (Rússia).
KOUTEKITA Arseneto de cobre – Cu_5As_2 –, hexag., de br. metálico, muito raro, que ocorre como grãos em material carbonático nas montanhas Krknose (República Checa). Homenagem ao professor J. *Koutek*.
KOVDORSKITA Fosfato básico hidratado de magnésio – $Mg_2(PO_4)OH.3H_2O$ –, monocl., rosa-claro, de D. 2,6, com frat. conchoidal a irregular, descoberto na península de Kola (Rússia), no maciço *Kovdor*, de onde vem seu nome.
KOZOÍTA-(La) Carbonato básico de lantânio – $La(CO_3)(OH)$ –, ortor., do grupo da ancilita, descoberto na província de Saga, no Japão. Cf. *kozoíta-(Nd)*.
KOZOÍTA-(Nd) Carbonato básico de neodímio – $Nd(CO_3)(OH)$ –, ortor., descoberto na província de Saga, no Japão. Cf. *kozoíta-(La)*.

KOZULITA Anfibólio monocl. rico em manganês, de fórmula química $Na_3Mn_4(Fe,Al)Si_8O_{22}(OH)_2$, descoberto na mina Tanohata, Iwate (Japão).

KRAISSLITA Arsenato-silicato básico de manganês, zinco e ferro com magnésio – $(Mn,Mg)_{24}Zn_3Fe(AsO_3)_2(AsO_4)_3(SiO_4)_6(OH)_{18}$ –, semelhante à mcgovernita na aparência. Hexag., marrom-acobreado, com traço marrom-dourado, br. submetálico. Dur. 3-4. D. 3,88. Homenagem a Frederick e Alice *Kraissl*, moradores de Hackensack, New Jersey (EUA).

kramerita Sin. de *probertita*.

krantzito Resina fóssil semelhante ao âmbar, que aparece disseminada em camadas de carvão, na forma de grãos amarelados.

KRASNOVITA Mineral de fórmula química $Ba(Al,Mg)(PO_4,CO_3)(OH)_2.H_2O$, ortor., descoberto na península de Kola (Rússia).

KRATOCHVILITA Fluoreno – $C_{13}H_{10}$ –, ortor., descoberto na bacia carbonífera de Kladno, Boêmia (República Checa).

KRAUSITA Sulfato hidratado de potássio e ferro – $KFe(SO_4)_2.H_2O$ –, monocl., em pequenos prismas alongados, formando crostas verde-amareladas. Homenagem a Edward H. *Kraus*, mineralogista norte-americano.

KRAUSKOPFITA Silicato básico hidratado de bário – $BaSi_2O_4(OH)_2.3H_2O$ –, monocl., descoberto em r. metamórficas de Fresno, Califórnia (EUA), juntamente com seis novos minerais de bário. Homenagem a Konrad *Krauskopf*, químico alemão.

KRAUTITA Arsenato básico hidratado de manganês – $MnAsO_3(OH).H_2O$ –, monocl., rosa, descoberto perto de Deva (Romênia).

KREMERSITA Cloreto hidratado de ferro e amônio, este parcialmente substituído por potássio – $(NH_4,K)FeCl_5.H_2O$ –, ortor., assim chamado em homenagem a Peter *Kremers*, químico alemão.

KRENNERITA Telureto de ouro, frequentemente com prata – $(Au,Ag)Te_2$. Tem cor amarelo-ouro ou prateada e forma prismas ortor. curtos ou grãos. Mostra estrias verticais, clivagem basal perfeita, frat. subconchoidal a irregular, br. metálico. Ocorre em veios hidrotermais de temperatura relativamente baixa. Dur. 2,0-3,0. É mineral-minério de ouro (40% Au). Homenagem a Joseph A. *Krenner*, mineralogista húngaro. Sin. de *especulita*, *bunsenina*. Não confundir com *crednerita*.

KRETTNICHITA Vanadato básico de chumbo e manganês – $PbMn_2(VO_4)_2(OH)_2$ –, monocl., do grupo da tsumcorita, descoberto em *Krettnich* (daí seu nome), na Alemanha.

kreuzbergita Sin. de *fluellita*. De *Kreuzberg*, Baviera (Alemanha), onde ocorre.

KRIBERGITA Fosfato-sulfato básico hidratado de alumínio – $Al_5(PO_4)_3(SO_4)(OH)_4.4H_2O$ –, tricl., branco, com consistência de giz. De *Kristineberg*, mina de Västerbotten (Suécia), onde foi descoberto.

kridita Fluorsulfato hidratado de ítrio, cálcio e alumínio com até 18,12% TR.

KRINOVITA Silicato de sódio, magnésio e cromo – $NaMg_2CrSi_3O_{10}$ –, tricl., descoberto em meteoritos dos EUA e da Austrália.

kriptonita Mineral fictício, verde ou vermelho, radioativo, procedente do também fictício planeta *Kripton* (daí seu nome), que, nas aventuras do Super-Homem, tem a capacidade de anular seus superpoderes. Em abril de 2007, foi anunciada a descoberta de uma nova espécie mineral, a jadarita (de Jadar, Sérvia), um hidroxissilicato de sódio e lítio, quimicamente semelhante à kriptonita, mas branco, pulverulento e sem radioatividade.

KRISTIANSENITA Silicato de cálcio, escândio e estanho – $Ca_2ScSn(Si_2O_7)(Si_2O_6OH)$ –, tricl., descoberto em Telemark, na Noruega.

KROEHNKITA Sulfato hidratado de sódio e cobre – $Na_2Cu(SO_4)_2.2H_2O$ –, monocl., azul, solúvel em água fria, descoberto em Chuquicamata, Calama (Chile), e assim chamado em home-

nagem a B. *Kroehnke*, o primeiro a analisá-lo. Sin. de *salvadorita*.
krugita Sulfato hidratado de potássio, cálcio e magnésio – $K_2Ca_4Mg(SO_4)_6 \cdot 2H_2O$ –, parcialmente solúvel em água.
KRUPKAÍTA Sulfeto de chumbo, cobre e bismuto – $PbCuBi_3S_6$ –, ortor. Forma agregados fibrosos cinza-escuro em intercrescimento paralelo com bismutinita. De *Krupka*, jazida a nor-nordeste de Teplica (República Checa).
KRUTAÍTA Seleneto de cobre – $CuSe_2$ –, cúb., do grupo da pirita. Forma cristais com alguns décimos de milímetro. Descoberto em Petrovice (República Checa) e assim chamado em homenagem a Thomas *Kruta*, mineralogista checo.
KRUTOVITA Arseneto de níquel – $NiAs_2$ –, cúb., trimorfo da rammelsbergita e da pararrammelsbergita. Forma grãos equidimensionais ou irregulares, milimétricos, branco-acinzentados, de br. metálico. Dur. 5,5. Em seção polida, é branco. Homenagem a Georgi A. *Krutov*, mineralogista russo.
kruzhanovskita V. *kryzhanovskita*.
KRYZHANOVSKITA Fosfato básico de ferro com manganês – $(Fe,Mn)Fe_2(PO_4)_2(OH)_2$ –, semelhante à dufrenita. Forma grandes cristais monocl. imperfeitos, com clivagem basal perfeita. Dur. 4,0. D. 3,30. Cor parda, br. vítreo. Sin. de *kruzhanovskita*.
KTENASITA Sulfato básico hidratado de cobre e zinco – $(Cu,Zn)_5(SO_4)_2(OH)_6 \cdot 6H_2O$ –, em cristais monocl. verde-azulados, transl. Dur. 2,0. D. 2,97. Homenagem a Constantine *Ktenas*, mineralogista grego.
ktypeíta Mineral estruturalmente intermediário entre a calcita e a aragonita.
KUKHARENKOÍTA-(Ce) Carbonato de bário e cério com flúor – $Ba_2Ce(CO_3)_3F$ –, monocl., descoberto na península de Kola (Rússia) e em Rouville, Quebec (Canadá). Cf. *kukharenkoíta-(La)*.
KUKHARENKOÍTA-(La) Carbonato de bário e lantânio com cério e flúor – $Ba_2(La,Ce)(CO_3)_3F$ –, monocl., descoberto na península de Kola (Rússia). Cf. *kukharenkoíta-(Ce)*.
KUKISVUMITA Silicato hidratado de sódio, zinco e titânio – $Na_6ZnTi_4Si_8O_{28} \cdot 4H_2O$ –, ortor., descoberto na península de Kola (Rússia).
KUKSITA Fosfato-telurato de chumbo e zinco – $Pb_2Zn_3TeO_6(PO_4)_2$ –, ortor., do grupo da dugganita, descoberto em Yakutia (Rússia).
KULANITA Fosfato básico de bário, ferro e alumínio – $BaFe_2Al_2(PO_4)_3(OH)_3$ –, tricl., que forma série isomórfica com a penikisita. Ocorre em placas e agregados em forma de roseta, com cor azul a verde, em r. ferruginosas de Yukon (Canadá). Dur. 4,0. D. 3.91-3,92. Traço verde-claro, br. vítreo, transp. a transl. Homenagem a Alan *Kulan*, proprietário das amostras usadas para os primeiros estudos do mineral.
KULIOKITA-(Y) Silicato de ítrio e alumínio com itérbio – $(Y,Yb)_4Al(SiO_4)_2(OH)_2F_3$ –, tricl., que forma série isomórfica com a keivyíta-(Y). Descoberto na península de Kola (Rússia).
KULKEÍTA Aluminossilicato básico de sódio e magnésio – $Na_{0,34}Mg_8Al(AlSi_7)O_{20}(OH)_{10}$ –, monocl. É uma interestratificação regular 1:1 de talco e clorita trioctaédrica, descoberta em metadolomitos da Argélia. É incolor, transp., com clivagem basal perfeita em cuja face mostra br. nacarado. Dur. 2,0. D. 2,7. O nome homenageia Holger *Kulke*, geólogo alemão.
KULLERUDITA Seleneto de níquel – $NiSe_2$ –, ortor., dimorfo da penroseíta, produto de alteração da wilkmanita. Ocorre em albitadiabásios da Finlândia, no mesmo local em que foram descobertas a *wilkmanita*, a *makinenita*, a *sederolmita* e a *trüstedtita* (v.), todos selenetos de níquel. Cf. *penroseíta*.
kunzita Var. gemológica de espodumênio, transp., de cor rosada (às vezes lilás ou violeta-claro), em razão da presença de manganês. Dur. 6,5-7,5. D. 3,00-3,20. IR 1,653-1,682. Bir. 0,021.

B(+). Disp. 0,017. Forte tricroísmo, visível mesmo a olho nu, em incolor, vermelho e violeta. A fluorescência é também forte, alaranjada a amarelo-avermelhada. Sob ação do sol, sua cor pode enfraquecer. Sob ação de raios X, fica verde e, aquecida a 200°C, volta à cor original. A lapid. mais indicada para a kunzita é a *brilhante alta-luz*, devendo a mesa ser sempre perpendicular ao eixo óptico, devido ao forte pleocroísmo. Sua clivagem perfeita dificulta a lapid. Seu valor, como o da hiddenita, é proporcional à intensidade da cor. Kunzitas lapidadas de 1 ct a 50 ct custam entre US$ 2 e US$ 55/ct. A maior kunzita conhecida foi encontrada no município de Governador Valadares, MG (Brasil). Tinha 7,410 kg (37.050 ct). A kunzita ocorre em pegmatitos, principalmente nos EUA (Califórnia), Brasil (Minas Gerais), Mianmar (ex-Birmânia) e Madagascar. Kunzitas marrons ou verde-violeta podem ter a cor melhorada por tratamento térmico. Homenagem ao gemólogo G. F. *Kunz*. Sin. de *ametista de lítio*, *espodumênio-ametista*. ☐
kunzita-rósea Safira sintética rosada.
KUPCIKITA Sulfeto de cobre, ferro e bismuto – $Cu_{3,4}Fe_{0,6}Bi_5S_{10}$ –, monocl., descoberto na Áustria.
KUPLETSKITA Mineral de fórmula química $(K,Na)_3(Mn,Fe)_7(Ti,Nb)_2Si_8O_{24}(O,OH)_7$, que ocorre na forma de massas lamelares de 5 x 3 x 1 cm, constituídas por placas tricl. marrom-escuras a pretas, de traço marrom. Ocorre em pegmatitos do maciço do Lovozero, península de Kola (Rússia). Forma séries isomórficas com a astrofilita e a cesiokupletskita. Homenagem aos geólogos Bons M. *Kupletsky* e Elsa M. Bohnshtedt-Kupletskaya.
KURAMITA Sulfeto de cobre e estanho – Cu_3SnS_4 –, tetrag., do grupo da estanita. Ocorre como inclusões de até 0,08 mm em goldfieldita de minérios auríferos nos montes *Kuramin* (daí seu nome), no Usbequistão.

KURANAKHITA Óxido de chumbo, manganês e telúrio – $PbMnTeO_6$ –, ortor., pseudo-hexag., de cor marrom ou preta, br. vítreo. De *Kuranakh*,Yakutia (Rússia), depósito de ouro onde foi descoberto.
KURCHATOVITA Borato de cálcio e magnésio com manganês e ferro – $Ca(Mg,Mn,Fe)B_2O_5$ –, ortor., dimorfo da clinokurchatovita. Descoberto em Solongo, Transbaikal (Rússia), e assim chamado em homenagem a Igor V. *Kurchatov*, cientista soviético.
KURGANTAÍTA Cloroborato hidratado de cálcio e estrôncio – $CaSr(B_5O_9)Cl.H_2O$ –, tricl., descoberto em *Kurgantai* (daí seu nome), montanha do Casaquistão.
KURNAKOVITA Borato básico hidratado de magnésio – $MgB_3O_3(OH)_5.5H_2O$ –, tricl., que ocorre em agregados de cristais brancos. Dimorfo da inerita. Descoberto em Inder (Casaquistão) e assim chamado em homenagem a N. S. *Kurnakov*, mineralogista e químico russo.
kurskita Sin. de *carbonato-fluorapatita*. De *Kurska* (Rússia).
KURUMSAKITA Silicato hidratado de zinco, alumínio e vanádio com níquel e cobre – $(Zn,Ni,Cu)_8Al_8V_2Si_5O_{35}.27H_2O$ (?) –, talvez ortor., descoberto em *Kurumsak* (daí seu nome), no Casaquistão.
KUSACHIITA Óxido de cobre e bismuto – $CuBi_2O_4$ –, tetrag., descoberto na província de Okayama (Japão).
kustelita Var. de prata com até 10% Au.
kusuíta Vanadato de cério e chumbo – $(Ce^{3+},Pb^{2+},Pb^{4+})VO_4$ –, em cristais submilimétricos, piramidados, negros. D. 5,30. De *Kusu*, localidade a 85 km de Kinshasa (R. D. do Congo), onde foi descoberto.
KUTINAÍTA Arseneto de cobre e prata– $Cu_{14}Ag_6As_7$ –, cúb., descoberto nas montanhas Krkonose (República Checa).
KUTNAHORITA Carbonato de cálcio e manganês com magnésio e ferro – $Ca(Mn,Mg,Fe)(CO_3)_2$ –, trig., trimorfo da dolomita e da ankerita. De *Kutná Hora*, Boêmia (República Checa), onde ocorre.

KUZELITA Sulfato básico hidratado de cálcio e alumínio – $Ca_4Al_2(OH)_{12}(SO_4).6H_2O$ –, trig., descoberto em uma pedreira da Baviera (Alemanha).

KUZMENKOÍTA-(Mn) Silicato básico hidratado de potássio, manganês e titânio com ferro e nióbio – $K_2(Mn,Fe)(Ti,Nb)_4(Si_4O_{12})_2(OH)_4.5H_2O$ –, monocl., do grupo da labuntsovita, descoberto na península de Kola (Rússia). Cf. *kuzmenkoíta-(Zn)*.

KUZMENKOÍTA-(Zn) Silicato básico hidratado de potássio, zinco e titânio com nióbio – $K_2Zn(Ti,Nb)_4(Si_4O_{12})_2(OH,O)_4.6-8H_2O$ –, monocl., do grupo da labuntsovita, descoberto na península de Kola (Rússia). Cf. *kuzmenkoíta-(Mn)*.

KUZMINITA Clorobrometo de mercúrio – $Hg_2(Br,Cl)_2$ –, tetrag., que forma série isomórfica com o calomelano. Descoberto numa jazida de mercúrio da Sibéria (Rússia).

KUZNETSOVITA Arsenato de mercúrio com cloro – Hg_3ClAsO_4 –, cúb., amarelo a marrom, de br. vítreo a adamantino, frat. conchoidal a irregular, frágil. Dur. 2,5-3,0. Assim chamado em homenagem ao russo V. A. *Kuznetsov*.

KVANEFJELDITA Silicato básico de sódio e cálcio com manganês – $Na_4(Ca,Mn)Si_6O_{14}(OH)_2$ –, ortor., rosa. D. 2,5. Br. vítreo, nacarado na clivagem. Descoberto em Narsaq, na Groenlândia.

kyshtym-parisita V. *bastnasita*.

KYZYLKUMITA Titanato de vanádio – $V_2Ti_3O_9$ –, monocl., dimorfo da schreyerita. Ocorre em finos veios que cortam xistos silicosos em *Kyzyl Kum* (daí seu nome), no Usbequistão, onde aparece como grãos de 0,01-0,2 mm, pretos, opacos, prismáticos, de br. vítreo a resinoso. É insolúvel em ác. e, quando aquecido a 320-390°C, transforma-se em rutilo. D. 3,8.

Ll

labita Silicato básico hidratado de magnésio – $MgSi_3O_6(OH)_2 \cdot H_2O$ –, cristalizado em agregados de fibras entrelaçadas de cor verde-amarelada, em serpentinas. Talvez se trate de crisotila. De *Laba*, rio do Cáucaso (Rússia).

labradorescência Jogo de cores que consiste em reflexos metálicos azuis, menos frequentemente verdes, amarelos, alaranjados ou vermelhos, exibidos por certos minerais em uma direção bem definida, e resultantes de estruturas internas que refletem apenas certas cores. Na labradorita, ex. típico, a labradorescência decorre da reflexão difusa e interferência luminosa em maclas polissintéticas e tem cor azul ou verde, principalmente.

labradorita Plagioclásio com 30%-50% de albita. Possui cor azul, cinza, verde ou marrom, em tons escuros, às vezes branco-amarelada (v. *silicita*), br. vítreo, semitransl., com duas boas clivagens a 86°. Costuma mostrar labradorescência, razão do seu emprego como pedra ornamental e gema. Dur. 6,0-6,5. D. 2,70-2,72. IR 1,559-1,568. Bir. 0,009. B(+). Comum em r. ígneas básicas a intermediárias. É lapidada em cabuchão e produzida no Canadá, Madagascar, México, EUA, Rússia e Finlândia. De *Labrador*, península do Canadá, onde foi descoberta em 1770. Sin. de *espato do labrador, feldspato do labrador, pedra do labrador, rocha do labrador*. □

labrego (gar., BA) Citrino.

LABUNTSOVITA-(Fe) Silicato hidratado de fórmula química $Na_4K_4(Ba,K)_2(Fe,Mn)_{1+x}Ti_8(Si_4O_{12})(O,OH)_8 \cdot 10H_2O$, monocl., descoberto na península de Kola (Rússia). Homenagem a Aleksander N. *Labuntsov* e Ekaterina E. *Labuntsov-Kostyleva*, mineralogistas russos. Cf. *labuntsovita-(Mg), labuntsovita-(Mn)*.

LABUNTSOVITA-(Mg) Silicato hidratado de fórmula química $Na_4K_4(Ba,K)(Mg,Fe)_{1+x}Ti_8(Si_4O_{12})_4(O,OH)_8 \cdot 10H_2O$, monocl., descoberto na península de Kola (Rússia). Cf. *labuntsovita-(Fe), labuntsovita-(Mn)*.

LABUNTSOVITA-(Mn) Silicato hidratado de fórmula química $Na_2K_2([\ ]Ba)_2(Mn,[\ ])Ti_4(Si_4O_{12})_2(O,OH)_4 \cdot 4 \cdot 6H_2O$, monocl., descoberto na península de Kola (Rússia). Cf. *labuntsovita-(Fe), labuntsovita-(Mg)*.

lacaio (gar., BA) Quartzo-enfumaçado.

lacre (gar., MG) Jaspe vermelho.

LACROIXITA Fluorfosfato de sódio e alumínio – $NaAl(PO_4)F$ –, monocl., em cristais amarelos ou verdes, de clivagem piramidal, dur. 4,5 e D. 3,13. Descoberto na Saxônia (Alemanha) e assim chamado em homenagem a F. A. Alfred *Lacroix*, mineralogista francês.

lactoid (nome coml.) V. *caseína*.

LAFFITTITA Sulfoarseneto de prata e mercúrio – $AgHgAsS_3$ –, monocl., raro, encontrado na forma de grãos com até 0,2 mm, em dolomitos da França. Vermelho-escuro, com traço vermelho-amarronzado e br. adamantino. Homenagem a Pierre *Laffitti*, professor francês. Cf. *marrita*.

LAFFLAMEÍTA Sulfeto de paládio e chumbo – $Pd_3Pb_2S_2$ –, monocl., descoberto na Finlândia.

LAFORETITA Sulfeto de prata e índio – $AgInS_2$ –, tetrag., descoberto em Haute-Loire (França).

lagresa (gar., PA) Em Serra Pelada, material encontrado acima do nível aurífero.

lágrimas de apache Obsidiana.

lágrimas de jó Olivina que ocorre no Arizona e no Novo México (EUA) na forma de grãos arredondados com granada.

lágrimas de pele Nome dado, no Havaí, a uma opala ou calcedônia que se lapida em cabuchão. De *Pele*, deusa do fogo na mitologia havaiana.

LAIHUNITA Silicato de ferro – $Fe_3(SiO_4)_2$ –, que ocorre em cristais monocl., tabulares ou prismáticos, de 0,3 a 0,6 mm. É preto, opaco, com risco marrom-claro, br. metálico a submetálico, fraca a moderadamente magnético. Tem clivagens (100) e (010) perfeitas e (001) boa. Descoberto em depósitos de ferro metamórficos em *Lai-He* (daí seu nome), na China.

LAITAKARITA Sulfosseleneto de bismuto – $Bi_4Se_2S_3$ –, trig., que ocorre em agregados granulares ou lamelares, de cor branca e br. metálico, na mina Orijaervi (Finlândia). Assim chamado em homenagem a A. *Laitakari*, seu descobridor.

laje (gar., RS) Na região de Ametista do Sul, intervalo do basalto mineralizado em ametista.

laje brilhante Nome coml. de um itacolomito rosa, cinza, amarelo, prateado ou dourado, usado com fins ornamentais.

laje ouro preto Nome coml. de um quartzo-micaxisto esverdeado, procedente de Ouro Preto, MG (Brasil).

lambertita V. *uranofânio*.

lambreu 1. (gar., BA) Rejeito de ametista. **2.** Qz. levemente enfumaçado. **3.** (gar.) Diamante em fragmentos irregulares.

LAMMERITA Arsenato de cobre – $Cu_3(AsO_4)_2$ –, monocl., verde-escuro, que forma agregados esferoidais de aproximadamente 0,5 cm de diâmetro, em r. quartzosa, associado a olivenita e a um outro arsenato ainda não descrito. Os agregados têm estrutura radial, com cristais euédricos de 0,5 mm de comprimento. Br. vítreo na clivagem e adamantino nas demais faces, traço verde-claro. Dur. 3,5-4,0. D. 5,2. O nome é homenagem a Franz *Lammer*, seu descobridor.

lampadita V. *lepidofeíta*. Homenagem ao alemão W. H. *Lampadius*, professor de Química e Metalurgia.

LAMPROFILITA Silicato de fórmula química $(Na,Mn,Ca,Fe)_3(Sr,Ba,K)_2(Ti,Fe)_3O_2(Si_2O_7)_2(O,OH,F)_2$, monocl., que cristaliza em lamelas marrom-douradas, de br. vítreo a submetálico, quando intemperizado. Descoberto na península de Kola (Rússia). Do gr. *lampros* (brilhante) + *phyllon* (folha), por seu br. e hábito. Sin. de *molengraffita*.

lamproíto R. ígnea de composição híbrida, tendo como minerais primários principalmente olivina. É muito rica em potássio (6%-8% K_2O), bastante semelhante ao *kimberlito* (v.), mas pobre em CO_2. Forma chaminés em forma de taça de champanha, enquanto as de kimberlito lembram mais a forma da cenoura. Na Austrália, fornece grande quantidade de diamante, 5% dos quais de qualidade gemológica.

lamprostibiana Aparentemente um antimonato de Fe e Mn, micáceo, em camadas muito finas, com cor vermelho-sangue ou cinza-chumbo. Do gr. *lampros* (brilhante) + lat. *stibium* (antimônio), por sua cor e br.

LANARKITA Oxissulfato de chumbo – $Pb_2O(SO_4)$ –, monocl., branco, esverdeado ou cinza. Descoberto em *Lanarkshire* (daí seu nome), na Escócia.

LANDAUITA Óxido múltiplo de fórmula química $NaMnZn_2(Ti,Fe)_6Ti_{12}O_{38}$, trig., preto, do grupo da crichtonita. Descoberto em Baikal (Rússia) e assim chamado em homenagem a Lev *Landau*, físico russo.

landerita Mármore branco com cristais de grossulária rosados, encontrado em Morelos (México). É usado como pedra ornamental. Sin. de *rosolita*, *xalostoquita*. Cf. *landesita*.

LANDESITA Fosfato básico hidratado de ferro e manganês – $FeMn_2(PO_4)_2(H_2O)_2(OH)$ –, ortor., marrom, que forma séries isomórficas com a fosfoferrita, a kryzhanovskita e a reddingita, formado por alteração desta última. Homenagem a Kenneth K. *Landes*, professor norte-americano. Cf. *landerita*.

landevanita Mineral argiloso de cor rosa, provavelmente montmorillonita.

LANGBANITA Silicato de manganês e antimônio com cálcio e ferro – $(Mn,Ca)_4(Mn,Fe)_9SbSi_2O_{24}$ –, em cristais prismáticos, tricl. e monocl., pretos,

com frat. conchoidal. De *Langban*, Varmland (Suécia), onde foi descoberto. Não confundir com *langbeinita*.
LANGBEINITA Sulfato de potássio e magnésio – $K_2Mg_2(SO_4)_3$ –, incolor, amarelo, avermelhado ou esverdeado, cristalizado no sistema cúb. Muito usado para obtenção de sulfato de potássio (para fertilizantes). Homenagem ao alemão A. *Langbein*, o primeiro a descrever o mineral. Não confundir com *langbanita*.
LANGISITA Arseneto de cobalto – CoAs –, hexag., do grupo da niquelina. Laranja-amarelado, com tons rosados, formando grãos e lamelas irregulares na mina *Langis* (daí seu nome), em Ontário (Canadá).
LANGITA Sulfato básico hidratado de cobre – $Cu_4SO_4(OH)_6.2H_2O$ –, azul a verde, dimorfo da wroewolfeíta. Monocl., raro, usado para obtenção de cobre. Homenagem a Victor von *Lang*, físico e cristalógrafo alemão.
LANMUCHANGITA Sulfato hidratado de tálio e alumínio – $TlAl(SO_4)_2.12H_2O$ –, cúb., descoberto na província de Guizhou, na China.
LANNONITA Fluorsulfato hidratado de cálcio, magnésio e alumínio – $HCa_4Mg_2Al_4(SO_4)_8F_9.32H_2O$ –, insolúvel em água, mas facilmente solúvel em ác. diluídos e a frio. Tetrag., branco-giz, em nódulos compostos de placas com 0,01-0,02 mm, encontrados em Catron, Novo México (EUA). Dur. 2. Homenagem a Dan *Lannon*, que demarcou importantes áreas de pesquisa na localidade onde foi descoberto.
LANSFORDITA Carbonato hidratado de magnésio – $MgCO_3.5H_2O$ –, monocl., incolor. Altera-se a nesquehonita quando exposto ao ar. De *Lansford*, Pensilvânia (EUA), perto de onde foi descoberto. Cf. *nesquehonita*.
LANTANITA-(Ce) Carbonato hidratado de cério com lantânio e neodímio – $(Ce,La,Nd)_2(CO_3)_3.8H_2O$ –, descoberto no País de Gales, onde aparece na forma de lâminas incolores, cobertas por tufos radiais de malaquita. Ortor., de br. vítreo, séctil, com dur. 2,5 e D. 2,8. Efervesce com ác. nítrico e clorídrico diluídos. Cf. *lantanita-(La)*, *lantanita-(Nd)*.
LANTANITA-(La) Carbonato hidratado de lantânio com neodímio – $(La,Nd)_2(CO_3)_3.8H_2O$ –, ortor., descoberto em Curitiba, PR (Brasil). Ocorre geralmente em massas cristalinas incolores, brancas, róseas ou amarelas. Tem até 54,21% TR_2O_3. De *lantânio*. Cf. *lantanita-(Ce)*, *lantanita-(Nd)*.
LANTANITA-(Nd) Carbonato hidratado de neodímio com lantânio – $(Nd,La)_2(CO_3)_3.8H_2O$ –, ortor., descoberto em Curitiba, PR (Brasil), onde aparece em cristais de cor rosa, com br. vítreo a nacarado, dur. 2,5-3,0, clivagens (010) perfeita e (101) muito boa. D. 2,8. Ocorre em sedimentos recentes ricos em carbonato. Decompõe-se com efervescência sob ação do HCl diluído. Cf. *lantanita-(Ce)*, *lantanita-(La)*.
lapa Nome coml. de um mármore perolado de Cachoeira do Campo, MG (Brasil).
lapa seca Nas minas de ouro de Morro Velho e Bicalho, em Nova Lima, MG (Brasil), quartzo-dolomitaxisto ou quartzo-ankeritaxisto fino, cinza, em que ocorre o ouro.
lapeiro (gar., BA) Depósito diamantífero formado por preenchimento de frat. horizontais ou de planos de estratificação ampliados pela erosão fluvial, similar à gaveta.
LAPHAMITA Sulfosseleneto de arsênio – $As_2(Se,S)$ –, monocl., descoberto em Northumberland, Pensilvânia (EUA).
lapidação 1. Tratamento a que são submetidas as gemas a fim de obter a forma que mais ressalte a sua beleza, bem como o máximo de br. Compreende várias fases: *corte, formação, facetamento* e *polimento* (v. esses nomes). Nas gemas transp., a lapid. deve ser tal que proporcione o retorno da luz que nela penetra na mesma direção e com intensidade máxima. Há dois tipos básicos de lapid. de gemas: o *cabuchão*

e a *lapidação facetada* (v. esses nomes). Até 1400, aproximadamente, a lapid. facetada consistia apenas em polir as faces naturais dos cristais. Hoje, porém, o tamanho das facetas e os ângulos entre elas são calculados em função do IR da substância gemológica. Se a pedra for excepcionalmente grande, pode ser preferível uma lapid. que conserve o máximo de peso em detrimento da beleza (geralmente a gema fica com menos da metade do peso original após lapid. normal). Algumas vezes, as proporções ideais não são obedecidas na coroa, que perde altura para aumentar a mesa, aparentando, assim, ser a gema maior do que realmente é. Se a gema transp. tem cor irregular, a porção com melhor cor (mais escura) deve ficar logo acima da mesa inferior. Sin. (pouco usado): *lapidagem*. 2. A forma da gema lapidada.
lapidação americana Modificação da lapid. brilhante que proporciona o máximo de brilhância com o mais alto grau de dispersão. Sin. de *lapidação ideal*.
lapidação amsterdã Nome de uma modificação da lapid. brilhante em que a mesa tem diâmetro igual ao da cintura. Cf. *brilhante alta-luz*.
lapidação antiga Estilo de lapid. usado antigamente para diamantes.
lapidação antique Lapid. semelhante à baguete, mas com várias facetas em cada um dos cantos.
lapidação asscher Variante da lapid. esmeralda com cantos muito largos.
lapidação baguete V. *baguete*.
lapidação bala Lapid. que dá à gema a forma de uma bala de revólver.
lapidação barion Lapid. mista na qual a coroa é lapidada em esmeralda e o pavilhão, em qualquer uma das modificações da lapid. brilhante.
lapidação baton Nome dado, na Inglaterra, à baguete.
lapidação brasil Estilo de lapid. usado no século XIX ou início do século XX que mostrava a mesa bem menor que a cintura.

lapidação brilhante V. *brilhante*.
lapidação brilhante duplo Sin. de *lapidação lisboa*.
lapidação brilhante inglês V. *brilhante inglês*.
lapidação briolette Modificação da lapid. rosa dupla em forma de gota, com toda a superfície em facetas triangulares, às vezes retangulares.
lapidação cabeça de bezerro Modificação da lapid. hexágono com dois lados não paralelos e não vizinhos bem maiores que os demais.
lapidação ceilão Lapid. com grande número de facetas, utilizada para aproveitar ao máximo a gema.
lapidação convexa V. *cabuchão*.
lapidação cruzada Modificação da lapid. em degraus usada para citrino. Sin. de *lapidação tesoura*.
lapidação de frederico Estilo de lapid. que consiste numa única fila de facetas no bordo de uma grande mesa. É usada para o crisoprásio.
lapidação dezesseis-dezesseis Sin. de *lapidação dezesseis lados*.
lapidação dezesseis lados Lapid. brilhante desenvolvida parcialmente, tendo 33 facetas, sendo 17 na coroa e 16 (às vezes 17) no pavilhão. Sin. de *lapidação dezesseis-dezesseis, lapidação suíça*.
lapidação em degraus Lapid. em que a mesa é bem grande, de formato muito variável e rodeada por uma série de facetas retangulares longas, com inclinação decrescente a partir da cintura. As facetas do pavilhão também se inclinam cada vez menos, a partir da rondiz.
lapidação escocesa Lapid. com mais de 200 facetas, indicada para citrino. Cf. *lapidação portuguesa*.
lapidação esmeralda Modificação da lapid. em degraus em que a coroa tem os cantos cortados e a mesa, oito lados. Há 25 facetas acima da cintura, 25 abaixo dela e 8 em sua volta. A forma geral da gema pode ser quadrada, oblonga, triangular, losangular ou cordiforme. Usada para esmeralda, diamante e outras gemas coloridas. Cf. *lapidação esmeralda quadrada*.

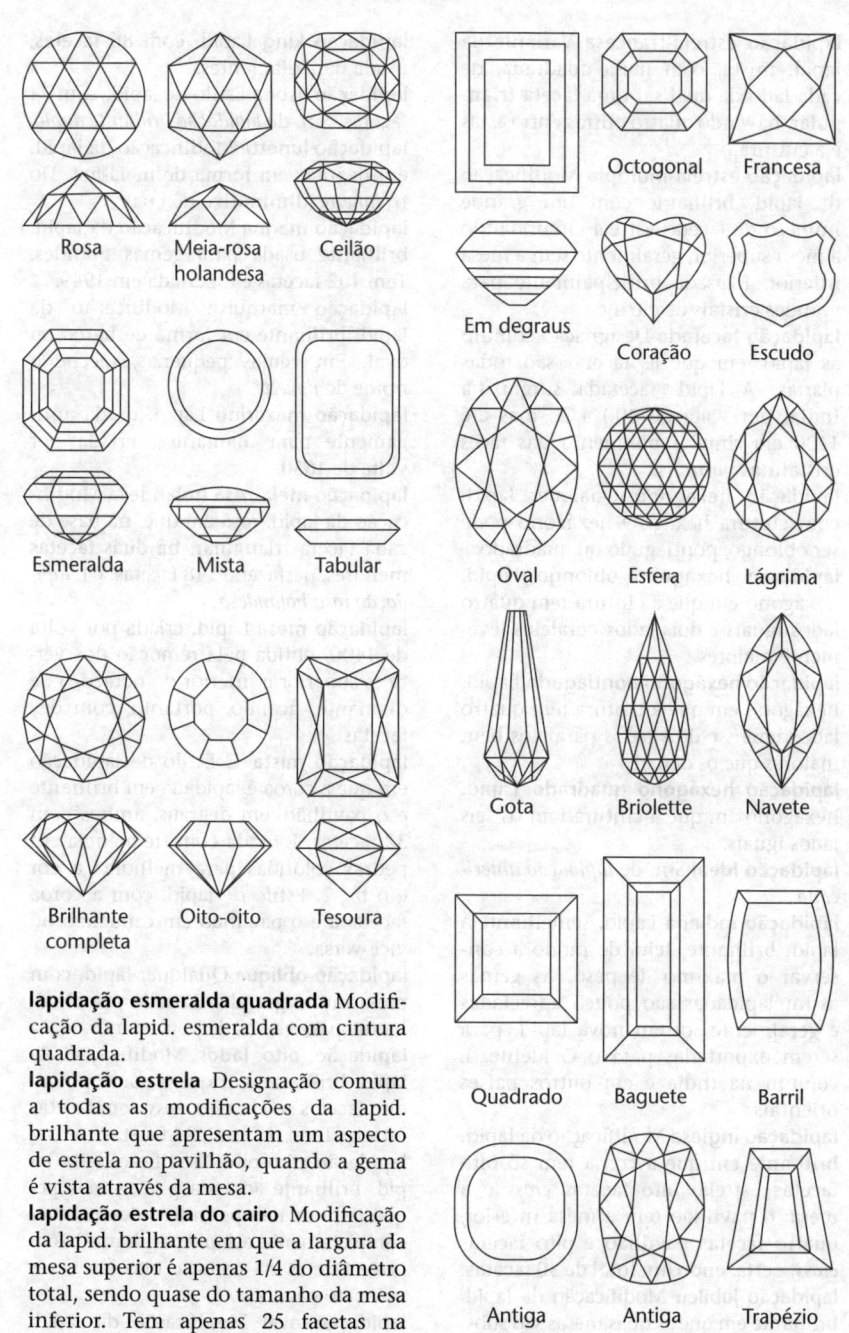

lapidação esmeralda quadrada | lapidação estrela do cairo

Rosa — Meia-rosa holandesa — Ceilão

Esmeralda — Mista — Tabular

Brilhante completa — Oito-oito — Tesoura

Octogonal — Francesa

Em degraus — Coração — Escudo

Oval — Esfera — Lágrima

Gota — Briolette — Navete

Quadrado — Baguete — Barril

Antiga — Antiga — Trapézio

Alguns estilos de lapidação (Schumann, 1982)

lapidação esmeralda quadrada Modificação da lapid. esmeralda com cintura quadrada.

lapidação estrela Designação comum a todas as modificações da lapid. brilhante que apresentam um aspecto de estrela no pavilhão, quando a gema é vista através da mesa.

lapidação estrela do cairo Modificação da lapid. brilhante em que a largura da mesa superior é apenas 1/4 do diâmetro total, sendo quase do tamanho da mesa inferior. Tem apenas 25 facetas na coroa, mas 49 no pavilhão.

lapidação estrela-francesa Variante da lapid. mista, com mesa quadrada, de cada lado da qual sai uma faceta triangular, havendo quatro outras entre estas e a cintura.
lapidação estrela-múltipla Modificação da lapid. brilhante com um grande número de facetas estrela circundando a mesa superior, geralmente sem a mesa inferior. É usada principalmente para grandes cristais de citrino.
lapidação facetada Designação comum às lapid. em que as facetas são todas planas. A lapid. facetada surgiu na Índia, por volta de 400 a.C., mas até 1400 era simples polimento das faces cristalinas naturais.
lapidação hexágono Qualquer lapid. com cintura hexag. O hexágono pode ser oblongo, pontiagudo ou quadrado.
lapidação hexágono oblongo Lapid. hexágono em que a cintura tem quatro lados iguais e dois lados paralelos levemente maiores.
lapidação hexágono pontiagudo Lapid. hexágono em que a cintura tem quatro lados iguais e dois lados paralelos bem maiores que os demais.
lapidação hexágono quadrado Lapid. hexágono em que a cintura tem os seis lados iguais.
lapidação ideal Sin. de *lapidação americana*.
lapidação indiana Lapid. semelhante à lapid. brilhante, feita de modo a conservar o máximo de peso. As gemas assim lapidadas são pouco apreciadas e geralmente sofrem nova lapid. para serem exportadas para o Ocidente. É comum na Índia e em outros países orientais.
lapidação inglesa Modificação da lapid. brilhante em que a coroa tem só oito facetas estrela, oito facetas *cross* e a mesa; o pavilhão tem a mesa inferior, quatro facetas pavilhão e oito facetas *cross*, perfazendo um total de 30 facetas.
lapidação jubileu Modificação da lapid. brilhante em que as duas mesas são substituídas por oito facetas estrela cada uma.

lapidação king Lapid. com 86 facetas, usada para diamantes.
lapidação lisboa Estilo de lapid. com 74 facetas. Sin. de *lapidação brilhante duplo*.
lapidação lunette Modificação da lapid. em degraus em forma de meia-lua. Do fr. *lunette* (diminutivo de Lua).
lapidação magna Modificação da lapid. brilhante usada para gemas grandes. Tem 102 facetas e foi criada em 1949.
lapidação marquise Modificação da lapid. brilhante em forma de barco ou oval. Em gemas pequenas, recebe o nome de *navette*.
lapidação mazarino Lapid. usada antigamente para diamantes, criada por volta de 1650.
lapidação meia-rosa holandesa Modificação da lapid. rosa em que, na base de cada faceta triangular, há duas facetas menores, perfazendo 18 facetas. Cf. *lapidação rosa holandesa*.
lapidação mesa Lapid. criada por volta de 1400, obtida pela remoção dos vértices superior e inferior do octaedro de diamante, ficando, portanto, com dez facetas.
lapidação mista 1. Estilo de lapidação em que a coroa é lapidada em brilhante e o pavilhão, em degraus, ambos com 32 facetas. É usada com frequência em pedras coloridas para melhorar a cor e o br. 2. Estilo de lapid. com a coroa facetada e o pavilhão em cabuchão ou vice-versa.
lapidação oblíqua Qualquer lapid. com mesa muito grande. É usada principalmente para gemas de pouco valor.
lapidação oito lados Modificação da lapid. brilhante em que a coroa possui oito facetas *bezel* e oito *cross*, sem facetas estrela. Tem, no total, 34 facetas.
lapidação oito-oito Modificação da lapid. brilhante adotada para gemas pequenas, que não permitem desenvolver completamente a lapid. brilhante. Tem nove facetas na coroa e oito (às vezes nove) no pavilhão.
lapidação oval Modificação da lapid. brilhante com cintura elíptica.

lapidação pendeloque Modificação da lapid. brilhante semelhante à lapid. ¹pera, porém mais estreita, mais comprida e mais pontiaguda.
lapidação pera 1. Modificação da lapid. brilhante usualmente com 58 facetas e cintura em forma de pera. **2.** Qualquer estilo de lapid. em forma de pera, como a lapid. pendeloque.
lapidação perfil Lapid. para diamantes (usada também para outras pedras) criada em 1961 por Arpad Nagy e que consiste em placas de forma variável, com 1,5 mm de espessura, com a superfície superior polida e com sulcos (paralelos ou não) na parte inferior. Tem como principal vantagem aproveitar melhor a pedra. Cf. *lapidação princesa.*
lapidação peruzzi Lapid. usada antigamente para diamantes. Tinha 58 facetas algo irregulares e a mesa não era totalmente circular.
lapidação ponta Estilo de lapid. usado antigamente para diamantes.
lapidação portuguesa Lapid. com mais de 200 facetas, própria para citrino. Cf. *lapidação escocesa.*
lapidação princesa Nome dado a vários tipos de lapid., entre eles a *lapidação perfil.*
lapidação radiante Estilo de lapid. de 70 facetas desenvolvido em 1977 por Henry Grossbard.
lapidação rei Modificação da lapid. brilhante usada para gemas grandes. Tem 86 facetas.
lapidação rosa Lapid. que compreende seis facetas triangulares com um vértice comum, constituindo a coroa ou estrela, e uma base plana. Trata-se, pois, de uma pirâmide de base hexag. Possui diversas variantes: rosa holandesa, meia-rosa holandesa, rosa da antuérpia, rosa dupla, rosa cruzada etc. No caso do diamante, é adotada somente para pedras pequenas ou fragmentadas, usadas na montagem de gemas coloridas. Quando usada para outras gemas, tem sua altura aumentada para reforçar a cor e diminuída, no caso contrário. Foi, talvez, o primeiro estilo de lapid. facetada a ser adotado. É assim chamado porque as facetas se parecem com pétalas de rosa prestes a se abrir. Sin. de *lapidação roseta.*
lapidação rosa coroada Sin. de *lapidação rosa holandesa.*
lapidação rosa cruzada Modificação da lapid. rosa com oito facetas triangulares e 16 facetas quadrangulares.
lapidação rosa da antuérpia Modificação da lapid. rosa com uma faceta adicional na base de cada faceta triangular. É semelhante à lapid. rosa holandesa, mas tem a pirâmide mais achatada.
lapidação rosa dupla Lapid. em que as metades superior e inferior de um octaedro são triplicadas em rosa, obtendo-se duas pirâmides unidas pelas bases.
lapidação rosa holanda Lapid. rosa em que a altura é a metade do diâmetro.
lapidação rosa holandesa Modificação da lapid. rosa na qual a base de cada faceta triangular recebe três facetas menores chamadas cruz ou dente, totalizando a gema 24 facetas. Sin. de *lapidação rosa coroada.* Cf. *lapidação meia-rosa holandesa.*
lapidação rosa recuperada Nome de uma modificação da lapid. rosa.
lapidação roseta Sin. de *lapidação rosa.*
lapidação século XX Lapid. com 80 a 88 facetas, na qual a mesa é substituída por um conjunto de facetas com um vértice comum, formando uma pirâmide de pouca altura.
lapidação simples antiga Lapid. usada antigamente para diamantes.
lapidação sinete Modificação da lapid. brilhante em que a mesa atinge o diâmetro total da pedra.
lapidação suíça Sin. de *lapidação dezesseis lados.*
lapidação tesoura Sin. de *lapidação cruzada.*
lapidação trapézio Estilo de lapid. em que a cintura tem forma trapezoidal.
lapidação zircão Modificação da lapid. brilhante com um conjunto extra de facetas no pavilhão. É usada principalmente para o zircão.

lapidador Pessoa que executa [1]lapidação.
lapidagem V. [1]lapidação.
lapidar Submeter uma pedra preciosa ao processo de lapid.
lapidaria Oficina onde trabalha o [1]lapidário.
lapidário 1. Pessoa que lapida pedras preciosas, exceto diamantes. Cf. *polidor de diamantes*. **2.** Instrumento para polir pedras preciosas ou para trabalhar nas peças de relojoaria.
LAPIEÍTA Sulfoantimoneto de cobre e níquel – $CuNiSbS_3$ –, ortor., descoberto no território de Yukon (Canadá).
lápis (gar., MT) Schorlita.
lápis-alemão V. *lápis-suíço*.
lápis-chileno Var. de lápis-lazúli azul-clara, com veios brancos ou cinza e, frequentemente, manchas verdes.
lápis-crucífero Quiastolita em forma de cruz que era outrora vendida como suvenir em Santiago de Compostela (Espanha).
lápis de cobre V. *azurita*.
lápis de dureza Haste metálica que tem engastado, em cada extremidade, um mineral da escala de Mohs e que se utiliza para testar a dur. de outros minerais. Os lápis comumente empregados pelos gemólogos são os de dur. 6,0 ou maior. Cf. *placa de dureza*.
lápis do afeganistão Sin. de *lápis-russo*.
lápis-frígio Sin. de *mármore cipolino*.
lápis-italiano V. *lápis-suíço*.
lápis-lazúli 1. R. azul, opaca a semitransl., composta principalmente de lazurita e calcita, com hauynita, pirita, sodalita e outros minerais, usada como pigmento, gema e em objetos ornamentais. A calcita forma pontos e manchas brancas indesejáveis. A pirita forma pontos amarelos e é um bom meio de identificar o verdadeiro lápis-lazúli. Algumas vezes a cor é melhorada tingindo-se de azul as manchas de calcita. Dur. 5,5. D. 2,75-2,90. IR 1,500. O lápis-lazúli de melhor qualidade é o lápis-russo (ou lápis do afeganistão) produzido em Badakshan (Afeganistão). Essa gema é produzida também no Chile, Irã, Rússia e EUA. A lazulita assemelha-se muito a ele e é usada como substituto. O lápis-lazúli é sintetizado desde 1976 por Pierre Gilson, com muita perfeição, podendo ser extremamente difícil diferenciá-lo do natural. Pode ser confundido também com azurita, lazurita, sodalita e dumortierita. Pode ser reconstituído por meio da aglomeração de fragmentos com plásticos. As joias com lápis-lazúli devem ser protegidas contra a ação de ác., sabões e água quente. Sin. de *lápis-oriental, pedra-armena*. **2.** Sin. de *lazurita*. **3.** Var. de serpentina de cor azul existente na Índia. Do lat. *lapis* (pedra) + ár. *lazward* (azulado). □
lápis-lazúli jaspeado Lápis-lazúli procedente do Chile. Sin. de *lápis-lazúli punteado*.
lápis-lazúli punteado V. *lápis-lazúli jaspeado*.
lápis-oriental V. [1]*lápis-lazúli*.
lápis-russo [1]Lápis-lazúli de qualidade superior, proveniente do Afeganistão. Sin. de *lápis do afeganistão*.
lápis-suíço Imitação fraudulenta do [1]lápis-lazúli obtida por tingimento artificial de jaspe de nunkirchner ou por tratamento de minério de ferro com ferrocianeto. Sin. de *jaspe-azul, lápis-alemão, lápis-italiano*.
LAPLANDITA-(Ce) Fosfossilicato hidratado de sódio, cério e titânio – $Na_4CeTiPSi_7O_{22}.5H_2O$ –, ortor. Forma placas muito finas (0,01 mm) de cor cinza-claro ou amarelada. De *Lapland* (Lapônia), onde ocorre.
lapparentita V. *rostita*.
LARDERELLITA Borato básico hidratado de amônio – $(NH_4)B_5O_7(OH)_2.H_2O$ –, monocl., que forma pequenas placas brancas ou amareladas, com uma clivagem perfeita. Dur. baixa. Homenagem a Francesco de *Larderelle*, fabricante de bórax da Toscânia (Itália).
lardito V. *agalmatolito*. De *lardo*, por ter a aparência desse alimento.
larimar (nome coml.) Pectolita gemológica azul-média a azul-clara, usada na

larnita | laurita

forma de cabuchão, até hoje encontrada apenas na República Dominicana, muito popular na região do Caribe. De *Larissa* (filha de um dos descobridores)+*mar*.
LARNITA Silicato de cálcio – β-Ca_2SiO_4 –, monocl. É metaestável, tendendo a transformar-se em olivina. Forma grãos cinzentos com uma clivagem boa e outra perpendicular, imperfeita. Maclas polissintéticas. De *Larne*, Antrim (Irlanda do Norte), onde foi descoberto. Sin. de *belita*.
LAROSITA Sulfeto de cobre e chumbo com bismuto e prata – $(Cu,Ag)_{21}(Pb,Bi)_2S_{13}$ –, ortor. Forma cristais aciculares micrométricos, associados à calcocita e à stromeyerita. Homenagem a *La Rose*, um dos descobridores da prata em Cobalt (Canadá).
LARSENITA Silicato de chumbo e zinco – $PbZnSiO_4$ – em prismas delgados ou cristais tabulares, ortor., brancos ou incolores. Descoberto em Sussex, New Jersey (EUA), e assim chamado em homenagem a Esper S. *Larsen*, geólogo norte-americano.
larvenita (nome coml.) Periclásio sintético.
lasca No Brasil, nome dado ao cristal de rocha de qualidade inferior, aproveitado só após o esgotamento da jazida.
lassalita Silicato hidratado de magnésio e alumínio em massas fibrosas brancas, parecendo asbesto. De *Lassale*. Sin. de *alfapalygorskita*.
lassolatita Sin. de *fiorita*. De *Lassolas*, montanha da França.
LATIUMITA Silicato-sulfato de potássio, cálcio e alumínio – $K_2Ca_6Al(Si,Al)_{10}O_{25}(SO_4)$ –, descoberto em Albano, *Latium* (daí seu nome), na Itália. Forma pequenos cristais brancos, monocl., e assemelha-se à toscanita.
LATRAPPITA Óxido de cálcio e nióbio com sódio, titânio e ferro – $(Ca,Na)(Nb,Ti,Fe)O_3$ –, do grupo da perovskita. Ortor. Dur. 6,5. D. 4,20. Ocorre em carbonatitos e foi descoberto perto de *La Trappe* (daí seu nome), Quebec (Canadá).

laubanita 1. Aluminossilicato hidratado de cálcio – $(CaO)_2(Al_2O_3)(SiO_2)_5 \cdot 6H_2O$ –, do grupo das zeólitas. Cor branca. **2.** Denominação (obsol.) de uma var. de natrolita pobre em sódio. Não confundir com *laubmannita*.
laubmannita Fosfato básico de ferro – $Fe_9(PO_4)_4(OH)_{12}$ –, podendo conter um pouco de cálcio ou manganês. É uma drifrenita impura que forma crostas fibrosas de frat. conchoidal. Verde-cinzento a pardo. Homenagem a Heinrich *Laubmann*, mineralogista alemão. Não confundir com *laubanita*.
LAUEÍTA Fosfato básico hidratado de manganês e ferro – $MnFe_2(PO_4)_2(OH)_2 \cdot 8H_2O$ –, tricl., dimorfo da stewartita, de cor de mel. Descoberto em Oberphalz, Baviera (Alemanha), e assim chamado em homenagem a *Laue*, físico alemão.
laumonita V. *laumontita*.
LAUMONTITA Aluminossilicato hidratado de cálcio – $Ca_2Al_4Si_8O_{24} \cdot 9H_2O$ –, monocl., do grupo das zeólitas. Forma cristais prismáticos que, expostos ao ar, perdem água e ficam opacos e pulverizados. Difere da leonhardita por ser esta parcialmente hidratada. Encontrado em veios de xistos e ardósias ou em cavidades de r. ígneas. Homenagem ao francês F. P. N. de *Laumont*. Sin. de *laumonita, lomontita, lomonita, caporcianita*.
LAUNAYITA Sulfoantimoneto de chumbo – $Pb_{22}Sb_{26}S_{61}$ –, monocl., descoberto em Hastings, Ontário (Canadá).
LAURELITA Fluorcloreto de chumbo – $Pb_7F_{12}Cl_2$ –, hexag., descoberto em Graham, Arizona (EUA). É incolor, de br. sedoso e tem D. 7,50.
LAURIONITA Cloreto básico de chumbo – $PbCl(OH)$ –, ortor., dimorfo da paralaurionita. Incolor. De *Laurion* (Grécia), onde foi descoberto.
LAURITA Sulfeto de rutênio – RuS_2 –, cúb., do grupo da pirita. Forma uma série isomórfica com a erlichmanita. Contém 77% Ru, sendo usado para extração desse metal e de irídio. Forma octaedros pretos, semelhantes aos de magnetita, ou cubos e piritoedros. Pode aparecer também como

grãos esféricos. Tem forte br. metálico, frat. subconchoidal, clivagem octaédrica perfeita, traço cinza. É muito frágil, insolúvel em água-régia e infusível ao maçarico. Dur. 7,5. D. 6,99. É encontrado em placeres platiníferos. Homenagem a *Laura* R. Joy, esposa de Charles A. Joy, químico norte-americano.
LAUSENITA Sulfato hidratado de ferro – $Fe_2(SO_4)_3.6H_2O$ –, monocl., branco, fibroso, sedoso. Descoberto em Yavapai, Arizona (EUA), e assim chamado em homenagem a Carl *Lausen*, o primeiro a descrevê-lo. Requer estudos adicionais.
LAUTARITA Iodato de cálcio – $Ca(IO_3)_2$ –, monocl., que se encontra no salitre do chile e é usado para extração de iodo. Forma cristais prismáticos incolores a amarelados, com clivagem prismática, dur. 4,0 e D. 4,6. De *Lautaro*, deserto de Atacama (Chile), onde ocorre.
LAUTENTHALITA Sulfato básico hidratado de chumbo e cobre – $PbCu_4(OH)_6(SO_4)_2.3H_2O$ –, monocl., descoberto nas montanhas Harz (Alemanha).
LAUTITA Sulfoarseneto de cobre – CuAsS –, ortor., descoberto em *Laut* (daí seu nome), Saxônia (Alemanha).
lavada (gar., BA) Frincha sem cascalho. (O garimpeiro supõe sempre que ele foi transportado pelas águas, o que pode não ser verdade.)
lavendulane V. *lavendulanita*.
LAVENDULANITA Cloroarsenato hidratado de sódio, cálcio e cobre – $NaCa Cu_5(AsO_4)_4Cl.5H_2O$ –, ortor., verde-azul, descoberto em Annaberg, Sachsen (Alemanha). Do lat. *lavandula* (alfazema, manjerona). Sin. de *lavendulane, freirinita*. Cf. *sampleíta*.
LAVENITA Silicato de fórmula química $(Na,Ca)_4(Mn,Fe)_2(Zr,Ti,Nb)_2(Si_2O_7)_2(O,F)_4$, monocl., que ocorre em agregados aciculares com disposição radial, em massas anédricas ou em cristais euédricos. Amarelo ou incolor. De *Laven* (Noruega), onde foi descoberto.
LAVRENTIEVITA Clorossulfeto de mercúrio com bromo – $Hg_3S_2(Cl,Br)_2$ –, monocl. ou tricl., isomorfo da arzakita, dimorfo da corderoíta. Descoberto na Sibéria (Rússia).
lavrita Sin. (no Brasil) de *carbonado*. De *lavra*.
lavrovita Var. de diopsídio com 2%-4% V_2O_3. Homenagem a N. von *Lavrov*, cientista russo.
LAWRENCITA Cloreto de ferro com níquel – $(Fe,Ni)Cl_2$ –, trig., marrom ou verde, instável, encontrado no Vesúvio e em meteoritos. Homenagem a J. *Lawrence* Smith, químico e mineralogista norte-americano, especialista em meteoritos.
LAWSONBAUERITA Sulfato básico hidratado de manganês e zinco com magnésio – $(Mn,Mg)_9Zn_4(SO_4)_2(OH)_{22}.8H_2O$ –, monocl., incolor a branco, com muitos cristais revestidos de preto. Dur. 4,5. D. 2,9. Sem clivagem. Descoberto na mina Sterling Hill, Sussex, New Jersey (EUA), e assim chamado em homenagem a *Lawson* H. *Bauer*. Cf. *torreyita*.
LAWSONITA Aluminossilicato básico hidratado de cálcio – $CaAl_2Si_2O_7(OH)_2.H_2O$ –, ortor., do grupo das zeólitas. Forma cristais tabulares ou prismáticos cinza-azulados. Homenagem a Andrew *Lawson*, professor norte-americano.
laxmannita Sin. de *vauquelinita*. Homenagem a Eric *Laxmann*, químico e mineralogista russo, seu descobridor.
LAZARENKOÍTA Arsenato hidratado de cálcio e ferro – $(Ca,Fe^{2+})Fe^{3+}As_3O_7.3H_2O$ –, ortor., encontrado na Sibéria (Rússia), onde forma crostas fibrosas de cor laranja, originadas da oxidação de skutterudita e loellingita. É insolúvel em água, mas solúvel em HCl diluído e a frio. D. 3,5. Br. resinoso a sedoso. Dur. 1,0. Homenagem ao professor soviético E. K. *Lazarenko*.
LAZULITA Fosfato básico de magnésio e alumínio – $MgAl_2(PO_4)_2(OH)_2$ –, monocl., isomorfo da scorzalita. Forma cristais ou massas de pequenas dimensões, de cor azul-violeta, muitas vezes com manchas brancas, transp. a opaco, de br. vítreo. Dur. 5,5-6,0. D. 3,10-3,40. Quando transp., mostra dicroísmo ní-

tido em azul-arroxeado-escuro e incolor a azul-claro. IR 1,611-1,643. Bir. 0,032. B(−). Não tem dispersão nem fluorescência. Ocorre em jazidas hidrotermais formadas a altas temperaturas. É usada como substituto do ¹lápis-lazúli, ao qual se assemelha muito. Antigamente usada como corante e hoje, como gema e pedra ornamental. Quando transp., recebe lapid. facetada. É produzida principalmente na Índia, Brasil (Minas Gerais e Bahia), Madagascar, Suécia e EUA, mas os cristais mais bonitos vêm do Canadá (Yukon). Do persa *lazward* (pedra azul). Sin. de *klaprothina, mica dos pintores, espato azul, ¹falso-lápis, opala-azul*. Não confundir com *lazurita*. O grupo da lazulita compreende mais três fosfatos monocl.: barbosalita, hentschelita e scorzalita.
lazulita da espanha Nome que se deu às primeiras cordieritas descobertas no cabo Gata (Espanha). Sin. de *lazulita-espanhola*.
lazulita de cobre Denominação coml. da azurita. Nome a abandonar.
lazulita-espanhola Sin. de *lazulita da espanha*.
LAZURITA 1. Aluminossilicato de fórmula química $(Na,Ca)_8Si_6Al_6O_{24}[(SO_4), S,Cl,(OH)]_2$ –, do grupo da sodalita. É cúb., geralmente granular ou maciça, azul-violeta, traço azul-claro, semitransp. a opaca, br. vítreo, sem clivagens visíveis, fluorescente. Dur. 5,5. D. 2,38-2,42. IR 1,500. Ocorre em calcários que sofreram metamorfismo de contato. É o principal constituinte do ¹lápis-lazúli (25%-40%). Muito usada em objetos ornamentais. Produzida principalmente no Afeganistão, vindo a seguir Mianmar (ex-Birmânia), China e Rússia. É extraída, no Afeganistão, há mais de seis mil anos. Do lat. *lazur* (lápis-lazúli). Sin. de ²*lápis-lazúli*. 2. (obsol.) V. ¹*azurita*. Não confundir com *lazulita*.
lazurquartzo Var. de quartzo azul.
LEADHILLITA Sulfato-carbonato básico de chumbo – $Pb_4(SO_4)(CO_3)_2(OH)_2$ –, monocl., trimorfo da macphersonita e da susannita. Tem cor amarelada, branco-esverdeada ou branco-cinzenta. Br. resinoso a adamantino, nacarado na superfície de clivagem. Dur. 2,5. Clivagem micácea, levemente séctil, fluorescente, solúvel em água quente. D. 6,30-6,40. Raro. Ocorre na zona de oxidação dos depósitos de chumbo. Da localidade de *Leadhills* (montes de chumbo), em Lanarkshire (Escócia). Sin. de *maxita*.
LEAKEÍTA Silicato básico de fórmula química $Na_3(Mg_2,Fe_2,Li)Si_8O_{22}(OH)_2$, monocl., descoberto em Madhya Pradesh (Índia). Cf. *leakeíta potássica*.
LEAKEÍTA POTÁSSICA Silicato básico de fórmula química $KNa_2Mg_2Fe_2LiSi_8O_{22}(OH)_2$, monocl., do grupo dos anfibólios, descoberto em Iwate (Japão). Cf. *leakeíta*.
lechatelierita Sin. de *fulgurito*. Homenagem a Henry-Louis *Le Châtelier*, químico francês.
LECONTITA Sulfato hidratado de amônio e sódio, podendo conter potássio – $(NH_4,K)NaSO_4.2H_2O$ –, ortor., incolor, encontrado em guano. Descoberto em Honduras e assim chamado em homenagem a John L. *Leconte*, entomologista norte-americano, seu descobridor.
ledikita Aluminossilicato básico de potássio e ferro com magnésio – $K(Fe,Mg)_3(Si,Al)_8O_{20}(OH)_4$ –, do grupo dos minerais argilosos.
LEGRANDITA Arsenato básico hidratado de zinco – $Zn_2(AsO_4)(OH).H_2O$ –, maciço ou em prismas monocl. com disposição radial. Amarelo ou quase incolor. Raro. Homenagem a *Legrand*, seu descobridor.
lehiita Fosfato básico hidratado de sódio, cálcio e alumínio com potássio – $(Na,K)_2Ca_5Al_8(PO_4)_8(OH)_{12}.6H_2O$ –, em crostas fibrosas brancas. De *Lehi*, Utah (EUA), onde ocorre.
LEHNERITA Fosfato hidratado de manganês e uranila – $Mn(UO_2)_2(PO_4)_2.8H_2O$ –, monocl., assim chamado em homenagem a F. *Lehner*, colecionador da Baviera (Alemanha), onde o mineral foi descoberto.

lehrbachita Mistura de clausthalita e tiemannita. De *Lehrbach* (Alemanha), onde ocorre.

LEIFITA Silicato básico hidratado de sódio, berílio e alumínio – $Na_6Be_2Al_2Si_{16}O_{39}(OH)_2.1,5H_2O$ –, trig., que cristaliza em prismas incolores. Homenagem a *Leif* Ericson, navegador e aventureiro escandinavo.

LEIGHTONITA Sulfato hidratado de potássio, cálcio e cobre – $K_2Ca_2Cu(SO_4)_4.2H_2O$ –, monocl., em cristais achatados e encurvados, de cor azul-clara. Descoberto em Chuquicamata, Calama (Chile), e assim chamado em homenagem a Thomas *Leighton*, professor de Mineralogia.

LEISINGITA Telurato hidratado de cobre e magnésio com outros metais – $Cu(Mg,Cu,Fe,Zn)_2TeO_6.6H_2O$ –, trig., descoberto em Juab, Utah (EUA).

LEITEÍTA Arsenato de zinco – $ZnAs_2O_4$ –, monocl., pseudo-ortor., que forma massas de 7 x 4 x 0,3 cm, incolores a marrons, nacaradas na face de clivagem. Lamelar, flexível, inelástico, séctil. Homenagem a Luís Teixeira *Leite*, seu descobridor.

LEMMLEINITA-(Ba) Silicato hidratado de fórmula química $Na_2K_2Ba_{1+x}Ti_4(Si_4O_{12})_2(O,OH)_4.5H_2O$, monocl., descoberto na península de Kola (Rússia). Cf. *lemmleinita-(K)*.

LEMMLEINITA-(K) Silicato hidratado de fórmula química $NaK_2(Ti,Nb)_2Si_4O_{12}(O,OH)_2.2H_2O$, monocl., descoberto na península de Kola (Rússia). Cf. *lemmleinita-(Ba)*.

LEMOYNITA Silicato hidratado de sódio, cálcio e zircônio – $(Na,K)_2CaZr_2Si_{10}O_{26}.5$-$6H_2O$ –, monocl., descoberto em Rouville, Quebec (Canadá).

LENAÍTA Sulfeto de prata e ferro – $AgFeS_2$ –, tetrag., descoberto em uma jazida de prata e chumbo de Yakutia, Sibéria (Rússia).

LENGENBACHITA Sulfoarseneto de chumbo e prata com cobre – $Pb_6(Ag,Cu)_2As_4S_{13}$ –, tricl., que forma cristais laminados, cor de aço. De *Lengenbach*, pedreira do Valais (Suíça), onde foi descoberto.

lenhordita Sin. de ^{1}*leonhardita*.

LENINGRADITA Clorovanadato de chumbo e cobre – $PbCu_3(VO_4)_2Cl_2$ –, ortor., descoberto em Kamchatka (Rússia).

LENNILENAPEÍTA Aluminossilicato hidratado de potássio e magnésio com outros metais – $K_{6-7}(Mg,Mn,Fe,Zn)_{48}(Si,Al)_{72}(O,OH)_{216}.16H_2O$ –, tricl., marrom-escuro ou verde-claro. Dur. 3. D. 2,7. Tem uma clivagem basal perfeita e br. vítreo. Assim chamado em homenagem aos índios *Lenni Lenape*, provavelmente os primeiros habitantes da área onde foi descoberto. Cf. *estilpnomelano*.

lennilita 1. Var. de ortoclásio esverdeada encontrada em Lenni Mills, Delaware, Pensilvânia (EUA). **2**. V. *vermiculita*.

LENOBLITA Óxido hidratado de vanádio – $V_2O_4.2H_2O$ –, ortor., descoberto em uma mina de urânio de Franceville (Gabão).

leonhardita Laumontita parcialmente desidratada – $CaAl_2Si_4O_{12}.3,5H_2O$. Homenagem a Karl C. *Leonhard*, mineralogista alemão.

leonhardtita V. *leonhardita*, grafia correta.

LEONITA Sulfato hidratado de potássio e magnésio – $K_2Mg(SO_4)_2.4H_2O$ –, maciço ou em cristais monocl. tabulares, incolores, brancos ou amarelados. Homenagem a *Leo* Stippelmann. Cf. *mereiterita*.

leopoldita V. *silvita*. Da localidade de *Leopoldshall* (Alemanha).

LEPERSONNITA-(Gd) Silicato-carbonato hidratado de cálcio, gadolínio e uranila com disprósio – $Ca(Gd,Dy)_2(UO_2)_{24}O_{12}(CO_3)_8(SiO_4)_4.60H_2O$ –, ortor., amarelo, em crostas mamilonares e esférulas isoladas de cristais aciculares com estrutura radial. É transp. a transl. e tem D. 3,97. Ocorre com bijvoetita (descoberta simultaneamente com a lepersonnita) em Shinkolobwe (R. D. do Congo). Homenagem a Jacques *Lepersonne*, chefe honorário do Departamento de Geo-

logia e Mineralogia do Museu Real da África Central, de Bruxelas (Bélgica).
LEPIDOCROCITA Óxido básico de ferro – γ-FeO(OH) –, ortor., trimorfo da goethita, da ferroxita e da akaganeíta. Mineral-minério de ferro. Tem hábito micáceo, D. 4,09, clivagens perfeitas (uma) e boas (duas). Vermelho ou vermelho-amarronzado. Mais raro que a goethita. Ocorre também em limonitas. Do gr. *lepidos* (escama) + *krokos* (açafrão). Sin. de *pirrossiderita, glockerita*.
lepidofeíta Var. de psilomelano com cobre. Do gr. *lepidos* (escama, lâmina) + *phaios* (pardo), por seu hábito e cor. Sin. de *lampadita*.
LEPIDOLITA 1. Aluminossilicato de potássio e lítio – $K(Li,Al)_3(Si,Al)_4O_{10}(F,OH)_2$ –, do grupo das micas litiníferas. Monocl., lamelar, pseudo-hexag. Geralmente róseo, também violeta, cinza-amarelado e lilás, às vezes incolor, vermelho, púrpura ou amarelo, com traço branco. Br. vítreo ou nacarado. Clivagem perfeita segundo [001] e imperfeita segundo [110] e [010]. Dur. 2,5-4,0. D. 2,80-3,30. IR 1,550. Ocorre em pegmatitos. É uma das principais fontes de lítio (5,11% a 5,50% Li_2O), sendo também usada como pedra ornamental e para obtenção de cobalto e rubídio. Produzida na Rússia, Madagascar, EUA, Namíbia e Brasil (Ceará e Minas Gerais). **2.** Nome de uma série mineral que vai aproximadamente da trilitionita à polilitionita. São micas leves e ricas em lítio. Do gr. *lepidos* (escama) + *lithos* (pedra), por seu hábito. Sin. de *litionita*.
lepidomelano Var. de biotita com grande quantidade de ferro – $(H,K)_2Fe_3(Fe,Al)_4(SiO_4)_5$. Do gr. *lepidos* (escama) + *melanos* (negro), por seu hábito e cor.
leptoclorita Nome dado a um grupo de cloritas de fórmula geral $(Mg,Fe,Al)_n(Si,Al)_4O_{10}(OH)_8$, onde n < 6. São ricas em ferro e muito pobres em sílica. Formam cristais finos, frequentemente terrosos. Do gr. *leptos* (delgado) + *clorita*.
LERMONTOVITA Fosfato básico hidratado de urânio – $U(PO_4)(OH).H_2O$ –,

ortor., fibroso, verde-cinza, encontrado na forma de agregados nodulares ou botrioidais. Descoberto em jazida de urânio de Stavropol (Rússia).
lessingita Silicato de cálcio e cério – $H_2Ca_2Ce_4Si_3O_{15}$ –, encontrado como seixos rolados de cor vermelho-cereja a esverdeada e br. vítreo. Radioatividade fraca. Muito raro. Trata-se, provavelmente, de britolita. Homenagem a Frantz Y. Levinson-*Lessing*, professor russo.
lestergem Nome coml. do espinélio sintético.
LESUKITA Cloreto básico hidratado de alumínio – $Al_2(OH)_5Cl.2H_2O$ –, cúb., descoberto em Kamchatka (Rússia).
LETOVICITA Sulfato ác. de amônio – $(NH_4)_3H(SO_4)_2$ –, cristalizado em escamas tricl. e formado por decomposição da pirita em carvão de *Letovice*, Morávia (República Checa).
lettsomita Sin. de *cianotriquita*. Homenagem a William G. *Lettsom*, mineralogista inglês.
leucaugita Var. de augita de cor branca ou cinzenta, semelhante ao diopsídio. Do gr. *leukos* (branco) + *augita*.
LEUCHTENBERGITA Silicato hidratado de magnésio e alumínio – $(MgO)_{12}(Al_2O_3)_3(SiO_2)_7.10H_2O$ –, podendo conter um pouco de ferro. É uma var. de clinocloro. Homenagem a Maximilian, duque de *Leuchtenberg*. Sin. de *pouzaquita, mauleonita*.
LEUCITA Silicato de potássio e alumínio – $KAlSi_2O_6$ –, do grupo das zeólitas. Tetrag., forma geralmente cristais trapezoidais semelhantes aos de granada, estriados, brancos ou cinzentos e transp., com clivagem dodecaédrica. Dur. 5,5-6,0. D. 2,47-2,50. IR 1,508. É fonte de alumínio e potássio, podendo ser também usada como gema. Importante constituinte de r. alcalinas, especialmente vulcânicas. É produzido na Itália, onde foi descoberto no Vesúvio. Do gr. *leukos* (branco), por sua cor. Sin. de ²*grenatita, granada-branca*.
leucocalcita Sin. de *olivenita*.
leucociclita Var. de apofilita que, vista em luz polarizada convergente, mostra

anéis de interferência em preto e branco, ao contrário da cromociclita. Do gr. *leukos* (branco) + *kyklos* (círculo).
leucofânio V. *leucofanita.*
LEUCOFANITA Silicato de sódio, cálcio e berílio – $Na_2Ca_2Be_2Si_4O_{12}$ –, ortor., tabular, de cor amarelo-esverdeada ou branca, br. vítreo. Forma série isomórfica com a gugiaíta. Raro. Do gr. *leukos* (branco) + *phaino* (aparecer). Sin. de *leucofânio.*
LEUCOFENICITA Silicato básico de manganês – $Mn_7(SiO_4)_3(OH)_2$ –, granular, maciço ou em cristais monocl. alongados, vermelho-púrpura, claro, descoberto em Sussex, New Jersey (EUA). Do gr. *leukos* (branco) + *foinikós* (vermelho-forte).
LEUCOFOSFITA Fosfato básico hidratado de potássio e ferro – $KFe_2(PO_4)_2(OH).2H_2O$ –, monocl., encontrado como massas brancas semelhantes a giz. Descoberto em Ninghanboun Hills (Austrália). Do gr. *leukos* (branco) + *phosphoros* (fósforo), por sua cor e composição. Cf. *tinsleyita.*
leucoglaucita Sulfato hidratado de ferro – $Fe_2O_3(SO_3).5H_2O$ –, prismático, verde-azulado muito claro. Do gr. *leukos* (branco) + *glaukos* (azul), por sua cor.
leucogranada Var. de grossulária quase incolor que ocorre no Canadá e no México. Do gr. *leukos* (branco) + *granada.*
leucopirita V. *loellingita.* Do gr. *leukos* (branco) + *pirita.*
LEUCOSFENITA Borossilicato de bário, sódio e titânio – $BaNa_4Ti_2B_2Si_{10}O_{30}$ –, monocl., encontrado em pequenos cristais tabulares com terminação cuneiforme, de cor branca a azul-acinzentada. Do gr. *leukos* (branco) + *sphen* (cunha).
leucossafira V. *safira-branca.* Do gr. *leukos* (branco ou incolor) + *safira.*
leucoxênio 1. Var. de titanita encontrada na forma de cristais monocl. de cor marrom, verde ou preta, usada para obtenção de tetracloreto de titânio. 2. Termo geral que designa os produtos de alteração da ilmenita, constituídos principalmente de rutilo e anatásio ou titanita e que ocorrem em algumas r. ígneas. Contêm 60% TiO_2, aproximadamente. Do gr. *leukos* (branco) + *xenos* (estrangeiro).
levigado Mármore ou granito que passou pelo primeiro estágio de polimento, com remoção das marcas deixadas pela serra. Cf. *apicoado, flameado.*
levigita Var. de alunita coloidal, rica em água, podendo conter TR.
LEVINSONITA-(Y) Oxalato-sulfato de TR e alumínio – $(Y,Nd,Ce)Al(SO_4)_2(C_2O_4).12H_2O$ –, monocl., prismático, incolor, de br. vítreo, descoberto no Tennessee (EUA).
LEVYCLAUDITA Sulfeto de fórmula química $Pb_8Sn_7Cu_3(Bi,Sb)_3S_{28}$, descoberto na Trácia (Grécia).
LEVYNA-Ca Aluminossilicato hidratado de cálcio com potássio e sódio – $(Ca_{0,5},K,Na)_6Al_6Si_{12}O_{36}.\sim17H_2O$ –, trig., do grupo das zeólitas. Forma cristais incolores, brancos, cinzentos, avermelhados ou amarelados, de dur. 4,0-4,5 e D. 2,09-2,16. Homenagem a Armand *Lévy*, mineralogista francês. Cf. *levyna-(Na).*
LEVYNA-Na Aluminossilicato hidratado de sódio, com cálcio e potássio – $(Na,Ca_{0,5},K)_6Al_6Si_{12}O_{36}.\sim17H_2O$ –, trig., do grupo das zeólitas, descoberto em Nagasaki (Japão). Cf. *levyna-(Ca).*
levynita V. *levyna.*
lewisita Var. titanífera de romeíta de Tripuí, Ouro Preto, MG (Brasil). Homenagem ao mineralogista W. J. *Lewis.*
lewistonita V. *carbonato-fluorapatita.* De *Lewiston*, Utah (EUA), perto de onde foi descoberta.
LIANDRATITA Tântalo-niobato de urânio – $U(Nb,Ta)_2O_8$ –, trig., usualmente metamico, que ocorre como crostas de até 2 mm de espessura circundando petscheckita, em Barere (República Malgaxe). Amarelo a marrom, com traço amarelo. Dur. 3,5, aproximadamente. D. 6,8. Homenagem a Georges *Liandrat* e a sua mulher, France, que fizeram extensa prospecção em Madagascar.
libélula Bolha de gás encontrada, às vezes, em inclusões líquidas de qz.,

turmalina, topázio, berilo, brasilianita e kunzita. Cf. *triquito*.
LIBERITA Silicato de lítio e berílio – Li_2BeSiO_4 –, monocl., de cor amarelo--clara a marrom, clivagem [010] perfeita, br. graxo (nacarado na clivagem), descoberto em tactitos no sul da China. De lítio + berílio + *ita*.
LIBETHENITA Fosfato básico de cobre – $Cu_2PO_4(OH)$ –, ortor., verde-oliva a verde-escuro, transl. Forma cristais prismáticos curtos ou crostas. Br. resinoso. Dur. 4,0. D. 3,60-3,80. Tem duas boas clivagens e é solúvel em HNO_3. De *Libethem* (Eslováquia), onde foi descoberto.
licteria Sin. de *franckeíta*. De *llicta*, nome que os quíchuas dão a uma mistura de cacau e cinzas de certas plantas, em alusão à sua forma de desagregação.
LIDDICOATITA Borossilicato de cálcio, lítio e alumínio – $Ca(Li,Al)_3Al_6(BO_3)_3Si_6O_{18}(OH,O)_4$ –, do grupo das turmalinas. Equivalente cálcico da elbaíta. Forma grandes cristais trig. euédricos, de até 25 x 10 cm, com cor variável. Dur. 7,5. D. 3,02-3,05. Homenagem a R. T. *Liddicoat*, presidente do GIA.
lidita Var. gemológica de calcedônia, compacta, preta ou cinza-escuro, com inclusões carbonosas. Usada também como pedra de toque. De *Lídia*, antigo país da Ásia Menor. Sin. de *basanita, jaspe-lídio*.
LIEBAUITA Silicato de cálcio e cobre – $Ca_3Cu_5Si_9O_{26}$ –, monocl., descoberto em Eifel (Alemanha).
LIEBENBERGITA Silicato de níquel com magnésio – $(Ni,Mg)_2SiO_4$ –, ortor., verde--amarelo, do grupo das olivinas. Forma concentrados granulares de dur. 6,0-6,5 e D. 4,6. Descoberto em Barberton (África do Sul) e assim chamado em homenagem a W. R. *Liebenberg*.
liebenerita 1. Nome de uma var. de moscovita. 2. Var. de pinita com álcalis, ferro e cálcio. De *Liebener*.
LIEBIGITA Carbonato hidratado de cálcio e uranila – $Ca_2(UO_2)(CO_3)_3 \cdot 11H_2O$ –, ortor., encontrado na forma de eflorescências verdes na zona de oxidação dos veios da uraninita. Fortemente fluorescente. Homenagem a Justus *Liebig*, químico alemão. Sin. de *uranotalita*.
lievrita Sin. de *ilvaíta*. Homenagem a C. H. *Lelièvre*, mineralogista francês.
liga Mistura de dois ou mais metais.
ligurita Var. de titanita de cor verde--maçã, encontrada em Ala, Piemonte (Itália). De *Ligúria* (Itália).
LIKASITA Nitrato-fosfato básico hidratado de cobre – $Cu_3NO_3(PO_4)_2(OH)_5 \cdot 2H_2O$ –, cristalizado em placas ortor. azuis. Descoberto em *Likasi* (daí seu nome), na R. D. do Congo.
LILLIANITA Sulfeto de chumbo e bismuto – $Pb_3Bi_2S_6$ –, ortor., maciço ou em cristais, com cor cinza-aço, clivagens (100) boa e (010) má, dur. 2-3 e D. 7,0. Forma série isomórfica com a gustavita. De *Lillian* Mining Co., empresa proprietária das minas onde aparece, no Colorado (EUA).
LIMONITA Mistura de óxidos hidratados de ferro de cor marrom ou marrom--amarelada, com traço da mesma cor. A maioria dos materiais classificados como limonita é goethita criptocristalina. Botrioidal ou reniforme, sem clivagem e com br. submetálico. Dur. 5,5. D. 2,70-4,30. Forma-se por oxidação de minérios de ferro, sendo usualmente usada como fonte desse metal (importante na Europa) e como pigmento. A estrutura fibrorradiada da limonita pode proporcionar a obtenção de gemas bonitas e originais. Do lat. *limus* (limo), pelo fr. *limonite*. *Limonito* é a forma mais correta, porém menos usada. Sin. de *estilpnossiderita*.
LINARITA Sulfato básico de chumbo e cobre – $PbCu(SO_4)(OH)_2$ –, monocl., azul-escuro, encontrado na zona de oxidação dos depósitos de cobre e chumbo. Tem br. vítreo e adamantino. Dur. 2,5. D. 5,30-5,40. Frat. conchoidal e duas clivagens, sendo uma perfeita. Difere da azurita, com a qual é frequentemente confundido, por ser insolúvel em ác. e não exibir efervescência. De *Linares* (Espanha), onde foi descoberto. Cf. *geigerita*.

LINDACKERITA Arsenato básico hidratado de cobre – $Cu_5(AsO_3OH)_2(AsO_4)_2 \cdot 10H_2O$ –, monocl., verde-claro ou verde-maçã, em massas ruiniformes ou rosetas de cristais, com clivagem perfeita segundo (010). Dur. 2,0-2,5. D. 3,35. Pode conter níquel ou cobalto substituindo o cobre. De Joseph *Linda-cker*, químico austríaco que analisou o mineral.

lindesita Sin. de *urbanita*. De *Lindes*.

LINDGRENITA Molibdato básico de cobre – $Cu_3(MoO_4)_2(OH)_2$ –, que forma cristais monocl. verdes, tabulares. Descoberto em Chuquicamata, Calama (Chile), e assim chamado em homenagem a Waldemar *Lindgren*, geólogo norte-americano.

LINDQVISTITA Óxido de chumbo, manganês e ferro com magnésio – $Pb_2(Mn,Mg)Fe_{16}O_{27}$ –, hexag., descoberto em Filipstad (Suécia).

LINDSLEYITA Óxido de bário e titânio com outros metais – $(Ba,Sr)(Ti,Cr,Fe,Mg,Zr)_{21}O_{38}$ –, trig., do grupo da crichtonita. Preto opaco, de br. metálico, com frat. conchoidal, descoberto em peridotitos metassomatizados da África do Sul. D. 4,63. O nome é homenagem ao professor Donald H. *Lindsley*. Cf. *mathiasita*.

LINDSTROEMITA Sulfeto de chumbo, cobre e bismuto – $Pb_3Cu_3Bi_7S_{15}$ –, ortor., de cor cinza-escuro ou prateada. Descoberto em Kalmar (Suécia) e assim chamado em homenagem a Gustav *Lindstroem*, sueco especialista em análise mineral.

LINNEÍTA Sulfeto de cobalto – Co_3S_4 – da série linneíta-polidimita. Cúb., cinza-claro com *tarnish* em vermelho. Utilizado para obtenção de cobalto. Homenagem a *Linneu*, botânico sueco do século XVIII. Sin. de *musenita*. O grupo da linneíta compreende 19 selenetos e sulfetos cúb. de fórmula geral $A^{2+}B_2^{3+}X_4$.

linobato Nome coml. do niobato de lítio – $LiNbO_3$ –, usado como imitação do diamante. Dur. 5,5. D. 4,65. IR 2,210-2,300. Disp. 0,130. De *lítio* + *niobato*.

linosita Var. de kaersutita rica em ferro. De *Linosa* (Tunísia). Nome a abandonar.

LINTISITA Silicato hidratado de sódio, lítio e titânio – $Na_3LiTi_2Si_4O_{14} \cdot 2H_2O$ –, monocl., descoberto na península de Kola (Rússia). Nome derivado provavelmente da composição: *Li* + lat. *natrum* (sódio) + *Ti* + *silicato*.

lintonita Var. de thomsonita de cor verde, semelhante à ágata, encontrada na região do lago Superior (EUA). Homenagem a Laura A. *Linton*, cientista norte-americana.

LIOTTITA Mineral de fórmula química $(Na,K)_{16}Ca_8Si_{18}Al_{18}O_{72}(SO_4)_5Cl_4$, hexag., do grupo da cancrinita, descoberto em Pitigliano, Toscânia (Itália), onde aparece como prismas curtos de até 1 cm de diâmetro, preenchendo cavidades em r. vulcânica.

LIPSCOMBITA Fosfato básico de ferro – $Fe_3(PO_4)_2(OH)_2$ –, tetrag., dimorfo da barbosalita. Descoberto na Boêmia (República Checa) e assim chamado em homenagem a William N. *Lipscomb*, professor norte-americano. Pronuncia-se "lipscomita".

líquido pesado Líquido de alta densidade, usado para determinar a densidade de minerais ou para separar minerais de diferentes pesos específicos. O mineral, quando colocado no líquido pesado, pode flutuar, ir ao fundo ou ficar em equilíbrio, conforme tenha densidade menor, maior ou igual à do líquido. Os líquidos pesados mais usados em Gemologia são o bromofórmio (D. 2,88), o iodeto de metileno (D. 3,32) e uma mistura de tolueno e bromofórmio (D. 2,62). Na determinação da densidade, coloca-se o mineral no líquido pesado e, em seguida, adicionam-se quantidades controladas de outro líquido, mais leve ou mais pesado, até que a densidade do mineral e a da mistura de líquidos sejam iguais. Basta então calcular a densidade da mistura.

LIROCONITA Arsenato básico hidratado de cobre e alumínio – $Cu_2Al(AsO_4)$

(OH)$_4$.4H$_2$O –, geralmente com certa quantidade de fósforo. Monocl., verde a azul-celeste. Do gr. *leiros* (pálido) + *konis* (pó), por ter traço de cor clara.
LISETITA Silicato de sódio, cálcio e alumínio – Na$_2$CaAl$_4$Si$_4$O$_{16}$ –, ortor., descoberto em Sogn og Fjordane, na Noruega.
LISHIZHENITA Sulfato hidratado de zinco e ferro – ZnFe$_2$(SO$_4$)$_4$.14H$_2$O –, tricl., descoberto em uma mina de Qinhai (China).
LISITSYNITA Silicato de potássio e boro – KBSi$_2$O$_6$ –, descoberto em uma pedreira da península de Kola (Rússia).
LISKEARDITA Arsenato básico hidratado de alumínio com ferro – (Al,Fe)$_3$(AsO$_4$)(OH)$_6$.5H$_2$O –, monocl. ou ortor., branco, mole. De *Liskeard*, Cornualha (Inglaterra), onde foi descoberto.
LITARGITA Óxido de chumbo – PbO –, tetrag., amarelo ou avermelhado. Dimorfo do massicoto e, como ele, produto de alteração da galena. Talvez do gr. *lithos* (pedra) + *argyros* (prata). Sin. de [1]*ocre de chumbo*.
LITIDIONITA Silicato de potássio, sódio e cobre – KNaCuSi$_4$O$_{10}$ –, tricl., descoberto no Vesúvio (Itália). Cf. *fenaquita*.
LITIOFILITA Fosfato de lítio e manganês – LiMnPO$_4$ –, membro final da série trifilita-litiofilita. Ortor., geralmente em massas compactas rosa-salmão ou marrom-cravo, de br. vítreo, transp. a transl. Dur. 4,5-5,0. D. 3,40-3,60. É raro, sendo encontrado em pegmatitos e usado como fonte de lítio. De *lítio* + gr. *philos* (amigo), por sua composição.
LITIOFORITA Óxido básico de alumínio e manganês com lítio – (Al,Li)MnO$_2$(OH)$_2$ –, tetrag. Tem até 39% Mn. Hábito terroso, lamelar ou estalactítico, com clivagem micácea. Dur. 3,0. D. 3,37. Mineral-minério de lítio. De *lítio* + gr. *phoros* (portador), por sua composição.
LITIOFOSFATO Fosfato de lítio – Li$_3$PO$_4$ –, ortor., formado por substituição hidrotermal de montebrasita, na península de Kola (Rússia). Ocorre em massas de 5 x 9 cm ou menos, brancas ou rosa-claro, de br. vítreo, dur. 4, D. 2,46,

levemente solúveis em água, facilmente solúveis em ác. fortes.
LITIOMARSTURITA Silicato de lítio, cálcio e manganês – LiCa$_2$Mn$_2$HSi$_5$O$_{15}$ –, tricl., descoberto em uma mina da Carolina do Norte (EUA). Cf. *marsturita, nambulita, natronambulita*.
litionita V. *lepidolita*. De *lítio*.
LITIOTANTITA Óxido de lítio e tântalo com nióbio – Li(Ta,Nb)$_3$O$_8$ –, monocl., encontrado em pegmatitos do Casaquistão, onde aparece na forma de cristais de até 0,4 mm, incolores, manchados de rosa-creme e rosa-amarronzado por inclusões de cassiterita. Têm br. adamantino, frat. conchoidal a irregular, dur. 6,0-6,5 e D. 7. São um tanto frágeis e não têm clivagem.
LITIOWODGINITA Óxido de lítio e tântalo – LiTa$_3$O$_8$ –, monocl., descoberto no Casaquistão. Cf. *ferrowodginita, titanowodginita, wodginita*.
LITOSITA Silicato de potássio e alumínio – K$_3$[HAl$_2$Si$_4$O$_{13}$] –, monocl., pseudo-ortor., em grãos irregulares de 1 a 3 mm, incolores, de br. vítreo, frat. conchoidal, dur. 5,5. Facilmente decomposto pelo HCl a 10%. Ocorre em pegmatitos que cortam nefelinassienitos na península de Kola (Rússia). Do gr. *lithos* (pedra).
litossiderito Nome dado aos meteoritos constituídos de uma matriz de ferro e níquel com porções descontínuas de silicatos. Têm composição intermediária entre a dos sideritos e a dos siderólitos. Relativamente raros. A porcentagem de ferro é igual à de níquel (25%). Do gr. *lithos* (pedra) + *sideros* (ferro), por sua composição.
litoxilo Xilopala que mostra a estrutura da madeira. Do gr. *lithos* (pedra) + *xylon* (madeira).
LITVINSKITA Silicato de sódio e zircônio com manganês – Na$_2$([ ],Na,Mn)Zr[Si$_6$O$_{12}$(OH)$_6$] –, monocl., do grupo da lovozerita, descoberto na península de Kola (Rússia).
LIVEINGITA Sulfoarseneto de chumbo – Pb$_9$As$_{13}$S$_{28}$ –, monocl., com cristais

semelhantes aos de outros minerais de composição semelhante. Descoberto numa pedreira do Valais (Suíça). Homenagem a George D. Liveing, professor de Química da Universidade de Cambridge, Inglaterra.

livesita Mineral argiloso estruturalmente, intermediário entre caulinita e halloysita.

LIVINGSTONITA Sulfoantimoneto de mercúrio – $HgSb_4S_8$ –, monocl., cinza-escuro, com br. adamantino a metálico e traço vermelho. Dur. 2. D. 4,81. Lembra a estibinita na morfologia. Homenagem a David Livingstone, explorador e missionário escocês. Cf. stanleyita.

livro Nome dado aos cristais de mica, em virtude da semelhança de suas folhas com as páginas de um livro. Livros de mica podem ser vistos como inclusões em várias gemas.

LIZARDITA Silicato básico de magnésio – $Mg_3Si_2O_5(OH)_4$ –, trig. e hexag., do grupo das serpentinas. Polimorfo do clinocrisotilo, do paracrisotilo e do ortocrisotilo. Forma série isomórfica com a nepouita. De Lizard, Cornualha (Inglaterra), onde foi descoberto.

llallagualita V. monazita-(Ce).

loaysita Var. de escorodita em massas porosas verde-claras. De Loaysa (Colômbia), onde ocorre.

lodranito Siderólito composto de olivina e bronzita imersas numa matriz de ferro e níquel.

LOELLINGITA Arseneto de ferro – $FeAs_2$ –, de cor prateada ou cinza-aço. Ortor., maciço ou na forma de cristais pequenos, prismáticos, de br. metálico. Dur. 5,0-5,5. D. 6,20-8,60. Clivagem basal. Muito semelhante à arsenopirita. Tem 68% As, aproximadamente, e é usado para obtenção desse elemento. De Loelling (Áustria), onde foi descoberto. Sin. de arsenoferrita, leucopirita. O grupo da arsenopirita inclui oito arsenetos, sulfoarsenetos e bismutetos.

LOEWEÍTA Sulfato hidratado de sódio e magnésio – $Na_{12}Mg_7(SO_4)_{13}.15H_2O$ –, trig., branco a amarelo-claro, solúvel em água. Homenagem a Alexander Loewe, químico alemão. Cf. cromoloeweíta.

loewigita Sulfato hidratado de potássio e alumínio – $K_2O(Al_2O_3)_3(SO_3)_4.9H_2O$ –, similar à alunita. Homenagem a Carl J. Loewe, químico alemão.

lohestita Substância mais ou menos amorfa que ocorre em r. metamórficas, representando um estágio na formação da andaluzita.

LOKKAÍTA-(Y) Carbonato hidratado de cálcio e ítrio – $CaY_4(CO_3)_7.9H_2O$ –, ortor., descoberto em um pegmatito de Kangasala (Finlândia).

lombaardita Silicato básico de alumínio, cálcio e ferro – $Al_{27}Ca_{10}Fe_5^{2+}Si_{18}O_{89}(OH)_5$ –, monocl., de estrutura ainda pouco conhecida. D. 3,85.

lomonita V. laumontita.

LOMONOSOVITA Fosfato-silicato de sódio e titânio – $Na_5Ti_2O_2Si_2O_7PO_4$ –, tricl., que forma cristais laminados, marrons a pretos, ou violeta-rosado, em pegmatitos alcalinos. Homenagem a M. V. Lomonosov, cientista soviético.

lomontita V. laumontita.

london blue Nome coml. da cor azul de alguns topázios, obtida por irradiação e aquecimento. Cf. swiss blue, california blue.

LONDONITA Óxido de fórmula química $(Cs,K,Rb)Al_4Be_4(B,Be)_{12}O_{28}$, cúb., descoberto em um pegmatito do vale Sahatany, em Madagascar.

LONECREEKITA Sulfato hidratado de amônio e ferro com alumínio – $(NH_4)(Fe,Al)(SO_4)_2.12H_2O$ –, cúb., descoberto no Transvaal (África do Sul).

LONSDALEÍTA Polimorfo hexag. do diamante, da chaoíta e da grafita, encontrado em meteoritos. Homenagem a Kathleen Lonsdale, cristalógrafa inglesa.

LOPARITA-(Ce) Óxido complexo de cério e titânio com sódio, cálcio e nióbio – $(Ce,Na,Ca)(Ti,Nb)O_3$ –, ortor. Forma cristais pseudocúb. e pseudo-octaédricos, pretos, opacos, de br. submetálico. Dur. 4,7. D. 6,50. Ocorre em pegmatitos alcalinos. Usado como fonte de nióbio, titânio, metais de TR e outros elementos. Do russo lappar (lapões).

LOPEZITA Cromato de potássio – $K_2Cr_2O_7$ –, tricl., que ocorre em pequenas bolas vermelho-alaranjadas, transp., de br. vítreo, em salitre do chile. Dur. 2,5. D. 2,69. Descoberto em Iquique (Chile) e assim chamado em homenagem a Emiliano *Lopez*, colecionador chileno.
LORANDITA Sulfoarseneto de tálio – $TlAsS_2$ –, monocl., em cristais tabulares e prismáticos curtos, vermelho-conchonilha ou carmim até cinza-chumbo, de br. adamantino, com clivagem (100) perfeita. Mineral-minério de tálio. Descoberto em Allchar (Macedônia) e assim chamado em homenagem a Eotvos *Lorand*, físico húngaro.
LORANSKITA-(Y) Mineral de composição incerta, talvez $(Y,Ce,Ca)ZrTaO_6$, que ocorre geralmente em massas irregulares de dur. 6 e D. 3,8-4,8, pretas, marrons ou amarelas. Assim chamado em homenagem a Appolonie M. *Loranski*, professor russo.
LORENZENITA Silicato de sódio e titânio – $Na_2Ti_2Si_2O_9$ –, ortor., que forma pequenos cristais de cor marrom-escura a preta. Descoberto em Narsarsuk, Groenlândia (Dinamarca), e assim chamado em homenagem a Johannes T. *Lorenzen*, mineralogista dinamarquês que estudou minerais da Groenlândia. Sin. de *ramsayita*.
lorettoíta Oxicloreto de chumbo – $Pb_7O_6Cl_2$ –, tetrag., maciço, com clivagem basal perfeita, D. 7,6, dur. 3,0 e cor amarelo-mel. Durante muito tempo foi considerado espécie mineral, até que se constatou ter origem artificial. De *Loretto*, Tennessee (EUA), onde ocorre.
losango Sin. de ¹*quoin*.
LOSEYITA Carbonato básico de manganês e zinco – $(Mn,Zn)_7(CO_3)_2(OH)_{10}$ –, monocl., em pequenos cristais achatados, com disposição radial, cor branco-azulada. Homenagem a Samuel *Losey*, colecionador norte-americano. Cf. *sclarita*.
lossenita Arsenato-sulfato hidratado de ferro e chumbo, possivelmente idêntico à beudantita. Homenagem a F. A. *Lossen*, mineralogista alemão.
LOTHARMEYERITA Arsenato básico hidratado de cálcio e zinco com manganês – $Ca(Zn,Mn)_2(AsO_4)_2(OH,H_2O)_3$ –, monocl., descoberto em Mapimi, Durango (México), onde aparece em cristais laranja-avermelhado, sempre maclados, de traço laranja, br. vítreo, formando drusas sobre adamita e óxido de manganês. Dur. 3. D. 4,2. Homenagem a Julius *Lothar Meyer*, químico alemão. Cf. *ferrilotharmeyerita*.
lotrita Sin. de *pumpellyíta*. De *Lotru*, vale da Transilvânia (Romênia).
louça (gar., RS) Em Salto do Jacuí, nome dado à opala-comum, geralmente branca, que ocorre na base dos geodos de ágata.
louçado Cristal de citrino obtido por tratamento térmico da ametista e que mostra manchas de cor leitosa, por ter sido submetido a temperatura alta demais.
louderbackita Sin. de *roemerita*. Homenagem a George D. *Louderback*, geólogo norte-americano.
LOUDOUNITA Silicato básico hidratado de sódio, cálcio e zircônio – $NaCa_5Zr_4Si_{16}O_{40}(OH)_{11}.8H_2O$ –, em agregados de cristais fibrosos com forma esférica, cor verde-clara a branca, muitas vezes medindo menos de 0,1 mm. Dur. 5. D. 2,48. Traço incolor. De *Loudoun*, Virgínia (EUA), onde foi descoberto.
LOUGHLINITA Silicato básico hidratado de sódio e magnésio – $Na_4Mg_6[Si_6O_{15}(OH)_2]_2.12H_2O$ –, ortor., fibroso, de br. sedoso, branco-pérola. Descoberto em Sweetwater, Wyoming (EUA), e assim chamado em homenagem a Gerald F. *Loughlin*, geólogo norte-americano.
LOURENSWALSITA Aluminossilicato básico de potássio e titânio com bário – $(K,Ba)_2Ti_4(Si,Al)_6O_{14}(OH)_{12}$ –, pseudo-hexag., descoberto numa pedreira de Hot Spring, Arkansas (EUA).
lovchorrita 1. Var. criptocristalina de ¹rinkolita (Vlasov, 1966). 2. V. ²*mosandrita*

(AGI). De *Lovchor*, platô da península de Kola (Rússia), onde foi descoberto.
LOVDARITA Aluminossilicato hidratado de sódio e potássio com berílio – $Na_{13}K_4(Be_8AlSi_{27}O_{72}).20H_2O$ –, do grupo das zeólitas, encontrado principalmente em massas brancas e amareladas, raramente em cristais prismáticos ortor. de 1-2 mm. Nome derivado de uma palavra russa que significa "presente de Lovozero", por ter sido descoberto no maciço de Lovozero, na península de Kola (Rússia).
LOVERINGITA Óxido múltiplo de fórmula química $(Ca,Ce)(Ti,Fe,Cr,Mg)_{21}O_{38}$, trig., do grupo da crichtonita. Descoberto perto de Norseman, oeste da Austrália, onde aparece como cristais isolados, em geral anédricos, às vezes aciculares, raramente medindo mais de 0,1 mm. É metamicto e contém cerca de 0,2% U. O nome homenageia John F. *Lovering*, geoquímico australiano.
LOVOZERITA Silicato hidratado de sódio, cálcio e zircônio – $Na_2CaZrSi_6(O,OH)_{18}.H_2O$ –, trig., encontrado geralmente na forma de grãos irregulares de cor marrom a preta. Dur. 5,0. D. 2,38. É quase sempre produto de decomposição da eudialita. De *Lovozero*, península de Kola (Rússia), onde foi descoberto. O grupo da lovozerita inclui mais nove silicatos ortor., monocl. e trig., entre eles imandrita, kazakovita, koashvita, petarasita, tisinalita e zirsinalita.
loxoclásio Var. de ortoclásio com considerável quantidade de sódio – (K,Na)AlSi$_3$O$_5$. Do gr. *loxos* (oblíquo) + *klasis* (fratura).
LUANHEÍTA Amálgama de prata – Ag$_3$Hg –, hexag., descoberto no rio *Luan He* (daí seu nome), na China.
lubeckita Óxido hidratado de cobre, cobalto e manganês – $Cu_8Co_2Mn_4O_{17}.8H_2O$ –, em pequenas esferas coloidais, pretas. Trata-se, provavelmente, de uma mistura. Talvez de *Lübeck*, cidade da Alemanha.
LUBEROÍTA Seleneto de platina – Pt$_3$Se$_4$ –, monocl., descoberto na cidade de *Lubero* (daí seu nome), na província de Kivu (R. D. do Congo).
lublinita Calcita hidratada pouco consistente (esponjosa). Forma finas agulhas de romboedros agudos. Desidrata-se facilmente, passando a calcita normal. Frequente em juntas de calcário de regiões frias. Talvez de *Lublin* (Polônia). Sin. de *tri-hidrocalcita*.
LUCASITA-(Ce) Óxido de cério e titânio com lantânio – $(Ce,La)Ti_2(O,OH)_6$ –, monocl., dimorfo da esquinita-(Ce), descoberto na região de Kimberley, na Austrália.
lucianita Silicato hidratado de magnésio, do grupo dos minerais argilosos. Muito expansivo em água. De Santa *Lucia* (México). Sin. de *auxita*.
lucidoscópio Microscópio adaptado para separar pérolas naturais de cultivadas. A pérola é mergulhada em um líquido com IR igual ao seu (monobromo naftaleno) e fortemente iluminada. Se for pérola cultivada, ver-se-ão faixas retas e paralelas do núcleo de madrepérola, ao ser girada lentamente.
lucinita Variscita de *Lucin*, Utah (EUA).
lucite Nome coml. de uma resina acrílica usada em imitações de gemas naturais.
luculito Mármore egípcio de cor preta, resultante de substâncias carbonosas. De *Lucullus*, cônsul romano famoso pela vida luxuosa que levava.
LUDDENITA Silicato hidratado de chumbo e cobre – $Cu_2Pb_2Si_5O_{14}.14H_2O$ –, monocl., formando cristais com menos de 0,01 mm, reunidos em rosetas e agregados em forma de leque. Tem cor verde, dur. 4, D. 4,45. Ocorre em Mohave, Arizona (EUA). Homenagem ao geólogo Raymond W. *Ludden*. Espécie que requer mais estudos.
LUDJIBAÍTA Fosfato básico de cobre – $Cu_5(PO_4)_2(OH)_4$ –, tricl., trimorfo da pseudomalaquita e da reichenbachita, descoberto na jazida de *Ludjiba* (daí seu nome), em Katanga (R. D. do Congo).
LUDLAMITA Fosfato hidratado de ferro – $Fe_3(PO_4)_2.4H_2O$ –, verde, monocl., tabular, br. vítreo, às vezes em agre-

gados paralelos. Também maciço ou granular. Homenagem a Henry *Ludlam*, mineralogista e colecionador de minerais inglês. Sin. de *lehnerita*.
LUDLOCKITA Arsenato de chumbo e ferro – $PbFe_4As_{10}O_{22}$ –, que forma cristais tricl., alongados segundo [100] e achatados segundo [011]. Clivagem micácea, cor vermelha, br. subadamantino. Homenagem a *Ludlow* Smith III e *Locke* Key, colecionadores e comerciantes de minerais, seus descobridores.
LUDWIGITA Borato de magnésio e ferro – $(Mg,Fe^{2+})_2Fe^{3+}O_2(BO_3)$ –, ortor., verde-escuro, que forma uma série isomórfica com a vonsenita. Homenagem a Ernst *Ludwig*, químico austríaco. O grupo da ludwigita compreende mais quatro boratos ortor.: azoproíta, bonaccordita, fredrikssonita e vonsenita.
LUESHITA Óxido de sódio e nióbio – $NaNbO_3$ –, com 1,4% Ce e até 80% $(Nb,Ta)_2O_5$. Ocorre em r. alcalinas e pegmatitos. Forma cristais monocl., pseudocúb., pretos. Dur. 6,0-6,5. D. 4,44. De *Lueshé*, Kivu (R. D. do Congo). Sin. de *igdloíta*.
LUETHEÍTA Arsenato básico de cobre e alumínio – $Cu_2Al_2(AsO_4)_2(OH)_4$ –, descoberto em riolito pórfiro silicificado, na forma de pequenos cristais monocl., tabulares segundo [100], azul-índigo a esverdeados, frágeis, com clivagem (100) distinta. Dur. 3,0. Os cristais medem até 0,2 mm. Homenagem ao geólogo R. D. *Luethe*, seu descobridor.
luigita Sin. de *aloisiita*. De *Luigi* (Aloisius) Amedeo, duque de Abruzzi.
LUKECHANGITA-(Ce) Fluorcarbonato de sódio e cério – $Na_3Ce_2(CO_3)_4F$ –, hexag., descoberto em uma pedreira de Rouville, Quebec (Canadá).
LUKRAHNITA Arsenato básico hidratado de cálcio, cobre e ferro – $CaCuFe(AsO_4)_2[(H_2O)(OH)]$ –, tricl., do grupo da tsumcorita, descoberto em Tsumeb (Namíbia). Cf. *gartrellita*.
LULZAQUITA Fosfato básico de estrôncio, ferro e alumínio com magnésio – $Sr_2Fe(Fe,Mg)_2Al_4(PO_4)_4(OH)_{10}$ –, tricl.,

cinza, opaco, descoberto em uma pedreira de Loire-Atlantique, na França. Cf. *jamesita*.
lumarith Nome coml. do acetato de celulose.
luminescência 1. Emissão de luz temporária e com determinada coloração apresentada por certas substâncias quando estimuladas por calor, eletricidade, radioatividade, luz UV ou outra forma de energia, abaixo do ponto de incandescência. Os minerais apresentam vários tipos de luminescência, por ex.: triboluminescência, termoluminescência, radioluminescência. **2.** Luz emitida por uma substância luminescente.
LÜNEBURGITA Borofosfato básico hidratado de magnésio – $Mg_3B_2(PO_4)_2(OH)_6.6H_2O$ –, tricl., que ocorre em *Lüneburg* (daí seu nome), Hanover (Alemanha), onde aparece em cristais em forma de placas sextavadas, com clivagem prismática, incolores. D. 2,05.
LUNIJIANLAÍTA Silicato básico de lítio e alumínio – $Li_{0,5}Al_{3,5}Si_{3,5}O_{10}(OH)_5$ –, monocl., descoberto na província de Zhejiang, na China. O nome faz alusão à alternância de clorita e pirofilita. Cf. *cookeíta, pirofilita*.
LUNOKITA Fosfato básico hidratado de manganês, magnésio e alumínio com cálcio e ferro – $(Mn,Ca)(Mg,Fe,Mn)Al(PO_4)_2(OH).4H_2O$ –, ortor., do grupo da overita. Incolor a branco, formando agregados radiais de 0,5 a 1 mm em pegmatitos. Dur. 3,0-4,0. D. 2,7. Clivagem (010) perfeita. De *Lun'ok*, rio da península de Kola (Rússia), onde foi descoberto.
lupa Pequeno vidro de aumento para uso manual ou fixado sobre o olho. As lupas usadas em Gemologia aumentam dez vezes a imagem, e defeitos que não são vistos assim são considerados inexistentes.
lupa binocular Instrumento que consiste em duas lupas montadas de modo a permitir o uso simultâneo dos dois olhos.
lusakita Var. cobaltífera de estaurolita. Forma cristais ortor., tabulares, de cor azul a preta. De *Lusaka* (Zimbábue).

lussatina V. *lussatita*.
lussatita Calcedônia cristalina, de estrutura fibrosa, que passa gradualmente a opala. De *Lussat* (França), onde foi descoberta. Sin. de *lussatina*.
lusterite (nome coml.) V. *titânia*.
lustigem (nome coml.) V. *fabulita*.
lusunguita Fosfato básico hidratado de estrôncio e ferro com chumbo – $(Sr,Pb)Fe_3(PO_4)_2(OH)_5.H_2O$ –, com 20%-24% SrO. Trig. Ocorre em pegmatitos do rio *Lusungu*, em Kivu (R. D. do Congo). Sabe-se hoje que se trata de goiasita.
lutecita Var. de calcedônia na qual as fibras formam 30° com o eixo *c*, ao contrário da calcedônia normal, na qual são paralelas. Provavelmente de *Lutécia*, antigo nome de Paris (França).
luz monocromática Luz que tem uma só cor, isto é, um só comprimento de onda. A luz monocromática amarela é usada, em Gemologia, nos refratômetros e microscópios.
LUZONITA Sulfoarseneto de cobre – Cu_3AsS_4 –, tetrag., dimorfo da enargita. Antigamente considerado var. arsenicífera da famatinita. De *Luzo* (Filipinas), onde foi descoberto.

luz plano-polarizada Sin. de *luz polarizada*.
luz polarizada Luz que vibra em um só plano, propagando-se em uma única direção, em virtude de ter atravessado um polarizador. É usada em microscópios polarizantes, para análise de minerais e r. Sin. de *luz plano-polarizada*.
luz ultravioleta Luz invisível ao olho humano, com comprimento de onda menor que o da luz violeta (1.000-3.800 Å ou 100-380 nm). É muito usada para testar fluorescência e fosforescência de substâncias gemológicas, principalmente a luz UV de curto comprimento de onda (2.000-3.000 Å). Cf. *mineralight*.
lyellita V. *devillina*.
lyndochita Var. de euxenita com teor relativamente alto de Ca e Th. Tem cristais morfologicamente similares aos da euxenita, com cor preta e br. vítreo. De *Lyndoch*, Ontário (Canadá), onde ocorre.
lyonita Sin. de *chillaguita*.
LYONSITA Vanadato de cobre e ferro – $Cu_3Fe_4(VO_4)_6$ –, ortor., descoberto em uma fumarola do vulcão Izalco, em El Salvador.

Mm

maakita Sin. de *hidroalita*.
macallisterita Borato hidratado de magnésio – $Mg_2B_{12}O_{14}(OH)_{12}.9H_2O$ –, trig., polimorfo da admontita. Cristaliza em romboedros. Homenagem ao geólogo norte-americano James F. *Mac Allister*.
MACAULAYITA Silicato básico de ferro com alumínio – $(Fe,Al)_{24}Si_4O_{43}(OH)_2$ –, monocl., vermelho-sangue. Ocorre em um granito muito alterado de Aberdeenshire (Escócia).
MACDONALDITA Silicato básico hidratado de bário e cálcio – $BaCa_4Si_{16}O_{36}(OH)_2.10H_2O$ –, ortor. D. 2,27. Descoberto em r. metamórficas de Fresno, Califórnia (EUA), juntamente com seis outros novos minerais de bário. Homenagem a Gordon A. *MacDonald*.
MACEDONITA Óxido de chumbo e titânio – $PbTiO_3$ –, tetrag., descoberto perto de Prilep, na Macedônia (daí seu nome).
MACFALLITA Silicato básico de cálcio e manganês – $Ca_2Mn_3(SiO_4)(Si_2O_7)(OH)_3$ –, monocl., que forma agregados grosseiros marrom-avermelhados a marrons, de br. sedoso a subadamantino, com clivagem basal perfeita. Dur. 5,0. D. 3,4. Descoberto em Keweenaw, Michigan (EUA), e assim chamado em homenagem a Russell O. *MacFall*, mineralogista amador norte-americano. Cf. *sursassita*.
macgovernita V. *mcgovernita*.
MACHATSCHKIITA Arsenato-fosfato hidratado de cálcio com sódio – $(Ca,Na)_6(AsO_4)(AsO_3OH)_3(PO_4,SO_4).15H_2O$ –, trig., secundário, formando crostas sobre granito, com frat. conchoidal. D. 2,50. Dur. 2,0-3,0. É incolor e não tem clivagem. Homenagem a Félix *Machatschki*, professor de Mineralogia.

MACKAYITA Telurato básico de ferro – $FeTe_2O_5(OH)$ –, tetrag., às vezes em prismas verde-oliva. Dur. 4,5. D. 4,86. Homenagem a John W. *Mackay*, minerador norte-americano.
mackensenita Sin. de *mackensita*.
mackensita Silicato hidratado de ferro – $Fe_2O_3SiO_2.2H_2O$ – em massas compactas de pequenas agulhas pretas ou verde-escuras. Sin. de *mackensenita*.
MACKINAWITA Sulfeto de ferro – FeS –, tetrag., formado por corrosão bacteriana de chaminés e canos de ferro em *Mackinaw*, mina de Snohomish (EUA). Encontrado também em meteoritos.
mackinstryíta Sulfeto de prata e cobre – $(AgCu)_2S$. Homenagem a Hugh Exton *MacKinstry*, professor de Geologia Econômica da Universidade de Harvard.
mackintoshita V. *torogumita*. Provavelmente homenagem ao químico escocês *Mackintosh*.
macla União natural de dois ou mais cristais de um mesmo mineral, obedecendo a determinadas leis de simetria. Pode ser *macla de justaposição* (ex.: feldspato) ou *macla de penetração* (ex.: pirita, estaurolita, fluorita). A união de três ou mais cristais pode ser *macla cíclica* ou *macla polissintética* (v. esses nomes). Alguns minerais comumente ocorrem maclados (ex.: estaurolita, rutilo, crisoberilo); outros, raramente (ex.: turmalinas, granadas). Sin. de *geminação*.
macla cíclica Macla de três ou mais cristais, obedecendo a uma só lei de macla, com planos de composição não paralelos. Cf. *macla polissintética*.
macla de contato Sin. de *macla de justaposição*.
macla de justaposição Macla em que dois cristais se unem segundo um plano definido. Sin. de *macla de contato*. Cf. *macla de penetração*.
macla de penetração Macla em que os cristais aparecem entrelaçados. A união se dá segundo o eixo de macla. É exibida por minerais como fluorita, estaurolita e pirita. Cf. *macla de justaposição*.

macla polissintética Macla de três ou mais cristais, obedecendo a uma só lei de macla e com planos de composição paralelos. Macroscopicamente, pode traduzir-se em superfícies estriadas. Cf. *macla cíclica*.

maconita Nome de uma var. de vermiculita da Carolina do Norte (EUA). De *Macon*, Georgia (EUA).

MACPHERSONITA Sulfato-carbonato básico de chumbo – $Pb_4(SO_4)(CO_3)_2(OH)_-$, ortor., trimorfo da leadhillita e da susannita. Branco, de br. adamantino. Ocorre em Lanarkshire (Escócia) e Saône-et-Loire (França), e é assim chamado em homenagem a Harry C. *Macpherson*, mineralogista escocês.

MACQUARTITA Cromato-silicato básico hidratado de chumbo e cobre – $Pb_3Cu(CrO_4)(SiO_3)(OH)_4.2H_2O$ –, descoberto sobre cristais de dioptásio do Arizona (EUA), aparecendo em pequenos (até 1 mm) cristais euédricos laranja, com traço da mesma cor, monocl., com D. 5,5-5,6, clivagem (100) boa e dur. 3,5. Fácil de confundir com a mimetita. O nome é homenagem a Louis C. H. *Macquart*, químico francês.

madeira agatizada Var. de madeira silicificada com estrutura semelhante à da ágata.

madeira fossilizada Madeira que teve a celulose substituída por sílica (geralmente opala ou calcedônia), preservando a forma e a estrutura originais. Tem cor parda, cinzenta ou avermelhada. Dur. 7,0. D. 2,60-2,65. A preservação da madeira requer recobrimento por material sedimentar fino, logo após a morte da planta. Existe em vários países, mas a ocorrência mais famosa é Holbrook, Arizona (EUA), onde mostra cores mais vivas e onde se descobriu um tronco com 65 m de comprimento e 3 m de diâmetro. No Brasil, é extraída com fins comerciais no Estado de Tocantins. Em vários municípios do Rio Grande do Sul, como Butiá, São Vicente do Sul, Pântano Grande, São Pedro do Sul e, sobretudo, Mata, encontram-se grandes (mais de 10 m) troncos com 207 milhões de anos. Cientistas do Departamento de Energia dos EUA obtiveram material similar em laboratório, colocando pedaços de pinus e álamo em um banho ác. por dois dias; depois, enxaguaram-nos com soluções de sílica e deixaram secando ao ar livre. Por fim, o material foi aquecido em forno com ambiente de argônio a 1.400°C por duas horas. O processo todo dura alguns dias apenas. A madeira fossilizada é usada em objetos ornamentais, mais raramente em joias. Sin. de *madeira petrificada, madeira silicificada, xilólito*. ☐

madeira petrificada Sin. de *madeira fossilizada*.

madeira silicificada Sin. de *madeira fossilizada*.

MADOCITA Sulfoantimoneto de chumbo com arsênio – $Pb_{17}(Sb,As)_{16}S_{41}$ –, ortor., fibroso, descoberto perto de *Madoc* (daí seu nome), em Hastings, Ontário (Canadá).

madrepérola Camada de nácar que constitui o revestimento interno da concha de vários moluscos. É usada em brincos, botões, colares, broches e vários outros objetos de adorno pessoal. Do lat. *madre* (mãe) + *pérola*.

MAGADIITA Silicato básico hidratado de sódio – $NaSi_7O_{13}(OH)_3.4H_2O$ –, monocl., descoberto no lago *Magadi* (daí seu nome), no Quênia.

magallanita Substância asfáltica encontrada como seixos rolados em *Magallanes* (Argentina), daí seu nome.

magalux Nome coml. do espinélio sintético.

MAGBASITA Fluorsilicato de potássio, bário, alumínio e magnésio com escândio e ferro – $KBa(Al,Sc)(Mg,Fe)_6Si_6O_{20}F_2$ –, um dos poucos minerais de escândio conhecidos. Forma agregados aciculares finos, em leques. Incolor ou violeta-rosado, com br. vítreo. Muito raro. De *mag*nésio + *bá*rio + *si*licato + *ita*.

MAGHEMITA Óxido de ferro – γ-Fe_2O_3 –, cúb., dimorfo da hematita, à qual muito se assemelha. Ocorre maciço. D. 5,00-

5,20. Fortemente magnético. Produto de alteração da magnetita ou lepidocrocita usado para obtenção de ferro. De *ma*gnetita + *hem*atita + *ita*. Sin. de *sosmanita, oximagnita*. Pronuncia-se "maguemita".

MAGHAGENDORFITA Fosfato de sódio, manganês e magnésio com ferro – NaMnMg(Fe^{2+},Fe^{3+})$_2$(PO$_4$)$_3$ –, monocl., que ocorre em Custer, Dakota do Sul (EUA). De *magnésio* + *hagendorfita*, por corresponder a uma hagendorfita com Mg > Fe.

magnalita Material argiloso produzido por alteração de basaltos. Aparentemente é uma mistura de halloysita, cerolita e hidróxidos de alumínio, com certa quantidade de $CaCO_3$. Verde a branco-esverdeado. Não confundir com *magnolita*.

magnésio-aluminocatoforita Aluminos-silicato de sódio, cálcio e magnésio com ferro – $Na_2Ca(Mg,Fe)_4Al(Si_7Al)O_{22}(OH)_2$ –, monocl., com Mg/(Mg+Fe) = 0,5-1,0. É um anfibólio que forma série isomórfica com a aluminocatoforita.

magnesioantofilita Silicato de magnésio e ferro – $(Mg,Fe)_7Si_8O_{22}(OH)_2$ –, do grupo dos anfibólios, no qual Mg/(Mg+Fe) = 0,9-1,0. Forma séries isomórficas com a antofilita e com a ferroantofilita.

MAGNESIOARFVEDSONITA Silicato básico de sódio e magnésio com ferro – $Na_3(Mg_4Fe)Si_8O_{22}(OH)_2$ –, monocl., do grupo dos anfibólios, que forma série isomórfica com a arfvedsonita. Sin. de *imerinita*.

MAGNESIOARFVEDSONITA POTÁSSICA Silicato de potássio, sódio e magnésio com ferro – $(K,Na)Na_2(Mg_4Fe)Si_8O_{22}(F,OH)_2$ –, monocl., do grupo dos anfibólios, descoberto em Gatineau, Quebec (Canadá).

MAGNESIOASTROFILITA Silicato de fórmula química $Na_2K_2(Fe,Mn)_5Mg_2Ti_2Si_8O_{24}(O,OH,F)_7$, monocl., amarelo, do grupo da astrofilita. Tem br. vítreo e duas clivagens perfeitas, (100) e (010).

MAGNESIOAUBERTITA Clorossulfato hidratado de magnésio e alumínio com cobre – $(Mg,Cu)Al(SO_4)_2Cl.14H_2O$ –, tricl., descoberto na ilha Vulcano, na Itália. Cf. *aubertita, svyazhinita*.

MAGNESIOAXINITA Borossilicato de cálcio, magnésio e alumínio – $Ca_2MgAl_2BO(OH)Si_2O_7$ –, tricl., do grupo da axinita. É azul-claro, tem dur. 6-7 e D. 3,18. Exibe fluorescência vermelho-alaranjada em luz UV de ondas longas, vermelha menos brilhante com ondas curtas. Pode ser usado como gema.

magnesiocalcantita Sin. de *pentaidrita*.

MAGNESIOCARFOLITA Silicato básico de magnésio e alumínio – $MgAl_2Si_2O_6(OH)_4$ –, ortor., verde, descoberto nos Alpes franceses. Forma série isomórfica com a ferrocarfolita. Cf. *carfolita*.

MAGNESIOCATOFORITA Silicato de fórmula química $Na(CaNa)Mg_4(Al,Fe)(Si_7Al)O_{22}(OH)_2$, monocl., do grupo dos anfibólios, que forma uma série isomórfica com a catoforita. É raro e ocorre em r. ígneas alcalinas intermediárias a básicas.

magnesioclino-holmquistita Silicato básico de lítio, magnésio e alumínio com ferro – $Li_2(Mg,Fe)_3Al_2Si_8O_{22}(OH)_2$ –, monocl., com Mg/(Mg+Fe) = 0,9-1,0. É um anfibólio que forma séries isomórficas com a clino-holmquistita e com a ferroclino-holmquistita, sendo dimorfo da magnesio-holmquistita.

MAGNESIOCLORITOIDE Silicato básico de magnésio e alumínio com ferro e manganês – $(Mg,Fe,Mn)_2Al_4Si_2O_{10}(OH)_4$ –, tricl. e monocl., descoberto em Mezzalama, na Itália. Cf. *cloritoide, ottrelita*.

MAGNESIOCLOROFENICITA Arsenato básico de magnésio e zinco com manganês – $(Mg,Mn)_3Zn_2(AsO_4)(OH,O)_6$ –, monocl., descoberto em Sussex, New Jersey (EUA). Cf. *clorofenicita, jarose-wichita*.

magnesiocolumbita Sin. de *magnocolumbita*.

MAGNESIOCOPIAPITA Sulfato básico hidratado de magnésio e ferro – $MgFe_4(SO_4)_6(OH)_2.20H_2O$ –, tricl., amarelo, do grupo da copiapita, descoberto em Riverside, Califórnia (EUA).

MAGNESIOCOULSONITA Vanadato de magnésio – MgV_2O_4 –, cúb., do grupo do espinélio, descoberto na região do lago Baikal (Rússia). Cf. *coulsonita*.

MAGNESIOCROMITA Óxido de magnésio e cromo – $MgCr_2O_4$ –, às vezes com ferro e alumínio também. Cúb., forma séries isomórficas com a cromita e o espinélio. Preto, com br. metálico, às vezes fracamente magnético. Sin. de *picrocromita*, *magnocromita*.

magnesiocummingtonita Silicato de magnésio com ferro – $(Mg,Fe)_7Si_8O_{22}(OH)_2$ –, monocl., com $Mg/(Mg+Fe) = 0{,}7\text{-}1{,}0$. É um anfibólio que forma séries isomórficas com a cummingtonita e a grunerita.

MAGNESIODUMORTIERITA Silicato de fórmula química $(Mg,Ti,[\ ])(Al,Mg)_2Al_4Si_3O_{18\text{-}y}(OH)_yB$, onde y = 2-3. É ortor. e pertence ao grupo da dumortierita. Descoberto nos Alpes italianos.

MAGNESIOESTAUROLITA Silicato básico de magnésio e alumínio – $[\ ]_4Mg_4Al_{16}(Al_2[\ ]_2)Si_8O_{40}[(OH)_2O_6]$ –, monocl., descoberto nos Alpes italianos.

magnesioferricatoforita Aluminossilicato básico de sódio, cálcio e magnésio com ferro – $Na_2Ca(Mg,Fe^{2+})_4Fe^{3+}Si_7AlO_{22}(OH)_2$ –, monocl., com $Mg/(Mg+Fe^{2+}) = 0{,}5\text{-}1{,}0$, do grupo dos anfibólios.

MAGNESIOFERRITA Óxido de magnésio e ferro – $MgFe_2O_4$ –, do grupo dos espinélios. Cúb., forma série isomórfica com a magnetita. Usualmente preto, fortemente magnético e raro. Descoberto no Vesúvio (Itália) e encontrado principalmente em fumarolas. Sin. de *magnoferrita*.

MAGNESIOFOITITA Borato-silicato de fórmula química $[\ ](Mg_2Al)Al_6(Si_6O_{18})(BO_3)_3(OH)_4$, trig., do grupo das turmalinas, descoberto na província de Yamanashi, no Japão.

magnesiofosfuranita Sin. de *saleeíta*.

magnesiogedrita Aluminossilicato básico de magnésio e ferro – $(Mg,Fe)_5Al_2Si_6Al_2O_{22}(OH)_2$ –, ortor., com $Mg/(Mg+Fe) = 0{,}9\text{-}1{,}0$. É um anfibólio que forma séries isomórficas com a gedrita e com a ferrogedrita.

MAGNÉSIO-HASTINGSITA Aluminossilicato de sódio, cálcio, magnésio e ferro – $NaCa_2(Mg_4Fe)Si_6Al_2O_{22}(OH)_2$ –, monocl. Forma série isomórfica com a hastingsita.

MAGNÉSIO-HOEGBOEMITA-2N2S Óxido de fórmula química $(Mg,Fe)_6(Al,Ti)_{E16}O_{30}(OH)_2$, hexag., descoberto na Austrália e assim chamado em homenagem a Arvid G. *Hoegboem*, geólogo sueco.

MAGNÉSIO-HOEGBOEMITA-2N3S Óxido de fórmula química $(Mg,Fe)_8(Al,Ti)_{\varepsilon 20}O_{38}(OH)_2$, trig.

MAGNÉSIO-HOEGBOEMITA-6N6S Óxido de fórmula química $(Mg,Fe)_{18}(Al_{42}Ti_6)_{\varepsilon 48}O_{90}(OH)_6$.

magnésio-holmquistita Silicato de lítio, magnésio e alumínio com ferro – $Li_2(Mg,Fe)_3Al_2Si_8O_{22}(OH)_2$ –, com $Mg/(Mg+Fe) = 0{,}9\text{-}1{,}0$. É um anfibólio ortor., dimorfo da magnesioclino-holmquistita, isomorfo da holmquistita e da ferro-holmquistita.

MAGNÉSIO-HORNBLENDA Silicato de fórmula química $[\ ]Ca_2[Mg_4(Al,Fe)](Si_7Al)O_{22}(OH)_2$, monocl., do grupo dos anfibólios. Forma uma série isomórfica com a ferro-hornblenda.

MAGNÉSIO-HULSITA Borato de fórmula química $(Mg,Fe)_2(Fe,Sn,Mg)(BO_3)O_2$, monocl., descoberto na província de Hunan, na China. Cf. *hulsita*.

magnesioludwigita V. *ludwigita*.

MAGNESIONIGERITA-2N1S Óxido de magnésio e alumínio com ferro e estanho – $(Mg,Fe)_4(Al_{10}Sn_2)_{E12}O_{22}(OH)_2$ –, trig., descoberto na província de Hunan (China).

MAGNESIONIGERITA-6N6S Óxido de magnésio e alumínio, com ferro e estanho – $(Mg,Fe)_{18}(Al_{42}Sn_6)_{E48}O_{90}(OH)_6$ –, trig., descoberto na província de Hunan (China).

magnésio-ortita Var. de ortita rica em magnésio. Sin. de *magnortita*.

MAGNESIORRIEBECKITA Silicato básico de sódio, magnésio e ferro – $[\ ]Na_2(Mg_3Fe_2)Si_8O_{22}(OH)_2$ –, do grupo dos anfibólios monocl. Forma série isomórfica com a riebeckita. Sin. de *bababudanita, rodusita, ternovskita, torendrikita.*

MAGNESIOSSADANAGAÍTA Aluminossilicato de fórmula química $NaCa_2[Mg_3(Al,Fe)_2]Si_5Al_3O_{22}(OH)_2$, do grupo dos anfibólios monocl. É extremamente pobre em sílica, assemelhando-se à sadanagaíta nas propriedades físicas. D. 3,27. Cor marrom-escura a preta. Forma uma série isomórfica com a magnesiossadanagaíta potássica.

MAGNESIOSSADANAGAÍTA POTÁSSICA Aluminossilicato básico de potássio, cálcio e magnésio com sódio – $(K,Na)Ca_2[Mg_3(Al,Fe)_2]Si_5Al_3O_{22}(OH)_2$ –, monocl., do grupo dos anfibólios. Forma séries isomórficas com a sadanagaíta potássica e a magnesiossadanagaíta.

magnesiossussexita Borato hidratado de magnésio com manganês – $[(Mg, Mn)O]_2B_2O_3.H_2O$ –, em veios fibrosos, amarelo-claros ou amarelo-cinzentos. Cf. *sussexita.*

MAGNESIOTAAFFEÍTA-2N'2S Óxido de magnésio, alumínio e berílio – $Mg_3Al_8BeO_{16}$ –, com 11% BeO. Hexag., em pequenos cristais lenticulares ou agregados finamente granulados, incolor ou de cor muito variável, transp., muito raro. Dur. 8,0. D. 3,61. IR 1,719-1,723. Bir. 0,004. U(–). Conhecido somente por duas pequenas gemas facetadas semelhantes a espinélio, com cor de malva (Thrush, 1968), procedentes do Sri Lanka. Homenagem ao geómologo amador Edward *Taaffe,* que forneceu as amostras utilizadas para descrição do mineral. Sin. de *taprobanita.* Antes chamado de taaffeíta.

MAGNESIOTAAFFEÍTA-6N'3S Óxido de magnésio, alumínio e berílio – $Mg_2Al_6BeO_{12}$ –, trig., descoberto na Austrália. Antes chamado de musgravita.

MAGNESIOTANTALITA Tantalato de magnésio com ferro e nióbio – $(Mg,Fe)(Ta,Nb)_2O_6$ –, ortor., do grupo da columbita, descoberto nos Urais (Rússia).

MAGNESIOTARAMITA Aluminossilicato de fórmula química $Na(CaNa)Mg_3AlFe(Si_6Al_2)O_{22}(OH)_2$, monocl., do grupo dos anfibólios, que forma uma série isomórfica com a taramita.

MAGNESIOZIPPEÍTA Sulfato básico hidratado de magnésio e uranila – $Mg_2(UO_2)_6(SO_4)_3(OH)_{10}.16H_2O$ –, ortor., amarelo. Cf. *cobaltozippeíta, niquelzippeíta, zincozippeíta.*

MAGNESITA Carbonato de magnésio – $MgCO_3$ –, trig., que forma séries isomórficas com a gaspeíta e a siderita. Forma geralmente massas terrosas. Branco, cinzento, amarelo ou marrom. Br. vítreo. Produto de alteração de calcários e dolomitos por soluções magmáticas ou de r. ricas em silicatos de magnésio. Usado para obtenção de magnésio, cerâmica refratária, cimento sorel, isolantes elétricos, papel, borracha etc. Sin. de *giobertita, espato de magnésio.* □

MAGNETITA Óxido de ferro – Fe_3O_4 –, um dos três principais minerais-minério de ferro (72,4% Fe). Cúb., forma séries isomórficas com a jacobsita e a magnesioferrita. Ocorre geralmente como octaedros, granular ou maciço. A magnetita é preta, opaca, frágil, fortemente magnética (de seu nome deriva a palavra magnetismo). Essa propriedade desaparece quando é aquecida a aproximadamente 580°C, reaparecendo quando esfria. O traço é preto e o br., semimetálico. Não tem clivagem. Dur. 5,5-6,0. D. 4,9-5,2. Associada ao coríndon, forma o esmeril. Muito comum; ocorre em r. ígneas de todos os tipos, em placeres, areias e como lentes em r. metamórficas. Também em meteoritos. Possivelmente de *Magnésia,* província da Macedônia. Segundo uma fábula, de *Magnes,* seu descobridor. Sin. de [1]*ferroferrita, pedra-ímã.* □

MAGNETOPLUMBITA Óxido de chumbo e ferro com manganês – $Pb(Fe,Mn)_{12}O_{19}$ –, hexag., preto, fortemente magnético, com clivagem basal boa, traço marrom-escuro, D. 5,52. Do lat. *plumbum* (chumbo) + *magnético.* O grupo da magnetoplumbita inclui mais quatro óxidos hexag.: hawthorneíta, hibonita, nezilovita e yimengita.

MAGNIOTRIPLITA Fluorfosfato de magnésio com ferro – $(Mg,Fe)_2(PO_4)F$ –, monocl., descoberto no Tajiquistão. De *mágnio* (sin. obsol. de magnésio) + *triplita*. Cf. *triplita*.

MAGNOCOLUMBITA Tântalo-niobato de magnésio, ferro e manganês – $(Mg,Fe,Mn)(Nb,Ta)_2O_6$ –, ortor. Tem 70,6% Nb_2O_5. Ocorre em pegmatitos que assimilaram dolomito. Sin. de *magnesiocolumbita*.

magnocromita V. *magnesiocromita*.

magnoferritta Sin. de *magnesioferrita*.

magnoforita Var. de richterita com titânio e potássio, de cor marrom-avermelhado-clara, assim chamada pela semelhança com a *cataforita* e por ser rica em *magnésio*.

MAGNOLITA Telurato de mercúrio – Hg_2TeO_3 –, ortor., produto de oxidação da coloradoíta. Forma cristais aciculares, brancos, com br. sedoso, em agregados fibrorradiados. Muito raro, foi descoberto em Boulder, Colorado (EUA). Não confundir com *magnalita*.

magnomagnetita Óxido de ferro e magnésio, provavelmente magnetita com o ferro parcialmente substituído por magnésio. Mineral-minério de ferro.

magnortita Sin. de *magnésio-ortita*.

magnotrifilita Var. de trifilita em que o ferro é substituído por magnésio.

MAGNUSSONITA Arsenato de manganês – $Mn_5As_3O_9(OH,Cl)$ –, cúb. e tetrag., encontrado como crostas verdes sobre dolomita. Descoberto em Langban, Varmland (Suécia).

MAHLMOODITA Fosfato hidratado de ferro e zircônio – $FeZr(PO_4)_2.4H_2O$ –, monocl., descoberto em uma mina de vanádio de Garland, Arkansas (EUA).

MAHNERTITA Cloroarsenato hidratado de sódio e cobre com cálcio – $(Na,Ca)Cu_3(AsO_4)_2Cl.5H_2O$ –, tetrag., descoberto em uma mina de Var, na França.

maiaíta Mineral branco ou verde-cinza, quimicamente intermediário entre tuxtlita e albita. Encontrado em antigas sepulturas indígenas da América Central. Homenagem aos *maias*.

maitlandita Sin. de *torogumita*. Homenagem ao geólogo A. Gibb *Maitland*.

MAJAKITA Arseneto de paládio e níquel – $PdNiAs$ –, hexag., com 41,2% Pd. Ocorre como inclusões arredondadas ou ovais de até 0,1 mm em potarita de Talnakh (Rússia). Tem cor branco-acinzentada em luz refletida. Dur. em torno de 5 e D. 9,33. Ocorre também em calcopirita, no mesmo local. Sin. de *mayakita*.

MAJORITA Silicato de magnésio e ferro – $MgFe_2Si_3O_{12}$ –, cúb., do grupo das granadas, descoberto na cratera do meteorito Coorara (Austrália).

MAKATITA Silicato básico hidratado de sódio – $NaSi_2O_4(OH).2H_2O$ –, monocl., descoberto no lago Magadi (Quênia).

MAKINENITA Seleneto de níquel – γ-$NiSe$ –, trig., amarelo-alaranjado. Descoberto em albitadiabásio de Kuusamo (Finlândia), no mesmo local onde foram descobertas a kullerudita, a sederolmita, a trüstedtita e a wilkmanita, todos selenetos de níquel. Homenagem a Eero *Makinen*, geólogo polonês.

MAKOVICKYÍTA Sulfeto de prata e bismuto – $Ag_{1,5}Bi_{5,5}S_9$ –, monocl., do grupo da benjaminita, descoberto em Baita Bihorului, na Romênia. Cf. *mummeíta*, *pavonita*, *cupropavonita*.

malacacheta No Brasil, denominação popular das micas.

malacão Var. hidratada de zircão – $ZrSiO_4.nH_2O$. Nome derivado talvez de *Malacca* (Malásia).

malacolita V. *diopsídio*. Do gr. *matakos* (mole) + *lithos* (pedra).

MALAIAÍTA Silicato de cálcio e estanho – $CaSnSiO_5$ –, monocl., raro, descoberto na península *Malaia* (daí seu nome), na Malásia.

malandro (gar., MG) Em Ouro Preto, nome dado ao topázio incolor.

MALANITA Sulfeto de cobre e platina com irídio – $Cu(Pt,Ir)_2S_4$ –, com 31,2% Pt, 19,1% Ir e 0,66% Pd. Forma séries com a cuproiridsita e a cuprorrodsita. Ocorre como grãos brancos, brilhantes, não magnéticos, em peridotitos da China. É cúb. e pertence ao grupo da

malaquita | manaksita

linneíta. Cf. *dayinguita*. Não confundir com *melanita*.
MALAQUITA Carbonato básico de cobre – $Cu_2CO_3(OH)_2$ –, monocl., geralmente botrioidal ou mamilonar, ou em cristais prismáticos, normalmente com menos de 2-3 cm. Verde (idiocromático), frequentemente com faixas paralelas tipo ágata, com diferentes tonalidades. A malaquita é semitransl. a opaca, de br. adamantino (nos cristais) e traço verde-claro. Clivagem boa segundo [201]. Efervesce sob a ação do ác. clorídrico a qualquer temperatura e concentração. Dur. 3,5-4,0. Compacta (D. 3,95) ou porosa (D. 3,74). IR 1,655-1,909. Bir. 0,254. B(–). Não tem dispersão nem fluorescência. É um mineral muito comum, que ocorre na zona superior de veios de cobre, geralmente associada à azurita, sendo as duas, às vezes, usadas como gema e lapidadas juntas. Podem-se obter blocos de várias toneladas de malaquita. É usada também em objetos ornamentais, não recebendo lapid. facetada. É uma gema frágil, que requer cuidados contra calor, ác., água quente e amoníaco. Usada também como pigmento e fonte de cobre (tem 57,3% Cu), metal que lhe dá cor. Para Plínio, a malaquita tinha o poder de proteger as crianças contra convulsões. Era antigamente misturada com vinagre para uso como anestésico. O principal produtor de malaquita é a R. D. do Congo. Outros produtores são Zimbábue, Namíbia, Austrália, Chile e EUA. No Brasil, ocorre no Rio Grande do Sul e em São Paulo. Vem sendo tentada sua produção sintética, mas as malaquitas assim obtidas não têm sido comercializadas. Do gr. *malakhites*. Sin. de *jade Silver Peak*, ¹*pseudoesmeralda*. Cf. *azurita, azurmalaquita*. □
malaquita de cobre V. *crisocola*.
malaquita-estrela Calcedônia com inclusões de malaquita distribuídas em forma de estrela.
malaquita-silicosa Var. de crisocola de cor verde.

malasianito Nome dado aos tectitos encontrados na Malásia.
MALDONITA Composto de fórmula química Au_2Bi, cúb., rosado ou prateado, de dur. 1,5-2,0. Descoberto em *Maldon* (daí seu nome), Vitória (Austrália).
maleável Diz-se do mineral que pode ser reduzido à forma de folhas delgadas, como o ouro, a prata e o cobre. O ouro permite obter lâminas de 0,0001 mm de espessura.
MALINKOÍTA Silicato de sódio e boro – $NaBSiO_4$ –, hexag., descoberto na península de Kola (Rússia).
malinowskita Var. de tetraedrita com chumbo e prata. Homenagem ao engenheiro civil russo E. *Malinowski*.
MALLADRITA Silicofluoreto de sódio – Na_2SiF_6 –, trig., descoberto em fumarolas do Vesúvio (Itália). Homenagem a Alessandro *Malladra*. Não confundir com *mallardita*.
MALLARDITA Sulfato hidratado de manganês – $MnSO_4.7H_2O$ –, monocl., róseo-claro. Descoberto em Salt Lake, Utah (EUA), e assim chamado em homenagem a Ernest *Mallard*, cristalógrafo francês. Não confundir com *malladrita*.
MALLESTIGITA Arsenato-sulfato básico hidratado de chumbo e antimônio – $Pb_3Sb[(SO_4)(AsO_4)](OH)_6.3H_2O$ –, hexag., do grupo da fleischerita, descoberto em rejeitos de uma mina de *Mallestiger* (daí seu nome), em Carinthia, na Áustria.
mamilonar Diz-se do mineral que exibe formas arredondadas, semelhantes a mamilos.
MAMMOTHITA Mineral de fórmula química $Pb_6Cu_4AlSbO_2(OH)_{16}Cl_4(SO_4)_2$, monocl., descoberto na mina *Mammoth* (daí seu nome), em Tiger, Arizona (EUA).
mamona (gar.) Martita. Sin. de *cativo*, *esmeril de tinteiro*.
manaccanita Nome de uma var. de ilmenita que ocorre perto de *Manaccan*, Cornualha (Inglaterra).
MANAKSITA Silicato de potássio, sódio e manganês – $KNaMnSi_4O_{10}$ –, tricl., do grupo da litidionita, descoberto na península de Kola (Rússia). Nome deri-

vado da composição: *manganês + Na + K + sí*licato.

MANANDONITA Borossilicato básico de lítio e alumínio – $Li_2Al_4[(Si_2AlB)O_{10}](OH)_8$ –, com 0,8%-4,3% Li, do grupo caulinita-serpentina. Monocl., forma placas incolores ou brancas, reunidas em crostas ou agregados lamelares. Clivagem basal perfeita, D. 2,89, br. nacarado. Ocorre em pegmatitos. Nome derivado do rio *Manandona* (Madagascar), onde foi descoberto.

MANASSEÍTA Carbonato básico hidratado de magnésio e alumínio – $Mg_6Al_2CO_3(OH)_{16}.4H_2O$ –, hexag., dimorfo da hidrotalcita. Forma escamas de formato hexag., brancas ou branco-azuladas, com br. nacarado na superfície de clivagem. Homenagem a Ernesto *Manasse*, mineralogista italiano. O grupo da manasseíta compreende mais quatro carbonatos hexag.: barbertonita, brugnatellita, cloromagaluminita e sjoegrenita.

mancha-verde (gar.) Camada de argila verde de até 1 m de espessura que recobre a zona rica em ametista nos basaltos da região central do Rio Grande do Sul (Brasil).

MANDARINOÍTA Selenato hidratado de ferro – $Fe_2Se_3O_9.6H_2O$ –, monocl., verde-claro, com br. graxo a vítreo, sem clivagem. Dur. 2,5. D. 2,9. Descoberto na zona de oxidação da mina Pacajake (Bolívia), ocorrendo também no Chipre e em Honduras. O nome homenageia Joseph A. *Mandarino*, pesquisador do Museu Real de Ontário.

MANGANÊS-HOERNESITA Arsenato hidratado de manganês com magnésio – $(Mn,Mg)_3(As,O_4)_2.8H_2O$ –, monocl., do grupo da bobierrita. Forma crostas em fissuras. D. 2,76. Descoberto em Langban, Varmland (Suécia).

MANGANESSHADLUNITA Sulfeto de manganês e cobre com outros metais – $(Mn,Pb,Cd)(Cu,Fe)_8S_8$ –, cúb., do grupo da pentlandita. Forma grãos irregulares de até 0,4 mm, amarelo-acinzentados, em vênulos contidos principalmente em cubanita. Há maclas polissintéticas, visíveis em luz refletida.

manganesita V. *manganita*. De *manganês*.

MANGANITA Óxido básico de manganês – $MnO(OH)$ –, com 62,4% Mn. Trimorfo da feitknechtita e da groutita. Cristaliza em prismas monocl., cinza a pretos, com clivagem (010) perfeita, br. submetálico. Dur. 4,0. D. 4,20-4,40. Tem traço marrom-avermelhado, quase preto, e é frágil. Ocorre em veios de r. graníticas. Mineral-minério de manganês. Sin. de *manganesita, acerdésio*. Cf. *feitknechtita, groutita*.

manganoalluaudita Sulfato de sódio, manganês e ferro, semelhante à alluaudita, mas com Mn > Fe. De *manganês + alluaudita*.

manganoandaluzita Sin. de *viridina*. De *manganês + andaluzita*, por sua composição.

manganoapatita Var. de apatita com manganês – $[(Ca,Mn)O]_9[P_2O_5]_3Ca(OH,F)_2$.

MANGANOARSITA Arsenato básico de manganês – $Mn_3As_2O_4(OH)_4$ –, trig. (?), descoberto em Langban, Varmland (Suécia), e assim chamado por sua composição química.

MANGANOAXINITA Borossilicato básico de cálcio, manganês e alumínio – $Ca_2MnAl_2BO(OH)(Si_2O_7)_2$ –, tricl., que forma séries isomórficas com a ferroaxinita e a tinzenita. Pertence ao grupo da axinita e foi descoberto nas montanhas Harz, na Alemanha. De *manganês + axinita*.

MANGANOBABINGTONITA Silicato básico de cálcio, manganês e ferro – $Ca_2(Mn,Fe^{2+})FeSi_5O_{14}(OH)$ –, tricl., mais rico em manganês que a babingtonita, com a qual forma série isomórfica. Descoberto na Silésia (Rússia).

MANGANOBELYANKINITA Niobotitanato hidratado de manganês e cálcio – $(Mn,Ca)(Ti,Nb)_5O_{12}.9H_2O$ –, amorfo. Forma séries isomórficas com a belyankinita e a gerasimovskita. Descoberto no maciço de Lovozero, na península de Kola (Rússia).

MANGANOBERZELIITA Arsenato de cálcio e manganês com sódio e magnésio – $(Ca,Na)_3(Mn,Mg)_2(AsO_4)_3$ –, cúb., amarelo. Forma uma série com a

berzeliita. Descoberto em Varmland (Suécia).
manganoblenda V. *alabandita*. De *manganês + blenda*, por sua composição.
manganobrucita Var. de brucita com manganês.
manganocalcantita Sulfato hidratado de manganês, rosa-claro. De *manganês + calcantita*, por sua composição.
manganocalcita 1. Var. de rodocrosita com cálcio. 2. Var. de calcita com manganês. De *manganês + cálcio*.
MANGANOCOLUMBITA Tântalo-niobato de manganês com ferro – $(Mn,Fe)(Nb,Ta)_2O_6$ –, ortor., do grupo da columbita, que forma séries isomórficas com a manganotantalita e a ferrocolumbita.
MANGANOCROMITA Óxido de manganês e cromo com ferro e vanádio – $(Mn,Fe)(Cr,V)_2O_4$ –, cúb., do grupo do espinélio. Forma série isomórfica com a vuorelainenita e cristaliza em grãos anédricos de até 0,8 mm, cinza--amarronzado. Descoberto em Nairne, sul da Austrália.
MANGANOCUMMINGTONITA Silicato básico de manganês e magnésio – [ ]$Mn_2Mg_5Si_8O_{22}(OH)_2$ –, monocl., do grupo dos anfibólios.
manganofaialita Var. de faialita com manganês. Atacada por HCl, torna-se gelatinosa.
manganofilita Var. de biotita com manganês – $K(Mn,Mg,Al)_{2-3}(Al,Si)_4O_{10}(OH)_2$ –, de cor marrom-avermelhada. De *manganês + gr. phyllon* (folha), por sua composição e hábito.
manganoglauconita Sin. de *marsjatsquita*.
MANGANOGORDONITA Fosfato básico hidratado de manganês e alumínio com ferro – $(Mn,Fe)Al_2(PO_4)_2(OH)_2 \cdot 8H_2O$ –, tricl., do grupo da paravauxita, descoberto em uma mina de King's Mountain, Carolina do Norte (EUA).
MANGANOGRUNERITA Silicato básico de manganês e ferro – [ ]$Mn_2Fe_5Si_8O_{22}(OH)_2$ –, monocl., do grupo dos anfibólios.
mangano-hedenbergita Var. de hedenbergita com manganês.

MANGANO-HUMITA Silicato básico de manganês com magnésio – $(Mn,Mg)_7(SiO_4)_3(OH)_2$ –, equivalente manganesífero da humita. Ortor., encontrado na forma de grãos anédricos laranja--amarronzado, de br. subadamantino, com clivagem perfeita segundo (010), em escarnitos da mina Brattfors, Varmland (Suécia). Dur. 4,0. D. 3,83.
MANGANOKHOMYAKOVITA Silicato de fórmula química $Na_{12}Sr_3Ca_6Mn_3Zr_3W(Si_{25}O_{73})(O,OH,H_2O)_3(OH,Cl)_2$, trig., do grupo da eudialita. Descoberto em uma pedreira de Rouville, Quebec (Canadá). Cf. *khomyakovita*.
MANGANOLANGBEINITA Sulfato de potássio e manganês – $K_2Mn_2(SO_4)_3$ –, cúb., vermelho-rosado. Semelhante à *langbeinita*, mas com manganês no lugar do *magnésio* (daí seu nome). Descoberto no Vesúvio (Itália).
manganolita V. *rodonita*. De *manganês + gr. lithos* (pedra).
MANGANOLOTHARMEYERITA Arsenato básico hidratado de cálcio e manganês com magnésio – $Ca(Mn,[\ ],Mg)_2\{AsO_4[AsO_2(OH)_2]\}_2(OH,H_2O)_2$ –, monocl., do grupo da tsumcorita, descoberto nos Alpes da Suíça. Cf. *lotharmeyerita*.
manganomelano Denominação de campo dos óxidos de manganês duros, botrioidais, maciços, coloformes, não identificados especificamente. Nome a abandonar. De *manganês + gr. melanos* (preto).
manganomossita V. *tapiolita*.
MANGANONAUJAKASITA Silicato de sódio, manganês e alumínio com ferro – $Na_6(Mn,Fe)Al_4Si_8O_{26}$ –, monocl., descoberto na península de Kola (Rússia). Cf. *naujakasita*.
MANGANONETUNITA Titanossilicato de potássio, sódio, lítio e manganês – $KNa_2Li(Mn,Fe)_2Ti_2Si_8O_{24}$ –, monocl., vermelho, que forma série isomórfica com a netunita. Descoberto no maciço de Lovozero, na península de Kola (Rússia).
MANGANONORDITA-(Ce) Silicato de sódio, estrôncio, cério e manganês – $Na_3SrCeMnSi_6O_{17}$ –, ortor., do grupo da

nordita, descoberto na península de Kola (Rússia). Cf. *ferronordita-(Ce)*, *nordita--(Ce)*, *nordita-(La)*.
MANGANOPIROSMALITA Silicato de manganês e ferro – $(Mn,Fe)_8Si_6O_{15}(OH,Cl)_{10}$ –, trig. Forma série isomórfica com a ferropirosmalita. Descoberto em Sterling Hill, Sussex, New Jersey (EUA).
manganortita Var. de ortita com manganês.
manganosferita Carbonato de ferro e manganês – $Fe_3Mn_2(CO_3)_5$ –, polimorfo da oligonita. Forma agregados botrioidais de cor marrom ou vermelha. De *manganês* + *esfera*, por sua composição e hábito.
MANGANOSITA Óxido de manganês – MnO –, cúb., em octaedros de cor verde, produzido por metamorfismo sobre calcário. Descoberto em Langban, Varmland (Suécia). De *mangano*, antigo nome do manganês.
MANGANOSSEGELERITA Fosfato básico hidratado de manganês e cálcio com ferro e magnésio – $(Mn,Ca)(Ca,Fe,Mg)Fe(PO_4)_2(OH).4H_2O$ –, ortor., do grupo da overita, descoberto na península de Kola (Rússia).
manganossicklerita Var. de sicklerita rica em manganês.
manganossiderita Carbonato de manganês e ferro, quimicamente intermediário entre a rodocrosita e a siderita. É uma siderita manganífera da série isomórfica rodocrosita-siderita. De *manganês* + gr. *sideros* (ferro). Cf. *manganosferita*.
MANGANOSTIBITA Arsenato de manganês e antimônio – $Mn_7Sb(As,Si)O_{12}$ –, ortor., preto, em pequenos cristais colunares ou fibrosos. Clivagem (010) perfeita. De *manganês* + lat. *stibium* (antimônio).
MANGANOTANTALITA Óxido de manganês e tântalo – $MnTa_2O_6$ –, ortor., marrom a vermelho-escuro. Forma séries isomórficas com a manganocolumbita e a ferrotantalita e é dimorfo da manganotapiolita. Mineral-minério de nióbio e tântalo.
MANGANOTAPIOLITA Óxido de manganês e tântalo – $(Mn,Fe)Ta_2O_6$ –, tetrag.,

em pequenos cristais marrom-escuros, com traço de mesma cor, encontrados em pegmatitos de Oriversi (Finlândia). D. 7,7. Forma série isomórfica com a ferrotapiolita e é dimorfo da manganotantalita. Cf. *staringita, tapiolita*.
MANGANOTYCHITA Carbonato-sulfato de sódio e manganês – $Na_6Mn_2(SO_4)(CO_3)_4$ –, cúb., do grupo da northupita, descoberto na península de Kola (Rússia).
MANGANOVESUVIANITA Silicato de fórmula química $Ca_{19}Mn(Al,Mn,Fe)_{10}(Mg,Mn)_2Si_{18}O_{69}(OH)_9$, tetrag., do grupo da vesuvianita, descoberto em uma mina da África do Sul.
mangualdita Fosfato de manganês e cálcio, ortor., verde-oliva. De *Mangualde* (Portugal).
MANJIROÍTA Óxido hidratado de sódio e manganês com potássio – $(Na,K)(Mn^{4+},Mn^{2+})_8O_{16}.nH_2O$ –, tetrag., do grupo do criptomelano. Ocorre em Iwate (Japão), onde aparece em massas compactas cinza-amarronzado, foscas, sem clivagem, de D. 4,29, frat. conchoidal, traço preto-amarronzado, na zona de oxidação de um depósito de Mn. Descoberto também no Brasil, no depósito de manganês do Azul, no Pará. Homenagem a *Manjiro* Watanabe, professor japonês.
MANNARDITA Óxido de bário e titânio com vanádio – $[Ba(H_2O)_{2-x}](Ti_{8-2x}V_{2x})O_{16}$, onde x = 1, aproximadamente. Pertence ao grupo do criptomelano e foi descoberto na Colúmbia Britânica (Canadá). Cf. *ankangita, redledgeíta*.
MANSFIELDITA Arsenato hidratado de alumínio – $AlAsO_4.2H_2O$ –, ortor., que forma série isomórfica com a escorodita. Branco a cinza-claro. Dur. 3,5. D. 3,03. Esferulítico, com estrutura radial. Muito raro. Homenagem a George R. *Mansfield*, geólogo norte-americano.
MANTIENNEÍTA Fosfato básico hidratado de potássio, magnésio, alumínio e titânio – $KMg_2Al_2Ti(PO_4)_4(OH)_3.15H_2O$ –, ortor. Descoberto em Anlova (República de Camarões). Cf. *paulkerrita*.

MAPIMITA Arsenato básico hidratado de zinco e ferro – $Zn_2Fe_3(AsO_4)_3(OH)_4$. $10H_2O$ –, monocl., azul a verde, de br. vítreo e dur. 3. Facilmente solúvel em ác. diluídos. Descoberto na mina Ojuela, em *Mapimi* (daí seu nome), Durango (México).
marcas de fogo Pequenas facetas vistas ao longo das arestas do rubi e da safira lapidados, devido ao superaquecimento durante a lapid. Embora apareçam nas gemas naturais, são mais comuns nas sintéticas.
MARCASSITA Sulfeto de ferro – FeS_2 –, ortor., polimorfo da pirita. Forma nódulos e concreções fibrorradiadas, às vezes agregados cristalinos em forma de crista de galo ou de ponta de flecha, mostrando faces curvas. As maclas são frequentes e complexas. A marcassita é amarelo-amarronzada ou cinza muito claro (cores estas facilmente alteráveis), opaca, com traço verde-cinza e br. metálico. Dur. 6,0-6,5. D. 4,60-4,90 (mais leve que a pirita). Ocorre em r. sedimentares e filões hidrotermais, e é muito mais rara que a pirita. Mau condutor elétrico, frágil, com clivagem [101] imperfeita. Raramente usada como gema, sendo preferida, para tal fim, a pirita. No comércio de gemas, a chamada marcassita pode ser pirita, hematita, aço, um metal branco ou outro mineral opaco. É usada também na fabricação de ác. sulfúrico. Os principais produtores de marcassita (e pirita) são França, Itália (Sicília) e Alemanha. O grupo da marcassita compreende seis minerais de fórmula geral AX_2, onde A = Co, Fe ou Ni, e X = S, Se ou Te. Do ár. *markashita*. Sin. de *pirita-branca, pirita-celular, [2]pirita de ferro, pirita-especular, [1]pirita-hepática, pirita-lamelar, pirita-rômbica.* □
MARECOTTITA Sulfato hidratado de magnésio e uranila – $Mg_3(H_2O)_{18}[(UO_2)_4O_3(OH)(SO_4)_2](H_2O)_{10}$ –, tricl., descoberto no Valais (Suíça).
marfim 1. Substância de origem animal, branco-leitosa, transl. a opaca, mais compacta que o osso e que forma a parte central dos dentes do elefante, do hipopótamo e do narval. Encontrada também fossilizada. Dur. 2,5. D. 1,70-1,98. IR 1,540. Mostra fluorescência azul em diversas tonalidades. Tem alta resistência, mas é sensível a variações bruscas e acentuadas de temperatura. As presas de elefante, de onde se extrai o marfim mais valioso, podem medir até 3 m e pesar 90 kg. São encontradas em algumas espécies apenas e geralmente só no macho. O marfim do elefante tem uma estrutura espiralada que inexiste nos demais tipos. O do hipopótamo tem um revestimento de esmalte muito resistente e que precisa ser removido para se poder trabalhar a peça. Para essa remoção, usa-se ác. ou aquecimento seguido de brusco resfriamento. Há duas var. de marfim: o *marfim duro* (ou *brilhante*) e o *marfim mole* (v. esses nomes). Uso. O marfim mais usado é o do elefante. Todos são empregados em broches, objetos religiosos, bolas de bilhar, dados, dominós, teclados de pianos e radar. A maior parte das imagens religiosas brasileiras feitas com marfim provém da Bahia e data do século XVIII. O pó de marfim é usado como polidor e na tinta nanquim. Preço. Em 1989, acordo de 175 países, incluindo o Brasil, proibiu o comércio de marfim em todo o mundo. Naquele ano seu preço chegou a US$ 100/kg no mercado negro. A demanda do mercado chinês elevou esse valor e em março de 2010 estimava-se em US$ 1.700/kg. Imitações e substitutos. O marfim é substituído pelo chifre de certos veados, especialmente no Japão. Imita-se marfim misturando gipsita com ác. esteárico ou usando ossos de qualquer tipo. Principais produtores. O comércio de marfim está proibido em todo o mundo desde 1989. Os maiores produtores são os países africanos, Índia, Rússia (Sibéria), Mianmar (ex-Birmânia) e Sumatra. Cuidados. A limpeza de joias com marfim deve ser feita com detergentes neutros a levemente alcalinos. Etimologia. Do ár. *nabal-fil* (dente de elefante). Cf. *marfim-vegetal.* **2.**

Nome coml. de um tipo de mármore bege procedente de Juazeiro, BA (Brasil).

marfim brilhante Sin. de *marfim duro*.

marfim cinza Nome coml. de um mármore de granulação fina, cinza-esverdeado, com pirita, proveniente de Sete Lagoas, MG (Brasil).

marfim duro Var. de marfim vítreo, transp., difícil de ser serrado ou trabalhado, muito semelhante ao marfim mole, porém mais fácil de quebrar do que este. Sin. de *marfim brilhante*.

marfim esverdeado Nome coml. de uma var. do mármore marfim cinza que mostra manchas rosadas.

marfim fóssil Marfim obtido das presas de mamutes extintos, mas que foram preservados no gelo. É encontrado nos EUA e principalmente na Sibéria (Rússia).

marfim mole Var. de marfim mais tenaz e mais compacta que o marfim duro, mas muito semelhante a este.

marfim rosa-claro Nome coml. de uma var. do mármore marfim cinza de cor rosa-claro com manchas esverdeadas.

marfim rosa-forte Nome coml. de um mármore de granulação fina, marrom-avermelhado-escuro, de Sete Lagoas, MG (Brasil).

marfim-vegetal Nome popular da semente da *jarina* (v.). É obtido de duas espécies de palmeiras amazônicas, a *Phytelephas macrocarpa* e a *Phytelephas microcarpa*. Conhecido também, no comércio, como corozo. Usado no Brasil principalmente para adorno pessoal e, em outros países, para pequenas esculturas. Ao contrário do marfim-animal, adquire cor rosa sob ação do ác. sulfúrico.

MARGARITA Silicato básico de cálcio e alumínio – $CaAl_2[\ ]Al_2Si_2O_{10}(OH)_2$ –, monocl., do grupo das micas. Rosa-claro, branco-avermelhado, amarelado, violeta-claro ou cinza. Dur. 3,5 na face de clivagem e 5,0 na face do prisma. D. 3,00-3,10. Clivagem micácea, br. nacarado. Produto de alteração do coríndon. Do lat. *margarita* (pérola), provavelmente por seu br. nacarado.

MARGARITASITA Vanadato hidratado de césio e uranila – $(Cs,K,H_3O)_2(UO_2)_2V_2O_8.H_2O$ –, monocl., descoberto perto de Chihuahua (México), na jazida de *Margaritas* (daí seu nome). Ocorre disseminado, preenchendo poros e como fenocristais em uma brecha riodacítica. Tem cor amarela e é muito semelhante à carnotita. Cf. *carnotita*, *tyuyamunita*.

margarodita Var. de moscovita semelhante ao talco que, aquecida, libera água. Do gr. *margarodes* (peroláceo).

MARGAROSSANITA Silicato de chumbo e cálcio com manganês – $Pb(Ca,Mn)_2(SiO_3)_3$ –, tricl., em prismas, lamelas ou cristais colunares. Branco ou incolor. Do gr. *margaron* (pérola) + *sanis* (tábua), por ter estrutura lamelar e br. nacarado.

MARIALITA Clorossilicato de sódio e alumínio – $Na_4Al_3Si_9O_{24}Cl$ –, tetrag., do grupo da escapolita, descoberto em Nápoles (Itália) e assim chamado em homenagem a *Marie* Rose, esposa do mineralogista alemão G. von Rath.

MARICITA Fosfato de sódio e ferro – $NaFePO_4$ –, ortor., que forma grãos alongados reunidos em agregados subparalelos ou radiais, constituindo nódulos. Incolor, cinza ou marrom-claro, de br. vítreo, transp. a transl., com traço branco, sem clivagem. Dur. 4,0-4,5. D. 3,6. Descoberto no território de Yukon (Canadá) e assim chamado em homenagem ao professor Luba *Maric*. (Pronuncia-se "marichaíta".)

MARICOPAÍTA Aluminossilicato hidratado de chumbo com cálcio – $(Pb_7Ca_2)[Al_{12}Si_{36}(O,OH)_{100}].n(H_2O,OH)$, onde n = 32, aproximadamente. Do grupo das zeólitas. É ortor. e foi descoberto em *Maricopa* (daí seu nome), Arizona (EUA).

marignacita V. *ceriopirocloro-(Ce)*. Homenagem ao químico suíço Charles Galissard de *Marignac*.

mariposita Var. de moscovita rica em cromo e sílica, com cor verde, da localidade de *Mariposa* (daí seu nome), Califórnia (EUA).

marmatita Var. de esfalerita com 20% Fe, preta ou marrom-escura. De *Marmato* (Colômbia). Sin. de *christophita*.
marmi (nome coml.) V. *mármore porcelânico*.
marmita Cavidade no leito de um rio formada pela ação dos seixos transportados pelas águas.
marmolita Var. gemológica de serpentina finamente laminada, geralmente verde-clara, usada como pedra ornamental. Do gr. *marmairém* (cintilar) + *lithos* (pedra).
marmoraria Estabelecimento ou oficina onde se trabalha em mármore.
marmorário V. *marmorista*.
mármore 1. R. metamórfica constituída principalmente de calcita e/ou dolomita recristalizadas, geralmente de textura sacaroide e granulação fina a grosseira. É muito usada como pedra ornamental, sendo particularmente famosos nesse aspecto os mármores de Carrara (Itália) e Pentelikon (Grécia). No Brasil, destacam-se os do Espírito Santo, Minas Gerais e Rio de Janeiro, sendo os dois primeiros Estados os principais produtores nacionais. O valor do mármore depende sobretudo da sua beleza e resistência ao desgaste. A beleza traduz-se em cores e desenhos agradáveis, decorrentes da presença de impurezas, e no br. Os mármores dolomíticos grosseiros resistem ao desgaste por cerca de 40 anos. Os de granulação fina resistem por 50 a 100 anos. 2. Nome que, no comércio de r. ornamentais, designa qualquer r. carbonática, como mármores, dolomitos e calcários, por ex. Os mármores diferem dos granitos porque podem ser riscados por aço (pregos, canivetes etc.) e reagem ao ác. clorídrico (muriático), dando efervescência. No Brasil, o mármore é beneficiado principalmente no Espírito Santo. A maior placa de mármore do mundo está no Túmulo do Soldado Desconhecido, no Cemitério de Arlington, em Washington (EUA). Tem mais de 45 t e veio de um bloco de 90 t extraído no Colorado (EUA). Do lat. *marmor* (pedra brilhante).
mármore cipolino Rocha metacarbonática rica em clorita e outros filossilicatos, com estrutura sacaroide. Termo obsoleto. Pode ser um carbonato-cloritaxisto ou um mármore impuro. Sin. de *lápis-frígio, pedra da frígia*.
mármore-connemara Var. gemológica de calcita com serpentina de cor verde-escura a cinzenta, encontrada em Galway (Irlanda).
mármore de carrara Qualquer dos tipos de mármore extraídos na região de *Carrara* (Itália). São principalmente azulados a brancos ou brancos com veios azuis.
mármore de caverna Sin. de *mármore-ônix*.
mármore dolomítico [1]Mármore com mais de 40% de dolomita.
mármore-egípcio Mármore tingido de preto por betume e com veios amarelados de dolomita. É produzido principalmente na Itália.
mármore estalactítico R. sedimentar extraída de tetos e assoalhos de cavernas para uso como pedra ornamental. Mostra frequentemente belas faixas coloridas, sendo vendido sob o nome de *mármore ônix* (v.).
mármore-fabriz Calcário transp. composto de grande quantidade de lâminas finíssimas formadas por deposição junto a uma fonte, em Maragheh (Irã).
mármore-florentino (nome coml.) V. *mármore-ônix*.
marmoreira Pedreira de onde se extrai [2]mármore.
mármore languedoc Var. de mármore vermelha ou escarlate, manchada de branco, encontrada na Montanha Negra, nos Pirineus franceses.
mármore lepanto Nome coml. de um mármore cinza com fósseis de cores rosa e branca, encontrado em Plattsburgh, Nova Iorque (EUA).
mármore-marezzo Imitação de mármore feita com cimento de keene.
mármore-ônix Nome coml. de uma var. de travertino com cor distribuída

em faixas, transl., semelhante ao ônix. Forma-se por deposição a partir de soluções aquosas frias, frequentemente na forma de estalactites e estalagmites em cavernas. Adquire bom polimento e é muito usado como pedra ornamental. Ocorre na Argentina, México, EUA e Brasil. Sin. de ²*alabastro, alabastro-ônix, alabastro-oriental, mármore de caverna, mármore-florentino, ônix* (não recomendado), *ônix-americano, ônix-argelino, ônix de caverna, ônix-oriental.*

mármore porcelânico Revestimento criado no Brasil em 2001, para uso como substituto do mármore natural. É produzido com resíduos moídos de diversos tipos de mármore, misturados com argila. Tem porosidade quase nula, é resistente a manchas e suporta 400 kg/cm² (o mármore suporta 270 kg/cm²). O preço é 50% a 60% do preço do mármore e é vendido sob o nome coml. marmi.

mármore-ruína Argila calcária de cor verde-cinza ou amarela, com numerosas frat. preenchidas por óxido de ferro, o que lhe dá aspecto ruiniforme. É encontrada em Florença (Itália).

mármore rústico Mármore que se usa sem qualquer beneficiamento.

mármore saint'anne Mármore azul-escuro com veios brancos, encontrado em Biesme (Bélgica).

mármore saint-baume R. ornamental amarela com veios vermelhos ou marrons, de Var (França).

mármore tecali Mármore verde procedente de Tecali, Pueblo (México), usado como substituto do jade.

mármore-verde Nome coml. da serpentina.

marmorista 1. Pessoa que serra ou dá polimento ao mármore. 2. Escultor que esculpe em mármore. Sin. de *marmorário*.

marmorização Processo geológico pelo qual o calcário, por metamorfismo, transforma-se em mármore.

marquise Gema com lapid. marquise. Sin. de *navette*.

MARRITA Sulfoarseneto de chumbo e prata – $PbAgAsS_3$ –, monocl., mole,

cinza, com frat. conchoidal. Homenagem a John E. *Marr*, geólogo inglês. Cf. *freieslebenita, laffittita.*

marrom atibaia Nome coml. de um granito ornamental procedente de *Atibaia*, SP (Brasil).

marrom campinas Nome coml. de um granito ornamental procedente de *Campinas*, SP (Brasil).

marrom cristais Nome coml. de um granito ornamental procedente de *Cristais*, MG (Brasil).

marrom escurial Nome coml. de um granito ornamental de N. S. de Lourdes, SE (Brasil).

marrom guaíba Nome coml. de um sienito ornamental marrom procedente de Cachoeira do Sul, RS (Brasil). Tem granulação média, 70% de feldspato potássico, 25% de ferro-magnesianos e 3,4% de qz. Também conhecido como roxo gaúcho.

marrom imperial Nome coml. de um monzonito ornamental marrom-escuro, grosseiro, com cristais de até 2 cm, contendo microclínio, plagioclásio, augita, hornblenda verde, magnetita, biotita, zircão e apatita, encontrado em Bom Jardim, PE (Brasil).

marrom perdões Nome coml. de um granito ornamental procedente de *Perdões*, SP (Brasil).

marrom tarumã Nome coml. de um quartzomonzonito ornamental cinza-claro, médio a grosseiro, equigranular, procedente de Pedra Branca, Agudos do Sul, PR (Brasil). Tem aproximadamente 35% de plagioclásio, 25% de feldspato potássico, 12% de qz., 10% de biotita, além de epídoto, minerais opacos e anfibólio.

marrom valinhos Nome coml. de um granito ornamental procedente de *Valinhos*, SP (Brasil).

MARROQUITA Óxido de cálcio e manganês – $CaMn_2O_4$ –, ortor., muito raro. Forma cristais de até 5 cm, com clivagem (100) perfeita e (001) boa, cor preta, mostrando reflexões internas vermelho-escuras, traço marrom-avermelhado.

D. 4,64. Associa-se à barita e à calcita. De *Marrocos*, onde foi descoberto.
MARSHITA Iodeto de cobre – CuI –, cúb., avermelhado. Forma série isomórfica com a miersita. Descoberto em Nova Gales do Sul (Austrália) e assim chamado em homenagem a C. W. *Marsh*, o primeiro a descrevê-lo.
marsjatsquita Var. de glauconita rica em manganês. De *Marsjat*, Urais (Rússia). Sin. de *manganoglauconita*.
MARSTURITA Silicato básico de sódio, cálcio e manganês – $NaCaMn_3Si_5O_{14}(OH)$ –, tricl., do grupo da rodonita, que forma cristais prismáticos brancos a rosa-claro, transp. a transl., com dur. em torno de 6 e D. 3,46. Descoberto em Sussex, New Jersey (EUA). Homenagem a *Marrion Stuart*. Cf. *litiomarsturita*.
marta rocha Nome coml. pelo qual é também conhecido o calcário bege bahia.
martelar Fragmentar, com martelos apropriados, uma gema bruta para eliminar porções não aproveitáveis.
MARTHOZITA Selenato básico hidratado de uranila e cobre – $Cu(UO_2)_3(SeO_3)_3(OH)_2 \cdot 7H_2O$ –, ortor., descoberto na província de Shaba (R. D. do Congo).
martinita Fosfato hidratado de cálcio – $[CaO(P_2O_5)]_5 \cdot 1,5H_2O$ –, cristalizado em tabletes ortor. incolores. Sin. de *zeugita*.
martita Pseudomorfo de hematita sobre magnetita, em octaedros pretos, não magnéticos. De *Marte*, deus da guerra na mitologia grega.
marubé (gar.) Sin. de ^{1}*fava*.
marvelite (nome coml.) V. *fabulita*.
MASCAGNITA Sulfato de amônio – $(NH_4)_2SO_4$ –, ortor., encontrado em guano e em material vulcânico na forma de crostas, de cor marrom-amarelada, com clivagem boa segundo (001). Dur. 2,0. D. 1,76. Solúvel em água. Forma-se em vulcões, provavelmente por ação de vapores de ác. sulfúrico sobre sal amoníaco. Usado para obtenção de fertilizantes. Homenagem a Paolo *Mascagni*, o primeiro a descrevê-lo.
maskelynita Mineral quimicamente semelhante à labradorita, encontrado em meteoritos como grãos incolores e isótropos. Trata-se, provavelmente, de feldspato refundido. Homenagem a Nevil Story-*Maskelyne*, mineralogista inglês.
MASLOVITA Telureto de platina e bismuto – PtBiTe –, cúb., do grupo da pirita. Tem 23,6% Pt e até 8,3% Pd. Forma grãos micrométricos alongados, às vezes arredondados, com até 0,12 mm, de cor cinza-claro, em minérios de depósito de Oktyabr, na região de Norilsk (Rússia). D. 11,51-11,74. O nome homenageia G. D. *Maslov*. Cf. *michenerita*, *testibiopaladita*.
masonita Var. de cloritoide cristalizada em grandes placas verde-escuras. Homenagem ao norte-americano Owen *Mason*.
massa (gar., BA) Material argiloso com cascalho aluvionar.
MASSICOTO Óxido de chumbo – PbO –, ortor., dimorfo da litargita. Amarelo, geralmente terroso ou em escamas, br. graxo. Dur. 2,0. D. 9,70. Flexível e inelástico, com várias direções de clivagem. Produto de alteração da galena. Tem 82,8% Pb. Do fr. *massicot*. Sin. de ^{2}*ocre de chumbo*.
MASUTOMILITA Aluminossilicato de potássio, lítio e manganês – $KLiAlMnAlSi_3O_{10}F_2$ –, monocl., do grupo das micas, equivalente manganesífero da zinnwaldita. É rosa-púrpura, transp., com clivagem (001) perfeita. Dur. 2,5-3,0. D. 2,90-2,94. Descoberto no Japão e assim chamado em homenagem a Kazunosuke *Masutomi*, colecionador de minerais japonês.
MASUYITA Óxido básico hidratado de chumbo e uranila – $Pb(UO_2)_3O_3(OH)_2 \cdot 3H_2O$ –, monocl., pseudo-hexag., amarelo, com fluorescência média a fraca. Homenagem a Gustav *Masuy*, geólogo belga.
MATHEWROGERSITA Silicato de fórmula química $Pb_7(Fe,Cu)GeAl_3Si_{12}O_{36}(OH, H_2O,[\ ])_6$, trig., descoberto na mina Tsumeb (Namíbia).
MATHIASITA Óxido de potássio e titânio com outros metais – $(K,Ca,Sr)(Ti,Cr,Fe,Mg)_{21}O_{38}$ –, tricl., do grupo da crichtonita. É opaco, preto, de br. metá-

lico, com frat. conchoidal, descoberto em peridotitos metassomatizados da África do Sul. D. 4,6. Homenagem ao professor Morna *Mathias*. Cf. *lindsleyita*.
MATILDITA Sulfeto de prata e bismuto – $AgBiS_2$ –, trig., de cor cinza. De *Matilda*, mina de Morococha (Peru). Sin. de *morocochita*, *peruvita*, [1]*schapbachita*, *plenargirita*.
MATLOCKITA Clorofluoreto de chumbo – $PbFCl$ –, em cristais tetrag. incolores. De *Matlock*, Derbyshire (Inglaterra), perto de onde foi descoberto.
MATRAÍTA Sulfeto de zinco – ZnS –, trig., encontrado na forma de agregados piramidais amarelo-amarronzados. Assim chamado por ter sido descoberto nos montes *Matra* (Hungria).
MATSUBARAÍTA Silicato de estrôncio e titânio – $Sr_4Ti_5(Si_2O_7)_2O_8$ –, monocl., do grupo da chevkinita, descoberto na província de Niigata (Japão).
MATTAGAMITA Telureto de cobalto – $CoTe_2$ –, ortor., que forma série isomórfica com a frohbergita. Dur. 5,5. Muito raro. De *Mattagami* Lake, mina de Quebec (Canadá), onde foi descoberto.
MATTEUCCITA Sulfato ác. hidratado de sódio – $NaHSO_4.H_2O$ –, monocl., descoberto em estalactites no Vesúvio (Itália). Homenagem a Vitorio *Matteucci*.
MATTHEDDLEÍTA Sulfato-silicato de chumbo – $Pb_2O(SiO_4)_7(SO_4)_4Cl_4$ –, hexag., do grupo da britolita, descoberto em Lanarkshire (Escócia). Cf. *cloroellestadita*, *fluorellestadita*, *hidroxilellestadita*.
MATULAÍTA Fosfato básico hidratado de cálcio e alumínio – $CaAl_{18}(PO_4)_{12}(OH)_{20}.28H_2O$ –, monocl., que forma cristais tabulares reunidos em rosetas ou agregados botrioidais. Clivagem (100) perfeita. É incolor ou branco, com br. nacarado. Dur. 1,0. D. 2,33. Descoberto na mina Bachman, Pensilvânia (EUA), onde forma incrustações em *chert*. O nome homenageia Marge *Matula*, mineralogista amadora norte-americana.
MAUCHERITA Arseneto de níquel – $Ni_{11}As_8$ –, tetrag., com 51,85% Ni (teoricamente). Pode ter cobalto e enxofre. Tem cor prateado-avermelhada em frat. fresca e forma massas fibrorradiadas. Homenagem a Wilhelm *Maucher*, comerciante de minerais alemão. Sin. de *temiskamita*.
maufita Silicato hidratado de alumínio e níquel com magnésio e ferro – $(Ni,Mg,Fe)O(Al_2O_3)_2(SiO_2)_3.4H_2O$ –, fibroso, de cor verde, assim chamado em homenagem a Herbert B. *Maufe*, do Serviço Geológico do Zimbábue.
mauleonita Sin. de *leuchtenbergita*. De *Mauleon*, Pirineus (França).
mausita Sin. de *metavoltina*.
mauzeliita Var. plumbífera de romeíta. Homenagem ao químico sueco *Mauzelius*.
mavudzita Sin. de *davidita-(La)*.
MAWBYÍTA Arsenato hidratado de chumbo e ferro com zinco – $Pb(Fe,Zn)_2(AsO_4)_2(OH,H_2O)_2$ –, monocl., dimorfo da carminita, do grupo da tsumcorita. Descoberto em Broken Hill, Nova Gales do Sul (Austrália).
MAWSONITA Sulfeto de cobre, ferro e estanho – $Cu_6Fe_2SnS_8$ –, tetrag., que ocorre associado à bornita, à calcopirita e à estanoidita em minérios de cobre da Austrália. Estudado apenas em seção polida, onde se mostra magnético. Dur. 3,5, aproximadamente. Homenagem ao geólogo Douglas *Mawson*. Cf. *chatkalita*.
maxita Sin. de *leadhillita*.
MAXWELLITA Fluorarsenato de sódio e ferro – $NaFe(AsO_4)F$ –, monocl., que forma séries isomórficas com a duranguita e a tilasita. Pertence ao grupo da tilasita e foi descoberto em Catron, Novo México (EUA).
mayakita V. *majakita*.
MAYENITA Óxido de cálcio e alumínio – $Ca_{12}Al_{14}O_{33}$ –, cúb., encontrado na forma de grãos incolores, arredondados, micrométricos, em calcário metamórfico de *Mayen*, Eifel (Alemanha).
MAYINGITA Telureto de irídio e bismuto – $IrBiTe$ –, cúb., do grupo da cobaltita, descoberto na China. Cf. *changchengita*.
mazapilita Arsenato hidratado de cálcio e ferro – $Ca_3Fe_4O_9(AsO_5)_2.5H_2O$ –, marrom-avermelhado ou preto, com traço amarelo. De *Mazapil* (México).

MAZZITA Aluminossilicato hidratado de magnésio, potássio e cálcio – $Mg_{2,5}K_2Ca_{1,5}(Al_{10}Si_{26}O_{72}).30H_2O$ –, hexag., do grupo das zeólitas. Forma feixes de agulhas com até 1,5 mm de comprimento por 0,02 mm de diâmetro. Homenagem a Fiorenzo *Mazzi*, mineralogista italiano.

MBOBOMKULITA Nitrato-sulfato básico hidratado de níquel e alumínio com cobre – $(Ni,Cu)Al_4(NO_3,SO_4)_2(OH)_{12}.3H_2O$ –, monocl., azul-celeste, em lâminas pseudo-hexag. de 0,01 mm de diâmetro, com clivagem basal perfeita. É pulverulento e tem D. 2,30. Descoberto na caverna *Mbobo Mkulu*, no Transvaal (África do Sul). Cf. *calcoalumita, niquelaluminita, hidrombobomkulita.*
mbozita Var. de taramita com potássio, descoberta em dique de foiaíto em *Mbozi* (Tanzânia), de onde vem seu nome.

MCALLISTERITA Borato básico hidratado de magnésio – $Mg_2[B_6O_7(OH)_6]_2.9H_2O$ –, trig., dimorfo da admontita, descoberto em Inyo, Califórnia (EUA).

MCALPINEÍTA Telurato hidratado de cobre – $Cu_3TeO_6.H_2O$ –, cúb., descoberto em uma mina de Tuolumne, Califórnia (EUA).

MCAUSLANITA Fluorfosfato hidratado de ferro e alumínio – $HFe_3Al_2(PO_4)_4F.18H_2O$ –, tricl., descoberto em uma mina de estanho da Nova Escócia (Canadá).

MCBIRNEYITA Vanadato de cobre – $Cu_3(VO_4)_2$ –, tricl., descoberto no vulcão Izalco (El Salvador).

MCCONNELLITA Óxido de cromo e cobre – $CrCuO_2$ –, trig., que ocorre intercrescido com grimaldiita. D. 5,49-5,61. Descoberto em Mazaruni (Guiana) e assim chamado em homenagem a R. B. *McConnell*. Cf. *merumita*.

MCCRILLISITA Fosfato de fórmula química $NaCs(Be,Li)Zr_2(PO_4)_4.1-2H_2O$, tetrag., do grupo da gainesita, descoberto em Oxford, Maine (EUA).

mcgillita Hidroxiclorossilicato de manganês com ferro – $(Mn,Fe)_8Si_6O_{15}(OH)_8Cl_2$ –, monocl., pseudotrig., rosa, de br. nacarado, com clivagem basal perfeita. D. 3,0-3,1. Decompõe-se sob ação do HCl. Ocorre preenchendo frat. Homenagem à Universidade de *McGill*.

MCGOVERNITA Arsenato-silicato básico de zinco e manganês com magnésio – $Zn_3(Mn,Mg)_{42}(AsO_3)_2(AsO_4)_4(SiO_4)_8(OH)_{40}$ –, trig., que forma massas granulares de D. 3,72, marrom-avermelhadas, com clivagem micácea. Assim chamado em homenagem a J. J. *McGovern*, minerador e colecionador de minerais de Franklin, New Jersey (EUA). Cf. *arakiita, dixenita, hematolita, kraisslita*.

MCGUINESSITA Carbonato básico de magnésio com cobre – $(Mg,Cu)_2(CO_3)(OH)_2$ –, monocl. ou tricl., azul--esverdeado, do grupo da rosasita. Forma pequenas esferas compostas de fibras, com br. vítreo a nacarado, frágeis, de dur. 2,5 e D. 3,0-3,2. Ocorre em peridotitos da Califórnia (EUA) e é assim chamado em homenagem a Albert L. *McGuiness*, comerciante de minerais da Califórnia.

MCKELVEYITA-(Y) Carbonato de fórmula química $NaCa(Ba,Sr)_3(Y,REE)(CO_3)_6.3H_2O$, tricl., pseudotrig., do grupo da donnayita, descoberto em Sweetwater, Wyoming (EUA). Forma cristais verde--maçã ou, mais frequentemente, massas e agregados cristalinos, verde-escuros a pretos. D. 2,87-3,14. Homenagem ao geólogo norte-americano Vincent E. *McKelvey*. Cf. *donnayita-(Y), weloganita*.

MCKINSTRYÍTA Sulfeto de prata com cobre – $(Ag,Cu)_2S$ –, ortor., descoberto em uma mina de Cobalt, Ontário (Canadá).

MCNEARITA Arsenato hidratado de sódio e cálcio – $NaCa_5H_4(AsO_4)_5.4H_2O$ –, fibrorradiado, tricl., com fibras de 1-2 mm, brancas, de br. nacarado, solúveis em ác., com clivagem perfeita paralela ao seu comprimento. Dur. não determinada. D. 2,6-2,8. Descoberto em Sainte-Marie-aux-Mines, Vosges (França). Homenagem a Elizabeth *McNear*, mineralogista e cristalógrafa da Universidade de Gênova.

mechernichita V. *bravoíta*.

MEDAÍTA Silicato básico de manganês e vanádio com cálcio e arsênio – $(Mn,Ca)_6(V,As)Si_5O_{18}(OH)$ –, monocl., que forma pequenos grãos marrons, associados com tiragalloíta, descobertos em uma mina de manganês abandonada em Chivari, Ligúria (Itália). Tem D. 3,7-3,8, br. subadamantino, boa clivagem (100) e é transp. a transl. Homenagem a Francisco *Meda*, mineralogista amador italiano.

medalha (nome coml.) V. *conchinha de ágata*.

MEDENBACHITA Arsenato de bismuto, ferro e cobre – $Bi_2Fe(Cu,Fe)(O,OH)_2(OH)_2(AsO_4)_2$ –, tricl., descoberto em uma pedreira de Hesse (Alemanha) e assim chamado em homenagem a Olaf *Medenbach*, professor alemão.

medmontita Mistura de crisocola e mica, antes considerada aluminossilicato de cobre. Do russo *med* (cobre) + *mont*morillonita + *ita*.

megabasita V. *hübnerita*. Do gr. *megas* (maior) + *basis* (base), porque se pensava conter mais elementos básicos que a volframita (Dana e Dana, 1966).

MEGACICLITA Silicato básico hidratado de sódio e potássio – $Na_8KSi_9O_{18}(OH)_9 \cdot 19H_2O$ –, monocl., descoberto na península de Kola (Rússia).

MEGAKALSILITA Silicato de potássio e alumínio – $KAlSiO_4$ –, hexag., do grupo da nefelina, descoberto na península de Kola (Rússia).

meia-cara No Brasil, nome dado à água-marinha lapidada sem a correta orientação óptica.

MEIONITA Silicocarbonato de cálcio e alumínio – $Ca_4Al_6Si_6O_{24}CO_3$ –, tetrag., do grupo da escapolita. Descoberto no Vesúvio (Itália). Do gr. *meion* (menos). Cf. *escapolita*.

MEIXNERITA Hidróxido hidratado de magnésio e alumínio – $Mg_6Al_2(OH)_{18} \cdot 4H_2O$ –, trig., em cristais tabulares incolores, transp. Homenagem ao professor alemão H. *Meixner*.

melaconita V. *tenorita*, nome preferível. Do gr. *melas* (preto) + *konis* (pó).

melanita Var. gemológica de andradita de cor preta, às vezes magnética, contendo titânio. Tem pouco valor e raramente é lapidada. É encontrada na Itália, França, Alemanha e Espanha. Do gr. *melanos* (preto). Sin. de ^{2}*pireneíta*. Não confundir com *malanita*.

melanocalcita 1. Var. de tenorita que ocorre em massas terrosas, pulverulentas ou compactas, ou revestindo outros minerais. 2. Mistura de tenorita, crisocola e malaquita. Do gr. *melanos* (preto) + *khalkos* (cobre).

MELANOCERITA-(Ce) Borossilicato hidratado de cério com cálcio – $(Ce,Ca)_5(Si,B)_3O_{12}(OH,F) \cdot nH_2O$ (?) –, hexag., marrom ou preto, descoberto na Noruega. Do gr. *melanos* (preto) + *cério*, por sua cor e por ser o cério seu principal cátion. Cf. *tritomita-(Ce)*.

MELANOFLOGUITA Silicato de fórmula química $(2-x)(CH_4,N_2) \cdot (6-y)(N_2,CO_3) \cdot Si_{46}O_{92}$, tetrag., pseudocúb., descoberto na Sicília (Itália). Antes tido por qz. pseudomorfo sobre cristobalita ou fluorita. Do gr. *melanos* (preto) + *phlogos* (chama).

melanossiderita Var. de ferridrita silicosa. Do gr. *melanos* (preto) + *sideros* (ferro).

MELANOSTIBITA Óxido de manganês e antimônio com ferro – $Mn(Sb,Fe)O_3$ –, trig., descoberto em Västmanland (Suécia). Do gr. *melanos* (preto) + lat. *stibium* (antimônio).

MELANOTALITA Oxicloreto de cobre – Cu_2OCl_2 –, ortor., preto, que ocorre no Vesúvio (Itália) e na península de Kamchatka (Rússia). Do gr. *melanos* (preto) + *tálio*.

MELANOTEQUITA Silicato de chumbo e ferro – $Pb_2Fe_2Si_2O_9$ –, ortor., que forma série isomórfica com a centrolita. Preto ou cinza-escuro, com duas clivagens. Do gr. *melanos* (preto) + *tekein* (derreter). Descoberto em Langban, Varmland (Suécia).

MELANOVANADITA Vanadato hidratado de cálcio – $CaV_4O_{10} \cdot 5H_2O$ –, monocl., preto, fracamente radioativo. É muito raro, ocorrendo como impregnações. Do gr. *melanos* (preto) + *vanádio*.

MELANTERITA Sulfato hidratado de ferro – $FeSO_4.7H_2O$ –, monocl., verde ou azul-esverdeado. D. 1,84-1,90. Br. vítreo, sabor adstringente, solúvel em água fria. Forma crostas, estalactites etc. Originado geralmente da decomposição de sulfetos de ferro e usado como pigmento. Do gr. *melanteros* (mais negro). O grupo da melanterita inclui mais cinco sulfatos monocl.: bieberita, boothita, mallardita, okayamalita e zincomelanterita.
melê (gar., GO) Sin. de *torra*.
melee Diamante de pequenas dimensões (menos de 20 pontos). Do fr. *melé*. (Pronuncia-se *méli*.)
melifânio V. *melifanita*.
MELIFANITA Silicato de fórmula química $Ca_4(Na,Ca)_4Be_4AlSi_7O_{24}(F,O)_4$, tetrag., raro, semelhante à leucofanita, mas sem fosforescência. Incolor, amarelo, vermelho ou negro, em cristais tabulares ou prismáticos, frequentemente maclados, com clivagem (010) perfeita, dur. 5,0-5,5 e D. 3,0. Descoberto na Noruega. Do gr. *melinos* (mel) + *phainos* (aparecer, mostrar-se), por sua cor. Sin. de *melinofânio*, *melifânio*, *melinofanita*.
MELILITA 1. Mineral de fórmula química $(Ca,Na)_2(Al,Mg)(Si,Al)_2O_7$, tetrag., da série isomórfica akermanita-gehlenita. O grupo da melilita compreende mais quatro silicatos tetrag.: akermanita, gehlenita, gugiaíta e hardystonita. Ocorrem em r. vulcânicas básicas e são considerados, por alguns, feldspatoides; outros classificam-nos como piroxênios insaturados. 2. V. *melita*. Do lat. *mel, mellis* (mel), por sua cor amarela. Não confundir com *melinita*.
mel imperial Nome coml. de uma var. do granito imperador que mostra cristais de feldspato de até 2 cm.
melinita Mineral argiloso do grupo dos ferrialofanoides.
melinofânio V. *melifanita*. Do gr. *melinos* (cor de marmelo) + *phaino* (aparecer, mostrar-se).
melinofanita V. *melifanita*.

MELITA Melato hidratado de alumínio – $Al_2[C_6(COO)_6].16H_2O$ –, tetrag., amarelo, solúvel em água quente. Forma pirâmides de base quadrada, ocorrendo também maciço e granular. Dur. 2,0-2,5. D. 1,55-1,65. É encontrado como nódulos em carvão. Tem br. resinoso. Sin. de ²*melilita*. Do lat. *mel, mellis* (mel).
MELKOVITA Fosfato-molibdato ác. hidratado de cálcio e ferro – $CaFeH_6(MoO_4)_4PO_4.6H_2O$ –, em cristais achatados, pseudo-hexag., amarelo-esverdeados. Não confundir com *melnikovita*.
melnikovita Sin. de *greigita*. Não confundir com *melkovita*.
MELONITA Telureto de níquel – $NiTe_2$ –, trig., lamelar, de baixa dur., muito denso, branco-avermelhado. Forma série isomórfica com a merenskyíta. De *Melones*, mina da Califórnia (EUA), onde foi descoberto. O grupo da melonita inclui mais seis minerais, compreendendo sulfetos, selenetos e teluretos trig.
MELONJOSEPHITA Fosfato básico de cálcio e ferro – $CaFe^{2+}Fe^{3+}(PO_4)_2(OH)$ –, ortor., verde-escuro (quase preto), em massas fibrosas brilhantes, levemente resinosas, friáveis. Homenagem a *Joseph Melon*, professor belga.
mel paraná Nome coml. de um granito alcalino, cinza-rosado, amarelado com pontos pretos de biotita e vermelhos de óxido de ferro, usado como pedra ornamental. É equigranular, médio e contém 45%-55% de feldspato potássico, 10% de plagioclásio, 30% de qz. e 5%-7% de biotita + anfibólito + magnetita. Ocorre em Melança, Piraquara, PR (Brasil).
mel paraná extra Var. cinza-amarelada do granito mel paraná.
mendeleevita V. *mendeleievita*.
mendeleievita Sin. de *betafita*. Homenagem a Dmitri I. *Mendeleiev*, químico russo. Sin. de *mendeleevita, mendelyeevita, mendeleyevita*.
mendeleyevita V. *mendeleievita*.
mendelyeevita V. *mendeleievita*.
MENDIPITA Oxicloreto de chumbo – $Pb_3Cl_2O_2$ –, ortor., branco, descoberto em *Mendip* Hills (daí seu nome), Somer-

setshire (Inglaterra), onde ocorre. Sin. de *churchillita*.

MENDOZAVILITA Mineral de fórmula química $Na(Ca,Mg)_2Fe_6(PO_4)_2(PMo_{11}O_{39})(OH,Cl)_{10} \cdot 33H_2O$, monocl. ou tricl.

MENDOZITA Sulfato hidratado de sódio e alumínio – $NaAl(SO_4)_2 \cdot 11H_2O$ –, monocl., maciço ou fibroso, branco, de br. sedoso. Dur. 2,5. D. 1,9. De *Mendoza* (Argentina), onde foi descoberto.

MENEGHINITA Sulfoantimoneto de cobre e chumbo – $Pb_{13}CuSb_7S_{24}$ –, ortor., cinza-chumbo, descoberto na Toscânia (Itália). Homenagem a *Meneghini*, seu descobridor.

menfita Var. de ônix, usada antigamente como anestésico. De *Mênfis* (Egito).

mengita V. *monazita*.

menilita Var. de opala impura, opaca, que forma concreções arredondadas ou achatadas, de cor cinzenta ou marrom. De *Menil*montant, local próximo a Paris (França), onde ocorre. Sin. de *opala-fígado*. Cf. *neslita*.

MENSHIKOVITA Arseneto de paládio e níquel – $Pd_3Ni_2As_3$ –, hexag., descoberto na Rússia.

MERCALLITA Sulfato ác. de potássio – $KHSO_4$ –, ortor., em pequenos cristais tabulares azul-celeste. Descoberto no Vesúvio (Itália) e assim chamado em homenagem a Giuseppe *Mercalli*, geólogo italiano.

mercuramonita Sin. de *kleinita*.

MERCÚRIO V. *Anexo*.

MEREHEADITA Hidroxicloreto de chumbo – $Pb_2O(OH)Cl$ –, monocl., descoberto em uma pedreira de Somerset (Inglaterra).

MEREITERITA Sulfato hidratado de potássio e ferro – $K_2Fe(SO_4)_2 \cdot 4H_2O$ –, monocl., descoberto em Laurion (Grécia). Cf. *leonita*.

MERENSKYÍTA Telureto de paládio – $PdTe_2$ –, trig., do grupo da melonita. Tem 23% Pd e ocorre como inclusões arredondadas ou subarredondadas em outros minerais. Descoberto em *Merensky* (daí seu nome), no Complexo de Bushveld (África do Sul).

MERLINOÍTA Aluminossilicato hidratado de potássio e cálcio – $K_2Ca_2[Al_9Si_{23}O_{64}] \cdot 23H_2O$ –, ortor., do grupo das zeólitas. Forma agregados esféricos com estrutura radial de menos de 1 mm de diâmetro. Descoberto em cavidades de uma r. a kalsilita e melilita na pedreira Cupaello, Rieti (Itália). D. 2,14. Homenagem a Stefano *Merlino*, professor italiano.

MERRIHUEÍTA Silicato de potássio, sódio e ferro com magnésio – $KNa(Fe,Mg)_5Si_{12}O_{30}$ –, hexag., meteorítico, encontrado como inclusões de até 0,15 mm em piroxênios. Homenagem a Craig M. *Merrihue*, norte-americano especialista em meteoritos.

merrillita Nome dado à whitlockita encontrada em meteoritos. É incolor e tem D. 3,10, formando grãos anédricos muito frágeis, disseminados, em quantidades muito pequenas. Homenagem a George Perkins *Merrill*, especialista em meteoritos, da Smithsonian Institution, Washington (EUA).

mertieíta Grupo de arsenoantimonetos de paládio compreendendo a *mertieíta-I* e a *mertieíta-II* (v. esses nomes).

MERTIEÍTA-I Arsenoantimoneto de paládio – $Pd_{11}(Sb,As)_4$ –, hexag., dimorfo da isomertieíta. Cor amarelo-latão. Tem 70,8%-74,0% Pd. Forma grãos de até 0,5 mm em Goodnews Bay, Alasca (EUA). Cf. *mertieíta-II*.

MERTIEÍTA-II Arsenoantimoneto de paládio – $Pd_8(Sb,As)_3$ –, trig., amarelado ou cinza-claro, em grãos anédricos de até 0,5 mm, descobertos em placeres de Goodnews Bay, Alasca (EUA). Cf. *mertieíta-I*.

merumita Mineral tido inicialmente como um possível óxido de cromo hidratado – $Cr_2O_3 \cdot H_2O$ – que, viu-se depois, era mistura na qual predominava eskolaíta, havendo ainda quatro novos minerais: grimaldiita, guianaíta, mcconnellita e bracewellita.

MERWINITA Silicato de cálcio e magnésio – $Ca_3Mg(SiO_4)_2$ –, monocl., em grãos incolores ou verde-claros. Descoberto

em Riverside, Califórnia (EUA), e assim chamado em homenagem a Herbert E. Merwin, petrólogo norte-americano.
mesa Faceta grande, de forma variável, que constitui o topo da coroa. É a principal faceta de uma gema. Cf. *mesa inferior*.
mesabita Var. de goethita que ocorre na forma de ocre. De *Mesabi*, Minnesota (EUA).
mesa inferior Faceta pequena, paralela à cintura, e que constitui o plano basal do brilhante. Sua principal função é evitar que a gema se quebre na culaça. Nem sempre está presente. Sin. de *collet, collette, culatra, culet*.
mesa inferior fechada Na lapid., mesa inferior muito pequena, invisível a olho nu.
mesitina V. *mesitita*.
mesitita Carbonato de magnésio e ferro – $Mg_2Fe(CO_3)_3$ –, var. de magnesita com 30%-50% $FeCO_3$. Do gr. *mesites* (intermediário), por ter composição intermediária entre a da magnesita e a da siderita. Sin. de *mesitina*.
mesodialita Var. de eudialita rica em óxido de ferro, mas não tanto quanto a eucolita.
MESOLITA Aluminossilicato hidratado de sódio e cálcio – $Na_2Ca_2Al_6Si_9O_{30}$.$8H_2O$ –, ortor., do grupo das zeólitas. Quimicamente intermediário entre a natrolita e a escolecita. Geralmente forma longas agulhas brancas ou incolores, muito mais finas que as da natrolita e as da escolecita. Clivagem prismática perfeita. Forma tufos delicados em basaltos amigdaloides. Do gr. *meso* (meio) + *lithos* (pedra), por sua composição em relação às outras zeólitas citadas.
mesomicroclínio Aluminossilicato de potássio – $KAlSi_3O_8$ –, do grupo dos feldspatos alcalinos, estruturalmente *intermediário* entre o *microclínio* e o ortoclásio, daí seu nome.
mesopertita Mistura de feldspato potássico e plagioclásio (geralmente albita; às vezes oligoclásio) em proporções iguais. Limite entre pertita e antipertita. Do gr. *meso* (meio) + *pertita*, por sua composição. Sin. de *eutectopertita*.
mesossiderito Siderólito em que os silicatos são piroxênios e plagioclásio cálcico. Frequentemente brechado, com cimento de níquel-ferro. Sin. de *grahamito*.
mesquitelita Aluminossilicato hidratado de magnésio com cálcio – (Mg,Ca)$Al_4Si_9O_{25}$.$5H_2O$ –, produto de alteração de feldspato. De *Mesquitela* (Portugal).
MESSELITA Fosfato hidratado de cálcio e ferro com manganês – $Ca_2(Fe,Mn)(PO_4)_2$.$2H_2O$ –, tricl., do grupo da fairfieldita. É incolor ou amarronzado. De *Messel*, Hessen (Alemanha), onde foi descoberto.
meta- Prefixo que, acrescentado ao nome de um mineral, geralmente designa uma espécie menos hidratada.
META-ANKOLEÍTA Fosfato hidratado de potássio e uranila – $K_2(UO_2)_2(PO_4)_2$.$6H_2O$ –, tetrag., do grupo da meta-autunita. Tem cor amarela e exibe fluorescência média a fraca. Descoberto em *Ankole* (Uganda), daí seu nome.
META-AUTUNITA Fosfato hidratado de cálcio e uranila – $Ca(UO_2)_2(PO_4)_2$.$2-6H_2O$ –, tetrag., amarelo, radioativo, com forte fluorescência. O grupo da meta-autunita compreende 16 arsenatos e fosfatos hidratados de fórmula geral $A(UO_2)_2(XO_4)_2.H_2O$, onde A = Ba, Ca, Co, Cu, Fe, K_2, Mg, $(H_3O)_2$, $(NH_4)_2$ ou Zn, e X = As ou P. Cf. *autunita*.
metabentonita Var. de bentonita com potássio.
metabólito Nome dado aos sideritos que mostram efeitos de metamorfismo, em razão de reaquecimento. Do gr. *metabole* (mudança, troca).
METABORITA Ác. bórico – HBO_2 –, cúb., que ocorre em crostas de até 1 cm, incolores a amarronzadas, de br. vítreo, solúveis em água, friáveis, com frat. conchoidal. Dur. 5,0. D. 2,47.
METACALCIOURANOÍTA Óxido hidratado de cálcio e urânio com sódio e bário – (Ca,Na,Ba)U_2O_7.$2H_2O$ –, que forma agregados finamente granulados, densos, de cor laranja. Descoberto em Chita, Transbaikal (Rússia).

metacinabarita V. *metacinábrio*.
METACINÁBRIO Sulfeto de mercúrio – HgS –, preto, cúb., trimorfo do cinábrio e do hipercinábrio. É usado para obtenção de mercúrio. Sin. de *metacinabarita*.
METADELRIOÍTA Vanadato básico de cálcio e estrôncio – $CaSrV_2O_6(OH)_2$ –, tricl., amarelo, de D. 4,2. Corresponde a uma delrioíta menos hidratada. Ocorre intercrescido com a delrioíta, podendo nela transformar-se por reidratação.
METAESTIBINITA Sulfeto de antimônio – Sb_2S_3 –, amorfo, dimorfo da estibinita, produzido por oxidação desta. Descoberto em Washoe, Nevada (EUA).
metagreenalita Silicato hidratado de ferro – $Fe_9^{2+}Fe_2^{3+}Si_8O_{28}.8H_2O$ –, produto de alteração da greenalita.
meta-haiweeíta Silicato hidratado de uranila e cálcio – $Ca(UO_2)_2Si_6O_{15}.nH_2O$ –, secundário, aparentemente produto de desidratação da *greenalita*.
meta-halloysita 1. Na Europa, var. de halloysita parcialmente desidratada. 2. Nos EUA, sin. de *halloysita*. 3. Var. de halloysita não hidratada.
META-HEINRICHITA Arsenato hidratado de bário e uranila – $Ba(UO_2)_2(AsO_4)_2.8H_2O$ –, tetrag., amarelo ou verde, secundário, com fluorescência média a fraca. É uma heinrichita menos hidratada.
META-HEWETTITA Vanadato hidratado de cálcio – $CaV_6O_{16}.3H_2O$ –, monocl., semelhante à hewettita, diferindo apenas no seu comportamento durante a hidratação.
META-HOHMANNITA Sulfato básico hidratado de ferro – $Fe_2(SO_4)_2(OH)_2.3H_2O$ –, tricl., que corresponde a uma hohmannita parcialmente desidratada.
metajarlita Sin. de *jarlita* (antes tida como polimorfo deste mineral).
metajennita Var. de jennita parcialmente desidratada – $Na_2Ca_8Si_5O_{19}.7H_2O$.
METAKAHLERITA Arsenato hidratado de ferro e uranila – $Fe(UO_2)_2(AsO_4)_2.8H_2O$ –, tetrag. É uma kahlerita pouco hidratada, de cor amarela a verde-amarelada.

METAKIRCHHEIMERITA Arsenato hidratado de cobalto e uranila – $Co(UO_2)_2(AsO_4)_2.8H_2O$ –, tetrag., encontrado na forma de crostas e cristais tabulares róseos, com clivagem (001) excelente, br. nacarado nessa clivagem. Dur. 2,0-2,5. D. superior a 3,33. Cf. *kirchheimerita*.
METAKOETTIGITA Arsenato hidratado de zinco com ferro – $(Zn,Fe^{3+})(Zn,Fe^{3+},Fe^{2+})_2(AsO_4)_2.8(H_2O,OH)$ –, tricl., dimorfo da koettigita, descoberto em Mapimi (México), onde ocorre como cristais cinza-azulado, em intercrescimentos orientados com koettigita, sempre maclado. Cf. *metavivianita*, *simplesita*.
metal base Nome dado aos metais em geral, excluindo os metais nobres. Ex.: cobre, chumbo, cromo, ferro, manganês etc.
metal nobre Metal que resiste à oxidação e corrosão. Designação comum ao ouro, à prata e aos metais do grupo da platina. São todos raros na crosta terrestre, embora possam estar muito disseminados, como o ouro. Sin. de *metal precioso*.
METALODEVITA Arsenato hidratado de zinco e uranila – $Zn(UO_2)_2(AsO_4)_2.10H_2O$ –, em cristais tetrag., submilimétricos, amarelo-claro a verde-oliva. De *Lodève* (França), onde foi descoberto.
metalomonosovita Sin. de *betalomonosovita*.
metaloparita Var. de loparita com água.
metal precioso Sin. de *metal nobre*.
METALUMINITA Sulfato básico hidratado de alumínio – $Al_2(SO_4)(OH)_4.5H_2O$ –, monocl., descoberto em Emery, Utah (EUA). É uma aluminita parcialmente desidratada.
METALUNOGÊNIO Sulfato hidratado de alumínio – $Al_4(SO_4)_6.27H_2O$ –, ortor., menos hidratado que o alunogênio. Descoberto em Antofagasta (Chile).
metamesolita Var. de mesolita total ou parcialmente desidratada.
metamicto Diz-se do mineral que teve sua estrutura cristalina total ou parcialmente destruída, em virtude da emissão de partículas alfa originadas

da desintegração do urânio e do tório nele existentes, conservando, porém, a forma externa. O urânio e o tório podem estar contidos em inclusões ou serem parte essencial do mineral, mas sua presença não torna o mineral necessariamente metamicto.

METAMUNIRITA Vanadato de sódio – β-$NaVO_3$ –, ortor., descoberto em uma mina de San Miguel, Colorado (EUA).

METANOVACEKITA Arsenato hidratado de magnésio e uranila – $Mg(UO_2)_2(AsO_4)_2$. $4-8H_2O$ –, tetrag. É novacekita parcialmente desidratada.

METARROSSITA Vanadato hidratado de cálcio – $CaV_2O_6.2H_2O$ –, tricl., produto de desidratação parcial de rossita. Descoberto em San Miguel, Colorado (EUA).

METASCHODERITA Vanadato-fosfato hidratado de alumínio – $Al_2PO_4VO_4$. $6H_2O$ –, produto de desidratação parcial da schoderita, descoberto em Eureka, Nevada (EUA).

METASCHOEPITA Óxido básico hidratado de uranila – $[(UO_2)_8O_2(OH)_{12}]$. $10H_2O$ –, ortor., descoberto na província de Shaba (R. D. do Congo). É produto de desidratação da schoepita. Cf. *paraschoepita*.

METASSIDERONATRITA Sulfato básico hidratado de sódio e ferro – $Na_4Fe_2^{3+}(SO_4)_2(OH).1,5H_2O$ –, ortor., em cristais fibrosos amarelos. É uma sideronatrita parcialmente desidratada, descoberto na mina Chuquicamata, Calama (Chile).

metassimpsonita V. *microlita*.

metastrengita V. *fosfossiderita*.

METASTUDTITA Hidróxido de uranila – $UO_2(OH)_4$ –, ortor., que ocorre em Shinkolobwe, Shaba (R. D. do Congo), onde aparece em agregados de fibras flexíveis de até 3 mm, amarelo-claras, de D. 4,67, solúveis em HCl quente.

METASWITZERITA Fosfato hidratado de manganês com ferro – $(Mn,Fe)_3(PO_4)_2$. $4H_2O$ –, monocl., descoberto em uma mina de espodumênio de Kings Mountain, Carolina do Norte (EUA). É uma switzerita parcialmente hidratada.

metathenardita Polimorfo de alta temperatura de thenardita. Talvez hexag. Ocorre em fumarolas da ilha de Martinica (França).

metathomsonita Mineral de natureza incerta; trata-se, provavelmente, de gonnardita ou thomsonita.

METATORBERNITA Fosfato hidratado de cobre e uranila – $Cu(UO_2)_2(PO_4)_2$. $8H_2O$ –, tetrag., verde, fluorescente, radioativo. Usado para extração de urânio. Descoberto na Saxônia (Alemanha). Cf. *torbernita*.

metatriplita Fluorfosfato hidratado de manganês e ferro com cálcio – $(MnO)_6(Fe_2O_3)_3(Mn,Ca)_2(P_2O_5)_3F_2.4H_2O$ –, preto, produto de alteração da triplita.

METATYUYAMUNITA Vanadato hidratado de cálcio e uranila – $Ca(UO_2)_2V_2O_8.3H_2O$ –, ortor., amarelo, descoberto em Montrose, Colorado (EUA). Cf. *tyuyamunita*.

METAURANOCIRCITA Fosfato hidratado de bário e uranila – $Ba(UO_2)_2(PO_4)_2$. $8H_2O$ –, tetrag., amarelo a amarelo-esverdeado, fortemente radioativo e fluorescente. Muito raro, descoberto na Saxônia (Alemanha). Cf. *uranocircita*.

METAURANOPILITA Sulfato básico hidratado de uranila – $(UO_2)_6SO_4(OH)_{10}$. $5H_2O$ –, como a uranopilita, mas ortor. (?) e apenas parcialmente desidratado. Amarelo, cinzento, marrom ou verde.

METAURANOSPINITA Arsenato hidratado de cálcio e uranila – $Ca(UO_2)_2(AsO_4)_2$. $8H_2O$ –, tetrag. É uma uranospinita parcialmente desidratada, amarela, secundária. Descoberto em Baden (Alemanha).

metautunita V. *meta-autunita*.

METAVANDENDRIESSCHEÍTA Óxido hidratado de chumbo e urânio – PbU_7O_{22}. nH_2O (n < 12) –, ortor., que ainda necessita ser mais estudado. Talvez seja uma vandendriesscheíta parcialmente desidratada. Descoberto na província de Shaba (R. D. do Congo).

METAVANMEERSSCHEÍTA Fosfato básico hidratado de urânio – $U^{6+}(UO_2)_3(PO_4)_2(OH)_6.2H_2O$ –, ortor., descoberto simultaneamente com a vanmeersscheíta em pegmatitos de Kivu (R. D. do Congo), onde aparecem como lâminas alongadas amarelas, com clivagem (010) boa, com forte fluorescência verde. Menos hidratada que a vanmeersscheíta.

METAVANURALITA Vanadato básico hidratado de alumínio e uranila – $Al(UO_2)_2(VO_4)_2(OH).8H_2O$ –, tricl., descoberto em Franceville (Gabão). Cf. *vanuralita*.

METAVARISCITA Fosfato hidratado de alumínio – $AlPO_4.2H_2O$ –, monocl., dimorfo da variscita, descoberto em Box Elder, Utah (EUA).

METAVAUXITA Fosfato básico hidratado de ferro e alumínio – $FeAl_2(PO_4)_2(OH)_2.8H_2O$ –, monocl., dimorfo da paravauxita, mais hidratado que a vauxita.

METAVIVIANITA Fosfato hidratado de ferro – $Fe_3(PO_4)_2.8H_2O$ –, tricl., polimorfo da vivianita. Forma prismas achatados, verdes, às vezes estriados segundo o eixo *c*. Cf. *metakoettigita*.

METAVOLTINA Oxissulfato hidratado de potássio e ferro com sódio – $(K,Na)_8Fe_7(SO_4)_{12}O_2.18H_2O$ –, hexag., que forma cristais tabulares de cor marrom, com dur. 2,5 e D. 2,5. Descoberto em Madeni Zakh, no Irã. Sin. de *mausita*.

metaxita Nome de uma var. de crisotilo de baixo valor. Do gr. *metaxa* (seda), por seu br. sedoso.

METAZELLERITA Carbonato hidratado de cálcio e uranila – $Ca(UO_2)(CO_3)_2.3H_2O$ –, ortor., acicular, descoberto em Fremont, Wyoming (EUA). Cf. *zellerita*.

METAZEUNERITA Arsenato hidratado de cobre e uranila – $Cu(UO_2)_2(AsO_4)_2.8H_2O$ –, menos hidratado que a zeunerita. É o mais abundante dos arsenatos de urânio. Cor verde, com fluorescência média a fraca.

meteorito Nome dado a corpos celestes que chegam à superfície da Terra no estado sólido, aparecendo no céu como um risco luminoso, devido à incandescência provocada pelo atrito com o ar. Pode ser um *siderito*, *litossiderito*, *siderólito* e *aerólito* (v.). A maioria dos meteoritos tem uma fase metálica de ferroníquel que pode ser *camacita* e/ou *tenita* (v.). O arranjo dessa liga determina a classificação do meteorito como *hexaedrito*, *octaedrito* ou *ataxito* (v.). O maior meteorito já encontrado, o Hoba West, tem 60 t. No Brasil, o maior que se conhece é o Bendegó, de 5,36 t, achado na Bahia. Já foram reconhecidas na Terra cerca de 160 crateras formadas por quedas desses corpos. Os meteoritos são facilmente reconhecidos no gelo da Antártica, mas foram encontrados em muito maior número nos desertos arenosos. Do gr. *meteoros* (elevado na atmosfera). ☐

meteorito de vidro V. *moldavito*.

MEURIGITA Fosfato básico hidratado de potássio e ferro – $KFe_7(PO_4)_5(OH)_7.8H_2O$ –, monocl., descoberto em uma mina de Silver City, Novo México (EUA).

MEYERHOFFERITA Borato básico hidratado de cálcio – $Ca_2B_6O_6(OH)_{10}.2H_2O$ –, tricl., que forma cristais prismáticos, frequentemente tabulares ou fibrosos, com clivagem (010). Dur. 2,0. D. 2,12. Incolor a branco. Produto de alteração da inyoíta. Homenagem a Wilhelm Meyerhoffer, químico alemão.

meyersita Fosfato hidratado de alumínio – $AlPO_4.2H_2O$ –, que ocorre em lavas, na forma de massas tipo ágata.

MEYMACITA Óxido hidratado de tungstênio – $WO_3.2H_2O$ –, amorfo, resinoso, marrom-claro, produzido por alteração da scheelita. Descoberto em *Meymac* (daí seu nome), em Corrèze (França).

MGRIITA Selenoarseneto de cobre com ferro – $(Cu,Fe)_3AsSe_3$ –, cúb., cinza em luz refletida, sem clivagem, com D. 4,9, frágil, que ocorre em veios de calcita--ankerita a sudoeste do Erzgebirge, Saxônia (Alemanha). De *Moscow Geol-Razved Institad* + *ita*.

MIARGIRITA Sulfoantimoneto de prata – $AgSbS_2$ –, monocl., trimorfo da cuboargirita e da baumstarkita. Forma geralmente pequenos cristais negros, estriados, de formas complexas, podendo ser também maciço. Tem traço vermelho-cereja, frat. subconchoidal e três clivagens regulares. Dur. 2,0-2,5.

D. 5,10-5,30. É um mineral raro, encontrado em filões de baixa temperatura, usado para extração de prata. Do gr. *meion* (menos) + *argyros* (prata), por conter menos prata que a proustita e a pirargirita.

mica Designação comum aos membros de um grupo de 50 minerais monocl., tricl. e ortor. que são silicatos principalmente de K, Na, Ca, Li, Fe, Mg, Al e Ti. Caracterizam-se pelo hábito foliado e pela excelente clivagem basal. Têm baixa dur. e são geralmente elásticos, com br. nacarado e cor muito variável. Comuns em muitas r. ígneas e metamórficas e usados como isolantes e em objetos ornamentais. Provavelmente do lat. *micare* (brilhar), por seu intenso br.

mica branca V. *moscovita*.

mica dos pintores V. *lazulita*.

micarelle Pseudomorfo de mica sobre escapolita.

micas litiníferas Subgrupo de micas que compreende a lepidolita, polilitionita, tainiolita, espodiofilita, zinnwaldita, protolitionita e criofilita.

micaultita Produto de decomposição do rutilo terroso, cor de telha.

MICHEELSENITA Mineral de fórmula química $(Ca,Y)_3Al(PO_3,OH,CO_3)(CO_3)(OH)_6 \cdot 12H_2O$, hexag., do grupo da ettringuita, descoberto em uma pedreira de Rouville, Quebec (Canadá).

MICHENERITA Telureto de paládio e bismuto – PdBiTe –, cúb., do grupo da pirita. Tem 12% Pd e 10% Pt. Forma grãos brancos ou cinza, friáveis, de até 0,1 mm, intercrescidos com niggliita, sem clivagem, com traço preto. Dur. 2,5. D. aprox. 9,5. Efervesce lentamente sob ação do ác. nítrico e fica preto quando atacado por água-régia (reação instantânea). Não reage com HCl. Homenagem a K. *Michener*, seu descobridor. Cf. *maslovita, testibiopaladita*.

microclina V. *microclínio*, forma preferível.

MICROCLÍNIO Aluminossilicato de potássio – $KAlSi_3O_8$ –, do grupo dos feldspatos alcalinos. Tricl., dimorfo do ortoclásio. Geralmente contém sódio. Forma cristais de cor branca, rosa, cinza-claro, amarelo-clara, verde ou vermelho-telha. Os cristais podem atingir dimensões gigantescas (vários metros). O maior já descoberto tinha 15.908,89 t, medindo 49,38 x 35,97 x 13,72 m. Transl., com br. vítreo a levemente nacarado nas duas superfícies de clivagem, (001) e (010). Dur. 6,0-6,5. Friável. D. 2,54-2,57. IR 1,522-1,530. Bir. 0,008. B(–). Observado entre nicóis cruzados, mostra um reticulado típico, devido a maclas polissintéticas. Apresenta algumas var. gemológicas das quais a mais importante é a amazonita, usada como gema e em objetos ornamentais. O microclínio é comum em r. graníticas e pegmatitos. As var. não gemológicas são úteis na fabricação de cerâmica e vidros. Do gr. *mikros* (pequeno) + *klino* (inclinação), porque o ângulo entre os planos de clivagem se afasta pouco de 90°. Sin. de *microclina*.

microcristalino Diz-se dos minerais cujos cristais só são visíveis ao microscópio. Cf. *criptocristalino*.

MICROLITA Óxido de sódio, cálcio e tântalo – $NaCaTa_2O_6OH$ –, cúb., que forma uma série isomórfica com o pirocloro. Tem cor amarelo-clara, avermelhada, marrom ou preta, geralmente com zoneamento. IR muito alto: 1,930. Transp., de br. resinoso e frágil. Dur. 5,0-5,5. D. 4,2-4,6. Ocorre em pegmatitos graníticos e de r. ígneas alcalinas na Itália e nos EUA. Mineral-minério de tântalo (82,1% Ta_2O_5), usado também como gema. Do gr. *mikros* (pequeno) + *lithos* (pedra), porque os primeiros cristais encontrados tinham pequenas dimensões. Sin. de *tantalopirocloro, haddamita, metassimpsonita*.

micropertita Var. de pertita em que as lamelas de albita só são visíveis ao microscópio. Do gr. *mikros* (pequeno) + *pertita*.

microscópio gemológico Microscópio monocular ou binocular destinado ao exame de gemas. Usa luz polarizada e um condensador para aumentar sua intensidade. Amplia de 5 a 400 vezes. Para observação da gema, esta é mergulhada em líquidos como benzil-éster, di-iodometano, iodeto de metileno, benzol ou óleo de cedro, a fim de evitar a grande diferença de IR que existe em relação ao ar. Cf. *gemolite*.

MICROSSOMMITA Silicato complexo de fórmula química [$Na_4K_2(SO_4)$](Ca_2Cl_2)$Si_6Al_6O_{24}$ –, hexag., do grupo da cancrinita. Descoberto como pequenos cristais prismáticos incolores no Vesúvio (Itália). Dur. 6. D. 2,42-2,53. Cf. *pitiglianoíta*.

miedziankita Var. zincífera de tennantita, compacta, granular, cinza. De *Miedzianka* (Polônia).

MIERSITA Iodeto de prata com cobre – (Ag,Cu)I –, cúb., que forma série isomórfica com a marshita. Amarelo-canário, em crostas ou agregados de cristais de br. adamantino, com clivagem dodecaédrica. Dur. 2,5. D. 5,64. Homenagem a Henry A. *Miers*, mineralogista britânico.

MIHARAÍTA Sulfeto de cobre, ferro, chumbo e bismuto – $Cu_4FePbBiS_6$ –, ortor., encontrado na forma de grãos com menos de 0,3 mm em bornita, na mina *Mihara* (daí seu nome), Okayama (Japão).

MIKASAÍTA Sulfato de ferro – $Fe_2(SO_4)_3$ –, trig., descoberto na ilha de Hokkaido (Japão). Cf. *millosevichita*.

MILARITA Silicato hidratado de potássio, cálcio, alumínio e berílio – $K_2Ca_4Al_2Be_4Si_{24}O_{60} \cdot H_2O$ –, que cristaliza em prismas hexag., incolores ou esverdeados. Raro. De Val *Milar* (Suíça). Não confundir com *millerita*.

MILLERITA Sulfeto de níquel – NiS –, com 64,6% Ni e traços de cobalto, cobre e ferro. Ocorre geralmente em finos cristais capilares, extremamente delicados, amarelo-latão ou amarelo-bronze, br. metálico. D. 5,30-5,60. Encontrado em cavidades de depósitos de baixa temperatura ou como alteração de outros minerais de níquel. Mineral-minério de níquel. Homenagem a W. H. *Miller*, o primeiro a estudar seus cristais. Sin. de *beyrickita*. Não confundir com *milarita*.

MILLISITA Fosfato básico hidratado de sódio, cálcio e alumínio com potássio – $(Na,K)CaAl_6(PO_4)_4(OH)_9 \cdot 3H_2O$ –, tetrag., em faixas fibrosas brancas, parecendo calcedônia. Descoberto em Fairfield, Utah (EUA), e assim chamado em homenagem a F. T. *Millis*, seu descobridor.

MILLOSEVICHITA Sulfato de alumínio e ferro – $(Al,Fe)_2(SO_4)_3$ –, vermelho-cereja, que ocorre como incrustações de origem vulcânica nas ilhas Lipari (Itália). Cf. *mikasaíta*.

mimetésio V. *mimetita*.
mimetesita V. *mimetita*.

MIMETITA Cloroarsenato de chumbo – $Pb_5(AsO_4)_3Cl$ –, geralmente com Ca e PO_4. Forma agulhas ou crostas mamilonares, aparecendo às vezes em cristais hexag., com forma de barril (v. *campilita*). Branco, amarelo ou marrom, br. resinoso. Dur. 3,5. D. 7,00-7,30. Clivagem piramidal. Mineral-minério de chumbo (74,6% PbO), aparecendo na zona de oxidação dos veios plumbíferos. Do gr. *mimetes* (imitador), por ser isomorfo da piromorfita. Sin. de *mimetésio, mimetesita*.

MINAMIITA Sulfato básico de sódio e alumínio com cálcio – $(Na,Ca,[\;])Al_3(SO_4)_2(OH)_6$ –, trig., do grupo da alunita, que ocorre em andesito alterado hidrotermalmente. Descoberto no vulcão Sharane, Gunma (Japão), e assim chamado em homenagem ao Dr. A. E. *Minami*, geoquímico que estudou fontes termais desse vulcão.

MINASGERAISITA-(Y) Silicato de ítrio, cálcio e berílio com itérbio e bismuto – $(Y,Yb,Bi)_2CaBe_2Si_2O_{10}$ –, monocl., do grupo da gadolinita, descoberto em um pegmatito de Timóteo, MG (Brasil).

minasita V. *diáporo*. De *Minas* Gerais (Brasil).

MINASRAGRITA Sulfato hidratado de vanadila – $VO(SO_4) \cdot 5H_2O$ –, monocl., trimorfo da anortominasragrita e da ortominasragrita. Descoberto em uma mina de vanádio de *Minasragra* (daí seu nome), perto de Cerro de Pasco

(Peru), onde ocorre como eflorescências azuis.

MINEEVITA-(Y) Mineral de fórmula química $Na_{25}Ba(Y,Gd,Dy)_2(CO_3)_{11}(HCO_3)_4(SO_4)_2F_2Cl$, hexag., descoberto na península de Kola (Rússia).

MINEHILLITA Silicato de fórmula química $(K,Na)_2Ca_{28}Zn_5Al_4Si_{40}O_{112}(OH)_{16}$, trig., descoberto em Sussex, New Jersey (EUA). Incolor, com clivagem perfeita na base. Dur. 4. D. 2,9. Br. muito nacarado na clivagem. Fluorescência violeta à luz UV. Nome derivado de *Mine Hill*, onde foi descoberto.

mineirinha V. *são tomé*.

mineral Substância sólida, natural, inorgânica, de composição química definida, geralmente com estrutura interna regular (cristalina). A International Mineralogical Association propôs, em 1998, a seguinte definição de substância mineral: "Sólido natural formado por processos geológicos, na Terra ou em corpos extraterrestres". O mercúrio é o único mineral líquido. A água não é um mineral, mas o gelo, sim. Tampouco são minerais o petróleo e os materiais betuminosos. As substâncias sem estrutura cristalina podem ser metamictas (eram cristalinas, mas tiveram sua estrutura destruída por uma radiação ionizante) ou amorfas (nunca foram cristalinas). Estas últimas são chamadas por alguns autores de mineraloides. Substâncias de origem extraterrestre, como a tranquilidita, são minerais porque parecem ter sido formadas por processos similares aos processos geológicos. Não são minerais as substâncias fabricadas pelo homem, ainda que idênticas a minerais. Estas podem ser chamadas pelo nome do mineral correspondente, desde que a ele se acrescente o adjetivo *sintético* (ex.: esmeralda sintética; diamante sintético etc.). Substâncias formadas por processos geológicos que agiram sobre objetos manufaturados (ex.: romarchita e hidrorromarchita) foram aceitas como minerais no passado, mas casos semelhantes não o são mais desde 1995.

Substâncias formadas por processo totalmente biológico, como pérola, cálculo renal, coral, conchas etc., não são minerais; já aquelas formadas por um processo geológico sobre substância orgânica, como a struvita, são. Substâncias formadas pelo fogo de incêndios (em minas, por ex.) não são aceitas como minerais porque nem sempre se pode caracterizar o fenômeno como combustão espontânea. Substâncias como limonita, bauxita e lápis-lazúli não são minerais, ainda que possam ter sido assim consideradas no passado por serem, na verdade, misturas de substâncias minerais.

mineral acessório Mineral que ocorre em uma r. em quantidade tão pequena que não influencia na sua classificação. Cf. *mineral essencial, mineral formador de rocha*.

mineral argiloso Designação genérica para os membros de um grupo complexo de silicatos, principalmente de alumínio, às vezes com magnésio e ferro. São finamente cristalinos, metacoloidais ou amorfos, monocl. Geralmente produtos de alteração de silicatos primários. Absorvem água e ferro.

mineral decorativo Mineral usado principalmente para decoração de interiores, como ágata, sodalita e quartzo rosa.

mineral essencial Mineral cuja presença ou ausência decide o nome a ser dado a uma r. Não é necessariamente abundante. Cf. *mineral acessório, mineral formador de rocha*.

mineral formador de rocha Designação comum a pouco mais de 30 minerais que, por sua abundância e frequência, são os principais constituintes da maior parte das r. São principalmente silicatos, carbonatos e óxidos; secundariamente, fosfatos, sulfatos e cloretos. Cf. *mineral acessório, mineral essencial*.

mineral garimpável Aquele que a legislação brasileira permite extrair sob o regime de Permissão de Lavra Garimpeira. São garimpáveis: ouro, diamante, cassiterita, columbita, tantalita e volframita, exclusivamente nas formas aluvionar, eluvionar e coluvionar; scheelita, rutilo, qz., berilo, moscovita, espodumênio, lepidolita, feldspato, mica e as demais gemas, em tipos de ocorrência que vierem a ser indicados pelo Departamento Nacional de Produção Mineral (Decreto n. 98.812, de 9.1.1990).

mineral-gema Mineral que pode ser usado como gema. Alguns minerais-gema são usados também como pedras ornamentais, e há materiais que, embora sejam r., como o lápis-lazúli, são considerados minerais-gema. Sin. de *pedra-gema*.

mineralight Nome coml. de uma lâmpada de luz UV, usada frequentemente para testar a fluorescência de gemas e na pesquisa de minerais fluorescentes.

mineral-minério Mineral do qual se pode extrair economicamente um ou mais metais. *Lato sensu*, é qualquer mineral de valor econômico.

mineralogia Ramo da Geologia que estuda os minerais.

mineraloide Nome dado por alguns autores às substâncias sólidas, naturais, inorgânicas, de composição química definida, mas sem estrutura cristalina.

mineral primário Mineral que se formou na mesma ocasião que a r. que o contém e que mantém sua forma e composição originais. Cf. *mineral secundário*.

mineral secundário Mineral que se formou após a formação da r. que o contém e geralmente às expensas de outro mineral. Cf. *mineral primário*.

minervita 1. Nome comum a uma série de fosfatos hidratados de alumínio e potássio derivados de guano e outras fontes (English, 1939). 2. Sin. de *taranakita*. De Grotto de *Minerve*, França (Dana e Dana, 1966).

MINGUZZITA Oxalato hidratado de potássio e ferro – $K_3Fe(C_2O_4)_3.3H_2O$ –, em cristais monocl. verdes. Descoberto na ilha de Elba (Itália) e assim chamado em homenagem a Cano *Minguzzi*, professor italiano.

MÍNIO Óxido de chumbo – Pb_3O_4 –, com 90,6% Pb. Secundário, geralmente produto de alteração de galena ou cerussita. Tetrag., vermelho-escarlate ou vermelho-alaranjado. Do lat. *miniaria* (mina de mercúrio), porque designava inicialmente o cinábrio.

MINNESOTAÍTA Silicato básico de ferro com magnésio – $(Fe,Mg)_3Si_4O_{10}(OH)_2$ –, tricl., cinza-esverdeado, que forma agulhas ou placas microscópicas, aqueles em feixes ou em disposição radial. De *Minnesota* (EUA), onde ocorre em minérios de ferro.

MINRECORDITA Carbonato de cálcio e zinco – $CaZn(CO_3)_2$ –, trig., do grupo da dolomita. É branco-leitoso, com br. nacarado ou incolor, em cristais de até 0,5 mm, com uma clivagem perfeita. D. 3,4. Dissolve-se rapidamente em ác. quentes e lentamente em HCl diluído. Descoberto em Tsumeb (Namíbia) e assim chamado em homenagem à revista *Min*eralogical *Record*.

MINYULITA Fosfato hidratado de potássio e alumínio – $KAl_2(PO_4)_2(F,OH).4H_2O$ –, ortor., que forma agulhas reunidas em agregados de disposição radial. Dur. 3,5. D. 2,45. Br. sedoso. Produto de alteração da glauconita. De *Minyulo* Well, Dandaragan (Austrália), onde ocorre.

MIRABILITA Sulfato hidratado de sódio – $Na_2SO_4.10H_2O$ –, monocl., encontrado como resíduo eflorescente em lagos, salinas e fontes. Branco ou amarelo, solúvel em água fria. Usado em vidros, tintas, medicamentos e para obtenção de sódio. De "Sal *Mirabile*!", expressão usada por Glauber quando o obteve, inadvertidamente, em laboratório. Sin. de *sal de glauber*.

miridis (nome coml.) V. *titânia*.

MISENITA Sulfato ác. de potássio – $K_8H_6(SO_4)_7$ –, monocl., em fibras sedosas brancas. De *Miseno*, Nápoles (Itália), onde foi descoberto. Não confundir com *miserita*.

MISERITA Silicato básico de potássio e cálcio com cério – $K(Ca,Ce)_6Si_8O_{22}(OH)_2$ –, tricl., de cor rósea. Descoberto em Hot Springs, Arkansas (EUA), e assim chamado em homenagem a Hugh

D. *Miser*, geólogo norte-americano. Não confundir com *misenita*.

mispíquel Sin. de *arsenopirita*, nome preferível. Do al. *Missipickel*.

mitchellita 1. Var. de cromita rica em magnésio. 2. V. ¹*espinélio*. Homenagem a Elisha *Mitchell*, professor norte-americano.

MITRIDATITA Fosfato hidratado de cálcio e ferro – $Ca_2Fe_3(PO_4)_3O_2.3H_2O$ –, monocl., produto de alteração da vivianita. Forma nódulos e massas semelhantes a goma ou cristais vermelho-escuros a vermelho-bronzeados, em *Mitridat* (daí seu nome), montanhas da Crimeia (Ucrânia). Cf. *robertsita*.

MITRYAEVAÍTA Mineral de fórmula química $Al_{10}[(PO_4)_{8,7}(SO_3OH)_{1,3}]_{E10}AlFe_3.30H_2O$ –, tricl., descoberto no Casaquistão.

MITSCHERLICHITA Cloreto hidratado de potássio e cobre – $K_2CuCl_4.2H_2O$ –, tetrag., azul-esverdeado. Descoberto no Vesúvio (Itália) e assim chamado em homenagem a Eilhard *Mitscherlich*, químico e cristalógrafo alemão.

MIXITA Arsenato básico hidratado de bismuto e cobre – $BiCu_6(AsO_4)_3(OH)_6.3H_2O$ –, hexag., acicular, verde, verde-azulado ou esbranquiçado. Descoberto em Jachymov (República Checa) e assim chamado em homenagem a A. *Mixa*. O grupo da mixita compreende mais seis arsenatos hexag. e mais dois fosfatos, igualmente hexag.

mizonita Sin. de *dipiro*. Do gr. *meizon* (maior).

mococoró (gar.) 1. Fração fina e cinzenta do cascalho, onde fica o diamante. 2. (gar., MT) Bloco de conglomerado diamantífero. 3. (gar., BA) Nível de alteração de cor esverdeada, rosa, alaranjada ou acinzentada, argilo-arenocascalhoso, que ocorre na base do cascalhão com emburrado.

MOCTEZUMITA Telurato de chumbo e uranila – $Pb(UO_2)_3(TeO_3)_2$ –, monocl., encontrado em pequenas lâminas e rosetas de cor alaranjada, clivagem (100) perfeita. Dur. em torno de 3,0. D. 5,73. De *Moctezuma*, mina de Sonora (México), onde foi descoberto.

MODDERITA Arseneto de cobalto – CoAs –, ortor., de cor azulada, que ocorre com nicolita. Descoberto em Witwatersrand (África do Sul).

MOELOÍTA Sulfeto de chumbo e antimônio – $Pb_6Sb_6S_{14}(S_3)$ –, ortor., descoberto em uma mina de mármore da Toscânia (Itália).

mohavita Sin. de *tincalconita*. De *Mohave*, deserto da Califórnia (EUA).

mohawkita Var. niquelífera e cobaltífera de domeikita. De *Mohawk*, mina de Keweenaw, Michigan (EUA).

MOHITA Sulfeto de cobre e estanho – Cu_2SnS_3 –, tricl., que forma pequenos grãos, geralmente alongados, com até 0,08 mm, em minérios de Kochbulak (Usbequistão). Tem cor cinza com tons esverdeados. Homenagem a Gunter *Moh*, o primeiro a sintetizar a substância.

MOHRITA Sulfato hidratado de amônio e ferro – $(NH_4)_2Fe(SO_4)_2.6H_2O$ –, monocl., verde-claro, do grupo da picromerita. Forma lâminas irregulares de br. vítreo, D. 1,8-1,9, com clivagem (102) perfeita e (010) boa, encontradas na Toscânia (Itália). Homenagem a Karl F. *Mohr*, químico alemão. Não confundir com *mooreíta*, *mourita*.

mohsita Var. de crichtonita com chumbo da série senaíta-crichtonita.

MOISSANITA Carboneto de silício – α-SiC –, hexag., de cor verde ou preta, br. adamantino. Dur. 9,2. IR 2,650-2,690. Disp. 0,104. Suas ligações atômicas são muito semelhantes às do diamante, sendo, por isso, algumas vezes incluído entre os elementos nativos. Muito raro, foi descoberto inicialmente no meteorito Canyon Diablo, mas ocorre também em alguns kimberlitos. É sintetizado e vendido sob o nome de carborundo. A moissanita sintética de qualidade gemológica é a gema que mais se assemelha ao diamante, sendo difícil separá-la deste com base na condutibilidade térmica. Mas, ao contrário do diamante, é anisótropa e mostra duplicação das arestas do pavilhão quando examinada a olho nu ou com dez aumentos. Além disso, tem D. 3,22, semelhante à do diamante, mas flutua no iodeto de metileno, enquanto o diamante afunda. É produzida nos EUA desde 1998 e usada também como abrasivo e semicondutor. Homenagem a Henry *Moissan*, seu descobridor.

mokhaíta V. *ágata-musgo*. De *Mokha* (Al Mukhã), cidade do Iêmen, onde ocorre.

moldavito Um dos quatro principais tectitos conhecidos e o primeiro a ser descoberto. Tem 77,75% SiO_2, 12,90% Al_2O_3, 3,05% CaO, além de óxidos de potássio, ferro, magnésio e sódio. É verde-amarelado, raramente marrom, transp. a transl., medindo sempre 3 cm ou menos, com 8 g em média e mostrando grande var. de formas. Tem bolhas de ar onde a pressão é 20 vezes menor que a pressão atmosférica, o que pode significar que se formou em atmosfera muito rarefeita. Dur. 5,5. D. 2,40. IR 1,480-1,520. Mostra linhas de fluxo e bolhas, como os vidros artificiais. A superfície é marcada por numerosos sulcos e pequenas crateras circulares ou elípticas. É o tectito mais usado como gema, havendo esse uso diminuído muito, em consequência do emprego de falsificações feitas com vidros de garrafa. Na década de 1980, porém, a procura aumentou e vem sendo agora usado também no estado bruto. De *Moldávia*, rio da Morávia (República Checa), onde ocorre. Sin. de *crisólita da boêmia, crisólita-d'água, falsa-crisólita, meteorito de vidro, pedra-garrafa,* [1]*pseudocrisólita, vitavito*.

mole Diz-se das faixas mais porosas da ágata, nas quais a absorção de corantes artificiais é mais fácil. Antôn. de *dura*.

moledo 1. (gar.) Material que, ao ser escavado, resiste à enxada, mas pode ser desagregado a picareta. Trata-se, geralmente, de r. decomposta. 2. Nome coml. de um granito ornamental de cor cinza, do Brasil.

molengraffita Sin. de *lamprofilita*.

MOLIBDENITA Sulfeto de molibdênio – MoS_2 –, hexag. e trig., dimorfo da jordisita. É semelhante à grafita, mas azulado, mais denso (4,70-4,80) e com traço esverdeado. Forma geralmente massas foliadas ou escamas de tato untuoso, sécteis, moles (1,0-1,5), com clivagem micácea perfeita, flexíveis e inelásticas, de br. metálico. Polimorfo da jordisita e da molibdenita-3R. Ocorre em pegmatitos e veios de qz. Mineral-minério de molibdênio (60% Mo) e de rênio. Do gr. *molybdos* (chumbo), por sua aparência. Não confundir com *molibdomenita*.

MOLIBDITA 1. Óxido de molibdênio – MoO_3 –, ortor., descoberto em um veio de qz. com molibdenita, perto do contato com um *greisen*. Forma agulhas finas, amarelo-esverdeado-claras ou placas delgadas, estriadas, transp., flexíveis, de br. adamantino, com clivagens (100) perfeita e (001) boa. 2. Sin. obsol. de *ferrimolibdita*.

MOLIBDOFILITA Silicato básico de chumbo e magnésio – $Pb_3Mg_3Si_8O_8(OH)_8$ –, hexag., de cor branca, verde-clara ou incolor, em massas foliadas irregulares com clivagem basal perfeita. Dur. 3-4. D. 4,7. Do gr. *molybdos* (chumbo) + *phyllon* (folha).

MOLIBDOFORNACITA Molibdato-arsenatodechumboecobre–$Pb_2CuAsO_4MoO_4(OH)$ –, que cristaliza em pequenas lâminas monocl., transp., sobre dioptásio, na zona de oxidação da mina Tsumeb, na Namíbia. Tem cor verde-clara, D. 6,6, br. adamantino, traço amarelo, frat. conchoidal, sem clivagem. Dur. 2-3. Cf. *fornacita, vauquelinita*.

MOLIBDOMENITA Selenato de chumbo – $PbSeO_3$ –, monocl., em cristais similares aos da cerussita. Branco ou amarelo-esbranquiçado. Descoberto em Mendoza (Argentina). Do gr. *molybdos* (chumbo) + *Mene* (Lua). Sin. de *glasbachita*. Não confundir com *molibdenita*.

molibdossodalita Var. de sodalita com 2,87% de MoO_3 e certa quantidade de cloro. De *molibdênio + sodalita*.

MOLISITA Cloreto de ferro – $FeCl_3$ –, hexag., vermelho-amarronzado ou amarelo, descoberto no Vesúvio (Itália).

Do gr. *molisis* (mancha), porque ocorre como manchas nas lavas.
MOLURANITA Molibdato hidratado de urânio – $H_4U(UO_2)_3(MoO_4)_7 \cdot 18H_2O$ –, amorfo, preto. Descoberto no Transbaikal (Rússia). De *mo*libdênio + *ur*ânio + *ita*.
momme Unidade de massa utilizada no mercado japonês de pérolas cultivadas, equivalente a 3,75 g, 18,75 ct ou 75 grãos.
monalbita Polimorfo de alta temperatura da albita. Monocl. Forma série isomórfica com a sanidina. De *mon*oclínico + *albita*.
MONAZITA-(Ce) Fosfato de cério com lantânio e neodímio – $(Ce,La,Nd)PO_4$ –, monocl., geralmente em pequenos cristais paramagnéticos, normalmente marrons ou amarelos. Dur. 5,0-5,5.D. 4,90-5,30. Br. subadamantino a resinoso, frat. conchoidal e traço marrom-amarelado. O tório aparece como impureza, substituindo os metais de TR. É a principal fonte de ambos, sendo acessório comum em granitos, gnaisses e pegmatitos. Presente também em areias e cascalhos. Do gr. *monaidzen* (estar só), por ser raro nos locais onde foi descoberto. Sin. de *criptolita, edwardsita, eremita, fosfocerita, korarfveíta, llallagualita, mengita, turnerita, urdita*. O grupo das monazitas compreende mais nove minerais monocl., de fórmula geral ABO_4, onde A = Bi, Ca, Ce, La, Nd ou Th, e B = As, P ou Si.
MONAZITA-(La) Fosfato de lantânio com cério e neodímio – $(La,Ce,Nd)PO_4$ –, monocl., do grupo das monazitas. Cf. *monazita-(Ce), monazita-(Nd), monazita--(Sm)*.
MONAZITA-(Nd) Fosfato de neodímio com lantânio e cério – $(Nd,La,Ce)PO_4$ –, monocl., finamente granulado, descoberto em Val Formazza (Itália). Pertence ao grupo das monazitas. Cf. *monazita--(Ce), monazita-(La), monazita-(Sm)*.
MONAZITA-(Sm) Fosfato de samário com gadolínio e cério – $(Sm,Ga,Ce)PO_4$ –, monocl., finamente granulado, do grupo das monazitas, descoberto em um pegmatito granítico de Manitoba (Canadá). Cf. *monazita-(Ce), monazita--(Nd), monazita-(La)*.
monchão (gar., MT e MG) Depósito de diamante em zona seca e elevada.
MONCHEÍTA Telureto de platina – $PtTe_2$ –, trig., reconhecido só em lâmina delgada. Tem cor cinza-aço e contém 26,6% Pt. Forma cristais de até 1 mm, euédricos a subédricos, com clivagem basal. De *Monchegorsk*, península de Kola (Rússia), onde foi descoberto.
MONETITA Fosfato ác. de cálcio – $CaHPO_4$ –, tricl., branco-amarelado, com três clivagens pinacoidais. Um dos constituintes dos cálculos renais. De *Moneta* e *Mona*, ilhas do mar do Caribe, em Porto Rico.
MONGOLITA Silicato básico hidratado de cálcio e nióbio – $Ca_4Nb_6Si_5O_{24}(OH)_{10} \cdot 5-6H_2O$ –, tetrag., descoberto em Gobi, na *Mongólia* (daí seu nome).
monheimita Var. de smithsonita contendo carbonato de ferro como mistura isomórfica.
MONIMOLITA Antimonato de chumbo – $Pb_2Sb_2O_7$ ou $Pb_2Sb_2O_8$ –, cúb., provavelmente uma var. de bindheimita. Amarelado, amarronzado ou esverdeado. Do gr. *monimos* (estável), porque só se decompõe quimicamente com muita dificuldade, + *lithos* (pedra).
monita Var. de colofano terroso. De *Mona*, ilha do Mar do Caribe, onde ocorre.
monoclínico 1. Sistema cristalino com três eixos cristalográficos de comprimentos diferentes, sendo $\alpha = \gamma = 90°$ e $\beta \neq 90°$. **2.** Diz-se dos minerais que cristalizam no sistema monocl., como a jadeíta, o espodumênio, o ortoclásio e o euclásio, e de seus cristais. Do gr. *mónos* (único) + *klino* (inclinação).
MONO-HIDROCALCITA Carbonato hidratado de cálcio – $CaCO_3 \cdot H_2O$ –, hexag., formado possivelmente por precipitação a partir de água fria, em contato com o ar. Idêntico ao similar obtido sinteticamente, mas com sinal

óptico oposto (positivo). É raro e foi descoberto em sedimentos do lago Issyk-Kul, em Kirgizia (Rússia). Do gr. *mónos* (único) + *hydor* (água) + *calcita*, por sua composição.
monométrico Sin. de cúbico. Do gr. *mónos* (único) + *métron* (medição), por ter uma só dimensão principal. Cf. *dimétrico*, *trimétrico*.
monotermita V. *illita*. Do gr. *mónos* (único) + *therme* (calor), porque só tem um efeito endotérmico, ao contrário da caulinita, à qual se assemelha, que tem dois.
monrepita Nome de uma espécie de mica preta, com ferro, de *Monrep* (Finlândia).
monsmedita Sulfato hidratado de potássio e tálio – $K_2OTl_2O_3(SO_3)_8.15H_2O$.
MONTANITA Telurato hidratado de bismuto – $Bi_2TeO_6.2H_2O$ –, monocl. (?), em crostas terrosas, brancas. De *Montana* (EUA), onde foi descoberto.
MONTBRAYITA Telureto de ouro com antimônio – $(Au,Sb)_2Te_3$ –, tricl., com 44,3% Au. Forma grãos irregulares ou massas em Montbray, Quebec (Canadá). É um mineral muito frágil, opaco, resistente ao ataque por HCl, KCN, KOH e outros reagentes. Dur. 2,5. D. 9,94. Tem cor branco-amarelada, br. metálico, frat. plano-conchoidal, três clivagens. Sob ação do ác. nítrico, mostra forte efervescência, com formação de uma mancha marrom-amarelada. Da mina Robb *Montbray* (Canadá).
MONTDORITA Silicato de fórmula química $KFe_{1,5}Mn_{0,5}Mg_{0,5}[\ ]_{0,5}Si_4O_{10}F_2$, monocl., do grupo das micas. Forma grãos de até 0,025 mm em riolito peralcalino (comendito), perto de La Bourboule (França), no vulcão *Mont Dore* (daí seu nome). Tem cor verde a verde-amarronzada e D. 3,15.
MONTEBRASITA Fosfato básico de lítio e alumínio com sódio – $(Li,Na)AlPO_4(OH,F)$ –, tricl., do grupo da ambligonita, com a qual forma série isomórfica. Mineral-minério de lítio que ocorre em massas irregulares de 40-60 cm ou cristais subédricos. Branco ou cinza, com tons amarelados, esverdeados ou azulados. De *Montebras*, Creuse (França), onde foi descoberto. Cf. *natromontebrasita*.
MONTEPONITA Óxido de cádmio – CdO –, cúb., que forma octaedros densos (8,10-8,20), sécteis, descoberto em *Monteponi* (daí seu nome), Sardenha (Itália).
MONTEREGIANITA-(Y) Silicato hidratado de sódio, potássio e ítrio – $Na_4K_2Y_2Si_{16}O_{38}.10H_2O$ –, monocl., pseudo-ortor., incolor, branco ou cinza, raramente verde. O traço é branco e o br., vítreo ou sedoso. Clivagens (010), (001) e (100) boas a perfeitas. Dur. 3,5. D. 2,42. Forma feixes de cristais aciculares ou tabulares alongados e massas micáceas irregulares. Aparece em sienitos nefelínicos de Rouville, Quebec (Canadá), nos montes *Monteregian* (daí seu nome).
montesita Sulfeto de chumbo e estanho – $PbSnS_5$ –, talvez herzenbergita com Pb.
MONTESOMMAÍTA Aluminossilicato hidratado de potássio – $K_9[Al_9Si_{23}O_{64}].10H_2O$ – ortor., pseudotetrag., do grupo das zeólitas, descoberto em *Monte Somma* (daí seu nome), no Vesúvio (Itália).
MONTGOMERYÍTA Fosfato básico hidratado de cálcio, magnésio e alumínio – $Ca_4MgAl_4(PO_4)_6(OH)_4.12H_2O$ –, maciço ou em cristais monocl. achatados segundo [010], alongados verticalmente, com 0,5-2,0 mm. Verde ou incolor. Homenagem a Arthur *Montgomery*, seu descobridor. O grupo da montgomeryíta inclui mais três fosfatos monocl.: calcioferrita, kingsmountita e zodacita.
MONTICELLITA Silicato de cálcio e magnésio – $CaMgSiO_4$ –, ortor., do grupo das olivinas. Forma série isomórfica com a kirschsteinita. Descoberto no Vesúvio (Itália). Nome derivado de Teodoro *Monticelli*, mineralogista italiano.
montmartrita Var. de gipsita contendo $CaCO_3$. De *Montmartre*, Paris (França).
MONTMORILLONITA Silicato básico hidratado de sódio e alumínio com cálcio

e magnésio – $(Na,Ca)_{0,3}(Al,Mg)_2Si_4O_{10}(OH)_2.nH_2O$ –, monocl., do grupo da esmectita, geralmente branco, cinzento, vermelho ou azul. Estrutura muito semelhante à da pirofilita. Tem muitas aplicações na indústria. Sin. de *askanita*. De *Montmorillón* (França), onde foi descoberto.

montoeira (gar., BA) Concentração de fragmentos rochosos que foram retirados de um canalão.

MONTROSEÍTA Óxido de vanádio e ferro – $(V,Fe)O(OH)$ –, do grupo do diásporo. Ortor., preto, fracamente radioativo, raro. Forma cristais muito pequenos. De *Montrose*, Colorado (EUA), onde foi descoberto.

MONTROYALITA Carbonato básico hidratado de estrôncio e alumínio – $Sr_4Al_8(CO_3)_3(OH,F)_{26}.10\text{-}11H_2O$ –, tricl., descoberto em uma pedreira da ilha de Montreal, Quebec (Canadá).

MONTROYDITA Óxido de mercúrio – HgO –, ortor., cristalizado geralmente em prismas longos, curvos ou retorcidos, vermelho-escuros. Descoberto em Brewster, Texas (EUA), e assim chamado em homenagem a *Montroyd Sharp*, minerador norte-americano.

monzonita Var. de grossulária compacta. De *Monzoni*, Tirol (Áustria), onde ocorre.

MOOIHOEKITA Sulfeto de cobre e ferro – $Cu_9Fe_9S_{16}$ –, tetrag., amarelo, com *tarnish* em marrom-rosado ou púrpura. De *Mooihoek*, Lydenburg, Transvaal (África do Sul), onde foi descoberto.

mookaíta Radiolarito de cores variadas, opalino a calcedônico, usado como pedra ornamental.

MOOLOOÍTA Oxalato hidratado de cobre – $Cu(C_2O_4).nH_2O$, onde n é maior que 0 e menor que 1 –, ortor., descoberto em *Moolo* Downs (daí seu nome), na região ocidental da Austrália.

mooraboolita Zeólita semelhante à natrolita, que ocorre em agregados radiais, com cor branca. De *Moorabool*, rio de Vitória (Austrália).

MOOREÍTA Sulfato básico hidratado de magnésio, zinco e manganês – $Mg_9Zn_4Mn_2(SO_4)_2(OH)_{26}.8H_2O$ –, monocl., branco, de br. vítreo. Descoberto em Sussex, New Jersey (EUA), e assim chamado em homenagem a Gideon *Moore*, químico norte-americano. Não confundir com *mourita, mohrita*.

MOORHOUSEÍTA Sulfato hidratado de cobalto – $CoSO_4.6H_2O$ –, monocl., que forma eflorescências róseas, solúveis em água, de br. vítreo, frat. conchoidal, traço branco. D. 2,50. Ocorre associado à aplowita. Homenagem ao canadense Walter Wilson *Moorhouse*, professor de Geologia da Universidade de Toronto (Canadá).

MOPUNGITA Hidróxido de sódio e antimônio – $NaSb(OH)_6$ –, tetrag., do grupo da stottita, descoberto em Churchill, Nevada (EUA).

mora (gar., RS) Na região de Ametista do Sul, r. marrom, com manchas milimétricas mais escuras, que ocorre junto aos geodos de ametista e que é indício seguro da presença destes.

MORAESITA Fosfato básico hidratado de berílio – $Be_2PO_4(OH).4H_2O$ –, monocl., acicular, branco, encontrado em esferas de estrutura radial com aproximadamente um centímetro de diâmetro. Raro. Descoberto em Galileia, MG (Brasil), e assim chamado em homenagem a Luciano Jacques de *Moraes*, geólogo brasileiro.

moravita Silicato de alumínio e ferro – $H_4Fe_2(Al,Fe)_4Si_7O_{24}$ –, do grupo das cloritas. Preto, micáceo. De *Morávia* (República Checa).

MORDENITA Aluminossilicato hidratado de sódio com cálcio e potássio – $(Na_2,Ca,K_2)[Al_8Si_{40}O_{96}].28H_2O$ –, ortor., do grupo das zeólitas. Forma concreções reniformes ou hemiesféricas fibrosas, às vezes pequenos cristais semelhantes aos de heulandita. Dur. 3-4. D. 2,15. Clivagem perfeita segundo (010). Branco, amarelado ou rosa. No Japão, é usado na agricultura e na pecuária. Da localidade de *Morden*. Sin. de *flokita, arduinita, ptilolito*. □

MOREAUITA Fosfato básico hidratado de alumínio e uranila – $Al_3(UO_2)(PO_4)_3$

$(OH)_2.13H_2O$ –, monocl., descoberto em Kivu (R. D. do Congo).

MORELANDITA Arsenato-fosfato de bário com cálcio e chumbo – $(Ba,Ca,Pb)_5(AsO_4,PO_4)_3Cl$ –, hexag., do grupo da apatita. Ocorre como massas irregulares em calcita. Amarelo-claro a cinza, com traço branco, br. vítreo a graxo. Dur. 4,5. D. 5,33. Homenagem a Grover C. *Moreland*, do Museu Nacional de História Natural, da Smithsonian Institution, Washington (EUA).

morencita V. *nontronita*. De *Morenci*, Arizona (EUA).

MORENOSITA Sulfato hidratado de níquel – $NiSO_4.7H_2O$ –, podendo conter boa quantidade de magnésio. Ortor., verde-maçã ou verde-claro, solúvel em água fria. Descoberto na Galícia (Espanha) e assim chamado em homenagem a Antonio *Moreno* Ruiz, farmacêutico e químico espanhol. Sin. de *piromelina*.

morganita Var. gemológica de berilo de cor salmão, em razão da presença de manganês ou césio. É fluorescente aos raios X. Dur. 7,5-8,0. D. 2,75-2,80. IR 1,577-1,583. Bir. 0,004. U(–). Disp. 0,014. Morganitas de excelente qualidade são encontradas nos EUA (Califórnia) e em Madagascar. No Brasil, ela ocorre em Minas Gerais. As de Barra de Salinas, naquele Estado, devidamente tratadas, adquirem bela cor azul-violeta (v. *halbanita*). A morganita de cor rósea encontrada no comércio é resultado de tratamento térmico. Gemas lapidadas de 1 ct a 20 ct valem entre US$ 1 e US$ 180/ct. Homenagem a J. P. *Morgan*, investidor norte-americano e um dos mais importantes colecionadores de gemas e minerais. Sin. de *vorobyevita*, *rosterita*.

MORIMOTOÍTA Silicato de cálcio, titânio e ferro – $Ca_3TiFeSi_3O_{12}$ –, cúb., do grupo das granadas, descoberto na província de Okayama (Japão).

MORINITA Fluorfosfato básico hidratado de sódio, cálcio e alumínio – $NaCa_2Al_2(PO_4)_2(OH)F_4.2H_2O$ –, monocl., com pequena quantidade de lítio. É lamelar, tem dur. 3,5-4,5, D. 2,95, br. vítreo ou nacarado. Raro. Produto de alteração da ambligonita. Do fr. *morinite*. Sin. de *jezekita*.

mórion V. *quartzo-mórion*. Corruptela do lat. *mormorion*.

morocochita Sin. de *matildita*. De *Morococho* (Peru), perto de onde foi descoberto.

moroxita Var. de apatita verde-azulada.

MOROZEVICZITA Sulfeto de chumbo e germânio com ferro – $(Pb,Fe)_3Ge_{1-x}S_4$ –, onde x = 0,18 a 0,69. Cúb., isomorfo da polkovicita. Cinza-amarronzado com traço cinza-escuro, opaco, sem clivagem. D. 6,6. Homenagem a Josef *Morozevicz*, professor de Mineralogia.

morrudo (gar., RS) Na região de Ametista do Sul, geodo de pequenas dimensões.

mosaico Nome coml. que designa joias feitas no Piauí (Brasil), com fragmentos de opala colados sobre uma matriz e recobertos por vidro.

mosaico português 1. Nome coml. de um arenito branco, creme, amarelo ou vermelho, encontrado no Brasil, usado como pedra ornamental. **2.** Nome coml. de um diabásio preto do Brasil, usado como pedra ornamental.

MOSANDRITA Silicato complexo de fórmula química $(H_3O,NaCa)_3Ca_3REE(Ti,Zr)(Si_2O_7)_2(O,OH,F)_4$ (?), monocl., descoberto na Noruega. Homenagem ao químico sueco Carl Gustav *Mosander*. Cf. *nacareniobsita-(Ce)*.

MOSCHELITA Iodeto de mercúrio – Hg_2I_2 –, tetrag., extremamente raro, descoberto em minas de Landsberg, em Ober *Moschel* (daí seu nome), na Renânia-Palatinato (Alemanha).

MOSCHELLANDSBERGITA Amálgama de prata – Ag_2Hg_3 –, cúb., maciço ou granular. Perde mercúrio se não ficar em ambiente escuro, frio e seco. De *Moschellandsberg*, Renânia-Palatinato (Alemanha), onde foi descoberto.

MOSCOVITA Aluminossilicato básico de potássio – $KAl_2(Al,Si_3)O_{10}(OH)_2$ –, do grupo das micas. Monocl., pseudo--hexag., em cristais tabulares de forma rômbica ou hexag., com clivagem micácea. Dur. 2,0-2,5. D. 2,76-3,00. Br. vítreo, mais ou menos nacarado ou sedoso, transp. a transl. Geralmente incolor, esbranquiçado ou marrom-claro. Muito comum em gnaisses, xistos, granitos, pegmatitos e arenitos. Excelente isolante elétrico, sendo usado em condensadores, reostatos, telefones, lâmpadas elétricas e fusíveis. Já se usou também em janelas, como substituto do vidro. De *Moscóvia*. Sin. de *mica branca, moscovita*. ☐

MOSESITA Mineral de fórmula química $Hg_2N(Cl,SO_4,MoO_4,CO_3).H_2O$, cúb., amarelo. Descoberto em Brewster, Texas (EUA), e assim chamado em homenagem ao mineralogista Alfred J. *Moses*. Cf. *gianellaíta, kleinita*.

mosquitinho (gar., RS) Cristais de goethita que aparecem como inclusões pretas ou douradas em ametista ou cristal de rocha, nos garimpos da região do médio-alto Uruguai.

mosquito (gar.) Sin. de *xibiu*.

MOSSITA Mineral raro, quimicamente intermediário entre a tantalita e a tapiolita – $Fe(Nb,Ta)_2O_6$. De *Moss* (Noruega). Sin. de *niobiotapiolita*.

mossottita Var. de aragonita com estrôncio.

MOTTANAÍTA-(Ce) Borossilicato de fórmula química $Ca_4(Ce,Ca)AlBe_2(Si_4B_4O_{23})O_2$, monocl., do grupo da hellandita, descoberto ao norte de Roma (Itália).

MOTTRAMITA Vanadato básico de chumbo e cobre – $PbCu(VO_4)(OH)$ –, ortor., verde a marrom. Forma uma série isomórfica com a descloizita. Mineral-minério de vanádio. Da localidade de *Mottram*, St. Andrews, Cheshire (Inglaterra). Sin. de *cuprodescloizita, psitacinita*.

MOTUKOREAÍTA Carbonato-sulfato básico hidratado de sódio, magnésio e alumínio – $NaMg_{19}Al_{12}(CO_3)_{6,5}(SO_4)_4(OH)_{54}.28H_2O$ –, trig., encontrado em r. basálticas da ilha de Brown, Auckland (Nova Zelândia). Dur. 1,0-1,5 e D. 1,48-1,53. De *Motukorea*, nome maori da ilha de Brown.

MOUNANAÍTA Vanadato básico de chumbo e ferro – $PbFe_2(VO_4)_2(OH)_2$ –, monocl., que cristaliza em lâminas vermelho-amarronzadas. Descoberto na jazida de urânio de *Mounana* (daí seu nome), no Gabão.

MOUNTAINITA Silicato hidratado de cálcio, sódio e potássio – $(Ca,Na_2,K_2)Si_4O_{10}.3H_2O$ –, semelhante às zeólitas, mas sem alumínio. Monocl., fibroso, forma rosetas de até 2 mm. Muito semelhante à natrolita. Homenagem a Edgar D. *Mountain*, professor de Geologia de Grahamstown (África do Sul).

MOUNTKEITHITA Sulfato-carbonato hidratado de fórmula química $(Mg,Ni)_{11}(Fe,Cr,Al)_3(OH)_{24}(SO_4,CO_3)_{3,5}.11H_2O$, hexag., rosa a branco. Descoberto no *Monte Keith* (daí seu nome), na Austrália, onde aparece como agregados e rosetas friáveis, de escamas nacaradas, transl., com clivagem basal perfeita. D. 1,9-2,1. Solúvel em HCl, com efervescência.

MOURITA Molibdato básico de urânio – $UMo_5O_{12}(OH)_{10}$ –, monocl., em nódulos, crostas e placas de cor violeta. Descoberto em Balkhash (Casaquistão). De *mo*libdênio + *urânio* + *ita*. Não confundir com *mohrita, mooreíta*.

MOYDITA-(Y) Carbonato básico de ítrio e boro – $YB(OH)_4(CO_3)$ –, ortor., descoberto em Papineau, Quebec (Canadá).

MOZARTITA Silicato básico de cálcio e manganês – $CaMn(OH)SiO_4$ –, ortor., descoberto em uma mina da Ligúria (Itália).

MOZGOVAÍTA Selenossulfeto de chumbo e bismuto – $PbBi_4(S,Se)_7$ –, ortor., descoberto ao norte da Sicília (Itália).

MPOROROÍTA Vanadato básico hidratado de alumínio com ferro – $(Al,Fe)WO_3(OH)_3.2H_2O$ –, monocl., amarelo-esverdeado, pulverulento, granular muito fino. Produto de alteração da scheelita na mina *Mpororo* (daí seu nome), em Kigezi (Uganda).

MRAZEKITA Fosfato básico hidratado de bismuto e cobre – $Bi_2Cu_3(PO_4)_2O_2(OH)_2.2H_2O$ –, monocl., descoberto em uma mina de Bystrica, na Eslováquia.

MROSEÍTA Carbonato-telurato de cálcio – $CaTeCO_3O_2$ –, ortor., maciço ou com estrutura radial, incolor a branco, br. adamantino. Efervesce ao HCl diluído. Homenagem a Mary M. *Mrose*, mineralogista do USGS.
mtorolita V. *cromocalcedônia*.
MÜCKEÍTA Sulfeto de cobre, níquel e bismuto – $CuNiBiS_3$ –, ortor., descoberto em uma mina de ouro de Siegerland, na Alemanha, e assim chamado em homenagem a Arno *Mücke*, mineralogista alemão. Cf. *lapieíta*.
müllerita Sin. de *schertelita*.
mufula (gar.) Fole para concentração a seco de ouro.
MUIRITA Silicato de bário, cálcio, manganês e titânio – $Ba_{10}Ca_2MnTiSi_{10}O_{30}(OH,Cl,F)_{10}$ –, tetrag., que ocorre em grãos alaranjados, associado à verplanckita, em r. metamórficas de Fresno, Califórnia (EUA), no mesmo local onde foram descobertos outros seis novos minerais de bário. Homenagem a John *Muir*, naturalista norte-americano.
MUKHINITA Silicato básico de cálcio e alumínio com vanádio – $Ca_2(Al_2,V)Si_2O_8(OH)$ –, monocl., do grupo do epídoto, colunar ou acicular. Descoberto na Sibéria (Rússia).
mulato (gar., BA) Jaspe de cor marrom.
mullicita Var. de vivianita em massas cilíndricas.
MULLITA Silicato de alumínio – $Al_{4+2x}Si_{2-2x}O_{10-x}$ –, ortor., descoberto na ilha de *Mull* (daí seu nome), na Escócia. Ocorre como inclusão na sillimanita, andaluzita, cianita e dumortierita. É excelente material refratário, sendo, em geral, obtido por aquecimento intenso da andaluzita ou da sillimanita. Raro. Sin. de *porcelanita*. Cf. ²*keramita*.
MUMMEÍTA Sulfeto de prata, cobre, chumbo e bismuto – $Ag_2CuPbBi_6S_{13}$ –, monocl., do grupo da benjaminita, descoberto em uma mina do Colorado (EUA). Cf. *pavonita, cupropavonita, makovickyíta*.
MUNDITA Fosfato básico hidratado de alumínio e uranila – $Al(UO_2)_3(PO_4)_2(OH)_3.5,5H_2O$ –, ortor., descoberto em Kobokobo, Kivu (R. D. do Congo), onde aparece na forma de placas amarelas, retangulares, com três clivagens perfeitas. O nome homenageia Walter *Mund*, radioquímico da Universidade de Louvain (Bélgica).
MUNDRABILLAÍTA Fosfato ác. hidratado de amônio e cálcio – $(NH_4)_2Ca(HPO_4)_2.H_2O$ –, monocl., dimorfo da swaknoíta. Forma finos cristais incolores, solúveis em água, com D. 2,1, descobertos na Austrália, perto da estação *Mundrabilla* (daí seu nome).
MUNIRITA Óxido hidratado de sódio e vanádio – $NaVO_3.2H_2O$ –, ortor., descoberto em arenitos de Bhimber, Azad Kashmir (Paquistão), onde aparece na forma de agregados fibrorradiados de cristais branco-pérola, com 2-3 mm de comprimento, D. 2,4, solúveis em água e ác. nítrico. Homenagem ao paquistanês *Munir* Ahmad Khan.
munkerudita Fosfato-sulfato de ferro e cálcio de existência duvidosa como espécie. Trata-se, provavelmente, de svanbergita. De *Munkerud* (Suécia).
munkforssita V. *svanbergita*. (Antes considerada espécie nova.) Do fr. *munkforssite*.
muntenita Var. de âmbar de Olanesti (ou *Muntenia*), na Romênia.
murano Arquipélago de sete ilhas da cidade de Veneza (Itália), famoso pela qualidade das obras de arte em vidro que produz. Esse vidro não contém chumbo e sim soda, daí não ser apropriado chamá-lo de cristal de Murano, e sim vidro de Murano. Cf. *swarovski, cristal da boêmia*.
MURATAÍTA Óxido múltiplo de fórmula química $(Y,Na)_6(Zn,Fe)_5(Ti,Nb)_{12}(O,[\ ])_{29}(O,F)_{10}F_4$, cúb., preto, br. submetálico, sem clivagem, com frat. conchoidal. Descoberto em El Paso, Colorado (EUA).
murchisonita 1. Var. de ortoclásio de cor vermelho-carne, com reflexos dourados na direção perpendicular à face (010). 2. Nome dado à adulária e a um

feldspato iridescente de Frederiksvaern (Noruega). De *Murchison*.
MURDOCHITA Óxido de cobre e chumbo – $Cu_6Pb(O_{6,5}[\ ]_{1,5})Cl$ –, cúb., que forma octaedros pretos. Descoberto em uma mina de Pinal, Arizona (EUA).
MURMANITA Silicato hidratado de fórmula química $(Na,[\ ])_2(Na,Ca)_2(Ti,Fe,Mn)_2(Ti,Nb)_2(Si_2O_7)_2O_2(O,OH)_2 \cdot 4H_2O$, tricl., do grupo da lomonosovita. Tem cor violeta, traço vermelho. Dur. 2,0-3,0. D. 2,87. Ocorre em r. alcalinas. De *Murmansk* (Rússia), onde foi descoberto.
muromontita Mineral de composição incerta, talvez silicato de berílio, ferro e ítrio – $Be_2FeY_2(SiO_4)_3$. Pode ser gadolinita. De *Muromontia*, nome latino de Mavesberg.
MURUNSKITA Sulfeto de potássio, cobre e ferro – $K_2Cu_3FeS_4$ –, tetrag., de cor creme-laranja-acinzentado, com *tarnish* igual ao da bornita, br. metálico, formando grãos com menos de 0,001 mm ou agregados de até 0,2 mm em r. feldspáticas do maciço alcalino de *Murun* (Rússia), de onde vem seu nome. Oxida-se facilmente ao ar, tem baixa dur., é frágil e mostra uma clivagem imperfeita. Cf. *talcusita*.
muscovita V. *moscovita*.
musenita V. *linneíta*. Do gr. *musenite*.
musgo jaraguá Nome coml. de uma r. granítica ornamental procedente de Jaraguá do Sul, SC (Brasil).
musgravita Sin. de *magnesiotaaffeita-6N'3S*.

MUSHISTONITA Hidróxido de cobre e estanho – $CuSn(OH)_6$ –, cúb., do grupo da schoenfliesita, descoberto na jazida de *Mushiston* (daí seu nome), no Tajiquistão.
MUSKOXITA Óxido hidratado de magnésio e ferro – $Mg_7Fe_4O_{13} \cdot 10H_2O$ –, trig. (?), marrom-avermelhado, de br. vítreo, com traço marrom-laranja e dur. em torno de 3. Clivagem basal perfeita. Forma agregados de pequenos cristais, menos frequentemente placas individuais de contorno hexag., em *Muskox*, corpo intrusivo do norte do Canadá, de onde vem seu nome.
MUTHMANNITA Telureto de prata e ouro – (Ag,Au)Te –, descoberto nas montanhas Metaliferi (Romênia). Monocl. (?), forma cristais tabulares cinza-esbranquiçados de D. desconhecida, com dur. 2,5 e uma clivagem perfeita. Homenagem a W. *Muthmann*, químico e cristalógrafo alemão.
MUTINAÍTA Aluminossilicato hidratado de sódio e cálcio – $Na_3Ca_4[Al_{11}Si_{85}O_{192}] \cdot 60H_2O$ –, ortor., do grupo das zeólitas, descoberto na Antártica.
myrickita Nome dado à calcedônia, à opala-comum e ao qz. maciço, cinzentos ou esbranquiçados, contendo cinábrio de cor avermelhada ou rosa, irregularmente distribuído como inclusão ou intercrescimento. Sin. de (no caso da opala) *opalita*.

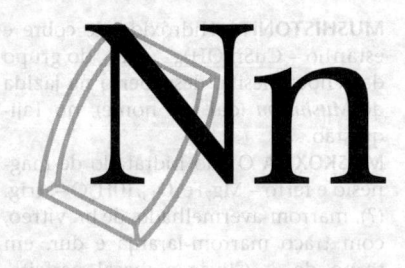

NABAFITA Fosfato hidratado de sódio e bário – $NaBaPO_4.9H_2O$ –, cúb., descoberto em cavidades de um pegmatito que corta ijolito-urtito na península de Kola (Rússia). Tem br. vítreo, dur. 2,0, aproximadamente. D. 2,3, frat. escalonada, semiconchoidal e clivagem (100) boa. É incolor, solúvel em HCl e HNO_3 a frio e diluídos; desidrata-se facilmente ao ar e decompõe-se na água, dando uma solução alcalina. Nome derivado da composição: *Na + Ba +* nastro*fita*, por ser uma nastrofita rica em bário.

NABESITA Silicato hidratado de sódio e berílio – $Na_2BeSi_4O_{10}.4H_2O$ –, ortor., do grupo das zeólitas, descoberto na Groenlândia (Dinamarca). Nome derivado da fórmula: *Na + Be + Si.* Cf. *weinebeneíta.*

NABIASITA Vanadato básico de bário e manganês com arsênio – $BaMn_9[(V,As)O_4]_6(OH)_2$ –, cúb., descoberto nos Pirineus franceses.

NABOKOÍTA Sulfato de cobre, telúrio e potássio – $Cu_7TeO_4(SO_4)_5KCl$ –, tetrag., que forma série isomórfica com a atlasovita. Descoberto em fumarolas do vulcão Tolbachik, na península de Kamchatka (Rússia). Assim chamado em homenagem a Sofya *Naboko,* vulcanóloga russa.

NACAFITA Fluorfosfato de sódio e cálcio – $Na_2Ca(PO_4)F$ –, tricl., pseudo-ortor., incolor, insolúvel em água, de br. vítreo, frat. conchoidal, D. 2,9 e dur. 3. Forma inclusões de 1 mm em termonatrita de pegmatitos do monte Rasvumchorr, na península de Kola (Rússia). Nome derivado da fórmula química: *Na + Ca +* fosfato *+ ita.*

nácar Principal constituinte das pérolas, formado por lamelas de aragonita sobrepostas e paralelas à sua superfície externa. É o nácar que dá à pérola br. e iridescência.

NACARENIOBSITA-(Ce) Silicato de fórmula química $Na_3Ca_3(Ce,La)(Nb,Ti)(Si_2O_7)OF_3$, monocl., descoberto na Groenlândia (Dinamarca). Cf. *mosandrita, rinkita.*

NACRITA Silicato básico de alumínio – $Al_2Si_2O_5(OH)_4$ –, monocl., polimorfo da caulinita, da dickita e da halloysita. Descoberto em Freiberg, Saxônia (Alemanha). Do fr. *nacrite,* de *nacre* (nácar).

NADORITA Oxicloreto de chumbo e antimônio – $PbSbO_2Cl$ –, ortor., amarelo-amarronzado. De Djebel *Nador,* Constantine (Argélia), onde foi descoberto. Sin. de *ocrolita.* Cf. *thorikosita.*

naegita Var. de zircão com tório e urânio. De *Naegi,* mina de estanho de Takayama, Mino (Japão).

NAFERTISITA Silicato hidratado de sódio, ferro e titânio – $Na_3Fe_6(Ti_2Si_{12}O_{34})(O,OH)_7.2H_2O$ –, monocl., descoberto na península de Kola (Rússia). Nome derivado da composição química: *Na + Fe + Ti + Si.*

NAGASHIMALITA Mineral de fórmula química $Ba(V,Ti)_4Si_8B_2O_{27}Cl(O,OH)_2$, ortor., preto-esverdeado com traço verde, br. submetálico a vítreo, sem clivagem, com dur. 6 e D. 4,1, que ocorre na forma de cristais tabulares ou agregados subparalelos em Gunma (Japão), incluído em rodonita maciça. O nome é homenagem a Otokichi *Nagashima,* primeiro mineralogista amador japonês. Cf. *taramellita, titanotaramellita.*

nagatelita Var. fosfatada de allanita. De *Nagatejima,* Ishikawa, Twaki (Japão). Sin. de *fosforortita.*

NAGELSCHMIDTITA Solução sólida de fosfato e silicato de cálcio – $Ca_{3,5}SiO_4PO_4$ –, encontrada como grãos anédricos de até 0,15 mm em r. da Formação Hatrurim (Israel). Cf. *hatrurita.*

NAGYAGITA Sulfeto de telúrio e chumbo com ouro e antimônio – (Te,Au)Pb(Pb,Sb)S_2 –, monocl., que forma cristais foliados segundo (010), constituindo, em geral, pequenas lâminas flexíveis entrecruzadas ou agregados disseminados. Tem cor cinza-escuro, traço preto-acinzentado, clivagem (010) perfeita, br. metálico (intenso em superfície fresca). Mostra estrias características nas faces perpendiculares ao eixo c, paralelas a (100) e (010). Dur. 1,0-1,5. D. 6,85-7,20. Opaco, levemente maleável. Contém 6%-13% Au e até 7% Sb. É um mineral raro, encontrado em veios com silvanita e calaverita e, como eles, usado para obter ouro. De *Nagyag* (atual Sacarambu), Transilvânia (Romênia), onde foi descoberto. Sin. de *blaterina*, *nobilita*.

NAHCOLITA Bicarbonato de sódio – NaHCO_3 –, monocl., branco, usado para obtenção de compostos de sódio e abrasivos. Forma pequenos cristais brancos. Nome derivado da fórmula química: *Na + H + CO + lita*.

NAHPOÍTA Fosfato de sódio – Na_2HPO_4 –, monocl., finamente granulado, branco, que aparece preenchendo frat. em maricita no Território de Yukon (Canadá). É extremamente solúvel em água e forma grãos alongados com, no máximo, 0,004 mm, de dur. desconhecida, provavelmente muito baixa. Nome derivado da fórmula: *Na + H + PO + ita*.

NAKAURIITA Sulfato-carbonato básico hidratado de cobre – $Cu_8(SO_4)_4(CO_3)(OH)_6.48H_2O$ –, ortor., em cristais fibrosos ou losangulares com menos de 0,2 mm, de cor azul-celeste, encontrados em serpentinitos. De *Nakauri Achi* (Japão), onde foi descoberto.

nakhlito Acondrito marciano constituído de um agregado cristalino de diopsídio (75%) e olivina, descoberto em *Nakhla* (Egito), onde caíram três fragmentos em 28 de junho 1911. Um deles atingiu e matou um cão, única vítima fatal conhecida de queda de meteorito.

NALIPOÍTA Fosfato de sódio e lítio – $NaLi_2PO_4$ –, ortor., descoberto em uma pedreira de Rouville, Quebec (Canadá). Nome derivado da fórmula química: *Na + Li + PO + ita*.

NAMANSILITA Silicato de sódio e manganês – $NaMnSi_2O_6$ –, monocl., descoberto na República Buryatia (Rússia). Nome derivado da composição química: *Na + man*ganês + *si*licato + *ita*. Cf. *egirina*.

namaqualita V. *cianotriquita*. De *Namaqualand*, localidade da África do Sul.

NAMBULITA Silicato básico de lítio e manganês com sódio – (Li,Na)$Mn_4Si_5O_{14}(OH)$ –, tricl., que forma série isomórfica com a natronambulita. Descoberto na mina Tunakozawa (nordeste do Japão), onde aparece na forma de vênulos de até 5 cm de espessura cortando braunita. Forma prismas de até 8 mm, marrom-avermelhados, de traço amarelo-claro, clivagem basal perfeita, D. 3,5 e br. vítreo. Homenagem ao professor japonês Matsuo *Nambua*. Cf. *litiomarsturita*, *marsturita*.

NAMIBITA Vanadato básico de cobre e bismuto – $Cu(BiO)_2(VO)_4(OH)$ –, tricl., verde-escuro com traço verde-pistache, descoberto na forma de cristais achatados de até 2 mm, em cavidades de veios de qz. no noroeste da *Namíbia* (daí seu nome). Facilmente solúvel em ác. diluídos e a frio. Dur. 4,5-5,0. Boa clivagem segundo (100) e frequentes maclas de interpenetração.

NAMUWITA Sulfato básico hidratado de zinco com cobre – $(Zn,Cu)_4(SO_4)(OH)_6.4H_2O$ –, trig., verde-claro, descoberto numa peça do Museu Nacional do País de Gales, na qual forma crosta arredondada sobre hidrozincita, composta de placas hexag. de até 0,06 mm, de D. 2,8, br. nacarado, traço verde muito claro, dur. 2 e clivagem basal perfeita. Homenagem ao museu citado (*N*ational *Mu*seum of *W*ales).

nanekivita Sin. de *bário-ortojoaquinita*.

NANLINGITA Fluorarsenato de cálcio e magnésio – $CaMg_4(AsO_3)_2F_4$ –, trig., raramente euédrico, vermelho-amarronzado. Dur. 2,3. Forma agregados dendríticos de cristais milimétricos no contato entre granito greisenizado e um calcário dolomítico em *Nan Ling* (China), daí seu nome.

NANPINGITA Silicato básico de césio e alumínio – CsAl$_2$[ ]AlSi$_3$O$_{10}$(OH)$_2$ –, monocl., descoberto na província de Fujian, na China.

NANTOKITA Cloreto de cobre – CuCl –, cúb., granular ou maciço, incolor, branco-cinzento com clivagem cúb. e br. adamantino. De *Nantoko* (Chile), onde foi descoberto.

NARSARSUKITA Titanossilicato de sódio com ferro – Na$_2$(Ti,Fe)Si$_4$(O,F)$_{11}$ –, em cristais tetrag. tabulares, amarelos. Descoberto em *Narsarsuk* (daí seu nome), na Groenlândia (Dinamarca).

NASINITA Borato básico hidratado de sódio – NaB$_5$O$_8$(OH).2H$_2$O –, ortor., descoberto em Larderello, na Toscânia (Itália). Homenagem a Raffaello *Nasini*, químico alemão. Cf. *nasonita*.

NASLEDOVITA Carbonato-sulfato hidratado de chumbo, manganês e alumínio – PbMn$_3$Al$_4$(CO$_3$)$_4$(SO$_4$)O$_5$.5H$_2$O–, encontrado como oólitos de 2 a 3 mm, formados por fibras brancas com disposição radial. Tem br. sedoso, dur. 2,0 e D. 3,07. Ocorre em fissuras de granodiorito. Homenagem ao professor B. N. *Nasledov*.

NASONITA Clorossilicato de chumbo e cálcio – Pb$_6$Ca$_4$Si$_6$O$_{21}$Cl$_2$ –, hexag., geralmente maciço, podendo formar cristais arredondados. Branco. Descoberto em Sussex, New Jersey (EUA), e assim chamado em homenagem a Frank L. *Nason*, geólogo norte-americano. Cf. *nasinita*.

NASTROFITA Fosfato hidratado de sódio e estrôncio com bário – Na(Sr,Ba)(PO$_4$).9H$_2$O –, cúb., incolor, de br. vítreo, dur. 2,0, com frat. conchoidal, D. 2,1, frágil. Forma cristais de 2 a 3 mm ou menos e massas irregulares de até 10 mm, na península de Kola (Rússia), em veios de pegmatito contidos em cancrinitassienitos. Nome derivado de *na*trum (sódio) + *stro*ntium (estrôncio) + fosfato + *ita*. Cf. *nabafita*.

NATALYÍTA Silicato de sódio e vanádio com cromo – Na(V,Cr)Si$_2$O$_6$ –, monocl., descoberto no lago Baikal, Sibéria (Rússia).

NATANITA Hidróxido de ferro e estanho – FeSn(OH)$_6$ –, cúb., marrom-esverdeado, do grupo da schoenfliesita. É um produto de oxidação da hocartita ou, como a smirnovita – com a qual foi simultaneamente descoberto –, da estanita. É solúvel em HCl diluído e insolúvel em Na$_2$CO$_3$ concentrado. Aquecido a 300°C, torna-se amorfo. Tem br. vítreo, dur. em torno de 4,7, sem clivagem visível. Homenagem a *Natan* Il'ich Ginsburg, mineralogista e geoquímico russo.

NATISITA Titanossilicato de sódio – Na$_2$(TiO)SiO$_4$ –, tetrag., dimorfo da paranatisita. Forma rosetas verde-amarelas a cinza-esverdeado, de br. vítreo a adamantino, clivagem basal perfeita. Do lat. *na*trum (sódio) + *ti*tânio + *sili*cato + *ita*.

NATRÃO Carbonato hidratado de sódio – Na$_2$CO$_3$.10H$_2$O –, monocl., que ocorre em crostas cristalinas, granulares ou colunares; muito solúveis em água fria. Incolor, branco, amarelo ou cinza. Quando produzido sinteticamente, forma cristais prismáticos. Usado para obtenção de compostos químicos. Do ár. *natrun* (sal). Sin. de *natro*. Cf. *barrilha*.

NATRITA Carbonato de sódio – Na$_2$CO$_3$ –, monocl., dimorfo da gregoryíta. Branco, raramente rosa a laranja-amarelado, transp., de br. vítreo, ficando fosco por exposição ao ar. Forma grãos ou massas granulares de frat. escalonada, D. 2,54, com clivagem basal perfeita e maclas polissintéticas finas. Facilmente solúvel em água, dando solução fortemente alcalina. Descoberto na península de Kola (Rússia) e assim chamado por sua composição (do lat. *natrum* = sódio).

natro Sin. de *natrão*. Do lat. *natrum* (sódio).
NATROALUNITA Sulfato básico de sódio e alumínio – $NaAl_3(SO_4)_2(OH)_6$ –, trig., descoberto em Hinsdale, Colorado (EUA). Do lat. *natrum* (sódio) + *alunita*, por ser quimicamente semelhante à alunita, mas com Na no lugar do K. Sin. de *almeriita, alkanassul*.
NATROAPOFILITA Fluorsilicato hidratado de sódio e cálcio – $NaCa_4Si_8O_{20}F \cdot 8H_2O$ –, ortor., descoberto em escarnitos de Okayama (Japão), onde aparece na forma de pequenos cristais euédricos a subédricos de até 1 mm, amarelos, marrons, incolores ou brancos, de br. vítreo a nacarado, clivagem basal perfeita, dur. 4-5 e traço cinza-claro. D. 2,3-2,5. Cf. *fluorapofilita, hidroxiapofilita*.
NATROBISTANTITA Óxido de sódio, bismuto e tântalo com outros metais – $(Na,Cs)Bi(Ta,Nb,Sb)_4O_{12}$ –, cúb., do grupo do piroclora, descoberto em pegmatitos graníticos de Kyokfogoi (China), onde aparece como grãos verde-azulados ou verde-amarelados, de D. 6,1-6,2, que exibem fluorescência laranja-avermelhado em luz UV. Há algumas var. coloridas que não fluorescem. De *natrum* +*bis*muto + *tân*talo + *ita*. Cf. *cesstibtantita*.
natroborocalcita V. *ulexita*. Do lat. *natrum* (sódio) + *boro* + *calcita*.
NATROCALQUITA Sulfato hidratado de sódio e cobre – $NaCu_2(SO_4)_2 \cdot H_2O(H)$ –, monocl., em cristais piramidais verdes. Descoberto em Chuquicamata, Calama (Chile). Do lat. *natrum* (sódio) + gr. *khalkos* (cobre), por sua composição.
natrodavina Var. de davina pobre em potássio e rica em sódio e CO_2. Do lat. *natrum* (sódio) + *davina*. Sin. de *alcalidavina*.
NATRODUFRENITA Fosfato básico hidratado de sódio e ferro com alumínio – $(Na,[\;])(Fe^{3+},Fe^{2+})(Fe^{3+},Al)_5(PO_4)_4(OH)_6 \cdot 2H_2O$ –, monocl., do grupo da dufrenita. Forma esferas compactas de fibras com disposição radial, de cor verde-azul-clara, com até 0,5 cm de diâmetro e D. 3,2. Cf. *dufrenita, burangaíta*.
NATROFAIRCHILDITA Carbonato de sódio e cálcio – $Na_2Ca(CO_3)_2$ –, hexag., descoberto na península de Kola (Rússia). Talvez seja nyerereíta.
NATROFILITA Fosfato de sódio e manganês – $NaMnPO_4$ –, ortor., amarelo, geralmente granular ou maciço, raramente em cristais. Do lat. *natrum* (sódio) + *philos* (amigo), por ter muito sódio.
NATROFOSFATO Fluorfosfato hidratado de sódio – $Na_7(PO_4)_2F \cdot 19H_2O$ –, cúb., em agregados densos, irregulares, de 3 x 5 cm. Incolor e instável. Do lat. *natrum* (sódio) + *fosfato*.
NATROJAROSITA Sulfato básico de sódio e ferro – $NaFe_3(SO_4)_2(OH)_6$ –, trig., do grupo da jarosita. Marrom-amarelado ou amarelo-ouro. Do lat. *natrum* (sódio) + *jarosita*, por ser quimicamente semelhante a esse mineral, com sódio no lugar do potássio. Sin. de [3]*utahita*.
NATROLEMOYNITA Silicato hidratado de sódio e zircônio – $Na_4Zr_2Si_{10}O_{26} \cdot 9H_2O$ –, monocl., descoberto em uma pedreira de Rouville, Quebec (Canadá). Cf. *lemoynita*.
NATROLITA Aluminossilicato hidratado de sódio – $Na_2Al_2Si_3O_{10} \cdot 2H_2O$ –, ortor., do grupo das zeólitas, dimorfo da tetranatrolita. Geralmente forma cristais aciculares ou prismáticos, brancos, com disposição radial. Também pode ser maciço, granular. Clivagem (110) perfeita, frat. irregular, br. vítreo, tendendo a nacarado; transp. a transl. Às vezes tem considerável quantidade de cálcio. Do lat. *natrum* (sódio) + gr. *lithos* (pedra), por sua composição. Muitas zeólitas do Rio Grande do Sul (Brasil) descritas como natrolitas são escolecitas.
NATROMONTEBRASITA Fosfato de sódio e alumínio com lítio – $(Na,Li)Al(PO_4)(OH,F)$ –, tricl., do grupo da ambligonita. Forma cristais grosseiros de faces ásperas ou, mais comumente, mas-

sas de clivagem. Tem cor branca a branco-acinzentada, br. vítreo a graxo, dur. 5,5 e D. 3,04. É transl. a opaco e mostra três direções de clivagem. Ocorre em pegmatitos. Sin. de *fremontita*.

NATRONAMBULITA Silicato básico de sódio e manganês com lítio – $(Na,Li)Mn_4Si_5O_{14}(OH)$ –, tricl., que forma série isomórfica com a nambulita. Descoberto em Iwate (Japão). Cf. *litiomarsturita, marsturita*.

natroncapleíta Var. de catapleíta com NaO no lugar do CaO. Do lat. *natrum* (sódio) + *catapleíta*.

NATRONIOBITA Niobato básico de sódio – $NaNb_2O_5(OH)$ –, ortor. (?), dimorfo da lueshita, descoberto em carbonatitos da península de Kola (Rússia). Do lat. *natrum* (sódio) + *nióbio*.

natronortoclásio Var. de ortoclásio com Na_2O, às vezes mais abundante inclusive que o K_2O. Do lat. *natrum* (sódio) + *ortoclásio*.

natronxonotlita Var. alcalina de xonotlita. Do lat. *natrum* (sódio) + *xonotlita*.

natrossanidina Var. de sanidina com o potássio parcialmente substituído por sódio. Do lat. *natrum* (sódio) + *sanidina*.

NATROSSILITA Silicato de sódio – $Na_2Si_2O_5$ –, monocl., em cristais tabulares incolores, com clivagem (100) micácea. Do lat. *natrum* (sódio) + *silicato*, por sua composição.

NATROTANTITA Óxido de sódio e tântalo – $Na_{2-x}Ta_4(O,OH)_{11}$ –, trig., incolor ou levemente amarelado, de br. adamantino, sem clivagem, com frat. irregular. Descoberto na península de Kola (Rússia). De *natro* (sódio) + *tântalo*.

NATROXALATO Oxalato de sódio – $Na_2C_2O_4$ –, monocl., descoberto na península de Kola (Rússia) e assim chamado por sua composição (lat. *natro*, sódio + *oxalato*).

natura 1. Num diamante lapidado, restos da superfície da pedra bruta, vistos geralmente na rondiz. 2. (gar., BA) Diamante irregular que parece ser dois diamantes soldados.

NAUJAKASITA Silicato de sódio, ferro e alumínio com manganês – $Na_6(Fe,Mn)Al_4Si_8O_{26}$ –, monocl., prateado ou cinzento, descoberto em *Naujakasik* (daí seu nome), na Groenlândia (Dinamarca).

NAUMANNITA Seleneto de prata – Ag_2Se –, com 71,2% Ag, usado para obtenção desse metal. Geralmente granular, podendo formar cristais ortor., pseudocúb. Tem intenso br. metálico, clivagem basal perfeita, traço e cor pretos. É opaco, séctil, maleável. Efervesce e escurece sob ação do ác. nítrico e funde facilmente no carvão. Dur. 2,5. D. em torno de 7. Ocorre principalmente na Argentina, em veios de qz. e carbonatos, com clausthalita e outros selenetos. Homenagem a C. F. *Naumann*, mineralogista e cristalógrafo alemão. Sin. de *cacheutaíta, tascina*.

NAVAJOÍTA Óxido hidratado de vanádio com ferro – $(V,Fe)_{10}O_{24}.12H_2O$ –, monocl., fibroso, br. sedoso, marrom-escuro, mole, fracamente radioativo. Muito raro. Homenagem à tribo *Navajo*, por ter sido descoberto na sua reserva, em Apache, Arizona (EUA).

navette Lapid. marquise, especialmente quando usada em gemas pequenas.

NCHWANINGITA Silicato básico hidratado de manganês – $Mn_2SiO_3(OH)_2.H_2O$ –, ortor., descoberto na mina *N'chwaning* II (daí seu nome), na província do Cabo (África do Sul).

NEALITA Cloroarsenato hidratado de chumbo e ferro – $Pb_4Fe(AsO_3)_2Cl_4.2H_2O$ –, tricl., de cor laranja, descoberto em Attiki (Grécia).

necronita Var. de ortoclásio de cor azul, br. nacarado, que exala um odor fétido quando golpeada. Do gr. *nekros* (cadáver).

NEFEDOVITA Fluorfosfato de sódio e cálcio – $Na_5Ca_4(PO_4)_4F$ –, tricl., descoberto na península de Kola (Rússia), onde forma grãos irregulares de até 0,5 mm, reunidos em agregados de até 5 mm. É incolor, insolúvel em água, mas facilmente solúvel em HCl a 10%. Tem br. vítreo, frat. conchoidal, dur. 4,5 e D. 3. Homenagem a Ye. I. *Nefedov*.

NEFELINA Aluminossilicato de sódio com potássio – $(Na,K)AlSiO_4$ –, hexag., em cristais incolores, brancos ou amarelos, ou em massas e grãos esverdeados, acastanhados ou vermelho-tijolo. Traço branco, transp. a opaco, br. graxo, sem clivagem. Dur. 5,5-6,0. D. 2,55-2,65. Piezoelétrica. IR baixo: 1,536-1,540. Bir. 0,004. U(–). Pode ter *chatoyance*. É o mais comum dos feldspatoides. Ocorre geralmente com hauynita e sodalita em r. ígneas alcalinas. Há uma var., a eleolita, que é usada como pedra ornamental, mas raramente. A nefelina é empregada mais na fabricação de vidro, cerâmica e para obtenção de alumínio, sílica coloidal, soda e outros produtos. Do gr. *nefeli* (nuvem), porque fica turva quando atacada por ác. Sin. de *nefelita*, *sommita*.
nefelita V. *nefelina*.
nefrita Var. gemológica de actinolita, o mais comum e mais resistente dos dois tipos de jade (o outro é a jadeíta). É monocl., fibrosa, compacta, criptocristalina de cor esverdeada ou azulada, podendo ser também cinza, branca, amarela, preta ou vermelha. Transl. a opaca, de br. vítreo, com duas clivagens perfeitas formando ângulo de 56°. Dur. 6,0-6,5. D. 2,95. IR 1,606-1,632. Bir. 0,026. B(–). A nefrita mais importante é a de cor verde-escura, conhecida por jade-chinês (ou jade-espinafre). A nefrita é usada principalmente em objetos ornamentais e sua lapid. requer um aquecimento prévio, seguido de brusco resfriamento. No Museu Metropolitano de Nova Iorque e no Museu Britânico, em Londres, há dois blocos de nefrita, cada qual com cerca de uma tonelada. Os principais produtores de nefrita são Rússia e China. Outros produtores são Canadá, Nova Zelândia, Zimbábue e EUA. No Brasil, é encontrada em Roraima e na Bahia. Do gr. *nephros* (rim), porque, na Idade Média, pensava-se que curasse os rins. Sin. de *jade-neozelandês*, *jade-siberiano*, *jade-verdadeiro*, *pedra de flecha*. Cf. *jade*, ²*jade honan*.

nefrita da china Turmalina compacta branco-esverdeada. Dur. 6,0-6,5.
nefritoide Var. de serpentina similar à bowenita, assim chamada por sua semelhança com a nefrita.
negro de urânio Uraninita em eflorescências ou massas pulverulentas.
NEIGHBORITA Fluoreto de sódio e magnésio – $NaMgF_3$ –, ortor., em grãos arredondados ou cristais octaédricos, rosados, de 0,1 a 0,5 mm, com br. vítreo. Dur. 4,5. D. 3,03-3,06. Ocorre em folhelhos de Uintah, Utah (EUA). Homenagem a Frank *Neighbor*, geólogo norte-americano.
NEKOÍTA Silicato hidratado de cálcio – $Ca_3Si_6O_{15}.7H_2O$ –, tricl., semelhante à okenita. De *neko* (inverso de oken) + *ita*, por sua semelhança com a okenita. Descoberto em Riverside, Califórnia (EUA).
NEKRASOVITA Sulfeto de cobre, vanádio e estanho – $Cu_{26}V_2(Sn,As,Sb)_6S_{32}$ –, cúb., do grupo da colusita. Ocorre em andesitos e dacitos do Usbequistão, onde forma pequenos grãos arredondados marrom-claros, frágeis, de D. 4,6. Homenagem ao mineralogista soviético N. Ya. *Nekrasov*. Cf. *colusita*, *germanita*.
NELENITA Arsenossilicato básico de manganês com ferro – $(Mn,Fe)_{16}Si_{12}As_3O_{36}(OH)_{17}$–, monocl., marrom, dimorfo da schallerita. Dur. 5,0. D. 3,46. Descoberto em Sussex, New Jersey (EUA).
NELTNERITA Silicato de cálcio e manganês – $CaMn_6SiO_{12}$ –, tetrag., descoberto em Tachgagalt (Marrocos), onde forma pequenos grãos, raramente cristais bipiramidais de até 1 mm. É preto e tem br. submetálico, frat. subconchoidal, dur. 6,0 e D. 4,6, não se observando clivagem. Homenagem a Louis *Neltner*, pioneiro no estudo dos depósitos minerais do monte Atlas (Marrocos).
nemafilita Var. de serpentina contendo CaO e Na_2O. Ocorre em escamas esverdeadas de estrutura fibrosa. Do gr. *nema* (filamento) + *phyllon* (folha), por seu hábito e estrutura.

nemalita Var. fibrosa de brucita contendo óxido de ferro. Do gr. *nema* (filamento) + *lithos* (pedra).

nemecita Silicato ác. hidratado de ferro. Cf. *canbyíta*.

nenadkevita Mistura de uraninita e boltwoodita. Homenagem a K. *Nenadkevitch*, geólogo soviético. Cf. *nenadkevitchita*.

NENADKEVITCHITA Silicato hidratado de sódio e nióbio com titânio – $Na_2(Nb,Ti)_2[Si_4O_{12}](O,OH)_2.4H_2O$ –, ortor., do grupo da labuntsovita. Forma série isomórfica com a korobitsynita. Ocorre como massas lamelares marrons ou róseas, em pegmatitos de egirinalujauritos. Homenagem a K. *Nenadkevitch*, geólogo soviético. Cf. *nenadkevita*.

neodigenita Sin. de *digenita*.

neopurpurita Fosfato hidratado de ferro e manganês – $[(Fe,Mn)_2O_3]_7(P_2O_5).4H_2O$ –, preto ou violeta, produzido por alteração da litiofilita.

NEOTOCITA Mineral de composição incerta, talvez uma opala com óxidos de ferro e manganês, ou silicato hidratado desses metais – $(Mn,Fe)SiO_3.H_2O$ (?). Amorfo ou monocl., compacto, friável, preto, com traço marrom-amarelado. Dur. 3,0. D. 2,05. Pode ser produto de alteração de rodonita. Do gr. *neotokos* (recém-nascido).

NEPOUITA Silicato básico de níquel com magnésio – $(Ni,Mg)_3Si_2O_5(OH)_4$ –, trig., verde, do grupo caulinita-serpentina. Forma uma série isomórfica com a lizardita e é dimorfo da pecoraíta. Mostra cristais microscópicos de contorno hexag., com boas clivagens (001) e (010). Dur. 2,0-2,5. D. 2,5-3,2. De *Nepoui*, Nova Caledônia (possessão francesa perto da Austrália), onde ocorre.

NEPSKOEÍTA Cloreto básico hidratado de magnésio – $Mg_4Cl(OH)_7.6H_2O$ –, ortor., descoberto na jazida de sal de Ásia *Nepskoe* (daí seu nome), na Sibéria (Rússia).

neptelita Sin. de *eleolita*.

nervo das pedras (gar., BA) Calcedônia em veios.

neslita Var. de opala em nódulos reniformes, semelhante à menilita. De *Nesle*, Marne (França).

NESQUEHONITA Bicarbonato básico hidratado de magnésio – $Mg(HCO_3)(OH).2H_2O$ –, monocl., que forma cristais prismáticos brancos ou incolores, reunidos em agregados com disposição radial. De *Nesquehoning*, mina de Carbon, Pensilvânia (EUA), onde foi descoberto. Cf. *lansfordita*.

NETUNITA Titanossilicato de potássio, sódio, lítio e ferro com manganês – $KNa_2(Fe,Mn)_2Ti_2Si_8O_{24}$ –, monocl., cristalizado em prismas microscópicos, pretos, de br. vítreo. Dur. 5,0-6,0. D. 3,20. Clivagem prismática perfeita. Ocorre em cavidades de sienitos nefelínicos e em filões de serpentina com natrolita e benitoíta. Raro. De *Netuno*.

NEUSTAEDTELITA Hidroxiarsenato de bismuto e ferro – $Bi_2Fe_2O_2(OH)_2(AsO_4)_2$ –, tricl., descoberto perto de Schneeberg-*Neustaedtel* (daí seu nome), na Saxônia (Alemanha).

neve Água cristalizada na atmosfera, a partir do estado gasoso. Mostra belos cristais hexag. de pequenas dimensões, brancos ou transl., de morfologia muito variada, mas sempre de simetria hexag. Do lat. *nivis*.

nevianskita V. *nevyanskita*, grafia correta.

névoa Inclusão que consiste em filamentos ou tubos vazios de cor castanha muito clara, comum nas safiras procedentes da Caxemira (Índia).

NEVSKITA Sulfosseleneto de bismuto – Bi(Se,S) –, trig., cinza, de br. metálico, clivagem basal perfeita. Descoberto em *Nevskoe* (daí seu nome), Magadan (Rússia). Não confundir com *nevyanskita*.

nevyanskita Sin. de *iridosmina*. De *Nevyansk*, Urais (Rússia). Não confundir com *nevskita*.

NEWBERYÍTA Fosfato ác. hidratado de magnésio – $MgHPO_4.3H_2O$ –, ortor., branco. Ocorre como cristais em guano e também em cálculos renais.

Homenagem ao australiano J. Cosmo *Newbery*. Cf. *niahita*.

newtonita Silicato hidratado de alumínio – $Al_2Si_2O_7.5H_2O$ –, branco, com baixa dur.

NEYITA Sulfeto de chumbo, cobre e bismuto – $Pb_7(Cu,Ag)_2Bi_6S_{17}$ –, com 1,5% Ag, descoberto em Alice Arm, Colúmbia Britânica (Canadá), onde aparece em cavidades de um veio de qz., intimamente intercrescido com esse mineral. Forma cristais monocl., laminados, de cor cinza-chumbo, frequentemente com *tarnish* amarelo ou azul da prússia. Quando não oxidado, tem forte br. metálico. Dur. 2,5. D. 7,02. É frágil, tem frat. conchoidal e não mostra maclas.

NEZILOVITA Óxido de fórmula química $PbZn_2(Mn,Ti)_2Fe_8O_{19}$, hexag., descoberto em *Nezilovo* (daí seu nome), na Macedônia.

ngavito Condrito composto de bronzita e olivina, formando massas friáveis brechiformes.

NIAHITA Fosfato hidratado de amônio e manganês com magnésio e cálcio – $(NH_4)(Mn,Mg,Ca)(PO_4).H_2O$ –, ortor., encontrado em *Niah* Great Cave (daí seu nome), Sarawak (Malásia), onde aparece em forma de cristais de até 0,5 mm, reunidos em agregados subparalelos ou radiais, de cor laranja-claro, contidos em newberyíta finamente granular.

nicholsonita Var. de aragonita com até 10% Zn. De *Nicholson*.

NICKENICHITA Arsenato de fórmula química $Na_{0,8}Ca_{0,4}Cu_{0,4}(Mg,Fe)_3(AsO_4)_3$, monocl., descoberto no vulcão *Nickenicher* Sattel (daí seu nome), em Eifel (Alemanha). Cf. *johillerita*, *odanielita*.

nicol Qualquer dispositivo capaz de polarizar a luz, como, por ex., o polaroide e o prisma de Nicol. Assim chamado em homenagem a William *Nicol*, físico inglês.

nicolayita Sin. de *torogumita*.

NICOLITA Arseneto de níquel – NiAs –, com 43,9% Ni. Hexag., geralmente em crostas maciças ou reniformes, vermelho-cobre, de br. metálico. Dur. 5,0-5,5. D. 7,80. Sem clivagem. Ocorre nos noritos e em veios de cobalto e prata. É um dos principais minerais-minério de níquel, podendo conter também antimônio, cobalto, ferro e enxofre. Do lat. *niccolum* (níquel). Sin. de *niquelita*. O grupo da nicolita inclui 13 minerais hexag. de fórmula geral AX, onde A = Co, Ni, Pd, Cu, Au ou Pt, e X = As, Bi, Sb, Se, Sn ou Te.

nicolo Var. de ônix com uma base preta ou marrom e uma delgada camada superior branco-azulada, usada em camafeus. Do ital. *nicolo*, provavelmente diminutivo de *onice* (ônix). Sin. de *onicolo*.

nicopirita V. *pentlandita*. Do lat. *niccolum* (níquel) + *pirita*.

NICROMITA Óxido de níquel e cromo com outros metais – $(Ni,Co,Fe^{2+})(Cr,Fe^{3+},Al)_2O_4$ –, cúb., do grupo do espinélio. Descoberto simultaneamente com a cocromita em Barberton, África do Sul. Ambos formam grãos escuros com 0,02 mm de diâmetro, em média; de br. metálico, traço cinza-esverdeado, frat. conchoidal, produzidos por substituição de cromita. Nome derivado de *níquel* + *cromo* + *ita*.

NIEDERMAYRITA Sulfato básico hidratado de cobre e cádmio – $Cu_4Cd(SO_4)_2(OH)_6.4H_2O$ –, monocl., descoberto na península de Ática, na Grécia. Cf. *campigliaíta*, *christelita*.

nier gem (nome coml.) V. *yag*.

NIERITA Nitreto de silício – Si_3N_4 –, trig., descoberto em três meteoritos do tipo condrito.

NIFONTOVITA Borato básico hidratado de cálcio – $Ca_3B_6O_6(OH)_{12}.2H_2O$ –, monocl., incolor, de br. vítreo, solúvel em água. Dur. 3,5. D. 2,36. Descoberto nos montes Urais (Rússia) e assim chamado em homenagem a Roman V. *Nifontov*, geólogo russo.

NIGGLIITA Estaneto de platina – PtSn –, com 60% Pt, do grupo da niquelina, usado para obtenção desse metal. É muito raro, sendo encontrado em

Monchegorsk (Rússia), com outros minerais de platina e alguns de paládio. Hexag., de cor prateada e br. metálico. É frágil e não mostra clivagem. Dur. 3,0. D. 4. Homenagem a Paul *Niggli*, professor suíço.

nigrina Var. de rutilo de cor preta, contendo ferro. Do lat. *niger* (preto), por sua cor.

NIIGATAÍTA Silicato básico de cálcio, estrôncio e alumínio – $CaSrAl_3(Si_2O_7)(SiO_4)O(OH)$ –, monocl., descoberto em *Niigata* (daí seu nome), no Japão.

NIKISCHERITA Sulfato básico hidratado de sódio, ferro e alumínio – $NaFe_6Al_3(SO_4)_2(OH)_{18}.12H_2O$ –, trig., descoberto em uma mina de Oruro (Bolívia).

nimesita V. *bindheimita*.

NIMITA Silicato básico de níquel com alumínio – $(Ni_5Al)(Si_3Al)O_{10}(OH)_8$ –, monocl., do grupo das cloritas, descoberto na África do Sul.

NINGYOÍTA Fosfato hidratado de urânio com cálcio – $(U,Ca)_2(PO_4)_2.1-2H_2O$ –, ortor., verde-amarronzado a marrom, encontrado em minérios de urânio. Muito raro. De *Ningyo*-toge, mina de Tottori (Japão), onde foi descoberto.

NININGERITA Sulfeto de magnésio com ferro e manganês – $(Mg,Fe,Mn)S$ –, encontrado só em meteoritos. Cúb., com estrutura tipo halita.

niobioanatásio Mineral descoberto em pegmatitos do maciço de Lovozero, na península de Kola (Rússia), e que parece ser uma var. de anatásio com nióbio. É pseudomorfo sobre murmanita.

NIOBIOCARBETO Carboneto de nióbio com tântalo – $(Nb,Ta)C$ –, cúb., descoberto nos Urais (Rússia). Cf. *tantalocarbeto*.

niobiochevkinita Var. de chevkinita com nióbio.

NIOBIOESQUINITA-(Ce) Titanoniobato de cério, cálcio e tório – $(Ce,Ca,Th)(Nb,Ti)_2(O,OH)_6$ –, ortor. Forma uma série com a esquinita. Descoberto nos montes Urais (Rússia).

NIOBIOFILITA Titanoniobiossilicato de potássio e ferro com sódio e manganês – $(K,Na)_3(Fe,Mn)_7(Nb,Ti)_2Si_3O_{24}(O,OH,F)_7$ –, tricl., marrom, com clivagem micácea. Encontrado em gnaisses com albita, arfvedsonita e outros minerais, no Labrador (Canadá). De *nióbio* + gr. *phyllon* (folha), por sua composição e hábito.

NIOBIOKUPLETSKITA Silicato de fórmula química $K_2Na(Mn,Zn,Fe)_7(Nb,Zr,Ti)_2Si_8O_{26}(OH)_4(O,F)$, tricl., descoberto em uma pedreira de Rouville, Quebec (Canadá). Cf. *astrofilita*.

niobiolabuntsovita Silicato hidratado de sódio, cálcio, nióbio e titânio, da série nenadkevitchita-labuntsovita.

niobioloparita Óxido de sódio, cério, titânio e nióbio da série lueshita-loparita. Forma cristais milimétricos, euédricos, porosos na parte central, pretos, de br. metálico. Tem 26% Nb_2O_5, porém com mais titânio que nióbio.

niobioperovskita Sin. de *disanalita*.

niobiotantalita Tantalita com 20%-40% Nb_2O_5.

niobiotapiolita Sin. de *mossita*.

niobiozirconolita Sin. de *zirkelita*.

niobita V. *columbita*. De *nióbio*.

NIOCALITA Silicato de cálcio e nióbio – $Ca_7Nb(Si_2O_7)_2O_3F$ –, cristalizado em prismas amarelo-claros monocl. Descoberto em Oka, Quebec (Canadá). De *nióbio* + *cálcio* + *ita*.

NÍQUEL V. Anexo.

NIQUELALUMITA Sulfato-nitrato básico hidratado de níquel e alumínio com cobre – $(Ni,Cu)Al_4[(SO_4)(NO_3)_2](OH)_{12}.3H_2O$ –, monocl., descoberto na caverna Mbobo, no Transvaal (África do Sul), simultaneamente com a mbobomkulita e a hidrombobomkulita. Forma revestimentos delgados sobre cristais de gipsita no teto da caverna. Tem cor azul, D. 2,28. Cf. *calcoalumita, mbobomkulita, hidrombobomkulita*.

NIQUELAUSTINITA Arsenato básico de cálcio e níquel – $CaNiAsO_4(OH)$ –, ortor., do grupo da adelita, descoberto em Bou-Azzer, no Marrocos.

NIQUELBISCHOFITA Cloreto hidratado de níquel – $NiCl_2.6H_2O$ –, monocl., que forma crostas pulverulentas verdes, com traço branco a verde-claro e br. vítreo. É transl., com frat. conchoidal a subconchoidal, clivagem basal perfeita. Dur. 1,5. D. 1,93. É deliquescente. Cf. *bischofita*.

NIQUELBLOEDITA Sulfato hidratado de sódio e níquel – $Na_2(Ni,Mg)(SO_4)_2 \cdot 4H_2O$ –, monocl., equivalente niquelífero da bloedita. Descoberto na forma de eflorescências verde-claras, transp., de cristálitos tabulares muito pequenos, em Kambalda (Austrália).

NIQUELBOUSSINGAULTITA Sulfato hidratado de amônio e níquel – $(NH_4)_2Ni(SO_4)_2 \cdot 6H_2O$ –, monocl., descoberto em Norilsk, na Sibéria (Rússia).

NIQUELFOSFETO Fosfeto de níquel com ferro – $(Ni,Fe)_3P$ –, tetrag., descoberto em um meteorito encontrado em Bates, Missouri (EUA). Cf. *schreibersita*.

niquelgimnita V. *garnierita*. Cf. *gimnita*.

NÍQUEL-HEXAIDRITA Sulfato hidratado de níquel – $NiSO_4 \cdot 6H_2O$ –, monocl., dimorfo da retgersita. Pode conter magnésio e ferro. Verde-azulado, br. vítreo, clivagem [010] perfeita. Muito semelhante à hexaidrita.

niquelina V. *niquelita*.

niquelita Sin. de *nicolita*, forma preferível. De *níquel*.

NÍQUEL-LOTHARMEYERITA Arsenato hidratado de cálcio e níquel com ferro – $Ca(Ni,Fe)_2(AsO_4)_2(H_2O,OH)_2$ –, monocl., descoberto na Saxônia (Alemanha). Cf. *lotharmeyerita*.

NIQUELSCHNEEBERGITA Arsenato básico hidratado de bismuto e níquel – $BiNi_2(AsO_4)_2[(H_2O)(OH)]$ –, monocl., descoberto perto de Schneeberg, Saxônia (Alemanha), Cf. *níquel-lotharmeyerita*, *schneebergita*.

NIQUELSKUTTERUDITA Arseneto de níquel com cobalto e ferro – $(Ni,Co,Fe)As_{2-3}$ –, cúb., cinza, maciço ou granular, opaco, de br. metálico, muito friável, dur. 5,5-6,0 e D. 6,50. Forma uma série isomórfica com a skutterudita. Contém 28,1% Ni, sendo importante fonte desse metal.

NIQUELZIPPEÍTA Sulfato básico hidratado de níquel e uranila – $Ni(UO_2)_6(SO_4)_3(OH)_{10} \cdot 16H_2O$ –, ortor., amarelo, descoberto em Jachymov, Boêmia (República Checa). Cf. *cobaltozippeíta*, *magnesiozippeíta*, *zincozippeíta*.

NISBITA Antimoneto de níquel – $NiSb_2$ –, ortor., descoberto em Kenora, Ontário (Canadá). Nome derivado da fórmula: *Ni + Sb + ita*.

NISSONITA Fosfato básico hidratado de cobre e magnésio – $Cu_2Mg_2(PO_4)_2(OH)_2 \cdot 5H_2O$ –, monocl., descoberto em San Benito, Califórnia (EUA).

nitralina Nitratina.

nitramita Nome coml. do nitrato de amônio. De *nitrato + amônio + ita*.

NITRATINA Nitrato de sódio – $NaNO_3$ –, trig., dur. 1,5-2,0, D. 2,2-2,3. Sin. de *nitralina*, *salitre do chile*.

nitratita V. *nitro*.

nitrato de celulose Plástico usado em imitações de gemas naturais. É hoje pouco empregado, preferindo-se o *acetato de celulose* (v.), que não é inflamável. Vendido no comércio sob o nome de Pyralin.

NITRO Nitrato de potássio – KNO_3 –, ortor., branco, de br. vítreo, solúvel em água fria. Dur. 2,0. D. 1,90-2,10. Tem uma boa clivagem. Levemente séctil. Produto de nitrificação de solos em regiões quentes e secas, bem como em cavernas. Usado como fertilizante, em vidros, explosivos, na indústria alimentícia e para obtenção de iodo e nitrogênio. Do gr. *nitron*, palavra empregada para designar vários materiais. Sin. de *salitre*, *salitre da índia*, *sal-pétreo*. Cf. *nitratina*.

NITROBARITA Nitrato de bário – $Ba(NO_3)_2$ –, cúb., incolor, descoberto no Chile.

NITROCALCITA Nitrato hidratado de cálcio – $Ca(NO_3)_2 \cdot 4H_2O$ –, que ocorre como eflorescências em paredes de cavernas calcárias. Monocl., branco ou cinza. Cf. *nitromagnesita*.

nitroglauberita Mistura de darapskita e nitratita de estrutura fibrosa, branca.

NITROMAGNESITA Nitrato hidratado de magnésio – $Mg(NO_3)_2 \cdot 6H_2O$ –, mo-

nocl., que ocorre em cavernas calcárias como eflorescências. Descoberto em Madison, Kentucky (EUA). Cf. *nitrocalcita*.

nivenita Var. de uraninita com cério e ítrio, de cor preta. Homenagem a William *Niven*, colecionador e arqueólogo norte-americano. Sin. de *cleveíta*.

nobilita Sin. de *nagyagita*. Do lat. *nobilis*.

NOBLEÍTA Borato básico hidratado de cálcio – $CaB_6O_9(OH)_2.3H_2O$ –, monocl., em placas euédricas formadas pelo intemperismo sobre veios de colemanita e priceíta em r. basálticas. Dur. 3,0. D. 2,09. Homenagem a Levi F. *Noble*, geólogo norte-americano. Cf. *tunellita*.

nobre Adjetivo que, acrescentado ao nome de certas substâncias, designa uma var. de uso gemológico (ex.: coral-nobre) ou a mais valiosa das suas var. gemológicas (ex.: granada-nobre). Palavra a ser abolida. Cf. *ocidental, oriental, precioso*.

nocerita V. *fluorborita*. Antes considerada oxifluoreto de cálcio e magnésio. De *Nocera*, Campania (Itália), perto de onde foi descoberta.

NOELBENSONITA Silicato básico hidratado de bário e manganês – $BaMn_2(Si_2O_7)(OH)_2.H_2O$ –, ortor., do grupo da lawsonita, descoberto em uma mina de Nova Gales do Sul (Austrália). Cf. *hennomartinita, itoigawaíta*.

NOLANITA Óxido básico de vanádio com ferro e titânio – $(V^{3+},Fe^{2+},Fe^{3+},Ti)_{10}O_{14}(OH)_2$ –, hexag., em pequenas placas pretas, descoberto em Saskatchewan (Canadá).

NONTRONITA Aluminossilicato básico hidratado de sódio e ferro – $Na_{0,3}Fe_2(Si,Al)_4O_{10}(OH)_2.nH_2O$ –, monocl., argiloso amarelo-claro, verde-maçã ou verde-amarelado. Geralmente encontrado em r. basálticas intemperizadas. Quando formado por intemperismo sobre r. ultramáficas, é importante fonte de níquel. De *Nontrón* (França), onde foi descoberto. Sin. de *cloropala, gramenita, pinguita, morencita*.

NORBERGITA Silicato de magnésio com flúor – $Mg_3SiO_4(F,OH)_2$ –, do grupo da humita. Ortor., amarelo ou rosa. De *Norberg* (Suécia), onde foi descoberto.

NORDENSKIOELDINA Borato de cálcio e estanho – $CaSn(BO_3)_2$ –, trig., em cristais tabulares ou lenticulares, de frat. conchoidal, clivagem basal perfeita, incolores, às vezes amarelos. Muito raro. Homenagem a Nils A. E. *Nordenskioeld*, mineralogista sueco. Cf. *tusionita*.

NORDITA-(Ce) Silicato de sódio, estrôncio, cério e zinco – $Na_3SrCeZnSi_6O_{17}$ –, ortor., geralmente em lamelas marrons. Dur. 5,0-6,0. D. 3,43. É raro e altamente instável, sendo encontrado em pegmatitos. Assim chamado por ter sido descoberto ao *norte* do maciço de Lovozero, península de Kola (Rússia). O grupo da nordita inclui mais três silicatos ortor.: ferronordita-(Ce), manganonordita-(Ce) e nordita-(La).

NORDITA-(La) Silicato de sódio, estrôncio, lantânio e zinco – $Na_3SrLa\,ZnSi_6O_{17}$ –, ortor. Descoberto no maciço de Lovozero, península de Kola (Rússia).

nordmarkita Var. de estaurolita contendo manganês. De *Nordmark* (Suécia), onde foi descoberta.

NORDSTRANDITA Hidróxido de alumínio – $Al(OH)_3$ –, tricl., que forma agregados brancos, fibrosos ou foliados, sedosos, reunidos em camadas muito finas. Homenagem a R. A. van *Nordstrand*, o primeiro a sintetizar o mineral.

NORDSTROEMITA Sulfosseleneto de chumbo, cobre e bismuto – $Pb_3CuBi_7(S_{10}Se_4)$ –, monocl., descoberto em Falun (Suécia), no mesmo local onde foram descobertas a weibullita e a wittita, às quais se assemelha quimicamente. Homenagem a T. *Nordstroem*.

norilskita Liga natural de platina, ferro, níquel e cobre, usada para obtenção de platina. De *Norilsk*, jazida de cobre e níquel da Rússia.

NORMANDITA Silicato de fórmula química $NaCa(Mn,Fe)(Ti,Nb,Zr)Si_2O_7OF$, monocl., do grupo da cuspidina, descoberto em uma pedreira de Rouville, Quebec (Canadá).

normannita V. *bismutita*.

NORRISHITA Silicato de potássio, lítio e manganês – $KLiMn_2Si_4O_{12}$ –, monocl., do grupo das micas, descoberto em Nova Gales do Sul (Austrália).

NORSETHITA Carbonato de bário e magnésio – $BaMg(CO_3)_2$ –, trig., que forma placas circulares brancas ou cristais romboédricos de 0,2 a 2,0 mm. Tem boa clivagem romboédrica, br. vítreo a nacarado. D. 3,84. Dur. 3,5. Ocorre em folhelho dolomítico preto em Sweetwater, Wyoming (EUA). Homenagem ao geólogo Keith *Norseth*.

norte Nome coml. de um mármore branco de Juazeiro, BA (Brasil).

NORTHUPITA Clorocarbonato de sódio e magnésio – $Na_3Mg(CO_3)_2Cl$ –, cúb., em octaedros incolores, brancos, amarelos ou cinzentos. Homenagem a C. H. *Northup*, seu descobridor.

NOSEANA Sulfoaluminossilicato hidratado de sódio – $Na_8Al_6Si_6O_{24}(SO_4).H_2O$ –, cúb., do grupo da sodalita. Cinzento, azulado ou amarronzado, às vezes quase opaco, pela presença de inclusões. Dur. 5,5. D. 2,25-2,40. Ocorre com a hauynita. Homenagem a F. K. W. *Nose*, geólogo alemão. Sin. de *noselita*.

noselita V. *noseana*. Homenagem a F. K. W. *Nose*, geólogo alemão.

notação cristalográfica Conjunto de algarismos ou letras que indicam as posições das faces ou planos cristalinos em relação aos eixos cristalográficos. Cf. *índices de Miller, índices de Miller-Bravais*.

NOVACEKITA Arsenato hidratado de uranila e magnésio – $Mg(UO_2)_2(AsO_4)_2$. $12H_2O$ –, tetrag., do grupo da autunita. Amarelo, com fluorescência média a fraca. Homenagem ao mineralogista Radim *Novacek*. Cf. *metanovacekita*.

NOVAKITA Arseneto de cobre com prata – $(Cu,Ag)_{21}As_{10}$ –, monocl., encontrado como grãos irregulares, cinza-aço (quase pretos quando com *tarnish*). Dur. 3,0-3,5. D. em torno de 6,70. Facilmente alterável a outros minerais. Sem clivagem. Homenagem ao professor checo Jiri *Novák*. Não confundir com *nowackiita*.

NOVGORODOVAÍTA Cloroacetato hidratado de cálcio – $Ca_2(C_2O_4)Cl_2.2H_2O$ –, monocl., descoberto num domo de sal do Casaquistão.

NOWACKIITA Sulfoarseneto de cobre e zinco – $Cu_6Zn_3As_4S_{12}$ –, trig., descoberto no Valais (Suíça). Talvez se trate de novakita. Homenagem a Werner *Nowacki*, professor suíço.

noz de yowah Var. gemológica de opala embebida em nódulos de limonita. De *Yowah*, fazenda de Queensland (Austrália).

NSUTITA Óxido básico de manganês – $Mn_xMn_{1-x}O_{2-x}(OH)_{2-2x}$ –, que forma agregados porosos ou densos, opacos, cinza a pretos. Dur. 8,5. D. 4,24-4,67. Da mina *N'Suta*, Wassaw (Gana), onde ocorre.

nuevita V. *samarskita*. De *Nuevo*, Riverside, Califórnia (EUA).

NUFFIELDITA Sulfeto de chumbo, cobre e bismuto – $Pb_2Cu(Pb,Bi)Bi_2S_7$ –, ortor., descoberto em Alice Arm, Colúmbia Britânica (Canadá).

NUKUNDAMITA Sulfeto de cobre e ferro – $(Cu,Fe)_4S_4$ ou $(Cu_{3,4}Fe)_{0,6}S_4$ –, trig., descoberto em uma mina de *Nukundamu* (daí seu nome), Fiji, no Japão. Tem cor de cobre, br. metálico e clivagem basal perfeita. D. 4,53.

NULLAGINITA Carbonato básico de níquel – $Ni_2CO_3(OH)_2$ –, monocl., verde, do grupo da rosasita. Forma nódulos ovais a irregulares, de até 2 mm, e vênulos de fibras perpendiculares às paredes da encaixante. Fosco ou com br. sedoso. D. 3,5-3,6. Descoberto em peridotito serpentinizado de *Nullagine* (daí seu nome), na Austrália Ocidental.

numeíta V. *garnierita*. De *Numeia*.

nuoلaíta Material considerado inicialmente samarskita alterada, mas que se trata de uma mistura de euxenita e obruchevita.

nutriente Gema que, após ser moída, é fundida para formar uma gema sintética de mesma natureza.

nuummita R. preta, iridescente, composta de antofilita e gedrita com pirita, magnetita e calcopirita, de dur. 5,5-6,0 e D. em torno de 3. Foi descoberta na Groenlândia (Dinamarca) e é usada como gema, na forma de cabuchões.

nuvem Conjunto de pontos brancos que são vistos em alguns diamantes.

NYBOÍTA Aluminossilicato básico de sódio e magnésio – $NaNa_2Mg_3Al_2(Si_7Al)O_{22}(OH)_2$ –, monocl., do grupo dos anfibólios. Ocorre em eclogito de *Nybo* (Noruega), de onde vem seu nome.

NYEREREÍTA Carbonato de sódio e cálcio – $Na_2Ca(CO_3)_2$ –, ortor., pseudo--hexag., descoberto no vulcão Oldoinyo Lengai (Tanzânia). Trimorfo da zemkorita e da natrofairchildita. Homenagem a Julius *Nyerere*, presidente da Tanzânia.

Oo

OBERTIITA Silicato de sódio, magnésio, ferro e titânio – $Na_3(Mg_3FeTi)Si_8O_{24}$ –, monocl., do grupo dos anfibólios, descoberto em uma pedreira da região de Eifel, na Alemanha.

objeto ornamental Objeto confeccionado com pedra ornamental e usado principalmente para decoração de interiores. Ex.: porta-joias, cinzeiros, pequenas esculturas, vasos etc.

oborita Mineral de composição incerta, provavelmente com lantânio, cério, ítrio e érbio. Ocorre em grãos amarelo-esverdeados. De Beiyim *Obo*, Mongólia (China).

OBOYERITA Telurato hidratado de chumbo – $Pb_6H_6(TeO_3)_3(TeO_6)_2.2H_2O$ –, tricl., fibroso, formando pequenas esferas leitosas. Dur. 1,5. D. 6,4. Descoberto no Arizona (EUA), no mesmo local onde se descobriu a girdita, a fairbankita e a winstanleyita. Homenagem a *Oliver Boyer*, um dos homens que demarcaram a área onde o mineral foi descoberto.

OBRADOVICITA Mineral de fórmula química $H_4(K,Na)CuFe_2(AsO_4)(MoO_4)_5$. $12H_2O$, ortor., descoberto em Chuquicamata, Calama (Chile).

obruchevita Sin. de *itropirocloro*. Homenagem a V. A. *Obruchev*, geólogo soviético.

obsidiana Vidro de composição geralmente riolítica, com 66%-77% sílica; 13%-18% alumina; água (menos de 1%); e óxidos diversos. Se tem mais de 1% de água e fendas, chama-se perlito; se for mais rico ainda em água e com br. resinoso, é uma *pitchstone*. A obsidiana forma-se por resfriamento brusco de material vulcânico e é geralmente preta, podendo ser cinza, marrom, verde, amarelada ou vermelha, mas sempre escura. Br. vítreo, frat. conchoidal típica, com bordos cortantes. Dur. 5,0-5,5. D. 2,33-2,47. IR 1,500. Pode ter finas inclusões prismáticas pretas, dispersas ou em camadas. Quando estas são abundantes, a obsidiana assemelha-se à calcedônia. É usada como gema há mais de cinco mil anos. Com ela fazem-se camafeus, entalhes e pedras facetadas, principalmente as var. semitransp. de cores cinza e preta procedentes do México. A obsidiana é comum e ocorre principalmente no México (Hidalgo e Querétaro), Itália (Sicília), EUA (Parque de Yellowstone), Hungria, Nova Zelândia e Rússia (Cáucaso). No Brasil, há obsidiana em vários locais, como nos basaltos da Região Sul, mas não há produção de material com qualidade gemológica. Do lat. *obsianus* (vidros naturais que os romanos utilizavam e que se assemelhavam a uma substância mineral descoberta na Etiópia por alguém chamado *Obsius*). Sin. de [1]*ágata-negra, espelho dos incas, lágrimas de apache, hialopsita,* [2]*pseudocrisólita, vidro de vulcão.* ☐

obsidiana arco-íris Var. de obsidiana iridescente de Lake, Oregon (EUA).

obsidiana floco de neve (nome coml.) V. *obsidiana-nevada*.

obsidiana-nevada Nome coml. de uma obsidiana preta, com inclusões esbranquiçadas de cristobalita, procedente de Utah (EUA). Sin. de *obsidiana floco de neve*.

obsidiana-ônix Obsidiana com cor distribuída em faixas paralelas, a ex. do ônix.

ocidental Adjetivo que, acrescentado ao nome de certas substâncias, designa a menos valiosa de suas var. gemológicas (ex.: ágata-ocidental) ou uma var. gemológica de outra substância, de mesma cor e menor valor (ex.: diamante-ocidental). Termo a abandonar. Cf. *nobre, oriental, precioso*.

ocre de chumbo 1. V. *litargita.* 2. V. *massicoto.*
ocrolita Sin. de *nadorita.* Do gr. *okhros* (amarelado) + *lithos* (pedra), por sua cor amarelo-amarronzada.
octaedrita Sin. de *anatásio*, forma preferível, já que o mineral não cristaliza em octaedros. Não confundir com *octaedrito.*
octaedrito Meteorito com 6%-18% Ni, o mais comum dos sideritos. Não confundir com *octaedrita.*
octaedro Forma cristalina composta de oito faces triangulares equiláteras que cortam igualmente os eixos cristalográficos, estando quatro acima e quatro abaixo dos eixos horizontais. Corresponde a duas pirâmides de base quadrada, unidas por essa base. É a forma mais frequentemente encontrada em cristais de diamante.
ODANIELITA Hidrogênio-arsenato de sódio e zinco com magnésio – $Na(Zn,Mg)_3H_2(AsO_4)_3$ –, monocl., descoberto em Tsumeb (Namíbia), onde aparece com cor violeta-claro, D. 4,4, dur. em torno de 3, br. vítreo e duas clivagens perfeitas – (010) e (100). Homenagem a Herbert *O'Daniel*, professor de Mineralogia.
odenita Nome de uma var. de biotita. De *Odenium*, nome de um suposto novo elemento que se pensava nela existir.
ODINITA Aluminossilicato de ferro com outros metais – $(Fe,Mg,Al,Ti,Mn)_5(Si,Al)_4O_{10}(OH)_8$ –, monocl. e trig., do grupo caulinita-serpentina, descoberto na Guiné.
ODINTSOVITA Silicato de potássio, sódio, cálcio, titânio e berílio – $K_2Na_4Ca_3Ti_2Be_4Si_{12}O_{38}$ –, ortor., descoberto no maciço alcalino de Murunskii, na Rússia.
odontólito Dente fóssil naturalmente colorido de azul por vivianita, raramente de verde por cobre, lembrando a turquesa e, como ela, usado como gema. A cor do odontólito não é estável, desaparecendo com o tempo. Dur. 5,0. D. 3,00-3,25. Efervesce sob ação do HCl. É encontrado na Rússia (Sibéria) e no sul da França. Do gr. *odontos* (dente) + *lithos* (pedra). Sin. de *turquesa-fóssil, turquesa-marfim, turquesa-ocidental, turquesa de osso.*
OENITA Arseneto de cobalto e antimônio – CoSbAs –, ortor., do grupo da loellingita, descoberto em rejeitos de uma mina abandonada de Bergslagen (Suécia).
OFFRETITA Aluminossilicato hidratado de cálcio, potássio e magnésio – $CaKMg[Al_5Si_{13}O_{36}].16H_2O$ –, hexag., do grupo das zeólitas, descoberto em basaltos de Montbrison, Loire (França).
oficalcita Serpentinito rico em carbonatos, como o mármore-connemara, por ex.
OGDENSBURGITA Arsenato básico hidratado de cálcio, ferro e zinco com manganês – $Ca_2Fe_4(Zn,Mn)(AsO_4)_4(OH)_6.6H_2O$ –, ortor., pseudo-hexag., laranja-avermelhado com traço laranja, br. resinoso, cristalizado em pequenas placas de 0,1 mm de espessura, com uma clivagem perfeita. Dur. 2. D. 2,9. Descoberto na mina Sterling Hill, em *Ogdensburg* (daí seu nome), New Jersey (EUA).
ogó (gar.) Material dourado constituído principalmente de monazita com grânulos de zircão. Nome derivado do ioruba *ogó* (dinheiro, riqueza), certamente em alusão a sua cor dourada. Sin. de *ruivo, ogó branco, ogó amarelo.*
ogó amarelo V. *ogó.*
ogó branco V. *ogó.*
ohernita Mineral semelhante à diálaga. Considerado silicato hidratado de magnésio, ferro e cálcio; contém, todavia, 6,74% Al_2O_3.
OHMILITA Silicato hidratado de estrôncio e titânio com ferro – $Sr_3(Ti,Fe)(Si_2O_6)_2(O,OH).2-3H_2O$ –, monocl., rosa, descoberto em *Ohmi* (daí seu nome), Niigata (Japão).
oisanita Sin. de *delfinita.*
OJUELAÍTA Arsenato básico hidratado de zinco e ferro – $ZnFe_2(AsO_4)_2(OH)_2.4H_2O$ –, monocl., descoberto na zona

de oxidação da mina *Ojuela* (de onde vem seu nome), em Mapimi, Durango (México), simultaneamente com a mapimita. D. 2,39. Cf. *arthurita, earlshannonita, whitmoreíta.*

OKANOGANITA-(Y) Boro-fluorsilicato de sódio e TR com cálcio – $(Na,Ca)_3(Y, Ce)_{12}Si_6B_2O_{27}F_{14}$ –, trig., que forma cristais de até 4 mm, pseudotetraédricos, às vezes maclados. Tem dur. 4,0 e D. 4,36. Assim chamado por ter sido descoberto em *Okanogan*, Washington (EUA), onde aparece em cavidades miarolíticas de um granito. Cf. *vicanita-(Ce).*

OKAYAMALITA Borossilicato de cálcio – $Ca_2B_2SiO_7$ –, tetrag., do grupo da melelita, descoberto na província de *Okayama* (daí seu nome), no Japão.

OKENITA Silicato hidratado de cálcio – $Ca_5Si_9O_{23}.9H_2O$ –, tricl., esbranquiçado, descoberto na ilha de Disko, Groenlândia (Dinamarca). Homenagem a Lorenz *Oken*, naturalista alemão. Cf. *nekoíta.*

OKHOTSKITA Silicato de fórmula química $Ca_2(Mn,Mg,Al,Fe)_3Si_3(O,OH)_{14}$, monocl., do grupo da pumpellyíta, descoberto em uma mina de Hokkaido (Japão).

OLDHAMITA Sulfeto de cálcio com magnésio – $(Ca,Mg)S$ –, cúb., marrom--claro, sempre meteorítico. Oxida-se facilmente ao ar. Homenagem a T. *Oldham*, diretor do Serviço Geológico da Índia.

OLEKMINSKITA Carbonato de estrôncio com cálcio e bário – $Sr(Sr,Ca,Ba)(CO_3)_2$ –, trig., que forma série isomórfica com a paralstonita, descoberto no complexo alcalino de Murunskii, na Rússia.

OLENITA Borossilicato de sódio e alumínio – $NaAl_9(BO_3)_3[Si_6O_{18}](O,OH)_4$ –, trig., do grupo das turmalinas, descoberto na península de Kola (Rússia).

óleo de âmbar Produto de decomposição do âmbar obtido quando este é aquecido a 300°C, aproximadamente. Cf. *piche de âmbar.*

oleolita V. *eleolita*, forma preferível.

OLGITA Fosfato de sódio e estrôncio com bário – $Na(Sr,Ba)PO_4$ –, trig., em grãos de 1-2 mm, descobertos em pegmatitos da península de Kola (Rússia). Tem dur. 4,5, cor azul a verde-azulada e br. vítreo. Insolúvel em HCl a frio, a 10%. Homenagem a *Ol'ge* Anisimovne Vorob'eva, mineralogista russo.

olho de apache Obsidiana muito transp., semelhante ao quartzo-enfumaçado.

olho de boi 1. Olho de tigre de cor vermelha, obtida por tratamento térmico do olho de tigre normal. 2. Var. de labradorita vermelho-escura.

olho de cobra V. ¹*olho de gato.*

olho de falcão 1. Var. de olho de tigre em que a crocidolita não está oxidada, exibindo, assim, sua cor azul original. Ocorre na África do Sul, junto com o olho de tigre. 2. Nome de uma var. de calcedônia.

olho de gato 1. Var. gemológica de crisoberilo com *chatoyance*, pela existência de cavidades tubulares muito finas (25.600 por centímetro) e paralelas. Cor esverdeada, amarelada ou cinza, transl. É muito mais valioso que o olho de tigre, do qual difere por ser transl., levemente opalescente e com uma textura linear mais definida. Como aquele, é lapidado em cabuchão. Dur. 8,5. D. 3,70-3,75. IR 1,746-1,756. Bir. 0,010. B(+). O maior olho de gato conhecido parece ser um encontrado em Araçuaí, MG (Brasil), que pesou 400 ct. O olho de gato situa-se entre as pedras mais valiosas. Gemas de 0,5 ct a 10 ct valem US$ 5 a US$ 3.500/ct. É produzido no Sri Lanka (Ratnapura e outros locais), Zimbábue (Karoi, Novello Claims), Brasil (Minas Gerais, Espírito Santo e Bahia), Tanzânia (Lake Manyara, Tunduru), Madagascar (Ilakaka) e Índia (Orissa, Andhra Pradesh), mesmos produtores da alexandrita. Sin. de *cimofana, olho de cobra, olho de gato cingalês, olho de gato do ceilão, olho de gato indiano, olho de gato oriental, olho de gato precioso,* ¹*olho de peixe.* 2. Palavra que é acrescentada após o nome de certos minerais para identificar as var. que exibem *chatoyance*. Ex.: quartzo olho de gato.

olho de gato cingalês V. ¹*olho de gato.*

olho de gato do ceilão V. ¹*olho de gato*.
olho de gato húngaro Qz. com *chatoyance* proveniente da Alemanha.
olho de gato indiano V. ¹*olho de gato*.
olho de gato ocidental V. *quartzo olho de gato*.
olho de gato oriental V. ¹*olho de gato*.
olho de gato precioso V. ¹*olho de gato*.
olho de lince Var. de labradorita verde.
olho de mosquito (gar., MG) Diamante de pequenas dimensões.
olho de peixe 1. V. ¹*olho de gato* 2. (gar.) Diamante de pouco br., anédrico, impróprio para lapid. e, às vezes, maclado. Sin. de *cebola, olho de porca*. 3. Var. de calcedônia branca. 4. Nome coml. de qualquer gema transp., facetada, com pouco br. no centro. 5. Diamante cortado com pouca altura, tendo, por isso, pouco br.
olho de porca (gar.) Sin. de ²*olho de peixe*.
olho de tigre Var. de qz. amarela a marrom até recentemente tida como pseudomorfose sobre crocidolita, que, por limonitização, adquiriu cor amarela. Heaney e Fisher (2003) mostraram que se trata, na verdade, de um material formado por um mecanismo de corte e preenchimento descontínuo em r. quartzosa contendo crocidolita. A r. se fratura e a zona fraturada é invadida por água contendo substâncias capazes de formar o qz. e a crocidolita. Os cristais de qz. começam então a se formar a partir das paredes da frat. e a crocidolita, a partir dos cristais já existentes desse mineral. A frat. é assim preenchida e, quando nova fenda se forma, geralmente na mesma zona, que é estruturalmente mais fraca, o processo se repete. O olho de tigre exibe notável *chatoyance*, sendo, por isso, usado como gema e em objetos ornamentais. Provém principalmente de uma mina de asbesto de Griqualand (África do Sul). O olho de tigre pode ser tingido como as ágatas, desde que tenha sido antes tratado com ác. clorídrico, para ficar poroso. Por aquecimento, consegue-se acentuar mais a sua cor, em virtude da transformação da limonita em hematita. Sin. de *pseudocrocidolita*. Cf. *olho de falcão, olho de gato*. ☐
oligisto V. *hematita*, nome preferível. Do gr. *oligistos* (pouco numeroso).
oligoclásio Plagioclásio com 10%-30% de anortita e 70%-90% de albita. Dur. 6,0-6,5. D. 2,62-2,65. Tem uma var. gemológica, a pedra do sol. Do gr. *oligos* (pouco) + *klasis*.
oligonita Var. de siderita com até 40% $MnCO_3$. Do gr. *oligos* (pouco), porque é menos densa que a siderita normal.
oligossiderito Meteorito pobre em ferro. Do gr. *oligos* (pouco) + *sideros* (ferro).
olimpita Fosfato de lítio e sódio – $LiNa_5(PO_4)_2$ –, ortor., descoberto em pegmatitos da península de Kola (Rússia), onde aparece na forma de grãos ovais de 1-3 mm, incolores, de br. vítreo, frat. conchoidal, dur. 4,0, frágeis. Facilmente solúvel em água fria; ao ar, altera-se rapidamente, dando carbonato de sódio e fosfato hidratado de sódio. O nome é uma homenagem às *Olimpíadas* de Moscou de 1980.
oliveiraíta Óxido hidratado de titânio e zircônio – $(ZrO_2)_3(TiO_2)_2.2H_2O$ –, com 63,36% ZrO_2 e 29,92% TiO_2. Provavelmente produto de alteração da euxenita. Homenagem a Francisco Paulo de *Oliveira*, geólogo brasileiro.
OLIVENITA Arsenato básico de cobre – $Cu_2AsO_4(OH)$ –, monocl., isomorfo da adamita. É verde-oliva, cinza ou marrom, fosco, encontrado na forma de pequenos cristais prismáticos com poucas faces, às vezes em crostas fibrosas. Tem br. adamantino a sedoso. Dur. 3,0. D. 3,90-4,40. Transl. a opaco. Raro, sendo encontrado na zona superior dos depósitos de cobre. De *oliva*, por sua cor verde. Sin. de *leucocalcita*, ³*granada-branca*.
olivina Grupo de oito silicatos ortor., que compreende cálcio-olivina, calcioforsterita, faialita, glaucocroíta, kirchsteinita, liebenbergita, monticellita e tefroíta. Há uma série isomórfica forsterita-faialita (forsterita, crisólita, hialossiderita, hor-

tonolita, ferro-hortonolita e faialita). São ortor., geralmente granulares, com cor verde-oliva, verde-cinzenta ou marrom, traço branco ou amarelo, transp. a transl., de br. vítreo, frat. conchoidal, raramente maclados. Dur. 6,5-7,0. D. 3,30-3,40. IR 1,635-1,670. Bir. 0,035. B(+). Disp. 0,020. As olivinas ocorrem em r. máficas e ultramáficas. Já foram encontradas em r. da Lua e em meteoritos (palasitos). Possuem duas var. gemológicas: o peridoto – verde levemente amarelado – e a crisólita – amarelada, amarelo-esverdeada ou amarronzada, mais clara que o primeiro. Os principais produtores de ambos são Sri Lanka e Egito, seguindo-se Mianmar (ex-Birmânia), Austrália, Brasil e EUA. O peridoto tem valor superior ao do zircão, das granadas, da ametista e do topázio azul, rivalizando com as turmalinas e o topázio róseo. Cf. *havaiita*, ^{1}*peridoto*. Do lat. *oliva* (azeitona), em alusão à sua cor.
olivina branca V. *forsterita*.
olivina-preciosa V. *peridoto*.
olivina-uraliana V. *demantoide*.
OLKHONSKITA Titanato de cromo com vanádio – $(Cr,V)_2Ti_3O_9$ –, monocl., descoberto no lago Baikal (Rússia). Cf. *schreyerita*.
OLMSTEADITA Mineral de fórmula $KFe_2(Nb,Ta)(PO_4)_2O_2.2H_2O$, ortor., que forma cristais prismáticos, marrom--escuros a pretos. Descoberto em um pegmatito de Pennington, Dakota do Sul (EUA). Cf. *johnwalkita*.
OLSACHERITA Selenato-sulfato de chumbo – $Pb_2(SeO_4)(SO_4)$ –, ortor., descoberto na mina Pacajake, em Colquechaca (Bolívia).
OLSHANSKYÍTA Borato de cálcio – $Ca_3B_4(OH)_{18}$ –, tricl., descoberto na Sibéria (Rússia) e assim chamado em homenagem a Yakov *Olshansky*, geoquímico russo.
OMEIITA Arseneto de ósmio com rutênio – $(Os,Ru)As_2$ –, com 48,86% Os e 4% Ru. Forma série isomórfica com a anduoíta. Aparece em cristais tabulares ou prismáticos, alongados segundo o eixo *b*, ortor., cinza, de br. metálico, com uma clivagem paralela à maior dimensão, frágeis. Solúvel em HCl e HNO_3, dificilmente em água--régia. Descoberto em r. ultramáficas de Sichuan (China).
OMINELITA Borossilicato de ferro e alumínio com magnésio – (Fe,Mg)Al_3BSiO_9 –, ortor., descoberto nas montanhas *Omine* (daí seu nome), na província de Nara (Japão). Cf. *grandidierita*.
onça troy Unidade de massa do sistema inglês usada para metais nobres e gemas, equivalente a 31,103 g.
oncosina Var. de agalmatolito verde--maçã encontrada em Salzburgo (Áustria).
ONEGUITA Var. de ametista com inclusões aciculares de goethita. Descoberta em uma das ilhas do lago *Onega* (Rússia), daí seu nome. Encontrada também nas jazidas de ametista do norte do Rio Grande do Sul (Brasil), onde a goethita é chamada de mosquitinho pelos garimpeiros.
ONEILLITA Silicato de fórmula química $Na_{15}Ca_3Mn_3Fe_3Zr_3Nb(Si_{25}O_{73})(O,OH,H_2O)_3(OH)_2$, trig., do grupo da eudialita, descoberto em Rouville, Quebec (Canadá).
ONFACITA Silicato de cálcio e magnésio com sódio, ferro e alumínio – (Ca,Na)(Mg,Fe,Al)Si_2O_6 –, do grupo dos clinopiroxênios. Tem cor verde, hábito granular ou foliado, br. vítreo. Constituinte comum do eclogito, formado sob alta pressão, e corresponde a uma solução sólida de augita (25%-75%), jadeíta (75%-25%) e egirina (0%-25%). Do gr. *omphakos* (uva verde), por sua cor e hábito.
onicolo Sin. de *nicolo*.
ônix Var. de calcedônia em que a cor se distribui em faixas retas e paralelas. Com exceção das cores vermelha, alaranjada e marrom, pode mostrar todas as outras, sendo a preta a mais apreciada para fins gemológicos (especialmente para camafeus). Dur. 6,5-7,0. D. 2,55-2,65. IR 1,530-1,539. Bir. 0,009. U(+). A cor do ônix preto encontrado no comér-

cio é geralmente artificial, podendo ser obtida a partir de calcedônia cinzenta ou leitosa, mediante imersão em ác. com açúcar e aquecimento da mistura durante três semanas. Depois, é colocado no ác. sulfúrico concentrado. A cor preta pode ser obtida também aquecendo lentamente as gemas numa solução de nitrato de cobalto e sulfocianato de amônio. Os gregos diziam ser o ônix as unhas de Vênus cortadas por Cupido e caídas sobre a Terra. Foi tido sempre como afrodisíaco e também fonte de pesadelos. Já foi usado como anestésico (v. *menfita*) e, no Irã, é usado ainda hoje contra epilepsia. Do gr. *onyx* (unha).
ônix-americano Sin. de *mármore-ônix*.
ônix-argelino Sin. de *mármore-ônix*.
ônix-azul 1. Var. de ágata azul. **2**. Calcedônia artificialmente tingida de azul.
ônix-brasileiro Nome coml. do mármore-ônix de cor superior, procedente da Argentina.
ônix-califórnia V. *ônix-californiano*.
ônix-californiano Var. de aragonita marrom-escura usada como pedra ornamental. Sin. de *ônix-califórnia*.
ônix da argélia Ônix-argelino.
ônix de caverna Sin. de *mármore-ônix*.
ônix-mexicano Mármore-ônix procedente de Tecali (México).
ônix-oriental V. *mármore-ônix*.
ônix-ouro Nome coml. de um mármore-ônix encontrado em Riacho da Fervedeira, Santana do Matos, RN (Brasil), de cor amarelo-manteiga ou amarelo-esverdeada e granulação fina, usável em objetos ornamentais em razão de sua excelente cor, pequeno número de fendas e por permitir ótimo polimento. □
ônix real N. com. de uma gema preta produzida e, desde 2013, exportada pelo Brasil.
ônix-verde Calcedônia artificialmente colorida de verde.
onofrita Var. de metacinábrio contendo selênio – Hg(S,Se). Termo intermediário da série tiemannita (HgSe)-metacinábrio (HgS). É fonte de selênio. Nome derivado de San Onofre.

ONORATOÍTA Oxicloreto de antimônio – $Sb_8O_{11}Cl_2$ –, monocl., acicular, alongado segundo (010) e achatado segundo (001), de D. 5,3-5,5. Descoberto em Rosia, Siena (Itália).
OOSTERBOSCHITA Seleneto de paládio e cobre – $(Pd,Cu)_7Se_5$ ou $Cu_2Pd_3Se_4$ –, ortor., que forma grãos amarelo-esbranquiçados de até 0,4 mm, com maclas polissintéticas. Tem 44,9% Pd. Muito raro, descoberto em Katanga (R. D. do Congo).
opaco Diz-se do material impermeável à luz visível, mesmo quando reduzido a finas folhas. Os minerais opacos são, em sua maioria, minerais metálicos. Antôn. de *transparente*.
OPALA Sílica hidratada – $SiO_2.nH_2O$ – transp. a quase opaca, de br. vítreo, frat. conchoidal, traço branco, friável. Dur. 5,5-6,5. D. 1,95-2,20. Pode ser fortemente fluorescente à luz UV, geralmente em amarelo e azul ou, na opala-comum, em verde-maçã (v. *opala uranífera*) ou verde-amarelado. IR 1,400-1,500. A opala tem 3% a 21% de água, que, sob ação do calor, pode ser perdida pelo mineral, levando-a a se fraturar ou, pelo menos, a enfraquecer suas cores. Nesse aspecto, levam vantagem as opalas brasileiras, de grande resistência ao calor e às mudanças bruscas de temperatura. Mostra jogo de cores, pela interferência da luz em esferas de cristobalita ou de sílica amorfa com 0,15 a 0,23 micrômetros de diâmetro, regularmente dispostas e que constituem a estrutura do mineral. Os vazios entre as esferas são ocupados por ar, água ou géis de sílica. Quando as esferas são de um mesmo tamanho e com um diâmetro semelhante ao comprimento de onda das radiações da luz visível, há difração da luz e surge o jogo de cores da opala-nobre. Se as esferas variam de tamanho, não há difração e tem-se a opala-comum. Aquecida a 250°C, a opala-preciosa perde água e deixa de difratar a luz. CLASSIFICAÇÃO. Possui inúmeras var., podendo-se dividi-las

em dois grupos: as opalas-comuns (sem jogo de cores e raramente usadas como gema) e as opalas-preciosas (com jogo de cores e bem mais raras). Quanto à cor, as opalas podem ser brancas (cores claras) ou negras (jogo de cores sobre um fundo negro), estas últimas mais belas, mais raras e, portanto, mais valiosas. Entre as var. gemológicas, destacam-se a *opala de fogo*, a *opala-arlequim* e a *opala-musgo* (v. esses nomes). OCORRÊNCIA. A opala é um mineral secundário que ocorre em fendas e cavidades de r. ígneas, como nódulos em calcários e em fontes termais, geralmente maciça ou pseudomorfa sobre minerais variados e mesmo vegetais, dentes e conchas fósseis. Pode também formar estalactites. VALOR COML. As opalas com jogo de cores são mais raras que o diamante (Eyles, s.d). Valem mais quando predomina o vermelho, com áreas de cores grandes e jogo de cores uniforme, sem áreas mortas. As negras em que predominam o vermelho e o laranja variam de US$ 80 a US$ 15.000/ct em gemas de 1 ct a 15 ct. IMITAÇÕES E GEMAS COMPOSTAS. Um tipo de imitação de opala é obtido cimentando um cabuchão de qz. ou vidro em madrepérola iridescente. As opalas-preciosas que ocorrem em lâminas delgadas são aproveitadas colando-se-as sobre opalite, ônix ou sobre outro pedaço de opala, de qualidade inferior. Essas opalas duplas, depois de montadas, são dificilmente identificáveis. SÍNTESE. Há também opalas sintéticas (produzidas por Pierre Gilson), que diferem das naturais porque os limites entre zonas de diferentes cores são precisos, sendo essas zonas formadas por pequeninas escamas hexag. Além disso, mostram colunas de diferentes cores quando vistas de lado. A opala-negra sintetizada por Gilson mostra uma matriz preto-acastanhada, enquanto a natural a tem preta ou preto-acinzentada. LAPID. A opala é lapidada sempre em cabuchão, exceto a opala de fogo, única var. que admite lapid. facetada. É comum ser lapidada junto com o material sobre o qual se depositou. HISTÓRIA. A maior opala conhecida é a Olympia Australis, de 17.700 ct, descoberta em Coober Pedy, na Austrália, em agosto de 1950. Está exposta em Melbourne, naquele país, e seu valor é estimado em US$ 1.800.000 (*Guinness Book*, 1975). CURIOSIDADES. Na Antiguidade, a opala valia mais que o diamante e pensava-se que tinha o poder de evitar o mau-olhado, de curar doenças dos olhos e de advertir do perigo. No século XIX, passou a ser considerada de mau agouro, razão pela qual, durante certo tempo, seu uso diminuiu muito. PRINCIPAIS PRODUTORES. O principal produtor é a Austrália (mais de 90%), seguindo-se Índia, México, Nova Zelândia e EUA. No Brasil, destacam-se as jazidas de Pedro II, no Piauí, existindo opala também na Bahia, no Ceará e no Rio Grande do Sul. HISTÓRIA. Na República Checa, descobriu-se uma opala de 600 g, e, na Austrália, uma de 50 cm x 15 cm. CUIDADOS. Para evitar a desidratação e o consequente fraturamento das opalas, convém guardá-las em água ou revestidas por uma película de azeite. Elas são sensíveis à ação de ác. e álcalis, podendo ser afetadas por sabonetes e cosméticos. ETIMOLOGIA. Do sânscr. *upala* (pedra preciosa).
opala-ágata Alternância de opala e calcedônia, em camadas de diferentes cores, como na ágata.
opala-âmbar Var. de opala de cor amarelo-amarronzada, decorrente de óxidos de ferro.
opala-arlequim Opala-nobre com cores variadas, dispostas em mosaico formado de porções equidimensionais arredondadas, poligonais ou aproximadamente retangulares. Pode mostrar *chatoyance* e cor verde, resultante, supõe-se, da presença de crocidolita. Assim chamada em alusão ao colorido da roupa do Arlequim, personagem da antiga comédia italiana, cuja roupa era feita com retalhos de várias cores. Sin. de *capotinha*.
opala-azul V. *lazulita*.

opala-branca Designação comum às opalas-preciosas de cores claras. Cf. *opala-negra*.
opala-cerácea Var. de opala amarela, com br. de cera.
opala-cherry Var. de opala cor de âmbar, transl., escura, proveniente de Querétaro (México).
opala-chuveiro Var. de opala em que as cores distribuem-se em pequenas partículas regularmente espalhadas na superfície.
opala-comum Denominação comum às var. de opala sem jogo de cores. Têm cor variável e podem mostrar forte fluorescência verde à luz UV. Pouco usadas como gema (a opala de fogo é uma exceção). Sin. de *hemiopala, semi-opala*. Cf. *opala-preciosa*.
opala da china Opala-comum, semelhante à porcelana branca.
opala-d'água 1. V. *hialita*. 2. Nome dado a qualquer opala-preciosa transp.
opala-d'água-mexicana Var. de opala mexicana, transl. a quase transp., com bom jogo de cores, amarelada.
opala de fogo Var. de opala transp. a transl., amarelo-alaranjada, vermelha ou vermelho-amarronzada, com jogo de cores ou não. Tem 6%-8% H_2O e destaca-se em relação às demais var. de opala por sua transparência e reflexos semelhantes a fogo. É a única var. que admite lapid. facetada. IR 1,450. Sin. de *opala de ouro, opala do sol, opala-flamejante,* [1]*pirofânio*.
opala de madeira Sin. de *xilopala*.
opala de mel Var. de opala amarelo-mel, proveniente de Querétaro (México).
opala-dendrítica Sin. de *opala-musgo*.
opala de ouro Sin. de *opala de fogo*.
opala de piche Opala-comum, de qualidade inferior, amarelada a amarronzada, com br. de piche.
opala de vidro V. *hialita*.
opala do ceilão V. [2]*pedra da lua* (plagioclásio).
opala do sol Sin. de *opala de fogo*.
opala-fígado Sin. de *menilita*. Assim chamada em razão de sua aparência, semelhante à do fígado.
opala-flamejante V. *opala de fogo*.
opala-girassol Var. de opala branco-azulada, transp., com jogo de cores vermelho.
opala-húngara Opala-branca procedente das minas Cervenica, outrora situadas na *Hungria* (daí seu nome) e hoje em território da Eslováquia.
opala-jaspe Opala-comum, semelhante ao jaspe na aparência. É quase opaca, de cor geralmente marrom-amarelada, passando a marrom-avermelhada ou vermelha, se contiver óxido de ferro. Br. vítreo. Sin. de *ferro-opala, jaspopala*.
opala-leitosa Var. de opala azulada, amarelada ou branco-leitosa a verde, com 4,3% de água. Pode mostrar jogo de cores. A cor pode ser alterada por óleos e pigmentos, usando-se bálsamo do canadá para fixá-la.
opala-madrepérola V. *cacholong*.
opala-musgo Var. de opala-comum com inclusões dendríticas, similar à ágata-musgo na origem e na aparência. Sin. de *opala-dendrítica*.
opala-negra Opala-preciosa cujas reflexões internas – geralmente vermelhas ou verdes – aparecem sobre um fundo escuro, normalmente cinza, às vezes preto. É muito rara e valiosa; as mais baratas (com azul e verde), de 1 a 15 ct, valem de US$ 20 a US$ 3.000/ct. É encontrada em Rainbow Ridge, Nevada (EUA), e em Nova Gales do Sul (Austrália). Cf. *opala-branca*.
opala-nobre Var. de opala-preciosa com jogo de cores, brilhante, transl. a subtransl.
opala-ônix Opala-comum com cor distribuída em faixas retas e paralelas, sendo uma alternância de opala-comum e opala-preciosa.
opala-oriental V. *opala-preciosa*.
opala-ouro Opala-comum de cor dourada.
opala-pérola Sin. de *cacholong*.
opala-porcelana Var. de opala-branca, leitosa, mais opaca que a opala-leitosa.

opala-prásio Opala-comum verde, semelhante à calcedônia.
opala-preciosa Denominação comum às var. de opala com jogo de cores.
opala queensland Var. de opala de cor amarelo-clara, procedente da Austrália.
opala-resina Opala-comum amarela, com br. resinoso.
opala-sobrisky Nome de uma opala encontrada em Lead Pipe Spring, no Vale da Morte, Califórnia (EUA).
opala triplex *Triplet* que tem, na parte superior, cristal de rocha cimentado sobre opala.
opala uranífera Var. de opala com fluorescência verde-maçã, decorrente, ao que se crê, da presença de pequenas quantidades de urânio.
opala vermillion Opala-leitosa com impregnações de cinábrio. Sin. de *vermilita*.
opala-xiloide Sin. de *xilopala*.
opalescência Aparência leitosa a nacarada, resultante da difusão da luz, exibida por certos minerais, como a opala-comum. Não confundir com *opalização*. Cf. *adularescência*.
opalina 1. Vidro azul-esbranquiçado usado como imitação de opala. 2. Var. de gipsita terrosa. 3. Var. de serpentina substituída por opala impura ou por qualquer mineral semelhante à opala. 4. Nome dado a qualquer mineral semelhante à opala. Cf. *opalita*.
opalita V. *myrickita*. Cf. *opalina*, *opalite*.
opalite Vidro preto sobre o qual se cimenta opala para imitar opala-negra. Cf. *opalita*.
opalização Nome que se dá ao jogo de cores da opala. Não confundir com *opalescência*.
orangita Var. de torita alterada – $ThSiO_4.nH_2O$ –, amarelo-laranja, brilhante. Do fr. *orange* (laranja), por sua cor.
oranita Nome dado ao intercrescimento de feldspato potássico e plagioclásio rico em cálcio. Cf. *pertita*.
ORCELITA Arseneto de níquel–$Ni_{5-x}As_2$–, de cor bronze-rosado, descoberto em testemunhos de sondagem constituídos de harzburgito serpentinizado. Homenagem ao professor Jean *Orcel*.
ORDOÑEZITA Óxido de zinco e antimônio – $ZnSb_2O_6$ –, em cristais tetrag. marrons. Descoberto em Santa Caterina, Guanajuato (México). Homenagem a Ezequiel *Ordoñez*, geólogo mexicano.
OREBROÍTA Silicato de manganês e antimônio com ferro – $Mn_6(Sb,Fe)_2Si_2(O,OH)_{14}$ –, trig., do grupo da welinita, descoberto em Vastmanland, Suécia.
OREGONITA Arseneto de níquel e ferro – Ni_2FeAs_2 –, hexag., prateado, que ocorre como seixos rolados em Josephine Creek, *Oregon* (EUA). Prateado. Dur. em torno de 5,0. Ocorre associado a minerais de Cu, Cr e Ni.
ORFEÍTA Fosfato-sulfato básico hidratado de chumbo e alumínio – $H_6Pb_{10}Al_{20}(PO_4)_{12}(SO_4)_5(OH)_{40}.11H_2O$ (?) –, trig., incolor ou verde-claro a azulado, de br. vítreo, dur. 3,5, D. 3,75, sem clivagem. As var. coloridas mostram fluorescência azul-turquesa. Insolúvel em ác., solúvel em KOH 20% quente. Ocorre no monte Rhodope (Bulgária) e é assim chamado em alusão a *Orfeu*, personagem mitológico que aí habitaria.
ORGANOVAÍTA-Mn Silicato hidratado de potássio, manganês e nióbio com titânio – $K_2Mn(Nb,Ti)_4(Si_4O_{12})_2(O,OH)_4.6H_2O$ –, monocl., do grupo da labuntsovita, descoberto na península de Kola (Rússia).
ORGANOVAÍTA-Zn Silicato hidratado de potássio, zinco e nióbio com titânio – $K_2Zn(Nb,Ti)_4(Si_4O_{12})_2(O,OH)_4.6H_2O$ –, monocl., do grupo da labuntsovita, descoberto na península de Kola (Rússia).
ORICKITA Sulfeto hidratado de sódio, potássio, cobre e ferro – $Na_xK_yCuFeS_2.zH_2O$, com x,y < 0,03 e z < 0,5. É hexag. e foi descoberto em Humboldt, Califórnia (EUA), com a coyoteíta, no mesmo local onde foram descobertas a erdita, a bartonita, a djerfisherita e a rasvumita. A orickita aparece em grãos de até 0,4 mm, muito raros, dos quais foram

obtidos apenas alguns miligramas. Amarelo-latão com traço preto, opaco, de br. metálico, clivagem basal boa, frat. conchoidal. Dur. < 5. D. aprox. 4,2. Fracamente magnético. O nome deriva de *Orick*, Santa Cruz, Califórnia (EUA).

oriental Adjetivo que, acrescentado ao nome de uma substância, designa a sua var. gemológica (ex.: opala-oriental); a mais valiosa de suas var. gemológicas (ex.: ágata-oriental); uma substância gemológica diferente daquela cujo nome está adjetivando, tendo mesma cor e valor maior (ex.: esmeralda-oriental) ou uma substância gemológica verdadeira, legítima (ex.: safira-oriental). Equivale a *precioso*. As pedras orientais são assim chamadas porque se pensava, outrora, que ocorriam principalmente a este do Mediterrâneo. Nesse contexto, deve-se evitar o uso não só da palavra *oriental*, como também de *nobre, ocidental* e outras similares. Cf. *nobre, ocidental, precioso*.

oriente Nome dado ao br. das pérolas iridescentes. Deve-se à difração e à interferência da luz nos bordos irregulares dos cristais de aragonita que constituem o nácar.

ORIENTITA Silicato básico hidratado de cálcio e manganês – $Ca_8Mn_{10}(SiO_4)_3(Si_3O_{10})_3(OH)_{10}.4H_2O$ –, ortor., que forma pequenos prismas com disposição radial, marrons ou pretos. Não confundir com *orintita*. De *Oriente* (Cuba), onde foi descoberto. Cf. *ardennita, macfallita*.

orintita Sin. de *carbonatoapatita*. Não confundir com *orientita*.

ORLANDIITA Clorosselenato hidratado de chumbo – $Pb_3Cl_4(SeO_3).H_2O$ –, tricl., descoberto na Sardenha (Itália).

orlita Silicato hidratado de chumbo e uranila – $Pb(UO_2)_2(SiO_4)_2.2H_2O$.

ORLYMANITA Silicato básico hidratado de cálcio e manganês – $Ca_4Mn_3Si_8O_{20}(OH)_6.2H_2O$ –, trig., descoberto em uma mina na província do Cabo (África do Sul). Cf. *girolita*.

oroseíta Produto de alteração da olivina. Trata-se, provavelmente, de iddingsita. De *Orosei*, Sardenha (Itália).

orpimenta V. *ouro-pigmento*. Corruptela de ouro-pigmento.

ORSCHALLITA Sulfato hidratado de cálcio – $Ca_3(SO_3)_2(SO_4).12H_2O$ –, trig., descoberto em Eifel, na Alemanha.

ortita Sin. de *allanita*. Do gr. *orthos* (direito).

ortoaluminato de ítrio Substância sintética, isótropa, de fórmula química $YAlO_3$, usada como imitação de diamante. Dur. 8,8. D. 5,35. IR 1,970. Disp. 0,033.

ortoantigorita Nome de uma var. de lizardita. De *orto*rrômbico + *antigorita*, por sua composição e estrutura.

ORTOBRANNERITA Titanato básico de urânio – $U^{4+}U^{6+}Ti_4O_{12}(OH)_2$ –, ortor., metamicto, preto, dimorfo da brannerita. Forma cristais prismáticos, estriados verticalmente. Traço preto a marrom-escuro, br. adamantino, frat. conchoidal. D. 5,46. Descoberto em material de alteração de biotita-piroxeniossienito de Yunan (China). Denominação imprópria, pois é possível que não seja dimorfo da brannerita.

ORTOCHAMOSITA Silicato básico de ferro com magnésio, alumínio e manganês – $(Fe,Al,Mg,Mn)_6(Si,Al)_4O_{10}(OH)_8$ –, ortor., do grupo das cloritas, dimorfo da chamosita.

ORTOCLÁSIO Aluminossilicato de potássio – $KAlSi_3O_8$ –, do grupo dos feldspatos alcalinos. Dimorfo do microclínio. Forma séries isomórficas com o celsiano e o hialofano. Monocl., prismático, geralmente maclado. Tem cor variável (incolor, amarelo-clara, rósea etc.), traço branco, br. vítreo ou porcelânico, transp. a transl. Como os demais feldspatos, tem duas clivagens subortog., uma perfeita e a outra quase perfeita. É a única espécie do grupo em que as clivagens são sempre visíveis, mesmo em pequenos fragmentos. Dur. 6,0-6,5. D. 2,55-2,58. Pode ter *chatoyance*. IR 1,518-1,526. Bir. 0,008. B(–). Disp. 0,012. É um mineral muito comum, encontrado em granitos, r. ígneas ácidas em geral e xistos. É usado como gema quando amarelo e transl., var. esta produzida principalmente em Madagascar e Mianmar (ex-Birmânia). Importante na fabricação de vidro, cerâmica e porcelana Do gr. *orthos* (direito) + *klasis* (fratura), por ter clivagens quase em ângulo reto. Sin. de *ortose*, *ortósio*.

ORTOCRISOTILO Silicato básico de magnésio – $Mg_3Si_2O_5(OH)_4$ –, ortor., polimorfo da antigorita, do clinocrisotilo, da lizardita e do paracrisotilo. De *orto*rrômbico + *crisotilo*.

ORTOERICSSONITA Silicato básico de bário, manganês e ferro – $BaMn_2(FeO)Si_2O_7(OH)$ –, ortor., dimorfo da ericssonita. Descoberto em Varmland (Suécia). Cf. *ericssonita*.

ortoferrossilita Silicato de ferro com magnésio – $(Fe,Mg)_2Si_2O_6$. É um piroxênio ortor., dimorfo da clinoferrossilita. Forma séries isomórficas com a enstatita e o hiperstênio. De *orto*rrômbico + *ferrossilita*.

ORTOJOAQUINITA-(Ce) Silicato hidratado de fórmula química $Ba_2NaCe_2Fe(Ti,Nb)_2Si_8O_{26}(OH,F).H_2O$, ortor., dimorfo da joaquinita-(Ce), descoberto em San Benito, Califórnia (EUA). Cf. *ortojoaquinita-(La)*.

ORTOJOAQUINITA-(La) Titanossilicato hidratado de fórmula química $Ba_2NaLa_2FeTi_2Si_8O_{26}(O,OH).H_2O$, ortor., do grupo da joaquinita, descoberto na Groenlândia (Dinamarca). Cf. *ortojoaquinita-(Ce)*.

ORTOMINASRAGRITA Sulfato hidratado de vanádio – $VO(SO_4)(H_2O)_5$ –, ortor., trimorfo da minasragrita e da anortominasragrita, descoberto em Emery, Utah (EUA).

ORTOPINAQUIOLITA Borato de magnésio e manganês com ferro – $(Mg,Mn)_2(Mn,Fe)BO_3O_2$ –, ortor., polimorfo da fredrikssonita, da pinaquiolita e datakeuchiita. Cf. *hulsita*, *magnésio-hulsita*, *blatterita*.

ortopiroxênio Designação comum para os piroxênios ortor. Não contém cálcio, possuindo pouco ou nenhum alumínio. Cf. *clinopiroxênio*.

ortorrômbico 1. Sistema cristalino com três eixos cristalográficos de diferentes comprimentos, mutuamente perpendiculares. **2.** Diz-se dos minerais cristalizados nesse sistema, como topázio, crisoberilo, zoisita etc., e de seus cristais.

ortoscópio Microscópio polarizante no qual a luz é transmitida paralelamente ao eixo do aparelho, e não de modo convergente, como no conoscópio.

ortose V. *ortoclásio*, forma preferível.

ortósio V. *ortoclásio*, forma preferível.

ORTOSSERPIERITA Sulfato básico hidratado de cálcio e cobre com zinco – $Ca(Cu,Zn)_4(SO_4)_2(OH)_6.3H_2O$ –, ortor., dimorfo da serpierita, descoberto em uma mina da França.

ORTOWALPURGITA Arsenato hidratado de uranila e bismuto – $(UO_2)Bi_4O_4(AsO_4)_2.2H_2O$ –, ortor., dimorfo da walpurgita, descoberto na Floresta Negra (Alemanha).

oruetita Sulfotelureto de bismuto – Bi_8TeS_4 –, com 86,78% Bi e 6,35% Te. Espécie de existência duvidosa, podendo ser joseíta ou mistura de grünlingita e bismuto. Muito semelhante à tetradimita. Homenagem a Domingo de *Orueta*, químico que o analisou.

orvillita V. *zircão*.

osannita V. *riebeckita*. Nome a abandonar. Homenagem a Bernhard *Osann*, de Clausthal (Alemanha).

OSARIZAWAÍTA Sulfato básico de chumbo e alumínio com cobre – $Pb(Al,Cu)_3(SO_4)_2(OH)_6$ –, trig., em crostas pulverulentas amarelas. De *Osarizawa*, mina de Akita (Japão), onde foi descoberto.

OSARSITA Sulfoarseneto de ósmio com rutênio – $(Os,Ru)AsS$ –, com 35,6% Os e 18,1% Ru. Monocl., descoberto como um grão isolado em uma areia platinífera, associado à irarsita. De *ós*mio + *ar*sênio + *s*ulfoarseneto + *ita*. Cf. *ruarsita*.

OSBORNITA Nitreto de titânio – TiN –, cúb., descoberto no meteorito Bustee, na Índia, e encontrado depois em outros. Tem estrutura tipo halita, formando octaedros. De George Osborn, que enviou a Londres o meteorito no qual o mineral foi descoberto. ÓSMIO V. Anexo.

osmirídio Liga de irídio e ósmio – (Ir,Os) –, com 25%-40% Os e 50%-60% Ir, usada para obtenção desses metais. É uma var. de Ir, geralmente encontrado na forma de grãos irregulares achatados, raramente em prismas curtos. É branco ou cinza, com traço cinza, clivagem basal perfeita, br. metálico, opaco, levemente maleável, insolúvel em água-régia. D. 19-21. Dur. 7,0. Em termos atômicos, contém 62% ou mais de Ir + Os, sem chegar a 80%. Outros metais podem estar presentes, mas nenhum deles chega a 10% do total. Mineral de origem magmática, encontrado também em placeres. Cf. *iridosmina*, *rutenosmirídio*, *ruteniridosmina*.

osmita 1. Var. de iridosmina com 40,83% Os. 2. V. *ósmio*. 3. Var. de iridosmina de Bornéu com 80% Os, 10% Ir e 5,9% Rh. 4. Sin. de *nevianskita*.

osso de cavalo (gar.) Sílex que ocorre como satélite do diamante.

OSUMILITA Aluminossilicato de potássio, ferro e alumínio com sódio e magnésio – $(K,Na)(Fe^{2+},Mg)_2(Al,Fe^{3+})_3(Si,Al)_{12}O_{30}$ –, frequentemente confundido com cordierita, embora seja hexag. De *Osumi* (Japão), onde ocorre. O grupo da osumilita compreende 17 silicatos ortor. e hexag. de fórmula geral $A_{1-2}B_{2-3}C_3Z_{12}O_{30}.nH_2O$, onde A = Ba, Ca, K ou Na; B = Fe, Li, Mg, Mn, Na, Sn, Ti, Zn ou Zr; C = Al, B, Fe, Li ou Mg; e Z = Al ou Si. Cf. *osumilita-(Mg)*.

OSUMILITA-(Mg) Aluminossilicato de potássio e magnésio – $KMg_2Al_3(Si_{10}Al_2)O_{30}$ –, hexag., do grupo da osumilita. Tem mais magnésio que ferro, ao contrário da osumilita, e mais potássio que sódio, ao contrário da yagiita. Ocorre em Tieveragh, Antrim (Irlanda).

OSWALDPEETERSITA Carbonato básico hidratado de uranila – $(UO_2)_2CO_3(OH)_2.4H_2O$ –, monocl., descoberto em uma mina de urânio de San Juan, Utah (EUA).

OTAVITA Carbonato de cádmio – $CdCO_3$ –, trig., isomorfo da calcita. Ocorre em finas crostas de pequenos romboedros. Incolor, marrom-amarelado ou avermelhado. Mineral-minério de Cd. De *Otavi*, mina de Tsumeb (Namíbia), onde foi descoberto. Sin. de *espato de cádmio*.

otaylita Nome coml. de uma var. de bentonita de *Otay*, Califórnia (EUA).

OTJISUMEÍTA Germanato de chumbo – $PbGe_4O_9$ –, tricl., pseudo-hexag., descoberto na mina Tsumeb (Namíbia).

OTTEMANNITA Sulfeto de estanho – Sn_2S_2 –, ortor., cinza. Dur 2,0. Cf. *suredaíta*.

OTTRELITA Silicato básico de manganês e alumínio com ferro e magnésio – $(Mn,Fe,Mg)_2Al_4Si_2O_{10}(OH)_4$ –, monocl., verde. De *Ottré*, Liège (Bélgica), onde foi descoberto.

OTWAYITA Carbonato básico hidratado de níquel – $Ni_2CO_3(OH)_2.H_2O$ –, ortor., fibroso, verde, com br. sedoso e D. 3,35. As fibras formam agregados em forma de roseta, dispostos em vênulos de 0,5 a 1,0 mm. A única ocorrência conhecida situa-se na Austrália. Homenagem a Charles *Otway*, por ter auxiliado a obter as amostras utilizadas para sua descrição.

OULANKAÍTA Mineral de fórmula química $(Pd,Pt)_5(Cu,Fe)_4SnTe_2S_2$, tetrag., descoberto no complexo de *Oulanka* (daí seu nome), Karelia (Rússia).

OURAYITA Sulfeto de prata, chumbo e bismuto – $Ag_3Pb_4Bi_4S_{13}$ (?) –, com 12,5% Ag. Forma placas ortor., com menos de 0,1 mm, numa matriz finamente granular de galena e matildita em *Ouray* (daí seu nome), Colorado (EUA). Cf. *treasurita*.

ourivesaria Arte de trabalhar o ouro e demais metais preciosos. Cf. *joalheria*.

OURO V. Anexo.

ouro-alemão V. *âmbar*.

ouro amarelo 1. Ouro dezoito quilates com 12% Cu e 13% Ag. Sin. de *ouro-inglês*. 2. (gar., PA) Em Serra Pelada, ouro com 1%-2% Pd.

ouro amarelo-canário Ouro dezoito quilates com 16% Cu e 9% Ag.

ouro azul Ouro dezoito quilates azulado, com 25% Fe ou aço.
ouro baixo Ouro com alta porcentagem de outros metais (mais de 25%).
ouro bom-bril (gar., BA) Ouro com 9%-10% Pd.
ouro branco Nome coml. do ouro dezoito quilates contendo 17% Ni, 2,5% Cu e 5,5% Zn, usado em joias.
ouro branco-médio Ouro dezoito quilates com 10% Ni, 10% Pd e 5% Zn.
ouro branco-suave Ouro dezoito quilates com 12% Ni, 5% Zn e 8% Pd.
ouro cinza Ouro dezoito quilates com 8% Cu e 17% Fe branco puro.
ouro dezoito quilates Denominação comum a todas as ligas com 75% Au. Sin. de *ouro setecentos e cinquenta*.
ouro do mar Imitação de aventurino obtida por fusão de vidro e cobre.
ouro dos trouxas Nome popular da pirita.
ouro falso Latão, cobre ou qualquer metal dourado que imite o ouro. Cf. *ouropel*.
ouro fino 1. Ouro puro (24 quilates). 2. Nome coml. de um granito cinza-rosado com pontos pretos, contendo 35% microclínio, 30% plagioclásio, 25% qz. e 10% biotita. 3. (gar., PA) Ouro com 6%-7% Pd.
ouro gaúcho Nome coml. de um monzogranito ornamental procedente de Tapes, RS (Brasil).
ouro gris Ouro dezoito quilates com 10% Ag, 5% Ni e 10% Zn.
ouro-inglês Sin. de [1]*ouro amarelo*.
ouro lilás Ouro dezoito quilates com 25% Zn, impróprio para uso em joalheria.
ouro marrom Ouro dezoito quilates com 6% Ag e 19% Pd.
ouro-musgo Ouro com hábito dendrítico.
ouro novo Nome coml. pelo qual é também conhecido o granito amarelo bangu.
ouro-ormulu Var. de latão com alta porcentagem de cobre, usada em joalheria.
ouro-paládio Sin. de *porpezita*.
ouropel Liga de cobre amarela, ou latão e zinco, que imita o ouro. Do fr. antigo *oripel*. Sin. de *alquime, pechisbeque*.

ouro pérola bem claro Ouro dezoito quilates com 16,75% Ag e 8,25% Cu.
ouro pérola-claro Ouro dezoito quilates com 15% Ag e 10% Cu.
OURO-PIGMENTO Sulfeto de arsênio – As_2S_3 –, monocl., geralmente foliado ou maciço, amarelo-limão a laranja, clivagem (010) perfeita. Dur. 1,5-2,0. D. 3,40-3,50. Séctil, flexível e inelástico. Forma cristais pequenos, tabulares ou prismáticos curtos, transl. Br. resinoso, nacarado na superfície de clivagem. Tóxico. Ocorre em vulcões e fontes termais, associado ao realgar, na Romênia, no Curdistão, Peru, Japão, nos Estados Unidos e outros países. Pode formar-se a partir do realgar, por simples exposição à luz. Usado em Farmácia e para extração do arsênio (tem 61% As). O uso como pigmento foi abandonado por ser tóxico. Assim chamado por sua cor e porque se supunha contivesse ouro. Sin. de *ouro--pimenta, orpimenta*. Cf. *laphamita*.
ouro-pimenta V. *ouro-pigmento*.
ouro púrpura Ouro dezoito quilates com 23% Al e 2% Th. Não é usado em joalheria por ser excessivamente friável.
ouro quatorze quilates Liga com 58,33% Au. É usada em joias e objetos ornamentais, embora seja preferido o ouro dezoito quilates. Normalmente gravado com o número 585, não 583.
ouro rosa Ouro dezoito quilates com 3% Ag e 22% Cu.
ouro setecentos e cinquenta Sin. de *ouro dezoito quilates*.
ouro velho Nome coml. de um granito ornamental rosa-cinza de granulação muito fina, composto de feldspato potássico (50%-55%), plagioclásio (15%), qz. (20%) e biotita + moscovita (10%-12%), encontrado no Rio de Janeiro, RJ (Brasil).
ouro verde 1. Ouro dezoito quilates com 22,5% Ag, 1% Cu e 1,5% Ni. 2. Liga contendo 78,9% Ag e 21,1% Au.
ouro verde-forte Ouro dezoito quilates com 4% Cd, 6% Cu e 15% Ag.

ouro verde-médio Ouro dezoito quilates com 5% Cu e 20% Ag.
ouro verde-total Ouro dezoito quilates com 25% Ag.
ouro vermelhão Ouro dezoito quilates com 25% Cu.
ouro vermelhão-claro Ouro dezoito quilates com 20% Cu e 5% Ag.
ouro vinte e quatro quilates Nome coml. do ouro puro (100% Au), usado em instrumentos científicos, como moeda e investimento financeiro. Cf. *ouro dezoito quilates*.
OURSINITA Silicato hidratado de cobalto e uranila – $Co(UO_2)_2Si_2O_7.6H_2O$ –, ortor., que forma agregados radiais de cristais aciculares amarelo-claros, de até 1 mm, alongados verticalmente. D. 3,67. Tem uma clivagem paralela ao eixo maior. Descoberto na jazida de urânio de Shinkolobwe, província de Shaba (R. D. do Congo). Do fr. *oursin* (ouriço).
OVERITA Fosfato básico hidratado de cálcio, magnésio e alumínio – $CaMgAl(PO_4)_2(OH).4H_2O$ –, ortor., incolor ou verde-claro. Homenagem a Edwin *Over*, seu descobridor. O grupo da overita compreende seis fosfatos ortor., de fórmula geral $ABC(PO_4)_2(OH).2-4H_2O$, onde A = Ca, Mn ou Zn; B = Mg, Fe^{2+} ou Mn^{2+}; e C = Fe^{3+} ou Al.
OWENSITA Sulfeto de bário e cobre com chumbo, ferro e níquel – $(Ba,Pb)_6(Cu,Fe,Ni)_{25}S_{27}$ –, cúb., do grupo da djerfisherita, descoberto no território de Yukon (Canadá).
OWYHEEÍTA Sulfeto de prata, chumbo e antimônio – $Ag_3Pb_{10}Sb_{11}S_{28}$, no qual 0,13 < x < 0,20. Tem 7,4% Ag. Forma massas fibrosas ou cristais ortor., aciculares, cinza-prateado, de br. metálico, frágeis, opacos, com clivagem perpendicular ao comprimento. Fica amarelado por oxidação superficial. Traço marrom-avermelhado. Dur. 2,5. D. 6,03. De *Owyhee*, Idaho (EUA).
OXAMITA Oxalato hidratado de amônio – $(NH_4)_2C_2O_4.H_2O$ –, ortor., branco-amarelado, transp., encontrado em guano. De *o*xalato + *am*ônio + *ita*.
oxiapatita Sin. de *voelckerita*. De *oxigênio* + *apatita*.
oxikertschenita Fosfato hidratado de manganês, magnésio, cálcio e alumínio – $(Mn,Mg,Ca)O(Al_2O_3)_4.(P_2O_5)_3.21H_2O$ –, marrom, produto de alteração da kertschenita. De *oxigênio* + *kertschenita*.
oximagnita V. *maghemita*. Do ingl. *oxydized magnetite* (magnetita oxidada).
oyamalita Var. de zircão rica em P_2O_5. De *Oyama* (Japão).
OYELITA Borossilicato básico hidratado de cálcio – $Ca_5BSi_4O_{14}(OH).6H_2O$ –, ortor., descoberto na província de Okayama (Japão).
ozarkita Var. de thomsonita branca, maciça, do Arkansas (EUA). De *Ozark*, montanha dos EUA.

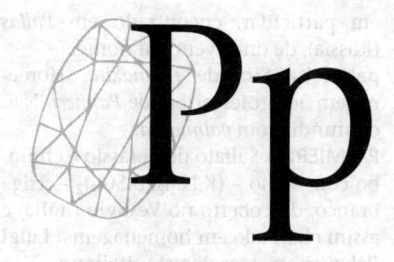

PAAKKONENITA Sulfoarseneto de antimônio – Sb_2AsS_2 –, monocl., cinza-escuro, com traço cinza, br. metálico, frágil, com uma clivagem. Forma grãos irregulares de até 0,4 mm, com maclas polissintéticas, encontrados na região de Seinajoki (Finlândia). Homenagem a Viekko *Paakkonen*, pesquisador dos depósitos minerais dessa região.
PABSTITA Silicato de bário e estanho com titânio – $Ba(Sn,Ti)Si_3O_9$ –, hexag., equivalente estanífero da benitoíta. Ocorre preenchendo pequenas frat. ou como grãos dispersos em calcários metamórficos. Incolor a branco, euédrico. D. 4,07. Fluorescência branco-azulada. Homenagem ao professor A. *Pabst*.
PACEÍTA Acetato hidratado de cálcio e cobre – $CaCu(CH_3,COO)_4 \cdot 6H_2O$ –, tetrag., descoberto em Broken Hill, Nova Gales do Sul (Austrália). Assim chamado em homenagem a Frank L. *Pace*, seu descobridor.
PACNOLITA Fluoreto hidratado de sódio, cálcio e alumínio – $NaCaAlF_6 \cdot H_2O$ –, monocl., dimorfo da thomsenolita. Cristaliza em prismas incolores a brancos, estriados. Forma também estalactites e massas informes. Do gr. *pakne* (geada) + *lithos* (pedra), por sua aparência. Sin. de *piroconita*.
PADERAÍTA Sulfeto de prata, chumbo, cobre e bismuto – $AgPb_2Cu_6Bi_{11}S_{22}$ –, monocl., descoberto na Romênia.
PADMAÍTA Seleneto de paládio e bismuto – $PdBiSe$ –, cúb., do grupo da cobaltita. Foi descoberto em Karelia (Rússia).
padmaradschah V. *padparadschah*.
padmaragaya Sin. de *padparadschah*.
padparadschah 1. Safira gemológica de cor laranja-rosada, extremamente raro na natureza. 2. Safira sintética de cor amarela a laranja, obtida pelo emprego de óxido de níquel como corante. Palavra cingalesa que significa *cor de lótus*. Sin. de *padmaragaya, padmaradschah*.
PAGANOÍTA Arsenato de níquel e bismuto – $NiBiAsO_5$ –, tricl., descoberto na Saxônia (Alemanha).
pagodita 1. Var. de pinita maciça e rica em sílica. 2. V. *agalmatolito*. De *pagode*, por ser usada, na China, para pequenas estatuetas e pagodes.
pagodito V. *pagodita*.
PAHASAPAÍTA Beriliofosfato hidratado de fórmula química $(Ca_{5,5}Li_{3,6}K_{1,2}Na_{0,2}[\ ]_{13,5})Li_8[Be_{24}P_{24}O_{96}] \cdot 38H_2O$, cúb., do grupo das zeólitas (Mandarino e Back, 2004), descoberto em Dakota do Sul (EUA). Cf. *weinebeneíta*.
paigeíta Sin. de *hulsita*. Homenagem ao geólogo Sidney *Paige*.
PAINITA Boroaluminato de cálcio e zircônio – $CaZrBAl_9O_{18}$ –, hexag., em grãos vermelhos, muito pequenos, semelhantes a granadas. Dur. 7,5. D. 4,01. IR 1,787-1,816. Bir. 0,029. U(–). É usada como gema e foi descoberta em Mogok, Mianmar (ex-Birmânia).
paiol (gar., MG e BA) Monte de cascalho diamantífero ainda não lavado.
palacheíta V. *botriogênio*. (Antes considerada espécie nova.)
paladinita Mineral de composição incerta, talvez óxido de paládio com mercúrio.
PALÁDIO V. *Anexo*.
PALADOARSENETO Arseneto de paládio – Pd_2As –, monocl., encontrado principalmente como inclusões em calcopirita. Cinza-aço, de br. metálico, com duas clivagens perfeitas. Forma grãos de 0,005 a 0,40 mm. Não é atacado pelo HNO_3 diluído nem por ác. clorídrico ou sulfúrico concentrados. Com ác. nítrico concentrado adquire cor marrom em cinco segundos. Contém 67,55% Pd, 3,23% Ag e 1,38% Au.

PALADOBISMUTARSENETO Arseneto de paládio com bismuto – $Pd_2(As,Bi)$ –, ortor., creme, granular, indistinguível do paladoarseneto ao microscópio. Descoberto em Stillwater, Montana (EUA).
PALADODIMITA Arseneto de paládio com ródio $(Pd,Rh)_2As$, ortor., descoberto nos Urais (Rússia). De *paládio* + gr. *didymos* (gêmeos), por sua semelhança com o rodoarseneto.
PALADSEÍTA Seleneto de paládio – $Pd_{17}Se_{15}$ –, cúb., descoberto na forma de grãos brancos de até 0,5 mm, em uma mina de ferro da cidade de Itabira, MG (Brasil). De *paládio* + *seleneto* + *ita*.
palaíta Sin. de *hureaulita*. De *Pala*, San Diego, Califórnia (EUA).
PALARSTANETO Liga de estanho e paládio com arsênio – $Pd_5(Sn,As)_2$ –, trig., com 65,1% Pd, podendo ter até 4,7% Pt e 2% Au. Ocorre em Talnakh (Rússia), onde forma grãos alongados de 0,05 a 1,5 mm, com contorno retangular, raramente sinuoso. Cinza, de br. metálico, frágil, insolúvel em HCl e H_2SO_4, mas atacável por água-régia e ác. nítrico. De *paládio* + *arseneto* + *estanho*.
PALENZONAÍTA Vanadato de cálcio, sódio e manganês – $(Ca_2Na)Mn_2(VO_4)_3$ –, cúb., descoberto na região da Ligúria (Itália).
PALERMOÍTA Fosfato básico de estrôncio, lítio e alumínio – $SrLi_2Al_4(PO_4)_4(OH)_4$ –, ortor., com 9,2% SrO. Forma prismas ortor., alongados segundo [100], incolores ou brancos, frágeis. Dur. 5,5. D. 3,22. De *Palermo*, New Hampshire (EUA), onde foi descoberto. Cf. *bertossaíta*.
palha de arroz (gar.) Cianita. Sin. de *chifre de boi*.
palha de vidro (gar.) Sin. de *agulha*.
palheta (gar., RS) Na região de Ametista do Sul, nome dado aos cristais de qz. pseudomorfo sobre anidrita, encontrados em alguns garimpos de ametista.
pallasito Nome dado a um grupo de siderólitos com grandes cristais arredondados de olivina, em uma rede de Fe-Ni. Originalmente designou um meteorito em particular, encontrado em *Pallas* (Rússia), de onde vem seu nome.
palmerita Sin. de *taranakita*. Homenagem ao professor Paride *Palmeri*. Não confundir com *palmierita*.
PALMIERITA Sulfato de potássio e chumbo com sódio – $(K,Na)_2Pb(SO_4)_2$ –, trig., branco, descoberto no Vesúvio (Itália) e assim chamado em homenagem a Luigi *Palmieri*, meteorologista italiano. Não confundir com *palmerita*.
PALYGORSKITA Silicato básico hidratado de magnésio com alumínio – $(Mg,Al)_2Si_4O_{10}(OH).4H_2O$ –, monocl. e ortor. Sin. de ¹*attapulguita*. De *Palygorskaya*, nos montes Urais (Rússia), onde foi descoberto.
panabásio V. *tetraedrita*, nome preferível. Do gr. *pan* (todo) + *basis* (base).
PANASQUEIRAÍTA Fosfato de cálcio e magnésio com ferro – $Ca(Mg,Fe)(PO_4)(OH,F)$ –, monocl., finamente granular, que forma agregados de vários centímetros de diâmetro. Rosa, de br. vítreo, traço branco, dur. 5 e D. 3,2-3,3. De *Panasqueira* (Portugal), onde foi descoberto. Cf. *isokita*.
pandaíta V. *bariopirocloro*. De *Panda* Hill (Tanzânia), onde ocorre.
pandermita Sin. de *priceíta*. De *Panderma*, porto do mar Negro, a partir de onde era exportado.
panela (gar., MT) Depressão poliédrica ou arredondada de até vários metros de diâmetro, que ocorre no leito dos rios e onde podem se concentrar diamantes.
panela com tampa (gar., BA) *Panela* (v.) em que o cascalho está cimentado por laterito. Sin. de *panela-fechada*. A expressão "com tampa" aplica-se também a caldeirões e marmitas.
panela de fogo (gar.) Garimpo rico em diamantes.
panela-fechada (gar., BA) Panela-com-tampa.
PANETHITA Fosfato de fórmula $(Na,Ca,K)(Mg,Fe,Mn)(PO_4)$, monocl., até agora encontrado só em meteoritos.
PANUNZITA Silicato de potássio, alumínio e sódio – $(K_{0,7}Na_{0,3})AlSiO_4$ –, hexag.,

polimorfo da caliofilita, da kalsilita e da trikalsilita, descoberto no Vesúvio (Itália).

PAOLOVITA Liga natural de paládio (64,2%) e estanho – Pd_2Sn –, ortor., que ocorre como intercrescimento em minerais de platina, medindo 1 a 2 mm. Descoberto em Talnakh, Norilsk (Rússia). De *pa*ládio + russo *olovo* (estanho) + *ita*.

papagaio (gar., MG) Nome dado às turmalinas multicoloridas de Conselheiro Pena, MG (Brasil).

PAPAGOÍTA Silicato básico de cálcio, cobre e alumínio – $CaCuAlSi_2O_6(OH)_3$ –, monocl., azul-celeste, prismático, com menos de 1 mm. Homenagem à tribo *Papago*, que habitava o Arizona (EUA), onde foi descoberto.

para- Prefixo grego que significa *quase* e que se antepõe ao nome de minerais geralmente para indicar que há dimorfismo com a espécie à qual se aplica. Ex.: paracelsiano, paracoquimbita, parabutlerita etc.

PARA-ALUMO-HIDROCALCITA Carbonato básico hidratado de cálcio e alumínio – $CaAl_2(CO_3)_2(OH)_4.6H_2O$ –, mais hidratado que a alumo-hidrocalcita. Monocl. ou tricl., descoberto na Rússia e no Turcomenistão.

PARABARIOMICROLITA Tantalato básico hidratado de bário – $BaTa_4O_{10}(OH)_2.2H_2O$ –, trig., descoberto em Alto do Giz, RN (Brasil).

PARABRANDTITA Arsenato hidratado de cálcio e manganês – $Ca_2Mn(AsO_4)_2.2H_2O$ –, tricl., dimorfo da brandtita, descoberto em Sussex, New Jersey (EUA). Cf. *talmessita*.

PARABUTLERITA Sulfato básico hidratado de ferro – $FeSO_4(OH).2H_2O$ –, ortor., dimorfo da butlerita. Descoberto em Antofagasta (Chile). Do gr. *para* (quase) + *butlerita*.

PARACELSIANO Aluminossilicato de bário – $BaAl_2Si_2O_8$ –, em grãos amarelos, monocl., dimorfo de celsiano. Descoberto em Candoglia, Piemonte (Itália). Do gr. *para* (quase) + *celsiano*. Cf. *slawsonita*.

paracoquimbita Sulfato hidratado de ferro – $Fe_2(SO_4)_3.9H_2O$ –, violeta-claro, trig., dimorfo da coquimbita. Do gr. *para* (quase) + *coquimbita*.

PARACOSTIBITA Sulfoantimoneto de cobalto – CoSbS –, ortor., dimorfo da costibita. Descoberto em Ontário (Canadá). Do gr. *para* (quase) + *costibita*.

PARACRISOTILO Silicato básico de magnésio – $Mg_3Si_2O_5(OH)_4$ –, ortor., polimorfo da antigorita, do clinocrisotilo, da lizardita e do ortocrisotilo. Do gr. *para* (quase) + *crisotilo*.

PARADAMITA Arsenato básico de zinco – $Zn_2AsO_4(OH)$ –, tricl., dimorfo da ¹adamita. Descoberto na mina Ojuela, em Durango (México). Do gr. *para* (quase) + *adamita*.

PARADOCRASITA Arseneto de antimônio – $Sb_2(As,Sb)_2$ –, monocl., descoberto em Broken Hill, Nova Gales do Sul (Austrália). O nome vem de uma palavra grega que significa *combinação inesperada*.

PARAFRANSOLETITA Fosfato hidratado de cálcio e berílio – $Ca_3Be_2(PO_4)_2(PO_3OH)_2.4H_2O$ –, tricl., dimorfo da fransoletita, descoberto em um pegmatito de Dakota do Sul (EUA).

PARAGONITA Aluminossilicato básico de sódio – $NaAl_2[ ](Al,Si)_3O_{10}(OH)_2$ –, monocl., do grupo das micas, amarelado ou esverdeado, usado em argamassa para revestimentos. D. 2,78-2,90. Corresponde a uma moscovita com K substituído por Na. Geralmente encontrado em r. metamórficas. Do gr. *paragono*, de *paragem* (enganar).

PARAGUANAJUATITA Seleneto de bismuto – $BiSe_3$ –, trig., dimorfo da guanajuatita. Lamelar, opaco, cinza-chumbo. Dur. 2,5. Do gr. *para* (quase) + *guanajuatita*, porque se pensou inicialmente fosse paramorfo da guanajuatita.

PARA-HOPEÍTA Fosfato hidratado de zinco – $Zn_3(PO_4)_2.4H_2O$ –, tricl., incolor, dimorfo da hopeíta. Descoberto nas minas Broken Hill (Zâmbia). Do gr. *para* (quase) + *hopeíta*.

PARAJAMESONITA Sulfoantimoneto de chumbo e ferro – $Pb_4FeSb_6S_{14}$ –, ortor., dimorfo da jamesonita. Forma cristais colunares, com faces arredondadas, de até 2 x 8 cm, cinza, sem clivagem. D. 5,48. Do gr. *para* (quase) + *jamesonita*.

PARAKELDYSHITA Silicato de sódio e zircônio – $Na_2ZrSi_2O_7$ –, tricl., descoberto na península de Kola (Rússia) e que ocorre também em pegmatitos de nefelinassienitos de Larvik (Noruega), onde aparece na forma de massas irregulares com clivagem, medindo até vários centímetros. Branco, levemente azulado, transl., de br. vítreo, com forte fluorescência creme em luz UV de ondas curtas. Dur. 5,5-6,0. D. 3,4. Clivagem basal perfeita. Mostra maclas polissintéticas segundo (100), que lhe dão aspecto de plagioclásio. Cf. *keldyshita*.

PARAKHINITA Telurato básico de cobre e chumbo – $Cu_3PbTeO_6(OH)_2$ –, trig., dimorfo da khinita, à qual se assemelha na cor, dur. e D. Descoberto na mina Esmeralda, Tombstone, Arizona (EUA).

PARAKUZMENKOÍTA-Fe Silicato de fórmula química $(K,Ba)_4Fe(Ti,Nb)_8[Si_4O_{12}]_4(O,OH)_8.14H_2O$, monocl., descoberto na península de Kola (Rússia).

PARALAURIONITA Cloreto básico de chumbo – $PbCl(OH)$ –, usualmente em cristais brancos, prismáticos. Monocl., dimorfo da laurionita. Sin. de *rafaelita*. Do gr. *para* (quase) + *laurionita*.

PARALSTONITA Carbonato de bário e cálcio – $BaCa(CO_3)_2$ –, trig., trimorfo da alstonita e da baritocalcita. Forma cristais euédricos de até 1 mm, piramidais, incolores a branco-enfumaçados, de br. vítreo, com fluorescência laranja em luz UV de ondas longas. Dur. 4,0-4,5. D. 3,6-3,8. Descoberto em Illinois (EUA), onde aparece recobrindo barita.

paraluminita Sulfato hidratado de alumínio – $Al_2O_3SO_3.15H_2O$ –, provavelmente produto de alteração da aluminita. Do gr. *para* (quase) + *aluminita*.

paramagnético Diz-se do mineral ou outra substância que tem permeabilidade magnética maior que a unidade, sendo, por isso, atraído por um ímã. Cf. *diamagnético*, *ferromagnético*.

PARAMELACONITA Óxido de cobre – CuO –, preto, tetrag., polimorfo da melaconita. Descoberto em Cochise, Arizona (EUA). Do gr. *para* (quase) + *melaconita*.

PARAMENDOZAVILITA Mineral de fórmula química $NaAl_4Fe_7(PO_4)_5(PMo_{12}O_{40})(OH)_{16}.56H_2O$, monocl. ou tricl., descoberto em um pegmatito de Cumpas, Sonora (México).

parametatacamita Nome dado à atacamita maclada. Cf. *paratacamita*.

paramontmorillonita Silicato hidratado de alumínio, asbestiforme, do grupo da palygorskita. Do gr. *para* (quase) + *montmorillonita*, por se assemelhar a esse mineral.

PARAMONTROSEÍTA Óxido de vanádio – VO_2 –, ortor., que ocorre como inclusão metaestável em montroseíta, sendo produto de oxidação desta. Descoberto em Montrose, Colorado (EUA).

paraná Nome coml. de um mármore branco procedente de Bocaiúva do Sul, PR (Brasil).

PARANATISITA Silicato de sódio e titânio – Na_2TiSiO_5 –, ortor., dimorfo da natisita, descoberto na península de Kola (Rússia).

PARANATROLITA Aluminossilicato hidratado de sódio – $Na_2Al_2Si_3O_{10}.3H_2O$ –, monocl. ou tricl., do grupo das zeólitas. Forma cristais epitáxicos sobre natrolita conservada em água. É incolor, tem frat. conchoidal, dur. 5,0-5,5 e D. 2,2. Instável ao ar, desidratando-se e formando tetranatrolita. Os cristais são pseudo-ortor. e medem até 1 mm.

paranatuba Nome coml. de um quartzomonzonito ornamental, bege-amarelado a laranja, fino, equigranular, procedente de Tronco, Mandirituba, PR (Brasil). Tem 40% de plagioclásio, 32% de feldspato potássico, 15% de qz., 8% de biotita e 5% de minerais opacos.

paraná white 1. Nome coml. pelo qual é também conhecido o granito *cinza nobre* (v.) 2. Nome coml., usado no comércio exterior, para designar o mármore branco paraná.

PARANIITA-(Y) Volframato-arsenato de cálcio e ítrio – $Ca_2Y(AsO_4)(WO_4)_2$ –, tetrag., descoberto no Piemonte (Itália). **paraortoclásio** V. *anortoclásio*. Do gr. *para* (quase) + *ortoclásio*, por sua semelhança com esse mineral.
PARAOTWAYITA Carbonato-sulfato de níquel – $Ni(OH)_{2-x}(SO_4,CO_3)_{0,5x}$, com x em torno de 0,6. É monocl. e foi descoberto no jazimento de níquel de *Otway* (daí seu nome), no oeste da Austrália.
PARAPIERROTITA Sulfoantimoneto de tálio – $TlSb_5S_8$ –, monocl., dimorfo da pierrotita. Dur. 2,5-3,0. Muito raro, descoberto em Allchar (Macedônia). Do gr. *para* (quase) + *pierrotita*.
PARARRAMMELSBERGITA Arseneto de níquel – $NiAs_2$ –, ortor., trimorfo da rammelsbergita e da krutovita. Dur. 5,0. Do gr. *para* (quase) + *rammelsbergita*, por sua semelhança com esse mineral. Cf. *krutovita*.
PARARREALGAR Sulfeto de arsênio – AsS –, monocl., dimorfo do realgar. Forma agregados granulares substituindo realgar, com grãos de até 0,02 mm. Tem cor amarelo-alaranjada, br. vítreo a resinoso, traço amarelo, frat. irregular e dur. 1,0-1,5. É insolúvel em água e ác. e frágil. Descoberto na Colúmbia Britânica (Canadá).
PARARROBERTSITA Fosfato hidratado de cálcio e manganês – $Ca_2Mn_3(PO_4)_3O_2.3H_2O$ –, monocl., dimorfo da robertsita, descoberto em um pegmatito de Dakota do Sul (EUA).
PARARSENOLAMPRITA Arsênio nativo – As –, ortor., descoberto em Oita, Kyushu (Japão). Cf. *arsênio, arsenolamprita*.
PARASCHACHNERITA Amálgama de prata de fórmula Ag_3Hg_2, ortor., opticamente muito semelhante à schachnerita e ao alargento. Descoberto na zona de oxidação da mina de mercúrio de Landsberg (Alemanha), onde se formou por alteração de moschellandsbergita. Tem cor cinza em luz refletida, mostrando-se homogêneo e sem maclas. D. 12,98. Cf. *amálgama, moschellandsbergita*.

PARASCHOEPITA Mineral de composição duvidosa – talvez $UO_3.2H_2O$ –, ortor., amarelo, muito semelhante à schoepita, diferindo principalmente por mostrar crescimento zonado. Descoberto na província de Shaba (R. D. do Congo). Do gr. *para* (quase) + *schoepita*. Cf. *metaschoepita*.
PARASCHOLZITA Fosfato hidratado de cálcio e zinco – $CaZn_2(PO_4)_2.2H_2O$ –, monocl., dimorfo da scholzita. Descoberto na Baviera (Alemanha), onde aparece com cor branca a incolor, traço branco, dur. 4 e D. 3,1.
PARASCORODITA Arsenato hidratado de ferro – $FeAsO_4.2H_2O$ –, hexag. ou trig., descoberto na Boêmia (República Checa). Cf. *escorodita*.
PARASPURRITA Silicato-carbonato de cálcio – $Ca_5(SiO_4)_2CO_3$ –, dimorfo monocl. da spurrita. Descoberto em uma pequena lente de r. pertencente a uma sequência calcossilicatada que sofreu termometamorfismo. Tem uma clivagem (001) pobre. Do gr. *para* (quase) + *spurrita*.
parassepiolita Sin. de *alfassepiolita*. Cf. *betassepiolita*. Do gr. *para* (quase) + *sepiolita*.
PARASSIBIRSKITA Borato hidratado de cálcio – $Ca_2B_2O_5.H_2O$ –, monocl., dimorfo da sibirskita, descoberto em Okayama, no Japão.
PARASSIMPLESITA Arsenato hidratado de ferro – $Fe_3(AsO_4)_2.8H_2O$ –, monocl., dimorfo da simplesita. Forma série isomórfica com a koettigita. Descoberto em Kiura, Ohita (Japão). Do gr. *para* (quase) + *simplesita*.
PARATACAMITA Cloreto básico de cobre – $Cu_2Cl(OH)_3$ –, trig., polimorfo da atacamita, da clinoatacamita e da botallackita, descoberto em Copiapó (Chile). Produto de alteração da nantokita e da eriocalcita, e também de corrosão do cobre e do latão, quando expostos ao ar salino. Do gr. *para* (quase) + *atacamita*.
PARATELURITA Óxido de telúrio – TeO_2 –, tetrag., dimorfo da telurita. Forma filmes

ou agregados finamente granulados, branco ou cinzento, de br. resinoso. Descoberto em Cananea, Sonora (México). Do gr. *para* (quase) + *telurita*.

PARATSEPINITA-Ba Silicato básico hidratado de bário e titânio com sódio, potássio e nióbio – $(Ba,Na,K)_{2-x}(Ti,Nb)_2(Si_4O_{12})(OH,O)_2.4H_2O$ –, monocl., do grupo da labuntsovita, descoberto na península de Kola (Rússia).

PARAUMBITA Zirconossilicato hidratado de potássio – $K_3Zr_2HSi_6O_{18}.nH_2O$ –, ortor., descoberto em pegmatito alcalino da península de Kola (Rússia). É incolor ou branco, de br. vítreo a nacarado (na clivagem), com dur. 4,5. Estruturalmente semelhante à *umbita*, daí seu nome. Decompõe-se facilmente sob ação do HCl 10% a frio. Clivagem micácea segundo (010).

parauricalcita Carbonato básico de cobre e zinco, provavelmente var. zincífera de malaquita. Verde-azulado, botrioidal ou terroso. Do gr. *para* (quase) + *auricalcita*.

PARAVAUXITA Fosfato básico hidratado de ferro e alumínio – $FeAl_2(PO_4)_2(OH)_2.8H_2O$ –, dimorfo da metavauxita, mais hidratado que esta e que a vauxita. Descoberto em Potosí (Bolívia). Do gr. *para* (quase) + *vauxita*. O grupo da paravauxita compreende mais quatro fosfatos tricl.: gordonita, laueíta, sigloíta e ushkovita.

PARAVINOGRADOVITA Silicato básico hidratado de sódio, titânio e ferro – $Na_2Ti_3Fe(Si_2O_6)_2(Si_3AlO_{10})(OH)_4.H_2O$ –, tricl., descoberto na península de Kola (Rússia).

paravivianita Var. de vivianita rica em magnésio e manganês – $(Fe,Mn,Mg)_3(PO_4)_2.8H_2O$ –, que forma agregados cristalinos azuis. Do gr. *para* (quase) + *vivianita*.

parawollastonita Silicato de cálcio – $CaSiO_3$ –, monocl., polimorfo da wollastonita, raro. Do gr. *para* (quase) + *wollastonita*.

paredrita Óxido hidratado de titânio – $TiO_2.H_2O$ –, preto, compacto, encontrado em areias diamantíferas de Minas Gerais (Brasil).

PARGASITA Anfibólio de fórmula química $NaCa_2(Mg_4Al)Si_6(Al_2O_{22})(OH)_2$, monocl., que forma uma série com a ferropargasita. Tem cor azul ou verde. De *Pargas* (Finlândia), onde foi descoberto.

PARGASITA POTÁSSICA Silicato de fórmula química $(K,Na)Ca_2(Mg,Fe,Al)_5(Si,Al)_8O_{22}(OH,F)_2$, monocl., do grupo dos anfibólios.

PARISITA-(Ce) Fluorcarbonato de cálcio e metais de TR – $Ca(Ce,La)_2(CO_3)_3F_2$ –, trig., do grupo da parisita, que geralmente forma massas granulares e irregulares de até 30 cm, amarelo-amarronzadas. É fonte de TR. Descoberto na mina de esmeralda de Muzo, na Colômbia, e assim chamado em homenagem a J. J. Paris, proprietário dessa mina. Cf. *parisita-(Nd)*, *pseudoparisita*, *sinquisita*.

PARISITA-(Nd) Fluorcarbonato de cálcio e metais de TR – $Ca(Nd,Ce,La)_2(CO_3)_3F_2$ –, trig., do grupo da parisita. Espécie ainda mal estudada, descoberta na Mongólia (China). Cf. *parisita-(Ce)*.

PARKERITA Sulfeto de níquel e bismuto com chumbo – $Ni_3(Bi,Pb)_2S_2$ –, monocl., descoberto em Insizwa (África do Sul). Forma grãos de cor bronzeada e br. metálico. Clivagem (001); maclas segundo [111]. Dur. inferior a 3,0. D. 8,50. Raro. Cf. *rodplumsita*, *shandita*.

PARKINSONITA Oxicloreto de chumbo com molibdênio – $(Pb,Mo,[\ ])_8O_8Cl_2$ –, tetrag., descoberto em uma pedreira de Somerset (Inglaterra).

PARNAUITA Sulfato-arsenato básico hidratado de cobre – $Cu_9(AsO_4)_2(SO_4)(OH)_{10}.7H_2O$ –, ortor., que cristaliza como lâminas achatadas segundo (010), alongadas segundo o eixo *c*. Forma rosetas de cristais azuis de até 1 mm de comprimento, crostas e escamas verdes ou drusas. Facilmente solúvel em HCl diluído, com efervescência. D. 3,09. Homenagem a John L. *Parnau*, colecionador de minerais da Califórnia (EUA), seu descobridor.

PARSETTENSITA Silicato de fórmula química $(K,Na,Ca)_{7,5}(Mn,Mg)_{49}(Si,Al)_{72}O_{168}(OH)_{50} \cdot nH_2O$, com n = 24 a 48. É monocl., pseudo-hexag., vermelho, maciço, algo micáceo. De *Parsettens*, Val d'Err, Grissons (Suíça), onde foi descoberto.
parsonita Sin. de *parsonsita*.
PARSONSITA Fosfato de chumbo e uranila – $Pb_2UO_2(PO_4)_2$ –, tricl., amarelo ou marrom-claro. Muito raro. Fortemente radioativo. Descoberto em Shinkolobwe, Shaba (R. D. do Congo), e assim chamado em homenagem ao mineralogista Arthur L. *Parsons*. Sin. de *parsonita*.
PARTHEÍTA Aluminossilicato básico hidratado de cálcio – $Ca_2Al_4Si_4O_{15}(OH)_2 \cdot 4H_2O$ –, monocl., do grupo das zeólitas, dimorfo da lawsonita. Forma fibras brancas de br. vítreo. Descoberto nas montanhas Taurus (Turquia) e assim chamado em homenagem a Edwin *Parthé*, cristalógrafo da Universidade de Genebra (Suíça).
partição Planos de separação existentes em certos minerais, resultantes de maclas polissintéticas, deformação ou outras causas, e não da estrutura cristalina, como a clivagem. Sin. de *falsa-clivagem*.
partridgeíta V. *bixbyíta*. Do ingl. *partridge* (perdiz).
partschinita Silicato de manganês e alumínio com ferro – $[(Mn,Fe)O]_3Al_3O_3(SiO_2)_3$ –, amarelado ou avermelhado, com frat. subconchoidal. Talvez se trate de spessartina.
PARTZITA Mineral ainda pouco conhecido, talvez óxido de cobre e antimônio – $Cu_2Sb(O,OH)_2$ –, cúb., do grupo da estibiconita. Tem cor amarelada, preta ou verde e forma-se por alteração de sulfetos de antimônio. Descoberto em Mono, Califórnia (EUA).
PARWELITA Arsenossilicato de manganês e antimônio com magnésio – $(Mn,Mg)_5SbAs(SiO)_{12}$ –, monocl., descoberto em Langban, Varmland (Suécia).
PASCOÍTA Vanadato hidratado de cálcio – $Ca_3V_{10}O_{28} \cdot 17H_2O$ –, monocl., alaranjado, avermelhado ou amarelado. Descoberto em Minasragra, Cerro de *Pasco* (daí seu nome), no Peru.
paste Designação comum a todas as imitações de gemas feitas com vidro.
paternoíta V. *caliborita*. (Antes tida como borato hidratado de magnésio.) Homenagem a Emanuele *Paterno*, químico italiano.
patrinita Sin. de *aikinita*. De *Patrin*. Cf. *patronita*.
PATRONITA Sulfeto de vanádio – VS_4 –, monocl., com 30% V. Já foi usado para extração de vanádio. Extremamente raro, até hoje encontrado só em Minasragra (Peru). Homenagem a Antenor Rizo-*Patrona*, mineralogista peruano. Cf. *patrinita*.
paucilitionita Silicato básico hidratado de potássio, lítio e alumínio, produto de intemperismo sobre polilitionita, mais rico em alumínio que este mineral.
PAULINGITA-Ca Aluminossilicato hidratado de cálcio com potássio e sódio – $(Ca_{0,5},K,Na)_{10}[Al_{10}Si_{32}O_{84}] \cdot 27\text{-}44H_2O$ –, cúb., do grupo das zeólitas. Forma dodecaedros rômbicos euédricos, incolores. Dur. 5,0. Descoberto em Grant, Oregon (EUA), e assim chamado em homenagem a Linus C. *Pauling*, professor norte-americano. Cf. *paulingita-K*.
PAULINGITA-K Aluminossilicato hidratado de potássio com cálcio e sódio – $(K,Ca_{0,5},Na)_{10}[Al_{10}Si_{32}O_{84}] \cdot 27\text{-}44H_2O$ –, cúb., do grupo das zeólitas. Forma dodecaedros rômbicos euédricos, incolores. Dur. 5,0. Descoberto em Rock Island Dam, Washington (EUA), e assim chamado em homenagem a Linus C. *Pauling*, professor norte-americano. Cf. *paulingita-Ca*.
PAULKELLERITA Fosfato básico de bismuto e ferro – $Bi_2Fe(PO_4)O_2(OH)_2$ –, monocl., descoberto em uma mina de Schneeberg, Saxônia (Alemanha). Cf. *brendelita*. Não confundir com *paulkerrita*.
PAULKERRITA Fosfato de fórmula química $(H_2O,K)_2(Mg,Mn)_2(Fe,Al)_2Ti(PO_4)_4(OH)_3 \cdot 14H_2O$ –, ortor., do grupo da man-

tienneíta. É marrom e forma cristais de 0,2 mm, euédricos. Descoberto em Yavapai, Arizona (EUA). Cf. *mantienneíta, benyacarita*. Não confundir com *paulkellerita*.

PAULMOOREÍTA Arsenato de chumbo – $Pb_2As_2O_5$ –, monocl., em cristais tabulares euédricos, de morfologia complexa, com cor laranja-claro ou incolores e clivagem (001) perfeita. D. 6,9. Dur. 3, aproximadamente. Ocorre em cavidades com andradita. Homenagem a *Paul B. Moore*, professor de Física da Universidade de Chicago (EUA).

pavilhão 1. Na lapid. facetada, parte da gema abaixo da cintura. No brilhante, tem 25 facetas e altura cerca de três vezes maior que a da coroa. Sin. de *base*. 2. Um dos dois tipos de facetas pentagonais grandes existentes abaixo da cintura do brilhante e que se estende da cintura até a mesa inferior, sendo em número de oito.

PAVONITA Sulfeto de bismuto e prata – $AgBi_3S_5$ –, antes tido por benjaminita. Monocl., descoberto na mina Cerro Bonete, Su-Lipez (Bolívia). Do lat. *pavon* (pavão). Homenagem a Martin A. *Peacock*, mineralogista canadense (do ingl. *peacock*, pavão).

PAXITA Arseneto de cobre – $CuAs_2$ –, monocl., pseudo-ortor. Dur. 3,0. Descoberto em Cerny Dul (República Checa).

PEARCEÍTA Sulfeto de prata e arsênio com cobre – $(Ag,Cu)_{16}As_2S_{11}$ –, com 63,5% Ag, usado para obtenção desse metal. Isomorfo da polibasita. Forma prismas monocl., pretos, estriados na face basal, sem clivagem, com frat. conchoidal a irregular, br. metálico, traço preto. É opaco, frágil. Dur. 3,0. D. 6,15. É um mineral raro, encontrado em minérios de prata de baixa a moderada temperatura. Decompõe-se sob ação do ác. nítrico. Homenagem a Richard *Pearce*, químico e metalurgista norte-americano. Cf. *arsenopolibasita, antimoniopearceíta*.

pechblenda Óxido de urânio – UO_2 –, var. amorfa de uraninita. Maciço, marrom ou preto, finamente granulado. É o principal mineral-minério de urânio, sendo fonte também de rádio e protactínio. Ocorre em veios de sulfeto e pegmatitos. Assim chamado por apresentar, às vezes, cor e br. de piche. Do al. *Pechblende*.

pechisbeque V. *ouropel*. De C. *Pinchbeck*, relojoeiro inglês.

pecilopirita V. *bornita*. Do gr. *poikilos* (variado) + *pirita*.

PECORAÍTA Silicato básico de níquel – $Ni_3Si_2O_5(OH)_4$ –, monocl., dimorfo da nepouita, membro do grupo caulinita-serpentina. Descoberto em meteorito encontrado na Austrália. Cf. *clinocrisotilo*.

PECTOLITA Silicato básico de sódio e cálcio – $NaCa_2Si_3O_8(OH)$ –, tricl., que forma massas fibrosas compactas, de fibras paralelas ou não. Cinzento ou esbranquiçado, com br. sedoso, podendo ser também incolor e rosado. Transl., de br. sedoso, dur. 5,0. D. 2,70-2,80. IR 1,595-1,632. Bir. 0,037. B(+). Geralmente fluorescente em laranja. Ocorre geralmente com zeólitas em geodos. É usada como gema, mas raramente. Produzida nos EUA, Itália, Escócia e Rep. Dominicana (V. *larimar*). Forma uma série com a serandita. Do gr. *pektos* (coagulado) + *lithos* (pedra). Sin. de *estelita*.

pedaço (gar., RS) Geodo que é encontrado fragmentado.

pedaço-vermelho (gar., RS) Na região de Salto do Jacuí, nome dado à cornalina.

pé de veado (gar., TO) Nome que os garimpeiros de Xambioá dão a cristais de titanita verde-oliva, euédricos, geminados e estriados.

pedra 1. Sin. de *pedra preciosa*. 2. Designação vulgar das r. e minerais. 3. (gar., BA e PI) Diamante de grande tamanho (mais de 80 pontos).

pedra-aleppo V. *ágata-olho*.

pedra alterada V. *gema tratada*.

pedra-armena V. ¹*lápis-lazúli*.

pedra artificial V. *gema artificial*.

pedra-asteca 1. Smithsonita esverdeada. 2. Turquesa de cor verde.

pedra azul (gar.) Sin. de *pedra de anil*.

pedra-batata Geodo com formato de batata, constituído internamente de cristais de qz. e, externamente, em geral, de calcário silicificado.
pedra bruta Gema que não foi lapidada.
pedra buffalo branca (N. com.) Howlita.
pedra calcária Nome coml. de um dolomito ornamental cinza ou preto do Brasil.
pedra-camaleão V. *hidrofana*.
pedra-canário Var. de cornalina amarela, mais ou menos rara.
pedra-cera (gar., RS) Cornalina. Cf. *carne de vaca*.
pedra-científica Nome dado às gemas sintéticas, reconstituídas e, principalmente, às imitações feitas com vidro. Ex.: hematita-científica, alexandrita-científica.
pedra composta Gema formada por duas ou três partes cimentadas. Cf. *doublet, triplet*.
pedra corada Qualquer mineral-gema, exceto o diamante. Denominação imprópria, visto que o diamante pode ser colorido e vários outros minerais-gema podem ser incolores.
pedra-crisântemo Calcário com celestita, calcita e *chert* dispostos em forma de flor, de gênese ainda controvertida, encontrado na província de Hunan (China).
pedra da frígia Sin. de *mármore cipolino*.
pedra-d'água Sin. de *enidro*.
pedra da lua 1. Sin. de *adulária*. 2. Nome impropriamente usado para designar as var. leitosa ou girassol de escapolita, coríndon, calcedônia e outros minerais, bem como a peristerita e as var. opalescentes de plagioclásio, especialmente albita. Sin. de *hecatolita*, *opala do ceilão*, *pedra-soda*.
pedra da lua azul Calcedônia artificialmente colorida de azul.
pedra da lua ceilão Nome dado à ¹pedra da lua procedente do Sri Lanka (antigo Ceilão). Costuma mostrar adularescência esbranquiçada, mais raramente azulada.
pedra da lua do canadá Peristerita.
pedra da lua do labrador Labradorita.

pedra da lua mojave Calcedônia tingida de violeta procedente do deserto de *Mojave*, Califórnia (EUA).
pedra da lua ontário Peristerita procedente de Ontário (Canadá).
pedra da lua oriental Var. de coríndon com *chatoyance*.
pedra da lua rosa Escapolita opalescente de cor rósea.
pedra da sorte V. *estaurolita*.
pedra de águas 1. Designação comum ao jade, à hialita, ao enidro e à ¹pedra da lua. 2. Nome que, em Sierra Nevada (EUA), designa o alabastro.
pedra de ana V. *jacinto de compostela*.
pedra de anil (gar., BA) Lazulita. Sin. de *pedra azul*.
pedra de arrasto (gar., BA) Var. de espodumênio roxa e transl. Sin. de *pedra-rosa falsa*.
pedra de bispo V. *ametista*. Assim chamada por ser a gema usada nos anéis episcopais.
pedra de canela V. *grossulária*.
pedra de cera (gar., BA) Calcedônia.
pedra de chuva Qz. em seixos rolados.
pedra decorativa Sin. de *pedra ornamental*.
pedra de corisco Nome popular, no Brasil, do fulgurito.
pedra de cruz 1. V. *quiastolita*. 2. V. *estaurolita*.
pedra de eilat (nome coml.) Mistura de azurita, crisocola e turquesa, de cor azul ou verde, produzida e exportada por Israel.
pedra de estanho Nome que, no sudeste asiático, designa a cassiterita.
pedra de ferro (gar., BA) Sin. de *ferrugem*.
pedra de flecha Sin. de *nefrita*. Assim chamada porque era usada, outrora, para pontas de flechas e lanças.
pedra de fogo 1. Qz. que foi aquecido e, depois, resfriado bruscamente por imersão em água contendo pigmentos. O resfriamento rápido provoca o aparecimento de fissuras, por onde os pigmentos penetram, resultando daí o surgimento de iridescência. Sin. de *pedra estourada*. 2. (gar., RS) Em Quaraí, nome dado à cornalina.

pedra de gibraltar Mármore-ônix de Gibraltar.
pedra de judeu Marcassita usada em objetos de adorno pessoal.
pedra de lavra (gar., RS) V. *ágata de lavra*.
pedra de lista (gar., RS) Na região de Salto do Jacuí, ágata com uma ou mais faixas brancas bem contrastantes em relação às demais cores, mais valiosa que a ágata comum.
pedra de massa (gar., RS) Na região de Salto do Jacuí, nome dado aos geodos de ágata.
pedra de mênfis Sin. de *ágata-ônix*.
pedra de moca V. *ágata-musgo*.
pedra de mokha Sin. de *ágata-musgo*. De Mokha (Al Mukhã), cidade do Iêmen.
pedra de novelo (gar.) Sin. de *pedra de cera*.
pedra de pagode 1. Calcário com fósseis arranjados de modo tal que formam desenhos semelhantes a pagodes. 2. Ágata transl. que, quando lapidada, mostra desenhos semelhantes a pagodes. 3. Agalmatolito.
pedra de pantera Jaspe manchado, com aparência de pele de pantera.
pedra de petoskey 1. Nome dado, às vezes, à marcassita. 2. Sin. de *ágata petoskey*.
pedra de queima (gar., RS) Na região de Ametista do Sul, ametista que não se presta à lapid., sendo, por isso, destinada a tratamento térmico para transformação em citrino.
pedra de raio Designação popular dos meteoritos.
pedra de saint stephen Calcedônia branca ou cinzenta com grande quantidade de pontos vermelhos, parecendo ter, vista a uma certa distância, cor vermelho-rosada uniforme.
pedra de sangue 1. Sin. de *heliotrópio*. 2. V. *hematita*. 3. V. *cornalina*.
pedra de santana (gar.) Pirita oxidada, de cor marrom-escura.
pedra de tocar ouro (gar., BA) Sin. de *pedra de toque*.
pedra de toque Mineral usado para identificação de ouro. Risca-se a pedra de toque com a substância que se acredita possa ser ouro e, a seguir, atacam-se com água de toque os fragmentos retirados pelo mineral. Se a substância for ouro, ficará inalterada; se for cobre ou latão, desaparecerá; se for liga com ouro, adquirirá cor variável com a porcentagem de ouro.
pedra do céu V. *benitoíta*.
pedra do labrador V. *labradorita*.
pedra do sol Var. gemológica de oligoclásio, transl. a semitransl., com aventurescência, pela presença de mica, hematita ou goethita nos planos de clivagem. Tem cor rósea, esbranquiçada ou cinza-avermelhado, com reflexões internas vermelhas ou amarelas. Dur. 6-6,5. D. 2,62-2,65. Bir. 0,01. B(+). Mostra fluorescência vermelho-parda. É produzida nos EUA, Índia, Canadá, Noruega e Rússia. Sin. de *heliolita*.
pedra do sol oriental Coríndon avermelhado ou amarelado.
pedra dourada Peridoto amarelo-esverdeado.
pedra dupla Sin. de *doublet*.
pedra-escorpião 1. Coral. 2. Azeviche.
pedra estourada Sin. de *pedra de fogo*.
pedra fina 1. V. *mineral-gema*. 2. Na França, qualquer gema, exceto rubi, safira, diamante e esmeralda.
pedra-garrafa Sin. de *moldavito*.
pedra-geada Nome coml. de uma var. de calcedônia que ocorre perto de Barstow, Califórnia (EUA), e que se caracteriza pela presença de inclusões brancas, possivelmente de opala.
pedra-gelo (gar., RS) Nome que foi dado às primeiras selenitas encontradas em garimpos de ametista da região de Planalto. Podem formar massas com várias dezenas de quilogramas.
pedra-gema V. *mineral-gema*.
pedra goiás Nome coml. de um quartzomicaxisto ornamental de cor verde ou rosa, encontrado no Brasil.
pedra-groselha Var. de grossulária verde-amarelada.
pedra-ímã V. *magnetita*.
pedra imori (nome coml.) V. *pedra-vitória*.

pedra-inca V. *pirita*.
pedra-índia V. *quartzo-cetro*.
pedra irradiada Gema que foi submetida a uma radiação qualquer, a fim de ter sua cor mudada.
pedra-istriana Nome de um mármore encontrado perto de Trieste (Itália), com o qual foi construída boa parte da cidade de Veneza. De *Istria*, península da costa nordeste do Adriático.
pedra-jade-pudim Var. de nefrita nodular com nódulos cimentados entre si por nefrita mais escura.
pedra jaraguá Nome coml. de um quartzito ornamental amarelo do Brasil.
pedra-louça (gar., RS) Arenito silicificado que aparece nos jazimentos de ágata e ametista.
pedra luminária Nome coml. de um quartzito micáceo verde do Brasil, usado como pedra ornamental.
pedra-lunar Var. de barita fosforescente.
pedra-maori V. *nefrita*.
pedra martelada Gema que teve as porções de má qualidade removidas com uso de martelos apropriados, estando pronta para ser lapidada.
pedra-mendobi (gar., BA) Nome dado ao conglomerado diamantífero da região das Lavras Diamantinas.
pedra-mineira Denominação popular de um quartzito ornamental proveniente de São Tomé das Letras, MG (Brasil). É conhecido comercialmente como *são tomé* (v.). Sin. de *mineirinha*.
pedra miracema Nome coml. de um gnaisse ornamental milonitizado, muito foliado, o que permite obter facilmente placas de 1-2 cm de espessura. É produzido no Estado do Rio de Janeiro e, dependendo da cor, recebe também nomes como pedra madeira, pedra paduana, floral pádua rosa e olho de pombo.
pedra-mosquito Calcedônia com dendritos dispostos de maneira tal que parecem um enxame de mosquitos.
pedra natural Nome dado, no mercado de r. ornamentais, àquelas que dispensam acabamento, como ardósias, arenitos e alguns quartzitos, por ex.
pedra-olho V. *thomsonita*.
pedra orientada Gema que foi lapidada de modo a ter o eixo óptico em uma direção previamente determinada. A água-marinha e muitas turmalinas, por ex., são lapidadas de modo a tê-lo paralelo à mesa. O rubi, ao contrário, deve tê-lo perpendicular a essa faceta.
pedra ornamental R. ou mineral, mais raramente substância de origem orgânica, usada para decoração de interiores ou em acabamentos arquitetônicos (lajotas, frisos, blocos etc.) para pisos, paredes, escadarias, pedestais etc.
pedra-papoula Jaspe orbicular de cor vermelha, muito popular, nos EUA, entre os colecionadores de minerais. Costuma ser lapidado em cabuchão.
pedra-pavão Malaquita lapidada de modo a mostrar anéis concêntricos.
pedra-pipoca Nome coml. de uma r. calcária do oeste dos EUA que, imersa em vinagre, forma cristais de aragonita.
pedra preciosa Designação comum às substâncias gemológicas inorgânicas usadas para adorno pessoal, excluídos os metais nobres. Para alguns, pedras preciosas são apenas o diamante, a esmeralda, o rubi e a safira; outros assim consideram também a pérola, a opala-nobre (Bateman, 1961) e o crisoberilo. Limitando a categoria de *preciosas* a apenas essas substâncias, automaticamente as demais gemas estariam incluídas na categoria *semipreciosa*. Como a separação é confusa, arbitrária, desnecessária e, sobretudo, artificial, deve-se abolir a denominação *semipreciosa*. A legislação francesa considera pedra preciosa o rubi, a safira, o diamante e a esmeralda. As demais gemas são chamadas de *pedras finas*.
pedra-preta (gar.) Cassiterita.
pedra-proteica Material semelhante ao alabastro, obtido artificialmente com o emprego de gipsita.
pedraria Porção de pedras preciosas.

pedra-rosa falsa (gar.) Sin. de *pedra de arrasto*.

pedra-sabão R. metamórfica maciça, de tato untuoso, composta essencialmente de talco ou pirofilita, com quantidades variáveis de piroxênio, anfibólio, mica, clorita e outros minerais. Quando rica em talco, chama-se esteatito; se rica em pirofilita, é dita agalmatolito. Origina-se da alteração metamórfica de silicatos ferromagnesianos. É bastante homogênea, tendo cor cinza, marrom ou verde. Dur. baixa: 1,0-2,5 (daí seu nome). Muito usada em objetos ornamentais, em virtude de ser facilmente trabalhada. Sin. de *jade fukien*, [1]*jade honan*, *jade-mandchuriano*.

pedra-sapo (gar., SC) Basalto com cavidades.

pedra sark Ametista, outrora abundante na ilha de *Sark* (Reino Unido).

pedra semipreciosa Denominação condenável que designa as gemas minerais não consideradas preciosas. Distinção a ser sempre evitada por ser confusa, arbitrária, inútil e artificial, recomendando-se chamar os dois tipos de *pedra preciosa* ou simplesmente *gema*.

pedra sintética V. *gema sintética*.

pedra-soda V. [2]*pedra da lua*.

pedra tripla Sin. de *triplet*.

pedra tv Ulexita fibrosa transl. que se comporta como fibra ótica, trazendo imagem para sua superfície.

pedra-ume Sin. de *alume*.

pedra-verde Cloroastrolita.

pedra verde da bahia Nome coml. de um xisto com qz. e fuchsita de cor verde, procedente da Bahia (Brasil), usado como pedra ornamental.

pedra verde do lago superior V. [1]*cloroastrolita*.

pedra-vitória Substância artificial, de cor variável, feita com vidro e de estrutura fibrosa, com *chatoyance*, fabricada no Japão. É produzida para imitar jade, misturando e fundindo minerais como qz., calcita, fluorita, magnesita e feldspato. Também conhecida como pedra imori.

pedra-zebra Jaspe em camadas.

pedregulho Nome coml. de um dolomito branco do Brasil, usado para fins ornamentais.

pedrista 1. Comerciante de pedras preciosas. **2.** (gar., BA) Grande comprador de diamantes.

pegmatito R. ígnea de granulação extremamente grosseira, em forma de veios, diques ou lentes, que ocorre, em geral, nas margens de grandes corpos de r. intrusiva. Sua composição é variável, geralmente granítica. Forma-se nos últimos estágios de cristalização do magma. É uma das principais fontes de minerais-gema (água-marinha, esmeralda, heliodoro, morganita, hiddenita, kunzita, crisoberilo, topázio, turmalinas etc.). Os corpos de pegmatito podem ter dezenas de metros de comprimento, com espessura superior a 50 m.

pehrmanita V. *ferrotaaffeíta-6N'3S*. Homenagem a Gunnar *Pehrman*, professor finlandês. Cf. *musgravita*. Não confundir com *perhamita*.

PEISLEYITA Sulfato-fosfato básico hidratado de sódio e alumínio – $Na_3Al_{16}(SO_4)_2(PO_4)_{10}(OH)_{17} \cdot 20H_2O$ –, monocl., maciço, com consistência de giz, branco, descoberto com wavellita perto de Kapunda, sul da Austrália. D. 2,1. Homenagem ao australiano Vincent *Peisley*.

PEKOÍTA Sulfeto de cobre, chumbo e bismuto – $CuPbBi_{11}S_{18}$ –, ortor., descoberto na mina *Peko* (daí seu nome), em Tennant Creek (Austrália).

pelaguita Nome dado aos nódulos de manganês dos fundos oceânicos. Do gr. *pélagos* (pélago).

pele de anjo A mais valiosa das var. de coral gemológico, de cor rosa-claro.

pelhamina Mineral verde-cinza, claro, do grupo das serpentinas. Talvez seja apenas crisotilo alterado. De *Pelham*, Massachusetts (EUA), onde ocorre.

peligotita Nome de um mineral de urânio. Provavelmente homenagem a Eugene M. *Péligot*, químico francês.

PELLYÍTA Silicato de bário, cálcio e ferro – $Ba_2CaFe_2Si_6O_{17}$ –, ortor., desco-

berto perto do rio *Pelly* (daí seu nome), em Yukon (Canadá).
pelo Sin. de *cabelo*.
pena Conjunto de pequenas frat. existentes em alguns diamantes.
PENCVILCSITA Silicato hidratado de sódio e titânio – $Na_4Ti_2Si_8O_{22}.4H_2O$ –, monocl. ou ortor., em massas brancas de até 3 cm, foscas, nacaradas ou sedosas, com dur. 5 e D. 2,58. Descoberto em pegmatitos da península de Kola (Rússia). Do lapão *penk* (encrespado) + *vilkis* (branco).
pendeloque V. *lapidação pendeloque*.
pendletonita Sin. de *carpatita*.
PENFIELDITA Cloreto básico de chumbo – $Pb_2Cl_3(OH)$ –, hexag., branco. Descoberto em Laurion (Grécia) e assim chamado em homenagem a Samuel L. *Penfield*, mineralogista e químico norte-americano.
PENIKISITA Fosfato básico de bário, magnésio e alumínio – $BaMg_2Al_2(PO_4)_3(OH)_3$ –, tricl., isomorfo da kulanita, do grupo da bjarebyíta. Azul a verde, transp. a transl., de br. vítreo, traço verde muito claro a branco, dur. 4, aproximadamente; D. 3,8. Muito semelhante à kulanita. Homenagem a Gunar *Penikis*, descobridor do local onde o mineral ocorre.
penina Sin. de *peninita*.
peninita Var. de clinocloro verde ou amarelada. D. 2,6-3,1. Ocorre em xistos com magnetita e condrodita. De *Apeninos* (Alpes), onde foi descoberto. Sin. de *penina*, *japanita*.
pennaíta Silicato de zircônio, titânio, ferro, cálcio e sódio, em cristais prismáticos amarelos ou marrom-claros. Homenagem a *Penna*, ex-diretor do Instituto de Tecnologia e Indústria de Minas Gerais (Brasil).
PENNANTITA Silicato básico de manganês e alumínio – $Mn_5Al(Si_3,Al)O_{10}(OH)_8$ –, monocl., do grupo das cloritas. Forma escamas alaranjadas. Homenagem a Thomas *Pennant*, naturalista polonês. Sin. de *grovesita*. Não confundir com *tennantita*.

PENOBSQUISITA Cloroborato básico hidratado de cálcio e ferro – $Ca_2Fe[B_9O_{13}(OH)_6]Cl.4H_2O$ –, monocl., descoberto em uma mina de *Penobsquis* (daí seu nome), em Kings, New Brunswick (Canadá).
PENROSEÍTA Seleneto de níquel com cobre e cobalto – $(Ni,Cu,Co)Se_2$ –, cúb., dimorfo da kullerudita. Forma cristais colunares com disposição radial. Homenagem ao geólogo Richard A. F. *Penrose* Jr. Sin. de *blockita*. Cf. *kullerudita*.
PENTAGONITA Silicato hidratado de cálcio e vanádio – $Ca(VO)Si_4O_{10}.4H_2O$ –, ortor., dimorfo da cavansita. Forma prismas azuis, com maclas de seção transversal em forma de estrelas de cinco pontas. Do gr. *penta* (cinco) + *gonia* (ângulo), em alusão à forma de suas maclas.
PENTA-HIDROBORITA Borato hidratado de cálcio – $CaB_2O(OH)_6.2H_2O$ –, tricl., em massas granulares. Descoberto nos montes Urais (Rússia). Do gr. *penta* (cinco) + *hydor* (água) + *borato*, porque se pensou inicialmente que contivesse cinco moléculas de água.
penta-hidrocalcita Carbonato hidratado de cálcio – $CaCO_3.5H_2O$ –, encontrado como incrustações em mármores. Tem as mesmas propriedades da tri-hidrocalcita. Do gr. *penta* (cinco) + *hydor* (água) + *calcita*, por sua composição.
PENTAIDRITA Sulfato hidratado de magnésio – $MgSO_4.5H_2O$ –, tricl., descoberto em Teller, Colorado (EUA). Do gr. *penta* (cinco) + *hydor* (água), por ter cinco moléculas de água. Sin. de *allenita*, *magnesiocalcantita*.
PENTLANDITA Sulfeto de ferro e níquel – $(Fe,Ni)_9S_8$ –, com 18%-40% Ni. Cúb., amarelo-claro a marrom-claro, friável. Ocorre em r. básicas, como noritos, e também em meteoritos. É o principal mineral-minério de níquel, podendo ser fonte também de cobalto e rutênio. Maciço, granular, com clivagem octaédrica, frat. irregular. Dur. 3,5-4,0. D. 5,0. É opaco e tem br. metálico. Forma uma série com a cobaltopentlandita.

Homenagem a J. B. *Pentland*, seu descobridor. Sin. de *nicopirita*, *folgerita*. O grupo da pentlandita compreende seis minerais cúb. de fórmula geral AB_8X_8, onde A = Ag, Cd, Co, Fe, Mn, Ni ou Pb; B = Co, Cu, Fe ou Ni; e X = S ou Se.

PENZHINITA Selenossulfeto de prata e ouro com cobre – $(Ag,Cu)_4Au(S,Se)_4$ –, hexag., descoberto em uma jazida de ouro e prata no nordeste da Rússia.

pepita Nome dado aos metais nativos, em especial ao ouro, quando ocorrem como grãos ou palhetas. No Chile, já foi encontrada pepita de ouro com 153 kg. Em Hill End, Nova Gales do Sul (Austrália), encontrou-se, em 1872, uma pepita de ouro de 1,42 m de diâmetro, pesando 285 kg, aproximadamente (Leprevost, 1975). Várias outras pepitas de grande porte foram lá descobertas. A maior pepita do mundo em exposição está no Museu de Valores do Banco Central, em Brasília, DF (Brasil). Foi descoberta por Júlio de Deus Filho em setembro de 1983, em Serra Pelada, PA. Tem 60,8 kg e recebeu o nome de Canaã. Do esp. *pepita* (v. *Apêndice*).

PEPROSSIITA-(Ce) Borato de cério e alumínio com lantânio – $(Ce,La)Al_2B_3O_9$ –, hexag., descoberto em Roma (Itália).

pera de fundição Massa de material obtida por fusão, em forma de pera ou cenoura, que se forma durante a produção de gemas sintéticas pelo processo Verneuill. O *boule* cresce durante duas a cinco horas, após o que é resfriado lentamente numa fornalha e, depois, mais rapidamente fora dela. Um *boule* típico tem 8 a 20 g, medindo 5 a 13 cm de comprimento por 1,5 cm de diâmetro. Alguns bem maiores já foram, porém, produzidos. Sin. de *boule*.

PERCLEVEÍTA-(Ce) Silicato de cério com lantânio e neodímio – $(Ce,La,Nd)_2Si_2O_7$ –, tetrag., descoberto em Vastmanland (Suécia).

percylita Cloreto básico de chumbo e cobre – $PbCuCl_2(OH)_2$ –, cúb., de natureza ainda duvidosa. Forma cubos de cor azul-celeste, com clivagem cúb.

Dur. 2-3. Homenagem a John *Percy*, metalurgista inglês.

perelita Nome dado à ágata na Sibéria (Rússia).

PERETAÍTA Hidroxissulfato hidratado de cálcio e antimônio – $CaSb_4O_4(OH)_2(SO_4)_2.2H_2O$ –, descoberto como agregados de cristais monocl. na mina *Pereta* (daí seu nome), Toscânia (Itália). Incolor, com br. vítreo, clivagem (100). D. em torno de 4,0. Cristais sempre maclados segundo (100).

PERHAMITA Silicofosfato básico hidratado de alumínio e cálcio – $Ca_3Al_7(SiO_4)_3(PO_4)_4(OH)_3.16,5H_2O$ –, hexag., em massas esferulíticas de cristais marrons, achatados, descobertas em um pegmatito de Oxford, Maine (EUA). D. 2.64. Homenagem ao geólogo Frank C. *Perham*. Não confundir com *pehrmanita*.

PERICLÁSIO Óxido de magnésio – MgO – encontrado em alguns mármores. É cúb., incolor ou de cor amarela, marrom, verde, preta ou branco-acinzentada, de br. vítreo. Dur. 5,0. D. 3,60. IR 1,730. Altera-se facilmente a brucita, sendo, por isso, raro. Usado para obtenção de material refratário e, quando incolor, como gema. O periclásio gemológico é também sintetizado, sendo vendido sob o nome de larvenita. Do gr. *periklas* (quebrar ao redor), pelo seu tipo de clivagem. Sin. de *periclasita*. O grupo do periclásio inclui mais cinco óxidos cúb. de fórmula geral $M^{2+}O$, onde M = Cd, Fe, Mg, Mn ou Ni: bunsenita, cal, manganosita, monteponita e wüstita.

periclasita V. *periclásio*.

peridoto 1. Var. gemológica de forsterita, mineral do grupo das olivinas. É geralmente verde-esmeralda ou verde-claro, pela presença de ferro, chegando a amarelo-esverdeado, verde-amarronzado ou marrom. É mais escuro que a crisólita e pode ser confundido com demantoide, diopsídio, prehnita, berilo, crisoberilo, turmalina e outras gemas. Ortor., transp., às vezes com pequenos pontos pretos circundados por uma

impressão digital constituída de inclusões líquidas. Tem uma clivagem regular. Dur. 6,5-7,0. D. 3,32-3,35 (às vezes até 3,48). IR 1,654-1,690. Bir. alta: 0,036. B(+). Disp. 0,020. TRATAMENTO. As gemas escuras podem ficar mais claras por tratamento térmico. PRINCIPAIS PRODUTORES. O peridoto é produzido principalmente na ilha de São João, no mar Vermelho, de onde é extraído há 3.500 anos. Há jazidas também no Havaí, Mianmar (ex-Birmânia), Sri Lanka, EUA e Noruega. No Brasil, pode ser encontrado em Pernambuco e Minas Gerais. LAPID. Costuma ser lapidado com formato oval ou retangular (com cantos ou não). CURIOSIDADES. A Smithsonian Institution (EUA) possui um peridoto lapidado com 310 ct. Algumas pessoas acreditam que o peridoto cure doenças do fígado e hidropsia, e que, usado sobre o braço esquerdo, proteja de demônios. SIN. de *esmeralda-bastarda, esmeralda da noite, esmeralda da tarde, olivina-preciosa, peridoto do oriente*. 2. Var. gemológica de turmalina de cor semelhante à da olivina. Sin. de *peridoto-brasileiro, peridoto-cingalês, peridoto do ceilão*. 3. Var. de granada verde-grama. Do fr. arcaico *peridot*.
peridoto-brasileiro Sin. de ²*peridoto*.
peridoto-cingalês Sin. de ²*peridoto*.
peridoto do ceilão Sin. de ²*peridoto*.
peridoto do oriente V. ¹*peridoto*.
peridoto havaiano Sin. de *havaiita*.
peridoto-oriental Var. de safira verde-oliva.
Perigem Nome coml. (marca registrada) de um espinélio sintético verde-amarelado claro.
peristerita Var. gemológica de albita com reflexões internas azuis, verdes ou amarelas, com jogo de cores, semelhante à pedra da lua e assim chamada (impropriamente) no comércio de gemas. Do gr. *peristera* (pombo), porque suas cores de interferência lembram aquelas do pescoço dos pombos.
PERITA Oxicloreto de chumbo e bismuto – $PbBiO_2Cl$ –, que forma pequenas placas ortor., amarelas, de 0,5 mm, aproximadamente, encontradas em escarnitos. Tem br. adamantino. D. 8,10. Dur. 3,0. Homenagem a *Per* Geiger, geólogo sueco.
perlato Nome coml. de um mármore perolado procedente de Itabirito, MG (Brasil).
PERLIALITA Aluminossilicato hidratado de fórmula química $K_9Na(Ca,Sr)[Al_{12}Si_{24}O_{72}].15H_2O$, hexag., do grupo das zeólitas, descoberto na península de Kola (Rússia).
perlita Pérola pequena, menor que a pérola-gotinha.
PERLOFFITA Fosfato básico de bário, manganês e ferro – $BaMn_2Fe_2{}^{3+}(PO_4)_3(OH)_3$ –, equivalente ferrífero da bjarebyíta. Forma cristais marrom-escuros a marrom-esverdeados, quando pequenos, ou pretos, quando um pouco maiores. Monocl., com traço amarelo-esverdeado. Dur. em torno de 5,0. Clivagem (100) perfeita, br. vítreo a subadamantino. Descoberto em pegmatitos de Glendale, Dakota do Sul (EUA). Homenagem ao mineralogista amador L. *Perloff*.
PERMINGEATITA Seleneto de cobre e antimônio – Cu_3SbSe_4 –, tetrag, de dur. 3,5, descoberto em Predborice (República Checa).
Permissão de Lavra Garimpeira Regime legal, instituído pelo art. 1º da Lei n. 7.805, de 18.7.1989, que se aplica "ao aproveitamento imediato de jazimento mineral que, por sua natureza, dimensão, localização e utilização econômica, possa ser lavrado independentemente de prévios trabalhos de pesquisa" (Decreto n. 98.812, de 9.1.1990).
pérola Substância gemológica produzida por moluscos marinhos, como o *Pinctada margaritifera, Pinctada maxima, Pinctada martensis* e o *Meleagrina margaritifera*, ou de água doce, como o *Unios margaritifera*. É constituída principalmente de aragonita (92%), raramente calcita, contendo também conchiolina (6%) e água (2%). Esses constituintes

pérola

depositam-se em camadas concêntricas em torno de um núcleo, que é um corpo estranho alojado no manto do molusco ou sob ele. De dentro para fora, tem-se geralmente uma camada de conchiolina, escura e delgada, uma camada de calcita prismática e, por fim, uma camada de nácar, formada de lamelas de aragonita sobrepostas e paralelas à superfície externa da pérola. Essa sequência pode aparecer em ordem inversa ou repetir-se. A camada de aragonita é que dá à pérola br. e iridescência. Por essa razão, se a camada mais externa for de conchiolina, a pérola não terá valor coml. As pérolas são geralmente brancas (oceano Índico e golfo Pérsico) e esféricas. Podem ter formato irregular (pérola-barroca) e a cor pode ser cinza--alaranjado (Califórnia, EUA), preta (golfo do México), avermelhada (mar do Japão), prateada, amarelada, azulada ou esverdeada. (Recomendam-se as de cores rosada, branca ou prateada para pessoas de pele clara, e as douradas ou creme para pessoas de pele escura.) Quanto ao tamanho, costumam medir 0,1 a 3,0 cm; as pérolas encontradas no comércio têm, em média, 7 mm. A maior pérola conhecida, a Pérola da Ásia, tem 2.420 grãos ou 121 g (Mendes, 1957). A cor e a forma da pérola dependem também do local em que se formou dentro do molusco. O br. é nacarado, podendo ter reflexos metálicos, se a pérola for de água doce. Dur. 2,5-4,5. D. 1,91-2,74, dependendo do molusco e do ambiente em que vive. IR 1,520-1,660. As pérolas cultivadas costumam fluorescer aos raios X. Das naturais, fluorescem as de água doce e algumas pérolas australianas. As pérolas têm baixa dur., mas são muito resistentes a frat. De cada 40 conchas, em média, uma contém pérola, mas conchas com várias pérolas podem ser encontradas. A presença da pérola é verificada com o emprego de raios X. Caso o molusco pescado não a contenha, é devolvido à água. O corpo estranho que desencadeia o processo de formação da pérola raramente é um grão de areia, o que contraria uma crença generalizada. Na maioria das vezes, é um verme que, perfurando a concha, atinge o corpo do molusco. Uso. Cerca de 70% das pérolas são usadas em colares (v. *choker, chute, sautoir*), geralmente com 40 cm de comprimento (nos EUA, 43 cm a 48 cm). Por convenção internacional, o diâmetro dos furos das pérolas deve ter 0,3 mm. As pérolas azuis nunca são perfuradas, pois isso altera sua cor. Imitações e substitutos. A principal imitação é obtida com contas de vidro. Às vezes, usa-se coral rosado do Mediterrâneo. Pérolas falsas são fabricadas desde 1680, por um processo descoberto pelo francês Jacquin e que consiste em revestir esferas de vidro ocas com *essência de oriente* (v.), deixando-as, após, secar por uma hora a 2,5 horas (v. *pérola-romana*). Depois disso, as contas são preenchidas com cera. Podem-se usar também contas maciças, aplicando-se essência de oriente por fora. A identificação dessas imitações é fácil: ao contrário da pérola, o vidro não efervesce ao contato com ác. clorídrico. As contas de cera podem, além disso, ser identificadas enfiando uma ponta de agulha no orifício e verificando a consistência do material do interior. Entre as imitações mais conhecidas, encontram-se a pérola-girassol, a pérola--indestrutível e a pérola-romana. Lapid. A pérola é usada sempre no seu estado natural, sem sofrer lapid. Pode, porém, ser tratada de modo a melhorar seu br. Curiosidades. As pérolas são usadas como gema há seis mil anos. A joia mais antiga que se conhece feita com elas é um colar de três fios e 216 pérolas, encontrado em escavações feitas no Irã, e que se encontra no Museu do Louvre, em Paris (França). Segundo os hindus, as pérolas são lágrimas congeladas nascidas do contato das nuvens com as águas. Os gregos diziam que delas emanavam forças vivificantes e protetoras. Na Antiguidade, era triturada e misturada com vinho e cerveja quando se pretendia homenagear pessoas de alta linhagem. PRINCIPAIS PRODUTORES. A maior produção e a melhor qualidade de pérola encontram-se no golfo Pérsico. Outros produtores são Sri Lanka, Austrália, Filipinas, Venezuela, golfo do México, ilhas do Pacífico, Europa e China. O Japão lidera a produção de pérolas cultivadas, junto com a China; esses dois países respondem por 96% da produção mundial. No Brasil, não há produção de pérolas, mas elas parecem ocorrer na porção sul da ilha de Marajó, no Pará. VALOR COML. As pérolas cultivadas mais valiosas são as dos mares do sul. Peças de 10 mm a 19 mm variam de US$ 80 (as fracas e pequenas) até US$ 18.000 (as maiores e de qualidade extra). Dá-se preferência às pérolas brancas ou creme-rosado. Quanto mais esférica, mais valiosa é a pérola. CLASSIFICAÇÃO. Quanto ao local de formação dentro da concha, podemos ter *pérola aderente* ou *pérola livre* (v. esses nomes). Quanto ao modo de formação, podemos ter dois tipos: *pérola natural* ou *cultivada* (v. esses nomes). Conforme a distribuição de nácar, conchiolina e calcita, temos *pérolas simples* e *pérolas compostas* (v. esses nomes). SÍNTESE. Não existe produção de pérola sintética. Apesar de provocada artificialmente, a formação da pérola cultivada é um processo natural e o produto resultante não é sintético, muito menos artificial. TRATAMENTO. As pérolas podem adquirir cor cinza ou preta, se irradiadas em cíclotrons. Tratadas com nitrato de prata com posterior exposição ao sol, ficam pretas também. Outras cores que podem ser obtidas artificialmente são amarelo--ouro, rosa, verde e azul. CUIDADOS. Uma pérola pode "morrer" pelo contato excessivo com suor, laquê ou cosméticos. Para evitar que isso aconteça, elas devem ser lavadas em detergente neutro ou levemente alcalino. Pode-se também deixar a joia imersa em uma solução de água e sabonete suave por 15 minutos; a seguir, escova-se com uma escova de dente macia e deixa-se secar por 24 a 36 horas, até o fio secar completamente. O fio de um colar absorve muita sujeira e gordura, e deve ser substituído anualmente ou com mais frequência, dependendo do uso. Para preservar o br., convém também guardar as pérolas em magnésia. São sensíveis à umidade excessiva, bem como à falta de água acentuada. ETIMOLOGIA. Do lat. vulgar *pernula*, diminutivo de *perna* (certo tipo de ostra). SINÔNIMOS. As pérolas naturais são chamadas também de *pérolas do oriente*, *pérolas-finas* e *pérolas-orientais*. ◻

pérola abalone Pérola de cor comumente verde ou rosa, em geral aderente, mas, às vezes, verdadeira, produzida pelo abalone ou haliote.

pérola aderente Pérola semiesférica que se formou presa à concha, sendo uma continuação desta. Para alguns gemólogos, não é pérola. A porção pela qual se prende à concha fica sem nácar e, por isso, é escondida quando se monta a joia. Pode conter água, argila e mesmo uma pérola verdadeira. Sin. de *pérola-blister*, *pérola-chicot*. Cf. *pérola livre*.

pérola-africana Pérola que é encontrada em pequenas quantidades na costa oriental da África, entre Zanzibar (Tanzânia) e Inhambane (Moçambique). Sin. de *pérola bazaruto*.

pérola akoya Nome coml. de pérolas procedentes do Japão, China e Vietnã.

pérola-alasmoden Nome de um tipo de pérola de água doce.

pérola amarela Pérola obtida da *Margaritifera carcharium*, de cor amarela. É produzida na Austrália.

pérola-atlas Espato acetinado de cor branca.

pérola-australiana Pérola praticamente sem reflexos coloridos.

pérola-azul Pérola opaca que, em virtude da presença de uma camada de conchiolina próximo à superfície, ou de um centro argiloso ou sílico, mostra-se com cor azul-escura ou cinza.

pérola-barroca Pérola de formato irregular. No comércio brasileiro, pode designar impropriamente pérola esférica com br. diferente do normal.

pérola basra Nome local dado a pérolas procedentes do golfo Pérsico, produzidas pelo molusco *Pinctada radiata*. Têm br. muito apreciado e alto valor de mercado.

pérola bazaruto V. *pérola-africana*.

pérola biwa Pérola cultivada produzida no lago *Biwa* (Japão) e que se caracteriza pela ausência de núcleo. A pérola forma-se em torno de um pequeno fragmento de epitélio de outro molusco, tendo forma irregular, mas bom br. Pode-se usar até dez fragmentos de epitélio em um mesmo molusco. Usa-se o molusco *Hyriopsis schelegeli*.

pérola-blister Sin. de *pérola aderente*. Do ingl. *blister* (pústula, bolha).

pérola ceilão Pérola com reflexos azuis, verdes ou violeta.

pérola-chicot Sin. de *pérola aderente*.

pérola composta Pérola que, em virtude da distribuição irregular de nácar, conchiolina e calcita, mostra, na superfície, dois desses materiais simultaneamente. Cf. *pérola simples*.

pérola cristal Nome coml. de uma imitação de pérola.

pérola cultivada Pérola cuja formação se deu por meio de um estímulo artificial. As primeiras pérolas assim obtidas datam de 400 d.C. e foram produzidas na China. As primeiras pérolas esféricas foram obtidas pelo naturalista sueco Carlos Linnaeus, em 1740. William Saville Kent desenvolveu um processo de cultivo na Austrália, depois levado ao Japão por Tokichi Nishikawa e Tatsuhei Mise. Nishikawa patenteou o processo em 1916 e tornou-se genro de Kokichi Mikimoto, que deu grande expansão à produção dessa gema. O cultivo de pérolas compreende a pesca do molusco; a preparação de um núcleo esférico de madrepérola ou de cálculo biliar de bovino, medindo 6-7 mm; o revestimento desse núcleo com epitélio do molusco; a colocação do núcleo assim revestido no animal e a criação deste em gaiolas. Em cada gaiola, criam-se 50 moluscos, que permanecem a dois ou três metros de profundidade. Os moluscos são criados durante três anos, quando então são operados, isto é, sofrem extração de parte do seu epitélio para com ele se recobrir o núcleo a lhe ser enxertado. Após isso, são necessários mais três a seis anos para que a pérola fique pronta, com um crescimento de 0,3 mm/ano, podendo chegar a 1,5 mm/ano nos mares do Sul. Uma pessoa experiente (geralmente são mulheres) pode introduzir o núcleo em 300 a 1.000 moluscos por dia. Durante a formação da pérola cultivada, podem-se formar também pérolas naturais que terão pequenas dimensões, em razão do pouco tempo disponível para o seu desenvolvimento. De cada 20 moluscos operados, só um produz pérola. Pode-se obter pérola cultivada sem o núcleo de madrepérola, que é substituído por um fragmento de epitélio de outro molusco (pérola biwa). O processo requer moluscos de água doce, é demorado e não fornece pérolas esféricas. Em compensação, podem ser introduzidos até dez núcleos num único molusco. Pérolas sem núcleo algum podem se formar em locais onde são criados moluscos (pérolas keshi); nesses casos, há um impasse quanto à classificação, se seriam naturais ou cultivadas. As pérolas cultivadas são medidas em milímetros e não em grãos, como as naturais. Elas diferem das naturais por terem estrutura concêntrica apenas na parte mais externa, que possui em geral menos de 1 mm de espessura. A separação entre essa parte externa e o núcleo geralmente é visível com auxílio de uma lupa. Sua identificação pode ser feita com o *endoscópio*, o *lucidoscópio*, o *perolascópio* e a *bússola para pérolas* (v. esses nomes) ou com raios X. As pérolas cultivadas correspondem a 90% do total comercializado. O China National Testing Center implantou, em 2003, um novo sistema de classificação

de pérolas cultivadas, aplicável a gemas furadas que não tenham sido irradiadas ou tingidas. O sistema classifica separadamente pérolas cultivadas de água doce e pérolas cultivadas de água salgada. Para as de água doce, levam-se em conta o formato, o br. e o tipo de superfície da pérola. Para as de água salgada, consideram-se esses três itens, mais a espessura do nácar. Quanto ao formato, as pérolas cultivadas de água doce podem ser redondas, ovais, botões ou barrocas. *Botão* é o nome dado à pérola com um ou dois lados achatados, e *barroca* é aquela de formato muito irregular e sem simetria. O br. pode ser excelente, bom, médio ou fraco. A superfície é classificada em completamente lisa, quase lisa, levemente marcada, marcada e fortemente marcada. As pérolas cultivadas de água salgada são classificadas da mesma forma quanto ao tipo de superfície e de maneira bastante semelhante no que se refere ao formato e ao br. Entretanto, leva-se em conta também a espessura do nácar, que pode variar de muito grossa a muito fina, com outras três categorias intermediárias. O certificado de avaliação de pérolas cultivadas baseado nesse sistema deve informar se a gema é de água doce ou salgada, sua cor, tamanho, formato, br., tipo de superfície, espessura do nácar, classificação do conjunto (se for o caso) e peso. Sin. de *semipérola*. ☐
pérola das antilhas Nome dado à madrepérola de um caracol marinho.
pérola de cisto Sin. de *pérola livre*.
pérola de fogo V. *billitonito*.
pérola de imitação Imitação de pérola produzida com esferas de vidro revestidas de "essência de oriente", material obtido pela mistura de uma cola com guanina (substância cristalina extraída da base das escamas de algumas sardinhas).
pérola dente de cão Pérola-barroca em forma de dente.
pérola do mar vermelho Coral em contas.

pérola do oriente Pérola natural.
pérola dupla Pérola formada pela união de duas pérolas por meio de uma camada de nácar.
pérola fina Pérola natural.
pérola-girassol Imitação de pérola feita com vidro.
pérola-gotinha Pérola esférica, de pequenas dimensões. Cf. *perlita*.
pérola-indestrutível Imitação de pérola feita com contas de vidro maciças revestidas com até 40 camadas de essência de oriente.
pérola-japonesa Pérola aderente trabalhada de modo a ficar com uma base plana na porção por onde se prendia à concha.
pérola keshi Pérola sem núcleo, formada espontaneamente em molusco criado em cativeiro. Há controvérsia se deve ou não ser considerada pérola cultivada.
pérola kobe Nome coml. de uma imitação de pérola.
pérola livre Pérola propriamente dita, a que se formou isolada da concha, tendo podido, assim, adquirir forma esférica. Sin. de *pérola-virgem, pérola de cisto*. Cf. *pérola aderente*.
pérola mabe Pérola cultivada de forma semiesférica, por ser essa a forma do núcleo de madrepérola.
pérola majorca Nome coml. de uma apreciada imitação de pérola, fabricada na Espanha, com contas de vidro revestidas com pó de concha.
pérola-morta Pérola que perdeu o br. pelo contato excessivo com suor ou cosméticos. Essas substâncias podem atingir também o fio dos colares, sendo recomendável a substituição periódica deste.
pérola natural Pérola que, ao contrário da cultivada, se formou sem intervenção humana. Sin. de *pérola do oriente, pérola fina, pérola-oriental*.
pérola-negra 1. Nome coml. das pérolas escuras, produzidas no golfo do México. Podem ser também cinza, azul-escuras, verde-azuladas ou verdes, com intenso br. metálico. A origem da cor é duvidosa, mas parece estar

ligada à natureza da água em que viveu o molusco que a produziu. Dez por cento das pérolas são negras. 2. Nome coml. da hematita vendida na forma de contas esféricas.

pérola-oriental Nome dado à pérola natural (não cultivada).

pérola panamá Pérola geralmente preta, cinzenta ou amarela.

pérola paris Nome coml. de uma imitação de pérola.

pérola-romana Esfera de vidro opalescente cujo interior é revestido de essência de oriente e, posteriormente, preenchido com cera, a fim de imitar pérolas verdadeiras.

perolascópio Aparelho similar ao endoscópio e, como ele, utilizado para identificação de pérolas naturais e cultivadas. A agulha com os espelhos é introduzida na direção vertical, e não horizontal, como no endoscópio.

pérola shell Nome coml. de um substituto de pérola obtido a partir da concha da *Pinctada maxima*, ostra perlífera de lábio branco.

pérola simples Pérola cuja superfície externa mostra uma só das três substâncias que a compõe. Cf. *pérola composta*.

pérola south sea Nome coml. de uma pérola cultivada de grande diâmetro (geralmente acima de 10 mm), proveniente da Austrália, Indonésia e Filipinas.

pérola taiti Pérola cultivada branca, com poucos reflexos coloridos, procedente da Polinésia Francesa.

pérola venezuela Pérola branca ou amarela, bastante transl.

pérola-virgem Sin. de *pérola livre*.

perovskina V. *trifilita*. Não confundir com *perovskita*.

PEROVSKITA Óxido de cálcio e titânio – $CaTiO_3$ –, às vezes com cério e outros metais de TR. Ortor., pseudocúb., amarelo, marrom ou cinzento. Pode ser fracamente radioativo. Encontrado usualmente em r. metamórficas. Mineral-minério de titânio. Homenagem ao conde L. A. *Perovski*. Não confundir com *perovskina*. O grupo da perovskita inclui outros cinco óxidos ortor. ou monocl.: disanalita, latrappita, loparita, lueshita e tausonita.

PERRAULTITA Silicato de fórmula química $KBaNa_2(Mn,Fe)_8(Ti,Nb)_4Si_8.O_{32}(OH,F,H_2O)_7$, monocl., descoberto em uma pedreira de Rouville, Quebec (Canadá).

PERRIERITA-(Ce) Silicato de fórmula química $(Ce,La,Ca,Th)_4(Fe,Mg,Mn)(Ti,Fe)_4Si_4O_{22}$, monocl., do grupo da chevkinita. Tem dur. 5,5 e D. 4,30-4,70. Difere da chevkinita só aos raios X. Descoberto em Netuno, na Itália. Nome derivado talvez do fr. *perrier*, de *pierre* (pedra, rocha). Cf. *perrierita-(La)*.

PERRIERITA-(La) Silicato de fórmula química $(La,Ce,Ca)_4(Fe,Mn,Mg)(Ti,Fe)_4Si_4O_{22}$, monocl., do grupo da chevkinita, descoberto em Oslo (Noruega). Cf. *perrierita-(Ce)*.

PERROUDITA Mineral de fórmula química $Hg_5Ag_4S_5(Cl,Br,I)_4$, ortor., descoberto em uma mina de Var (França). Cf. *capgaronnita*.

PERRYÍTA Mineral de fórmula $(Ni,Fe)_8(Si,P)_3$, trig., encontrado só em meteoritos. Tem 29% Ni, 3% Fe, 12% Si e 5% P.

perspex Resina acrílica – polimetilmetacrilato – transp., geralmente incolor, mas podendo ter qualquer cor, semelhante ao vidro, que se tinge de cor variável para usar como imitação de âmbar e outras gemas naturais, ou como núcleo nas imitações de pérola. Dur. 2,0. D. 1,18. IR 1,500. É atacada por acetona. Sin. de *Diakon* (nome coml.), *resina acrílica*.

perthita Sin. de *pertita*.

pertita Intercrescimento paralelo ou subparalelo de plagioclásio (geralmente sódico) e feldspato alcalino, sendo este o hospedeiro. *Perthita* é forma preferível, mas menos usada. Cf. *antipertita*. De *Perth* (Canadá).

peruvita Sin. de *matildita*. De *Peru*, onde foi descoberta.

PETALITA Silicato de lítio e alumínio – $LiAlSi_4O_{10}$ –, monocl., prismático, incolor, cinzento ou branco, às vezes róseo, muito raramente branco-esverdeado, semelhante ao espodumênio na aparência. Tem br. vítreo. Dur. 6,0-6,5. D. 2,39-2,46. IR 1,504-1,516. Bir. 0,012. B(+). Disp. 0,014. Ocorre em pegmatitos e é produzida na Inglaterra, EUA, Peru e França, principalmente. Também no Zimbábue, Namíbia, Itália, Austrália e Suécia. No Brasil, é produzida só em Minas Gerais. Usada como gema (var. de castorita), em vidros, cerâmica e para obtenção de lítio. Do gr. *petalon* (folha, lâmina), porque se quebra em forma de pétalas.

PETARASITA Clorossilicato hidratado de sódio e zircônio – $Na_5Zr_2Si_6O_{18}(Cl,OH).2H_2O$ –, monocl., do grupo da lovozerita. Descoberto em nefelinassienitos de Quebec (Canadá), onde aparece na forma de grãos irregulares de até 10 mm, amarelo-esverdeados, de br. vítreo, clivagem (110) perfeita a (010) muito boa e frat. subconchoidal. Dur. 5,0-5,5. D. 2,9. Homenagem a *Peter Tarasoff*, mineralogista amador canadense.

PETEDUNNITA Silicato de cálcio e zinco com outros metais – $Ca(Zn,Mn,Fe,Mg)Si_2O_6$ –, monocl., do grupo dos piroxênios, descoberto em New Jersey (EUA).

PETERBAYLISSITA Carbonato básico hidratado de mercúrio – $Hg_3(CO_3)(OH).2H_2O$ –, ortor., descoberto em uma mina de mercúrio de San Benito, Califórnia (EUA).

PETERSENITA-(Ce) Carbonato de sódio e cério com lantânio e neodímio – $Na_4(Ce,La,Nd)_2(CO_3)_5$ –, monocl., descoberto em uma pedreira de Rouville, Quebec (Canadá).

PETERSITA-(Y) Fosfato básico hidratado de ítrio e cobre – $YCu_6(PO_4)_3(OH)_6.3H_2O$ –, hexag., verde-amarelo, do grupo da mixita. Descoberto em Hudson, New Jersey (EUA).

PETITJEANITA Fosfato de bismuto – $Bi_3O(OH)(PO_4)_2$ –, tricl., que forma série isomórfica com a preisingerita e a schumacherita, descoberto em Hesse (Alemanha).

PETROVICITA Seleneto de chumbo, cobre, mercúrio e bismuto – $PbCu_3HgBiSe_5$ –, que forma cristais ortor., tabulares, com alguns décimos de milímetros. Extremamente raro. De *Petrovice*, Morávia (República Checa), onde foi descoberto.

PETROVSKAÍTA Sulfeto de ouro e prata com selênio – $AuAg(S,Se)$ –, monocl., descoberto no Casaquistão.

PETRUKITA Sulfeto de fórmula química $(Cu,Fe,Zn)_3(Sn,In)S_4$, ortor., descoberto em Cassiar, Colúmbia Britânica (Canadá). Cf. *estanita*.

PETSCHECKITA Tântalo-niobato de urânio e ferro – $UFe(Nb,Ta)_2O_8$ –, trig., metamicto, formando cristais de até 4 x 2 cm, pretos com traço marrom-escuro, opacos. Dur. em torno de 5. D. 7, aproximadamente. Descoberto em um pegmatito de Berere (República Malgaxe), onde aparece circundando liandradita. Homenagem ao alemão Eckhard *Petsch*, prospector de minerais em Madagascar.

PETTERDITA Carbonato básico hidratado de chumbo e cromo – $PbCr_2(CO_3)_2(OH)_4.H_2O$ –, ortor., descoberto na Tasmânia (Austrália). Cf. *dundasita*.

PETZITA Telureto de prata e ouro – Ag_3AuTe_2 –, cúb., com 40%-50% Ag e até 25% Au, usado para extração desses metais e de telúrio. Forma massas granulares de D. 8,7-9,0, opacas, cinza ou pretas, com br. metálico, levemente sécteis e frágeis, com clivagem (001), frat. subconchoidal, frequentemente com *tarnish*. Ocorre em veios com outros teluretos, especialmente hessita. Dur. 2,5-3,0. Decompõem-se sob ação do ác. nítrico, dando um resíduo de ouro. O nome é homenagem a W. *Petz*, seu descobridor. Cf. *fischesserita*.

PHAUNOUXITA Arsenato hidratado de cálcio – $Ca_3(AsO_4)_2.11H_2O$ –, tricl., em agulhas de 1,5 mm, incolores, de br. vítreo, frequentemente reunidas em leques. D. 2,3. Desidrata-se lentamente à temperatura ambiente, formando rauenthalita. Descoberto em Sainte-Marie-aux-Mines, Vosges (França). De

Phaunoux, denominação francesa do vale Rauenthal, região em que foi descoberto.

PHILIPSBORNITA Arsenato de chumbo e alumínio – $PbAl_3(AsO_4)_2(OH,H_2O)_6$ –, trig., do grupo da plumbogumita. Forma crostas maciças, compostas de agregados granulares finos, verde-cinzentos, em Dundas (Tasmânia). Tem frat. conchoidal, dur. em torno de 4,5, sem clivagem. D. 4,33. Homenagem a Hellmut von *Philipsborn*, professor de Mineralogia alemão.

PHILIPSBURGITA Arsenato básico hidratado de cobre com zinco – $(Cu,Zn)_6(AsO_4)_2(OH)_6 \cdot H_2O$ –, monocl., descoberto em uma mina de *Philipsburg* (daí seu nome), em Montana (EUA). Cf. *kipushita*.

philipstadita Var. de ferro-hornblenda descoberta em *Philipstad* (Suécia), de onde vem seu nome.

PHILLIPSITA-Ca Aluminossilicato hidratado de cálcio e sódio com potássio – $(Ca_{0,5}Na,K)_9[Al_9Si_{27}O_{72}] \cdot 24H_2O$ –, monocl., pseudo-ortor., do grupo das zeólitas, que forma série isomórfica com o harmotomo. Descoberto em Oahu, Havaí (EUA).

PHILLIPSITA-K Aluminossilicato hidratado de potássio com outros metais – $(K,Ca_{0,5}Na,Mg_{0,5}Sr_{0,5})_9[Al_9Si_{27}O_{72}] \cdot 24H_2O$ –, monocl., pseudo-ortor., do grupo das zeólitas, descoberto em Roma (Itália). Branco ou avermelhado, fibroso, com frat. irregular. Dur. 4,0-4,5. D. 2,2. Br. vítreo, traço branco, transl. a opaco. Muito comum em r. sedimentares e vulcânicas. Homenagem a W. *Phillips*, mineralogista inglês.

PHILLIPSITA-Na Aluminossilicato hidratado de sódio com cálcio e potássio – $(Na,Ca_{0,5},K)_9[Al_9Si_{27}O_{72}] \cdot 24H_2O$ –, monocl., pseudo-ortor., do grupo das zeólitas, descoberto na Sicília (Itália).

picão Instrumento semelhante à picola, porém maior. É uma espécie de escopro com ponta, usada para trabalhar pedras ornamentais.

piçarra (gar.) Camada de material estéril situada logo abaixo do cascalho diamantífero.

piçarra de louça (gar., BA) Piçarra formada por seixos arredondados e polidos.

piçarra de pedra (gar., MG) Piçarra pedregosa.

piçarra de sebo (gar., BA e MG) Piçarra argiloarenosa de cor branca.

piçarra-dura (gar., BA) Base dos depósitos diamantíferos do tipo cascalhão, desenvolvida sobre arenitos. Se tem cor branca e composição argiloarenosa, chama-se piçarra de sebo; se for lisa e polida, é uma piçarra de louça.

piche de âmbar Resíduo preto produzido quando se decompõe o âmbar por aquecimento a 300°C, aproximadamente. Cf. *óleo de âmbar*.

picita Fosfato hidratado de ferro – $(Fe_2O_3)_3(P_2O_5) \cdot 10H_2O$ –, marrom-escuro, com traço amarelo. Do lat. *picis* (piche).

PICKERINGITA Sulfato hidratado de magnésio e alumínio – $MgAl_2(SO_4)_4 \cdot 22H_2O$ –, monocl., que ocorre em massas fibrosas brancas ou fracamente coloridas. Solúvel em água fria. Forma série isomórfica com a halotriquita. Descoberto em Iquique (Chile) e assim chamado em homenagem a Johann *Pickering*. Sin. de *alume de magnésio*.

picnita Var. de topázio em agregados maciços, colunares, encontrados em Erzgebirge (Alemanha). Do gr. *pyknos* (espesso).

picnoclorita Silicato de fórmula química (Fe,Mn,Ca,Mg)O(Al,Fe)$_2O_3SiO_2$, do grupo das cloritas. Verde-cinzento, compacto, bem mais rico em ferro que o clinocloro, ao qual se assemelha. Do gr. *pyknos* (espesso) + *clorita*.

picola Instrumento utilizado para alisar o mármore. Assemelha-se ao picão, sendo, porém, menor e usado depois deste.

picotita 1. Var. de antigorita usada como pedra ornamental. 2. Var. de espinélio com cromo – $(Mg,Fe)(Al,Cr)_2O_4$ –, usada como pedra ornamental. É marrom, esverdeada ou preta. Muitas vezes minerais identificados como picotita

são, na verdade, pleonasto ou magnesiocromita. Homenagem a *Picot* de la Peyrons, naturalista que descreveu a r. em que se descobriu o mineral.
PICOTPAULITA Sulfeto de titânio e ferro – $TiFe_2S_3$ –, ortor., muito raro, descoberto em Rozden (Macedônia).
picroamosita Var. ferrífera de antofilita. Do gr. *pikros* (amargo) + *amosita*.
picrocollita Silicato básico hidratado de magnésio – $MgSi_3O_5(OH)_4 \cdot 2H_2O$.
picrocromita Sin. de *magnesiocromita*. Do gr. *pikros* (amargo) + *cromita*.
PICROFARMACOLITA Arsenato hidratado de cálcio e magnésio – $Ca_4Mg(AsO_3 OH)_2(AsO_4)_2 \cdot 11H_2O$ –, tricl., com duas clivagens perfeitas – (010) e (100) –, que forma pequenas esferas brancas de baixa dur. e D. 2,58. Do gr. *pikros* (amargo) + *farmacolita*, por sua composição e semelhança com a farmacolita. Cf. *irhtemita*.
picroilmenita Óxido de magnésio e titânio com ferro – $(Mg,Fe)TiO_3$ –, quimicamente intermediário entre a geikielita e a ilmenita. Ocorre em seixos angulosos ou arredondados. Do gr. *pikros* (amargo) + *ilmenita*.
picrolita Var. colunar ou fibrosa de antigorita usada como pedra ornamental. Do gr. *pikros* (amargo) + *lithos* (pedra).
PICROMERITA Sulfato hidratado de potássio e magnésio – $K_2Mg(SO_4)_2 \cdot 6H_2O$ –, monocl., branco, que forma crostas cristalinas de dur. 2,5 e D. 2,1, com clivagem (201) perfeita. Usado para obtenção de fertilizantes. Do gr. *pikros* (amargo) + *meros* (parte), pela presença de magnésio. Sin. de *schoenita*. O grupo da picromerita compreende outros cinco sulfatos monocl.: boussingaultita, cianocroíta, konyaíta, mohrita e niquelboussingaultita.
picuá (gar.) Cilindro oco de taquara, osso, chifre ou outro material, fechado com rolha e que serve para guardar diamantes.
PIEMONTITA Silicato básico de cálcio e alumínio com manganês e ferro – $Ca_2(Al,Mn^{3+},Fe)_3Si_3O_{12}(OH)$. Forma belos cristais vermelhos, monocl., mais escuros que os de thulita, em xistos e minérios de manganês. Dur. 6,5. D. 3,4. Tem notável pleocroísmo em lilás e violeta e é usado como gema, mas não muito. De *Piemonte* (Itália).
pierrepontita Nome de uma var. de turmalina rica em ferro. De *Pierrepont* (França).
PIERROTITA Sulfoantimoneto de tálio com arsênio – $Tl_2(Sb,As)_{10}Si_{16}$ –, ortor., dimorfo da parapierrotita. Descoberto em Jas Roux, Hautes-Alpes (França). Não confundir com *pirrotita*.
piezoeletricidade Propriedade que têm alguns cristais, como os de qz. e turmalina, de desenvolverem cargas elétricas nas extremidades quando estão sujeitos a uma pressão. O fenômeno é reversível: sob a ação de uma corrente elétrica, o cristal vibra, com uma frequência bem regular. Essa é a razão do emprego do qz. em relógios. Cf. *piroeletricidade*.
PIGEONITA Silicato de magnésio, ferro e cálcio – $(Mg,Fe,Ca)(Mg,Fe)Si_2O_6$ –, monocl., do grupo dos piroxênios. Quimicamente intermediário entre clinoenstatita e hedenbergita. Ocorre em r. ígneas, básicas. De *Pigeon* Point, Minnesota (EUA), onde foi descoberto.
pilarita Var. de crisocola com até 17% Al_2O_3. Talvez do lat. *pilaris*, de *pilus* (pelo).
pilbarita Mistura de torogumita e kasolita, antes considerada silicato de urânio, tório e chumbo. De *Pilbara* (Austrália).
pilita 1. Pseudomorfo de actinolita sobre olivina. 2. V. *jamesonita*. Talvez do lat. *pilus* (pelo).
PILLAÍTA Mineral de fórmula química $Pb_9Sb_{10}S_{23}ClO_{0,5}$, monocl., descoberto em uma mina da Toscânia (Itália). Cf. *zinkenita*.
pilolita Var. de palygorskita com Mg > Al. Do fr. *pilolite*.
PILSENITA Telureto de bismuto – Bi_4Te_3 –, trig. De *Pilsen* (República Checa), onde foi descoberto. Cf. *wehrlita*.
pimelita Sin. de *alipita*. Do gr. *pimele* (gordura), por seu tato untuoso.

PINALITA Óxido de chumbo e tungstênio – $Pb_3WO_5Cl_2$ –, ortor., descoberto em uma mina de *Pinal* (daí seu nome), Arizona (EUA).

PINAQUIOLITA Borato de magnésio e manganês – $(Mg,Mn^{2+})_2Mn^{3+}BO_3O_2$ –, monocl., preto, tabular, polimorfo da ortopinaquiolita, da fredrikssonita e da takeuchiita. Descoberto em Varmland (Suécia). Do gr. *pinakion* (pequeno tablete) + *lithos* (pedra), por seu hábito.

PINCHITA Oxicloreto de mercúrio – $Hg_5O_4Cl_2$ –, ortor., preto a marrom-escuro com traço marrom-avermelhado, sem clivagem. D. 9,25-9,50. Homenagem a W. W. *Pinch*, colecionador de minerais.

PINGGUÍTA Telurato de bismuto – $Bi_6Te_2O_{13}$ –, ortor., descoberto em *Pinggu* (daí seu nome), perto de Pequim (China). Não confundir com *pinguita*.

pingo-d'água 1. (gar.) Topázio incolor em seixos rolados. 2. (gar., BA) Diamante de alto valor, esférico e sem br.

pingo de azeite (gar., BA) Crisólita.

pingo de sangue (gar., BA) Heliotrópio.

pinguita V. *nontronita*.

pinita Var. de mica compacta, finamente granular, verde, cinzenta ou amarronzada, produzida por alteração de nefelina, escapolita, cordierita, feldspato, espodumênio ou outros minerais. Da localidade de *Pini*, Sumatra (Indonésia).

PINNOÍTA Borato básico de magnésio – $MgB_2O(OH)_6$ –, tetrag., amarelado, que ocorre nas minas *Pinno* (daí seu nome).

PINTADOÍTA Vanadato hidratado de cálcio – $Ca_2V_2O_7.9H_2O$ –, verde, eflorescente. De Canyon *Pintado*, Utah (EUA), onde foi descoberto.

pionado (gar.) Diamante bem cristalizado, em forma de pirâmide.

piotina V. *saponita*. Do fr. *piotine*.

pique Defeito na lapid.

piqué Diamante com inclusões visíveis a olho nu.

piquete (gar., MG) Sin. de *batedeira*.

piralmandita Granada quimicamente intermediária entre o piropo e a almandita (daí seu nome).

piralspita Nome dado às granadas aluminosas de fórmula geral $X_3Al_2(SiO_4)_3$, onde X = Mg, Fe^{2+} ou Mn^{2+}. De *pir*opo + *al*mandina + *sp*essartina + *ita*.

PIRARGIRITA Sulfoantimoneto de prata – Ag_3SbS_3 –, com 59,9% Ag, uma das principais fontes desse metal. Dimorfo da pirostilpnita, mais vermelho e mais escuro que esta. É um mineral vermelho-escuro, cinza ou preto, que forma cristais prismáticos ricos em faces ou crostas maciças. Tem br. adamantino e D. 5,80. Dur. 2,0-2,5. Ocorre em filões formados a baixas temperaturas. Do gr. *pyr* (fogo) + *argyros* (prata), por sua cor vermelha e composição.

pireneíta 1. Silicato de cálcio e alumínio – $Ca_3Al_2(SiO_4)_3$ –, do grupo das granadas. 2. V. *melanita*. De *Pirineus*, cadeia montanhosa existente entre a Espanha e a França.

PIRETITA Selenato básico hidratado de cálcio e uranila – $Ca(UO_2)_3(SeO_3)(OH)_4.4H_2O$ –, ortor., descoberto na jazida de urânio de Shinkolobwe, Shaba (R. D. do Congo).

piridina V. *prasiolita*.

PIRITA Sulfeto de ferro – FeS_2 –, contendo, muitas vezes, ouro. Cúb., dimorfo da marcassita. Forma série isomórfica com a cattierita. Ocorre geralmente na forma de cubos, também octaedros, piritoedros e grãos ou massas irregulares. Os cubos costumam ter as faces estriadas, sendo as estrias de cada uma delas perpendiculares às das faces adjacentes. São frequentes as maclas de penetração. Amarelo-claro, opaco, com traço preto e br. metálico intenso. É quebradiço e não tem clivagens. Dur. 6,0-6,5. D. 4,90-5,20. É termoelétrico e mau condutor de eletricidade. O mais comum dos sulfetos, sendo encontrado em todos os principais tipos de r., bem como em meteoritos e fósseis. Muito usado como gema, mais do que a marcassita, e vendido, muitas vezes, sob este nome. Para fins gemológicos, tanto pode ser lapidado como usado no estado bruto. É mais importante

na fabricação de ác. sulfúrico e na obtenção de enxofre, tálio, ouro e, às vezes, ferro, do que como gema. É uma substância gemológica barata e sem imitações. Os principais produtores de pirita (e de marcassita) são França, Itália (Sicília) e Alemanha. No Brasil, há boas ocorrências em Minas Gerais e Mato Grosso. O maior centro de lapid. é Turnov (República Checa). Do gr. *pyr* (fogo), por seu intenso br. ou, talvez, por emitir fagulhas quando golpeada com aço. Sin. de [1]*pirita de ferro*. O grupo da pirita compreende 17 minerais cúb. de fórmula geral AX_2, onde A = Au, Co, Cu, Fe, Mn, Ni, Os, Pd, Pt ou Ru; X = As, S, Sb, Se ou Te. ☐
pirita-branca V. *marcassita*.
pirita-celular V. *marcassita*.
pirita de cobre V. *calcopirita*.
pirita de estanho V. *estanita*.
pirita de ferro 1. V. *pirita*. 2. V. *marcassita*.
pirita-especular V. *marcassita*.
pirita-hepática 1. V. *marcassita*. 2. Nome de uma var. de pirita.
pirita-lamelar V. *marcassita*.
pirita-magnética V. *pirrotita*.
pirita-rômbica V. *marcassita*.
piritoedro Cristal formado por 12 faces pentagonais não regulares, como aqueles vistos muitas vezes na pirita (daí seu nome). Cf. *dodecaedro*.
PIROAURITA Carbonato básico hidratado de magnésio e ferro – $Mg_6Fe_2(CO_3)(OH)_{16} \cdot 4H_2O$ –, podendo conter até 5% MnO. Trig., dimorfo da sjoegrenita. Forma lamínulas douradas ou verdes. Do gr. *pyr* (fogo) + lat. *aurum* (ouro), por adquirir cor dourada quando aquecido a temperaturas não muito altas.
PIROBELONITA Vanadato básico de chumbo e manganês – $PbMnVO_4(OH)$ –, acicular, vermelho. Descoberto em Varmland (Suécia). Do gr. *pyr* (fogo) + *beloni* (agulha), por sua cor e hábito.
pirobólio Termo genérico para designar *piroxênios* e *anfibólios*.
PIROCLORO Niobato de cálcio com sódio – $(Ca,Na)_2Nb_2O_6F$ –, cúb., que forma série isomórfica com a microlita. Ocorre na forma de cubos ou octaedros, às vezes com faces curvas, medindo até 2 cm. Amarelo-claro, avermelhado, preto ou marrom, com traço branco-amarelado ou amarelo-avermelhado. Semitransp. ou transl., com br. de piche. Dur. 5,0-5,5. D. 4,20-5,70. IR extremamente alto: 2,130-2,270. Nas var. metamictas, cai para 1,960. Bir. 0,140. Às vezes, é muito radioativo. Praticamente sem clivagem. Ocorre em r. alcalinas, pegmatitos graníticos e carbonatitos. É fonte de nióbio (73,05% Nb_2O_5), tântalo e urânio. Raramente usado como gema. Do gr. *pyr* (fogo) + *kloros* (esverdeado), por se tornar verde quando aquecido. Sin. de *calcamprita*, [2]*ellsworthita*, *endeiolita*, [1]*hatchettolita*, *pirrita*, *koppita*, [2]*ripidolita*, *fluorclorita*, *hidrocloro*, *columbomicrolita*. Cf. *azorpirrita*. O grupo do pirocloro compreende 21 óxidos complexos do sistema cúb., de fórmula geral $A_{1-2}B_2O_6(O,OH,F) \cdot nH_2O$, onde A = Ba, Bi, Ca, Ce, Cs, K, Na, Pb, Sb, Sn, Sr, Th, U, Y ou Zr, e B = Fe, Nb, Sn, Ta ou Ti. Dividem-se em três subgrupos: o do pirocloro, com Nb > Ta e Nb + Ta > 2Ti; o da microlita, com Ta ≥ Nb e Ta + Nb > 2Ti; e o da betafita, com 2Ti ≥ Nb + Ta.
piroconita Sin. de *pacnolita*. Do gr. *pyr* (fogo) + *konis* (pó), porque se pulveriza quando aquecida.
PIROCROÍTA Hidróxido de manganês – $Mn(OH)_2$ –, trig., muito parecido com a brucita na aparência. Presente no "wad" e nos nódulos oceânicos. Descoberto em Philipstad (Suécia). Do gr. *pyr* (fogo) + *khroa* (cor), porque muda de cor quando aquecido. Cf. *backstroemita*.
piroeletricidade Propriedade que têm alguns cristais, como os de turmalina e qz., de desenvolverem cargas elétricas de sinais contrários nas extremidades, quando submetidos a certas mudanças de temperatura. Do gr. *pyr* (fogo) + *eletricidade*. Cf. *piezoeletricidade*.
piroesmeralda Var. de fluorita verde.

pirofânio 1. Sin. de *opala de fogo*. **2.** Var. de opala que, pela absorção artificial de cera derretida, torna-se transl. quando aquecida, e opaca novamente quando resfriada. Do gr. *pyr* (fogo) + *phanos* (brilhante). Não confundir com *pirofanita*.

PIROFANITA Óxido de titânio e manganês – $MnTiO_3$ –, trig., que forma série isomórfica com a ilmenita. Tem cor vermelho-sangue. Descoberto em Langban, Varmland (Suécia). Do gr. *pyr* (fogo) + *phanein* (aparecer), por sua cor. Não confundir com *pirofânio*.

PIROFILITA Silicato básico de alumínio – $Al_2Si_4O_{10}(OH)_2$ –, equivalente aluminoso do talco. A pirofilita é branca, esverdeada, cinza ou marrom; cristaliza nos sistemas monocl. e tricl. e ocorre sempre foliada ou em massas compactas. As folhas são flexíveis e mostram clivagem micácea. Transl. a opaca, com br. nacarado ou graxo. Dur. 1,0-2,0. D. 2,80-2,90. IR 1,580. É usada como pedra ornamental, em cerâmica, inseticidas, papel, material refratário e isolantes elétricos. Principal constituinte do agalmatolito. É produzida principalmente na Rússia, EUA, Brasil e África do Sul. Do gr. *pyr* (fogo) + *phyllon* (folha), porque se esfolia quando aquecida. Sin. (obsol.): [3]*bravaisita*.

pirofitolita Var. de topázio laminar. Do gr. *pyr* (fogo) + *phytón* (vegetal) + *lithos* (pedra).

pirofosforita Sin. de *whitlockita*. Do gr. *pyr* (fogo) + *fosforita*.

PIROLUSITA 1. Óxido de manganês – MnO_2 –, com 63% Mn, tetrag., trimorfo da ramsdellita e da akhtenskita. Pertence ao grupo do rutilo e é frequentemente pseudomorfo sobre manganita. Tetrag., geralmente colunar, também granular, maciço ou em capas reniformes. Supergênico, podendo ocorrer também em filões. Dur. 2,0-2,5. D. 4,73-4,86. Preto a cinza-escuro com traço preto ou preto-azulado, br. metálico, opaco. Suja os dedos quando manuseado. É o mais importante mineral-minério de manganês, sendo usado em baterias elétricas, vidros, fotografias, preparados químicos; como oxidante, na fabricação de cloro, bromo e oxigênio; como desinfetante, secante em tintas, pilhas e para extração do manganês. **2.** Designação genérica para os óxidos de manganês pretos que formam massas fibrosas e para os produtos de alteração de outros minerais de manganês, quando na forma de pós pretos. Do gr. *pyr* (fogo) + *luzios* (lavar), porque elimina do vidro as cores marrom e verde do ferro. ☐

piromelano V. *brookita*. Do gr. *pyr* (fogo) + *melanos* (preto).

piromelina Sin. de *morenosita*. Do gr. *pyr* (fogo) + *melinos* (amarelo), por se tornar amarelado quando aquecido.

PIROMORFITA Clorofosfato de chumbo – $Pb_5(PO_4)_3Cl$ –, hexag., do grupo da apatita. Pode ter arsênio e cálcio. Amarelo, marrom, verde, cinza ou branco. Forma prismas curtos, de br. resinoso. Dur. 3,5-4,0. D. 6,50-7,10. Clivagem prismática, transl. Ocorre na zona de oxidação de minérios de chumbo, sendo fonte desse metal (81,2% PbO). Do gr. *pyr* (fogo) + *morphe* (forma), pela forma cristalina que adquire ao se resfriar, após fusão. Cf. *mimetita*, *vanadinita*.

PIROPO Silicato de magnésio e alumínio – $Mg_3Al_2(SiO_4)_3$ –, do grupo das granadas. Cúb., forma séries isomórficas com a almandina e a knorringita. Ocorre geralmente em grãos irregulares, raramente com mais de 7 mm. É vermelho-sangue a vermelho--amarronzado-escuro, cor esta devida ao ferro ou ao cromo. Transp. a semitransp., com traço branco e br. vítreo a resinoso. Dur. 7,0. D. 3,78. IR 1,740-1,756, podendo ficar em 1,720. Disp. 0,023. Costuma apresentar como inclusões grãos arredondados e cavidades com líquidos. Ocorre em r. como peridotitos e serpentinitos. Piropo cromífero lapidado vale US$ 5 a US$ 100/ct para gemas de 0,25 ct a 3 ct. É usado também como abrasivo. Os principais produtores de piropo são República Checa e África do Sul, seguindo-se Sri Lanka. É frequentemente confundido com o rubi. Do gr. *pyropos* (semelhante ao fogo), por sua cor. Sin. de *granada--nobre*, [1]*rubi-americano, rubi do cabo, rubi-sul-africano, tumbaga.*

pirortita V. *ortita*.

pirosmalita Silicato de ferro com manganês – $(Fe,Mn)_8Si_6O_{15}(OH,Cl)_{10}$ –, incolor, marrom-claro, cinza ou verde--cinzento. Do gr. *pyr* (fogo) + *osme* (cheiro) + *lithos* (pedra).

pirosmaragda V. *fluorita*. Do gr. *pyr* (fogo) + persa *smaragad* (esmeralda), porque exibe fluorescência em verde, quando aquecida.

pirostibita Sin. de *quermesita*. Do gr. *pyr* (fogo) + lat. *stibium* (antimônio), por sua cor e composição.

PIROSTILPNITA Sulfoantimoneto de prata – Ag_3SbS_3 –, vermelho, monocl., dimorfo da pirargirita. Descoberto em Harz (Alemanha). Do gr. *pyr* (fogo) + *stilpnos* (brilhante). Raro.

piroxênio Designação comum aos membros de um importante grupo de 22 silicatos de fórmula geral ABZ_2O_6, onde A = Ca, Li, Na, Zn, Mg ou Fe^{2+}; B = Mg, Fe, Cr, Mn ou Al; e Z = Al ou Si. Quimicamente semelhantes aos anfibólios, porém mais simples e sem (OH). Ortor. ou monocl., em prismas curtos, geralmente brancos, pretos ou verde-escuros, com duas boas clivagens subortog. que permitem diferenciá--los dos anfibólios. São importantes constituintes das r. ígneas. Algumas espécies e variedades, como a enstatita, a jadeíta, o espodumênio e o hiperstênio, têm valor gemológico. Do gr. *pyr* (fogo) + *xenos* (estranho), porque se pensava ocorrerem em r. ígneas só excepcionalmente.

PIROXFERROÍTA Silicato de cálcio e ferro com manganês – $(Ca,Fe)(Fe,Mn)_6(Si_7O)_{21}$ –, tricl., que forma série isomórfica com a piroxmanguita. Descoberto em amostras coletadas pela tripulação da Apollo 11 no mar da Tranquilidade, na Lua. De *piroxênio + ferro + ita*.

PIROXMANGUITA Silicato de manganês com ferro – $Mn(Mn,Fe)_6(Si_7O)_{21}$ –, tricl., que forma série isomórfica com a pirox-ferroíta. Tem cor vermelha ou marrom. De *piroxenoide + manganês + ita*. Sin. de *sobralita, ferrorrodonita*.

PIRQUITASITA Sulfeto de prata, zinco e estanho – Ag_2ZnSnS_4 –, tetrag., do grupo da estanita. Forma uma série com a hocartita. Descoberto em *Pirquitas* (daí seu nome), jazida de Rinconada, Jujuy (Argentina).

pirrita Mineral do grupo do pirocloro cuja exata composição é desconhecida. Do gr. *pyrrhos* (avermelhado). Nome a abandonar.

pirrossiderita V. *lepidocrocita*. Do gr. *pyrrhos* (avermelhado) + *sideros* (ferro), por sua cor e composição.

pirrotina V. *pirrotita*.

PIRROTITA Sulfeto de ferro – $Fe_{1-x}S$, onde x = 0,1 a 0,2. Contém até 5% Ni. Monocl. e hexag., geralmente maciço, podendo formar cristais tabulares. Tem maclas, raras, segundo (1011). Cor de bronze, traço preto a cinzento. É opaca, de br. metálico, sem clivagem e com frat. conchoidal. Quase sempre magnética. Boa condutora de eletricidade. Dur. 4,0. D. 4,60-4,70. Ocorre em r. ígneas básicas e em metamórficas de contato. É fonte de níquel, às vezes de cobalto, sendo usada também para fabricação de ác. sulfúrico e como gema, em substituição à pirita. Do gr. *pyrrotes* (avermelhado). Sin. de *dipirita, dipirrotina, pirita-magnética, pirrotina*. Não confundir com *pierrotita*.

PIRSSONITA Carbonato hidratado de sódio e cálcio – $Na_2Ca(CO_3)_2 \cdot 2H_2O$ –, em cristais prismáticos ortor., brancos e incolores. Descoberto em San Bernardino, Califórnia (EUA), e assim chamado em homenagem ao petrógrafo e mineralogista Louis V. *Pirsson*.

piruruca (gar.) Sin. de *canjica*.

pisanita Var. cuprífera de melanterita – $(Fe,Cu)SO_4.7H_2O$ –, azul. Homenagem a Felix *Pisani*, químico francês.

pisekita Titanoniobato de urânio e TR, marrom-amarelado a preto, muito friável, que forma agregados com estrutura radial. Fortemente radioativo e metamicto. Ocorre em pegmatitos. De *Pisek* (República Checa), onde foi descoberto.

pistacita Sin. de ^{1}*epídoto*, especialmente o de cor verde-pistácia.

pistomesita Carbonato de magnésio e ferro – $MgFe(CO_3)_2$ –, branco-amarelado, cinza ou marrom, com traço branco. Ao maçarico, fica magnético. Do fr. *pistomésite*.

PITICITA Arsenato e sulfato hidratado de ferro, amorfo, em massas reniformes marrons, amareladas ou avermelhadas. A composição é muito variável. Do gr. *pitta* (piche), pelo al. *pitizit*. Sin. de *pitizita*.

PITIGLIANOÍTA Mineral de fórmula química $K_2Na_6Si_6Al_6O_{24}(SO_4).2H_2O$, hexag., descoberto perto de *Pitigliano* (daí seu nome), na Toscânia (Itália). Cf. *microssommita*.

pitizita V. *piticita*.

pittinita V. *gumita*.

PIYPITA Mineral de fórmula química $K_4Cu_4(SO_4)_4O_2(Na,Cu)Cl$, tetrag., descoberto em um vulcão da península de Kamchatka (Rússia), onde aparece em cristais aciculares ou colunares longos, reunidos em agregados com aspecto de musgo, frequentemente ocos, de cor verde-esmeralda a verde-escura, traço verde-amarelado, clivagem perfeita, br. vítreo. Dur. 2,5. D. 3,0-3,1. Decompõe-se em água e é facilmente solúvel em ác. diluídos. Homenagem ao vulcanólogo soviético B. I. *Piyp*.

placa de dureza Pequena placa de um mineral pertencente à escala de Mohs que se usa para determinar a dur. dos demais minerais. Cf. *lápis de dureza*.

placer Depósito sedimentar superficial formado por concentração mecânica de partículas minerais provenientes da desagregação de r. alteradas, transportadas através de rios, principalmente, e onde se podem concentrar quantidades economicamente aproveitáveis de minerais como ouro, platina, cassiterita, diamante, rubi, espinélio, esmeralda, granada, opala, qz., espodumênio, jaspe, jade, olivina e vários outros.

plagioclásio Designação comum aos membros de uma série isomórfica existente entre a albita e a anortita. Constituem um subgrupo dentro do grupo dos feldspatos, caracterizado pela fórmula geral $(Na,Ca)Al(Si,Al)Si_2O_8$. Os membros intermediários da série são oligoclásio, andesina, labradonita e bytownita. A albita, a labradorita e o oligoclásio têm, às vezes, valor gemológico. Do gr. *plagios* (oblíquo) + *klasis* (fratura), porque, ao contrário dos demais feldspatos, têm ângulo diferente de 90° entre as clivagens.

PLAGIONITA Sulfoantimoneto de chumbo – $Pb_5Sb_8S_{17}$ –, monocl., br. metálico, cinza-chumbo. Descoberto em Wolfsberg (Alemanha). Do gr. *plagios* (oblíquo), pela forma de seus cristais. Sin. de *rosenita*.

PLANCHEÍTA Silicato básico hidratado de cobre – $Cu_8Si_8O_{22}(OH)_4.H_2O$ –, ortor., azul, descoberto em Mindouli (R. D. do Congo). Nome derivado de *Planche*. Cf. *shattuckita*.

PLANERITA Fosfato básico hidratado de alumínio – [ ]$Al_6(PO_4)_2(PO_3OH)_2(OH)_8.4H_2O$ –, tricl., do grupo da turquesa, descoberto em uma mina de cobre dos Urais (Rússia). Não confundir com *plattnerita*.

planoferrita Sulfato hidratado de ferro – $Fe_2O_3SO_3.15H_2O$ –, em cristais tabulares. Do lat. *planus* (plano) + *ferrita*, por seu hábito e composição.

plaquê Peça de adorno pessoal com revestimento de ouro de cinco micrômetros de espessura. Cf. *semijoia*.

plasma Var. de calcedônia granular ou fibrosa, de cor verde (resultante, provavelmente, da presença de cloritas

disseminadas), transl. a semitransl. Pode mostrar pontos amarelos ou brancos, às vezes vermelhos ou amarronzados (heliotrópio). Assim chamada porque era usada, antigamente, com fins medicinais. Cf. *prásio*.
plástico Designação comum a um grande número de substâncias artificiais, como celuloide, erinoid, rhodoid e baquelite. Alguns plásticos, como os citados, podem ser usados para imitar âmbar, azeviche, hematita e outras substâncias gemológicas.
PLATARSITA Sulfoarseneto de platina com ródio e rutênio – $(Pt,Rh,Ru)AsS$ –, cúb., descoberto em uma antiga mina do Transvaal (África do Sul). Tem 29% Pt, 11,6% Rh, 4,8% Ir e 0,34% Os. Forma grãos anédricos de até 1,1 mm, cinza, com D. 8,0. Pertence ao grupo da cobaltita. Nome derivado da composição (*plat*ina + *ar*seneto + *S* + *ita*).
PLATINA V. *Anexo*.
platinirídio Liga cúb. de platina e irídio, na qual este representa 50% a 80% do total, usada para obtenção de ambos os metais. Contém também pequenas quantidades de ródio, ferro, cobre e paládio. Forma grãos angulosos ou arredondados, prateados, de br. metálico, exibindo maclas polissintéticas segundo (111), clivagem (001) regular, sendo opaca e algo maleável. Dur. 6-7. D. 22,6-22,8. É uma var. de Ir muito rara, encontrada em placeres.
platinita Sulfosseleneto de chumbo e bismuto – $PbBi_2(Se,S)_3$ –, preto, em lâminas de br. metálico, parecendo grafita.
PLATTNERITA Óxido de chumbo – PbO_2 –, tetrag., preto, dimorfo da scrutinyíta. Descoberto em Leadhills, Lanarkshire (Escócia), e assim chamado em homenagem ao professor K. F. Plattner. Não confundir com *planerita*.
PLAYFAIRITA Sulfoantimoneto de chumbo – $Pb_{16}Sb_{18}S_{43}$ –, monocl., descoberto em Hastings, Ontário (Canadá).
plazolita Sin. de *hibschita*.
plenargirita V. *matildita*. Assim chamada por conter menos prata que a miargirita.
pleocroico Diz-se do mineral que exibe pleocroísmo.
pleocroísmo Propriedade que têm os minerais anisótropos de absorverem a luz com intensidade variável, de acordo com a direção cristalográfica, o que se traduz em diferentes cores ou tons, conforme a direção em que é visto o cristal. Observando-se a gema ao *dicroscópio* (v.), veem-se duas cores ou tons simultaneamente; observando-a com um polaroide comum ou girando-a entre os dois polaroides do polariscópio quando estão paralelos (iluminação máxima), veem-se as mesmas cores, mas uma de cada vez. Em algumas gemas, como turmalina, coríndon, kunzita e cordierita, pode-se observar o pleocroísmo a olho nu. Do gr. *pléos* (cheio) + *kroa* (cor).
pleonasto Óxido de magnésio, ferro e alumínio – $(Mg,Fe)OAl_2O_3$ –, do grupo dos espinélios. Geralmente preto, opaco. Usado como gema. Do gr. *pleonastos* (abundante), por cristalizar em outras formas além do tetraedro. Sin. de *ceilonita, zeilanita*.
plessita Intercrescimento de camacita e thalenita encontrado em siderólitos, formando áreas triangulares ou poligonais. Do gr. *plethein* (encher). Pletita seria forma mais correta.
plintita Material formado por concentração, no solo, de ferro e/ou alumínio, em decorrência de oscilações do nível freático. Tem aspecto mosqueado e se desfaz quando exposto ao sol. Não é uma espécie mineral.
PLOMBIERITA Silicato básico hidratado de cálcio – $Ca_5Si_6O_{16}(OH)_2 \cdot 7H_2O$ –, ortor., descoberto em *Plombières* (daí seu nome), Vosges (França). Cf. *tobermorita, clinotobermorita*.
plumalsita Silicato de chumbo e alumínio – $Pb_4Al_2(SiO_3)_7$. De *plumb*um (chumbo) + *al*umínio + *s*ilicato + *ita*.
plumbagina V. *grafita*. Do lat. *plumbagine* (mina de chumbo).

PLUMBOBETAFITA Óxido de chumbo e titânio com nióbio – $Pb_2(Ti,Nb)_2O_6$ (OH) –, cúb., do grupo do pirocloro. É metamicto, formando grãos arredondados de até 2-3 mm, raramente cristais octaédricos com faces curvas. Amarelado, às vezes com núcleos preto-amarronzados, de br. adamantino e frat. irregular.
plumbobinnita V. *dufrenoysita*. Do lat. *plumbum* (chumbo) + *binnita*.
plumbocalcita Var. de calcita em que o chumbo substitui parcialmente o cálcio – $(Ca,Pb)CO_3$. Do lat. *plumbum* (chumbo) + *calcita*.
PLUMBOFERRITA Óxido de chumbo, manganês e ferro com magnésio – $Pb_2(Mn,Mg)_{0,33}Fe_{10,67}O_{18,33}$ –, hexag., escuro. Dur. 5,0. Muito raro. Do lat. *plumbum* (chumbo) + *ferrum* (ferro).
PLUMBOGUMITA Fosfato básico hidratado de chumbo e alumínio – $PbAl_3(PO_4)_2(OH,H_2O)_6$ –, coloforme ou estalactítico, de cor variável, transl., frat. conchoidal ou irregular, br. graxo. Dur. 4,0-5,0. D. 4,50. Do lat. *plumbum* (chumbo) + *gumi* (goma). Sin. de *schadeíta, hitchcockita*.
PLUMBOJAROSITA Sulfato básico de chumbo e ferro – $PbFe_6(SO_4)_4(OH)_{12}$ –, trig., do grupo da jarosita. Descoberto em Luna, Novo México (EUA). Do lat. *plumbum* (chumbo) + *jarosita*, por sua composição. Sin. de *vegasita*.
plumbomalaquita Carbonato básico de cobre e chumbo – $Cu_3Pb(CO_3)_3(OH)_2$. Do lat. *plumbum* (chumbo) + *malaquita*.
PLUMBOMICROLITA Óxido de chumbo e tântalo – $PbTa_2O_6$ –, cúb., do grupo do pirocloro. Tem 50,4% Ta_2O_5 e 11,1% Nb_2O_5. Descoberto em Kivu, província da R. D. do Congo.
plumbonacrita Carbonato básico de chumbo, talvez $Pb_{10}(CO_3)_6(OH)_6O$.
plumboniobita Óxido complexo de nióbio, ítrio, urânio, chumbo, ferro e metais de TR, com 8% PbO, marrom-escuro a preto. Talvez seja var. plumbífera de samarskita. Do lat. *plumbum* (chumbo) + *niobita*.

PLUMBOPALADINITA Liga de paládio e chumbo – Pd_3Pb_2 –, hexag., com 43,2% Pd e até 2,2% Ag. Forma grãos muito pequenos ou agregados de 0,05 a 0,15 mm, podendo chegar a 0,7 mm, de cor branca. Dur. em torno de 5. Descoberto em vênulos de cubanita contidos em talnakhita e outros minerais no depósito de Talnakh, Sibéria (Rússia).
PLUMBOPIROCLORO Óxido de chumbo e nióbio – $PbNb_2O_6$ –, cúb., do grupo do pirocloro, muito semelhante a este. Descoberto nos Urais (Rússia). Do lat. *plumbum* (chumbo) + *pirocloro*.
plumbossinadelfita Var. de sinadelfita com chumbo. Do lat. *plumbum* (chumbo) + *sinadelfita*.
plumbosvanbergita Var. de svanbergita com 3,82% PbO. Do lat. *plumbum* (chumbo) + *svanbergita*.
PLUMBOTELURITA Óxido de chumbo e telúrio – α-$PbTeO_3$ –, monocl., dimorfo da fairbankita. Ocorre em pseudomorfose sobre altaíta no Casaquistão. Cinza, cinza-amarelo ou marrom, com traço cinza-amarelado, sem clivagens visíveis. D. 7,2.
PLUMBOTSUMEBITA Silicato básico de chumbo – $Pb_5Si_4O_8(OH)_{10}$ –, ortor., que forma grãos esqueléticos irregulares ou cristais tabulares, comumente maclados. Incolor, com clivagem basal perfeita, D. 5,6 e dur. em torno de 2,0, pouco solúvel em HNO_3 quente.
plumosita 1. Sin. de *boulangerita* (Dana, 1970). 2. Sulfeto de antimônio (AGI). 3. V. *jamesonita* (Thrush, 1968). Do fr. *plumosite*, por seu aspecto plumoso.
pó de diamante Diamantes finamente pulverizados e fragmentados para uso em lapid. e polimento.
poder refletor Capacidade que tem uma substância de refletir a luz que nela incide perpendicularmente. É calculado pela fórmula de Fresnel: $R = (n-1)^2 : (n+1)^2 \times 100$, onde n é o índice de refração.
podolita Fosfato-carbonato de cálcio encontrado como pequenos prismas e esferas amarelos de D. 3,1. Talvez se

trate de carbonato-hidroxilapatita. De *Podolia* (Ucrânia).
poechita Silicato de ferro e manganês – $H_{16}Fe_8Mn_2Si_3O_{29}$ –, coloidal, marrom-avermelhado ou preto.
poiquilítico Diz-se do mineral que mostra manchas irregulares causadas por inclusões de outro mineral. Do gr. *poikílos* (de cores variadas).
POITEVINITA Sulfato hidratado de cobre com ferro – $(Cu,Fe)SO_4.H_2O$ –, tricl., de cor rosa-salmão. É encontrado no rio Bonaparte, em Lillooet, Colúmbia Britânica (Canadá). O nome homenageia E. *Poitevin*, mineralogista canadense.
POKROVSKITA Carbonato básico hidratado de magnésio – $Mg_2(CO_3)(OH)_2.0,5H_2O$ –, monocl., descoberto no Casaquistão, onde aparece como prismas ou agulhas reunidos em agregados esferulíticos brancos, foscos, com traço branco, dur. em torno de 3 e D. 2,5. É insolúvel em água, mas solúvel em HCl diluído. Quando aquecido, fica marrom. Homenagem ao mineralogista Pavel U. *Pokrovskii*.
polariscópio Instrumento formado por dois polaroides superpostos: o polarizador (em baixo, sobre uma fonte luminosa) e o analisador (em cima). Uma gema colocada entre esses polaroides e observada em diferentes posições, caso eles estejam cruzados, poderá ficar sempre escura, evidenciando tratar-se de uma substância opticamente isótropa; poderá ficar escura e iluminada, alternadamente, mostrando ser opticamente anisótropa; ou permanecer em penumbra constante, se for uma substância criptocristalina ou um *doublet*. Se os polaroides estiverem orientados paralelamente, a substância ficará sempre iluminada, podendo mostrar diferentes cores ou tons, quando movimentada, denotando a existência de *pleocroísmo* (v.). Se, além de cruzar-se os polaroides, acoplar-se ao aparelho uma lente convergente, poderão ser observadas figuras de interferência.
polariscópio gemológico Sin. de *polariscópio Shipley*.
polariscópio Shipley Polariscópio para uso gemológico no qual a gema é manuseada em um compartimento fechado, que permite a observação em diferentes posições. Sin. de *polariscópio gemológico*.
POLARITA Bismuteto de paládio e chumbo – Pd_2PbBi –, ortor., dimorfo da sobolevskita (?), descoberto em Talnakh (Rússia), nos montes *Polar* (daí seu nome). É branco-amarelado em seção polida, formando grãos de até 0,3 mm, intercrescidos com outros minerais.
polarizador Qualquer dispositivo capaz de polarizar a luz, isto é, de fazê-la vibrar em um só plano Cf. *analisador, polaroide*.
polaroide Nome coml. de um polarizador que consiste em uma folha de celulose impregnada com cristais ultramicroscópicos de iodossulfato de quinina, com eixos ópticos paralelos.
POLDERVAARTITA Silicato básico de cálcio e manganês – $Ca(Ca_{0,5}Mn_{0,5})(SiO_3OH)(OH)$ –, ortor., descoberto em uma mina da província do Cabo (África do Sul).
POLHEMUSITA Sulfeto de zinco com mercúrio – $(Zn,Hg)S$ –, tetrag., descoberto em minerais de antimônio de Big

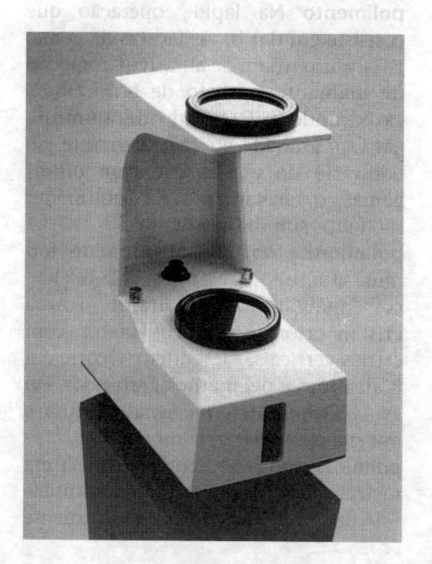

Creek, Idaho (EUA), onde é encontrado na forma de prismas, bipirâmides e grãos irregulares com cor preta, br. resinoso a adamantino. Homenagem a Clyde Polhemus Ross, geólogo norte-americano.
POLIALITA Sulfato hidratado de potássio, cálcio e magnésio – $K_2Ca_2Mg(SO_4)_4 \cdot 2H_2O$ –, tricl., frequentemente em massas fibrosas, vermelhas pela presença de ferro. Tem br. resinoso. Dur. 3,5. D. 2,80. É amargo e solúvel em água fria. Usado como fertilizante. Do gr. *polys* (muito) + *hals* (sal), por sua composição. Não confundir com *polianita*.
polianita Var. cristalina de pirolusita. Tetrag., cinza-aço, br. metálico, traço preto. Dur. 6,0-6,5 (a pirolusita tem dur. inferior a 2,0). Clivagem prismática. Tem 63,1% Mn. Do gr. *polianesthai* (tornar-se cinzento), por sua cor. ☐
poliargirita Sulfoantimoneto de prata – $Ag_{24}Sb_2S_{15}$ (?) –, cinza a preto, br. metálico, opaco, clivagem cúb. Talvez mistura de argentita e tetraedrita. Do gr. *polys* (muito) + *argirita* (argentita).
POLIBASITA Sulfoantimoneto de prata com cobre – $(Ag,Cu)_{16}Sb_2S_{11}$ –, com 75,6% Ag, usado para extração desse metal. É um mineral monocl. que forma série isomórfica com a pearceíta. Preto ou cinza-aço, de br. metálico, maciço ou em cristais monocl. (pseudo-hexag.) com base geralmente triangular. Dur. 2,0-3,0. D. 6,00-6,20. Clivagem basal perfeita. Do gr. *polys* (muito) + *basis* (base).
POLICRÁSIO-(Y) Óxido complexo de fórmula $(Y,Ca,Ce,U,Th)(Ti,Nb,Ta)_2O_6$, ortor., em massas irregulares ou cristais alongados verticalmente, de cor preta ou marrom, raramente verde. É metamicto e tem br. de piche. Dur. 5,0-6,0. D. 4,80-5,40. É encontrado em pegmatitos graníticos. Raramente usado como gema. Do gr. *polys* (muito) + *krasis* (mistura), por ter composição complexa. Sin. de [3]*blomstrandita*. Cf. *euxenita*.
POLIDIMITA Sulfeto de níquel – Ni_3S_4 –, com 59,4% Ni. Forma uma série com a linneíta. Muitas vezes material descrito como polidimita é violarita. É mineral-minério de níquel. Do gr. *polys* (muito) + *didimos* (gêmeos), pela frequência das formas macladas.
polido fino Mármore polido com carborundo n. 600. Cf. *polido grosso*, *polido médio*.
polido grosso Mármore polido com carborundo n. 120. Cf. *polido fino*, *polido médio*.
polido médio Mármore polido com carborundo n. 220. Cf. *polido fino*, *polido grosso*.
polidor Pessoa encarregada do polimento de gemas.
polidor de diamantes Nome dado ao lapidador de diamantes. Cf. [1]*lapidário*.
POLIFITA Mineral de fórmula química $Na_{17}Ca_3Mg(Ti,Mn)_4(Si_2O_7)_2(PO_4)_6O_3F_5$, tricl., do grupo da epistolita, descoberto na península de Kola (Rússia).
poligrama Jaspe vermelho com traços brancos. Do gr. *polys* (muito) + *gramma* (traço).
POLILITIONITA Aluminossilicato de potássio e lítio – $KLi_2AlSi_4O_{10}F_2$ –, monocl., do grupo das micas litiníferas. Branco, rosa ou creme. Descoberto em Ilimaussaq, na Groenlândia (Dinamarca). Sin. de *irvingita*.
polimento Na lapid., operação que consiste em dar br. às facetas da gema. Para tanto, usam-se abrasivos como pó de diamante, carbeto de boro (B_4C), carborundo (SiC), óxido de alumínio (Al_2O_3), granada etc. No diamante, ao contrário do que ocorre com outras gemas, o facetamento e o polimento são feitos simultaneamente.
polimignita Var. de zirkelita de fórmula $(Ca,Fe^{2+},Y,Zr,U,Th)(Nb,Ti,Ta,Fe^{3+})O_4$, com mais tório que urânio. Forma cristais ortor. prismáticos, pretos, com estrias verticais. Metamicto. Ocorre em r. alcalinas e pegmatitos graníticos. Do gr. *polys* (muito) + *mignymi* (misturar), por sua composição complexa.
polimorfismo Fenômeno pelo qual uma mesma substância aparece na natureza sob duas ou mais formas fisicamente

distintas, resultantes de diferentes estruturas cristalinas. Um dos ex. mais notáveis é o carbono, que aparece sob a forma de diamante (cúb., dur. 10,0, D. 3,50) e de grafita (hexag., dur. 1,0, D. 2,20). Do gr. *polys* (muito) + *morphe* (forma). Cf. *isomorfismo*.

polimorfo Mineral que exibe polimorfismo.

polistireno Polivinil-benzeno usado em imitações de gemas naturais. É um plástico de D. 1,05, dur. 2,5 e IR 1,590-1,670, solúvel em hidrocarbonetos líquidos.

polixênio Liga natural de platina e ferro com outros metais. Tem 6%-11% Fe e cor cinza-aço a prateada. É usada para obtenção de platina. Do gr. *polys* (muito) + *xenos* (estranho), por conter vários elementos químicos.

POLKANOVITA Arseneto de ródio − $Rh_{12}As_7$ −, hexag., descoberto nos Urais (Rússia).

POLKOVICITA Sulfeto de ferro e germânio com chumbo − $(Fe,Pb)_3(Ge,Fe)_{1-x}S_4$ −, cúb., isomorfo da morozeviczita, com a qual ocorre na Polônia. Assim chamado em homenagem à mina *Polkovice*, onde foi descoberto.

POLUCITA Aluminossilicato hidratado de césio com sódio − $(Cs,Na)[Al_2Si_2O_6]$. nH_2O −, do grupo das zeólitas. Cúb., forma série isomórfica com a analcima. Geralmente maciço ou granular, incolor, branco, cinza ou rosado, em geral transp. com br. vítreo, sem clivagem, frat. conchoidal. Dur. 6,5. D. 2,86-2,90. IR baixo: 1,510. Ocorre em pegmatitos, nos EUA e na Itália (ilha de Elba). Raramente usado como gema, sendo, porém, importante fonte de Cs (até 30%-32% CsO_2) e rubídio. De *Pólux*, personagem da mitologia grega, irmão gêmeo de Castor. Cf. *castorita*.

POLYAKOVITA-(Ce) Silicato de fórmula química $(Ce,Ca)_4(Mg,Fe)(Cr,Fe)_2(Ti,Nb)_2Si_4O_{22}$, monocl., descoberto nos Urais (Rússia). Cf. *chevkinita-(Ce)*.

PONOMAREVITA Oxicloreto de potássio e cobre − $K_4Cu_4OCl_{10}$ −, monocl., descoberto em fumarolas do vulcão Tolbachik, na península de Kamchatka (Rússia).

ponto 1. Subunidade de massa para gemas equivalente a 0,01 ct. **2.** (gar.) Bolha ou falha branca no interior do diamante.

porango (gar., BA) Instrumento com que o garimpeiro faz a quebragem. Cf. [1]*carvão*.

porcelana Cerâmica fina, dura, branca e transl., produzida com caulim e usada, às vezes, para imitar certas substâncias gemológicas, como a turquesa. D. 2,10-2,50.

porcelanita V. *mullita*. De *porcelana*.

porfirítico Diz-se do granito ou outra r. ígnea que mostra cristais relativamente grandes (fenocristais) dispersos numa massa de cristais menores (matriz). Cf. *equigranular*.

porpezita Liga natural de ouro, paládio e prata com 5%-11% Pd e até 4% Ag. De *Porpez*, segundo alguns autores, corruptela de Goiás.

portão (gar., MG) R. filítica grafitosa, que ocorre entre dois níveis auríferos em Mariana.

PORTLANDITA Hidróxido de cálcio − $Ca(OH)_2$ −, que ocorre como placas trig., em r. de metamorfismo de contato. Descoberto em Antrim (Irlanda). De *portland*, por ser um produto comum na fabricação desse tipo de cimento.

porto belo Nome coml. de um granito ornamental procedente de Pedras Grandes, SC (Brasil). Tem 45% de ortoclásio pertítico, 32% de plagioclásio, 20% de qz., além de biotita, zircão, apatita, allanita, minerais opacos, minerais argilosos, esfênio, epídoto e clorita. D. 2,65. PA 0,74%. AA 0,09%. RF 19,54 kgf/cm^2. TCU 857 kgf/cm^2.

porzita Mineral de composição incerta, que talvez seja mullita.

POSNJAKITA Sulfato básico hidratado de cobre − $Cu_4(SO_4)(OH)_6.H_2O$ −, monocl., azul, descoberto no Casaquistão e na Hungria.

POTARITA Amálgama de paládio − PdHg −, tetrag., com 34,7% Pd. Forma grãos isolados e pepitas em rejeitos de mineração de diamantes no rio *Potaro* (daí seu nome), na Guiana, e em Morro do Pilar, MG (Brasil). Tem cor e traço prateados, intenso br. metálico e é frágil. Dur. 3,5. D. 13,5-16,1. Com ác. nítrico, forma uma solução de cor marrom.

potch Nome dado, na Austrália, à opala-comum.

POTOSIITA Sulfeto de fórmula química $Pb_6Sb_2FeSn_2S_{14}$, tricl., de D. 6,2, descoberto em *Potosí* (Bolívia), de onde vem seu nome. Cf. *cilindrita, franckeíta, incaíta, levyclaudita*.

POTTSITA Vanadato hidratado de chumbo e bismuto – $PbBiH(VO_4)_2.2H_2O$ –, tetrag., descoberto em uma mina de tungstênio de *Potts* (daí seu nome), em Nevada (EUA).

POUBAÍTA Sulfotelureto de chumbo, bismuto e selênio – $PbBi_2Se_2(Te,S)_2$ –, trig., em cristais micrométricos, opacos, anédricos, descobertos em vênulos de galena e clausthalita em calcita, na Boêmia (República Checa). Homenagem a Z. *Pouba*, geólogo da Universidade Charles, de Praga (República Checa).

POUDRETTEÍTA Borossilicato de potássio e sódio – $KNa_2B_3Si_{12}O_{30}$ –, hexag., do grupo da osumilita, descoberto na pedreira *Poudrette* (daí seu nome), em Rouville, Quebec (Canadá).

POUGHITA Sulfato-telurato hidratado de ferro – $Fe_2(TeO_3)_2(SO_4).3H_2O$ –, ortor., encontrado em Tegucigalpa (Honduras) e Sonora (México).

pouzaquita Sin. de *leuchtenbergita*. De *Pouzac*, nos Pirineus.

POVONDRAÍTA Borossilicato de fórmula química $NaFe_3Fe_6(BO_3)_3(Si_6O_{18})(O,OH)_4$, trig., do grupo das turmalinas, descoberto em uma mina próxima a Villa Tunari, na Bolívia.

POWELLITA Molibdato de cálcio – $CaMoO_4$ –, tetrag., geralmente encontrado na forma de filmes amarelados. Tem br. adamantino, dur. 3,5-4,0, D. 4,20 e clivagem octaédrica. É transp. a transl. e mostra fluorescência amarela. Usado para extração de molibdênio (tem 72% MoO_3). Produto de alteração da molibdenita. Isomorfo da scheelita. Homenagem a John W. *Powell*, explorador e geólogo norte-americano.

POYARKOVITA Oxicloreto de mercúrio – Hg_3ClO –, monocl., encontrado na forma de grãos arredondados e agregados, vermelho-escuros, de traço também vermelho, br. vítreo a adamantino, frat. irregular ou conchoidal. Dur. 2,0-2,5 e D. 9,8. Não reage com HCl, mas decompõe-se sob ação do ác. nítrico. Muito frágil. Homenagem a Vlakimir E. *Poyarkov*, geólogo russo.

prancheta (gar., PA) Trincheira aberta para iniciar a busca de ouro.

prásio 1. Var. gemológica de qz. granular, verde-alho, mais transl. que o plasma, maciça ou euédrica. A cor é resultante de cloritas, hornblenda ou de abundantes cristais aciculares de actinolita. Ocorre com jaspe, assemelhando-se a este. Associa-se também a zeólitas em r. ígneas. É produzido na Alemanha, Finlândia, Áustria e Escócia. Sin. de *ametista-verde, jade do brasil, quartzo-esmeralda*. 2. Var. de calcedônia transl., fosca, verde, cinza-claro ou verde-amarelada, pouco usada com fins gemológicos. Do gr. *prasion* (alho-porro), por sua cor verde.

prasiocromo Produto da alteração de cloritas, de cor verde. Do gr. *prasion* (alho-porro) + *khroma* (cor), por sua cor verde.

prasiolita 1. Nome coml. de uma var. de qz. verde obtida por aquecimento, a 500°C, de algumas ametistas brasileiras (Montezuma, MG) e norte-americanas (Four Peaks, Arizona). Sin. de *brasilinita, piridina*. Atualmente é obtida principalmente submetendo a radiação gama qz. incolor procedente de Minas Gerais e do Rio Grande do Sul, bem como do Uruguai, com o que seu preço caiu bastante, estando em US$ 2 a 25/ct. 2. Produto de alteração da cordierita, de cor verde. Do gr. *prasion* (alho-porro) + *lithos* (pedra), por sua cor. Cr. *prasiocromo*.

prasopala 1. Opala-comum, transl., com cor verde, pela presença de cromo ou níquel. Do gr. *prasion* (alho-porro) + *opala*, por sua cor. Sin. de [3]*crisopala*. 2. Nome de uma subvar. de crisoprásio.

PRASSOÍTA Sulfeto de ródio – $Rh_{17}S_{15}$ –, cúb., cinza, descoberto em pepitas de platina e ferro de Yubdo (Etiópia).

PRATA V. *Anexo*.
prata barra do ouro Nome coml. de um granito ornamental de Poço Redondo, SE (Brasil).
prata-chinesa Liga com 58% Cu, 17,5% Zn, 11,5% Ni, 11% Co e 2% Ag, usada como imitação de prata.
prata de lei Sin. de *prata 90*.
prata envelhecida Prata a que se deu aparência de velha pela adição de grafita e gordura.
prata fina Liga com alta porcentagem de prata.
prata 1.000 Prata sem adição de outros metais (100% Ag).
prata-musgo Prata com hábito dendrítico ou filiforme.
prata 900 Sin. de *prata 90*.
prata 950 Liga de prata (95%) e cobre (5%), a mais usada em joias de prata. Para pessoas alérgicas, usa-se a prata 1.000 (100% de prata).
prata 90 Nome coml. de uma liga com 90% Ag e 10% Cu, usada em joias e objetos ornamentais. Sin. de *prata de lei*, *prata 900*.
prateado Nome coml. de um mármore cinza de Cachoeira do Campo, MG (Brasil).
prateiro Pessoa que vende e/ou fabrica objetos de prata.
pratinho (gar., RS) Na região de Ametista do Sul, o mesmo que flor de ametista.
precioso Adjetivo que, a ex. de *oriental*, quando acrescentado ao nome de uma substância, designa a var. gemológica dessa substância (ex.: coral-precioso); a mais valiosa das var. gemológicas dessa substância (ex.: granada-preciosa); ou uma substância diferente daquela a cujo nome é acrescentado, e com valor maior, mas mesma cor (ex.: topázio- -precioso). Cf. *nobre, ocidental, oriental*.
preenchimento de fraturas Tratamento de gemas que consiste em preencher frat. e fissuras de modo a torná-las invisíveis ou menos visíveis. Antigamente, isso era feito com óleos e corantes; hoje se usam resinas e substâncias do tipo epóxi. O processo valoriza a gema, mas o tratamento não é estável.
PREHNITA Silicato básico de alumínio e cálcio – $Ca_2Al_2Si_3O_{10}(OH)_2$ –, ortor., geralmente em agregados cristalinos de estrutura botrioidal, mamilonar ou radiada; verde-claro, marrom-amarelado, branco, cinza ou verde-amarelado; semitransp. a transl.; com br. vítreo e clivagem basal boa. Dur. 6,0-6,5. D. 2,88-2,93. IR 1,616-1,649. Bir. 0,030. B(+). Pode mostrar *chatoyance*. Produto de alteração hidrotermal, frequentemente associado a zeólitas. É um mineral mais ou menos comum, raramente usado como gema. É produzido principalmente na França, Austrália e EUA. Outros produtores são China, Escócia e África do Sul. Homenagem ao coronel von *Prehn*, que o descobriu no cabo da Boa Esperança (África do Sul). Sin. de *zeólita do cabo*, [2]*adelita*.
PREISINGERITA Arsenato de bismuto – $Bi_3(O,OH)(AsO_4)_2$ –, tricl., descoberto na província de San Juan (Argentina), onde aparece como tabletes brancos a cinza de até 0,2 mm e D. 7,2. Assim chamado em homenagem ao professor de Mineralogia Anton *Preisinger*. Cf. *schumacherita*.
PREISWERKITA Silicato básico de sódio, magnésio e alumínio – $NaMg_2Al_3Si_2O_{10}(OH)_2$ –, monocl., do grupo das micas. Forma cristais laminados de até 1 mm, verde-claros, com clivagem basal perfeita. Dur. 2,5. D. 2,9. Descoberto no Valais (Suíça).
PREOBRAZHENSKITA Borato básico de magnésio – $Mg_3B_{11}O_{15}(OH)_9$ –, ortor., que forma nódulos incolores, amarelo- -limão ou cinza-escuro. Localmente é substituído por inyoíta. Dur. 4,5-5,0. D. 2,45. Homenagem a Pavla Ivanovich *Preobrazhensk*.
preslita Sin. de *tsumebita*.
pretinha (gar.) Sin. de [1]*feijão-preto*.
preto benedito Nome coml. de um diorito ornamental procedente de Benedito Novo, SC (Brasil). Tem 55% de plagioclásio, 10% de hornblenda, 10% de biotita, 10% de clinopiroxênio, além

de qz., microclínio, apatita, zircão, sericita e minerais opacos. D. 2,91. PA 0,68%. AA 0,26%. RF 90,06 kgf/cm^2. TCU 774 kgf/cm^2.

preto bragança Nome coml. de um essexito ornamental escuro, quase preto, de granulação fina, com alguns minerais claros. Contém 53%-55% de feldspatos, 8%-10% de nefelina, 18%-20% de biotita, 5%-8% de hornblenda, 3%-5% de augita, 10%-15% de esfênio e 2% de magnetita, além de calcita e apatita. D. 2,76. Ocorre em *Bragança* Paulista (daí seu nome), SP (Brasil). Também conhecido por *preto piracaia*.

preto brasil Nome coml. de um mármore preto, muito fino, compacto, com finas partículas de matéria orgânica disseminadas, encontrado em Lavras, MG (Brasil).

preto florido 1. Nome coml. de um gnaisse granulítico cinza, procedente de Benedito Novo, SC (Brasil). Tem 58% de plagioclásio, 20% de microclínio, 8% de hiperstênio, além de hornblenda, biotita, qz., minerais opacos, apatita, clorita e epídoto. 2. Nome coml. de um mármore preto, muito fino, com frat. preenchidas por calcita branca de granulação grosseira, encontrado em Leme, MG (Brasil).

preto grafite Nome coml. de um granito ornamental procedente de Manhuaçu, MG (Brasil).

preto guaíra R. ornamental procedente do Paraná (Brasil), atualmente fora do mercado.

preto itaoca Nome coml. de um diorito ornamental com hiperstênio, de cor quase preta, contendo 50% de plagioclásio, 18%-20% de piroxênio, 15% de biotita, 10%-12% de qz. e 5% de feldspato potássico, encontrado em Itaoca, ES (Brasil).

preto piracaia Nome coml. pelo qual é também conhecido o essexito preto bragança, procedente de Piracaia, SP (Brasil).

preto santa angélica Nome coml. de uma r. granítica ornamental procedente de Cachoeiro do Itapemirim, ES (Brasil).

preto são gabriel Nome coml. de um gabro ornamental de grão fino, produzido em São Gabriel, ES (Brasil), comum no mercado brasileiro.

preto serra negra Nome coml. de uma r. ornamental procedente do Paraná (Brasil), atualmente fora do mercado.

preto tijuca Nome coml. de um quartzodiorito ornamental verde muito escuro, de granulação média, com D. 2,89, contendo 50% de plagioclásio, 4%-7% de feldspato potássico, 15% de qz., 10%-12% de biotita, 12%-15% de hornblenda e 8%-19% de magnetita + apatita. É encontrado no Rio de Janeiro, RJ (Brasil), e também conhecido como andes black.

PRETULITA Fosfato de escândio – ScPO$_4$ –, tetrag., do grupo do xenotímio, descoberto em Styria, na Áustria. Cf. *xenotímio-(Y)*.

PRICEÍTA Borato hidratado de cálcio – Ca$_4$B$_{10}$O$_{19}$.7H$_2$O –, monocl., branco, terroso, criptocristalino, concrecionário, com dur. 3,0-3,5 e D. 2,42. É fonte de boro na Turquia. Descoberto em Curry, Oregon (EUA), e assim chamado em homenagem a Thomas *Price*, o primeiro a analisá-lo. Sin. de *pandermita*.

PRIDERITA Óxido de potássio e titânio com bário, ferro e magnésio – (K,Ba)(Ti,Fe,Mg)$_8$O$_{16}$ –, tetrag., vermelho, semelhante ao rutilo. Forma cristais com 1 mm de espessura, de D. 3,86, em r. leucíticas.

priguinita Sin. de *iriginita*.

primeiro-sangue Coral-nobre de cor vermelha. Cf. *segundo-sangue*.

PRINGLEÍTA Mineral de fórmula química Ca$_9$B$_{26}$O$_{34}$(OH)$_{24}$Cl$_4$.13H$_2$O, tricl., dimorfo da ruitenbergita, descoberto perto de Sussex, New Brunswick (Canadá).

priorita Sin. de *esquinita-(Y)*. Homenagem a George Thurland *Prior*, destacado pesquisador de meteoritos e nas áreas da Petrografia e da Química Mineral.

prisma de nicol Prisma de espato da islândia usado como polarizador. Cf. *nicol*.

PRISMATINA Borato-silicato básico de magnésio e alumínio – $Mg_3Al_6BO_7(Si_2O_7)_2(OH)$ –, ortor., descoberto na Saxônia (Alemanha). Cf. *kornerupina*.

prixita Nome de um produto de alteração da galena.

PROBERTITA Borato hidratado de sódio e cálcio – $NaCaB_5O_7.3H_2O$ –, monocl., incolor. Descoberto em Kern, Califórnia (EUA), e assim chamado em homenagem a Frank H. Probert, seu descobridor. Sin. de *kramerita*.

Processo de Kimberley Acordo político iniciado em 2000, sob a liderança da África do Sul, mas que hoje reúne dezenas de países (desde 30 de outubro de 2003, também o Brasil), pelo qual nenhum país signatário vende diamantes brutos sem saber sua procedência, registrada em um certificado de origem (Certificado do Processo de Kimberley – CPK). O acordo visa interromper o fluxo de diamantes brutos usados para financiar conflitos armados (os chamados *diamantes de sangue* ou *diamantes de conflito*) e proteger a indústria legal de diamantes. Os países integrados ao Processo de Kimberley respondem hoje por 99,8% da produção mundial de diamantes.

processo Verneuill Método utilizado para obtenção de grandes cristais de coríndon ou espinélio sintéticos e que consiste basicamente na fusão de alumina em pó na chama de um maçarico. O material fundido cai na forma de gotas sobre um suporte, formando a pera de fundição, corpo cristalino de 1,5 cm de diâmetro e vários centímetros de comprimento, tendo 40 a 100 g. Essa pera é partida longitudinalmente para evitar tensões internas e, depois, lapidada. As gemas assim obtidas costumam conter cor distribuída em faixas curvas e bolhas. Foi o primeiro processo de síntese desenvolvido (por volta de 1900), mas é ainda o mais comum e de menor custo. A gema forma-se em apenas algumas horas, porém é hoje usado mais para obtenção de cristais que não exigem qualidade gemológica. Assim chamado por ter sido descoberto por Auguste V. L. Verneuill. Cf. *síntese hidrotermal, síntese por fluxo*.

proclorita Sin. de *afrossiderita*. De *pró* (antes) + *clorita*, por ter sido a primeira var. de clorita descoberta.

proporcionoscópio Aparelho que serve para medir as proporções das dimensões dos brilhantes.

PROSOPITA Alumofluoreto básico de cálcio – $CaAl_2(F,OH)_8$ –, monocl., tabular, incolor, de dur. 4,5 e D. 2,88, descoberto em Altenberg, Saxônia (Alemanha). Do gr. *prosopeion* (máscara).

PROSPERITA Arsenato básico de cálcio e zinco – $CaZn_{2H}(AsO_4)_2(OH)$ –, descoberto em minérios sulfetados de Tsumeb (Namíbia). Monocl., branco a incolor, com br. vítreo a sedoso. Tem dur. 4,5. e D. 4,31. Forma cristais prismáticos de até 1 cm, com disposição radial. Homenagem a *Prosper* J. Williams, comerciante de minerais canadense.

PROTASITA Mineral de fórmula química $Ba(UO_2)_3O_3(OH)_2.3H_2O$, monocl., pseudo-hexag., descoberto na província de Shaba (R. D. do Congo). Cf. *billietita*.

PROTOANTOFILITA Silicato básico de magnésio com ferro – $(Mg,Fe)Si_8O_{22}(OH)_2$ –, ortor., do grupo dos anfibólios, descoberto em uma mina de Okayama (Japão). Cf. *protoferroantofilita, protomanganoferroantofilita*.

PROTOFERROANTOFILITA Silicato básico de ferro com manganês e magnésio – $(Fe,Mn)_2(Fe,Mg)_5(Si_4O_{11})(OH)_2$ –, ortor., do grupo dos anfibólios, descoberto em Gifu, no Japão. Cf. *protoantofilita, protomanganoferroantofilita*.

protolitionita Aluminossilicato hidratado de potássio, lítio e ferro – $K_2OLi_2O(Al_2O_3)_2(FeO)_3(SiO_2)_6.2H_2O$ –, do grupo das micas, quimicamente intermediário entre zinnwaldita e biotita. Forma cristais lamelares ou prismas curtos, de cor cinza, marrom, raramente verde-escura. Do gr. *protos* (primeiro) + *litionita*.

PROTOMANGANOFERROANTOFILITA
Silicato básico de manganês e ferro com magnésio – $(Mn,Fe)_2(Fe,Mg)_5(Si_4O_{11})(OH)_2$ –, ortor., do grupo dos anfibólios, descoberto em Tochigi, no Japão. Cf. *protoantofilita*, *protoferroantofilita*.

PROUDITA Seleno-sulfeto de cobre, chumbo e bismuto – $Cu_{0-1}Pb_{7,5}Bi_{9,3-9,7}(S,Se)_{22}$ –, monocl., descoberto no norte da Austrália, na mina Juno. D. 7,08.

PROUSTITA Sulfoarseneto de prata – Ag_3AsS_3 –, trig., dimorfo da xantoconita. É geralmente maciça e friável. Tem cor vermelha, que escurece por ação da luz. O br. é adamantino e o traço, vermelho. Transl. a transp. Dur. 2,0-2,5. D. 5,60-5,70. IR 2,881-3,084. Bir. 0,203. U(–). Clivagem nítida segundo (1011) e frat. conchoidal. Ocorre nos filões hidrotermais de chumbo, zinco e prata. É usada como gema e fonte de prata (tem 65,4% Ag), sendo produzida principalmente no México (Zacatecas, Guanajuato), Peru, Chile, França, EUA e Bolívia. Homenagem a J. I. *Proust*, químico francês.

província gemológica Região geográfica onde são produzidos minerais-gema em volume e var. excepcionais. Há nove províncias gemológicas no mundo: (1) norte de Mianmar (ex-Birmânia), região conhecida como Mogok – é a principal fonte de rubi, safira, espinélio; (2) Tailândia, Laos, Khmer (Camboja) e Vietnã – produz rubi, safira, zircão e espinélio; (3) Pala, em San Diego, Califórnia (EUA) – produz kunzita, turmalina rosa e morganita; (4) Índia – produz rubi, esmeralda, safira, diamante e água-marinha, principalmente; (5) Sri Lanka – produz rubi, safira, espinélio, zircão, alexandrita e pedra da lua; (6) Madagascar – grande produtor de várias gemas (berilo, turmalina, granada, topázio, esmeralda, cordierita, amazonita, kunzita e feldspato amarelo) na região de Mananjary; (7) Rússia – produz esmeralda e alexandrita no rio Takowaya (Urais), além de malaquita, diamante, topázio, lápis-lazúli e turquesa; (8) Brasil – produz água-marinha, esmeralda, diamante, qz., turmalinas, opala, olho de gato, topázio, euclásio, espodumênio, amazonita, sodalita e dezenas de outras substâncias gemológicas; (9) Austrália – produz diamante, opala, rubi, berilos, topázio e turmalinas. A província brasileira destaca-se pela extensão e diversidade de gemas. Segundo Favacho (2001), Minas Gerais contribui com cerca de 25% do total da produção mundial de gemas. Essa participação é ainda maior se não se considerar rubi, safira e diamante.

PRZHEVALSKITA Fosfato hidratado de uranila e chumbo – $Pb(UO_2)_2(PO_4)_2 \cdot H_2O$ –, ortor., amarelo-esverdeado. Descoberto em Karamazar (Tajiquistão) e assim chamado em homenagem a N. *Przhevalski*, explorador russo.

przibramita Var. de esfalerita com até 5% Cd.

pseudoametista Var. de fluorita violeta com cor semelhante à da ametista.

PSEUDOAUTUNITA Mineral de composição incerta, talvez fosfato hidratado de fórmula química $(H_3O)_4Ca_2(UO_2)(PO_4)_4 \cdot 5H_2O$. Tetrag., branco a amarelo-claro, com fluorescência média a fraca. Descoberto em Karelia (Rússia). Do gr. *pseudos* (falso) + *autunita*.

pseudoberilo Qz. transp. esverdeado, semelhante ao berilo.

PSEUDOBOLEÍTA Cloreto básico de chumbo e cobre – $Pb_{31}Cu_{24}Cl_{62}(OH)_{48}$ –, tetrag., encontrado sempre em crescimento paralelo com boleíta e descoberto em Boléo, na baixa Califórnia (México). Do gr. *pseudos* (falso) + *boleíta*. Cf. *boleíta*.

PSEUDOBROOKITA Óxido de ferro e titânio – $Fe_2(Ti,Fe)O_5$ –, ortor., preto ou marrom, semelhante à brookita, descoberto perto de Deva, na Romênia. Cf. *armalcolita*. Do gr. *pseudos* (falso) + *brookita*.

PSEUDOCOTUNNITA Mineral de composição incerta, talvez cloreto de potássio e chumbo – K_2PbCl_4 –, ortor. (?), descoberto no Vesúvio (Itália). Do gr. *pseudos* (falso) + *cotunnita*, por sua composição.

pseudocrisólita 1. V. *moldavito*. 2. V. *obsidiana*.
pseudocrocidolita Sin. de *olho de tigre*. Do gr. *pseudos* (falso) + *crocidolita*, por sua origem.
pseudodeweylita Silicato hidratado de magnésio muito semelhante à deweylita. Do gr. *pseudos* (falso) + *deweylita*. Sin. de *pseudogimnita*.
pseudodiamante Cristal de rocha ou qualquer outra substância usada como imitação ou substituto do diamante.
pseudoesmeralda 1. Malaquita. 2. Qz. de cor verde semelhante à da esmeralda.
pseudogimnita Sin. de *pseudodeweylita*. Do gr. *pseudos* (falso) + *gimnita*.
pseudogranada Var. de qz. avermelhada, semelhante à granada.
PSEUDOGRANDREEFITA Sulfato de chumbo – $Pb_6(SO_4)F_{10}$ –, ortor., descoberto em uma mina de Graham, Arizona (EUA). Cf. *grandreefita*.
pseudo-heterosita V. *sicklerita*. Do gr. *pseudos* (falso) + *heterosita*.
pseudojade Bowenita ou qualquer outro mineral usado como substituto do jade.
PSEUDOLAUEÍTA Fosfato básico hidratado de manganês e ferro – $MnFe_2(PO_4)_2(OH)_2.8H_2O$ –, monocl., trimorfo da laueíta e da stewartita. É prismático ou tabular, amarelo-alaranjado. D. 2,46. Dur. 3,0. Ocorre em pegmatitos de Hegendorf, Baviera (Alemanha). Do gr. *pseudos* (falso) + *laueíta*.
pseudolaumontita Silicato hidratado de alumínio, ferro, magnésio e potássio, pseudomorfo sobre laumontita. Do gr. *pseudos* (falso) + *laumontita*.
pseudolavenita Mineral de natureza desconhecida, semelhante à lavenita, mas com diferente orientação óptica. Do gr. *pseudos* (falso) + *lavenita*.
pseudoleucita Mistura de ortoclásio, nefelina e analcima em pseudomorfose sobre leucita. Do gr. *pseudos* (falso) + *leucita*.
PSEUDOMALAQUITA Fosfato básico de cobre – $Cu_5(PO_4)_2(OH)_4.H_2O$ (?) –, monocl., trimorfo da ludjibaíta e da reichenbachita, semelhante à malaquita. Geralmente maciço, verde, transl., de br. graxo, frat. conchoidal, dur. 4,0-5,0, D. 3,60-4,34. Mineral-minério de cobre. Do gr. *pseudos* (falso) + *malaquita*. Sin. de *di-idrita, fosfocalcita, fosforocalcita, tagilita*.
pseudomeionita Feldspatoide microscopicamente semelhante à meionita, exceto por uma boa clivagem basal. Do gr. *pseudos* (falso) + *meionita*.
pseudomesolita Aluminossilicato hidratado de sódio e cálcio – $Na_2Ca_2Al_6Si_9O_{30}.8H_2O$ –, do grupo das zeólitas, polimorfo da mesolita. Do gr. *pseudos* (falso) + *mesolita*.
pseudomorfismo Fenômeno em que, por alteração, substituição, incrustação ou outro processo, um mineral muda sua composição, mantendo, porém, a forma externa da espécie original. Do gr. *pseudos* (falso) + *morphe* (forma).
pseudomorfo Mineral que exibe pseudomorfismo.
pseudo-opala Var. de qz. semelhante à opala.
pseudopalaíta Fosfato hidratado de manganês e ferro, muito semelhante à palaíta, produto de alteração da litiofilita. Do gr. *pseudos* (falso) + *palaíta*.
pseudoparisita Sin. de *cordilita-(Ce)*. Do gr. *pseudos* (falso) + *parisita*, por sua semelhança com a parisita.
pseudophillipsita Zeólita semelhante à phillipsita, menos hidratada que esta e decomporta mento diverso quando aquecida. Do gr. *pseudos* (falso) + *phillipsita*.
pseudopirocroíta Sin. de *backstroemita*. Do gr. *pseudos* (falso) + *pirocroíta*.
pseudopirofilita Silicato hidratado de magnésio e alumínio, ortor., que ocorre nos Urais (Rússia). Do gr. *pseudos* (falso) + *pirofilita*, por ser quimicamente semelhante a esse mineral.
pseudorrubi V. *quartzo rosa*.
PSEUDORRUTILO Óxido de ferro e titânio – $Fe_2Ti_3O_9$ –, hexag., produto de oxidação da ilmenita, comum em areias praiais. Forma massas cinzentas irregulares, de br. metálico. Do gr.

pseudos (falso) + *rutilo*. Sin. de *arizonita*.
pseudossafira V. *cordierita*.
PSEUDOSSINHALITA Borato básico de magnésio e alumínio – $Mg_2Al_3B_2O_9(OH)$ –, monocl., descoberto em um depósito de boro da Sibéria (Rússia).
pseudotopázio V. *citrino*.
pseudoturingita Silicato de alumínio, ferro e magnésio – $Al_4Fe_4Mg_2Si_3O_{18}$ –, do grupo das cloritas, muito semelhante à turingita. Do gr. *pseudos* (falso) + *turingita*.
pseudowavellita Sin. de *crandallita*. Do gr. *pseudos* (falso) + *wavellita*.
pseudowollastonita Substância obtida por aquecimento de wollastonita acima de 1.180°C, temperatura em que surge clivagem basal e o mineral passa a ser pseudo-hexag. Do gr. *pseudos* (falso) + *wollastonita*. Sin. de *betawollastonita*. Cf. *ciclowollastonita*.
psilomelanita V. *psilomelano*.
psilomelano Termo empregado para designar vários óxidos de manganês de cor escura, maciços, frágeis e pulverulentos, quando não se consegue identificá-los com precisão. São usados para obtenção de manganês e, às vezes, como gema. Do gr. *psilos* (liso) + *melanos* (negro), em alusão à sua aparência. Sin. de *psilomelanita*.
psitacinita Sin. de *mottramita*. Do lat. *psittacus* (papagaio).
ptilolito Sin. de *mordenita*. Do gr. *ptilon* (penacho) + *lithos* (pedra).
PUCHERITA Vanadato de bismuto – $BiVO_4$ –, ortor., marrom-avermelhado, trimorfo da clinobisvanita e da dreyerita. De *Pucher*, nome de um poço na mina Wolfgang, Schneiberg, Saxônia (Alemanha).
pufahlita Mistura de teallita e wurtzita ou esfalerita. Forma folhas flexíveis pretas.
pulaskito Sienito alcalino de cor clara, composto essencialmente de ortoclásio, piroxênio, anfibólio e nefelina. Pode ser usado como pedra ornamental (v. *verde tunas*).

PUMPELLYÍTA-(Fe^{2+}) Silicato de cálcio, ferro e alumínio – $Ca_2Fe(Al,Fe)_2Si_3(O, OH)_{14}$ –, monocl., do grupo das pumpellyítas. Forma séries isomórficas com a pumpellyíta-(Mg) e com a julgoldita--(Fe). Descoberto em Noril'sk (Rússia).
PUMPELLYÍTA-(Fe^{3+}) Silicato de cálcio, ferro e alumínio com magnésio – $Ca_2(Fe,Mg)(Al,Fe)_2Si_3(O,OH)_{14}$ –, monocl., do grupo das pumpellyítas, descoberto em Bolzano, na Itália.
PUMPELLYÍTA-(Mg) Silicato de cálcio, magnésio e alumínio – $Ca_2(Mg,Al)Al_2Si_3(O,OH)_{14}$ –, monocl., do grupo das pumpellyítas. Verde-azulado, forma pequenas fibras e placas estreitas de dur. 5,5 e D. 3,2, com boa clivagem basal. É semelhante ao epídoto e, a exemplo deste, pode ser usado como gema. Assim chamado em homenagem a Raphael *Pumpelly*, geólogo norte--americano. Sin. de *ágata-verde*, *lotrita*, *zonoclorita*. O grupo das pumpellyítas compreende 11 silicatos monocl., entre eles as pumpellyítas, a julgoldita-(Fe), a okhotskita e a shuiskita.
PUMPELLYÍTA-(Mn^{2+}) Silicato de cálcio, manganês e alumínio com magnésio – $Ca_2(Mn,Mg)(Al,Mn)_2Si_3(O,OH)_{14}$ –, monocl., do grupo das pumpellyítas, descoberto em Yamanashi, no Japão.
punalita V. *escolecita*.
PURPURITA Fosfato de manganês – $MnPO_4$ –, ortor., isomorfo da heterosita. Geralmente maciço, de cor púrpura, br. metálico a nacarado. Dur. 4,0-4,5. D. 3,20-3,40. Produto de alteração da litiofilita e da trifilita, relativamente raro. Do lat. *purpura* (púrpura), por sua cor.
pururuca (gar., MG) V. *piruruca*.
PUSHCHAROVSKITA Arsenato hidratado de cobre – $Cu(AsO_3OH).H_2O$ –, tricl., descoberto em Var, na França. Cf. *geminita*.
PUTORANITA Sulfeto de cobre e ferro com níquel – $Cu_{18}(Fe,Ni)_{18}S_{32}$ –, cúb., semelhante à mooihoekita e à talnakhita. Forma agregados granulares densos, grosseiros, de até 1-2 cm. De

Putoran, montanha da plataforma siberiana (Rússia), onde foi descoberto.

p-veatchita Borato básico hidratado de estrôncio – $Sr_2B_{11}O_{16}(OH)_5 \cdot H_2O$ –, monocl., trimorfo da veatchita e da veatchita-A. Tem D. 2,9 e uma clivagem perfeita segundo (010).

PYATENKOÍTA-(Y) Silicato hidratado de sódio, ítrio e titânio com disprósio e gadolínio – $Na_5(Y,Dy,Gd)TiSi_6O_{18} \cdot 6H_2O$ –, trig., descoberto na península de Kola (Rússia).

pyralin Nome coml. do nitrato de celulose.

pyrax Nome coml. da pirofilita.

QANDILITA Óxido de magnésio e titânio com ferro e alumínio – $(Mg,Fe)_2(Ti,Fe,Al)O_4$ –, cúb., do grupo dos espinélios, descoberto em *Qandil* (daí seu nome), no Iraque.

QILIANSHANITA Borato-carbonato hidratado de sódio – $NaHCO_3H_3BO_3 \cdot 2H_2O$ –, monocl., descoberto nas montanhas *Qilian* (daí seu nome), na China.

QINGHEIITA Fosfato de fórmula química $Na_2Na(Mn_2,Mg,Fe)_6(Al,Fe)(PO_4)_6$, monocl., que ocorre em pegmatitos de *Qinghe* (daí seu nome), Altai (China), onde aparece como grãos irregulares, às vezes cristais prismáticos curtos ou tabulares com até 4 mm. Tem cor verde, br. vítreo, frat. conchoidal e é frágil. Dur. 5,3-5,6. D. 3,61-3,72. Cf. *ferrowyllieíta, wyllieíta, rosemaryíta*.

QITIANLINGITA Volframato de ferro e nióbio com manganês e tântalo – $(Fe,Mn)_2(Nb,Ta)_2WO_{10}$ –, ortor., descoberto na montanha *Qitian Ling* (daí seu nome), na China.

quadrático V. *tetragonal*.

QUADRATITA Sulfoarseneto de fórmula química $Ag(Cd,Pb)(As,Sb)S_3$, tetrag., descoberto em uma pedreira do Valais (Suíça).

QUADRIDAVINA Silicato de fórmula química $[(Na,K)_6Cl_2](Ca_2Cl_2)(Si_6Al_6O_{24})$, hexag., do grupo da cancrinita, descoberto na Campania (Itália). Cf. *davina*.

QUADRUFITA Mineral de fórmula química $Na_{14}CaMgTi_4(Si_2O_7)_2(PO_4)_4O_4F_2$, tricl., descoberto na península de Kola (Rússia). Do lat. *quadruplex* (quádruplo) + *phosphorus* (fósforo), por ter quatro ânions PO_4. Cf. *polifita*.

quartzina Calcedônia fibrosa na qual as fibras estão dispostas perpendicularmente ao eixo *c*. Nome derivado de sua composição.

quartzito R. metamórfica de textura granular, constituída essencialmente de *quartzo* (daí seu nome), originada da recristalização de arenito ou *chert*. Tem cor variável em função da composição: azul (com dumortierita), verde (com fuchsita) etc. Muito utilizado como pedra ornamental, em razão de sua beleza e durabilidade (usado como revestimento, pode durar mais de 200 anos sem se alterar). No Brasil, é produzido em São Paulo, Minas Gerais, Bahia e Paraná, principalmente.

quartzito são tomé Nome coml. pelo qual é também conhecida a pedra-mineira.

QUARTZO Óxido de silício (sílica) – SiO_2 –, trig., polimorfo da tridimita, cristobalita, coesita e stishovita. Forma cristais prismáticos frequentemente euédricos ou massas irregulares. Cristaliza em mais de cem formas diferentes, aparecendo comumente maclado. Incolor ou com cor rosa, verde, azul, cinza, violeta, amarela, vermelha ou branca. Traço branco, transp. a transl., com br. vítreo, frat. conchoidal e sem clivagem. Dur. 7,0. D. 2,65. Pode mostrar asterismo, iridescência e piezoeletricidade. O pleocroísmo é fraco. Os cristais podem mostrar estrias horizontais nas faces do prisma. Mau condutor de eletricidade. IR 1,544-1,553. Bir. 0,009. U(+). Disp. 0,013. É o mais comum de todos os minerais, ocorrendo em abundância tanto nas r. ígneas (principalmente graníticas), quanto nas sedimentares e metamórficas, constituindo 12% da crosta terrestre. Pode formar cristais muito grandes, com dezenas de toneladas. No Casaquistão, foi descoberto um com a altura de uma casa de dois andares e 70 t. É o principal constituinte dos quartzitos e da maioria das areias e arenitos. *Lato sensu*, o termo designa todos os minerais de composição SiO_2, compreendendo var. cristalinas (como as citadas), criptocristalinas (ágata, cornalina, ônix etc.) e ainda a opala. É o mineral que possui o maior número de var. gemológicas, entre as quais estão o *citrino*, a *ametista*, o *quartzo rosa*, o *quartzo-enfumaçado*, a *sagenita*, o *quartzo-mórion*, o *aventurino*, o *olho de tigre*, o *quartzo-rutilado*, o ¹*prásio* e o *cristal de rocha* (v. esses nomes). Uso. Além de ser utilizado como gema e em objetos ornamentais, tem largo emprego em eletrônica, óptica, cerâmica, vidros, abrasivos e instrumentos científicos (sacarímetros, medidores de pressão, balança de precisão). Os relógios mais modernos devem sua precisão ao emprego de uma placa de quartzo piezoelétrico (geralmente sintético). Principais produtores. Os principais produtores das diversas var. são Brasil, Suíça, Japão e África do Sul, seguindo-se Áustria, Hungria, Grã-Bretanha, França, Alemanha, Itália, Rússia, Sri Lanka, Índia, Egito, Madagascar, Uruguai, Paraguai, México e EUA. No Brasil, destacam-se os estados do Rio Grande do Sul (ametista, ágata), Bahia (ametista, cristal de rocha), Minas Gerais (citrino, quartzo-enfumaçado, cristal de rocha), Goiás (cristal de rocha, ametista), Paraná, Rio de Janeiro, São Paulo e Santa Catarina. Lapid. O qz. deve ser lapidado com formato redondo, oval, retangular com cantos cortados ou com lapid. tesoura. Em cristais grandes de citrino, usam-se as lapid. cruzada, escocesa ou portuguesa. Síntese. Além do cristal de rocha, já se sintetiza também (na Rússia) a ametista e var. de cores azul e marrom. Tratamento. A ametista, o quartzo-enfumaçado e, às vezes, o cristal de rocha, por tratamento térmico, transformam-se em citrino. Usa-se também a radiação do cobalto 60 para colorir o cristal de rocha (v. *irradiação*). Etimologia. *Quartzo* é nome de origem incerta, incorporado ao português através do al. *Quarz.*

quartzo-ametista Termo usado algumas vezes no comércio de gemas para designar uma ametista com faixas de quartzo-leitoso que é lapidada em cabuchão ou usada para objetos ornamentais.
quartzo-arco-íris Sin. de *quartzo-íris.*
quartzo aurífero Quartzo-leitoso com ouro nativo, usado, às vezes, como gema.
quartzo-aventurino V. ¹*aventurino.*
quartzo azul Var. gemológica de qz. opaca, azul-índigo, devido à presença de inclusões aciculares e não paralelas de rutilo ou crocidolita. É usada como pedra ornamental e ocorre na Áustria (Salzburgo), Escandinávia, Brasil (Bahia) e África do Sul. É encontrada em pegmatitos e, às vezes, em r. metamórficas. Sin. de *azurquartzo, quartzo-safira, safira da frança.*
quartzo-cetro Curiosa var. de qz. caracterizada por cristais cinza-claro, transl., prismáticos, sobre os quais formou-se nova geração de qz., de cor bege, com diâmetro maior e menos compacta. Sua morfologia, semelhante à de um pênis, gerou a crença de que teria o poder de fazer uma mulher engravidar, e para isso é usado na Índia. No Egito Antigo, era usado em rituais de iniciação e em cerimônia em busca de procriação, cura e renascimento. No Brasil, ocorre em Minas Gerais. Sin. de *pedra-índia.* ▫
quartzo-citrino V. *citrino.*
quartzo coca-cola Citrino amarelo-marrom, sem valor coml., obtido no tratamento térmico de ametista.
quartzo-crisocola Sin. de *azurcalcedônia.*
quartzo da bahia Nome coml. que, no Brasil, designa o quartzo rosa vendido em blocos, para uso como pedra ornamental. Também conhecido por quartzo de minas.
quartzo-defumado V. *quartzo-enfumaçado.*
quartzo de gato V. *quartzo olho de gato.*
quartzo de minas Nome coml. pelo qual é também conhecido o quartzo rosa no Brasil.

quartzodiorito Diorito rico em qz., que pode ser usado como pedra ornamental (v. *preto tijuca*).

quartzo-enfumaçado Var. gemológica de qz. usualmente transp., de cor cinza, podendo ter tons amarelados ou marrons. A cor deve-se, provavelmente, à matéria orgânica ou a fenômenos radioativos. Frequentemente contém inclusões líquidas ou gasosas de CO_2, bem como agulhas de rutilo. Por aquecimento a 300-400°C, pode-se transformar em citrino. Pode ser obtido expondo cristal de rocha a radiações. Dur. 7,0. D. 2,65. IR 1,544-1,553. U(+). Bir. 0,009. Disp. 0,013. Não tem clivagem e não costuma ser fluorescente. Pode formar cristais com bem mais de 100 kg. É lapidado em pendeloque, cabuchão, oval e estrela múltipla. Não é uma gema cara. Pedras lapidadas de 1 ct a 50 ct valem US$ 0,50 a US$ 3/ct, faixa de preço do quartzo-rutilado. É bem mais barato, em média, que o citrino. Os principais produtores são Brasil, Madagascar, Rússia, Escócia, Suíça e Ucrânia. Sin. de *quartzo-defumado, quartzo-fumé*. ◻

quartzo-esmeralda V. *prásio*.

quartzo-espectral Sin. de *quartzo-fantasma*.

quartzo-estrela Qz. astérico. O asterismo deve-se à inclusão de agulhas submicroscópicas e paralelas de outro mineral.

quartzo-fantasma Var. de qz. formada pelo crescimento através de fases cíclicas, entre as quais houve deposição epitáxica de outras substâncias. Assim chamado porque parece mostrar, de modo difuso, um cristal dentro do outro. Sin. de *quartzo-espectral*.

quartzo-fumé Sin. de *quartzo-enfumaçado*. Do fr. *fumé* (enfumaçado).

quartzo-íris Cristal de rocha com iridescência, em razão da existência de ar em finas frat. Sin. de *quartzo-arco-íris*.

quartzo-jacinto Citrino vermelho a marrom-avermelhado.

quartzo laser Nome coml. de uma var. de qz. incolor que forma cristais prismáticos longos, os quais, quando se chocam, emitem um som característico.

quartzo-leitoso Var. de qz. de cor branca, resultante usualmente de grande número de pequenas cavidades preenchidas por ar. O br. é, muitas vezes, graxo. Pode mostrar asterismo, tanto natural quanto artificial, sendo este obtido mediante riscos dispostos regularmente na base da gema. O quartzo-leitoso astérico colado sobre espelhos é usado como imitação de safira-estrela e de rubi-estrela. ◻

quartzo-mórion Var. gemológica de qz. de cor marrom-escura a quase preta, diferente do quartzo-enfumaçado por não ser passível de transformação em quartzo-citrino por aquecimento. Corruptela do lat. *mormorion*. ◻

quartz olho de gato Var. de qz. com inclusões fibrosas de hornblenda, transl., com jogo de cores, opalescente. As fibras são retas, e não onduladas, como no olho de tigre. A cor é marrom, cinzenta, verde ou amarelo-esverdeada. D. 2,65-2,66. IR 1,544-1,553. É produzido no Sri Lanka, Índia e Brasil. Não tem fluorescência, pleocroísmo nem clivagem. Sin. de *olho de gato ocidental, quartzo de gato*.

quartzo olho de pássaro Jaspe com pequenas esferas de qz. geralmente incolores. Cf. *jaspe-esferulítico*.

quartzo-prismático V. *cordierita*.

quartzo rosa Var. de qz. de cor rosa, resultante da reflexão da luz em agulhas de rutilo muito finas e disseminadas, eventualmente resultante da presença de manganês trivalente. É geralmente maciça e transl. Pode mostrar asterismo, provocado por inúmeros feixes de inclusões aciculares muito curtas. Cada feixe consiste em três conjuntos de agulhas a 60° um do outro. Dur. 7,0. D. 2,65. IR 1,544-1,553. Bir. 0,009. U(+). Disp. 0,013. Tem fraco pleocroísmo em rosa e rosa-claro. Fluorescência violeta-escuro também fraca. O quartzo rosa é usado como gema e pedra ornamental. É lapidado quase sempre em cabuchão, recebendo geralmente um espelho azul

ou vermelho na base, para melhorar a cor e o asterismo. A cor do quartzo rosa pode enfraquecer ou mesmo desaparecer por exposição prolongada à luz do sol. É produzido pelos EUA, Brasil e por vários outros países. No Brasil, principal produtor, é encontrado em Minas Gerais, Bahia e Paraíba. Sin. de *canga--rosa*, *pseudorrubi*, *rubi da boêmia*. ▫
quartzo-rutilado Var. gemológica de qz. com inclusões aciculares de rutilo dourado ou avermelhado, às vezes chamado erroneamente, no comércio, de dendrita. Produzido principalmente no Brasil, nos Estados da Bahia (Novo Horizonte) e Minas Gerais. Gemas facetadas de 1 ct a 100 ct valem US$ 0,50 a US$ 4/ct. Cabuchões valem menos: US$ 0,35 a US$ 2/ct. Cf. sagenita. ▫
quartzo-safira Sin. de *quartzo azul*.
quartzo-topázio Sin. de *quartzo-citrino*.
quartzo-verde R. metamórfica (cataclasito) formada por grãos de qz. e palhetas de fuchsita (mica de cor verde) que aparecem dentro dos grãos e entre eles. A quantidade de fuchsita não é grande, mas suficiente para dar cor ao material. ▫
quebragem (gar., BA) Fragmentação do cascalho diamantífero consolidado.
queenstownito Nome de um tectito que é encontrado em *Queenstown* (Nova Zelândia).
queima Tratamento a que são submetidas certas gemas a fim de terem melhorada a sua cor, o qual consiste em aquecimento a uma temperatura que varia conforme o mineral.
queimado (gar.) Cata já explorada.
QUEITITA Silicato-sulfato de chumbo e zinco – $Pb_4Zn_2(SO_4)(SiO_4)(Si_2O_7)$ –, monocl., em cristais de até 10 mm, incolores a amarelo-claros, tabulares, encontrados em minérios de Tsumeb (Namíbia). Dissolve-se com dificuldade em ác. nítrico quente. D. 6,07, br. graxo, traço branco. Homenagem a Clive. S. *Queit*, comerciante de minerais de Tsumeb (Namíbia).
queleutita Var. bismutífera de skutterudita. Do gr. *kheleutos* (entrelaçado), pela aparência de suas massas cristalinas.

QUENIAÍTA Silicato básico hidratado de sódio – $Na_2Si_{22}O_{41}(OH)_8 \cdot 6H_2O$ (?) –, monocl., descoberto no Quênia e ainda pouco estudado.
QUENSELITA Óxido básico de chumbo e manganês – $PbMnO_2(OH)$ –, monocl., preto. Descoberto em Varmland (Suécia) e assim chamado em homenagem ao professor sueco Percy D. *Quensel*.
QUENSTEDTITA Sulfato hidratado de ferro – $Fe_2(SO_4)_3 \cdot 11H_2O$ –, tricl., solúvel em água fria, descoberto em Tierra Amarilla, Copiapó (Chile). Homenagem a Friedrich A. *Quensted*, mineralogista alemão.
QUERMESITA Oxissulfeto de antimônio – Sb_2S_2O –, tricl., pseudomonocl., encontrado geralmente como tufos de cristais capilares de cor vermelho-cereja, produzidos por alteração da estibinita. É fonte de antimônio. De *quermes* (do persa *qurmizq*), nome dado na Química antiga ao trissulfato de antimônio, vermelho e amorfo, frequentemente misturado com trióxido de antimônio. Sin. de *pirostibita*, *blenda de antimônio*.
querolita V. *cerolita*.
querosene (gar., BA) Diamante azul--leitoso.
QUETZALCOATLITA Mineral de fórmula química $Zn_6Cu_3(TeO_3)_2O_6(OH)_6(Ag_xPb_y)Cl_{x+2y}$, onde x + y é igual a 2 ou menor que esse valor. Trig., friável, forma pequenas crostas cristalinas ou em conjuntos de agulhas de cor azul. De *Quetzalcoatl*, deusa tolteca do mar, em alusão à sua cor azul.
quiastolita Var. opaca de andaluzita contendo inclusões carbonosas pretas, arranjadas geometricamente ao longo do eixo maior do cristal. Dur. 6,5-7,5. D. 3,10-3,20. IR 1,629-1,638. Bir. 0,009. B(–). Disp. 0,016. Usada como amuleto, berloque e em joias. No Brasil, ocorre em São Paulo. Do gr. *kiastos* (cruzado) + *lithos* (pedra), por terem as inclusões, algumas vezes, a forma de cruz. Sin. de *crucita*, ¹*pedra de cruz*. ▫
quijila (gar., GO) Em Campos Verdes, mulher, criança ou qualquer outra pessoa

de baixa renda que procura esmeralda no rejeito de material já processado e no minério de baixo teor, comprando-os ou obtendo-os gratuitamente.

quilate 1. Unidade de massa usada para gemas. Equivale a 200 miligramas e divide-se em cem pontos. Palavra derivada de *cattie*, nome da semente de uma planta africana, a alfarrobeira, que antigamente era usada para pesar gemas. Como o peso dessa semente, 195 mg a 199 mg, era naturalmente variável, fixou-se o valor do quilate em 200 mg (quilate métrico). Símbolo: *ct* (do ingl. *carat*). Para alguns autores, a palavra deriva do gr. *keras* (corno), pela dur. e forma das sementes da alfarrobeira; de *keras*, teria surgido *carat* e, daí, *quilate*. Cf. *grão*. 2. Unidade de medida da porcentagem de ouro nas ligas. O ouro puro (100% Au) contém 24 quilates. Portanto, um quilate corresponde a 4,17% Au, aproximadamente. Símbolo: K. Se este símbolo é seguido de um P (do lat. *plumbum*, chumbo), a segunda letra significa *exatamente*. O uso da mesma palavra para designar conceitos tão diferentes deve-se ao fato de Creso, rei da Lídia, ter mandado cunhar uma famosa moeda de ouro que pesava 24 quilates.

quilateira Instrumento semelhante a uma peneira, usado para avaliar o peso de pedras preciosas por meio do seu volume.

quilate métrico Sin. de ^{1}*quilate*.

QUINTINITA Carbonato básico hidratado de magnésio e alumínio – $Mg_4Al_2(OH)_{12}CO_3.3H_2O$ –, hexag., descoberto em Jacupiranga, SP (Brasil).

Quinzita Var. de opala-comum de cor rósea.

QUIOLITA Fluoreto de sódio e alumínio – $Na_5Al_3F_{14}$ –, tetrag., geralmente maciço, às vezes granular. Forma raros cristais piramidais, pequenos. Clivagem basal perfeita, branco ou incolor. Dur. 3,5-4,0. D. 2,8-2,9. Descoberto nos montes Urais (Rússia). Do gr. *kion* (neve) + *lithos* (pedra), por sua semelhança com a criolita. Sin. de *arksutita*.

quoin 1. Nome dado a quatro das oito grandes facetas quadrangulares da coroa do brilhante. Sin. de *losango*. 2. Nome dado às facetas pentagonais do pavilhão do brilhante correspondentes às facetas *quoin* da coroa.

Rr

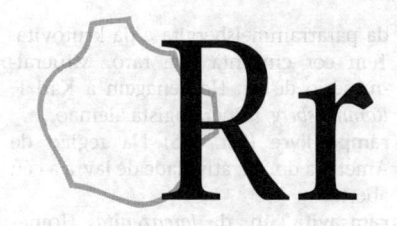

RAADEÍTA Fosfato básico de magnésio – $Mg_7(PO_4)_2(OH)_8$ –, monocl., descoberto na Noruega. Cf. *alactita*.
RABBITTITA Carbonato básico hidratado de cálcio, magnésio e uranila – $Ca_3Mg_3(UO_2)_2(CO_3)_6(OH)_4 \cdot 18H_2O$ –, monocl., com 31,1% U. É amarelo-esverdeado claro e ocorre como eflorescências. Fortemente radioativo com fluorescência média a fraca. Muito raro. Homenagem a John C. *Rabbitt*, geólogo norte-americano.
rabdita Sin. de *schreibersita*, que designa especialmente a var. em cristais aciculares. Do gr. *rhabdos* (vara), por seu hábito.
RABDOFANO-(Ce) Fosfato hidratado de cério com lantânio – $(Ce,La)PO_4 \cdot H_2O$ –, hexag., em agregados terrosos, esferulíticos ou granulares, ou então em crostas. Cor marrom, rosa ou branco-amarelada. Do gr. *rhabdos* (vara) + *phaino* (brilhar), por exibir um espectro bandeado. Sin. de *scovillita*, *erikita*. Cf. *rabdofano-(La)*, *rabdofano-(Nd)*. O grupo dos rabdofanos inclui mais seis fosfatos hexag. e um ortor.: rabdofano-(La), rabdofano-(Nd), brockita, grayita, ningyoíta e tristramita.
RABDOFANO-(La) Fosfato hidratado de lantânio com cério – $(La,Ce)PO_4 \cdot H_2O$ –, hexag., descoberto na mina Clara, na Floresta Negra (Alemanha). Cf. *rabdofano-(Ce)*, *rabdofano-(Nd)*.
RABDOFANO-(Nd) Fosfato hidratado de neodímio com cério e lantânio – $(Nd,Ce,La)PO_4 \cdot H_2O$ –, hexag., descoberto em uma mina de Litchfield, Connecticut (EUA). Cf. *rabdofano-(Ce)*, *rabdofano-(La)*.
RABEJACITA Sulfato básico hidratado de cálcio e uranila – $Ca(UO_2)_4(SO_4)_2(OH)_6 \cdot 6H_2O$ –, ortor., descoberto em Hérault, na França.
racewinita Silicato hidratado de alumínio e ferro – $[(Al,Fe)_2O_3]_2(SiO_2)_5 \cdot 9H_2O$ –, verde-azulado a marrom-escuro.
RADHAKRISHNAÍTA Cloreto de chumbo e telúrio com enxofre – $PbTe_3(Cl,S)_2$ –, tetrag., descoberto em um depósito de ouro da Índia.
radient Espinélio sintético incolor.
radioluminescência Luminescência provocada pelo impacto de partículas radioativas. Cf. *fluorescência, termoluminescência, tri-boluminescência*.
radiotina Silicato de magnésio – $H_4Mg_3Si_2O_9$ –, semelhante às serpentinas, porém mais denso e insolúvel em água.
RADOVANITA Arsenato hidratado de cobre e ferro – $Cu_2Fe(AsO_4)(AsO_2OH)_2 \cdot H_2O$ –, ortor., descoberto em um depósito de cobre da França.
RADTKEÍTA Mineral de fórmula química Hg_2S_2ClI, ortor., descoberto em uma mina de mercúrio de Humboldt, Nevada (EUA). Tem 72,65% Hg e 15,32% I. Assim chamado em homenagem a Arthur *Radtke*, geólogo norte-americano.
rafaelita Sin. de *paralaurionita*. Nome derivado de San *Rafael*, mina do Chile.
rafita V. *ulexita*. Provavelmente do gr. *raphis* (agulha).
RAGUINITA Sulfeto de tálio e ferro – $TlFeS_2$ –, monocl., muito raro, descoberto em Allchar (Macedônia). Não confundir com *raguita*. Do gr. *raghos* (bago de uva), por seu hábito.
raguita Sin. de *atelestita*. Do gr. *raghos* (bago de uva), por seu hábito botrioidal.
raimondita Sulfato hidratado de ferro – $(FeO_3)_2(SO_3)_3 \cdot 7H_2O$ –, amarelo, solúvel em ác. clorídrico.
RAÍTA Silicato básico hidratado de sódio, manganês e titânio – $Na_3Mn_3Ti_{0,25}[Si_2O_5]_4(OH)_2 \cdot 10H_2O$ –, monocl., de cor marrom, que ocorre em cavidades e frat. Forma crostas de fibras com disposição radial. De *Ra*, nome dado ao barco de papiro utilizado na expedição

científica de Thor Heyerdhal. Não confundir com *rayita*.
rajada (gar.) Sin. de *ágata do campo*.
RAJITA Telurato de cobre – $CuTe_2O_5$ –, monocl., verde, encontrado na forma de cristais de 1,5 mm em riolito de Lone Pine, Novo México (EUA), talvez em pseudomorfose sobre teineíta. Dur. 4. D. 5,8. Facilmente solúvel em ác. diluídos; é também fácil de fundir. Homenagem ao mineralogista Robert Allen Jenkins, seu descobridor.
ralagem (gar., BA) Lavagem do cascalho deslamado e já sem a maior parte do qz.
ralo de apuração (gar., BA) Ralo construído com latas velhas, grosseiramente perfuradas, com bordos de madeira, utilizado na ralagem.
RALSTONITA Fluoreto hidratado de sódio, magnésio e alumínio – $Na_xMg_xAl_{2-x}(F,OH)_6 \cdot H_2O$ –, cúb., em octaedros incolores, brancos ou amarelados. Descoberto em Ivigtut, Groenlândia (Dinamarca). Homenagem a J. G. *Ralston*, seu descobridor.
RAMBERGITA Sulfeto de manganês – MnS –, hexag., dimorfo da alabandita, descoberto em Kopparberg, na Suécia. Pertence ao grupo da wurtzita.
RAMDOHRITA Sulfeto de prata, chumbo e antimônio – $Ag_3Pb_6Sb_{11}S_{24}$ –, com 10,2% Ag. Monocl., exibe cristais prismáticos ou em forma de lança, preto-acinzentados com tons azulados, traço preto-acinzentado, frágeis, de br. metálico, frat. irregular, opacos. Dur. 2,0. D. 5,33. Ocorre com qz. e pirita em Potosí (Bolívia). Homenagem a Paul *Ramdohr*, mineralogista alemão.
RAMEAUITA Óxido hidratado de potássio, cálcio e urânio – $K_2CaU_6O_{20} \cdot 9H_2O$ –, monocl., que forma cristais laranja de até 1 mm, sempre maclados, com boa clivagem segundo (010). Homenagem a Jacques *Rameau*, descobridor da jazida de urânio de Margnac, na França, onde foi descoberto simultaneamente com a agrinierita.
RAMMELSBERGITA Arseneto de níquel – $NiAs_2$ –, com 28,15% Ni. Ortor., trimorfo da pararrammelsbergita e da krutovita. Tem cor cinzenta e é raro. Mineral-minério de Ni. Homenagem a Karl F. *Rammelsberg*, mineralogista alemão.
rampa livre (gar., RS) Na região de Ametista do Sul, atividade de lavra a céu aberto.
ramsayita Sin. de *lorenzenita*. Homenagem a Andrew C. *Ramsay*, geólogo britânico.
RAMSBECKITA Sulfato básico hidratado de cobre com zinco – $(Cu,Zn)_{15}(SO_4)_4(OH)_{22} \cdot 6H_2O$ –, monocl., descoberto numa mina de *Ramsbeck* (daí seu nome), Sauerland, na Alemanha.
RAMSDELLITA Óxido de manganês – MnO_2 –, ortor., trimorfo da pirolusita e da akhtenskita. Geralmente produzido por oxidação da groutita, forma cristais foliados de D. 4,37. Homenagem a Lewis S. *Ramsdell*, mineralogista norte-americano.
RANCIEÍTA Óxido hidratado de cálcio e manganês – $(Ca,Mn^{2+})Mn_4O_9 \cdot 3H_2O$ –, hexag., que forma série isomórfica com a takanelita. De *Rancié*, Ariège (França), onde foi descoberto.
RANKACHITA Mineral de fórmula química $V(W,Fe)_2O_8(OH)[Ca_x(H_2O)_y]$, com x em torno de 0,5 e y, aproximadamente 2. É monocl., marrom-escuro a amarelo-amarronzado, de dur. 2,5. Descoberto em uma mina da Floresta Negra (Alemanha).
RANKAMAÍTA Niobotantalato de sódio com potássio e alumínio – $(Na,K)_{1-x}(Ta,Nb,Al)_4(O,OH)_{11}$ –, ortor., branco a creme. Dur. 3,0-4,0. D. 5,50. Semelhante à sillimanita em lâmina delgada. Descoberto na província de Shaba (R. D. do Congo) e assim chamado em homenagem a Kalervo *Rankama*, geoquímico finlandês.
RANKINITA Silicato de cálcio – $Ca_3Si_2O_7$ –, monocl., dimorfo da kilchoanita. Descoberto em Antrim (Irlanda do Norte). Homenagem a George A. *Rankin*, físico-químico que primeiro encontrou esse composto químico. Não confundir com *ranquilita*.

ranquilita Sin. de *haiweeíta*. Não confundir com *rankinita*.
RANSOMITA Sulfato hidratado de cobre e ferro – $CuFe_2(SO_4)_4 \cdot 6H_2O$ –, monocl., em prismas delgados azul-claros. Descoberto em Yavapai, Arizona (EUA), e assim chamado em homenagem a Frederick L. *Ransome*, geólogo norte-americano.
RANUNCULITA Fosfato básico hidratado de alumínio e uranila – $HAl(UO_2)(PO_4)(OH)_3 \cdot 4H_2O$ –, monocl., descoberto em pegmatitos de Kivu (R. D. do Congo), onde forma nódulos dourados submilimétricos. D. 3,4. Nome derivado de *ranúnculo*, por ter cor amarela como essa flor.
rapa (gar.) Local onde o cascalho está quase aflorante.
RAPIDCREEKITA Carbonato-sulfato hidratado de cálcio – $Ca_2(SO_4)(CO_3) \cdot 4H_2O$ –, ortor., descoberto em *Rapid Creek* (daí seu nome), no território de Yukon (Canadá).
RAPPOLDITA Arsenato hidratado de chumbo e cobalto com níquel – $Pb(Co,Ni)_2(AsO_4)_2 \cdot 2H_2O$ –, tricl., descoberto em rejeitos da mina *Rappold* (daí seu nome), na Saxônia (Alemanha).
raridade Característica fundamental das gemas, da qual depende muito o seu valor. Entre as gemas mais raras devem ser citados o rubi bem vermelho, o berilo vermelho, a benitoíta e o diamante vermelho. O topázio-imperial é mais valioso que o topázio azul, por ser bem mais raro que este. A esmeralda vale bem mais que as outras var. de berilo, não obstante suas imperfeições, também por ser mais rara. O espinélio púrpura vale mais que a granada de mesma cor, mas a granada verde é mais valiosa que o espinélio dessa cor. Há algumas exceções paradoxais: minerais como euclásio, fenaquita, estaurolita e andaluzita, por serem excessivamente raros, são pouco conhecidos e, por isso, pouco procurados, o que os torna baratos. A ametista é menos rara que o citrino, porém mais cara.

rashleighita Var. de turquesa rica em ferro (20%-21% Fe_2O_3). Homenagem a Phillip *Rashleigh*, mineralogista inglês.
rasorita Denominação coml. da kernita. Homenagem ao engenheiro C. M. *Rasor*.
RASPITA Volframato de chumbo – $PbWO_4$ –, monocl., dimorfo da stolzita, de cor amarelo-amarronzada. Descoberto em Broken Hill, Nova Gales do Sul (Austrália), e assim chamado em homenagem a *Rasp*, seu descobridor.
RASVUMITA Sulfeto de potássio e ferro – KFe_2S_3 –, ortor., descoberto na península de Kola (Rússia).
RATHITA Sulfoarseneto de chumbo com tálio – $(Pb,Tl)_3As_5S_{10}$ –, que forma cristais prismáticos, monocl., maclados, de cor cinza-escuro. Raro. Homenagem a G. von *Rath*, professor alemão.
RAUENTHALITA Arsenato hidratado de cálcio – $Ca_3(AsO_4)_2 \cdot 10H_2O$ –, tricl., que ocorre em esférulas brancas, irregulares, ou pequenos cristais incolores, em Sainte-Marie-aux-Mines, Alsácia (França). De *Rauenthal*, nome de um sistema de veios na mina em que foi descoberto.
RAUVITA Vanadato hidratado de cálcio e uranila – $Ca(UO_2)_2V_{10}O_{28} \cdot 16H_2O$ –, que pode conter rádio. Tem cor púrpura a azul, em tons escuros. Fortemente radioativo, possivelmente amorfo. Muito raro. Nome derivado de *rádio* + *urânio* + *vanádio* + *ita*.
RAVATITA Hidrocarboneto de fórmula química $C_{14}H_{10}$, monocl., descoberto perto de *Ravat* (daí seu nome), no Tajiquistão.
RAYITA Sulfeto de prata, chumbo e antimônio com tálio – $(Ag,Tl)_2Pb_8Sb_8S_{21}$ –, monocl., que forma grãos tabulares de 0,03 mm, cinza com traço dessa mesma cor, br. metálico, sem clivagem, com D. 6,13. Homenagem ao professor Santosh K. *Ray*. Não confundir com *raíta*. Cf. *semseyita*.
REALGAR Sulfeto de arsênio – AsS –, monocl., dimorfo do pararrealgar. É

nodular, maciço ou granular; vermelho a alaranjado, transl. a transp., com traço amarelo-alaranjado, br. resinoso a graxo. É flexível, séctil, com boa clivagem basal e frat. subconchoidal. Altera-se facilmente a pararrealgar (e não ouro-pigmento, como se pensava) por simples exposição à luz. Dur. 1,5-2,0. D. 3,50. IR extremamente alto. Ocorre em veios e fontes termais, geralmente associado a ouro-pigmento. Raramente usado como gema, sendo mais importante na obtenção de pigmento, arsênio (tem 70,1% As) e na fabricação de fogos de artifício. Do ár. *raj al ghar* (pó da mina). Sin. de *rubi de enxofre, rosalgar*. ☐

reamurita Silicato de sódio e cálcio produzido pela ação do calor vulcânico, durante a erupção do monte Pelée, em 1902, sobre os vidros das janelas de St. Pierre (Martinica). É cristalino, fibroso. Cf. *devitrita*.

rebaixe (gar., RS) Na região de Ametista do Sul, trecho de galeria em que o cascalho aparece cada vez mais baixo, indicando que não deve haver geodos à frente.

REBULITA Sulfoarseneto de tálio e antimônio – $Tl_5Sb_5As_8S_{22}$ –, monocl., cinza-escuro, de br. metálico, traço vermelho-amarronzado. D. 4,81-4,40. Descoberto em Allchar (Macedônia).

RECTORITA Mineral argiloso formado por interestratificação regular 1:1 de uma mica dioctaédrica e de uma esmectita também dioctaédrica. Descoberto em Garland, Arkansas (EUA). Sin. de *allevardita*.

REDDINGITA Fosfato hidratado de manganês – $Mn_3(PO_4)_2.3H_2O$ –, ortor., que forma série isomórfica com a fosfoferrita. Tem cor branco-amarela ou branco-rosada. De *Redding*, Connecticut (EUA), onde foi descoberto.

REDINGTONITA Sulfato hidratado de ferro e cromo com alumínio – $Fe(Cr, Al)_2(SO_4)_4.22H_2O$ –, monocl., em massas fibrosas de cor púrpura-claro. De *Redington*, mina de mercúrio de Napa, Califórnia (EUA), onde foi descoberto.

red itápolis Nome coml. usado no comércio exterior para designar o granito vermelho itaipu.

REDLEDGEÍTA Óxido de bário, titânio e cromo – $Ba_x(Ti_{8-2x}Cr_{2x})O_{16}$ –, tetrag., com x = 1,0-1,3. Descoberto na mina de ouro *Red Ledge* (daí seu nome), em Nevada, Califórnia (EUA). Cf. *mannardita*.

redruthita V. *calcocita*.

REEDERITA-(Y) Mineral de fórmula química $Na_{15}Y_2(CO_3)_9(SO_3F)Cl$, hexag., descoberto em uma pedreira de Rouville, Quebec (Canadá).

REEDMERGNERITA Borato-silicato de sódio – $NaBSi_3O_8$ –, do grupo dos feldspatos, equivalente borífero da albita. Ocorre em pequenos prismas curtos, monocl., incolores, terminados em cunha. Homenagem a Frank S. *Reed* e John L. *Mergner*, preparadores de seções polidas e de seções delgadas para exame microscópico de rochas.

REEVESITA Carbonato básico hidratado de níquel e ferro – $Ni_6Fe_2(CO_3)(OH)_{16}.4H_2O$ –, trig., descoberto em um meteorito encontrado na Austrália.

refdanskita V. *revdanskita*.

refervido (gar., MG) Associação de albita sacaroide, moscovita em palhetas e schorlita, encontrada na região de Virgem da Lapa.

REFIKITA Ác. δ-13-di-hidro-d-pimárico – $C_{20}H_{32}O_2$ –, ortor., que forma cristais aciculares em pântanos da Baviera (Alemanha), em raízes fósseis de abeto, e em Abruzzi (Itália). PF 182°C.

reflexão Retorno da luz ao incidir em uma superfície qualquer, como uma faceta de uma gema, por ex. Cf. *refração*.

refração Mudança na direção e/ou velocidade da luz quando esta penetra em um meio de densidade óptica diferente daquela do meio de que provém. Cf. *reflexão, refringência*.

refratômetro Aparelho utilizado para medir o IR de uma substância com base no ângulo crítico de reflexão total. O refratômetro mais usado em Gemologia consiste em uma caixa de aço de aproximadamente 15 cm de comprimento, com um vidro na parte superior. Esse vidro tem IR muito alto (1,920), inferior ao de apenas sete minerais-gema. Sobre ele, coloca-se a gema cujo IR se quer medir, apoiada sobre uma faceta. Uma fonte de luz natural ou artificial, de preferência luz monocromática amarela, é colocada na parte frontal do aparelho. Ao atravessar o vidro, a luz atinge a gema e é refletida para baixo, incidindo em um prisma, de onde é refletida até o olho do observador. Entre o vidro e o prisma, há duas lentes, separadas por uma escala de IR que vai de 1,300 a 1,810. Através da ocular, lê-se o IR diretamente nessa escala. Se o mineral for anisótropo, ler-se-ão diferentes valores de IR, conforme a posição da gema. Usa-se um polaroide acoplado à ocular e, para cada posição da gema, lê-se o IR com o polaroide em duas posições, a 90° uma da outra. O número mínimo de leituras recomendáveis é duas a três para minerais isótropos, quatro a cinco para minerais uniaxiais e dez para minerais biaxiais. Entre o vidro e a gema, coloca-se uma gota de um líquido de IR 1,810, composto de iodeto de metileno com tetraiodoetileno e enxofre (solução de Anderson) ou outro líquido de alto IR.

refringência Capacidade de uma substância de refratar a luz. É expressa, quantitativamente, pelo índice de refração. Cf. *birrefringência*.
regalair (nome coml.) V. *yag*.
REICHENBACHITA Fosfato básico de cobre – $Cu_5(PO_4)_2(OH)_4$ –, monocl., trimorfo da ludjibaíta e da pseudomalaquita, descoberto perto de *Reichenbach* (daí seu nome), na Alemanha.
REIDITA Silicato de zircônio – $ZrSiO_4$ –, tetrag., descoberto em New Jersey (EUA). Cf. *zircão, scheelita*.
REINERITA Arsenato de zinco – $Zn_3(AsO_3)_2$ –, que forma cristais ortor., verde-amarelados, claros. Descoberto na mina Tsumeb (Namíbia). Não confundir com *renierita*.
REINHARDBRAUNSITA Silicato de cálcio – $Ca_5(SiO_4)_2(OH,F)_2$ –, monocl., rosa-claro, de br. vítreo, com dur. 5.6, D. 2,8-2,9 e clivagem distinta segundo (001). Descoberto em xenólitos de material ejetado do vulcão Ettringer, perto de Mayen (Alemanha). Homenagem a *Reinhard Brauns*, professor de Mineralogia alemão.
reinita V. *ferberita*. Homenagem a Johannes J. *Rein*, que trouxe do Japão as primeiras amostras.
remingtonita Carbonato hidratado de cobalto. Talvez seja uma mistura de minerais. De *Remington*.
remolinita V. *atacamita*.
REMONDITA-(Ce) Carbonato de fórmula química $Na_3(Ce,La,Ca,Na,Sr)_3(CO_3)_5$, monocl., pseudo-hexag., descoberto na República dos Camarões. Cf. *remondita-(La)*.
REMONDITA-(La) Carbonato de fórmula química $Na_3(La,Ce,Ca)_3(CO_3)_5$, monocl., descoberto na península de Kola (Rússia). Cf. *remondita-(Ce)*.
renardita Fosfato básico hidratado de uranila e chumbo – $Pb(UO_2)_4(PO_4)_2(OH)_4 \cdot 7H_2O$ –, amarelo, fluorescente, fortemente radioativo. Muito raro. Homenagem ao professor A. F. *Renard*.
RENGEÍTA Silicato de estrôncio, zircônio e titânio – $Sr_4ZrTi_4Si_4O_{22}$ –, monocl., descoberto em *Renge* (daí seu nome), na província de Niigata (Japão).

RENIERITA Sulfeto de fórmula química $(Cu,Zn)_{11}(Ge,As)_2Fe_4S_{16}$, tetrag., pseudocúb., de cor bronzeada. Tem 6,37%-7,8% Ge, sendo usado para extração desse elemento. Dur. 4,0. Homenagem a A. Renier. Sin. de *ferrogermanita*. Não confundir com *reinerita*.

reniformita Sin. de *jordanita*. Do lat. *renis* (rim) + *forma*, por ocorrer em agregados reniformes.

RÊNIO V. *Anexo*.

rensselaerita Var. de talco fibrosa e compacta, pseudomorfa sobre piroxênio. É mais dura que o talco normal e permite bom polimento, sendo, por isso, frequentemente usada em objetos ornamentais. Ocorre no Canadá e nos EUA (norte de Nova Iorque). Homenagem a Stephen van *Rensselaer*, político norte-americano.

replique (nome coml.) V. *yag*.

repossita Sin. de *graftonita*. Homenagem a Emilio *Repossi*, geólogo italiano.

REPPIAÍTA Hidroxivanadato de manganês – $Mn_5(OH)_4(VO_4)_2$ –, monocl., descoberto perto de *Reppia* (daí seu nome), na Ligúria (Itália).

resina acrílica V. *perspex*.

resina cauri Resina semelhante ao copal, amarelo-esbranquiçada ou marrom-clara, geralmente fóssil e produzida pelo ¹*cauri* (v.). Ocorre principalmente na Nova Zelândia, Nova Caledônia e nas Filipinas. É usada em vernizes, linóleo e na fabricação da caurita (cola de madeira). Sin. de ²*cauri*, *copal-cauri*.

resina fóssil Designação comum às resinas naturais encontradas em depósitos geológicos, formadas por exsudação de plantas soterradas por longo período de tempo.

resina-laranja (gar., PI) Sin. de *fogaça*.

RETGERSITA Sulfato hidratado de níquel – $NiSO_4.6H_2O$ –, encontrado em cristais tetrag., trapezoidais, verdes, mais frequentemente em crostas fibrosas. Dimorfo da níquel-hexaidrita. Clivagem (001). Dur. 2,5. D. 2,07. Homenagem a Jan W. *Retgers*, químico e cristalógrafo alemão.

retinalita Var. gemológica de crisotilo, maciça, amarelo-mel ou esverdeada, com br. de cera ou resinoso. D. 2,49. É encontrada em Greenville (Canadá).

RETZIANA-(Ce) Arsenato básico de manganês e cério – $Mn_2Ce(AsO_4)(OH)_4$ –, ortor., marrom, fracamente radioativo. Forma cristais de dur. 4 e D. 4,15. Muito raro, descoberto em Varmland (Suécia). Homenagem a Anders Jahan *Retzius*, naturalista sueco. Cf. *retziana-(La)*, *retziana-(Nd)*.

RETZIANA-(La) Arsenato básico de manganês e lantânio com outros metais – $(Mn,Mg)_2(La,Ce,Nd)(AsO_4)(OH)_4$ –, ortor., marrom, fracamente radioativo. Forma cristais de dur. 4 e D. 4,15. Muito raro, descoberto em Sussex, New Jersey (EUA). Cf. *retziana-(Ce)*, *retziana-(Nd)*.

RETZIANA-(Nd) Arsenato básico de manganês e neodímio com cério e lantânio – $Mn_2(Nd,Ce,La)(AsO_4)(OH)_4$ –, ortor., marrom-rosado a marrom-avermelhado, descoberto na mina Sterling Hill, Sussex, New Jersey (EUA), onde forma cristais euédricos de br. vítreo, traço marrom muito claro, sem clivagem visível, com frat. irregular. Dur. 3-4. D. maior que 4,2. Cf. *retziana-(Ce)*, *retziana-(La)*.

revdanskita Silicato de níquel do grupo das serpentinas. Pode ser mineral-minério de níquel. De *Revdinsk*, Urais (Rússia), onde foi descoberto. Sin. de *revdinita*, *revdinskita*, *rewdanskita*, *refdanskita*, *rewdjanskita*, *rewdinskita*.

revdinita Sin. de *revdanskita*.

revdinskita Sin. de *revdanskita*.

REVDITA Silicato básico hidratado de sódio – $Na_{16}[Si_4O_6(OH)_5]_2[Si_8O_{15}(OH)_6](OH)_{10}.28H_2O$ –, monocl., encontrado em veios de ussinguito, que cortam nefelinassienitos na península de Kola (Rússia), onde aparece na forma de massas arredondadas irregulares de até 1 ou 2 cm, incolores, de br. vítreo ou nacarado, com clivagem (100) perfeita e (010) muito boa. Dur. em torno de 2. D. 1,94. De *Revda*, vilarejo próximo ao local onde foi descoberto.

rewdanskita V. *revdanskita*.
rewdinskita V. *revdanskita*.
rewdjanskita V. *revdanskita*.
REYERITA Aluminossilicato básico hidratado de sódio e cálcio com potássio – $(Na,K)_2Ca_{14}Si_{22}Al_2O_{58}(OH)_8 \cdot 6H_2O$ –, trig., micáceo, idêntico na aparência à girolita e à zeofilita. Cf. *truscottita*.
rezbanyíta Sulfeto de chumbo, cobre e bismuto – $Pb_3Cu_2Bi_{10}S_{19}$ –, de cor cinza, traço preto. D. 6,39-6,09. É uma mistura. De *Rezbanya*, hoje Brita (Romênia).
rhinestone *Chaton* feito com vidro colorido. Do ingl. *Rhine* (Reno) + *stone* (pedra).
RHODESITA Silicato hidratado de potássio e cálcio – $KHCa_2Si_8O_{19} \cdot 5H_2O$ –, ortor., fibroso, formando rosetas de até 2 mm, com clivagem (100) boa. Homenagem a Cecil J. *Rhodes*. Não confundir com *rodizita*.
rhodoid Nome coml. do acetato de celulose. É usado como imitação de âmbar e de tartaruga, diferindo do primeiro por ter D. maior (1,28), e da tartaruga por ter IR menor (1,490).
RHOENITA Silicato de cálcio e magnésio com ferro, titânio e alumínio – $Ca_2(Mg,Fe^{2+},Fe^{3+},Ti)_6(Si,Al)_6O_{20}$ –, tricl., do grupo da enigmatita. Assemelha-se a esta, mas contém mais ferro e não tem sódio. Descoberto em *Rhoen* (daí seu nome), na Alemanha.
riacolita V. *sanidina*. Talvez do gr. *rhyakos* (riacho de lava) + *philos* (amigo), em alusão à sua origem vulcânica.
RIBBEÍTA Silicato básico de manganês – $Mn_5(SiO_4)(OH)_2$ –, ortor., dimorfo da alleghanyíta, descoberto em Tsumeb (Namíbia).
RICHELLITA Fosfato básico hidratado de cálcio e ferro – $Ca_3Fe_{10}(PO_4)_8(OH,F)_{12} \cdot nH_2O$ (?) –, em massas amorfas amarelas. Sua existência como espécie é duvidosa. De *Richelle*, Liège (Bélgica), onde foi descoberto.
RICHELSDORFITA Cloroarsenato hidratado de cálcio, cobre e antimônio – $Ca_2Cu_5Sb(AsO_4)_4Cl(OH)_6 \cdot 6H_2O$ –, monocl., que forma finos cristais tabulares azul--turquesa, de br. vítreo, clivagem basal perfeita, dur. 2, D. 3,3, facilmente solúveis em HCl.
RICHETITA Óxido básico de chumbo e uranila – $Pb_9(UO_2)_{36}(OH)_{24}O_{36}$ –, tricl., preto, descoberto na província de Shaba (R. D. do Congo) e assim chamado em homenagem ao geólogo Emile *Richet*.
RICHTERITA Silicato básico de sódio, cálcio e magnésio – $Na(CaNa)Mg_5Si_8O_{22}(OH)_2$ –, monocl., do grupo dos anfibólios. Marrom, amarelo ou vermelho-rosado, com clivagens perfeitas. Comum em r. ácidas ou ricas em sódio. Também presente em meteoritos. Homenagem a Theodor *Richter*, químico-metalurgista alemão.
RICKARDITA Telureto de cobre – $Cu_{3-x}Te_2$ –, ortor., pseudotetrag., em agregados porosos de grãos muito finos com cor púrpura. Não se conhecem cristais. Descoberto em uma mina de Gunnison, Colorado (EUA), e assim chamado em homenagem a T. A. *Rickard*, engenheiro de minas norte-americano. Sin. de *sanfordita*.
Ricolite Nome coml. (marca registrada) de uma var. de serpentina de cor verde distribuída em faixas, procedente do Novo México (EUA).
RIEBECKITA Silicato básico de sódio e ferro – [ ]$Na_2Fe_5Si_8O_{22}(OH)_2$ –, do grupo dos anfibólios monocl., que forma série isomórfica com a magnesiorriebeckita. Tem cor azul ou preta e D. 3,02-3,42. Ocorre em r. ígneas sódicas com qz. ou r. ácidas. Pode ser de origem secundária, em r. sedimentares. Há uma var., a crocidolita, que se forma juntamente com qz., constituindo o olho de falcão e o olho de tigre. Homenagem a Emul *Riebeck*, explorador alemão.
rijkeboerita V. *bariomicrolita*. Homenagem a A. *Rijkeboer*. Nome a abandonar.
RILANDITA Silicato hidratado de cromo com alumínio – $(Cr,Al)_6SiO_{11} \cdot 5H_2O$ (?) –, marrom-escuro, ainda insuficientemente estudado. Descoberto em Rio Blanco, Colorado (EUA).

RIMKOROLGITA Fosfato hidratado de magnésio e bário – $Mg_5Ba(PO_4)_4.8H_2O$ –, ortor., pseudo-hexag., descoberto em um depósito de ferro da península de Kola (Rússia).

rimpylita V. *hornblenda*. Nome a abandonar.

RINGWOODITA Silicato de magnésio com ferro – $(Mg,Fe)_2SiO_4$ –, cúb., trimorfo da wadsleyita e da forsterita, de cor púrpura, típico de meteoritos. Foi descoberto em um condrito de Queensland (Austrália) e, em 2014, em um diamante de Juína (MT).

RINKITA Silicato complexo de fórmula química $(Ca,Ce)_4Na(Na,Ca)_2Ti(Si_2O_7)_2F_2O,F)_2$, monocl., descoberto na Groenlândia (Dinamarca). Homenagem a *Rink*, industrial groenlandês. Cf. *nacareniobsita-(Ce)*, *mosandrita*.

rinkolita V. *mosandrita*. Assim chamado por se assemelhar à rinkita.

RINMANITA Óxido de fórmula química $Zn_2Sb_2Mg_2Fe_4O_{14}(OH)_2$, hexag., descoberto em uma mina de Dalarna, na Suécia, e assim chamado em homenagem a Sven *Rinman*, pioneiro da indústria mineral sueca. Cf. *nolanita*.

RINNEÍTA Cloreto de potássio, sódio e ferro – $K_3NaFeCl_8$ –, incolor, rosa, violeta ou amarelo, trig. Descoberto na Saxônia (Alemanha) e assim chamado em homenagem a Friedrich *Rinne*, cristalógrafo e petrógrafo alemão.

rio grande do norte Nome coml. de um mármore rosa do Brasil.

ripidolita Var. ferrífera de clinocloro. Do gr. *rhipidos* (leque) + *lithos* (pedra).

risco Sin. de *traço*.

risoerita Var. titanífera, metamicta, de fergusonita. De *Risoer* (Noruega), perto de onde foi encontrada.

rittingerita Sin. de *xantoconita*.

RITTMANNITA Fosfato básico hidratado de manganês, ferro e alumínio – $Mn_2Fe_2Al_2(PO_4)_4(OH)_2.8H_2O$ –, monocl., pseudo-hexag., do grupo da whiteíta, descoberto em um pegmatito de Beira Alta (Portugal).

RIVADAVITA Borato hidratado de sódio e magnésio – $Na_6MgB_{24}O_{40}.22H_2O$ –, monocl., descoberto em jazida de bórax de Salta (Argentina).

rivaíta Wollastonita em agulhas, embebida em vidro, descrita inicialmente como espécie nova.

RIVERSIDEÍTA Silicato básico de cálcio – $Ca_5Si_6O_{16}(OH)_2$ –, ortor., fibroso e compacto, branco. De *Riverside*, Califórnia (EUA), onde foi descoberto.

rizalito Nome de um tectito.

rizopatronita Nome de uma var. de patronita. Talvez do gr. *rhyzo* (raiz) + *patronita*.

ROALDITA Nitreto de ferro – Fe_4N –, cúb., branco, que forma pequenas lâminas alongadas de 0,001-0,002 mm em camacita. Homenagem ao dinamarquês *Roald* N. Nielsen.

robellazita Nome de uma substância contendo Nb, Ta, W, V e outros elementos. Provavelmente uma mistura de minerais.

ROBERTSITA Fosfato hidratado de cálcio e manganês – $Ca_2Mn_3(PO_4)_3O_2.3H_2O$ –, monocl., dimorfo da pararrobertsita. É encontrado em massas fibrosas e pequenos cristais cuneiformes, cor preta ou vermelho-sangue. Homenagem a Willard L. *Roberts*, mineralogista norte-americano. Cf. *mitridatita*.

ROBINSONITA Sulfoantimoneto de chumbo – $Pb_4S_6S_{13}$ –, monocl., descoberto em Nevada (EUA). Forma cristais frágeis, estriados segundo [001]. Dur. 2,5-3,0. D. 5,20. Homenagem a Stephen *Robinson*, o primeiro a sintetizar o mineral.

rocha Agregado natural de minerais (geralmente dois ou mais), em proporções definidas, que ocorre em extensão considerável. As r. são classificadas em três grandes grupos: *ígneas* (basaltos, dioritos, gabros etc.); *metamórficas* (quartzitos, mármores, gnaisses, xistos etc.); e *sedimentares* (calcários, arenitos, folhelhos etc.). R. como o mármore e o quartzito são ditas *monominerálicas*, por conterem um só mineral essencial. Muitas r. são usadas como pedra ornamental e algumas poucas, como gema.

rocha azul Lápis-lazúli da Califórnia (EUA).
rocha do labrador V. *labradorita*.
rocha flameada *Rocha serrada retificada* (v.) que foi submetida a fogo e água em seguida, para ficar com aspecto rugoso. É usada em revestimentos externos, principalmente escadarias e rampas acentuadas.
rocha levigada Sin. de *rocha serrada retificada*.
rocha lustrada R. que, além de aplainada e polida, recebeu lustre.
rocha movimentada Nome dado, no comércio de r. ornamentais, às r. graníticas do tipo gnaisse e migmatito.
rocha ornamental R. que, por sua beleza e/ou propriedades físicas (sobretudo a cor), é usada em acabamentos arquitetônicos, como revestimento de paredes, pisos, escadarias, pias etc., bem como em obras de arte (esculturas, túmulos etc.). CLASSIFICAÇÃO. As r. ornamentais são classificadas em: *clássicas* – as que não sofrem influência da moda, como mármores brancos e granitos vermelhos; *comuns* – aquelas muito usadas em revestimentos, como granitos cinza e rosados e mármores beges ou acinzentados; *excepcionais* – as usadas em peças isoladas e pequenos revestimentos, como mármores azuis ou verdes e granitos azuis brancos ou multicores. PROPRIEDADES FÍSICAS. A qualidade de uma r. ornamental é avaliada por meio de diversos ensaios: análise petrográfica, porosidade, absorção de água, densidade, desgaste abrasivo Amsler, dilatação térmica linear, resistência à tração e resistência à compressão uniaxial. A dilatação térmica é importante porque a r. se expande com o calor e, ao resfriar, não retorna às dimensões originais, havendo uma dilatação que é permanente. Esta é maior nos mármores e granitos. As r. mais resistentes às intempéries são os granitos e quartzitos, que resistem por mais de 200 anos; mármores de granulação fina resistem por 50 a 100 anos; calcários fossilíferos, por 20 a 40 anos; e alguns arenitos de cimento ferruginoso alteram-se apenas cinco anos após a exposição ao tempo. PRODUÇÃO. Cerca de 90% das r. ornamentais comercializadas no mundo são mármores e granitos. Da produção mundial, mais da metade (57,4%) são mármores, mas, no Brasil, 56,7% da produção corresponde a granitos. PRINCIPAIS PRODUTORES BRASILEIROS. O Estado do Espírito Santo produz 75% do mármore brasileiro e 56% do granito. Essas r. são, porém, beneficiadas sobretudo em São Paulo, Minas Gerais e Rio de Janeiro, principais centros consumidores e onde estão 75% das marmorarias do país. CUIDADOS. R. ornamentais devem ser protegidas contra desgaste abrasivo, riscamento por metais, areia, vidro e outros materiais duros. Deve-se evitar também que entrem em contato com graxas, óleos, materiais ferrosos, madeira úmida, cigarros e outros produtos capazes de promover pigmentação. Os mármores e alguns granitos são sensíveis a soluções ácidas, como o sumo de frutas cítricas, especialmente o limão. Na limpeza, deve-se usar apenas pano úmido ou produtos de limpeza com pH neutro, evitando ác., água sanitária, amoníaco, soda, cloro etc. Em ambientes constantemente molhados, usar periodicamente produtos que repelem a água e o óleo, próprios para mármores e granitos. ▯
rocha polida R. aplainada e alisada com carborundo. Conforme a granulometria deste, pode ser *polida grossa* (carborundo n. 120), *polida média* (n. 220) ou *polida fina* (n. 600).
rocha serrada retificada R. serrada da qual se tiraram as marcas da serra e da flambagem das lâminas do tear. Sin. de *rocha levigada*.
rocha serrada simples R. serrada, sem qualquer outro acabamento.
rocha-topázio Sin. de *topazito*.
ROCKBRIDGEÍTA Fosfato básico de ferro – $Fe_5(PO_4)_3(OH)_5$ –, ortor., encontrado em agregados radiais de cor cinza-

-escuro a verde-oliva, frequentemente em faixas concêntricas. Forma uma série com a frondelita. De *Rockbridge*, Virgínia (EUA), onde foi descoberto.
RODALQUILARITA Clorotelurato de ferro – $H_3Fe_3(TeO_3)_4Cl$ –, tricl., verde, de D. 5,1, br. graxo, dur. 2-3, muito frágil, dando um pó verde-amarelado. Os cristais são marrons, de menos de 0,1 mm. Descoberto em *Rodalquilar*, Almeria (Espanha), de onde vem seu nome.
RODARSENETO Arseneto de ródio com paládio – $(Rh,Pd)_2As$ –, ortor., descoberto na Sérvia. Cf. *paladodimita*.
rodeio Nome coml. de um quartzodiorito ornamental procedente de Rodeio, SC (Brasil). Tem 47% de plagioclásio, 15% de piroxênio e anfibólio, 21% de biotita, 9% de qz. e 8% de apatita. D. 2,76. PA 0,81%. AA 0,11%. RF 49,00 kgf/cm². TCU 603 kgf/cm².
RODESITA V. *rhodesita*, grafia correta.
rodicita Sin. de *rodizita*.
RÓDIO V. Anexo.
rodita Liga natural de ouro e ródio com 40% Rh.
rodito V. *diogenito*.
RODIZITA Borato complexo de potássio, alumínio e berílio com césio – $(K,Cs)Al_4Be_4(B,Be)_{12}O_{28}$ –, cúb., em pequenos cristais dodecaédricos ou tetraédricos, incolores ou brancos, às vezes cinzentos, amarelados ou verde--claros, transp. a transl. Dur. 8,0. D. 3,40. IR moderado: 1,690. É um mineral muito comum em Madagascar e na Rússia, sendo usado como gema quando transp. e incolor, amarelo--claro ou verde-amarelado. Tem 5% Cs. Do gr. *rhodon* (rosa), porque tinge de vermelho a chama do maçarico. Sin. de *rodicita*, *rodozita*. Não confundir com *rhodesita*, *rodusita*.
rodocromo Sin. de *kemmererita*. Do gr. *rhodon* (rosa) + *cromo*, por ocorrer como eflorescências rosadas na cromita.
RODOCROSITA Carbonato de manganês – $MnCO_3$ –, trig., do grupo da calcita. Forma séries isomórficas com a calcita e a siderita, e cristaliza em romboedros e escalenoedros, mais frequentemente, porém, na forma granular, maciça ou formando crostas, tanto esféricas como botrioidais. A rodocrosita é vermelho--rosada, rosa, cinza, amarelada ou marrom, transp. a transl., com traço branco, br. vítreo a nacarado, clivagem romboédrica perfeita. Dur. 3,5-4,0. D. 3,40-3,60. IR 1,600-1,820. Bir. 0,220. U(–). Não mostra dispersão nem pleocroísmo, mas tem fraca fluorescência vermelha. Mostra forte efervescência quando atacada por ác. clorídrico concentrado e quente. Ocorre em veios de prata, chumbo, cobre e manganês. É usada em objetos ornamentais, colares e cabuchões, podendo servir também para obtenção de manganês (tem 47,6% desse metal) e na indústria química. A jazida mais importante, mas em fase de esgotamento, está em Andalgalá, na província de Catamarca (Argentina), sendo encontrada também no Brasil (principalmente em Minas Gerais), Hungria, Alemanha, África do Sul e EUA. Do gr. *rhodon* (rosa) + *khrosis* (colorido). Sin. de *dialogita*, *espato de manganês*. ☐
rodocrosita ortiz Var. de rodocrosita da Argentina, de cor mais escura que a normal, hoje muito rara e cara.
RODOLICOÍTA Fosfato de ferro – $FePO_4$ –, trig., descoberto em Florença (Itália). Cf. *heterosita*.
rodolita Granada quimicamente intermediária entre a almandina e o piropo, sendo mais rara e mais transp. que estas. Tem cor vermelho-arroxeada ou roxo-avermelhada, algumas vezes rosa ou vermelho-púrpura. Dur. 7,0-7,5. D. 3,84. IR 1,760. Disp. 0,026. É usada como abrasivo e como gema, embora raramente tenha mais de cinco quilates. É produzida nos EUA e no Brasil. Gemas de 0,5 ct a 20 ct valem, depois de lapidadas, de US$ 0,50 a US$ 25/ct. Muitas gemas vendidas como rodolita são, na verdade, almandina ou piropo. Do gr. *rhodon* (rosa) + *lithos* (pedra). Não confundir com *rodonita*.

RODONITA Silicato de manganês e cálcio – $CaMn_4Si_5O_{15}$ –, tricl. Forma prismas curtos, mas geralmente aparece maciça. É vermelho-clara, rosa-claro, rosa-carne ou vermelho-amarronzada, com traço branco. Semitransp. a semitransl., com br. vítreo e duas clivagens perfeitas. Dur. 5,5-6,0. D. 3,40-3,70. IR 1,724 - 1,737. Bir. 0,012. B(+) ou B(–). Não mostra fluorescência nem pleocroísmo. Pode ter inclusões pretas de óxido de manganês na forma de manchas ou veios. Muito semelhante a alguns corais, sendo usada como pedra ornamental e fonte de manganês (contém 39%-42% Mn). Abundante nos EUA e na Rússia. Ocorre, no Brasil, em Minas Gerais (Conselheiro Lafaiete) e na Bahia (Urandi). Na Suécia (Varmland), aparecem pequenos cristais que são, às vezes, lapidados. Do gr. *rhodon* (rosa), por sua cor. Não confundir com *rodolita*.

RODOSTANITA Sulfeto de cobre, ferro e estanho – $Cu_2FeSn_3S_8$ –, tetrag., avermelhado, aparentemente produto de alteração. Descoberto em Vila Apacheta (Bolívia). Do gr. *rhodon* (rosa) + lat. *stannum* (estanho). Cf. *toyohaíta*.

rodozita V. *rodizita*. Do gr. *rhodon* (rosa). Não confundir com *rodusita*.

RODPLUMSITA Sulfeto de chumbo e ródio – $Pb_2Rh_3S_2$ –, trig., descoberto nos montes Urais (Rússia). Nome derivado da composição: *ród*io + *plum*bum (chumbo) + *sulf*eto + *ita*.

rodusita Sin. de *magnesiorriebeckita*. Não confundir com *rodozita*.

ROEBLINGITA Sulfato-silicato básico hidratado de chumbo, cálcio e manganês – $Pb_2Ca_6Mn(Si_6O_{18})(SO_4)_2(OH)_2.4H_2O$ –, monocl., branco, fibroso. Dur. 3 e D. 3,43. Homenagem a Washington A. *Roebling*, engenheiro civil norte-americano.

ROEDDERITA Silicato de potássio, sódio e magnésio com ferro – $KNa(Mg,Fe)_5Si_{12}O_{30}$ –, hexag., encontrado só em meteoritos. Forma série isomórfica com a eifelita. Não confundir com *roemerita*, *roepperita*.

ROEMERITA Sulfato hidratado de ferro – $Fe_3(SO_4)_4.14H_2O$ –, tricl., que forma crostas de cor marrom ou amarela. Descoberto em Rammelsberg, Harz (Alemanha), e assim chamado em homenagem a Friedrich A. *Roemer*, geólogo alemão. Sin. de *louderbackita*. Não confundir com *roedderita*, *roepperita*.

ROENTGENITA-(Ce) Fluorcarbonato de cálcio e cério com lantânio – $Ca_2(Ce,La)_3(CO_3)_5F_3$ –, trig. Forma cristais marrons ou verdes, semelhantes aos da sinquisita e da parisita. Homenagem a *Roentgen*, descobridor dos raios X.

roepperita Var. de faialita com manganês e zinco ou tefroíta com ferro. É amarela, verde ou preta, gelatinosa quando atacada por HCl. Não confundir com *roedderita*, *roemerita*.

ROESSLERITA Arsenato ác. hidratado de magnésio – $MgHAsO_4.7H_2O$ –, monocl., descoberto em Hanau (Alemanha).

rogersita V. *samarskita*, nome preferível.

ROGGIANITA Aluminossilicato hidratado de cálcio e berílio – $Ca_2[Be(OH)_2Al_2Si_4O_{13}].<2,5H_2O$ –, tetrag., do grupo das zeólitas, descoberto em Novara, na Itália.

rogueíta Nome coml. que, no Oregon (EUA), designa uma var. de jaspe esverdeada, encontrada em cascalhos do rio *Rogue* (daí seu nome).

ROHAÍTA Sulfoantimoneto de tálio e cobre – $TlCu_5SbS_2$ –, ortor., descoberto em Ilimaussaq, Groenlândia (Dinamarca). D. 7,78. Aparece intercrescido com calcocita e com prata antimonífera. O nome é homenagem a John *Rose* Hansen, mineralogista dinamarquês.

ROKÜHNITA Cloreto hidratado de ferro – $FeCl_2.2H_2O$ –, monocl., descoberto na bacia de Zechstein (Alemanha), onde aparece na forma de tablets micrométricos incolores, consistindo em fibras curtas, flexíveis, com clivagem (110) perfeita e (010) boa. D. 2,3. Solúvel em água; hidrata-se facilmente ao ar, ficando com $4H_2O$. Homenagem ao professor de Mineralogia Robert *Kühn*.

rolado Material gemológico polido, mas de forma irregular, medindo 1 cm a 5 cm, obtido por rolamento. Colocam-se 30 kg de fragmentos irregulares de gemas do tipo sodalita, quartzo rosa, quartzo-verde, ágata e várias outras, em um cilindro fechado de 50 x 30 cm, que gira durante dois dias, para arredondá-las. A seguir, num cilindro bem maior (100 x 70 cm), colocam-se 300 kg de gemas arredondadas, com 60 litros de água e 30 kg de esmeril, rolando-as por mais dois dias. Daí, passam para um vibrador, misturadas com água e outro abrasivo (comercialmente conhecido como Luminox) durante 16 horas, para o polimento final. Caso a gema requeira tingimento (a ex. de muitas ágatas), este é feito antes da última etapa. A perda em volume no processo é de aproximadamente 70%.

ROLLANDITA Arsenato hidratado de cobre – $Cu_3(AsO_4)_2.4H_2O$ –, ortor., descoberto na França.

ROMANECHITA Óxido de bário e manganês – $(Ba,H_2O)_2Mn_5O_{10}$ –, monocl., fibroso ou botrioidal, descoberto na Saxônia (Alemanha). De *Romanèche* (França), onde também ocorre.

romanita Nome dado ao âmbar encontrado na *Romênia*. Tem 1%-3% de enxofre e é friável. Mostra as mesmas cores da simetita. Sin. de *rumanita*.

romanzovita Var. de grossulária de cor marrom-escura.

ROMARCHITA Óxido de estanho – SnO –, tetrag., descoberto simultaneamente com a *hidrorromarchita* (v.), em Ontário (Canadá). Pronuncia-se "romarquita".

ROMBOCLÁSIO Sulfato hidratado de ferro – $HFe(SO_4)_2.4H_2O$ –, ortor., com boa clivagem basal. Descoberto em Smolnik (Eslováquia). Do gr. *rhombos* (losango) + *klasis* (fratura).

rombododecaedro Forma cristalina com 12 faces losangulares, frequentemente encontrada em cristais de granada.

romboédrico 1. Sin. de *trigonal*. 2. Diz-se do cristal em forma de romboedro.

romboedro Paralelepípedo com seis faces idênticas e losangulares. É uma forma frequentemente encontrada em cristais de calcita e de outros carbonatos.

romeína V. *romeíta*.

ROMEÍTA Mineral de fórmula química $(Ca,Fe,Mn,Na)_2(Sb,Ti)_2O_6(O,OH,F)$, cúb., do grupo da estibiconita. Forma pequenos octaedros amarelo-mel ou marrom-amarelados. Homenagem a J. L. *Romé*, cristalógrafo francês. Sin. de *romeína*. Cf. *atopita*.

rondista Rondiz.

rondiste Rondiz.

rondiz Zona que, em uma gema, separa a coroa do pavilhão, e onde o diâmetro da gema é maior. É a zona por onde a pedra se fixa na montagem. No diamante, a rondiz não recebe polimento. Seja qual for a gema, deve ter a menor espessura possível. Sin. de *cintura, rondista, rondiste, rondízio*.

rondízio V. *rondiz*.

RONNEBURGITA Vanadato de potássio e manganês – $K_2MnV_4O_{12}$ –, monocl., descoberto em rejeitos de uma mina de *Ronneburg* (daí seu nome), na Alemanha.

ROOSEVELTITA Arsenato de bismuto – $BiAsO_4$ –, monocl., dimorfo da tetrarrooseveltita. Ocorre como capa branca em estanho de madeira, ou em massas de agulhas muito finas. Dur. 4,5. D. 6,85. Descoberto em Potosí (Bolívia). Homenagem a Franklin Delano *Roosevelt*, presidente dos EUA.

ROQUESITA Sulfeto de cobre e índio – $CuInS_2$ –, descoberto em lâmina delgada, onde ocorria como pequenas inclusões tetrag. de 1 mm^2, no máximo, em bornita. Isomorfo da calcopirita. Tem 46,3%-47,8% In e é mineral-minério desse metal. Homenagem ao professor M. *Roque*.

RORISITA Clorofluoreto de cálcio – CaFCl –, tetrag., descoberto em rejeitos de mineração de carvão nos Urais (Rússia).

rosa acaray Outro nome coml. do quartzomonzonito rosa curitiba.

rosa alfa Nome coml. pelo qual é também conhecida a brecha paraná.

rosa beleza Nome coml. de um granito ornamental de Gararu, SE (Brasil).

rosa biritiba Nome coml. de um granito ornamental claro, variegado, com predominância da cor rosa, de granulação grosseira, com 55% de microclínico, 10% de plagioclásio sódico, 25% de qz. e 8%-10% de biotita + moscovita. Encontrado em Biritiba-Mirim, SP (Brasil).
rosa brasil Nome coml. de um mármore de granulação média e cor rosa, contendo moscovita e minerais opacos, encontrado em Juazeiro, BA (Brasil).
rosa champagne Nome coml. de um mármore de granulação grosseira, cinza-amarelo-claro, com wollastonita, diopsídio e flogopita, encontrado em Cachoeiro do Itapemirim, ES (Brasil).
rosa conceição Nome coml. de um quartzo-micaxisto de cor rosa encontrado no Brasil, usado como pedra ornamental.
rosa curitiba Nome coml. de um quartzomonzonito ornamental rosa-acinzentado, em tons claros, equigranular (localmente porfirítico), médio a grosseiro. Tem 42% de feldspato potássico, 39% de plagioclásio, 8% de qz. e mais biotita, hornblenda, minerais opacos e zircão. Ocorre em Curitiba, PR (Brasil) e é também comercializado sob o nome de rosa acaray. Não confundir com *rosa paraná*.
rosa da bahia Nome coml. de um mármore de granulação muito fina, rosa-claro com faixas avermelhadas, procedente da Bahia (Brasil). Além de calcita, tem dolomita e óxido de ferro. D. 2,67.
rosa da frança Ametista de cor clara.
rosa dunas Nome coml. pelo qual é também conhecido o quartzomonzonito rosa paraná.
rosa fantasia Nome coml. de um mármore de granulação grosseira, róseo com manchas claras e escuras, contendo mica, granada, pirita e vesuvianita. É encontrado em Cachoeiro do Itapemirim, ES (Brasil).
rosa iguaçu Nome coml. de um gnaisse ornamental que mostra cristais róseos de feldspato, deformados e fraturados, envoltos por matriz cinza-escuro de qz. e minerais de cor preta. É produzido no Paraná (Brasil).
rosa imperial Nome coml. pelo qual é também conhecido o mármore rosa itaoca.
rosa-inca (nome coml.) Rodocrosita. Cf. *rosinca*.
rosa itaoca Nome coml. de um mármore de granulação grosseira, de cor rosa com manchas esbranquiçadas, contendo pirita, qz. e clorita. É encontrado em Cachoeiro do Itapemirim, ES (Brasil). Também conhecido por rosa imperial.
rosa juritiba Nome coml. pelo qual é também conhecido o granito rosa sorocaba.
rosalgar V. *realgar*. Do ár. *raj al ghar*.
rosalina V. *thulita*.
rosa paraná 1. Nome coml. de um mármore dolomítico ornamental de granulação fina, rosado, contendo qz. e mica, encontrado em Rio Branco do Sul, Bocaiúva do Sul e Cerro Azul, no Estado do Paraná (Brasil). É muito semelhante ao mármore branco paraná. 2. Nome coml. de um quartzomonzonito rosa-claro, equigranular (localmente porfirítico), com fenocristais de até 2 cm, que ocorre em Taquara, Campo Largo, PR (Brasil). Tem 38% de plagioclásio, 24% de feldspato potássico, 10% de qz., 8% de biotita, 7% de carbonato, além de moscovita, titanita e minerais opacos. É também conhecido como rosa dunas. Não confundir com *rosa curitiba*.
rosa santos Nome coml. de um granito ornamental rosa-claro, de granulação fina, procedente de Cubatão, SP (Brasil). Contém 45% de feldspato potássico, 25% de plagioclásio, 25% de qz. e 5% de biotita + moscovita + outros minerais.
ROSASITA Carbonato básico de cobre e zinco – $(Cu,Zn)_2CO_3(OH)_2$ –, monocl., de cor verde-clara ou azul-celeste. Encontrado em depósitos secundários de cobre, chumbo e zinco. De *Rosas*, mina da Sardenha (Itália), onde foi desco-

berto. O grupo da rosasita compreende mais seis carbonatos: glaucosferita, kolwezita, malaquita, mcguinessita, nullaginita e zincorrosasita.

rosa sorocaba Nome coml. de um granito ornamental de granulação grosseira e cor rosa-claro, contendo 45% de feldspato potássico, 30% de plagioclásio e 10% de qz. É encontrado em Sorocaba, SP (Brasil). Também conhecido por rosa juritiba.

ROSCHERITA Fosfato básico hidratado de cálcio, manganês, ferro e berílio – $CaMnFeBe_3(PO_4)_3(OH)_4.2H_2O$ –, monocl. e tricl., descoberto na Saxônia (Alemanha). Forma cristais marrom-escuros. Homenagem a Walter *Roscher*, colecionador de minerais. Cf. *zanazziita, greifensteinita*.

ROSCOELITA Silicato básico de potássio, vanádio e alumínio – $KV_2[\ ]AlSi_3O_{10}(OH)_2$ –, do grupo das micas. Marrom, marrom-cinzento ou marrom-esverdeado. Tem 14%-16% V, sendo importante fonte desse metal. Ocorre em veios de qz. auríferos e como cimento em certos arenitos. Homenagem a Henry Enfield *Roscoe*, o primeiro a obter vanádio puro.

ROSELITA Arsenato hidratado de cálcio e cobalto com magnésio – $Ca_2(Co,Mg)(AsO_4)_2.2H_2O$ –, monocl., vermelho-rosa, isomorfo da wendwilsonita e dimorfo da betarroselita. O grupo da roselita inclui mais três arsenatos monocl.: a brandtita, a wendwilsonita e a zincorroselita. Homenagem ao professor de Mineralogia alemão Gustav *Rose*. Não confundir com *rosenita*.

ROSEMARYÍTA Fosfato múltiplo de fórmula química $(Na,Ca,Mn^{2+})(Mn^{2+},Fe^{2+})(Fe^{3+},Fe^{2+},Mg)Al(PO_4)_3$, monocl., isomorfo da wyllieíta e da ferrowyllieíta. Descoberto em um pegmatito de Custer, Dakota do Sul (EUA). Homenagem a F. *Rosemary* Wyllie, mulher do professor Peter J. *Wyllie*, a quem a wyllieíta deve seu nome. Cf. *qingheiita*.

ROSENBERGITA Fluoreto hidratado de alumínio – $AlF_3.3H_2O$ –, tetrag., descoberto na mina Cetine, na Toscânia (Itália).

ROSENBUSCHITA Fluorsilicato de cálcio e zircônio com sódio e titânio – $(Ca,Na)_6(Zr,Ti)_2(Si_2O_7)_2(F,O)_4$ –, tricl., do grupo da goetzenita. Forma geralmente cristais prismáticos ou aciculares, alaranjados ou cinzentos. Homenagem a Harry *Rosenbusch*, geólogo alemão.

ROSENHAHNITA Silicato básico de cálcio – $Ca_3Si_3O_8(OH)_2$ –, tricl., descoberto em Mendocino, Califórnia (EUA).

rosenita Sin. de *plagionita*. Não confundir com *roselita, rozenita*.

roseta Conjunto de placas metálicas em forma de rosácea, com o qual se risca o disco de lapid. quando está excessivamente liso e, por isso, não retendo adequadamente o abrasivo.

ROSHCHINITA Sulfoantimoneto de prata e chumbo – $Ag_{19}Pb_{10}Sb_{51}S_{96}$ –, ortor., descoberto no Casaquistão.

ROSIAÍTA Óxido de chumbo e antimônio – $PbSb_2O_6$ –, trig., descoberto em *Rosia* (daí seu nome), na Toscânia (Itália).

ROSICKYÍTA Dimorfo monocl. do enxofre. Forma pequenos cristais amarelo-claros. Descoberto em Letovice (República Checa) e assim chamado em homenagem a V. *Rosicky*, mineralogista checo.

ROSIERESITA Fosfato hidratado de chumbo, cobre e alumínio, de cor amarela ou marrom, ainda insuficientemente estudado. De *Rosières*, mina perto de Carmaux, Tarn (França).

rosinca (nome coml.) Rodocrosita. Cf. *rosa-inca*.

rosolita Sin. de *landerita*. Do ingl. *rose* (róseo) + gr. *lithos* (pedra).

rossini jewel (nome coml.) V. *fabulita*.

ROSSITA Vanadato hidratado de cálcio – $CaV_2O_6.4H_2O$ –, tricl., amarelo, com br. vítreo, fracamente radioativo, muito raro. Homenagem a Clarence S. *Ross*, geólogo norte-americano.

ROSSMANITA Borossilicato de fórmula química $[](LiAl_2)Al_6(Si_6O_{18})(BO_3)_3(OH)_4$, trig., em geral incolor, do grupo das

turmalinas. Descoberto em uma pedreira da Morávia (República Checa) e assim chamado em homenagem a George *Rossman*, especialista em turmalinas.
rosterita V. *morganita*.
ROSTITA Sulfato básico hidratado de alumínio – $Al(SO_4)(OH,F).5H_2O$ –, ortor., dimorfo da jurbanita, antes chamado de khademita e, antes ainda, de lapparentita. Homenagem a *Rost*, mineralogista checo. Cf. *tamaruguita*.
ROUAÍTA Nitrato básico de cobre – $Cu_2(NO_3)(OH)_3$ –, monocl., descoberto em antigas minas de cobre de *Roua* (daí seu nome), na França. Cf. *gerhardtita*.
ROUBAULTITA Carbonato hidratado de cobre e uranila – $Cu_2(UO_2)_3(CO_3)O_2(OH)_2.4H_2O$ –, tricl., descoberto em Shinkolobwe, Shaba (R. D. do Congo), e assim chamado em homenagem a Marcel *Roubault*, geólogo francês.
ROUSEÍTA Arsenato hidratado de chumbo e manganês – $Pb_2Mn(AsO_3)_2.2H_2O$ –, tricl., descoberto em Langban, Varmland (Suécia).
ROUTHIERITA Sulfoarseneto de tálio, cobre e mercúrio – $TlCuHg_2As_2S_6$ –, tetrag., que forma grãos anédricos vermelho-violeta e vênulos. Homenagem a Pierre *Routhier*, geólogo francês. Cf. *stalderita*.
ROUVILLEÍTA Carbonato de sódio e cálcio com flúor – $Na_2Ca_2(CO_3)_3F$ –, monocl., uma das várias espécies minerais descobertas na pedreira Poudrette, em *Rouville* (daí seu nome), Quebec (Canadá).
ROWEÍTA Borato básico de cálcio e manganês – $Ca_2Mn_2B_4O_7(OH)_6$ –, ortor., isomorfo da fedorovskita. Forma cristais achatados de cor marrom-clara. Descoberto em Sussex, New Jersey (EUA), e assim chamado em homenagem a George *Rowe*, colecionador de minerais da região de Franklin, no mesmo Estado.
ROWLANDITA-(Y) Silicato de ítrio e ferro – talvez $Y_4FeSi_4O_{14}F_2$ –, amorfo, descoberto em Llano, Texas (EUA). É metamicto, verde, maciço (AGI). Homenagem a Henry A. *Rowland*, físico norte-americano.

ROXBYÍTA Sulfeto de cobre – Cu_9S_5 –, monocl., descoberto na jazida de *Roxby* Downs (daí seu nome), no sul da Austrália.
roxo gaúcho V. *marrom guaíba*, nome mais usado.
royal red Nome coml. de uma r. granítica ornamental procedente de Pinheiro Machado, RS (Brasil).
ROZENITA Sulfato hidratado de ferro – $FeSO_4.4H_2O$ –, monocl., de D. 2,29, que ocorre em Manitoba (Canadá) e em Rudki (Polônia). O grupo da rozenita compreende cinco sulfatos monocl. de fórmula geral $A^{2+}SO_4.4H_2O$, onde A = Co, Fe, Mg, Mn, Ni ou Zn. Não confundir com *roselita*, *rosenita*. Cf. *siderotilo*.
rozircão Espinélio sintético de cor rosa.
RUARSITA Sulfeto de rutênio e arsênio – $RuAsS$ –, monocl., do grupo da arsenopirita. Contém 42,45% Ru, com algo de Os, Ir e Pt. Forma grãos irregulares ou agregados de 0,10 a 0,15 mm, cinza-chumbo com traço preto, br. metálico, frágeis, insolúveis em HCl 1:1, com superfície rugosa. Foi descrito em 1979 em r. ultramáficas do Tibete (China) e nos placeres delas derivados. De *ru*tênio + *ars*eneto + *ita*. Cf. *osarsita*.
rubace 1. Var. de qz. muito rosa, com escamas de hematita dispersas, o que lhe dá reflexos vermelho-rubi. É muito raro, sendo encontrado no Brasil. Sin. de *rubi ancona*, *rubi mont blanc*. 2. Imitação de rubi obtida com qz. artificialmente colorido de vermelho.
rubelita Turmalina gemológica de cor vermelha ou rosa. Apresenta numerosas frat. internas, geralmente com gás, que refletem a luz como um espelho. Pode conter também, a ex. da verdelita, cavidades alongadas com líquido e gás; estas, são, porém, menos abundantes e menos frequentes do que naquela var. Dur. 7,0-7,5. D. 3,00-3,25. IR 1,615-1,640. Bir. 0,025. U(–). Disp. 0,017. Pleocroica. A rubelita mais valiosa é a vermelha, semelhante ao rubi. Esta vale entre US$ 2 e US$ 300/ct, para gemas de

0,5 ct a 20 ct. A var. rosa é um pouco mais barata (US$ 1 a US$ 250/ct). Do lat. *rubellus* (avermelhado). Sin. de *rubi-siberiano, siberita, daourita*. Não confundir com ruberita.
ruberita V. *cuprita*. Do gr. *ruber* (vermelho), por sua cor. Não confundir com rubelita.
rubi Var. gemológica de coríndon de cor vermelha. As tonalidades são variáveis e podem receber denominações próprias (v. *sangue de pombo*, ²*sangue de boi*). A cor vermelha deve-se à presença de cromo, que substitui o alumínio. Forma geralmente pequenos cristais hexag. de br. vítreo. Dur. 9,0. D. 4,00. IR 1,762-1,770. Bir. 0,008. U(–). Disp. 0,018. Pode mostrar fluorescência e forte dicroísmo. Mostra também inclusões de vários minerais, entre eles o rutilo, que aparece em longos cristais aciculares, paralelos às faces do hospedeiro e cruzando-se a 60°, constituindo o que se chama de *seda*, ou produzindo asterismo. Pode ocorrer também em cristais isolados maiores. Outro mineral que ocorre incluído no rubi é o zircão, que aparece como um ponto luminoso envolto por um halo pleocroico preto. O espinélio aparece em pequenos cristais octaédricos. Pode haver também mica (incolor ou marrom), hematita (muitas vezes em placas hexag.), grãos arredondados de granada e cristais do próprio coríndon. São visíveis ainda inclusões do tipo *impressão digital* (cavidades preenchidas por líquido e gás, parecendo marcas de dedos). As inclusões de espinélio ocorrem principalmente nos rubis de Mianmar (ex-Birmânia), que apresentam também distribuição ondulada da cor. Embora possam ser vistas em outras gemas, as impressões digitais, no rubi, são particularmente regulares. Nos rubis tailandeses inexiste seda, embora existam impressões digitais. O rubi é encontrado em mármores dolomíticos, basaltos decompostos e cascalhos. Confusões possíveis. O rubi pode ser confundido com espinélio, almandina, jacinto, piropo, topázio e rubelita. Usos. Além de ser mineral-gema de alto valor, pode ser usado, quando tem qualidade inferior, em relógios e outros aparelhos de precisão, bem como na produção de raios *laser* e *maser*. Imitações e substitutos. Pelo mesmo processo de obtenção da emerita, pode-se fabricar o rubi revestido: um núcleo de rubi de cor fraca recebe uma película de rubi mais escuro. Ao contrário do que ocorre com a emerita, essa gema afunda quando colocada no bromofórmio, mas pode ser reconhecida pela presença de traços ortog. na mesa, como na emerita. Um dos principais substitutos do rubi é o espinélio-nobre (rubi-espinélio). Esse mineral difere do rubi por ter dur. inferior (8,0) e pela presença de magnésio. Lapid. O rubi é geralmente lapidado em cabuchão ou oval com mesa normal ao eixo principal. Quando astérico, é sempre lapidado em cabuchão. História. O maior rubi conhecido foi descoberto nos EUA. No estado bruto tinha 694,2 g; lapidado, deu várias gemas, a maior delas com 750 ct. Sua qualidade, porém, não era boa. Em 1934, encontrou-se um rubi astérico de 593 g, no Sri Lanka. Curiosidades. Segundo os astrólogos, o rubi é a pedra dos nascidos sob o signo de Capricórnio. No século IV, era símbolo do amor. Antigamente, o rubi era usado para combater epidemias, pesadelos e melancolia, além de aumentar a inteligência e curar desgostos amorosos. Acreditava-se também que combatia a obesidade. Principais produtores. O rubi é produzido principalmente em Mianmar (nas famosas jazidas de Mogok), Tailândia (em basaltos) e Vietnã (em metamorfitos, no norte do país). Outros produtores importantes são Quênia e Tanzânia. As pedras de melhor qualidade provêm de Mianmar (Mogok), Índia (Bancoc), Sri Lanka, China e Rússia (Urais). É raro no Brasil, existindo na Bahia e em Santa Catarina. Tratamento. Rubis opacos, se aquecidos a 1.200°C,

ficam transl. a transp., pela fusão de agulhas de rutilo, que se transformam em pequenas esferas. A cor também pode ser melhorada com tratamento térmico. Embora não seja poroso, quando muito fissurado pode ser tingido. PREÇO. O rubi é uma das quatro gemas mais valiosas, destacando-se principalmente as pedras vermelho-escuras, levemente púrpuras. O rubi de Mianmar sem tratamento vale US$ 1.250 a US$ 70.000/ct para gemas de 0,5 a 8 ct. Gemas com mais de 8 ct atingem US$ 200.000/ct. Gemas acima de 8 ct com tratamento térmico atingem US$ 30.000 a US$ 50.000/ct. SÍNTESE. Primeira gema a ser sintetizada (desde 1885, pelo menos). Ao contrário do que ocorre com a esmeralda, as pedras sintéticas são usadas principalmente (90% da produção) com fins industriais. Inicialmente o rubi era produzido por fusão; hoje se usa o processo hidrotermal. O rubi sintético difere do natural em vários aspectos: como as safiras sintéticas, mostra, ao microscópio, bolhas de gás esféricas ou alongadas, isoladas ou em grupos, formando, às vezes, um arco. Mostra igualmente as estrias curvas e paralelas, resultantes do crescimento, vistas na safira. A fluorescência costuma ser mais fraca nas gemas naturais. A fosforescência não aparece nestas, sendo, porém, vista nas gemas sintéticas. A dur. e o IR são idênticos. Com o passar do tempo, o rubi sintético perde o seu br. Ao filtro de Chelsea, tanto o natural quanto o sintético aparecem vermelhos. A var. astérica também é sintetizada, usando-se para tanto agulhas de rutilo, à semelhança do que ocorre na natureza. ETIMOLOGIA. Do lat. *rubidus* (vermelho). SINÔNIMOS. [1]*Rubi-cingalês, rubi-oriental.*
rubi adelaide Nome coml. das granadas vermelhas procedentes de *Adelaide* (Austrália).
rubi-almandina Var. de espinélio de cor vermelho-violeta.
rubi-americano 1. Nome coml. do piropo procedente do Arizona e do Novo México (EUA). 2. Quartzo rosa.
rubi ancona V. [1]*rubace.*
rubi arizona Nome coml. do piropo vermelho-rubi ou vermelho-escuro procedente do Arizona (EUA). Sin. de *espinélio arizona.*
rubi-australiano V. *rubi adelaide.*
rubi-balas 1. Var. de rubi vermelho-rosada. Sin. de [2]*balas.* De *Baláscia* (ou *Baldaquistão*), província do norte do Afeganistão. 2. Var. gemológica de espinélio de cor vermelha ou alaranjada. Sin. de [1]*balas.*
rubi birmânia Nome coml. dos rubis de qualidade superior provenientes principalmente de Mianmar (ex-Birmânia).
rubi-brasileiro Nome dado ao espinélio róseo, ao topázio vermelho-escuro ou rosado e à rubelita brasileiros.
rubi-calcedonioso Var. leitosa de coríndon.
rubi-califórnia Granada.
rubicela 1. Var. gemológica de espinélio de cor amarelo-alaranjada ou vermelho-alaranjada. Sin. de *espinélio-vinagre.* 2. Var. de rubi de cor alaranjada. 3. Var. de turmalina rosa ou vermelho-clara. De *rubacelle*, provavelmente diminutivo do fr. *rubace.*
rubi-científico Vidro vermelho usado como imitação de rubi.
rubi-cingalês 1. Rubi verdadeiro. 2. Nome dado, algumas vezes, ao espinélio.
RUBICLÍNIO Silicato de rubídio e alumínio com potássio – $(Rb,K)AlSi_3O_8$ –, tricl., descoberto na ilha de Elba (Itália). De *rubídio* + micro*clínio*, por sua composição. Cf. *microclínio.*
rubi colorado Var. de piropo do Colorado (EUA).
rubi da américa Piropo.
rubi da boêmia 1. Nome dado, no comércio de gemas, ao quartzo rosa. 2. V. *piropo.*
rubi da sibéria 1. Var. de topázio avermelhada ou rósea. 2. Turmalina vermelha. Sin. de *rubi-siberiano.*
rubi da silésia Quartzo rosa transp.
rubi de alabanda V. *almandina.*
rubi de enxofre V. *realgar.*

rubi de rocha 1. Piropo de boa qualidade. 2. Qz. de cores vermelha e violeta misturadas.
rubi do brasil Var. de topázio rosa, violeta ou avermelhada.
rubi do cabo Piropo que ocorre com o diamante na África do Sul.
rubi do ceilão V. *almandina*.
rubi do sião Espinélio gemológico de cor escura encontrado com os rubis tailandeses.
rubi dos urais V. *turmalina*.
rubi elie Nome dado ao piropo procedente de *Elie*, Fife (Escócia).
rubi-espinélio Sin. de *espinélio-nobre*, nome condenável, mas preferível.
rubi-estrela Rubi com asterismo, semitransl. a semitransp., geralmente com seis pontas na estrela. Pode ser imitado colando-se quartzo-leitoso astérico sobre um espelho.
rubi fashoda 1. Sin. de *granada fashoda*. 2. Nome dado, no comércio, a qualquer granada vermelha.
rubi genebra Nome coml. do rubi sintético. Foi a primeira gema sintética a ser produzida e com ela surgiu a Gemologia (Sarmiento, 1988).
rubim (gar., BA) Almandina.
rubi-montana Granada de cor vermelha.
rubi mont blanc V. ¹*rubace*.
rubi-ocidental Var. de fluorita de cor vermelha.
rubi-oriental Rubi verdadeiro.
rubi pallête V. *espinélio*. Assim chamado em alusão ao nome de uma localidade árabe de onde provinha.
rubi reconstituído Rubi obtido pela fusão de pequenos fragmentos de rubi natural. Nome errôneo e frequentemente usado para designar o rubi sintético. Cf. *safira reconstituída*.
rubi-siberiano Sin. de ²*rubi da sibéria*.
rubi-sul-africano V. *piropo*.
rubi-trapiche Var. de rubi com intercalações de outros minerais (principalmente carbonato) dispostas radialmente. Cf. *esmeralda-trapiche*.
rubi-verde Var. de zircão vermelha. (*Verde*, nesse caso, tem o sentido de *imaturo*, não havendo qualquer conotação de cor.)
rubolita Opala-comum de cor vermelha, encontrada no Texas (EUA).
RUCKLIDGEÍTA Telureto de bismuto com chumbo – $(Bi,Pb)_3Te_4$ –, trig., encontrado em depósitos de ouro da Rússia, na forma de agregados foliados prateados, intercrescido com ouro, em frat. de dolomito ou como grãos tabulares na mesma r. Tem traço cinza-chumbo, uma clivagem perfeita e outra regular e D. 7,7-8,0. É flexível e frágil. Homenagem ao canadense J. C. *Rucklidge*, seu descobridor.
RUITENBERGITA Cloroborato básico hidratado de cálcio – $Ca_9B_{26}O_{34}(OH)_{24}Cl_4.13H_2O$ –, monocl., dimorfo da pringleíta, descoberto em Sussex, New Brunswick (Canadá).
ruivo (gar.) V. *ogó*.
RUIZITA Silicato básico hidratado de cálcio e manganês – $Ca_2Mn_2Si_4O_{11}(OH)_4.2H_2O$ –, monocl., que forma cristais alongados segundo o eixo *b*, alaranjados a marrons, com traço claro. Dur. 5,0. D. 2,9. Homenagem a Joe Ana *Ruiz*, seu descobridor.
rumanita Sin. de *romanita*.
rumongita Sin. de *ilmenorrutilo*.
rumpfita Silicato hidratado de magnésio e alumínio branco-esverdeado, que, ao maçarico, fica marrom. Talvez do al. *Rumph* (tronco).
RUSAKOVITA Vanadato-fosfato básico hidratado de ferro com alumínio – $(Fe,Al)_5(VO_4,PO_4)_2(OH)_9.3H_2O$ –, laranja-amarelado, de baixa dur., descoberto em Kara-Tau (Casaquistão).
RUSSELLITA 1. Volframato de bismuto – Bi_2WO_6 –, ortor., encontrado em bolas amarelas. Descoberto na Cornualha (Inglaterra). 2. (obsol.) V. *anortita*. Homenagem a Arthur *Russel*, mineralogista britânico.
RUSTENBURGITA Mineral de fórmula química $(Pt,Pd)_3Sn$, cúb., creme, semelhante à atokita, com a qual forma série isomórfica. Encontrado na mina *Rustenburg* (África do Sul), de onde vem seu nome.

RUSTUMITA Clorossilicato de cálcio – $Ca_{10}(Si_2O_7)(SiO_4)Cl_2(OH)_2$ –, monocl., que forma cristais tabulares incolores, de até 2 mm de comprimento, com três clivagens ruins, em *Rustum* Roy, Pensilvânia (EUA).

rutania (nome coml.) V. *titânia*.

RUTENARSENITA Arseneto de rutênio com níquel – (Ru,Ni)As –, ortor., com 44,2% Ru, 40,4% As e 4% Ni, contendo algo de Ir, Os, Rh e Pd. Forma inclusões irregulares de até 0,1 mm, com irarsita e iridarsenita, em ruteniridosmina procedente de Papua-Nova Guiné.

RUTÊNIO V. *Anexo*.

RUTENIRIDOSMINA Liga de irídio, ósmio e rutênio – (Ir,Os,Ru) –, hexag., na qual o teor de rutênio, em termos atômicos, fica entre 10% e 80% e o de ósmio, abaixo de 80%, representando o irídio e os demais metais eventualmente presentes menos de 10% do total, individualmente. Cf. *iridosmina, osmirídio*.

rutenosmirídio Liga cúb. de irídio, ósmio e rutênio – (Ir,Os,Ru) –, na qual o Ir constitui menos de 80% do total e o rutênio, mais de 10%, não havendo nenhum outro elemento que represente mais de 10% do total. Ocorre intercrescido com ruteniridosmina em placeres da África do Sul. Tem cor branco-rosada ou branco-acinzentada. Cf. *osmirídio*.

RUTHERFORDINA Carbonato de uranila – $UO_2(CO_3)$ –, ortor., amarelo, fortemente fluorescente, formado por alteração de uraninita. D. 4,8. Sin. de *diderichita*. Homenagem a Ernest *Rutherford*, físico britânico.

RUTÍLIO Sin. de *rutilo*.

RUTILO Óxido de titânio – TiO_2 –, tetrag., trimorfo do anatásio e da brookita. Frequentemente contém um pouco de ferro. Forma cristais prismáticos vermelhos, marrons, amarelos, violeta, esverdeados, azulados ou pretos, raramente verde-grama. Muitas vezes maclado segundo (011). Transp. a opaco, de br. adamantino, com boa clivagem segundo (110) e regular segundo [100]. Dur 6,0-6,5. D. 4,18-5, 20. IR extremamente alto: 2,616-2,903. Bir. 0,287. U(+). Disp. 0,028 (seis vezes maior que a do diamante). Ocorre em r. ígneas ácidas, r. metamórficas, areias de praias e em meteoritos. É usado como fonte de titânio, em cerâmica, corantes e como gema. O rutilo gemológico é raro e substitui o diamante. Vale US$ 10 a US$ 100/ct para gemas com 0,5 ct a 2 ct. Ocorre na Escandinávia, Rússia, Itália, França, EUA, Suíça, Madagascar e Brasil (com cor vermelha, em Minas Gerais, Goiás e Bahia). O rutilo é sintetizado para uso como gema (v. *titânia*) nas cores azul (muito rara), branco-amarelada, amarela, laranja e vermelha. Como o coríndon e o espinélio sintéticos, o rubi sintético apresenta bolhas de gás como inclusões. Do lat. *rutilus* (vermelho), por sua cor. *Rutílio* é forma mais correta, mas menos usada. O grupo do rutilo inclui mais seis óxidos tetrag.: argentita, cassiterita, paratelurita, plattnerita, pirolusita e stishovita.

RYNERSONITA Óxido de cálcio e tânta-lo com nióbio – $Ca(Ta,Nb)_2O_6$ –, ortor., que forma cristais e massas branco-creme a rosa-avermelhados, com menos de 1 mm. Br. terroso, traço branco, frat. irregular. Dur. 4,5. D. 6,39. Ocorre em pegmatitos de San Diego, Califórnia (EUA). Assim chamado em homenagem a Eugene B. *Rynerson*, Buel F. *Rynerson* e Fred J. *Rynerson*, por haverem dedicado suas vidas à lavra de pegmatitos portadores de gemas de Mesa Grande, Califórnia (EUA).

sabalita Nome coml. de uma var. gemológica de variscita com cor distribuída em faixas. É encontrada em Manhattan, Nevada (EUA). Sin. de *trainita*.

SABATIERITA Seleneto de cobre e tálio – Cu_6TlSe_4 –, ortor. ou tetrag., cinza-azulado, com D. 6,78. É extremamente raro, ocorrendo em agregados radiais substituindo crookesita na Morávia (República Checa). Homenagem a Germain *Sabatier*, mineralogista francês.

SABELIITA Arsenato básico de cobre e zinco com antimônio – $(Cu,Zn)_2Zn[(As,Sb)O_4](OH)_3$ –, trig., descoberto em uma mina abandonada da Sardenha (Itália).

SABIEÍTA Sulfato de amônio e ferro – $(NH_4)Fe(SO_4)_2$ –, trig., descoberto no Transvaal (África do Sul). Cf. *godovikovita*.

SABINAÍTA Carbonato de sódio, zircônio e titânio – $Na_4Zr_2TiO_4(CO_3)_4$ –, monocl., descoberto em Quebec (Canadá), onde aparece como revestimento finamente granulado, branco, pulverulento, com clivagens (001) perfeita e (100) boa. Homenagem à mineralogista Ann Phyllis *Sabina* Stenson.

SABUGALITA Fosfato hidratado de alumínio e uranila – $HAl(UO_2)_4(PO_4)_4 \cdot 16H_2O$ –, monocl., pseudotetrag., em cristais planos, amarelos, formando crostas em pegmatitos. Fortemente fluorescente. Semelhante à saleíta. De *Sabugal*, Beira (Portugal), onde foi descoberto.

SACROFANITA Mineral do grupo da cancrinita, de fórmula química $(Na,K,Ca)_{112}(Si_{84}Al_{84}O_{336})(SO_4)_{26}(Cl,F,H_2O)_{10}$, hexag., que forma prismas achatados incolores, com clivagem basal perfeita. Descoberto em r. vulcânicas de *Sacrofano* (daí seu nome), Roma (Itália).

sadanagaíta Aluminossilicato do grupo dos anfibólios, de fórmula química $(K,Na)Ca_2(Fe,Mg,Al,Fe,Ti)_5(Si,Al)_8O_{22}(OH)_2$, com Fe = Mg e extremamente pobre em sílica. Monocl., marrom-escuro a preto, de br. vítreo, traço marrom muito claro, clivagem (110) perfeita. Dur. em torno de 6 e D. 3,3. Isomorfo da magnesiossadanagaíta. Descoberto em escarnitos das ilhas Yuge e Myojim (Japão). Homenagem ao professor Ryoichi *Sadanaga*, da Universidade de Tóquio.

SADANAGAÍTA POTÁSSICA Aluminossilicato do grupo dos anfibólios, de fórmula química $(K,Na)Ca_2[Fe_3(Al,Fe)_2]Si_5Al_3O_{22}(OH)_2$, monocl., descoberto em Fukui, no Japão. Forma série isomórfica com a magnesiossadanagaíta potássica.

SADDLEBACKITA Sulfotelureto de chumbo e bismuto – $Pb_2Bi_2Te_2S_3$ –, hexag., descoberto na Austrália Ocidental.

safira Var. de coríndon transp., incolor, azul (devido, em parte, ao ferro), púrpura, dourada ou rósea, entre outras. As cores resultam da presença de cobalto, cromo, titânio ou ferro. A safira azul, ao filtro de Chelsea, fica cinza a preta. A var. incolor chama-se leucossafira ou safira-branca e a alaranjada, padmaragaya. Dur. 9,0. D. 4,00. IR 1,762-1,770. Bir. 0,008. U(–). Disp. 0,018. Pode mostrar fluorescência. Como o rubi, a safira tem o rutilo como inclusão frequente (cristais longos, aciculares, formando ângulos de 60°), além de zircão (com halos pleocroicos, aparecendo como um ponto luminoso), espinélio (em cristais octaédricos, comuns nas safiras do Sri Lanka), mica, hematita, granada e outros minerais. As safiras do Sri Lanka e algumas sintéticas mostram asterismo, e as procedentes da Caxemira apresentam uma névoa constituída de filamentos ou tubos vazios marrons muito claros. Costuma ocorrer em mármores, basaltos, pegmatitos e lamprófiros. Lapid. Na lapid., a safira deve ter a mesa perpendicular ao eixo principal. Se não for lapidada em cabuchão, deve ter formato retangular, oval ou retangular com cantos cortados. IMITAÇÕES. A safira astérica pode ser imitada colando-se quartzo rosa astérico de cor fraca sobre um pigmento azul. A safira astérica sintética é obtida geralmente usando agulhas de rutilo. HISTÓRIA. Entre as safiras famosas estão a Estrela Negra (233 g no estado bruto) e a Stuart. Das gemas lapidadas, a maior de todas é a Estrela da Índia (563 ct), que está no Museu Americano de História Natural de Nova Iorque. A Logan (azul, de 423 ct, encontrada no Sri Lanka, que talvez seja a maior safira azul facetada do mundo) e a Estrela da Ásia (330 ct) estão também nos Estados Unidos, na Smithsonian Institution (Washington). É também famosa a safira Ruspoli, de 135,8 ct. CURIOSIDADES. A grife Victoria's Secret, de Nova Iorque, confeccionou um biquíni com 3.024 gemas, entre elas 1.988 safiras e um diamante de 5 ct. A safira é a gema usada no anel dos cardeais. Segundo os astrólogos, é a pedra dos nascidos sob o signo de Touro, simbolizando a sapiência. Acreditam alguns que, usada sobre o coração, proporciona valentia. São Jerônimo via nela um meio de adquirir prestígio junto aos poderosos e proteção contra a cólera divina. A safira era tida como remédio contra a febre, e os egípcios a ingeriam como tônico. Os que usam cristais para tratamento de saúde dizem que ela é útil no caso de suores excessivos, úlceras e distúrbios da visão, principalmente a safira-macho (azul-celeste). Com leite ou vinagre, é usada para combater reumatismos e resfriados. CONFUSÕES POSSÍVEIS. A safira é passível de confusão com cordierita, berilo, tanzanita, espodumênio, cianita, topázio e outras gemas. PRINCIPAIS PRODUTORES. É produzida principalmente no Sri Lanka, Madagascar e Austrália. Outros produtores são Mianmar (ex-Birmânia), Tailândia, Vietnã (em basaltos do sul do país), Turquestão, Índia, Quênia, Tanzânia e EUA. As melhores safiras vêm da vila de Soomjam, na Caxemira (Índia), mas as jazidas estão praticamente esgotadas. Ótimas gemas vêm de Mianmar (Ratnapura), e as maiores, da Austrália. É rara no Brasil, existindo no Mato Grosso, Goiás, Santa Catarina e Minas Gerais. CENTROS DE LAPID. O maior centro de lapid. é a Índia. PREÇO. A var. azul-escura com tons de violeta é a mais valiosa de todas. As melhores safiras da Caxemira custam US$ 1.500 a US$ 60.000 para gemas com 0,5 a 20 ct. Safira sintética incolor equivale em preço à zircônia cúbica. A natural vale um pouco mais. SÍNTESE. A safira sintética, da mesma forma que o rubi sintético, mostra pequenas bolhas de gás que aparecem como pontos luminosos quando observada ao microscópio. Essas bolhas podem ser esféricas ou alongadas, isoladas ou em grupos (às vezes formando arco). A dur., a D. e o IR são idênticos aos das gemas naturais. A safira amarela, se fluorescente, é certamente natural, e não sintética. Além de bolhas de gás, as pedras sintéticas podem mostrar linhas de crescimento curvas. Quando examinada com luz UV de comprimento de onda curto, a safira sintética mostra cor branco-azulada ou esverdeada, que é rara nas gemas naturais. A safira sintética azul deve sua cor ao titânio. TRATAMENTO. Por tratamento térmico, a safira pode ficar tanto mais clara quanto mais escura. A amarela fica incolor e a violeta fica rósea. Usam-se temperaturas entre 1.500°C e 1.800°C, em forno elétrico, em ambiente com oxigênio ou não, e o processo demora de duas horas a três dias. Safiras praticamente incolores do Sri Lanka podem ficar bem azuis. Expostas a radiações, as safiras incolores ou róseas ficam alaranjadas. A incolor ou amarelo-clara, sob ação dos raios X, fica amarela, semelhante a alguns topázios. USO. Embora seja hoje uma gema valiosa, já houve época em que a safira era usada apenas em mecanismos de relógio (como o

rubi). Hoje, as safiras impróprias para uso em joias são empregadas em esferográficas sofisticadas, instrumentos ópticos e elétricos e em janelas de fornalhas de alta temperatura. ETIMOLOGIA. Do gr. *sappheiros*, pelo lat. *saphirus*, ou do hebraico *sappir* (objeto de beleza). ❑
safira-alexandrina Safira semelhante à alexandrita, azul em luz natural e vermelho-vinho a vermelho-amarronzado em luz transmitida ou artificial.
safira-ametistina Safira de cor violeta a púrpura.
safira anakie V. *safira queensland*.
safira-australiana Nome coml. da safira de cor azul muito escura, quase preta.
safira birmânia Sin. de *safira-oriental*.
safira-branca Designação popular do coríndon incolor, usado como gema. Sin. de *leucossafira*.
safira-brasileira 1. V. *indicolita*. 2. Topázio azul. Sin. de *safira do brasil*.
safira-calcedônia Var. de safira azul-leitosa.
safira ceilão Safira azul-clara.
safira-científica Vidro azul usado como imitação de safira.
safira da frança Quartzo azul.
safira-d'água 1. Var. de safira de cor azul muito clara. 2. Var. gemológica de cordierita azul-escura, muito dicroica, encontrada em cascalhos aluviais do Sri Lanka. 3. Nome dado a seixos de topázio, qz. e outros minerais encontrados no Sri Lanka.
safira do brasil Sin. de ²*safira-brasileira*.
safira-elétrica Nome dado a certos topázios e turmalinas.
safira-espinélio Espinélio que exibe cor azul, assemelhando-se, desse modo, à safira.
safira-estrela Var. de safira que mostra asterismo quando olhada na direção do eixo principal. É mais rara que o rubi-estrela. Pode ser imitada colando-se quartzo-leitoso astérico sobre um espelho.
safira-gato Var. de safira preta ou azul-esverdeada, pouco valiosa como gema.
safira hope Nome dos primeiros espinélios sintéticos azuis, obtidos inadvertidamente quando se tentava sintetizar coríndon, em consequência do emprego de magnésia no processo.
safira inverell Safira azul procedente de Nova Gales do Sul (Austrália), comercializada através da cidade de *Inverell* (daí seu nome), naquele país. É mais clara que a safira queensland.
safira-jacinto Safira avermelhada a laranja-avermelhado.
safira-lince 1. Var. de cordierita azul-escura. 2. Nome dado, no Sri Lanka, a uma var. de safira azul-escura. 3. Var. de safira azul muito clara com *chatoyance*.
safira-lux Cordierita.
safira-ocidental Quartzo azul transp.
safira-oriental Safira azul de alta qualidade. Sin. de *safira birmânia*.
safira-ouro Lápis-lazúli com manchas amarelas de pirita.
safira queensland Safira-australiana de cor geralmente azul-escura, frequentemente verde e, às vezes, amarela, rosa ou púrpura. É encontrada em *Queensland* (Austrália), de onde vem seu nome. Sin. de *safira anakie*.
safira reconstituída Denominação imprópria de safira sintética. (A safira não é reconstituída, pelo menos comercialmente.) Cf. *rubi reconstituído*.
safira-rio Safira clara de Montana (EUA).
safira-topázio Safira amarela.
safira-uraliana V. *indicolita*.
safira yogo Safira procedente de *Yogo Gulch*, Montana (EUA).
SAFIRINA Aluminossilicato de magnésio – $(Mg,Al)_8(Al,Si)_6O_{20}$ –, monocl. Forma cristais tabulares ou, mais frequentemente, grãos disseminados ou agregados. Dur. 7,5. D. 3,42-3,48. Tem cor verde ou azul semelhante à da *safira* (daí seu nome). No comércio de gemas, o nome designa o espinélio ou qz. de cor azul.
safirita Nome coml. de uma var. de qz. obtida por tratamento térmico de ametistas procedentes de Montezuma, MG (Brasil), quando seguido de irradiação com raios gama, o que lhes dá cor

azul-escura, semelhante à da safira, da tanzanita e da iolita.
SAFLORITA Arseneto de cobalto – $CoAs_2$ –, geralmente com considerável quantidade de ferro. Ortor., dimorfo da clinossaflorita e isomorfo da loellingita. Cor prateada. Mineral-minério de cobalto. Usado também como pigmento. Do al. *Safflor* (açafroa), pelo seu uso como pigmento.
sagenita Var. de rutilo que mostra grupos de maclas reticuladas onde cristais aciculares se cruzam, formando ângulos de 60°. Encontrada frequentemente como inclusão em qz. e outros minerais, sendo então usada como gema. Do lat. *sagena* (rede de pescar). Cf. *cabelos de vênus, quartzo-rutilado, seda*.
SAHAMALITA-(Ce) Carbonato de magnésio e cério com outros metais – (Mg, Fe)(Ce,La,Nd,Pr)$_2$(CO$_3$)$_4$ –, com 31,4% TR$_2$O$_3$. Forma pequenos cristais monocl., tabulares, incolores, em uma r. a barita e dolomita de San Bernardino, Califórnia (EUA), parecendo ser de origem hidrotermal. Homenagem a Thure G. *Sahama*, geoquímico finlandês.
SAHLINITA Cloroarsenato de chumbo – Pb$_{14}$(AsO$_4$)$_2$O$_9$Cl$_4$ –, monocl., que forma agregados de pequenas escamas amarelo-enxofre. Descoberto em Langban, Varmland (Suécia), e assim chamado em homenagem a Carl Andreas *Sahlin*, químico sueco.
sahlita Silicato de cálcio e magnésio com ferro – Ca(Mg,Fe)Si$_2$O$_6$ –, antes considerado membro do grupo dos piroxênios monocl. É uma var. de diopsídio com Mg > Fe. Verde-cinzento. De *Sahl* (Suécia).
SAILAUFITA Carbonato-arsenato hidratado de cálcio e manganês – (Ca,Na[ ])$_2$ Mn$_3$O$_2$(AsO$_4$)$_2$(CO$_3$).3H$_2$O –, monocl., do grupo da arseniossiderita, descoberto na Baviera (Alemanha).
SAINFELDITA Arsenato hidratado de cálcio – Ca$_5$(AsO$_4$)$_2$(AsO$_3$OH)$_2$.4H$_2$O –, monocl., incolor ou rosa. D. 3,00-3,04. Homenagem a Paul *Sainfeld*, do Museu de Mineralogia da Escola de Minas de Paris (França).
SAKHAÍTA Borato-carbonato básico hidratado de cálcio e magnésio com cloro – Ca$_{12}$Mg$_4$(BO$_3$)$_7$(CO$_3$)$_4$Cl(OH)$_2$.H$_2$O –, cúb., descoberto em Solongo, Transbaikal (Rússia).
SAKHAROVAÍTA Sulfeto de chumbo e bismuto com ferro e antimônio – (Pb,Fe)(Bi,Sb)$_2$S$_4$ –, monocl., descoberto em Tien-Shan (Usbequistão) e assim chamado em homenagem ao físico russo *Sakharov*.
SAKURAIITA Sulfeto de cobre e outros metais – (Cu,Zn,In,Fe,Sn)S –, cúb., descoberto na província de Hyogo (Japão). Tem 17%-23% In e é mineral-minério desse metal. Do japonês *sakura* (cereja).
sal (gar., RS) Qz. incolor, anédrico, que preenche totalmente a parte central de alguns geodos encontrados nos basaltos.
sal-amargo V. *epsomita*.
SAL-AMONÍACO Cloreto de amônio – NH$_4$Cl –, cúb., branco ou incolor, volátil, encontrado ao redor de vulcões, na forma de crostas, e em camadas de carvão queimadas. Tem sabor salgado e picante. dur. 1,0-2,0, é transl. e solúvel em água fria. Do gr. *halos* (sal) + *ammoniacos* (amoníaco), nome que designava a halita.
sal de epsom V. *epsomita*.
sal de gláuber Sin. de *mirabilita*. Homenagem a Johann R. *Glauber*, químico alemão.
SALEEÍTA Fosfato hidratado de magnésio e uranila – Mg(UO$_2$)$_2$(PO$_4$)$_2$.10H$_2$O –, do grupo da autunita. Monocl., pseudotetrag., forma placas quadradas, amarelo-limão, fortemente fluorescentes. Homenagem a Achille *Salee*, mineralogista belga. Sin. de *magnesiofosfuranita*.
SALESITA Iodato básico de cobre – Cu IO$_3$(OH) –, que forma cristais ortor. verde-azulados. Descoberto na mina Chuquicamata, Calama (Chile), e assim chamado em homenagem ao geólogo Reno H. *Sales*.
sal-gema Sin. de *halita*.

sal-grosso (gar., RJ) Microclínio frequentemente intercrescido graficamente com qz.
SALIOTITA Aluminossilicato básico de lítio e sódio – $Li_{0,5}Na_{0,5}Al_3Si_3AlO_{10}(OH)_5$ –, monocl., descoberto na Andaluzia (Espanha). É uma interestratificação regular de cookeíta e paragonita, do grupo da esmectita.
salitre Sin. (popular) de *nitro*. Do lat. *salnitru*.
salitre da índia V. *nitro*.
salitre do chile Sin. de *nitratina*.
salmonsita Mistura de hureaulita e jahnsita que forma massas fibrosas amarelas. Homenagem a Frank A. *Salmons*, mineralogista norte-americano.
sal-pétreo V. *nitro*. Do lat. *sal petrae* (sal de pedra), por ocorrer como eflorescências.
salvadorita Sin. de *kroehnkita*.
SAMARSKITA-(Y) Óxido complexo de fórmula $(Y+REE,Fe,U,Th,Ca)(Nb,Ta,Ti)O_4$, monocl., encontrado na forma de cristais prismáticos ou lamelares de cor preta ou marrom, quase opacos, de traço pardo-avermelhado a negro, com br. vítreo ou resinoso. Dur. 5,0-6,0. Frat. conchoidal. D. 5,60-6,20. Moderada a fortemente radioativo e geralmente metamicto. IR extremamente alto: 2,210-2,250 (quando metamicto). Ocorre em pegmatitos graníticos. É usado como gema, sendo, porém, mais importante como fonte de urânio, nióbio e tântalo. Homenagem a *Samarski*, engenheiro russo. Sin. de *eytlandita, nuevita, uranotantalita, itroilmenita, itroniobita, rogersita, uraniobita,* ^{2}*ampangabeíta, annerodita*.
SAMFOWLERITA Silicato de fórmula química $Ca_{28}Mn_6Zn_4(Be,Zn)_4Be_{12}(SiO_4)_{12}(Si_2O_7)_8(OH)_{12}$, monocl., descoberto em Sussex, New Jersey (EUA).
samiresita Mineral quimicamente equivalente a um uranopirocloro plumbífero, mas metamicto. Por aquecimento, recristaliza. De *Samiresy* (República Malgaxe), perto de onde ocorre. Nome a abandonar.

SAMPLEÍTA Clorofosfato hidratado de sódio, cálcio e cobre – $NaCaCu_5(PO_4)_4Cl.5H_2O$ –, em pequenos cristais ortor., azuis, formando crostas. Clivagem (010). Dur. 4,0. D. 3,20. Descoberto na mina Chuquicamata, Calama (Chile), e assim chamado em homenagem a Mat *Sample*, superintendente da referida mina.
SAMSONITA Sulfoantimoneto de prata e manganês – $Ag_4MnSb_2S_6$ –, monocl., prismático, preto, semelhante à miargirita. Muito raro, descoberto na mina *Samson* (daí seu nome), em Andreasberg (Alemanha).
SAMUELSONITA Fosfato de fórmula química $(Ca,Ba)Ca_8Mn_2Fe_2Al_2(PO_4)_{10}(OH)_2$ –, monocl., descoberto em Grafton, New Hampshire (EUA). Forma prismas incolores achatados e estriados segundo [010]. Br. adamantino. Homenagem a Peter B. *Samuelson*, de Rumney, New Hampshire (EUA).
SANBORNITA Silicato de bário – $BaSi_2O_5$ –, ortor., que forma cristais tabulares brancos. Pode vir a ser fonte de bário. Homenagem a Frank *Sanborn*, mineralogista norte-americano.
sandberguerita V. *sandbergita*.
sandbergita Var. de tennantita ou tetraedrita rica em zinco. Sin. de *sandberguerita*.
sanderita Sulfato hidratado de magnésio – $MgSO_4.2H_2O$ –, produto de hidratação da kieserita. Homenagem a Bruno *Sander*, geólogo austríaco.
SANEROÍTA Silicato-vanadato de sódio e manganês – $Na_2(Mn^{2+},Mn^{3+})_{10}Si_{11}VO_{34}(OH)_4$ –, tricl., vermelho-escuro, de br. resinoso ou graxo, D. 3,47, com duas clivagens perfeitas. Ocorre em minérios de manganês de Val Graveglia (Itália). Homenagem a Edoardo *Sanero*, professor de Mineralogia italiano.
sanfordita V. *rickardita*, nome que tem prioridade.
sangrada (gar., BA) Diz-se da gruna que não conservou diamante no seu interior.
sangue de boi 1. Var. de coral de cor vermelha muito escura. É menos valiosa

apenas que a var. pele de anjo. Sin. de *escuma de sangue*. 2. Nome de uma tonalidade de vermelho semelhante à da geleia de groselha, encontrada em certos rubis. Cf. *sangue de pombo*. 3. (gar., PA) Material argiloso vermelho-vinho, ao qual se associam as maiores pepitas e a maior concentração de ouro em Serra Pelada.

sangue de pombo Nome de uma tonalidade de vermelho encontrada no rubi. Cf. ^{2}*sangue de boi*. É um rubi de cor viva, vermelho-médio a vermelho-escuro ou vermelho levemente purpúreo. Ocorre quase só na região superior de Mianmar (ex-Birmânia) e é considerado o mais valioso dos rubis gemológicos.

sanguinária 1. ^{1}Pedra de sangue verde-escura com manchas vermelhas. 2. Hematita.

SANIDINA Feldspato potássico-sódico – $(K,Na)AlSi_3O_8$ –, com arranjo desordenado dos átomos de Al e Si. Forma cristais monocl., frequentemente tabulares, com br. vítreo, amarelo-claros, em r. vulcânicas. É usado como gema e pedra ornamental. Do gr. *sanidos* (tábua), por seu hábito. Sin. de *riacolita*, *granzerita*.

SANJUANITA Fosfato-sulfato básico hidratado de alumínio – $Al_2(PO_4)(SO_4)(OH).9H_2O$ –, tricl. (?), descoberto em ardósias carboníferas de Pocito, San Juan (Argentina), onde forma massas brancas, compactas, foscas ou de br. sedoso, com frat. irregular ou terrosa. Dur. 3. D. 1,94. Os cristais são fibras microscópicas reunidas em feixes paralelos ou divergentes.

SANMARTINITA Volframato de zinco com ferro – $(Zn,Fe)WO_4$. Forma pequenos cristais monocl. pardos, avermelhados por reflexões internas. D. 6,70. Muito semelhante à volframita. De *San Martin*, San Luis (Argentina), onde foi descoberto.

SANTABARBARAÍTA Fosfato básico hidratado de ferro – $Fe_3(PO_4)_2(OH)_3.5H_2O$ –, amorfo, descoberto em *Santa Bárbara* (daí seu nome), na Toscânia (Itália).

santa clara Nome coml. de um granito cinzento de Ribeirão Pires, SP (Brasil), usado como pedra ornamental.

SANTACLARAÍTA Silicato básico hidratado de cálcio e manganês – $CaMn_4Si_5O_{14}(OH)_2.H_2O$ –, tricl., descoberto em *Santa Clara* (daí seu nome) e Stanislaus, Califórnia (EUA), onde forma massas e veios rosa e bronzeados. Os cristais são lamelares ou prismáticos, com duas boas clivagens – (100) e (010). Dur. 6,5. D. 3,4. Transp., de br. vítreo e traço rosa bem claro.

SANTAFEÍTA Vanadato básico hidratado de sódio e manganês – $Na_3Mn_4(VO_4)_4(OH)_3.2H_2O$ –, ortor., acicular, preto, subadamantino, formando agregados com estrutura radial. De *Santa Fé*, nome de uma companhia que pesquisava urânio onde foi descoberto.

SANTANAÍTA Cromato de chumbo – $(PbO)_9(PbO_2)_2CrO_3$ –, hexag., amarelo-claro, de br. adamantino, clivagem basal perfeita. Dur. 4, aproximadamente. Descoberto na mina *Santa Ana* (daí seu nome), Caracoles, Antofagasta (Chile), onde forma pequenas lâminas.

SANTITA Borato básico hidratado de potássio – $KB_5O_6(OH)_4.2H_2O$ –, ortor., descoberto em Larderello, Toscânia (Itália).

são tomé Nome coml. de um quartzito ornamental rico em mica, com foliação muito bem desenvolvida, proveniente de São Tomé das Letras (MG), muito comum no mercado brasileiro de r. ornamentais.

SAPONITA Aluminossilicato básico hidratado de cálcio e magnésio com sódio e ferro – $(Ca/2,Na)_{0,3}(Mg,Fe)_3(Si,Al)_4O_{10}(OH)_2.4H_2O$ –, monocl., do grupo da esmectita. Ocorre em nódulos ou preenchendo cavidades. Tem consistência de queijo ou manteiga, ficando quebradiço quando desidratado. D. 2,24-2,30. Br. graxo, cor variável, clara. Do lat. *sapo*, *saponis* (sabão). Sin. de *bowlingita*, *piotina*. Não confundir com *saponito*.

saponito Sin. de *esteatito*. Não confundir com *saponita*.

saqueiro (gar., PA) Em Serra Pelada, trabalhador que carrega sacos de minério aurífero.
SARABAUITA Oxissulfeto de cálcio e antimônio – $CaSb_{10}O_{10}S_6$ –, monocl., vermelho-carmim, de br. resinoso e traço alaranjado. D. 4,8. É tabular ou prismático, segundo o eixo b. De *Sarabau*, mina de Sarawak (Malásia), onde foi descoberto. Sin. de *sarawakita*.
sarawakita Sin. de *sarabauita*. De *Sarawak* (Malásia), onde foi descoberta.
SARCOLITA Silicato de sódio, cálcio e alumínio – $NaCa_6Al_4Si_6O_{24}F$ (?) –, tetrag., em massas irregulares rosa-carne, vítreas, com até 2 cm, ou cristais de até 2,5 cm em cavidades. Descoberto no Vesúvio (Itália).
SARCOPSÍDIO Fosfato de ferro – $Fe_3(PO_4)_2$ –, monocl., vermelho-carne, com traço amarelo-claro. Do gr. *sarx, sarkos* (carne) + *opsis* (aspecto), por sua cor.
sardágata Var. de ágata com faixas avermelhadas de cornalina.
sárdio Var. gemológica de calcedônia marrom, marrom-avermelhada ou vermelho-alaranjada, de cor uniforme, transl., semelhante à cornalina, porém mais escura e mais amarronzada. Passa para essa var. imperceptivelmente. É considerada por alguns um tipo de cornalina. Do lat. *sardius* (lápis), de Sardes, capital do antigo reino da Lídia.
sárdio-arenoso Var. de sárdio com pontos escuros.
sardium Sárdio artificialmente colorido de marrom.
sardoína Var. de calcedônia em massas esferoidais e com cor escura.
sardônio V. *sardônix*.
sardônix Var. gemológica de calcedônia em que se alternam faixas vermelho-amarronzadas (da cor do sárdio) com faixas brancas. De *sárdio* + *ônix*. Houaiss (2001) registra apenas a forma *sárdonix*, não usada no Brasil. Sin. de *sardônio*.
SARMIENTITA Sulfato-arsenato básico hidratado de ferro – $Fe_2(AsO_4)(SO_4)OH \cdot 5H_2O$ –, monocl., amarelo, isomorfo da diadoquita. Descoberto em Barreal, San Juan (Argentina), e assim chamado em homenagem a Domingo F. *Sarmiento*, educador e estadista argentino.
sarospatakita Mineral argiloso composto de camadas de illita e montmorillonita misturadas. De *Sarospatak* (Hungria), onde foi descoberto. Sin. de *sarospatita*.
sarospatita V. *sarospatakita*.
SARQUINITA Arsenato básico de manganês – $Mn_2AsO_4(OH)$ –, monocl., vermelho-carne, de br. graxo, clivagem (100) distinta, D. 4,17 e dur. 4,0-4,5. Descoberto em Varmland (Suécia). Do gr. *sarkinos* (feito de carne), por sua cor e br.
SARTORITA Sulfoarseneto de chumbo – $PbAs_2S_4$ –, monocl., que forma cristais delgados, estriados, cinza-escuro, de D. 5,4. Homenagem a *Sartorius* von Watershausen, seu descobridor. Sin. de *escleroclásio*. Cf. *dufrenoysita*.
SARYARKITA-(Y) Mineral quimicamente complexo, de fórmula $Ca(Y,Th)Al_5(SiO_4)_2(PO_4,SO_4)_2(OH)_7 \cdot 6H_2O$, hexag., branco, fosco ou com br. graxo. Dur. 3,5-4,0. D. 3,35. Ocorre em r. efusivas ácidas e graníticas alteradas.
SASAÍTA Fosfato-sulfato básico hidratado de alumínio com ferro – $(Al,Fe)_6(PO_4,SO_4)_5(OH)_3 \cdot 35H_2O$ –, ortor., encontrado na forma de nódulos brancos, com consistência de giz, no solo de uma caverna dolomítica, parecendo ser derivado da ação de excrementos de morcego sobre minerais argilosos. Forma agregados de placas rômbicas com 0,01-0,02 mm, de D. 1,7. Perde água rapidamente à temperatura ambiente. Em atmosfera saturada em água, reidrata-se totalmente em duas semanas. De *South African Speleological Association*, por ter sido descoberto por alguns de seus membros.
sassolina V. *sassolita*.
SASSOLITA Ác. bórico – H_3BO_3 –, tricl., encontrado geralmente em escamas brancas ou cinzentas, nacaradas, ou como incrustações em fumarolas ou emanações sulfurosas. Dur 1,0, transp., com clivagem basal perfeita, flexível e solúvel em água quente. Mineral-

-minério de boro. De *Sasso*, Toscânia (Itália), onde foi descoberto. Sin. de *sassolina*.

satelita Nome coml. de uma serpentina com *chatoyance*, semelhante ao crisotilo, encontrada em Tulare, Califórnia (EUA).

satélite Denominação comum aos minerais que costumam ocorrer associados ao diamante, como piropo, ilmenita e cromodiopsídio. Sin. de (gar.): *escravo, forma, formação, irmão, sócio, vassalo*.

SATIMOLITA Cloroborato hidratado de potássio, sódio e alumínio – $KNa_2Al_4B_6O_{15}Cl_3.13H_2O$ –, ortor., descoberto em Chelkar (Casaquistão).

SATPAEVITA Vanadato hidratado de alumínio – $Al_{12}V_8O_{37}.30H_2O$ –, ortor. (?), amarelo, que ocorre em agregados de finos grãos, às vezes em folhas com clivagem pinacoidal perfeita. É fosco, com br. nacarado na clivagem. D. 2,40. Dur. 1,5. Ocorre em folhelhos carbonosos decompostos. Homenagem ao geólogo soviético Kaniysh I. *Satpaev*.

SATTERLYÍTA Fosfato básico de ferro com magnésio – $(Fe,Mg)_{12}(PO_3OH)(PO_4)_5(OH,O)_6$ –, hexag., dimorfo da wolfeíta. Forma grãos de até 40 mm, alongados verticalmente, reunidos em agregados radiais formando nódulos de 10 cm ou menos, em folhelhos do território de Yukon (Canadá). É transp., amarelo-claro a marrom, com traço amarelo-claro, br. vítreo, dur. 4,5-5,0, D. 3,7, sem clivagem. O nome homenageia o geólogo Jack *Satterly*. Cf. *holtedahlita*.

saualpita V. *zoisita*. Do fr. *saualpite*.

SAUCONITA Aluminossilicato básico hidratado de sódio e zinco – $Na_{0,3}Zn_3(Si,Al)_4O_{10}(OH)_2.4H_2O$ –, monocl., do grupo da esmectita. De *Saucon*, vale da Pensilvânia (EUA), onde foi descoberto.

saussurita Agregado mineral compacto, de cor branca, cinzenta ou esverdeada, que consiste em uma mistura de albita ou oligoclásio com zoisita ou epídoto. Há ainda, em quantidades menores, calcita, sericita, prehnita e silicatos de cálcio e alumínio. A saussurita era antes considerada espécie mineral. É usada em objetos ornamentais e como substituta do jade. Dur. 6,5-7,0. D. 3,20-3,25, podendo chegar a 3,38. Forma-se por alteração de plagioclásio cálcico e é encontrada principalmente na Suíça. Homenagem a H. Bénédite de *Saussure*, geólogo suíço.

sautoir Colar de pérolas de duas voltas. Cf. *chute, choker*.

SAYRITA Óxido hidratado de chumbo e uranila – $Pb_2(UO_2)_5O_6(OH)_2.4H_2O$ –, monocl., que forma pequenos cristais prismáticos de cor laranja, alongados segundo o eixo *b*, medindo até 0,6 mm e com D. 6,8. Ocorre na jazida de urânio de Shinkolobwe, Shaba (R. D. do Congo), e assim chamado em homenagem ao cristalógrafo norte-americano David *Sayre*.

SAZHINITA-(Ce) Silicato hidratado de sódio e cério – $Na_{3-x}H_xCeSi_6O_{15}.nH_2O$, com x = 0,1, aproximadamente, e n maior ou igual a 1,5. É ortor. e forma cristais tabulares, milimétricos, cinzento-claros, brancos ou beges, br. vítreo ou nacarado, transp. a transl., com clivagem cúb. Homenagem a Nikolai P. *Sazhin*, fundador da indústria russa de TR.

SAZYKINAÍTA-(Y) Silicato hidratado de sódio, ítrio e zircônio – $Na_3YZrSi_6O_{18}.6H_2O$ –, trig., do grupo da hilairita, descoberto na península de Kola (Rússia).

SBORGITA Borato básico hidratado de sódio – $NaB_5O_6(OH)_4.5H_2O$ –, monocl., descoberto em fontes termais de Larderello, Toscânia (Itália).

SCACCHITA Cloreto de manganês – $MnCl_2$ –, trig., descoberto no Vesúvio (Itália). Homenagem a Arcangelo *Scacchi*, mineralogista italiano.

SCAINITA Sulfato de chumbo e antimônio – $Pb_{14}Sb_{30}S_{54}O_5$ –, monocl., descoberto em uma mina da Toscânia (Itália).

SCARBROÍTA Hidroxicarbonato hidratado de alumínio – $Al_5(OH)_{13}CO_3.5H_2O$ –, tricl., finamente granulado, compacto,

branco. Assim chamado por ocorrer em *Scarborough*, Yorkshire (Inglaterra).
SCAWTITA Silicato-carbonato hidratado de cálcio – $Ca_7Si_6O_{18}(CO_3).2H_2O$ –, monocl., incolor. De *Scawt* Hill, Antrim (Irlanda do Norte).
SCHACHNERITA Amálgama de prata – $Ag_{1,1}Hg_{0,9}$ –, hexag., opticamente muito semelhante à paraschachnerita e ao alargento. Branco-cremoso, sempre maclado segundo (110). D. 13,52. Ocorre na zona de oxidação da mina de mercúrio de Landsberg (Alemanha), formando-se por alteração de moschellandsbergita. Homenagem a Doris *Schachner*, professor da Alemanha.
schadeíta Sin. de *plumbogumita*. Homenagem a Heinrich *Schade*.
SCHAFARZIKITA Óxido de ferro e antimônio – $FeSb_2O_4$ –, tetrag., em cristais aciculares vermelhos ou marrom-avermelhados, com clivagem (110) e (100). Dur. 3,5. D. 4,3. Homenagem a Ferenc *Schafarzik*, mineralogista húngaro.
SCHAFERITA Vanadato de sódio, cálcio e magnésio – $NaCa_2Mg_2(VO_4)_3$ –, cúb., do grupo das granadas, descoberto em um vulcão de Eifel (Alemanha). Não confundir com *schefferita*.
SCHAIRERITA Cloro-fluorsulfato de sódio – $Na_{21}(SO_4)_7F_6Cl$ –, trig., que forma pequenos cristais incolores de dur. 3,5 e D. 2,61. Descoberto em Searles Lake, San Bernardino, Califórnia (EUA), e assim chamado em homenagem a John *Schairer*, físico-químico norte-americano.
SCHALLERITA Silicato-arsenato de manganês com ferro – $(Mn,Fe)_{16}Si_{12}As_3O_{36}(OH)_{17}$ –, hexag., dimorfo da nelenita. Descoberto em Sussex, New Jersey (EUA), e assim chamado em homenagem a Wakdemar Theodore *Schaller*, mineralogista do USGS.
schapbachita 1. V. *matildita*. 2. Mistura de matildita e galena. De *Schapbach*, Floresta Negra, Baden (Alemanha).
schaumopala V. *chaumopala*, grafia correta.

SCHAURTEÍTA Sulfato básico hidratado de cálcio e germânio – $Ca_3Ge(SO_4)_2(OH)_6.3H_2O$ –, com 14,8% Ge, mineral-minério desse elemento. É hexag. e foi descoberto na mina Tsumeb (Namíbia).
SCHEELITA Volframato de cálcio – $CaWO_4$ – com molibdênio. Tetrag., geralmente cristalizada em bipirâmides anédricas de até 10 cm, frequentemente macladas segundo (001) e (110). Forma série isomórfica com a powellita. A scheelita é incolor, branca, marrom, cinza, amarela ou verde, transp. a transl., com traço branco, br. adamantino, clivagem nítida segundo [111] e frat. irregular. Dur. 4,5-5,0. D. 6,00. Fluorescente em azul ou amarelo (dependendo do teor de molibdênio) na luz UV de curto comprimento de onda, mas não na de longo comprimento. IR 1,920-1,936. Bir. 0,016. U(+). Disp. 0,026. Ocorre em depósitos de metamorfismo de contato, filões de qz. de alta temperatura e, mais raramente, pegmatitos. Usada como gema e fonte de ítrio, sendo, porém, mais importante como fonte de tungstênio. Scheelita gemológica é produzida principalmente nos EUA e no México (Sonora). É obtida também sinteticamente, sendo difícil distinguir as gemas sintéticas (vendidas por preço elevado) das naturais. O maior cristal de scheelita conhecido foi descoberto no Japão e mediu 33 cm. Homenagem a Karl W. *Scheele*, descobridor do tungstênio. Sin. de *trimontita*. Cf. *powellita*.
schefferita Var. de egirina com manganês – $(Na,Ca)(Fe,Mn)Si_2O_6$ –, marrom ou preta. Homenagem a H. T. *Scheffer*, químico sueco. Não confundir com *schaferita*.
SCHERTELITA Fosfato ác. hidratado de amônio e magnésio – $(NH_4)_2MgH_2(PO_4)_2.4H_2O$ –, ortor., que ocorre em pequenos cristais tabulares em guano. Sin. de *müllerita*.
scheteligita Mineral de composição incerta – talvez $(Ca,Y,Sb,Mn)_2(Ti,Ta,Nb,W)_2O_6(O,OH)$ –, ortor., provavelmente

do grupo do pirocloro, subgrupo da betafita. Preto, fracamente radioativo. É muito raro, ocorrendo em pegmatitos de Iveland, Groenlândia (Dinamarca). Homenagem a Jakov *Schetelig*, mineralogista norueguês.

SCHIAVINATOÍTA Borato de nióbio com tântalo – $(Nb,Ta)BO_4$ –, tetrag., descoberto em Madagascar. Cf. *behierita*.

SCHIEFFELINITA Mineral de fórmula química $Pb(Te,S)O_4.H_2O$ ou $Pb_8(TeO_4)_5(SO_4)_3.8H_2O$, ortor., descoberto em rejeitos de minas do Arizona (EUA), onde forma cristais de até 1 mm, em frat. D. 5,0-5,2. Dur. 2. Br. adamantino. Homenagem a Ed *Schieffelin*, cocheiro e prospector que descobriu o distrito mineiro de Tombstone.

schiller Adularescência com predomínio da cor azul.

SCHIRMERITA Sulfeto de prata, chumbo e bismuto – $Ag_3Pb_3Bi_9S_{18}$ a $Ag_3Pb_6Bi_7S_{18}$ –, com 9,75% Ag. Ortor., maciço ou finamente granular, cinza a preto, frágil, sem clivagem, br. metálico. Dur. 2, D. 6,7. Muito raro. Homenagem ao norte-americano J. H. L. *Schirmer*.

SCHLOSSMACHERITA Sulfato básico de cálcio e alumínio – $(H_3O,Ca)Al_3(SO_4,AsO_4)_2(OH)_6$ –, trig., do grupo da alunita, descoberto na mina Emma Luisa, Copiapó (Chile), e assim chamado em homenagem ao professor Karl *Schlossmacher*.

SCHMIEDERITA Selenato básico de chumbo e cobre – $Pb_2Cu_2(SeO_3)(SeO_4)(OH)_4$ –, monocl., descoberto em uma mina de Sierra de Cacheuta, na Argentina. Cf. *linarita*.

SCHMITTERITA Óxido de uranila e telúrio – $(UO_2)TeO_3$ –, ortor., tabular, amarelo, que forma pequenas rosetas. Descoberto em uma mina de Moctezuma, Sonora (México).

SCHNEEBERGITA Arsenato de bismuto e cobalto – $BiCo_2(AsO_4)_2[(H_2O)(OH)]$ –, monocl., amarelo-mel, do grupo da tsumcorita. Cf. *cobaltolotharmeyerita*.

SCHNEIDERHOEHNITA Arsenato de ferro – $Fe_4As_5O_{13}$ –, tricl., marrom-escuro (quase preto), br. metálico ou adamantino, em cristais de até 7 mm, descoberto na mina Tsumeb (Namíbia).

SCHODERITA Fosfato-vanadato hidratado de alumínio – $Al_2PO_4(VO_4).8H_2O$ –, monocl., alaranjado, formando capa microcristalina em arenitos e *chert*. Descoberto em Eureka, Nevada (EUA), e assim chamado em homenagem ao químico William P. *Schoder*. Cf. *metaschoderita*.

SCHOELLHORNITA Sulfeto hidratado de sódio e cromo – $Na_{0,3}CrS_2.H_2O$ –, trig., descoberto em um condrito achado no Kansas (EUA), no qual forma finas faixas de poucos micrômetros de largura, contidas em caswellsilverita e grãos isolados junto ao mesmo mineral, medindo 0,25 mm. Tem cor cinza--amarronzado e D. 2,7. Forma-se por hidratação e subsequente desidratação de caswellsilverita.

SCHOENFLIESITA Hidróxido de magnésio e estanho – $MgSn(OH)_6$ –, cúb., em grânulos com menos de 0,01 mm, produzidos por alteração de hulsita, solúvel em HCl. O grupo da schoenfliesita compreende mais cinco hidróxidos cúb. de fórmula geral $M^{2+}Sn^{4+}(OH)_6$, onde M^{2+} = Ca, Cu, Fe, Mg, Mn ou Zn: burtita, mushistonita, natanita, vismirnovita e wickmanita. Homenagem a Arthur M. *Schoenflies*, professor alemão.

schoenita Sin. de *picromerita*.

SCHOEPITA Óxido básico hidratado de uranila – $(UO_2)_8O_2(OH)_{12}.12H_2O$ –, ortor., produto de alteração da uraninita. Amarelo, br. adamantino, com forte fluorescência. Talvez seja becquerelita. Homenagem a Alfred *Schoep*, mineralogista belga. Sin. de *escupita*, *epi-iantinita*.

SCHOLZITA Fosfato hidratado de cálcio e zinco – $CaZn_2(PO_4)_2.2H_2O$ –, ortor., branco ou incolor, dimorfo da parascholzita. Descoberto na Baviera (Alemanha).

SCHOONERITA Fosfato básico hidratado de zinco, manganês e ferro – $ZnMnFe_3(PO_4)_3(OH)_2.9H_2O$ –, ortor., em rosetas e escamas de até 2 mm, marrons a marrom-avermelhadas. Dur.

4,0. Clivagem (010) micácea. D. 2,87-2,92. Descoberto em pegmatitos de New Hampshire (EUA). Homenagem a Richard *Schooner*, colecionador de minerais norte-americano.
schorl V. *schorlita*.
SCHORLITA Borossilicato de sódio, ferro e alumínio – $NaFe_3Al_6(BO_3)_3Si_6O_{18}(OH)_4$ –, trig., do grupo das turmalinas. Forma série isomórfica com a dravita. Tem cor preta e é, às vezes, usada como gema. Em pó, é empregada em filtros de água e para outros fins. É a mais comum das turmalinas. Do al. *Schorl*. Sin. de *afrizita*.
SCHORLOMITA Silicato de cálcio e titânio com ferro – $Ca_3(Ti,Fe)_2(Si,Ti)_3O_{12}$ –, cúb., preto, do grupo das granadas. Forma uma série isomórfica com a andradita. Geralmente maciço, preto, com frat. conchoidal e br. vítreo. Dur. 7,0-7,5. D. 3,81-3,88. Do al. *Schorl* + gr. *homos* (mesmo), pela semelhança com a schorlita.
SCHREIBERSITA Fosfeto de ferro com níquel – $(Fe,Ni)_3P$ –, tetrag., que ocorre em siderólitos como inclusões. Pode conter cobalto. Prateado, fortemente magnético, br. metálico. Homenagem ao austríaco Karl Franz Anton von *Schreibers*. Sin. de *rabdita*. Cf. *barringerita, niquelfosfeto*.
SCHREYERITA Óxido de vanádio e titânio – $V_2Ti_3O_9$ –, monocl., dimorfo da kyzylkumita. Encontrado na forma de grãos micrométricos, incluídos em rutilo de gnaisses, em Kwale (Quênia). Homenagem ao alemão Werner *Schreyer*.
SCHROECKINGERITA Carbonato-sulfato hidratado de sódio, cálcio e uranila com flúor – $NaCa_3(UO_2)(CO_3)_3(SO_4)F.10H_2O$ –, tricl., produto de alteração da uraninita. Amarelo-esverdeado, com forte fluorescência. Homenagem a J. von *Schroeckinger*, seu descobridor. Sin. de *dakeíta*.
schrotterita 1. Silicato hidratado de alumínio – $(Al_2O_3)_8(SiO_2)_3.30H_2O$ –, do grupo dos minerais argilosos. Muito semelhante ao alofano, mas pode ser uma mistura. 2. Var. de alofano rica em alumínio. 3. (obsol.) Mistura de halloysita e variscita.
SCHUBNELITA Vanadato hidratado de ferro – $Fe(VO_4)(H_2O)$ –, tricl., descoberto em um depósito de urânio de Mounana, no Gabão.
SCHUETTEÍTA Oxissulfato de mercúrio – $Hg_3(SO_4)O_2$ –, trig., amarelo, encontrado na forma de filmes delgados. Homenagem ao geólogo e engenheiro de minas Curt N. *Schuette*.
SCHUILINGITA-(Nd) Carbonato básico hidratado de chumbo, cobre e metais de TR – $PbCu(Nd,Gd,Sm,Y)(CO_3)_3(OH)$. H_2O –, em cristais ortor., azuis, formando crostas. Homenagem ao geólogo H. J. *Schuiling*.
SCHULENBERGITA Sulfato-carbonato básico hidratado de cobre com zinco – $(Cu,Zn)_7(SO_4,CO_3)_2(OH)_{10}.3H_2O$ –, trig., descoberto perto de *Oberschulenberg* (daí seu nome), na Alemanha, onde aparece na forma de cristais tabulares finos, azul-esverdeados, de 0,15 mm, frequentemente reunidos em drusas. Dur. em torno de 2. D. 3,3-3,4. Br. nacarado e traço azul-esverdeado, solúvel em ác. diluídos.
SCHULTENITA Arsenato ác. de chumbo – $PbHAsO_4$ –, monocl., incolor, semelhante à selenita. Descoberto na mina Tsumeb (Namíbia) e assim chamado em homenagem a August Benjamin de *Schulten*, que produziu e descreveu cristais sintéticos desse mineral.
schulzenita Var. de heterogenita com cobre.
SCHUMACHERITA Hidroxivanadato de bismuto – $Bi_3O(OH)(VO_4)_2$ –, tricl., geralmente encontrado como crostas amarelas a marrom-amareladas, raramente em cristais, de menos de 0,1 mm, tabulares, sem clivagem, com frat. conchoidal, br. algo adamantino. Dur. 3. D. 6,9. Homenagem ao professor alemão Friedrich *Schumacher*. Cf. *preisingerita*.
schützita V. *celestina*.
SCHWARTZEMBERGITA Clorato-iodato básico de chumbo – $Pb_5IH_2O_6Cl_3$ –, tetrag., maciço ou em cristais arre-

dondados ou piramidais. Amarelo-mel a marrom-avermelhado. Homenagem a *Schwartzemberg*, pesquisador chileno. Cf. *seeligerita*.

schwatzita Var. de tetraedrita com mercúrio.

SCHWERTMANNITA Hidroxissulfato de ferro – $Fe_{16}O_{16}(OH)_{12}(SO_4)_2$ –, tetrag., descoberto em uma mina de Oulu, na Finlândia.

SCLARITA Carbonato básico de zinco com magnésio e manganês – (Zn,Mg,Mn)$_4$Zn$_3$(CO$_3$)$_2$(OH)$_{10}$ –, monocl., descoberto em Sussex, New Jersey (EUA). Cf. *loseyita*.

SCORZALITA Fosfato básico de ferro e alumínio com magnésio – (Fe,Mg)Al$_2$(PO$_4$)$_2$(OH)$_2$ –, monocl., que forma série isomórfica com a lazulita. Ocorre maciço ou em cristais, geralmente cuneiformes. Transp. a transl. Tem cor azul, br. vítreo. Dur. 5,5-6,0. D. 3,10-3,40. Descoberto em pegmatitos de Minas Gerais (Brasil) e assim chamado em homenagem a Evaristo P. *Scorza*, mineralogista brasileiro.

SCOTLANDITA Sulfito de chumbo – PbSO$_3$ –, monocl., amarelado, descoberto em Lanarkshire (Escócia). De *Scotland* (nome inglês da Escócia).

scovillita Sin. de *rabdofano-(Ce)*.

SCRUTINYÍTA Óxido de chumbo – α-PbO$_2$ –, ortor., dimorfo da plattnerita, descoberto em Socorro, Novo México (EUA).

SEAMANITA Borofosfato básico de manganês – Mn$_3$[B(OH)$_4$](PO$_4$)(OH)$_2$ –, ortor., amarelo-claro, transp., em cristais pontiagudos, morfologicamente semelhantes aos de reddingita. Dur. 4,0. D. 3,13. Homenagem a Arthur E. *Sea-man*, seu descobridor.

SEARLESITA Borossilicato básico de sódio – NaBSi$_2$O$_5$(OH)$_2$ –, monocl., que forma pequenas esferas de estrutura fibrorradiada, brancas. Clivagens (100) perfeita, (010) e (102). D. 2,44. Bastante solúvel em água. De *Searles Lake*, Califórnia (EUA), onde ocorre em grande quantidade.

séctil Diz-se das substâncias que podem ser cortadas em lascas. Entre os minerais de interesse gemológico, são sécteis, por ex., o ouro e a prata.

seda Induções de rutilo na forma de agulhas que se cortam a 60°, encontradas frequentemente no coríndon, originando, às vezes, asterismo. Podem ser vistas também no demantoide e na almandina. Cf. *sagenita*.

SEDEROLMITA Seleneto de níquel – β-NiSe –, hexag., amarelo a amarelo-alaranjado. Descoberto em albita-diabásio de Kuusamo (Finlândia), no mesmo jazimento onde se descobriu a *kullerudita*, a *makinenita*, a *trüstedtita* e a *wilkmanita* (v.), todos selenetos de níquel.

SEDOVITA Molibdato de urânio – U(MoO$_4$)$_2$ –, ortor., marrom a marrom-avermelhado, quase opaco. Descoberto na região do lago Balkash (Casaquistão) e assim chamado em homenagem a T. Y. *Sedov*, cientista russo.

seelandita Nome de uma var. de pickeringita.

SEELIGERITA Cloroiodato de chumbo – Pb$_3$Cl$_3$(IO$_3$)O –, ortor., descoberto na mina Santa Ana, Sierra Gorda (Chile). Cf. *schwartzembergita*.

SEELITA Arsenato hidratado de magnésio e uranila – Mg(UO$_2$)$_2$(AsO$_3$)$_{1,4}$(AsO$_4$)$_{0,6}$.7H$_2$O –, monocl., descoberto em um depósito de urânio de Hérault, na França.

SEGELERITA Fosfato básico hidratado de cálcio, magnésio e ferro – CaMgFe(PO$_4$)$_2$(OH).4H$_2$O –, ortor., cristalizado em prismas verde-amarelos, com clivagem [010] perfeita. Homenagem ao mineralogista amador Curt G. *Segeler*.

SEGNITITA Arsenato básico de chumbo e ferro – PbFe$_3$H(AsO$_4$)$_2$(OH)$_6$ –, trig., do grupo da kintoreíta, descoberto em Nova Gales do Sul (Austrália). Cf. *philipsbornita*.

segunda (gar., BA) Em Carnaíba, esmeralda de qualidade inferior, mais valiosa que a segundada e menos que o bagulho.

segunda-cor Var. de coral gemológico de cor salmão. Cf. *primeiro-sangue, segundo-sangue.*

segundada (gar., BA) Em Carnaíba, nome dado à esmeralda de pior qualidade (refugo). Cf. *bagulho, segunda.*

segundo (gar.) Diamante que contém urubu, ou seja, impureza de cor preta.

segundo-sangue Var. de coral-nobre de cor vermelho-escura. Cf. *primeiro-sangue, segunda-cor.*

SEIDITA-(Ce) Silicato de fórmula química $Na_4SrCeTiSi_8O_{22}F\cdot5H_2O$, monocl., que possui propriedades semelhantes às das zeólitas, descoberto na península de Kola (Rússia).

SEIDOZERITA Silicato de fórmula química $(Na,Ca)_4(Zr,Ti,Mn)_4(Si_2O_7)_2(O,F)_4$, monocl., fibroso, esferulítico ou em cristais alongados. É vermelho-amarronzado ou vermelho-amarelado e tem br. vítreo. De *Seidozero*, península de Kola (Rússia), onde foi descoberto.

seigenita Sulfeto de cobalto e níquel – $(Co,Ni)S_4$ –, cinza-claro, com frat. subconchoidal e clivagem imperfeita.

SEINAJOKITA Antimoneto de ferro – $FeSb_2$ –, ortor., cinza-claro em luz refletida, descoberto em *Seinäjoki* (Finlândia), daí seu nome.

seixo de moca Sin. de *ágata-musgo.*

seixo-egípcio Sin. de *jaspe-egípcio.*

seixo-escocês Var. gemológica de qz. encontrada em cascalhos da Escócia, na forma de seixos arredondados.

SEKANINAÍTA Silicato de ferro e alumínio com magnésio – $(Fe,Mg)_2Al_4Si_5O_{18}$ –, ortor., em cristais de até 60-70 cm, geralmente maclados, de cor azul a violeta, br. vítreo. Dur. 7,0-7,5. D. 2,77. Encontrado em pegmatitos. Homenagem ao professor Josef *Sekanina*, seu descobridor. Sin. de *ferrocordierita.*

SELÊNIO V. *Anexo.*

selenita Var. de gipsita incolor, transp., em cristais euédricos, usada em microscópios petrográficos e como mineral de coleção. Ocorre em alguns garimpos de ametista de Planalto, RS (Brasil), de onde são extraídas peças de excelente qualidade, com dezenas de quilogramas. Do gr. *selene* (Lua), por seus reflexos brancos.

selenobismutita Sin. de *guanajuatita.*

selenocosalita Seleno-sulfeto de chumbo e bismuto – $Pb_2Bi_2(S,Se)_5$ –, prateado. Dur. 7,0. Cf. *selenokobellita, cosalita.*

selenocuprita Sin. de *berzelianita*. De *selênio* + lat. *cuprum* (cobre).

selenokobellita Mineral de fórmula incerta – talvez $Pb(Bi,Sb)_2(S,Se)_5$ –, cinza-esbranquiçado. Cf. *selenocosalita, kobellita.*

selenolita Mineral antes tido por óxido de selênio – SeO_2 –, mas que se trata, provavelmente, de olsacherita. De *selênio* + gr. *lithos* (pedra).

SELENOSTEPHANITA Sulfosseleneto de prata e antimônio – $Ag_5Sb(Se,S)_4$ –, ortor., descoberto na Rússia. Cf. *stephanita.*

selenpaládio Seleneto de paládio de existência como espécie ainda não confirmada, embora provável.

selentelúrio Mistura com 71% Te e 29% Se, azul-escura, metálica, densa, em cristais colunares. De *selênio* + *telúrio*. Sin. de *hondurasita.*

SELIGMANNITA Sulfoarseneto de chumbo e cobre – $PbCuAsS_3$ –, ortor., que forma série isomórfica com a bournonita. Exibe cristais complexos cinza-chumbo. Descoberto no Valais (Suíça) e assim chamado em homenagem a Gustav *Seligmann*, colecionador alemão. Cf. *soucekita.*

SELLAÍTA Fluoreto de magnésio – MgF_2 –, tetrag., incolor. Descoberto em Savoia (França) e assim chamado em homenagem a Quintino *Sella*, engenheiro de minas e mineralogista italiano.

SELWYNITA Fosfato de fórmula química $NaK(Be,Al)Zr_2(PO_4)_4\cdot2H_2O$, tetrag., descoberto numa pedreira de Vitória (Austrália). Cf. *gainesita, mccrillisita*. Não confundir com *silvinita.*

SEMENOVITA Berilossilicato de fórmula química $Na_{0,2}(Na,Ca)_8(Fe,Mn)(Ce,La)_2(Si,Be)_{20}(O,OH)_{48}$, ortor., incolor, formando cristais de 0,1 a 1 mm, raramente 10 mm. Maclas complexas estão sempre presentes. Frat. irregular, sem cliva-

gem, com dur. 3,5-4,0 e D. 3,1. Ocorre em cavidades e frat. em albititos de Ilimaussaq, Groenlândia (Dinamarca). Homenagem ao mineralogista soviético E. I. *Semenov*.
semente 1. Cristal que funciona como núcleo sobre o qual se deposita o material procedente da fusão de uma gema natural, na produção de gemas sintéticas. **2.** Sin. de *aljofre*.
semijoia Peça de adorno pessoal revestida com película de ouro de 10 a 20 micrômetros de espessura. Cf. *plaquê*.
semiopala Sin. de *opala-comum*.
semipérola V. *pérola cultivada*.
semiturquesa 1. Var. de turquesa de cor clara. **2.** Qualquer mineral semelhante à turquesa.
SEMSEYITA Sulfoantimoneto de chumbo – $Pb_9Sb_8S_{21}$ –, monocl., cinza a preto. Raro, descoberto em Maramures (Romênia) e assim chamado em homenagem ao nobre húngaro Andor von *Semsey*. Cf. *rayita*.
SENAÍTA Óxido de chumbo e titânio com ferro e manganês – $Pb(Ti,Fe,Mn)_{21}O_{38}$ –, trig., do grupo da crichtonita. Forma grãos e cristais arredondados de dur. 6, D. 5,3, pretos com traço preto-amarronzado, em areias diamantíferas de Diamantina, MG (Brasil). Homenagem ao cientista brasileiro J. C. Costa *Sena*.
senal Diz-se do diamante bruto extremamente pequeno.
SENARMONTITA Óxido de antimônio – Sb_2O_3 –, cúb., dimorfo da valentinita. Incolor, branco ou cinza. Mineral-minério de antimônio. Homenagem a Henri de *Sénarmont*, o primeiro a descrevê-lo.
SENEGALITA Fosfato básico hidratado de alumínio – $Al_2(PO_4)(OH)_3.H_2O$ –, ortor., incolor a amarelo-claro. D. 2,55. Encontrado na zona de oxidação do depósito de ferro de Kourondiako, no *Senegal* (daí seu nome). Cf. *bolivarita*.
SENGIERITA Vanadato básico hidratado de cobre e uranila – $Cu_2(UO_2)_2V_2O_8(OH)_2.6H_2O$ –, do grupo da carnotita. É monocl., tabular, verde-amarelado, fortemente radioativo. Clivagem (001). D. 4,00. Mineral-minério de vanádio. Muito raro. Homenagem a Edgard *Sengier*, diretor-executivo da Sociedade Geral da Bélgica.
SEPIOLITA Silicato básico hidratado de magnésio – $Mg_4Si_6O_{15}(OH)_2.6H_2O$ –, ortor., muito leve, absorvente, de baixa dur., poroso a fibroso, de cor branca, cinza-claro, amarelo-clara, rosa ou esverdeada. Dur. 2,0-2,5. D. 1,00-2,00. IR 1,550. Não tem pleocroísmo nem fluorescência. Forma-se por alteração de serpentina e ocorre em veios com calcita ou em aluviões de serpentinitos. A sepiolita é usada em objetos ornamentais, cerâmica e cachimbos. É produzida principalmente na Turquia; outros produtores são Grécia, Marrocos e EUA. Do gr. *sepion* (concha interna) + *lithos* (pedra). Sin. de *espuma do mar*. Cf. *falcondoíta*.
serafinita Mineral do grupo das cloritas, usado como gema.
SERANDITA Silicato básico de sódio e manganês – $NaMn_2Si_3O_8(OH)$ –, tricl., em cristais alongados, vermelhos. Forma série isomórfica com a pectolita. Descoberto na ilha Kouma (Guiné) e assim chamado em homenagem a J. M. *Sérand*, colecionador de minerais da África Ocidental.
SERENDIBITA Silicato de cálcio e magnésio com alumínio e boro – $Ca_2(Mg,Al)_6(Si,Al,B)_6O_{20}$ –, tricl., do grupo da enigmatita. Forma grãos azul-índigo, azul-esverdeados ou cinzentos, de dur. 6-7 e D. 3,4. Nome derivado de *Serendib*, antiga denominação do Ceilão (hoje Sri Lanka), onde foi descoberto.
SERGEEVITA Mineral de composição incerta – talvez $Ca_2Mg_{11}(CO_3)_{13-x}(HCO_3)_x(OH)_x.(10-x)H_2O$ –, trig., branco, fosco, de dur. 3,5 e D. 2,64. Homenagem ao professor E. M. *Sergeev*, geólogo soviético. Talvez seja huntita.
sericita Nome dado a certas micas finamente granuladas (geralmente moscovita; às vezes, illita ou paragonita), de cor branca e aspecto sedoso, produzidas

por alteração de vários aluminossilicatos. Comum em r. metamórficas (xistos e filitos), zonas de falha e em veios de r. diversas. Do lat. *sericum* (seda), por seu br.

serpentina Designação comum aos 12 membros de um grupo de silicatos de magnésio, níquel, ferro e outros metais, hexag., monocl. ou ortor., geralmente compactos, podendo ser fibrosos ou granulares. Têm cor geralmente verde, amarelo-esverdeada ou cinza-esverdeado, frequentemente com manchas ou faixas verdes, brancas ou vermelhas. Opacos ou transl., de br. sedoso ou graxo e traço branco. Tato levemente untuoso, com clivagem boa segundo [001] e regular segundo [010]. Frat. conchoidal. Dur. 2,5-4,0, chegando a 5,0-5,5 na bowenita, principal serpentina gemológica. D. 2,57 (2,60-2,80 na bowenita). IR 1,560-1,570. Bir. 0,010. B(+) ou B(–). São sempre de origem secundária, provindo da alteração de silicatos magnesianos. São encontradas em r. ígneas e metamórficas, sendo o principal mineral nos serpentinitos. Como gema, usam-se as serpentinas transl., empregadas em objetos ornamentais, substituindo inclusive o jade, como é o caso da antigorita. São, às vezes, tingidas artificialmente. As serpentinas não gemológicas são úteis na produção de material refratário, cerâmica e na obtenção de compostos de magnésio. São produzidas principalmente pelo Afeganistão e pela China, seguindo-se Grã-Bretanha. Do lat. *serpentaria*, por se assemelharem à pele de serpentes, quando manchadas.

serpentina-jade Serpentina procedente da China, semelhante à bowenita.
serpentina-mármore V. *verde-antigo*.
serpentina-nobre Sin. de *serpentina-preciosa*.
serpentina-preciosa Denominação comum às var. gemológicas de serpentina. Sin. de *serpentina-nobre*.
SERPIERITA Sulfato básico hidratado de cálcio e cobre com zinco – $Ca(Cu,Zn)_4(SO_4)_2(OH)_6.3H_2O$ –, monocl., dimorfo da ortosserpierita. Forma pequenos cristais verde-azulados, tabulares ou formando tufos. Homenagem a J. B. *Serpier*, explorador das antigas minas de Laurium (Grécia).

SERRABRANCAÍTA Fosfato hidratado de manganês – $MnPO_4.H_2O$ –, monocl., do grupo da kieserita, descoberto em *Serra Branca* (daí seu nome), na Paraíba (Brasil).
serrador Indivíduo que planeja a lapid. de uma pedra, serrando-a em duas ou mais peças para obter o melhor aproveitamento possível.
serradura Operação de divisão de um diamante por meio de serra. Para tanto, usa-se um disco diamantado de bronze fosforizado, de 0,05 mm de espessura, que gira cinco mil vezes por minuto e sobre o qual se deixa cair uma mistura de pó de diamante e óleo de oliva. Um diamante de 6 a 7 mm de diâmetro demora de cinco a oito horas para ser serrado.
serverita V. *caulinita*.
serviço 1. (gar., MA e MG) Lugar de onde se extrai o ouro ou o diamante. 2. (gar., BA e MG) Trecho de rio a que um garimpeiro tem direito.
SEWARDITA Arsenato básico de cálcio e ferro – $CaFe_2(AsO_4)_2(OH)_2$ –, ortor., descoberto na mina Tsumeb (Namíbia). Cf. *carminita*.
seybertita Sin. de *clintonita*. De *Seybert*.
seyrigita Var. de scheelita com molibdênio – $Ca(W,Mo)O_4$.
SHABAÍTA-(Nd) Carbonato de fórmula química $Ca(Nd,Sm,Y)_2(UO_2)(CO_3)_4(OH)_2.6H_2O$, monocl., descoberto na província de Shaba (R. D. do Congo).
SHABYNITA Borato hidratado de magnésio – $Mg_5(BO_3)(Cl,OH)_2(OH)_5.4H_2O$ –, monocl., branco, fibroso, elástico, de dur. 3 e D. 2,32. Descoberto em mármore dolomítico brechado de Korshunov, Sibéria (Rússia), e assim chamado em homenagem a L. I. *Shabynin*, geólogo soviético.
SHADLUNITA Sulfeto de chumbo e ferro com cádmio e cobre – $(Pb,Cd)(Fe,Cu)_8$

S_8 –, cúb., do grupo da pentlandita. Forma grãos de formato e tamanho irregulares em Talnakh e Oktyabr, Norisk (Rússia). Homenagem à russa Tatanya *Shadlun*, pesquisadora de minerais de minério.

SHAFRANOVSKITA Silicato hidratado de sódio e manganês com potássio e ferro – $(Na,K)_6(Mn,Fe)_3Si_9O_{24}.6H_2O$ –, trig., descoberto em pegmatitos alcalinos da península de Kola (Rússia), onde aparece como agregados finamente granulados de até 5 mm, verdes, de br. vítreo, fortemente eletromagnéticos. Dur. 2-3. D. 2,8. É decomposto pelo HCl a 10% e reage com água, dando solução alcalina. Homenagem ao mineralogista Ilarion I. *Shafranovskii*.

shahovita Sin. de *shakhovita*.

SHAKHOVITA Óxido de mercúrio e antimônio – $Hg_4SbO_3(OH)_3$ (?) –, monocl., verde-alface a verde-oliva, com traço amarelado, br. adamantino, frágil. Dur. 3,0-3,5. D. 8,3-8,5. Tem duas clivagens. Assim chamado em homenagem a Nikolaevich *Shakhov*, chefe da Divisão de Geoquímica da Academia Russa de Ciências. Sin. de *shahovita*.

SHANDITA Sulfeto de níquel e chumbo – $Ni_3Pb_2S_2$ –, trig. Ocorre em pequenos grãos, geralmente orientados com heazlewoodita, em serpentinitos. Branco, br. metálico. D. 8,86. Homenagem a James S. *Shand*, geólogo britânico. Cf. *parkerita*.

shaniavskita Óxido hidratado de alumínio – $Al_2O_3.4H_2O$ –, coloidal, de br. vítreo, encontrado em dolomitos perto de Moscou (Rússia).

SHANNONITA Oxicarbonato de chumbo – Pb_2OCO_3 –, ortor., descoberto em Graham, Arizona (EUA).

SHARPITA Carbonato hidratado de cálcio e uranila – $Ca(UO_2)_6(CO_3)_5.6H_2O$ –, ortor., amarelo-esverdeado, fortemente radioativo. Muito raro. Fluorescência média a fraca. Descoberto em Shinkolobwe, Shaba (R. D. do Congo), e assim chamado em homenagem a R. R. *Sharp*, engenheiro e prospector inglês que descobriu a jazida de urânio de Shinkolobwe.

SHATTUCKITA Silicato básico de cobre – $Cu_5Si_2O_6(OH)_2$ –, ortor., fibroso ou prismático, verde ou azul, clivagem [010] perfeita. Talvez seja plancheíta. Pode ser pseudomorfo sobre malaquita. Descoberto na mina *Shattuck* (daí seu nome), em Bisbee, Arizona (EUA). ▫

SHCHERBAKOVITA Silicato de fórmula química $NaK(K,Ba)(Ti,Nb,Fe)_2(Si_4O_{12})O_2$, que cristaliza em prismas monocl. ou ortor., longos, marrom-escuros, de 1,5 a 2,0 cm, com br. vítreo (graxo nas frat.), friáveis. Dur. 6,5. D. 2,97. Ocorre em pegmatitos de r. alcalinas. Homenagem a D. I. *Shcherbakov*, mineralogista e geoquímico soviético. Cf. *batisita*.

SHCHERBINAÍTA Óxido de vanádio – V_2O_5 –, ortor., verde-amarelado, descoberto em frat. do vulcão Bezymyanny, em Kamchatka (Rússia), por onde saem gases ricos em HCl e HF. Forma agregados finamente fibrosos de cristais aciculares, com até 1,5 mm de comprimento, de br. vítreo, transl., frágeis. D. 3,2. Facilmente solúvel em HCl e HNO_3. Homenagem ao geoquímico soviético V. V. *Shcherbina*.

SHELDRICKITA Carbonato hidratado de sódio e cálcio – $NaCa_3(CO_3)_2F_3.H_2O$ –, trig., descoberto em uma pedreira de Rouville, Quebec (Canadá).

shergottito Acondrito marciano composto essencialmente de pigeonita e maskelynita. Nome derivado de *Shergotty* (Índia), onde foram descobertas seis amostras.

sheridanita Aluminossilicato básico de magnésio – $(Mg,Al)_6(Si,Al)_4O_{10}(OH)_8$ –, do grupo das cloritas. É uma var. de clinocloro esverdeado-clara ou quase incolor, semelhante ao talco. De *Sheridan*, Wyoming (EUA).

SHERWOODITA Vanadato hidratado de cálcio e alumínio – $Ca_9Al_2V_{28}O_{80}.56H_2O$ –, em prismas tetrag. azul-escuros. Ocorre em minas de urânio e vanádio no platô do Colorado (EUA). Homenagem a Alexander M. *Sherwood*.

SHIBKOVITA Silicato de fórmula química $K(Ca,Mn,Na)_2(K_{2-x}[\ ]_x)_2Zn_3Si_{12}O_{30}$, hexag., descoberto em uma geleira do Tajiquistão.

SHIGAÍTA Sulfato hidratado de sódio, alumínio e manganês – $NaAl_3Mn_6[(OH)_{18}(SO_4)_2].12H_2O$ –, trig., descoberto em uma mina da província de *Shiga* (daí seu nome), no Japão.

shilkinita Silicato hidratado de potássio e alumínio – $K_2O(Al_2O_3)_4(SiO_2)_8.4H_2O$ –, cinzento, azulado, branco ou verde-amarelado, com clivagem prismática. De *Shilka*, rio do Transbaikal (Rússia).

SHIROKSHINITA Fluorsilicato de potásio, sódio e magnésio – $K(NaMg_2)Si_4O_{10}F_2$ –, monocl., descoberto numa mina de apatita da península de Kola (Rússia).

SHKATULKALITA Silicato de fórmula química $Na_{10}MnTi_3Nb_3(Si_2O_7)_6(OH)_2F.12H_2O$, monocl., descoberto na península de Kola (Rússia).

SHOMIOKITA-(Y) Carbonato hidratado de sódio e ítrio – $Na_3Y(CO_3)_3.3H_2O$ –, ortor., descoberto no rio *Shomiok* (daí seu nome), na península de Kola (Rússia).

short bort Diamante bem arredondado, de estrutura radial, às vezes transl., de cor cinza-rosado ou marrom.

SHORTITA Carbonato de sódio e cálcio – $Na_2Ca_2(CO_3)_3$ –, ortor., que forma cristais hemimórficos. Descoberto em testemunhos de sondagem de Sweetwater, Wyoming (EUA), e assim chamado em homenagem ao professor de Mineralogia Maxwell *Short*.

SHUANGFENGITA Telureto de irídio – $IrTe_2$ –, trig., descoberto perto de *Shuangfeng* (daí seu nome), na China.

SHUBNIKOVITA Cloroarsenato hidratado de cálcio e cobre – $Ca_2Cu_8(AsO_4)_6Cl(OH).7H_2O$ (?) –, ortor. (?), azul-claro, descoberto em jazida de cobalto de Tuva (Rússia).

SHUISKITA Silicato de fórmula química $Ca_2(Mg,Al)(Cr,Al)_2(Si,Al)_3(O,OH)_{14}$, do grupo da pumpellyíta. Monocl., marrom-escuro, de br. vítreo, traço marrom-esverdeado. Dur. 6. D. 3,2. Forma agregados fibrorradiados e prismáticos em cromititos de Gorozavod, Perma (Rússia). Homenagem a V. P. *Shuisk*, petrólogo russo.

shungita Var. de grafita amorfa, preta, semelhante ao carvão, produto de coqueificação natural de hulha. Contém 98% C.

siangualita Fluorsilicato de cálcio, lítio e berílio – $Ca_3Li_2Be_3(SiO_4)_3F_2$ –, com 5,8% Li e 15,8%-16,3% BeO. Forma geralmente massas finamente granuladas ou agregados arredondados, brancos ou incolores. Do chinês *hsiang-hua* (flor exuberante). Pronuncia-se "siang-ualita".

siberita Rubelita vermelho-violeta ou púrpura, dicroica, procedente da *Sibéria* (daí seu nome). Dur. 7,0-7,5. D. 3,00-3,25. IR 1,615-1,640. Bir. 0,025. U(–). Disp. 0,017. Frat. irregular ou conchoidal, sem clivagem, traço incolor. Forma prismas trig. de br. vítreo, como as demais turmalinas.

SIBIRSKITA Borato hidratado de cálcio – $Ca_2B_2O_5.H_2O$ –, monocl., dimorfo da parassibirskita. Descoberto na forma de pequenos cristais em Khakhassia (Rússia). Nome talvez derivado de *Sibéria*.

SICHERITA Sulfoarseneto de prata e tálio com antimônio – $TlAg_2(As,Sb)_3S_6$ –, ortor., descoberto em uma pedreira do Valais (Suíça).

sicilianita V. *celestina*. De *Sicília* (Itália).

SICKLERITA Fosfato de lítio e manganês com ferro – $Li(Mn,Fe)PO_4$ –, quase sempre também com sódio. Ortor., marrom-escuro, quase preto, em formas irregulares. Forma série isomórfica com a ferrissicklerita. De *Sickler*, descobridor da jazida onde foi encontrado. Sin. de *pseudo-heterosita*.

sicnodimita Sin. de *carrolita*. Do gr. *sychnos* (frequente) + *didymos* (gêmeo), talvez por aparecer frequentemente maclado.

siderazotilo V. *siderazoto*. Do gr. *sideros* (ferro) + *azoto* + *tylos* (filamento).

SIDERAZOTO Nitreto de ferro – Fe_5N_2 –, hexag., descoberto no monte Etna, Sicília (Itália). Do gr. *sideros* (ferro) + *azoto* (nitrogênio). Sin. de *siderazotilo*.

SIDERITA Carbonato de ferro – $FeCO_3$ –, trig., geralmente em romboedros de cor marrom-escura, marrom-amarelada ou vermelho-amarronzada, br. vítreo a nacarado. Dur. 3,5-4,0. D. 3,80-3,90. Clivagem romboédrica, transl. a transp. Aquecido, torna-se magnético. Ocorre em r. sedimentares, filões metalíferos e pegmatitos. Mineral-minério de ferro (62,1% FeO). Forma séries isomórficas com a magnesita e a rodocrosita. Do gr. *sideros* (ferro). Sin. de *calibita*.

siderito Nome dado aos meteoritos constituídos essencialmente de ferro e níquel. Contêm 91% Fe e 8,5% Ni, com traços de outros elementos. Do gr. *sideros* (ferro).

sideroferrita Var. de ferro que ocorre como grãos em madeira petrificada. Do gr. *sideros* (ferro) + lat. *ferrum* (ferro).

SIDEROFILITA Silicato de potássio, ferro e alumínio – $KFe_2Al(Al_2Si_2)O_{10}$ –, monocl., do grupo das micas, descoberto no Colorado (EUA). Do gr. *sideros* (ferro) + *phyllon* (folha), por sua composição e hábito.

siderólito Nome dado aos meteoritos que contêm iguais quantidades de silicatos (geralmente olivina e piroxênio) e ferro, intermediários entre os sideritos e os aerólitos. Têm pelo menos 25% Fe e 25% Ni e são relativamente raros. Do gr. *sideros* (ferro) + *lithos* (pedra).

SIDERONATRITA Sulfato básico hidratado de sódio e ferro – $Na_2Fe(SO_4)_2(OH).3H_2O$ –, ortor., laranja a amarelo, solúvel em água quente. Do gr. *sideros* (ferro) + lat. *natrum* (sódio). Cf. *metasideronatrita*.

siderotantalita V. *ferrotantalita*. Do gr. *sideros* (ferro) + *tantalita*.

SIDEROTILO Sulfato hidratado de ferro – $FeSO_4.5H_2O$ –, tricl., acicular, branco, do grupo da calcantita, descoberto em Idria, Gorizia (Itália). Do gr. *sideros* (ferro) + *tylos* (fibra), por sua composição e hábito.

SIDORENKITA Fosfato-carbonato de sódio e manganês – $Na_3Mn(PO_4)(CO_3)$ –, monocl., pseudo-ortor. Descoberto em pegmatitos de sienitos da península de Kola (Rússia), onde aparece na forma de grãos irregulares e cristais em forma de caixas de fósforo, com até 2 cm. Tem cor rosa-claro, D. 2,9, br. vítreo ou nacarado (nas clivagens), frat. escalonada e duas clivagens perfeitas, (100) e (010). Dur. 2,0. É fortemente eletromagnético. Homenagem ao geólogo soviético Alexander V. Sidorenko. Cf. *bradleyita, bonshtedtita*.

SIDPIETERSITA Mineral de fórmula química $Pb_4(SO_3,S)O_2(OH)_2$, tricl., descoberto na mina Tsumeb (Namíbia).

SIDWILLITA Óxido hidratado de molibdênio – $MoO_3.2H_2O$ –, monocl., descoberto em Hinsdale, Colorado (EUA).

sieba (gar., GO) Local onde trabalha o *siebeiro* (v.).

siebeiro (gar., GO) Em Campos Verdes, garimpeiro que não tem área de serviço e que, por isso, compra de outros garimpeiros o material mais pobre em esmeralda.

SIEGENITA Sulfeto de níquel e cobalto – $CoNi_2S_4$ –, cúb. Tem 12%-33% Ni e é mineral-minério de cobalto. De *Siegen*, Westphalia (Alemanha), onde foi descoberto.

SIELECKIITA Fosfato básico hidratado de cobre e alumínio – $Cu_3Al_4(PO_4)_2(OH)_{12}.2H_2O$ –, tricl., descoberto em uma mina de cobre de Queensland (Austrália).

sienito R. ígnea plutônica, constituída essencialmente de feldspato alcalino e minerais ferromagnesianos escuros, com pouco ou nenhum qz. D. (média) 2,80. É, algumas vezes, usado como pedra ornamental. No Brasil, é particularmente apreciado o sienito azul da bahia. Nome derivado de *Syene*, atual Assuã (Egito), onde era extraído na Antiguidade. ▫

sight Nome dado a cada uma das dez sessões anuais de vendas de diamantes brutos e lapidados realizadas pela De Beers aos atacadistas cadastrados.

SIGISMUNDITA Fosfato de fórmula química $(Ba,K,Pb)Na_3(Ca,Sr)(Fe,Mg,Mn)_{14}Al(OH)_2(PO_4)_{12}$, monocl., descoberto nos Alpes Centrais, na Itália. Cf. *arrojadita, dickinsonita*.

SIGLOÍTA Fosfato básico hidratado de ferro e alumínio – $FeAl_2(PO_4)_2(OH)_3 \cdot 7H_2O$ –, tricl., amarelo-claro a marrom, com clivagem (010) perfeita. Dur. 3,0. D. 2,35. Ocorre em Llallagua (Bolívia), em pseudomorfose sobre paravauxita. De *Siglo XX*, mina de Potosí (Bolívia), onde foi descoberto.

silaonita V. *guanajuatita*.

silesita Silicato de estanho, provavelmente mistura de sílica e estanho de madeira. De *silicato* + *estanho* + *ita*.

silestone Material usado para revestimento de pisos, obtido misturando 50% de pó de rocha natural e 50% de derivados de petróleo. Fornece lajotas impermeáveis de cor estável, ótimo brilho e fáceis de limpar.

sílex Var. de calcedônia compacta, de cor variável, menos transl. que a ágata, com frat. conchoidal e sem br. Ocorre em r. sedimentares. Do lat. *silex* (pedra).

silexito Sin. de *chert*.

silfbergita 1. V. *magnetita*. 2. V. *dannemorita*. De Vester *Silfberg* (Suécia).

silicato do nilo Sin. de *jaspe-egípcio*.

SILÍCIO V. *Anexo*.

siliciofita Nome dado a uma var. de serpentina penetrada por opala.

silicita Var. de labradorita branca, levemente amarela, de br. vítreo e frat. conchoidal. D. 2,66. É encontrada em Antrim (Irlanda).

silicomagnesiofluorita Fluorsilicato básico de cálcio e magnésio – $Ca_4Mg_3Si_2O_5(OH)_2F_{10}$ –, que ocorre em esferas de estrutura fibrorradiada, cinzentas, esverdeado-claras, ou azuladas.

silicorrabdofanita Var. de rabdofanita rica em silício.

SILIDRITA Sílica hidratada – $3SiO_2 \cdot H_2O$ –, ortor., branca, que forma massas monominerálicas de cristais com até 0,004 mm, de D. 2,12-2,14 e baixa dur. Perde água a 110°C e 165°C, e fica quase amorfa até 900°C. Quando desidratada, é muito porosa. Descoberta numa jazida de magadiita em Trinity, Califórnia (EUA). O nome deriva de sua composição.

SILINAÍTA Silicato hidratado de sódio e lítio – $NaLiSi_2O_5 \cdot 2H_2O$ –, monocl., descoberto, como muitas outras espécies, na pedreira Poudrette, em Rouville, Quebec (Canadá). Nome derivado de sua fórmula química (*Si* + *Li* + *Na* + *ita*).

SILLENITA Silicato de bismuto – $Bi_{12}SiO_{20}$ –, cúb. Forma massas finamente granuladas, terrosas, esverdeadas, friáveis. D. 8,80. Descoberto em Durango (México) e assim chamado em homenagem a L. G. *Sillen*, mineralogista sueco.

SILLIMANITA Silicato de alumínio – Al_2SiO_5 –, ortor., trimorfo da cianita e da andaluzita. Forma cristais aciculares longos, delgados, sendo, às vezes, fibrosa e com aspecto de escova. Tem cor marrom, cinzenta, verde-clara, branca, marrom-acinzentada ou verde-amarronzada. Quando transl., é geralmente azul-acinzentada. Br. acetinado, transl. a opaca. Mostra uma clivagem perfeita. Dur. 6,0-7,0. D. 3,20-3,30. Pode ter *chatoyance* quando transl. IR 1,640-1,660, podendo chegar a 1,659-1,680 quando transp. Bir. 0,014-0,021. B(+). Disp. fraca: 0,015. Ocorre em xistos e gnaisses, evidenciando metamorfismo de altas pressões e temperaturas, típico da fácies anfibolito superior. É usada como pedra ornamental, substituindo o jade. A var. transp. ou transl. pode ser lapidada, mas isso é raro. A sillimanita é usada também em cerâmica refratária, isolantes especiais, pirômetros, na obtenção de sílica e de mullita. Var. gemológicas ocorrem principalmente em Mianmar (ex-Birmânia) e no Sri Lanka. É produzida, no Brasil, apenas em Minas Gerais. Homenagem a Benjamin *Silliman*, químico norte-americano. Sin. de *fibrolita*.

SILVANITA Telureto de ouro e prata – $AuAgTe_4$ –, com 25% ou mais de Au e 11%-13% Ag. Forma pequenos cristais monocl. tabulares, estriados longitudinalmente, podendo ser também laminar, granular ou dendrítico. Cinza-aço a prateado, de br. metálico, traço branco ou cinza, clivagem (010) perfeita.

Dur. 1,5-2,0. D. 8,0-8,3. É maleável e frágil. Insolúvel em HCl, decompondo-se em HNO_3. Frat. irregular; maclas de contato e de penetração. É um dos teluretos mais comuns, mais raro apenas que a tetraedrita, a altaíta e a hessita. Costuma ocorrer em veios de baixa temperatura. Importante fonte de ouro, fornecendo também prata e telúrio. Nome derivado de *Transilvânia* (Romênia), onde foi descoberta, e de *silvanium*, um dos nomes propostos para o telúrio. Sin. de *goldschmidtita*. Não confundir com *silvinita*.
SILVIALITA Sulfato-silicato de cálcio e alumínio – $Ca_4Al_6Si_6O_{24}SO_4$ –, tetrag., descoberto em Queensland, Austrália.
silvina V. *silvita*.
silvinita Mistura de silvita e halita, minério de potássio. Cf. *silvita*. Do ingl. *sylvin* (silvita). Não confundir com *selwynita*.
SILVITA Cloreto de potássio – KCl –, cúb., que ocorre em cubos, massas cristalinas ou resíduo salino. Tem sabor mais amargo que a halita. Incolor ou branco, clivagem [010] perfeita. Dur. 2,0. D. 2,00. Frágil, solúvel em água. Ocorre em depósitos salinos e fumarolas vulcânicas. É o principal mineral-minério de potássio (52,4% K), sendo usado principalmente como fertilizante. Fornece diversos compostos de potássio usados em medicamentos, perfumes, fogos de artifício, fotografia, papel, vidro etc. De *sal digestivus Sylvii*, nome do KCl na Química antiga. Sin. de *leopoldita, silvina*.
simetita Âmbar de cor marrom, marrom-avermelhada ou preta, raramente amarela, encontrado na Sicília (Itália). Sin. de *âmbar-siciliano*.
SIMFERITA Fosfato de lítio e magnésio com ferro e manganês – $Li(Mg,Fe,Mn)_2(PO_4)_2$ –, ortor., do grupo da trifilita, descoberto provavelmente na Ucrânia.
SIMMONSITA Fluoreto de sódio, lítio e alumínio – Na_2LiAlF_6 –, monocl., descoberto em um pegmatito de Mineral, Nevada (EUA).
SIMONELLITA 1,1-dimetil-7-isopropil-1,2,3,4-tetraidrofenantreno – $C_{19}H_{24}$ –,

ortor., descoberto na Toscânia (Itália), na forma de crostas cristalinas brancas sobre linhitos. Tem D. 1,08 e é assim chamado em homenagem a Vittorio *Simonelli*, geólogo e paleontólogo italiano.
SIMONITA Sulfoarseneto de tálio e mercúrio – $TlHgAs_3S_6$ –, vermelho, monocl., de D. 5,04. Não confundir com *simonyíta*.
SIMONKOLLEÍTA Cloreto hidratado de zinco – $Zn_5(OH)_8Cl_2.H_2O$ –, trig., descoberto em Hesse (Alemanha).
simonyíta V. *bloedita*.
SIMPLESITA Arsenato hidratado de ferro – $Fe_3(AsO_4)_2.8H_2O$ –, tricl., azul, verde-azulado ou índigo-claro, em agregados de esferas fibrorradiadas. Descoberto em Hesse (Alemanha). Do gr. *sin* (com) + *plexis* (estar junto), por seu relacionamento com outros minerais.
SIMPLOTITA Vanadato hidratado de cálcio – $CaV_4O.5H_2O$ –, monocl., em placas e agregados em forma de verrugas, de cor verde-escura. Descoberto em San Miguel, Colorado (EUA).
SIMPSONITA Óxido de alumínio e tântalo – $Al_4Ta_3O_{13}$ –, em cristais tabulares ou em prismas curtos trig. Incolor, amarelo-claro, creme ou marrom-claro. Dur. 7,5. D. 5,90. Ocorre em pegmatitos graníticos. Possível fonte de tântalo. Homenagem a E. S. *Simpson*, mineralogista e analista australiano. Sin. de *calogerasita*.
SINADELFITA Arsenato básico hidratado de manganês com outros metais – $(Mn,Mg,Ca,Pb)_9(AsO_3)(AsO_4)_2(OH)_9.2H_2O$ –, ortor., com frat. conchoidal a irregular, descoberto em Nordmark (Suécia). Do gr. *sin* (com) + *adelphos* (irmão), por associar-se a vários minerais quimicamente semelhantes. Sin. de *alodelfita*. Cf. *hematolita*.
sinal óptico Característica óptica dos minerais que relaciona a direção dos eixos ópticos com a direção dos IR extremos. Por convenção, se o eixo óptico, nos minerais uniaxiais, coincide com a direção de maior IR, o sinal óptico é positivo; se coincidir com a direção de menor IR, é

negativo. Nos minerais biaxiais, se a bissetriz do ângulo formado pelos dois eixos ópticos coincidir com a direção de maior IR, o mineral é positivo; se coincidir com a direção de menor IR, é negativo.
SINCOSITA Fosfato hidratado de cálcio e vanádio – $Ca(VO)_2(PO_4)_2 \cdot 5H_2O$ –, tetrag., verde, formando pequenos cristais tabulares com boa clivagem basal e D. 2,84. Usado para obtenção de vanádio. Assim chamado por ocorrer em *Sincos* Junin (Peru). Não confundir com *sinquisita*.
SINGENITA Sulfato hidratado de potássio e cálcio – $K_2Ca(SO_4)_2 \cdot H_2O$ –, monocl., em crostas cristalinas e agregados anelares. Incolor ou levemente amarelado, com frat. conchoidal. Descoberto em Ivano-Frankousk (Ucrânia). Do gr. *syngenis* (relacionado), por sua semelhança com a polialita.
SINHALITA Borato de magnésio e alumínio – $MgAlBO_4$ –, ortor., marrom a verde-amarronzado, de br. vítreo. Dur. 6,5. D. 3,48. IR 1,697-1,707. Bir. 0,010. B(–). Disp. 0,018. Não tem fluorescência. A sinhalita era considerada, até 1952, var. marrom de peridoto. É usada como gema, sendo produzida por Sri Lanka, Mianmar (ex-Birmânia), Rússia (Sibéria) e EUA (Nova Iorque). De *Sinhala* (Ceilão, em sânscrito), por ter sido descoberta nesse país (hoje chamado Sri Lanka).
sinicita Var. de esquinita rica em urânio.
SINJARITA Cloreto hidratado de cálcio – $CaCl_2 \cdot 2H_2O$ –, tetrag., granular, rosa-claro, com br. vítreo a resinoso e traço branco. É instável: dissolve-se facilmente durante as estações úmidas e reprecipita nas estações secas. Dur. 1,5. Descoberto em *Sinjar* (daí seu nome), no Iraque.
SINKANKASITA Fosfato básico hidratado de manganês e alumínio – $Mn(H_2O)_4[Al(PO_3OH)_2(OH)](H_2O)_2$ –, tricl., descoberto em um pegmatito de Pennington, Dakota do Sul (EUA).
SINNERITA Sulfoarseneto de cobre – $Cu_6As_4S_9$ –, tricl., com maclas complexas. Descoberto no Valais (Suíça) e assim chamado em homenagem a Rudolph von *Sinner*, membro da direção do Museu de História Natural de Berna (Suíça).
SINOÍTA Oxinitreto de silício – SiN_2O –, meteorítico, ortor. D. 2,80-2,85. Descoberto na península de Kola (Rússia) e assim chamado por sua fórmula química.
sinopal Sin. de *sinople*.
sinopita Mineral argiloso, vermelho, ferruginoso, terroso, antigamente usado em tintas. Do gr. *sinopsis* (vermelhão).
sinople Quartzo-aventurino vermelho procedente da Hungria. Sin. de *sinopal*.
SINQUISITA-(Ce) Fluorcarbonato de cálcio e cério com lantânio – $Ca(Ce,La)(CO_3)_2F$ –, monocl., pseudo-hexag., que forma cristais achatados com estrias horizontais nas faces laterais. Amarelo ou marrom, fracamente radioativo. Raro. Do gr. *sinkisis* (confundir), porque foi inicialmente confundido com a parisita. Não confundir com *sincosita*. Cf. *sinquisita-(Nd)*, *sinquisita-(Y)*.
SINQUISITA-(Nd) Fluorcarbonato de cálcio e neodímio com lantânio – $Ca(Nd,La)(CO_3)_2F$ –, ortor., pseudo-hexag., descoberto na Boêmia (República Checa). Cf. *sincosita*, *sinquisita-(Ce)*, *sinquisita-(Y)*.
SINQUISITA-(Y) Fluorcarbonato de cálcio e ítrio com cério – $Ca(Y,Ce)(CO_3)_2F$ –, monocl., pseudo-hexag., descoberto em Morris, New Jersey (EUA). Marrom-avermelhado, finamente granulado. Sin. de *doverita*, *itrossinquisita*. Cf. *sincosita*, *sinquisita-(Ce)*, *sinquisita-(Nd)*.
síntese Denominação genérica para todos os processos de produção de substâncias gemológicas sintéticas.
síntese hidrotermal Processo de produção de substâncias gemológicas sintéticas que consiste em aquecimento a 600°C, em autoclaves, durante um mês ou mais tempo, de uma solução contendo fragmentos naturais da substância que se quer cristalizar. Ao ser aquecida, a solução evapora e, ao chegar na porção superior da autoclave, sofre resfriamento (430°C), deposi-

tando a substância gemológica sobre as sementes, chapas do mesmo mineral que funcionam como núcleo a partir do qual se forma o cristal sintético. Entre as substâncias gemológicas sintéticas assim obtidas estão qz. (ametista, citrino), rubi, safira e as esmeraldas produzidas por Pierre Gilson. Nos EUA, a síntese hidrotermal é feita sob temperatura e pressão inferiores às citadas. Cf. *processo Verneuill, síntese por fluxo*.

síntese por fluxo Processo de obtenção de gemas sintéticas usado para esmeralda, rubi, safira, espinélio e alexandrita, entre outras. Uma massa de composição variável (o fluxo) é fundida em cadinhos de platina ou irídio de 10 cm a 15 cm de diâmetro. Os vapores sobem e depositam-se sobre cristais da mesma gema (sementes), de 2-3 cm x 5 cm. As gemas crescem durante 6 a 12 meses. Variando a densidade do fluxo, podem ser obtidos cristais nas paredes e em suspensão, sem forma predeterminada pelas sementes (ex.: alexandrita). Os rubis assim obtidos são de identificação muito difícil. O uso de cadinhos de platina ou irídio torna as gemas muito caras, chegando a US$ 400/ct no atacado. O metal de que é feito o cadinho pode aparecer na gema, como inclusão. Cf. *processo Verneuill, síntese hidrotermal*.

sipylita V. *fergusonita-(Y)*.

siserskita V. *sysertskita*.

sismondina Var. de cloritoide com magnésio.

sistema cristalino Conjunto de cristais cujos eixos cristalográficos são iguais nas suas dimensões relativas, apresentando relações angulares gerais constantes. Há sete sistemas cristalinos: *cúbico, tetragonal, hexagonal, trigonal, ortorrômbico, monoclínico* e *triclínico* (v. esses nomes).

sitaparita V. *bixbyíta*. De *Sitapar* (Índia).

SITINAKITA Silicato básico hidratado de potássio, sódio e titânio − $KNa_2Ti_4Si_2O_{13}(OH) \cdot 4H_2O$ −, tetrag., descoberto na península de Kola (Rússia). Nome derivado da composição química (*s*ilicato + $Ti + Na + K + ita$).

SJOEGRENITA Carbonato básico hidratado de magnésio e ferro − $Mg_6Fe_2(CO_3)(OH)_{16} \cdot 4H_2O$ −, hexag., dimorfo da piroaurita, do grupo da manasseíta. Descoberto em Varmland (Suécia).

skematita Óxido hidratado de manganês e ferro − $(MnO)_3(Fe_2O_3)_2 \cdot 6H_2O$ −, produto de alteração da piroxmanguita.

skew Sin. de *cross*.

skill Nome dado a oito das dezesseis facetas *break* da coroa do brilhante e às oito facetas correspondentes no seu pavilhão. Cf. *cross*.

SKINNERITA Sulfoantimoneto de cobre − Cu_3SbS_3 −, com certa quantidade de prata. Forma grãos irregulares monocl., com menos de l mm. Descoberto no Complexo de Ilimaussaq, na Groenlândia, e assim chamado em homenagem a Brian J. *Skinner*, professor de Geologia e Geofísica.

SKIPPENITA Telureto de bismuto e selênio − Bi_2Se_2Te −, trig., do grupo da tetradimita, descoberto em jazida de urânio de Quebec (Canadá).

SKLODOWSKITA Silicato hidratado de magnésio e uranila − $Mg(UO_2)_2Si_2O_7 \cdot 6H_2O$ −, monocl., que forma placas prismáticas amarelo-claras com clivagem (100) perfeita, D. 3,54 e fluorescência média a fraca. Fortemente radioativo. Homenagem a Marie *Sklodowska* (nome de solteira de Mme. Curie). Sin. de *chinkolobwita, clinosklodowskita*.

skogboelita V. *tapiolita*.

skolita Var. de glauconita rica em alumínio e cálcio e pobre em ferro. De *Skole* (Polônia).

SKUTTERUDITA Arseneto de cobalto − $CoAs_3$ −, cúb., que forma série isomórfica com a niquelskutterudita. Prateado, maciço, com propriedades físicas semelhantes às da arsenopirita. Encontrado geralmente em filões de média temperatura. Mineral-minério de cobalto e de níquel. De *Skutterud* (Noruega), onde foi descoberto.

SLAVIKITA Sulfato básico hidratado de sódio, magnésio e ferro − $NaMg_2Fe_5(SO_4)_7$

(OH)$_6$.33H$_2$O –, trig., amarelo-esverdeado, produzido por oxidação da pirita. D. 1,90. Descoberto na Boêmia (República Checa) e assim chamado em homenagem a Frantisek *Slavik*, mineralogista checo.
SLAWSONITA Silicato de estrôncio e alumínio – SrAl$_2$Si$_2$O$_8$ –, monocl., com estrutura aparentemente igual à do paracelsiano. Descoberto em Wallowa, Oregon (EUA).
smaragdolin Nome coml. de uma imitação de esmeralda feita com vidro. Dur. 5,0-5,5. D. 3,30-3,45. IR 1,620.
smaryll *Doublet* obtido com duas peças de berilo claro, unidas por uma camada colorida de tom mais escuro.
SMIRNITA Óxido de bismuto e telúrio – Bi$_2$TeO$_5$ –, ortor., descoberto em uma mina da Armênia.
smirnovita V. *torutita*.
SMITHITA Sulfoarseneto de prata – AgAsS$_2$ –, monocl., dimorfo da trechmannita. Tem cor vermelho-escarlate, com tons alaranjados após longa exposição ao sol. Homenagem a Herbert *Smith*, cristalógrafo britânico. Não confundir com *smythita*.
SMITHSONITA 1. Carbonato de zinco – ZnCO$_3$ –, trig., geralmente encontrado em agregados terrosos ou criptocristalinos, raramente em cristais (romboédricos ou escalenoédricos). Pode mostrar estrutura tipo ágata. Tem cor branca, com tons esverdeados, amarelados, azuis, cinzentos ou pardos. Traço branco ou cinzento. Às vezes, ocorre com malaquita, mostrando então intensa cor verde. Pode ser ainda amarela ou azul-clara. É transl. a semitransl., tem br. vítreo e clivagem romboédrica quando bem cristalizada. Dur. 5,0. D. 4,30-4,65. IR 1,621-1,849. Bir. 0,228. U(–). Disp. 0,014. Não é fluorescente. A smithsonita é encontrada na porção inferior da zona de oxidação dos depósitos sulfetados de chumbo e zinco em calcários. É usada para obtenção de zinco (tem 64,8% ZnO) e como gema. Para fins gemológicos, usa-se a var. bonamita, de cor verde ou azul, transl. ou semitransp., encontrada no Novo México (EUA). A smithsonita é produzida principalmente na Grécia e na Rússia; em menor quantidade, na Namíbia e vários outros países. Homenagem a James *Smithson*, fundador da Smithsonian Institution, dos EUA. Sin. de espato de zinco, szaskaíta, [3]calamina (na Grã-Bretanha). 2. Nome dado, às vezes, principalmente no comércio de gemas, à hemimorfita.
SMOLIANINOVITA Arsenato hidratado de cobalto e ferro com outros metais – (Co,Ni,Mg,Ca)$_3$(Fe,Al)$_2$(AsO$_4$)$_4$.11H$_2$O (?) –, ortor., produzido por oxidação de arsenetos de níquel e cobalto. Forma agregados amarelos de finas fibras, com br. sedoso, dur. 2, D. 2,43-2,49. Homenagem ao mineralogista russo N. A. *Smolianinov*.
SMRKOVECITA Fosfato de bismuto de fórmula química Bi$_2$O(OH)(PO$_4$), monocl., do grupo da atelestita, descoberto em rejeitos de uma mina de Marianske Lazne (República Checa). Cf. *atelestita*, *hechtsbergita*.
SMYTHITA Sulfeto de ferro – Fe$_9$S$_{11}$ –, trig., descoberto em pequenas placas incluídas em calcita, em Bloomington, Indiana (EUA). Opaco, fortemente ferromagnético, com cor bronzeada. D. 4,06. Homenagem a C. H. *Smyth*, professor norte-americano. Não confundir com *smithita*.
SOBOLEVITA Mineral de fórmula química Na$_{14}$Ca(Mg,Mn)Ti$_4$[Si$_2$O$_7$]$_2$[PO$_4$]$_4$O$_4$F$_2$, tricl., dimorfo da quadrufita, descoberto em pegmatitos alcalinos da península de Kola (Rússia), onde aparece sob forma de massas achatadas de até 5 mm, marrons, de br. resinoso ou nacarado, com clivagem basal perfeita, dur. 4,5-5,0 e D. 3. Homenagem a Vladimir S. *Sobolev*, petrólogo soviético. Cf. *lomonosovita*, *polifita*.
SOBOLEVSKITA Bismuteto de paládio – PdBi –, hexag., talvez dimorfo da polarita, que ocorre nos minérios de Oktyabr (Rússia), na forma maciça ou

em grãos disseminados. Pode conter platina, chumbo, antimônio e telúrio. Branco-cinzento em luz refletida. Semelhante à kotulskita nas propriedades físicas. Homenagem ao cientista russo P. G. *Sobolevskiy*.

sobotkita Aluminossilicato básico hidratado de magnésio – $(Mg_2Al)(Si_3Al)O_{10}(OH)_2.5H_2O$ –, monocl., do grupo da esmectita. Talvez seja uma saponita aluminosa. Tem cor verde-clara, D. 2,31 e dur. em torno de 3. Ocorre em serpentinitos intemperizados da Silésia Inferior (Polônia) e é assim chamado em alusão ao monte *Sobotka*.

sobralita Sin. de *piroxmanguita*.

sócio (gar., BA) Satélite.

SODALITA Aluminossilicato de sódio com cloro – $Na_8Al_6Si_6O_{24}Cl_2$ –, cúb., geralmente maciço, raramente em cristais dodecaédricos maclados frequentemente segundo (111), com cor azul ou violeta-azulado, podendo ser branca, esverdeada, amarela, rosa (hackmanita) ou cinza. Pode ter veios brancos de calcita. Quando é azul, diferencia-se do lápis-lazúli com mais segurança pela densidade, já que também pode conter pirita. É transp. a transl., tem br. vítreo, clivagem dodecaédrica má, frat. conchoidal. Dur. 5,5-6,0. D. 2,20-2,30. IR 1,483-1,487. Seguidamente com fluorescência alaranjada à luz UV de grande comprimento de onda (v. *hackmanita*). Ocorre em r. ígneas sódicas, geralmente com nefelita e hauynita. É usada como gema (muitas vezes substituindo o lápis-lazúli) e em objetos ornamentais. É produzida principalmente no Brasil (Bahia). Outros produtores são Canadá, Noruega, Índia, EUA e Namíbia. O grupo da sodalita compreende 11 silicatos, como hauynita, lazurita, noseana e sodalita. De *soda* + gr. *lithos* (pedra), por sua composição. □

sodamargarita Var. de *margarita* com CaO substituído por NaO. Tem 0,2%-0,7% Li.

SODDYÍTA Silicato hidratado de uranila – $(UO_2)_2SiO_4.2H_2O$ –, ortor., amarelo-claro, fluorescente. Descoberto na província de Shaba (R. D. do Congo) e assim chamado em homenagem a Frederick *Soddy*, químico inglês.

SODIOAUTUNITA Fosfato hidratado de sódio e uranila – $Na_2(UO_2)_2(PO_4).8H_2O$ –, tetrag., do grupo da autunita. Amarelo, com fluorescência média a fraca. Descoberto em Samgar Steppe (Tajiquistão).

SODIOBETPAKDALITA Arsenato-molibdato hidratado de sódio e ferro com cálcio – $(Na,Ca)_3Fe_2(As_2O_4)(MoO_4)_6.15H_2O$ –, que forma filmes e crostas amarelo-limão e cristais monocl., pseudo-hexag., achatados. Descoberto nas montanhas Chu-Ili (Casaquistão).

SODIOBOLTWOODITA Silicato hidratado de sódio e uranila com potássio – $(H_3O)(Na,K)(UO_2)SiO_4.H_2O$ –, ortor., amarelo-claro, em crostas e agregados de fibras com disposição radial, com clivagem (010) perfeita e D. 4,1-4,4.

sodiodachiardita Aluminossilicato hidratado de sódio com cálcio e potássio – $(Na_2,Ca,K_2)_{4.5}Al_8Si_{40}O_{96}.26H_2O$ –, monocl., do grupo das zeólitas.

SODIOFARMACOSSIDERITA Arsenato básico hidratado de sódio e ferro com potássio – $(Na,K)_2Fe_4(AsO_4)_3(OH)_5.7H_2O$ –, cúb., do grupo da farmacossiderita, descoberto em uma mina de ouro da Austrália. Cf. *alumofarmacossiderita*, *farmacossiderita*, *bariofarmacossiderita*.

sodioflogopita Aluminossilicato básico de sódio e magnésio – $NaMg_3Si_3AlO_{10}(OH)_2$ –, monocl., do grupo das micas.

sodiogedrita Aluminossilicato básico de sódio e magnésio com ferro – Na$(Mg,Fe)_6Al(Si_6Al_2)_{22}(OH)_2$ –, com Mg/(Mg+Fe) = 0,10-0,89, do grupo dos anfibólios ortor.

SODIOKOMAROVITA Silicato hidratado de sódio e nióbio com cálcio – $(Na,Ca)_2Nb_2Si_2O_{10}(OH,F)_2.\sim1H_2O$ –, ortor., descoberto no Complexo de Ilimaussaq, Groenlândia (Dinamarca). Cf. *komarovita*.

SODIOMETA-AUTUNITA Fosfato hidratado de sódio e uranila – $Na_2(UO_2)_2(PO_4)_2.6-8H_2O$ –, tetrag., do grupo da meta-autunita.

SODIOURANOSPINITA Arsenato hidratado de sódio e uranila com cálcio – $(Na_2,Ca)(UO_2)_2(AsO_4)_2.5H_2O$ –, semelhante à meta-autunita. Tetrag., em cristais finos, alongados, formando agregados fibrorradiados, ou em cristais quadrados em pseudomorfose sobre metazeunerita. Fluorescência média a fraca. Cor verde-amarelada, verde-clara ou amarelo-limão. É o mais comum dos minerais secundários de urânio.

SODIOZIPPEÍTA Sulfato básico hidratado de sódio e uranila – $Na_4(UO_2)_6(SO_4)_3(OH)_{10}.4H_2O$ –, ortor., amarelo. Descoberto em San Juan, Utah (EUA). Cf. *zippeíta*.

SOFIITA Clorosselenito de zinco – $Zn_2(SeO_3)Cl_2$ –, ortor., descoberto na península de Kamchatka (Rússia) e assim chamado em homenagem a *Sofia* Noboko, vulcanóloga russa.

SOGDIANITA Silicato de fórmula química $KNa(Zr,Fe,Ti,Al)_2Li_3Si_{12}O_{30}$, hexag., de cor violeta, do grupo da osumilita, descoberto no Tajiquistão. Nome derivado de *Sogdiana* (Irã). Sin. de *sogdianovita*.

sogdianovita V. *sogdianita*.

SOHNGEÍTA Hidróxido de gálio – $Ga(OH)_3$ –, ortor., pseudocúb., com 49,6% Ga. Branco, amarelo-claro ou marrom-claro, transp. a transl., com dur. 4,0-4,5 e D. 3,84. Mineral-minério de gálio. Descoberto em Tsumeb (Namíbia) e assim chamado em homenagem a H. *Sohnge*.

sokolovita Mineral de composição similar à da tikhvinita. De *Sokolov*, jazida de bauxita dos Urais (Rússia).

SOLONGOÍTA Cloroborato de cálcio – $Ca_2B_3O_4(OH)_4Cl$ –, que ocorre em cristais monocl., tabulares, transp., incolores, de br. vítreo e com estrias verticais. De *Solongo*, Buryatya, Transbaikal (Rússia).

solução de Anderson Solução de iodeto de metileno com tetraiodoetileno e enxofre, de IR 1,810, usada como líquido de contato em refratômetros.

solução de Clerici Líquido pesado obtido por solução em água de malonato e formiato de tálio. D. 4,15. Especialmente útil para separar o diamante de suas imitações.

solução de Klein Solução de borotungstato de cádmio, usada como líquido pesado. Sua D. é 3,28, podendo ser diminuída por diluição com água.

solução de Sonstadt Solução de iodeto de mercúrio com iodeto de potássio, usada como líquido pesado. Sua D. é 3,18, podendo ser diminuída pelo acréscimo de água.

sommita V. *nefelina*.

SONOLITA Silicato básico de manganês – $Mn_9(SiO_4)_4(OH)_2$ –, monocl., dimorfo da jerrygibbsita. Forma pequenos cristais prismáticos ou anédricos, com cor laranja-avermelhado. Dur. 5,5. D. 3,82-3,97. De *Sono*, mina de Kyoto (Japão), onde foi descoberto.

SONORAÍTA Telurato hidratado de ferro – $FeTeO_3(OH).H_2O$ –, monocl., semelhante à emmonsita, com a qual ocorre em *Sonora* (daí seu nome), no México. Forma lâminas transp., com estrias verticais nas faces (100) e (110), de D. 3,95 e cor verde-amarela. Difere da emmonsita no hábito e por ser mais brilhante.

sopa (gar.) Argila diamantífera.

SOPCHEÍTA Telureto de prata e paládio – $Ag_4Pd_3Te_4$ –, ortor., descoberto na península de Kola (Rússia).

soprar (gar., BA) Mostrar-se (a gruna) portadora de riqueza duvidosa.

SORBYÍTA Sulfoantimoneto de chumbo com arsênio – $Pb_{19}(Sb,As)_{20}S_{49}$ –, monocl., descoberto em Hastings, Ontário (Canadá), e assim chamado em homenagem a Henry C. *Sorby*, geólogo inglês. Cf. *sterryíta*.

sorella (nome coml.) V. *fabulita*.

SORENSENITA Silicato hidratado de sódio, estanho e berílio – $Na_4SnBe_2(Si_3O_9)_2.2H_2O$ –, monocl., descoberto em Narsaq, Groenlândia (Dinamarca).

soretita Hastingsita com magnésio.

sorimã Nome coml. de um granito ornamental brasileiro de cor amarelo-clara com pontos pretos de biotita, contendo 45%-50% de feldspato potássico, 18%-

20% de plagioclásio, 25%-30% de qz. e 10% de biotita, encontrado no Rio de Janeiro, RJ (Brasil).
SOROSITA Mineral de fórmula química Cu(Sn,Sb), hexag., descoberto em Chukotka (Rússia) e assim chamado em homenagem ao investidor norte-americano George *Soros*, por seu apoio à Ciência.
SOSEDKOÍTA Óxido de potássio e tântalo com outros metais – $(K,Na)_{1-x}(Ta,Nb,Al)_4(O,OH)_{11}$ –, ortor., descoberto em pegmatitos graníticos da península de Kola (Rússia), onde aparece na forma de cristais aciculares de até 0,1 mm, incolores, de br. adamantino, sem clivagem, com D. 6,9. O nome é homenagem ao mineralogista russo A. F. *Sosedko*.
sosmanita Sin. de *maghemita*.
SOUCEKITA Sulfeto de chumbo, cobre e bismuto com selênio – $PbCuBi(S,Se)_3$ –, ortor., descoberto em veios hidrotermais de Oldrichov, Boêmia (República Checa), onde aparece como grãos anédricos de até 0,01 mm, cinza, de br. metálico, sem clivagem, com D. 7,6. Comumente mostra maclas polissintéticas. Homenagem a Frantisek *Soucek*, professor de Mineralogia e colecionador de minerais checo. Cf. *bournonita*, *seligmannita*.
souesita Liga de ferro e níquel que ocorre em pequenos grãos arredondados.
SOUSALITA Fosfato básico hidratado de magnésio e alumínio – $Mg_3Al_4(PO_4)_4(OH)_6.2H_2O$ –, tricl., produto de alteração da scorzalita. É fibroso, de cor verde. Descoberto em Divino das Laranjeiras, MG (Brasil), e assim chamado em homenagem a A. J. A. de *Sousa*, mineralogista brasileiro.
SPADAÍTA Silicato básico hidratado de magnésio – $MgSiO_2(OH)_2.H_2O$ (?) –, ortor., descoberto perto de Roma (Itália).
spalmandita Granada quimicamente intermediária entre a spessartita e a almandina. De *sp*essartita + *alman*dina + *ita*.
spandita Granada quimicamente intermediária entre a spessartina e a andradita. De *sp*essartina + *and*radita + *ita*.

SPANGOLITA Clorossulfato básico hidratado de cobre e alumínio – $Cu_6Al(SO_4)(OH)_{12}Cl.3H_2O$ –, com 47,7% Cu. Trig., verde-escuro, vítreo. Descoberto em Cochise, Arizona (EUA), e assim chamado em homenagem a Normam *Spang*, doador da amostra para o primeiro estudo.
sparklite Nome coml. do zircão incolor obtido por tratamento térmico e usado como imitação de diamante.
SPENCERITA Fosfato básico hidratado de zinco – $Zn_4(PO_4)_2(OH)_2.3H_2O$ –, monocl., branco-pérola, descoberto na Colúmbia Britânica (Canadá) e assim chamado em homenagem a Leonard *Spencer*, mineralogista britânico. Cf. *spencita*.
spencita Sin. de *tritomita*-(*Y*). Homenagem ao mineralogista canadense *Spence*.
SPERRYLITA Arseneto de platina – $PtAs_2$ –, com 57% Pt, importante mineral-minério desse metal e de arsênio. Cúb., cristaliza geralmente como cubos e cubo-octaedros de até 2 cm, prateados, com intenso br. metálico, às vezes com vértices e arestas arredondadas. Opaco, com traço preto, dur. 6-7 e D. 10,6, sem clivagem. Insolúvel em ác. clorídrico, nítrico e sulfúrico. Ocorre em r. ultrabásicas e em depósitos defríticos. É o mineral mais resistente ao intemperismo que se conhece (Leprevost, 1978). Frágil, com frat. conchoidal e clivagem basal regular. Pertence ao grupo da pirita. Homenagem a Francis L. *Sperry*, seu descobridor.
SPERTINIITA Hidróxido de cobre – $Cu(OH)$ –, ortor., descoberto em dunitos serpentinizados de Richmond, Quebec (Canadá), onde aparece na forma de cristais tabulares, transp., de br. vítreo, sem clivagem, reunidos em agregados botrioidais de aproximadamente 0,1 mm. Tem cor azul a verde e baixa dur. Assim chamado em homenagem ao geólogo F. *Spertini*.
SPESSARTINA Silicato de manganês e alumínio – $Mn_3Al_2(SiO_4)_3$ –, do grupo das granadas. Forma uma série com a almandina. A spessartina é cúb., de cor marrom ou alaranjada (decorrente do

manganês), às vezes vermelha, transp., de br. vítreo e frat. irregular. Dur. 7,0-7,5. D. 4,15. IR 1,800. Disp. 0,027. Muito semelhante à hessonita. Ocorre em granitos e pegmatitos. É usada como gema, sendo mais útil, porém, na fabricação de abrasivos. É protominério de manganês (tem até 31% Mn). As melhores spessartinas gemológicas são encontradas em Madagascar. Outros produtores são Brasil, EUA, Sri Lanka e Alemanha. Spessartina laranja neon de 0,5 ct a 10 ct vale de US$ 8 a US$ 180/ct. O nome vem de *Spessart*, Baviera (Alemanha), onde foi descoberta. Sin. de *espessartina*.

speziatita V. *hornblenda*. Talvez de *La Spezia*, porto da Itália. Nome a abandonar.

SPIONKOPITA Sulfeto de cobre – $Cu_{39}S_{28}$ –, trig., opaco, descoberto em um depósito de cobre de Alberta (Canadá). De *Spionkop* Creek. Cf. *yarrowita*.

SPIROFFITA Telurato de manganês e zinco – $(Mn,Zn)_2Te_3O_5$ –, monocl., vermelho a púrpura, maciço, de br. adamantino. Dur. em torno de 3,5. D. 5,01. Homenagem ao professor Kiril *Spiroff*.

SPRINGCREEKITA Fosfato de bário e vanádio – $BaV_3(PO_4)_2(OH,H_2O)_6$ –, trig., do grupo da crandallita. Descoberto em rejeitos da mina *Spring Creek* (daí seu nome), no sul da Austrália.

SPURRITA Silicato de cálcio – $Ca_5(SiO_4)_2(CO_3)$ –, monocl., dimorfo da paraspurrita. Forma massas granulares, assemelhando-se a calcário cristalino. Dur. 5. D. 3,0. Tem cor cinza-claro e ocorre na zona de contato de intrusões com calcários. Homenagem a Josiah E. *Spurr*, geólogo norte-americano.

squawcreekita Óxido hidratado de ferro, antimônio e tungstênio – $Fe_9Sb_9WO_{36}.9H_2O$ –, tetrag., marrom-amarelado, transp., de br. adamantino, dur. 6,0-6,5, que ocorre em riolitos, perto de Durango (México). Assim chamado por haver sido descoberto em *Squaw Creek*, Catron, Novo México (EUA).

SREBRODOLSKITA Óxido de cálcio e ferro – $Ca_2Fe_2O_5$ –, ortor., descoberto em minas dos Urais (Rússia). Cf. *brownmillerita*.

SRILANKITA Óxido de titânio com zircônio – $(Ti,Zr)O_2$ –, ortor., com Zr/Ti = 1/2. É preto, de br. submetálico a adamantino, tem dur. 6,5, frat. conchoidal e é frágil. Descoberto numa mina de gemas em Rakwana, Sabaragamuva, *Sri Lanka* (de onde vem seu nome), aparecendo como inclusões com menos de 1 mm, em seixos.

staffelita V. *carbonato-fluorapatita*. Nome derivado da localidade de *Staffel*, Hasse (Alemanha).

STALDERITA Sulfoarseneto de fórmula química $TlCu(Zn,Fe,Hg)_2As_2S_6$, tetrag., descoberto no Valais (Suíça). Cf. *routhierita*.

STANEKITA Fosfato de ferro e manganês com magnésio – $Fe(Mn,Fe,Mg)(PO_4)O$ –, monocl., do grupo da wagnerita, descoberto em Karibib, na Namíbia.

STANFIELDITA Fosfato de cálcio e magnésio com ferro – $Ca_4(Mg,Fe)_5(PO_4)_6$ –, monocl., encontrado só em meteoritos.

STANLEYITA Sulfato hidratado de vanádio – $VO(SO_4).6H_2O$ –, ortor., talvez tricl., que forma fragmentos e eflorescências azuis de 1,5 mm em Minasragra (Peru), no Cerro de Pasco. Tem D. 2, dur. 1,0-1,5 e não mostra clivagem. Homenagem a Henry M. *Stanley*, personalidade famosa por ter descoberto Dr. David Livingstone, na África, em 1871. Cf. *livingstonita*.

stantienita Âmbar preto rico em oxigênio (23%), encontrado na costa da antiga Prússia, junto com âmbar comum. Cf. *âmbar-negro*.

Starilian Nome coml. (marca registrada). V. *fabulita*.

staringita Óxido de ferro e tântalo com manganês e nióbio – $(Fe,Mn)_x(Ta,Nb)_{2x}Sn_{6-3x}O_{12}$, onde x < 1 –, tetrag., que ocorre intercrescido com tapiolita, na forma de pequeníssimos fragmentos lenticulares, filmes ou lamelas franjadas, micrométricos. D. 7,20-7,80. É uma mistura. Homenagem a W. C. *Staring*, geólogo e mineralogista.

STARKEYITA Sulfato hidratado de magnésio – $MgSO_4.4H_2O$ –, monocl., produto de hidratação da kieserita. De *Starkey*, mina de Madison, Missouri (EUA), onde foi descoberto.
starlita Nome coml. do zircão artificialmente colorido de azul, procedente da Tailândia. Do ingl. *star* (estrela), por ter forte br.
starolita Nome coml. do quartzo epiastérico com estrela de seis pontas. Não confundir com *estaurolita*.
stasita Fosfato hidratado de urânio e chumbo, em pequenos prismas dourados. Talvez seja dewindtita ou um polimorfo dela.
stassfurtita Nome de uma var. de boracita. De *Stassfurt* (Alemanha).
staszicita Arsenato básico de cálcio, cobre e zinco $(Ca,Cu,Zn)_5(AsO_4)_3(OH)_4$ –, produto de alteração da tennantita.
STEACYÍTA Silicato de tório, cálcio e potássio com sódio – $Th(Ca,Na)_2K_{1-x}$ [ ]Si_8O_{20}, onde x = 0,1 a 0,4. Descoberto em veios pegmatíticos contidos em nefelinassienitos de Mt. Saint Hilaire, Quebec (Canadá), onde aparece na forma de cristais tetrag., marrons, sem clivagens, radioativos, com dur. 5 e D. 3,0. Homenagem a Harold R. *Steacy*. Cf. *ekanita, iraquita*.
STEENSTRUPINA-(Ce) Mineral de fórmula química $Na_{14}Ce_6Mn_2Fe_2(Zr,Th)(Si_6O_{18})_2(PO_4)_7.3H_2O$ –, trig., que forma cristais vermelho-amarronzados, marrom-escuros ou pretos, opacos, de dur. 4,0 e D. 3,4. É mineral-minério de TR típico de pegmatitos altamente agpaíticos de nefelina-sodalitassienitos. Homenagem a Vogelius *Steenstrup*, geólogo dinamarquês.
STEIGERITA Vanadato hidratado de alumínio – $AlVO_4.3H_2O$ –, monocl., amarelo-canário, fracamente radioativo. Muito raro, descoberto em San Miguel, Colorado (EUA), e assim chamado em homenagem a George *Steiger*, químico norte-americano.
STELLERITA Aluminossilicato hidratado de cálcio – $Ca_4(Al_8Si_{28}O_{72}).28H_2O$ –, ortor., do grupo das zeólitas, descoberto nas ilhas Commander, mar de Bering (Rússia). Homenagem a Georg *Steller*, naturalista alemão, descobridor das ilhas Commander.
stelznerita Sulfato básico de cobre. Talvez seja antlerita.
STENHUGGARITA Arsenato de fórmula química $CaFe(A_5O_2)(A_5SbO_5)$, tetrag., descoberto em Varmland (Suécia).
STENONITA Fluorcarbonato de estrôncio e alumínio com bário e sódio – $(Sr,Ba,Na)_2Al(CO_3)F_5$ –, monocl., descoberto em Ivigtut, na Groenlândia (Dinamarca).
STEPANOVITA Oxalato hidratado de sódio, magnésio e ferro – $NaMgFe(C_2O_4)_3.8-9H_2O$ –, trig., encontrado na forma de grãos xenomórficos sem clivagem, com frat. irregular, esverdeados, de br. vítreo, dur. 2,0 e D. 1,69. Facilmente solúvel em água, podendo recristalizar a partir dessa solução. Homenagem a Pavl Ivanovich *Stepanov*, geólogo russo.
STEPHANITA Sulfoantimoneto de prata – Ag_5SbS_4 –, com 68,5% Ag. É ortor., cinza-escuro ou preto e forma cristais tabulares ou prismáticos curtos. Br. metálico. Dur. 2,0-2,5. D. 6,20-6,30. É usado para extração de prata. Homenagem ao arquiduque *Stephem*, da Áustria. Sin. de *goldschmidtina*.
STERLINGHILLITA Arsenato hidratado de manganês – $Mn_3(AsO_4)_2.4H_2O$ –, rosa-claro a branco, que forma cristais de até 0,1 mm sobre outros minerais. Tem dur. 3, aproximadamente; uma clivagem perfeita, br. sedoso na frat. e na clivagem, sendo fosco ou de br. sedoso nas faces externas. D. 3,0. Descoberto na mina *Sterling Hill* (daí seu nome), em Sussex, New Jersey (EUA).
STERNBERGITA Sulfeto de prata e ferro – $AgFe_2S_3$ –, ortor., dimorfo da arsenopirita. Forma cristais tabulares ou lâminas flexíveis e moles, marrom-escuros a pretos. Homenagem ao conde Casper Maria *Sternberg*, do Museu Nacional de Praga (República Checa).
sterretita Sin. de *kolbeckita*. Homena-

gem a Douglas B. *Sterret*, geólogo norte-americano.

STERRYÍTA Sulfoantimoneto de prata e chumbo com arsênio – $Ag_2Pb_{10}(Sb,As)_{12}S_{29}$ –, com menos de 0,5% Ag. Ortor., forma feixes de fibras alongadas segundo [001], aparecendo, às vezes, com aspecto de plumas. Mostra maclas lamelares muito finas, com cor e traço pretos. Homenagem a T. *Sterry* Hunt, mineralogista canadense. Cf. *sorbyíta*.

stern star Nome coml. de uma lapid. para diamantes criada pela empresa brasileira H. Stern, que tem a forma de estrela (*star*, em ingl.; *Stern*, em al.).

STETEFELDTITA Óxido de prata e antimônio – $Ag_2Sb_2O_5$ –, do grupo da estibiconita. Contém 23,7% Ag, aparecendo maciço, com cor preta a marrom, dur. 3,5-4,5 e D. 4,12-4,24. O nome parece ser homenagem a Charles E. *Stetefeldt*, engenheiro de minas norte-americano.

STEVENSITA Silicato básico de magnésio e cálcio – $(Ca/2)_{0,3}Mg_3Si_4O_{10}(OH)_2$ –, monocl., descoberto perto de Hoboken, New Jersey (EUA). Sin. de *afrodita*. Homenagem a E. A. *Stevens*, fundador do Instituto Stevens de Tecnologia, de Hoboken.

STEWARTITA 1. Fosfato básico hidratado de manganês e ferro – $MnFe_2(PO_4)_2(OH)_2.8H_2O$ –, tricl., dimorfo da laueíta, que se forma por alteração da litiofilita. Ocorre como pequenos cristais e tufos fibrosos amarelo-amarronzados, com clivagem (010) e D. 2,94, em pegmatitos. De *Stewart*, pegmatito da mina Pala, San Diego, Califórnia (EUA), onde foi descoberto. 2. Var. fibrosa de *bort*, com ferro e magnésio, cinza-aço, que ocorre nas minas de diamante de Kimberley (África do Sul).

stiberita V. *ulexita*.

STICHTITA Carbonato básico hidratado de magnésio e cromo – $Mg_6Cr_2(CO_3)(OH)_{16}.4H_2O$ –, trig., dimorfo da barbertonita. É maciço, de cor lilás a vermelho-rosada, formado por alteração de serpentina cromífera. Dur. 2,5. D. 2,15. IR 1,516-1,542. Bir. 0,026. U(–).

Micáceo, com clivagem basal perfeita. É usada como pedra ornamental, ocorrendo na África do Sul, Canadá, Argélia e Austrália (Tasmânia). Assim chamada em homenagem a Robert C. *Sticht*, metalurgista e engenheiro de minas norte-americano.

stiepelmannita Sin. de *florencita*. Homenagem a *Stiepelmann*, proprietário da jazida onde foi descoberta.

STILLEÍTA Seleneto de zinco – ZnSe –, cúb., reconhecido apenas em lâmina delgada. Descoberto na mina Shinkolobwe, província de Shaba (R. D. do Congo). Homenagem a *Stille*, geólogo alemão.

STILLWATERITA Arseneto de paládio – Pd_8As_3 –, hexag., que forma pequenos grãos micrométricos, cinza-creme. Tem 76,79% Pd e 17%-21% As, contendo também Sb, Te, Sn e Bi. De *Stillwater*, Montana (EUA), onde foi descoberto.

STILLWELLITA-(Ce) Borossilicato de cério com lantânio e cálcio – $(Ce,La,Ca)BSiO_5$ –, trig., em cristais de até 5 mm, descobertos em Queensland (Austrália). Homenagem a Frank L. *Stillwell*, mineralogista australiano.

stipoverita Sin. de *stishovita*, nome preferível. Talvez homenagem a *Stishov* e *Popova*, cientistas soviéticos.

STISHOVITA Sílica – SiO_2 – de alta temperatura, tetrag., muito densa (4,35), polimorfo do qz., tridimita, cristobalita e coesita. Ocorre apenas em r. com qz. que sofreram impacto de meteoritos. Descoberta em um meteorito com coesita de Meteor Crater, Arizona (EUA). Forma agregados submicrométricos com baixa a moderada birrefringência. Homenagem a S. M. *Stishov*, cientista russo. Sin. de *stipoverita*.

STOIBERITA Vanadato de cobre – $Cu_5V_2O_{10}$ –, monocl., que forma cristais achatados, pretos, em zona de oxidação de uma fumarola do vulcão Izalco (El Salvador). É opaco e tem br. metálico, traço marrom-avermelhado e D. 4,96. É solúvel em H_2SO_4 diluído. Assim chamado em homenagem a Richard

E. *Stoiber*, professor de Geologia norte-americano.
stoffertita Sin. de *brushita*.
STOKESITA Silicato hidratado de cálcio e estanho – $CaSnSi_3O_9.2H_2O$ –, ortor., descoberto em St. Just, Cornualha (Inglaterra). É incolor, muito raro. Homenagem a George G. *Stokes*, físico e matemático britânico.
STOLZITA Volframato de chumbo – Pb WO_4 –, tetrag., dimorfo da raspita. Raro. Descoberto na República Checa e assim chamado em homenagem a Joseph A. *Stolz*, o primeiro a estudá-lo. Cf. *wulfenita*.
STOPANIITA Silicato hidratado de fórmula química $Fe_3(Mg,Fe)Na(Be_6Si_{12}O_{36})$. $2H_2O$, hexag., do grupo do berilo, descoberto num distrito vulcânico ao norte de Roma (Itália).
STOTTITA Hidróxido de ferro e germânio – $FeGe(OH)_6$ –, tetrag., que ocorre em cristais pseudo-octaédricos, marrons por fora e cinza-esverdeado ou incolores internamente. Com 29% Ge, é o mais rico dos minerais de germânio, sendo fonte desse elemento. Descoberto em Tsumeb (Namíbia) e assim chamado em homenagem a Charles E. *Stott*, diretor da mina Tsumcor, de Tsumeb. O grupo da stottita tem mais três hidróxidos tetrag.: jeanbandyíta, mopungita e tetrawickmanita.
STRACZEKITA Vanadato hidratado de cálcio com outros metais – (Ca,K,Ba) $(V^{5+},V^{4+})_8O_{20}.3H_2O$ –, monocl., preto-esverdeado, fibroso ou foliado, descoberto em uma mina de vanádio de Garland, Arkansas (EUA).
STRAKHOVITA Silicato básico de sódio, bário e manganês – $NaBa_3Mn_4Si_6$ $O_{19}(OH)_3$ –, ortor., descoberto em um depósito de manganês da República Buryatia (Rússia).
STRANSKIITA Arsenato de zinco e cobre – $Zn_2Cu(AsO_4)_2$ –, em cristais tricl. azuis. Descoberto na mina Tsumeb (Namíbia). Homenagem ao professor I. N. *Stranski*.
STRASHIMERITA Arsenato básico hidratado de cobre – $Cu_8(AsO_4)_4(OH)_4.5H_2O$ –,
monocl., descoberto em uma jazida de cobre de Stara-Planina (Bulgária).
strass Vidro com mais de 50% PbO (o que lhe dá altos IR e D.), usado em imitação de gemas naturais. Homenagem a Joseph *Strasser*, joalheiro austríaco. Cf. *chaton*.
STRATLINGITA Silicato básico hidratado de cálcio e alumínio – $Ca_8Al_4(Al_4Si_4)$ $O_8(OH)_{40}.10H_2O$ –, trig., que forma placas de 0,1 a 0,5 mm de diâmetro, de cor verde-clara ou incolores, com clivagem basal perfeita, descoberto em fragmentos de calcário metamorfizado, incluídos em lavas basálticas de Mayen, Eifel (Alemanha). Homenagem a W. *Stratling*, pesquisador que descreveu a gehlenite hidratada sintética.
STRELKINITA Vanadato hidratado de sódio e uranila – $Na(UO_2)_2V_2O_8.6H_2O$ –, ortor., amarelo-canário e amarelo-ouro, que ocorre em finas crostas pulverulentas de cristais sedosos ou nacarados, com clivagem basal perfeita. Homenagem a M. F. *Strelkin*, mineralogista soviético.
STRENGITA Fosfato hidratado de ferro – $FePO_4.2H_2O$ –, ortor., isomorfo da variscita, dimorfo da fosfossiderita. Pode conter manganês. Ocorre em massas botrioidais vermelho-claras, de br. porcelânico. Dur. 3,5-4,5. D. 2,20-2,80. Geralmente sem clivagem. Mineral de origem secundária, encontrado em pegmatitos e depósitos de ferro. Homenagem a J. A. *Streng*, mineralogista alemão.
strigovita Aluminossilicato básico de magnésio e ferro, membro teórico do grupo das cloritas. De *Striegau* (Silésia), hoje Strzegom (Polônia).
STRINGHAMITA Silicato hidratado de cálcio e cobre – $CaCuSiO_4.2H_2O$ –, monocl., em cristais ou massas botrioidais de cor azul, como a da azurita, transp. ou transl. Descoberto em uma mina de Beaver, Utah (EUA), e assim chamado em homenagem a Bronson F. *Stringham*, professor de Mineralogia.
STROMEYERITA Sulfeto de cobre e prata – $CuAgS$ –, usado para obtenção desta. É um mineral ortor., cinza-escuro com

tarnish azul. Dur. 2,5-3,0. Homenagem a *Stromeyer*, seu descobridor. Cf. *cocinerita*.
strong-ite Nome coml. do coríndon sintético incolor.
STRUNZITA Fosfato básico hidratado de manganês e ferro – $MnFe_2(PO_4)_2(OH)_2 \cdot 8H_2O$ –, tricl., pseudomonocl., polimorfo da laueíta e da pseudolaueíta. Fibroso, com estrutura radial, amarelo-claro. Homenagem a Hugo *Strunz*, professor alemão. Cf. *ferrostrunzita*.
struverita Óxido de titânio com tântalo, nióbio e ferro – $(Ti,Ta,Nb,Fe)_2O_4$ –, quimicamente intermediário entre tapiolita e rutilo. Preto, com traço da mesma cor. Dur. 7,0. D. 5,65. Muito raro. Ocorre em cristais tetrag., prismáticos curtos, negros, geralmente opacos, de br. nacarado ou adamantino. Encontrado em pegmatitos e r. graníticas. Homenagem a Giovanni *Struver*, mineralogista italiano. Sin. de *tantalorrutilo*. Cf. *struvita*.
STRUVITA Fosfato hidratado de magnésio e amônio – $(NH_4)MgPO_4 \cdot 6H_2O$ –, ortor., incolor ou amarelo, solúvel em água quente. Pode ocorrer em cálculos renais. Descoberto em Hamburgo (Alemanha) e assim chamado em homenagem a H. G. von *Struve*, diplomata russo. Cf. *struverita*.
STUDENITSITA Borato hidratado de sódio e cálcio – $NaCa_2[B_9O_{14}(OH)_4] \cdot 2H_2O$ –, monocl., descoberto na Sérvia, perto do mosteiro *Studenitsa* (daí seu nome).
STUDTITA Óxido hidratado de urânio – $UO_4 \cdot 4H_2O$ –, monocl., amarelo, com fluorescência média a fraca. Descoberto em Shinkolobwe, província de Shaba (R. D. do Congo). Homenagem ao geólogo F. E. *Studt*. Cf. *metastudtita*. Não confundir com *sturtita*.
STUMPFILITA Antimoneto de platina – $PtSb$ –, hexag., descoberto na forma de cristais submilimétricos e grãos anédricos de cor creme, numa mina de Driekop, Transvaal (África do Sul). Homenagem ao professor alemão E. F. *Stumpf*.
STURMANITA Sulfato hidratado de cálcio e ferro com alumínio e manganês – $Ca_6(Fe,Al,Mn)_2(SO_4)_2[B(OH)_4](OH)_{12} \cdot 25H_2O$ –, hexag., amarelo, do grupo da ettringita. Descoberto em uma mina da província do Cabo (África do Sul).
sturtita Silicato básico hidratado de manganês e ferro – $Mn_3FeSi_4O_{11}(OH)_3 \cdot 10H_2O$ –, compacto, preto, amorfo, frágil. Dur. 3. D. em torno de 2,8. Homenagem a Charles *Sturt*, explorador inglês. Não confundir com *studtita*.
STÜTZITA Telureto de prata – $Ag_{5-x}Te_3$ –, com aproximadamente 47% Ag, usado para obtenção desse metal e de telúrio. Hexag., de cor e traço cinza-escuro, facilmente oxidável superficialmente, ficando iridescente. Frágil, com frat. subconchoidal a irregular, sem clivagem. Dur. 3,5. D. 8,18. Antes considerado empressita.
SUANITA Borato de magnésio – $Mg_2B_2O_5$ –, monocl., descoberto em *Suan* (daí seu nome), na Coreia do Norte.
subédrico Diz-se do cristal limitado externamente, em parte, por suas faces cristalinas e, em parte, por superfícies irregulares, em razão da presença de outros cristais. Sin. de *hipautomórfico*, *hipidiomórfico*.
substância gemológica Substância geralmente natural e inorgânica usada para adorno pessoal ou com fins decorativos (Quadro 1, p. 470). As substâncias gemológicas compreendem as *gemas* (naturais, sintéticas, artificiais etc.), os *metais nobres* e as *pedras ornamentais* (v. esses nomes).
substituto Substância gemológica natural que, por sua semelhança com outra de maior valor, é usada no lugar desta. Cf. *imitação*.
sucinita 1. Sin. de *âmbar*. 2. Var. de grossulária de cor âmbar. Do lat. *succinu* (âmbar amarelo).
sucino V. *âmbar*.
SUDBURYÍTA Antimoneto de paládio – $PdSb$ –, hexag., com 29,2%-45,5% Pd, do grupo da niquelina, descoberto em *Sudbury*, Ontário (Canadá), de onde vem seu nome. Ocorre como inclusões branco-amareladas, submilimétricas, em cobaltita e maucherita. D. 9,37.

SUDOÍTA Silicato básico de magnésio e alumínio – $Mg_2Al_3(Si_3Al)O_{10}(OH)_8$ –, monocl. e tricl., do grupo das cloritas, descoberto em Würtemberg, na Alemanha. Homenagem a T. *Sudo*, professor japonês.
SUDOVIKOVITA Seleneto de platina – $PtSe_2$ –, trig., do grupo da melonita, descoberto em Karelia (Rússia). Cf. *verbeekita*.
SUESSITA Siliceto de ferro com níquel – $(Fe,Ni)_3Si$ –, cúb., estruturalmente semelhante à camacita. Ocorre em veios que preenchem frat. em silicatos e em material intergranular carbonáceo, na forma de grãos de 0,001 mm. Ferromagnético, sem clivagem. Homenagem ao professor Hans E. *Suess*.
SUGILITA Silicato de fórmula química $KNa_2(Fe,Mn,Al)_2Li_3Si_{12}O_{30}$, hexag., do grupo da osumilita. Forma agregados de grãos subédricos em egirinassienito de Ehime (Japão). Violeta, de br. resinoso, transl. a opaco, com dur. 6,0-6,5 e D. 2,76-2,80. É usado como gema. Homenagem ao petrólogo japonês Kenichi *Sugi*, seu descobridor. Era antes considerada sogdianita.
sukulaíta Sin. de *estanomicrolita*.
SULFOALITA Cloro-fluorsulfato de sódio – $Na_6(SO_4)_2FCl$ –, cúb., que forma octaedros e dodecaedros amarelo-esverdeados, de dur. 3,5 e D. 2,43, com frat. conchoidal. De *sulfato + halita*, por sua composição. (Ignorava-se, inicialmente, que continha flúor.)
SULFOBORITA Borossulfato básico de magnésio – $Mg_3B_2(SO_4)(OH)_8(OH,F)_2$ –, ortor., que ocorre em pequenos prismas incolores. Descoberto em Westeregeln, Saxônia (Alemanha). Nome derivado de *sulfato + boro*.
SULFOTSUMOÍTA Sulfotelureto de bismuto – Bi_3Te_2S –, trig., que ocorre na região de Magadan (Rússia) circundando tsumoíta, e como agregados com joseíta-B em Yakutia (Rússia). É branco-cinza, de br. metálico, baixa dur., com uma clivagem perfeita e frágil. Cf. *tsumoíta*.
sulrodita Sinônimo de bowieíta. De *sulfeto + ródio + ita*.

SULVANITA Sulfeto de cobre e vanádio – Cu_3VS_4 –, maciço ou em cubos, cinza ou amarelo-bronze. Descoberto em Burra Burra (Austrália). Nome provavelmente derivado de *sulfovanadinita* de cobre, seu nome original. Não confundir com *silvanita*.
SUNDIUSITA Sulfato-oxicloreto de chumbo – $Pb_{10}(SO_4)Cl_2O_8$ –, monocl., formando agregados de cristais incolores, de br. adamantino, com clivagem (100) perfeita. Dur. em torno de 3,0. D. 7. Descoberto em Langban (Suécia) e assim chamado em homenagem ao mineralogista sueco Nils *Sundius*. (Pronuncia-se "sandeiusita".)
sundtita Sin. de *andorita*.
SUOLUNITA Silicato básico hidratado de cálcio – $Ca_2Si_2O_5(OH)_2.H_2O$ –, ortor. Foi descoberto em Sudon, Mongólia (China).
SUREDAÍTA Sulfeto de chumbo e estanho – $PbSnS_3$ –, ortor., descoberto em uma jazida de prata e estanho da província de Jujuy (Argentina). Cf. *ottemannita*.
SURINAMITA Silicato de magnésio, alumínio e berílio – $(Mg_3Al_3)(AlSi_3Be)O_{16}$ –, monocl., azul, semelhante à safirina. De *Suriname*, onde foi descoberto.
SURITA Silicato-carbonato básico de chumbo e alumínio com ferro, cálcio e magnésio – $Pb(Pb,Ca)(Al,Fe,Mg)_2(Si,Al)_4O_{10}(OH)_2(CO_3)_2$ –, monocl., branco, com traço de mesma cor e clivagem basal perfeita. Dur. 2,0-3,0. D. 4. É um mineral argiloso que ocorre na forma de agregados compactos em um depósito de Cu, Zn e Pb, na mina Cruz de *Sur* (daí seu nome), na Argentina. Cf. *ferrissurita*.
SURKHOBITA Silicato de fórmula química $(Ca,Na)(Ba,K)(Fe,Mn)_4Ti_2(Si_4O_{14})O_2(F,OH)_3$, monocl., do grupo da bafertisita, descoberto no Tajiquistão.
SURSASSITA Silicato de manganês e alumínio – $Mn_2Al_3(SiO_4)(Si_2O_7)(OH)_3$ –, monocl., botrioidal, marrom-avermelhado. É um epídoto manganesífero. De *Sursass* (Suíça), onde ocorre. Cf. *macfallita*.

suruca (gar.) A mais grossa das peneiras usadas para peneirar o cascalho. Tem 1,2-2,0 cm de malha. As outras são chamadas de *grossa*, *média* e *fina*.

surucar (gar.) Separar o cascalho mais grosseiro com a *suruca* (v.).

SUSANNITA Sulfato-carbonato básico de chumbo – $Pb_4(SO_4)(CO_3)_2(OH)_2$ –, trig., trimorfo da leadhillita e da macphersonita. De *Susanna*, mina de Lanarkshire (Escócia), onde foi descoberto.

SUSSEXITA Borato básico de manganês – $MnBO_2(OH)$ –, monocl., branco, isomorfo da szaibelyíta. Forma camadas ou veios fibrosos, tem dur. 3,0 e D. 3,12, br. sedoso a nacarado, cor branca com tons amarelos ou rosa e é transl. Nome derivado de *Sussex*, New Jersey (EUA), onde foi descoberto.

SUZUKIITA Silicato de bário e vanádio – $Ba_2V_2O_2(Si_4O_{12})$ –, ortor., descoberto na mina Mogurazawa, Gunma (Japão), onde ocorre na forma de escamas e agregados cristalinos em minério de manganês. É verde, tem D. 4,0, br. vítreo, traço verde-claro, clivagem (010) perfeita e dur. 4,0-4,5. Homenagem ao professor japonês Jan *Suzuki*. Cf. *haradaíta*.

SVABITA Fluorarsenato de cálcio – $Ca_5(AsO_4)_3F$ –, podendo conter P, Mg, Pb ou Mn, semelhante à apatita. Hexag., incolor, branco-amarelado ou cinza, transp. Descoberto na mina Harstig, em Pajsberg (Suécia), e assim chamado em homenagem a Anton *Svab*, minerador sueco.

SVANBERGITA Sulfato-fosfato básico de estrôncio e alumínio – $SrAl_3[(P,S)O_4]_2(OH,H_2O)_6$ –, trig., do grupo da hinsdalita. Forma cristais geralmente romboédricos, frequentemente em agregados granulares, de cor variável. Homenagem a Lars F. *Svanberg*, químico sueco. Sin. de *harttita*, *munkforssita*.

SVEÍTA Cloronitrato básico hidratado de potássio e alumínio – $KAl_7(NO_3)_4Cl_2(OH)_{16}.8H_2O$ –, monocl., descoberto no Território Federal do Amazonas (Venezuela), onde aparece como agregados de escamas contorcidas de cor branca, baixa dur., clivagem basal, com D. 2,0-2,2. Solúvel em HCl e HNO_3. Intumesce em água, aumentando dez vezes seu volume, deixando um resíduo gelatinoso $Al(OH)_3$. O nome é homenagem à SVE (Sociedade Venezuelana de Espeleología).

SVERIGEÍTA Silicato de fórmula química $NaMnMgSnBe_2Si_3O_{12}(OH)$, ortor., descoberto em Langban, Varmland (Suécia).

svetlozarita Dachiardita maclada, antes considerada outra espécie. Homenagem ao mineralogista búlgaro *Svetlozar* Y. Boku.

SVYATOSLAVITA Silicato de cálcio e alumínio – $CaAl_2Si_2O_8$ –, ortor., trimorfo da anortita e da dmisteinbergita, descoberto em uma bacia carbonífera dos Urais (Rússia).

SVYAZHINITA Fluorsulfato hidratado de magnésio e alumínio com manganês e ferro – $(Mg,Mn)(Al,Fe)(SO_4)_2F.14H_2O$ –, tricl., descoberto nos montes Urais (Rússia). Cf. *aubertita*, *magnesioaubertita*.

SWAKNOÍTA Fosfato hidratado de cálcio e amônio – $Ca(NH_4)_2(HPO_4)_2.H_2O$ –, ortor., dimorfo da mundrabillaíta, descoberto em Arnehm Cave, na Namíbia.

SWAMBOÍTA Silicato hidratado de urânio – $UH_6(UO_2)_6(SiO_4)_6.30H_2O$ –, monocl., em agulhas amarelo-claras, de D. 4, com boa clivagem (201). Ocorre na jazida de urânio de *Swambo* (daí seu nome), na província de Shaba (R. D. do Congo).

Swarovski Marca registrada conhecida internacionalmente, que identifica um vidro de alta qualidade, criado em 1895, na Áustria, por Daniel Swarovski, para imitar o diamante. A partir de 1976, a empresa, até então apenas fornecedora da matéria-prima, desenvolveu seu próprio *design* e, desde então, inaugurou 600 lojas em todo o mundo, seis delas no Brasil.

SWARTZITA Carbonato hidratado de cálcio, magnésio e uranila – CaMg

$(UO_2)(CO_3)_3.12H_2O$ –, monocl., verde, com forte fluorescência. Descoberto em Yavapai, Arizona (EUA), e assim chamado em homenagem ao geólogo e mineralogista Charles K. *Swartz*.

SWEDENBORGITA Antimonato de sódio e berílio – $NaBe_4SbO_7$ –, hexag., cristalizado em prismas curtos, incolores ou amarelos. Descoberto em Langban, Varmland (Suécia), e assim chamado em homenagem a Emanuel *Swedenborg*, filósofo sueco.

SWEETITA Hidróxido de zinco – $Zn(OH)_2$ –, tetrag., trimorfo da ashoverita e da wülfingita. É incolor ou esbranquiçado, formando bipirâmides de até 1 mm sobre cubos de fluorita incolor, em Derbyshire (Inglaterra). Solúvel em HCl diluído, com leve efervescência. Homenagem a Jessie M. *Sweet*, curador do Museu Britânico.

SWINEFORDITA Silicato do grupo da esmectita, de fórmula química $(Ca,Na)_{0,3}(Li,Mg)_2(Si,Al)_4O_{10}(OH,F)_2.2H_2O$, monocl., que ocorre em zonas de frat. como capas ou em pseudomorfose sobre espodumênio, em pegmatitos. O nome homenageia Ada *Swineford*, mineralogista norte-americana.

swiss blue Nome coml. da cor azul de alguns topázios, obtida por irradiação e aquecimento. Cf. *california blue, london blue*.

SWITZERITA Fosfato hidratado de manganês e ferro – $(Mn,Fe)_3(PO_4)_2.7H_2O$ –, monocl., descoberto em mina de espodumênio de Kings Mountains, Carolina do Norte (EUA), onde ocorre com vivianita em pegmatitos. Rosa--claro ou marrom-dourado (quando fresco), geralmente aparece oxidado, com cor marrom. Forma lâminas ou massas micáceas com clivagem (100) perfeita e (010) boa. Homenagem ao norte-americano George *Switzer*. Cf. *metaswitzerita*.

symerald V. *emerita*.

SYMESITA Clorossulfato hidratado de chumbo – $Pb_{10}(SO_4)_7Cl_4.H_2O$ –, tricl., descoberto em uma pedreira de Somerset (Inglaterra).

sysertskita V. *iridosmina*. De *Sysertsk*, Urais (Rússia).

SZAIBELYÍTA Borato básico de magnésio – $MgBO_2(OH)$ –, monocl., em massas nodulares ou cristais aciculares, branco ou amarelado. Forma série isomórfica com a sussexita. Mineral-minério de boro. Homenagem a Stephan *Szaibely*, seu descobridor. Sin. de *camsellita, ascarita*.

szaskaíta V. [1]*smithsonita*. De *Szaska* (Hungria).

SZENICSITA Molibdato básico de cobre – $Cu_3(MoO_4)(OH)_4$ –, ortor., descoberto em uma mina do deserto de Atacama (Chile).

SZMIKITA Sulfato hidratado de manganês – $MnSO_4.H_2O$ –, monocl. Descoberto em Felsobanya (Romênia) e assim chamado em homenagem a Ignaz *Szmik*, minerador romeno.

SZMOLNOKITA Sulfato hidratado de ferro – $FeSO_4.H_2O$ –, monocl., amarelo ou marrom. De *Szmolnok* (Eslováquia), onde foi descoberto.

SZYMANSKIITA Carbonato básico hidratado de mercúrio e níquel com magnésio – $Hg_{16}(Ni,Mg)_6(CO_3)_{12}(OH)_{12}(H_3O)_8.3H_2O$ –, hexag., descoberto em uma mina de mercúrio de San Benito, Califórnia (EUA).

Quadro 1 Classificação das substâncias gemológicas

	Substância		Uso	Exemplos típicos
Gemas	Gemas naturais	Minerais	Adorno pessoal	Esmeralda, diamante, turmalinas, granadas, rubi, safira, ametista etc.
		Orgânicas		Coral, âmbar, pérola etc.
	Pérolas cultivadas			Pérolas cultivadas diversas
	Gemas sintéticas			Esmeralda sintética, rubi sintético etc.
	Gemas artificiais			Zircônia cúbica, YAG, GGG etc.
	Gemas reconstituídas			Turquesa reconstituída
	Gemas tratadas			Topázio irradiado, citrino obtido por tratamento de ametista etc.
	Gemas realçadas			Esmeralda tratada com óleos
	Gemas revestidas			Esmeralda revestida
	Gemas compostas			Gema + gema, gema + vidro etc.
Metais nobres	Ouro		Adorno pessoal	Ouro
	Prata			Prata
	Grupo da platina			Platina, paládio e ródio
Pedras ornamentais	Minerais decorativos		Decoração de interiores	Ágata, sodalita, quartzo rosa etc.
	Rochas ornamentais		Acabamentos arquitetônicos	Mármores, granitos, ardósias etc.

taaffeíta V. *magnesiotaaffeíta-2N'2S*.
taaffeíta-9R V. *magnesiotaaffeíta-6N'3S*.
tabasheer Var. de opala branco-azulada, transl. a opaca, que se forma nas juntas do bambu. É usada como gema e, nos países orientais, como medicamento.
tabergita Mistura de clinocloro e biotita. De *Taberg* (Suécia).
TACARANITA Silicato hidratado de cálcio e alumínio – $Ca_{12}Al_2Si_{18}O_{51}.18H_2O$ –, monocl., descoberto na ilha Skye (Escócia). Do gaélico *tacharan* (transformador), porque se altera facilmente a uma mistura de tobermorita e girolita.
tadjerito Aerólito condrítico, preto, semivítreo, composto de olivina e bronzita.
TADZHIKITA Borossilicato de fórmula química $Ca_2(Ca,Y)_2(Ti,Fe,Al)(Ce,Y,[\ ])_2[B_4Si_4O_{16}(O,OH)_6](OH)_2$, monocl., que forma cristais prismáticos ou lâminas curvadas, marrom-acinzentados, com br. vítreo. Ocorre em pegmatitos do *Tajiquistão* (daí seu nome).
taeniolita V. *tainiolita*.
tagilita V. *pseudomalaquita*. Provavelmente de Niznij *Tagil*, cidade da Rússia.
taião (gar., RS) Na região de Ametista do Sul, nome dado à drusa. Talvez corruptela de *talhão*.
TAIKANITA Silicato de bário, estrôncio e manganês – $BaSr_2Mn_2O_2(Si_4O_{12})$ –, monocl., descoberto num depósito de manganês da Rússia.
TAIMYRITA Composto intermetálico de estanho e paládio com cobre e platina – $(Pd,Cu,Pt)_3Sn$ –, ortor., descoberto na jazida de Talnakh, Sibéria (Rússia).
TAINIOLITA Fluorsilicato de potássio, lítio e magnésio – $KLiMg_2Si_4O_{10}F_2$ –, com 2,4%-3,8% Li e 0,2%-0,3% Rb. Pertence ao grupo das micas litiníferas. Monocl., branco, incolor ou azul. Ocorre em finos cristais, formando faixas alongadas. Friável. Do gr. *tainia* (fita), por ocorrer em faixas. Sin. de *taeniolita*.
TAKANELITA Óxido hidratado de manganês – $Mn^{2+}Mn_4^{4+}O_9.3H_2O$ –, hexag., que forma série isomórfica com a rancieíta. Ocorre como nódulos irregulares de 1 a 15 cm, cinza a pretos, de br. submetálico a fosco, traço preto-amarronzado, D. 3,8, sem clivagem. Homenagem a Katsutoshi *Takane*, professor de Mineralogia japonês.
TAKEDAÍTA Borato de cálcio – $Ca_3B_2O_6$ –, trig., descoberto na província de Okayama (Japão).
TAKEUCHIITA Borato de magnésio e manganês com ferro – $(Mg,Mn^{2+})_2(Mn^{3+},Fe^{3+})B_3O_2$ –, polimorfo da pinaquiolita, da ortopinaquiolita, da fredrikssonita e da blatterita. Forma cristais aciculares em dolomita e calcita de Langban, mina de Varmland (Suécia). Ortor., preto, de br. metálico, traço marrom. Dur. 6,0. D. 3,93. Homenagem ao professor japonês Yoshio *Takeuchi*.
takizolita Var. de caulim de cor rósea. Homenagem a *Takizo* Ueno, colecionador de minerais japonês.
TAKOVITA Hidroxicarbonato hidratado de níquel e alumínio – $Ni_6Al_2(OH)_{16}(CO_3,OH).4H_2O$ –, trig., verde-azulado, do grupo da hidrotalcita. Aos raios X, é praticamente idêntico à eardleyita. Descoberto no contato de um calcário com um serpentinito metamorfizado em *Takova*, Sérvia (de onde vem seu nome).
talassaquita Silicato de ferro – $(FeO)_{20}(Fe_2O_3)_2(SiO_2)_{13}$ –, var. de faialita. De *Talassa*, Kirghiz, Sibéria (Rússia).
talcita 1. Var. de talco maciça. 2. V. *damourita*. De *talco*.
TALCO Silicato básico de magnésio – $Mg_3Si_4O_{10}(OH)_2$ –, equivalente magnesiano da pirofilita. Monocl. e tricl., forma raros cristais tabulares, sendo usualmente lamelar ou maciço. Quando maciço, é geralmente criptocristalino.

Esbranquiçado, esverdeado ou cinzento, opaco a semitransl., de br. nacarado, flexível, com tato untuoso. Traço branco. Clivagem (001) perfeita. Dur. 1,0. D. 2,55-2,80. IR 1,540-1,590. Bir. 0,050. É um mineral secundário, produzido pela alteração de silicatos com magnésio e sem alumínio, em r. ígneas básicas, ou por metamorfismo sobre dolomitos. É o principal constituinte do esteatito. Usado principalmente em objetos ornamentais, podendo substituir o jade. Importante também na produção de pigmentos, cerâmicas, borracha, plásticos, lubrificantes, perfumaria, papel, isolantes elétricos, lápis e como alvejante de algodão. Ocorre, no Brasil, em Minas Gerais, Bahia, São Paulo e Paraná. Comercialmente, o nome designa também a pirofilita e a pedra-sabão. Do ár. *talc*. ☐

TALCUSITA Sulfeto de tálio, cobre e ferro – $Tl_2Cu_3FeS_4$ –, tetrag., que forma depósitos tabulares, às vezes equidimensionais, de grãos micrométricos. Friável. Descoberto em Norilsk, Sibéria (Rússia). De *tálio* + *Cu* + *S* + *ita*.

TALFENISITA Clorossulfeto de tálio e ferro com níquel e cobre – $Tl_6(Fe,Ni,Cu)_{25}S_{26}Cl$ –, cúb., descoberto em Talnakh (Rússia), onde aparece na forma de grãos submilimétricos marrons, frágeis, com D. 5,3. De *tálio* + *ferro* + *níquel* + *sulfeto* + *ita*.

talhador Pessoa encarregada do facetamento de gemas.

talhar Na lapid., dar facetas a uma pedra.

TALMESSITA Arsenato hidratado de cálcio e magnésio – $Ca_2Mg(AsO_4)_2 \cdot 2H_2O$ –, tricl., em agregados fibrorradiados e estalactites milimétricas, com cor branca. Forma série isomórfica com a gaitita. De *Talmessi*, mina do Irã onde foi descoberto. Cf. *parabrandtita*.

TALNAKHITA Sulfeto de cobre e ferro com níquel – $Cu_9(Fe,Ni)_8S_{16}$ –, cúb., do grupo da calcopirita. De *Talnakh* (Rússia), onde foi descoberto.

taltalita V. *esmeralda-brasileira*. De *Tal-tal* (Chile).

TAMAÍTA Silicato de fórmula química $(Ca,K,Ba,Na)_{3-4}Mn_{24}(Si,Al)_{40}(O,OH)_{112} \cdot 21H_2O$, monocl., do grupo da ganofilita, descoberto em Tóquio (Japão).

tamanita Sin. de *anapaíta*. De *Taman*, península do mar Negro (Rússia). Cf. *tamarita*.

TAMARUGUITA Sulfato hidratado de sódio e alumínio – $NaAl(SO_4)_2 \cdot 6H_2O$ –, monocl., vítreo, incolor. De *Tamarugal*, Tarapacá (Chile), onde foi descoberto. Cf. *rostita*.

tampa (gar., GO) Agregados de ametista.

tanatarita V. *diásporo*.

TANCOÍTA Fosfato de sódio, lítio e alumínio – $HNa_2LiAl(PO_4)_2(OH)$ –, ortor., descoberto na mina *Tanco* (daí seu nome), em Bernic Lake, Manitoba (Canadá), onde aparece na forma de cristais alongados de até 1 mm, isolados ou em drusas, incolores ou rosa-claro, com br. vítreo, frat. conchoidal, dur. 4,0-4,5 e D. 2,7-2,8. É solúvel em HNO_3 e HCl.

TANEYAMALITA Silicato de sódio e manganês com magnésio, ferro e alumínio – $Na(Mn,Mg,Fe,Al)_{12}(Si_6O_{17})_2(O,OH)_{10}$ –, tricl., descoberto na mina Iwaizawa, província de Saitama (Japão). É cinza-esverdeado com tons amarelados, tem br. vítreo, traço amarelo-claro, dur. em torno de 5 e D. 3,3. Clivagem (010) perfeita. Assim chamado por ter sido encontrado na mina *Taneyama*, embora não tenha sido então identificado. Cf. *howieíta*.

TANGEÍTA Vanadato básico de cálcio e cobre – $CaCuVO_4(OH)$ –, ortor., do grupo da adelita, que contém 38% V_2O_5. Descoberto em *Tange* (daí seu nome), Gorge (Quirguistão). Sin. de *calciovolborthita*.

tangiwaíta Sin. (entre os maoris da Nova Zelândia) de *bowenita*.

tantalato de lítio Substância de fórmula química $LiTaO_3$, usada como substituto do diamante. Dur. 5,5. D. 7,30. IR 2,175-2,180.

tantalita Designação genérica para os membros da série isomórfica ferrotanta-

lita-manganotantalita. As tantalitas são minerais pretos, densos, que formam cristais ortor., de formas variadas, estriados na face (100). Têm br. metálico a resinoso, traço branco, preto ou marrom e clivagem pinacoidal. Dur. 6,0. D. 8, aproximadamente. São frágeis, transp. a opacas e podem ser radioativas e levemente magnéticas. Ocorrem em pegmatitos e nas areias deles derivadas. São as principais fontes de tântalo (daí seu nome). Sin. de *ildefonsita, siderotantalita*.
tantalobetafita Var. de *betafita* com Ta > Nb.
TANTALOCARBETO Carboneto de tântalo com nióbio – (Ta,Nb)C –, cúb., descoberto nos Urais (Rússia). Cf. *niobocarbeto*.
tantalocolumbita Var. de *columbita* com 20%-40% Ta_2O.
TANTALOESQUINITA-(Y) Óxido de ítrio e tântalo com outros metais – (Y,Ce)(Ta,Ti,Nb)$_2O_6$ –, ortor., que forma série isomórfica com a esquinita-(Y). Preto-amarronzado a preto, de br. resinoso, traço marrom-amarelado, frat. conchoidal, dur. 5,5-6,0 e D. 5,8-6,0. Descoberto no pegmatito Raposa, na região da Borborema (Brasil).
tantalopirocloro V. *microlita*.
tantalorrutilo Sin. de *struverita*.
TANTEUXENITA-(Y) Óxido múltiplo de fórmula química (Y,Ce,Ca,U)(Ta,Nb,Ti)$_2O_6$, ortor., geralmente maciço, raramente em cristais, com cor marrom-escura, dur. 6,5 e D. 4,7-5,0. Assim chamado por sua composição (*tântalo + euxenita*). Sin. de *eschwegeíta*. Cf. *euxenita-(Y), itrocrasita-(Y)*.
TANTITA Óxido de tântalo – Ta_2O_5 –, tricl., encontrado como vênulos em pegmatito granítico da península de Kola (Rússia). Incolor, de br. adamantino, D. 8,45, sem clivagem. De *tântalo + ita*.
tantpolicrásio Var. de policrásio, com Ta > Nb (23,1% Ta_2O_5).
tanzanique Forsterita sintética que se assemelha à tanzanita, mas sem pleocoroísmo.
tanzanita Nome coml. de uma valiosa var. gemológica de zoisita, de cor azul-safira, por causa do vanádio (tem 0,02% V). Foi descoberta em Arusha, perto do monte Kilimanjaro, na Tanzânia, em 1967. É transp., fortemente pleocroica em azul-violeta e amarelo-pálido. Dur. 6,5-7,5. D. 3,35. IR 1,690-1,700. Bir. 0,010. Disp. 0,030. Seu mercado é controlado pela empresa Tanzanite One, e a Índia é o maior centro de lapidação e comercialização. A maior tanzanita conhecida, The Mawensi, tinha 3.367,8 gramas bruta; a maior lapidada tem 737,81 ct. Nome derivado de *Tanzânia*, ainda a única fonte conhecida e onde existem também zoisitas de outras cores que, aquecidas a 380°C, ficam azul-safira com reflexos roxos.
taosita Var. de alumina diferente do coríndon (English, 1939).
tapalpita V. *tetradimita*.
tapiolita Óxido de ferro e tântalo com nióbio – Fe(Ta,Nb)$_2O_6$ –, tetrag., dimorfo da ferrotantalita, isomorfo da mossita. Dur. 6,0-6,5. D. 7,30-7,80. Cristaliza em prismas curtos segundo [001], pretos, de traço marrom. Pode ser radioativo. Ocorre em pegmatitos graníticos e em depósitos detríticos. Mineral-minério de tântalo. De *Tapio*, deusa finlandesa da floresta. Sin. de *manganomossita, skogboelita*.
taprobanita V. *magnesiotaaffeíta-2N'2S*.
TAQUIDRITA Cloreto hidratado de cálcio e magnésio – $CaMg_2Cl_6.12H_2O$ –, trig., maciço, amarelo, descoberto em Stassfurt (Alemanha). Do gr. *takhys* (rápido) + *hydor* (água), por ser muito deliquescente.
TARAMELLITA Borossilicato de bário e ferro com cloro – $Ba_4Fe_4O_2B_2Si_8O_{27}Cl_x$ –, com x = 0 a 1. É ortor. e forma série isomórfica com a titanotaramellita. Ocorre em agregados fibrorradiados vermelhos ou marrons, de dur. 5,5 e D. 3,9, encontrados em calcários. Homenagem a Torquato *Taramelli*, geólogo italiano. Cf. *nagashimalita*.
TARAMITA Anfibólio de fórmula química $Na(CaNa)Fe_3AlFeSi_6Al_2O_{22}(OH)_2$, monocl., que forma série isomórfica com a magnesiotaramita. É preto, seme-

lhante à hastingsita, e foi descoberto em Mariupol, na Ucrânia.

TARANAKITA Fosfato hidratado de potássio e alumínio com ferro – $K_3(Al,Fe)_5(HPO_4)_6(PO_4)_2.18H_2O$ –, trig., branco-amarelado, do grupo dos minerais argilosos. De *Taranaka* (Nova Zelândia), onde ocorre. Sin. de ^{2}*minervita, palmerita*.

TARAPACAÍTA Cromato de potássio – K_2CrO_4 –, ortor., amarelo. De *Tarapacá* (Chile), onde ocorre.

TARBUTTITA Fosfato básico de zinco – $Zn_2(PO_4)OH$ –, tricl., incolor, amarelo-claro, marrom, vermelho ou verde. Homenagem a Percy C. *Tarbutt*, coletor de algumas das primeiras amostras do mineral.

tarnish Alteração superficial na cor e no br. de um mineral, pelo contato com substância rica em enxofre, inclusive o ar. É particularmente notável em minerais como bornita e calcopirita. Palavra inglesa que significa mancha, nódoa. Sin. de *embaçamento*.

tarnowitzita Carbonato de cálcio com chumbo – $(Ca,Pb)CO_3$ –, var. plumbífera de aragonita. De *Tarnowitz*.

tartaruga Gema orgânica obtida da carapaça da tartaruga-de-pente (*Chelonia imbricata*, L.) e usada em bolsas, pentes, armações para óculos etc. Tem cor amarela a marrom-clara, mosqueada. D. 1,26-1,35. IR 1,550-1,560. É produzida na China, Índia, África e Austrália. É imitada por vários plásticos, como erinoid, cellon, rhodoid e celuloide, dos quais difere por mostrar, ao microscópio, um pontilhado avermelhado e áreas escuras com limites pouco definidos.

tartufita Var. de calcita fibrosa, que emite um odor fétido, semelhante ao de cogumelos, quando golpeada.

tarugo Ouro em bastão, usado para obtenção de placas.

tascina Sin. de *naumannita*.

tatarkaíta Silicato hidratado de ferro, magnésio, alumínio e outros elementos, que ocorre em cristais tabulares alongados, cinza-escuro ou pretos. De *Tatarka*, rio de Angara, Sibéria (Rússia).

TATARSKITA Sulfato-carbonato básico hidratado de cálcio e magnésio com cloro – $Ca_6Mg_2(SO_4)_2(CO_3)_2Cl_4(OH)_4.7H_2O$ –, ortor., encontrado em massas cristalinas grosseiras em testemunhos de sondagem de anidrita. É transp., levemente amarelado ou incolor. Dur. 2,5. D. 2,34. Mostra clivagem pinacoidal regular e br. vítreo (nacarado na clivagem). É solúvel em água. Homenagem a V. B. *Tatarskii*, professor soviético.

tatu (gar., RS) Nome dado aos geodos de ametistas e outros minerais.

TATYANAÍTA Composto intermetálico de fórmula química $(Pt,Pd,Cu)_9Cu_3Sn_4$, ortor. Foi descoberto no complexo de Norilsk, na Sibéria (Rússia). Cf. *taimy-rita*.

TAUMASITA Sulfato de fórmula química $Ca_6Si_2(CO_3)_2(SO_4)_2(OH)_{12}.24H_2O$, hexag., do grupo da ettringita. Branco, geralmente fibroso, às vezes maciço. D. 1,91. É encontrado em cavidades. Do gr. *thaumasios* (admirável), por sua composição química, considerada surpreendente.

tauriscita 1. Sulfato hidratado de ferro. 2. Mineral de natureza duvidosa, talvez epsomita. Do fr. *tauriscite*.

TAUSONITA Óxido de titânio e estrôncio – $SrTiO_3$ –, cúb., do grupo da perovskita. Cristaliza em cubos e cubo-octaedros ou formando grãos irregulares de 0,01 a 2 mm, em r. alcalinas do maciço de Murunskii (Rússia). Vermelho, marrom-avermelhado ou cinza, de br. adamantino, frat. conchoidal, frágil. Dur. 6,0-6,5. Insolúvel em ác. diluídos. D. 4,8. Homenagem ao geoquímico russo L. V. *Tauson*.

tavalita Nome coml. de uma zircônia cúb. revestida por uma película que a deixa multicolorida.

TAVORITA Fosfato básico de lítio e ferro – $LiFe(PO_4)(OH,F)$ –, tricl., que ocorre em agregados finamente granulares, verde-maçã ou amarelos. Descoberto em Conselheiro Pena, MG (Brasil), e assim chamado em homenagem a Elisiário *Távora* Filho, geólogo brasileiro.

tawmawita Var. de epídoto com cromo. De *Tawmaw*, em Mianmar (ex-Birmânia).

taylorita 1. Var. de arcanita contendo $NH_4 - K(NH_4)_2SO_4$. 2. V. *bentonita*. Homenagem a W. J. *Taylor*, químico da Filadélfia (EUA).

TAZHERANITA Óxido de zircônio, titânio e cálcio – $(Zr,Ti,Ca)O_{2-x}$ –, cúb., onde x = 0,2-0,3.

TEALLITA Sulfeto de chumbo e estanho – $PbSnS_2$ –, que ocorre em finas folhas flexíveis ortor., pretas ou cinza-escuro, com clivagem basal perfeita. Dur. 1,2. D. 6,4. Traço preto. É um mineral raro, usado para extração de estanho. Homenagem a J. J. Harris *Teall*, diretor do Geological Survey of Great Britain and Ireland.

tectito Material vítreo de cor geralmente escura (verde-garrafa, marrom, amarelada ou preta), quimicamente semelhante à obsidiana, porém muito mais raro. Contém coesita, o que é indício de formação sob alta pressão, mas também numerosas bolhas de gás nas quais a pressão é muito baixa, indicando formação em atmosfera muito rarefeita. Ocorre geralmente em grupos geograficamente muito separados e sem ligação genética com as r. locais. Várias origens foram aventadas, como atividade vulcânica da Lua; colisão de meteoritos com a Lua; desidratação de géis silicosos por ac. húmico; ablação de metais meteoríticos e impacto de cometa contra a Terra. Sabe-se hoje (Fonseca et al., 2005) que a onda de ar quente altamente comprimida pela aproximação de um corpo impactante funde as camadas superiores da crosta terrestre antes da ocorrência do impacto. O material assim fundido é lançado para longe e a alta velocidade. Como ele se forma antes do impacto, os tectitos não são contaminados pelo material do corpo impactante. Em Bornéu, aparece, às vezes, com cor marrom-escura e, na Colômbia, quase incolor. Os tectitos têm forma aerodinâmica, muito variável (gota, esfera, haltere, disco, botão, bumerangue e cilindro), assemelhando-se usualmente a um botão ou noz. Essa forma depende da sua temperatura, ângulo de lançamento, velocidade, movimentos durante a trajetória, duração do deslocamento e composição da r. atingida. São microscópicos a decimétricos e têm, em geral, menos de 300 g, embora já se tenham encontrado tectitos de até 12,8 kg. Dur. em torno de 5,5. D. 2,30-2,50. IR 1,480-1,520. A idade varia entre 700 mil anos (australito) e 34 milhões de anos (bediasito e georgiaíto), e é um critério importante para determinar a procedência. O mais comum dos tectitos é o moldavito, usado como gema. Outros tectitos importantes são o australito, o billitonito e o queenstownito. Os tectitos ocorrem em Java (javanito), Austrália (australito), Filipinas (filipinito), Bornéu, Malásia (malasianito), República Checa e alguns locais da Áustria e Alemanha (moldavito), Peru, Colômbia e Tasmânia. O bediasito e o georgiaíto foram descobertos nos EUA, e o indochinito, no Laos, Camboja, Tailândia e Vietnã. Há ocorrências também na Costa do Marfim, Mauritânia e Rússia. Dos 650 mil tectitos encontrados, mais de 500 mil vieram das ilhas Filipinas e da China. Distinguem-se dos impactitos porque estes são produtos de fusão pelo contato de um meteorito com a r. ou o solo atingido. Do gr. *tektos* (fundido). ▫

TEDHADLEYITA Cloroiodato de mercúrio com bromo – $Hg_{11}O_4I_2(Cl,Br)_2$ –, tricl., descoberto numa mina abandonada de mercúrio de San Benito, Califórnia (EUA).

TEEPLEÍTA Mineral de fórmula química $Na_2B(OH)_4Cl$, tetrag., encontrado em cristais achatados, brancos ou creme, de br. vítreo e graxo. Dur. 3,0-3,5. D. 2,08. Muito friáveis. Homenagem ao químico John E. *Teeple*. Cf. *bandylita*.

TEFROÍTA Silicato de manganês – Mn_2SiO_4 –, com 47% Mn, do grupo das olivinas. Ortor., forma série isomórfica com a faialita. Ocorre com minerais de zinco e manganês e foi descoberto na mina Sterling Hill, em Sussex, New Jersey (EUA). Do gr. *tephros* (cinzento).

TEGENGRENITA Mineral de fórmula química (Mg,Mn)$_2$Sb$_{0,5}$(Mn,Si,Ti)$_{0,5}$O$_4$, trig., descoberto em Varmland (Suécia). Cf. *filipstadita*.

TEINEÍTA Telurato hidratado de cobre – CuTeO$_3$.2H$_2$O –, ortor., em cristais azul-celeste ou cinza-azulado, com traço branco-azulado. Dur. 2,5. D. 3,80, friáveis. De *Teine*, mina do Japão.

TELARGPALITA Mineral de fórmula incerta – talvez (Pd,Ag)$_3$Te –, descoberto em seção polida, onde aparece com cor cinza-claro; isótropo, sem reflexões internas. De *telúrio* + lat. *argentum* (prata) + *pal*ádio + *ita*.

TELÚRIO V. *Anexo*.

TELURITA Óxido de telúrio – TeO$_2$ –, ortor., dimorfo da paratelurita. Acicular ou em finas placas, também como massas esféricas com estrutura radiada. Frequentemente estriado segundo [001]. Branco ou amarelo-claro. De *telúrio*.

TELUROANTIMÔNIO Telureto de antimônio – Sb$_2$Te$_3$ –, que forma cristais tabulares, trig., de até 0,35 mm, em altaíta. Forma série isomórfica com a telurobismutita. É rosa a creme e mostra maclas perpendiculares ao comprimento. Descoberto em Mattagam, Quebec (Canadá). Cf. *telurobismutita*.

TELUROBISMUTITA Telureto de bismuto – Bi$_2$Te$_3$ –, às vezes com selênio como elemento-traço. Forma série isomórfica com o teluroantimônio. Ocorre em placas irregulares, cinza-escuro ou róseas, densas (7,82). Dur. 1,5-2,0. Descoberto em Lumpkin, Geórgia (EUA).

TELURO-HAUCHECORNITA Sulfotelureto de níquel e bismuto – Ni$_9$BiTeS$_8$ –, tetrag., do grupo da hauchecornita. Descoberto com a arseno-hauchecornita em Subdury, Ontário (Canadá). D. 6,5. Cf. *hauchecornita*.

TELURONEVSKITA Seleneto de bismuto e telúrio – Bi$_3$TeSe$_2$ –, trig., do grupo da tetradimita, descoberto na Eslováquia.

TELUROPALADINITA Telureto de paládio – Pd$_9$Te$_4$ –, monocl., que ocorre em grãos isolados ou intercrescido com keithconnita. Descoberto no Complexo de Stillwater, Montana (EUA).

TEMAGAMITA Telureto de paládio e mercúrio – Pd$_3$HgTe$_3$ –, com 34,8% Pd, descoberto no depósito de *Temagami* (daí seu nome), Ontário (Canadá). Ortor., forma grãos branco-acinzentados de 0,15 mm, em calcopirita maciça. D. 9,45.

temiskamita Sin. de *maucherita*.

templet Sin. de ¹*bezel*.

tenacidade Resistência oferecida por um mineral quando se tenta quebrá-lo, dobrá-lo, torcê-lo ou esticá-lo. É excepcional em minerais-gema como jadeíta e pobre em outros, como o topázio. Os minerais podem ser, quanto à tenacidade, friáveis, maleáveis, sécteis, dúcteis, elásticos e flexíveis. Não há medida exata para essa propriedade e alta dur. não implica alta tenacidade.

tenebrescência Propriedade de um mineral, como espodumênio, hackmannita e tugtupita, de mudar de cor logo que exposto ao Sol. Também chamada de fotocromismo reversível, é usada em materiais artificiais, como lentes fotocromáticas para óculos de sol.

TENGCHONGITA Molibdato hidratado de cálcio e uranila – Ca(UO$_2$)$_6$(MoO$_4$)$_2$O$_5$.12H$_2$O –, ortor., descoberto em *Tengchong* (daí seu nome), na província de Yunnan (China).

TENGERITA-(Y) Carbonato hidratado de ítrio – Y$_2$(CO$_3$)$_3$.2-3H$_2$O –, ortor., descoberto em Vaxholm, na Suécia. É branco e forma geralmente agregados terrosos ou fibrorradiados ou filmes.

TENITA Liga de ferro e níquel – γ-(Fe,Ni) –, com 27%-65% Ni, cúb., que ocorre como lamelas ou faixas em meteoritos. Do lat. *taenia* (fita). Cf. *camacita, tetratenita*.

tenite Nome coml. do acetato de celulose.

TENNANTITA Sulfoarseneto de cobre e ferro com zinco e antimônio – Cu$_{10}$(Fe,Zn)$_2$(As,Sb)$_4$S$_{13}$ –, cúb., isomorfo da tetradrita. Maciço ou em cubos, de br. metálico. É frágil e não tem clivagem. Dur. 4,5. D. 4,60. Ocorre em filões hidro-

termais (principalmente os formados a temperaturas média e baixa), raramente em depósitos de metamorfismo de contato. Tem 57% Cu e é usado para obtenção desse metal, de prata e de arsênio. Homenagem a S. *Tennant*, químico inglês. Sin. de *binnita*. Não confundir com *pennantita*.
TENORITA Óxido de cobre – CuO –, com 79,8% Cu. Monocl., em pequenas escamas de cor cinza, brilhantes, ou como pó e massas terrosas pretas. Mineral-minério de cobre. Descoberto no Vesúvio (Itália) e assim chamado em homenagem a M. *Tenore*, botânico italiano. Sin. de *melaconita*.
TEOFRASTITA Hidróxido de níquel com magnésio – $(Ni,Mg)(OH)_2$ –, trig., do grupo da brucita. Forma cristais com alguns décimos de milímetro em minérios a cromita e magnetita, no norte da Grécia. Verde, com traço verde-claro, transl., de br. vítreo, clivagem basal perfeita e frat. conchoidal. Dur. 3,5-4,0. Seu nome é homenagem a *Teofrastos*, primeiro mineralogista grego.
TERLINGUAÍTA Oxicloreto de mercúrio – Hg_2ClO –, monocl., amarelo. Descoberto em *Terlingua* (daí seu nome), em Brewster, Texas (EUA).
termierita Silicato hidratado de alumínio – $Al_2O_3(SiO_2)_6.18H_2O$ –, semelhante à halloysita. Provavelmente uma mistura.
termoluminescência Luminosidade emitida por certos minerais quando aquecidos entre 50°C e 100°C. É geralmente observada em minerais não metálicos anidros, como apatita, calcita e fluorita. Cf. *triboluminescência, radioluminescência*.
TERMONATRITA Carbonato hidratado de sódio – $Na_2CO_3.H_2O$ –, ortor., branco, solúvel em água. Dur. 1,0-1,5. D. 2,25. Forma eflorescências em solos de regiões secas e em lagos, ocorrendo ainda em algumas minas e vulcões. Usado para fabricação de sabão, vidros, alvejantes e outros produtos. Do gr. *therme* (calor) + *natrão*, porque resulta da desidratação do natrão por aquecimento. Cf. *natrão, trona*.
TERNESITA Sulfato-silicato de cálcio – $Ca_5(SiO_4)_2SO_4$ –, ortor., descoberto em Eifel, na Alemanha.
TERNOVITA Óxido hidratado de magnésio e nióbio com cálcio – $(Mg,Ca)Nb_4O_{11}.nH_2O$, onde n = 10, aproximadamente. Descoberto na península de Kola (Rússia).
ternovskita Sin. de *magnesiorriebeckita*. De *Ternovskii*, mina de Krivoi Rog (Ucrânia).
terra-azul Nome dado a um arenito rico em glauconita, que ocorre em Samland, Prússia (Alemanha), e que é a maior fonte de âmbar.
terra de imagens V. *agalmatolito*.
TERRANOVAÍTA Aluminossilicato hidratado de sódio e cálcio – $NaCa[Al_3Si_{17}O_{40}].>7H_2O$ –, do grupo das zeólitas, descoberto na Antártica.
TERSKITA Silicato de sódio e zircônio – $Na_4Zr(H_4Si_6O_{18})$ –, ortor., pseudotetrag., insolúvel em HCl 10% e em HNO_3. Forma lâminas de 1 a 3,5 mm em pegmatitos de Lovozero, península de Kola (Rússia), onde ocorre na praia de *Tersk* (daí seu nome). Dur. em torno de 5 e D. 2,7. É lilás-claro, de br. vítreo e mostra fluorescência verde em luz UV.
TERTSCHITA Borato hidratado de cálcio – $Ca_4B_{10}O_{19}.20H_2O$ –, finamente fibroso, provavelmente monocl. Descoberto na mina Kurtpinari, Anatólia (Turquia), e assim chamado em homenagem ao professor Hermann *Tertsch*.
teruelita Var. de dolomita que ocorre em romboedros pretos. De *Teruel*, Aragão (Espanha).
TERUGGITA Arsenoborato básico hidratado de cálcio e magnésio – $Ca_4MgAs_2B_{12}O_{22}(OH)_{12}.12H_2O$ –, monocl., descoberto na jazida de boratos de Loma Blanca, Jujuy (Argentina), onde forma nódulos cauliformes brancos, ou cristais incolores, euédricos, aciculares, com até 0,1 mm. Dur. 2,5. D. 2,1. Boa clivagem basal. Homenagem a Mano E. *Teruggi*, professor argentino.

TESCHEMACHERITA Carbonato ác. de amônio – $(NH_4)HCO_3$ –, ortor., branco ou amarelado, que forma cristais de D. 1,45 e dur. 1,5. Aparece em guano e é usado na fabricação de pão. Descoberto em Saldanha Bay, província do Cabo (África do Sul), e assim chamado em homenagem a Frederick E. *Teschemacher*, o primeiro a descrevê-lo.
teste de desgaste de Amsler Teste a que são submetidas r. ornamentais e que simula o tráfego de pedestres sobre elas. Os valores do desgaste são dados em milímetros e correspondem a um percurso de mil metros.
TESTIBIOPALADITA Telureto de paládio e antimônio com bismuto – Pd(Sb,Bi)Te –, com 27%-30% Pd, descoberto em minérios de Cu e Ni do sudoeste da China. É um mineral cúb., do grupo da pirita, que forma grãos irregulares ou prismas curtos, cinza com tons marrom-claros, br. metálico, duas clivagens imperfeitas, *tarnish* marrom-amarelado, frágeis. Dur. 3,5-4,0. Cf. *maslovita, michenerita*.
TETRA-AURICUPRITA Liga natural de ouro e cobre – AuCu –, tetrag., descoberta em Xinjiang (China). Cf. *auricuprita*.
TETRADIMITA Sulfotelureto de bismuto – Bi_2Te_2S –, trig., geralmente maciço. Cinza-claro, metálico, termoelétrico. Descoberto em Narverud, Telmark (Noruega). Do gr. *tetradimos* (quádruplo), por mostrar maclas de quatro indivíduos. Sin. de *bornina, eutomita, tapalpita, daphyllita*. O grupo da tetradimita compreende mais 19 sulfetos, selenetos e teluretos trig., entre eles kawazulita, paraguanajuatita, skippenita, teluroantimônio e telurobismutita.
TETRAEDRITA Sulfoantimoneto de cobre e ferro com zinco e arsênio – $Cu_{10}(Fe,Zn)_2(Sb,As)_4S_{13}$ –, cúb., isomorfo da tennantita e da freibergita. Forma cristais *tetraédricos* (daí seu nome), frágeis, de br. metálico ou submetálico, cinza-aço ou pretos, sem clivagem. Dur. 3,0-4,5. D. 4,60-5,10. Tem 52,1% Cu, sendo usado para extração desse metal, de prata e de antimônio. Ocorre em minérios de cobre. Sin. de *panabásio*. O grupo da tetraedrita compreende mais seis minerais cúb.: argentotennantita, freibergita, giraudita, goldfieldita, hakita e tennantita.
TETRAFERRIANNITA Silicato básico de potássio e ferro – $KFe_4Si_3O_{10}(OH)_2$ –, monocl., do grupo das micas, descoberto na Austrália. Nome derivado de tetra + ferro + annita. Cf. *annita*.
TETRAFERRIFLOGOPITA Silicato básico de potássio, magnésio e ferro – $KMg_3FeSi_3O_{10}(OH)_2$ –, monocl., do grupo das micas, descoberto na Rússia.
TETRAFERROPLATINA Liga de platina e ferro – provavelmente PtFe –, tetrag., de limites composicionais ainda pouco conhecidos. Forma grãos irregulares ou vênulos e é ferromagnética. Descoberto no maciço de Kovdor (Rússia).
tetrafilina V. *trifilita*.
tetragofosfita Fosfato básico de Al, Fe, Mn, Mg e Ca em cristais tabulares de quatro lados. Talvez de *tetrágo*no + *fosf*ato + *ita*.
tetragonal 1. Sistema cristalino cujos cristais mostram os três eixos cristalográficos mutuamente perpendiculares, sendo os eixos a e b de mesmo comprimento e o eixo c, maior ou menor. **2.** Diz-se dos minerais que cristalizam no sistema tetrag., como zircão, rutilo, idocrásio e cassiterita, e de seus cristais. Do gr. *tetra* (quatro) + *gonia* (ângulo). Sin. de *quadrático*.
tetrakalsilita Silicato de potássio e alumínio com sódio – $(K,Na)AlSiO_4$ –, hexag., polimorfo da kalsilita, da caliofilita e da trikalsilita. D. 2,6.
tetranatrolita Aluminossilicato hidratado de sódio – $Na_2Al_2Si_3O_{10}.2H_2O$ –, tetrag., do grupo das zeólitas, dimorfo da natrolita. É uma gonnarolita. Descoberto em Ilimaussaq, Groenlândia.
TETRARROOSEVELTITA Arsenato de bismuto – $BiAsO_4$ –, tetrag., dimorfo da rooseveltita, descoberto na Boêmia (República Checa).
TETRATENITA Mineral meteorítico formado pela ordenação dos átomos de Fe e Ni da tenita, à qual se assemelha.

Forma grãos de cor creme, com 0,01 a 0,05 mm, a temperaturas inferiores a 350°C, por resfriamento lento do meteorito. De *tetra*gonal + *tenita*.

TETRAWICKMANITA Hidróxido de manganês e estanho – $MnSn(OH)_6$ –, tetrag., amarelo, dimorfo da wickmanita. Ocorre em cavidades de pegmatitos na Carolina do Norte (EUA), formando cristais de até 1 mm, com D. 3,8. Cf. *jeanbandyíta*, *stottita*.

texasita Substância que foi descrita como oxissulfato de praseodímio – $Pr_2O_2SO_4$ –, mas que se trata, viu-se depois, de material artificial.

THADEUITA Fosfato de magnésio e cálcio com manganês e ferro – $Mg(Ca, Mn)(Mg,Fe,Mn^{3+})_2(PO_4)_2(OH,F)_2$ –, ortor., laranja-amarelo, maciço ou granular. Dur. pouco inferior a 4. D. 3,2. Descoberto na mina Panasqueira, Beira Baixa (Portugal), e assim chamado em homenagem ao professor português Décio *Thadeu*.

THALENITA-(Y) Silicato básico de ítrio – $Y_3Si_3O_{10}(OH)$ –, monocl., róseo, preto, marrom, esverdeado ou vermelho-carne, em cristais lamelares e prismáticos, ou, mais frequentemente, massas irregulares. Tem 33% Y_2O_3. Homenagem ao professor *Thalen*. Cf. *fluorthalenita-(Y)*.

thallita Sin. de *delfinita*. Não confundir com *thulita*.

THEISITA Arsenato básico de cobre e zinco com antimônio – $Cu_5Zn_5[(As,Sb)O_4]_2(OH)_{14}$ –, trig., descoberto perto de Durango, Colorado (EUA), onde forma delgadas camadas atravessando minerais secundários na zona de oxidação de uma ocorrência de urânio. Verde-azulado, com traço quase branco. Dur. 1,5. D. 4,3-4,4. O nome homenageia Nicholas J. *Theis*, seu descobridor.

THENARDITA Sulfato de sódio – Na_2SO_4 –, ortor., tabular, prismático ou piramidal, mais frequentemente em massas ou crostas brancas ou amarronzadas, solúveis em água fria. Br. vítreo. Dur. 2,5-3,0. D. 2,70. Com boa clivagem basal. Transp. a transl., fracamente fluorescente (à luz UV de grande comprimento de onda) e fosforescente. Encontrado em depósitos salinos. Usado para obtenção de sódio e fabricação de vidros. Homenagem a Louis J. *Thénard*, químico francês.

THEOPARACELSITA Arsenato básico de cobre – $Cu_3(OH)_2As_2O_7$ –, ortor., descoberto em antigas minas de cobre dos Alpes Marítimos (França).

THERESMAGNANITA Sulfato hidratado de cobalto com zinco e níquel – $(Co,Zn,Ni)_6(SO_4)(OH,Cl)_{10}.8H_2O$ –, hexag., descoberto em uma mina de Var, na França.

thinolita Var. de calcita amarela ou marrom, clara, frequentemente bipiramidada. Talvez seja pseudomorfa sobre gaylussita.

THOMASCLARKITA-(Y) Carbonato ácido hidratado de sódio e ítrio com elementos de TR – $Na(Y,REE)(HCO_3)(OH)_3.4H_2O$ –, monocl., descoberto numa pedreira de Rouville, Quebec (Canadá).

thomasita Silicato-fosfato básico de cálcio, em pequenos grãos ou cristais grosseiros, verde-azulados. Homenagem a John *Thomas*, físico norte-americano.

THOMETZEKITA Arsenato hidratado de chumbo e cobre – $PbCu_2(AsO_4)_2.2H_2O$ –, tricl., do grupo da tsumcorita, descoberto na mina Tsumeb (Namíbia). Cf. *helmutwinklerita*.

THOMSENOLITA Fluoreto hidratado de sódio, cálcio e alumínio – $NaCaAlF_6.H_2O$ –, monocl., branco. Descoberto em Ivigtut, na Groenlândia (Dinamarca), e assim chamado em homenagem a Julius *Thomsen*, o primeiro a estudá-lo.

THOMSONITA-Ca Aluminossilicato hidratado de cálcio e sódio – $Ca_2Na[Al_5Si_5O_{20}].6H_2O$ –, ortor., do grupo das zeólitas. Forma geralmente massas de cristais ortor. com disposição radial, exibindo cor branca, amarela, rosa, vermelha ou verde, podendo ser, ainda, incolor. A cor distribui-se geralmente de modo irregular. Dur. 5,0-5,5. D. 2,30-2,40. IR baixo: 1,52-1,54. Bir. 0,026. B(+). Tem uma var. gemológica, a *comptonita* (v.). A única ocorrência importante é Harbor Bay, Lago Superior (EUA). Homenagem a Thomas *Thomson*, químico escocês. Sin. de *bagotita, winchellita*. Cf. *thomsonita-Sr.*

THOMSONITA-Sr Aluminossilicato hidratado de estrôncio e sódio com cálcio – $(Sr,Ca)_2Na[Al_5Si_5O_{20}] \cdot 6-7H_2O$ –, ortor., do grupo das zeólitas. Descoberto na península de Kola (Rússia) e assim chamado em homenagem a Thomas *Thomson*, químico escocês. Cf. *thomsonita-Ca*.

THOREAULITA Óxido de estanho e tântalo – $SnTa_2O_7$ –, importante mineral-minério de Sn na R. D. do Congo. Monocl., geralmente em massas irregulares, marrons ou amarelas, adamantinas. Dur. 6,0. D. 7,60-7,90. Encontrado em pegmatitos estaníferos. Forma série isomórfica com a foordita. Descoberto em Kivu (R. D. do Congo) e assim chamado em homenagem ao professor J. *Thoreau*.

THORIKOSITA Oxicloreto de chumbo, antimônio e arsênio – $(Pb_3Sb_{0,6}As_{0,4})O_3(OH)Cl_2$ –, tetrag., descoberto em *Thorikos* (daí seu nome), Attiki, na Grécia. Cf. *nadorita*.

THORTVEITITA Silicato de escândio com ítrio – $(Sc,Y)_2Si_2O_7$ –, monocl., prismático, verde-cinzento. Muito raro. Mineral-minério de escândio. Descoberto em Iveland (Noruega) e assim chamado em homenagem a *Thortveit*, seu descobridor. Sin. de *befanamita*. Cf. *keivyíta-(Yb)*.

THREADGOLDITA Fosfato básico hidratado de alumínio e uranila – $Al(UO_2)_2(PO_4)_2(OH) \cdot 8H_2O$ –, monocl., amarelo-esverdeado, que forma cristais micáceos, alongados segundo o eixo *b*, com até 1 mm. D. 3,3-3,4. Exibe fluorescência verde em luz UV de ondas longas. Homenagem a Ian M. *Threadgold*, professor australiano.

thulita Var. de zoisita maciça, de cor vermelha a rosa, pela presença de manganês. É semitransp. a semitransl., às vezes fluorescente e extremamente pleocroica em amarelo e vermelho-arroxeado. D. 3,30. Usada como gema (lapidada em cabuchão) e como pedra ornamental. Na Noruega, principal produtor, há uma r. ornamental silicosa, rosada, que é composta principalmente de qz. e thulita. De *Thule*, nome primitivo da Escandinávia. Sin. de *rosalina*. Cf. *tanzanita*.

tichita Sulfato-carbonato de sódio e magnésio – $Na_6Mg_2(CO_3)_4SO_4$ –, cúb., em pequenos octaedros brancos, com frat. conchoidal. Do gr. *tuche, tuches* (sorte), porque dois cristais do mineral foram encontrados no meio de, aproximadamente, cinco mil espécimes de northupita.

tielita Óxido de alumínio e titânio – Al_2TiO_5 –, da série da pseudobrookita.

TIEMANNITA Seleneto de mercúrio – HgSe –, com pequena quantidade de cádmio e enxofre. É cúb. e tem hábito variável, com faces frequentemente estriadas. Cinza-escuro, quase preto, denso (8,20-8,50). Descoberto em Clausthal, Harz (Alemanha), e assim chamado em homenagem a *Tiemann*, seu descobridor. Sin. de *tilkerodita*.

TIENSHANITA Silicato de fórmula química $KNa_3(Na,K,[\,])_6(Ca,Y)_2Ba_6(Mn,Fe,Zn,Ti)_6(Ti,Nb)_6Si_{36}B_{12}O_{114}[O_{5,5}(OH,F)_{3,5}]F_2$, hexag., descoberto nas montanhas *Tien Shan* (daí seu nome), no Tajiquistão.

TIETTAÍTA Silicato básico hidratado de sódio, ferro e titânio com potássio – $(Na,K)_{17}FeTiSi_{16}O_{29}(OH)_{30} \cdot 2H_2O$ –, ortor., descoberto na península de Kola (Rússia).

tiffanyíta Hidrocarboneto encontrado em alguns diamantes e que os torna fosforescentes.

tijolão (gar., RS) Na região de Ametista do Sul, intervalo de basalto mineralizado em ametista.

TIKHONENKOVITA Fluoreto básico hidratado de estrôncio e alumínio – $SrAlF_4(OH) \cdot H_2O$ –, equivalente estroncionífero da gearksutita, dimorfo da acuminita. Forma pequenos cristais monocl., prismáticos, com até 5 mm de comprimento, com clivagem (001) perfeita, incolores a levemente rosados, de br. vítreo. Dur. 3,5. D. 3,26. Ocorre na zona oxidada dos depósitos de ferro de Karasug, Tuva (Rússia). Homenagem ao russo Igor *Tikhonenkov*, pesquisador das rochas e minerais alcalinos.

tikhvinita Mineral de fórmula química $(SrO)_2(Al_2O_3)_3P_2O_5SO_3.6H_2O$, que ocorre em fendas na bauxita, como pequenos agregados. Pode conter cálcio e magnésio. De *Tikhvin* (Rússia), perto de onde foi descoberto.

TILASITA Fluorarsenato de cálcio e magnésio – $CaMg(AsO_4)F$ –, monocl., que forma séries isomórficas com a maxwellita e a duranguita. Descoberto em Langban, Varmland (Suécia), e assim chamado em homenagem a Daniel *Tilas*, engenheiro de minas sueco. Sin. de *fluoradelita*.

tilkerodita V. *tiemannita*.

TILLEYITA Silicato de cálcio – $Ca_5(Si_2O_7)(CO_3)_2$ –, monocl., em grãos brancos, foscos, com uma clivagem perfeita. Dur. não determinada. D. 2,90. Descoberto em Riverside, Califórnia (EUA), e assim chamado em homenagem a C. E. *Tilley*, professor inglês.

TILLMANNSITA Arsenovanadato de prata com mercúrio – $(As,Hg)(V,As)O_4$ –, tetrag., descoberto nos Alpes Marítimos (França).

TINAKSITA Silicato básico de fórmula química $K_2Na(Ca,N)_2Ti[Si_7O_{18}(OH)]O$, tricl., que forma prismas bem desenvolvidos ou agregados radiais e rosetas de 3 a 5 cm de diâmetro. Tem cor amarelo-clara. D. 2,82-2,85. Clivagem (010) perfeita. Descoberto na Sibéria (Rússia). Nome derivado da fórmula química: $Ti + Na + K + Si$. Cf. *tokkoíta*.

tincal Sin. de *bórax*. Do persa *tenkal*.

TINCALCONITA Borato básico hidratado de sódio – $Na_2B_4O_5(OH)_4.3H_2O$ –, trig., incolor ou branco, opaco e de br. terroso. Dur. 2,0. D. 1,88. É um dos principais minerais-minério de boro. Descoberto em Searles Lake, San Bernardino, Califórnia (EUA). De *tincal* + gr. *konis* (pó), por sua composição e aspecto pulverulento. Sin. de *mohavita*. Cf. *bórax*.

TINSLEYITA Fosfato básico hidratado de potássio e alumínio – $KAl_2(PO_4)_2(OH).2H_2O$ –, monocl., equivalente aluminoso da leucofosfita, descoberto perto de Custer, Dakota do Sul (EUA). Vermelho-escuro, com traço rosa, br. vítreo. Dur. em torno de 5. D. 2,6. O nome é homenagem a Frank C. *Tinsley*. Cf. *leucofosfita*.

TINTINAÍTA Sulfoantimoneto de cobre e chumbo – $Cu_2Pb_{10}(Sb,Bi)_{16}S_{35}$ –, ortor., isomorfo da kobellita, descoberto na mina de prata *Tintina* (daí seu nome), no território de Yukon (Canadá).

TINTIQUITA Fosfato básico hidratado de ferro – $Fe_4(PO_4)_3(OH)_3.5H_2O$ (monocl.) ou $Fe_6(PO_4)_4(OH)_6.7H_2O$ (ortor.) –, compacto, creme. Nome derivado de *Tintic* Standard, mina de Utah (EUA), onde foi descoberto.

TINZENITA Borossilicato de cálcio, manganês e alumínio – $CaMn_2Al_2BO(OH)(Si_2O_7)$ –, tricl., do grupo das axinitas, isomorfo da manganoaxinita. Tem cor amarela, vermelha ou laranja, formando cristais cuneiformes, de br. vítreo, transp. a transl., com uma boa clivagem. Dur. 6,5-7,0. Ocorre em cavidades e nos contatos de corpos graníticos. Usado como gema. De *Tinzen*, Grisons (Suíça), onde foi descoberto.

TIPTOPITA Fosfato de fórmula química $[(Li_{2,9}Na_{1,7}Ca_{0,7})(OH)_2(H_2O)_{1,3}]K_2(Be_6P_6O_{24})$, hexag., descoberto no pegmatito *Tip Top* (daí seu nome), perto de Custer, Dakota do Sul (EUA).

TIRAGALLOÍTA Silicato básico de manganês com arsênio – $Mn_4AsSi_3O_{12}(OH)$ –, monocl., descoberto como pequenos grãos alaranjados em Chiavari, Ligúria (Itália). Br. subadamantino, com boa clivagem (100). O nome homenageia Paolo *Tiragallo*, mineralogista amador italiano.

tirodita Silicato de manganês e magnésio com ferro – $Mn_2(Mg,Fe)_5Si_8O_{22}(OH)_2$, com $Mg/(Mg+Fe) = 0,5-1,0$ –, do grupo dos anfibólios monocl. Forma série isomórfica com a dannemorita. Tem cor amarelo-mel e clivagem pris-

mática, com partição basal. De *Tirodi* (Índia), onde foi descoberto. Não confundir com *tirolita*.
TIROLITA Carbonato-arsenato básico hidratado de cálcio e cobre – $CaCu_5(AsO_4)_2(CO_3)(OH)_4 \cdot 6H_2O$ –, ortor., que forma agregados micáceos. Sin. de *tri-calquita*. De *Tirol* (Áustria), onde ocorre (Dana, 1970). Segundo Aulete (1970), do gr. *tyros* (queijo) + *lithos* (pedra). Cf. *clinotirolita*. Não confundir com *tirodita*.
tiru gem (nome coml.) V. *titânia*.
TISCHENDORFITA Seleneto de paládio e mercúrio – $Pd_8Hg_3Se_9$ –, ortor., descoberto nas montanhas Harz (Alemanha).
TISINALITA Silicato de sódio, manganês e titânio com cálcio – $Na_{2-3}(Mn,Ca)TiSi_6(O,OH)_{18}$ –, trig., laranja-amarelo, do grupo da lovozerita. Forma cristais submilimétricos e agregados granulares de até 1 cm. Br. vítreo, frat. irregular a conchoidal, dur. 5, D. 2,7. Descoberto na península de Kola (Rússia) e assim chamado por sua composição: Ti + Si + Na + *lita*.
titangem (nome coml.) V. *titânia*.
titânia Nome coml. do rutilo sintético usado como gema. Forma cristais transp. que podem ser obtidos nas cores marrom, azul, verde ou dourada, entre outras, mostrando quase sempre tons amarelados. Dur. 6,0-6,5. D. 4,26. IR 2,616-2,903. Bir. 0,287. U(+). A bir. é cinco vezes maior que a do zircão e a dispersão, mais de seis vezes superior à do diamante (0,300). Possui como inclusões bolhas esféricas de gás, as quais, juntamente com o intenso br. e a altíssima bir., tornam fácil seu reconhecimento. O rutilo sintético foi obtido a primeira vez em 1947, nos EUA, pela National Lead Co. e pela Linde Air Products Co. Possui vários outros nomes comerciais (diamothyst, diamontite, lusterite, titanium etc.). Do ingl. *Titania* (marca registrada). Cf. *titânia safirizada*. Sin. de *gema de quênia, miridis*.
titânia safirizada Nome coml. da titânia revestida por um manto de alumina cristalizada, o que lhe dá maior dur.

TITANITA Silicato de cálcio e titânio – $CaTiOSiO_4$ –, monocl., que forma cristais cuneiformes ou losangulares, com maclas bastante frequentes segundo (100), às vezes segundo (001). Amarelado ou marrom, às vezes cinza ou, muito raramente, verde, com zoneamento. Transp. a opaco, com br. adamantino, duas clivagens a 66°30' e frat. conchoidal. Dur. 5,0-5,5. D. 3,40-3,50. IR 1,900-2,030. Bir. 0,100. B(+). Disp. forte: 0,051. Pleocroísmo forte em incolor, amarelo e amarelo-avermelhado; sem fluorescência. Ocorre em r. ígneas e metamórficas ricas em cálcio. Usado como gema, embora raramente se apresente com a necessária transparência, sendo difícil conseguir pedras com mais de 1-2 ct. Em Pino Solo (México), são produzidas gemas com mais de 10 ct. É também fonte de titânio. Costuma ser lapidado em brilhante, com a mesa perpendicular à direção de cor mais fraca (paralela ao eixo principal). Produzido principalmente na Suíça e em Madagascar, seguindo-se Áustria (Tirol), México, Mianmar (ex-Birmânia) e EUA (Pensilvânia). No Brasil, existe em Minas Gerais e na Bahia. Nome derivado da presença de titânio na sua composição. Sin. de *esfênio*.
titanium (nome coml.) V. *titânia*.
titanlavenita Var. de lavenita pobre em Zr e rica em Mn e Ti.
titanoaugita Var. de augita com 4%-5% TiO_2 – $Ca(Mg,Fe,Ti)(Si,Al)_2O_6$. Ocorre em r. basálticas.
titanobetafita V. *betafita*.
titanobiotita Var. de biotita com titânio. Sin. de *wodanita*.
titanoelpidita Var. de elpidita com titânio.
titano-hidroclino-humita Silicato básico de magnésio e titânio amarelo ou marrom-avermelhado. De *titânio* + gr. *hydor* (água) + *clino-humita*, por sua composição.
titanomaghemita Óxido de ferro e titânio – $[(Fe^{2+},Fe^{3+},Ti^{4+},( ))]_3O_4$. Cf. *maghemita*.
titanomagnetita 1. Var. titanífera de magnetita – $Fe(Fe^{2+},Fe^{3+},Ti)_2O_4$ –, usada

para extração de titânio. 2. Solução sólida entre ulvoespinélio (Fe_2TiO_4) e magnetita (Fe_3O_4).

TITANOTARAMELLITA Silicato complexo de fórmula química $Ba_4(Ti,Fe^{3+},Fe^{2+},Mg)_4(B_2Si_8O_{27})O_2Cl_{0-1}$, ortor., isomorfo da taramellita. Foi descoberto em Fresno, Califórnia (EUA). Cf. *nagashimalita*.

TITANOWODGINITA Tantalato de manganês e titânio – $MnTiTa_2O_8$ –, monocl., do grupo da wodginita, descoberto em Manitoba (Canadá).

titanstone (nome coml.) V. *titânia*.

título Porcentagem de metal nobre em uma liga. Sin. de *toque*.

TIVANITA Óxido de vanádio e titânio – $VTiO_3(OH)$ –, monocl., preto, descoberto em Kalgoorlie (Austrália). Forma pequenos cristais maclados, em qz. Br. submetálico, D. 4,17. De *tit*ânio + *van*ádio + *ita*.

TLALOQUITA Clorotelurato básico hidratado de cobre e zinco – $(Cu,Zn)_{16}(TeO_3)(TeO_4)_2Cl(OH)_{25}.27H_2O$ –, ortor. Forma crostas superficiais ou em cavidades, de cor azul e dur. 1,0. Descoberto em Moctezuma, Sonora (México). De *Tlaloc*, deus da chuva nas mitologias asteca e tolteca (alusão ao seu alto conteúdo de água).

TLAPALLITA Mineral de fórmula química $H_6(Ca,Pb)_2(Cu,Zn)_3(SO_4)(TeO_3)_4(TeO_6)$ aproximadamente, monocl., aparecendo na forma de finos filmes verdes formados por pequenos cristais reunidos em feixes de escamas com disposição radial, dando hábito botrioidal. Traço verde-claro, dur. 3,0. Descoberto em Moctezuma, Sonora (México). Do nahua *tlapalli* (tinta), em alusão ao seu modo de ocorrência.

tmiskamita Arseneto de níquel – Ni_4As_2 –, branco-avermelhado, denso (9,40).

tobá (gar., BA) Sin. de *grosso*.

TOBELITA Mica dioctaédrica, monocl., de fórmula química $(NH_4)Al_2[\ ]AlSi_3O_{10}(OH)_2$, branca a verde-amarelada, que forma pequenos flocos e cristais de até 0,1 mm, com clivagem basal perfeita. D. 2,6. Descoberta em *Tobe* (daí seu nome) e em Toyosak, província de Ehime (Japão).

TOBERMORITA Silicato básico hidratado de cálcio – $Ca_{4.5}Si_6O_{15}(O,OH)_2.5H_2O$ –, ortor., encontrado na forma de massas brancas, finamente granuladas. Tem dur. 2,5 e D. 2,42-2,44. Transl., fluorescente, de br. sedoso e clivagem [001] perfeita. Foi descoberto na ilha de Mull (Escócia) e é usado na fabricação do cimento portland. Do fr. *tobermorite*. Cf. *plombierita*.

TOCHILINITA Sulfeto-hidróxido de ferro e magnésio – $6(FeS).5[Mg(OH)_2]$ –, monocl. ou tricl. Ocorre como agregados de cristais aciculares de até 5-6 mm ou de pequenos grãos. Cor preto-bronzeada, D. 3,0. Assim chamado em homenagem ao professor soviético Mitrofan S. *Tochilin*. Cf. *haapalaíta, valleriita, yushkinita*.

toddita Mineral pouco estudado, talvez var. de columbita com urânio ou mistura de columbita e samarskita. Muito friável, escuro, br. submetálico. Bastante raro. Homenagem a *Todd*, pesquisador canadense.

TODOROKITA Óxido hidratado de manganês com cálcio e magnésio – $(Mn,Ca,Mg)Mn_3O_7.H_2O$ –, às vezes com bário e zinco. Produto de alteração da inesita. Forma agregados reniformes e bandados, esponjosos. De *Todoroki*, mina de Hokkaido (Japão), onde foi descoberto.

TOERNEBOHMITA-(Ce) Silicato básico de cério e alumínio com lantânio – $(Ce,La)_2Al(SiO_4)_2(OH)$ –, monocl., que forma série isomórfica com a toernebohmita-(La). É esverdeado, fracamente radioativo e encontrado geralmente em massas finamente granulares, sempre em cerita. Homenagem ao professor *Toernebohm*.

TOERNEBOHMITA-(La) Silicato básico de lantânio e alumínio com cério – $(La,Ce)_2Al(SiO_4)_2(OH)$ –, monocl., que forma série isomórfica com a toernebohmita-(Ce).

TOKKOÍTA Silicato de potássio e cálcio – $K_2Ca_4Si_7O_{17}(OH,OH,F)_4$ –, tricl., descoberto perto do rio *Tokko* (daí seu nome), em Yakutia (Rússia). Cf. *tinaksita*.

TOLBACHITA Cloreto de cobre – $CuCl_2$ –, descoberto em 1984 em lavas basálticas do vulcão *Tolbachik* (daí seu nome), na Rússia, provenientes da erupção de 1975-1976. Monocl., fibroso, com aspecto de musgo, cor marrom. Facilmente solúvel em água. Ao ar, transforma-se rapidamente em eriocalcita, por hidratação.

TOLOVKITA Sulfeto de irídio e antimônio – IrSbS –, cúb., do grupo da cobaltita. De *Tolovka*, rio do nordeste da Rússia, onde foi descoberto.

tolypita Var. de clorita que ocorre em pequenas bolas com estrutura fibrosa irregular. Do gr. *tolype* (bola de lã).

TOMBARTHITA-(Y) Silicato de ítrio com outros metais – talvez (Y,REE,Ca,Fe)(Si,H$_4$)O(OH)$_4$ –, monocl., raro, encontrado com thalenita e feldspato alcalino pertítico em pegmatitos de Evje (Noruega). É estruturalmente semelhante à monazita.

TOMICHITA Arsenato básico de vanádio e titânio com ferro – (V,Fe)$_4$Ti$_3$AsO$_{13}$(OH) –, monocl., que forma pequenos cristais tabulares euédricos com até 1,5 mm, cinza, opacos, sem clivagem. D. 4,2. Descoberto em Agnew (Austrália) e assim chamado em homenagem ao geólogo S. A. *Tomich*.

TONGBAÍTA Carboneto de cromo – Cr$_3$C$_2$ –, ortor., amarelo-amarronzado com traço cinza-escuro, forte br. metálico. Forma cristais prismáticos frágeis, de até 0,3 mm, com dur. 8,5, em r. ultrabásicas de *Tongbai* (daí seu nome), Henan (China). Insolúvel em HCl, H$_2$SO$_4$ e HNO$_3$, fracamente atacado por água-régia.

TOOLEÍTA Arsenato básico hidratado de ferro – Fe$_8$(AsO$_4$)$_6$(OH)$_6$.5H$_2$O –, ortor., descoberto em *Toole* (daí seu nome), Utah (EUA).

TOPÁZIO Fluorsilicato de alumínio – Al$_2$SiO$_4$(F,OH)$_2$ –, ortor., encontrado em cristais prismáticos, massas ou seixos rolados. Incolor ou com cor variável (branca, amarela, laranja, marrom, rósea, salmão, vermelha, azul), transp. a transl., com br. vítreo, clivagem basal perfeita e frat. conchoidal. Dur. 8,0. D. 3,50-3,60. IR 1,62-1,63. Bir. 0,008. B(+). Mostra tricroísmo em amarelo-amarronzado, amarelo e amarelo-alaranjado. Quando azul, o pleocroísmo é fraco. Disp. fraca: 0,014. Pode ocorrer sem inclusões, como em Minas Gerais (Brasil); quando presentes, as inclusões consistem em grandes cavidades com líquido e gás ou com dois líquidos imiscíveis e nitidamente separados. Mais raramente podem aparecer inclusões trifásicas. A var. mais valiosa é o *topázio-imperial* (v.), só produzida em Ouro Preto, MG (Brasil). O topázio ocorre em r. ígneas ác. e em veios de minerais de estanho, sendo usado exclusivamente como gema. HISTÓRIA. Em 1740, foi encontrado no Brasil (Ouro Preto, MG) o topázio Bragança, considerado inicialmente diamante, e que tinha 1.680 ct. O Museu Americano de História Natural de Nova Iorque tem um cristal bem formado de 60 x 60 x 80 cm. No Brasil, podem ser encontrados cristais com até mais de um metro e com mais de cem quilos. O maior topázio lapidado é o Princesa Brasileira; tem 21,327 ct e foi encontrado em Teófilo Otoni, MG (Brasil), em 1955. CONFUSÕES POSSÍVEIS. O topázio pode ser confundido com citrino, brasilianita, heliodoro, crisoberilo, ortoclásio, água-marinha e apatita. Seu substituto mais comum é o citrino. Jahns (1975) estima que, provavelmente, 80% das gemas vendidas como topázio são, na verdade, citrino. A distinção entre ambos é fácil se se empregar o bromofórmio: o topázio submerge nesse líquido, enquanto o qz. flutua. A var. azul é vendida, às vezes, como água-marinha, mas enquanto esta, observada sobre fundo branco através da mesa, fica esverdeada, o topázio azul permanece azul. Além disso, a água-marinha flutua no bromofórmio, e o topázio afunda. LAPID. O topázio é lapidado em degrau, tendo frequentemente mesa arredondada. Em razão da sua excelente clivagem basal, a mesa deve ser paralela ao eixo principal do cristal (eixo *c*). É lapidado também com formato de pera, retangular ou retangular com cantos cortados. Para o topázio azul, deve-se preferir a lapid. brilhante. Curiosidades. O topázio é, segundo os astrólogos, a pedra dos nascidos sob o signo de Sagitário. Na Antiguidade, simbolizava a amizade e atribuía-se-lhe o poder de acalmar a cólera e conter hemorragias. Principais produtores. O principal produtor mundial de topázio é o Brasil, seguindo-se Rússia, Irlanda, Japão, Grã-Bretanha, Índia, Sri Lanka e EUA. Na Noruega, já foram encontrados cristais de topázio opaco de até 60 kg. No Brasil, o Estado que mais produz é Minas Gerais, na região de Ouro Preto. Existe também topázio no Ceará e na Bahia. Jazidas de topázio-imperial da Rússia estão esgotadas, e as do Paquistão são antieconômicas. Valor coml. O topázio--imperial avermelhado (*sherry*) é a var. mais cara (até US$ 3.000/ct para pedras de 20 a 25 ct), mas o azul é mais barato que o citrino (US$ 0,80 a US$ 1,00/ct). O mercado reconhece quatro tons de azul, que são, do mais barato para o mais caro: *sky blue*, *swiss blue*, *top swiss blue* e *london blue*. Valem mais as pedras parecidas com a água-marinha. O topázio alaranjado vale o preço de outras var., ver topázio-imperial. Síntese. O topázio não é sintetizado, pelo menos em escala coml. Tratamento. Por meio de aquecimento, pode-se mudar a cor amarela do topázio para vermelha (300°C-350°C), rosa ou azul. Com exposição à luz UV, retomam a cor original. Por meio de radiações gama (bomba de cobalto), pode-se deixar amarelo um topázio originalmente incolor. Se a esse tratamento se seguir aquecimento, a cor amarela passa a azul. Os topázios róseos e vermelhos que há no comércio são quase sempre obtidos por tratamento térmico. Topázios amarelos aquecidos ficam incolores, exceto os brasileiros. Os azuis não mudam de cor por aquecimento. A cor pode enfraquecer por exposição prolongada ao sol. As radiações podem dar ao topázio incolor também as cores marrom e púrpura, e ao topázio róseo, as cores marrom e amarela. Não há como distinguir essas cores das cores naturais. O volume anual de topázio incolor irradiado e aquecido para ficar azul atinge várias toneladas. A cor assim obtida recebe nomes comerciais como *swiss blue*, *london blue* e *california blue*. Cuidados. A ação prolongada de uma luz intensa pode descolorir o topázio. Etimologia. Do gr. *topazos* ou *topazion* (fogo), ou de *Topazion*, ilha do mar Egeu, hoje Zebirget. Sinônimos. *Topázio do brasil*, *topázio schenken*, *topázio gota-d'água*, *topázio-precioso*. ▯

topázio-astérico Coríndon amarelo com asterismo.

topázio baía Nome coml. do citrino obtido por tratamento térmico de ametistas procedentes de Cordeiros, BA (Brasil). Cf. *topázio-palmeira*, *topázio--rio-grande*. Nome a abandonar.

topázio-brasileiro Topázio verdadeiro.

topázio-cherry Topázio ou quartzo--citrino com cor de *cherry*.

topázio-científico 1. Vidro usado como imitação de topázio. **2.** Nome que se deu às primeiras safiras sintéticas, de cor rosa-claro.

topázio-citrino V. *citrino*.

topázio da boêmia V. *citrino*.

topázio da escócia Sin. de *topázio--escocês*.

topázio da espanha Sin. de *topázio--espanhol*.

topázio da índia 1. Topázio amarelo--açafrão. **2.** V. *citrino*. **3.** Ametista tratada termicamente. Cf. *topázio-indiano*.

topázio da serra V. *citrino*.

topázio da sibéria Topázio azul--esverdeado, límpido, encontrado nos Urais (Rússia).

topázio de ouro Citrino obtido por tratamento térmico.

topázio de salamanca V. *citrino*.

topázio do brasil V. *topázio*.

topázio dos antigos Crisólita.

topázio dos joalheiros V. *citrino*.

topázio-enfumaçado Denominação imprópria do quartzo-enfumaçado, usada no comércio.
topázio-escocês Nome coml. dado às var. de qz. amarelas e transp., semelhantes ao topázio. Sin. de *topázio da escócia*.
topázio-espanhol Nome coml. do qz. marrom-alaranjado semelhante ao topázio. Muitas vezes é ametista queimada. Sin. de *topázio da espanha*.
topázio-estrela Safira amarela com asterismo.
topázio gota-d'água V. *topázio*.
topázio-hialino V. *zircão*.
topázio hinjosa Quartzo-citrino vermelho-amarronzado encontrado em Hinjosa del Duero, Cordova (Espanha). Tratado termicamente, fica laranja-avermelhado. Sin. de *citrino-espanhol*.
topázio-imperial Var. de topázio laranja, rosa, salmão ou avermelhada, produzida somente em Ouro Preto, MG (Brasil), embora exista também no Paquistão. É bem mais valiosa que as var. azul e amarela, em razão de sua maior raridade. O mais valioso é o topázio vermelho (*cherry*), que varia de US$ 5 a US$ 3.000/ct, para gemas de 0,5 ct a 25 ct. O topázio rosa varia de US$ 5 a US$ 2.000/ct. O salmão, de US$ 5 a US$ 1.400/ct e o alaranjado, de US$ 3 a US$ 600/ct, sempre para gemas entre 0,5 ct e 25-35 ct. Se cuidadosamente aquecido, o topázio-imperial adquire bela cor rosada, sendo esse o processo de obtenção da maior parte do topázio dessa cor encontrada no comércio. É assim chamado em homenagem ao imperador Dom Pedro II, que visitou Ouro Preto em 1881. Para alguns, seria homenagem aos czares russos, porque era produzido também na Rússia.
topázio-indiano Safira amarela.
topázio-jacinto Jacinto.
topázio madagascar V. *citrino*.
topázio-madeira Citrino marrom-avermelhado obtido por tratamento térmico da ametista.
topázio nevada Obsidiana.
topázio-ocidental Citrino.
topázio-oriental 1. Safira de cor amarela. 2. Topázio-astérico.
topázio-ouro Citrino, natural ou produzido por tratamento térmico da ametista.
topázio-palmeira Nome coml. de um quartzo-citrino de cor clara, obtido por tratamento térmico de ametistas procedentes da Bahia (Brasil). Cf. *topázio-bahia, topázio-rio-grande*.
topázio-precioso Var. de safira amarela a marrom.
topázio-quartzo V. *citrino*.
topázio-queimado 1. Topázio-rio-grande. 2. Topázio róseo obtido por tratamento térmico de topázio amarelo.
topázio-real 1. Var. de topázio azul. 2. Coríndon amarelo-rosado.
topázio-rio-grande Nome coml. do citrino obtido por aquecimento da ametista e procedente do Rio Grande do Sul (Brasil). Cf. *topázio-bahia, topázio-palmeira*. Denominação condenável e que deve ser abandonada.
topázio-saxônico V. *citrino*.
topázio schenken V. *topázio*.
topázio-sintético Coríndon ou espinélio sintéticos com cor de topázio.
topázio tauridano Var. de topázio azul muito claro, quase incolor.
topazito R. hipoabissal composta quase exclusivamente de qz. e topázio. Sin. de *rocha-topázio, topazoseme, topazogênio*.
topazogênio Sin. de *topazito*.
topazolita Var. rara de andradita de cor amarelo-esverdeada ou marrom-amarelada, semelhante ao topázio, mas raramente transp. Ocorre principalmente na Itália. Quase nunca usada como gema, em razão das pequenas dimensões de seus cristais. De *topázio* + *lithos* (pedra). ▫
topazoseme Sin. de *topazito*.
toque Sin. de *título*.
TORBERNITA Fosfato hidratado de cobre e uranila – $Cu(UO_2)_2(PO_4)_2 \cdot 8\text{-}12H_2O$ –, tetrag., do grupo da autunita, com a qual ocorre. Foliado ou tabular, verde, radioativo, com fluorescência média a fraca. Br. vítreo, nacarado na base. Dur. 2,0-2,5.

D. 3,20-3,60. Clivagem basal perfeita, transp. a transl. Geralmente secundário. Importante mineral-minério de urânio. Homenagem a *Torbern Bergmann*, químico sueco. Sin. de *calcolita, cuprouranita*. Cf. *metatorbernita*.
torendrikita V. *magnesiorriebeckita*. De *Itorendrika* (República Malgaxe).
TORIANITA Óxido de tório – ThO_2 –, cúb., que forma cubos pretos, de dur. 6,5, D. 9,3, fluorescentes, fortemente radioativos, quase opacos. É comum conter urânio e TR. Mineral-minério de tório, assim chamado por conter *tória* (óxido de tório).
TORIOBASTNASITA Fluorcarbonato hidratado de tório e cálcio com cério – $Th(Ca,Ce)(CO_3)_2F_2.3H_2O$ –, ortor., marrom, descoberto em albititos ricos em ferro de Tuva (Rússia). De *tório + bastnasita*.
toriobritolita Sin. de *fynchenita*.
torioesquinita Var. de esquinita com 29,6% ThO_2. Muito rara.
TORIOSTEENSTRUPINA Silicato hidratado de fórmula química $Na_{0,5}Ca_{1-3}(Th, REE)_6(Mn,Fe,Al,Ti)_{4-5}[Si_6(O,OH)_{18}]_2 [(Si,P)O_4]_6(OH,F,O)_x.nH_2O$, marrom-escuro (quase preto), metamicto, descoberto na Sibéria (Rússia). De *tório + steenstrupina*. Cf. *steenstrupina*.
TORITA Silicato de tório – $(Th,U)SiO_4$ –, com até 10% U. Tetrag., dimorfo da huttonita. Marrom, preto, às vezes amarelo-alaranjado. Fortemente radioativo, geralmente metamicto. Mineral-minério de tório.
TORNASITA Silicato hidratado de sódio e tório com potássio – $(Na,K)ThSi_{11}(O,F,OH)_{25}.8H_2O$ –, trig., descoberto em Rouville, Quebec (Canadá). Nome derivado da composição: *tório + Na + silicato*.
torniellita Silicato básico hidratado de alumínio – $Al_2(OH)_4Si_2O_5.2H_2O$ –, equivalente amorfo da halloysita. De *Tornilla*, perto de Siena (Itália).
torochevkinita Var. de chevkinita com tório.
TOROGUMITA Silicato básico de tório – $Th(SiO_4)_{1-x}(OH)_{4x}$ –, com U (até 31%), Pb e TR, produto de alteração da torita. É tetrag., de cor variável, fluorescente, em agregados finamente granulados, não metamicto. Sin. de *mackintoshita, maitlandita, nicolayita*. De *tório + gumita*.
torortita Var. de ortita com até 5,6% ThO_2. Não confundir com *torutita*.
torra (gar., BA e GO) Carbonado de qualidade inferior. Sin. de *melê*.
TORREYITA Sulfato básico hidratado de magnésio e zinco com manganês – $(Mg,Mn)_9Zn_4(SO_4)_2(OH)_{22}.8H_2O$ –, monocl., antes tido por var. de mooreíta ("deltamooreíta"). Descoberto em Sussex, New Jersey (EUA), e assim chamado em homenagem a John *Torrey*, naturalista norte-americano.
TORUTITA Óxido de tório e titânio com urânio e cálcio – $(Th,U,Ca)Ti_2(O,OH)_6$ –, monocl., que forma prismas de até 2 cm, pretos com traço marrom-claro, br. resinoso, transl., com frat. conchoidal. Ocorre em veios de sienito e forma série isomórfica com a brannerita. De *tório + urânio + titânio + ita*. Sin. de *smirnovita*. Não confundir com *torortita*.
TOSCANITA Mineral de fórmula química $(K,Sr,H_2O)_2(Ca,Na)_6(Si,Al)_{10}O_{22}[SO_4,CO_3,(O_4H_4)]$, monocl., dimorfo da latiumita, à qual se assemelha. Forma cristais de até 1 cm, em blocos de calcário metamórfico de um depósito vulcânico da *Toscânia* (daí seu nome), na Itália. É incolor, tem boa clivagem (100) e D. 2,13.
TOSUDITA Mineral argiloso azul-escuro formado por interestratificação regular de clorita e esmectita em partes iguais, dioctaédrica em média. Descoberto na península da Crimeia (Ucrânia) e assim chamado em homenagem ao professor japonês *To*shio *Sudo*.
TOUNKITA Silicato de fórmula química $(Na,Ca,K)_8(Al_6Si_6O_{24})(SO_4)_2Cl.H_2O$, hexag., do grupo da cancrinita, descoberto em jazidas de lápis-lazúli do vale *Tounka* (daí seu nome), na região de Baikal (Rússia).
TOYOHAÍTA Sulfeto de prata, ferro e estanho – $AgFeSn_3S_8$ –, tetrag., desco-

berto na mina *Toyoha* (daí seu nome), em Hokkaido (Japão). Cf. *rodostanita*.
TRABZONITA Silicato hidratado de cálcio – $Ca_4Si_3O_{10}.2H_2O$ –, monocl., descoberto perto de *Trabzon* (daí seu nome), na Turquia.
traço Cor de um mineral quando pulverizado. Costuma ser constante para cada espécie, sendo, por isso, útil na sua identificação. Na prática, o traço é determinado riscando-se com o mineral uma placa de porcelana branca não esmaltada. O traço de um mineral pode ou não ser igual à sua cor e, na maioria dos minerais-gema, é branco. Sin. de *risco*.
trainita Sin. de *sabalita*.
trançado (gar., RS) Na região de Ametista do Sul, geodo totalmente preenchido por cristal de rocha.
TRANQUILIDITA Silicato de ferro, zircônio e titânio com ítrio – $Fe_8(Zr,Y)_2Ti_3Si_3O_{24}$ –, descoberto em r. basálticas trazidas da Lua pelas missões Apolo XI e Apolo XII. Forma cristais hexag., micrométricos, quase opacos. De Mar da *Tranquilidade*, local da Lua de onde vieram as amostras colhidas pela Apolo XI.
translúcido Diz-se do corpo que transmite a luz de modo tal que os objetos vistos através dele se mostram com contornos difusos. Cf. *opaco*, *transparente*.
transparente Diz-se do corpo que deixa passar a luz com um mínimo de distorção e através do qual pode-se ver com nitidez. Antôn. de *opaco*. Cf. *translúcido*.
trapezoedro Forma cristalina composta de 6, 8, 12 ou 24 faces em forma de trapezoides.
traquiaugita Piroxênio sódico acicular que ocorre na Coreia e nas ilhas do mar do Japão. Do gr. *trakhys* (áspero) + *augita*.
TRASKITA Silicato hidratado de bário, ferro e titânio – $Ba_9Fe_2Ti_2(SiO_3)_{12}(OH,Cl,F)_6.6H_2O$ –, hexag., cristalizado em grãos vermelho-amarronzados submilimétricos. Provavelmente o mais raro dos sete minerais de bário descobertos em r. metamórficas de Fresno, Califórnia (EUA). Homenagem a John B. *Trask*, geólogo norte-americano.
tratamento térmico Designação comum aos processos utilizados para melhorar ou mudar a cor de certos minerais-gema mediante emprego de calor. A cor obtida pode surgir só na superfície do mineral ou em todo ele e costuma ser estável, ao contrário daquela obtida com bombardeio. Há, porém, o inconveniente do possível aparecimento de frat. O tratamento térmico não constitui fraude, desde que a gema a ele submetida seja vendida sob seu verdadeiro nome. A temperatura deve ser bem controlada, e atualmente já são usados fornos controlados por computador.
traulita V. *hisingerita*. Talvez de *traulito* (em Portugal, cacete, pau).
traversita Nome de um produto de alteração da iddingsita.
travertino Calcário denso, leitoso, poroso, mas resistente, fibroso ou concrecionário, de cor branca, creme ou marrom. Pode mostrar cor distribuída em faixas paralelas e ser passível de bom polimento, sendo então chamado de mármore-ônix. Forma-se por precipitação de carbonato de cálcio em fontes ou perto delas. Nome derivado de *Tivertino*, antiga denominação de Tivoli, cidade perto de Roma (Itália), onde ocorre em grande quantidade. Cf. *ônix-ouro*. ☐
travertino da bahia Nome coml. pelo qual é também conhecido o calcário bege bahia.
travessão (gar., MT) Zona muito fraturada que corta um rio e onde podem se concentrar diamantes.
treanorita V. *allanita*.
TREASURITA Sulfeto de prata, chumbo e bismuto – $Ag_7Pb_6Bi_{15}S_{32}$ –, com 12,7% Ag. Opticamente é indistinguível da vikingita, da esquimoíta e da ourayita. Descoberto em uma única amostra procedente da mina *Treasury* (de onde vem seu nome), Colorado (EUA), onde aparece na forma de agregados cristalinos de 1,5 x 1,0 mm. Cf. *vikingita*.

TRECHMANNITA Sulfoarseneto de prata – $AgAsS_2$ –, vermelho, trig., dimorfo da smithita. Descoberto em uma pedreira do Valais (Suíça) e assim chamado em homenagem a Charles O. *Trechmann*, mineralogista inglês.

TREMBATHITA Cloroborato de magnésio com ferro – $(Mg,Fe)_3B_7O_{13}Cl$ –, trig., dimorfo da boracita, descoberto em jazidas de potássio de Sussex, New Brunswick (Canadá).

TREMOLITA Silicato básico de cálcio e magnésio – $Ca_2Mg_5Si_8O_{22}(OH)_2$ –, do grupo dos anfibólios monocl. Forma séries isomórficas com a actinolita e a ferroactinolita. Branca, cinza ou amarelada, em cristais laminados longos ou prismáticos curtos; também colunar, fibrosa, compacta ou granular. Dur. 5,5-6,5. D. 2,98-3,01. IR 1,608-1,630. Bir. 0,022-0,028. B(+). Usada como isolante (asbesto anfibólico) e como gema (a var. esverdeada, com *chatoyance*). Outra var., rosa, é a hexagonita. A var. verde ocorre no Canadá e a rosa, nos EUA. Nome derivado de *Tremola* (Suíça), onde foi descoberto.

três por quilate (gar., PI) Diamante com cerca de 30 pontos.

TREVORITA Óxido de níquel e ferro – $NiFe_2O_4$ –, cúb., preto ou marrom-escuro, do grupo dos espinélios. Descoberto no Transvaal (África do Sul) e assim chamado em homenagem ao Major Tudor Gruffydd *Trevor*, inspetor de minas da África do Sul.

triamond (nome coml.) V. *yag*.

TRIANGULITA Fosfato básico hidratado de alumínio e uranila – $Al_3(UO_2)_4(PO_4)_4(OH)_5.5H_2O$ –, tricl., que forma cristais tabulares, triangulares ou romboédricos de até 0,2 mm, amarelo, em pegmatitos. D. 3,7. Descoberto em Kivu (R. D. do Congo).

triboluminescência Luminosidade emitida por um mineral quando atritado ou triturado. É comum nos minerais não metálicos e anidros com clivagem perfeita, como a fluorita. Cf. *radioluminescência, termoluminescência*.

tricalquita V. *tirolita*. Do gr. *tris* (três) + *khalkos* (cobre), por possuir três átomos de Cu na sua fórmula química.

triclínico 1. Sistema cristalino em que os eixos cristalográficos são todos diferentes entre si, o mesmo acontecendo com os ângulos entre eles. 2. Diz-se dos minerais que cristalizam no sistema tricl., como a rodonita, a turquesa e o microclínio, e de seus cristais. Do gr. *tri* (três) + *klino* (inclinação), por possuir três ângulos diferentes.

tricroico Diz-se do mineral que exibe tricroísmo.

tricroísmo Caso particular de *pleocroísmo* com *três* cores diferentes. Aparece em minerais ortor., tricl. e monocl., como a alexandrita. Cf. *dicroísmo*.

TRIDIMITA Sílica – SiO_2 – de alta temperatura, estável entre 870°C-1.470°C. Polimorfo da coesita, da cristobalita, do qz. e da stishovita. A temperaturas maiores, passa a cristobalita; a temperaturas menores, a qz. Monocl., geralmente encontrado como pequenos cristais ou escamas finas, tabulares, brancos ou incolores, de br. vítreo. Dur. 7,0. D. 2,30. Frat. conchoidal e clivagem prismática, transp. a transl. É raro, sendo encontrado em cavidades de r. vulcânicas ác. Também em meteoritos. Usado para obtenção de material refratário. Do gr. *tridymos* (triplo), porque forma maclas de três indivíduos.

trifana Var. gemológica de espodumênio amarela ou incolor. Do gr. *tri* (três) + *phanein* (brilhar). Sin. de *zeólita da suécia, zeólita de sudermânia*.

trifana do brasil Nome coml. do espodumênio transp. e levemente amarelado.

trifilina V. *trifilita*.

TRIFILITA Fosfato de lítio e ferro – $LiFePO_4$ –, com 6%-9% Li. Ortor., verde-cinzento ou cinza-azulado. Raramente em cristais (geralmente subédricos), sendo mais comum maciço e compacto. Tem br. vítreo. Dur. 4,5-5,0. D. 3,40- 3,60. Transp. a transl. Isomorfo da litiofilita. É um mineral raro, usado para extração de lítio. Por alteração hidrotermal, forma whitmoreíta. Do gr. *tri* (três) + *phylo* (família), por conter três cátions. Sin. de *tetrafilina, perovskina, trifilina*.

trígon Figura triangular que aparece nas faces dos octaedros de diamante, formada provavelmente durante o crescimento do cristal.

trigonal 1. Sistema cristalino caracterizado por três eixos cristalográficos de igual comprimento e horizontais, formando ângulos de 120° entre si, e um eixo vertical perpendicular aos demais, diferente deles no comprimento e com simetria ternária. Alguns autores consideram esse sistema uma subdivisão (classe) do sistema hexag. **2.** Diz-se dos minerais que cristalizam no sistema trig., como o qz., o coríndon e as turmalinas, e de seus cristais. Do gr. *tri* (três) + *gania* (ângulo). Sin. de ¹*romboédrico*.

TRIGONITA Arsenato de chumbo e manganês – $Pb_3Mn(AsO_3)_2(AsO_2OH)$ –, monocl., que forma cristais cuneiformes amarelos ou marrons. Descoberto em Langban, Varmland (Suécia). Do gr. *trigonon* (triângulo), pela morfologia dos seus cristais.

tri-hidrocalcita Sin. de *lublinita*. Do gr. *tri* (três) + *hydor* (água) + *calcita*, por corresponder a uma calcita com três moléculas de água.

triliante Designação genérica para lapidações de contorno triangular.

TRIKALSILITA Silicato de potássio e alumínio com sódio – $(K,Na)AlSiO_4$ –, como a kalsilita, diferindo no tamanho do eixo *a* (15 Å). Polimorfo hexag. da caliofilita, da kalsilita e da panunzita, descoberto em Kivu (R. D. do Congo).

triliante Designação genérica para lapidações de contorno triangular.

TRILITIONITA Fluorsilicato de potássio, lítio e alumínio – $KLi_{1,5}Al_{1,5}AlSi_3O_{10}F_2$ –, monocl., do grupo das micas, descoberto em Argemela, Portugal.

TRIMERITA Silicato de cálcio, manganês e berílio – $CaMn_2Be_3(SiO_4)_3$ –, monocl., que cristaliza em prismas pseudo-hexag., vermelho-amarelados, claros. Do gr. *trimeres* (em três partes), por sua tendência de formar grupos de três cristais.

trimétrico Diz-se dos sistemas cristalinos ortor., monocl. e tricl., caracterizados por três dimensões principais e três índices de refração, e de seus cristais. Cf. *monométrico, dimétrico*.

trimontita V. *scheelita*.

TRIMOUNSITA-(Y) Silicato de ítrio e titânio – $Y_2Ti_2SiO_9$ –, monocl., descoberto na jazida de talco de *Trimouns* (daí seu nome), em Ariège (França).

triplet Gema obtida pela união de três peças por meio de cimento colorido ou incolor (bálsamo do canadá). As peças superior e inferior costumam ser legítimas e a do centro, um substituto. Observada à luz UV de 2.500 Å, o cimento colorido mostra-se geralmente com forte fluorescência. Sin. de *pedra tripla*. Cf. *doublet*.

triplet água-marinha Pedra tripla usada como imitação de esmeralda e que consiste em duas partes de água-marinha, entre as quais se cimenta uma camada de um material de cor verde.

tripletina Pedra tripla de cor verde, feita com berilo.

TRIPLITA Fluorfosfato de manganês com ferro – $(Mn,Fe)_2PO_4F$ –, monocl., isomorfo da zwieselita. Tem cor marrom-escura. Descoberto em Haute-Vienne (França). Do lat. *triplus* (triplo), por ter três clivagens. Cf. *metatriplita, magniotriplita*.

TRIPLOIDITA Fosfato básico de manganês – $Mn_2(PO_4)(OH)$ –, monocl., marrom-avermelhado ou amarelado, isomorfo da wolfeíta. Descoberto em Fairfield, Connecticut (EUA). Do gr. *triploos* (triplo) + *eidos* (forma), por se assemelhar à triplita.

trípoli Var. de sílica quase pura, terrosa, muito porosa, leve, friável, de cor branca, cinza, rosa, vermelha ou amarela, produzida por lixiviação ou hidratação de *chert* ou calcário silicoso. É usada como abrasivo para polimento de metais e gemas. De *Tripoli* (Síria). Sin. de *tripolita*.

tripolita Sin. de *trípoli*.

TRIPPKEÍTA Arsenato de cobre – $CuAs_2O_4$ –, tetrag., que ocorre em fibras flexíveis verde-azuladas. Descoberto em Copiapó

(Chile) e assim chamado em homenagem a Paul *Trippke*, mineralogista polonês.

TRIPUÍTA Óxido de ferro e antimônio – $FeSb_2O_6$ –, tetrag., em agregados microcristalinos amarelo-esverdeados ou marrom-escuros. De *Tripuí*, mina próxima a Ouro Preto, MG (Brasil), onde foi descoberto. Sin. de *flajolotita*.

triquito Cavidade tubular extremamente fina, preenchida por líquido, frequentemente com uma ou mais libélulas, encontrada em turmalinas.

TRISTRAMITA Fosfato hidratado de cálcio com urânio – $(Ca,U)(PO_4).2H_2O$ –, do grupo do rabdofano. Forma cristais aciculares a fibrosos, hexag., com até 0,08 mm, intercrescidos com goethita em finas frat. em pechblenda. Amarelo-claro a amarelo-esverdeado, com D. 3,8-4,2. Efervesce sob ação do HCl. Ocorre em minas da Cornualha (Inglaterra) e é assim chamado em alusão a um personagem da mitologia nórdica.

TRITOMITA-(Ce) Mineral raro, de fórmula química $(REE,Ca,Th)_3(Al,Fe)B_2Si_3(O,OH)_{17}$, trig., marrom-escuro, que cristaliza em forma de pirâmides com dur. 5,5 e D. 4,2, em pegmatitos de nefelinassienitos. É sempre metamicto. Do gr. *tri* (três) + *tomos* (corte), porque seus cristais deixam cavidades triedrais na ganga. Cf. *tritomita-(Y)*, *melanocerita-(Ce)*.

TRITOMITA-(Y) Mineral de composição incerta, talvez $(Y,Ca,REE)_3(Al,Fe)B_2Si_3(O,OH)_{18}$, trig., preto ou muito escuro, de br. vítreo. Ocorre em pegmatitos de granitos e de sienitos nefelínicos. Sin. de *spencita*. Cf. *tritomita-(Ce)*.

troca de cor Fenômeno pelo qual uma gema muda de cor dependendo do tipo de luz que sobre ela incide, como a alexandrita. Também coríndon, espinélio e granada podem mostrá-la.

TROEGERITA Arsenato hidratado de uranila – $(UO_2)_3(AsO_4)_2.12H_2O$ –, possivelmente tetrag., amarelo-limão, com forte fluorescência, intensamente radioativo. Muito raro. Homenagem a R. *Troeger*, supervisor de uma mina de Schneeberg (Alemanha).

TROGTALITA Seleneto de cobalto – $CoSe_2$ –, cúb., dimorfo da hastita. Descoberto na pedreira *Trogtal* (daí seu nome), em Harz (Alemanha).

TROILITA Var. de pirrotita – FeS –, hexag., pobre em ferro, presente em quase todos os meteoritos. Homenagem a Domenico *Troili*, mineralogista italiano.

TROLLEÍTA Fosfato de alumínio – $Al_4(OH)_3(PO_4)_3$ –, monocl., descoberto em Skane (Suécia) e assim chamado em homenagem a *Trolle*, químico suíço.

TRONA Carbonato ác. hidratado de sódio – $Na_3H(CO_3)_2.2H_2O$ –, monocl., em camadas fibrosas ou maciço. Cinzento ou amarelado. Ocorre como resíduo salino, solúvel em água fria. Mineral-minério de sódio. Do ár. *natrum* (natrão).

troostita Silicato de zinco com manganês – $(Zn,Mn)_2SiO_4$ –, var. manganesífera de willemita. Forma grandes cristais avermelhados. De *Troost*.

tropical Nome coml. de um mármore verde de Sete Lagoas, MG (Brasil).

TRUSCOTTITA Silicato básico hidratado de cálcio – $Ca_{14}Si_{24}O_{58}(OH)_8.H_2O$ –, trig., que ocorre como escamas brancas, de br. nacarado na clivagem, formando agregados esféricos. Descoberto em Sumatra (Indonésia).

TRÜSTEDTITA Seleneto de níquel – Ni_3Se_4 –, cúb., dimorfo da wilkmanita. É amarelo, geralmente em cristais euédricos. Descoberto em um albita-diabásio, no mesmo jazimento em que foram descobertas a kullerudita, a makinenita, a sederolmita e a wilkmanita, todos selenetos de níquel. Homenagem a O. *Trüstedt*, geólogo finlandês.

TSAREGORODTSEVITA Mineral de fórmula química $N(CH_3)_4[Si_2(Si_{0,5}Al_{0,5})O_6]_2$, ortor., descoberto nos Urais (Rússia).

tsavorita Grossulária vanadífera de cor verde procedente de *Tsavo* (daí seu nome), no Quênia. Ocorre também em minas de tanzanita.

tscheffkinita V. *chevkinita*, forma preferível.

TSCHERMAKITA Aluminossilicato básico de cálcio, magnésio, alumínio e ferro –

[ ]$Ca_2(Mg_3AlFe)(Si_6Al_2)O_{22}(OH)_2$ –, monocl., do grupo dos anfibólios, que forma série isomórfica com a ferrotschermakita.
TSCHERMIGITA Sulfato hidratado de amônio e alumínio – $(NH_4)Al(SO_4)_2.12H_2O$ –, cúb., solúvel em água fria, descoberto em *Tschermig* (daí seu nome), hoje Cermniky (República Checa). Sin. de *alume de amônio*.
tschernichewita Var. de anfibólio sódico-férrico que ocorre em quartzito com magnetita nos Urais (Rússia). Nome a abandonar.
TSCHERNICHITA Aluminossilicato hidratado de cálcio com sódio – $(Ca,Na)(Si_6Al_2)O_{16}.4$-$8H_2O$ –, tetrag., do grupo das zeólitas, descoberto em Colúmbia, Oregon (EUA).
TSCHOERTNERITA Aluminossilicato hidratado de fórmula química $Ca_4(K,Ca,Sr,Ba)_3Cu_3(OH)_8[Al_{12}Si_{12}O_{48}].nH_2O$, onde n = 20, aproximadamente. Cúb., do grupo das zeólitas, descoberto em um vulcão de Eifel, na Alemanha.
TSEPINITA-Ca Silicato básico hidratado de cálcio e titânio com sódio, potássio e nióbio – $(Ca,K,Na,[\ ])_2(Ti,Nb)_2(Si_4O_{12})(OH,O)_2.4H_2O$ –, monocl., do grupo da labuntsovita, descoberto na península de Kola (Rússia). Cf. *tsepinita-K, tsepinita-Na*.
TSEPINITA-K Silicato básico hidratado de potássio e titânio com bário, sódio e nióbio – $(K,Ba,Na)_2(Ti,Nb)_2(Si_4O_{12})(OH,O)_2.3H_2O$ –, monocl., do grupo da labuntsovita, descoberto na península de Kola (Rússia). Cf. *tsepinita-Ca, tsepinita-Na*.
TSEPINITA-Na Silicato básico hidratado de sódio e titânio com potássio, estrôncio, bário e nióbio – $(Na,H_3O,K,Sr,Ba)_2(Ti,Nb)_2(Si_4O_{12})(OH,O)_2.3H_2O$ –, monocl., do grupo da labuntsovita, descoberto na península de Kola (Rússia). Cf. *tsepinita-Ca, tsepinita-K*.
tsilaisita Var. de turmalina muito rica em manganês. De *Tsilaisina* (República Malgaxe), onde ocorre.
TSNIGRIITA Sulfeto de prata, antimônio e telúrio com selênio – $Ag_9SbTe_3(S,Se)_3$ –, monocl., descoberto em uma jazida de ouro e prata do Usbequistão.
TSUGARUÍTA Sulfoarseneto de chumbo – $Pb_4As_2S_7$ –, ortor., descoberto em uma mina da província de Aomori, no Japão.
TSUMCORITA Arsenato hidratado de chumbo e zinco com ferro – $Pb(Zn,Fe)_2(AsO_4)_2(H_2O,OH)_2$ –, monocl., marrom-vermelho de traço amarelo, que forma crostas fibrorradiadas na zona de oxidação da mina Tsumeb (Namíbia). Solúvel em HCl. D. 5,2. Dur. 4,5. O nome é homenagem à *Tsum*eb *Corpo*ration. O grupo da tsumcorita inclui 21 minerais monocl. e tricl. e um ortor.
TSUMEBITA Fosfato-sulfato básico de chumbo e cobre – $Pb_2Cu(PO_4)(SO_4)(OH)$ –, monocl., verde. De *Tsumeb*, mina da Namíbia, onde foi descoberto. Sin. de *preslita*.
TSUMGALLITA Óxido básico de gálio – $GaO(OH)$ –, ortor., do grupo do diásporo, descoberto na mina Tsumeb (Namíbia).
TSUMOÍTA Telureto de bismuto – $BiTe$ –, trig., prateado, de br. metálico, traço cinza-aço, com clivagem basal perfeita. D. 8,16. Forma cristais tabulares e é encontrado em escarnitos da mina *Tsumo* (daí seu nome), em Shimane (Japão).
TUCEKITA Sulfoantimoneto de níquel – $Ni_9Sb_2S_8$ –, tetrag., do grupo da hauchecornita. Descoberto em xistos de Kanowna (Austrália) e em conglomerados auríferos da África do Sul, onde aparece sob forma de grãos microscópicos, opacos, de br. metálico e cor amarelo-clara. Homenagem a Karel *Tucek*, funcionário do Museu Nacional de Praga. (Pronuncia-se "tutchekita".)
tucholita Nome de uma mistura de hidrocarbonetos com uraninita e sulfetos. Forma pequenos nódulos fracamente radioativos. De *t*ório + *u*rânio + *c*arbono + *h*idrogênio + *o*xigênio + gr. *lithos* (pedra).
TUGARINOVITA Óxido de molibdênio – MoO_2 –, monocl., marrom-lilás, que forma cristais prismáticos ou tabulares de 0,5 a 1,5 mm em metassomatitos da Sibéria (Rússia). Dur. 4,6. D. 6,6. Solúvel

apenas em HNO_3 concentrado e em ebulição – mesmo assim, muito lentamente. O nome é homenagem a Aleksei Ivanovich *Tugarinov*, geoquímico soviético.

TUGTUPITA Silicato de fórmula química $Na_4AlBeSi_4O_{12}Cl$, tetrag., vermelho. Dur. 6,0. D. 2,36-2,57. IR 1,496-1,502. Bir. 0,006. U(+). Tem forte fluorescência e mostra-se, às vezes, também fosforescente. É um mineral raro, usado como gema (na forma de cabuchões) e pedra ornamental. De *Tugtup*, Groenlândia (Dinamarca), onde foi descoberto.

TUHUALITA Silicato de sódio e ferro com potássio – $(Na,K)(Fe_2Si_6O_{15})$ –, ortor., descoberto em *Tuhua* (daí seu nome), ilha de Mayor (Nova Zelândia).

TULAMEENITA Composto de platina (76,57%) com ferro e cobre – Pt_2FeCu –, tetrag., que forma série isomórfica com a ferroniquelplatina. Ocorre em grãos irregulares a arredondados, micrométricos, em placeres do rio *Tulameen* (daí seu nome), Colúmbia Britânica (Canadá).

TULIOKITA Carbonato hidratado de bário, sódio e tório – $BaNa_6Th(CO_3)_6 \cdot 6H_2O$ –, trig., descoberto na península de Kola (Rússia).

tumbaga V. *piropo*.

TUMCHAÍTA Silicato hidratado de sódio e zircônio com estanho – $Na_2(Zr,Sn)Si_4O_{11} \cdot 2H_2O$ –, monocl., do grupo da laplandita, descoberto na região de Murmansk, na Rússia.

TUNDRITA-(Ce) Mineral de fórmula química $Na_3(Ce,La)_4(Ti,Nb)_2(SiO_4)_2(CO_3)_3O_4(OH) \cdot 2H_2O$, tricl., antes conhecido por titanorrabdofano. Ocorre em pegmatitos de nefelinassienitos. D. 4,02. Descoberto na península de Kola (Rússia). Cf. *tundrita-(Nd)*.

TUNDRITA-(Nd) Mineral de fórmula química $Na_3(Nd,La)_4(Ti,Nb)_2(SiO_4)_2(CO_3)_3O_4(OH) \cdot 2H_2O$, tricl., com até 45% de metais de TR. Descoberto em Ilimaussaq (Groenlândia). Cf. *tundrita-(Ce)*.

TUNELLITA Borato hidratado de estrôncio – $SrB_6O_{10} \cdot 4H_2O$ –, prismático ou tabular, incolor. Homenagem ao professor de Geologia G. *Tunell*. Cf. *nobleíta*.

tungomelano Var. de psilomelano com tungstênio.

TUNGSTENITA Sulfeto de tungstênio – WS_2 –, hexag. e trig., que ocorre em pequenas folhas ou escamas cinza-chumbo, de dur. 2,0. Descoberto em Salt Lake, Utah (EUA).

TUNGSTIBITA Volframato de antimônio – $Sb_2O_3WO_3$ –, ortor., descoberto na Floresta Negra (Alemanha). Nome derivado de *tungs*tênio (sin. de volfrâmio) + lat. *stibium* (antimônio) + *ita*.

TUNGSTITA Óxido hidratado de tungstênio – $WO_3 \cdot H_2O$ –, ortor., em massas pulverulentas amarelas ou verde-amareladas, que recobrem minerais de tungstênio. Pode formar também pequenos cristais em escamas. Dur. 2,5. Traço amarelo. Raríssimo e sem importância econômica. Sin. de ^{2}*volframina*.

TUNGUSITA Silicato de fórmula química $[Ca_{14}(OH)_8](Si_8O_{20})(Si_8O_{20})_2[Fe_9(OH)_{14}]$, tricl., descoberto no rio *Tunguska* (daí seu nome), na Sibéria (Rússia).

TUNISITA Clorocarbonato de sódio, cálcio e alumínio – $NaCa_2Al_4(CO_3)_4(OH)_8Cl$ –, tetrag., descoberto em Sakiet Sidi Youssef (Tunísia), onde aparece na forma de agregados brancos, finamente granulados, ou em pequenos cristais tabulares, incolores, de dur. 4,5 e D. 2,5. Clivagens basal e prismática muito boas.

tunnerita *Wad* com óxido de zinco adsorvido.

TUPERSSUATSIAÍTA Silicato básico hidratado de sódio e ferro – $NaFe_3Si_8O_{20}(OH)_2 \cdot 4H_2O$ –, monocl., descoberto em Narsaq, Groenlândia (Dinamarca). Cf. *palygorskita*, *yofortierita*.

TURANITA Mineral de composição incerta, talvez vanadato básico de cobre – $Cu_5(VO_4)_2(OH)_4$ –, ortor. (?), em cristais reniformes e concreções esféricas de estrutura radiada, cor verde-oliva, fraca a moderadamente radioativo. Muito raro. Nome derivado de *Turan* (Usbequistão).

turgita Óxido hidratado de ferro – $Fe_2O_3 \cdot nH_2O$ –, equivalente a uma hema-

tita com água adsorvida. Vermelho, fibroso. De *Turginsk*, mina de cobre dos Urais (Rússia). Sin. de *hidro-hematita*.
turingita Var. de chamosita ferrífera, usada para obtenção de ferro. De *Turíngia* (Alemanha), onde foi descoberta.
turmalina Grupo de 14 borossilicatos trig. de fórmula geral $WX_3Y_6(BO_3)_3Si_6O_{18}(O,OH,F)_4$, onde W = Ca, K ou Na; X = Al, Fe, Li, Mg ou Mn; e Y = Al, Cr, Fe ou V. Inclui buerguerita, dravita, cromodravita, elbaíta, feruvita, foitita, liddicoatita, olenita, povondraíta, schorlita e uvita. As turmalinas usadas como gema são, na sua maioria, var. de elbaíta. Formam geralmente cristais colunares alongados verticalmente, quase sempre com faces curvas e estriadas na direção de maior comprimento. Algumas vezes formam prismas de 3, 6 ou 9 faces, ou então massas compactas. As maclas são muito raras, segundo [1011]. A cor é muito variável e, em função dela, as var. de elbaíta recebem alguns nomes específicos: rubelita (rósea ou vermelha), indicolita (azul), acroíta (incolor), verdelita (verde). Um mesmo cristal pode ter uma cor em cada extremidade e ainda uma terceira no centro; ou ter uma cor externamente e outras no seu interior, distribuídas concentricamente. Ao contrário do que ocorre com o topázio e a fenaquita, por ex., as turmalinas têm cores estáveis. A causa da var. de cores não é bem conhecida. Segundo Castañeda et al. (1998), em Araçuaí, MG (Brasil), as cores verde e azul dependem da relação Mn/Fe^{2+}. As turmalinas azuis parecem estar relacionadas também ao teor de Fe^{3+}. A cor escura deve-se ao ferro num estado de valência intermediário. A cor rosa está relacionada ao manganês. A indicolita é bastante rara e a schorlita, a mais comum. As turmalinas são opacas a transp., têm traço branco, br. vítreo e nenhuma clivagem. Dur. 7,0-7,5. D. 3,01-3,15. As vermelhas são as mais leves e as azuis, as mais pesadas. IR 1,616-1,662. Bir. 0,020-0,032. U(–). Às vezes mostram *chatoyance*. Têm forte dicroísmo, superior ao de qualquer outra gema, mas que enfraquece, se a gema recebe tratamento térmico. A disp. é fraca: 0,017. Possuem piroeletricidade e piezoeletricidade. A rubelita costuma ter muitas frat. internas, aproximadamente paralelas ao maior comprimento do cristal, preenchidas por gás, dando reflexões especulares. A verdelita raramente contém essas frat., mostrando, porém, muitas inclusões de líquido e gás de formato alongado e irregular. As turmalinas ocorrem em r. ígneas ác., pegmatitos graníticos, gnaisses e ardósias. Aparecem muitas vezes como inclusões centimétricas no qz. Confusões possíveis. Em razão da grande var. de cores que apresentam, as turmalinas podem ser confundidas com muitas gemas, como esmeralda, demantoide, andaluzita, ametista, crisoberilo e citrino. Usos. As turmalinas têm largo emprego como gema, preferindo-se, para tal fim, as transp. e de cor amarelo-esverdeada, amarelo-mel, azul-escura, vermelha, verde-escura e rosa. Empregam-se também em aparelhos de rádio e em instrumentos ópticos. Por razões comerciais (suprimento irregular), o caráter piezoelétrico das turmalinas é pouco aproveitado. Lapid. As turmalinas claras devem ser lapidadas de modo a ter a mesa perpendicular ao eixo óptico. Nas escuras, a mesa deve ser paralela àquele eixo. São lapidadas com formato retangular, oval, retangular com cantos cortados, quadrado, baguete e raramente em brilhante. Principais produtores. As turmalinas são produzidas principalmente na Namíbia, no Brasil e nos EUA, vindo em seguida Rússia, Mianmar (ex-Birmânia), Sri Lanka (turmalina amarela), Índia e Madagascar. No Brasil, destaca-se o Estado de Minas Gerais, cuja zona produtora é limitada pelo rio Jequitinhonha ao norte, Araçuaí a oeste, Mucuri a sudoeste e pela serra dos Aimorés a leste. Existem turmalinas

também no Ceará, em Goiás e na Bahia. Em 1978, no município de Conselheiro Pena, em Minas Gerais, descobriram-se vários cristais de rubelita gemológica com dezenas de quilogramas. SÍNTESE. As turmalinas não são sintetizadas comercialmente. VALOR COML. Algumas turmalinas situam-se entre os minerais--gema mais valiosos. O valor cresce com a intensidade da cor, mas entre as verdes, as mais claras (mais parecidas com a esmeralda) valem mais. Nas turmalinas bicolores, o valor maior corresponde ao maior contraste de cor. A turmalina paraíba azul-neon varia de US$ 40 a US$ 35.000/ct, para gemas de 0,5 ct a 10 ct. A paraíba verde-neon é bem menos cara: US$ 20 a US$ 16.000/ct, para pedras de 0,5 a 20 ct. A turmalina vermelha varia de US$ 2 a US$ 400/ct, para gemas de 0,5 ct a 20 ct, e a rosa, de US$ 1 a US$ 250. A indicolita custa de US$ 5 a US$ 480/ct. A dravita custa de US$ 4 a US$ 30/ct, para gemas com 1 ct a 5 ct. A schorlita, a mais barata de todas, custa de US$ 0,20 a US$ 1,80/ct, para pedras com até 100 ct. TRATAMENTO. A turmalina verde de cor clara pode ser tratada termicamente para remoção dos tons escuros de marrom. Turmalina verde pode ser obtida por meio de bombardeio, caso em que a gema mostrará muitos reflexos azuis. ETIMOLOGIA. Do cingalês *turmali*, nome dado às gemas provenientes do antigo Ceilão (hoje Sri Lanka). Sin. de *rubi dos urais*. ◻

turmalina-africana Nome coml. de uma var. de turmalina verde-amarelada a verde-azulada. Sin. de *turmalina do transvaal*.

turmalina-azul V. *hauynita*.

turmalina bicolor Turmalina que mostra duas diferentes cores, uma em cada extremidade ou uma no centro e outra na periferia. Raramente apresenta transparência perfeita. Seu valor coml. é intermediário entre o da turmalina rosa e o da vermelha: US$ 1 a US$ 280/ct, para gemas de 1 ct a 20 ct.

turmalina comum V. *afrizita*.

turmalina do transvaal Sin. de *turmalina-africana*.

turmalina-melancia Turmalina que mostra seção transversal com cor rosa no centro e verde na periferia.

turmalina olho de gato Turmalina verde ou rosa com *chatoyance*, devido a inclusões fibrosas ou cavidades tubulares.

turmalina paraíba Valiosa var. de elbaíta de cor azul (azul-neon, azul fluorescente ou azul elétrico), verde ou verde-azulada, em virtude do cobre, descoberta em 1989, em São José da Batalha, Salgadinho (PB). Nos anos seguintes, foi encontrada também no Rio Grande do Norte e, mais recentemente, na África (Moçambique e Nigéria). A turmalina paraíba azul--neon de 0,5 ct a 10 ct tem preços que vão de US$ 40 a US$ 35.000/ct. A de cor verde-neon varia de US$ 20 a US$ 16.000/ct, para gemas com 0,5 ct a 20 ct. As demais elbaítas têm preços bem inferiores.

turmalina-preciosa Turmalina aproveitável como gema.

turmalina-sintética Espinélio ou coríndon sintético, geralmente verde, usados como imitação de turmalina.

TURNEAUREÍTA Cloroarsenato de cálcio com fósforo – $Ca_5[(As,P)O_4]_3Cl$ –, hexag., do grupo da apatita, descoberto em Langban, Varmland (Suécia).

turnerita V. *monazita*. Homenagem a *Turner*, mineralogista inglês.

turquenita Howlita tingida de azul para imitar turquesa.

TURQUESA Fosfato básico hidratado de cobre e alumínio – $CuAl_6(PO_4)_4(OH)_8.4H_2O$ –, tricl., isomorfo da calcossiderita. É encontrado geralmente na forma de massas reniformes de cor azul-celeste, verde-azulada ou verde--amarelada. A cor azul é resultante sempre do cobre e a verde, do ferro. A turquesa é semitransp. a opaca, tem br. porcelânico, clivagem [001] boa e [010] regular e frat. conchoidal. Dur. 5,0-6,0. D. 2,60-2,80. É porosa e suja-

-se com facilidade. IR 1,610-1,650. Bir. 0,040. B(+). Mostra fluorescência amarelo-esverdeada e azul-clara, fraca. É encontrada na zona de alteração de r. ígneas aluminosas. Usos. A turquesa é usada em objetos ornamentais e em joias. Imitações. Há várias imitações de turquesa, feitas com materiais diversos. A chamada *turquesa viena*, por ex., é obtida pela compactação, a 100°C, de uma mistura pulverizada de hidróxido de alumínio, ác. fosfórico e malaquita. Outra imitação é feita com fosfato de alumínio e oleato de cobre (para dar cor azul) prensados. Há, ainda, ótimas imitações em vidro, reconhecíveis pelo br. vítreo típico desse material. Confusões possíveis. A turquesa pode ser confundida com variscita, amazonita, crisocola, lazulita, wardita, smithsonita, serpentina, amatrix e jade. Lapid. É lapidada sempre em cabuchão. Na Ásia, é esculpida, como o jade. Lendas. A turquesa era usada pelos egípcios no tratamento da catarata. Acreditava-se, outrora, que protegia contra acidentes e que tinha o poder de acusar a presença de veneno, exsudando abundantemente. Para Aristóteles, era antídoto contra picadas de cobras. Principais produtores. A turquesa é produzida principalmente no Egito e nos EUA, Irã e Turquia, seguindo-se Rússia, Austrália, Afeganistão, Israel, Tanzânia e China. As melhores pedras vêm do Irã, principalmente de Nishâpur, província de Khorassan. No Brasil, há pequena produção na Bahia (Juazeiro). Valor coml. Gemas de 1 ct a 50 ct custam entre US$ 1 e US$ 30/ct. Têm mais valor as var. compactas e de cor azul-celeste. Síntese. A turquesa é sintetizada desde 1972 (produzida por Pierre Gilson). Não é muito fácil diferenciar a sintética da natural. A presença de pontos brancos indica uma origem natural. Tratamento. Vários processos são usados para melhorar a cor, tais como tratamento por imersão em parafina azul ou glicerina, pintura com tintas adequadas ou tratamento térmico. Esses processos nem sempre são eficazes ou de efeito duradouro. Banhos de azeite ou parafina servem também para aumentar sua resistência a fraturamentos. Cuidados. Além de sujar com facilidade e estar sujeita a alterações de cor por ação da luz solar, suor, cosméticos e desidratação, a turquesa é também um mineral fácil de se quebrar. Requer, por isso, cuidados especiais, recomendando-se, por ex., retirar anéis feitos com essa gema ao lavar as mãos. Aquecida a 250°C, sua cor perde a beleza, o que exige cuidados no polimento. Etimologia. De *turquesa* (sin. de *turca*), porque as primeiras pedras chegadas à Europa vieram através da Turquia. Sin. de *calaíta*, *johnita*. Cf. *variscita*. O grupo da turquesa compreende outros quatro fosfatos tricl.: aheylita, calcossiderita, faustita e planerita.

turquesa-alexandrina Nome coml. da turquesa egípcia.
turquesa-branca (N. com.) Howlita.
turquesa buffalo branca (N. com.) Howlita.
turquesa-branca (Nome coml.) V. *howlita*.
turquesa búfalo branca (Nome coml.) V. *howlita*.
turquesa california V. *variscita*.
turquesa casca de ovo Turquesa com um padrão de riscos fino e irregular, parecendo fêmea em uma casca de ovo.
turquesa de osso V. *odontólito*.
turquesa-fóssil V. *odontólito*.
turquesa-marfim V. *odontólito*.
turquesa nevada V. *variscita*.
turquesa-ocidental V. *odontólito*.
turquesa-oriental Turquesa verdadeira.
turquesa-persa (N. com.) V. *turquesa sleeping beauty*.
turquesa-peruana Nome coml. da crisocola usada como gema.
turquesa reconstituída Material obtido com turquesa em pó ou pequenos fragmentos, aos quais se adiciona cola, sendo a mistura então prensada e aquecida a 100°C, adquirindo consistência suficiente para ser lapidada. A turquesa reconstituída é muito difícil de ser

turquesa-sagrada Var. de smithsonita azul-clara.

turquesa simulada Nome coml. de uma imitação de turquesa.

turquesa-sintética Nome dado a várias imitações de turquesa amorfas.

turquesa sleeping beauty Turquesa de alta qualidade, sem veios e com bela cor, que ocorre em rochas graníticas da montanha Sleeping Beauty, em Globe, Arizona (EUA). Também chamada de turquesa-persa.

turquesa utah V. *variscita*.

turquesa viena Imitação de turquesa obtida pela compactação, a 100°C, de uma mistura pulverizada de hidróxido de alumínio, ác. fosfórico e malaquita. Tem dur. e peso específico iguais aos da turquesa e composição semelhante, mas não decrepita ao maçarico.

TURQUESTANITA Silicato de fórmula química $Th(Ca,Na)_2(K_{1-x}[\ ]_x)Si_8O_{20}.nH_2O$, tetrag., do grupo da steacyíta, descoberto no Tajiquistão.

turquita Nome coml. de uma imitação de turquesa.

TURTMANNITA Mineral de fórmula química $(Mn,Mg)_{22,5}(Mg_{3-3x}[(V,As)O_4]_3[SiO_4]_3[AsO_3]_xO_{5-5x}(OH)_{20+x}$, trig., descoberto no vale *Turtmann* (daí seu nome), no Valais (Suíça).

TUSIONITA Borato de manganês e estanho – $MnSn(BO_3)_2$ –, trig., descoberto em cavidades miarolíticas de um pegmatito granítico do rio *Tusion* (daí seu nome), no Tajiquistão. É marrom-amarelo a incolor, de br. vítreo, clivagem basal perfeita e forma intercrescimentos lamelares de até 1,5 cm com tetrawickmanita ou pequenos cristais tabulares. D. 4,8. Cf. *nordenskioeldina*.

tuxtlita Var. gemológica de jadeíta com magnésio e cálcio – $NaCaMgAlSi_4O_{12}$ –, de cor verde-ervilha. De *Tuxtla* (México), onde ocorre. Sin. de *diopsídio-jadeíta*, ¹*jade-mexicano*.

TUZLAÍTA Borato básico hidratado de sódio e cálcio – $NaCaB_5O_8(OH)_2.3H_2O$ –, monocl., descoberto na mina de sal de *Tuzla* (daí seu nome), na cidade de mesmo nome, na Bósnia-Herzegovina.

TVALCHRELIDZEÍTA Sulfoarseneto de mercúrio com antimônio – $Hg_3(As,Sb)_2S_3$ –, tricl., encontrado como agregados granulares, de cor cinza-chumbo, traço quase preto e br. adamantino, com uma clivagem perfeita. Dur. inferior a 3,0. D. 7,38. Homenagem a A. A. *Tvalchrelidze*, fundador da Escola de Mineralogia e Petrografia da Geórgia (Rússia).

TVEDALITA Silicato básico hidratado de cálcio e berílio com manganês – $(Ca,Mn)_4Be_3Si_6O_{17}(OH)_{34}.3H_2O$ –, ortor., talvez do grupo das zeólitas. Descoberto em uma pedreira de *Tvedalen* (daí seu nome), em Vestfold, na Noruega.

TVEITITA-(Y) Fluoreto de cálcio e ítrio – $Ca_{14}Y_5F_{43}$ –, trig., descoberto em um pegmatito de Telemark (Noruega), onde aparece com cor amarelo-clara, br. graxo e fluorescente. Forma maclas polissintéticas complexas. Homenagem a John *Tveit*, seu descobridor.

TWEDDILLITA Silicato de fórmula química $CaSr(Mn,Fe)_2Al[Si_3O_{12}](OH)$, monocl., do grupo do epídoto, descoberto em uma mina do Kalahari (África do Sul) e assim chamado em homenagem a Samuel *Tweddill*, primeiro curador do museu pertencente ao Serviço Geológico da África do Sul.

TWINNITA Sulfoantimoneto de chumbo com arsênio – $Pb(Sb,As)_2S_4$ –, tricl., pseudo-ortor., dimorfo da guettardita. Assim chamado em homenagem a Robert M. Thompson, mineralogista canadense. (*Thompson* significa *filho de Thomas*, e *Thomas*, em aramaico, significa *gêmeo*, ou *twin*, em inglês.)

TYCHITA Carbonato-sulfato de sódio e magnésio – $Na_6Mg_2(CO_3)_4(SO_4)$ –, cúb., muito raro, isomorfo da ferrotychita. Forma octaedros de dur. 3,5 e D. 2,5, em Searles Lake, San Bernardino, Califórnia (EUA), com northupita. Muito raro.

TYRETSKITA Hidroxiborato hidratado de cálcio com estrôncio – $(Ca,Sr)_2(B_5O_9)(OH).H_2O$ –, tricl., descoberto em

Tyret (daí seu nome), estação de Irkutian (Rússia). Cf. *hilgardita*.

tyrita V. *fergusonita-(Y)*.

TYRRELLITA Seleneto de cobre e cobalto – $CuCo_2Se_4$ –, que ocorre em grãos arredondados ou fragmentos de cristais cúb. Tem cor bronzeada e clivagem cúb. Homenagem a Joseph *Tyrrell*, geólogo norte-americano.

tysonita V. *fluorcerita*. Homenagem a S. T. *Tyson*.

TYUYAMUNITA Vanadato hidratado de cálcio e uranila – $Ca(UO_2)_2(VO_4)_2 \cdot 5\text{-}8H_2O$ –, ortor., amarelo ou esverdeado, de br. adamantino, radioativo. Forma incrustações, tendo origem secundária. Facilmente confundido com carnotita. Mineral-minério de urânio. De *Tyuya-Muyun*, Fergana (Turquestão), onde foi descoberto. Sin. de *calciocarnotita*.

Uu

UCHUCCHACUAÍTA Sulfoantimoneto de prata, chumbo e manganês – $AgPb_3MnSb_5S_{12}$ –, ortor., descoberto em *Uchuc-Chacua* (daí seu nome), na província de Catajambo (Peru).

ufertita Sin. de *davidita*, nome preferível. De *urânio* + *ferro* + *titânio* + *ita*.

ugandita Sin. de *bismutotantalita*. Não confundir com *ugrandita*.

ugrandita Nome dado às granadas cálcicas. De *u*varovita + *g*rossulária + *and*radita + *ita*.

UHLIGITA Mineral de composição incerta – talvez óxido de cálcio e titânio com alumínio e zircônio – $Ca_3(Ti,Al,Zr)_9O_{20}$ (?) –, cúb., preto, em octaedros, com br. metálico. Homenagem a *Uhlig*, chefe da expedição que o descobriu.

UKLONSKOVITA Fluorsulfato hidratado de sódio e magnésio – $NaMgSO_4F.2H_2O$ –, monocl., em prismas achatados de até 2 mm de comprimento, incolores e de br. vítreo. Ocorre em cavidades de r. argilosas em Kara-Kalpakii (Usbequistão). Homenagem a A. S. *Uklonskii*, mineralogista soviético.

ULEXITA Borato básico hidratado de sódio e cálcio – $NaCaB_5O_6(OH)_6.5H_2O$ –, branco, tricl., solúvel em água quente, que forma cristais aciculares extremamente finos ou massas reniformes, transl. Dur. 1,0. D. 1,60. Geralmente associado com bórax na forma de crostas, em regiões áridas. Mineral-minério de boro. Homenagem a George L. *Ulex*, seu descobridor. Sin. de *boronatrocalcita*, *natroborocalcita*, *pedra tv*, *stiberita*, *rafita*.

ULLMANNITA Sulfoantimoneto de níquel – NiSbS –, tricl., pseudocúb., do grupo da cobaltita. Forma série isomórfica com a willyamita. Geralmente maciço ou granular, às vezes em piritoedros ou tetraedros de cor cinza ou preta, com dur. 5,0-5,5 e D. 6,2-6,7. Mineral-minério de níquel (27,8% Ni). Homenagem a J. C. *Ullmann*, químico e mineralogista alemão.

ULRICHITA Fosfato hidratado de cálcio, cobre e uranila – $CaCu(UO_2)(PO_4)_2.4H_2O$ –, monocl., descoberto em uma pedreira de Vitória (Austrália).

ultrabasita Mineral de fórmula química $(PbS)_{28}(Ag_2S)_{11}(GeS_2)_3(Sb_2S_3)_2$, que forma cristais colunares, milimétricos, com estrias (pouco nítidas), pretos ou cinzentos, tetrag. Assim chamado pela predominância de elementos básicos – Pb e Ag – sobre os ácidos – Sb e Ge (Vlasov, 1966).

Ultra Loom Nome coml. (marca registrada) de uma lâmpada fluorescente usada para realçar a cor de gemas vermelhas, azuis e verdes.

ulvita Sin. de *ulvoespinélio*.

ULVOESPINÉLIO Óxido de titânio e ferro – $TiFe_2TiO_4$ –, cúb., do grupo do espinélio. Ocorre geralmente em finas lamelas de exsolução, intercrescido com magnetita. Sin. de *ulvita*. De *Ulvoe* (ilha da Suécia onde foi descoberto) + *espinélio*.

UMANGUITA Seleneto de cobre – Cu_3Se_2 –, tetrag., que forma agregados maciços ou finamente granulados, vermelho-cereja, de br. metálico. De Sierra de *Umango* (Argentina), onde foi descoberto.

UMBITA Zirconossilicato de potássio – $K_2ZrSi_3O_9.H_2O$ –, ortor, dimorfo da kostylevita, com a qual ocorre no maciço de Khibina (Rússia). Forma cristais laminados, incolores ou amarelados, de br. vítreo, com dur. em torno de 4,5 e clivagem (010) micácea. É facilmente decomposto por HCl 10% a frio, deixando um esqueleto de sílica. D. 2,79. Nome derivado de *Umba*, lago situado a 20 km de onde foi descoberto. Cf. *paraumbita*.

UMBOZERITA Silicato de fórmula química $Na_3Sr_4(Mn,Fe)ThSi_8O_{24}(OH)$, amorfo, verde-garrafa ou marrom-esverdeado,

mosqueado, transl., com br. vítreo e frat. conchoidal. De *Umbozero*, península de Kola (Rússia), onde foi descoberto.
ume V. *alume*.
UMOHOÍTA Molibdato hidratado de uranila – $[(UO_2)MoO_4(H_2O)](H_2O)$ –, com 47,4% U. Tricl., secundário, preto. É raro e foi descoberto em uma mina de Piute, Utah (EUA). De *u*rânio + *mo*libdênio + *h*idrogênio + *o*xigênio + *ita*.
unakita R. granítica com epídoto, muito dura e compacta, de D. 2,85-3,20, que ocorre na Califórnia (EUA). É usada como gema e em objetos decorativos.
UNGARETTIITA Silicato de sódio e manganês – $Na_3Mn_5Si_8O_{22}O_2$ –, monocl., do grupo dos anfibólios, descoberto em uma mina abandonada de Nova Gales do Sul (Austrália).
UNGEMACHITA Sulfato-nitrato hidratado de potássio, sódio e ferro – $K_3Na_8Fe(SO_4)_6(NO_3)_2.6H_2O$ –, trig., que forma cristais incolores ou amarelos, tabulares, espessos. Homenagem a Henri-Léon *Ungemach*, cristalógrafo belga. Cf. *clinoungemachita*.
ungvarita Var. de nontronita de *Ungvar* (Hungria).
uniaxial Diz-se do mineral birrefringente com apenas um eixo óptico. São uniaxiais os minerais dos sistemas tetrag., hexag. e trig.
UPALITA Fosfato hidratado de alumínio e uranila – $Al(UO_2)_3O(OH)(PO_4)_2.7H_2O$ –, monocl., amarelo-âmbar, transp., que forma cristais aciculares de até 0,33 mm em pegmatitos de Kobobo, Kivu (R. D. do Congo). D. 3,5. Nome derivado da composição: $U + P + Al + ita$.
uraconita Nome aplicado a vários sulfetos de urânio.
URALBORITA Borato básico de cálcio – $Ca B_2O_2(OH)$ –, monocl., dimorfo da vimsita, descoberto no Transbaikal (Rússia).
uralita Var. de actinolita formada por pseudomorfose sobre piroxênio. Verde, geralmente fibrosa ou acicular. De *Urais* (Rússia), onde foi descoberta.
URALOLITA Fosfato básico hidratado de cálcio e berílio – $Ca_2Be_4(PO_4)_3(OH)_3.$

$5H_2O$ –, monocl., encontrado na forma de concreções fibrorradiadas de 2 a 3 mm ou lamelar; incolor a branco, br. sedoso ou vítreo. D. 2,05-2,14. De *Ural* (Rússia), onde ocorre em r. cauliníticas.
uralortita V. *allanita*. De *Ural* (Rússia) + *ortita*.
URANCALCARITA Carbonato básico hidratado de cálcio e uranila – $Ca(UO_2)_3 CO_3(OH)_6.3H_2O$ –, ortor., descoberto em Shinkolobwe (R. D. do Congo), onde aparece na forma de cristais aciculares amarelos, reunidos em agregados radiais de 4 mm. Dur. 2-3. D. 4,0-4,1. Sem clivagem. Nome derivado da composição: *uran*ila + *cál*cio + *car*bonato + *ita*.
URANFITA Fosfato hidratado de amônio e uranila – $NH_4UO_2(PO_4).3H_2O$ –, ortor. (?), em lascas verde-garrafa a verde-claras. Fluorescência média a fraca. Descoberto em Issik-Kul (Quirguistão). De *u*rânio + *f*osfato + *ita*.
URANINITA Óxido de urânio – UO_2 –, cúb., preto, marrom-aveludado, cinza-aço ou verde-escuro, opaco, de dur. 5,5 e D. 9,0-9,7. Forma cubos ou octaedros com br. de piche e forte radioatividade. Pode conter tório, rádio, cério e metais do grupo do ítrio. Forma série isomórfica com a torianita. Ocorre em veios de chumbo, estanho e cobre, em arenitos, granitos e pegmatitos. Importantíssimo mineral-minério de rádio e o principal de urânio, sendo, ainda, fonte de ítrio. De *urânio*. Sin. de [1]*coracita*, [2]*uranita*. Cf. *pechblenda*.
uraniobita V. *samarskita*.
uranita 1. Denominação antiga da autunita. 2. Sin. de *uraninita*. 3. Denominação antiga do urânio. 4. Termo geral para os fosfatos e arsenatos de urânio do tipo autunita e torbernita.
uranocalcita Nome de um silicato de cálcio e urânio.
URANOCIRCITA Fosfato hidratado de bário e uranila – $Ba(UO_2)(PO_4)_2.8H_2O$ –, do grupo da autunita. Verde-amarelado, fortemente fluorescente em cristais semelhantes aos da autunita. Dur. 2,0. D. 3,5. É fonte de urânio. De *urânio* + gr.

kirkos (falcão), por ocorrer em Falkstein (Alemanha), do al. *Falk* (falcão) + *Stein* (pedra).

uranocre Nome que designa principalmente os sulfatos de urânio e alguns óxidos desse elemento. De *urânio* + gr. *okhros* (amarelado).

URANOFÂNIO Silicato hidratado de cálcio e uranila – $Ca(UO_2)_2[SiO_3(OH)]_2 \cdot 5H_2O$ –, monocl., amarelo-alaranjado, amarelo-palha ou amarelo-limão, em cristais prismáticos, reunidos em agregados radiais, ou maciço e fibroso. Dur. 2-3. D. 3,81-3,90. Dimorfo do β-uranofânio. Fortemente radioativo e muito fluorescente. É encontrado geralmente em granitos e foi, outrora, utilizado para extração de urânio. De *urânio* + gr. *phaino* (aparecer, brilhar). Sin. de *uranotilo, lambertita*.

uranolepidita Sin. de *vandenbrandeíta*. De *urânio* + gr. *lepidos* (escama).

URANOMICROLITA Tantalato básico de urânio e cálcio – $U_{0,5}Ca_{0,5}Ta_2O_6(OH)$ –, cúb., do grupo do pirocloro, descoberto em Brejaúbas, MG (Brasil). Sin. de *djalmaíta*.

URANOPILITA Sulfato básico hidratado de uranila – $(UO_2)_6(SO_4)(OH)_{10} \cdot 12H_2O$ –, monocl., o mais comum dos sulfatos de urânio. Tem cor amarela, br. vítreo ou sedoso e forte fluorescência. De *urânio* + gr. *pylos* (pelo), por sua composição e estrutura. Ou de *urânio* + ²*pilita*.

URANOPIROCLORO Óxido de cálcio, urânio e nióbio – $Ca_{0,5}U_{0,5}Nb_2O_6(OH)$ –, cúb., do grupo do pirocloro, descoberto em Marion, Carolina do Norte (EUA). Sin. de *ellsworthita, hatchettolita*.

URANOPOLICRÁSIO Óxido de urânio e titânio com ítrio e nióbio – $(U,Y)(Ti,Nb)_2O_6$ –, ortor., descoberto em pegmatitos da ilha de Elba (Itália). Cf. *policrásio-(Y)*.

URANOSFERITA Hidróxido de bismuto e uranila – $BiO(UO_2)(OH)_3$ –, ortor., descoberto na Saxônia (Alemanha), onde ocorre em agregados esféricos de cor vermelha. Assim chamado em alusão à composição e ao hábito.

URANOSPATITA Fosfato hidratado de alumínio e uranila – $HAl(UO_2)_4(PO_4)_4 \cdot 40H_2O$ –, tetrag., em finas placas retangulares de dur. 2-3 e D. 3,45, amarelas ou verde-claras, com uma clivagem perfeita e forte fluorescência.

URANOSPINITA Arsenato hidratado de cálcio e uranila – $Ca(UO_2)_2(AsO_4)_2 \cdot 10H_2O$ –, tetrag., do grupo da autunita. Verde ou amarelo, fortemente fluorescente. Muito raro, foi descoberto perto de Schneeberg, Saxônia (Alemanha). De *urânio* + gr. *spinos*, por sua composição e cor. Cf. *metauranospinita*.

URANOSSILITA Silicato de urânio – USi_7O_{17} –, ortor., que forma cristais aciculares branco-amarelados, de br. vítreo, sem clivagem visível, com dur. não determinada e D. 3,2. Descoberto na Floresta Negra (Alemanha). De *urânio* + *silicato*.

uranotalita Sin. de *liebigita*. Cf. *uranotantalita*.

uranotantalita V. *samarskita*. Cf. *uranotalita*.

uranotilo V. *uranofânio*. De *urânio* + gr. *tylos* (fibra).

uranotorianita Var. de torianita com urânio. Membro intermediário da série uraninita-torianita.

uranotorita Var. de torita com urânio.

URANOTUNGSTITA Volframato básico hidratado de ferro e uranila com bário e chumbo – $(Fe,Ba,Pb)(UO_2)_2(WO_4)(OH)_4 \cdot 12H_2O$ –, ortor., descoberto em uma mina da Alemanha.

urbaíta V. *vrbaíta*, grafia correta.

urbanita Silicato de sódio, ferro e cálcio com magnésio – $Na_2Fe_4(Ca,Mg)(SiO_2)_4$ –, do grupo dos clinopiroxênios. Sin. de *lindesita*.

urdita V. *monazita*. Do gr. *urdite*.

UREIA Ureia – $CO(NH_2)_2$ –, descoberta em uma caverna de Toppin Hill (Austrália), onde aparece como cristais tetrag. alongados, piramidais, com 3 mm, de cor amarelo-clara e marrom-clara. Tem um grau de pureza de 96%. D. 1,33. A ureia é obtida sinteticamente para uso em Medicina, Bioquímica, fabricação de

explosivos, plásticos e fertilizantes. É um dos produtos finais do metabolismo do nitrogênio no organismo dos mamíferos, sendo excretada com a urina. Presente também no sangue, em plantas e cogumelos. Do fr. *ureé* (urina).
ureilito Meteorito acondrítico composto basicamente de olivina e clinobronzita, com ferroníquel, troilita, diamante e grafita. É o único acondrito com considerável quantidade de ferroníquel.
ureyita V. *cosmocloro*. Homenagem a Harold Clayton *Urey*, químico norte-americano.
urgita Óxido hidratado de urânio – $UO_3.nH_2O$.
URICITA 2,6,8-tri-idroxipurina – $C_5H_4N_4O_3$ –, monocl., descoberto na caverna Dingo Donga (Austrália). É incolor a branco-amarelado, transp., de D. 1,85 e dur. 1,0-2,0.
ursilita Silicato hidratado de uranila e cálcio com magnésio – $(Ca,Mg)_2(UO_2)_2Si_2O_{14}.9-10H_2O$ –, amarelo-limão, com fluorescência média a fraca. De *urânio* + *sil*icato + *ita*.
urubu (gar., GO) Pequena mancha preta causada pela cristalização imperfeita do diamante. Sin. de *carvão*.
URUSOVITA Aluminoarsenato de cobre – $Cu[AlAsO_5]$ –, monocl., descoberto na península de Kamchatka (Rússia) e assim chamado em homenagem a Vadim *Urusov*, professor russo.
URVANTSEVITA Plumbobismuteto de paládio – $Pd(Bi,Pb)_2$ –, tetrag., de baixa dur., com uma clivagem perfeita, branco-acinzentado em luz refletida. Descoberto como intercrescimentos polimineráticos na mina Mayak, em Talnakh (Rússia). Homenagem ao professor soviético Nikolay N. *Urvantsev*.
urvolgita Sin. de *devillina*.
usbequita Vanadato hidratado de cobre – $Cu_3(VO_4)_2.3H_2O$. Pode ter bário e cálcio. Contém 19,6% U_2O_6. Forma finas agulhas verdes ou amarelas, reunidas em crostas. Uma das principais fontes de vanádio. Nome derivado de *Usbequistão*. Cf. *betausbequita*.

USHKOVITA Fosfato básico hidratado de magnésio e ferro – $MgFe_2(PO_4)_2(OH)_2.8H_2O$ –, tricl., do grupo da paravauxita. Forma cristais prismáticos curtos de até 2 mm, amarelo-claros a amarelo-alaranjados e marrom-claros, de br. vítreo, nacarado na clivagem [perfeita segundo (010)] e graxo na frat. D. 2,4. Dur. 3,5. É frágil e solúvel em ác. Homenagem ao naturalista soviético S. I. *Ushkov*.
USOVITA Fluoreto de bário, cálcio, magnésio e alumínio – $Ba_2CaMgAl_2F_{14}$ –, monocl., descoberto na Sibéria (Rússia).
USSINGITA Silicato básico de sódio e alumínio – $Na_2AlSi_3O_8(OH)$ –, tricl., violeta-avermelhado, semelhante às zeólitas. Descoberto no complexo de Ilimaussaq, na Groenlândia (Dinamarca), e assim chamado em homenagem a Niels V. *Ussing*, mineralogista dinamarquês.
USTARASITA Sulfeto de chumbo e bismuto com antimônio – $Pb(Bi,Sb)_6S_{10}$ –, em prismas de cor cinza, metálicos, com uma clivagem perfeita. Dur. 2,5. De *Ustarasay*, Ten-Shan, Sibéria (Usbequistão).
UTAHITA Telurato básico hidratado de cobre e zinco – $Cu_5Zn_3(TeO_4)_4(OH)_8.7H_2O$ –, tricl., descoberto no Estado de *Utah* (daí seu nome), nos EUA. É azul-claro a azul-esverdeado, transl., friável, prismático, de br. adamantino. Dur. 4,0-5,0. Extremamente raro. Não confundir com *utahlita*.
utahlita Var. de variscita em massas nodulares compactas que ocorre em *Utah* (daí seu nome), nos EUA. Não confundir com *utahita*.
UVANITA Vanadato hidratado de urânio – $U_2V_6O_{21}.15H_2O$ (?) –, possivelmente ortor., amarelo-amarronzado, semelhante à carnotita. Fortemente radioativo. Muito raro, foi descoberto em Emery, Utah (EUA). De *urânio* + *vanádio* + *ita*.
UVAROVITA Silicato de cálcio e cromo – $Ca_3Cr_2(SiO_4)_3$ –, do grupo das granadas. Verde-esmeralda, quase sempre com impurezas. Dur. 7,5. D. 3,41-3,52. IR 1,790-1,810. Não mostra disp. Além

de formar cristais muito pequenos, o que raramente permite seu aproveitamento como gema, é uma granada bastante rara. É encontrada em jazidas de cromo, e os raros depósitos de uvarovita gemológica situam-se na Rússia, Finlândia, Polônia, Índia e Canadá. O nome é homenagem ao conde *Uvarov*.

UVITA Borossilicato de cálcio, magnésio e alumínio – $CaMg_3Al_6(BO_3)_3[Si_6O_{18}][(OH)_3O]$ –, trig., do grupo das turmalinas. Ocorre em pegmatitos e escarnitos. Tem cor marrom-amarelada, marrom, preta ou preto-azulada e é transl. a opaco. D. 3,10-3,20. Dur. 7,5. É piezoelétrico e tem br. vítreo a graxo. Os cristais podem ser estriados. De *Uva*, província do Sri Lanka, onde foi descoberto.

UYTENBOGAARDTITA Sulfeto de prata e ouro – Ag_3AuS_2 –, com 32,6% Au e 56,7% Ag. Tetrag., muito frágil, de D. 8,45. Descoberto em Benkoelen, Sumatra (Indonésia), e assim chamado em homenagem ao professor holandês Wilem *Uytenbogaardt*.

UZONITA Sulfeto de arsênio – As_4S_5 –, monocl., descoberto na península de Kamchatka (Rússia).

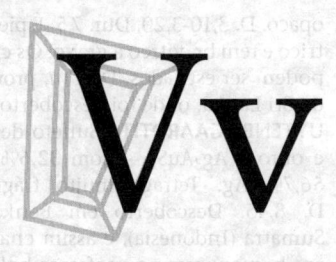

vabanita Jaspe vermelho-marrom manchado de amarelo, encontrado na Califórnia (EUA).

VAESITA Sulfeto de níquel – NiS_2 –, cúb., do grupo da pirita. Forma série isomórfica com a cattierita. Produto de alteração hidrotermal de sulfetos e arsenetos de níquel. Às vezes rico em selênio. Muito raro. Homenagem a Johannes *Vaes*, mineralogista belga.

VAJDAKITA Arsenato hidratado de molibdênio – $(MoO_2)_2(H_2O)_2As_2O_5 \cdot H_2O$ –, monocl., descoberto em uma mina da Boêmia (República Checa).

valencianita Nome de uma adulária encontrada na mina *Valenciana* (daí seu nome), em Guanajuato (México).

VALENTINITA Óxido de antimônio – Sb_2O_3 –, branco, ortor., dimorfo da senarmontita. Produto de alteração de vários minerais de antimônio. É incolor ou de cor marrom-avermelhada, cinza ou amarelada. D. 5,60-5,80, transp., de br. adamantino. Forma cristais prismáticos com disposição radial. Dur. 2,5-3,0. Mineral-minério de antimônio. Homenagem a Basil *Valentine*, alquimista do século XV, que descobriu as propriedades do antimônio.

valleíta Antofilita calcomanganífera.

VALLERIITA Mineral de fórmula química $4(Fe,Cu)S \cdot 3(Mg,Al)(OH)_2$, hexag., semelhante à pirrotita na cor, maciço, de baixa dur. O nome homenageia o mineralogista sueco *Valerius*. Cf. *haapalaíta, tochilinita*.

VANADINITA Clorovanadato de chumbo – $Pb_5(VO_4)_3Cl$ –, com 19,4% V_2O_5 e 78,7% PbO. Costuma conter arsênio ou fósforo. Hexag., frequentemente encontrado em massas globulares na zona de oxidação de minérios de chumbo. Vermelho, amarelo ou marrom, br. adamantino. Dur. 2,8-3,0. D. 6,70-7,10. Sem clivagem, transp. a transl. Mineral-minério de chumbo e um dos mais importantes de vanádio, metal que lhe dá o nome. Sin. de *johnstonita*.

VANADIODRAVITA Borossilicato básico de sódio, magnésio e vanádio – $NaMg_3V_6[Si_6O_{18}][BO_3]_3(OH)_4$ –, trig., do grupo das turmalinas. Descoberto na região do lago Baikal (Rússia). Cf. *dravita*.

vanadioesmeralda Nome coml. do berilo verde, em que a cor se deve ao vanádio, não ao cromo.

vanadiolita Silicovanadato de alumínio, ferro, cálcio e magnésio, com 25% V, em média. De *vanádio* + gr. *lithos* (pedra).

vanadomagnetita V. *coulsonita*.

VANADOMALAYAÍTA Silicato de cálcio e vanádio – $CaVOSiO_4$ –, monocl., do grupo da titanita. Descoberto em uma mina da Ligúria (Itália).

VANALITA Vanadato hidratado de sódio e alumínio – $NaAl_8V_{10}O_{38} \cdot 30H_2O$ –, monocl., em incrustações amarelas. Descoberto em Kara-Tau (Casaquistão). De *vanádio* + gr. *lithos* (pedra).

VANDENBRANDEÍTA Hidróxido de cobre e uranila – $CuUO_2(OH)_4$ –, tricl., verde-escuro (quase preto), com clivagem (001) perfeita, traço verde. Dur. 4,0. D. 4,96. Homenagem a P. *van den Brande*, geólogo belga. Sin. de *uranolepidita*.

VANDENDRIESSCHEÍTA Óxido básico hidratado de chumbo e uranila – $Pb_{1,5}(UO_2)_{10}O_6(OH)_{11} \cdot 11H_2O$ –, que forma pequenos cristais ortor., comumente com formato de barril, alaranjado-âmbar, fortemente radioativos e fluorescentes. Produto de alteração da uraninita. Muito raro.

VANMEERSSCHEÍTA Fosfato básico hidratado de urânio – $U^{6+}(UO_2)_3(PO_4)_2(OH)_6 \cdot 4H_2O$ –, ortor., descoberto em pegmatitos de Kivu (R. D. do Congo), simultaneamente com a metavanmeersscheíta. Forma lâminas alongadas, amarelas, de D. 4,5, com clivagem (010) boa e (100) regular. Forte fluorescência verde em luz UV. Homenagem ao professor Maurice *van Meerssche*.

VANOXITA Óxido hidratado de vanádio – $V_4V_2O_{13}.8H_2O$ (?) –, preto, fracamente radioativo. Descoberto em Montrose, Colorado (EUA). De *vanádio* + *óxido* + *ita*.

VANTASSELITA Fosfato básico hidratado de alumínio – $Al_4(PO_4)_3(OH)_3.9H_2O$ –, ortor., descoberto na Bélgica.

VANTHOFFITA Sulfato de sódio e magnésio – Na_6MgSO_4 –, monocl., incolor. Descoberto na mina de potássio de Wilhelmshall, em Halberstadt (Alemanha), e assim chamado em homenagem a Jacobus H. *Van't Hoff*, físico-químico alemão.

VANURALITA Vanadato básico hidratado de alumínio e uranila – $Al(UO_2)_2(VO_4)_2(OH).11H_2O$ –, monocl., amarelo-limão, descoberto em Franceville (Gabão). De *vanádio* + *urânio* + gr. *lithos* (pedra). Não confundir com *vanuranilita*. Cf. *metavanuralita*.

VANURANILITA Vanadato hidratado de bário e uranila com cálcio e potássio – $(H_3O,Ba,Ca,K)_{1-6}(UO_2)_2(VO_4)_2.4H_2O$ –, monocl., amarelo. Descoberto em Mounana, mina de Franceville (Gabão). De *van*ádio + *urâ*nio + gr. *lithos* (pedra). Não confundir com *vanuralita*.

VARENNESITA Silicato hidratado de sódio e manganês – $Na_8Mn_2Si_{10}O_{25}(OH,Cl)_2.12H_2O$ –, ortor., descoberto em Quebec (Canadá).

variedade Em Mineralogia, substância mineral que difere daquela considerada típica de sua espécie, em alguma propriedade física (cor, por ex.), ou por apresentar pequena variação na composição química.

variedade gemológica Var. mineral que, por sua transparência, pureza, cor, br. ou outra propriedade, presta-se ao uso como substância gemológica.

VARISCITA Fosfato hidratado de alumínio – $AlPO_4.2H_2O$ –, ortor., dimorfo da metavariscita e isomorfo da strengita. Geralmente maciço, às vezes em crostas de pequenos cristais ou em nódulos. Tem cor verde, branca, amarela ou azul, br. porcelânico, sendo semitransl. a opaca. Dur. 3,5-4,5. D. 2,20-2,80. IR moderado: 1,560-1,590. Bir. 0,030. B(–). Não tem disp., fluorescência nem pleocroísmo. Assemelha-se à turquesa, exceto na cor. Ocorre em pegmatitos e em r. argilosas fosfáticas. É usada em objetos ornamentais, substituindo, às vezes, a turquesa. É produzida principalmente nos EUA (Utah e Nevada) e na Austrália (Queensland). De *Variscia*, antigo nome de Voigtland (Alemanha), onde foi descoberta. Sin. de *turquesa califórnia, turquesa nevada, turquesa utah, amatrix*. O grupo da variscita compreende mais um fosfato (strengita) e três arsenatos (mansfieldita, escorodita e ianomamita).

varlamoffita Óxido ác. de estanho – H_2SnO_3 –, encontrado na R. D. do Congo. Talvez seja cassiterita finamente granulada. Homenagem a N. *Varlamoff*.

VARULITA Fosfato de sódio e manganês com cálcio – $(Na,Ca)Mn(Mn)_2(PO_4)_3$ –, monocl., isomorfo da hagendorfita. Tem cor verde-oliva, é fosco e forma massas granulares. Assim chamado por ter sido descoberto em *Varutrask* (Suécia).

VASHEGYÍTA Fosfato básico hidratado de alumínio – $Al_{11}(PO_4)_9(OH)_6.38H_2O$ ou $Al_6(PO_4)_5(OH)_3.23H_2O$ –, ortor., branco, amarelo ou marrom. De *Vashegy*, hoje Zeleznik (Eslováquia), onde foi descoberto.

VASILITA Sulfeto de paládio com cobre e telúrio – $(Pd,Cu)_{16}(S,Te)_7$ –, cúb., descoberto na região de Bourgas, na Bulgária.

VASILYEVITA Mineral de fórmula química $(Hg_2)_{10}O_6I_3Br_2Cl(CO_3)$, tricl., descoberto em uma mina de mercúrio de San Benito, Califórnia (EUA).

vassalo (gar., BA) Satélite.

VATERITA Carbonato de cálcio – $CaCO_3$ –, trimorfo hexag. da calcita e da aragonita. Raro, relativamente instável. Homenagem a Heinrich *Vater*, mineralogista alemão. Cf. *witherita*.

VAUGHNITA Sulfoantimoneto de tálio e mercúrio – $TlHgSb_4S_7$ –, tricl., descoberto em uma jazida de ouro de Ontário (Canadá).

VAUQUELINITA Cromato-fosfato básico de chumbo e cobre – $Pb_2Cu(CrO)_4(PO_4)(OH)$ –, monocl., verde ou preto. Descoberto nos Urais (Rússia) e assim chamado em homenagem a Louis N. *Vauquelin*, seu descobridor. Sin. de *laxmannita*.

VAUXITA Fosfato básico hidratado de ferro e alumínio – $FeAl_2(PO_4)_2(OH)_2 \cdot 6H_2O$ –, mais pobre em água que a metavauxita e a paravauxita. Tricl., sem clivagem. Descoberto em Llallagua, Potosí (Bolívia), e assim chamado em homenagem a George *Vaux* Jr., colecionador norte-americano.

VAYRYNENITA Fosfato básico de manganês e berílio – $MnBe(PO_4)(OH)$ –, monocl., em cristais alongados ou lâminas, róseo-avermelhado, com br. vítreo, descoberto em Enjarvi (Finlândia). O nome é homenagem a *Vayrynen*, mineralogista finlandês.

VEATCHITA Borato básico hidratado de estrôncio – $Sr_2B_{11}O_{16}(OH)_5 \cdot H_2O$ –, monocl., branco ou incolor, em prismas curtos ou finamente fibroso. Forma também nódulos brancos. Tem D. 2,7, é incolor e exibe cristais bem desenvolvidos, com clivagem (100) perfeita. Homenagem a John A. *Veatch*, o primeiro a determinar boratos nas águas minerais da Califórnia (EUA).

VEENITA Sulfoantimoneto de chumbo com arsênio – $Pb_2(Sb,As)_2S_5$ –, ortor., descoberto em Hastings, Ontário (Canadá).

vegasita Sin. de *plumbojarosita*. De Las Vegas, Nevada (EUA), perto de onde ocorre.

veia louca (gar., RS) Na região de Ametista do Sul, intervalo estratigráfico em que o basalto contém ametista, mas distribuída de modo muito descontínuo.

veio de esteira (gar., BA) Em Carnaíba, veio de esmeralda que ocorre no contato entre r. serpentinítica e quartzitos.

veio de rocha (gar., BA) Em Carnaíba, veio em que a esmeralda ocorre num núcleo de qz.

veio de talco (gar., BA) Em Carnaíba, filão em que a esmeralda ocorre com caulim.

veio do barro (gar., BA) Em Carnaíba, xisto untuoso, amarelo-claro, esmeraldífero, contendo um material argiloso que penetra nas fendas das esmeraldas, bem como nódulos de caulim e qz.

veio do carvão (gar., BA) Em Carnaíba, biotita-xisto esmeraldífero compacto, do qual a esmeralda só é extraída com grande dificuldade.

veio do estanho (gar., BA) Em Carnaíba, biotita-xisto esmeraldífero caracterizado pela presença de molibdenita, a qual é também aproveitada na lavra.

veio do sebo (gar., BA) Em Carnaíba, xisto untuoso de onde se extraem esmeraldas.

velardeñita V. *gehlenita*. De *Velardeña* (México).

VELIKITA Sulfeto de cobre, mercúrio e estanho – Cu_2HgSnS_4 –, tetrag., estruturalmente igual à estanita, de cor cinza-escuro, br. metálico e D. 5,5. Descoberto em Fergana (Quirguistão).

VERBEEKITA Seleneto de paládio – $PdSe_2$ –, monocl., descoberto em rejeitos de uma mina da Província de Shaba (R. D. do Congo). Cf. *sudovikovita*.

verde-antigo Serpentina gemológica de cor verde, com manchas ou veios de carbonatos (calcita, dolomita ou magnesita). Adquire bom polimento. Sin. de *serpentina-mármore*.

verde belo Nome coml. de um granito ornamental procedente de Campo Belo, MG (Brasil).

verde capri Nome coml. de uma r. ornamental procedente do Paraná (Brasil), atualmente fora do mercado.

verde-corso Mineral semelhante à bastita e usado como substituto desta em objetos ornamentais.

verde da montanha Nome dado à malaquita e à crisocola.

verde-esmeralda ubatuba Nome coml. de um granito ornamental verde-escuro, de granulação grosseira, composto de feldspato potássico (35%), plagioclásio (25%), piroxênio (12%), qz. (15%), além de biotita, hornblenda, apatita e ilmenita. Muito semelhante, na aparência, ao verde ubatuba. É encontrada em Castelo, ES (Brasil).
verde esperança Nome coml. de um calcário cristalino de granulação muito fina, verde-claro com finas faixas amareladas, em virtude da argila ou da limonita, encontrado em Sete Lagoas, MG (Brasil).
verde floresta Nome coml. de um granito ornamental procedente de São Francisco, MG (Brasil).
verde guandu Nome coml. de uma r. granítica ornamental procedente de Cachoeiro do Itapemirim, ES (Brasil).
verde guatemala Nome coml. de um serpentinito ornamental procedente da *Guatemala*, encontrado também no mercado brasileiro.
verde-jaspe Nome coml. de um mármore geralmente esverdeado-claro, com traços escuros semiparalelos, granulação muito fina, encontrado em Campos Altos, MG (Brasil).
verdelita Nome dado à turmalina de cor verde, por causa do cromo. Caracteriza-se por apresentar cavidades longas e irregulares, contendo líquido e gás, distribuídas de modo irregular. A turmalina verde mais valiosa é a que tem a tonalidade da esmeralda. Submetida a tratamento térmico, a verdelita escura fica mais clara. É produzida principalmente no Brasil, onde gemas lapidadas são vendidas por preços que vão de US$ 1 a US$ 280/ct, para pedras com 0,5 ct a 30 ct. IR 1,624-1,644. Bir. 0,020. U(–). Sin. de *esmeralda-brasileira, esmeralita*. Cf. *verdito*.
verde mar Nome coml. de uma var. cinza-esverdeado do sienito cinza mar.
verde musgo Nome coml. de um sienito ornamental procedente de Jaraguá do Sul, SC (Brasil). Tem 75% de ortoclásio pertítico, 10% de clinopiroxênio, 5% de plagioclásio, além de qz., minerais opacos, apatita, allanita, sericita, minerais argilosos, epídoto e clorita. D. 2,64. PA 1,12%. AA 0,27%. RF 95,14 kgf/cm^2. TCU 574 kgf/cm^2.
verde piramirim Nome coml. de um granito ornamental esverdeado, equigranular, grosseiro, que ocorre em Rio do Sapo, Quatro Barras, PR (Brasil).
verde tunas Nome coml. de um sienito ornamental verde, de granulação média, contendo 80% de feldspato pertítico, egirina-augita, biotita, riebeckita, zircão, apatita, sodalita (?), clorita, calcita e olivina serpentinizada. D. 2,70. PA 1,33%. AA 0,48%. TDA 0,68 mm. TCU 1.500 kgf/cm^2. É encontrado em Tunas, Bocaiúva do Sul, PR (Brasil).
verde tunas venulado Nome coml. de uma var. do sienito ornamental verde tunas.
verde ubatuba Nome coml. de um charnockito ornamental verde-escuro, grosseiro, com cristais de feldspato de cor verde com até 3 cm, qz. azul-esverdeado (15%-20%), feldspatos (70%) e hiperstênio (12%). D. 2,69. É encontrado em Ubatuba, SP (Brasil). Muito semelhante ao granito verde-esmeralda ubatuba e comum no mercado brasileiro.
verdito Nome coml. de um serpentinito verde-claro a verde-escuro, compacto, frequentemente manchado, transl. a opaco, usado como gema e em objetos decorativos. Dur. 3,0. D. 2,80-3,00. IR 1,580. É encontrado nos EUA e na África do Sul.
verga de aço (gar.) Cianita.
VERGASOVAÍTA Sulfato de fórmula química Cu$_3$O[(Mo,S)$_4$](SO$_4$), ortor., descoberto em um vulcão da península de Kamchatka (Rússia).
vermelho bragança Nome coml. de um granito ornamental rosa-avermelhado contendo 60%-65% de feldspatos, 30%-35% de qz. e 5% de mica, encontrado em Bragança Paulista, SP (Brasil).
vermelho candeias Nome coml. de um granito ornamental procedente de São Francisco, MG (Brasil).

vermelho capão bonito Nome coml. de um granito ornamental rosa-claro, de granulação grosseira, contendo 45% de microclínio, 20% de plagioclásio, 30% de qz. e 5% de biotita e outros minerais. É encontrado em Capão Bonito, SP (Brasil).
vermelho colorado Nome coml. de um alasquito ornamental rosa-claro, de granulação grosseira, com 50% de microclínio, 20% de plagioclásio e 30% de qz., encontrado em Viamão, RS (Brasil).
vermelho esperança Nome coml. de um mármore de granulação fina, vermelho-escuro, contendo hematita finamente dividida, encontrado em Sete Lagoas, MG (Brasil).
vermelho imperial Nome coml. de um quartzomonzonito ornamental procedente de Ibirama, SC (Brasil). Tem 56% de ortoclásio pertítico, 20% de qz., 20% de plagioclásio, além de hornblenda cloritizada, zircão, titanita, minerais argilosos e clorita. D. 2,55. PA 1,92%. AA 0,33%. RF 22,99 kgf/cm². TCU 381 kgf/cm².
vermelho itaipu Nome coml. de um biotitagranito ornamental vermelho-amarronzado, equigranular, que ocorre em Taquara, Campo Largo, PR (Brasil). Tem D. 2,6, PA 0,96%, AA 0,37%, TCU 1.881 kgf/cm² e TDA 0,67 mm. É exportado sob o nome de red itápolis.
vermelho itu Nome coml. de uma r. ornamental de Itu, SP (Brasil). Trata-se de um granito avermelhado, com manchas brancas e pretas, granulação grosseira, contendo 40% de microclínio, 25%-30% de plagioclásio, 25%-30% de qz. e 7%-8% de biotita.
vermelho jaraguá Nome coml. de um sienito ornamental procedente de Jaraguá do Sul, SC (Brasil). Tem 80% de ortoclásio pertítico, 10% de plagioclásio, 5% de qz. e mais anfibólio, apatita, zircão, minerais opacos, minerais argilosos, epídoto e sericita.
vermelho morungaba Nome coml. de uma r. ornamental rosa-escuro, de granulação média, encontrada em Morungaba, SP (Brasil). Trata-se de um granito com 45% de feldspato potássico, 25% de plagioclásio, 25% de qz. e 5% de biotita e outros minerais.
vermelho rubi Nome coml. de um granito ornamental procedente de Capão Bonito, SP (Brasil).
vermiculita Grupo de aluminossilicatos de fórmula química geral $(Mg,Fe,Al)_3(Si,Al)_4O_{10}(OH)_2.4H_2O$, que, aquecidos a 1.093°C, perdem água, aumentando seis a vinte vezes de volume. Têm alta porosidade e baixa D. Ocorrem em r. básicas, como dunitos e piroxenitos. São usados como isolantes térmicos (em portas corta-fogo, por ex.) e acústicos, como lubrificante, em agregados de concreto leve, em lama de sondagem e na agricultura. Do lat. *vermiculas* (pequenos vermes), por se tornarem vermiformes quando aquecidos.
vermilita Sin. de *opala-vermillion*.
VERNADITA Óxido complexo de fórmula química $\delta\text{-}(MnO_2)(Mn,Fe,Ca,Na)(O,OH)_2.nH_2O$, hexag., que ocorre em massas negras. Quando finamente pulverizado, é vermelho. Assim chamado em homenagem a Vladimir Ivanovich *Vernadsky*, geoquímico russo. Cf. *nsutita*, *pirolusita*, *ramsdellita*.
vernadskita Sin. de *antlerita*, nome preferível. Homenagem a Vladimir Ivanovich *Vernadsky*, geoquímico russo.
VERPLANCKITA Silicato de fórmula química $Ba_{12}(Mn,Fe,Ti)_6(Si_4O_{12})_3(OH,O)_2Cl_9(OH,H_2O)_7$, hexag., que forma prismas de até 3 mm de comprimento em grãos disseminados em r. metamórficas de Fresno, Califórnia (EUA), onde foram descobertos outros seis novos minerais de bário. Homenagem a William E. *Ver Planck*, geólogo norte-americano.
VERSILIAÍTA Óxido de ferro e antimônio – $Fe_4^{2+}Fe_8^{3+}Sb_{12}O_{32}S_2$ –, ortor., preto, descoberto com apuanita no vale *Versilia* (daí seu nome), nos Alpes italianos. Forma agregados maciços em vênulos que cortam dolomitos. D. 5,12 e br. metálico. Os cristais são achatados segundo (001) e têm clivagem (110) perfeita.

VERTUMNITA Silicato básico hidratado de cálcio e alumínio – $Ca_8Al_4(Al_4Si_5)O_{12}(OH)_{36}.10H_2O$ –, monocl., pseudo--hexag., encontrado na forma de prismas achatados de até 4 mm em fonolito. É muito friável, sem clivagem e com frat. conchoidal, incolor e de br. vítreo. Dur. 5,0. Homenagem à deusa etrusca *Vertumnus*, que teria vivido na região onde o mineral foi descoberto.
VESIGNIEÍTA Vanadato básico de bário e cobre – $BaCu_3(VO_4)_2(OH)_2$ –, monocl., que forma agregados lamelares e maclas polissintéticas pseudo-hexag.; br. vítreo, esverdeado. Descoberto em Thuringia (Alemanha) e assim chamado em homenagem a Louis *Vesignié*, colecionador de minerais francês.
vespa gem Nome coml. do coríndon sintético incolor.
VESUVIANITA Silicato de cálcio e alumínio com magnésio e ferro – $Ca_{19}(Al,Mg,Fe)_{13}Si_{18}O_{68}(O,OH,F)_{10}$ –, tetrag., prismático, de cor verde, marrom, amarela, azul ou castanho-esverdeada, transp. a transl., de br. vítreo, sem boas clivagens e sem maclas, com frat. conchoidal ou irregular. Dur. 6,5. D. 3,30-3,50. IR 1,716-1,721. Bir. 0,005. U(+). Disp. 0,019. Não mostra fluorescência. Tem uma var. gemológica, a californita, que se assemelha ao jade. Ocorre em calcários que sofreram metamorfismo de contato, sendo produzido na Itália, Rússia, Canadá, Noruega e EUA. No Brasil, é encontrado no Rio Grande do Norte. De *Vesúvio* (Itália), onde foi descoberto. Sin. de *crisólita dos napolitanos*, *crisólita-italiana*, *gema do vesúvio*, *granada-piramidal*, *idocrásio*, *jacinto dos vulcões*, *jacinto-vulcânico*, *jade do paquistão*. Cf. *wiluíta*.
vesuvianita-jade (nome coml.) V. *californita*.
VESZELYÍTA Fosfato básico hidratado de cobre com zinco – $(Cu,Zn)_3(PO_4)(OH)_3.2H_2O$ –, monocl., descoberto na Romênia. Homenagem a A. *Veszelyi*, seu descobridor.
VIAENEÍTA Sulfeto de ferro com chumbo – $(Fe,Pb)_4S_8O$ –, monocl., amarelo, opaco, de br. metálico, dur. 3,5-4,5 e traço preto. Descoberto a 40 km de Liège (Bélgica) e assim chamado em homenagem ao professor belga Willy *Viaene*.
vibrador Máquina destinada a polir gemas na forma de pequenos fragmentos irregulares. Consiste num tambor fechado, onde são colocados as gemas, água e abrasivos. Para obter o polimento adequado, esse recipiente passa cerca de 96 horas ininterruptas girando dez a 30 vezes por minuto e sofrendo simultaneamente uma vibração. Há máquinas semelhantes que operam girando, mas sem vibração, o que torna o polimento mais demorado, porém mais barato.
VICANITA-(Ce) Mineral de fórmula química $(Ca,Ce,La,Th)_{15}As(As_{0,5}Na_{0,5})FeSi_6B_4O_{40}F_7$, trig., descoberto no complexo vulcânico *Vican* (daí seu nome), na província de Viterbo (Itália). Cf. *okanoganita-(Y)*.
vidro Substância amorfa, transp. e quebradiça, de composição variável, muito usada em imitações de gemas. Tem dur. 5,0-5,5. D. 2,20-4,20 e IR 1,480-1,700. Para a confecção de imitações, são utilizados principalmente os vidros com IR 1,580-1,680 e D. 3,15-4,15. A disp. dos vidros é superior à do topázio, rubi, safira e esmeralda, e mais fraca que a do diamante ou do zircão. O IR e a D. são, em geral, bem diferentes daqueles vistos nas gemas que imitam e, além de darem uma sensação de calor, comparados com as gemas cristalinas, têm arestas menos definidas que as das gemas lapidadas que imitam e costumam mostrar depressões no centro das facetas. Mostram, ainda, bolhas esféricas e alongadas, quando olhados ao microscópio. Se, sobre uma superfície bem limpa de um vidro, se colocar uma gota de água, esta se espalhará, ficando, ao contrário, coesa, se se tratar da superfície de um mineral. Quando imitam gemas opacas, os vidros são reconhecidos pelo br. vítreo típico. Materiais conhecidos

comercialmente como cristal da boêmia, cristal Swarovski e cristal (ou vidro) de murano são vidros de alta qualidade.

vidro de berilo Berilo fundido que, ao resfriar, solidifica sem cristalizar. É, às vezes, usado em imitações de gemas naturais verdes e azuis. D. 2,41-2,49. IR 1,500-1,520.

vidro de cobalto Vidro colorido de azul por óxido de cobalto, frequentemente usado em imitações de gemas naturais.

vidro de Müller V. *hialita*.

vidro de sílica Vidro natural com até 98% de sílica, encontrado no deserto da Líbia. É geralmente verde-amarelado, tendo D. 2,21, dur. 6,0, IR 1,462 e disp. 0,010. Forma massas irregulares, transp., de até 5 kg, e é usado como gema de baixo valor. Sua origem ainda não está bem esclarecida.

vidro de vulcão V. *obsidiana*.

vietinghofita Var. de samarskita com aproximadamente 23% FeO. Homenagem a I. F. *Vietinghof*, estadista russo.

VIGEZZITA Óxido de cálcio e nióbio com tântalo, titânio e cério – $(Ca,Ce)(Nb,Ta,Ti)_2O_6$ –, ortor., dimorfo da fersmita. Descoberto em uma r. rica em albita de Orcesco, Novara (Itália). Forma cristais prismáticos de 2 a 3 mm, amarelo-alaranjados. Assim chamado por ter sido descoberto no vale *Vigezzo*. Dur. 4,5-5,0. Frat. conchoidal, clivagem (100) boa. Cf. *esquinita*.

VIITANIEMIITA Fluorfosfato básico de sódio, cálcio e alumínio – $Na(Ca,Mn)Al(PO_4)F_2(OH)$ –, monocl., descoberto em pegmatito do granito *Viitaniemi* (daí seu nome), como inclusão em eosforita. Cinza a branco, de br. vítreo, dur. 5, muito solúvel em HNO_3 e H_2SO_4.

VIKINGITA Sulfeto de prata, chumbo e bismuto – $Ag_5Pb_8Bi_{13}S_{30}$ –, monocl., com 8,4% Ag. Forma grãos lamelares de 0,5 mm, em média, com maclas segundo (010) e (001). Descoberto na mina de criolita de Ivigtut, Groenlândia (Dinamarca), associado com gustavita, cosalita e galena. Cf. *treasurita*.

vilateíta Mineral de composição duvidosa; talvez fosfato hidratado de manganês – $Mn_2O_3P_2O_5.4H_2O$ –, em cristais monocl. de cor violeta. Talvez se trate de strengita.

VILLAMANINITA Sulfeto de cobre – CuS_2 –, cúb., do grupo da pirita. Forma cristais pretos, cubo-octaédricos, em agrupamentos irregulares e em massas nodulares com estrutura radial, em dolomitos. Dur. 4,5. D. 4,4-4,5. Descoberto em mina de *Villamanín* (daí seu nome), em Leon (Espanha).

VILLIAUMITA Fluoreto de sódio – NaF –, cúb., incolor ou carmim, solúvel em água fria. Descoberto em Rouma (Guiné) e assim chamado em homenagem a *Villiaume*, proprietário da coleção em que foi descoberto.

VILLYAELLENITA Arsenato básico hidratado de manganês com cálcio e zinco – $(Mn,Ca,Zn)_5(AsO_4)_2[AsO_3(OH)]_2.4H_2O$ –, monocl., descoberto na Alsácia (França). Cf. *hureaulita*, *sainfeldita*.

VIMSITA Borato básico de cálcio – $CaB_2O_2(OH)_4$ –, monocl., dimorfo da uralborita. Forma cristais transp., incolores, de até 2 mm, de br. vítreo, com clivagem perfeita segundo o comprimento. Dur. 4. D. 2,5. Ocorre em escarnitos dos Urais (Rússia) e é assim chamado em homenagem ao *Vses. Nauch-Issled Inst. Mineral Syr'ya*, órgão de pesquisa russo.

VINCENTITA Arseneto de paládio com platina, antimônio e telúrio – $(Pd,Pt)_3(As,Sb,Te)$ (?) –, com 60,4% Pd e 16% Pt, descoberto em Bornéu, onde aparece na forma de grãos de 0,007 a 0,010 mm, cinza-amarronzado em luz refletida. Homenagem a E. A. *Vincent*, professor da Universidade de Oxford.

vinchita Oxicloreto de mercúrio – $Hg_5O_4Cl_2$ –, ortor., sem clivagem, em cristais euédricos com até 1 mm de comprimento. Preto ou marrom-escuro. Homenagem a W. W. *Vinch*, colecionador que forneceu a amostra para a

primeira análise. Não confundir com *winchita*.
VINCIENNITA Sulfoarseneto de cobre, ferro e estanho com antimônio – $Cu_{10}Fe_4Sn(As,Sb)S_{16}$ –, tetrag., pseudocúb., descoberto numa jazida de pirita da França e assim chamado em homenagem a Henri *Vincienne*, mineralogista francês.
vinho mel Nome coml. de uma var. do quartzomonzonito paranatuba, de cor rosa, granulação média e equigranular.
VINOGRADOVITA Aluminossilicato hidratado de sódio e titânio com cálcio e potássio – $(Na,Ca,K)_4Ti_4AlSi_6O_{23}.2H_2O$ –, monocl., em agregados esféricos, radiais. Branco ou incolor. Descoberto na península de Kola (Rússia) e assim chamado em homenagem a Alexander *Vinogradov*, geoquímico russo.
violaíta 1. V. *egirina-augita*. 2. Silicato de cálcio e magnésio com ferro – Ca$(Mg,Fe)(SiO_3)_2$ –, do grupo dos piroxênios. Altamente pleocroico. Não confundir com *violarita*.
violana Var. de diopsídio azul, maciça, encontrada em St. Marcel, Piemonte (Itália), usada como pedra ornamental.
VIOLARITA Sulfeto de ferro e níquel – $FeNi_2S_4$ –, com 34%-43% Ni, do grupo da linneíta. Forma grãos anédricos e vênulos, cor cinza-violeta. Mineral-minério de níquel. Do lat. *violaris* (de violeta), por sua cor. Não confundir com *violaíta*. Cf. *polidimita*.
VIRGILITA Silicato de lítio e alumínio – $LiAlSi_2O_6$ –, hexag., que forma cristais euédricos incolores de até 0,05 mm ou mais, comumente reunidos em agregados fibrorradiados. Descoberto em vidro vulcânico de Macusani (Peru) e assim chamado em homenagem a *Virgil* E. Barnes, professor de Mineralogia da Universidade do Texas (EUA).
viridina Var. de andaluzita verde-grama, com manganês. Do lat. *viridis* (verde). Sin. de *manganoandaluzita*. Não confundir com *viridita*.
viridita Var. de clorita rica em Fe^{3+}. Do lat. *viridis* (verde), por sua cor. Não confundir com *viridina*.

VISEÍTA Silicato-fosfato de fórmula química provável $(Ca,Na,Mg,Sr,Ba)(Al,Fe)_3[(P,Si)O_4]_2(OH,H_2O)_6$, provavelmente trig., branco, isótropo, com br. vítreo. De *Vise* (Bélgica), onde foi descoberto.
VISHNEVITA Silicato de fórmula química $[(Na_6(SO_4)](Si_6Al_6O_{24})[Na_2(H_2O)]$, hexag., que forma série isomórfica com a cancrinita. Descoberto em *Vishnevy Gory*, nos Urais (Rússia).
VISMIRNOVITA Hidróxido de zinco e estanho – $ZnSn(OH)_6$ –, cúb., do grupo da schoenfliesita. É um produto de oxidação da estanita, como a natanita, com a qual foi simultaneamente descoberto. Amarelo-claro, solúvel em HCl diluído e insolúvel em Na_2CO_3 concentrado. Aquecido a 300ºC, fica amorfo. D. 4,0. Br. vítreo, dur. em torno de 4, sem clivagem. Homenagem a Vladimir Ivanovich *Smirnov*, pesquisador do Instituto de Recursos Minerais de Moscou (Rússia).
VISTEPITA Borossilicato de manganês e estanho – $Mn_2SnB_2Si_5O_{20}$ –, monocl., descoberto no Quirguistão.
vitavito V. *moldavito*.
VITIMITA Sulfato básico hidratado de cálcio e boro – $Ca_6B_{14}O_{19}(SO_4)(OH)_{14}.5H_2O$ –, descoberto em jazida de boro da bacia do rio *Vitim* (daí seu nome), na região do Transbaikal (Rússia).
vitiriê (gar.) V. *vitreux*.
vitreux Diamante muito pequeno e euédrico, usado para cortar vidro. Sin. (gar.): *vitiriê*.
vítria (gar.) Diamante de má qualidade.
VITUSITA(Ce) Fosfato de sódio e metais de TR – $Na_3(Ce,La,Nd)(PO_4)_2$ –, ortor., pseudo-hexag., róseo a verde-claro, de br. vítreo, com clivagem cúb. Dur. 4,5. D. 3,6. É facilmente solúvel em HCl e H_2SO_4 diluídos e a frio. Descoberto em pegmatito alcalino de monte Karnasurt, península de Kola (Rússia), e em Narsaq, na Groenlândia (Dinamarca). Assim chamado em homenagem a *Vitus* Bering, explorador dos mares do Norte.
viúva (gar., BA) Ametista.

VIVIANITA Fosfato hidratado de ferro – $Fe_3(PO_4)_2 \cdot 8H_2O$ –, monocl., tabular, fibroso ou terroso e pulverulento, incolor ou com cor verde-clara ou violeta, br. vítreo a nacarado, clivagem (001) micácea, flexível, transp. a transl. Dur. 1,5-2,0. D. 2,60-2,70. IR 1,560-1,635. Bir. 0,075. B(+). Mineral encontrado em filões metalíferos, pegmatitos ricos em fosfatos e em argilas, e usado como pigmento azul. É o responsável pela cor dos odontólitos azuis. Homenagem a J. G. *Vivian*, seu descobridor. O grupo da vivianita compreende mais três fosfatos e quatro arsenatos, todos monocl.

VLADIMIRITA Arsenato hidratado de cálcio – $Ca_5H_2(AsO_4)_4 \cdot 5H_2O$ –, em agulhas radiais monocl., incolores, descoberto em *Vladimirskoe* (daí seu nome), na Rússia.

VLASOVITA Silicato de sódio e zircônio – $Na_2ZrSi_4O_{11}$ –, monocl. e tricl., incolor, às vezes em grãos coloridos de marrom na periferia. Descoberto em Lovozero, península de Kola (Rússia), e assim chamado em homenagem a K. A. *Vlasov*, cientista soviético.

VLODAVETSITA Sulfato hidratado de alumínio e cálcio – $AlCa_2(SO_4)_2F_2Cl \cdot 4H_2O$ –, tetrag., descoberto na península de Kamchatka (Rússia).

VOCHTENITA Fosfato básico hidratado de ferro e uranila com magnésio – $(Fe,Mg)Fe(UO_2)_4(PO_4)_4(OH) \cdot 12\text{-}13H_2O$ –, monocl., descoberto na Cornualha (Inglaterra).

voelckerita Fosfato de cálcio – $(CaO)_{10}(P_2O_5)_3$ –, do grupo da apatita. Sin. de *oxiapatita*.

VOGGITA Fosfato-carbonato básico hidratado de sódio e zircônio – $Na_2Zr(PO_4)(CO_3)(OH) \cdot 2H_2O$ –, monocl., descoberto em uma pedreira de Montreal (Canadá). Não confundir com *voglita*.

VOGLITA Carbonato hidratado de cálcio, cobre e uranila – $Ca_2Cu(UO_2)_2(CO_3)_4 \cdot 6H_2O$ (?) –, monocl., verde, com fluorescência média a fraca. Extremamente raro. Descoberto na mina Eliás, Boêmia (República Checa), e assim chamado em homenagem a *Vogl*, seu descobridor. Não confundir com *voggita*.

vogtita Silicato de ferro, manganês, magnésio e cálcio, que forma cristais alongados de cor âmbar, provenientes de escórias.

VOLBORTHITA Vanadato básico hidratado de cobre – $Cu_3V_2O_7(OH)_2 \cdot 2H_2O$ –, monocl., verde-escuro. Forma cristais tabulares sextavados ou glóbulos. Dur. 3,0. D. 3,5. Homenagem a Alexander *Volborth*, paleontólogo russo.

volframina 1. V. *volframita*. 2. V. *tungstita*.

volframita Volframato de ferro e manganês – $(Fe,Mn)WO_4$ –, membro intermediário da série hübnerita-ferberita. Forma cristais monocl., massas granulares ou agregados colunares, amarronzados ou cinza-escuro, em veios pneumatolíticos. Tem br. submetálico, dur. 4,0-4,5, D. 7,10-7,50 e clivagem perfeita. É a principal fonte de tungstênio (76,4% WO_3). Nome de origem controvertida; talvez de *volfrâmio*; segundo Agrícola, de *volf* (lobo) + *rahm* (espuma), pela formação de uma espuma durante a fusão de minérios de estanho com tungstênio, ou por ter sido, talvez, confundido com minérios de antimônio, já que *lupus* e *wolf* eram os nomes do antimônio entre os alquimistas. Há outras possíveis origens. Sin. de [1]*volframina*.

VOLFRAMOIXIOLITA Óxido de fórmula química $(Fe,Mn,Nb)(Nb,W,Ta)O_4$, monocl., descoberto na Rússia.

volgerita V. *estibiconita*.

VOLKONSKOÍTA Silicato de fórmula química $Ca_{0,3}(Cr,Mg,F)_2(Si,Al)_4(OH)_2 \cdot 2H_2O$, monocl., verde-azulado, do grupo da esmectita, descoberto nos Urais (Rússia).

volkovita Sin. de *estroncioginorita*.

VOLKOVSKITA Borato básico hidratado de potássio e cálcio – $KCa_4B_{22}O_{32}(OH)_{10}Cl \cdot 4H_2O$ –, tricl., descoberto na Casaquistão.

VOLTAÍTA Sulfato hidratado de potássio e ferro – $KFe_5^{2+}Fe_3Al(SO_4)_{12} \cdot 18H_2O$ –, cúb., sem clivagem, verde, marrom ou preto, parcialmente solúvel em água. Descoberto em Pozzuoli, perto de Nápoles (Itália), e assim chamado em homenagem a Alessandro *Volta*, físico italiano.

voltzita Oxissulfeto de zinco – Zn_5O_4S –, mistura de wurtzita com um composto organometálico de zinco. Amarelado ou avermelhado. Homenagem a Phillipe L. *Voltz*, engenheiro de minas francês.

VOLYNSKITA Telureto de prata e bismuto – $AgBiTe_2$ –, hexag., com forte br. metálico. Descoberto em Vardenis (Armênia) e assim chamado em homenagem a I. S. *Volynskii*, mineralogista soviético.

VONBEZINGITA Sulfato básico hidratado de cálcio e cobre – $Ca_6Cu_3(SO_4)_3(OH)_{12}.2H_2O$ –, monocl., descoberto em uma mina da província do Cabo (África do Sul).

vondiestita Telureto de prata e bismuto com ouro e chumbo, que ocorre maciço ou em fios.

VONSENITA Borato de ferro e magnésio – $(Fe,Mg)_2FeO_2(BO)_3$ –, ortor., isomorfo da ludwigita. Descoberto em Riverside, na Califórnia (EUA), e assim chamado em homenagem a M. *Vonsen*, colecionador norte-americano.

vorobyevita V. *morganita*.

VOZHMINITA Sulfoarseneto de níquel com cobalto e antimônio – $(Ni,Co)_4(As,Sb)S_2$ –, hexag., encontrado em serpentinitos do maciço de *Vozhminskiy* (daí seu nome), na Rússia. Amarelado com tons marrons, traço preto, br. metálico. D. 6,2, com uma boa clivagem.

VRBAÍTA Sulfoarseneto de tálio, mercúrio e antimônio – $Tl_4Hg_3Sb_2As_8S_{20}$ –, ortor. Forma grandes cristais pretos, cinzentos ou vermelho-escuros, tabulares ou piramidais. Dur. 3,5. D. 5,3. Ocorre intercrescido com realgar e ouro-pigmento e é fonte de tálio. Descoberto em Allchar (Macedônia) e assim chamado em homenagem a Karl *Vrba*, mineralogista checo-eslovaco.

vredenburgita 1. V. *alfavredenburgita*. 2. V. *betavredenburgita*. De *Vredenburg*, Alabama (EUA).

VUAGNATITA Silicato básico de cálcio e alumínio – $CaAlSiO_4(OH)$ –, ortor., encontrado em diques de rodingito como cristais anédricos de até 0,5 mm, de D. 3,20-3,25. O nome é homenagem ao professor Marc *Vuagnat* e pronuncia-se "vianiatita".

vudyavrita Silicato hidratado de cério e titânio com cálcio – $Ce_2(TiO_3)_3[(Ca,H)SiO_3]_5.H_2O$ –, amorfo, muito raro, produto de alteração da lovchorrita, descoberto no monte *Vudyavrchorr* (daí seu nome).

VULCANITA Telureto de cobre – Cu Te –, ortor., em lâminas ou prismas de br. metálico, cor de bronze e baixa dur. De *Vulcan*, Colorado (EUA), onde foi descoberto.

vulcanite Borracha vulcanizada, dura, usada como imitação de azeviche. Difere deste por produzir o odor típico de borracha quando tocada pela ponta de uma agulha aquecida. D. 1,15-1,20.

vulpinita Var. de anidrita micácea ou granular, branca ou cinzenta. De Costa *Vulpino*, Lombardia (Itália).

VUONNEMITA Silicato de sódio, titânio e nióbio – $Na_{11}TiNb_2(Si_2O_7)_2(PO_4)_2O_3(F,OH)$ –, tricl., do grupo da murmanita. Forma pequenas placas amarelas, transp., em *Vuonnemiok* (daí seu nome), rio da península de Kola (Rússia).

VUORELAINENITA Óxido de manganês e vanádio com ferro e cromo – $(Mn,Fe)(V,Cr)_2O_4$ –, cúb., do grupo do espinélio. Forma série isomórfica com a manganocromita. Cristaliza em grãos anédricos de até 0,08 mm, opacos, cinza-amarronzado, de D. 4,64. O nome é homenagem a Yrjo *Vuorelainen*, geólogo finlandês.

VUORIYARVITA-(K) Silicato de fórmula química $(K,Na)_2(Nb,Ti)_2Si_4O_{12}(O,OH)_2.4H_2O$, monocl., do grupo da labuntsovita, descoberto no maciço de *Vuoriyarvi* (daí seu nome), na península de Kola (Rússia).

VYACHESLAVITA Fosfato básico hidratado de urânio – $U(PO_4)(OH).nH_2O$, com n = 0 a 3. Ortor., verde, tabular, em cristais de até 0,08 mm. Descoberto em Kyzil Kun (Usbequistão) e assim chamado em homenagem a *Vyacheslav G. Melkov*, mineralogista soviético.

VYALSOVITA Mineral de fórmula química $FeSCa(OH)_2Al(OH)_3$, ortor., descoberto em uma mina da Sibéria (Rússia).

VYSOTSKITA Sulfeto de paládio com níquel e platina – $(Pd,Ni,Pt)S$ –, em pequenos grãos ou cristais tetrag., prismáticos, cinza-claro a branco-acinzentados. Isomorfo da braggita, com a qual muito se assemelha ao microscópio. Descoberto em Noril'sk, Sibéria (Rússia).

VYUNTSPAKHITA-(Y) Silicato de ítrio – $Y_4Al_2AlSi_5O_{18}(OH)_5$ –, monocl., que ocorre em fluorita de pegmatitos da península de Kola (Rússia). Forma cristais prismáticos, delgados, incolores, de br. adamantino, sem clivagem, frágeis, de dur. 6-7 e D. 4. O nome provém de *Vyuntspakh*, montanha da região.

Ww

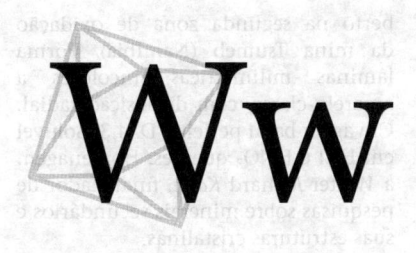

wad 1. Mistura de óxido de manganês com outros óxidos. Maciça, amorfa, muito mole, às vezes compacta; suja as mãos quando manuseada; marrom-escura ou preta. **2.** Designação genérica dos óxidos de manganês de baixa dur. e baixa D., maciços, quando de composição incerta ou variável. Ocorrem em zonas pantanosas, por decomposição de minerais de manganês. Palavra inglesa de origem desconhecida.

WADALITA Clorossilicato de cálcio e alumínio – $Ca_6Al_5Si_2O_{16}Cl_3$ –, cúb., descoberto em Fukushima (Japão).

WADEÍTA Silicato de potássio e zircônio – $K_2Zr(SiO_3)_9$ –, em placas hexag. geralmente incolores. Descoberto em West Kimberley (Austrália) e assim chamado em homenagem ao geólogo Arthur *Wade*.

WADSLEYITA Silicato de magnésio com ferro – β-$(Mg,Fe)_2SiO_4$ –, descoberto no meteorito Peace River. É ortor., formando agregados microcristalinos de 0,5 mm, transp., de cor amarelo-clara. D. 3,8. Acredita-se ter se formado durante um choque antes de chegar à Terra. Trimorfo da forsterita e da ringwoodita. O nome homenageia A. D. *Wadsley*, por sua contribuição à cristalografia dos minerais e outros compostos inorgânicos.

WAGNERITA Fluorfosfato do magnésio com ferro – $(Mg,Fe)_2PO_4F$ –, monocl., de cor amarela, vermelha ou esverdeada. Descoberto em Salzburgo (Áustria) e assim chamado em homenagem a F. M. von *Wagner*, minerador de Munique (Alemanha).

WAIRAKITA Aluminossilicato hidratado de cálcio – $CaAl_2Si_4O_{12}.2H_2O$ –, do grupo das zeólitas; talvez isomorfo da analcima. Monocl. e tetrag. De *Wairaki* (Nova Zelândia), onde foi descoberto em fontes termais.

WAIRAUITA Liga natural de ferro e cobalto – CoFe –, cúb., encontrada na forma de pequenos grãos com awaruíta. Fortemente magnética. De *Wairau*, vale de South Island (Nova Zelândia), onde foi descoberto.

WAKABAYASHILITA Sulfeto de arsênio e antimônio – $(As,Sb)_{11}S_{18}$ –, hexag., de baixa dur., descoberto em uma mina de Gunma (Japão).

WAKEFIELDITA-(Ce) Vanadato de cério com chumbo – $(Ce,Pb)VO_4$ –, tetrag., descoberto em Kinshasa (R. D. do Congo). Cf. *wakefieldita-(Y)*.

WAKEFIELDITA-(Y) Vanadato de ítrio – YVO_4 –, tetrag., descoberto em uma mina de Quebec (Canadá). Cf. *wakefieldita-(Ce)*, *xenotímio-(Y)*.

walderite Nome coml. do coríndon sintético incolor.

WALENTAÍTA Arsenato-fosfato hidratado de cálcio e ferro com manganês – $H(Ca,Mn,Fe)Fe_3(AsO_4,PO_4)_4.7H_2O$ –, ortor., descoberto na mina Elefante Branco, em Custer, Dakota do Sul (EUA), onde forma rosetas de cristais laminados, amarelos, de br. vítreo, traço amarelo, clivagem (010) perfeita, frágeis. Dur. 3,0, aproximadamente. D. 2,72. Homenagem ao mineralogista alemão Kurt *Walenta*.

WALFORDITA Óxido de ferro e telúrio – $(Fe,Te)Te_3O_8$ –, cúb., descoberto em Coquimbo (Chile). Cf. *winstanleyita*.

WALKERITA Borato de fórmula química $Ca_{16}(Mg,Li,[\,])_2[B_{13}O_{17}(OH)_{12}]_4Cl_6.28H_2O$, ortor., descoberto numa mina de potássio de New Brunswick (Canadá).

WALLISITA Sulfoarseneto de chumbo, tálio e cobre com prata – $PbTl(Cu,Ag)As_2S_5$ –, tricl., ainda pouco estudado. De *Wallis* (Valais), Suíça, onde foi descoberto em uma pedreira.

WALLKILLDELLITA-Fe Arsenato básico hidratado de cálcio e ferro com cobre – $(Ca,Cu)_4Fe_6[(As,Si)O_4]_4(OH)_8.18H_2O$ –,

hexag., descoberto nos Alpes Marítimos (França). Cf. *wallkilldellita-Mn*.
WALLKILLDELLITA-Mn Arsenato básico hidratado de cálcio e manganês – $Ca_4Mn_6As_4O_{16}(OH)_8.18H_2O$ –, hexag., vermelho-escuro, descoberto na mina Sterling Hill, Sussex, New Jersey (EUA). Cf. *wallkilldellita-Fe*.
WALPURGITA Arsenato hidratado de bismutila e uranila – $(BiO)_4(UO_2)(AsO_4)_2.2H_2O$ –, tricl., dimorfo da ortowalpurgita. É amarelo ou laranja, moderada a fortemente radioativo. Raríssimo. De *Walpurgis*, nome de um veio na mina de Weisser, Schneeberg (Alemanha). Sin. de *waltherita*.
WALSTROMITA Silicato de bário e cálcio – $BaCa_2Si_2O_9$ –, tricl., encontrado na forma de grãos milimétricos concentrados em camadas de até 6 mm de espessura, com fluorescência rósea. Homenagem ao norte-americano Robert E. *Walstrom*, colecionador de minerais, seu descobridor.
waltherita Sin. de *walpurgita*. De *Walther*, minerador austríaco.
WALTHIERITA Sulfato básico de bário e alumínio – $Ba_{0,5}[\ ]_{0,5}Al_3(SO_4)_2(OH)_6$ –, trig., do grupo da alunita, descoberto na região de Coquimbo (Chile).
wapplerita Arsenato ác. hidratado de cálcio – $(CaHAsO_4)_2.7H_2O$ –, incolor ou branco, com uma clivagem perfeita.
WARDITA Fosfato básico hidratado de sódio e alumínio – $NaAl_3(PO_4)_2(OH)_4.2H_2O$ –, tetrag., descoberto em Fairfield, Utah (EUA), na forma de cristais ou oólitos. Tem cor verde-azulada, boa clivagem basal, br. vítreo e é transp. a transl. Dur, 5,0. D. 2,80-2,90. IR 1,590-1,599. Bir. 0,009. U(+). É usado como gema, por meio de simples polimento. Assim chamado em homenagem a Henry A. *Ward*, colecionador de minerais norte-americano.
WARDSMITHITA Borato hidratado de cálcio e magnésio – $Ca_5MgB_{24}O_{42}.30H_2O$ –, monocl. (?), descoberto no vale da Morte, Califórnia (EUA).
WARIKAHNITA Arsenato hidratado de zinco – $Zn_3(AsO_4)_2.2H_2O$ –, tricl., descoberto na segunda zona de oxidação da mina Tsumeb (Namíbia). Forma lâminas milimétricas, incolores a amarelo-claras, com disposição radial. Clivagem basal perfeita, D. 4,3. Solúvel em HCl e HNO_3 quentes. Homenagem a *Walter Richard Kahn*, financiador de pesquisas sobre minerais secundários e suas estruturas cristalinas.
waringtonita V. *brochantita*.
warrenita 1. Sin. de *cobaltosmithsonita*. **2.** Nome de um sulfoantimoneto que tanto pode ser jamesonita como owyheeíta. **3.** Mistura de jamesonita e zinkenita.
warthaíta Sin. de *heyrovskyíta, goongarrita*.
warthita V. *bloedita*.
WARWICKITA Borato de magnésio e titânio com ferro e alumínio – $Mg(Ti,Fe,Al)BO_3O$ –, que forma prismas ortor., com uma clivagem perfeita, marrom-escuros ou pretos. De *Warwick*, Orange, Nova Iorque (EUA), perto de onde foi descoberto.
washingtonita V. *ilmenita*.
WATANABEÍTA Sulfoarseneto de cobre com antimônio – $Cu_4(As,Sb)_2S_5$ –, ortor., descoberto em uma mina de Hokkaido (Japão).
WATATSUMIITA Silicato de fórmula química $KNa_2LiMn_2V_2Si_8O_{24}$, monocl., do grupo da netunita, descoberto em Iwate (Japão).
WATKINSONITA Seleneto de cobre, chumbo e bismuto – $Cu_2PbBi_4(Se,S)_8$ –, monocl., descoberto em uma jazida de urânio de Quebec (Canadá).
WATTERSITA Cromato de mercúrio – Hg_5CrO_6 –, monocl., descoberto em San Benito, Califórnia (EUA).
WATTEVILLITA Mineral de composição química incerta; talvez sulfato hidratado de sódio e cálcio – $Na_2Ca(SO_4)_2.4H_2O$ –, ortor. ou monocl., descoberto na Baviera (Alemanha), em cristais capilares incolores. Homenagem ao francês Oscar de *Watteville*.
WAVELLITA Fosfato básico hidratado de alumínio – $Al_3(PO_4)_2(OH,F)_3.5H_2O$ –,

ortor., geralmente em pequenos agregados hemiesféricos. Branco, amarelo, verde ou preto, br. vítreo a sedoso. Dur. 3,5-4,0. D. 2,40. Transp. a transl. Ocorre em fendas de r. metamórficas aluminosas de baixo grau, em limonitas e fosforitos. Homenagem a William *Wavet*, seu descobridor. Sin. de *zefarovichita*. Cf. *fischerita*.

WAWAYANDAÍTA Silicato de fórmula química $Ca_{12}Mn_4B_2Be_{18}Si_{12}O_{46}(OH,Cl)_{30}$, monocl., descoberto em Sussex, New Jersey (EUA).

WAYLANDITA Fosfato de bismuto e alumínio – $BiAl_3(PO_4)_2(OH,H_2O)_6$ –, branco, do grupo da florencita. Trig., compacto, finamente granulado, fosco ou com br. vítreo. Dur. 4,0-5,0. D. 3,86. Ocorre como vênulos e crostas substituindo bismutotantalita em pegmatitos de Uganda. Homenagem a Edward James *Wayland*, diretor do Uganda Geological Survey.

WEBERITA Aluminofluoreto de sódio e magnésio – Na_2MgAlF_7 –, ortor., que ocorre em grãos monocl. cinzento-claros, em criolita. Homenagem a Theobald *Weber*, um dos fundadores da indústria de criolita na Dinamarca.

webnerita Sin. de *andorita*.

websterita V. *aluminita*. De *Webster*.

WEDDELITA Oxalato hidratado de cálcio – $CaC_2O_4.2H_2O$ –, tetrag., que ocorre em pequenos cristais monocl., incolores, amarelos ou brancos, bem formados. Descoberto no mar de *Weddel* (daí seu nome), na Antártica. Muito raro como mineral, mas abundante nos cálculos renais humanos. Cf. *whewellita*.

WEEKSITA Silicato hidratado de potássio e uranila com sódio – $(K,Na)_2(UO_2)_2(Si_5O_{13}).3H_2O$ –, ortor., amarelo, semelhante ao uranofânio externamente. Descoberto em Juab, Utah (EUA), e assim chamado em homenagem a Mary Alice D. *Weeks*, especialista em mineralogia do urânio e do vanádio.

WEGSCHEIDERITA Carbonato ác. de sódio – $Na_5CO_3(HCO_3)_3$ –, tricl., formando finos cristais aciculares ou laminados de cor rosa (resultante da matéria orgânica). Homenagem a R. *Wegscheider*, químico austríaco.

wehrlita Mineral até recentemente considerado espécie e que se trata de pilsenita. Homenagem a *Wehrle*, minerador checo. Sin. de *borszonyíta*.

WEIBULLITA Sulfeto de chumbo e bismuto com selênio – $Pb_6Bi_8(S,Se)_{18}$ –, ortor., cinza-aço. Originalmente descrito como var. selenífera de galenobismutita. Homenagem a Kristian O. M. *Weibull*, mineralogista da Suécia, país onde o mineral foi descoberto.

weilerita Arsenato-sulfato básico de bário e alumínio – $BaAl_3(AsO_4)(SO_4)(OH)_6$ (?).

WEILITA Arsenato básico de cálcio – $CaAsO_3OH$ –, equivalente arsenicífero da monetita, descoberto em Wittichen (Alemanha).

weinbergerita Silicato de sódio, alumínio e ferro – $NaAlSiO_4(FeSiO_3)_3$ –, encontrado em um meteorito.

WEINEBENEÍTA Beriliofosfato básico hidratado de cálcio – $Ca[Be(PO_4)_2(OH)_2].4H_2O$ –, monocl., descoberto em Carinthia, na Áustria. Cf. *pahasapaíta*, *nabesita*.

weinschenkita 1. Sin. de *churchita*. 2. Var. de hornblenda rica em Fe^{3+} e magnésio. 3. Magnésio-hastingsita. Homenagem a Ernst *Weinschenk*, professor de Petrografia da Universidade de Munique (Alemanha).

weisbachita Var. de anglesita contendo bário.

WEISHANITA Amálgama de ouro com prata – $(Au,Ag)_{1,2}Hg_{0,8}$ –, hexag., descoberto na província de Henan (China). Cf. *schachnerita*.

WEISSBERGITA Sulfoantimoneto de tálio – $TlSbS_2$ –, tricl., que forma pequenos grãos irregulares de até 0,5 mm em dolomitos de Nevada (EUA). Cinza, de br. metálico, com D. 5,79. Homenagem a Byron G. *Weissberg*, químico neozelandês.

WEISSITA Telureto de cobre – $Cu_{2-x}Te$ –, trig., que forma pequenas massas sem clivagem, preto-azuladas, de br. metálico. Descoberto em Gunninson, Colorado (EUA), e assim chamado em homenagem a Louis *Weiss*, minerador norte-americano.

WELINITA Silicato de manganês e tungstênio com magnésio – $Mn_6(W,Mg)_2Si_2(O,OH)_{14}$ –, hexag., marrom-avermelhado a preto-avermelhado, encontrado na forma de cristais de até 2 cm, de br. resinoso, dur. 4,0 e D. 4,47. Homenagem ao mineralogista Eric *Welin*.

wellsita Aluminossilicato hidratado de bário com cálcio e potássio – $(Ba,Ca,K_2)Al_2Si_6O_{16}.6H_2O$ –, monocl., do grupo das zeólitas. Branco ou incolor, frágil, com maclas complexas, sem clivagem, de br. vítreo. Dur. 4,0-4,5. D. 2,28-2,37. É uma phillipsita. Homenagem a Horace L. *Wells*, químico norte-americano.

WELOGANITA Carbonato hidratado de estrôncio, sódio e zircônio – $Sr_3Na_2Zr(CO_3)_6.3H_2O$ –, tricl., pseudotrig., de cor amarelo-limão a âmbar, descoberto na ilha de Montreal, Quebec (Canadá). Cf. *mckelveyita-(Y)*, *donnayita-(Y)*.

WELSHITA Beriliossilicato de cálcio, antimônio, magnésio e ferro – $Ca_2SbMg_4FeSi_4Be_2O_{20}$ –, tricl., do grupo da enigmatita. Forma cristais prismáticos de até 3 mm de comprimento, em dolomitos cristalinos de Langban (Suécia). É preto-avermelhado, com br. subadamantino, traço marrom-claro, frat. conchoidal, sem clivagem. Dur. 6,0. D. 3,77. Homenagem a Wilfred R. *Welsh*, mineralogista amador e presidente do Museu de Minerais de Franklin, New Jersey (EUA).

WENDWILSONITA Arsenato hidratado de cálcio e magnésio com cobalto – $Ca_2(Mg,Co)(AsO_4)_2.2H_2O$ –, monocl., que forma série isomórfica com a roselita, descoberto em Bou Azzer (Marrocos).

WENKITA Sulfato de fórmula química $(Ba,K)_4(Ca,Na)_6(Si,Al)_{20}O_{41}(OH)_2(SO_4)_3.2H_2O$, hexag., que forma prismas cinza-claro de até 5 cm. Dur. 6,0. D. 3,13. Homenagem a E. *Wenk*, mineralogista e petrólogo da Universidade de Basel (Suíça).

wentzelita V. *wenzelita*.

wenzelita Fosfato hidratado de manganês com ferro e magnésio – $(Mn,Fe,Mg)_3(PO_4)_2.5H_2O$ (?) –, isomorfo da baldaufita. Talvez se trate de hureaulita. Sin. de *wentzelita*.

WERDINGITA Silicato de fórmula química $(Mg,Fe)_2Al_{12}(Al,Fe)_2Si_4(B,Al)_4O_{37}$, tricl., descoberto na província do Cabo (África do Sul) e assim chamado em homenagem a Gunter *Werding*, professor alemão.

WERMLANDITA Sulfato básico hidratado de cálcio, magnésio e alumínio com ferro – $(Ca,Mg)Mg_7(Al,Fe)_2(SO_4)_2(OH)_{18}.12H_2O$ –, trig., descoberto em Langban, *Varmland* (daí seu nome), na Suécia.

wernerita Sin. de *escapolita*. Homenagem ao geólogo Abraham G. *Werner*.

weslienita Sin. de ²*atopita*. Homenagem a J. G. H. *Weslien*, gerente da mina Langban, Varmland (Suécia).

WESSELSITA Silicato de estrôncio e cobre – $SrCuSi_4O_{10}$ –, tetrag., do grupo da gillespita. Descoberto na mina *Wessels* (daí seu nome), na província do Cabo (África do Sul).

WESTERVELDITA Arseneto de ferro com níquel – $(Fe,Ni)As$ –, ortor., branco-amarronzado ou cinza, muito raro. Descoberto em Málaga (Espanha) e assim chamado em homenagem a Jan *Westerveld*, professor de Geologia e Mineralogia da Universidade de Amsterdã (Holanda).

westgrenita V. *bismutomicrolita*. Homenagem a Arne *Westgren*, professor sueco. Nome a abandonar.

whartonita Var. de pirita com níquel.

WHEATLEYITA Oxalato hidratado de sódio e cobre – $Na_2Cu(C_2O_4)_2.2H_2O$ –, tricl., descoberto na mina *Wheatley* (daí seu nome), na Pensilvânia (EUA).

WHERRYÍTA Silicato de chumbo e cobre – $Pb_7Cu_2(SO_4)_4(SiO_4)_2(OH)_2$ –, monocl., verde-claro, finamente granulado. Descoberto em Pinal, Arizona (EUA), e assim chamado em homenagem a Edgar T. *Wherry*, mineralogista e ecologista norte-americano.

WHEWELLITA Oxalato hidratado de cálcio – $CaC_2O_4.H_2O$ –, em pequenos cristais monocl. ou em agregados botrioidais ou globulares; geralmente marrom ou verde-oliva, às vezes incolor ou branco. Pode ocorrer como incrustações em mármore, porém é muito mais comum em cálculos renais humanos. Homenagem a William *Whewell*, filósofo inglês. Cf. *weddelita*.

WHITEÍTA-(CaFeMg) Fosfato básico hidratado de cálcio, ferro, magnésio e alumínio – $CaFeMg_2Al_2(PO_4)_4(OH)_2.8H_2O$ –, monocl., do grupo da whiteíta, descoberto em um pegmatito de Taquaral, MG (Brasil). Forma cristais de até 2 cm, em frat. de qz. e albita, mostrando cor bronzeada. O nome é homenagem a John S. *White* Jr., editor da revista *Mineralogical Record*. Cf. *whiteíta-(CaMnMg)*, *whiteíta-(MnFeMg)*. O grupo da whiteíta compreende oito fosfatos monocl.

WHITEÍTA-(CaMnMg) Fosfato básico hidratado de cálcio, manganês, magnésio e alumínio – $CaMnMg_2Al_2(PO_4)_4(OH)_2.8H_2O$ –, monocl., do grupo da whiteíta, descoberto em um pegmatito de Custer, Dakota do Sul (EUA). O nome é homenagem a John S. *White* Jr., editor da revista *Mineralogical Record*. Cf. *whiteíta-(CaFeMg)*, *whiteíta-(MnFeMg)*.

WHITEÍTA-(MnFeMg) Fosfato básico hidratado de manganês, ferro, magnésio e alumínio – $MnFeMg_2Al_2(PO_4)_4(OH)_2.8H_2O$ –, monocl., do grupo da whiteíta, descoberto em um pegmatito de Taquaral, MG (Brasil), e assim chamado em homenagem a John S. *White* Jr., editor da revista *Mineralogical Record*. Cf. *whiteíta-(CaFeMg)*, *whiteíta-(CaMnMg)*.

whitleyito Meteorito rochoso acondrítico, da classe aubrito, com fragmentos de condrito preto.

WHITLOCKITA Fosfato de cálcio e magnésio – $Ca_9Mg(PO_3OH)(PO_4)_6$ –, trig., incolor, descoberto em um pegmatito de Grafton, New Hampshire (EUA), e assim chamado em homenagem a Herbert P. *Whitlock*, mineralogista norte-americano. Sin. de *pirofosforita*.

WHITMOREÍTA Fosfato básico hidratado de ferro – $Fe^{2+}Fe_2^{3+}(PO_4)_2(OH)_2.4H_2O$ –, monocl., produzido por alteração hidrotermal de trifilita em pegmatitos. Forma cristais aciculares marrons a marrom-esverdeados, alongados verticalmente, com dur. 3,0 e D. 2,9. Homenagem a Robert W. *Whitmore*, colecionador de minerais norte-americano. Cf. *ojuelaíta*, *earlshannonita*.

whitneyita Var. de cobre contendo arsênio. Talvez de *Whitney* (Inglaterra).

wickelcamacita Var. de camacita encontrada em ferro de origem meteorítica.

WICKENBURGITA Silicato hidratado de chumbo, cálcio e alumínio – $Pb_3CaAl_2Si_{10}O_{27}(H_2O)_3$ –, trig., descoberto perto de *Wickenburg* (daí seu nome), Maricopa, Arizona (EUA).

WICKMANITA Hidróxido de manganês e estanho – $MnSn(OH)_6$ –, cúb., dimorfo da tetrawickmanita. Descoberto em Varmland (Suécia).

WICKSITA Fosfato hidratado de fórmula química $NaCa_2Fe_4(FeMg)(PO_4)_6.2H_2O$, ortor., descoberto em Yukon (Canadá), onde aparece na forma de nódulos quase pretos, de traço verde, br. submetálico, clivagem (010) boa. Dur. 4,5-5,0. D. 3,5. Homenagem ao Dr. Frederick J. *Wicks*, curador do Royal Ontario Museum, de Toronto (Canadá). Cf. *grischunita*.

WIDENMANNITA Carbonato de chumbo e uranila – $Pb_2(UO_2)(CO_3)_3$ –, ortor., tabular, amarelo, frágil, encontrado em cavidades. Solúvel em ác. nítrico diluído com evolução de CO_2. Clivagem (100) perfeita, br. nacarado a sedoso. Homenagem a Bergrat J. F. *Widenmann*, descobridor das micas uraníferas da Floresta Negra (Alemanha).

WIDGIEMOOLTHALITA Carbonato básico hidratado de níquel com magnésio – $(Ni,Mg)_5(CO_3)_4(OH)_2.4$-$5H_2O$ –, monocl., do grupo da hidromagnesita, descoberto perto de *Widgiemooltha* (daí seu nome), na Austrália.

WIGHTMANITA Borato hidratado de magnésio – $Mg_5(BO_3)O(OH)_5.2H_2O$ –, que cristaliza em prismas monocl., grosseiramente hexag., incolores, com clivagem (010) perfeita. Dur. 5,5. D. 2,59. Descoberto em Riverside, Califórnia (EUA), e assim chamado em homenagem a Randal H. *Wightman*, minerador daquela localidade.

wiikita Mistura de euxenita e itropirocloro. Homenagem a F. J. *Wiíki*, mineralogista finlandês.

WILCOXITA Fluorsulfato hidratado de magnésio e alumínio – $MgAl(SO_4)_2F \cdot 18H_2O$ –, tricl., descoberto na mina Lone Pine, Catron, no Novo México (EUA). Forma prismas límpidos, reunidos em crostas. Dur. 2. Assim chamado em homenagem a William *Wilcox*, descobridor do distrito mineiro onde o mineral foi descoberto.

WILHELMKLEINITA Arsenato básico de zinco e ferro – $ZnFe_2(AsO_4)_2(OH)_2$ –, monocl., do grupo da lazulita, descoberto em Tsumeb (Namíbia).

WILHELMVIERLINGITA Fosfato básico hidratado de cálcio, manganês e ferro – $CaMnFe(PO_4)_2(OH) \cdot 2H_2O$ –, do grupo da overita, descoberto em pegmatitos de Hagendorf, Baviera (Alemanha), onde é visto na forma de agregados fibrorradiados ou finamente granulados, marrons a amarelo-claros. Ortor., com dur. 4 e D. 2,6. Clivagem (010) perfeita. Homenagem a *Wilhelm Vierling*, mineralogista alemão.

wilkeíta Substância antes considerada espécie independente, mas que se trata de apatita silicatada e sulfatada ou fluorellestadita fosfatada. Homenagem a R. M. *Wilke*, colecionador de minerais norte-americano.

WILKINSONITA Silicato de sódio e ferro – $Na_2Fe_6Si_6O_{20}$ –, tricl., do grupo da enigmatita, descoberto em Nova Gales do Sul (Austrália).

WILKMANITA Seleneto de níquel – Ni_3Se_4 –, dimorfo da trüstedtita. Pode ser primário ou produzido por alteração de sederolmita. Amarelo-cinzento claro. Descoberto em albita diabásio, no mesmo jazimento em que foram encontradas a kullerudita, a makinenita, a sederolmita e a trüstedtita, todos selenetos de níquel. Homenagem a W. W. *Wilkman*, geólogo norte-americano.

WILLEMITA Silicato de zinco – Zn_2SiO_4 –, geralmente com manganês. Trig., maciço ou granular, raramente em cristais (prismáticos). Tem cor branca, amarelo-esverdeada, verde, avermelhada, marrom, cinza ou azul; traço branco ou cinzento; br. resinoso a vítreo; clivagem basal boa e frat. conchoidal. Transp. Dur. 5,0-6,0. D. 3,90-4,20. IR 1,690-1,720. Bir. 0,028-0,033. U(+). Às vezes é fluorescente à luz UV, com forte cor verde-amarela. Pode mostrar também fosforescência e triboluminescência, bem como pleocroísmo nas var. mais escuras. A willemita é relativamente rara, sendo encontrada principalmente na zona superior dos depósitos de chumbo sulfetado. É fonte de zinco (73% ZnO), sendo usada também como gema, mas raramente. Apenas as var. transp. e quase só a amarelo-esverdeada costumam ser lapidadas. O principal produtor mundial de willemita gemológica são os EUA. Homenagem ao rei *William* I, da Holanda. Sin. de *belgita*.

WILLEMSEÍTA Silicato básico de níquel com magnésio – $(Ni,Mg)_3Si_4O_{10}(OH)_2$ –, monocl., descoberto no Transvaal (África do Sul).

WILLHENDERSONITA Aluminossilicato hidratado de potássio e cálcio – $KCa Al_3Si_3O_{12} \cdot 5H_2O$ –, tricl., do grupo das zeólitas. Descoberto em Terni, Umbria (Itália), onde é visto em cavidades de lavas quaternárias, formando agregados em treliça. Forma cristais tabulares em um xenólito de calcário em Mayen, Eifel (Alemanha). É incolor, de br. vítreo, D. 2,2 e dur. 3, aproximadamente. Clivagem cúb. perfeita. Homenagem a *Willi*am A. *Henderson*, seu descobridor.

williamsita Var. de antigorita impura, maciça, verde-maçã ou verde-amarelada, semelhante ao jade na aparência e, como ele, usada como pedra ornamental. Mostra frequentemente inclusões pretas e raramente é transp. Homenagem a L. W. *Williams*, colecionador de minerais norte-americano.

WILLYAMITA Sulfoantimoneto de cobalto e níquel – $(Co,Ni)SbS$ –, monocl. ou tricl., que forma série isomórfica com a ullmannita. De *Willyama*, Nova Gales do Sul (Austrália), onde foi descoberto.

wiltshireíta Nome dado à rathita não maclada. Homenagem a Thomas *Wiltshire*, professor de Mineralogia. Sin. de *alfarrathita*.

WILUÍTA Silicato de fórmula química $Ca_{19}(Al,Mg,Fe,Ti)_{13}(B,Al,[\ ])_5Si_{18}O_{68}(O,OH)_{10}$, tetrag., descoberto na região do rio *Wilui* (daí seu nome), na Rússia. Cf. *vesuvianita*.

winchellita Sin. de *thomsonita*.

WINCHITA Anfibólio monocl. de fórmula química $[\ ](CaNa)Mg_4(Al,Fe)Si_8O_{22}(OH)_2$, que forma série isomórfica com a ferrowinchita. Tem cor azul e assemelha-se à tremolita. Não confundir com *vinchita*. Sin. de *eckrita*.

WINSTANLEYITA Telurato de titânio – $TiTe_3O_8$ –, cúb., amarelo a creme, encontrado como fragmentos em um dique de granodiorito na mesma região onde foram descobertas a girdita, a oboyerita e a fairbankita. Dur. 4,0. Homenagem a B. J. *Winstanley*, mineralogista amador norte-americano.

WISERITA Borato de fórmula química $(Mn,Mg)_{14}B_8(Si,Mg)O_{22}(OH)_{10}Cl$, tetrag., fibroso, com clivagem perfeita segundo o plano perpendicular às fibras. Ocorre intimamente intercrescido com pirocroíta, sussexita e outros minerais não identificados.

withamita Var. de epídoto com certa quantidade de manganês. Cor amarela ou vermelha.

WITHERITA Carbonato de bário – $BaCO_3$ –, do grupo da aragonita. Forma cristais ortor. pseudo-hexag., ou piramidais, ou crostas mamilonares. É branco-amarelada ou branco-esverdeada, com br. vítreo, transl. Dur. 3,0-3,5. D. 4,30-4,70. IR 1,532-1,680. Bir. 0,148. B(–). É rara, sendo encontrada em filões de chumbo e flúor, em países como EUA, Japão, Canadá e Grã-Bretanha. Usada para obtenção de compostos de bário (tem 77,7% BaO) e, às vezes, como gema. O nome é homenagem ao seu descobridor, William *Withering*.

WITTICHENITA Sulfeto de cobre e bismuto – Cu_3BiS_3 –, ortor., cinza-aço ou cor de estanho. De *Wittichen*, Baden (Alemanha), onde foi descoberto.

WITTITA Sulfeto de chumbo e bismuto – $Pb_{12}Bi_{14}(S,Se)_{33}$ –, com 8% Se. Pseudotetrag. e pseudo-hexag., semelhante à molibdenita na aparência. Descoberto em Kopparberg, na Suécia, e assim chamado em homenagem a *Witt*, engenheiro de minas sueco.

wodanita Sin. de *titanobiotita*.

WODGINITA Óxido de manganês, estanho e tântalo – $MnSnTa_2O_8$ –, que forma grãos pretos ou prismas monocl. alongados segundo [010], densos (7,36), de traço marrom. Semelhante à tantalita. Relativamente raro. Ocorre em pegmatitos alcalinos. De *Wodgina* (Austrália), onde foi descoberto. Cf. *ferrowodginita*, *litiowodginita*, *titanowodginita*.

WOEHLERITA Silicato de fórmula química $Na_2Ca_4Zr(Nb,Ti)(Si_2O_7)_2(O,F)_4$, monocl., em cristais tabulares ou prismáticos, ou em grãos irregulares. Dur. 5,5-6,0. D. 3,42. Amarelo ou marrom. Ocorre em sienitos nefelínicos e pegmatitos alcalinos. Homenagem a Friederich *Woehler*, químico alemão.

WOELSENDORFITA Óxido básico hidratado de chumbo e uranila – $Pb_7(UO_2)_{14}O_{19}(OH)_4.12H_2O$ –, ortor., vermelho ou vermelho-alaranjado. De *Woelsendorf*, Baviera (Alemanha), onde foi descoberto.

wolfachita Arseneto de níquel com antimônio e enxofre – $Ni(As,Sb,S)$ –, prateado, de br. metálico. De *Wolfach*, Baden (Alemanha).

WOLFEÍTA Fosfato básico de ferro – $Fe_2PO_4(OH)$ –, monocl., isomorfo da triploidita, dimorfo da satterlyíta. Pardo-avermelhado, com D. 3,79. Descoberto

em Grafton, New Hampshire (EUA), e assim chamado em homenagem a Caleb *Wolfe*, cristalógrafo norte-americano.
wolframita V. *volframita*, forma preferível.
wolfsbergita V. *calcostibita*. Provavelmente de *Wolfsberg* (Áustria).
wolftonita Sin. de *hidro-heterolita*. De *Wolftone*, mina de Leadville, Colorado (EUA).
WOLLASTONITA Silicato de cálcio – CaSiO_3 –, monocl. e tricl. Ocorre em cristais tabulares maclados ou massas, com cor branca, cinza, marrom, vermelha ou amarela, em calcários que foram submetidos a metamorfismo de contato. Br. vítreo a sedoso. Dur. 4,5-5,0. D. 2,80-2,90. Clivagem perfeita, transl., seguidamente fluorescente. Quando puro, é usado na fabricação de lã mineral; útil como isolante acústico. Homenagem a W. H. *Wollaston*, químico inglês. Cf. *rivaíta*.
WONESITA Aluminossilicato básico de sódio e magnésio – $Na_{0,5}[\ ]_{0,5}Mg_{2,5}Al_{1,5}Si_3O_{10}(OH)_2$ –, monocl., do grupo das micas, muito semelhante à flogopita, que exibe hábito micáceo típico. Assim chamado em homenagem a David. R. *Wones*, professor de Geologia de Blacksburg, Virgínia (EUA).
WOODALLITA Hidróxido de fórmula química $Mg_6Cr_2(OH)_{16}Cl_2.4H_2O$, trig., do grupo da hidrotalcita, descoberto na Austrália e assim chamado em homenagem a Roy *Woodall*, geólogo australiano.
WOODHOUSEÍTA Fosfato de cálcio e alumínio – $CaAl_3[(P,S)O_4]_2(OH,H_2O)_6$ –, trig., descoberto em Mono, Califórnia (EUA), e assim chamado em homenagem a C. D. *Woodhouse*, colecionador norte-americano.
WOODRUFFITA Óxido hidratado de zinco e manganês – $(Zn,Mn)Mn_3O_7.1-2H_2O$ –, tetrag., que forma massas botrioidais marrons a pretas em minérios de zinco secundários de Sterling Hill, Sussex, New Jersey (EUA). D. 3,71 e dur. 4,5. Homenagem a Samuel *Woodruff*, minerador e colecionador de minerais.

WOODWARDITA Sulfato básico hidratado de cobre e alumínio – $CuAl_2SO_4(OH)_{12}.2-4H_2O$ (?) –, trig., azulado, descoberto na Cornualha (Inglaterra) e assim chamado em homenagem a Samuel P. *Woodward*, naturalista inglês.
WOOLDRIDGEÍTA Fosfato hidratado de sódio, cálcio e cobre – $Na_2CaCu_2(P_2O_7)_2.10H_2O$ –, ortor., descoberto em Warwickshire (Inglaterra).
WROEWOLFEÍTA Sulfato básico hidratado de cobre – $Cu_4(SO_4)(OH)_6.2H_2O$ –, monocl., dimorfo da langita. Forma pequenos cristais euédricos, submilimétricos, azul-esverdeados, escuros, br. vítreo, com três clivagens. Homenagem a C. *Wroewolfe*, cristalógrafo norte-americano.
WULFENITA Molibdato de chumbo – PbMoO_4 –, tetrag., de cor amarela, laranja ou vermelho-alaranjada, às vezes cinzenta, branca ou verde. Forma massas granulares de cristais tabulares, de br. adamantino. Dur. 2,7-3,0. D. 6,50-6,70. IR 2,304-2,403. Bir. 0,098. U(–). Embora mais importante como mineral-minério de Pb e Mo, a wulfenita pode ser usada também como gema, apesar de ter baixa dur. e de ser muito friável, o que dificulta a sua lapid. A disp. é alta. Wulfenita gemológica é produzida no Arizona (EUA) e na Namíbia. É encontrada na zona oxidada dos depósitos de chumbo. O maior cristal de wulfenita conhecido foi descoberto na Namíbia e tinha 61 cm de comprimento. Homenagem a Franz X. *Wulfen*, minerador austríaco. Cf. *stolzita*.
WÜLFINGITA Hidróxido de zinco – $Zn(OH)_2$ –, ortor., trimorfo da ashoverita e da sweetita, descoberto em Hesse (Alemanha).
WUPATKIITA Sulfato hidratado de cobalto e alumínio com magnésio e níquel – $(Co,Mg,Ni)Al_2(SO_4)_4.22H_2O$ –, do grupo da halotriquita, monocl., descoberto em Coconini, Arizona (EUA).
WURTZITA Sulfeto de zinco com ferro – $(Zn,Fe)S$ –, hexag. e trig., trimorfo da esfalerita e da matraíta. Forma cristais piramidais hemimórficos ou agulhas

com disposição radial em esfalerita lamelar. Tem cor parda a negra e traço incolor a preto, dependendo ambos do teor de ferro. Br. adamantino, clivagem boa segundo [1120] e ruim segundo [0001]. Dur. 3,5-4,0. D. 4,03. IR 2,356-2,378. Bir. 0,022. U(+). É um mineral relativamente raro, encontrado com esfalerita em depósitos hidrotermais formados a baixas temperaturas e usado como substituto do diamante. Assim chamado em homenagem ao químico francês Adolphe *Wurtz*.

WÜSTITA Óxido de ferro – FeO –, cúb., descoberto em Würtenberg (Alemanha) e assim chamado em homenagem a Edwald *Wüst*, geólogo alemão. Sin. de *iozita*, *iossiderita*.

WYARTITA Carbonato básico hidratado de cálcio e uranila – $Ca_3U(UO_2)_6(CO_3)(OH).7H_2O$ –, ortor., preto-violeta, secundário. Antes tido por iantinita. Descoberto em Shinkolobwe, Shaba (R. D. do Congo).

WYCHEPROOFITA Fosfato básico hidratado de sódio, alumínio e zircônio – $NaAlZr(PO_4)_2(OH)_2.H_2O$ –, tricl., descoberto em um granito de Vitória (Austrália).

WYLLIEÍTA Fosfato de sódio, magnésio e alumínio com ferro – $Na_2(Mg,Fe)_2Al(PO_4)_3$ –, monocl., verde, de br. vítreo a submetálico, muito friável. Forma séries isomórficas com a ferrowyllieíta e com a rosemaryíta. Descoberto em Custer, Dakota do Sul (EUA), e assim chamado em homenagem ao professor Peter J. *Wyllie*.

xalostoquita Sin. de *landerita*. De *Xalostoc*, Morelos (México).
XANTIOSITA Arsenato de níquel – $Ni_3(AsO_4)_2$ –, amorfo, amarelo-ouro. D. 5,39. Do gr. *xanthos* (amarelo), por sua cor.
xantita Var. de vesuvianita amarelada. Do gr. *xanthos* (amarelo).
xantitânio V. *xantotitânio*, forma mais correta.
XANTOCONITA Sulfoarseneto de prata – Ag_3AsS_3 –, dimorfo da proustita. Aparece como cristais monocl. tabulares segundo (001), frequentemente formando lâminas alongadas segundo [010], raramente piramidais. Vermelho, amarelo ou marrom, com traço amarelo-alaranjado. Clivagem basal perfeita e frat. subconchoidal. É frágil e tem br. adamantino. Dur. 2-3. D. 5,5. Contém 64,9% Ag. Do gr. *xanthos* (amarelo) + *konis* (pó), por sua cor quando pulverizado. Sin. de *rittingerita*.
xantocroíta V. *greenockita*. Do gr. *xanthos* (amarelo) + *khroa* (cor), por ter cor amarela.
xantofilita Sin. de *clintonita*. Do gr. *xanthos* (amarelo) + *phyllon* (folha), por sua cor e hábito.
xantossiderita V. *goethita*. Do gr. *xanthos* (amarelo) + *sideros* (ferro), por sua cor e composição.
xantotitânio V. *anatásio*.
XANTOXENITA Fosfato básico hidratado de cálcio e ferro – $Ca_4Fe_2(PO_4)_4(OH)_2 \cdot 3H_2O$ –, cristalizado em finas placas amarelo-cera. Do gr. *xanthos* (amarelo) + *cacoxenita*, por sua cor e porque se pensava fosse semelhante, quimicamente, a esse mineral.
xenomórfico Sin. de *anédrico*.

XENOTÍMIO-(Y) Fosfato de ítrio – YPO_4 –, tetrag., que forma série isomórfica com a chernovita-(Y). Cristaliza em prismas (longos e curtos) semelhantes aos de zircão, ou em agregados de granulação fina. Tem cor variável e é, geralmente, radioativo. Subtransp., de br. vítreo a resinoso, traço marrom, friável, com clivagem (100) perfeita. Dur. 4,0-5,0. D. 4,40-5,10. Moderadamente paramagnético. Tem 61,4% Y_2O_3. É fonte de TR. Mineral acessório em granitos e pegmatitos. Do gr. *xenos* (estranho) + *time* (homenagem), porque o ítrio que contém foi inicialmente considerado um novo elemento. Cf. *xenotímio-(Yb)*, *wakefieldita-(Y)*.
XENOTÍMIO-(Yb) Fosfato de itérbio – $YbPO_4$ –, tetrag., descoberto em um pegmatito de Manitoba (Canadá). Cf. *xenotímio-(Y)*.
XIANGJIANGITA Fosfato básico hidratado de ferro e uranila com alumínio – $(Fe,Al)(UO_2)_4(PO_4)_2(SO_4)_2(OH) \cdot 22H_2O$ –, tetrag., descoberto em Hunan (China) e assim chamado em alusão ao rio *Xiangjiang*. Forma agregados microcristalinos terrosos, amarelos, com traço de mesma cor e br. sedoso. Facilmente solúvel em HCl e H_2SO_4. Dur. 1-2. D. 2,9-3,1.
xibiu (gar.) Diamante pequeno, inaproveitável como gema. Sin. de *mosquito*.
XIFENGITA Siliceto de ferro – Fe_5Si_3 –, hexag., descoberto na região de Yanshan, na China.
XILINGOLITA Sulfeto de chumbo e bismuto – $Pb_3Bi_2S_6$ –, monocl., descoberto em depósito de ferro de escarnitos de Chaobuleng, *Xilingola* (daí seu nome), na Mongólia (China). Cinza-chumbo com traço da mesma cor, br. metálico, formando prismas alongados segundo o eixo *b*, com até 8 mm, estriados longitudinalmente. D. 7,1.
xilólito Sin. de *madeira fossilizada*. Do gr. *xylon* (madeira) + *lithos* (pedra).
xilopala Var. de opala-comum que se forma em cavidades na madeira, em substituição à matéria orgânica, frequentemente preservando a estrutura

original da madeira (v. *litoxilo*). Do gr. *xylon* (madeira) + *opala*. Sin. de *opala de madeira, opala-xiloide, zeasita*.

xilotilo Silicato de magnésio e ferro, com Mg/Fe = 6, produto de alteração do crisotilo.

XIMENGITA Fosfato hidratado de bismuto – $BiPO_4.0,5H_2O$ –, trig., descoberto na província de Yunnan, na China.

xingzhongita Sulfeto de ferro, chumbo e irídio com outros metais – (Pb,Cu,Fe)(Ir,Pt,Rh)$_2$S$_4$ –, com 47% Ir, 7,6% Rh e algo de Os e Pt. Cúb., cinza, de br. metálico, encontrado em minerais de platina de dunitos da China. Pronuncia-se "sing-xunguita".

xiphonita Mineral do grupo dos anfibólios, que cristaliza em prismas pequenos, de cor amarelo-mel. De *Xiphonia*, Etna, Sicília (Itália).

XITIESHANITA Sulfato básico hidratado de ferro – $Fe(SO_4)(OH).7H_2O$ –, solúvel em água fria ou ác. diluídos. Monocl., formando cristais retangulares ou agregados maciços de até 2 x 2 cm, verdes, transl. a transp., com traço amarelo, clivagem imperfeita, frat. conchoidal a irregular. Dur. 2,7. D. 1,98. Ocorre na zona de oxidação da jazida de chumbo-zinco de *Xitieshan* (daí seu nome), em Qinghai (China).

XOCOMECATLITA Telurato de cobre – $Cu_3TeO_4(OH)_4$ –, ortor., descoberto em riolito de Sonora (México), simultaneamente com a tlaloquita. Forma esférulas de menos de 0,15 mm, verdes, de D. 4,4-4,6, dur. 4, traço verde-claro, compostas de agulhas radiais. Nome derivado de uma palavra nahua que significa uva, em alusão aos agregados de esférulas que mostra.

XONOTLITA Silicato básico de cálcio – $Ca_6Si_6O_{17}(OH)_2$ –, monocl. e tricl., descoberto em Tetela de *Xonotla*, Pueblo (México), daí seu nome.

Y y

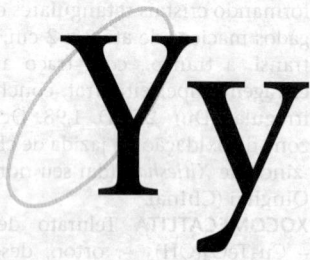

YAFSOANITA Telurato de cálcio e zinco – $Ca_3Zn_3TeO_6$ –, cúb., descoberto em jazida de ouro da ex-União Soviética, onde aparece na forma de pequenos cristais (0,1-0,5 mm) isolados ou em agregados de estrutura radial-concêntrica. Marrom, solúvel em ác., não reagindo com KOH e $FeCl_2$. O nome é homenagem ao *Yafsoan*, setor da Academia de Ciências da Rússia que funciona em Yakut.

yag Nome coml. de um aluminato de ítrio – $Y_3Al_5O_{12}$ –, artificial, transp., usado como imitação do diamante e de granadas. Dur. 8,0. D. 4,57-6,69. IR 1,833-1,870. Disp. 0,028. Cristaliza no sistema cúb. e tem cor muito variável, dependendo do metal de TR que é acrescentado. O térbio dá cor amarela; o hólmio, dourada; o érbio, amarelo-rosada; o túlio, verde-clara; o itérbio e o lutécio, amarelo-clara. Mostra fluorescência amarelo-clara com luz UV. Pode ter inclusões cuja natureza varia conforme o método de fabricação usado. É produzido nos EUA desde 1972 e vendido sob vários outros nomes comerciais (*amatite*, *citrolita*, *diamonair*, [2]*diamantite*, *diamite*, *diamogem*, *diamlite*, *diamone*, *diamonique*, *diamonte*, *dia-bud*, *diaman-brite* e *di'yag*, por ex.). Nome derivado de ítrio (*Y*) + *a*lumínio + *g*ranada, por sua composição e estrutura, semelhante à das granadas. Cf. *GGG*.

YAGIITA Aluminossilicato de sódio, magnésio e alumínio com potássio – $(Na,K)_{1,5}Mg_2(Al,Mg)_3(Si,Al)_{12}O_{30}$ –, hexag., do grupo da osumilita, descoberto em um meteorito encontrado perto de Granada (Espanha).

YAKHONTOVITA Silicato básico hidratado de cálcio e cobre com sódio, ferro e magnésio – $(Ca,Na)_{0,5}(Cu,Fe,Mg)_2Si_4O_{10}(OH)_2.3H_2O$ –, monocl., do grupo da esmectita, descoberto na Sibéria (Rússia).

yamagutilita Var. de zircão com 4,23% P_2O_5, 15,89% TR e 3,4% HfO_2. De *Yamaguti*, Nagano (Japão), onde ocorre.

yamatoíta Silicato de manganês e vanádio – $Mn_3V_2(SiO_4)_3$ –, membro final hipotético do grupo das granadas. De *Yamato*, mina de Kagoshima (Japão).

YAROSLAVITA Fluoreto básico hidratado de cálcio e alumínio – $Ca_3Al_2F_{10}(OH)_2.H_2O$ –, ortor., descoberto na jazida de estanho de *Yaroslavskoye* (daí seu nome), na Rússia.

YARROWITA Sulfeto de cobre – Cu_9S_8 –, hexag., opaco, de D. 4,9, que ocorre em depósitos de cobre de Alberta (Canadá), em *Yarrow* Creek (daí seu nome). Cf. *spionkopita*.

YAVAPAIITA Sulfato de potássio e ferro – $KFe(SO_4)_2$ –, monocl., que forma crostas de cristais róseos, friáveis, de br. adamantino, alongados segundo [010], com clivagem (100) e (001) perfeitas. Dur. 2,5-3,0. D. 2,88-2,92. De *Yavapai*, tribo do Arizona (EUA) em cujas terras foi descoberto.

YEATMANITA Silicato de manganês, zinco e antimônio – $Mn_9Zn_6Sb_2Si_4O_{28}$ –, tricl., marrom. Descoberto em Sussex, New Jersey (EUA), e assim chamado em homenagem a Pope *Yeatman*, engenheiro de minas norte-americano.

YECORAÍTA Óxido hidratado de bismuto, ferro e telúrio – $Bi_5Fe_3(TeO_3)(TeO_4)_2O_9.9H_2O$ –, tetrag. ou hexag., descoberto em *Yecora* (daí seu nome), Sonora (México).

YEDLINITA Oxicloreto de chumbo e cromo – $Pb_6CrCl_6(O,OH)_8$ –, trig., que cristaliza na forma de prismas de até 1 mm de comprimento, de cor vermelho-violeta. Transp. ou transl., um tanto séctil. Descoberto em Pinal, Arizona (EUA), e assim chamado em homenagem a Neal *Yedlin*, seu descobridor.

YE'ELIMITA Sulfato de cálcio e alumínio – $CaAl_6O_{12}(SO_4)$ –, cúb., descoberto a oeste do mar Morto, em Israel.

yellow ground Kimberlito amarelado, oxidado, que ocorre na parte superior das chaminés (10 m a 40 m de profundidade), acima do *blue ground*.

yenita V. *ilvaíta*.

YFTISITA-(Y) Flúor-titanossilicato de metais de TR – $(Y,REE)_4TiO(SiO_4)_2(F,OH)_6$ –, ortor., que forma prismas de até 7 mm de comprimento, amarelados, transp., de br. vítreo a graxo, sem clivagem. Dur. 3,5-4,0. D. 3,96. Foi descoberto na península de Kola (Rússia). Nome derivado da fórmula química ($Y + F + Ti + Si$).

yig Abreviatura de *yttrium-iron-garnet* (ítrio-ferrogranada), gema artificial, cúb., de cor azul, verde, vermelha, roxa ou amarela. Cf. *yag*, *GGG*.

YIMENGITA Óxido de potássio e cromo com outros metais – $K(Cr,Ti,Fe,Mg)_{12}O_{19}$ –, hexag., descoberto em diques de kimberlitos em *Yimengshan* (daí seu nome), Shandong (China), onde aparece na forma de grãos irregulares de 0,5-2,0 mm, às vezes tabulares, com clivagem basal perfeita. Dur. 4,1. D. 4,3. Insolúvel em HCl e HNO_3. Preto, com traço marrom e br. metálico.

YINGJIANGITA Fosfato básico hidratado de potássio, cálcio e uranila – $K_2Ca(UO_2)_7(PO_4)_4(OH)_6.6H_2O$ –, ortor., do grupo da fosfuranilita. Descoberto em uma ocorrência de urânio de *Yingjiang* (daí seu nome), na província de Yunnan (China).

YIXUNITA Platina com 16,4% In – Pt_3In –, cúb., descoberta no rio *Yixun* (daí seu nome), na China.

YODERITA Silicato básico de magnésio e alumínio com ferro – $Mg_2(Al,Fe)_6Si_4O_{18}(OH)_2$ –, monocl., púrpura, descoberto em Kongwa, na Tanzânia.

YOFORTIERITA Silicato básico hidratado de manganês – $Mn_5Si_8O_{20}(OH)_2.9H_2O$ –, monocl., equivalente manganesífero da palygorskita. Forma fibras milimétricas e centimétricas de cor rosa ou violeta, com disposição radial. Homenagem ao canadense *Y. O. Fortier*.

YOSHIMURAÍTA Silicato de fórmula química $(Ba,Sr)_2(Ti,Fe)(Mn,Fe)_2O[(P,S)O_4](Si_2O_7)(OH)$, tricl., que forma cristais tabulares marrom-alaranjados ou grupos estelares. Descoberto em Iwate (Japão).

YOSHIOKAÍTA Mineral de fórmula química $Ca(Al,Si)_2O_4$, hexag., descoberto na Lua, a cerca de 24 m do local de pouso da Apolo 14.

YUANFULIITA Borato de fórmula química $(Mg,Fe)(Fe,Al,Mg,Ti)(BO_3)O$, ortor., descoberto na província de Liaoning, na China.

YUANJIANGITA Mineral com 62,4% Au e 37,6% Sn – AuSn –, hexag., descoberto no rio *Yuanjiang* (daí seu nome), na província de Hunan, na China. É prateado, microcristalino, de br. metálico, opaco, com D. 11,7-11,9. Cf. *niquelina*.

YUGAWARALITA Aluminossilicato hidratado de cálcio – $CaAl_2Si_6O_{16}.4H_2O$ –, monocl., do grupo das zeólitas. Forma veios e cristais achatados de até 10 mm, em cavidades de tufos andesíticos alterados por fontes termais. É incolor a branco, de br. vítreo, geralmente iridescente na face (010). Dur. 4,5. D. 2,20. De *Yugawara*, fonte termal de Kanajawa (Japão), onde foi descoberto.

YUKONITA Arsenato básico hidratado de cálcio e ferro – $Ca_2Fe_3(AsO_4)_4(OH).12H_2O$ (?) –, amorfo, encontrado como concreções irregulares de dur. 2-3, D. 2,8, quase pretas, com tons marrons. Decrepita sob calor brando e quando imerso em água. De *Yukon* (Canadá), onde foi descoberto.

YUKSPORITA Silicato de fórmula química $(K,Ba)NaCa_2(Si,Ti)_4O_{11}(F,OH).H_2O$, ortor., semelhante à pectolita, porém mais rico em K e Na. Forma massas fibrosas ou laminadas, vermelhas ou rosa. Nome derivado de *Yukspor*, monte da península de Kola (Rússia), onde foi descoberto.

YUSHKINITA Mineral de fórmula química $V_{1-x}S.n(Mg,Al)(OH)_2$, onde $x = 0,4$

e n = 0,6, aproximadamente. É trig. e foi descoberto na península de Yugorskii, na Rússia.

YVONITA Arsenato hidratado de cobre – $Cu(AsO_3OH).2H_2O$ –, tricl., do grupo da krautita, descoberto em Aude, na França.

Labradorita — MG

Lepidolita — CA

Lápis-lazúli — MG

Madeira fossilizada — MG

Magnesita MG

Malaquita MG

Magnetita MG

Marcassita MG

Meteorito Bendegó *(Museu Geológico da Bahia)*

Mordenita CA

Moscovita CA

Obsidiana CA

Opala-comum CA

Olho de tigre MG

Ônix-ouro CA

Opala de fogo MG

533

Opala-preciosa   MG

Pérola e concha   CA

Pepita de ouro   CA

Peras de fundição   (Schumann, 1982)

Pérola *(cultivo)* *(Schumann, 1982)*

Pirita CA

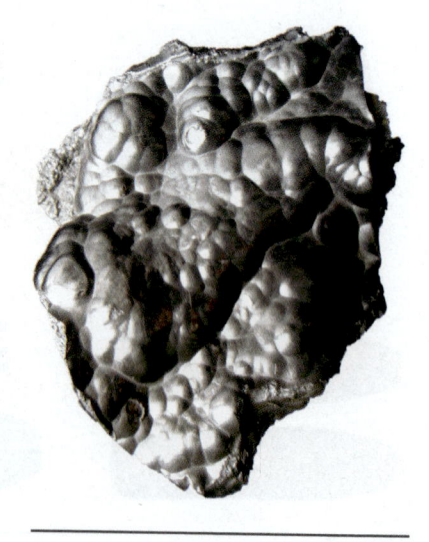

Pirolusita CA

535

Polianita — MG

Quartzo-enfumaçado — CA

Quartzo-cetro — MG

Quartzo-leitoso — MG

Quartzo-mórion — MG

Quartzo-rutilado — MG

Quartzo rosa (lapidado e bruto) — MG

537

Quartzo-verde — MG

Quiastolita — MG

Realgar MG

Rochas ornamentais MG

Rodocrosita MG	*Safira* MG
Rodonita MG	*Schorlita* MG

540

Shattuckita — MG

Sienito (marrom guaíba) — MG

541

Sodalita MG

Talco MG

Topázio MG

Tectito *(moldavito)* MG

Topazolita MG

Travertino CA

543

Turmalina bicolor — MG

Vanadinita — CA

544

Zinnwaldita — MG

Zircão — MG

zaba gem (nome coml.) V. *titânia*.
ZABUYELITA Carbonato de lítio – Li_2CO_3 –, monocl., descoberto no lago *Zabuye* (daí seu nome), no Tibet (China).
ZACCAGNAÍTA Carbonato hidratado de zinco e alumínio – $Zn_4Al_2(OH)_{12}(CO_3)$. $3H_2O$ –, hexag., descoberto na Toscânia (Itália).
ZAHERITA Sulfato básico hidratado de alumínio – $Al_{12}(SO_4)_5(OH)_{26}.20H_2O$ –, tricl., branco, maciço, de granulação extremamente fina, com br. nacarado e uma boa clivagem. Pode adquirir e perder água à temperatura ambiente. Dur. 3,5. D. 2,01. O nome homenageia M. A. *Zaher*, seu descobridor.
ZAIRITA Fosfato de bismuto e ferro – $BiFe_3(PO_4)_2(OH,H_2O)_6$ –, semelhante à crandallita. Trig., esverdeado. Dur. 4,5. Forma pequenas massas na zona intemperizada de veios de qz. com volframita, no antigo *Zaire* (hoje R. D. do Congo), daí seu nome.
ZAJACITA-(Ce) Fluoreto de sódio, metais de TR e cálcio – $Na(REE_xCa_{1-x})(REE_yCa_{1-y})F_6$, onde $x \neq y$. É trig., incolor, rosa ou laranja, granular, de br. vítreo e dur. 3,5. Descoberto em Quebec (Canadá).
ZAKHAROVITA Silicato básico hidratado de sódio e manganês – $Na_4Mn_5Si_{10}O_{24}(OH)_6.6H_2O$ –, trig., descoberto na península de Kola (Rússia). Cor amarela, br. nacarado a graxo, frat. conchoidal, clivagem basal perfeita, dur. em torno de 2 e D. 2,6. É fortemente eletromagnético e facilmente decomposto por HCl 10% a frio. Assim chamado em homenagem a E. E. *Zakharov*, Diretor do Instituto de Exploração Geológica de Moscou (Rússia).
ZALESIITA Arsenato básico hidratado de cálcio e cobre – $CaCu_6[(AsO_4)_2(AsO_3OH)(OH)_6].3H_2O$ –, hexag., do grupo da mixita, descoberto na República Checa.
zamboninita Fluoreto de cálcio e magnésio, mistura de fluorita e sellaíta.
ZANAZZIITA Fosfato de fórmula química $Ca_2(Mg,Fe)(Mg,Fe,Al)_4Be_4(PO_4)_6(OH)_4.6H_2O$, monocl., descoberto em Itinga, MG (Brasil). Cf. *roscherita*.
ZAPATALITA Fosfato básico hidratado de cobre e alumínio – $Cu_3Al_4(PO_4)_3(OH)_9.4H_2O$ –, tetrag., descoberto em Agua Prieta, Sonora (México). Maciço, azul-claro com traço de mesma cor. D. 3,0, dur. em torno de 1,5, boa clivagem basal, séctil. Ocorre preenchendo cavidades, parecendo substituir libethenita e pseudomalaquita; pode alterar-se a crisocola. Homenagem a Emiliano *Zapata*, herói da Revolução Mexicana.
ZARATITA Carbonato básico hidratado de níquel – $Ni_3(CO_3)(OH)_4.4H_2O$ –, com até 26% Ni. Cúb., forma incrustações ou massas compactas de cor verde. Descoberto na Galícia (Espanha) e assim chamado em homenagem a Antonio Gil y *Zarate*, diplomata espanhol.
ZAVARITSKITA Oxifluoreto de bismuto – BiOF –, tetrag., cinza, de br. semimetálico a graxo, clivagem e dur. não determinadas, transl., que ocorre em greisen do Transbaikal (Rússia). Homenagem a Aleksander N. *Zavaritskii*, petrógrafo russo.
zavonsdikita V. *hessita*.
ZDENEKITA Cloroarsenato hidratado de sódio, chumbo e cobre – $NaPbCu_5(AsO_4)_4Cl.5H_2O$ –, tetrag., descoberto em Var (França) e assim chamado em homenagem ao mineralogista Johan *Zdenek*. Cf. *lavendulanita*.
zeasita Sin. de *xilopala*. Antigamente, designava a opala de fogo.
zebedassita Silicato hidratado de magnésio e alumínio – $(MgO)_5Al_2O_3(SiO_2)_6.4H_2O$. De *Zebedassi*, Piemonte (Itália).
zefarovichita V. *wavellita*.
zeilanita V. *pleonasto*.

ZEKTEZERITA Silicato de sódio, lítio e zircônio – $NaLiZrSi_6O_{15}$ –, ortor., incolor a róseo, que forma cristais euédricos com clivagens (100) e (010) perfeitas, de traço branco e br. vítreo. Dur. em torno de 6,0. D. 2,79. Descoberto em cavidades miarolíticas num batólito de riebeckitassienito de Okanogan, Washington (EUA). Assim chamado em homenagem a Jack *Zektezer*, seu descobridor. Cf. *tuhualita*.

ZELLERITA Carbonato hidratado de cálcio e uranila – $CaUO_2(CO_3)_2.5H_2O$ –, ortor., secundário, amarelo-limão, fortemente fluorescente. Descoberto em mina de Fremont, Wyoming (EUA). Cf. *metazellerita*.

ZEMANNITA Mineral de fórmula química $Mg_{0,5}[ZnFe(TeO_3)_3].4,5H_2O$, descoberto em Sonora (México). Cf. *kinichilita, keystoneíta*.

ZEMKORITA Carbonato de sódio e cálcio – $Na_2Ca(CO_3)_2$ –, hexag., dimorfo da nyerereíta, descoberto em um kimberlito de Yakutia (Rússia).

zenithite (nome coml.) V. *fabulita*.

ZENZENITA Óxido de chumbo, ferro e manganês – $Pb_3(Fe,Mn)_4Mn_3O_{15}$ –, hexag., descoberto em Langban, Varmland (Suécia), e assim chamado em homenagem a Nile *Zenzen*, Curador do Museu Sueco de História Natural, de Estocolmo.

ZEOFILITA Silicato hidratado de cálcio – $Ca_{13}Si_{10}O_{28}[(F,O,(OH)]_8(OH)_2.6H_2O$ –, trig., branco, transl. a opaco, de br. nacarado, descoberto na Boêmia (República Checa). Do gr. *zeo* (ferver) + *phyllon* (folha).

zeolita V. *zeólita*.

zeólita Designação genérica dos membros de um grupo de mais de 89 aluminossilicatos geralmente hidratados, de álcalis (Na e K) e metais alcalino-terrosos (Ca, mais raramente Ba, Mg e Sr), em que a soma Al/Si é muito variável. A pahasapaíta e a weinebeneíta são beriliofosfatos, não silicatos. Caracterizam-se por uma estrutura de cavidades abertas, que permitem fácil e reversível perda de água e cátions a baixas temperaturas. Geralmente formam pequenos cristais euédricos, brancos ou incolores (às vezes amarelos ou vermelhos). Produtos de alteração hidrotermal de feldspatos, feldspatoides e outros aluminossilicatos. Ocorrem preenchendo fendas e cavidades em r. basálticas. Também em granitos e gnaisses e em r. sedimentares (autigênicos). Algumas zeólitas naturais e grande quantidade de zeólitas artificiais são usadas para absorção de gases nocivos em currais; como branqueadores de papel; em fertilizantes agrícolas; no controle da poluição do ar e da água e em inúmeras outras aplicações. As zeólitas artificiais servem como catalisadores, dissecantes e no craqueamento do petróleo. A thomsonita e a polucita são duas espécies do grupo usadas com fins gemológicos. Do gr. *zeo* (ferver) + *lithos* (pedra), porque parecem ferver em sua própria água, quando aquecidos. Sin. de *zeolita*.

zeólita da suécia V. *trifana*.

zeólita de sudermânia V. *trifana*.

zeólita do cabo V. *prehnita*.

zeólita-mimética Sin. de *dachiardita*.

zeugita Sin. de *martinita*. Do gr. *zeugites*.

ZEUNERITA Arsenato hidratado de cobre e uranila – $Cu(UO_2)_2(AsO_4)_2.10-16H_2O$ –, tetrag., isomorfo da uranospinita. Cor verde, br. vítreo, radioativo. Mineral-minério de urânio. Homenagem a Gustav A. *Zeuner*, físico alemão, diretor da Escola de Minas de Freiberg (Alemanha). Cf. *metazeunerita*.

zeuxita V. *esmeralda-brasileira*. Do gr. *zeuxis* (articulação).

zeylanita V. *ceilonita*.

ZHANGHENGITA Mineral com 63% Cu e 22% Zn – CuZn –, cúb., descoberto em um meteorito encontrado na província de Anhui, na China. Contém ainda alumínio, cromo e ferro. É amarelo, opaco, de br. metálico.

ZHARCHIKHITA Fluoreto de alumínio – Al(F,OH) –, monocl., descoberto na jazida de molibdênio de *Zharchikha* (daí seu nome), Transbaikal (Rússia).

ZHEMCHUZHNIKOVITA Oxalato hidratado de sódio, magnésio e alumínio com ferro – $NaMg(Al,Fe)(C_2O_4)_3 \cdot 8\text{-}9H_2O$ –, em cristais trig. verdes, violeta em luz artificial. Descoberto em Yakutia (Rússia).

ZHONGHUACERITA-(Ce) Fluorcarbonato de bário e cério – $Ba_2Ce(CO_3)_3F$ –, trig., amarelo-claro, facilmente solúvel em ác. Forma agregados de pequenos grãos em dolomito metamorfizado de Bayan Obo (China). Transp., de br. vítreo a resinoso, com dur. 4,6 e D. 4,2-4,4. O nome significa "mineral de cério da China", em chinês.

ZIESITA Vanadato de cobre – $\beta\text{-}Cu_2V_2O_7$ –, encontrado em cristais pretos anédricos, na zona de oxidação de uma fumarola do vulcão Izalco (El Salvador). Monocl., dimorfo da blossita. Tem br. metálico, traço marrom-avermelhado, nenhuma clivagem e é opaco. O nome homenageia Emanuel G. Zies, pesquisador do Laboratório de Geofísica da Carnegie Institution, de Washington DC (EUA).

ZIMBABUEÍTA Arsenato de fórmula química $Na(Pb,Na,K)_2(Ta,Nb,Ti)_4As_4O_{18}$, ortor., descoberto em uma mina do Zimbábue (daí seu nome).

zinalsita Silicato básico hidratado de zinco e alumínio – $ZnAlSi_2O_5(OH)_4 \cdot 2H_2O$ (?) –, monocl. Talvez se trate de fraipontita. De zinco + alumínio + silicato + ita.

zincalcantita Sulfato hidratado de zinco e cobre; var. de calcantita com zinco.

ZINCALUMINITA Sulfato básico hidratado de zinco e alumínio – $Zn_6Al_6(SO_4)_2(OH)_{26} \cdot 5H_2O$ –, ortor. ou hexag., azul-claro. Descoberto em Laurion (Grécia). De zinco + aluminita.

ZINCITA Óxido de zinco com manganês – $(Zn,Mn)O$ –, hexag., geralmente maciço, às vezes granular, raramente em cristais. Tem cor vermelho-escura a amarelo-amarronzada, traço amarelo-alaranjado, br. quase adamantino, clivagem prismática e frat. conchoidal, sendo transp. a transl. Dur. 4,0. D. 5,40-5,70. IR muito alto: 2,013-2,029. Bir. 0,016. U(+). Ocorre em r. metassomáticas de contato. É importante fonte de zinco (80,3% Zn), sendo usado, quando transp., como gema. Zincita gemológica é encontrada principalmente em New Jersey (EUA). Sin. de espartalita.

ZINCO V. Anexo.

ZINCOBOTRIOGÊNIO Sulfato básico hidratado de zinco, magnésio, manganês e ferro – $(Zn,Mg,Mn)Fe(SO_4)_2(OH) \cdot 7H_2O$ –, monocl., em agregados cristalinos de estrutura radiada e em prismas simples, com br. vítreo a graxo e cor vermelho-alaranjado-clara. Cf. botriogênio.

zincocadmoselita Var. de cadmoselita com Cd:Zn = 10:1.

ZINCOCOPIAPITA Sulfato básico hidratado de zinco e ferro – $ZnFe_4(SO_4)_6(OH)_2 \cdot 20H_2O$ –, tricl., que forma agregados compactos verde-amarelados, de br. vítreo, na zona de oxidação de jazidas de chumbo e zinco, em regiões extremamente áridas da Rússia. Dur. 2,0. D. 2,18.

ZINCOCROMITA Cromato de zinco – $ZnCr_2O_4$ –, cúb., descoberto em Karelia (Rússia). É preto-amarronzado, opaco a transl. de br. submetálico e dur. 5,5.

ZINCOESTAUROLITA Silicato básico de zinco e alumínio – $[\ ]_4Zn_4Al_{16}(Al_2[\ ])_2Si_8O_{40}[(OH)_2O_6]$ –, monocl., do grupo da estaurolita, descoberto nos Alpes suíços.

ZINCOGARTRELLITA Arsenato hidratado de chumbo e zinco com ferro e cobre – $Pb(Zn,Fe,Cu)_2(AsO_4)_2(H_2O,OH)_2$ –, tricl., descoberto em Tsumeb (Namíbia). Cf. gartrellita.

zincogreenockita Var. de greenockita com Cd:Zn = 3:1.

ZINCO-HOEGBOMITA-2N2S Óxido de fórmula química $(Zn,Ti)_6(Al_{14}Ti_2)_{E16}O_{30}(OH)_2$, hexag., descoberto na ilha de Samos (Grécia). É marrom-escuro a preto, transp. a opaco, de D. 4,36. Cf. zinco-hoegbomita-2N6S.

ZINCO-HOEGBOMITA-2N6S Óxido de fórmula química $(Zn,Ti)_{14}(Al_{30}Ti_2)_{E32}O_{62}(OH)_2$, hexag., descoberto na ilha de Samos (Grécia). Cf. zinco-hoegbomita-2N2S.

ZINCOMELANTERITA Sulfato hidratado de zinco com ferro e cobre – (Zn,Fe,

$Cu)SO_4.7H_2O$ –, monocl., semelhante à melanterita, descoberto em Gunnison, Colorado (EUA).

zinco-otavita Var. de otavita com 13% $ZnCO_3$.

ZINCORROSASITA Var. de rosasita com mais zinco que cobre – $(Zn,Cu)_2CO_3(OH)_2$ –, monocl., descoberta em Tsumeb (Namíbia).

ZINCORROSELITA Arsenato hidratado de cálcio e zinco – $Ca_2Zn(AsO_4)_2.2H_2O$ –, monocl., dimorfo da gaitita, do grupo da roselita, descoberto em Tsumeb (Namíbia).

zinco-rubi Sin. de *blenda-rubi*.

zincoschefferita Silicato de magnésio, cálcio, manganês e zinco – $(Mg,Mn,Zn)OCaO(SiO_2)_2$ –, do grupo dos piroxênios. Forma massas foliadas.

ZINCOSSILITA Silicato básico hidratado de zinco – $Zn_3Si_4O_{10}(OH)_2.4H_2O$ (?) –, do grupo da esmectita. Monocl., forma finas lamelas branco-azuladas de até 2,0 x 1,5 x 0,5 mm, com clivagem (001) perfeita, br. nacarado. Dur. 1,5-2,0. D. 2,67-2,71. De *zinco* + *sil*icato + *ita*.

ZINCOVOLTAÍTA Sulfato hidratado de potássio, zinco, ferro e alumínio – $K_2Zn_5Fe_3Al(SO_4)_{12}.18H_2O$ –, cúb., descoberto na China. Cf. *voltaíta*.

ZINCOWOODWARDITA Sulfato hidratado de zinco e alumínio – $[Zn_{1-x}Al_x(OH)_2][(SO_4)_{x/2}(H_2O)_n]$ –, trig., do grupo da hidrotalcita, descoberto em Laurion (Grécia).

ZINCOZIPPEÍTA Sulfato básico hidratado de zinco e uranila – $Zn_2(UO_2)_6(SO_4)_3(OH)_{10}.16H_2O$ –, ortor., amarelo. Descoberto em Yavapai, Arizona (EUA). Cf. *cobaltozippeíta*, *magnesiozippeíta*, *niquelzippeíta*.

ZINKENITA Sulfoantimoneto de chumbo – $Pb_9Sb_{22}S_{42}$ –, em cristais aciculados hexag., às vezes extremamente finos, cinzento-escuros. Descoberto no maciço de Harz (Alemanha). Homenagem ao geólogo J. K. L. *Zinken*. Sin. de *keeleyita*. Cf. *pillaíta*.

zinnaeíta Sulfeto de ferro, níquel e cobalto, com teor de níquel variável.

zinnwaldita Série de micas trioctaédricas litiníferas, escuras, antes considerada espécie. De *Zinnwald*, antigo nome de Cinovec (República Checa), onde foi descoberto. □

zinopel Mistura de jaspe avermelhado com pirita aurífera, encontrada na Hungria.

ZIPPEÍTA Sulfato básico hidratado de potássio e uranila – $K(UO_2)_2(SO_4)(OH)_3.H_2O$ –, monocl., que ocorre com hábito terroso, pulverulento ou como eflorescências em paredes de galerias e pilhas de rejeitos. Forma cristais achatados com clivagem (010). Dur. 3,0. Mostra forte fluorescência verde. Associa-se tipicamente à gipsita e é frequentemente confundido com uranopilita. Muito raro. Homenagem a Franz X. *Zippe*, mineralogista austríaco.

ZIRCÃO Silicato de zircônio – $ZrSiO_4$ –, tetrag., em cristais prismáticos ou bipiramidais, incolores ou de cor amarela, alaranjada, vermelha ou, mais raramente, verde. Não se conhece zircão de cor azul definida, embora haja, no Sri Lanka, uma var. azul-clara, quase branca. Os cristais não costumam ter mais de 1 cm, mas já se encontrou um com 3,5 kg. O zircão forma maclas como as do rutilo, mas muito menos frequentes. Tem br. adamantino, traço incolor, frat. conchoidal, inexistindo clivagem. Dur. 6,0-7,5. D. 4,30-4,70. Frequentemente fluorescente. IR 1,790- -1,980. Bir. 0,059. U(+). Radioativo, muitas vezes metamicto. Disp. forte: 0,038. Pode aparecer como inclusão no diamante, não tendo ele próprio inclusões típicas. Caracteriza-se por seus índices de refração, tão altos que ultrapassam a capacidade de medida dos refratômetros comuns. Além disso, faz aparecer duplicadas as arestas dos cristais e as inclusões. Algumas var. apresentam um agrupamento de pequeníssimos pontos de impossível individualização, que recebem, por isso, o nome de *algodão*. Dependendo da intensidade da metamictização,

o zircão pode ser alto (não metamicto), médio ou baixo (ou alfa, beta e gama). O jacinto é um zircão transp. de cor amarela, laranja, vermelha ou castanha. O zircão é mineral acessório em r. ígneas ác. e nas r. sedimentares delas derivadas; comum também nas areias de praias, mármores, xistos e gnaisses. Ocorre ainda em meteoritos. É a principal fonte de zircônio, sendo usado também como material refratário, fonte de háfnio (7% Hf) e de ítrio, e como gema, substituindo o diamante, quando incolor. O zircão azul, o mais valioso, custa de US$ 5 a US$ 350/ct, para gemas lapidadas de 0,5 ct a 20 ct. Certas var., como o zircão marrom do Vietnã, por aquecimento a 800ºC-1.000ºC, podem ficar incolores ou azuis e, se forem metamictos, terão sua estrutura cristalina reconstituída. É lapidado com formato redondo ou retangular com cantos cortados. É produzido principalmente na Índia, Tailândia, Vietnã, Mianmar (ex-Birmânia), Sri Lanka, Austrália, França, Rússia e Madagascar. No Brasil, ocorre em Minas Gerais e no Rio Grande do Norte. Do persa *zarcum*, ou de *tsar* (ouro) + *gum* (cor). Sin. de *zirconita, auerbachita, azorita, ²jacinto, engelhardita, orvillita.* ☐
zircão alfa Sin. de *zircão alto.*
zircão alto Zircão não metamicto. Tem D. 4,70, dur. 7,5 e IR 1,925-1,984. Bir. 0,059. U(+). A cor é azul, laranja-amarronzado ou incolor, havendo forte pleocroísmo. É praticamente o único tipo de zircão usado como gema. Sin. de *zircão alfa.* Cf. *zircão baixo, zircão médio.*
zircão baixo Zircão muito metamicto, sem valor gemológico, amorfo ou quase amorfo, com D. 4,00 e IR 1,810-1,815. Bir. 0,002-0,005. U(+). É verde, podendo mostrar tons de marrom ou amarelo. Dur. 6,0 (inferior à do zircão alto). Transforma-se em zircão alto por aquecimento prolongado. Sin. de *zircão gama.* Cf. *zircão alto, zircão médio.*
zircão beta Sin. de *zircão médio.*

zircão-ceiloniano Nome dado, no comércio, às var. de zircão vermelho-fogo, verde-amarelada e cinza. Denominação imprópria; mais correto seria *zircão-cingalês.*
zircão gama Sin. de *zircão baixo.*
zircão médio Zircão parcialmente metamicto, com propriedades físicas intermediárias entre as do *zircão alto* e as do *zircão baixo* (v.). D. 4,30-4,70. Verde--escuro a verde-amarronzado. Sin. de *zircão beta.*
ZIRCOFILITA Silicato do grupo da astrofilita, semelhante a esta, de fórmula química $(K,Na)_3(Fe,Mn)_7(Zr,Nb)_2Si_8O_{24}(O,OH,F)_7$. Tricl., marrom-escuro, quase preto, de br. vítreo a adamantino. Nome derivado de *zirc*ônio + astro*filita.*
Zircolite Nome coml. (marca registrada) de um espinélio sintético incolor.
zircônia Óxido de zircônio − ZrO_2 −, encontrado na natureza como baddeleyita e produzido artificialmente para imitar o diamante (v. *zircônia cúbica*).
zircônia cúbica Óxido de zircônio (zircônia) − ZrO_2 −, polimorfo artificial da baddeleyita. Contém, normalmente, pequena quantidade de óxido de cálcio (CaO) ou ítrio (Y_2O_3), que funciona como estabilizador. Cúb., transp., incolor, sem clivagem. Dur. 7,5-8,5. D. 5,65. IR 2,150-2,180. Disp. 0,060. É produzida em Monthey (Suíça) e empregada como imitação de diamante desde 1976, sendo uma das mais modernas e mais aperfeiçoadas imitações desse mineral. Como a zircônia só funde a 2.700ºC, temperatura superior ao PF dos cadinhos, inventou-se um cadinho formado por tubos de cobre refrigerados a água, em torno dos quais há uma bobina de radiofrequência (10-15 MHz) que fornece o calor necessário à fusão. A zircônia difere do diamante por ter dur. e IR menores, com D. e disp. maiores. Muitas vezes apresenta estrias, por causa do polimento, bem como cristais negativos dispostos em filas subparalelas e que, ao microscópio, aparecem

como bolhas minúsculas de forte relevo. Permite a passagem dos raios X com muito mais dificuldade que o diamante, o que é um bom meio de distingui-la desse mineral. É uma gema muito barata (R$ 1,00 para uma peça de 4 mm), vendida também sob várias outras denominações comerciais, como CZ, diamante wattens, diamante Z, diamonesque, djevalita e zircon[3].

zirconiobetafita Var. de betafita com até 9,8% ZrO_2.

zirconioschorlomita Silicato de cálcio, zircônio, ferro e titânio, com até 11% ZrO_2. Externamente igual à schorlomita.

zirconita Sin. de zircão.

ZIRCONOLITA Titanato de cálcio e zircônio – $CaZrTi_2O_7$ –, ortor., monocl., trig. e metamicto, descoberto na península de Kola (Rússia). De zircônio + gr. lithos (pedra).

ZIRCOSSULFATO Sulfato hidratado de zircônio – $Zr(SO_4)_2.4H_2O$ –, ortor., branco, facilmente solúvel em água fria. Descoberto em Tuva, Sibéria (Rússia). De zircônio + sulfato.

zirfesita Silicato hidratado de zircônio e ferro com cério. Amorfo, semelhante ao alofano. Pulverulento, amarelo. De zircônio + ferro + silicato + ita.

ZIRKELITA Óxido de titânio com zircônio e cálcio – $(Ti,Zr,Ca)O_{2-x}$, onde x = 0,3, aproximadamente. Cúb., forma octaedros achatados, pretos, de dur. 5,5, D. 4,7 e br. resinoso. Descoberto em um carbonatito da península de Kola (Rússia). É encontrado também em piroxenitos decompostos de Jacupiranga, SP (Brasil). Mineral-minério de zircônio. Homenagem ao petrógrafo e mineralogista Zirkel. Sin. de [1]blakeíta, niobozirconolita. Não confundir com zirklerita.

zirkita Nome coml. de um minério de zircônio com baddeleyita, proveniente de Poços de Caldas, MG (Brasil). Sin. de favas de zircônio.

ZIRKLERITA Cloreto básico hidratado de ferro, magnésio e alumínio – $(Fe,Mg)_9Al_4Cl_{18}(OH)_{12}.14H_2O$ (?) –, trig. Descoberto na Saxônia (Alemanha). Homenagem a Zirkler, mineralogista alemão. Não confundir com zirkelita.

zirlita V. gibbsita.

ZIRSINALITA Silicato de sódio, cálcio e zircônio com manganês – $Na_6(Ca,Mn)ZrSi_6O_{18}$ –, trig., do grupo da lovozerita, semelhante a esta. Descoberto na península de Kola (Rússia). De zircônio + silicato + natrum (sódio) + lithos (pedra).

ZLATOGORITA Antimoneto de cobre e níquel – $CuNiSb_2$ –, trig., descoberto em Zlatoya Gora (daí seu nome), nos Urais (Rússia).

ZNUCALITA Carbonato básico hidratado de cálcio, zinco e uranila – $CaZn_{11}(UO_2)(CO_3)_3(OH)_{20}.4H_2O$ –, tricl., descoberto em uma mina da Boêmia (República Checa).

ZODACITA Fosfato básico hidratado de cálcio, manganês e ferro – $Ca_4MnFe_4(PO_4)_6(OH)_4.12H_2O$ –, monocl., descoberto em um pegmatito de Mesquitela, em Portugal.

ZOISITA Silicato básico de cálcio e alumínio – $Ca_2Al_3Si_3O_{12}(OH)$ –, do grupo do epídoto. A zoisita é ortor., prismática, com muitas estrias verticais. Azul, às vezes verde, mas, em geral, de cor cinza, esverdeada ou vermelha, geralmente com pequenas manchas brancas. Br. vítreo, clivagem (010) perfeita. Dur. 6,0-7,0, quando maciça e 8,5, quando cristalizada. D. 3,30-3,50. A var. vermelho-rosa é extremamente pleocroica em amarelo e vermelho-arroxeado. IR 1,700-1,706. Bir. 0,006. B(+). Tem duas var. gemológicas: a thulita e a tanzanita (v.), a primeira usada principalmente em objetos ornamentais. A tanzanita substitui a safira. A zoisita é geralmente produto de alteração hidrotermal de plagioclásios. Ocorre em r. ígneas alteradas e em r. metamórficas, especialmente calcoxistos, sendo produzida principalmente na Tanzânia, Dinamarca (Groenlândia), Noruega, EUA e Austrália. A zoisita, se aquecida a mais de 400°C, pode quebrar. Deve-se evitar também sua limpeza por ultrassom. Homenagem ao barão austríaco Zois

von Eldstein. Sin. de *saualpita*. Cf. *clinozoisita*.
zona cristalina Conjunto de duas ou mais faces cristalinas paralelas a uma única direção.
zonoclorita V. *pumpellyíta-(Mg)*. (Antes considerada var. impura de prehnita.) Do gr. *zon* (cinta) + *clorita*.
zonotlita Sin. de *eakleíta*.
zorgita 1. Seleneto de chumbo, cobre e prata – $PbSeCu_2SeAg_2Se$ –, metálico, amarelo-latão, possivelmente mistura de clausthalita e umanguita. Usado para obtenção de selênio. 2. Aluminossilicato de ferro e potássio. De *Zorg*, cidade da Alemanha.
ZORITA Mineral de fórmula química $Na_6Ti(Ti,Nb)_4[(Si,Al)_2Si_4O_{17}]_2(O,OH)_5 \cdot 11H_2O$, ortor., róseo, descoberto na península de Kola (Rússia). Forma cristais prismáticos intercrescidos ou placas policristalinas. Do russo *zori* (róseo), por sua cor.
ZOUBEKITA Sulfoantimoneto de prata e chumbo – $AgPb_4Sb_4S_{10}$ –, ortor., descoberto na Boêmia (República Checa).
ZUGSHUNSTITA-(Ce) Oxalato de fórmula química $(Ce,Nd,La)Al(SO_4)_2(C_2O_4) \cdot 12H_2O$, monocl., descoberto no Tennessee (EUA). Nome derivado da denominação dada pelos índios cherokee a uma montanha do Tennessee.
zultanita Hidróxido de alumínio – $AlO(OH)$ –, ortor., de dur. 6,5-7,0 e D. 3,4, com cor variável, dependendo do tipo de iluminação: verde à luz do dia; verde-oliva a marrom-esverdeado em luz incandescente. IR 1,740-1,770. É usada como gema e a única ocorrência conhecida é na Anatólia (Turquia). O nome homenageia os sultões que fundaram o Império Otomano da Anatólia.
ZUNIITA Silicato básico de alumínio com flúor e cloro – $Al_{13}Si_5O_{20}(OH)_{14}F_4Cl$ –, cúb., em pequenos cristais tetraédricos, transp. Raro. De *Zuni*, nome de uma mina de San Juan, Colorado (EUA), onde foi descoberto. Não confundir com *zunita*.
zunita Jaspe procedente do Arizona (EUA). Não confundir com *zuniita*.
ZUSSMANITA Aluminossilicato básico de potássio, ferro, magnésio e manganês – $K(Fe,Mg,Mn)_{13}(Si,Al)_{18}O_{42}(OH)_{14}$ –, trig., descoberto na forma de cristais tabulares verde-claros, com clivagem (0001) perfeita, em r. metamórficas de Mendocino, Califórnia (EUA).
ZVYAGINTSEVITA Mineral com 29,26% Pb e 54,10% Pd, contendo ainda platina, ouro e estanho – $(Pd,Pt,Au)_3(Pb,Sn)$ –, cúb. Forma grãos de até 0,3 mm, de br. metálico, cor creme e traço preto, no depósito de Noril'sk, Sibéria (Rússia). Assim chamado em homenagem a Orest *Zvyagintsev*, estudioso dos metais do grupo da platina.
ZWIESELITA Fluorfosfato de ferro e manganês – Fe_2PO_4F –, monocl., isomorfo da triplita, de cor marrom. Nome derivado de *Zwiesel*, Baviera (Alemanha), onde foi descoberto.
ZYKAÍTA Sulfato-arsenato básico hidratado de ferro – $Fe_4(AsO_4)_3(SO_4)(OH) \cdot 15H_2O$ –, ortor., em nódulos de até 3 cm, em sulfetos da mina Safary, Kank (República Checa). Branco-acinzentado, fosco, com frat. irregular. Dur. inferior a 2. D. 2,5. Insolúvel em água. Homenagem a V. *Zyka*, geoquímico checo.

Anexo

ELEMENTOS QUÍMICOS

actínio (Ac). NA 89. MA 225. CARACTERÍSTICAS. Tem comportamento químico semelhante ao dos metais de TR, especialmente o La. Radioativo, com meia-vida de 13,5 anos. Ocorre nos minerais de U. FONTES DE OBTENÇÃO. Bombardeamento do Ra com nêutrons. APLICAÇÕES. Produção de nêutrons. ETIMOLOGIA. Do gr. *aktinos* (raio).

ALUMÍNIO (Al). NA 13. MA 26,98. CARACTERÍSTICAS. Metal leve, de baixa dur., maleável, dúctil, prateado, com alta condutividade elétrica e boa resistência à corrosão. É o metal mais abundante na crosta terrestre. PF 657°C. FONTES DE OBTENÇÃO. Bauxita, criolita, nefelina, alunita, leucita. HISTÓRIA. No início do século XIX, era um metal caríssimo, custando o equivalente a US$ 1.200/kg. Em 1854, Henri Deville baixou esse custo para US$ 330, mas ainda era mais caro que o ouro. Só em 1886 Charles Hall obteve alumínio a baixo custo, por eletrólise. APLICAÇÕES. Ligas para construção civil, aviação, indústria naval, condutores elétricos, utensílios domésticos, automóveis, tintas, papel decorativo, explosivos, telescópios, embalagens, *flash* fotográfico etc., num total superior a quatro mil aplicações diferentes. ETIMOLOGIA. Do lat. *alumen*.

amerício (Am). NA 95. MA 243*. CARACTERÍSTICAS. Quimicamente semelhante aos metais de TR. Quando exposto ao ar seco, à temperatura ambiente, oxida-se lentamente. Parece ser mais maleável que o U ou o Np. Radioativo, exige extremo cuidado em seu manuseio. FONTES DE OBTENÇÃO. Bombardeamento do U com partículas alfa. APLICAÇÕES. Vidros; possível fonte para diagnósticos radiográficos. ETIMOLOGIA. De *América*.

ANTIMÔNIO (Sb). NA 51. MA 121,75. CARACTERÍSTICAS. Ocorre geralmente em massas muito friáveis, lamelares ou informes. Branco-azulado, de br. metálico, quebradiço. Dá um pó cinza-escuro. Mau condutor térmico e elétrico. Quando resfriado, dilata-se ao invés de contrair-se. PF 631°C. FONTES DE OBTENÇÃO. Principalmente estibinita; também bindheimita, bournonita, jamesonita (EUA e México), quermesita, cervantita (às vezes), estibiconita, tetraedrita. APLICAÇÕES. Principalmente ligas com Pb, para aumentar a dur. e a rigidez. Essas ligas são usadas em baterias, tubos de dentifrício, soldas, projéteis de armas de fogo, tipografia etc. Usado também em fogos de artifício, fósforos, medicamentos, pigmentos, vidros, vulcanização, semicondutores, detectores de infravermelho, diodos, cerâmica. ETIMOLOGIA. 1. Do lat. medieval *antimonius*. 2. De *Antimonium Constantinus Africanus*. 3. De *antimonacal*, porque exerceria influência nefasta sobre a vida monástica. 4. Do gr. *antimuano* (flores), em alusão ao hábito da estibinita.

argônio (Ar). NA 18. MA 39,95. CARACTERÍSTICAS. Gás incolor e inodoro. FONTES DE OBTENÇÃO. Fracionamento do ar liquefeito. APLICAÇÕES. Lâmpadas elétricas de cor azulada, produção de Si e Ti sintéticos, balões e retificadores. ETIMOLOGIA. Do gr. *argon* (inerte), por sua inércia química.

arsênico V. *arsênio*.

ARSÊNIO (As). NA 33. MA 74,92. CARACTERÍSTICAS. Semimetal que ocorre em massas granulares ou reniformes, quebradiças, de cor cinza e br. metálico, com odor de alho. Sublima a 633°C. Tóxico. Exposto ao ar, adquire *tarnish*. Dur. 3,5. D. 5,70. Ocorre em filões de r. cristalinas e forma mais de dez minerais próprios. FONTES DE OBTENÇÃO. Loellingita, tennantita, realgar, ouro-

-pigmento, escorodita, enargita e, principalmente, arsenopirita. APLICAÇÕES. Em ligas com Pb para projéteis, para melhorar a esfericidade; conservação de couros e madeiras; pigmentos; vidros. O arsenato de Pb e Ca é usado em inseticidas; o óxido é usado na Medicina; os sulfetos, em tintas e em artefatos pirotécnicos. O arseneto de Ga é usado para produção de laser. O grupo do arsênio compreende mais três semimetais trig.: o antimônio, o bismuto e o estibarsênio. ETIMOLOGIA. 1. Do lat. *arsenicum* (masculino), porque antigamente se pensava que os metais tinham sexo. 2. Do gr. *arsenikon* (masculino), nome aplicado ao ouro-pigmento, por suas pretensas propriedades afrodisíacas. Cf. *arsenolamprita*. Sin. de *arsênico*.
astatínio (At). NA 85. MA 210. CARACTERÍSTICAS. Radioativo, muito raro, ainda não encontrado na Terra. Tem 20 isótopos conhecidos. Parece acumular-se na tireoide. Propriedades semelhantes às do I. FONTES DE OBTENÇÃO. Bombardeamento de bismuto com partículas alfa. ETIMOLOGIA. Do gr. *astatos* (instável), por ser altamente radioativo. Sin. (obsol.): *astato, alabamínio*.
azoto (obsol.) V. *nitrogênio*.
bário (Ba). NA 56. MA 137,34. CARACTERÍSTICAS. Metal alcalino-terroso prateado, denso, de br. metálico, dur. igual à do Pb, facilmente oxidável. Quimicamente semelhante ao Ca. Todos os seus compostos solúveis em água ou ác. são tóxicos. PF 850°C. FONTES DE OBTENÇÃO. Principalmente barita; também witherita. APLICAÇÕES. Em tubos de vácuo e válvulas termoiônicas; os sais, em pigmentos, borracha, papel, radiografias de contraste e vidros. ETIMOLOGIA. 1. Do gr. *barys* (pesado). 2. De *barita*, mineral em que foi descoberto.
berílio (Be). NA 4. MA 9,01. CARACTERÍSTICAS. Metal cinza-aço, muito leve, de alto PF, excelente condutor térmico, não magnético, alta permeabilidade aos raios X. Resistente à oxidação pelo ar e ao ataque pelo ác. nítrico; tóxico, duro. Forma cerca de 40 minerais conhecidos, cinco dos quais são comuns. FONTES DE OBTENÇÃO. Principalmente berilo; também bertrandita, helvita. APLICAÇÕES. Ligas com Cu e Al para eletricidade, janela para tubos de raios X, ferramentas especiais, aeronaves, gemas sintéticas, mísseis, giroscópios, instrumentos elétricos e científicos, computadores e relógios. Em reatores nucleares, como fonte de nêutrons, invólucro de U e refletor de nêutrons. ETIMOLOGIA. Do gr. *beryllos* (berilo). Sin. de *glucínio*.
berkélio (Bk). NA 97. MA 249*. CARACTERÍSTICAS. Ainda não foi obtido de modo estável na forma elementar. Acredita-se que é prateado, facilmente solúvel em ác. e facilmente oxidável ao ar ou oxigênio, a altas temperaturas. D. estimada: 14,00. Tem oito isótopos. FONTES DE OBTENÇÃO. Bombardeamento de Am com íons He^+. APLICAÇÕES. Não tem aplicação coml. ou tecnológica por ser muito raro. ETIMOLOGIA. De *Berkeley*, Califórnia (EUA), onde foi descoberto.
BISMUTO (Bi). NA 83. MA 208,98. CARACTERÍSTICAS. Metal frágil, séctil, que forma raros cristais naturais euédricos, trig., branco-rosados. Condutividade térmica inferior à de todos os metais, exceto o Hg. Tem alta resistividade elétrica e é fortemente diamagnético. Aquecido ao ar, queima com chama azul e fumaça amarela. FONTES DE OBTENÇÃO. Principalmente bismutinita; também bismita, bismuto nativo, emplectita e metalurgia do Pb. APLICAÇÕES. Principalmente cosméticos (como oxicloreto) e medicamentos (nitrato e carbonato). Em ligas de baixo PF, com Sn e Pb, para fusíveis, válvulas de segurança e dispositivos contra incêndio. Em vidros especiais, porcelana, tecidos estampados e granadas de mão. Em reatores atômicos, na produção de At. ETIMOLOGIA. 1. Do gr. *bismuthos* (alvaiade de chumbo), porque antigamente era confundido com Pb (e Sn). 2. Do al. *weisse Masse* (massa branca), depois *Wismuth*. ☐

bohrio (Bh). NA 107. MA 264. Características. Presume-se que tenha comportamento químico similar ao do Re. Fontes de obtenção. Bombardeio de íons de ^{54}Cr sobre ^{204}Bi. Aplicações. Não há. Etimologia. Homenagem a Niels *Bohr*, físico dinamarquês.

boro (B). NA 5. MA 10,81. Características. Forma cristais amarelos ou pó amorfo de cor marrom e baixa dur. Mau condutor elétrico à temperatura ambiente, mas bom a altas temperaturas. Não é tóxico, mas seus compostos acumulam-se no organismo. Fontes de obtenção. Principalmente kernita; também sassolita, szaibelyíta, bórax, boracita, ulexita, inderita, inderborita, hidroboracita, inyoíta, colemanita, priceíta, datolita, tincalconita. Aplicações. Cerâmica, vidros, aços, abrasivos (como nitreto), semicondutores, produtos farmacêuticos, combustível para foguetes e aviões a jato (hidretos), artefatos pirotécnicos (dá cor verde), isolante elétrico (nitrato), antisséptico (ác. bórico), reatores nucleares, esmaltes para geladeiras, máquinas de lavar roupas e aparelhos afins. Etimologia. 1. Do ár. *boraq*. 2. Do persa *burah*.

bromo (Br). NA 35. MA 79,91. Características. É o único não metal líquido. Denso, marrom-avermelhado. Volatiza facilmente, formando um vapor vermelho com odor muito desagradável, semelhante ao do Cl, que irrita os olhos e a garganta. Facilmente solúvel em água, muito tóxico. Queima a pele e tem alta reatividade química. Pertence ao grupo dos halogênios. Fontes de obtenção. Água do mar e salmouras naturais. Aplicações. Aditivos para gasolina (dibrometo de etileno), dispositivos antifogo, purificação da água, medicamentos, fotografia, corantes (brometo). Etimologia. Do gr. *bromos* (mau cheiro).

CÁDMIO (Cd). NA 48. MA 112,40. Características. Metal calcófilo, branco-azulado, séctil, de baixa dur., tóxico. Possui bastantes semelhanças com o Zn. Forma pelo menos seis minerais conhecidos, todos raros e sem importância econômica: greenockita, hawleyita, xantocroíta, monteponita, otavita e cádmio nativo. Fontes de obtenção. Metalurgia do Pb, Cu, Zn, principalmente a partir da esfalerita, da wurtzita e da otavita. Aplicações. Galvanoplastia (60% do Cd produzido). Ligas de baixo coeficiente de fricção e alta resistência à fadiga, usadas em rolamentos. Ligas de PF muito baixo. Engenharia Nuclear e televisores. Pigmento amarelo (sulfeto). Fotografias, borracha, sabão, fogos de artifício, tecidos estampados, corantes de vidros e esmaltes. Ligas com Au e Ag, para endurecê-los. Etimologia. Do gr. *kadmeia*, nome antigo do carbonato de zinco (smithsonita).

cálcio (Ca). NA 20. MA 40,08. Características. Metal alcalino-terroso prateado, bastante duro e maleável. Queima com chama brilhante, vermelho-amarelada quando aquecido ou em contato com água. Não ocorre no estado nativo, mas constitui 3,4% da crosta terrestre. Fontes de obtenção. Calcita. Aplicações. Principalmente ligas e metalurgia (para remover S, O e C). Como redutor na preparação de U, Th e Zr. Seus compostos têm inúmeras aplicações industriais (alvejantes, fertilizantes, produtos farmacêuticos etc.). Etimologia. Do lat. *calx* (cal).

califórnio (Cf). NA 98. MA 252**. Características. Tem um período de semidesintegração de 35 horas (isótopo 246). Fontes de obtenção. Bombardeamento de Cm com íons de He. Aplicações. Determinação de camadas com óleo e com água; fonte de nêutrons para pesquisa de metais. Etimologia. Homenagem ao Estado e à Universidade da *Califórnia* (EUA).

CARBONO (C). NA 6. MA 12,00. Características. Ocorre amorfo na natureza como grafita, lonsdaleíta, chaoíta e como diamante. Submetido a alta temperatura (entre 900°C e 1.000°C) numa atmosfera rica em O, o diamante transforma-se em gás

carbônico (CO_2), sem fundir, o mesmo acontecendo com a grafita. Na ausência de O, tanto o diamante quanto a grafita apresentam temperatura de fusão extremamente elevada: para o diamante, da ordem de 3.500°C; para a grafita, por volta de 3.600°C. Existe, provavelmente, uma outra forma alotrópica, o "carbono branco", que forma pequenos cristais transp. nos planos basais de grafita, acima de 13.990°C, sob condições de vaporização livre. Em 2004, o físico André Geim, de Manchester (Inglaterra), criou uma nova forma de carbono, o grafeno. Trata-se de um filme com espessura de um átomo, obtido a partir da grafita, que se comporta como metal. Acredita-se que ele substituirá o Si nos computadores e os nanotubos de carbono. O carbono forma mais de um milhão de compostos conhecidos, milhares deles essenciais à vida. Tem sete isótopos. O carbono 12 é usado como referência para determinações de massas atômicas. PF 4.410°C. FONTES DE OBTENÇÃO. Grafita, carvão, petróleo, gás natural. APLICAÇÕES. Diamante: ferramentas de corte e perfuração, abrasivos e joias. Grafita: material refratário, lubrificantes, reostatos e eletrodos para fornos voltaicos. Carvão e petróleo: combustível e pigmentos. ETIMOLOGIA. Do gr. *carbo* (carvão).
cassiopeio Na Alemanha, sin. de *lutécio*.
cério (Ce). NA 58. MA 140,12. CARACTERÍSTICAS. Metal brilhante, cinza-aço, maleável, dúctil, facilmente oxidável à temperatura ambiente, do grupo dos lantanídios. Decompõe-se rapidamente em água, se esta for quente; lentamente, se for fria. É o mais abundante dos metais de TR. FONTES DE OBTENÇÃO. Principalmente monazita e bastnasita; também allanita, steenstrupina, parisita, cerianita, knopita, loparita, rinkolita, cerita. APLICAÇÕES. Ligas pirofóricas para isqueiros e similares. Como oxidante (sulfato). Alguns compostos são usados na fabricação de vidros ou para descorá-los. O óxido serve para polir vidros. Filmes cinematográficos, catalisador no refino do petróleo, metalurgia e Engenharia Nuclear. ETIMOLOGIA. De *Ceres*, asteroide descoberto dois anos antes do elemento.
césio (Cs). NA 55. MA 132,90. CARACTERÍSTICAS. Metal alcalino prateado, de baixa dur., dúctil, leve. Reage explosivamente em contato com a água. É o mais eletropositivo e o mais alcalino dos elementos. À temperatura ambiente, é líquido. Exposto ao ar, entra em combustão espontaneamente. Só possui dois minerais próprios conhecidos: avogadrita e polucita. FONTES DE OBTENÇÃO. Principalmente polucita; também lepidolita. APLICAÇÕES. Válvulas de rádio, células fotoelétricas, catalisador na hidrogenação de certos compostos orgânicos, relógios atômicos, esterilização de alimentos, tratamento de tumores. Estuda-se seu emprego em vidros (como óxido) e em combustível para espaçonaves, fora da atmosfera terrestre. ETIMOLOGIA. Do lat. *caesium* (azul-celeste), porque tem uma linha característica na região azul do espectro.
CHUMBO (Pb). NA 82. MA 207,20. CARACTERÍSTICAS. Metal branco-azulado, brilhante, muito maleável, de dur. muito baixa, mau condutor elétrico, dúctil, denso (11,35), séctil. PF 327,4°C. Muito resistente à corrosão. Acumula-se no organismo. Ocorre em cerca de 60 minerais. FONTES DE OBTENÇÃO. Principalmente galena; também cerussita, anglesita, boulangerita, bournonita, piromorfita, jamesonita, wulfenita. APLICAÇÕES. Recipientes para líquidos corrosivos, ligas para tipografia e soldas. Baterias (40% do consumo), aditivo para gasolina, como chumbo-tetraetila (16% do consumo). Isolante radiológico (para aparelhos de raios X e reatores nucleares) e acústico, absorvedor de vibrações, pigmentos (na forma de sais), vidros especiais ("cristais"), inseticidas, recobrimento de cabos elétricos

(16% do consumo), projéteis para armas de fogo, zarcão. ETIMOLOGIA. Do lat. *plumbum*.

cloro (Cl). NA 17. MA 35,45. CARACTERÍSTICAS. Gás amarelo-esverdeado, denso, do grupo dos halogênios, que se combina diretamente com quase todos os elementos. Tóxico, de odor desagradável. Como gás, irrita as vias respiratórias e, líquido, queima a pele. FONTES DE OBTENÇÃO. Cloretos, por eletrólise. APLICAÇÕES. Tratamento de água, papel, tecidos, medicamentos, inseticidas, solventes, tubos plásticos, alvejante de tecidos e papel, oxidante, desinfetantes e outras. Foi usado como arma química na Primeira Guerra Mundial. ETIMOLOGIA. Do gr. *khloros* (amarelo-esverdeado), por sua cor.

cobalto (Co). NA 27. MA 58,93. CARACTERÍSTICAS. Metal friável, duro, maleável, dúctil, cinza-claro, semelhante, na aparência, ao Fe e ao Ni. Ocorre em meteoritos. É elemento importante em cerca de 70 minerais, dos quais 17 são usados com fins econômicos. PF 1.490°C. FONTES DE OBTENÇÃO. Metalurgia do Ni, Ag, Fe, Pb e Cu; siegenita, esfalerita, gersdorffita, heterogenita, linneíta, pentlandita, glaucodoto, carrolita, eritrita, asbolano, saflorita e outros minerais. APLICAÇÕES. Alnico (liga com Fe, Ni e outros metais, muito magnética, para alto-falantes, por ex.), aços para turbinas, galvanoplastia, corante azul para vidro, porcelana e esmaltes (na forma de sais), medicamentos de uso veterinário, produção de raios gama, radioterapia (bomba de Co), catalisador, ligas muito duras e resistentes a altas temperaturas. ETIMOLOGIA. Do al. *Kobalt*, nome de um personagem mitológico que, com outro chamado Nickel, dizia-se habitar as minas da Alemanha.

COBRE (Cu). NA 29. MA 63,54. CARACTERÍSTICAS. Metal avermelhado, de br. metálico, maleável, dúctil, de baixa dur. (2,5-3,0), bom condutor de calor e eletricidade, com frat. serrilhada. Boa resistência à corrosão. PF 1.083°C. Ocorre nativo, inclusive em meteoritos, com hábito lamelar ou arborescente, mas é raro. Geralmente se combina com o S. Cúb., cristaliza na forma de cubos, octaedros e dodecaedros. D. 8,90. Ocorre em filões sulfetados e em algumas r. vulcânicas, como basaltos. Forma aproximadamente 165 minerais. FONTES DE OBTENÇÃO. Principalmente calcopirita; também cobre nativo, calcocita, bornita, covellita, cuprita, tetraedrita, malaquita, azurita, pseudomalaquita, crisocola, enargita, bournonita, tennantita, brochantita, tenorita, cubanita, calcantita. APLICAÇÕES. Principalmente na indústria elétrica; bronze e latão, defensivos agrícolas, tratamento de água, análises químicas, objetos ornamentais. ETIMOLOGIA. Do gr. *Cypros* (Chipre), onde foi descoberto. ☐

colúmbio (Cb). Sin. de *nióbio*, muito usado ainda nos EUA. Preferir nióbio. ETIMOLOGIA. De *Columbim* (nome poético da América do Norte). O material originalmente descrito como colúmbio era mistura de Ta e Nb; quando se constatou esse fato, o colúmbio teve seu nome trocado para nióbio (de *Nióbia*, filha de Tântalo na mitologia grega).

criptônio (Kr). NA 36. MA 83,80. CARACTERÍSTICAS. Elemento incluído no grupo dos gases nobres, embora alguns compostos, como criptonato e fluoreto de criptônio, já tenham sido obtidos. FONTES DE OBTENÇÃO. Destilação fracionada do ar. APLICAÇÕES. Lâmpadas fluorescentes, *flash* para máquinas fotográficas, anúncios luminosos. ETIMOLOGIA. Do gr. *kryptos* (escondido).

CROMO (Cr). NA 24. MA 52,00. CARACTERÍSTICAS. Metal de cor cinza-aço, brilhante, muito frágil, dur. alta, muito resistente à ação do ar e da água. PF 1.489°C. FONTES DE OBTENÇÃO. Cromita. APLICAÇÕES. Principalmente aços (50%), galvanoplastia, corante de vidros, catalisador, indústria têxtil; material refratário, como cromita (35% do

consumo). Usado também na indústria química (15% da produção) e em ligas com Ni para aquecedores elétricos. ETIMOLOGIA. Do gr. *khroma* (cor), pelas variadas cores de seus compostos.
cúrio (Cm). NA 96. MA 247. CARACTERÍSTICAS. Tem alguma semelhança com o Gd, com estrutura cristalina mais complexa. Acumula-se no organismo (dentes), sendo, portanto, muito nocivo. Provavelmente existe em pequenas quantidades em depósitos naturais de U, mas nunca foi detectado. FONTES DE OBTENÇÃO. Desintegração do Am. ETIMOLOGIA. Homenagem a Pierre e Marie *Curie*, físicos franceses que descobriram o rádio.
darmstádtio (Ds). NA 110. MA 271. CARACTERÍSTICAS. Presume-se que o comportamento químico seja similar ao da Pt. FONTES DE OBTENÇÃO. Bombardeio de íons de ^{62}Ni sobre alvo de ^{208}Pb; posteriormente, outros isótopos foram obtidos com íons de ^{64}Ni. APLICAÇÕES. Não há. ETIMOLOGIA. De *Darmstadt*, cidade da Alemanha onde foi obtido pela primeira vez, em 1994.
disprósio (Dy). NA 66. MA 162,50. CARACTERÍSTICAS. Metal prateado, do grupo dos lantanídios, de br. metálico, baixa dur., séctil, fortemente magnético. É o mais raro dos metais de TR. FONTES DE OBTENÇÃO. Principalmente monazita e bastnasita; também gadolinita, fergusonita, xenotímio. APLICAÇÕES. Engenharia Nuclear. Tem poucos usos ainda. ETIMOLOGIA. Do gr. *dysprosodos* (de difícil acesso).
dúbnio (Db). NA 106. MA 262. CARACTERÍSTICAS. Presume-se que tenha comportamento químico semelhante ao do Ta. FONTES DE OBTENÇÃO. Colisão de íons ^{243}Am com ^{22}Ne. APLICAÇÕES. Não há. ETIMOLOGIA. De *Dubna* (Rússia), onde foi obtido pela primeira vez.
einstêinio (Es). NA 99. MA 254*. CARACTERÍSTICAS. Período de semidesintegração variável entre alguns minutos e um ano. FONTES DE OBTENÇÃO. Reações nucleares. ETIMOLOGIA. Homenagem a Albert *Einstein*.

eka-tântalo Nome provisório proposto para o elemento com NA 105. Cf. *hânio*.
ENXOFRE (S). NA 16. MA 32,06. CARACTERÍSTICAS. Metaloide sólido, amarelo-claro, friável, insolúvel em água, que queima com facilidade, quimicamente semelhante ao O. PF 108°C. É mau condutor de calor, bastando segurá-lo com a mão para se ouvir estalos, decorrentes da dilatação da porção superficial apenas. Ortor., frequentemente em cristais bipiramidais ou tabulares. Forma também crostas. Tem br. resinoso. Dur. 2,0. D. 2,00-2,10. Frat. conchoidal, clivagem basal, prismática e piramidal. Ocorre na forma elementar em depósitos vulcânicos, sendo mais abundante como sulfeto. Presente em meteoritos e, provavelmente, na Lua. FONTES DE OBTENÇÃO. Enxofre elementar, pirita, gás natural. APLICAÇÕES. Fertilizantes, fogos de artifício, fósforos de segurança, inseticidas, explosivos, borracha, papel, fabricação de H_2SO_4, isolantes elétricos, corantes, esmaltes, tintas, plásticos, gesso. ETIMOLOGIA. Do lat. *sulphur*. Sin.: o polimorfo gama recebe, às vezes, a denominação mineralógica de *rosickyíta*. ▢
érbio (Er). NA 68. MA 167,26. CARACTERÍSTICAS. Metal prateado, do grupo dos lantanídios, maleável, de br. metálico e baixa dur. FONTES DE OBTENÇÃO. Euxenita, monazita, bastnasita. APLICAÇÕES. Ligas com V. O óxido é usado como corante (róseo) em vidros e porcelanas. ETIMOLOGIA. De *Ytterby* (Suécia).
escândio (Sc). NA 21. MA 44,96. CARACTERÍSTICAS. Metal prateado, levemente rosado ou amarelado quando exposto ao ar. Muito leve e com baixa dur. PF 1.200°C. Seus minerais são poucos e raros: thortveitita, sterretita e kolbeckita. Parece ser mais abundante no Sol e em certas estrelas do que na Terra. Na crosta terrestre, está extremamente disperso, ocorrendo em cerca de 800 espécies minerais. FONTES DE OBTENÇÃO. Thortveitita. É subproduto do Fe, W, Sn, U, Nb, Ta, Zr, TR, Be, Li e Al. APLI-

CAÇÕES. Tem poucas aplicações ainda. Talvez venha a ser usado em foguetes, mísseis teleguiados, espaçonaves e ligas com vários metais. ETIMOLOGIA. De *Scandia*, nome latino da Escandinávia, onde foi descoberto.
ESTANHO (Sn). NA 50. MA 118,69. CARACTERÍSTICAS. Metal prateado, maleável, dúctil. Abaixo de 13,2°C, torna-se branco ou cinza. PF 231°C. FONTES DE OBTENÇÃO. Principalmente cassiterita; também franckeíta, cilindrita, hidrocassiterita, herzenbergita (na Bolívia), estanita. Na R. D. do Congo, thoreaulita. APLICAÇÕES. Folha de flandres, bronze, latão, soldas, ligas de baixo PF e resistentes à oxidação, cerâmica; refrigeradores, radiadores e condicionadores de ar; redutor (na forma de cloreto), vidros eletrocondutores. ETIMOLOGIA. Do lat. *stanneus* (de estanho).
estrôncio (Sr). NA 38. MA 87,62. CARACTERÍSTICAS. Metal prateado, do grupo dos alcalino-terrosos. Facilmente oxidável, com o que adquire cor amarela. Forma 28 minerais conhecidos. Leve, maleável, dúctil. Quando finamente dividido e exposto ao ar, entra espontaneamente em combustão. Acumula-se nos ossos, podendo causar tumores. FONTES DE OBTENÇÃO. Principalmente celestita; também estroncianita, stromeyerita. APLICAÇÕES. Artefatos pirotécnicos, televisores em cores, cerâmica, vidros e lâmpadas para semáforos, fabricação de açúcar (como hidróxido; vem sendo substituído por CaO). O titanato é usado como gema, apesar da baixa dur., por sua alta dispersão óptica. Pode substituir Ca e Ba muitas vezes, mas é bem mais caro. ETIMOLOGIA. De *estroncianita*, mineral em que foi descoberto.
európio (Eu). NA 63. MA 151,96. CARACTERÍSTICAS. Metal prateado, do grupo dos lantanídios, de br. metálico, dúctil, com a dur. do Pb. FONTES DE OBTENÇÃO. Principalmente bastnasita e monazita. APLICAÇÕES. Tubos de TV em cores e produção de *laser*. ETIMOLOGIA. Homenagem à *Europa*.

férmio (Fm). NA 100. MA 253*. CARACTERÍSTICAS. Tem dez isótopos conhecidos, o mais estável com meia-vida de 80 dias. FONTES DE OBTENÇÃO. Irradiação de nêutrons sobre Pu e outros elementos de número atômico inferior a 100. ETIMOLOGIA. Homenagem a Enrico *Fermi*, físico italiano que realizou a primeira reação nuclear controlada.
FERRO (Fe). NA 26. MA 55,85. CARACTERÍSTICAS. Metal cinza ou preto, dúctil, maleável, muito reativo, facilmente oxidável, muito magnético. PF 1.528°C. Ao fundir, diminui de volume. É o mais comum, o mais barato e o mais importante dos metais. Cúb., raramente em cubos e dodecaedros, geralmente maciço ou lamelar. Dur. 4,0-5,0. D. 7,30-7,80. Ocorre no estado nativo em meteoritos e basaltos. Elemento essencial em pelo menos 300 minerais. Descoberto a primeira vez na ilha Disko, Groenlândia (Dinamarca). FONTES DE OBTENÇÃO. Principalmente hematita; também magnetita, siderita, limonita, magnomagnetita, pirita, goethita, chamosita, turingita. APLICAÇÕES. Aço e ligas, catalisador. ETIMOLOGIA. Do lat. *ferrum*.
flúor (F). NA 9. MA 19,00. CARACTERÍSTICAS. Gás amarelo-claro, corrosivo e altamente tóxico. É o mais eletronegativo e o mais reativo de todos os elementos. Forma compostos com os gases nobres (fluoretos). Pertence ao grupo dos halogênios. FONTES DE OBTENÇÃO. Principalmente fluorita e criolita. APLICAÇÕES. Lâmpadas, tratamento de água, prevenção da cárie dental, refrigeradores e condicionadores de ar (como hidrocarbonetos com F e Cl), indústria de vidro (como ác. fluorídrico), produção de U (como compostos e na forma elementar). Estuda-se seu emprego como combustível para foguetes. ETIMOLOGIA. 1. Do lat. *fluor*, fluxo (Weast, 1970) 2. Do lat. *fluere*, fluorita (Ferreira, s.d.).
fósforo (P). NA 15. MA 30,97. CARACTERÍSTICAS. Sólido branco e ceroso, incolor e transp. quando puro. Insolúvel em água. Entra em combustão

espontânea quando em contato com o ar. Muito venenoso. Ocorre em quatro ou mais formas alotrópicas: o branco ou amarelo, que pode ser alfa ou beta; o vermelho; e o preto ou violeta. O branco é cúb., fosforescente e venenoso, podendo queimar a pele (deve ser mantido imerso em água). Quando exposto ao ar (ou aquecido a 250°C em seu próprio vapor), passa à forma vermelha, também cúb., não venenosa nem fosforescente e que não mostra combustão espontânea. O preto é monocl. O fósforo não ocorre no estado nativo, mas é muito comum nos fosfatos e na matéria orgânica. FONTES DE OBTENÇÃO. R. fosfáticas (apatita). APLICAÇÕES. O vermelho, em artefatos pirotécnicos, pesticidas, bombas incendiárias, bombas de fumaça, fósforos de segurança. Fertilizantes e vidros especiais (como fosfato). Aços, bronze, tratamento de águas duras e prevenção da corrosão em chaminés. ETIMOLOGIA. Do gr. *phosphoros* (portador de luz).
frâncio (Fr). NA 87. MA 223**. CARACTERÍSTICAS. Tem propriedades químicas semelhantes às do Cs. É o mais ativo dos metais, o mais pesado dos metais alcalinos e o mais instável dos 101 primeiros elementos da tabela periódica. Ocorre em minerais de U, mas seu total na crosta terrestre provavelmente não chega (e nunca chegou) a 500 gramas. Radioativo. FONTES DE OBTENÇÃO. Desintegração alfa do Ac, bombardeamento de Th com prótons. ETIMOLOGIA. Homenagem à *França*, terra natal de Marguerite Pery, sua descobridora.
gadolínio (Gd). NA 64. MA 157,25. CARACTERÍSTICAS. Prateado, de br. metálico, maleável, dúctil, ferromagnético à temperatura ambiente. Reage lentamente com a água e oxida-se ao ar úmido. Pertence ao grupo dos lantanídios. FONTES DE OBTENÇÃO. Gadolinita, bastnasita, monazita. APLICAÇÕES. Bulbos de TV em cores, granadas sintéticas para uso em eletrônica, ligas com Fe e Cr. Pode vir a ser usado como substância magnética termossensível. ETIMOLOGIA. De *gadolinita*, mineral em que foi descoberto.
gálio (Ga). NA 31. MA 69,72. CARACTERÍSTICAS. Metal prateado, ortor., com frat. conchoidal. Funde a 29,8°C, embora só entre em ebulição a 2.300°C. Ao solidificar, aumenta seu volume em 3,1%. Pode ser obtido em um grau de pureza de 99,999.99%. A galita e a sohngeíta são os dois minerais de gálio atualmente conhecidos. Muito raro. FONTES DE OBTENÇÃO. Esfalerita, sohngeíta, bauxita, germanita, argirodita. APLICAÇÕES. Termômetros para altas temperaturas, semicondutores, transistores, conversão de eletricidade diretamente em luz polarizada (arseneto), ligas de baixo PF, espelhos, lâmpadas a Hg, catalisadores, Odontologia, Medicina, extintores de incêndio automáticos. Usos futuros: energia atômica e eletrônica. ETIMOLOGIA. Homenagem à França (*Gallia*, em lat.).
germânio (Ge). NA 32. MA 72,59. CARACTERÍSTICAS. Branco-cinzento, friável. PF 958°C. Tem propriedades metálicas e não metálicas. Raro. Forma poucos minerais conhecidos: fleischerita, itoíta, stottita, argirodita, germanita e renierita, todos raros. Pode ser obtido com grau de impureza de apenas 0,1 ppb. FONTES DE OBTENÇÃO. Esfalerita, germanita, argirodita, renierita, itoíta, briartita, stottita, schaurteíta. Frequentemente obtido na metalurgia do Zn e na combustão de carvões. APLICAÇÕES. Principalmente transistores; também ligas com Cu, Au, Ag e Pt; lâmpadas fluorescentes, catalisadores, Medicina, óptica (como óxido). ETIMOLOGIA. De *Germania*, nome latino da Alemanha.
glucínio Sin. de *berílio*, usado quase só na França. ETIMOLOGIA. Do gr. *glykys* (doce), por formar sais adocicados.
háfnio (Hf). NA 72. MA 178,49. CARACTERÍSTICAS. Metal dúctil, prateado, muito duro, muito maleável e muito resistente à corrosão. PF 2.300°C. Quando

finamente dividido, pode entrar em combustão espontânea ao contato com o ar. Não ocorre no estado nativo nem forma minerais independentes, mas é mais abundante que o Au e a Ag. Quimicamente semelhante ao Zr, sendo muito difícil separá-los. FONTES DE OBTENÇÃO. Minerais de Zr. APLICAÇÕES. Reatores nucleares para submarinos; filamentos para lâmpadas incandescentes; cadinhos e esmaltes especiais (como óxido); tubos de raios X e ligas com Fe, Ti, Nb, Ta e outros metais. ETIMOLOGIA. De *Hafnia*, nome latino de Copenhague (Dinamarca), onde foi descoberto.
hássio (Hs). NA 108. MA 265. CARACTERÍSTICAS. Presume-se que o comportamento químico seja similar ao do Os. FONTES DE OBTENÇÃO. Bombardeio de ^{208}Pb com íons de ^{58}Fe. ETIMOLOGIA. De *Hassias*, forma latina de Hesse, Estado da Alemanha, país onde foi obtido pela primeira vez. APLICAÇÕES. Não há.
hélio (He). NA 2. MA 4,00. CARACTERÍSTICAS. Gás nobre incolor, inodoro, o segundo mais leve de todos os gases (oito vezes mais leve que o ar). Alta condutividade térmica (600 vezes a do Cu, à temperatura ambiente). Expande-se quando resfriado. A pressões ordinárias, permanece líquido até o zero absoluto (único líquido com essa propriedade). É o elemento mais abundante no universo, depois do H. Ocorre na atmosfera e em águas minerais. FONTES DE OBTENÇÃO. Liquefação de gases naturais. APLICAÇÕES. Bomba de H; balões; produção de Ge e Si (sintéticos), Zr e Ti; reatores nucleares; túneis de vento supersônicos; foguetes (para pressurização de combustível líquido); tratamento da asma. ETIMOLOGIA. Do gr. *Helios* (Sol), por ter sido descoberto nesse astro.
hidrogênio (H). NA 1. MA 1,01. CARACTERÍSTICAS. Gás incolor, 14 vezes mais leve que o ar. Ocorre principalmente formando água e matéria orgânica. FONTES DE OBTENÇÃO. Água, metano. APLICAÇÕES. Produção de amônia, hidrogenação de solos, produção de metanol, combustível para foguetes, ác. clorídrico, redução de metais, enchimento de balões e dirigíveis, bomba de hidrogênio, elemento traçador, tintas luminosas, solda autógena. ETIMOLOGIA. Do gr. *hydor* (água) + *genes* (formação).
hólmio (Ho). NA 67. MA 164,93. CARACTERÍSTICAS. Metal prateado, maleável, de br. metálico e dur. relativamente baixa, hexag., do grupo dos lantanídios. FONTES DE OBTENÇÃO. Monazita, bastnasita. APLICAÇÕES. Muito poucas ainda. ETIMOLOGIA. De *Holmia*, nome latino de Estocolmo (Suécia), cidade natal de seu descobridor.
ÍNDIO (In). NA 49. MA 114,82. CARACTERÍSTICAS. Metal prateado, dúctil, maleável, brilhante, de dur. muito baixa, que forma grãos milimétricos de forma variável. Diamagnético. PF 155°C. Forma quatro minerais, todos raros e de descoberta relativamente recente (1963): índio nativo, roquesita, indita e dzhalindita. Quando dobrado, emite um "grito" agudo. FONTES DE OBTENÇÃO. Minerais de Zn e de Pb, principalmente esfalerita; também calcopirita, estanita, cassiterita, roquesita, sakuraiita. APLICAÇÕES. Ligas de baixo PF, transistores, retificadores, espelhos, aparelhos de luz infravermelha. ETIMOLOGIA. De *índigo*, por apresentar, em seu espectro, uma linha de cor azul-índigo.
iodo (I). NA 53. MA 126,90. CARACTERÍSTICAS. Halogênio sólido, escuro, azulado, brilhante, volátil, com odor irritante. Pouco solúvel em água. PF 113°C. Aquecido lentamente, sublima. Forma cristais densos, de cor violeta ou cinza, em tons escuros, ortor. FONTES DE OBTENÇÃO. Nitratina, algas marinhas. APLICAÇÕES. Medicina, fotografia (iodeto de potássio), corantes, desinfetantes, medicamentos. ETIMOLOGIA. Do gr. *iodes* (violeta).
IRÍDIO (Ir). NA 77. MA 192,20. CARACTERÍSTICAS. Metal cúb., prateado, muito duro e friável, denso (22,40), semelhante à Pt. Intenso br. metálico. É o

metal mais resistente à corrosão que se conhece. Ocorre no estado nativo (com Os e Ru), em aluviões. PF 2.225°C FONTES DE OBTENÇÃO. Metalurgia do Ni e da Pt; nevyanskita, sysertskita. APLICAÇÕES. Ligas com Pt para instrumentos de precisão, cirúrgicos e elétricos; também joalheria, penas de canetas, fornos elétricos, tubos de raios X, cadinhos. ETIMOLOGIA. Do gr. *iridos* (íris), pela iridescência de seus compostos.
itérbio (Yb). NA 70. MA 173,04. CARACTERÍSTICAS. Metal prateado, brilhante, cúb., mole, maleável, dúctil, facilmente atacável por ác. Reage lentamente com a água. FONTES DE OBTENÇÃO. Areia monazítica e bastnasita. APLICAÇÕES. Principalmente ligas; também como fonte de radiação. ETIMOLOGIA. Do lat. científico *Ytterbium*, de Itterby, cidade da Suécia.
ítrio (Y). NA 39. MA 88,90. CARACTERÍSTICAS. Metal prateado, de br. metálico, leve, com alto PF, do grupo dos metais de TR. Forma pelo menos 19 minerais, todos complexos. FONTES DE OBTENÇÃO. Areia monazítica, bastnasita, gadolinita, xenotímio, fergusonita, euxenita. Pode ser obtido como subproduto no processamento da fluorita, uraninita, brannerita, zircão e scheelita. APLICAÇÕES. Televisores em cores (óxido), granadas sintéticas para filtro de micro--ondas, ligas com Al e Mg, desoxidação do V e outros metais não ferrosos, como catalisador, produção de *laser*, cerâmica, vidro (óxido). Prevê-se intenso uso futuro em Engenharia Nuclear, Astronáutica e em mísseis. ETIMOLOGIA. Do lat. científico *itria*.
kurchatóvio (Ku). Outro nome proposto para o elemento com NA 104. ETIMOLOGIA. Homenagem a I. G. *Kurchatov*, cientista russo. Cf. *rutherfórdio*.
lantanídios (Ln). Grupo de 14 elementos pertencentes aos metais de TR, de características muito similares. O grupo vai do lantânio (NA 57) ao lutécio (NA 71). As "terras de ítrio" compreendem os lantanídios pesados (do Dy ao Lu) e as "terras de cério", os leves (do La ao Tb).

Ocorrem em cerca de 25 espécies minerais e em mais de 200 var. O Pm ainda não foi descoberto na crosta terrestre. Presentes também em meteoritos.
lantânio (La). NA 57. MA 138,91. CARACTERÍSTICAS. Metal prateado, maleável, dúctil, de baixa dur., séctil. Oxida-se rapidamente quando exposto ao ar, sendo muito facilmente atacado por água quente. PF 885°C. É o mais comum dos metais de TR. FONTES DE OBTENÇÃO. Principalmente monazita e bastnasita. APLICAÇÕES. Isqueiros, cinema, vidros. ETIMOLOGIA. Do gr. *lanthanein* (estar escondido), por ser difícil extraí-lo dos minerais em que ocorre.
laurêncio (Lw). NA 103. MA 257*. CARACTERÍSTICAS. Tem um período de semidesintegração de oito segundos. Obtido artificialmente, pela primeira vez, em 1961. FONTES DE OBTENÇÃO. Bombardeamento de Cf com íons de B. ETIMOLOGIA. Do lat. científico *laurentium*, homenagem a Ernest O. *Lawrence*, inventor do cíclotron.
lítio (Li). NA 3. MA 6,94. CARACTERÍSTICAS. Metal alcalino prateado, de baixa dur., muito semelhante ao K e ao Na. Reage com água. PF 186°C. Dos elementos sólidos, é o que tem maior calor específico. É o mais leve de todos os metais (D. 0,53). Forma pelo menos 25 minerais. FONTES DE OBTENÇÃO. Principalmente espodumênio; também lepidolita, montebrasita, petalita, eucriptita, zinnwaldita, ambligonita. APLICAÇÕES. Reatores nucleares, bomba de H, termocondutores, síntese de compostos orgânicos, vidros, cerâmica, em condicionadores de ar e sistemas desidratantes (cloreto e brometo), lubrificantes para altas temperaturas (estearato), ligas com Ca (para desoxidar o Cu) e outros elementos, células fotoelétricas, solda de objetos de Al, acumuladores para submarinos. ETIMOLOGIA. Do gr. *lithos* (pedra), por ter sido descoberto na petalita.
lutécio (Lu). NA 71. MA 174,97. CARACTERÍSTICAS. Metal prateado, de br. me-

tálico, do grupo dos lantanídios. Ocorre em quantidades muito pequenas em praticamente todos os minerais que contêm Y. FONTES DE OBTENÇÃO. Principalmente monazita; também bastnasita. APLICAÇÕES. Apenas como catalisador. ETIMOLOGIA. De *Lutécia*, antigo nome de Paris (França). Sin. (na Alemanha): *cassiopeio*.

magnésio (Mg). NA 12. MA 24,31. CARACTERÍSTICAS. Metal alcalinoterroso, leve, maleável, dúctil, prateado, de br. metálico, reativo. PF 651°C. FONTES DE OBTENÇÃO. Água do mar, magnesita, carnallita, bischofita. APLICAÇÕES. Ligas de baixo PF. Principalmente em *flash* para fotografias, pirotecnia e sinalização luminosa; também automóveis, aviões, microscópios, instrumentos topográficos, bombas incendiárias, aditivo para combustíveis, medicamentos (como compostos), material refratário (magnesita), compostos de Grignard, adubos. ETIMOLOGIA. De *Magnésia*, Tessália (Grécia).

manganês (Mn). NA 25. MA 54,94. CARACTERÍSTICAS. Metal cinzento semelhante ao Fe, mais duro e mais friável que este. Quimicamente ativo. Br. metálico, não magnético. Oxida-se como o Fe. Tem mais de 125 minerais, sendo extraído de 15 deles. PF 1.245°C. FONTES DE OBTENÇÃO. Pirolusita, psilomelano, manganita, hausmannita, braunita, rodocrosita etc. APLICAÇÕES. Principalmente ferroligas, ligas ferromagnéticas, descorante de vidro contendo Fe, Medicina, tintas, automóveis, utensílios domésticos, dessulfuração, desoxidação do aço. ETIMOLOGIA. Do lat. *magnes* (magnético), pelas propriedades magnéticas da pirolusita.

meitnério (Mt). NA 109. MA 268. CARACTERÍSTICAS. Presume-se que tenha comportamento químico similar ao do Ir. FONTES DE OBTENÇÃO. Bombardeio de íons de ^{58}Fe sobre alvo de ^{209}Bi. APLICAÇÕES. Não há. ETIMOLOGIA. Homenagem a Lise *Meitner*, físico austríaco.

mendelévio (Md). (Também se usa Mv.) NA 101. CARACTERÍSTICAS. Tem um período de semidesintegração de 30 minutos, aproximadamente. FONTES DE OBTENÇÃO. Bombardeamento do Es com íons de He. ETIMOLOGIA. Homenagem a Dimitri *Mendeleiev*, químico russo.

MERCÚRIO (Hg). NA 80. MA 200,59. CARACTERÍSTICAS. Metal líquido, pesado, prateado, relativamente mau condutor de calor e de eletricidade. Forma ligas (amálgamas) com a maioria dos metais e combina-se com quatro dos gases nobres. Altamente tóxico, com efeito acumulativo. Muito volátil. Deve ser manuseado com extremo cuidado. Geralmente contém Ag. É raro no estado nativo, ocorrendo em filões de baixa temperatura de regiões vulcânicas, sempre associado ao cinábrio. Tem br. metálico, D. 13,60 e PF -39°C. Único mineral que é líquido nas condições normais de temperatura e pressão. FONTES DE OBTENÇÃO. Principalmente cinábrio; também calomelano e metacinábrio. APLICAÇÕES. Principalmente aparelhos elétricos; secundariamente em produtos farmacêuticos e, depois, em baterias. Utilizado também em termômetros, barômetros, lâmpadas de raios X, pesticidas, baterias, catalisadores, explosivos (fulminato), pigmentos, compostos orgânicos, espelhos (com Sn), Odontologia (com Ag), tinta anticorrosiva, extração de Ag e de Au, interruptores elétricos, solvente para muitos metais. ETIMOLOGIA. Homenagem ao planeta *Mercúrio*.

metais de terras-raras. Grupo de elementos que inclui os lantanídios, o Sc e o Y. Usados em siderurgia e ligas com Mg. Os óxidos são corantes e descorantes de vidros, usados também para melhorar sua transparência. Empregados ainda em cerâmica, projetores cinematográficos, reatores nucleares. Formam cerca de 100 minerais. FONTES DE OBTENÇÃO. Monazita, torita, torianita, cerita, allanita, tysonita, samarskita, xenotímio, gadolinita, esquinita. O nome "terras-raras" deve ser usado para os óxidos, e não para seus metais.

molibdênio (Mo). NA 42. MA 95,94. Características. Metal prateado, muito friável e duro, maleável, menos duro e mais dúctil que o W. Propriedades físicas semelhantes às do Fe e químicas semelhantes às dos não metais. PF 2.060°C. Fontes de obtenção. Principalmente molibdenita; também wulfenita, powellita, jordisita, ilsemannita, ferrimolibdita. Subproduto do Cu e do W. Aplicações. Aços e várias ligas. Eletrodos, energia nuclear, aeronáutica, mísseis, eletrônica, lubrificantes (sulfeto), automóveis, cutelaria, fios para sustentação dos filamentos de W em lâmpadas. Substitui, às vezes, o U. Etimologia. Do gr. *molybdos* (chumbo), por ter sido inicialmente confundido com minério de Pb (e grafita também).
neodímio (Nd). NA 60. MA 144,24. Características. Metal prateado ou amarelado, de br. metálico, do grupo dos lantanídios. PF 900°C. Oxida-se facilmente ao ar. Fontes de obtenção. Monazita e bastnasita. Aplicações. Corantes de vidros para instrumentos astronômicos, aços, produção de *laser*, eletrônica, corante de esmaltes. Etimologia. Do gr. *neos* (novo) + *didymos* (gêmeo), por sua íntima associação ao La.
neônio (Ne). NA 10. MA 20,18. Características. Gás incolor, muito inerte, que parece, porém, se combinar com o F. Fontes de obtenção. Liquefação do ar. Aplicações. Letreiros luminosos, indicadores de alta voltagem, válvulas de TV, produção de *laser*, refrigeradores. Etimologia. Do gr. *neos* (novo).
netúnio (Np). NA 93. MA 237**. Características. Metal prateado, quimicamente ativo, que ocorre em pelo menos três formas alotrópicas: alfa (ortor.); beta (tetrag.), acima de 280°C; gama (cúb.), acima de 577°C. Ocorre na natureza em quantidades ínfimas. Radioativo e muito semelhante ao U. Fontes de obtenção. Subproduto de reações nucleares. Etimologia. Homenagem ao planeta *Netuno*.
nióbio (Nb). NA 41. MA 92,91. Características. Metal branco, brilhante, de baixa dur., dúctil. D. 8,57. Após longa exposição ao ar, fica azulado. Presente em todos os minerais de Ta. Fontes de obtenção. Principalmente columbita; também pirocloro, loparita, euxenita, manganotantalita, samarskita. Há mais de 90 minerais conhecidos com Ta e Nb, principalmente óxidos. Aplicações. Aços, ímãs, supercondutores, óptica, ligas de altas elasticidade e flexibilidade, resistentes ao calor e à corrosão. Etimologia. De *Niobe*, personagem mitológica, filha de Tântalo. Sin. de *colúmbio* (usado principalmente nos EUA).
NÍQUEL (Ni). NA 28. MA 58,71. Características. Metal duro, maleável, dúctil, de br. metálico, prateado, magnético, resistente à oxidação, com clivagem fibrosa. Mau condutor de calor e eletricidade. PF 1.450°C. Comum em meteoritos. Fontes de obtenção. Pentlandita, polidimita, heazlewoodita, nicolita, cloantita, gersdorffita, bravoíta, millerita, rammelsbergita, revdanskita, nontronita, pirrotita, garnierita. Aplicações. Principalmente aço inoxidável e ligas resistentes à corrosão; também tubulação de usinas de dessalinização da água do mar, moedas, corante verde para vidros, revestimentos de outros metais (niquelados), catalisador para hidrogenação de óleos vegetais, cerâmica, ímãs, alto-falantes, automóveis, indústrias química e petrolífera. Etimologia. De *Nickel*, nome de um gnomo que, segundo a mitologia, habitava as minas da Alemanha com outro, chamado Kobalt.
nitrogênio (N). NA 7. MA 14,01. Características. Gás incolor, inodoro, geralmente inerte. Liquefeito, assemelha-se à água. Constitui 78% do ar atmosférico. Fontes de obtenção. Liquefação do ar, nitratina. Aplicações. Principalmente obtenção da amônia, usada em fertilizantes; também em eletrônica, indústria alimentícia, refrigeração, indústria petrolífera, corantes, explosivos, isolante em espaçonaves, lâmpadas. Etimologia. Do gr. *nitron* (soda nativa) + *genes* (formação). Sin. (obsol.): *azoto*.

nobélio (No). NA 102. MA 254*. Características. Tem período de semidesintegração de alguns segundos. Fontes de obtenção. Bombardeamento de Cm^{244} com núcleos de C^{13}. Etimologia. Homenagem a Alfred *Nobel*, inventor da dinamite.

ÓSMIO (Os). NA 76. MA 190,20. Características. Metal branco-azulado, extremamente duro, muito friável. Seu tetróxido é altamente tóxico. É considerado o mais denso dos elementos (22,57), juntamente com o Ir. Intenso br. metálico. Resistente ao ataque por ác. É o mais raro dos metais do grupo da Pt e o de dur. mais alta. Ocorre associado ao Ir e ao Ru. PF 3.000°C. Fontes de obtenção. Metalurgia do Ni, minérios de Pt, osmirídio, sysertskita. Aplicações. Ligas de alta dur. para penas de canetas, agulhas de fonógrafos e outros objetos; como catalisador e em filamentos de lâmpadas. Etimologia. Do gr. *osme* (cheiro), em alusão ao forte cheiro de seu tetróxido. Sin.: no estado nativo, recebe, às vezes, a denominação mineralógica de *osmita*.

OURO (Au). NA 79. MA 196,97. Características. Elemento químico do grupo dos metais nobres, encontrado na natureza na forma de cubos e octaedros, mais frequentemente, porém, como escamas, massas ou fios irregulares. Tem cor amarela típica, mas, quando pulverizado, pode ser vermelho, preto ou púrpura. Br. metálico. Dur. 2,5-3,0. D. 19,30. Ocorre, no estado nativo, em aluviões, veios de qz. associados a r. intrusivas ác. e meteoritos. Encontrado também como teluretos e ligas naturais (geralmente contém Ag). Muito disseminado na crosta terrestre, geralmente associado ao qz. ou à pirita. Estima-se haver quase nove milhões de toneladas de ouro dissolvido na água do mar. São conhecidos pelo menos 18 minerais desse metal, dos quais o ouro nativo é o mais comum. Forma série isomórfica com a Ag. É o mais maleável e o mais dúctil dos metais. Com 1 g de ouro, pode-se obter até 2.000 m de fio ou lâminas de 0,96 m^2 e apenas 0,0001 mm de espessura. É bom condutor de calor e eletricidade e não é afetado nem pelo ar, nem pela maioria dos reagentes químicos. É considerado o mais belo dos elementos. PF 1.063°C. Curiosidades. Estima-se que todo o ouro do Planeta daria um cubo de 15 m de aresta. Em 1999, joalheiros de Dubai fizeram a maior corrente de ouro do mundo: 4.382 m. Usaram ouro 22 K e gastaram cerca de US$ 2 milhões. A peça foi vendida em praça pública, em pedaços. Fontes de obtenção. Seus principais minerais-minério são ouro nativo, krennerita, calaverita, eletro, silvanita e pirita. É obtido também na metalurgia de vários metais. Estudos indicam que o metabolismo da bactéria *Ralstonia metallidurans* leva à formação de pepitas de ouro. Aplicações. O ouro é usado principalmente em moedas; em segundo lugar, em joias e decoração. Útil também em instrumentos científicos, Odontologia, fotografia e indústria eletrônica. Para confecção de joias, usam-se ligas com 75% Au (ouro dezoito quilates) ou, às vezes, com apenas 58,33% (ouro quatorze quilates). Usado também em fotografia (ác. cloroáurico, $HAuCl_4$), instrumentos científicos, indústrias eletrônica e química, ligas com Cu, Ag, Pd, Ni etc. Principais produtores. O maior produtor é a China, seguindo-se Austrália, EUA e África do Sul. No Brasil, é produzido principalmente em Minas Gerais (39,7% do total), Goiás (23,9%), Pará (10,1%) e Bahia (9,8%). Em 2007, o Brasil produziu cerca de 47 t, quase o mesmo volume de 2004. Em 7 de dezembro de 2010, o grama de ouro valia R$ 76,62; o de platina, R$ 124,69; o de paládio, R$ 55,50, e o de prata, R$ 24,63. Etimologia. Do lat. *aurum*. ☐

oxigênio (O). NA 8. MA 16,00. Características. Gás incolor, insípido e inodoro, muito abundante: 21% da atmosfera (em volume), 49,2% da crosta terrestre (em peso), 2/3 do corpo humano e 9/10 da água. Aparece no ânion de mais de 90% dos minerais conhecidos. No estado líquido ou sólido, é azul-claro e fortemente paramagnético. Muito reativo, entra na formação de centenas de compostos orgânicos. FONTES DE OBTENÇÃO. Liquefação do ar, eletrólise da água. É o elemento químico mais abundante na crosta terrestre (466.000 ppm), seguido do Si e do Fe. APLICAÇÕES. Medicina (nos problemas respiratórios), siderurgia, síntese de vários compostos orgânicos, explosivos (no estado líquido). ETIMOLOGIA. Do gr. *oxy* (agudo, penetrante, ácido) + *genes* (formação).

PALÁDIO (Pd). NA 46. MA 106,4. CARACTERÍSTICAS. Metal nobre, do grupo da Pt, descoberto pela primeira vez, no estado nativo, em Morro do Pilar, MG (Brasil). É um mineral cúb., de cor cinza-aço, que ocorre na forma de grãos, às vezes com estrutura fibrorradiada, séctil, de br. metálico. Dur. 4,5-5,0. D. 11,40. Inoxidável, dúctil e muito maleável, podendo ser reduzido a folhas de 0,0001 mm de espessura. PF 1.500°C. Tem notável capacidade de absorção de H (até 900 vezes seu próprio volume), formando, possivelmente, PdH_2. FONTES DE OBTENÇÃO. Minerais de Pt. PRINCIPAIS PRODUTORES. O maior produtor é a Rússia (67% do total), seguindo-se África do Sul, EUA e Brasil. A produção mundial gira em torno de 249 t. Em 7 de dezembro de 2010, o grama de paládio valia R$ 55,50; o de ouro, R$ 76,62; o de platina, R$ 124,69, e o de prata, R$ 24,63. APLICAÇÕES. Usado como catalisador, em instrumentos odontológicos (Prótese e Ortodontia) e cirúrgicos, relojoaria e joalheria (neste caso, como substituto da Pt). Forma ligas com Au (v. *ouro marrom*, *ouro branco-médio*, *ouro branco-suave*). ETIMOLOGIA. De *Pallas*, planetoide descoberto em 1802, pouco antes de se descobrir o elemento (1803).

PLATINA (Pt). NA 78. MA 195,09. CARACTERÍSTICAS. Mineral do grupo dos metais nobres, cúb., geralmente encontrado em grãos irregulares, raramente em octaedros ou cubos. Tem cor cinza-aço, traço cinza brilhante, br. metálico, sem clivagem, às vezes magnético. Dur. 4,0-4,5. D. 21,40 (altíssima). É um metal maleável, dúctil, resistente à corrosão pelo ar, solúvel em água-régia. Absorve H como o Pd. Provoca explosão do H ou do O. PF 1.773,5°C. FONTES DE OBTENÇÃO. Sperrylita, platinirídio, polixênio, cooperita, ferroplatina. A platina nativa ocorre na natureza geralmente na forma de ligas com Fe, Ir e Rh. Normalmente contém Fe, Ir, Pd e Ni e é encontrada em r. básicas, como dunitos, piroxenitos e gabros e em placeres. PRINCIPAIS PRODUTORES. A platina é um metal produzido principalmente pela África do Sul (80% da produção mundial), seguindo-se Rússia, Canadá e EUA. Em 7 de dezembro de 2010, o grama de platina valia R$ 124,69; o de paládio, R$ 55,50; o de ouro, R$ 76,62; e o de prata, R$ 24,63. APLICAÇÕES. A platina é usada em joalheria (com 35% Pd e 5% de outros metais), instrumental para laboratório, Odontologia, eletricidade, ogivas de mísseis, catalisadores, pirômetros, liga com Co (magnética), fornos elétricos de alta temperatura, fotografia e em vários outros produtos industriais. Em 1985, foi exposto em Tóquio (Japão) um vestido feito a mão, com fios de platina, pesando 12 kg e avaliado em um milhão de dólares. ETIMOLOGIA. Do esp. *platina* (diminutivo de prata).

plutônio (Pu). NA 94. MA 244**. CARACTERÍSTICAS. Metal prateado, amarelo-claro (quando oxidado), reativo, quente ao tato (quando em grandes fragmentos), extremamente perigoso por sua radioatividade. Quimicamente semelhante ao U. É o mais importante dos elementos transurânicos. FONTES DE OBTENÇÃO. Reações nucleares. APLICAÇÕES. Explosivos e energia atômicos. ETIMOLOGIA. Homenagem ao planeta *Plutão*.

polônio (Po). NA 84. MA 210. Características. Elemento radioativo extremamente perigoso, de cor azul, quimicamente semelhante ao Bi e ao Te. Facilmente solúvel em ác., pouco solúvel em água fria. Ocorre em minérios de U. É o elemento que tem maior número de isótopos (34). Muito raro. Fontes de obtenção. Bombardeamento de Bi^{209} com nêutrons. Aplicações. Engenharia Nuclear, eliminação de eletricidade estática, escovas para remoção de poeira em filmes fotográficos, geração de calor em satélites. Etimologia. Homenagem à *Polônia*, onde nasceu Mme. Curie, sua descobridora.

potássio (K). NA 19. MA 39,10. Características. Metal séctil, muito leve, prateado, de baixa dur., facilmente oxidável ao ar. Ao contato com a água, entra em combustão. PF 62°C. Forma 2,4% (em peso) da crosta terrestre. Muito reativo e muito eletropositivo. Fontes de obtenção. Silvita, nitro, alunita, leucita, carnallita, langbeinita, silvinita, polialita. Aplicações. Principalmente em fertilizantes. Ligas com Na. Geralmente se usa o Na, mais barato, em seu lugar. Etimologia. Do ingl. *pot* (pote) + *ash* (cinza), porque antigamente se queimava madeira em potes de ferro, e a cinza obtida era usada como fertilizante.

praseodímio (Pr). NA 59. MA 140,91. Características. Metal prateado, maleável, dúctil, de br. metálico e baixa dur. PF 940°C. Ocorre em vários minerais. Fontes de obtenção. Principalmente monazita e bastnasita. Aplicações. Ligas para isqueiros (5% Pr), material refratário (óxido), cinema, vidros, esmaltes. Etimologia. Do gr. *prasios* (verde) + *didymos* (gêmeo), pela cor de seus sais e por sua associação com outros metais de TR.

PRATA (Ag). NA 47. MA 107,87. Características. Metal nobre, cúb., geralmente de hábito acicular, fibroso, dendrítico ou irregular, raramente em cristais cúb., dodecaedros ou octaedros. Tem cor e traço cinza (prateados) e nenhuma clivagem. Dur. 2,5-3,0. D. 10,50. Forma 129 minerais e é encontrado em filões. Possui intenso br. metálico e é muito dúctil e maleável. Permite obter lâminas com 0,003 mm de espessura e fios de 100 m pesando apenas 38 mg. Podem-se soldar duas peças de prata com marteladas, desde que aquecidas a 600°C. PF 960°C. A prata é o metal que melhor conduz o calor e a eletricidade. Não se altera em contato com o ar, exceto quando este contém S (como ác. sulfídrico). Tem propriedades semelhantes às do Cu e do Au. Fontes de obtenção. Pirargirita, argentita, acantita, cerargirita, galena argentífera, stromeyerita, tetraedrita, pearceíta, proustita, stephanita, tennantita, polibasita, silvanita e prata nativa, bem como na metalurgia do Zn, Au, Ni e Cu, como subproduto. A prata está muitíssimo menos disseminada que o Au na natureza. Principais produtores. Peru (3.400 t em 2007), México (3.000 t) China (2.700 t) e Austrália (2.000 t). O Brasil produziu, em 2002, apenas 10 t, em Minas Gerais e, sobretudo, no Paraná. Em 7 de dezembro de 2010, um grama de Ag valia R$ 24,63. A maior pepita de prata conhecida foi encontrada em Sonora (México) e tinha 1.026 kg. Aplicações. Joalheria, moedas, espelhos, talheres, Odontologia, soldas, explosivos (fulminato), chuvas artificiais (iodeto), óptica (cloreto), fotografia (nitrato), germicida, objetos ornamentais, ligas com Cu. Em joias e objetos ornamentais, é empregada na forma de ligas com 10% Cu (prata 90 ou prata 900) ou, mais frequentemente, 95% Cu (prata 950). Etimologia. Do prov. *Plata* (lâmina de metal).

promécio (Pm). NA 61. MA 145**. Características. Parece inexistir na crosta terrestre. Fontes de obtenção. Fissão do U. Aplicações. Engenharia Nuclear. Poderá vir a ser fonte de calor para satélites. Etimologia. De *Prometeu*, personagem mitológico.

protactínio (Pa). NA 91. MA 231. Características. Metal prateado, radioativo, de br. metálico intenso, perigosamente tóxico. É um dos elementos mais raros e mais caros. Fontes de obtenção. Pechblenda. Etimologia. Do gr. *protos* (primeiro) + *aktinos* (raio).
rádio (Ra). NA 88. MA 226,05. Características. Metal branco, brilhante, fosforescente, que escurece quando exposto ao ar. Semelhante ao Ba. PF 700°C. É milhões de vezes mais radioativo que o U e emite partículas alfa, beta e gama. É cancerígeno. Ocorre em todos os minerais de U. Fontes de obtenção. Carnotita e metalurgia do U. Aplicações. Tintas luminosas, fonte de nêutrons, tratamento do câncer, radiografias industriais. Etimologia. Do lat. *radius* (raio).
radônio (Rn). NA 86. MA 222. Características. Gás incolor, fosforescente (quando solidificado), radioativo. É o mais denso dos gases conhecidos. Parece combinar-se com o F. Fontes de obtenção. Ra. Aplicações. Radioterapia (tratamento do câncer). Etimologia. Do lat. *radius* (raio). Sin. (obsol.): nitônio.
RÊNIO (Re). NA 75. MA 186,20. Características. Metal prateado, raro, de br. metálico, denso (21,02), semelhante à Pt, muito resistente à corrosão. PF 3.150°C. Forma minerais raros, como a jeskasganita e o rênio nativo, mas está disseminado na crosta terrestre (columbita, Pt, minerais de Mo). Fontes de obtenção. Molibdenita. Aplicações. Ligas com W e Mo, como metal principal; filamentos para espectrógrafo de massa; *flash* para fotografia; pilhas termoelétricas; como catalisador. Etimologia. De *Reno*, rio da Europa.
RÓDIO (Rh). NA 45. MA 102,90. Características. Metal prateado, raro, encontrado no estado nativo e nos minerais de Pt, a cujo grupo pertence. D. 12,4. PF 1.966°C. Fontes de obtenção. Metalurgia do Ni, minerais de Pt. Aplicações. Ligas com Pd e Pt (para aumentar a dur. desses metais), joalheria, decoração, como catalisador, em pares termoelétricos (termômetros para altas temperaturas), revestimento de Ag. Etimologia. Do gr. *rhodon* (rosa), pela cor de seus sais.
rubídio (Rb). NA 37. MA 85,47. Características. Metal prateado, leve, de dur. muito baixa, br. metálico e baixo PF, podendo ser líquido à temperatura ambiente. Entra em combustão ao contato com o ar e reage violentamente com a água. Não forma minerais próprios conhecidos. Muito abundante na crosta terrestre. Radioativo (radiações beta). Fontes de obtenção. Lepidolita, minerais de K, polucita, carnallita. Aplicações. Afecções da pele e dos olhos (iodeto). Pouco usado ainda. Pode vir a ser importante na Engenharia Nuclear e como catalisador. Etimologia. Do lat. *rubidis* (vermelho), porque tem duas linhas típicas na região vermelho-escura do espectro.
RUTÊNIO (Ru). NA 44. MA 101,07. Características. Metal raro, duro, branco, quebradiço, semelhante ao Os (porém bem mais resistente à corrosão), insolúvel em água-régia, do grupo da Pt. Fontes de obtenção. Principalmente osmirídio; também pentlandita, minérios de Pt e metalurgia do Cu e do Ni. Aplicações. Ligas com Pt e Pd, para endurecê-los; como catalisador; espelhos. Etimologia. De *Ruthenia*, nome latino da Rússia.
rutherfórdio (Rf). NA 104. Elemento obtido em 1969 bombardeando o califórnio-249 com carbono-12. Etimologia. Do lat. científico *rutherfordium*, homenagem a Ernest *Rutherford*, físico inglês. Cf. kurchatóvio.
samário (Sm). NA 62. MA 150,35. Características. Metal prateado ou cinza-claro, do grupo dos lantanídios, com forte br. metálico, radioativo (raios alfa). Fontes de obtenção. Monazita e bastnasita, principalmente. Aplicações. Indústria cinematográfica, ímãs permanentes (sulfetos), vidros para absorção de radiações infravermelhas (óxido). Etimologia. De *samarskita*, mineral em que foi descoberto.

seabórgio (Sg). NA 107. MA 263. Características. Presume-se que tenha comportamento químico similar ao do W. Fontes de obtenção. Bombardeio de isótopos de Pb com íons de ^{54}Cr. Aplicações. Não há. Etimologia. Homenagem a Glenn *Seaborg*, físico e químico norte-americano.

SELÊNIO (Se). NA 34. MA 78,96. Características. Hexag., monocl. ou amorfo. Quando monocl., é vermelho; quando amorfo, é vermelho (pulverizado) ou preto (vítreo); quando hexag. (forma mais estável), é cinza-metálico. Altamente tóxico. Só conduz eletricidade em presença da luz e de acordo com a intensidade desta. Forma pequenos cristais aciculares. PF 217°C. Seus minerais, em número de aproximadamente 40, não têm importância econômica por serem raros. Quimicamente semelhante ao S e ao Te. Fontes de obtenção. Zorgita, onofrita e metalurgia do Cu e outros metais. Aplicações. Principalmente células fotoelétricas e fotômetros. Eletrônica, xerografia, vidros e esmaltes, baterias, retificadores, fotografia, aços, inseticidas, borracha, ligas, televisão. O sulfeto é usado em xampu anticaspa. Etimologia. Do gr. *Selene* (Lua), por se assemelhar ao telúrio (do gr. *Tellus,* Terra).

SILÍCIO (Si). NA 14. MA 28,09. Características. Elemento muito abundante na crosta terrestre (25,7% do seu peso) e presente também no Sol, nas estrelas, em aerólitos e nos tectitos. Ocorre principalmente como óxido e silicatos. Cristalino, com cor cinza e br. metálico, ou amorfo. PF 1.420°C. Relativamente inerte. Aspirado em grande quantidade, provoca silicose. Fontes de obtenção. Qz. É o segundo mais abundante elemento químico na crosta terrestre (277.200 ppm), menos comum apenas que o O. Aplicações. Principalmente ligas; também silicone, construção civil, material refratário, cerâmica e esmaltes (como silicato), vidros, aços (sílica), abrasivos, *laser* (carboneto de silício), semicondutores, porcelana, abrasivos, cimento, carburundo, baterias solares. O silício usado em semicondutores tem um grau de pureza de 99,999.999,9%. Etimologia. Do lat. *silicium* (nome dado ao *flint*).

sódio (Na). NA 11. MA 22,99. Características. Metal brilhante, prateado, de baixa dur., menos denso que a água, podendo entrar em combustão espontânea quando em contato com esta. PF 97°C. Forma 2,6% da crosta terrestre, sendo o mais abundante dos metais alcalinos. Propriedades semelhantes às do K. Fontes de obtenção. Eletrólise do NaCl, thenardita, trona, mirabilita. Aplicações. Indústrias química e petrolífera, ligas, papel, vidro, sabão, tecidos, lâmpadas. Etimologia. Do lat. medieval *sodanum* (remédio para cefaleia).

tálio (Tl). NA 81. MA 204,37. Características. Metal séctil, de dur. muito baixa, maleável, de br. metálico, facilmente oxidável ao ar, adquirindo cor cinza-azulado e assemelhando-se ao Pb. PF 302°C. Muito volátil, bastante disseminado na natureza, formando, porém, poucos minerais próprios, como lorandita, urbaíta, hutchinsonita, crookesita e avicennita, todos muito raros. Fontes de obtenção. Metalurgia do Zn e do Pb, pirita. Aplicações. Formicida (sulfato), vidros de baixo PF (com S, As e Se) ou de alto índice de refração. Etimologia. Do gr. *thallos* (ramo verde), pela cor de suas linhas no espectro.

tântalo (Ta). NA 73. MA 180,95. Características. Metal cinza, maleável, denso (16,66), muito duro, dúctil, muito pouco reativo abaixo de 150°C. PF 2.850°C. Raro. Muito semelhante ao Nb, é mais raro que este e ocorre em todos os seus minerais. Fontes de obtenção. Principalmente tantalita; também microlita, euxenita, manganotantalita, pirocloro, tapiolita, samarskita. Aplicações. Ligas de alto PF, resistentes a esforços, de alta ductilidade etc. Reatores nucleares, aeronaves, mísseis, vidros para lentes (óxido), equipamentos resistentes

à corrosão para laboratório, equipamentos eletrônicos, ferramentas de corte, abrasivos, armas de fogo, instrumentos cirúrgicos e dentários, borracha sintética. ETIMOLOGIA. De *Tântalo*, personagem mitológico que foi condenado a morrer de sede (alusão ao caráter não absorvente do elemento ou à dificuldade de se dissolver seus minerais em ác.).
tecnécio (Tc). NA 43. MA 98. CARACTERÍSTICAS. Metal prateado, raro, radioativo, levemente magnético, ainda não encontrado na Terra. Ocorre em certas estrelas e é produzido artificialmente. Quimicamente semelhante ao Re. Excelente supercondutor a 11 K ou temperaturas inferiores. Foi o primeiro elemento produzido em laboratório. FONTES DE OBTENÇÃO. Fissão do U e do Pu. APLICAÇÕES. Aços resistentes à corrosão (pentecnato). ETIMOLOGIA. Do gr. *technetos* (artificial). Sin. (obsol.): *magúrio*.
TELÚRIO (Te). NA 52. MA 127,60. CARACTERÍSTICAS. Metal prateado, de br. metálico, friável. PF 452°C. É um dos poucos elementos que se combinam com o Au. Quimicamente semelhante ao Se e ao S. Hexag., raramente forma cristais bem desenvolvidos (prismáticos ou aciculares), sendo geralmente maciço. Dur. 2,0-2,5. D. 6.10-6,30. Tem boa clivagem prismática. Forma cerca de 40 minerais e foi encontrado pela primeira vez, no estado nativo, perto de Zlatna, na Romênia. FONTES DE OBTENÇÃO. Metalurgia do Cu, Pb e Zn; silvanita. APLICAÇÕES. Cerâmica, termoeletricidade (telureto de bismuto), vidros, borracha, ligas com Pb. Estuda-se seu emprego como aditivo à gasolina. ETIMOLOGIA. Do lat. *Tellus* (Terra).
térbio (Tb). NA 65. MA 158,92. CARACTERÍSTICAS. Metal prateado, dúctil, leve, séctil, hexag., maleável, do grupo dos lantanídios. FONTES DE OBTENÇÃO. Monazita, xenotímio, euxenita, minerais de Dy, Eu e Gd. APLICAÇÕES. Eletrônica, tubos de TV em cores. ETIMOLOGIA. De *Ytterby* (Suécia), onde foi descoberto.
terras-raras. V. *metais de terras-raras*.

titânio (Ti). NA 22. MA 47,90. CARACTERÍSTICAS. Metal branco, brilhante, leve, muito resistente à corrosão, dúctil. É o único elemento que queima em nitrogênio. Tem uma forma alfa (hexag.) e uma beta (cúb.), estável acima de 880°C. Tão forte quanto o aço, mas 45% mais leve. Mais pesado que o Al, mas duas vezes mais tenaz. PF 1.725°C. Presente no Sol e em meteoritos. Resistente a mudanças bruscas de temperatura. FONTES DE OBTENÇÃO. Principalmente ilmenita e rutilo; também loparita, perovskita, titanita. APLICAÇÕES. Em ligas com Al, Mo, Mn, Fe e outros metais para aeronaves, mísseis e navios; como gema (titanato de estrôncio artificial), refletor de luz infravermelha para observatórios solares, vidros, desoxidante na siderurgia, pigmento branco (óxido). Talvez venha a ser usado na dessalinização da água do mar. ETIMOLOGIA. De *Titãs*, personagens mitológicos, os primeiros filhos da Terra.
tório (Th). NA 90. MA 232,04. CARACTERÍSTICAS. Metal prateado, de br. metálico, muito radioativo e muito dúctil, de baixa dur. Dentre todos os óxidos, o seu é o que tem maior PF (3.300°C). Três vezes mais abundante que o U. FONTES DE OBTENÇÃO. Principalmente monazita; também torita, euxenita e processamento do U. APLICAÇÕES. Principalmente lâmpadas de gás portáteis (óxido), ligas com Mg, eletrônica, lâmpadas elétricas, vidros para lentes (óxido), combustível nuclear (pouco importante, por enquanto). ETIMOLOGIA. De *Thor*, deus da guerra na mitologia escandinava.
transactinídios Nome dado aos elementos químicos de NA maior que 103.
túlio (Tm). NA 69. MA 168,93. CARACTERÍSTICAS. Metal prateado, de br. metálico, maleável, dúctil, séctil, do grupo dos lantanídios. Reage lentamente com a água. É o mais raro dos metais de TR, mas tão abundante quanto a Ag, o Au e o Cd. FONTES DE OBTENÇÃO. Monazita

e bastnasita. APLICAÇÕES. Equipamentos de raios X portáteis, cerâmica magnética, equipamento de micro-ondas. Pouco usado por ser muito caro. ETIMOLOGIA. De *Thule*, nome primitivo da Escandinávia.

tungstênio (W). NA 74. MA 183,85. CARACTERÍSTICAS. Metal prateado ou cinza-aço, duro, denso. Tem o mais alto PF entre os metais (3.660°C). Oxida-se quando exposto ao ar. Muito dúctil, permitindo obtenção de fios com diâmetro de 0,01 mm. Forma mais de 20 minerais. FONTES DE OBTENÇÃO. Scheelita, volframita, ferberita, hübnerita. APLICAÇÕES. Filamentos de lâmpadas elétricas, aços, bulbos para televisão, distribuidores de automóveis, mísseis, ligas diversas, ferramentas de corte e perfuração (carboneto), lâmpadas fluorescentes (volframatos), lubrificantes (sulfeto), indústria química. ETIMOLOGIA. Do sueco *tung* (pesado) + *sten* (pedra), por sua alta D. (19,3).

unúmbio (Uub). NA 112. MA 285. Nome e símbolo provisórios para um elemento químico produzido pela primeira vez em 1996, nos laboratórios da GSI (Gesellschaft für Schwerionenoujyfor Industrie), em Darmstadt, Alemanha, por meio da colisão de ^{208}Pb com ^{70}Zn.

ununéxium (Uuh). NA 116. MA 292. Nome e símbolo provisórios para um elemento químico produzido pela primeira vez em 2000, em Dubna (Rússia), por meio da colisão de ^{48}Ca com ^{248}Cm.

ununoctium (Uuo). NA 118. MA (?). Nome e símbolo provisórios para um elemento químico que teria sido produzido pela primeira vez em 1999, na Universidade de Berkeley (EUA), pela colisão de ^{86}Kr com ^{208}Pb. Posteriormente, a equipe que o obteve informou não ter conseguido confirmar a obtenção.

ununquádio (Uuq). NA 114. MA 289. Elemento químico produzido pela primeira vez em 1999, em Dubna (Rússia), por meio da colisão de ^{48}Ca com ^{244}Pu.

ununúnio (Uuu). NA 111. MA 272. Nome e símbolo provisórios para um elemento químico produzido pela primeira vez em 1994, nos laboratórios da GSI em Darmstadt, Alemanha, por meio da colisão de ^{209}Bi com ^{64}Ni.

urânio (U). NA 92. MA 238,03. CARACTERÍSTICAS. Metal prateado, radioativo, denso (18,95), inflamável, dúctil, maleável, levemente paramagnético. Tem 14 isótopos, todos radioativos. Tanto o elemento como seus compostos são muito perigosos, por suas propriedades químicas e radiológicas. FONTES DE OBTENÇÃO. Pechblenda, uraninita, torbernita, zeunerita, metatorbernita, autunita, davidita, betafita, kasolita, tyuyamunita, carnotita, coffinita, euxenita, pirocloro, samarskita. APLICAÇÕES. Combustível nuclear, explosivos atômicos, produção de raios X, fotografia (nitrato), Química Analítica (acetato) e vidros (sais). ETIMOLOGIA. Homenagem ao planeta *Urano*, descoberto na mesma época em que se descobriu o elemento. Sin. (obsol.): *uranita*.

vanádio (V). NA 23. MA 50,94. CARACTERÍSTICAS. Metal cinza ou branco, dúctil, de baixa dur., abundante na crosta terrestre (forma 65 minerais, aproximadamente), mas muito disperso. PF 1.708°C. FONTES DE OBTENÇÃO. Carnotita, coulsonita, roscoelita, ferganita, vanadinita, descloizita, sengierita, patronita, fervanita, francevillita. Sub-produto do U, Ti, Al, Fe, P e outros elementos. Folhelhos betuminosos. APLICAÇÕES. Aços (80% da produção), cerâmica, catalisadores, ligas com Cr, Cu e Mo. Indústria elétrica, tintas, corantes, tipografia, fotografia, Medicina. ETIMOLOGIA. De *Vanadis*, deusa da mitologia escandinava, pela beleza do colorido de seus compostos.

volfrâmio Sin. de *tungstênio*. ETIMOLOGIA. Do al. *Wolfram*.

xenônio (Xe). NA 54. MA 131,30. CARACTERÍSTICAS. Gás nobre encontrado na atmosfera e em certas fontes. FONTES DE OBTENÇÃO. Liquefação do ar. APLICAÇÕES. Válvulas eletrônicas, lâmpadas estroboscópicas, lâmpadas bactericidas, *laser*, energia atômica, radioscopia, anestésico (ainda em experiência). ETIMOLOGIA. Do gr. *xenos* (estranho). **ZINCO** (Zn). NA 30. MA 65,37. CARACTERÍSTICAS. Metal branco-azulado, brilhante, de baixa dur., friável, mau condutor elétrico, dúctil. PF 419,2°C. Forma pelo menos 55 minerais. FONTES DE OBTENÇÃO. Principalmente esfalerita, smithsonita, hemimorfita e franklinita; também hopeíta e willemita. APLICAÇÕES. Ligas com diversos metais, inclusive o latão; indústria automobilística (velocímetros e bomba de água elétrica), galvanoplastia, tintas, borracha, cosméticos, medicamentos, telhados de casa, plásticos, sabão, baterias, tecidos, pigmentos (litopone), telas para TV e para raios X, lâmpadas fluorescentes, máquinas de lavar roupa, preservação de madeira (cloreto).

ETIMOLOGIA. Do al. *Zink*, palavra de origem incerta.
zircônio (Zr). NA 40. MA 91,22. CARACTERÍSTICAS. Metal branco-cinzento, brilhante, semelhante ao aço. Maleável, muito resistente à corrosão. PF 1.860°C. Finamente dividido e, em contato com o ar, entra em combustão. Difícil de separar do Hf. Forma cerca de 30 minerais. FONTES DE OBTENÇÃO. Baddeleyita e, principalmente, zircão; também eudialita. APLICAÇÕES. Energia nuclear, indústria química, espoletas, filamentos de lâmpadas, supercondutores, ligas com Zn e Mg, gema (óxido), vidros, cerâmica, material refratário, aços especiais, metalurgia do Al, isolantes térmicos e acústicos e borracha. ETIMOLOGIA. 1. De *zircão*, por ter sido descoberto nesse mineral. 2. Do ár. *zargum* (dourado), alusão à var. de zircão usada como gema.

Apêndice

ALGUMAS GEMAS E PEPITAS FAMOSAS

Este apêndice contém relações de gemas e pepitas que se tornaram famosas por suas dimensões excepcionais.

Os dados foram extraídos de várias fontes, o que explica a ausência, muitas vezes, de certo tipo de informação. Essa diversidade de fontes levou à obtenção de dados às vezes conflitantes, obrigando-nos a optar por aqueles que nos pareciam mais dignos de crédito.
Embora o carbonado não seja uma gema, foi também incluído por se tratar de uma importante var. de diamante.

Tab. 1 DIAMANTES BRUTOS

NOME	PROCEDÊNCIA	DATA	QUILATES	DIMENSÕES (mm)
Cullinan	África do Sul	1905	3.106,75[1]	–
Excelsior	África do Sul	1893	993,74	50 a 60
Estrela de Serra Leoa	Serra Leoa	1972	968,8	–
Zale	África	1984	890	–
Grão-mogol	Índia	1640	807,17	–
Estrela do Milênio	Congo	1993	777	–
Serra Leoa ou Woyie	Serra Leoa	1945	770	56 x 50 x 24
Presidente Vargas	Brasil[2]	1938	726,60	–
Jonker	África do Sul	1934	726	–
Reitz	África do Sul	1895	650,80	–
Jubileu	África do Sul	1895	649,85	–
Dutoitspan	–	–	616	–
Baumgold	–	–	609	–
Promessa de Lesoto[3]	Lesoto	–	603	–
Santo Antônio	Brasil	1993	602	54 x 38 x 35
Lesoto Marrom	Lesoto	1967	601	–
Goiás	Brasil	1906	600	–
Diamante do Centenário	África do Sul	1986	599	–
Premier II	África do Sul	–	523,77	–
De Beers I	África do Sul	1896	515,83	–
Premier III	África do Sul	–	499,33	–
Premier IV	África do Sul	–	470,22	–

(1) Forneceu nove gemas grandes e 86 pequenas.
(2) Encontrado em Coromandel, MG.
(3) Vendido em leilão por US$ 12,4 milhões em outubro de 2006.

Tab. 1 Diamantes brutos (continuação)

Nome	Procedência	Data	Quilates	Dimensões (mm)
Vitória ou Imperial	África do Sul	1880	468,94	–
Darcy Vargas	Brasil[2]	1939	460	53 x 39,9 x 26,6
Nizam	Índia	1935	451 (?)	–
De Beers II	África do Sul	–	439,21	
Regent ou Pitt	Índia	1701	420,25	
De Beers III	África do Sul	–	419,22	
Presidente Dutra	Brasil[2]	1949	407,68	23 x 38,5 x 54,5
Premier V	África do Sul	–	401,29	
Coromandel IV	Brasil[2]	1940	400,65	53 x 44,7 x 25
Premier VI	África do Sul	–	382,22	
Diário de Minas	Brasil[2]	1941	375,1	43,6 x 34,8 x 29,2
Vitória	Brasil	1945	375	–
Premier VII	África do Sul	–	356,90	
Tiros I	Brasil[4]	1938	354	
Premier Rose	África do Sul	1978	353,9	
Premier VIII	África do Sul	–	342,35	
Vitória II	Brasil[5]	1943	328,34	54 x 32 x 27
Patos	Brasil	1937	324	
De Beers IV	África do Sul	1884	309,55	
Stewart	África do Sul	1872	295,61	
Tiffany	África do Sul	1878	287,42	
Estrela do Sul	Brasil[6]	1853	261,88	
Cruzeiro	Brasil[2]	1942	261	40 x 42,5 x 22,5
Estrela do Egito	Brasil	1850	250	
Carmo do Paranaíba	Brasil	1937	245	
Oppenheimer	África do Sul	–	244	
Abaeté	Brasil[5]	1926	238	
Coromandel III	Brasil[2]	1936	228	
Mato Grosso	Brasil	1963	227	
João Neto de Campos	Brasil	1947	201	40 x 23 x 16
Tiros II	Brasil[4]	1936	198	
Tiros III	Brasil[4]	1936	182	–

(4) Encontrado em Tiros, MG.
(5) Encontrado em Abaeté, MG.
(6) Encontrado em Estrela do Sul, MG.

Apêndice

Tab. 1 DIAMANTES BRUTOS (CONTINUAÇÃO)

NOME	PROCEDÊNCIA	DATA	QUILATES	DIMENSÕES (mm)
Coromandel I	Brasil[2]	1934	180	–
Estrela de Minas	Brasil[6]	1910	179,38	38 x 38 x 23
Brasília	Brasil	1944	176,2	–
Juscelino K. de Oliveira	Brasil	1954	174,5	–
Tiros IV	Brasil[4]	1938	172,5	–
Minas Gerais	Brasil[2]	1937	172,5	36,5 x 31,5 x 18
Coromandel II	Brasil[2]	1935	141	–
Nova Estrela do Sul	Brasil[5]	1937	140	–
Shinyanga	Tanganica	–	120	–
Dresden Inglês	Brasil[6]	1857	119,5	–
Rosa do Abaeté	Brasil[6]	1929	118	–
Hope	Índia	1791	115,11	–
Jalmeida	Brasil	1924	109,50	–
Governador Valadares	Brasil[6]	1940	108,30	55 x 16,4 x 13
Independência	Brasil	1940	106,82	32,5 x 30 x 17,6
Abadia dos Dourados	Brasil	1938[7]	104	–
Estrela da África do Sul	África do Sul	1869	83,5	–
Princesa de Estrela do Sul	Brasil[6]	1977	82,25	35 x 18 x 15

(7) Data aproximada.

Tab. 2 DIAMANTES LAPIDADOS

NOME	QUILATES
Golden Jubilee	545,67[1]
Cullinan I (Grande Estrela da África)	530,20
Incomparable	407,48
Matan	367
Nizan	340
Cullinan II	317,40
Espírito de Grisogono	312[2]
Grão-mogol	280
Centenary	273,85

(1) Desde 1995, é o maior diamante lapidado do mundo. Antes da lapidação, tinha 755,50 ct.
(2) O maior diamante-negro lapidado. No estado bruto, tinha 587 ct.

Tab. 2 Diamantes lapidados (continuação)

Nome	Quilates
Indien	250
Jubileu	245,35
Regente de Portugal	215
Estrela Negra da África	202,00
Orloff	199,60
Darya-i-nur[3]	186
Koh-i-noor (primeira lapid.)[4]	186
Vulcão[5]	179
Libertador	155
Regente[6]	140,50
Florentino	137,27
Grão-duque de Toscana	133
Tiffany[7]	128,51
Estrela do Sul	128,30
Niarchos	128,25
Português	127
Jonker	126,65
Stewart	123
Lua das Montanhas	120
Xá Akbar (primeira lapid.)	116
Colenso	113,14
Estrela da Terra[8]	111,59
Koh-i-noor (segunda lapid.)	108,93
Louis Cartier	107,07
Estrela do Egito (segunda lapid.)	106,75
Deepdene	104,88
Grande Crisântemo	104,15

(3) O mais famoso diamante-rosa. Encontrado na Índia.
(4) Talvez o mais antigo diamante de que se tem notícia (5.000 anos). O nome significa "montanha de luz".
(5) Leiloado em 27 de junho de 2002, com lance mínimo de US$ 1,2 milhão. Cor âmbar por conter inclusões de grafita.
(6) Considerado por muitos o diamante mais perfeito conhecido.
(7) O mais famoso diamante amarelo. Tinha 287,42 ct no estado bruto.
(8) O mais famoso diamante marrom. Está no Museu Americano de História Natural, de Nova Iorque.

Tab. 2 Diamantes lapidados (continuação)

Nome	Quilates
The Mouawas Splendour[9]	101,84
A Estrela da Felicidade[10]	100,36
Estrela das Estações[11]	100,10
Jacob	100
Cullinan III	94,40
Nassak (primeira lapid.)	90
Xá	88,70
Jehangir	83
Goiás	80
Nepal	79,41
Dresden	76,5
Xá Akbar (segunda lapid.)	71,70
Olho do Ídolo	70,21
Transvaal	67,89
Orloff Negro	67,50
Cullinan IV	63,60
Cuiabá	60,75
Arcots	57,35
Kimberley	55,09
Sancy	55
Imperatriz Eugênia	51
Grand Condé	50
Cleveland	50
Mouawad Blue	49,92
Pigot	49
Estrela da África do Sul	47,75
Hope[12]	45,52
Jalmeida	45,40
Nassak (segunda lapid.)	43,38
Maximilian	43,0
Dresden Verde	41

(9) Vendido por US$ 12,76 milhões em 1990.
(10) Vendido por US$ 11,88 milhões em 1993.
(11) Vendido por US$ 16,54 em 17 de maio de 1995, em Genebra (Suíça).
(12) O maior diamante azul do mundo. Está no Museu de História Natural da Smithsonian Institution (Washington, EUA).

Tab. 2 Diamantes lapidados (continuação)

Nome	Quilates
Tio Sam	40,23
Paxá do Egito	40
Lesoto III[13]	40
Estrela Polar	40
Pigott	40
Graff Imperial Blue	39,31
Wittelsbacher	35,50
Sultão do Marrocos	35,27
Puch Jones	34,46
Amsterdan	33,74
Blue Heart	30,62
Arkansas	27,21
Estrela do Este[14]	26,78
Lua de Baroda	24,95
Dewey	23,75
Williamson Pink	23,6
Capitólio Cubano	23
Pedra-Mesa	23 a 25
Mazarins	21
Hortênsia	20
Cullinan V	18,80
Shepard	18,30
Pearson	16,72
Eagle	15,37
Duque de Wellington	12,25
Canary	12,0
Cullinan VI	11,50
Eureka[15]	10,73
Cullinan VII	8,80
Cullinan VIII	6,80
Pumpkin Diamond	5,54

(13) Pertencia a Jacqueline Onassis, que o recebeu de Aristóteles Onassis, em anel de noivado. Arrematado em leilão, no dia 25 de abril de 1996, por US$ 2,5 milhões, quatro vezes o valor estimado.
(14) O diamante mais caro do mundo, vendido em 16 de novembro 2010 por mais de US$ 46 milhões
(15) Primeiro diamante descoberto na África do Sul (dezembro de 1866). Tinha 21,25 ct no estado bruto.

Tab. 2 Diamantes lapidados (continuação)

Nome	Quilates
Cullinan IX	4,40
Eisenhower	3,11
Hancock Red[16]	0,95

(16) O mais famoso diamante vermelho. Arrematado por US$ 926.315,79 em 28 de abril de 1987, o maior preço por quilate já pago por um diamante, até então.

Tab. 3 Outras gemas (lapidadas, se em quilates)

Nome	Natureza	Procedência	Data	Massa
Cachacinha	água-marinha	Brasil	–	65 kg
–	água-marinha	Brasil	–	111 kg[1]
Papamel	água-marinha	Brasil	1910	74 kg
Lúcia	água-marinha	Brasil	1955	61 kg
Marta Rocha	água-marinha	Brasil	1954	33,928 kg
Água-marinha do Jaquetô	água-marinha	Brasil	Década de 1950	19 kg
Âmbar Birmânia	âmbar	Mianmar (?)	–	15,25 kg
Estrela Eminente	rubi astérico	Índia (?)	–	6.465 ct[2]
Carmen Lúcia[3]	rubi	Mianmar	Década de 1930	23,1 ct
Edward	rubi	–	–	167 ct
Estrela de Reeves	rubi	–	–	138,7 ct
Long Star	rubi	–	–	100 ct
Rubi da Paz	rubi	–	1919	43 ct
Bragança	topázio	Brasil	1740	1.680 ct
Princesa Brasileira	topázio azul	Brasil	1955	21.327 ct[4]
Marambaia	topázio	Brasil	–	101 ct
A Estrela Solitária	safira astérica	–	–	9.719,50 ct[5]
Estrela Negra de Queensland	safira	Austrália	1953/1955	2.097 ct/ 1.444 ct[6]

(1) A maior água-marinha conhecida. Tinha 45 x 38 cm. Forneceu 200.000 ct de gemas lapidadas.
(2) O maior rubi astérico conhecido. É um cabuchão de 109 x 90,5 x 58 mm.
(3) Nome de uma brasileira em memória de quem o marido doou a gema à Smithsonian Institution, onde se encontra atualmente.
(4) O maior topázio lapidado do mundo. Está, desde 1985, no Museu Americano de História Natural (Nova Iorque).
(5) A maior safira astérica lapidada do mundo.
(6) Lapidada na forma do busto do Gen. Dwight Eisenhower, ex-presidente dos EUA. Massas antes e depois de lapidada.

Tab. 3 OUTRAS GEMAS (LAPIDADAS, SE EM QUILATES) (CONTINUAÇÃO)

Nome	Natureza	Procedência	Data	Massa
Verde de Mike	safira verde	Austrália	1948	–
Stuart	safira	–	–	–
Estrela da Ásia	safira astérica	–	–	330 ct
Estrela Negra	safira astérica	Austrália	–	233 g/116 ct[7]
Estrela da Índia	safira astérica	Sri Lanka	–	536 ct
Ruspoli	safira	Sri Lanka	–	135,8 ct
–	safira	Mianmar	–	mais de 200 g
Logan	safira azul	Sri Lanka	–	423 ct[8]
Timur	espinélio[9]	–	–	361 ct
Príncipe Negro	espinélio[9]	–	–	(5 cm)
Kakovin	esmeralda	–	–	2,226 kg
Imperador Jehangir	esmeralda	Colômbia	–	–
Devonshire	esmeralda	Colômbia	–	1.386 ct
Mughal	esmeralda	Colômbia	–	217,8 ct[10]
Ataualpa	esmeralda	–	–	45 ct
Mackay	esmeralda	Colômbia (Muzo)	–	168 ct
Hooker	esmeralda	–	–	75,47 ct
Patrizius	esmeralda	Colômbia (Chivor)	1921	126,4 g
Tiffany	kunzita	Brasil	–	396,3 ct
Pérola de Lao-Tzé	pérola	Filipinas	1934	6,37 kg[11]
Pérola da Ásia	pérola	–	–	121 g
Peregrina[12]	pérola	Panamá	Século XVI	–
Hope	pérola	–	–	90 g (50 mm)
La Regente	pérola	–	–	15,13 g[13]

(7) Antes/depois da lapid.
(8) Talvez a maior safira azul facetada do mundo. Está no Museu de História Natural da Smithsonian Institution (Washington, EUA).
(9) Considerados rubis, inicialmente. Não foram lapidados, apenas polidos nas faces naturais.
(10) Avaliada, em 2001, em US$ 1 milhão.
(11) ou Pérola de Alá. A maior pérola conhecida (Guinness, 1995). Mede 14,5 x 24 cm e foi encontrada em um Tridacna gigas. Está avaliada em US$ 40 milhões.
(12) Pertencia à atriz Elizabeth Taylor e foi engolida por seu cão. Foi avaliada em 37 mil dólares.
(13) A quinta maior pérola conhecida e a mais cara de que se tem notícia. Arrematada por US$ 864.280, em leilão da Christie's de Genebra, em 1988.

Apêndice

Tab. 3 Outras gemas (lapidadas, se em quilates) (continuação)

Nome	Natureza	Procedência	Data	Massa
Júpiter Cinco	opala	Austrália	1989	26.350 ct
Olympia Australis	opala	Austrália	1956	17.700 ct[14]
Cometa de Halley	opala-negra	Austrália	1986	404 g[15]
Imperatr. de Glengarry	opala-negra	Austrália	1972	1.520 ct[16]
Luís XVIII	opala	–	–	77 ct
Cruz do Sul	opala	–	–	–
Imperatriz Eugénie	opala	–	–	–
Borboleta	opala	–	–	–
Rei Midas	opala	–	–	–
Estrela da Austrália	opala	–	–	–
Ave do paraíso	opala	–	–	–
Galaxy	opala	Pedro II (PI)	–	737,5 g
Gema Orquídea	opala	–	–	–
Avô	quartzo--enfumaçado	Suíça (França?)	–	130 kg
Joninha[17]	rubelita[18]	Brasil	1978	320 kg
Foguete[17]	rubelita	Brasil	1978	120 kg
Tarugo[17]	rubelita	Brasil	1978	80 kg
Flor de lis[17]	rubelita	Brasil	1978	50 kg

(14) Mede 13 x 25 cm e foi avaliada em US$ 112.000.
(15) A maior opala-negra bruta conhecida. Tem 100 x 66 x 63 mm.
(16) A maior opala-negra conhecida. Tem 121 x 80 x 15 mm.
(17) Joninha, Foguete, Flor de lis e Tarugo foram achadas na mesma época, no mesmo local e pelo mesmo garimpeiro, Jonas de Souza Lima.
(18) Dois cristais, com cleavelandita.

Tab. 4 Carbonados

Nome	Local	Quilates
Lavrita ou Carbonado do Sérgio	Brejo da Lama, Lençóis (BA)	3.167 ct
Casco de Burro	Lençóis (BA)	2.000 ct
Xiquexique	Andaraí (BA)	931,6 ct
Carbonado	Rosário do Oeste (MT)	319,5 ct
Moedor	Bahia	–
Pontezinha	Pontezinha, Rosário do Oeste (MT)	267,53 ct

Tab. 5 Pepitas de ouro

Nome	Local	Data	Massa	Descobridor
Hill End	Califórnia, EUA	–	350 kg	–
–[1]	Nova Gales do Sul, Austrália	1872	285 kg[2]	–
–[1]	Chile	–	153 kg	–
Holtermann Reef	Nova Gales do Sul, Austrália	1872	214,3 kg	–
Molvaque	Austrália	–	95 kg	–
Welcome Stranger	Vitória, Austrália	1869	69,92 kg	–
Desirée	Austrália	1870	68,8 kg	–
Canaã	Serra Pelada (PA), Brasil	13/9/1983	60,8 kg[3]	Júlio de Deus Filho
–	Serra Pelada (PA), Brasil	6/1983	42,7 kg	Albino Lienkim
–	Serra Pelada (PA), Brasil	4/9/1983	39,5 kg	José R. de Oliveira
–	Serra Pelada (PA), Brasil	14/6/1983	36,2 kg	Amadeu A. Rodrigues[4]
–	Serra Pelada (PA), Brasil	3/3/1983	35,5 kg	–
–	Serra Pelada (PA), Brasil	3/3/1983	26,5 kg	–
Democracia	Serra Pelada (PA), Brasil	–	19,5 kg	–
Zé Arara	Itaituba (PA), Brasil	–	5 kg[5]	José Cândido Araújo

(1) Leprevost (1978).
(2) 1,42 m de diâmetro.
(3) Era parte de uma pepita de 150 kg que se quebrou. Está no Museu de Valores do Banco Central do Brasil (Brasília, DF) e é a maior pepita do mundo em exposição.
(4) ou Amadeu Gonçalves.
(5) Mede cerca de 20 x 15 x 5 cm e destaca-se pelo brilho e pela bela cor amarela, incomum em pepitas desse tamanho.

Tab. 6 Pepitas de platina

Nome	Local	Data	Massa	Descobridor
Gigante Ural	–	–	7,860 kg[1]	–
–	Urais, Rússia	1843	9,635 kg[2]	–
–	Jabarovsk, Rússia	1994	2,219 kg	–

(1) A maior pepita de platina existente. Está em Moscou (Rússia).
(2) A maior pepita de platina conhecida. Foi fundida logo após sua descoberta.

Apêndice

Tab. 7 Pepitas de prata

Nome	Local	Data	Massa	Descobridor
–	Sonora, México	–	1,026 kg	–
–	Cobalt, Ontário, Canadá	–	800 kg aprox.	–

Referências

ABELEDO, M. E. J. et al. Sanjuanite, a new hydrated basic sulfate-phosphate of aluminium. *The American Mineralogist*, Washington, v. 53, n. 1-2, p. 1-8, Jan./Fev. 1968.

ABREU, S. F. de. *Recursos minerais do Brasil*. São Paulo: Edgard Blücher, 1973. 2 v.

ADUSUMILLI, M. do P. S. *Contribuição à mineralogia dos niobotantalatos da Província Pegmatítica Nordestina*. 1976. 254 f. Tese (Doutorado) – Universidade de Brasília, Brasília, 1976.

ALEKSEYEVA, M. A. et al. Streaknite, a new uranyl vanadate. *International Geology Review*, Washington, v. 17, n. 7, p. 813-816, July 1975.

ALFORS, J. T. et al. Seven new barium minerals from Eastern Fresno County, California. *The American Mineralogist*, Washington, v. 50, n. 3-4, p. 314-340, Mar./Apr. 1965.

ANDERSON, B. W. *Gemas*: descripción e identificación. Tradução de José Maria B. Figueroa. Madrid: Entasa, 1976. (Gemología y Arte, 1.)

ANDRADE, M. R.; BOTELHO, L. C. A. *Perfil analítico do níquel*. Rio de Janeiro: DNPM, 1974. (Boletim, 33.)

ANKINOVICH, S. G. et al. Chernykhttee, a new barium-vanadium mica from northwestern Karatau. *International Geology Review*, Washington, v. 15, n. 6, p. 641-647, June 1973.

ANTHONY, J. W.; MCLEAN, W. J. Jurbanite, a new post-mine aluminium sulfate mineral from San Manuel, Arizona. *The American Mineralogist*, Washington, v. 61, n. 1-2, p. 1-4, Jan./Feb. 1976.

AQUINO, J. B. C. de. O uso do diamante na perfuração de rochas. In: SEMINÁRIO DE DIAMANTES INDUSTRIAIS NO BRASIL, 1., 1974, São Paulo. *Anais...* São Paulo: [s.n.], 1974. v. 1, p. 5-15.

ARAÚJO JR., C. E. N. de. *Os minerais e suas aplicações na indústria*. [S.l.: s.n.], 1964. v. 1.

ARISTARAIN, L. F.; HURLBUT, C. S. Teruggite, $4CaO.MgO.6B_2O_3.As_2O_5.18H_2O$, a new mineral from Jujuy, Argentina. *The American Mineralogist*, Washington, v. 53, n. 11-12, p. 1815-1828, Nov./Dec. 1968.

ASSOCIAÇÃO BRASILEIRA DE NORMAS TÉCNICAS. *Material gemológico*. Rio de Janeiro, 1989. (NBR 10630.)

_____. *Diamante lapidado*. Rio de Janeiro, 1991 (Norma Técnica.) Inédito.

AUBOIN, E. et al. *Précis de Geologie*. Paris: Dunod, v. 1, p. 3-173. 1975.

AULETE, Caldas. *Dicionário contemporâneo da língua portuguêsa Caldas Aulete*. 2. ed. brasileira. Rio de Janeiro: Delta, 1970. 5 v.

AZAMBUJA, J. C.; SILVA, Z. C. G. da. *Perfil analítico dos mármores e granitos*. Rio de Janeiro: DNPM, 1975. (Boletim, 38.)

BARBOSA, J. E. C. *Perfil analítico da esmeralda*. Rio de Janeiro: DNPM, 1974. (Boletim, 12.)

BARBOSA, R. A. As pérolas. *Relógios e Jóias*, Guarulhos, v. 18, n. 203, p. 3-5, jan. 1976.

BARONE, R. H. D. T. *Perfil analítico do zinco*. Rio de Janeiro: DNPM, 1973. (Boletim, 26.)

BARROS, J. C. et al. Esmeraldas e berilos verdes da Mina dos Calados, Fazenda de Lajes, Itaberaí, Estado de Goiás. In: CONGRESSO BRASILEIRO DE GEOLOGIA, 36., 1990, Natal. *Anais...* Natal: SBG, 1990. v. 3, p. 1403-1413.

BARROS, M. de. Minerais de lítio de interesse gemológico. In: SIMPÓSIO BRASILEIRO DE GEMOLOGIA, 1., 1974, Porto Alegre. *Atas...* Porto Alegre: [s.n.], 1974.

BASÍLIO, M. S. et al. Aspectos gemológicos das alexandritas de Malacacheta, MG. In: CONGRESSO BRASILEIRO DE GEOLOGIA, 40., 1998, Belo Horizonte. *Anais...* Belo Horizonte: SBG, 1998. p. 267.

BATEMAN, A. M. *Yacimientos minerales de rendimiento económico.* Barcelona: Omega, 1961.

BAUER, J.; BOUSKA, V. *Pierres préciseurs et pierres fines.* Tradução de Hubert Bari. Paris: Bordas, 1985.

BAYLEY, S. W. Report of the IMA: I.U. Cr. Joint Committee on Nomenclature. *The American Mineralogist,* Washington, v. 62, n. 5-6, p. 412, May/June 1977.

_____. Nomenclature for regular interstratifications. *The American Mineralogist,* Washington, v. 67, n. 3-4, p. 394-398, Mar./Apr. 1982.

BEDLIVY, D.; MEREITER, K. Preisingerite, $Bi_3O(OH)(AsO_4)_2$, a new species from San Juan Province, Argentina: its description and crystal structure. *The American Mineralogist,* Washington, v. 67, n. 7-8, p. 833-840, July/Aug. 1982.

BEGIZOV, V. et al. Palladoarsenide, Pd_2, As, a new natural palladium arsenide from the coppernickel ores of the Oktyabr deposits. *International Geology Review,* v. 16, n. 11, p. 1294-1297, Nov. 1974.

BÉGUIN, J. A. Zolsitz. *Relógios e Jóias,* Guarulhos, v. 22, n. 252, p. 54, fev. 1980.

BERRY, L. G.; MASON, B. *Mineralogia.* Tradução de E. P. Garcia. Madrid: Aguilar, [s.d.]

BETEJIN, A. *Curso de mineralogía.* Tradução de L. Vládov. Moscou: Paz, [s.d.]

BEUKES, G. J. et al. Hotsonite, a new hydrated aluminium-phosphated-sulphated from Pofadder, South Africa. *The American Mineralogist,* Washington, v. 69, n. 9-10, p. 979-983, Sept./Oct. 1984.

BEUS, A. A. *Berillium.* Tradução de E. Lachman. San Francisco: W. H. Freeman, 1962.

BEVINS, R. E. et al. Lanthanite-(Ce), $(Ce,La,Nd)_2(CO_3)_3.8H_2O$, a new mineral from Wales, U. K. *The American Mineralogist,* Washington, v. 70, p. 411-413, 1985.

BIONDI, J. C. Depósitos de esmeralda de Santa Teresinha (GO). *Revista Brasileira de Geociências,* São Paulo, v. 20, n. 1-4, p. 13-16, mar./dez. 1990.

BIRNIE, R. W.; HUGHES, P. J. Stoiberite, $Cu_5V_2O_{10}$, a new copper vanadate from Izalco volcano, El Salvador, Central America. *The American Mineralogist,* Washington, v. 64, n. 9-10, p. 941-944, Sept./Oct. 1979.

Boletim Referencial de Preços de Diamantes e Gemas de cor. DNPM/IBGM, 2005

BONDI, M. et al. Chiavennite, $CaMnBe_2Si_5O_{13}(OH)_2.2H_2O$, a new mineral from Chiavenna (Italy). *The American Mineralogist,* Washington, v. 68, n. 5-6, p. 623-627, May/June 1983.

Referências

BRANCO, P. de M. As pedras "preciosas", "nobres", "orientais" e "ocidentais". *Brasil Relojoeiro e Joalheiro*, São Paulo, v. 21, n. 227, p. 137-139, jul. 1979.

_____. Classificação das substâncias gemológicas. *Acta Geológica Leopoldensia*, São Leopoldo (RS), v. 7, n. 14, p. 73-78, 1983.

_____. Mineralogia do ouro. *Acta Geológica Leopoldensia*, São Leopoldo (RS), v. 7, n. 14, p. 65-72, 1983.

_____. *Dicionário de mineralogia*. 3. ed. rev. e ampl. Porto Alegre: Sagra, 1987. Inclui fotos.

_____. *Glossário gemológico*. 3. ed. rev. e ampl. Porto Alegre: Sagra-DC Luzzatto, 1992.

_____. *Guia de redação para a área de geociências*. Porto Alegre: Sagra-DC Luzzatto, 1993.

_____. *O mercado de diamante sintético*. Disponível em: <http://www.cprm.gov.br/publique/cgi/cgilua.exe/sys/start.htm?infoid=127&sid=23>. Acesso em: 6 nov. 2006.

_____; GIL, C. A. A. *Mapa gemológico do Estado de Santa Catarina*. Porto Alegre: CPRM, 2000., il. (Informe de Recursos Minerais, Série Pedras Preciosas, 6.) Inclui mapa.

_____. *Mapa gemológico do Estado do Rio Grande do Sul*. 2. ed. rev. e atual. Porto Alegre: CPRM, 2002., il. (Informe de Recursos Minerais, Série Pedras Preciosas, n. 5.) Inclui mapa.

BRUSA, J. L. Diamantes cor laranja. *Diamond News*, São Paulo, v. 6, n. 22, p. 6-10, out./dez. 2005.

BUSSEN, I. V. et al. Ilmajokite, a new mineral of the lovozero tundra. *International Geology Review*, v. 14, n. 8, p. 840-843, Aug. 1972.

_____. Vuonnemite, a new mineral. *International Geology Review*, Washington, v. 17, n. 3, p. 354-357, Mar. 1975.

CABRI, L. J.; HALL, S. R. Mooihockite and havcockite, two new copper-iron sulfides and their relationship to chalcopyrite and talnakhite. *The American Mineralogist*, Washington, v. 57, n. 5-6, p. 689-708, May/June 1972.

_____ et al. New mineral names. *The American Mineralogist*, Washington, v. 66, n. 10-11, p. 1099-1103, Nov./Dec. 1981.

CAILLERE, S.; HENIN, S. *Mineralogie des argiles*. Paris: Masson, 1963.

CAJIGAL, J. B. M. As ligas de ouro. *Guia joyería reloj*. Buenos Aires: Camara Ind. Alliajas y Afines, [s.d.]

CAMPAGNONI, R. et al. Balangeroite, a new fibrous silicate related to gageite from Balangero, Italy. *The American Mineralogist*, Washington, v. 68, n. 1-2, p. 214-219, Jan./Feb. 1983.

CAMPOS, J. de S. Labradorescência e adularescência. *Gemologia*, São Paulo, v. 7, n. 27-28, p. 1-8, 1962.

CARPENTER, A. B. Jennite, a new mineral. *The American Mineralogist*, Washington, v. 51, n. 1-2, p. 56-74, Jan./Feb. 1966.

CASSEDANE, J. P. Geologia de algumas jazidas de gemas. *Mineração e Metalurgia*, Rio de Janeiro, v. 40, n. 375, p. 12-21, jun. 1976.

_____; CASSEDANE, J. O ônix de fervedeiro. *Mineração e Metalurgia*, Rio de Janeiro, v. 42, n. 403, p. 10-15, out. 1978.

CASTAÑEDA, C. et al. Origin of color in tourmalines from Araçuaí, Minas Gerais, Brazil. In: CONGRESSO BRASILEIRO DE GEOLOGIA, 40., 1998, Belo Horizonte. *Anais*... Belo Horizonte: SBG, 1998. p. 293.

CASTAÑEDA, C. et al. (Org.). *Gemas de Minas Gerais*. Belo Horizonte: SBG, 2001.

CASTRO, L. de O. Origens do diamante brasileiro. In: CONGRESSO BRASILEIRO DE GEOLOGIA, 36., 1990, Natal. *Anais*... Natal: SBG, 1990. v. 3, p. 1331-1341.

_____. Origem do diamante associado a carbonado. In: CASTRO, L. de O. *Eureca*. Belo Horizonte: [s.n.], 2003. p. 260-265.

CHAO, E. C. T. et al. Neighborite, $NaMgF_3$, a new mineral from the Green River Formation, South Ouray, Utah. *The American Mineralogist*, Washington, v. 46, n. 3-4, p. 379-393, Mar./Apr. 1961.

CHAVES, M. L.; BRANDÃO, P. R. G. Diamante variedade carbonado na serra do espinhaço (MG/BA) e sua enigmática gênese. *Revista Escola de Minas*, Ouro Preto, v. 57, n. 1, p. 33-38, jan./mar. 2004.

_____; CHAMBEL, L. *Diamante*: a pedra, a gema, a lenda. São Paulo: Oficina de Textos, 2003.

CHUKHROV, F. V. et al. Ferrihydrite. *International Geology Review*, Washington, v. 16, n. 10, p. 1131-1143, October 1974.

CLARK, A. H. Supergene metastibnite from Mina Alacrán, Pampa Larga, Copiapó, Chili. *The American Mineralogist*, Washington, v. 55, n. 11-12, p. 2104-2106, Nov./Dec. 1970.

COLVILLE, A. A. Paraspurrite, a new polymorph of spurrite from Inyo County, California. *The American Mineralogist*, Washington, v. 62, n. 9-10, p. 1003-1005, Sept./Oct. 1977.

COMO calcular aproximadamente o peso de um diamante lapidado. *Brasil Relojoeiro Joalheiro*, São Paulo, v. 20, n. 224, p. 43-44, abr. 1979.

COSTACURTA, J. J. *Perfil analítico do feldspato*. Rio de Janeiro: DNPM, 1973. il. (Boletim, n. 32.)

CROOK, III, W. W. Texasite, a new mineral: the first example of a differentiated rare-earth species. *The American Mineralogist*, Washington, v. 62, n. 9-10, p. 1006-1008, Sept./Oct. 1977.

CZAMANSKE, G. K.; ERD, R. C. Bartonite, a new potassium iron sulfide mineral. *The American Mineralogist*, Washington, v. 66, n. 3-4, p. 369-375, Mar./Apr. 1981.

DANA, J. D. *Manual de mineralogia*. Revisão de Cornelius Hurlbut Jr. Tradução de Rui Ribeiro Franco. Rio de Janeiro: Ao Livro Técnico, 1970. 2 v.

_____; DANA, E. S. *The system of mineralogy*. 7. ed. New York: John Wiley, 1966. 3 v.

DELGADO, C. Las lágrimas de la Luna. *American Airlines Nexos*, p. 47-51, agosto/sept. 2006. Il.

Referências

DELIENS, M.; PIRET, P. Metastudtite, $UO_4.2H_2O$, a new mineral from Shinkolobwe, Shaba, Zaire. *The American Mineralogist*, Washington, v. 68, n. 3-4, p. 456-458, Mar./Apr. 1983.

_____. La schmitterite Ute O. de Shinkolohwe (*région du Shaba, Zaire*). *Bull. Soc. Fr. Minéral. Cristallogr.*, Paris, v. 99, n. 5, p. 334-335, sept./oct. 1976.

_____. La kusuite ($Ce^{3+},Pb^{2+},Pb^{4+})VO_4$: nouveau minéral. *Bull. Soc. Fr. Minéral. Cristallogr.*, Paris, v. 10, n. 1, p. 39-41, janv./févr. 1977.

DEL REY, M. *Como comprar e vender diamantes*. Rio de Janeiro: Ao Livro Técnico, 2002.

DEPARTAMENTO NACIONAL DE PRODUÇÃO MINERAL. Inventário dos recursos minerais. In: *Projeto Brasília-Goiás*. s. 1, jun. 1969. (Contrato DNPM-Prospec.)

_____. *Anuário mineral brasileiro*. Brasília, 1978.

DE ROEVER, E. F. W. et al. Surinamite, a new Mg-Al silicate from the Bakhuis Mountains, Western Surinam. *The American Mineralogist*, Washington, v. 61, n. 3-4, p. 193-199, Mar./Apr. 1976.

DE ROOY, C. *Mineralogia*. [S.l.]: Enciclopédia Século XX, Centro de Pesquisa, [s.d.]

DICKSON, F. W. et al. Ellisite, Tl_3AsS_3, a new mineral from the Carlin Gold deposit, Nevada, and associated sulfide and sulfosalt mineral. *The American Mineralogist*, Washington, v. 64, n. 7-8, p. 701-707, July/Aug. 1979.

DIETRICH, R. V. *Mineral tables*. New York: McGraw-Hill, 1968.

DONÉ, G. A. *Perfil analítico do vanádio*. Rio de Janeiro: DNPM, 1973. (Boletim, 25.)

DUNN, P. J. Sterlinghillite, a new hydrated manganese arsenate mineral from Ogdensburg, New Jersey. *The American Mineralogist*, Washington, v. 66, n. 1-2, p. 182-184, Jan./Feb. 1981.

_____; FLEISCHER, M. New mineral names. *The American Mineralogist*, Washington, v. 68, n. 5-6, p. 642-645, May/June 1983.

_____; STURMAN, B. D. Retzian-(Nd), a new mineral from Sterling Hill, New Jersey and a redefinition of retzian. *The American Mineralogist*, Washington, v. 67, n. 7-8, p. 841-845, July/Aug. 1982.

_____. Hydroxyapophyllite, a new mineral, and a redefinition of the apophyllite group. *The American Mineralogist*, Washington, v. 63, n. 1-2, p. 196-202, Jan./Feb. 1978.

_____. Desautelsite, a new mineral of the pyroaurite group. *The American Mineralogist*, Washington, v. 64, n. 1-2, p. 127-130, Jan./Feb. 1979.

_____. Paulmooreite, a new lead arsenite mineral from Langban, Sweden. *The American Mineralogist*, Washington, v. 64, n. 3-4, p. 352-354, Mar./Apr. 1979.

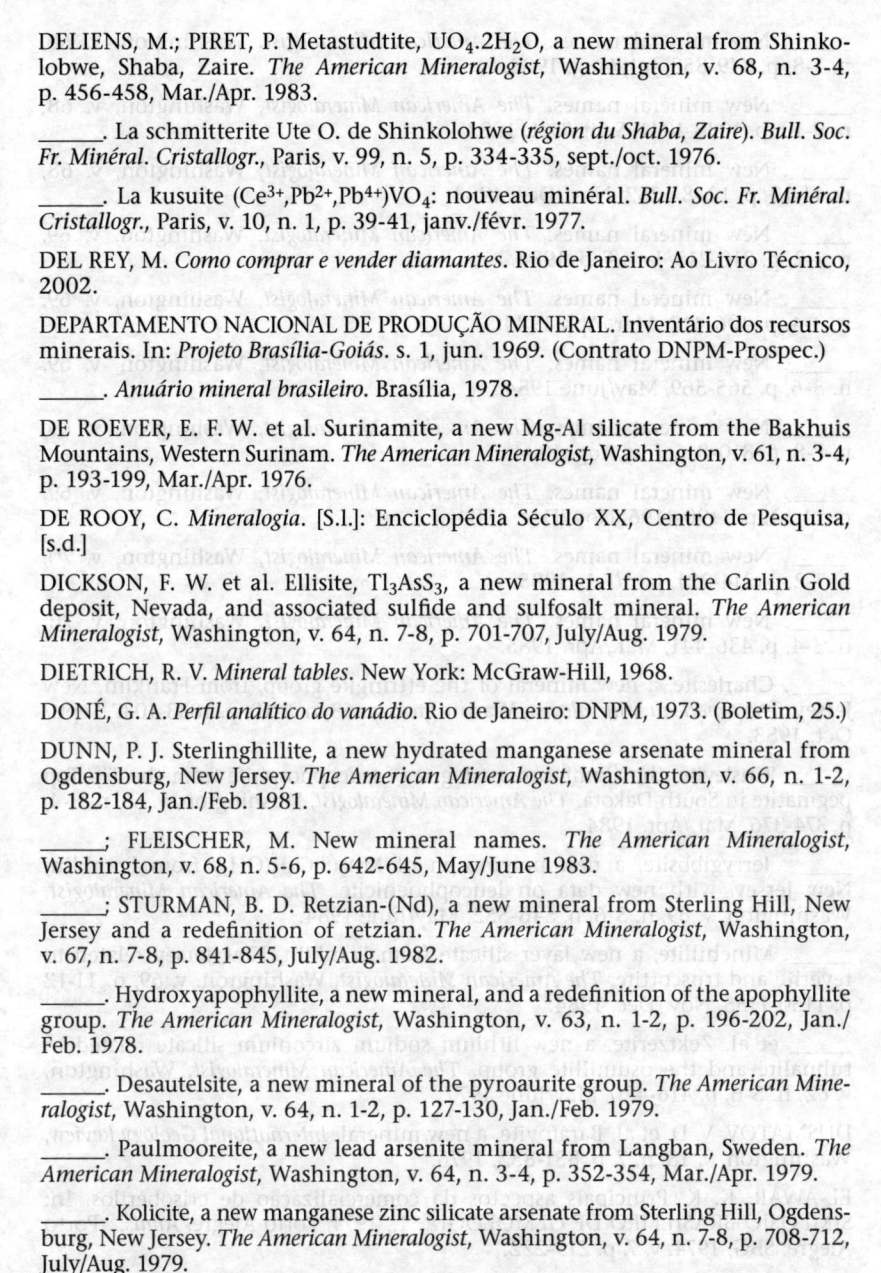

_____. Kolicite, a new manganese zinc silicate arsenate from Sterling Hill, Ogdensburg, New Jersey. *The American Mineralogist*, Washington, v. 64, n. 7-8, p. 708-712, July/Aug. 1979.

_____. Lawsonbauerite, a new mineral from the Sterling Hill Mine, New Jersey and new data for torreyite. *The American Mineralogist*, Washington, v. 64, n. 9-10, p. 949-952, Sept./Oct. 1979.

_____. New mineral names. *The American Mineralogist*, Washington, v. 68, n. 7-8, p. 849-852, July/Aug. 1983.

_____. New mineral names. *The American Mineralogist*, Washington, v. 68, n. 9-10, p. 1038-1041, Sept./Oct. 1983.

_____. New mineral names. *The American Mineralogist*, Washington, v. 68, n. 11-12, p. 1248-1252, Nov./Dec. 1983.

_____. New mineral names. *The American Mineralogist*, Washington, v. 69, n. 1-2, p. 210-215, Jan./Feb. 1984.

_____. New mineral names. *The American Mineralogist*, Washington, v. 69, n. 3-4, p. 406-412, Mar./Apr. 1984.

_____. New mineral names. *The American Mineralogist*, Washington, v. 69, n. 5-6, p. 565-569, May/June 1984.

_____. New mineral names. *The American Mineralogist*, Washington, v. 69, n. 7-8, p. 810-815, July/Aug. 1984.

_____. New mineral names. *The American Mineralogist*, Washington, v. 69, n. 11-12, p. 1190-1196, Nov./Dec. 1984.

_____. New mineral names. *The American Mineralogist*, Washington, v. 70, n. 1-2, p. 214-221, Jan./Feb. 1985.

_____. New mineral names. *The American Mineralogist*, Washington, v. 70, n. 3-4, p. 436-441, Mar./Apr. 1985.

_____. Charlesite, a new mineral of the ettringite group, from Franklin, New Jersey. *The American Mineralogist*, Washington, v. 68, n. 9-10, p. 1033-1037, Sept./Oct. 1983.

_____. Tinsleyite, the aluminum analogue of leucophosphite from the Tip Top pegmatite in South Dakota. *The American Mineralogist*, Washington, v. 69, n. 3-4, p. 374-376, Mar./Apr. 1984.

_____. Jerrygibbsite, a new polymorph of $Mn_9(SiO_4)_4(OH)_2$ from Franklin, New Jersey, with new data on leucophoenicite. *The American Mineralogist*, Washington, v. 69, n. 5-6, p. 546-552, May/June 1984.

_____. Minehillite, a new layer silicate from Franklin, New Jersey related to reyerite and truscottite. *The American Mineralogist*, Washington, v. 69, n. 11-12 p. 1150-1155, Nov./Dec. 1984.

_____ et al. Zektzerite, a new lithium sodium zirconium silicate related to tuhualite and the osumillite group. *The American Mineralogist*, Washington, v. 62, n. 5-6, p. 416-420, May/June 1977.

DUSMATOV, V. D. et al. Baratovite, a new mineral. *International Geology Review*, Washington, v. 18, n. 7, p. 851-852, 1976.

EL-AWAR, K. K. Principais aspectos da comercialização de crisoberilos. In: SIMPÓSIO BRASILEIRO DE GEMOLOGIA, 1., 1974, Porto Alegre. *Anais...* Porto Alegre: SBG, 1974. v. 7, p. 219-222.

ELAWAR, S. M. Comercialização de águas-marinhas. In: SIMPÓSIO BRASILEIRO DE GEMOLOGIA, 1., 1974, Porto Alegre. *Anais...* Porto Alegre: SBG, 1974. v. 7, p. 215-218.

Referências

ENCONTRO NACIONAL SOBRE METAIS NOBRES E DIAMANTES, 1975, Salvador. *Ouro, prata, platina, diamante*. Salvador: DNPM, 1975. 1 v.

ENGLISH, G. L. *Descriptive list of the new minerals*: 1892-1938. New York: McGraw-Hill, 1939.

ERD, R. C. New mineral names. *The American Mineralogist*, Washington, v. 48, n. 5-6, May/June 1963.

_____; OHASHI, Y. Santaclaraite, a new calcium-manganese silicate hydrate from California. *The American Mineralogist*, Washington, v. 69, n. 1-2, p. 200-206, Jan./Feb. 1984.

_____ et al. Nobleite, another new hydrous calcium borate from Death Valley region, California. *The American Mineralogist*, Washington, v. 46, n. 5-6, p. 560-572, May/June 1961.

_____. Buddingtonite, an ammonium feldspar with zeolitic water. *The American Mineralogist*, Washington, v. 49, n. 9-10, p. 831-850, July/Aug. 1964.

_____. Gowerite, a new hydrous calcium borate from the Death Valley region, California. *The American Mineralogist*, Washington, v. 44, n. 9-10, p. 911-919, Sept./Oct. 1959.

ERTEL, L. Frágil gigante. *Zero Hora*, Porto Alegre, 5 mar. 2007, p. 16.

EVANGELISTA, H. J. et al. Amazonitização em granito resultante da intrusão de pegmatitos. *Revista Brasileira de Geociências*, São Paulo, v. 30, n. 4, p. 693-698, dez. 2000.

EVANS JR., H. T.; MROSE, M. E. A crystal chemical study of montroseite and paramontroseite. *The American Mineralogist*, Washington, v. 40, n. 9-10, p. 861-875, Sept./Oct. 1955.

EYLES, W. C. *The book of opals*. Ruthland: Charles E. Tuttle, [s.d.]

FAVACHO, M. *Prasiolita*: a gema que irradia novas emoções. Disponível em: <www.joiabr.com.br/trat_gemas/ trg07.html>. Acesso em: 8 mar. 2007.

_____. Quartzo. In: CASTAÑEDA, C. et al. (Org.). *Gemas de Minas Gerais*. Belo Horizonte: SBG, 2001. p. 220-233.

FERAUD, J. et al. La talmessite, $Ca_2Mg(AsO_4)_2.2H_2O$, du karst ante-albien à barvtine du Lecéran (Alpes Maritimes). *Bull. Soc. Fr. Minéral. Cristallogr.*, Paris, v. 99, n. 5, p. 331-333, sept./oct. 1976.

FERREIRA, A. B. de H. *Novo dicionário da língua portuguesa*. Rio de Janeiro: Nova Fronteira, 1975.

_____. *Novo Aurélio século XXI*. 3. ed. rev. e ampl. Rio de Janeiro: Nova Fronteira, 1999.

FERSMAN, A. E. *Geoquímica recreativa*. Tradução de F. Blanco. Moscou: Mir, 1966.

FINGERPRINTING diamonds. *Time*, n. 2, June 1975. Science, p. 2 c.

FINKELMAN, R. B.; MROSE, M. E. Downeyite, the first verified natural occurrence of SeO_2. *The American Mineralogist*, Washington, v. 62, n. 3-4, p. 316-320, Mar./Apr. 1977.

FLEET, M. E. The crystal structure of deerite. *The American Mineralogist*,

Washington, v. 62, n. 9-10, p. 990, Sept./Oct. 1977.

FLEISCHER, M. Discredited minerals. *The American Mineralogist*, Washington, v. 53, n. 5-6, p. 1066, May/June 1968.

_____. Discredited minerals. *The American Mineralogist*, Washington, v. 53, n. 11-12, p. 2106, Nov./Dec. 1968.

_____. Discredited minerals. *The American Mineralogist*, Washington, v. 54, n. 9-10, p. 1498-1499, Sept./Oct. 1969.

_____. Discredited minerals. *The American Mineralogist*, Washington, v. 57, n. 1-2, p. 329, Jan./Feb. 1972.

_____. Discredited minerals. *The American Mineralogist*, Washington, v. 57, n. 7-10, p. 1317 and 1561, July/Oct. 1972.

_____. Discredited minerals. *The American Mineralogist*, Washington, v. 58, n. 3-6, p. 349 and 562, Mar./June 1973.

_____. Discredited minerals. *The American Mineralogist*, Washington, v. 59, n. 1-2, p. 212, Jan./Feb. 1974.

_____. Discredited minerals. *The American Mineralogist*, Washington, v. 59, n. 5-6, p. 633, May/June 1974.

_____. Discredited minerals. *The American Mineralogist*, Washington, v. 60, n. 5-6, p. 489, May/June 1975.

_____. Discredited minerals. *The American Mineralogist*, Washington, v. 61, n. 3-4, p. 341, Mar./Apr. 1976.

_____. New data. *The American Mineralogist*, Washington, v. 45, n. 3-4, p. 479-480, Mar./Apr. 1960.

_____. New mineral names. *The American Mineralogist*, Washington, v. 47, n. 1-2, p. 172-174, Jan./Feb. 1962.

_____. New mineral names. *The American Mineralogist*, Washington, v. 18, n. 4, p. 179, April 1933.

_____. New mineral names. *The American Mineralogist*, Washington, v. 34, n. 1-2, p. 133. Jan./ Feb. 1949.

_____. New mineral names. *The American Mineralogist*, Washington, v. 38, n. 3-4, p. 426. Mar./Apr. 1953.

_____. New mineral names. *The American Mineralogist*, Washington, v. 40, n. 3-8, p. 367-370; 551-553; 787-788. Mar./Aug. 1955.

_____. New mineral names. *The American Mineralogist*, Washington, v. 41, n. 3-4, p. 370-372. Mar./Apr. 1956.

_____. New mineral names. *The American Mineralogist*, Washington, v. 41, n. 9-10, p. 814-816. Sept./Oct. 1956.

_____. New mineral names. *The American Mineralogist*, Washington, v. 42, n. 1-2, p. 117-121. Jan./Feb. 1957.

_____. New mineral names. *The American Mineralogist*, Washington, v. 43, n. 5-10, p. 623-626; 790-795; 1006-1008. May/Oct. 1958.

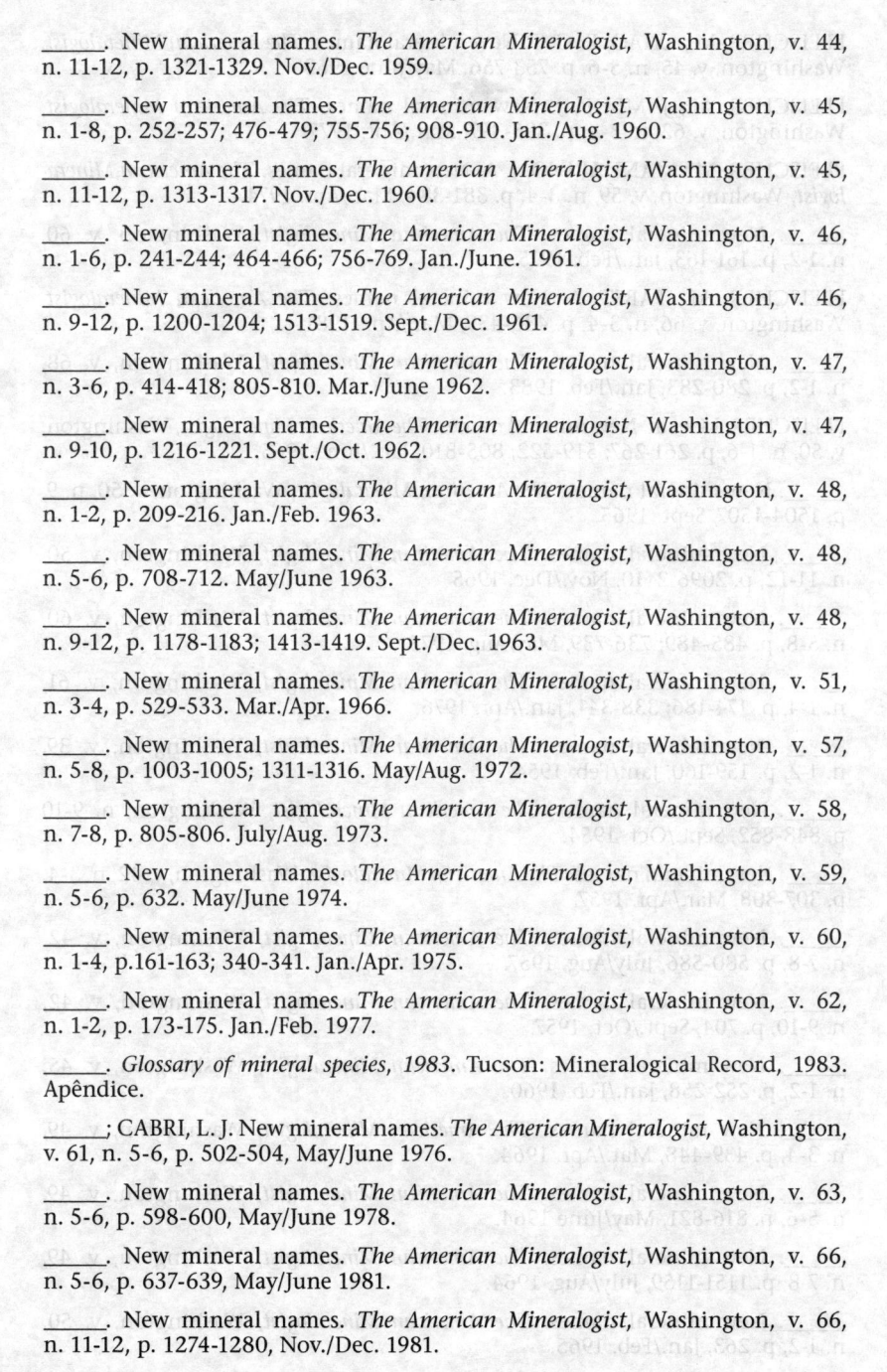

_____. New mineral names. *The American Mineralogist*, Washington, v. 44, n. 11-12, p. 1321-1329. Nov./Dec. 1959.

_____. New mineral names. *The American Mineralogist*, Washington, v. 45, n. 1-8, p. 252-257; 476-479; 755-756; 908-910. Jan./Aug. 1960.

_____. New mineral names. *The American Mineralogist*, Washington, v. 45, n. 11-12, p. 1313-1317. Nov./Dec. 1960.

_____. New mineral names. *The American Mineralogist*, Washington, v. 46, n. 1-6, p. 241-244; 464-466; 756-769. Jan./June. 1961.

_____. New mineral names. *The American Mineralogist*, Washington, v. 46, n. 9-12, p. 1200-1204; 1513-1519. Sept./Dec. 1961.

_____. New mineral names. *The American Mineralogist*, Washington, v. 47, n. 3-6, p. 414-418; 805-810. Mar./June 1962.

_____. New mineral names. *The American Mineralogist*, Washington, v. 47, n. 9-10, p. 1216-1221. Sept./Oct. 1962.

_____. New mineral names. *The American Mineralogist*, Washington, v. 48, n. 1-2, p. 209-216. Jan./Feb. 1963.

_____. New mineral names. *The American Mineralogist*, Washington, v. 48, n. 5-6, p. 708-712. May/June 1963.

_____. New mineral names. *The American Mineralogist*, Washington, v. 48, n. 9-12, p. 1178-1183; 1413-1419. Sept./Dec. 1963.

_____. New mineral names. *The American Mineralogist*, Washington, v. 51, n. 3-4, p. 529-533. Mar./Apr. 1966.

_____. New mineral names. *The American Mineralogist*, Washington, v. 57, n. 5-8, p. 1003-1005; 1311-1316. May/Aug. 1972.

_____. New mineral names. *The American Mineralogist*, Washington, v. 58, n. 7-8, p. 805-806. July/Aug. 1973.

_____. New mineral names. *The American Mineralogist*, Washington, v. 59, n. 5-6, p. 632. May/June 1974.

_____. New mineral names. *The American Mineralogist*, Washington, v. 60, n. 1-4, p.161-163; 340-341. Jan./Apr. 1975.

_____. New mineral names. *The American Mineralogist*, Washington, v. 62, n. 1-2, p. 173-175. Jan./Feb. 1977.

_____. *Glossary of mineral species, 1983*. Tucson: Mineralogical Record, 1983. Apêndice.

_____; CABRI, L. J. New mineral names. *The American Mineralogist*, Washington, v. 61, n. 5-6, p. 502-504, May/June 1976.

_____. New mineral names. *The American Mineralogist*, Washington, v. 63, n. 5-6, p. 598-600, May/June 1978.

_____. New mineral names. *The American Mineralogist*, Washington, v. 66, n. 5-6, p. 637-639, May/June 1981.

_____. New mineral names. *The American Mineralogist*, Washington, v. 66, n. 11-12, p. 1274-1280, Nov./Dec. 1981.

FLEISCHER, M.; CHAO, E. C. T. New mineral names. *The American Mineralogist*, Washington, v. 45, n. 5-6, p. 753-756. May/June 1960.

FLEISCHER, M.; JAMBOR, J. New mineral names. *The American Mineralogist*, Washington, v. 62, n. 3-4, p. 395-397, Mar./Apr. 1977.

FLEISCHER, M.; MANDARINO, J. A. New mineral names. *The American Mineralogist*, Washington, v. 59, n. 3-4, p. 381-384, Mar./Apr. 1974.

_____. New mineral names. *The American Mineralogist*, Washington, v. 60, n. 1-2, p. 161-163, Jan./Feb. 1975.

FLEISCHER, M.; PABST, A. New mineral names. *The American Mineralogist*, Washington, v. 66, n. 3-4, p. 436-439, Mar./Apr. 1981.

_____. New mineral names. *The American Mineralogist*, Washington, v. 68, n. 1-2, p. 280-283, Jan./Feb. 1983.

FLEISCHER, M. et al. New mineral names. *The American Mineralogist*, Washington, v. 50, n. 1-6, p. 261-267; 519-522; 805-810, Jan./June 1965.

_____. New mineral names. *The American Mineralogist*, Washington, v. 50, n. 9, p. 1504-1507, Sept. 1965.

_____. New mineral names. *The American Mineralogist*, Washington, v. 50, n. 11-12, p. 2096-2110, Nov./Dec. 1965

_____. New mineral names. *The American Mineralogist*, Washington, v. 60, n. 5-8, p. 485-489; 736-739, May/Aug. 1975.

_____. New mineral names. *The American Mineralogist*, Washington, v. 61, n. 1-4, p. 174-186; 338-341, Jan./Apr. 1976.

_____. New mineral names. *The American Mineralogist*, Washington, v. 39, n. 1-2, p. 159-160, Jan./Feb. 1954.

_____. New mineral names. *The American Mineralogist*, Washington, n. 9-10 p. 848-852, Sept./Oct. 1954.

_____. New mineral names. *The American Mineralogist*, Washington, v. 42, n. 3-4, p. 307-308, Mar./Apr. 1957.

_____. New mineral names. *The American Mineralogist*, Washington, v. 42, n. 7-8, p. 580-586, July/Aug. 1957.

_____. New mineral names. *The American Mineralogist*, Washington, v. 42, n. 9-10, p. 704, Sept./Oct. 1957.

_____. New mineral names. *The American Mineralogist*, Washington, v. 45, n. 1-2, p. 252-258, Jan./Feb. 1960.

_____. New mineral names. *The American Mineralogist*, Washington, v. 49, n. 3-4, p. 439-448, Mar./Apr. 1964.

_____. New mineral names. *The American Mineralogist*, Washington, v. 49, n. 5-6, p. 816-821, May/June 1964.

_____. New mineral names. *The American Mineralogist*, Washington, v. 49, n. 7-8, p. 1151-1159, July/Aug. 1964.

_____. New mineral names. *The American Mineralogist*, Washington, v. 50, n. 1-2, p. 263, Jan./Feb. 1965.

Referências

_____. New mineral names. *The American Mineralogist*, Washington, v. 50, n. 11-12, p. 2096-2111, Nov./Dec. 1965.

_____. New mineral names. *The American Mineralogist*, Washington, v. 52, n. 9-10, p. 1579-1589, Sept./Oct. 1967.

_____. New mineral names. *The American Mineralogist*, Washington, v. 53, n. 5-6, p. 1063-1066, May/June 1968.

_____. New mineral names. *The American Mineralogist*, Washington, v. 53, n. 11-12, p. 2103-2106, Nov./Dec. 1968.

_____. New mineral names. *The American Mineralogist*, Washington, v. 54, n. 1-2, p. 326-329, Jan./Feb. 1969.

_____. New mineral names. *The American Mineralogist*, Washington, v. 54, n. 7-8, p. 1218-1223, July/Aug. 1969.

_____. New mineral names. *The American Mineralogist*, Washington, v. 55, n. 7-8, p. 1447-1448, July/Aug. 1970.

_____. New mineral names. *The American Mineralogist*, Washington, v. 55, n. 11-12, p. 1968-1974, Nov./Dec. 1970.

_____. New mineral names. *The American Mineralogist*, Washington, v. 56, n. 1-12, 1971.

_____. New mineral names. *The American Mineralogist*, Washington, v. 58, 1973.

_____. New mineral names. *The American Mineralogist*, Washington, v. 59, n. 5-6, p. 632-633, May/June 1974.

_____. New mineral names. *The American Mineralogist*, Washington, v. 59, n. 7-8, p. 873-875, July/Aug. 1974.

_____. New mineral names. *The American Mineralogist*, Washington, v. 59, n. 11-12, p. 1330-1332, Nov./Dec. 1974.

_____. New mineral names. *The American Mineralogist*, Washington, v. 60, n. 3-4, p. 340, Mar./Apr. 1975.

_____. New mineral names. *The American Mineralogist*, Washington, v. 63, n. 11-12, p. 1282-1284, Nov./Dec. 1978.

FLEISCHER, M. et al. New mineral names. *The American Mineralogist*, Washington, v. 60, n. 5-6, p. 485-489, May/June 1975.

_____. New mineral names. *The American Mineralogist*, Washington, v. 60, n. 7-8, p. 736-739. July/Aug. 1975.

_____. New mineral names. *The American Mineralogist*, Washington, v. 61, n. 1-2, p. 174-186, Jan./Feb. 1976.

_____. New mineral names. *The American Mineralogist*, Washington, v. 61, n. 3-4, p. 338-341, Mar./Apr. 1976.

_____. New mineral names. *The American Mineralogist*, Washington, v. 61, n. 9-10, p. 1053-1056, Sept./Oct. 1976.

_____. New mineral names. *The American Mineralogist*, Washington, v. 62, n.9-10, p. 1057-1061, Sept./Oct. 1977.

_____. New mineral names. *The American Mineralogist*, Washington, v. 62, n. 11-12, p. 1259-1262, Nov./Dec. 1977.

_____. New mineral names. *The American Mineralogist*, Washington, v. 63, n. 3-4, p. 424-427, Mar./Apr. 1978.

_____. New mineral names. *The American Mineralogist*, Washington, v. 63, n. 7-8, p. 795, July/ Aug. 1978.

_____. New mineral names. *The American Mineralogist*, Washington, v. 64, n. 1-2, p. 241-245, Jan./Feb. 1979.

_____. New mineral names. *The American Mineralogist*, Washington, v. 64, N. 3-4, p. 464-467, Mar./Apr. 1979.

_____. New mineral names. *The American Mineralogist*, Washington, v. 64, n. 5-6, p. 652-659, May/June 1979.

_____. New mineral names. *The American Mineralogist*, Washington, v. 64, n. 11-12, p. 1329-1334, Nov./Dec. 1979.

_____. New mineral names. *The American Mineralogist*, Washington, v. 65, n. 1-2, p. 205-210, Jan./Feb. 1980.

_____. New mineral names. *The American Mineralogist*, Washington, v. 65, n. 3-4, p. 406-408, Mar./Apr. 1980.

_____. New mineral names. *The American Mineralogist*, Washington, v. 65, n. 7-8, p. 808-814, July/Aug. 1980.

_____. New mineral names. *The American Mineralogist*, Washington, v. 65, n. 9-10, p. 1065-1070, Sept./Oct. 1980.

_____. New mineral names. *The American Mineralogist*, Washington, v. 66, n. 1-2, p. 217-220, Jan./Feb. 1981.

_____. New mineral names. *The American Mineralogist*, Washington, v. 66, n. 7-8, p. 878-879, July/Aug. 1981.

_____. New mineral names. *The American Mineralogist*, Washington, v. 67, n. 3-4, p. 413-417, Mar./Apr. 1982.

_____. New mineral names. *The American Mineralogist*, Washington, v. 67, n. 9-10, p. 1074-1082, Sept./Oct. 1982.

FONSECA, A. C. et al. Classificação de algumas amostras de tectitos do Museu Nacional, Rio de Janeiro, pelo método de traços de fissão. *Revista Brasileira de Geociências*, São Paulo, v. 35, n. 2, p. 257-262, jun. 2005.

FOSHAG, W. F. New mineral names. *The American Mineralogist*, Washington, v. 19, n. 11, p. 55-556, Nov. 1934.

_____. New mineral names. *The American Mineralogist*, Washington, v. 22, n. 7, p. 875-876, July 1937.

FRAGA, L. *Prata*. Disponível em: <www.bijoias.com.br/material_didático.htm>. Acesso em: 18 dez. 2001.

FRANCO, R. R. Sobre a nomenclatura das gemas. *Gemologia*, São Paulo, v. 3, n. 10, p. 9-15, 1957.

Referências

_____. Pequeno glossário gemológico. *Mineração e Metalurgia*, Rio de Janeiro, v. 25, n. 146, p. 73-80, fev. 1957.

_____. Composição química dos diamantes. *Gemologia*, São Paulo, v. 3, n. 12, p. 15-20, 1958.

_____. A mudança de cor em diamantes. *Gemologia*, São Paulo, v. 20, n. 40, p. 7-10, 1974.

_____. Importância dos minerais-gema para o Brasil. *Brasil Relojoeiro e Joalheiro*, São Paulo, v. 20, n. 223, p. 75-78, mar. 1979.

_____. Métodos de distinção entre gemas naturais e sintéticas. *Revista Escola de Minas*, Ouro Preto, v. 43, n. 2, p. 23-24, 1990.

_____; CAMPOS, J. E. de S. *As pedras preciosas*. São Paulo: Ao Livro Técnico, 1965. (Buriti, 4.)

FRANZ, G. et al. Karlite, $Mg_7(BO_3)_3(OH,Cl)_5$, a new borate mineral and associated ludwigite from the Eastern Alps. *The American Mineralogist*, Washington, v. 66, p. 872-877, 1981.

FRONDEL, C. *The system of Mineralogy of James Dwight Dana and Edward Salisbury Dana*. New York: John Wiley, [s.d.]

_____. New manganese oxides: hydrohaussmannite and woodruffite. *The American Mineralogist*, Washington, v. 38, n. 7-8, p. 761-769, July/Aug. 1953.

GAINES, R. V. Moctezumite, a new lead uranyl tellurite. *The American Mineralogist*, Washington, v. 50, n. 9, p. 1158-1169, Sept. 1965.

_____ et al. Sonoraite. *The American Mineralogist*, Washington, v. 53, p. 1828-1832, Sept. 1968.

_____. Burckhardtite, a new silicate tellurite from Mexico. *The American Mineralogist*, Washington, v. 64, n. 3-4, p. 355-358, Mar./Apr. 1979.

GALE, W. A. et al. Teepleite, a new mineral from Borax Lake, California. *The American Mineralogist*, Washington, v. 24, n. 1, p. 48-52, Jan. 1939.

GARRIDO, J. Mineralogía. In: CHICHARO, P. *Diccionario de geologia y ciencias afines*. Barcelona: Labor, 1957. v. 1, p. 329-358.

GATEHOUSE, B. M. et al. The crystal structure of loveringite: a new member of the crichtonite group. *The American Mineralogist*, Washington, v. 63, n. 1-2, p. 28-36, Jan./Feb. 1978.

GEMAS. In: *Minerais & pedras preciosas*. Rio de Janeiro: Globo, 1996. 83 fichas. (Tesouros da Terra.)

GEMAS, jóias e pedras preciosas. In: *Novo Guinness Book 1995*: o livro dos recordes. Rio de Janeiro: Três, 1995. p. 29.

GENKIN, A. D. et al. Paolovite, Pd_2Sn, a new mineral from copper-nickel sulfide ores. *International Geology Review*, Washington, v. 17, n. 3, p. 342-346, Mar. 1975.

GHEITH, M. A. Lipscombite, a new synthetic "iron lazulite". *The American Mineralogist*, Washington, v. 38, n. 7-8, p. 612-628, July/Aug. 1953.

GHOSE, S. A new nomenclature for the borate minerals in the hilgardite ($Ca_2B_5O_9Cl.H_2O$)-tyretskite ($Ca_2B_5O_9OH.H_2O$) group. *The American Mineralogist*, Washington, v. 70, n. 5-6, p. 636-637, May/June 1985.

GIRODO, A. C.; PAIXÃO, J. E. *Perfil analítico do amianto.* Rio de Janeiro: DNPM, 1973. (Boletim, 2.)

GONÇALVES, E.; SERFATY, A. *Perfil analítico do manganês.* Rio de Janeiro: DNPM, 1976. (Boletim, 37.)

GONSALVES, A. D. *As pedras preciosas na economia nacional.* Rio de Janeiro: Olímpica, 1949.

GORDILLO, C. E. et al. Huemulite, $Na_4MgV_{10}O_{28}.24H_2O$, a new hydrous sodium and magnesium vanadate from Huemul mine, Mendoza Province, Argentina. *The American Mineralogist*, Washington, v. 51, n. 1-2, p. 1-14, Jan./Feb. 1966.

GRAHAM, J. Manganocromite, palladium antimonide, and some unusual mineral associations at the Nairne pyrite deposit, South Australia. *The American Mineralogist*, Washington, v. 63, n. 11-12, p. 1166-1174, Nov./Dec. 1978.

GRAMACCIOLI, C. M. et al. Medaite, $Mn_6[VSi_5O_{18}(OH)]$, a new mineral and the first example of vanadopentassilicate ion. *The American Mineralogist*, Washington, v. 67, n. 1-2, p. 85-89, Jan./Fev. 1982. tab.

GREY, I. E.; NICKEL, E. H. Tivanite, a new oxyhydroxide mineral from Western Australia and its structural relationship to rutile and dispore. *The American Mineralogist*, Washington, v. 66, n. 7-8, p. 866-871, July/Aug. 1981.

GRIFFEN, D. T. et al. The structure of slawsonite, a strontium analog of paracelsian. *The American Mineralogist*, Washington, v. 62, n. 1-2, p. 31-35, Jan./Feb. 1977.

GROSS, E. B. et al. Pabstite, the tin analogue of benitoite. *The American Mineralogist*, Washington, v. 50, n. 9, p. 1164-1169, Sept. 1965.

GUDE, A. J.; SHEPARD, R. A. Silhydrite, $3SiO_2.H_2O$, a new mineral from Trinity County, California. *The American Mineralogist*, Washington, v. 57, n. 7-8, p. 1053-1065, July/Aug. 1972.

GUIBU, F. Atrás de ouro, lavrador vira homem-bomba. *Folha de S.Paulo*, São Paulo, 25 dez. 2001, p. C-1. 6 col.

GUIMARÃES, A. P. W. F. von Calbach. In: GUIMARÃES, A. P. As lavras diamantinas. *Gemologia*, São Paulo, v. 2, n. 8, p. 23-25, 1957.

GUIMARÃES, J. E. P. Ocorrências de malaquita ornamental em Itapeva, São Paulo. *Gemologia*, São Paulo, v. 2, n. 6, p. 15-22, 1956.

HAGGERTY, S. et al. Lindsleyite (Ba) and mathiasite (K): two new chromium-titanates of the crichtonite series from the upper mantle. *The American Mineralogist*, Washington, v. 68, n. 5-6, p. 494-505, May/June 1983.

HAKLI, T. A. et al. Kitkaite (NiTeSe), a new mineral from Kuusamo, Northeast Finland. *The American Mineralogist*, Washington, v. 50, n. 5-6, p. 581-586, May/June 1965.

HARADA, K. et al. Hidroxylellestadite, a new apatite from Chichibu Mine, Saitama Prefecture, Japan. *The American Mineralogist*, Washington, v. 56, n.9-10, p. 1507-1518, Sept./Oct. 1971.

HARIYA, Y. Note on ishiganeite and yokosukaite. *The American Mineralogist*, Washington, v. 48, n. 7-8, p. 952-954, July/Aug. 1963.

HAUFF, P. L. et al. Hashemite, $Ba(Cr,S)O_4$, a new mineral from Jordan. *The American Mineralogist*, Washington, v. 68, n. 11-12, p. 1223-1225, Nov./Dec. 1983.

Referências

HINDMAN, J. R. Stringhamite, a new hydrous copper calcium silicate from Utah. *The American Mineralogist*, Washington, v. 61, n. 3-4, p. 189-192, Mar./Apr. 1976.

HOGARTH, D. D. Classification and nomenclature of the pyrochlore group. *The American Mineralogist*, Washington, v. 62, n. 5-6, p. 403-410, May/June 1977.

HOUAISS, A.; VILLAR, M. de S. *Dicionário Houaiss da língua portuguesa*. Rio de Janeiro: Objetiva, 2001.

HUGHES, J. M.; FINGER, L. W. Bannermanite, a new sodium-potassium vanadate isostructural with β-$Na_xV_6O_{15}$. *The American Mineralogist*, Washington, v. 68, n. 5-6, p. 634-641, May/June 1983.

_____; HADIDIACOS, L. G. Fingerite, $Cu_{11}O_2(VO_4)_6$, a new vanadium sublimate from Izalco volcano, El Salvador: descriptive mineralogy. *The American Mineralogist*, Washington, v. 70, n. 1-2, p. 193-196, Jan./Feb. 1985.

HURLBUT JR., C. S.; HONEA, R. Sigloite, a new mineral from Llallagua, Bolivia. *The American Mineralogist*, Washington, v. 47, n. 1-2, p. 1-8, Jan./Feb. 1962.

HURLBUT JR., C. S. et al. Hydrochlorborite, from Antofagasta, Chili. *The American Mineralogist*, Washington, v. 62, n. 1-2, p. 147-150, Jan./Feb. 1977.

HUTTON, C. O. Yavapaite, an anhydrous potassium ferric sulphate from Jerome, Arizona. *The American Mineralogist*, Washington, v. 44, n. 11-12, p. 1105-1114, Nov./Dec. 1959.

ISAACS, A. et al. Thadeuite, $Mg(Ca,Mn)(Mg,Fe,Mn)_2(PO_4)_2(OH,F)_2$, a new mineral from Panasqueira, Portugal. *The American Mineralogist*, Washington, v. 64, n. 3-4, p. 359-361, Mar./Apr. 1979.

JAHNS, R. H. Gemstones and allied materials. In: LAFOND, S. J. (Ed) *Industrial minerals and rocks*. 4. ed. New York: The American Institute of Mining, Metallurgical and Petroleum Geologists, 1975. p. 271-326. (Seeley W. Mudd Series.)

JAMBOR, J. L. Muskoxite, a new hydrous magnesium-ferric-iron oxide from the Muskox Intrusion, North-West territories, Canada. *The American Mineralogist*, Washington, v. 54, n. 5-6, p. 684-696, May/June 1969.

JOHAN, Z. et al. Tunisite, a new carbonate from Tunisia. *The American Mineralogist*, Washington, v. 54, n. 1-2, p. 1-14, Jan./Feb. 1969.

_____. La pelrovicite, $Cu_3HgPbBiSe_5$, un nouveau minéral. *Bull. Soc. Fr. Minéral. Cristallogr.*, Paris, v. 99, n. 5, p. 331-333, sept./oct. 1976.

JOLLIFFE, F. A study of greenalite. *The American Mineralogist*, Washington, v. 20, n. 6, p. 405-425, June 1935.

JORDT-EVANGELISTA, H. et al. Amazonitização em granito resultante da intrusão de pegmatitos. *Revista Brasileira de Geociências*, São Paulo, v. 30, n. 4, p. 693-698, dez. 2000.

KACHALOVSKAYA, V. M.; KHROMOVA, M. M. Betekhtinite, hessite and stromeyerite from bornite ores of Urup. *International Geology Review*, Washington, v. 14, n. 4, p. 401-404, Apr. 1972.

KAMB, W. B.; OKE, W. C. Paulingite, a new zeolite in association with erionite and filiform pyrite. *The American Mineralogist*, Washington, v. 45, n. 1-2, p. 79-91, Jan./Feb. 1960.

KAPUSTIN, Y. L. Zircophyllite, the zirconium analog of astrophyllite. *International Geology Review*, Washington, v. 15, n. 6, p. 621-625, June 1973.

_____ et al. Natrophosfate, a new mineral. *International Geology Review*, Washington, v. 14, n. 9, p. 984-989, Sept. 1972.

_____. Koashvite, a new mineral. *International Geology Review*, Washington, v. 17, n. 6, p. 654-660, June 1975.

_____. Phosinaite, a new rare-earth mineral. *International Geology Review*, Washington, v. 17, n. 6, p. 661-664, June 1975.

_____. Zirsinalite, a new mineral. *International Geology Review*, Washington, v. 17, n. 7, p. 807-812, July 1976.

KEIL, K. Meteorite composition. In: WEDEPOHL, K. H. (Ed.). *Handbook of geochemistry*. Berlin: Springer-Verlag, v. 1, p. 103-109. 1969.

_____; BRETT, R. Heideite, $(Fe,Cr)_{1+x}(Ti,Fe)_2S_4$, a new mineral, in the Bustee enstatite achondrite. *The American Mineralogist*, Washington, v. 59, n. 5-6, p. 465-470, May/June 1974.

KEIL, K. et al. Suessite, Fe_3Si, a new mineral in the North Haig ureilite. *The American Mineralogist*, Washington, v. 67, n. 1-2, p. 126-131, Jan./Feb. 1982.

KHOMYAROV, A. P. et al. Khibinskite, $K_2ZrSi_2O_7$, a new mineral. *International Geology Review*, Washington, v. 16, n. 11, p. 1220-1226, Nov. 1974.

KIRSCH, H. *Mineralogia aplicada*. Tradução de Rui Ribeiro Franco. São Paulo: Polígono, 1972.

KLOCKMANN, F.; RAMDOHR, P. *Tratado de mineralogia*. 2. ed. Tradução de Francisco Pandillo. Barcelona: Gustavo Gili, 1961.

KNECHT, T. Coloração artificial das ágatas. *Gemologia*, São Paulo, v. 2, n. 7, p. 2-9, 1957.

KOHLS, D. W.; RODDA, J. L. Gaspeite, $(Ni,Mg,Fe)(CO_3)$, a new carbonate from the Gaspé Peninsula, Quebec. *The American Mineralogist*, Washington, v. 51, n. 5-6, p. 677-684, May/June 1966.

KOVALENKER, V. A. et al. Telargpalite, a new mineral of palladium, silver and tellurium from the copper-nickel ores of the Oktyabr deposit. *International Geology Review*, Washington, v. 17, n. 7, p. 817-822, July 1975.

_____. Thalcusite, $Cu_{3-x}Tl_2Fe_{1+x}S_4$, a new thallium sulfide from copper-nickel ores of the Talnakh deposit. *International Geology Review*, Washington, v. 19, n. 1, p. 108-112, Jan. 1977.

KRAUS, E. H.; SLAWSON, C. B. *Gems and gem materials*. 5. ed. New York: McGraw-Hill, 1947.

LAETER, J. R.; JEFFERY, P. M. The isotopic composition of terrestrial and meteoritic tin. *Journal of Geophysical Research*, v. 70, n. 12, p. 2895-2903, June 1965.

LAGES, J. B. M. et al. Pedras preciosas: modernização do setor. *Relógios e Jóias*, Guarulhos, v. 18, n. 210, p. 55-59, ago. 1976.

LEAKE, B. E. (Comp.). Nomenclatura de anfibólios. Tradução de Daniel Atêncio e Gianna M. Garda. *Revista Brasileira de Geociências*, v. 21, n. 3, p. 285-297, set. 1991.

Referências

LEAVENS, P. B.; WHITE JR., J. S. Switzerite, $(Mn,Fe)_3(PO_4)_2.4H_2O$, a new mineral. *The American Mineralogist*, Washington, v. 52, n. 11-12, p. 1595-1602, Nov./Dec. 1967.

LEE, M. S. et al. Synthesis of stannoidite and mawsonite and their genesis in ore deposits. *Economic Geology*, New Haven, v. 70, n. 4, p. 834-843, June/July 1975.

LEINZ, V.; CAMPOS, J. E. de S. *Guia para determinação de minerais*. São Paulo: Nacional, 1971. (Iniciação Científica, 30.)

_____; LEONARDOS, O. H. *Glossário geológico*. São Paulo: Nacional, 1971. (Iniciação Científica, 33.)

LEPREVOST, A. *Minerais para a indústria*. Rio de Janeiro: Livros Técnicos Científicos; Curitiba: Universidade Federal do Paraná, 1978.

LEVINSON, A. A. A system of nomenclature for rare earth minerals. *The American Mineralogist*, Washington, v. 51, n. 1-2, p. 152-158, Jan./Feb. 1966.

_____; BORUP, R. A. Doverite from Cotopaxi, Colorado. *The American Mineralogist*, Washington, v. 47, n. 3-4, p. 337-343, Mar./Apr. 1962.

LIDDICOAT JR., R. T. *Handbook of gem identification*. 5. ed. Los Angeles: Gemolog. Inst. Amer., 1957.

LIMA JR., E. A.; DEUS, W. T. de. Gemas no Estado de Goiás: ocorrências e estudos gemológicos preliminares. In: CONGRESSO BRASILEIRO DE GEOLOGIA, 33., 1984, Rio de Janeiro. *Anais...* Rio de Janeiro: SBG, 1984. p. 5027-5039.

LINDSLEY, D. H. et al. *Oxide minerals*. Washington: D. Rumble III, 1976. (Short Course Notes, 3.)

LONG, J. V. P. et al. Karelianite, a new vanadium mineral. *The American Mineralogist*, Washington, v. 48, n. 1-2, p. 33-41, Jan./Feb. 1963.

LUNA, I. R. de. Cristalografía. In: CHICHARO, P. *Diccionario de geologia y ciencias afines*. Barcelona: Labor, v. 1, p. 285-327. 1957.

MACHADO, I. F.; SOUZA FILHO, C. R. de. Revisitando o maior diamante encontrado nas Américas. In: INTERNATIONAL GEOLOGICAL CONGRESS, 31., 2000, Rio de Janeiro. *Abstracts...* Rio de Janeiro: IGC, 2000. 1 CD-ROM.

MACIEL, A. C.; CRUZ, P. R. *Perfil analítico do tório e terras raras*. Rio de Janeiro: DNPM, 1973. (Boletim, 28.)

_____. *Perfil analítico do urânio*. Rio de Janeiro: DNPM, 1973. (Boletim, 27.)

MAKSIMOVIC, Z.; BISH, D. L. Brindleyite, a nickel-rich aluminous serpentine mineral analogous to berthierine. *The American Mineralogist*, Washington, v. 63, n. 5-6, p. 484-489, May/June 1978.

MALINKO, S. V. The new boron mineral solongoite. *International Geology Review*, Washington, v. 17, n. 3, p. 319-323, Mar. 1975.

_____ et al. Fedorovskite, a new mineral, and the isomorphous series roweite-fedorovskite. *International Geology Review*, Washington, v. 19, n. 1, p. 113-124, Jan. 1977.

MANDARINO, J. A. Discredited minerals. *The American Mineralogist*, Washington, v. 48, n. 1-2, p. 9-10, Jan./Feb. 1963.

_____. New data. *The American Mineralogist*, Washington, v. 48, n. 1-2, p. 216-217, Jan./Feb. 1963.

_____. New mineral names. *The American Mineralogist*, Washington, v. 48, n. 5-6, May/June 1963.

_____. Minerals groups. In: *Fleisher's glossary of mineral species 1999*. Tucson: Mineralogical Record, 1999. p. 185-225.

_____; BACK, M. E. *Fleisher's glossary of mineral species 2004*. Tucson: Mineralogical Record, 2004.

_____ et al. Spiroffite, a new tellurite mineral from Mexico. *The American Mineralogist*, Washington, v. 47, n. 1-2, p. 196, Jan./Feb. 1962.

MARCOPOULOS, T.; ECONOMOU, M. Theophrastite, $Ni(OH)_2$, a new mineral from northern Greece. *The American Mineralogist*, Washington, v. 66, n. 9-10, p. 1020-1021, Sept./Oct. 1981.

MARKHAM, N. L.; LAWRENCE, L. J. Mawsonite, a new copper-iron-tin sulphide from Mt. Lyell, Tasmania and Tingha, New South Wales. *The American Mineralogist*, Washington, v. 50, n. 7-8, p. 900-908, July/Aug. 1965.

MASON, B. *Princípios de geoquímica*. Tradução de Rui Ribeiro Franco. São Paulo: Polígono: Edusp, 1971.

MATSUEDA, H. et al. Natroapophyllite, a new orthorhombic sodium analog of apophyllite. I. Description, occurence, and nomenclature. *The American Mineralogist*, Washington, v. 66, n. 3-4, p. 410-423, Mar./Apr. 1981.

MATTOS, L. E. de. Ágata no Brasil. In: SIMPÓSIO BRASILEIRO DE GEMOLOGIA, 1., 1974, Porto Alegre. In: CONGRESSO BRASILEIRO DE GEOLOGIA, 28., 1974. *Anais*... Porto Alegre: SBG, 1974. v. 7, p. 249-259.

_____. *Perfil analítico da ágata*. Rio de Janeiro: DNPM, 1974. (Boletim, 29).

MAZZI, F.; MUNNO, R. Calciobetafite (new mineral of the pyrochlore group) and related minerals from Campi Flegrei, Italy: crystal structures of polymignite and zirkelite; comparison with pyrochlore and zirconolite. *The American Mineralogist*, Washington, v. 68, n. 1-2, p. 262-276, Jan./Feb. 1983.

MCAFEE, M. G. R.; WOLF, C. L. *Glossary of geology*. Washington: American Geological Institute, 1972.

MCLEAN, W. J. Yedlinite, a new mineral from the Mammoth Mine, Tiger, Arizona. *The American Mineralogist*, Washington, v. 59, n. 11-12, p. 1157-1159, Nov./Dec. 1974.

MEIRELES, E. M. et al. Geologia, estrutura e mineralização aurífera de Serra Pelada. In: CONGRESSO BRASILEIRO DE GEOLOGIA, 32., 1982, Salvador. *Anais*... Salvador: SBG, 1982. v. 3, p. 900-911.

MELLINI, M. et al. Versiliaite and apuanite, two new minerals from the Apuan Alps, Italy. *The American Mineralogist*, Washington, v. 64, n. 11-12, p. 1230-1234, Nov./Dec. 1979.

_____. Cascandite and jervisite, two new scandium silicates from Baveno, Italy. *The American Mineralogist*, Washington, v. 67, n. 5-6, p. 599-602, May/June 1982.

MENCHETTI, S.; SABELLI, C. Campigliaite, $Cu_4Mn(SO_4)_2(OH)_6 \cdot 4H_2O$, a new mineral from Campiglia Marittima, Tuscany, Italy. *The American Mineralogist*, Washington, v. 67, n. 3-4, p. 385-393, Mar./Apr. 1982.

MENDES, J. C. Pérolas: gemas de origem biológica. *Gemologia*, São Paulo, v. 3, n. 10, p. 1-8, 1957.

_____. A respeito do marfim. *Gemologia*, São Paulo, v. 5, n. 17, p. 21-23, 1959.

_____; FERREIRA JR., P. D. Titanitas do garimpo do Tomás, Xambioá, Estado do Tocantins. In: CONGRESSO BRASILEIRO DE GEOLOGIA, 40., 1998, Belo Horizonte. *Anais*... Belo Horizonte: SBG, 1998. p. 298.

MENISHIKOV, Yu. P. et al. Bornemanite: a new silicophosphate of sodium, titanium, niobium, and barium. *International Geology Review*, Washington, v. 18, n. 8, p. 940-944, Aug. 1976.

MER'KOV, A. N. et al. Raite and zorite, new minerais from Lovozero tundra. *International Geology Review*, Washington, v. 15, n. 9, p. 1087-1094, Sept. 1973.

MERLINO, S.; ORLANDI, P. Liottite, a new mineral in the cancrinite-davyne group. *The American Mineralogist*, Washington, v. 62, n. 3-4, p. 321-326, Mar./Apr. 1977.

METTA, N.; METTA, A. *As pedras preciosas*. São Paulo: Difusão Européia do Livro, [s.d.] (Saber Atual, 59.)

MILLOT, G. *Geology of clays*. Tradução de W. R. Farrand e H. Paquet. New York: Springer-Verlag, 1970.

MILTON, C. et al. Mckelveyite, a new hydrous sodium barium rare earths uranium carbonate mineral from the Green River Formation, Wyoming. *The American Mineralogist*, Washington, v. 50, n. 5-6, p. 593-612, May/June 1965.

MINERAIS DO PARANÁ S.A. *Perfil do setor de granitos e mármores do Estado do Paraná*. Curitiba, 1990. Inclui fotos.

MISI, A.; SOUTO, P. Cassiterita em rocha vulcânica na região central da Bahia. *Mineração e Metalurgia*, Rio de Janeiro, v. 36, n. 332, p. 46-47, ago. 1972.

MOORE, P. B.; ARAKI, T. Painite, $CaZrB(Al_9O_{18})$: its crystal structure and relation to jeremejevite, $B_5[[\ ]_3Al_6(OH)_3O_{15}]$ and fluoborite, $B_3[Mg_9(F,OH)_9O_9]$. *The American Mineralogist*, Washington, v. 61, n. 1-2, p. 88-94, Jan./Feb. 1976.

_____. Gerstmannite, a new zinc silicate mineral and a novel cubic close-packed structure. *The American Mineralogist*, Washington, v. 62, n. 1-2, p. 51-59, Jan./Feb. 1977.

MOORE, P. B.; KAMPF, A. R. Choonerite, a new zinc-manganese-iron phosphate mineral. *The American Mineralogist*, Washington, v. 62, n. 3-4, p. 246-249, Mar./Apr. 1977.

MOORE, P. B.; RIBBE, P. H. A study of "calcium–larsenite" renamed esperite. *The American Mineralogist*, Washington, v. 50, n. 9, p. 1170-1178, Sept. 1965.

MOORE, P. B. et al. Foggite, $CaAl(OH)_2(H_2O)(PO_4)$; goedkenite, $(Sr,Ca)_2Al(OH)(PO_4)_2$; and samuelsonite, $(Ca,Ba)Fe^{2+}Mn_2^{2+}Ca^8Al_2(OH)_2(PO_4)_{10}$: three new species from the Palermo nº 1 Pegmatite, North Groton, New Hampshire. *The American Mineralogist*, Washington, v. 60, n. 11-12, p. 957-964, Nov./Dec. 1975.

_____ et al. Whitmoreite, $Fe^{2+}Fe_2^{3+}(OH)_2(H_2O)_4[PO_4]_2$, a new species: its description and atomic arrangement. *The American Mineralogist*, Washington, v. 59, n. 9-10, p. 900-905, Sept./Oct. 1974.

_____. Gainesite, sodium zirconium beryllophosphate, a new mineral and its crystal structure. *The American Mineralogist*, Washington, v. 68, n. 9-10, p. 1022-1028, Sept./Oct. 1983.

MOREIRA, M. D.; SANTANA, A. J. O garimpo de Carnaíba: geologia e perspectivas. In: CONGRESSO BRASILEIRO DE GEOLOGIA, 32., 1982, Salvador. *Anais*... Salvador: SBG, 1982. v. 3, p. 862-874.

MORENO, C. Não compre o novo VOLP! *Zero Hora*, Porto Alegre, 16 maio 2009, p. 7; 30 maio 2009, p. 7; 11 jul. 2009, p. 7. Suplemento Cultura.

MOUREAU, J. Revue bibliographique des modifications apoortées a la nomenclature mineralogique. *Bull. Soc. Minéral. Cristallogr.*, Paris, v. 99, n. 5, p. 310-313, sept./oct. 1976.

MUMME, W. G. Junoite, $Cu_2Pb_3Bi_8(S,Se)_{16}$, a new sulfosalt from Tennant Creek, Australia: its crystal structure and relationship with other bismuth sulfosalts. *The American Mineralogist*, Washington, v. 60, n. 7-8, p. 548-558, July/Aug. 1975.

_____. Seleniferous lead-bismuth sulphosalts from Falun, Sweden: weibullite, wittite and nordstromite. *The American Mineralogist*, Washington, v. 65, n. 7-8, p. 789-796, July/Aug. 1980.

MUMPTON, F. A. et al. Coalingite, a new mineral from the New Idria Serpentinite, Fresno and San Benito Counties, California. *The American Mineralogist*, Washington, v. 50, n. 11-12, p. 1893-1913, Nov./Dec. 1965.

MURDOCH, J. Wightmanite, a new borate mineral from Crestmore, California. *The American Mineralogist*, Washington, v. 47, n. 5-6, p. 718-722, May/June 1962.

_____. Olmsteadite, $K_2Fe_2^{2+}[Fe_2^{2+}(Nb,Ta)_2^{2+}O_4(H_2O)_4(PO_4)_4]$, a new species, its crystal structure and relation to vauxite and montgomeryite. *The American Mineralogist*, Washington, v. 61, n. 1-2, p. 5-11, Jan./Feb. 1976.

NAHASS, S.; ARCOVERDE, W. L. Diamantes da legalidade. *Brasil Mineral*, São Paulo, n. 235, p. 28-38, jan./fev. 2005.

NEWBERRY, N. G. et al. Alforsite, a new member of the apatite group: the barium analogue of chlorapatite. *The American Mineralogist*, Washington, v. 66, n. 9-10, p. 1050-1053, Sept./Oct. 1981.

NICKEL, E. H.; ROBINSON, B. W. Kambaldaite, a new hydrated Ni-Na carbonate mineral from Kambalda, Westem Australia. *The American Mineralogist*, Washington, v. 70, n. 9-10, p. 419-422, Sept./Oct. 1985.

NICKEL, E. H. et al. Otwayite, a new nickel mineral from Western Australia. *The American Mineralogist*, Washington, v. 62, n. 9-10, p. 999-1002, Sept./Oct. 1977.

NIXON, P. H.; HORNUNG, G. A new chromium garnet end member, knorringite, from kimberlite. *The American Mineralogist*, Washington, v. 53, n. 11-12, p. 1833-1840, Nov./Dec. 1968.

NOLASCO, M. C. et al. Depósitos diamantinos garimpáveis das Lavras Diamantinas, BA: a geologia do olhar garimpeiro. *Revista Brasileira de Geociências*, São Paulo, v. 31, n. 4, p. 457-470, dez. 2001.

Referências

OEN, I. S. et al. Westerveldite, (Fe,Ni,Co)As, a new mineral from La Gallega, Spain. *The American Mineralogist*, Washington, v. 57, n. 3-4, p. 354-363, Mar./Apr. 1972.

OKADA, A.; KEIL, K. Caswellsilverite, $NaCrS_2$: a new mineral in the Norton County enstatite achondrite. *The American Mineralogist*, Washington, v. 67, n. 1-2, p. 132-136, Jan./Feb. 1982.

O'KEEFE, J. A. The tektite problem. *Scientific American*, New York, v. 239, n. 2, p. 98-107, Aug. 1978.

OLIVEIRA, A. B. de. Sobre a falsa nomenclatura dos minerais-gemas. *Gemologia*, São Paulo, v. 10, n. 34, p. 3-5, 1966.

OLSEN, E. et al. Buchwaldite, a new meteoritic phosphate mineral. *The American Mineralogist*, Washington, v. 62, n. 3-4, p. 362-364, Mar./Apr. 1977.

OSSAKA, J. et al. Crystal structure of minamiite, a new mineral of the alunite group. *The American Mineralogist*, Washington, v. 67, n. 1-2, p. 114-119, Jan./Feb. 1982.

O TOPÁZIO imperial. *IBGM Informa*, Brasília: IBGM, v. 8, n. 27, p. 8, abr./maio 2001.

PABST, A.; SHARP, W. N. Kogarkoite, a new natural phase in the system Na_2SO_4-NaF-NaCl. *The American Mineralogist*, Washington, v. 58, n. 1-2, p. 116-127, Jan./Feb. 1973.

PARK JR., C. F. *Earthbound*. San Francisco: Freeman, Cooper & Co., 1975. p. 25-46.

PARKER, R. L.; FLEISCHER, M. *Geochemistry of niobium and tantalum*. Washington: U. S. Geol. Surv., 1968. tab.

PEACOR, D. R.; ESSENE, E. J. Kellyite, a new Mn-Al member of the serpentine group from Bald Kuob, North Caroline, and new data on grovesite. *The American Mineralogist*, Washington, v. 59, n. 11-12, p. 1153-1156, Nov./Dec. 1974.

PEARL, R. M. *Rocks and minerals*. New York: Barnes: Noble, 1956.

PEREIRA, R. S. Técnicas exploratórias na prospecção de kimberlitos: estudo de caso. *Revista Brasileira de Geociências*, v. 31, n. 4, p. 405-416, dez. 2001.

PESSOA, M. R.; D'ANTONA, R. J. G. Depósitos auridiamantíferos do rio Maú. In: CONGRESSO BRASILEIRO DE GEOLOGIA, 35., 1988, Belém. *Anais...* Belém: SBG, 1988. v. 1, p. 178-188.

PETERSEN, E. U. et al. Donpeacorite, $(Mn,Mg)MgSi_2O_6$, a new orthopyroxene and its proposed phase relations in the system $MnSiO_3$-$MgSiO_3$-$FeSiO_3$. *The American Mineralogist*, Washington, v. 69, n. 5-6, p. 472-480, May/June 1984.

PIMENTEL, M. *Tabelas determinativas de minerais de urânio e tório*. Recife: Clube de Mineralogia, 1969. (Avulso, 2.)

PINHEIRO, J. C. de F. *Perfil analítico do talco*. Rio de Janeiro, DNPM, 1974. (Boletim, 22.)

PORTNOV, A. M. et al. Komarovite, a new niobosilicate of calcium and manganese. *International Geology Review*, Washington, v. 14, n. 5, p. 488-490, May, 1972.

POTTER, R. M.; ROSSMAN, G. R. Mineralogy of manganese dendrites and coatings. *The American Mineralogist*, Washington, v. 64, n. 1-2, p. 11-12, Jan./Feb. 1979.

POUGH, F. H. *Guide des roches et minéraux*. Tradução e adaptação de J. Pirret-Vigot. Neuchatel, Suisse: Delachaux et Niestlé, [s.d.]

POVORENNYKH, A. S.; RUSAKOVA, L. D. The new mineral kafehydrocyanite. *International Geology Review*, Washington, v. 15, n. 9, p. 1095-1100, Sept. 1973.

PRASHNOWSKY, A. A. Biogeochemical study of enhydros (Brazil). *Mitt. Geol. Paläont. Inst. Univ. Hamburg*, n. 69, p. 35-44, 1990.

PREWITT–HOPKINS, J. X-ray study of holdenite, mooreite and torreyite. *The American Mineralogist*, Washington, v. 34, n. 7-8, p. 589-595, July/Aug. 1949.

RAADE, G.; MLADECK, M. H. Janhaugite, $Na_3Mn_3Ti_2Si_4O_{15}(OH,F,O)_3$, a new mineral from Norway. *The American Mineralogist*, Washington, v. 68, n. 11-12 p. 1216-1219, Nov./Dec. 1983.

RAADE, G. et al. Kaatialaite, a new ferric arsenate mineral from Finland. *The American Mineralogist*, Washington, v. 69, n. 3-4, p. 383-387, Mar./Apr. 1984.

RABELLO, C. de Q. Vanádio no Brasil. *Mineração e Metalurgia*, Rio de Janeiro, v. 6, n. 35, p. 215-218, nov. 1942.

RADTKE, A. S. et al. Carlinite, Tl_2S, a new mineral from Nevada. *The American Mineralogist*, Washington, v. 60, n. 7-8, p. 559-565, July/Aug. 1975.

_____. Christite, a new thallium mineral from the Carlin gold deposit, Nevada. *The American Mineralogist*, Washington, v. 62, n. 5-6, p. 421-425, May/June 1977.

RAMOS, A. N.; FORMOSO, M. L. L. Clay mineralogy of the sedimentary rocks of the Paraná Basin, Brazil. *Revista Brasileira de Geociências*, São Paulo, v. 6, n. 1, p. 15-39, Mar. 1976.

REIS, E. *Os grandes diamantes brasileiros*. Rio de Janeiro: DNPM/DGM, 1959. (Boletim, 191.)

REZENDE, N. P. de. *Minerais de manganês mais comuns*. In: _____. *Manganês no mundo e no Brasil*. Porto Alegre: [s.n.], 1977. p. 30.

RIBBE, P. H. et al. *Feldspar mineralogy*. Washington: P. H. Ribbe, 1975. (Short Course Notes, 2.)

RIBEIRO FILHO, E. Apatita em núcleo de halos pleocróicos. *Gemologia*, São Paulo, v. 11, n. 35, p. 27-32, 1966.

ROBAINA, L. E. S.; SILVA, J. L. S. Madeira petrificada. *Diamond News*, São Paulo, v. 6, n. 22, p. 17-21, dez. 2005.

ROCA JR., R. A safira. *Relógios e Jóias*, Guarulhos, v. 20, n. 227, p. 44-53, jan. 1978.

ROGOVA, V. P. et al. Bauranoite and metacalciouranoite, new minerals of tire hydrous uranium oxides group. *International Geology Review*, Washington, v. 16, n. 2, p. 214-219, Feb. 1974.

_____. Calciouranoite, a new hidroxide of uranium. *International Geology Review*, Washington, v. 16, n. 11, p. 1255-1256, Nov. 1974.

ROOSEBOOM, E. H. New mineral names. *The American Mineralogist*, Washington, v. 45, n. 1-2, p. 9-10, Jan./Feb. 1960.

ROUBAULT, M. *Géologie de l'uranium*. Paris: Masson, 1958. p. 5-51.

Referências

RUDASHEVSKIY, N. S. et al. Urvantsevite, $Pd(Bi,Pb)_2$, a new mineral in the system Pd-Bi-Pb. *International Geology Review*, Washington, v. 19, n. 11, p. 1351-1356, Nov. 1977.

RUOTSALA, A. P.; WILSON, M. L. Kinoite from Calumet, Michigan. *The American Mineralogist*, Washington, v. 62, n. 9-10, p. 1032-1033, Sept./Oct. 1977.

SAINSBURY, C. L.; HAMILTON, J. C. The geology of lode tin deposits. In: A CONFERENCE ON TIN, 1967, London. *International Tin Council*. London: [s.n.], 1967. v. 1, p. 319-320.

SARMIENTO, L. La gemología y los profesionales. (I) − Situación actual. *Boletín del Instituto Gemológico Español*, Madrid, n. 30, p. 43-45, agosto 1988.

SARP, H.; BERTRAND, J. Gysinite, $Pb(Nd,La)(CO_3)_2(OH).H_2O$, a new lead, rare-earth carbonate from Shinkolobwe, Shaba, Zaire and its relationship to ancylite. *The American Mineralogist*, Washington, v. 70, n. 11-12, p. 1314-1317, Nov./Dec. 1985.

SCHAIRER, J. F. New mineral names. *The American Mineralogist*, Washington, v. 14, n. 9, p. 338, Sept. 1929.

_____. New mineral names. *The American Mineralogist*, Washington, v. 15, n. 2, n. 83, Feb. 1930.

SCHALLER, W. T. et al. Macallisterite, $2MgO.6B_2O_3.15H_2O$, a new hydrous magnesium borate mineral from Death Valley region, Inyo County, California. *The American Mineralogist*, Washington, v. 50, n. 5-6, p. 629-640, May/June 1965.

SCHULTZ-GUTTLER, R. Safirita, o quartzo azul brasileiro. *Diamond News*, São Paulo, v. 6, n. 25, p. 45, set./dez. 2006.

SCHUMANN, W. *Guía de las piedras preciosas*. Barcelona: Omega, 1978.

_____. *Gemas do mundo*. Tradução de Rui R. Franco e Mário Del Rey. Rio de Janeiro: Ao Livro Técnico, 1982.

SEGALSTAD, T. V.; LARSEN, A. O. Gadolinite-(Ce) from Skien, South-western Oslo region, Norway. *The American Mineralogist*, Washington, v. 63, n. 1-2, p. 188-195, Jan./Feb. 1978.

SEMENOV, Ye. I. et al. Derapiosite, a new mineral of the milarite group. *International Geology Review*, Washington, v. 18, n. 7, p. 853-855, July 1976.

SERRE, J. C. Le vanadium: état du problem en 1965. *Chron. Mines Rech. Min.*, Paris, n. 362, p. 151-154, sept. 1966.

SHARP, H. et al. Vuognatite, $CaAl(OH)SiO_4$, a new natural calcium aluminum nesosilicate. *The American Mineralogist*, Washington, v. 61, n. 9-10, p. 825-830, Sept./Oct. 1976.

SHELLEY, D. Discredited minerals. *The American Mineralogist*, Washington, v. 58, n. 7-8, p. 807, July/Aug. 1973.

SHIMAZAKI, Y. et al. Sadanagaite and magnesio-sadanagaite, new silica-poor members of calcic amphibole from Japan. *The American Mineralogist*, Washington, v. 69, n. 5-6, p. 465-471, May/June 1984.

SILVA, Z. C. G. da. Mármores e granitos. *Mineração e Metalurgia*, Rio de Janeiro, v. 42, n. 402, p. 18-21, set. 1978.

SINKANKAS, J. *Prospecting for gemstones and minerals.* New York: Van Nostrand Reinhold, 1970.

SIQUEIRA, L. T.; OLIVEIRA, G. I. Projetos de pesquisa da Morro Velho. In: SIMPÓSIO DE MINERAÇÃO, 4., 1974, São Paulo. *Geologia, Mineração e Metalurgia,* São Paulo, n. 35, p. 59-73, 1974.

SKINNER, B. New mineral names. *The American Mineralogist,* Washington, v. 45, n. 9-10, p. 1130-1135, Sept./Oct. 1960.

SKVORTSOVA, K. V. et al. Sodium-betpakdalite and conditions of its formation. *International Geology Review,* Washington, v. 14, n. 5, p. 473-480, May 1975.

SMITH, M. L. Delrioite and metadelrioite from Montrose County, Colorado. *The American Mineralogist,* Washington, v. 55, n.1-2, p. 185-200, Jan./Feb. 1970.

SMITH, O. C. *Identification and qualitative chemical analysis of minerals.* Princeton, New Jersey: D. Van Nostrand, 1953.

SNETSINGER, K. G. Osartite, a new osmium-ruthenium sulfarsenide from California. *The American Mineralogist,* Washington, v. 57, n. 7-8, p. 1029-1036, July/Aug. 1972.

SPEAR, F. S. et al. Wonesite, a new rock-forming silicate from the Post Pond Volcanics, Vermont. *The American Mineralogist,* Washington, v. 66, n. 1-2, p. 100-105, Jan./Feb. 1981.

SQUADRANI, A. Sobre algumas gemas de minerais metálicos. *Gemologia,* São Paulo, v. 7, n. 25, p. 1-6, 1961.

STAPLES, L. W. et al. Cavansite and pentagonite, new dimorphous calcium vanadium silicate minerals from Oregon. *The American Mineralogist,* Washington, v. 58, n. 5-6, p. 405-411, May/June 1973.

STURMAN, B. D. Parascholzite, a new mineral from Hagendorf, Bavaria and its relationship to scholzite. *The American Mineralogist,* Washington, v. 66, n. 7-8 p. 843-851, July/Aug. 1981.

_____. Garyansellite, a new mineral from Yukon Territory, Canada. *The American Mineralogist,* Washington, v. 69, n. 1-2, p. 207-209, Jan./Feb. 1984.

SVISERO, D. P. O diamante das regiões centro-leste de Mato Grosso e sudoeste de Goiás. Parte III: inclusões minerais. *Relógios e Jóias,* Guarulhos, v. 17, n. 201, p. 17-22, nov. 1975.

TAKEDA, F. K. Sobre as opalas. *Gemologia,* v. 2, n. 8, p. 8-14, 1957.

TERZIEV, G. I. Hemusite, a complex cooper-tin-molybdenum sulfide from the Chelopech Ore deposit, Bulgaria. *The American Mineralogist,* Washington, v. 56, n. 11-12, p. 1847-1854, Nov./Dec. 1971.

THOMPSON, M. E. et al. Sherwoodite, a mixed vanadium (IV)-vanadium (V) mineral from the Colorado Plateau. *The American Mineralogist,* Washington, v. 43, n. 7-8, p. 749-755, July/Aug. 1958.

THRUSH, P. W. et al. *A dictionary of mining, mineral and related terms.* Washington: U. S. Dept. Inter., Bureau of Mines, 1968.

TIEN, P. Swinefordite, a dioctahedral-trioctahedral Li-rich member of the smectite group from Kings Mountain, North Caroline. *The American Mineralogist,* Washington, v. 60, n. 7-8, p. 540-547, July/Aug. 1975.

Referências

UNITED STATES OF AMERICA. U. S. Department of the Interior. *United States mineral resources*. Washington: D. A. Brobst & W. P. Pratt, 1973. (Prof. Paper, 820.)

UNTERMAN, J. Os filtros de luz na identificação de gemas. *Gemologia*, São Paulo, v. 2, n. 9, p. 17-24, 1957.

VAN DOESBURG, J. D. J. et al. Konyaite, $Na_2Mg(SO_4)_2.5H_2O$, a new mineral from the Great Konya Basin, Turkey. *The American Mineralogist*, Washington, v. 67, n. 9-10, p. 1035-1038, Sept./Oct. 1982.

VAN WAMBEKE, L. Kalipyrochlore, a new mineral of the pyrochlore group. *The American Mineralogist*, Washington, v. 63, n. 5-6, p. 528-530, May/June 1978.

VERGOUWEN, L. Eugsterite, a new salt mineral. *The American Mineralogist*, Washington, v. 66, n. 9-10, p. 632-636, Sept./Oct. 1981.

VIANA, R. R. et al. Caracterização químico-mineralógica e espectroscopia Mösbauer de água-marinha da região de Pedra Azul, Nordeste de Minas Gerais. *Revista Brasileira de Geociências*, São Paulo, v. 31, n. 1, p. 89-94, mar. 2001.

VIEIRA, L. M. O coríndon e suas variedades. *O Diamantário*, Rio de Janeiro, v. 32, n. 365, p. 28, fev. 1976.

VINOGRADOVA, R. A. et al. Krutovite, a new cubic nickel diarsenide. *International Geology Review*, Washington, v. 19, n. 2, p. 232-244, Feb. 1977.

VLASOV, K. A. (Ed.). *Geochemistry and mineralogy of rare elements and genetic types of their deposits*. Tradução de Z. Lerman. Jerusalém: Israel Program Scientific Translations, 1966. v. 2.

WAAL, S. A.; CALK, L. C. Nickel minerals from Barberton, South Africa: VI. Liebenbergite, a nickel olivine. *The American Mineralogist*, Washington, v. 58, n.7-8, p. 733-735, July/Aug. 1973.

WALENTA, K.; DUNN, P. J. Ferridravite, a new mineral of the tourmaline group from Bolivia. *The American Mineralogist*, Washington, v. 64, n. 9-10, p. 945-948, Sept./Oct. 1979.

WEAST, R. C. (Ed.). *Handbook of Chemistry and Physics*. 51. ed. Cleveland, Ohio: Chemical Rubber, 1970. tab.

WEBSTER, F. G. A. R. A esmeralda. Tradução de G. C. B. Muniz. *Gemologia*, São Paulo, v. 2, n. 5, p. 8-32, 1956.

_____. A esmeralda. Tradução de G. C. B. Muniz. *Gemologia*, São Paulo, v. 2, n. 6, p. 3-14, 1956.

WEBSTER, R. *Gemmologists compendium*. 6. ed. rev. London: NAG Prosa, 1979.

WEBSTER'S third new international dictionary. Chicago: Encycl. Britann.: Helen H. Benton, 1971. 3 v.

WEISSBERG, B. G. Getchellite, $AsSbS_3$, a new mineral from Humboldt County, Nevada. *The American Mineralogist*, Washington, v. 50, n. 11-12, p. 1817-1826, Nov./Dec. 1965.

WENRICH, K. J. et al. Margaritasite: a new mineral of hydrothermal origin from the Peña Blanca Uranium District, Mexico. *The American Mineralogist*, Washington, v. 67, n. 11-12, p. 1273-1289, Nov./Dec. 1982.

WILLIAMS, K. L. et al. Hellyerite, a new nickel carbonate from Heazlewood, Tasmania. *The American Mineralogist*, Washington, v. 49, n. 5-6, p. 533-538, May/June 1964.

WILLIAMS, S. A. Anthonyite and calurnetite, two new minerals from the Michigan Copper District. *The American Mineralogist*, Washington, v. 48, n. 5-6, p. 615-619, May/June 1963.

_____. Elyite, basic lead-copper sulfate, a new mineral from Nevada. *The American Mineralogist*, Washington, v. 57, n. 3-4, p. 364-367, Mar./Apr. 1972.

WINCHELL, A. N. *Elements of optical mineralogy*. New York: John Wiley, 1933.

WISE, W. S. Cowlesite, a new Ca-zeolite. *The American Mineralogist*, Washington, v. 60, n. 1-2, p. 951-956, Jan./Feb. 1975.

_____. Strontiojoaquinite and bario-orthojoaquinite, two new members of the joaquinite group. *The American Mineralogist*, Washington, v. 67, p. 809-816, Nov./Dec. 1982.

WUENSCH, B. J. et al. *Sulfide mineralogy*. Blacksburg, Virginia: P. H. Ribbe, 1974. 1 v. (Short Course Notes, 1.)

YAGI, K. New mineral names. *The American Mineralogist*, Washington, v. 48, n. 1-2, p. 11-12, Jan./Feb. 1963.

YES'KOVA, Y. M. et al. Laplandite, a new mineral. *International Geology Review*, Washington, v. 17, n. 7, p. 786-790, July 1975.

YEVSTIGNEYEVA, T. L. et al. Shadlunite, a new sulfite of copper, iron, lead, manganese, and cadmium from copper-nickel ores. *International Geology Review*, Washington, v. 15, n. 11, p. 1341-1350, Nov. 1973.

YOUNG, E. J. et al. Coconinoite, a new uranium mineral from Utah and Arizona. *The American Mineralogist*, Washington, v. 51, n. 5-6, p. 651-663, May/June 1966.

ZULTANITA, uma nova gema. Tradução de Meri I. B. Brusa. *Diamond News*, São Paulo, v. 6, p. 23-26, jan./abr. 2006.

ZWICKER, W. K. et al. Nsutite, a widespread manganese oxide mineral. *The American Mineralogist*, Washington, v. 47, n. 34, p. 246, Mar./Apr. 1962.